重庆市

精细化农业气候区划图集

高阳华 等 著

气象出版社
China Meteorological Press

内 容 简 介

本书介绍了重庆市的自然地理与气候概况、气候资源精细化空间扩展模型、气象灾害精细化空间扩展模型、部分农作物生育期及农事活动空间扩展模型和农业气候区划指标，给出了重庆市和部分代表区县精细化气候资源、气象灾害和农业气候区划图。

本书可供从事农业气象、气候、农业、林业、生态、水文、国土资源、环境、交通、旅游等专业的科技工作者、政府和相关部门的管理人员参考，也可供高等院校气象、农学、林学、园艺、地理、生态、资源、环境等相关学科的师生参考。

图书在版编目(CIP)数据

重庆市精细化农业气候区划图集 / 高阳华等著. --北京：气象出版社，2016.3

ISBN 978-7-5029-6198-5

Ⅰ. ①重… Ⅱ. ①高… Ⅲ. ①农业区划-气候区划-重庆市-图集 Ⅳ. ①S162.227.19-64

中国版本图书馆 CIP 数据核字(2016)第 039622 号

出版发行：气象出版社

地　　址：北京市海淀区中关村南大街 46 号　　**邮政编码**：100081

电　　话：010-68407112(总编室)　010-68409198(发行部)

网　　址：http://www.qxcbs.com　　**E-mail**：qxcbs@cma.gov.cn

责任编辑：崔晓军　　**终　　审**：邵俊年

责任校对：王丽梅　　**责任技编**：赵相宁

封面设计：博雅思企划

印　　刷：北京中科印刷有限公司

开　　本：889 mm×1194 mm　1/16　　**印　　张**：28.25

字　　数：895 千字

版　　次：2016 年 3 月第 1 版　　**印　　次**：2016 年 3 月第 1 次印刷

定　　价：230.00 元

《重庆市精细化农业气候区划图集》编写组

主　编：高阳华

副主编：杨世琦　陈志军　唐云辉　袁德胜

编　委：齐会娟　程　敏　刘　灿　曾永美　倪波顺
徐永进　田永中　易　佳　梅　勇　罗孳孳
陈艳英　胡芸芸　张　力　何　静　赵　彤

序

重庆市地处长江上游、四川盆地东南部，跨东经105°17′～110°11′、北纬28°10′～32°13′，全境轮廓形似“人”字，辖区东西宽470 km，南北长450 km，辖区面积82 403 km^2，为北京、天津、上海三个直辖市总面积的2.36倍，是我国面积最大的直辖市，也是我国农业人口比例最高的直辖市。重庆市属我国陆地地势第二级阶梯，地形非常复杂。东、北、南三面环山，地势总体较高，西部以丘陵为主，地势较低，中部为低山与丘陵相间排列的平行岭谷。全市山地（中山和低山）面积约62 400 km^2，约占重庆市辖区面积的75.8%；丘陵面积近15 000 km^2，约占重庆市辖区面积的18.2%；台地面积2 900 km^2以上，约占重庆市辖区面积的3.6%；平坝面积近2 000 km^2，约占重庆市辖区面积的2.4%。特殊的地理地形形成了重庆层次分明的山地立体气候，低坝河谷地带冬暖夏热，属准南亚热带气候类型，其上依次分布有中亚热带、山地北亚热带、山地暖温带、山地中温带，山地寒温带也有零星分布，立体气候十分丰富，加上地理位置、海拔高度、地形、地貌和下垫面性质的共同作用，造成各种气象要素的非均匀变化，使重庆气候的多样性显得更为突出，气候类型丰富多彩，“一山分四季，十里不同天”就是对重庆气候多样性的形象描述，为利用山地立体气候发展特色农业提供了有利条件。

农业气候区划是反映气候与农业生产关系的区域划分，其主要目的是为合理配置农业生产或改进耕作制度、引进与推广新品种及制定农业区划和规划提供气候依据。几十年来，重庆市农业气象工作者围绕农业防灾减灾、合理开发利用农业气候资源、促进重庆市农业可持续发展，开展了大量的农业气候区划工作。特别是近年来，重庆市农业气象科技人员联合农业、地理等相关领域的专家、学者，利用地理信息系统等新技术，针对主要粮食作物、经济作物和经济林果精细化农业气候区划开展了持续性的研究，取得了大量研究成果，并积极开展区划成果的推广应用，对农业生产布局、产业结构调整、引进新品种及重大农业技术决策的确定均起到了重要的作用。如：重庆市气象科技人员利用三峡水库建成后库区周边冬季极端最低气温有所升高、低温冻害减轻的有利条件，以及全球变暖后冬季相对变暖的趋势，在库区沿岸规划出南亚热带喜温水果龙眼、荔枝适宜栽培区，促进了三峡库区特晚熟龙眼、荔枝基地的建设，取得了显著的社会、经济效益。

IPCC第五次评估报告*显示，全球变暖是不争的事实。全球气候变化将直接影响农业生产的平稳和持续发展，如何实现农业生产的合理布局就显得更为重要。因此，为了进一步加大精细化农业气候区划成果的推广应用，重庆市气象局组织农业气象科技人员总结前期区划成果，汇总集成了《重庆市精细化农业气候区划图集》一书。该书共分6章，前5章

* http://www.ipcc.cn/pdf/assessment-report/ar5/wg1/WG1AR5_SPM_brochure_zh.pdf

简要介绍了重庆市的自然地理和气候特点、气候资源精细化空间扩展模型、气象灾害精细化空间扩展模型、部分农作物生育期及农事活动空间扩展模型和农业气候区划指标，第6章为全市和部分代表区县精细化气候资源、气象灾害和农业气候区划图集。该图集对重庆市主要农作物布局进行了区划，实施该区划可以更加有效地适应自然环境，进一步提高气候资源开发利用效率、规避气象灾害风险，促进重庆市农业的健康发展。

该图集的出版是重庆市气象、农业、地理等学科长期合作研究的成果，是“产、学、研”相结合的产物，是集体智慧的结晶，是对重庆市农业气象工作者长期开展精细化农业气候区划研究与实践的总结，同时，也对气象、农业、地理等相关学科人才培养做出了贡献。谨此，我向编写本图集付出艰辛努力的科技人员表示衷心感谢！

随着现代农业的发展，农业生产对农业气象服务的要求越来越高，全球变暖使重庆市气候资源、气象灾害及农作物品种也随之发生相应的变化。因此，重庆市气象部门将继续扎实地推进现代农业气象业务，总结凝练出影响和制约重庆市农业发展的关键气象问题，不断加强科学研究，全面提升农业气象服务能力，积极开展精细化农业气象服务，为重庆市农业提质增效做出更大贡献。

王银民

（重庆市气象局局长）

2016年1月

前　言

气候资源是农业生产最基础的自然资源之一，是农业生产不可缺少的重要物质资源，植物物质的90%～95%是利用太阳能进行光合作用合成，光、热、水等气象要素的数量特征及其相互之间的匹配情况是表征土地潜力的重要因素之一；另一方面，气象灾害是农业生产的限制因素，因此，如何趋利避害合理利用丰富的气候资源是发展农业生产的重要基础课题，正如贾思勰在《齐民要术》中所说“顺天时，量地利，则用力少而成功多。任情返道，劳而无获”。

重庆市位于四川盆地东南部，属亚热带湿润季风气候区，季节变化分明。特殊的地理位置和地形条件形成了重庆独特的气候特点，由于地形、地貌复杂，地势高低起伏很大，境内自低到高分布了准南亚热带到山地寒温带在内的多种山地气候带，加上区域气候差异，使重庆气候的多样性显得更为突出，气候类型丰富多彩，“一山分四季，十里不同天”就是对重庆气候多样性的形象描述。

多姿多彩的气候类型形成了丰富的生物资源，全市6 000多种各类植物中，有被称为植物“活化石”的桫椤、水杉、秃杉、银杉、珙桐等珍稀树种；有“柑橘之乡”、“油桐之乡”、“乌柏之乡”的称号；也造就了像“奉节脐橙”、“涪陵榨菜”、“石柱黄连”等一大批地方名特产品。

但是，复杂的地形、气候和种类繁多的农作物品种，给农业生产基地的规划、建设造成了一定的困难，造成一些农产品布局不合理，生产效益低且波动较大。

不同的农作物对气象条件的需求差异很大，不同的地域适宜栽培不同的作物，因而我国古代有“橘生淮南则为橘，生于淮北则为枳”之说，这就要求农业生产要根据气候资源、气象灾害的分布和农作物对气象条件的需求科学布局。因此，利用GIS等新技术、新方法研究气候资源、气象灾害、农作物生育期、农事活动精细化空间分布，编制精细化的农业气候区划，对指导农业生产布局调整和栽培管理，促进精准农业、数字农业的快速发展无疑具有重要的意义。为此，重庆市气象科学研究所联合西南大学、重庆师范大学等相关高等院校，依托主持承担的国家科技攻关项目“三峡库区气候资源地理信息综合平台及其应用研究”(2005BA901A01)等多项课题，研究、开发、建立了气候资源地理信息综合平台，深入研究了复杂地形背景下气候资源、气象灾害、农作物生育进程等空间扩展方法，以及精细化的农业气候区划方法。以此为基础申报、承担了科技部农业科技成果转化资金项目“基于GIS的精细化农业气候区划及配套技术推广应用”(2007GB24160446)等项目，组织气象、农业方面的专家和技术人员，采取“产学研”相结合、边研究开发边推广应用的方式，进一步完善精细化空间扩展技术、区划技术和系统平台，在气候资源、气象灾害、农作物生育进程等精细化空间扩展技术、适合复杂地形的精细化农业气候区划方法和区划指标等方面取得了一系列创新性成果，先后发表相关论文50余篇；并紧紧依靠地方政府和部门支持，重点针对柑橘、优质稻、龙眼(荔枝)、晚秋作物等加大推广力度,两次联合西南大学举办了“GIS应用技术暨精细化农业气候区划培训班”和“精细化农业气候区划成果推广应用培训班”,专门开发了操作简便的“精细化农业气候区划产品展示系统”,促进了区划成果的深入推广,在研究、推广工作中取得了优异的成绩,为农业产业结构调整、改进栽培技术、提高管理水平提供了依据,为重庆市气象部门开展山地精细化农业气象服务提供了新的方法。

需要指出的是,每一个作物区划指标的确定都需要开展大量的试验研究,本图集涉及作物种类繁多,限于前期研究基础,各种作物区划指标的针对性有一定差异,如:柑橘区划指标重点考虑了果实品质和用途对气象条件的要求;优质稻区划指标重点考虑了稻米品质形成的气候需求;小麦区划指标主要考虑了产量性状指标与气象条件的关系;龙眼和荔枝重点考虑了热量资源和气象灾害对其生存和产量形成的满足程度;玉米等作物考虑了不同区域气候资源和气象灾害的差异,而猕猴桃、核桃、板栗、蚕桑等作物或林果仅考虑了主要气象因子——热量条件的差异;区划指标的进一步优化、完善还需要开展大量的试验研究。因2000年以后,气象台站搬迁较多,故本图集气象资料年代为1971—2000年。

2008年以来,根据重庆市气象局的安排,重庆市气象科学研究所依托上述研究成果,编制了市级和全市有气象机构的34个区县的各种气候资源、气象灾害精细化空间分布图和21种作物的精细化农业气候区划图8 000余幅,并于2015年组织编写《重庆市精细化农业气候区划图集》,因篇幅限制,仅选取全市及代表区县的部分成果汇集成册,并指导万州、沙坪坝等区县单独汇编区划图集。本图集由高阳华提出编写大纲,并经王银民、顾建峰、顾骏强、杨智、周国兵等专家进行补充和完善。本图集共分6章,前5章简要介绍了重庆市的自然地理与气候特点、气候资源精细化空间扩展模型、气象灾害精细化空间扩展模型、部分农作物生育期及农事活动空间扩展模型和农业气候区划指标,第6章为全市和代表区县精细化气候资源、气象灾害和农业气候区划图集。其中:高阳华、陈志军、杨世琦、田永中、徐永进等负责农业气候资源、农业气象灾害精细化空间扩展方法的研究、集成;高阳华、袁德胜、唐云辉、杨世琦、陈志军等负责农业气候区划指标的研究、集成;唐云辉、陈志军、杨世琦负责农业气候资源、农业气象灾害的统计、计算;杨世琦、陈志军、齐会娟、程敏、刘灿、曾永美、倪波顺、易佳、张力、胡芸芸、梅勇、罗孳孳、陈艳英、何静、赵彤等负责精细化气候资源、气象灾害分布图和农业气候区划图制作。程敏、齐会娟在图表汇总、完善过程中做了大量工作;全书由高阳华、杨世琦、陈志军、唐云辉、袁德胜统稿。

精细化农业气候区划工作得到了各级党委政府的关心和支持,2007年,时任重庆市委书记汪洋在听取精细化农业气候区划工作汇报后,要求气象和农业部门应进一步扩大推广,重庆市政府和一些区县政府分别将其纳入年度目标考核任务,中国气象局应急减灾与公共服务司、中国气象局科技与气候变化司、重庆市科学技术委员会、重庆市发展和改革委员会、重庆市财政局、重庆市农业委员会都对本项工作给予了大力支持,重庆市气象局王银民局长、顾骏强副局长,中国气象局顾建峰司长等对图集的编写给予了关心和指导,西南大学、重庆师范大学等高等院校部分学生参与制图工作,特在此一并致谢!

高阳华

2016年1月

目　　录

第1章 重庆市自然地理和气候特点

重庆市简称“渝”，位于我国西南地区东北隅，地处长江上游、四川盆地东南部，地跨东经105°17′～110°11′、北纬28°10′～32°13′，全境轮廓形似“人”字，辖区东西宽约470 km，南北长约450 km，辖区面积82 403 km^2，为北京、天津、上海三个直辖市总面积的2.36倍，是我国面积最大的直辖市，也是我国农业人口比例最高的直辖市。地界东邻湖北省、湖南省，西连四川省泸州市、内江市、遂宁市，南靠贵州省遵义市、铜仁市，北接四川省广安市、达州市及陕西省安康市。重庆是青藏高原与长江中下游平原的过渡地带，也是我国经济发达的东部地区与资源富集的西部地区的结合部。重庆市辖万州区、涪陵区、黔江区、渝中区、江北区、沙坪坝区、九龙坡区、南岸区、大渡口区、巴南区、渝北区、北碚区、长寿区、永川区、江津区、合川区、南川区、綦江区、大足区、璧山区、铜梁区、潼南区、荣昌区23个市辖区；垫江县、丰都县、武隆县、梁平县、城口县、开县、忠县、云阳县、奉节县、巫山县、巫溪县等11个县；石柱土家族自治县（以下简称石柱县）、彭水苗族土家族自治县（以下简称彭水县）、酉阳土家族苗族自治县（以下简称酉阳县）、秀山土家族苗族自治县（以下简称秀山县）等4个民族自治县，共38个区、县、自治县。

1.1 地理地貌特征

1.1.1 地形

重庆市地处四川盆地东南部，属我国陆地地势第二级阶梯，地形非常复杂。东、北、南三面环山，地势总体较高，西部以丘陵为主，地势较低，中部为低山与丘陵相间排列的平行岭谷。东北部大巴山是重庆与陕西、湖北的界山，由西北向逐渐转向东南向呈弧形平行伸展，海拔高低悬殊，山谷海拔最低不足200 m，山岭海拔均在1 500～2 500 m之间，其中巫山县、巫溪县交界处的天池山主峰阴条岭海拔高达2 797 m，成为重庆市的最高山峰；东部的巫山、七曜山，东南部的武陵山，以及南部的大娄山山系构成重庆市东部、东南部和南部边缘山地，是重庆市与湖北、湖南、贵州的界山，海拔高低悬殊，山谷海拔最低仅145 m，山岭海拔多在1 500～2 000 m之间；中北部地区山脉多呈东北—西南走向，海拔高低相差较大，山谷海拔最低不足200 m，平坝海拔多在400 m左右，山岭海拔多在1 000～1 300 m之间；西部地区以丘陵为主，海拔多在300～400 m之间，山脉多呈北东北—南西南走向，山岭海拔均在600～1 000 m以下。

全市山地（中山和低山）面积约6.24万 km^2，约占重庆市辖区面积的75.8%；丘陵面积近1.5万 km^2，约占重庆市辖区面积的18.2%；台地面积在2 900 km^2 以上，约占重庆市辖区面积的3.6%；平坝面积近2 000 km^2，占重庆市辖区面积的2.4%。

1.1.2 地质地貌

重庆市地貌类型复杂多样，主要以中山、低山、丘陵为主，其次是台地和平坝，东北部雄踞着大巴山地，东南部斜贯有巫山、大娄山等山脉，其西部为红色方山丘陵，中部主要为低山与丘陵相间排列的平行岭谷类型组合，分布上展现了明显的区域差异性。海拔的高低悬殊构成明显的层状地貌。河流众多构成重庆市纵、横谷交织的河网体系，当河流横切构造，多成峡谷，地貌灾害频繁，其灾害地貌作用过程和形态特征可分为崩塌、滑坡、泥石流、塌陷等。

重庆地质分属四个大地构造单元：(1)川中褶带，处于华蓥山深大断裂以西地区，包括荣昌、大足、潼南及永川、铜梁、合川的西部；(2)川东褶带，位于华蓥山深大断裂以东，金佛山—七曜山断裂西北的重庆中部地区，包括重庆主城区、江津、永川、璧山、渝北、垫江、梁平、丰都、涪陵等全部，开县、云阳、奉节南部，巫山、万州、石柱、武隆、南川等西部或西北部，綦江的东北部；(3)川东南陷褶带，位于金佛山—七曜山深大断裂的东南部，其范围包括綦江、南川、武隆、石柱、巫山的部分地区，彭水、黔江、酉阳、秀山全部；(4)大巴山弧形断褶带，位于重庆市东北部，包括城口、巫溪的全部，巫山、奉节、开县北部，由北大巴山断裂带及南大巴山弧形褶皱带组成。

1.1.3 土壤

重庆市成土条件复杂，土壤类型较多，具有幼年性、粗骨性及黏化、酸化、黄化特点。根据土壤分类原则和土壤的具体情况，可分为铁铝土纲、淋溶土纲、半水成土纲、初育土纲和人为土纲5个土纲，红壤、黄壤等9个土类，17个亚类，40多个土属，100多个土种，变种更多。

渝西北(盆中)方山丘陵紫色土与新积土组合区，渝中(盆东)平行岭谷为紫色土、黄壤(石灰岩土)新积土组合区，渝东北、渝东南(盆周)低、中山为以黄壤(石灰岩土)、黄棕壤为主的棕壤、草甸土组合区，东南角与湖南毗邻的酉阳、秀山一带还有一定面积的红壤分布。其中：黄壤199.39万hm^2，占重庆市土地总面积的24.22%；紫色土171.27万hm^2，占20.80%；水稻土109.42万hm^2，占13.29%；石灰(岩)土74.18万hm^2，占9%；棕壤、黄棕壤、红壤、山地草甸土占6.43%。

1.1.4 植被

重庆市植被类型繁多，特征如下：(1)植物种类丰富，全市有野生维管束植物224科1 848属5 311种，其中蕨类植物47科120属606种，种子植物177科1 113属4 705种；(2)特有种及少种科属多，重庆市分布有各类地方特有植物226种；(3)起源古老，孑遗植物多；(4)裸子植物种类多，重庆市共分布有裸子植物9科34属79种，其中野生裸子植物7科23属39种；(5)珍稀濒危及野生保护植物种类丰富，重庆市分布有各类珍稀濒危及野生保护植物244种，其中重庆市国家一、二级野生保护植物60种。重庆市主要植被有6种：常绿阔叶林，常绿、落叶阔叶混交林，落叶阔叶林，暖性针叶林，竹林和灌丛。根据植被的组成将重庆市分为六个植被小区：大巴山植被小区、七曜山北部植被小区、七曜山南部植被小区(即武陵山地区)、大娄山北缘植被小区、中部平行低山植被小区、西部方山丘陵植被小区。

1.1.5 水系

重庆市河流众多，流域面积50 km^2以上的河流有374条，均属长江水系。除北部的河流呈西北向流入汉水，东南部的酉水向东注入沅江，西部的濑溪河和大清河汇入沱江外，其余河流均在境内汇入长江。境内长江水系北岸支流主要有嘉陵江、大洪河、龙溪河、小江、大宁河等，河流众多，源远流长；南岸支流除了乌江、綦江较长外，其他支流稀疏，构成北多南少的不对称水系。

长江：长江自江津羊石镇入境，呈近东南向切割川东褶带，形成猫儿、铜锣、明月、黄草等峡谷，其间为宽谷，河谷形态呈藕节状；长江于涪陵顺应向斜转向东北流入万州，江面宽阔，阶地发育；随之转近东西向于奉节切割七曜山、巫山形成举世瞩目的瞿塘峡和巫峡，于巫山碚石出境，境内全长683.8 km。

嘉陵江：嘉陵江是长江北岸最大一级支流，在合川区古楼镇流入重庆境内，并于合川城接纳渠江、涪江两大支流后呈东南向横切沥濞、温塘、观音背斜，形成小三峡后流经沙坪坝，于渝中区朝天门汇入长江，境内河长153.8 km。

乌江：乌江是长江南岸最大一级支流。自酉阳县黑獭坝入境，经彭水、武隆，在涪陵城东汇入长江，境内河长219.5 km。乌江横切构造，峡多流急，被称为乌江“天险”。

綦江：綦江系长江南岸一级支流。在綦江县羊角镇入境，在江津区顺江镇汇入长江，境内河长153 km，流域面积4 394 km^2。

小江：小江是长江北岸一级支流，发源于开县白泉乡钟鼓村青草坪，在云阳县城附近注入长江。主流长 117.5 km,流域面积 5 172.5 km^2。

大宁河:大宁河是长江北岸一级支流,发源于巫溪县大圣庙,在巫山县城汇入长江,河长 142.7 km,流域面积 4 200 km^2。该河自北而南切割构造,形成著名的大宁河小三峡、小小三峡等自然景观。

御临河:御临河是长江北岸一级支流,流经长寿区境内后,于渝北区洛碛镇太洪岗注入长江。境内河长 58.4 km,流域面积 908 km^2。

龙溪河:龙溪河是长江北岸一级支流,发源于梁平县天台乡,经垫江县,在长寿城区附近注入长江。流域面积 3 248 km^2,河长 218 km。

磨刀溪:磨刀溪是长江南岸的一级支流,发源于石柱县杉树坪,流经湖北省利川市及重庆市万州区,于云阳县新津汇入长江,境内流域面积 2 790 km^2。

1.1.6 土地利用

重庆境内复杂的地理环境构成了其土地利用类型的多样性,重庆土地资源较为丰富。根据《重庆市第二次土地调查主要数据成果公报》统计,2009 年底,全市有耕地 243.8 万 hm^2、园地 27.8 万 hm^2、林地 379.2 万 hm^2、草地 33.4 万 hm^2、城镇村及工矿用地 50.7 万 hm^2、交通运输用地 10.4 万 hm^2、水域及水利设施用地 26.8 万 hm^2。

全市耕地按五大功能区划分:都市功能核心区和拓展区耕地 16.4 万 hm^2,占全市耕地面积的 6.7%;城市发展新区耕地 98.0 万 hm^2,占 40.2%;渝东北生态涵养发展区耕地 83.0 万 hm^2,占 34.1%;渝东南生态保护发展区耕地 46.4 万 hm^2,占 19.0%。

全市耕地按坡度划分,2°以下耕地 7.9 万 hm^2,占全市耕地面积的 3.2%;2°~6°耕地 29.4 万 hm^2,占 12.1%;6°~15°耕地 82.9 万 hm^2,占 34.0%;15°~25°耕地 68.5 万 hm^2,占 28.1%;25°以上耕地 55.1 万 hm^2,占 22.6%。

全市耕地中,水田和水浇地 97.7 万 hm^2,占全市耕地面积的 40.1%;旱地 146.1 万 hm^2,占 59.9%。分区域看,城市发展新区水田和水浇地比重大,渝东北和渝东南地区的旱地比重大。

1.2 气候特点

总体来看,重庆市属亚热带季风性湿润气候类型。重庆市地处四川盆地东南部,具有典型的盆地气候特点,特别是北部的秦岭、大巴山等大地形对北方冷空气的阻挡作用,使重庆和相邻的川南地区成为长江流域同纬度地区冬季最为温暖的地方,也是重庆市内各地气候有别于长江流域同纬度其他地区的共同特点。概括起来,重庆市气候主要有以下特点:

1.2.1 冬暖春早,秋早多雨

重庆市北有秦岭、大巴山天然屏障,阻挡了冷空气的入侵,形成了具有四川盆地特色的冬暖春早气候。沿江河谷地带最冷月平均气温 7~8 ℃,比长江中下游地区高 4~7 ℃,大约在 2 月底、3 月初进入春季,较长江中下游地区提早 20~30 d。但重庆市秋雨多、降温早,与长江中下游地区秋高气爽的气候形成了明显的对照,其东北部地区的秋季低温阴雨相对较轻。

1.2.2 光照资源贫乏,但有效性较高

重庆市光照资源较差,年日照时数 1 000~1 600 h,年总辐射约 3 400~3 900 MJ/m^2,是全国的低值中心,“蜀犬吠日”就是对其最形象的表述。但重庆市光照的分布差异较大,东北部地区光照丰富,较市内其他地区明显偏多,较日照时数最少的东南部地区偏多可达 50%。市内低海拔地区冬暖春早,农作物周年生长,且散射辐射偏多,生理辐射比重大,加之光、热、水同季,各种气象要素匹配较佳,对提高光能资源的有效性具有重要作用。

1.2.3 阴湿气候特征明显

重庆市不但日照少，而且大部分地区空气潮湿，雨日较多，年平均空气相对湿度多在 80%左右，全年都可能出现连绵阴雨，尤以秋季绵雨最为突出，初夏次之，“阴湿”是重庆市气候的又一特点。而东北部的奉节、巫山、巫溪和云阳东部低坝河谷地区年平均空气相对湿度仅 70%左右，为全市空气相对湿度最小的区域，秋季阴雨也相对偏轻。

1.2.4 立体气候十分突出

重庆市丘陵、山地广为分布，以山地为主，山脉、河谷交错，海拔高低悬殊，全市最高山峰阴条岭海拔高度达 2 797 m，而长江河谷地带海拔高度仅 145 m，形成了层次分明的山地立体气候，根据气候带热量区划指标计算(见表 1.1)，重庆市境内存在多种类型的山地垂直气候带(见图 1.1)，低坝河谷地带冬暖夏热，属准南亚热带气候类型，依次分布有中亚热带、山地北亚热带、山地暖温带、山地中温带，山地寒温带也有零星分布，因而有“一山分四季，十里不同天”的说法，立体气候十分丰富，为利用山地立体气候发展特色农业提供了有利条件。需要说明的是，在全国气候区划中重庆市的地带性气候带属中亚热带，为将山地垂直气候带与地带性气候带相区别，本书将中亚热带以外的其他垂直气候带均冠以“山地”，而小范围的南亚热带类型地处沿江河谷，用“山地”似有不妥，遂命名为“局地河谷准南亚热带”。

表 1.1 山地垂直气候带谱热量指标

气候带 \ 指标	年平均气温 T (℃)	≥10 ℃积温 $\sum T_{\geq 10\ ℃}$ (℃·d)
山地寒温带	$4 \leq T < 7$	$500 \leq \sum T_{\geq 10\ ℃} < 1\ 500$
山地中温带	$7 \leq T < 10$	$1\ 500 \leq \sum T_{\geq 10\ ℃} < 3\ 000$
山地暖温带	$10 \leq T < 13$	$3\ 000 \leq \sum T_{\geq 10\ ℃} < 4\ 000$
山地北亚热带	$13 \leq T < 16$	$4\ 000 \leq \sum T_{\geq 10\ ℃} < 5\ 000$
中亚热带	$16 \leq T < 18$	$5\ 000 \leq \sum T_{\geq 10\ ℃} < 6\ 000$
局地河谷准南亚热带	$T \geq 18$	$\sum T_{\geq 10\ ℃} \geq 6\ 000$

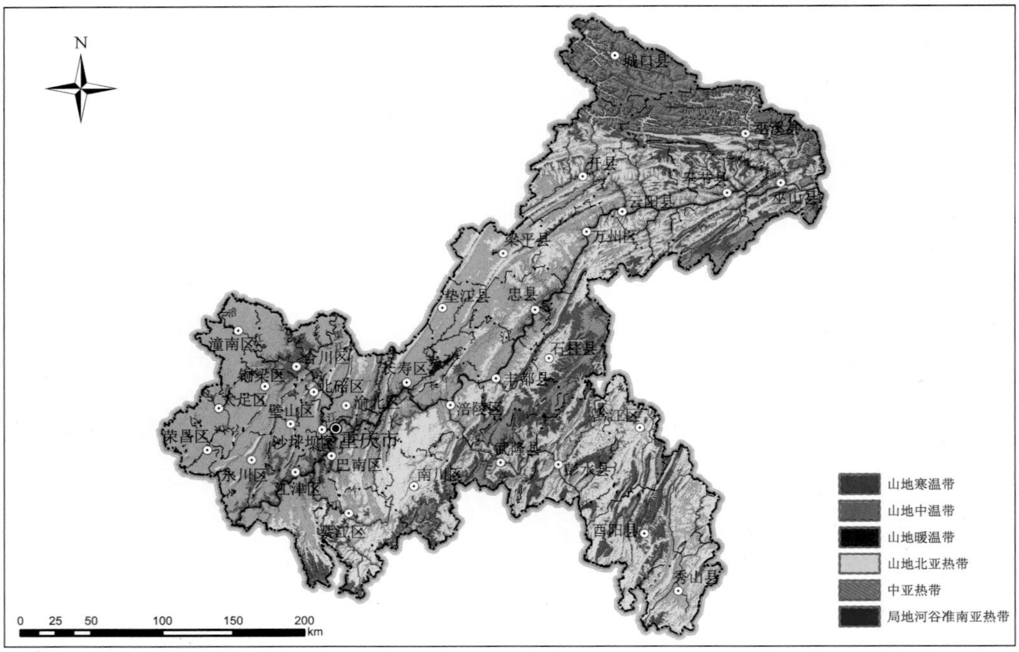

图 1.1 重庆市山地垂直气候带谱分布图

1.2.5 区域间气候差异较为明显

重庆市地处我国南北过渡地带，冷暖气团常常交汇于此，副热带高压等天气系统间的僵持、进退对市内各区域气候造成不同的影响，加之重庆又是四川盆地与长江中下游的过渡地带，自西向东盆地气候特点有所减弱，东北部地区一些季节甚至具有长江中游气候的特点，造成了境内不同区域的气候尤其是某些季节的气候差异比较明显，特别是干旱、低温、阴雨及暴雨等气象灾害的分布存在明显的区域差异。

1.2.6 小气候类型多姿多彩

受地形、地貌、坡向、河流、植被的影响，光、温、水、风、湿度等气象要素在不同海拔、不同区域的分布差异比较明显，形成了冷、暖、干、湿、向阳、荫蔽等不同组合的、多姿多彩的地形小气候。正是特殊的地形小气候为重庆孕育了丰富多彩的优质农产品，如奉节脐橙、涪陵榨菜等在国内外享有盛誉。

1.2.7 气象灾害种类多，发生频繁

受季风气候影响，重庆市的气象灾害种类多，除台风以外的气象灾害几乎都可能发生；寒潮、低温、暴雨、洪涝、阴雨、干旱、高温、风雹、雪灾等多种自然灾害交替出现，发生频繁。加上大部地区生态环境脆弱，抗灾能力不强，灾害造成的影响也十分严重。

第2章　气候资源精细化空间扩展模型

2.1　光照资源

2.1.1　天文辐射

天文辐射是指无大气存在时，入射到地球表面的太阳辐射能量，是地表太阳总辐射、直接辐射、散射辐射估算的重要起始数据之一。天文辐射分为水平面上的天文辐射和起伏地形下的天文辐射。

2.1.1.1　水平面上天文辐射的计算

某纬度水平面上每日获得的天文辐射量（H_{0d}）的计算是采用从日出时角（$-\omega_0$）到日没时角（ω_0）的积分，即：

$$H_{0d}=\frac{T}{2\pi}\left(\frac{1}{\rho}\right)^2 I_0\int_{-\omega_0}^{\omega_0}(\sin\varphi\sin\delta+\cos\varphi\cos\delta\cos\omega)\mathrm{d}\omega \tag{2.1}$$

在求日总量时，I_0，T，ρ，φ，δ 都可看作常量，得：

$$H_{0d}=\frac{T}{\pi}\left(\frac{1}{\rho}\right)^2 I_0(\omega_0\sin\varphi\sin\delta+\cos\varphi\cos\delta\sin\omega_0)$$

或

$$H_{0d}=\frac{T}{\pi}\left(\frac{1}{\rho}\right)^2 I_0\sin\varphi\sin\delta(\omega_0-\tan\omega_0)$$

$$H_{0d}=\frac{T}{\pi}\left(\frac{1}{\rho}\right)^2 I_0\cos\varphi\cos\delta(\sin\omega_0-\omega_0\cos\omega_0)$$

式中：T 为一天的时间长度，对应 24 小时；I_0 为太阳常数，世界气象组织（WMO）采用世界日射计参考标尺（WRR）对 1969—1980 年间高空观测的结果，得出太阳常数的数值为

$$I_0=1367\ \mathrm{W\cdot m^{-2}}=1.96\ \mathrm{cal\cdot cm^{-2}\cdot min^{-1}}=4921\ \mathrm{kJ\cdot m^{-2}\cdot h^{-1}}=0.0820\ \mathrm{MJ\cdot m^{-2}\cdot min^{-1}}$$

其标准差为 1.6 $\mathrm{W\cdot m^{-2}}$，最大偏差为 $\pm 7\ \mathrm{W\cdot m^{-2}}$；$\left(\frac{1}{\rho}\right)^2$ 为日地距离订正系数（又称地球轨道偏心率订正因子，无量纲），可用如下级数精确计算：

$$\left(\frac{1}{\rho}\right)^2=1.000109+0.033494\cos\tau+0.001472\sin\tau+0.000768\cos2\tau+0.000079\sin2\tau\ ;$$

δ 为太阳赤纬，精确计算太阳赤纬，需用级数形式，左大康等（1991）根据 1986 年中国天文年历中的列表值对 δ 进行了 Fourier 分析，给出新的计算公式：

$$\delta=(0.006894-0.399512\cos\tau+0.072075\sin\tau-0.006799\cos2\tau+0.000896\sin2\tau-0.002689\cos3\tau+0.001516\sin3\tau)\cdot\left(\frac{180}{\pi}\right)$$

式中：τ 为日角，以弧度（rad）表示，可用天数 D_n 来定，D_n 从 1 月 1 日的 1 到 12 月 31 日的 365（假定 2 月为 28 天），也即 $\tau=2\pi(D_n-1)/365$；φ 为测点地理纬度（rad）；$-\omega_0$ 和 ω_0 分别为日出、日没时角，由下式计算：

$$\omega_0=\arccos(-\tan\varphi\tan\delta) \tag{2.2}$$

$2\omega_0$ 就是昼长，负根 $-\omega_0$ 相当于日出时的时角；正根 ω_0 相当于日没时的时角。当 $-\omega_0<\omega<\omega_0$ 时，

式(2.2)才有意义。以小时为单位的昼长 N 为：

$$N=\frac{24}{\pi}\omega_0 \tag{2.3}$$

根据式(2.1)计算出各月15日的日天文辐射量 H_{0d}，乘以该月的天数，即可得该月水平面上的月天文辐射量 H_0。

2.1.1.2 起伏地形下天文辐射的分布式计算模型

倾斜面上任意可照时段内获得的天文辐射量 H_s 为：

$$H_s=\frac{T}{2\pi}\left(\frac{1}{\rho}\right)^2 I_0\left[u\sin\delta(\omega_{ss}-\omega_{sr})+v\cos\delta(\sin\omega_{ss}-\sin\omega_{sr})-w\cos\delta(\cos\omega_{ss}-\cos\omega_{sr})\right] \tag{2.4}$$

其中：

$$u=\sin\varphi\cos\alpha-\cos\varphi\sin\alpha\cos\beta$$
$$v=\sin\varphi\sin\alpha\cos\beta+\cos\varphi\cos\alpha$$
$$w=\sin\alpha\sin\beta$$

式中：ω_{sr} 和 ω_{ss} 分别为倾斜面在可照时段内对应的起始和终止太阳时角；δ 为太阳赤纬，在天赤道以北为正，以南为负；φ 为地理纬度，北半球为正，南半球为负；其他参数(θ,h,φ,β)的物理意义见图2.1。

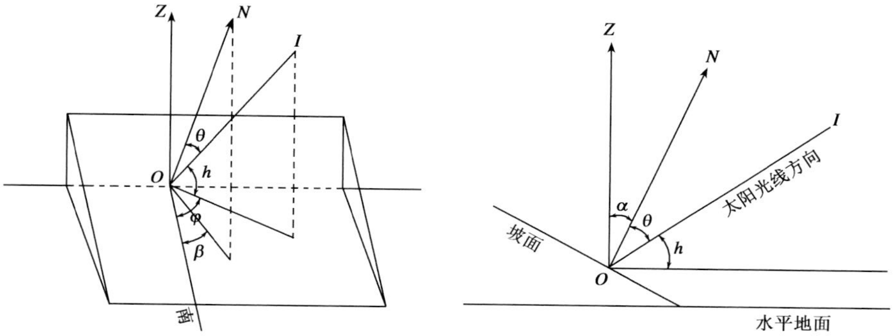

图2.1 太阳辐射在坡面上的分布示意图

I 为入射光线；N 为法线；Z 为反射光线；h 为太阳高度角；β 为法线在坡面垂直投影与坡面向南线的夹角；φ 为入射角在坡面垂直投影与坡面向南线的夹角

坡面日出(日没)时间不早(不晚)于水平面上的日出(日没)时间，见图2.2，对于实际起伏地形中的任一点 P，根据从DEM数据中读取的纬度值，可由式(2.2)和式(2.3)计算与该点同纬度水平面上一年中任一天的日出(日没)时角和天文可照时间，即没有考虑大气和周围地形对 P 点造成遮蔽影响的日出(日没)时角和可照时间。

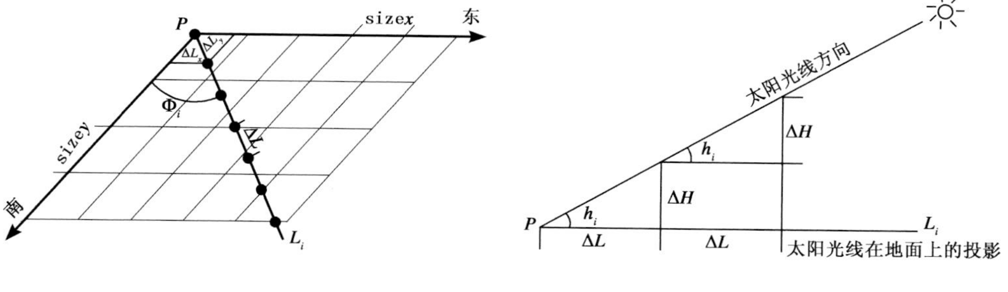

图2.2 模型参数示意图

size$x$ 为DEM格网长度；size$y$ 为DEM格网宽度；Φ_i 为入射角在坡面垂直投影与坡面向南线的夹角(方位角)

实际地形中，一天中任意时刻 P 点可照与否，主要由该时刻的太阳高度角、方位角以及太阳方位角方向上的地形对 P 点造成的遮蔽角(仰角)决定。当太阳高度角大于地形对 P 点造成的遮蔽角时，P 点可得到日照；反之，P 点则被遮蔽，没有日照。基于此思想，实际地形中任一天 P 点接收到的天文辐射量可按如下方案确定：

(1)给定时间积分步长 ΔT (min)，计算相应的太阳时角步长 $\Delta\omega = \frac{2\pi}{24 \times 60} \cdot \Delta T$ (rad)。

(2)在 $[-\omega_0, \omega_0]$ 区间内，以 $\Delta\omega$ 为步长，将水平面上的日出至日没时间划分为 n 个时段，得到相应各时刻的太阳时角数组：

$$\{-\omega_0, -\omega_0 + \Delta\omega, \cdots, -\omega_0 + i \cdot \Delta\omega, \cdots, -\omega_0 + (n-1) \cdot \Delta\omega, \omega_0\}$$

$$n = \mathrm{int}\left(\frac{2\omega_0}{\Delta\omega}\right) + 1$$

式中：int( ) 为取整函数。

(3)确定各时段起始和终止时刻的太阳高度角 h_i 和太阳方位角 Φ_i

各时段起始和终止时刻的太阳时角分别为：

$$\omega_i = -\omega_0 + i \cdot \Delta\omega \qquad i = 0,1,2,\cdots,n-1$$

$$\omega_n = \omega_0$$

根据太阳视轨道方程，各时刻对应的太阳高度角 h_i 和方位角 Φ_i 可由下式确定：

$$\sin h_i = \sin\varphi\sin\delta + \cos\varphi\cos\delta\cos\omega_i$$

$$\cos\Phi_i = \frac{\sin h_i \sin\varphi - \sin\delta}{\cos h_i \cos\varphi} \qquad i = 0,1,2,\cdots,n$$

式中：太阳方位角 Φ_i 从观测者子午圈开始顺时针方向度量，正南为零，向西为正，向东为负。

(4)确定各时刻对应太阳方位角 Φ_i 上的遮蔽状况 S_i

以 P 为起点，沿 Φ_i 方位角做直线 L_i，根据太阳高度角 h_i 和直线 L_i 方向上各点的高程即可确定该时刻周围地形对 P 点的遮蔽状况 S_i，当直线 L_i 方向上各点的高程均对 P 点不造成遮蔽时，记 $S_i = 1$，表示 P 点可照；反之，只要有一点高程使 P 点不可照，记 $S_i = 0$，表示 P 点受地形遮蔽。实际计算中，地形对应点的高度为 DEM 模型中对应点的高度表现，由于 DEM 是由有固定长和宽的格网组成，在计算机模型中为了提高运行效率，自 P 点开始沿直线 L_i 按照距离步长 ΔL 依次判断相应格网点对 P 点的遮蔽状况。方程如下：

$$\Delta L = \min(\mathrm{size}x, \mathrm{size}y)$$

式中：size$x$ 为 DEM 格网长度；size$y$ 为 DEM 格网宽度。

图 2.2 中，自 P 点开始沿直线 L_i 按照距离步长每增加一个 ΔL，对应的水平(东西)方向的坐标增加步长 ΔL_x，垂直(南北)方向的坐标增加步长 ΔL_y，分别为：

$$\Delta L_x = \Delta L \cdot \sin\Phi_i$$

$$\Delta L_y = \Delta L \cdot \cos\Phi_i$$

在直线 L_i 方向上随着距离按步长 ΔL 的增加，使 P 点不受遮蔽应满足的最大高程增量 ΔH 为：

$$\Delta H = \Delta L \cdot \tan h_i$$

式中：size$x$，size$y$，Φ_i，L_i，ΔL，ΔL_x，ΔL_y，ΔH 等各参数的物理意义见图 2.2。

实际计算过程中，直线 L_i 的长度不必取无限长，取一定的遮蔽范围半径 R 即可满足计算要求。在遮蔽范围半径 R 内，判断 Φ_i 方位上地形对 P 点所造成的遮蔽状况 S_i 时，需进行的计算次数为：

$$N = \mathrm{int}\left(\frac{R}{\Delta L}\right)$$

以 P 点为起点，ΔL 为步长，沿直线 L_i 逐步计算周围地形高程(格网点高程)对太阳光线的遮蔽状况，若

$$Z(x_P + j \cdot \Delta L_x, y_p + j \cdot \Delta L_y) > Z(x_P, y_p) + j \cdot \Delta H \qquad j = 1,2,\cdots,N$$

则 $S_i = 0$，即在 Φ_i 方位周围地形对 P 点有遮蔽；否则，$S_i = 1$，即在 Φ_i 方位周围地形对 P 点无遮蔽，P 点

可照。其中，$Z(x,y)$ 为 (x,y) 处的高程。

由于不能保证 $x_P + j \cdot \Delta L_x$ 和 $y_p + j \cdot \Delta L_y$ 为整数(即刚好属于某一格网点的坐标)，所以，$Z(x_P + j \cdot \Delta L_x, y_p + j \cdot \Delta L_y)$ 必须使用重采样方法取得。本分布式模型采用了双线性插值法。

通过对 $\{-\omega_0, -\omega_0 + \Delta\omega, \cdots, -\omega_0 + i \cdot \Delta\omega, \cdots, -\omega_0 + (n-1) \cdot \Delta\omega, \omega_0\}$ 各时刻遮蔽状况函数 S_i 的计算，得到遮蔽状况数组 $\{S_0, S_1, \cdots, S_i, \cdots, S_n\}$。

(5)确定可照时段数及各可照时段的起始、终止太阳时角

依次比较遮蔽状况数组 $\{S_0, S_1, \cdots, S_i, \cdots, S_n\}$ 中相邻两个数组元素的取值状况，即可确定 P 点当天的可照时段数 m 及各可照时段的起始、终止太阳时角，具体算法如下：

遮蔽状况数组中相邻两个数组元素的取值可能有如表 2.1 中的 4 种状态。

表 2.1 相邻两个遮蔽状况数组元素取值状态表

状态	S_i	S_{i+1}	含义
1	0	1	新可照时段开始
2	1	1	当前可照时段延续
3	1	0	当前可照时段结束
4	0	0	当前遮蔽时段延续

1)若出现状态 1，表示新的可照时段开始。取太阳时角数组中相应时刻两个太阳时角的平均值作为新可照时段的起始太阳时角，记为 ω_{srl}，则有

$$\omega_{srl} = \{(-\omega_0 + i \cdot \Delta\omega) + [-\omega_0 + (i+1) \cdot \Delta\omega]\}/2 = -\omega_0 + i \cdot \Delta\omega + \Delta\omega/2,\ i = 0,1,2,\cdots,n-1$$

式中：下标 $l=1 \sim m$，m 为可照时段数。

2)若出现状态 3，表示当前可照时段结束。取太阳时角数组中相应时刻两个太阳时角的平均值作为当前可照时段的终止太阳时角，记为 ω_{ssl}，则有

$$\omega_{ssl} = \{(-\omega_0 + i \cdot \Delta\omega) + [-\omega_0 + (i+1) \cdot \Delta\omega]\}/2 = -\omega_0 + i \cdot \Delta\omega + \Delta\omega/2,\ i = 0,1,2,\cdots,n-1$$

式中：下标 $l=1 \sim m$，m 为可照时段数。

3)若出现状态 2 或 4，表示当前状态是前一状态的延续，不做处理。

在上述算法中，有两种例外情况需特殊处理：

4)若 $S_0 = 1$，表示 P 点在当天第一个可照时段的起始日照时间与水平地面一致，应有 $\omega_{sr1} = -\omega_0$。

5)若 $S_n = 1$，表示 P 点在当天最后一个可照时段的终止日照时间与平地一致，应有 $\omega_{srm} = \omega_0$。

经过以上计算，最终得到 P 点当天 m 个可照时段对应的起始、终止太阳时角数组：

$$\{\omega_{sr1}, \omega_{ss1}; \cdots; \omega_{srl}, \omega_{ssl}; \cdots; \omega_{srm}, \omega_{ssm}\}。$$

(6)计算日天文辐射量

根据式(2.4)，累计以上 m 个可照时段的天文辐射量，得到实际起伏地形中 P 点日天文辐射量 $H_{0d\alpha\beta}$ 的计算式为：

$$H_{0d\alpha\beta} = \frac{24}{2\pi}\left(\frac{1}{\rho}\right)^2 I_0 \left\{u\sin\delta\left[\sum_{l=1}^{m}(\omega_{ssl} - \omega_{srl})\right] + v\cos\delta\left[\sum_{l=1}^{m}(\sin\omega_{ssl} - \sin\omega_{srl})\right] - w\cos\delta\left[\sum_{l=1}^{m}(\cos\omega_{ssl} - \cos\omega_{ssr})\right]\right\} \tag{2.5}$$

根据式(2.5)计算出各月 15 日的日天文辐射量 $H_{0d\alpha\beta}$，乘以该月的天数，即可得该月起伏地形下的月天文辐射量 $H_{0\alpha\beta}$。

2.1.2 直接辐射、散射辐射和总辐射

水平面上的太阳总辐射 H 可分为太阳直接辐射 H_b 和散射辐射 H_d。晴空指数 k_t 和直接透射率 k_b 为重要起算数据。

2.1.2.1　晴空指数和直接透射率

(1)晴空指数

太阳总辐射的大小主要取决于天文辐射的大小和大气对太阳辐射的削减程度，而后者可以用水平面上的太阳总辐射与天文辐射之比来表示。月晴空指数 k_t：

$$k_t = \frac{H}{H_0}$$

式中：H_0 为水平面上月天文辐射量，在前面已完成其计算；H 为水平面上月太阳总辐射量。

月晴空指数与日照百分率之间存在良好的关系。当将重庆及其周边地区的所有日射站资料按月集群或所有站所有月资料集群时，k_t 与 s 之间的线性关系完整和稳定。关系式如下：

$$k_t = H/H_0 = c_1 + c_2 S/S_0 = c_1 + c_2 s$$

式中：S/S_0 为日照时数与可照时数之比；s 为日照百分率；c_1 和 c_2 为经验系数。

(2)直接透射率

水平面上直接辐射的大小，主要取决于天文辐射的大小和大气对太阳直接辐射的削减程度，后者可以用水平面上的直接辐射与水平面上的天文辐射之比来描述，这在一些文献中用直接透射率来表征。月直接透射率 k_b：

$$k_b = \frac{H_b}{H_0}$$

式中：H_0 为水平面上月天文辐射量，在前面已完成其计算；H_b 为水平面上月直接辐射量。

k_b 与 s 的相关关系应满足当 $s = 0$ 时 $k_b = 0$ 的边界条件。由此可以建立一个二次方程的经验模式，关系式如下：

$$k_b = H_b/H_0 = c_1 S/S_0 + c_2 (S/S_0)^2 = c_1 s + c_2 s^2$$

式中：S/S_0 为日照时数与可照时数之比；s 为日照百分率；c_1 和 c_2 为经验系数。

2.1.2.2　直接辐射

太阳以平行光线的形式直接投射到地面上的辐射，称为太阳直接辐射。通常以直接辐射通量密度来表示其强弱。它的大小取决于太阳高度角、大气透明度、云量、海拔高度和地理纬度等。太阳高度角愈大时，光线通过的大气量愈少，辐射分布的面积愈小，故太阳直接辐射愈强。大气透明度愈好，太阳辐射被削减得愈少，直接辐射愈强。云层愈厚，直接辐射愈少。直接辐射是实际起伏地形下太阳总辐射的重要分量。

仿照坡地太阳直接辐射的计算方法，实际起伏地形下太阳直接辐射月总量 $H_{b\alpha\beta}$ 的计算式为：

$$\frac{H_{0\alpha\beta}}{H_0} = \frac{H_{b\alpha\beta}}{H_b}$$

即

$$H_{b\alpha\beta} = H_{0\alpha\beta}\frac{H_b}{H_0} = H_{0\alpha\beta}k_b$$

式中：$H_{0\alpha\beta}$ 为实际起伏地形下的月天文辐射总量，由式(2.5)给出其各月的空间分布；$k_b = \frac{H_b}{H_0}$ 为直接透射率，表示大气对太阳直接辐射的消减程度。

2.1.2.3　散射辐射

入射到分子或微粒上的辐射经电磁波相互作用后，以一定规律向各方向重新发射的辐射，叫散射辐射。太阳散射辐射是太阳光经大气层气体、尘埃散射及地面反射等因素形成的辐射部分，是太阳总辐射的组成部分。太阳散射辐射的观测资料比较少，一般常需要根据现有的气象资料建立各种模型计算太阳散射辐射。散射辐射是起伏地形下太阳总辐射的另一个重要的分量。直接辐射与散射辐射产生的机理不同，要从理论上精确计算由天穹各散射点到达实际起伏地形下的散射辐射量是比较困难的。大量的研究表明：实际地形中，测点获得的散射辐射量与该点的遮蔽状况有关。

现有的坡地散射辐射计算模式有两类，即各向同性模式和各向异性模式。相比而言，各向异性模式能较好地反映起伏地形对太阳辐射的影响，各向异性模式估算复杂地形下的散射辐射结果更加符合实际情况。

在散射辐射各向异性的前提下，实际起伏地形下散射辐射的计算式为：

$$H_{d\alpha\beta} = H_d\{[(H-H_d)/H_0]R_b + V[1-(H-H_d)/H_0]\} = H_d[(H_b/H_0)R_b + V(1-H_b/H_0)] = H_d[k_bR_b + V(1-k_b)]$$

式中：$H_{d\alpha\beta}$ 为实际地形的散射辐射；H_d 为水平面散射辐射；H 为水平面太阳总辐射；H_0 为水平面天文辐射；V 为地形开阔度；R_b 为实际起伏地形下的天文辐射与水平面天文辐射之比。其中：

$$V = 1 + \cos\alpha/2$$

式中：α 为坡度，即坡面与水平面的夹角。

使用各向异性模式计算起伏地形下的散射辐射，应首先估算水平面上的散射辐射 H_d，计算式为：

$$H_d = H_0k_d$$

式中：k_d 为散射系数。

水平面上的太阳总辐射由直接辐射和散射辐射两部分组成，即：

$$H = H_b + H_d$$

则

$$H/H_0 = H_b/H_0 + H_d/H_0$$

又

$$k_t = k_b + k_d$$

则

$$k_d = k_t - k_b$$

因此，散射系数 k_d 可由晴空指数 k_t 和直接透射率 k_b 进行估算。

由此可得水平面上的散射辐射：

$$H_d = H_0k_d = H_0(k_t - k_b)$$

2.1.2.4 总辐射

太阳辐射通过大气，一部分到达地面，称为直接太阳辐射；另一部分为大气中的分子、微尘、水汽等吸收、散射和反射。被散射的太阳辐射一部分返回宇宙空间，另一部分到达地面，到达地面的这一部分称为散射太阳辐射。到达地面的散射太阳辐射和直接太阳辐射之和称为总辐射。到达地面的太阳辐射能量比大气上界小得多，其中的紫外光谱区几乎绝迹，在可见光谱区减少至40%，而在红外光谱区增至60%。太阳总辐射量是指水平面上单位时间、单位面积上接收到的太阳辐射，一般以 MJ/m^2 表示。

起伏地形下总辐射的空间分布大多采用分项累加的方法，可用以下方程来表示：

$$Q = S + D + R + r$$

式中：Q 为总辐射；S 为太阳直接辐射；D 为天空散射辐射；R 为来自周围地形的短波反射辐射；r 为来自研究点与地形遮蔽物间的空气散射辐射。在无积雪的山区，R 较 D 和 S 两项小（一般不足5%），r 的量值更是微乎其微，所以使用时可暂不考虑后两项。即总辐射为：

$$Q=S+D$$

2.1.3 日照时数

2.1.3.1 地理日照

地理日照计算模型的最大特点在于考虑地形的遮蔽。为便于计算机的实现，将一天的可照时间离散化，进行分步积分，分别计算任一时段内的太阳高度角、地形遮蔽角，判断该点是否可照，最后把所有的可照时段累加求和，即得到一天的可照时间。

(1)计算太阳日出和日没时角

地球上任一纬度的日出、日没时角 $-\omega_0$ 和 ω_0 可以表示为：

$$\omega_0 = \arccos(-\tan\varphi\tan\delta)$$

式中：φ 为测点地理纬度(rad)；δ 为太阳赤纬(rad)。其中赤纬 δ 用下面公式来计算：

$$\delta = 23.45\sin\left[\frac{(n+284)\cdot 2\pi}{365}\right]$$

式中：n 为日期序列号，$n=1,2,3,\cdots,365$。

$2\omega_0$ 就是昼长，负根 $-\omega_0$ 相当于日出时的时角；正根 ω_0 相当于日没时的时角。

(2)确定离散数目

确定时角的间隔 $\Delta\omega$，即相应的时间长度 ΔT。原则上，离散数目越大，则计算结果越精细，精度越高。但是，若离散数目过大，则计算时间又会过长。根据李占清等(1987)的研究，时间步长为 20 min 时，即离散数目 $n=36$ 时，相对误差很小，完全满足精度要求。

1)给定时间积分步长 ΔT (min)，计算相应的太阳时角步长 $\Delta\omega = \frac{2\pi}{24\times 60}\cdot\Delta T$ (rad)。

2)在 $[-\omega_0,\omega_0]$ 区间内，以 $\Delta\omega$ 为步长，将水平面上的日出至日没时间划分为 n 个时段，得到相应各时刻的太阳时角数组：

$$\{-\omega_0, -\omega_0+\Delta\omega, \cdots, -\omega_0+i\cdot\Delta\omega, \cdots, -\omega_0+(n-1)\cdot\Delta\omega, \omega_0\}$$

$$n = \text{int}\left(\frac{2\omega_0}{\Delta\omega}\right)+1$$

式中：int( )为取整函数。

(3)确定各时刻对应的太阳高度角(h_i)和方位角(Φ_i)

各时段起始和终止时刻的太阳时角为：

$$\omega_i = -\omega_0 + i\cdot\Delta\omega \qquad i = 0,1,2,\cdots,n-1$$

$$\omega_n = \omega_0$$

根据太阳视轨道方程，各时刻对应的太阳高度角 h_i 和方位角 Φ_i 可由下式确定：

$$\sin h_i = \sin\varphi\sin\delta + \cos\varphi\cos\delta\cos\omega_i$$

$$\cos\Phi_i = \frac{\sin h_i\sin\varphi - \sin\delta}{\cos h_i\cos\varphi} \qquad i=0,1,2,\cdots,n$$

其中，太阳方位角 Φ_i 从观测者子午圈开始顺时针方向度量，正南为零，向西为正，向东为负。

(4)确定各时刻对应太阳方位角 Φ_i 上的遮蔽状况 S_i

地形遮蔽的计算采用光线追踪算法程序，搜索入射路径上所有网格点，若某网格点高程与计算网格点高程之间的高度角大于该入射路径上的太阳高度角，则这是条可遮蔽路径，记 $S_i=0$，表示该点不可照；反之，记 $S_i=1$，表示该点不受地形遮蔽，是可照的。程序通过对数组 $\{-\omega_0, -\omega_0+\Delta\omega, \cdots, -\omega_0+i\cdot\Delta\omega, \cdots, -\omega_0+(n-1)\cdot\Delta\omega, \omega_0\}$ 各时刻遮蔽状况函数 S_i 的计算，得到遮蔽状况数组 $\{S_0, S_1, \cdots, S_i, \cdots, S_n\}$。

(5)确定地理可照时数

分别计算不同时刻的 S_i 值，判断每一微分时段内是否可照，从而确定地形遮蔽系数 g_i 的取值。

$$g_i = \begin{cases} 1 & S_i = S_{i+1} = 1 \\ 0 & S_i = S_{i+1} = 0 \\ 0.5 & S_i = 0 \text{ 且 } S_{i+1} = 1 \text{ 或者 } S_i = 1 \text{ 且 } S_{i+1} = 0 \end{cases}$$

则每个栅格的地理可照时数为：

$$T_M = \sum_{i=1}^{n} g_i \cdot \Delta T$$

式中：ΔT 为时间步长，这里取的是 10 min；n 为时段个数。

2.1.3.2 实际日照

把日照百分数引入模型参与计算，所谓日照百分数就是指实际日照时数与地理可照时数的比值：

$$P = \frac{T_R}{T_M}\times 100\%$$

式中：P 为日照百分数；T_R 为实际日照时数；T_M 为地理可照时数。

由于该地区气象台站都有该台站所在点的实际日照资料，资料完整，而且，实际日照是器测项目，数据较为可靠。

在求得相应台站点的日照百分数以后，利用克立格插值法可以得到日照百分数空间分布。

2.2 热量资源

2.2.1 气温

对流层空气的增温主要依靠吸收地面的长波辐射，离地面越近，获得的长波辐射的热能越多，气温越高；反之，离地面越远，气温越低。总的趋势是气温随高度的升高而降低。山地气温随测点海拔高度的变化而变化的原因，很大程度上是由于测点的空气与周围相同高度大气的热量交换作用造成的，因此，气温随海拔高度的增加总趋势是递减的。气温和海拔高度的关系可以用如下方程表示：

$$T_H = aH/100 + b$$

式中：T_H 为观测点气温；H 为观测点的海拔高度值；a，b 为方程的系数。其中 a 值表示海拔高度每上升 100 m 气温的变化率（即气温直减率），主要取决于大气的层结状况，对一个较小的地区而言，由于大气状况基本相似，用统一的 a 值作为推算气温的参数是可以的，于是，利用重庆区域内及周边 56 个台站建立海拔高度-气温相关，求得月、季、年相应的 a 值，据此将各气象台站的气温订正到海平面，采用克立格(Kriging)进行空间内插，再结合对应的气温直减率和数字高程模型(DEM)，利用 ArcGIS 的叠加功能得到 100 m×100 m 分辨率实际地形下气温的空间分布。重庆市月、季、年平均气温拟合结果如下：

(1)1 月

$T_1 = -0.006H + 8.5962, R^2 = 0.8739$

(2)2 月

$T_2 = -0.0064H + 10.504, R^2 = 0.8794$

(3)3 月

$T_3 = -0.0065H + 14.519, R^2 = 0.8637$

(4)4 月

$T_4 = -0.0061H + 19.683, R^2 = 0.929$

(5)5 月

$T_5 = -0.0061H + 23.673, R^2 = 0.9566$

(6)6 月

$T_6 = -0.0058H + 26.472, R^2 = 0.9699$

(7)7 月

$T_7 = -0.0061H + 29.341, R^2 = 0.9594$

(8)8 月

$T_8 = -0.0065H + 29.605, R^2 = 0.9492$

(9)9 月

$T_9 = -0.0061H + 25.005, R^2 = 0.9426$

(10)10 月

$T_{10} = -0.0058H + 19.798, R^2 = 0.9492$

(11)11 月

$T_{11} = -0.0058H + 14.966, R^2 = 0.9143$

(12)12 月

$T_{12} = -0.0055H + 10.122, R^2 = 0.8992$

(13) 春季(3—5 月)

$T_{spr} = -0.0062H + 19.292, R^2 = 0.9234$

(14) 夏季(6—8 月)

$T_{sum} = -0.0061H + 28.473, R^2 = 0.964$

(15) 秋季(9—11 月)

$T_{aut} = -0.0059H + 19.923, R^2 = 0.9429$

(16) 冬季(12 月 — 翌年 2 月)

$T_{win} = -0.006H + 9.7507, R^2 = 0.889$

(17) 年

$T_{year} = -0.0061H + 19.357, R^2 = 0.9417$

式中：H 为海拔高度；T_1 为 1 月平均气温；T_2 为 2 月平均气温；T_3 为 3 月平均气温；T_4 为 4 月平均气温；T_5 为 5 月平均气温；T_6 为 6 月平均气温；T_7 为 7 月平均气温；T_8 为 8 月平均气温；T_9 为 9 月平均气温；T_{10} 为 10 月平均气温；T_{11} 为 11 月平均气温；T_{12} 为 12 月平均气温；T_{spr} 为春季平均气温；T_{sum} 为夏季平均气温；T_{aut} 为秋季平均气温；T_{win} 为冬季平均气温；T_{year} 为年平均气温。

2.2.2 积温

重庆市积温的空间分布与海拔高度密切相关，但区域之间有一定的差异，重庆市东南部酉阳、秀山、黔江地处四川盆地边沿，外围没有高大山体的阻隔，天气气候特别是冬半年气温受盆地外面的影响较大，其积温的空间分布与市内其他地区有一定的差异，因此，在计算重庆市积温的空间分布时，将全市分为两个区域分别建立积温的分布模型，其中，大部分地区气象台站包括潼南、大足、荣昌、永川、铜梁、北碚、合川、渝北、璧山、沙坪坝、江津、巴南、长寿、万盛、綦江、涪陵、丰都、垫江、梁平、忠县、城口、石柱、彭水、奉节、万州、开县、云阳、巫溪、巫山、南川、武隆、金佛山等重庆市境内 32 个台站，以及贵州省的习水，湖北省的利川、竹山、巴东、十堰，四川省的安岳、合江、武胜、邻水、达川、万源等重庆市周边 11 个台站，共计 43 个台站；东南部气象台站包括重庆市境内的酉阳、秀山、黔江等 3 个台站，以及贵州省的道真、松桃、沿河，湖北省的咸丰等 4 个台站，共计 7 个台站。但夏半年重庆市气温与全国一样，南北差异减小，大春≥20 ℃活动积温、大春≥25 ℃活动积温分布模型不分区域分别建模，全市用以上所列 50 个台站资料统一建模。另外，在计算年≥10 ℃活动积温和年≥10 ℃有效积温时，根据年≥10 ℃活动积温和大春≥10 ℃活动积温分布模型求得年≥10 ℃活动积温与大春≥10 ℃活动积温相等的海拔高度，在该海拔高度以上，年≥10 ℃活动积温、年≥10 ℃有效积温分别由大春≥10 ℃活动积温、大春≥10 ℃有效积温模型计算。

关于大春、小春作物，在重庆、四川等地，习惯上将小麦、油菜、马铃薯、大麦、豌豆、胡豆等喜凉作物称为小春作物，其生长期主要在 10 月—次年 5 月；而将水稻、玉米、红薯、大豆、花生、芝麻等喜温作物称为大春作物，其生长期主要在 3—9 月。

(1)活动积温

1)年≥0 ℃活动积温

大部分台站：$\sum T_1 = 7125e^{-0.00043H}$

东南部台站：$\sum T_1 = 7025.6e^{-0.00041H}$

式中：$\sum T_1$ 为年 ≥ 0 ℃ 活动积温；H 为海拔高度。

2)年≥10 ℃活动积温

大部分台站：$\sum T_2 = -2.1379H + 6006.3$，$R^2 = 0.8709$

(当 $H \geq 1\,756$ m 时，按对应大春 ≥ 10 ℃ 活动积温公式计算)

东南部台站：$\sum T_2 = -2.072H + 5882$，$R^2 = 0.8272$

（当 $H \geqslant 1\,797$ m 时，按对应大春 $\geqslant 10$ ℃ 活动积温公式计算）

式中：$\sum T_2$ 为年 $\geqslant 10$ ℃ 活动积温；H 为海拔高度。

3）大春≥10 ℃活动积温

大部分台站：$\sum T_{d1} = -1.5335H + 4945.2$，$R^2 = 0.8936$

东南部台站：$\sum T_{d1} = -1.4947H + 4844.5$，$R^2 = 0.8351$

式中：$\sum T_{d1}$ 为大春 $\geqslant 10$ ℃ 活动积温；H 为海拔高度。

4）大春≥15 ℃活动积温

大部分台站：$\sum T_{d2} = -1.8886H + 4607.8$，$R^2 = 0.9308$

东南部台站：$\sum T_{d2} = -1.8029H + 4555.5$，$R^2 = 0.8671$

式中：$\sum T_{d2}$ 为大春 $\geqslant 15$ ℃ 活动积温；H 为海拔高度。

5）大春≥20 ℃活动积温

$\sum T_{d3} = -2.2812H + 3689.5$，$R^2 = 0.8865$

式中：$\sum T_{d3}$ 为大春 $\geqslant 20$ ℃ 活动积温；H 为海拔高度。

6）大春≥25 ℃活动积温

$\sum T_{d4} = -0.6597H + 790.57$，$R^2 = 0.4461$

式中：$\sum T_{d4}$ 为大春 $\geqslant 25$ ℃ 活动积温；H 为海拔高度。

7）小春≥0 ℃活动积温

大部分台站：$\sum T_{x1} = -1.2901H + 3553.6$，$R^2 = 0.7813$

东南部台站：$\sum T_{x1} = -1.3701H + 3475$，$R^2 = 0.7665$

式中：$\sum T_{x1}$ 为小春 $\geqslant 0$ ℃ 活动积温；H 为海拔高度。

8）小春≥5 ℃活动积温

大部分台站：$\sum T_{x2} = -1.3954H + 3518.9$，$R^2 = 0.7556$

东南部台站：$\sum T_{x2} = -1.4371H + 3367.8$，$R^2 = 0.749$

式中：$\sum T_{x2}$ 为小春 $\geqslant 5$ ℃ 活动积温；H 为海拔高度。

9）小春≥10 ℃活动积温

大部分台站：$\sum T_{x3} = -1.3201H + 2917.5$，$R^2 = 0.7777$

东南部台站：$\sum T_{x3} = -1.4374H + 2939.9$，$R^2 = 0.7933$

式中：$\sum T_{x3}$ 为小春 $\geqslant 10$ ℃ 活动积温；H 为海拔高度。

（2）有效积温

1）年≥10 ℃有效积温

大部分台站：$\sum T_{y1} = 3575.9e^{-0.0007H}$，$R^2 = 0.9172$

（当 $H \geqslant 1\,756$ m 时，按对应大春 $\geqslant 10$ ℃ 有效积温公式计算）

东南部台站：$\sum T_{y1} = 3478.4e^{-0.0007H}$，$R^2 = 0.8719$

（当 $H \geqslant 1\,797$ m 时，按对应大春 $\geqslant 10$ ℃ 有效积温公式计算）

式中：$\sum T_{y1}$ 为年 $\geqslant 10$ ℃ 有效积温；H 为海拔高度。

2)大春≥10 ℃有效积温

大部分台站：$\sum T_{yd1} = 3085.4e^{-0.0007H}$，$R^2 = 0.9201$

东南部台站：$\sum T_{yd1} = 2955.2e^{-0.0006H}$，$R^2 = 0.8652$

式中：$\sum T_{yd1}$ 为大春 $\geqslant 10$ ℃ 有效积温；H 为海拔高度。

3)大春≥15 ℃有效积温

大部分台站：$\sum T_{yd2} = -0.9098H + 1787.9$，$R^2 = 0.9024$

东南部台站：$\sum T_{yd2} = -1.1027H + 1861.8$，$R^2 = 0.9147$

式中：$\sum T_{yd2}$ 为大春 $\geqslant 15$ ℃ 有效积温；H 为海拔高度。

4)大春≥20 ℃有效积温

$\sum T_{yd3} = -0.5897H + 840.97$，$R^2 = 0.7946$

式中：$\sum T_{yd3}$ 为大春 $\geqslant 20$ ℃ 有效积温；H 为海拔高度。

5)大春≥25 ℃有效积温

$\sum T_{yd4} = -0.0838H + 95.995$，$R^2 = 0.4905$

式中：$\sum T_{yd4}$ 为大春 $\geqslant 25$ ℃ 有效积温；H 为海拔高度。

6)小春≥5 ℃有效积温

大部分台站：$\sum T_{yx1} = -1.0233H + 2280.3$，$R^2 = 0.7608$

东南部台站：$\sum T_{yx1} = -1.1874H + 2261.9$，$R^2 = 0.8256$

式中：$\sum T_{yx1}$ 为小春 $\geqslant 5$ ℃ 有效积温；H 为海拔高度。

7)小春≥10 ℃有效积温

大部分台站：$\sum T_{yx2} = -0.6389H + 1200.6$，$R^2 = 0.7671$

东南部台站：$\sum T_{yx2} = -0.8419H + 1244.2$，$R^2 = 0.841$

式中：$\sum T_{yx2}$ 为小春 $\geqslant 10$ ℃ 有效积温；H 为海拔高度。

2.2.3 地温

地温的空间化方法及流程与气温相同，每月及年平均气温拟合结果如下：

(1)1 月

$T_1 = -0.0064H + 9.4133, R^2 = 0.7551$

(2)2 月

$T_2 = -0.0067H + 11.61, R^2 = 0.7505$

(3)3 月

$T_3 = -0.0074H + 16.337, R^2 = 0.6936$

(4)4 月

$T_4 = -0.0069H + 21.915, R^2 = 0.7324$

(5)5 月

$T_5 = -0.0064H + 26.37, R^2 = 0.7217$

(6)6 月

$T_6 = -0.0055H + 29.023, R^2 = 0.5951$

(7)7月

$T_7 = -0.0074H + 33.665, R^2 = 0.7019$

(8)8月

$T_8 = -0.0078H + 33.831, R^2 = 0.7277$

(9)9月

$T_9 = -0.0065H + 27.934, R^2 = 0.7143$

(10)10月

$T_{10} = -0.0056H + 21.074, R^2 = 0.86$

(11)11月

$T_{11} = -0.0063H + 16.185, R^2 = 0.8204$

(12)12月

$T_{12} = -0.0062H + 10.851, R^2 = 0.7611$

(13) 年

$T_{year} = -0.0066H + 21.569, R^2 = 0.8343$

式中：H 为海拔高度；T_1 为1月平均地温；T_2 为2月平均地温；T_3 为3月平均地温；T_4 为4月平均地温；T_5 为5月平均地温；T_6 为6月平均地温；T_7 为7月平均地温；T_8 为8月平均地温；T_9 为9月平均地温；T_{10} 为10月平均地温；T_{11} 为11月平均地温；T_{12} 为12月平均地温；T_{year} 为年平均地温。

2.3　降水

利用经度、纬度、海拔高度与年及月平均降水量分别建立相应回归模型，如下：

$$P_{year} = -1370 + 37.115Lon - 51.266Lat + 0.162H$$

$$P_{Jan} = 121.47 - 0.154Lon - 2.991Lat + 0.008H$$

$$P_{April} = -514.715 + 9.381Lon - 13.325Lat + 0.017H$$

$$P_{July} = -115.790 + 0.013Lon + 9.462Lat + 0.016H$$

$$P_{Oct} = -268.960 + 4.689Lon - 4.727Lat + 0.013H$$

式中：$P_{year}, P_{Jan}, P_{April}, P_{July}, P_{Oct}$ 分别为多年平均年降水量、1月降水量、4月降水量、7月降水量、10月降水量；Lon, Lat, H 分别为经度、纬度和海拔高度。利用以上公式进行回归可以得到相应降水的模拟值。

2.4　大气水汽含量

2.4.1　水汽压

水汽压是表示大气中水汽含量的一个基本气候要素，探讨水汽压的分布对于了解各地湿润状况有着重要的意义。水汽压的空间分布采用非线性的模式，其空间分布函数 $F(\lambda,\varphi,h)$ 可以表示为 $\psi_h(\lambda,\varphi)$ 和函数 $f(h)$ 的乘积，即：

$$F(\lambda,\varphi,h) = \psi_h(\lambda,\varphi) \cdot f(h)$$

式中：λ 为经度；φ 为纬度；h 为海拔高度；$\psi_h(\lambda,\varphi)$ 为水汽压 e 的宏观水平分布函数；$f(h)$ 为水汽压随海拔高度变化的函数。

在实际空间扩展计算中可以利用100 m高度的水汽压与实际地形下的水汽压的如下关系：

$$e_h = e_{100} \cdot \exp[-c(h-100)]$$

式中：e_h 和 e_{100} 分别为海拔高度 h(m)处和100 m处的水汽压(hPa)；c 为水汽压递减系数(见表2.2)。由此可以得到：

$$e_{100} = e_h \cdot \exp[c(h-100)]$$

采用以上方法把水汽压订正到 100 m 高度，再结合 DEM 可得到重庆市 100 m×100 m 分辨率实际地形下水汽压空间分布。

表 2.2　每月及年度水汽压递减系数表

时间	递减系数
1 月	0.000 45
2 月	0.000 42
3 月	0.000 39
4 月	0.000 38
5 月	0.000 35
6 月	0.000 33
7 月	0.000 28
8 月	0.000 30
9 月	0.000 33
10 月	0.000 38
11 月	0.000 44
12 月	0.000 45
年	0.000 34

2.4.2　相对湿度

利用重庆 34 个气象台站的年平均相对湿度资料进行分析的结果表明，重庆空气相对湿度总体上随海拔升高而递增，其垂直递增率为海拔每升高 100 m 年平均空气相对湿度增加 0.2%。据此将各气象台站的年平均空气相对湿度订正到海平面，然后采用克立格(Kriging)平面插值方法将年平均空气相对湿度插值到 100 m×100 m 网格点上，最后再结合年平均空气相对湿度垂直递增率和数字高程模型(DEM)，利用 ArcGIS 的叠加功能可以得到 100 m×100 m 分辨率实际地形下平均空气相对湿度的空间分布。

2.5　风能资源

风是空气运动的表征，它输送着不同属性的气团，产生热量和水分的交换，对天气气候的形成和变化有着重要的作用。山区风的状况，比之山区温度、湿度分布要复杂得多，这是与地形对气流的动力和热力作用分不开的。巨大的山系(如天山、秦岭)可阻挡气流的运动，起到气候分界线的作用，而中小地形则能使气流的速度和方向发生改变。所以，在地形复杂地区，风速、风向往往十分紊乱，局地实际风与地转风有很大偏离。山区风场的特殊性直接影响动量、热量、水汽以及污染物的输送，进而影响到山区其他气象要素的分布，于是就直接、间接地影响到山区的工农业生产。大地形对气流运动的作用主要有两个方面：一是阻挡作用；二是引导作用。所以，分析山区风状况，对开发气候资源有实际意义。

2.5.1　风速

风速空间插值采用水平方向的权重内插和高程幂指数修正相结合的方法。水平方向的权重函数 w 选取时除主要考虑待求点与测站之间的距离大小外，为了考虑地形起伏的影响，在权重函数中还增加了一个反映地形起伏变化程度的因子 h，即权重函数取如下形式：

$$w(r,h)=\frac{1}{r^a h^b} \tag{2.6}$$

式中：r 为待求点与测站之间的距离的大小；指数 a 和 b 为非负数；h 为气象测点与待求点之间地形高度变化的总量。

假设在点1和点5之间的地形起伏变化如图2.3所示，在它们之间还有4个网格点——点6、点2、点3、点4。若要求点1和点5之间的 h 值，需要将这些点之间的地形高度变化值累加。用 h_{ij} 表示从点 i 到点 j 的高度变化总量，用 z_i 表示点 i 的高程，则 h_{15} 的计算方法如下：

$$h_{15}=h_{16}+h_{62}+h_{23}+h_{34}+h_{45}$$

其中

$$h_{ij}=|z_j-z_i|。$$

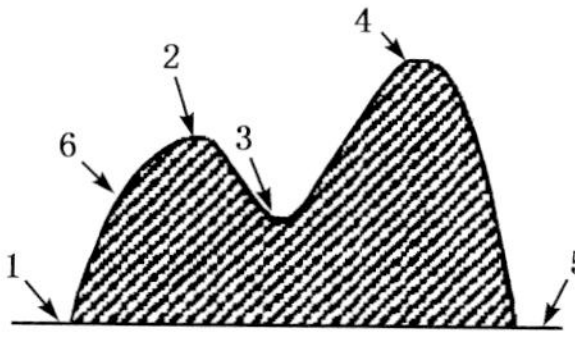

图2.3 两点间地形起伏示意图

由 r 和 h 的定义可知，用 r 和 h 这两个量的大小，可以表示气象测点和待求点之间的地形起伏变化。根据地形起伏变化的大小，将气象测点分为如下几组：

Ⅰ组：r 和 h 都较小，表示与待求点距离很近且其间地形平坦；

Ⅱ组：r 较大，h 较小，表示与待求点距离较远但其间地形平坦；

Ⅲ组：r 较小，h 较大，表示虽然与待求点相距很近，但它们之间可能有陡坡；

Ⅳ组：r 和 h 都较大，表示与待求点相距较远，且其间地形起伏多变，也可能有陡坡。

通过定性分析可以知道，上面Ⅰ，Ⅱ，Ⅲ，Ⅳ组测点与待求点的相关性应该是依次递减的。如果能用权重函数把它们的重要度区分开，就从一定程度上表示了地形起伏变化的大小。这一点可以通过式(2.6)所示的权重函数来实现。

分析得知，通过权重函数，可以将Ⅰ和Ⅳ组两种情况与其他情况区分开来，对 a 和 b 的大小没有特殊要求；为了区别Ⅱ和Ⅲ组两种情况，将距离因子和地形起伏因子归一化，式(2.6)所示权重函数变为如下形式：

$$w(r,h)=\frac{1}{(r/r_{\max})^a(h/h_{\max})^b} \tag{2.7}$$

式中：$r_{\max}$ 和 $h_{\max}$ 分别为所有 r 和所有 h 的最大值。

为了使Ⅱ组测点的权重值小于Ⅲ组测点，采用式(2.7)形式的权重函数时，应取指数 $b>a$。综上所述，通过采用式(2.7)形式的函数并令 $b>a$，可以使得上述4组测点的权重依次减小。

首先计算每个观测点的内插风矢量，如式(2.8)所示：

$$u_i^{\mathrm{cal}}=\frac{\sum_{j=1}^{n} w_j u_j^{\mathrm{obs}}}{\sum_{j=1}^{n} w_j},\quad v_i^{\mathrm{cal}}=\frac{\sum_{j=1}^{n} w_j v_j^{\mathrm{obs}}}{\sum_{j=1}^{n} w_j} \tag{2.8}$$

$$j\neq i, i=1,2,\cdots,n;\ j=1,2,\cdots,n$$

式中：u_j^{obs}，v_j^{obs} 和 u_i^{cal}，v_i^{cal} 分别为实测和计算的每个点的水平风的两个分量（u 为东西向分量，v 为南北向分量）；w_j 为赋予每个参考点 j 的权重；n 为与未知点相关的点的总数；下标 i 为待求点的序号；下标 j 为参考点的序号。

对于重庆市，各季最多风向的分布和年最多风向大体一致，地面盛行的基本为北风，为此对整个重庆市取同一风向，这样的话在插值的计算过程中就不需要考虑风向，则式(2.8)简化为：

$$u_i^{\text{cal}} = \frac{\sum_{j=1}^{n} w_j u_j^{\text{obs}}}{\sum_{j=1}^{n} w_j} \tag{2.9}$$

$$j \neq i, i = 1,2,\cdots,n; \ j = 1,2,\cdots,n$$

在山地，坡地上的风是随着地方海拔高度的抬升而增大的。由于受下垫面摩擦和热力条件的作用，坡地上的风具有高度湍流性质。在对于较高的一层(譬如说 100 m 以上)，是符合简单的幂指数模式，所以我们采取式(2.10)来描述风速随高度变化的廓线方程，即：

$$u = u_1 \left(\frac{z}{z_1}\right)^p \tag{2.10}$$

式中：u, u_1 分别为 z, z_1 高度上的风速；u_1 为 $1/r^2h^3$ 的插值结果；z_1 取重庆市所有测站平均海拔高度为 300 m。这里研究的气候平均值是重庆市实测风的气候平均资料，取同一坡向随高度变化的风速来拟合，得到幂指数 $p=0.64$，根据实际气象台站的分布情况来选取与未知点距离最近的 5 个点，采取以上幂指数函数的形式来计算风速。

2.5.2 风功能密度

按照中华人民共和国国家发展和改革委员会《全国风能资源评价技术规定》，若没有风自记观测记录，则年(月)风功能密度的计算方法如下：

首先计算威布尔(Weibull)参数 k, c：

$$k = \frac{\ln(\ln T) - 0.1407}{\ln\left(\frac{V_{\max}}{\overline{V}}\right) - 0.1867} \tag{2.11}$$

$$c = \frac{\overline{V}}{\Gamma(1 + 1/k)} \tag{2.12}$$

式中：$T = 365 \times 24 \times 6 = 52560(\text{min})$；$\overline{V}$ 为 1971—2000 年 30 年年(月)平均风速；$V_{\max}$ 为 1971—2000 年年(月)最大风速。

然后计算年(月)风功能密度：

$$D_{wp} = \frac{1}{2}\rho c^3 \Gamma\left(\frac{3}{k} + 1\right) \tag{2.13}$$

式中：D_{wp} 为年(月)平均风功能密度；ρ 为年(月)平均空气密度。

根据式(2.7)至式(2.13)在平均风速空间分布的结果上可得到风功率密度的空间分布。

第3章 气象灾害精细化空间扩展模型

3.1 干旱

3.1.1 干旱指标

干旱分类的方法较多，根据干旱发生的原因，通常分为土壤干旱、大气干旱和生理干旱；按干旱发生的时间，全国大多数地方一般分为春旱、夏旱、秋旱和冬旱。根据重庆市的气候特点和农业生产特点（主要是农作物生长发育和农事活动对水分的需求），将重庆市的干旱分为：春旱（3—4月）、夏旱（5—6月）、伏旱（7—8月）、秋旱（9—11月）和冬旱（12月—翌年2月）5种。

3.1.2 干旱精细化空间扩展模型

分别采用降水、气温、经度、纬度进行回归建立各季节干旱频率的空间扩展模型，如下所示：

$$sprdrou = -80.00 + 269.773e^{-0.017R_1} + 0.744Lon$$

$$sdrou = 333.27 - 73.667\ln R_2 + 3.866Lat$$

$$fdrou = 20.14 + 158e^{-0.006R_3} - 0.014H$$

$$adrou = -772.088 + 9.814Lon - 6.541Lat - 0.823R_4$$

$$wdrou = -819.00 + 8.69Lon - 1.751Lat - 0.793R_5$$

式中：$sprdrou$ 为春季干旱频率；Lon 为经度；R_1 为3—4月的降水量（mm）；$sdrou$ 为夏季干旱频率；Lat 为纬度；R_2 为5—6月的降水量（mm）；$fdrou$ 为伏旱频率；H 为海拔高度（m）；R_3 为7月下旬—8月底的降水量（mm）；$adrou$ 为秋季干旱频率；R_4 为10月下旬—11月底的降水量（mm）；$wdrou$ 为冬季干旱频率；R_5 为12月—翌年2月的降水量（mm）。

3.2 暴雨

3.2.1 暴雨指标

暴雨即强降水，一般指每小时降水量在16 mm以上，或连续12 h降水量达30 mm以上，或连续24 h降水量达50 mm以上的降水。我国气象学上规定，24 h降水量为50 mm或以上的雨为“暴雨”。按其降水强度大小又分为三个等级，即：24 h降水量为50～99.9 mm称“暴雨”；100～249.9 mm为“大暴雨”；250 mm及其以上为“特大暴雨”。

3.2.2 暴雨精细化空间扩展模型

暴雨日数的分布受地理因素和气候因子的共同影响，相关分析的结果表明，重庆市暴雨日数与经度、纬度及6—10月降水量相关性较好，据此，建立了重庆市暴雨日数分布方程：

$$N = -8.818 + 0.008R_{6-10} + 0.009Lon + 0.177Lat$$

式中：N 为年暴雨日数；R_{6-10} 为6—10月降水量（mm）；Lon 为经度；Lat 为纬度。

3.3 绵雨

3.3.1 绵雨指标

各个季节连续7 d或以上出现日降水量≥0.1 mm的天气过程为一次绵雨过程；日降水量≥0.1 mm连续降水日数达7～11 d为一般绵雨，12～15 d为重绵雨，≥16 d为严重绵雨。为了计算区域性绵雨指数，给出单站单次绵雨指数的计算公式如下：

$$q_{kt} = 0.5d - 2$$

式中：q_{kt}为某一季节单次绵雨指数；$k,t=1,2,3\cdots$，分别为季节序号和某一季节绵雨段数序号（任意一年的某一季节可能出现几段绵雨）；d为一段绵雨的天数，$d\geqslant7$。若某年度某一季节出现多次绵雨，要考虑多次绵雨的累加效应，则单站季节绵雨指数为：

$$q_k = (0.7 + 1.3M)\sum q_{kt}$$

式中：q_k为单站季节绵雨指数；M为某年度某一季节的绵雨段数。

由前面天数等级指标得到判定绵雨等级的指数指标为：当$1.5\leqslant q_k<4.0$时，为一般绵雨；当$4.0\leqslant q_k<6.0$时，为重绵雨；当$q_k\geqslant6.0$时，为严重（异常）绵雨。

降水是影响绵雨发生频率的最主要因子，但是，影响绵雨发生频率的并不一定是整个时段的降水量。因此，为了更好地进行空间化，有必要进行关键时段的选择，本书在对绵雨频率和降水进行相关性分析的基础上选择影响绵雨发生频率的关键性时段。其中：春季取3月上旬—4月中旬；初夏取5月中旬—6月下旬；盛夏取8月上旬—8月下旬；秋季取9月中旬—10月中旬；冬季取12月中旬—翌年2月中旬。

3.3.2 绵雨精细化空间扩展模型

绵雨频率的空间分布除与关键时段的降水有关外，还与经纬度、海拔高度等地理因子密切相关，具有明显的地域性，将经纬度、海拔高度等地理因子与关键时段的降水一起与绵雨频率进行相关分析，建立绵雨频率分布模式：

$$P_{\mathrm{Spr}} = -65.770 + 1.161Lon - 3.165Lat + 0.613R$$

$$P_{\mathrm{Su}} = 236.527 - 7.698Lat + 0.035H + 0.234R$$

$$P_{\mathrm{Hs}} = -3.846 + 0.046H + 0.137R$$

$$P_{\mathrm{A}} = 828.876 - 4.035Lon - 11.539Lat + 0.112R$$

$$P_{\mathrm{W}} = 520.123 - 3.727Lon - 4.182Lat + 0.842R$$

式中：P_{Spr}，P_{Su}，P_{Hs}，P_{A}，P_{W}分别为春季、初夏、盛夏、秋季和冬季绵雨频率；Lon为经度；Lat为纬度；R为对应关键时段的降水量（mm）。

3.4 高温

3.4.1 高温指标

一般高温日：日最高气温≥35 ℃；重高温日：日最高气温≥38 ℃；严重高温日：日最高气温≥40 ℃。就单站和年度发生情况可以表示为：

$$NH = 0.5M_1 + 0.7M_2 + M_3$$

$$Q_{\mathrm{S}} = \sum NH/M$$

式中：NH为单站年度高温指数；M_1，M_2，M_3分别为单站一般、重和严重高温日数；Q_{S}为全市高温年型指数；$\sum NH$ 为一年中全市发生高温台站的单站年高温指数之和；M 为全市当年台站总数。单站一般、重和严重高温日对应的指数分别为 1.0，1.5 和 2.0。单站和全市高温年型分级指标如下：

无明显高温年：$Q_S<8.0$；一般高温年：$8.0\leqslant Q_S<15.0$；重高温年：$15.0\leqslant Q_S<20.0$；严重高温年：$Q_S\geqslant 20.0$。

3.4.2 高温精细化空间扩展模型

高温的空间分布特点受地形尤其是海拔高度的影响非常大，要对其进行空间插值必须充分考虑地形的影响。利用重庆市观测资料和海拔高度建立关系，可以得到极端高温和高温日数与海拔高度的相关性方程，从而进行空间化。

$$T_m=-0.0085H+45.381, R^2=0.5693$$

$$N=69.818e^{-0.0038H}, R^2=0.5912$$

式中：T_m 为极端高温；N 为高温日数；H 为海拔高度。

3.5 低温

3.5.1 低温指标

低温按季节划分为：春季低温和初秋低温。具体指标分别为：3 月中下旬日平均气温<12 ℃的低温天气连续 4 d 及以上为春季低温，连续 6 d 及以上为春季重低温；9 月中下旬日平均气温<22 ℃的低温天气连续 5 d 及以上为初秋低温，连续 7 d 及以上为初秋重低温。年际间低温发生情况差异很大，有些年没有低温时段，而有些年又出现多次低温时段，为了客观评价低温的累计发生情况，特定义春季、初秋单站低温强度指标为：

$$R_{ij}=\sum_{k=1}^{m}D_{jk}$$

式中：R_{ij} 为春季或初秋单站低温强度；i 为台站序号；j 为年代序号；D_{jk} 为某一段低温的天数；k 为低温段序号。为了比较低温的地区差异，需要计算累年平均低温强度，可以用下式表示：

$$R_i=\sum_{j=1}^{n}R_{ij}/N$$

式中：R_i 为春季、初秋单站多年平均低温强度；N 为该站参与统计的年数。

3.5.2 低温精细化空间扩展模型

春季低温频率、秋季低温频率和海拔高度有显著的相关性，公式如下：

$$f_1=50.718\ln H-233.72, R^2=0.5996$$

$$f_2=25.555\ln H-73.547, R^2=0.7386$$

式中：f_1 为春季低温频率；f_2 为秋季低温频率；H 为海拔高度。

3.6 冻害

3.6.1 冻害指标

冻害的分类比较复杂，大体来说，可分为霜冻和冻害。根据分析，重庆市霜冻与日最低气温≤2 ℃日之间关系密切，一般情况下，日最低气温≤2 ℃时，地面或叶面温度可能已降到 0 ℃，出现霜冻；日最低气温降到 0 ℃以下，部分农作物、蔬菜及荔枝、龙眼等南亚热带植物就开始受害，日最低气温降到－2 ℃以下，受害明显加重。因此，将重庆冻害分为霜冻、一般冻害和较重冻害三级，具体指标如下：

霜冻：0 ℃$<T_m\leqslant$2 ℃；一般冻害：$-$2 ℃$<T_m\leqslant$0 ℃；较重冻害：$T_m\leqslant-$2 ℃。

3.6.2 冻害精细化空间扩展模型

由于重庆境内地形地貌复杂，海拔高度差异显著，使冻害的空间分布比较复杂。冻害不仅和海拔高度有关，还和其他地理要素有关，可以用下式来表示：

$$P = f(a,b,c,d,\cdots)$$

式中：P 为冻害的空间分布；$a,b,c,d,\cdots$ 分别为海拔高度、经度、纬度、小地形等地理因子。

第4章　部分农作物生育期及农事活动空间扩展模型

4.1　农作物生育期

4.1.1　小麦生育进程

(1)小麦抽穗期

利用10个小麦区域试验点的多年试验资料，建立的小麦抽穗期空间分布模型为：

$$N_2=7.6Lat+0.016H-222.0 \qquad (F=9.2^{*},n=10)$$

式中：N_2 为小麦抽穗期，$N_2=1$ 表示3月1日；Lat 为纬度；H 为海拔高度。回归效果达显著水平。

小麦抽穗期与纬度和海拔高度的关系随纬度北移和海拔高度的升高而推迟，纬度每北移1°，抽穗期推迟约8 d；海拔每升高100 m，抽穗期推迟约2 d。

(2)小麦成熟期

利用10个小麦区域试验点的多年试验资料，建立的小麦成熟期空间分布模型为：

$$N_3=5.1Lat+0.036H-98.0 \qquad (F=14.2^{**},n=10)$$

式中：N_3 为小麦成熟期，$N_3=1$ 表示3月1日；Lat 为纬度；H 为海拔高度。回归效果达极显著水平。

小麦成熟期与纬度和海拔高度的关系与抽穗期相似，成熟期随纬度北移和海拔高度的升高而推迟，纬度每北移1°，成熟期推迟约5 d，海拔每升高100 m，成熟期推迟约4 d。

(3)小麦生育期天数

利用10个小麦区域试验点的多年试验资料，建立的小麦生育期天数空间分布模型为：

$$D=6.6Lat+0.056H-37.3 \qquad (F=42.1^{**},n=10)$$

式中：D 为小麦生育期天数；Lat 为纬度；H 为海拔高度。回归效果达极显著水平。

小麦生育期天数与纬度和海拔高度都呈正相关，随纬度北移和海拔高度的升高而延长，纬度每北移1°，生育期延长约7 d；海拔每升高100 m，生育期延长约6 d。

研究表明，小麦生育期天数(D)与生育期间的平均气温(T)呈极显著的负对数关系，其关系式如下：

$$D=-170.1\ln T+601.0 \qquad (F=37.8^{**},n=10)$$

而平均气温又与纬度和海拔高度呈极显著的负相关，关系式为：

$$T=-0.49Lat-0.0049H+27.7 \qquad (F=226.0^{**},n=131)$$

可以看出，纬度和海拔高度引起的气温变化是小麦生育期天数分布差异的根本原因。

4.1.2　柑橘初花期

宽皮橘和甜橙初花期随纬度和海拔高度的分布模型：

$$N_1=4.38Lat+0.011H-115.0 \qquad (n=10,\alpha=0.05)$$

$$N_2=7.48Lat+0.036H-217.4 \qquad (n=12,\alpha=0.01)$$

式中：N_1 和 N_2 分别为宽皮橘和甜橙初花期，4月1日，$N_1(N_2)=1$；4月2日，$N_1(N_2)=2$，依次类推。Lat 和 H 分别为测点地理纬度(°N)和海拔高度(m)。宽皮橘和甜橙初花期均随纬度北移和海拔高度的升高而推迟，由此，柑橘初花期分布规律为：纬度每北移1°，宽皮橘和甜橙初花期分别推迟4.4和7.5 d；

海拔每升高 100 m，宽皮橘和甜橙初花期分别推迟 1.1 和 3.6 d。柑橘初花期随纬度和海拔高度的变化幅度均以甜橙较宽皮橘要大。

根据柑橘监测网点气象资料计算得到的初春 3 月平均气温随纬度和海拔高度的分布模型为：

$$T=-0.80Lat-0.0042H+38.9 \quad (n=16,\alpha=0.01)$$

式中：T 为 3 月平均气温；Lat 为纬度；H 为海拔高度。

另一方面，宽皮橘和甜橙初花期分别又与 3 月平均气温呈显著和极显著的负相关，其关系式分别为：

$$N_1=-6.69T+112.0 \quad (n=10,\alpha=0.05)$$

$$N_2=-8.44T+132.9 \quad (n=12,\alpha=0.01)$$

由于气温随纬度和海拔高度的变化，造成了柑橘初花期随纬度和海拔高度的规律性变化。

4.2 农事活动

4.2.1 水稻适宜播种期

水稻适宜播种期决定于春季气温回升情况，从重庆市春季气温回升情况来看，全市绝大部分春季气温稳定回升到 10 ℃日期的地理分布规律基本一致，但东南部黔江、酉阳、秀山三区县地处盆地边缘外侧，气温的分布与市内其他地方有较大差异，而与湖北、湖南、贵州三省相邻地方的分布规律比较一致。为此，为了定量确定水稻适宜播种期的分布规律，利用重庆市的 31 个台站，以及重庆市东南部、贵州、湖北的 6 个气象台站的气象资料，分别建立了重庆市及重庆市东南端水稻适宜播种期的分布模型：

$$N_1=-35.953+0.041H+1.85Lat$$

$$N_2=41.0+0.021H$$

式中：N_1 和 N_2 分别为重庆市及重庆市东南端水稻常年适宜播种期，2 月 1 日，$N_1(N_2)=1$；2 月 2 日，$N_1(N_2)=2$，依次类推。H 和 Lat 分别为海拔高度和纬度。上面两式回归效果均达极显著水平。

4.2.2 小麦适宜播种期

利用小麦分期播种资料，建立了小麦产量-播种期关系模型，定量确定正常年份早熟小麦适宜播种期的气候生态指标为秋季多年平均气温下降到 15 ℃。据此，利用气象资料建立的小麦适宜播种期空间分布模型为：

$$N_1=-2.1Lat-13.7\ln H+180.2 \quad (F=14.6^{**},n=131)$$

式中：N_1 为小麦适宜播种期出现时间，$N_1=1$ 表示 10 月 1 日，其他依次类推；Lat 和 H 分别为地理纬度和海拔高度。回归效果达极显著水平。

由上可知，小麦适宜播种期随纬度北移和海拔高度的升高而提前。纬度每北移 1°，适宜播种期提前约 2 d。海拔每升高 100 m，适宜播种期提前约 3 d，且海拔越低，适宜播种期差异越大：海拔 400 m 以下地区海拔每升高 100 m，小麦适宜播种期提前 4～5 d；海拔 600 m 以上地区海拔每升高 100 m，提前仅 2 d。

4.2.3 油桐适宜采收期

油桐喜光、温，忌严寒，在丘陵地区种植油桐，海拔高度是主要限制因子，油桐产量、产油率与海拔高度关系的气候生态模型分别为：

$$Y=0.0062H-0.000005643H^2-0.18 \quad (F=18.5,n=14,\alpha=0.01)$$

$$P=0.0366H-0.00004137H^2+36.44 \quad (F=128.4,n=14,\alpha=0.01)$$

式中：Y 为桐油产量(kg)；P 为产油率(%)；H 为海拔高度(m)。

可以得到油桐成熟度(K)与海拔高度(H)、时间(t)变化的关系模型：

$$K=-0.00037H+0.0068t+0.86 \quad (R=0.8333,n=12,\alpha=0.01)$$

其中，设定 $t=1$ 为9月1日，$t=2$ 为9月2日，依次类推。在同一时间，油桐的成熟度随海拔高度的升高而减小；在相同海拔高度，油桐成熟度随时间推迟而增大。

根据上述方程可以得到采收期的变化方程：

$$t=0.054+147.1K-126.5$$

其中，设定 $t=1$ 为9月1日，$t=2$ 为9月2日，依次类推。其中，年平均气温小于14 ℃或者大于17.9 ℃为油桐不适宜栽培区，不在计算范围之列。

第5章　农业气候区划指标

5.1　粮食作物

重庆市粮食作物主要有优质稻、再生稻、玉米、红薯、冬小麦、马铃薯、秋玉米、秋红薯、秋马铃薯，其气候区划指标分别见表5.1至表5.9。

表5.1　重庆市优质稻气候区划指标

类型＼指标	一级指标		二级指标
	年平均气温 T(℃)	3—9月日照时数 S(h)	伏旱频率 f(%)
低坝河谷优质再生稻适宜区	$T\geqslant17.1$	—	$53\leqslant f<87$
低山偏热籼稻次适宜区	$15.9\leqslant T<17.1$	—	$38\leqslant f<71$
光照较差籼稻次适宜区	$14.1\leqslant T<15.9$	$S<850$	$15\leqslant f<54$
光照一般籼稻适宜区	$14.1\leqslant T<15.9$	$850\leqslant S<1\ 000$	$15\leqslant f<54$
光照较丰籼稻适宜区	$14.1\leqslant T<15.9$	$S\geqslant1\ 000$	$15\leqslant f<55$
光照较差籼粳次适宜区	$12.9\leqslant T<14.1$	$S<850$	$15\leqslant f<29$
光照一般籼粳适宜区	$12.9\leqslant T<14.1$	$850\leqslant S<1\ 000$	$18\leqslant f<37$
光照较丰籼粳适宜区	$12.9\leqslant T<14.1$	$S\geqslant1\ 000$	$31\leqslant f<46$
温凉粳稻次适宜区	$11.7\leqslant T<12.9$	—	$15\leqslant f<21$
高海拔冷凉不适宜区	$T<11.7$	—	$f<14$

表5.2　重庆市再生稻气候区划指标

类型＼指标	基本指标	
	8月中旬—10月中旬积温 $\sum T$(℃·d)	8月中旬—10月中旬日照时数 S(h)
光温丰富再生稻适宜栽培区	$\sum T\geqslant1\ 700$	$S\geqslant320$
热量丰富、光照较丰再生稻适宜栽培区	$\sum T\geqslant1\ 700$	$260\leqslant S<320$
光照丰富、热量较丰再生稻较适宜栽培区	$1\ 625\leqslant\sum T<1\ 700$	$S\geqslant320$
光热较丰再生稻较适宜栽培区	$1\ 625\leqslant\sum T<1\ 700$	$260\leqslant S<320$
热量不足再生稻不适宜栽培区	$\sum T<1\ 625$	$S<260$

表5.3　重庆市玉米气候区划指标

类型＼指标	基本指标	
	年平均气温 T(℃)	伏旱频率 f(%)
冷凉无伏旱影响一熟制玉米栽培区	$9.1\leqslant T<12.0$	$f<30$
温凉伏旱偶发两熟制玉米栽培区	$12.0\leqslant T<14.4$	$f<30$
温热少伏旱两熟制玉米栽培区	$14.4\leqslant T<17.3$	$30\leqslant f<50$
温热多伏旱两熟制玉米栽培区	$14.4\leqslant T<17.3$	$50\leqslant f<70$
高温多伏旱三熟制玉米栽培区	$T\geqslant17.3$	$50\leqslant f<70$
高温伏旱高发三熟制玉米栽培区	$T\geqslant17.3$	$f\geqslant70$
高海拔冷凉玉米不适宜栽培区	$T<9.1$	—

表5.4　重庆市红薯气候区划指标

类型＼指标	基本指标	
	年平均气温 T(℃)	伏旱频率 f(%)
冷凉伏旱偶发红薯栽培区	$10.9 \leqslant T < 14.4$	$f < 30$
温热少伏旱红薯栽培区	$14.4 \leqslant T < 16.1$	$30 \leqslant f < 50$
温热多伏旱红薯栽培区	$14.4 \leqslant T < 16.1$	$50 \leqslant f < 70$
热量丰富多伏旱红薯栽培区	$T \geqslant 16.1$	$50 \leqslant f < 70$
热量丰富伏旱高发红薯栽培区	$T \geqslant 16.1$	$f \geqslant 70$
高海拔冷凉红薯不适宜栽培区	$T < 10.9$	—

表5.5　重庆市冬小麦气候区划指标

类型＼指标	基本指标				
	年平均气温 T(℃)	11月—翌年4月日照时数 S(h)	10月中旬—11月上旬降水量 R_1(mm)	12月下旬—翌年2月上旬降水量 R_2(mm)	4月降水量 R_3(mm)
光照一般湿害较轻冬小麦栽培区	$T \geqslant 12.5$	$S < 450$	$R_1 < 75$	—	$R_3 < 95$
光照一般春秋湿害冬小麦栽培区	$T \geqslant 12.5$	$S < 450$	$R_1 \geqslant 75$	—	$R_3 \geqslant 95$
光照较丰春秋湿害冬小麦栽培区	$T \geqslant 12.5$	$S \geqslant 450$	$R_1 \geqslant 75$	—	$R_3 \geqslant 95$
光照较丰秋湿冬干冬小麦栽培区	$T \geqslant 12.5$	$S \geqslant 450$	$R_1 \geqslant 75$	$R_2 < 25$	$R_3 < 95$
高海拔冷凉冬小麦不适宜栽培区	$T < 12.5$	—	—	—	—

表5.6　重庆市马铃薯气候区划指标

类型＼指标	一级指标	二级指标		
	年平均气温 T(℃)	3—4月日照时数 S_1(h)	4—6月日照时数 S_2(h)	5—7月日照时数 S_3(h)
一年两到三熟光照较丰马铃薯栽培区	$T \geqslant 16.0$	$S_1 \geqslant 200$	—	—
一年两到三熟光照一般马铃薯栽培区	$T \geqslant 16.0$	$S_1 < 200$	—	—
一年两熟光照较丰马铃薯栽培区	$12.5 \leqslant T < 16.0$	—	$S_2 \geqslant 350$	—
一年两熟光照一般马铃薯栽培区	$12.5 \leqslant T < 16.0$	—	$S_2 < 350$	—
一年一到两熟光照较丰马铃薯栽培区	$10.0 \leqslant T < 12.5$	—	—	$S_3 \geqslant 450$
一年一到两熟光照一般马铃薯栽培区	$10.0 \leqslant T < 12.5$	—	—	$S_3 < 450$
气候冷凉马铃薯不适宜栽培区	$T < 10.0$	—	—	—

表5.7　重庆市秋玉米气候区划指标

类型＼指标	7月11日—12月10日≥16 ℃积温 $\sum T$ (℃·d)
热量丰富中熟秋玉米适宜栽培区	$\sum T \geqslant 2\,350$
热量较丰中熟鲜食秋玉米适宜栽培区	$2\,250 \leqslant \sum T < 2\,350$
热量一般早熟秋玉米适宜栽培区	$2\,050 \leqslant \sum T < 2\,250$
热量较差早熟鲜食秋玉米适宜栽培区	$1\,950 \leqslant \sum T < 2\,050$
热量不足秋玉米不适宜栽培区	$\sum T < 1\,950$

表 5.8 重庆市秋红薯气候区划指标

类型 \ 指标	7月11日—12月10日≥16 ℃积温 $\sum T$(℃·d)
热量较丰秋红薯适宜栽培区	$\sum T \geqslant 2\,000$
热量一般秋红薯较适宜栽培区	$1\,800 \leqslant \sum T < 2\,000$
热量不足秋红薯不适宜栽培区	$\sum T < 1\,800$

表 5.9 重庆市秋马铃薯气候区划指标

类型 \ 指标	7月11日—12月10日≥10 ℃积温 $\sum T$(℃·d)
热量丰富中晚熟秋马铃薯栽培区	$\sum T \geqslant 2\,100$
热量较丰中熟秋马铃薯栽培区	$1\,800 \leqslant \sum T < 2\,100$
热量一般早熟秋马铃薯栽培区	$1\,500 \leqslant \sum T < 1\,800$
热量不足秋马铃薯不适宜栽培区	$\sum T < 1\,500$

5.2 经济作物

重庆市经济作物主要有油菜、秋大豆、烤烟、青蒿，其区划指标分别见表 5.10 至表 5.13。

表 5.10 重庆市油菜气候区划指标

类型 \ 指标	一级指标	二级指标		
	年平均气温 T(℃)	3—4月日照时数 S_1(h)	4—5月日照时数 S_2(h)	5—6月日照时数 S_3(h)
一年两到三熟光照较丰油菜栽培区	$T \geqslant 16.0$	$S_1 \geqslant 200$	—	—
一年两到三熟光照一般油菜栽培区	$T \geqslant 16.0$	$S_1 < 200$	—	—
一年两熟光照较丰油菜栽培区	$12.5 \leqslant T < 16.0$	—	$S_2 \geqslant 240$	—
一年两熟光照一般油菜栽培区	$12.5 \leqslant T < 16.0$	—	$S_2 < 240$	—
一年一到两熟光照较丰油菜栽培区	$10.0 \leqslant T < 12.5$	—	—	$S_3 \geqslant 250$
一年一到两熟光照一般油菜栽培区	$10.0 \leqslant T < 12.5$	—	—	$S_3 < 250$
高海拔气候冷凉阴湿油菜零星栽培区	$T < 10.0$	—	—	—

表 5.11 重庆市秋大豆气候区划指标

类型 \ 指标	7月11日—12月10日≥12 ℃积温 $\sum T$(℃·d)
热量丰富中熟鲜食秋大豆栽培区	$\sum T \geqslant 2\,250$
热量较丰早熟秋大豆栽培区	$2\,100 \leqslant \sum T < 2\,250$
热量一般早熟鲜食秋大豆栽培区	$1\,950 \leqslant \sum T < 2\,100$
热量不足秋大豆不适宜栽培区	$\sum T < 1\,950$

表 5.12 重庆市烤烟气候区划指标

类型 \ 指标	年平均气温 T(℃)
热量适中烤烟最适宜栽培区	$12.0 \leqslant T < 14.0$
气候偏凉烤烟适宜栽培区	$11.0 \leqslant T < 12.0$
气候温暖烤烟适宜栽培区	$14.0 \leqslant T < 15.0$
气候偏热烤烟不适宜栽培区	$T \geqslant 15.0$
气候寒冷烤烟不适宜栽培区	$T < 11.0$

表 5.13 重庆市青蒿气候区划指标

类型 \ 指标	年平均气温 T(℃)
气候温和青蒿最适宜栽培区	$14.0 \leqslant T < 17.0$
气候偏凉青蒿适宜栽培区	$13.0 \leqslant T < 14.0$
气候偏暖青蒿适宜栽培区	$17.0 \leqslant T < 18.0$
气候偏冷青蒿较适宜栽培区	$12.0 \leqslant T < 13.0$
气候炎热青蒿次适宜栽培区	$T \geqslant 18.0$
气候冷凉青蒿不适宜栽培区	$T < 12.0$

5.3 经济林果

重庆市经济林果主要有甜橙、宽皮橘、沙田柚、龙眼(荔枝)、猕猴桃、核桃(板栗)、花椒、蚕桑、油桐、茶树，其区划指标分别见表 5.14 至表 5.23。

表 5.14 重庆市甜橙气候区划指标

类型 \ 指标	年平均气温 T (℃)	年总辐射量 Q ($MJ \cdot m^{-2}$)	空气相对湿度 F (%)
光热丰富鲜食脐橙最适宜栽培区	$T \geqslant 18.0$	$Q \geqslant 3\ 800$	$F \leqslant 76$
光照丰富热量较丰鲜食脐橙适宜栽培区	$16.5 \leqslant T < 18.0$	$Q \geqslant 3\ 800$	$F \leqslant 76$
热量丰富光照较丰鲜食甜橙最适宜栽培区	$T \geqslant 18.0$	$3\ 400 \leqslant Q < 3\ 800$	—
热量丰富光照一般鲜食甜橙适宜栽培区	$T \geqslant 18.0$	$3\ 150 \leqslant Q < 3\ 400$	—
光热较丰鲜食、加工甜橙适宜栽培区	$16.5 \leqslant T < 18.0$	$3\ 400 \leqslant Q < 3\ 800$	—
热量较丰光照一般鲜食甜橙较适宜、加工甜橙适宜栽培区	$16.5 \leqslant T < 18.0$	$3\ 150 \leqslant Q < 3\ 400$	—
热量较丰光照较差加工甜橙次适宜栽培区	$T \geqslant 16.5$	$Q < 3\ 150$	—
热量较差加工甜橙次适宜栽培区	$15.0 \leqslant T < 16.5$	—	—
热量较差甜橙不适宜栽培区	$T < 15.0$	—	—

表 5.15 重庆市宽皮橘气候区划指标

类型 \ 指标	基本指标	
	年平均气温 T(℃)	年日照时数 S(h)
光热丰富宽皮橘最适宜栽培区	$T \geqslant 16.5$	$S \geqslant 1\ 250$
热量丰富光照一般宽皮橘适宜栽培区	$T \geqslant 16.5$	$S < 1\ 250$
热量较丰光照丰富宽皮橘适宜栽培区	$15.5 \leqslant T < 16.5$	$S \geqslant 1\ 250$
光热较丰宽皮橘适宜栽培区	$15.5 \leqslant T < 16.5$	$S < 1\ 250$
热量一般宽皮橘次适宜栽培区	$14.0 \leqslant T < 15.5$	—
热量较差宽皮橘不适宜栽培区	$T < 14.0$	—

表 5.16 重庆市沙田柚气候区划指标

类型 \ 指标	年平均气温 T(℃)
热量丰富沙田柚最适宜栽培区	$17.7 \leqslant T < 18.3$
气候炎热沙田柚适宜栽培区	$T \geqslant 18.3$
热量较丰沙田柚适宜栽培区	$16.8 \leqslant T < 17.7$
热量一般沙田柚次适宜栽培区	$15.8 \leqslant T < 16.8$
热量不足沙田柚不适宜栽培区	$T < 15.8$

表 5.17 重庆市龙眼(荔枝)气候区划指标

类型 \ 指标	年平均气温 T(℃)	年极端最低气温 T_{min}(℃)
轻微冻害龙眼(荔枝)适宜栽培区	$T \geqslant 18.3$	$T_{min} \geqslant -2.5$
一般冻害龙眼(荔枝)适宜栽培区	$T \geqslant 18.3$	$-4.0 \leqslant T_{min} < -2.5$
热量不足龙眼(荔枝)不适宜栽培区	$T < 18.3$	$T_{min} < -4.0$

表 5.18 重庆市猕猴桃气候区划指标

类型 \ 指标	年平均气温 T(℃)
热量适中猕猴桃最适宜栽培区	$12.0 \leqslant T < 15.0$
气候温凉猕猴桃适宜栽培区	$10.0 \leqslant T < 12.0$
气候温暖猕猴桃适宜栽培区	$15.0 \leqslant T < 17.0$
气候寒冷猕猴桃不适宜栽培区	$T < 10.0$
气候偏热猕猴桃不适宜栽培区	$T \geqslant 17.0$

表 5.19 重庆市核桃(板栗)气候区划指标

类型 \ 指标	年平均气温 T(℃)
气候温热核桃(板栗)次适宜栽培区	$T \geqslant 14.0$
气候温和核桃(板栗)适宜栽培区	$10.0 \leqslant T < 14.0$
气候温凉核桃(板栗)次适宜栽培区	$T < 10.0$

表 5.20 重庆市花椒气候区划指标

类型 \ 指标	基本指标	
	年平均气温 T(℃)	年相对湿度(%)
喜热型花椒适宜栽培区	$T \geqslant 16.0$	—
喜热型及喜凉忌湿型花椒次适宜栽培区	$14.0 \leqslant T < 16.0$	≤76
喜热型及喜凉耐湿型花椒次适宜栽培区	$14.0 \leqslant T < 16.0$	>76
喜凉忌湿型花椒适宜栽培区	$11.0 \leqslant T < 14.0$	≤76
喜凉耐湿型花椒适宜栽培区	$11.0 \leqslant T < 14.0$	>76
喜凉忌湿型花椒次适宜栽培区	$8.0 \leqslant T < 11.0$	≤76
喜凉耐湿型花椒次适宜栽培区	$8.0 \leqslant T < 11.0$	>76
气候寒冷花椒不适宜栽培区	$T < 8.0$	—

表 5.21 重庆市蚕桑气候区划指标

类型 \ 指标	年平均气温 T(℃)
热量适中蚕桑最适宜栽培区	$14.7 \leqslant T < 17.1$
气候偏热蚕桑适宜栽培区	$T \geqslant 17.1$
气候偏凉蚕桑次适宜栽培区	$12.2 \leqslant T < 14.7$
气候寒冷蚕桑不适宜栽培区	$T < 12.2$

表 5.22 重庆市油桐气候区划指标

类型 \ 指标	年平均气温 T(℃)	9—10 月日照时数 S(h)
光照丰富热量适中油桐最适宜栽培区	$15.7 \leqslant T < 17.1$	$S \geqslant 200$
气候温热油桐适宜栽培区	$17.1 \leqslant T < 17.9$	$S \geqslant 185$
气候温凉油桐适宜栽培区	$14.8 \leqslant T < 15.7$	$S \geqslant 185$
气候炎热油桐较适宜栽培区	$T \geqslant 17.9$	$S \geqslant 185$
气候冷凉油桐较适宜栽培区	$14.0 \leqslant T < 14.8$	$S \geqslant 185$
光照一般油桐较适宜栽培区	$T \geqslant 14.0$	$S < 185$
气候寒冷油桐不适宜栽培区	$T < 14.0$	—

表 5.23 重庆市茶树气候区划指标

类型 \ 指标	年≥10 ℃积温$\sum T$(℃·d)
气候炎热大叶茶适宜栽培区	$\sum T \geqslant 5\ 800$
气候温和中、小叶茶适宜栽培区	$4\ 800 \leqslant \sum T < 5\ 800$
气候温凉中、小叶茶次适宜栽培区	$4\ 300 \leqslant \sum T < 4\ 800$
气候寒冷茶树不适宜栽培区	$\sum T < 4\ 300$

第6章 重庆市及代表区县精细化区划图

6.1 气候资源空间分布图

6.1.1 全市

6.1.1.1 直接辐射

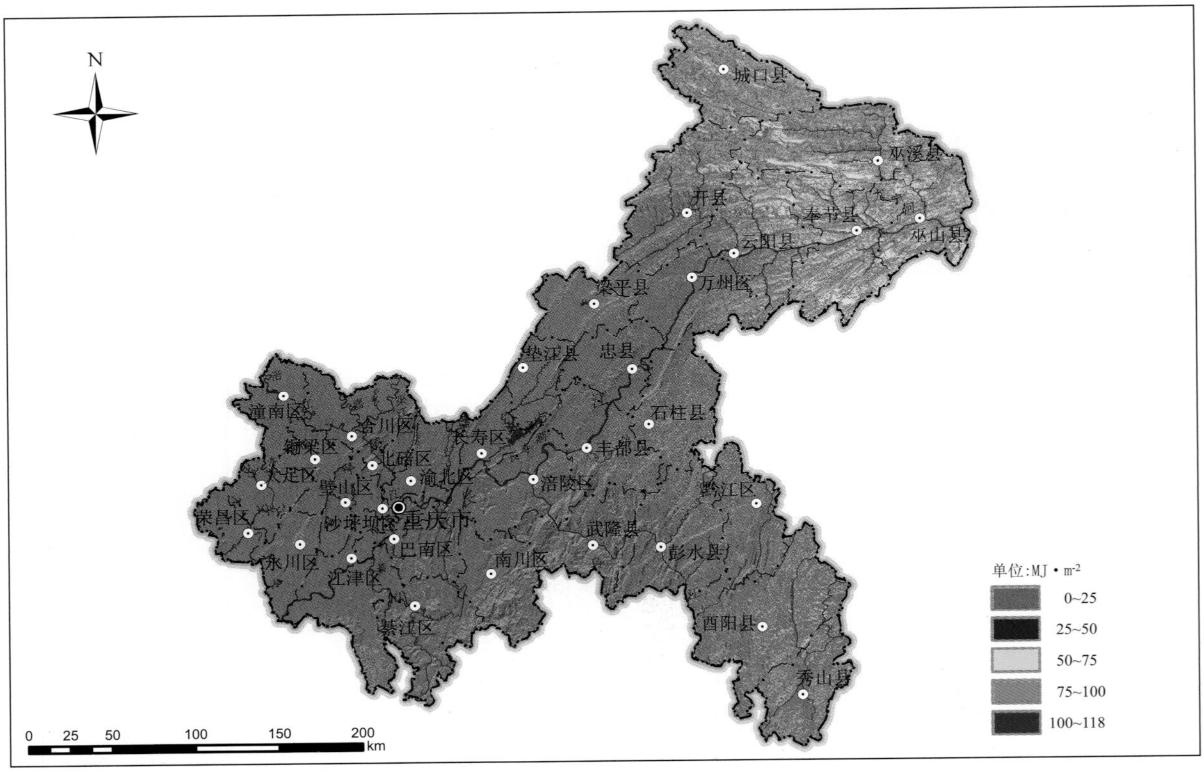

图 6.1 重庆市 1 月直接辐射量

图例中 0～25 表示大于或等于 0 且小于 25 的数值;25～50 表示大于或等于 25 且小于 50 的数值;……。下同

本章图例:

◉ 重庆市行政中心

⊙ 区、县行政中心

◦ 乡、镇行政中心

·—·- 区、县界

—— 水系

■ 水体

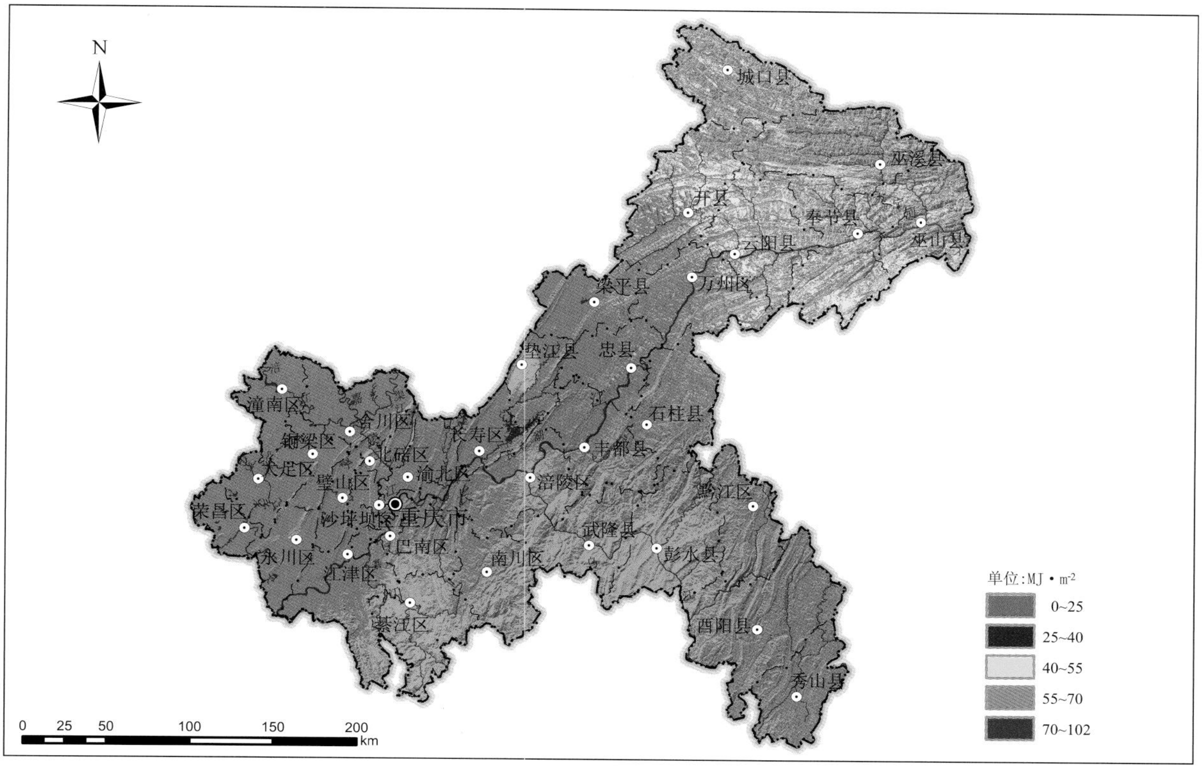

图 6.2　重庆市 2 月直接辐射量

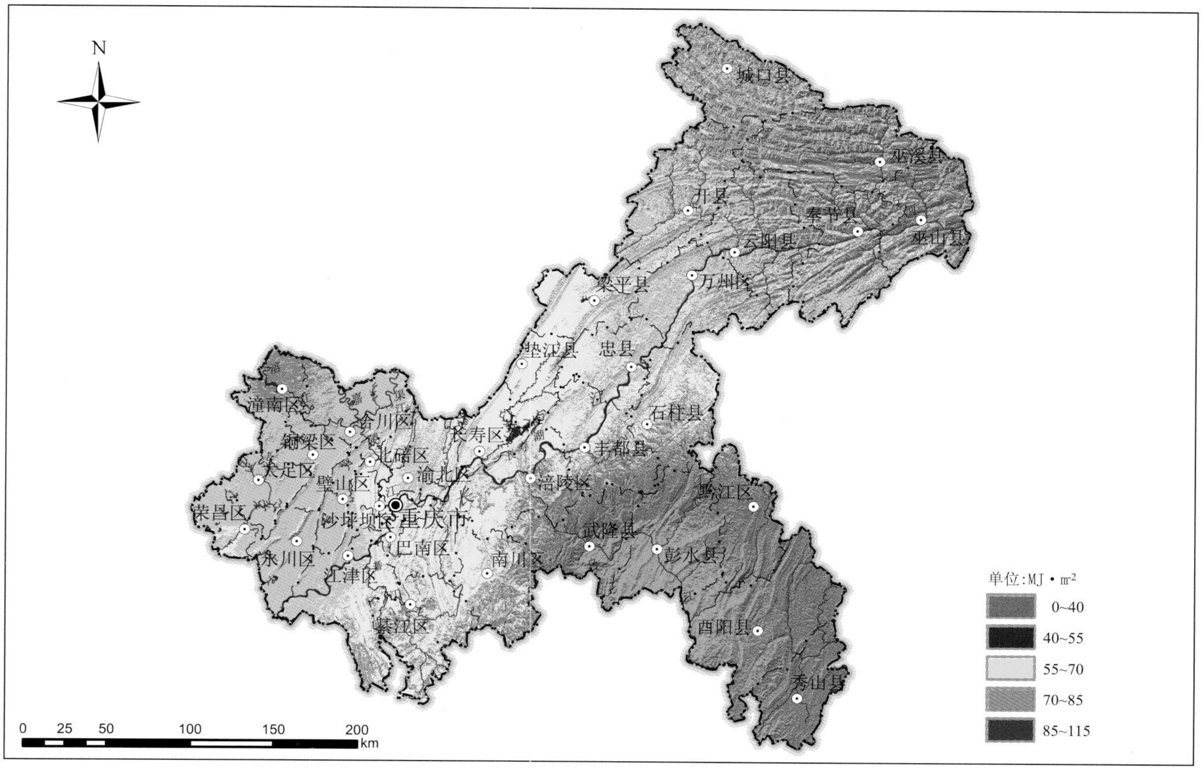

图 6.3　重庆市 3 月直接辐射量

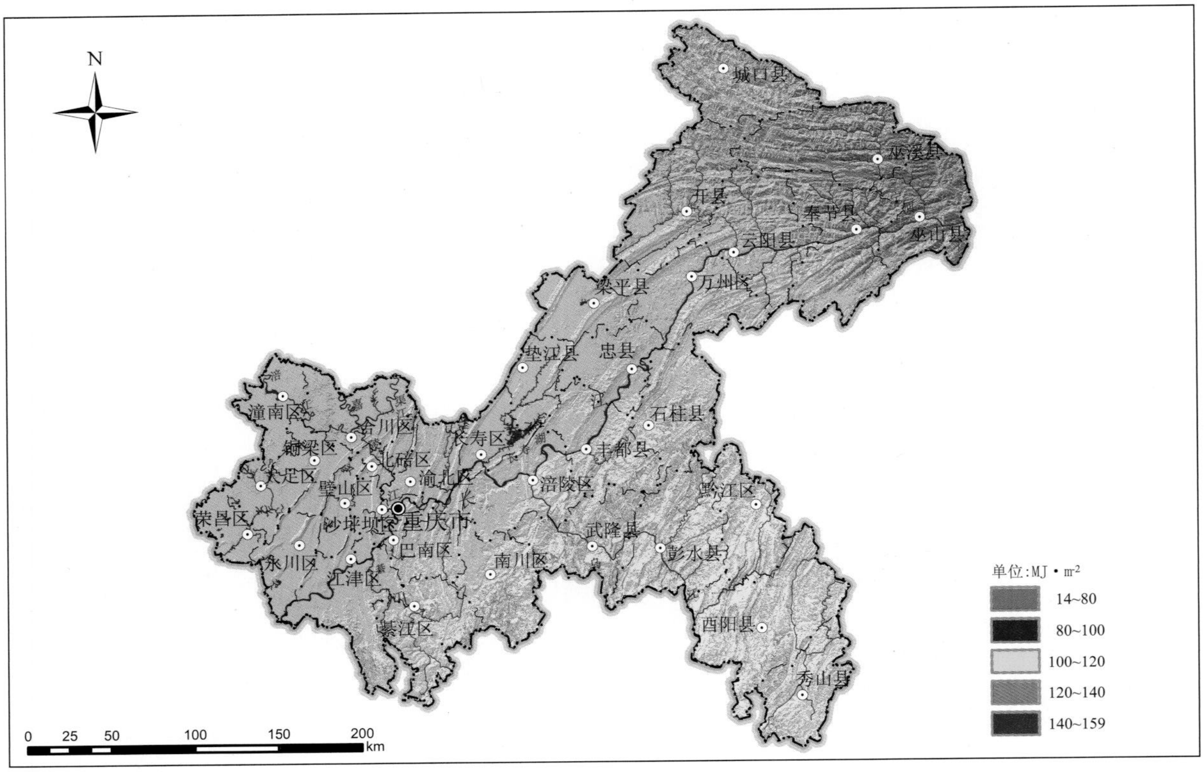

图 6.4　重庆市 4 月直接辐射量

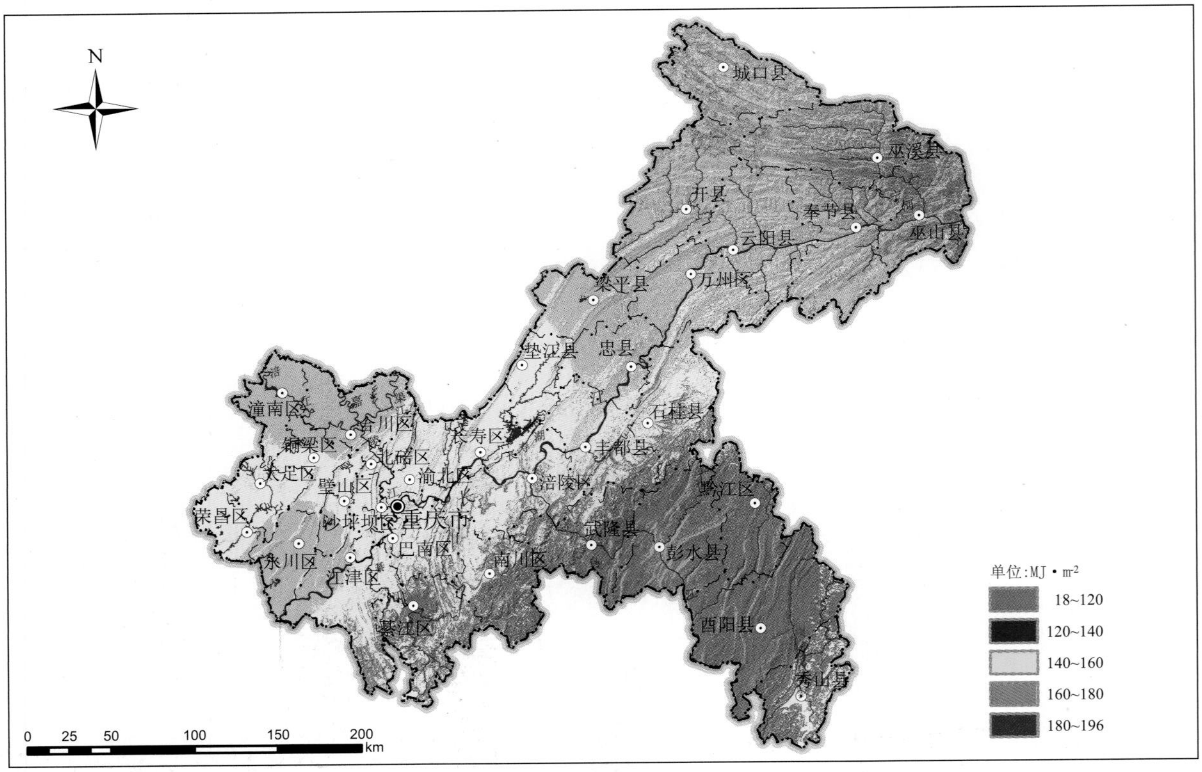

图 6.5　重庆市 5 月直接辐射量

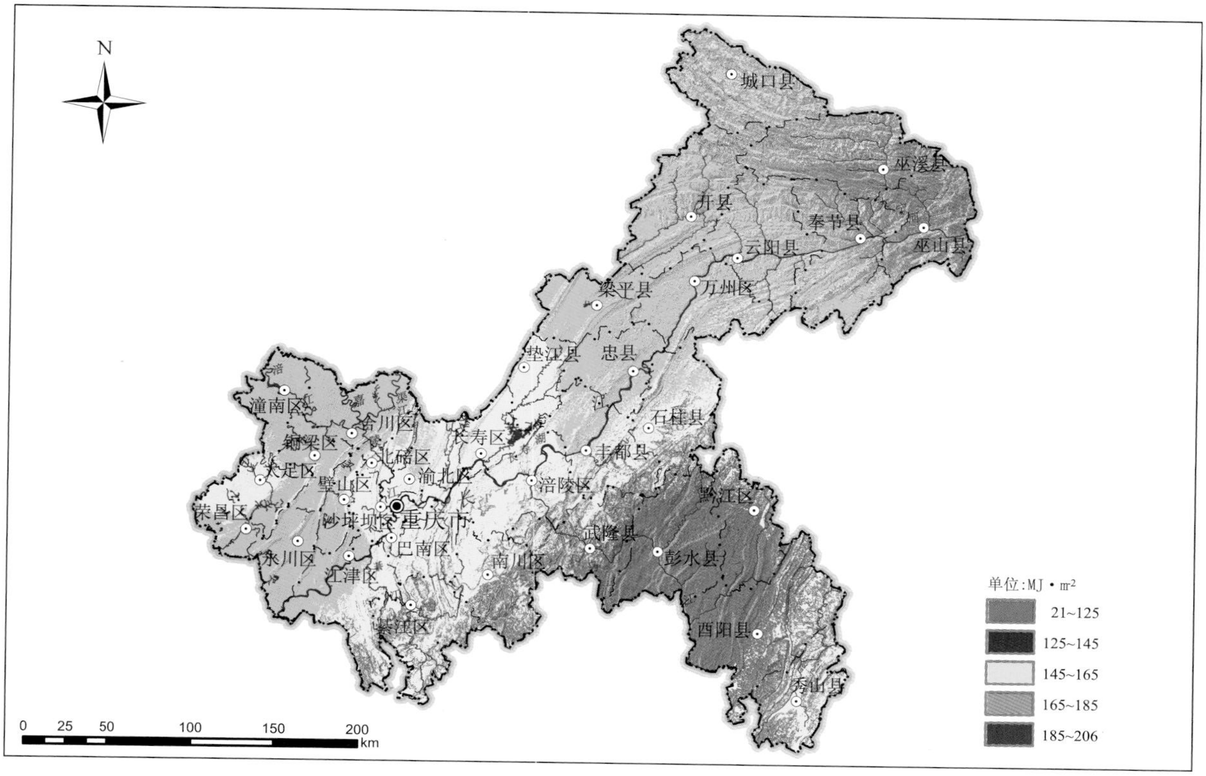

图 6.6　重庆市 6 月直接辐射量

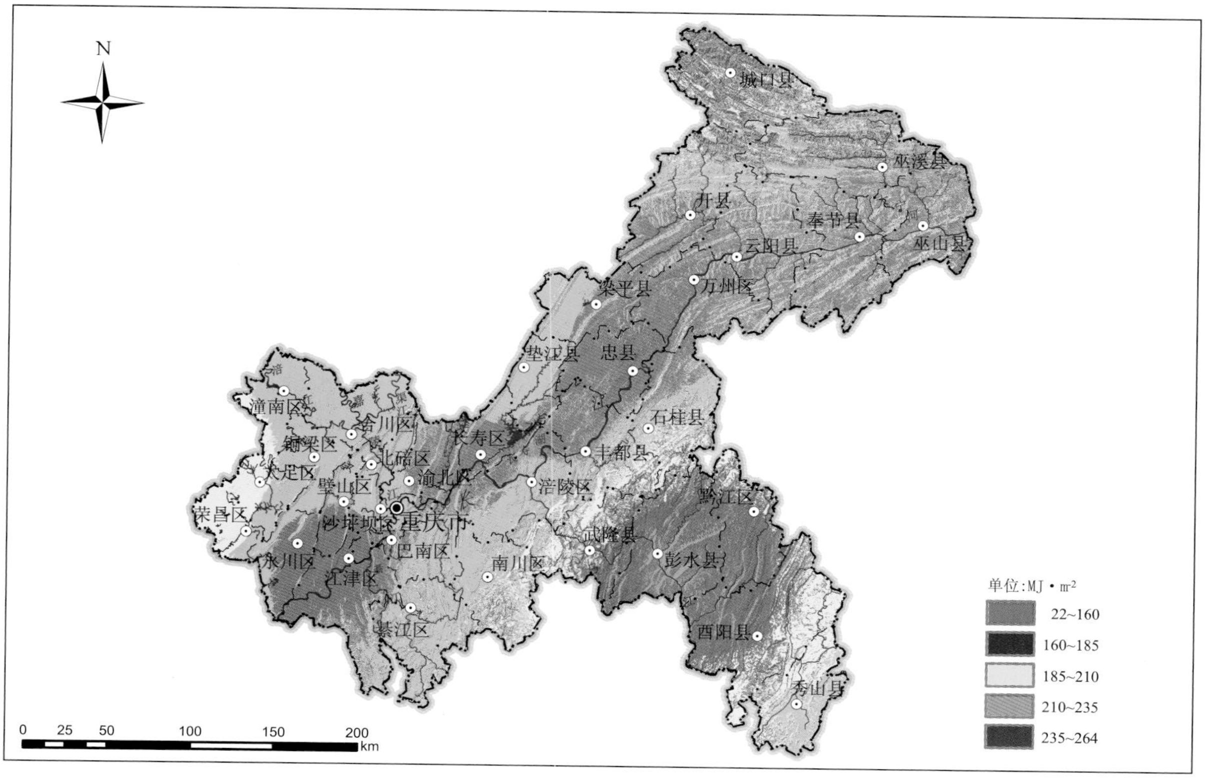

图 6.7　重庆市 7 月直接辐射量

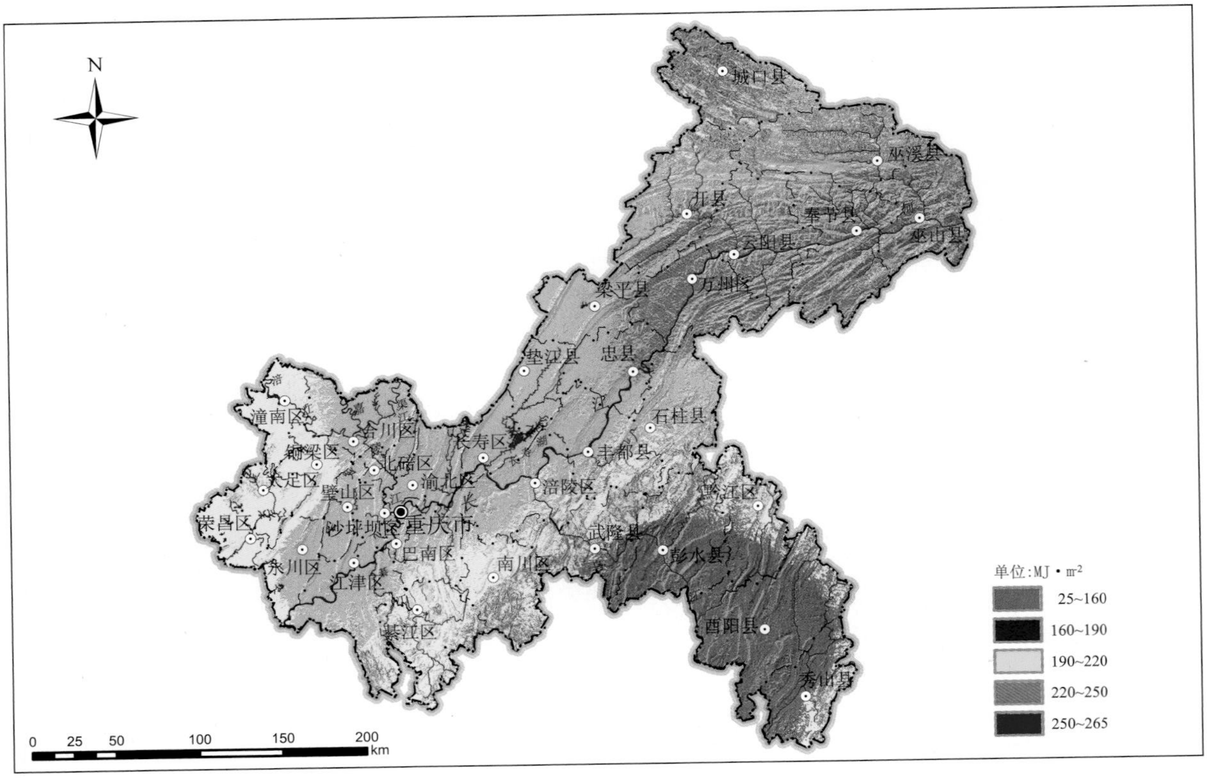

图 6.8 重庆市 8 月直接辐射量

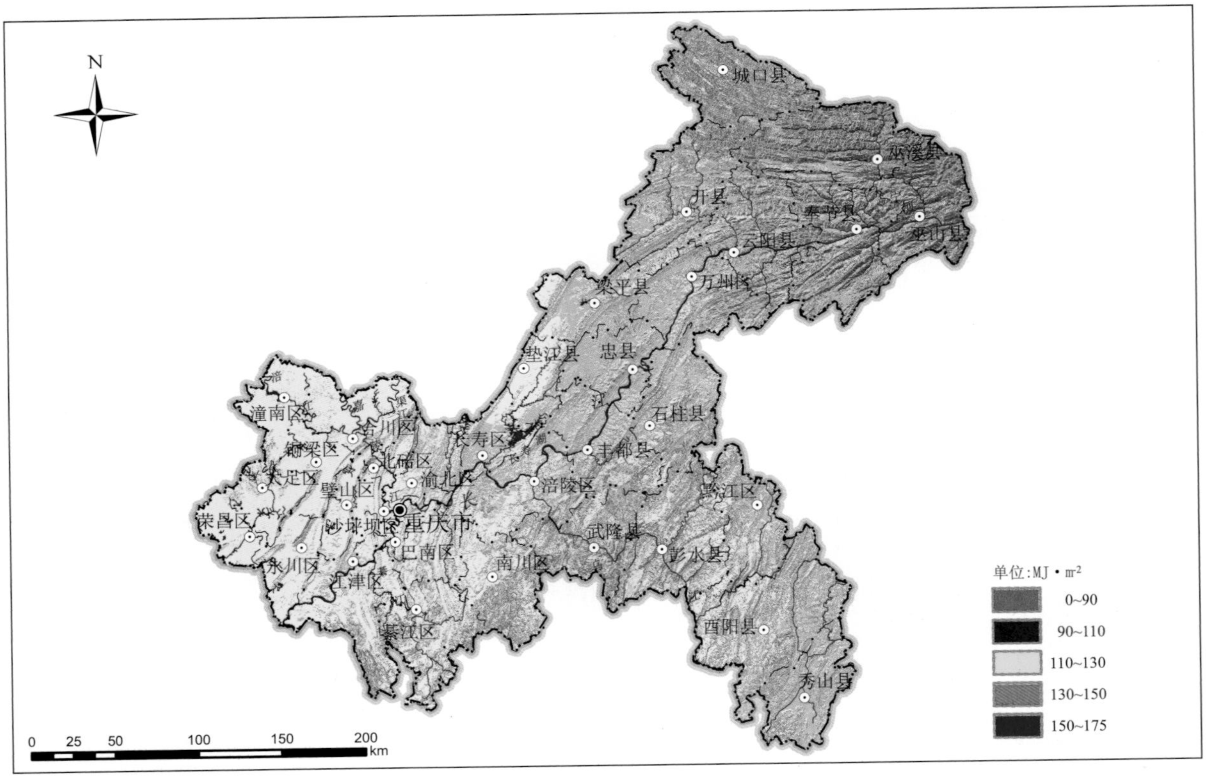

图 6.9 重庆市 9 月直接辐射量

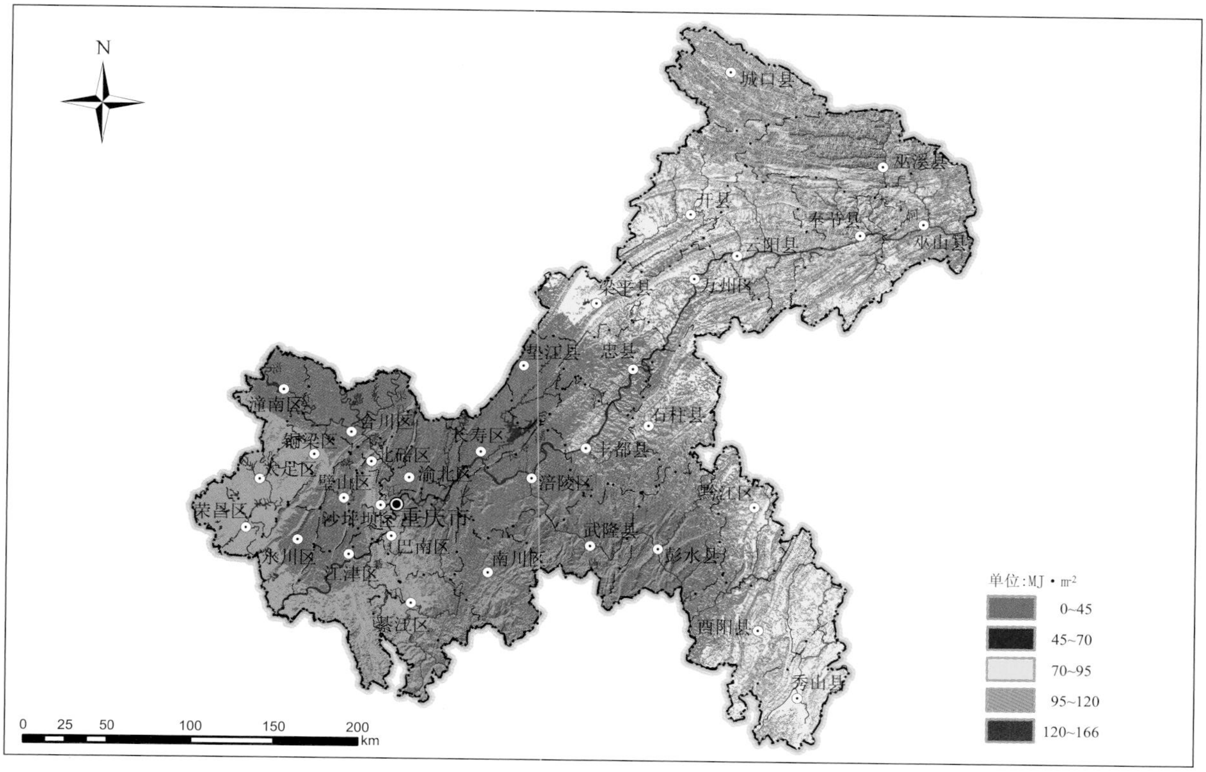

图 6.10 重庆市 10 月直接辐射量

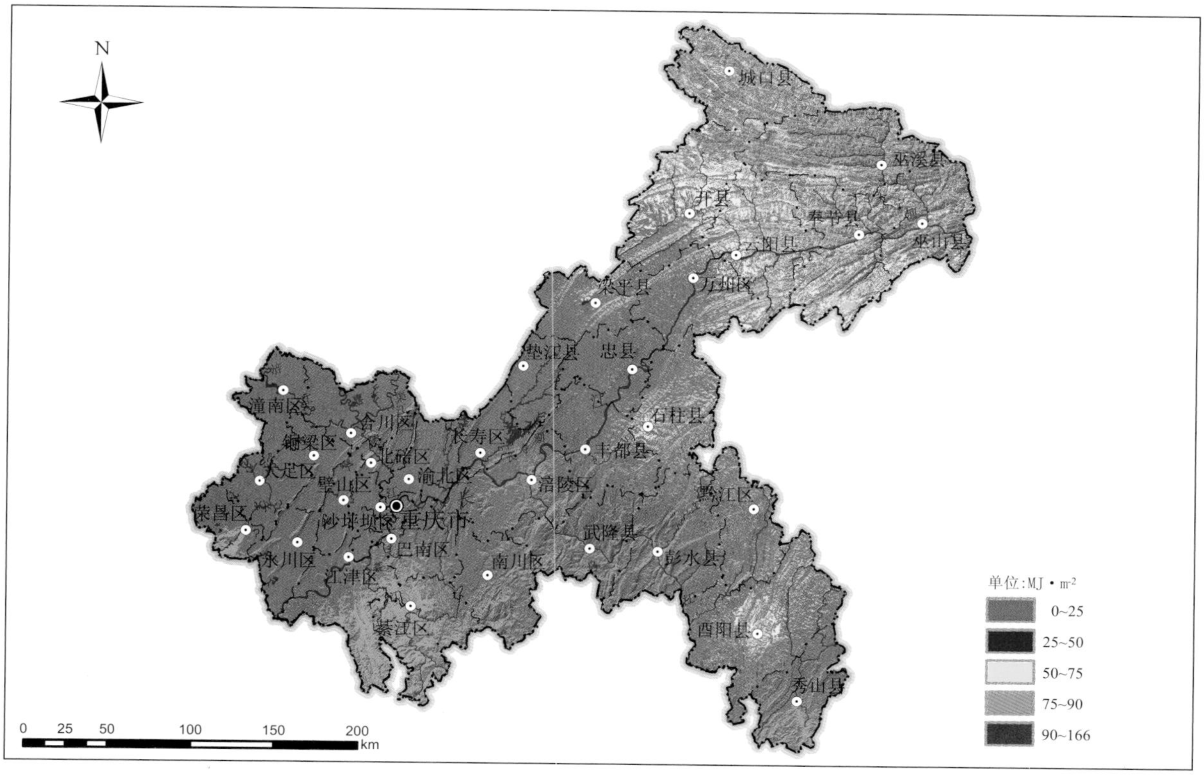

图 6.11 重庆市 11 月直接辐射量

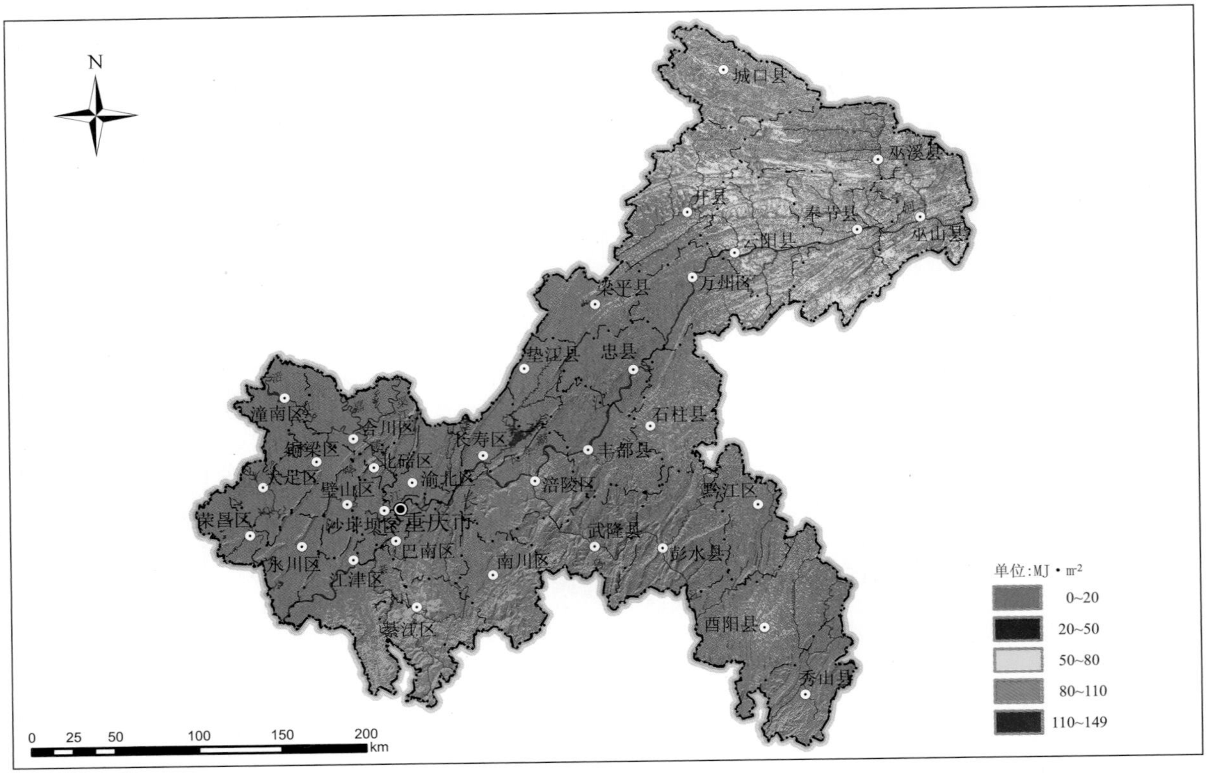

图 6.12 重庆市 12 月直接辐射量

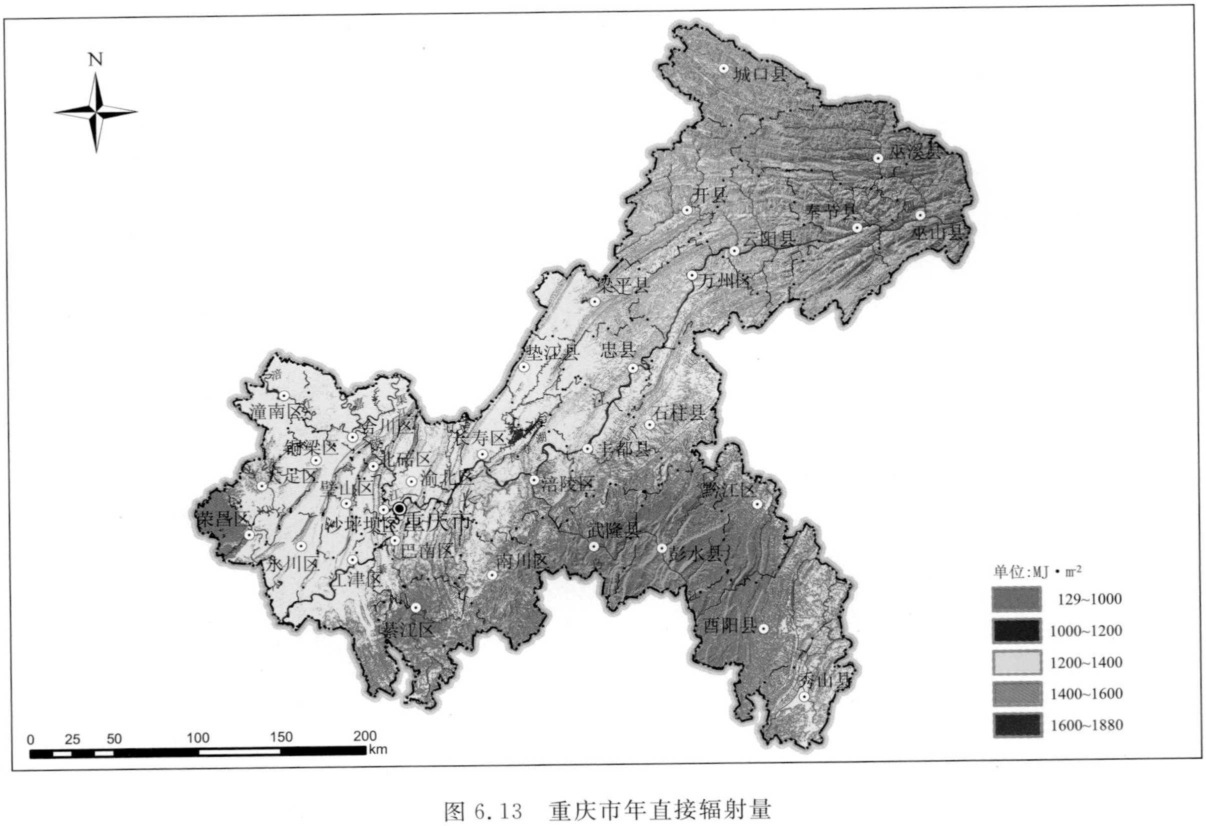

图 6.13 重庆市年直接辐射量

6.1.1.2 散射辐射

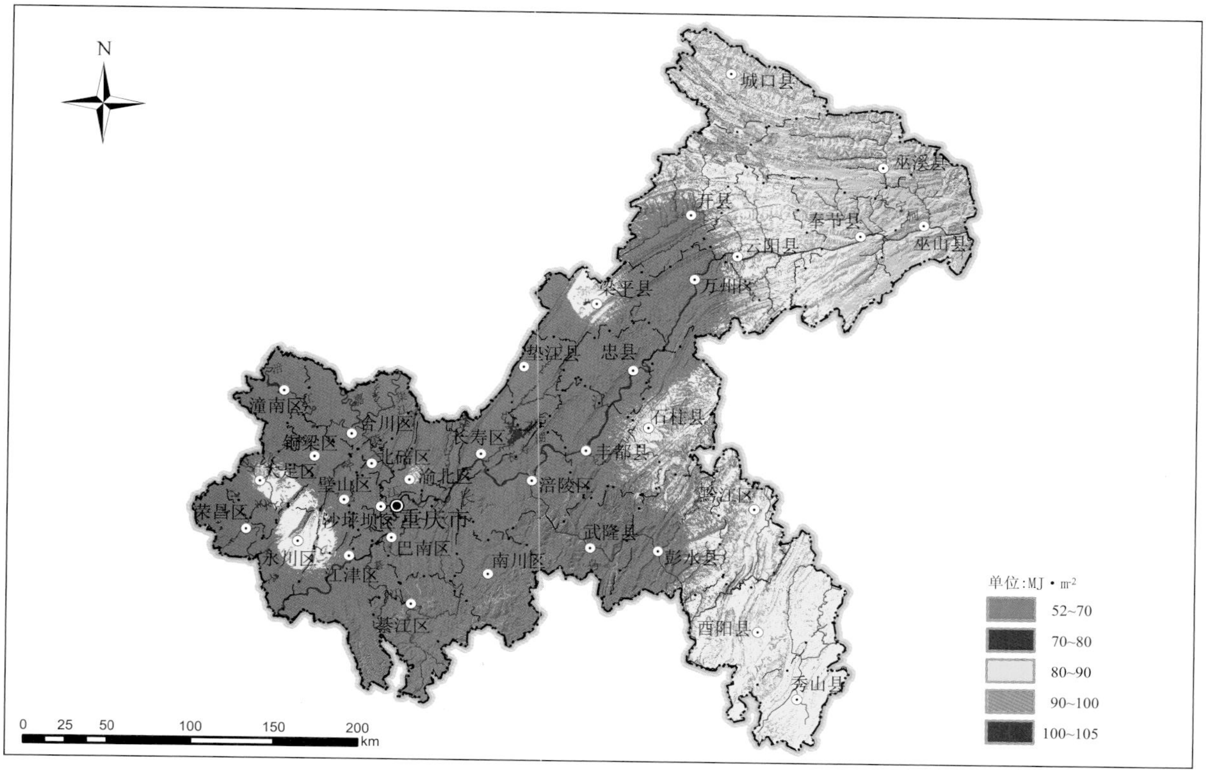

图6.14 重庆市1月散射辐射量

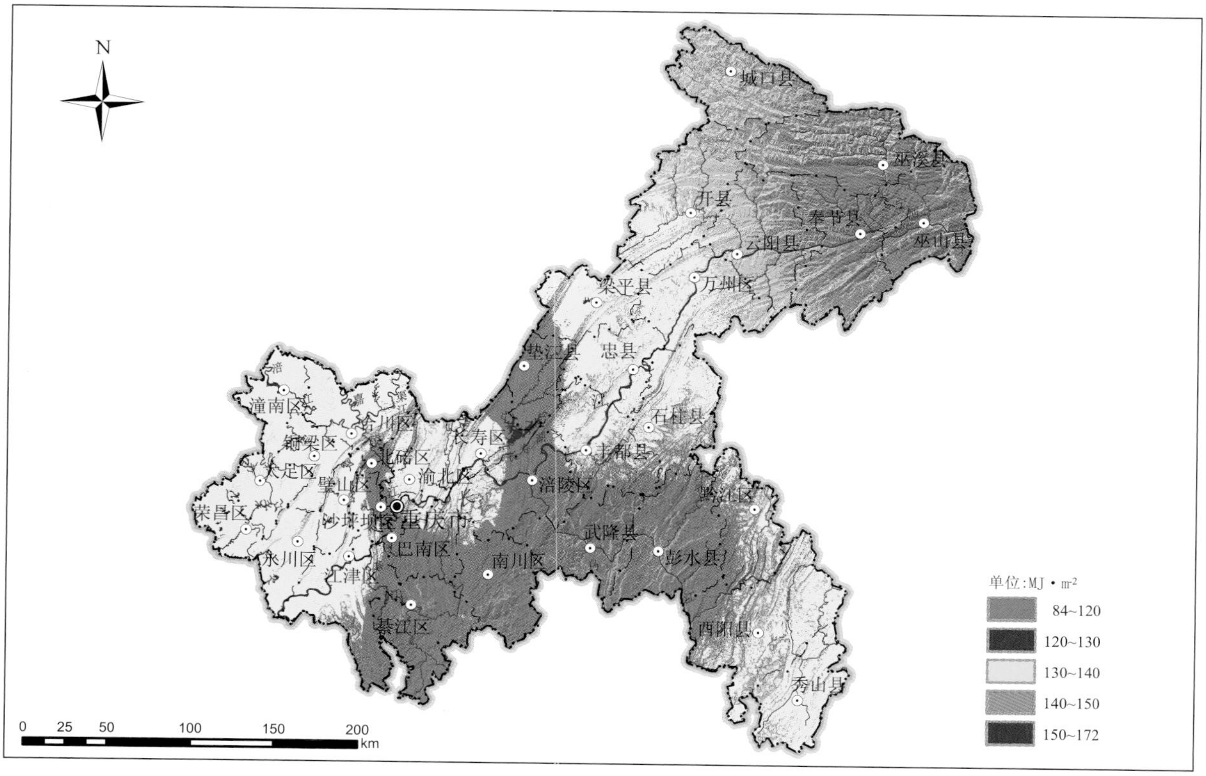

图6.15 重庆市2月散射辐射量

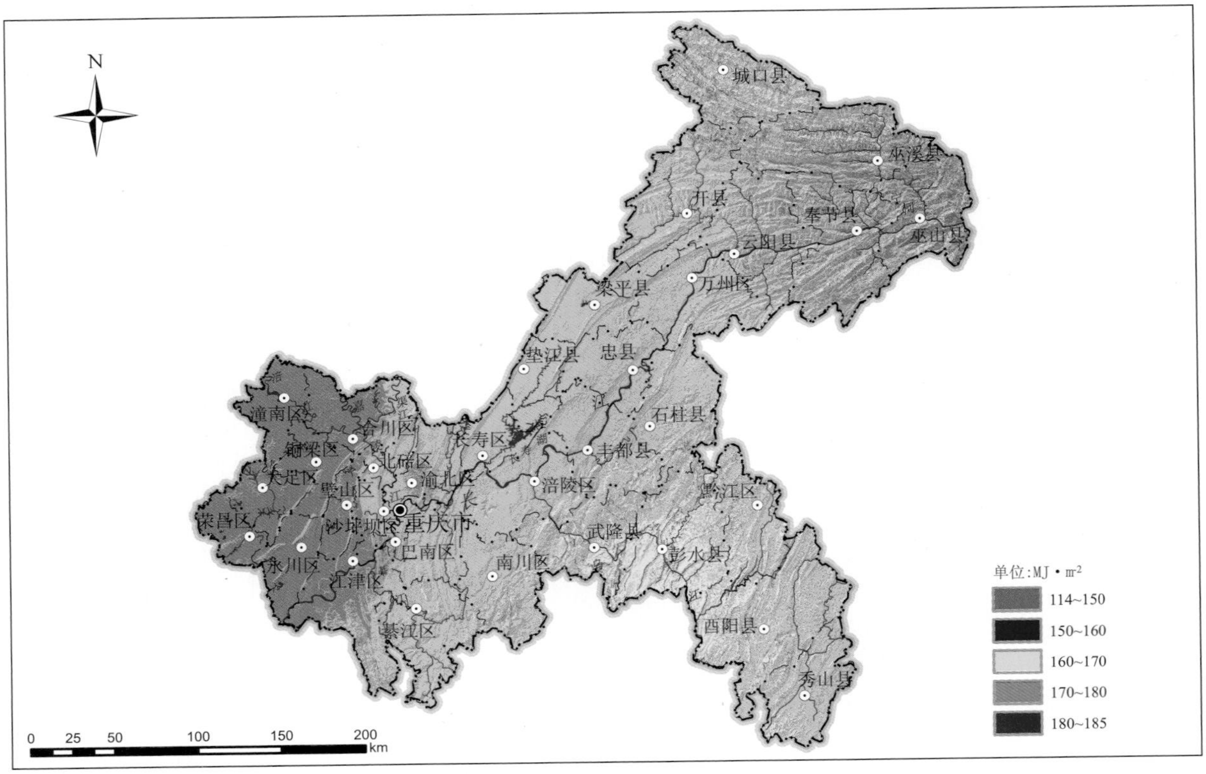

图 6.16　重庆市 3 月散射辐射量

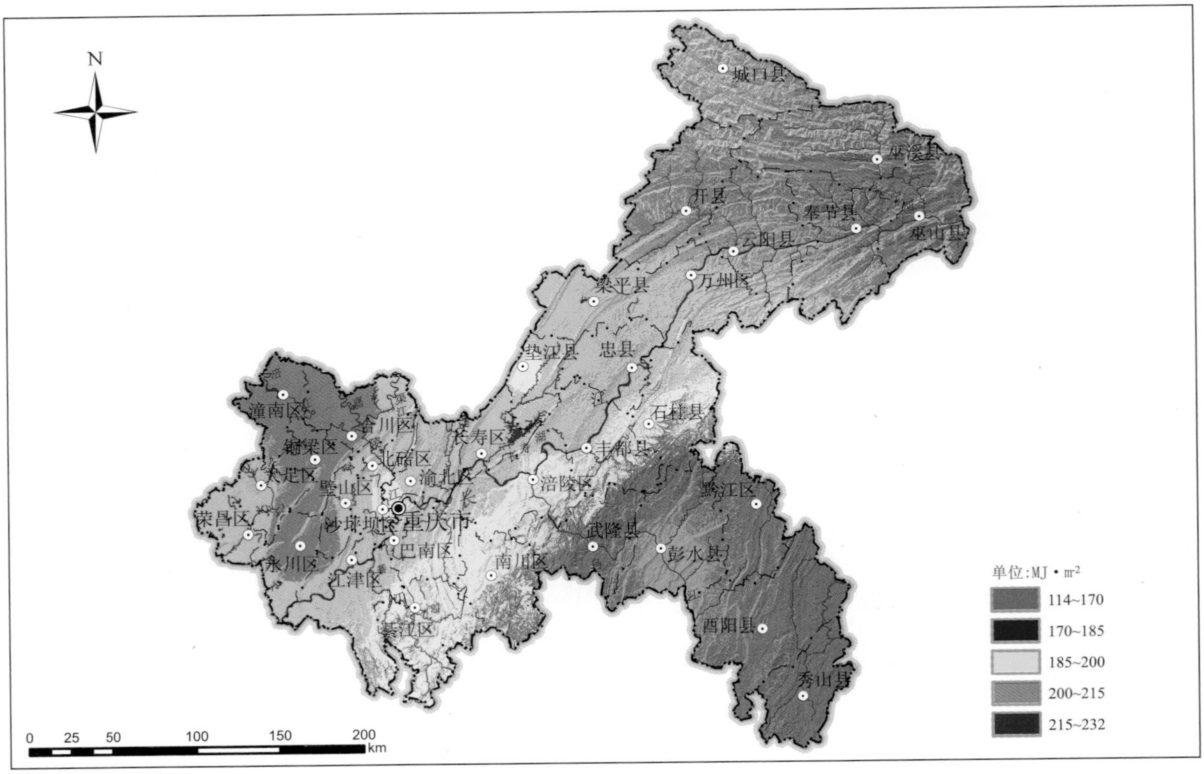

图 6.17　重庆市 4 月散射辐射量

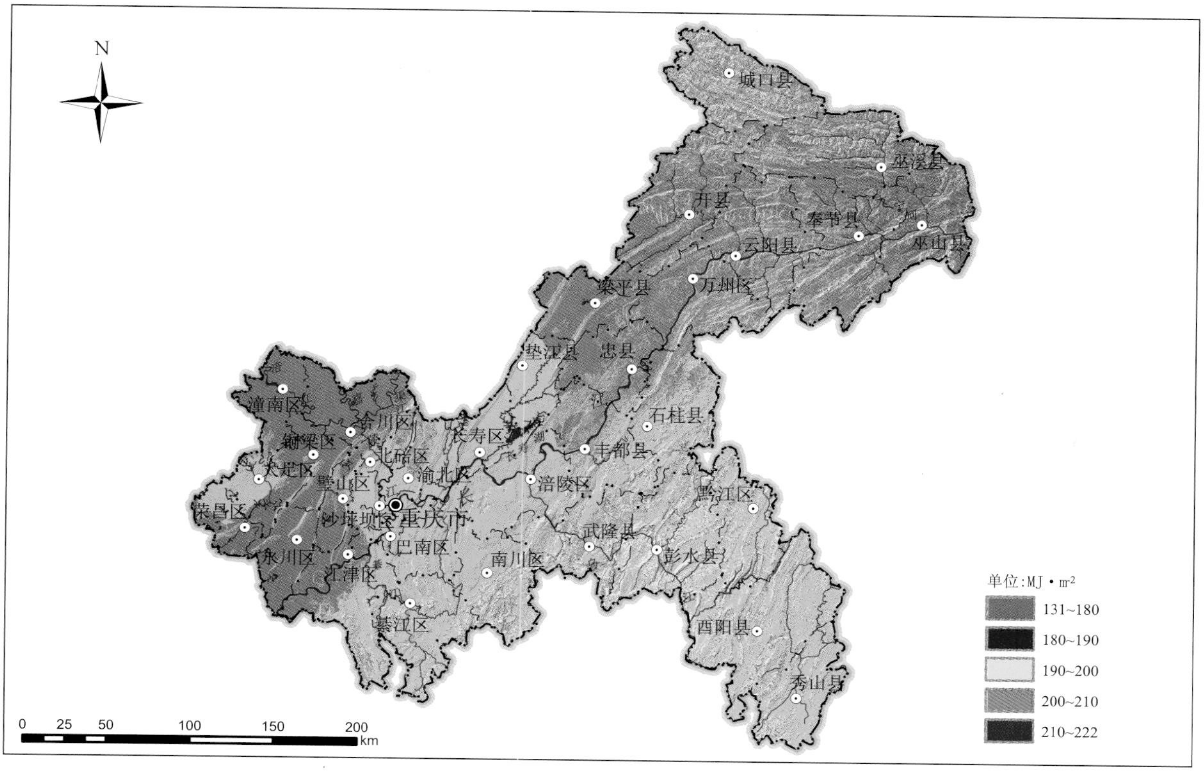

图 6.18　重庆市 5 月散射辐射量

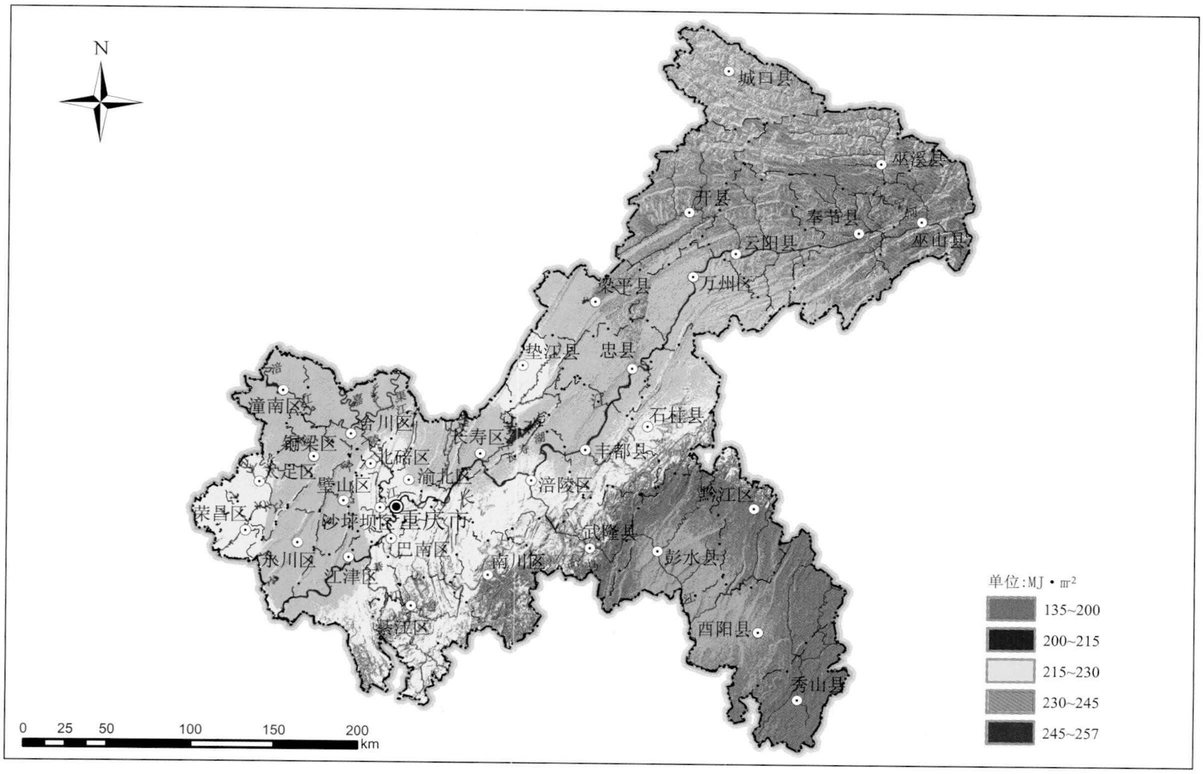

图 6.19　重庆市 6 月散射辐射量

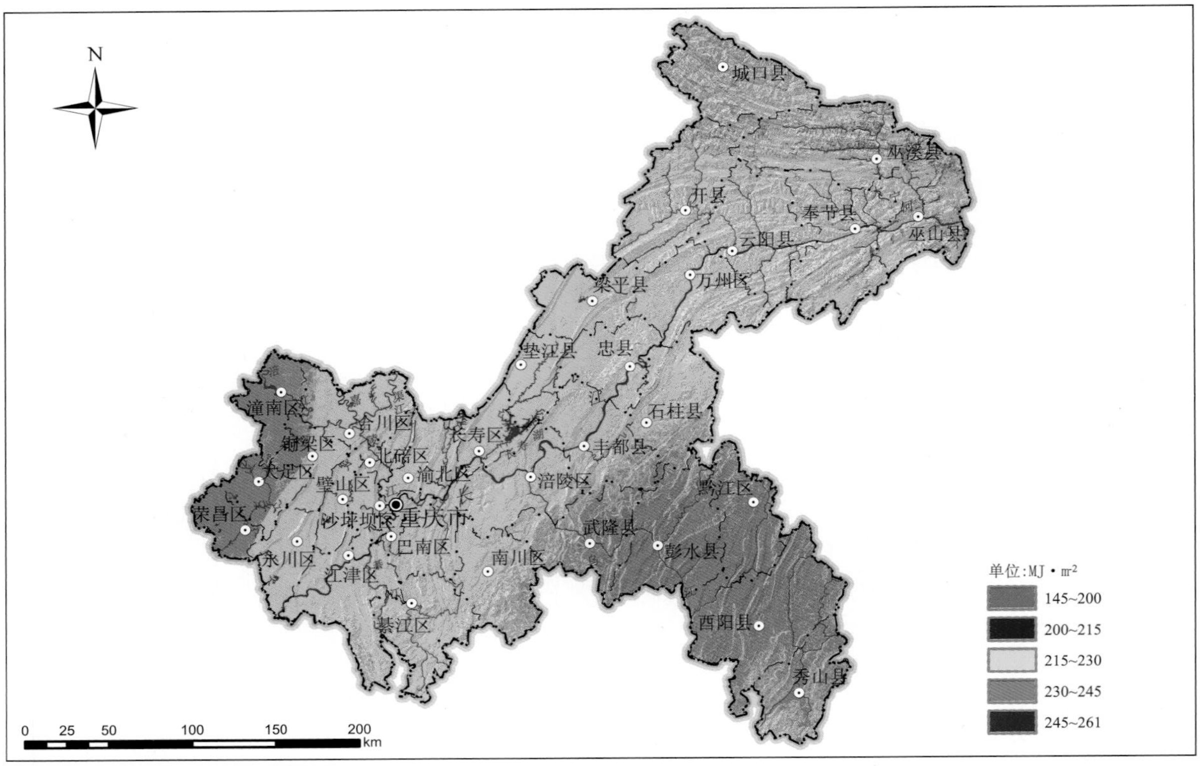

图 6.20 重庆市 7 月散射辐射量

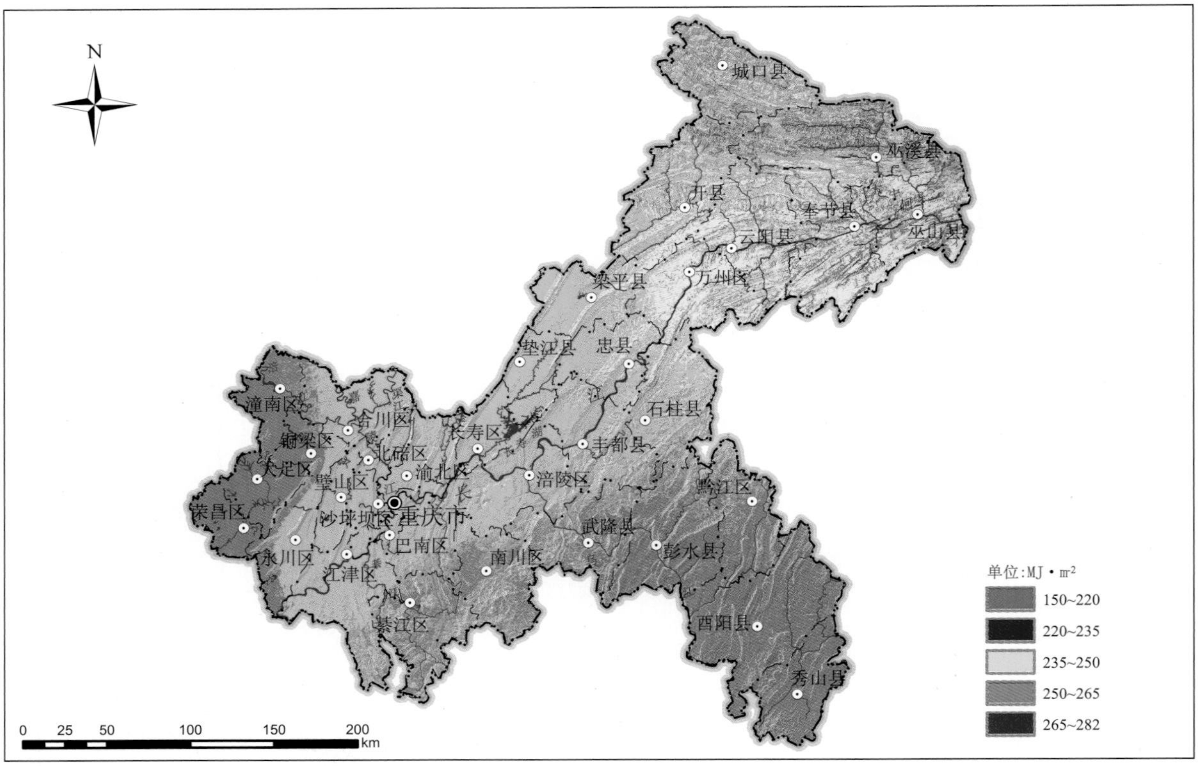

图 6.21 重庆市 8 月散射辐射量

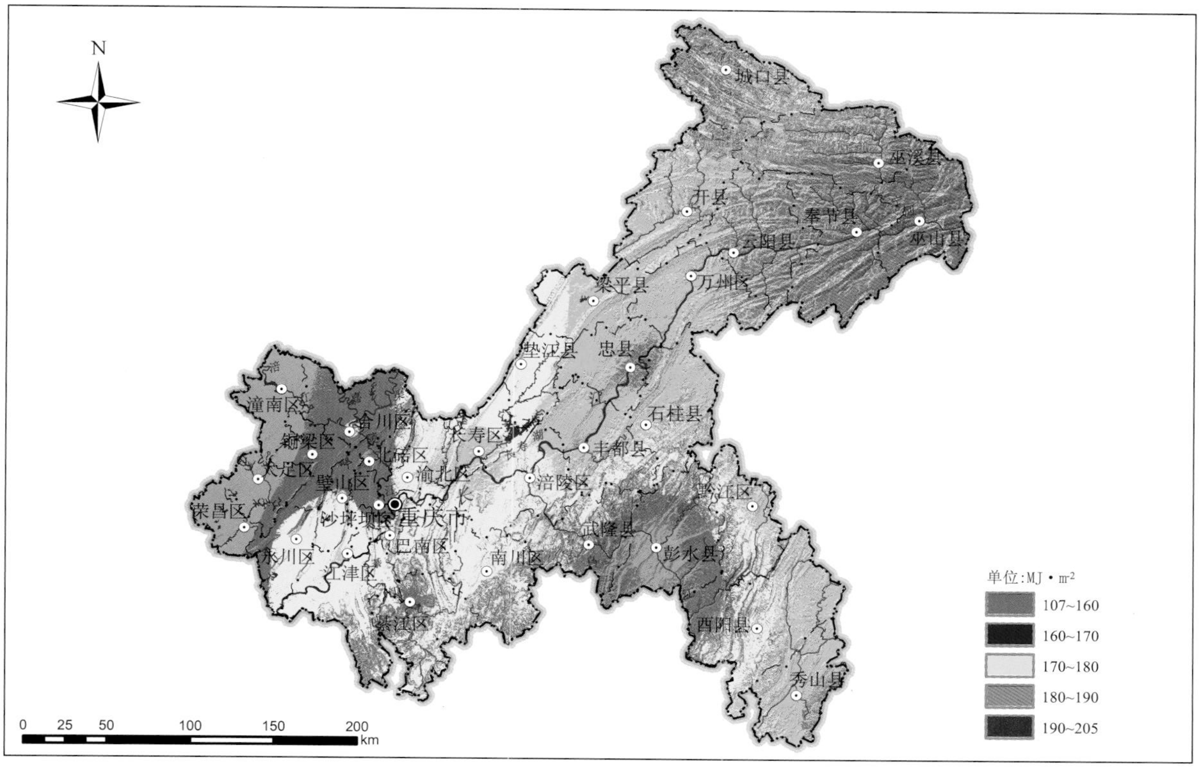

图 6.22　重庆市 9 月散射辐射量

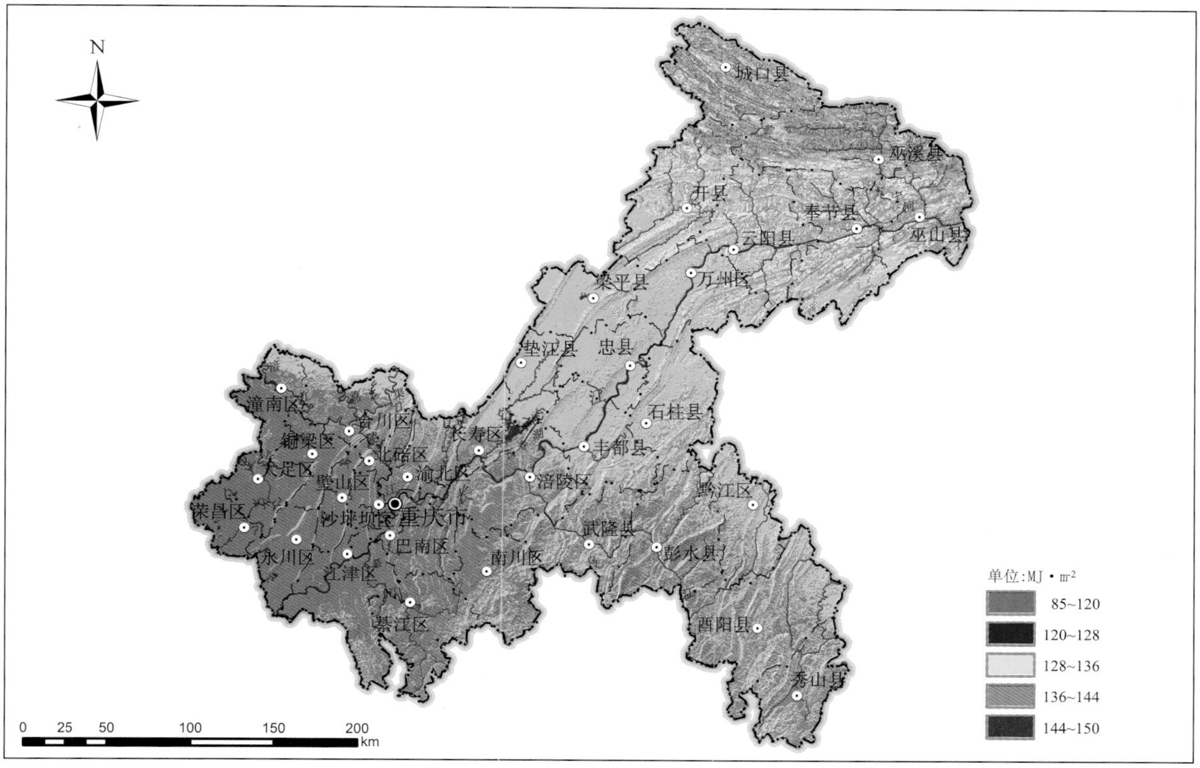

图 6.23　重庆市 10 月散射辐射量

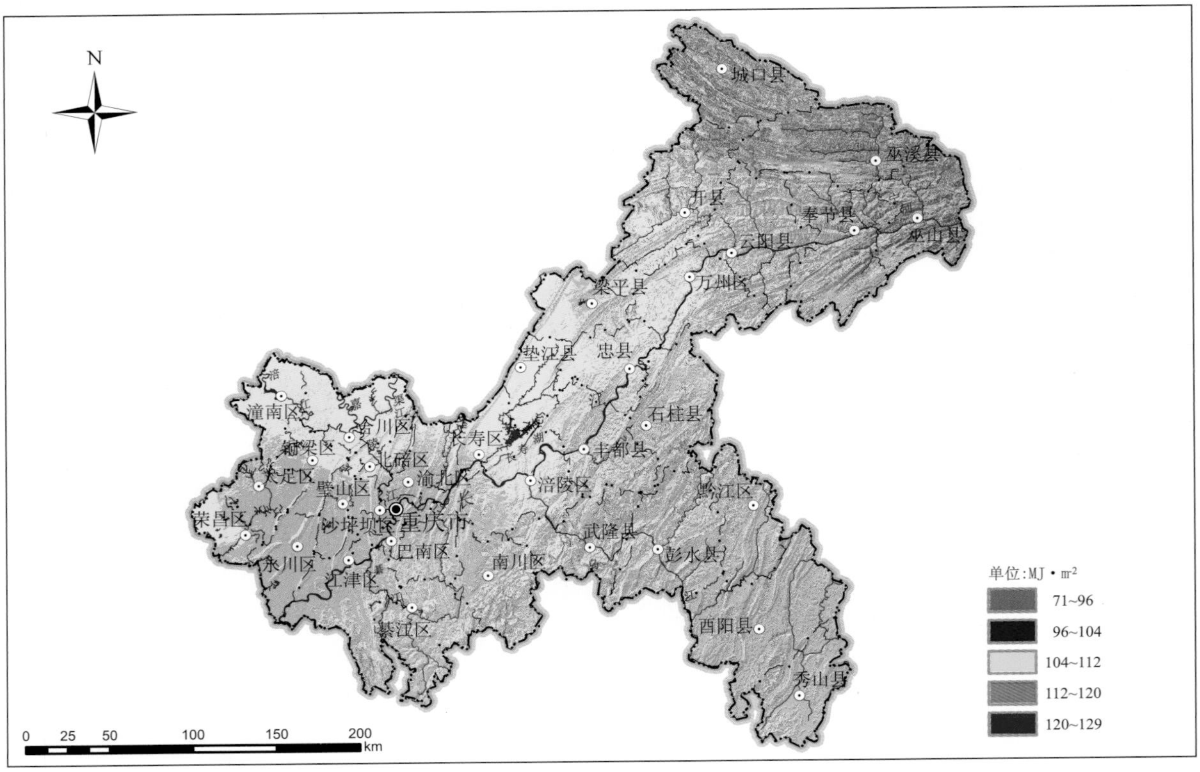

图 6.24 重庆市 11 月散射辐射量

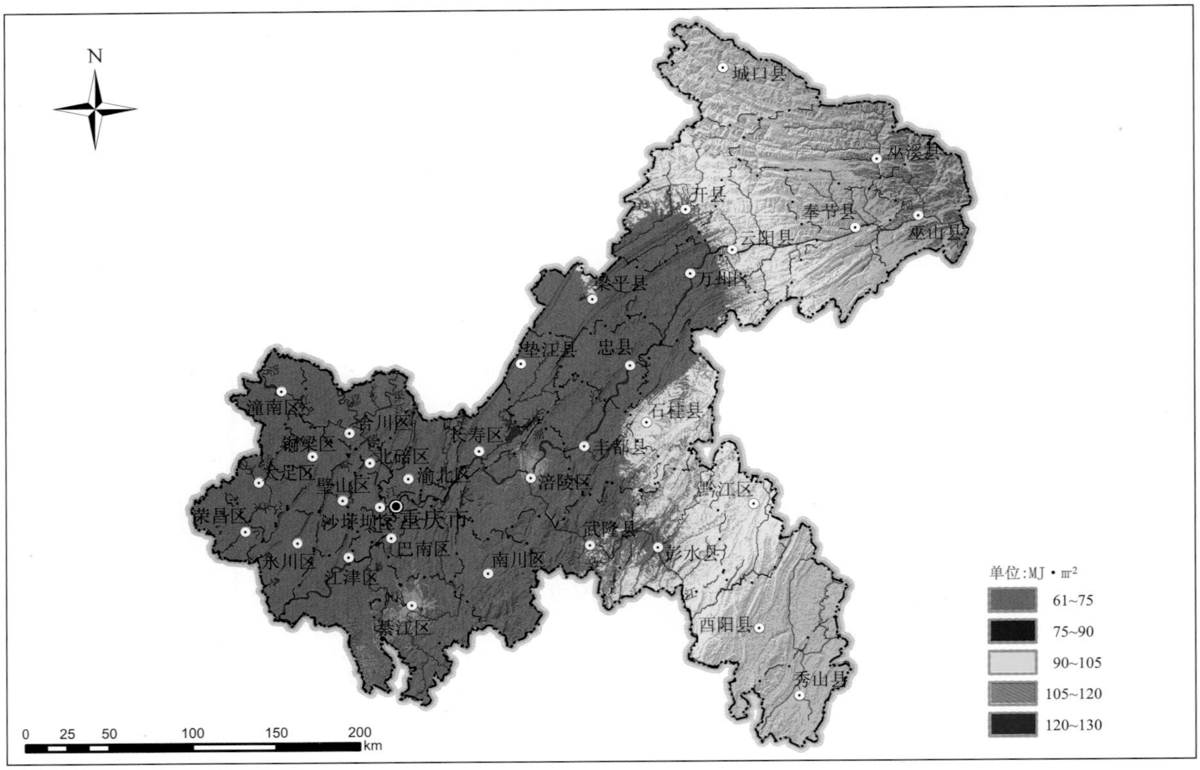

图 6.25 重庆市 12 月散射辐射量

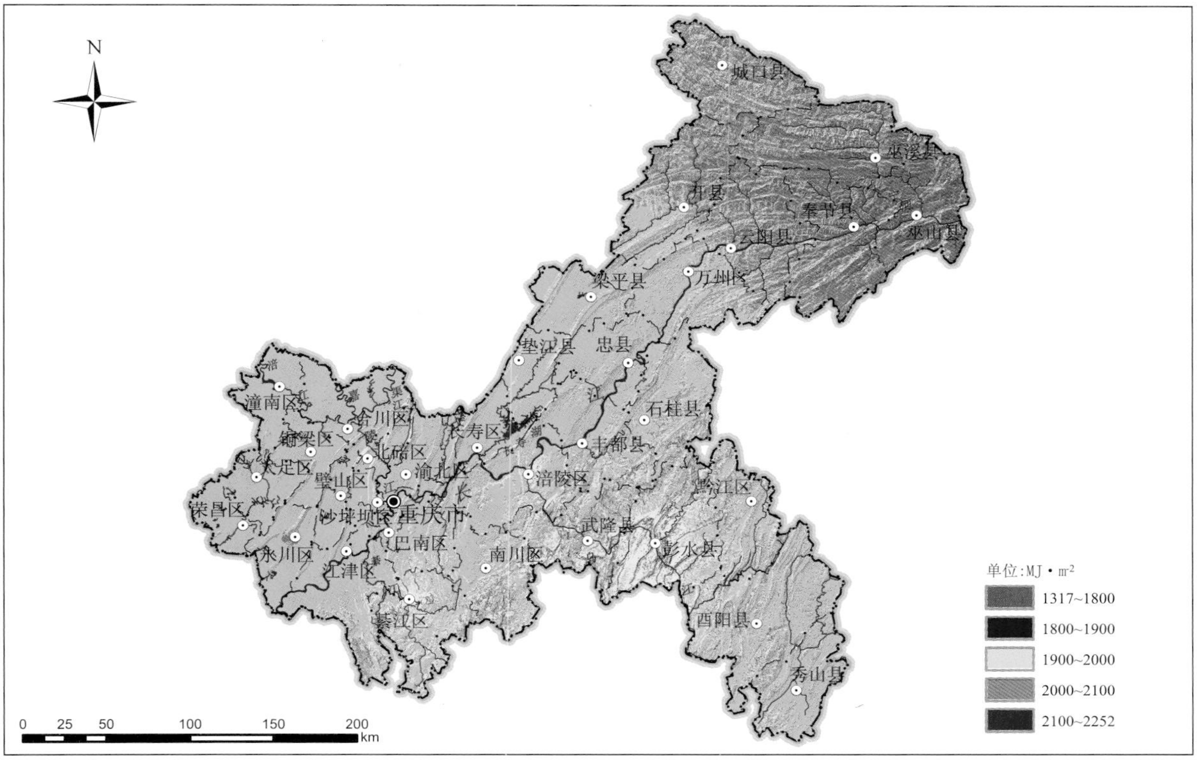

图 6.26 重庆市年散射辐射量

6.1.1.3 总辐射

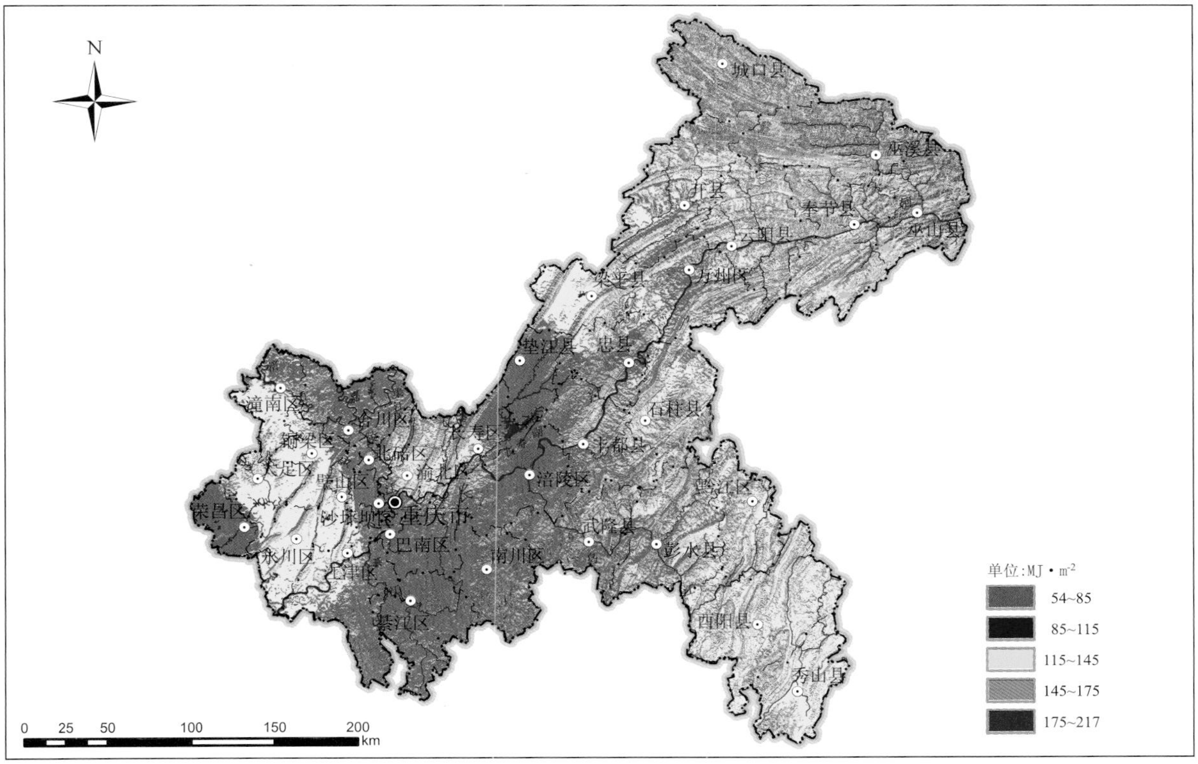

图 6.27 重庆市 1 月总辐射量

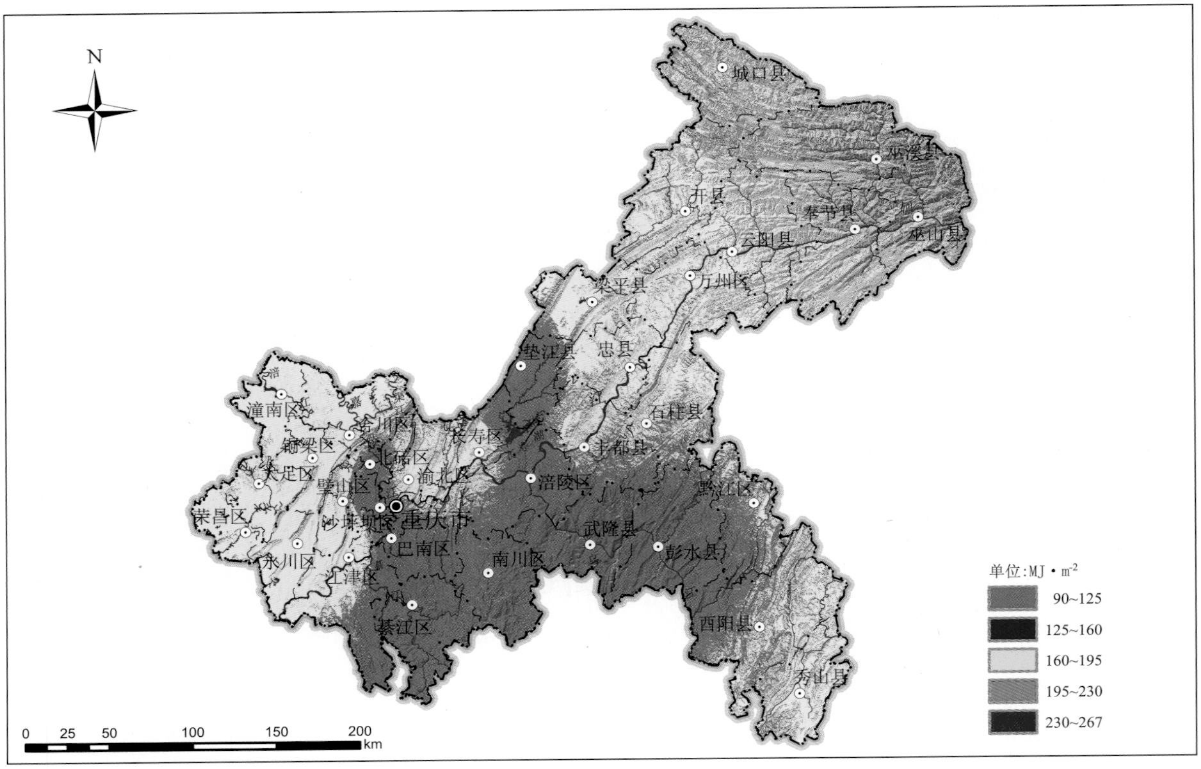

图 6.28　重庆市 2 月总辐射量

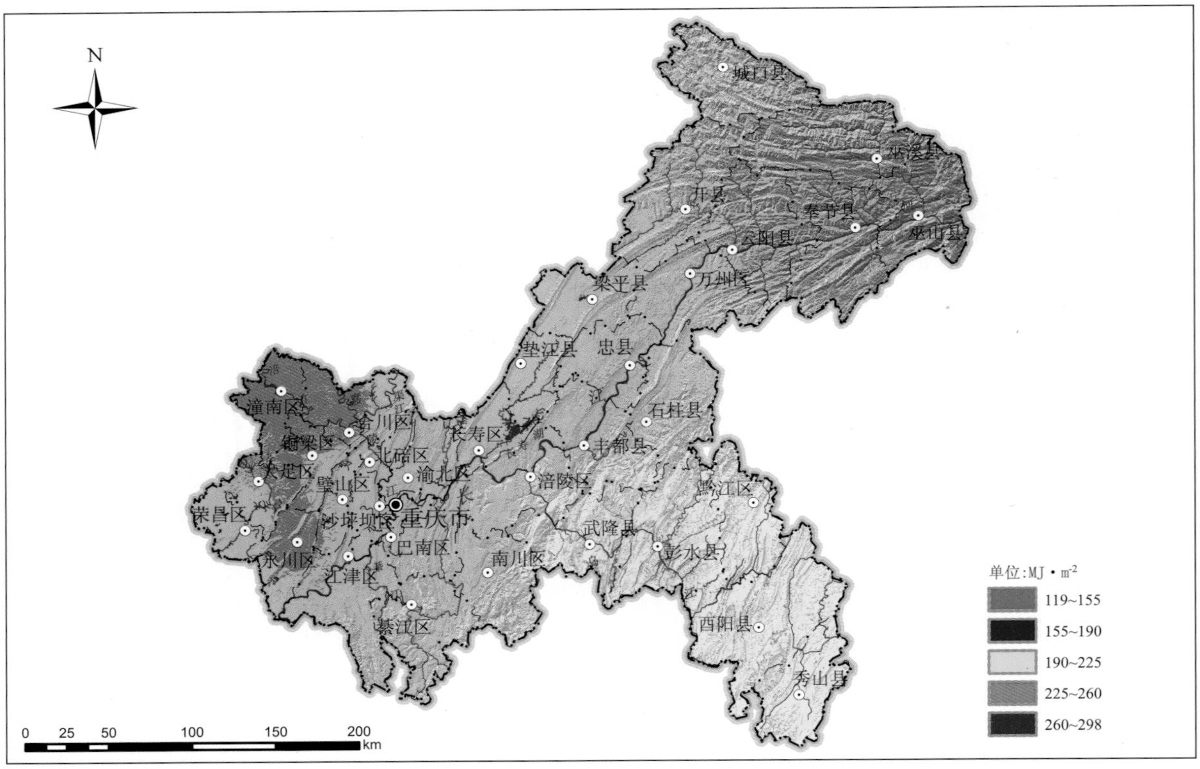

图 6.29　重庆市 3 月总辐射量

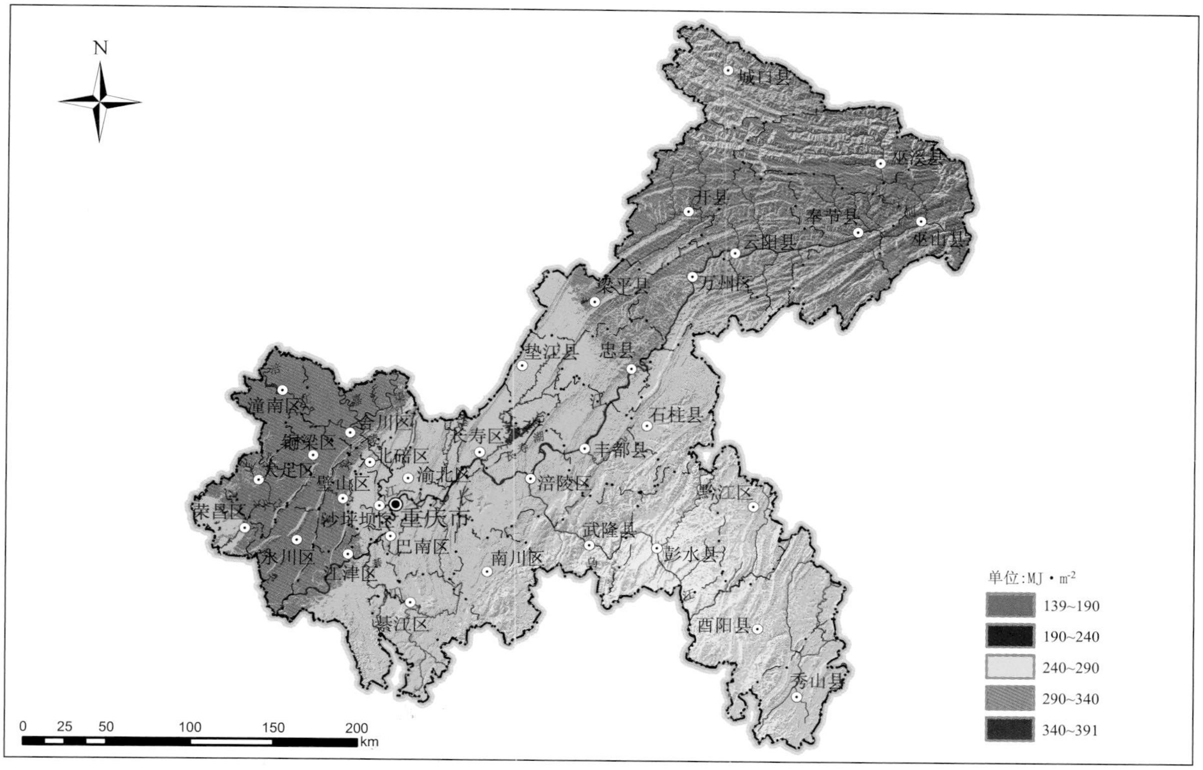

图 6.30 重庆市4月总辐射量

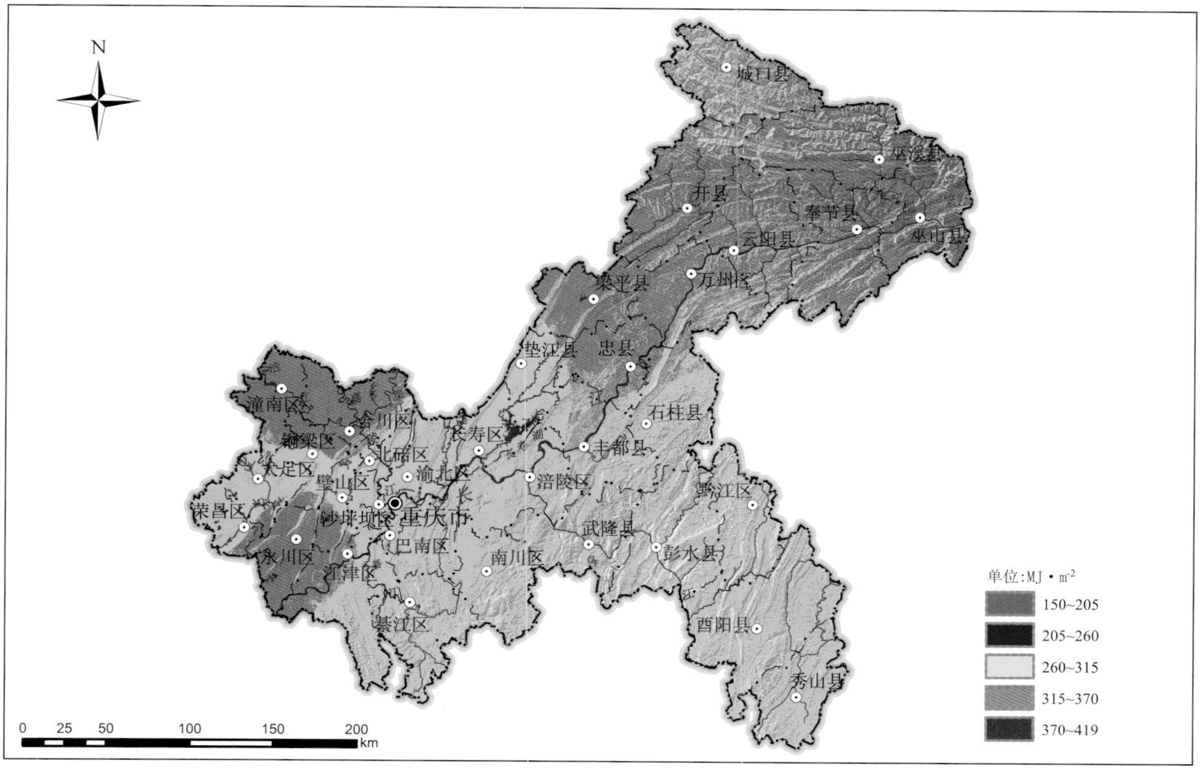

图 6.31 重庆市5月总辐射量

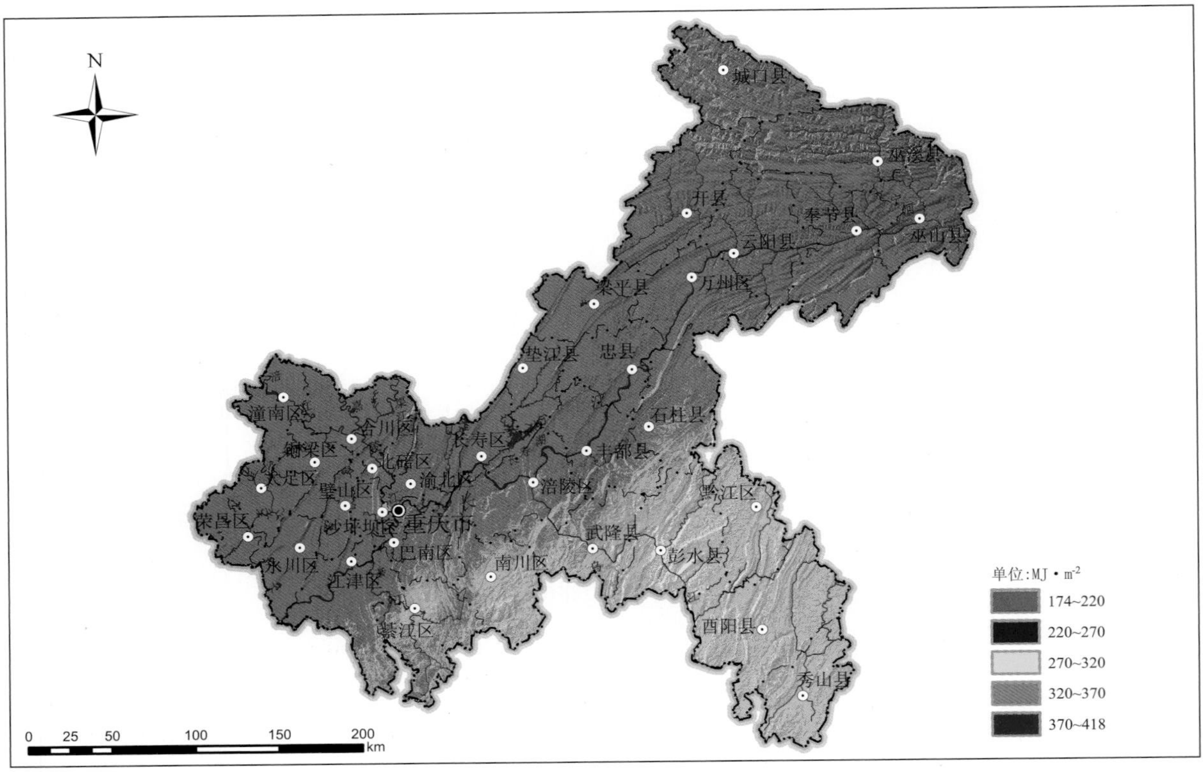

图 6.32　重庆市 6 月总辐射量

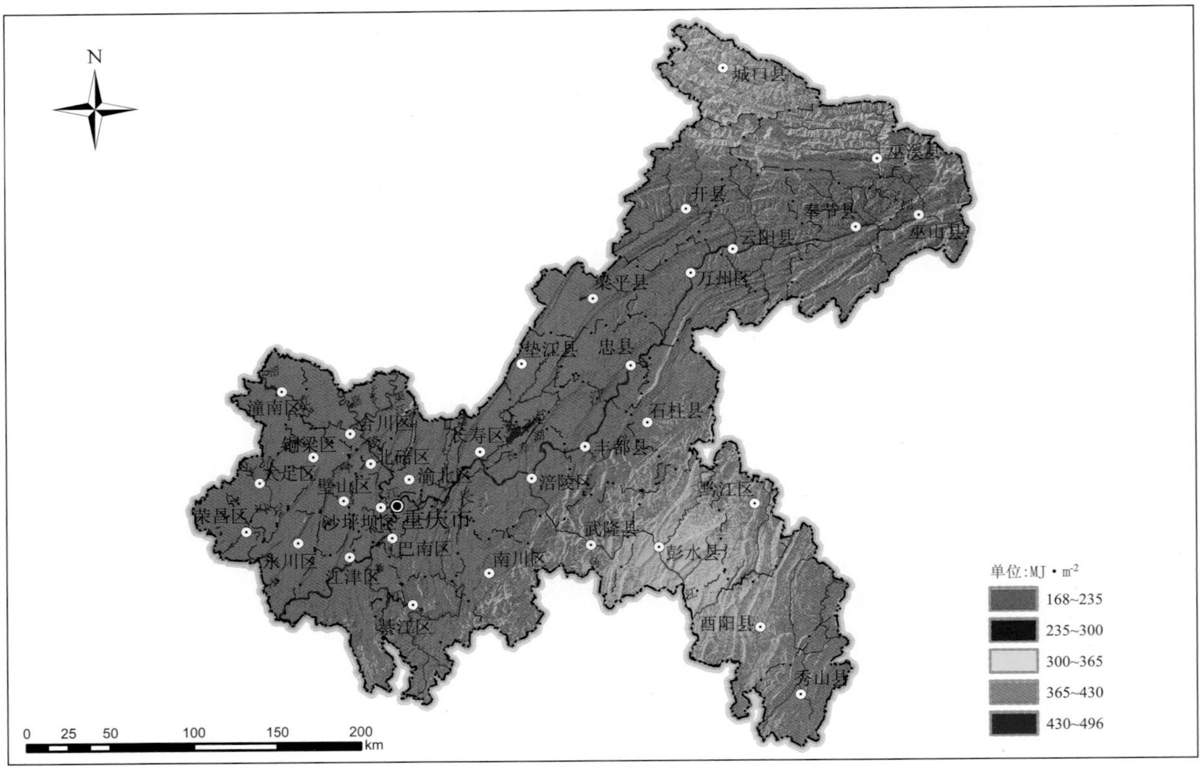

图 6.33　重庆市 7 月总辐射量

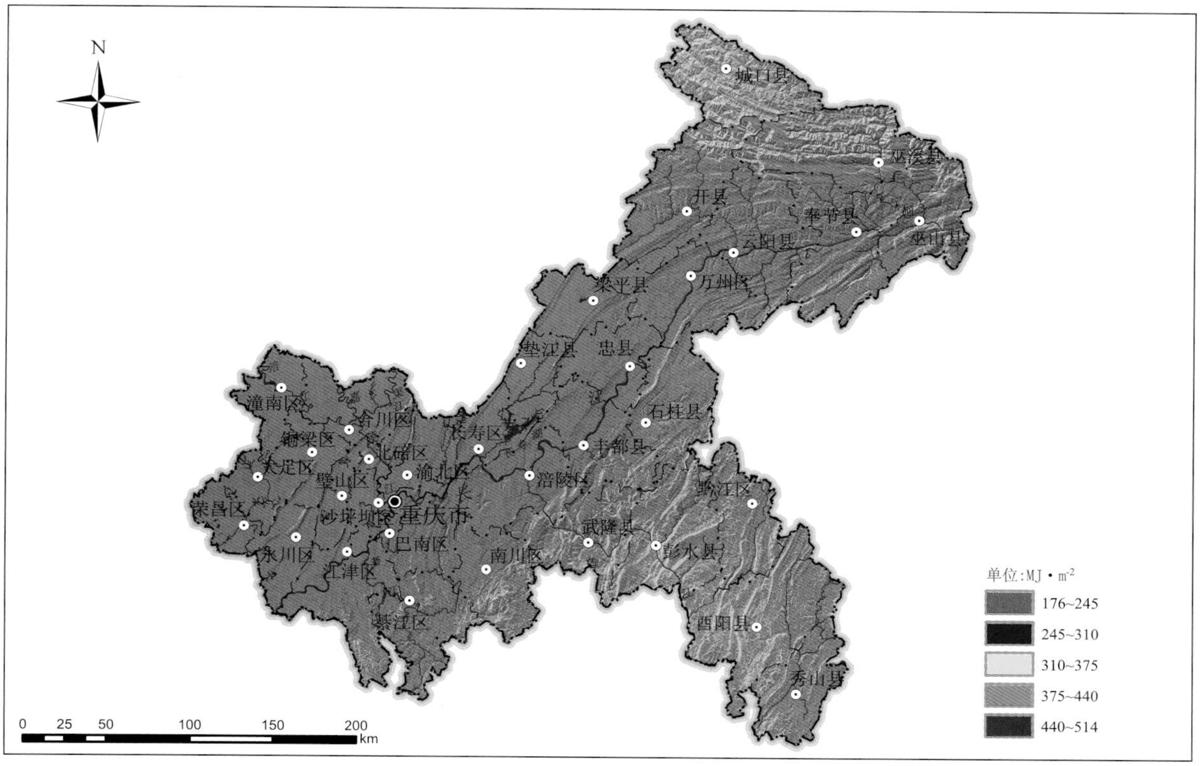

图 6.34　重庆市 8 月总辐射量

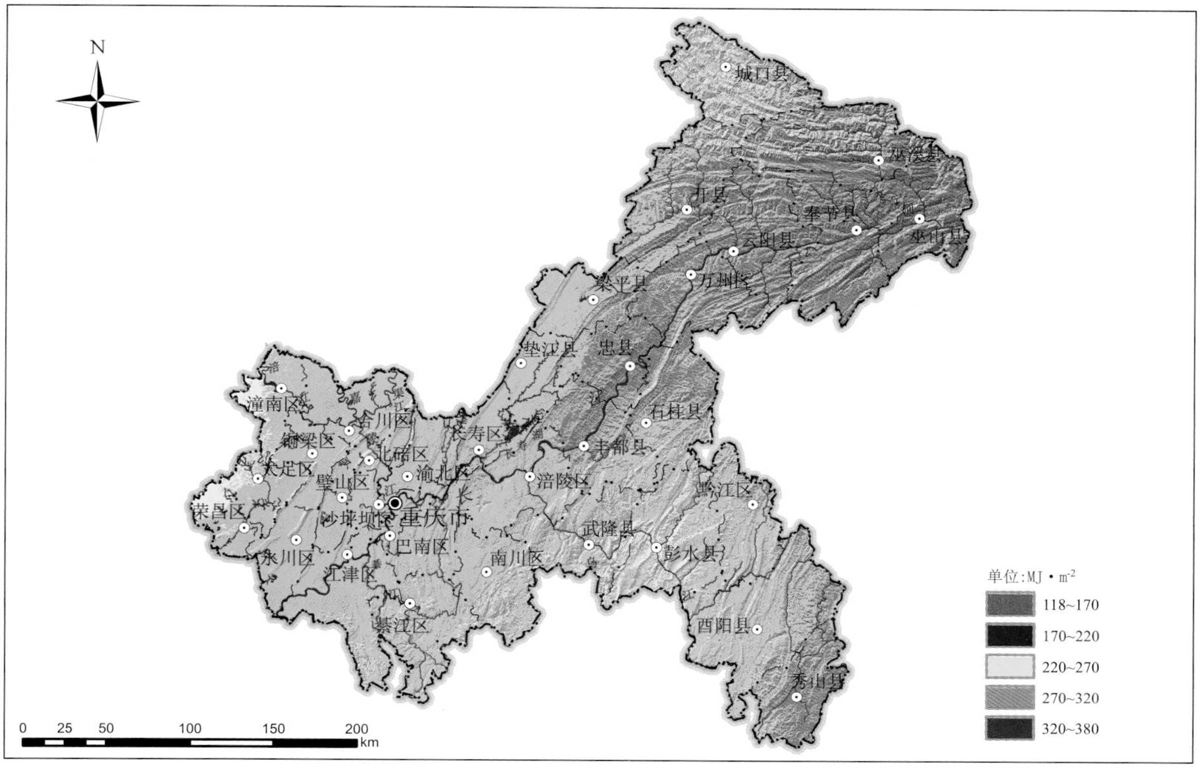

图 6.35　重庆市 9 月总辐射量

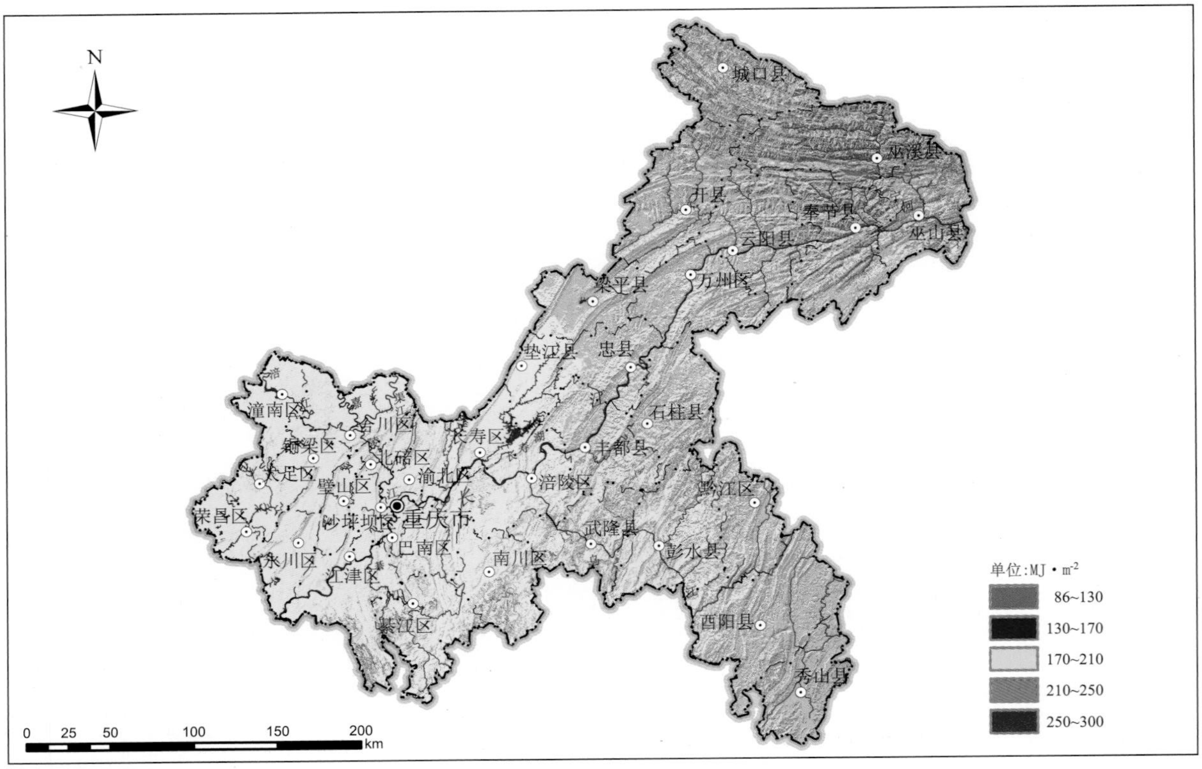

图 6.36　重庆市 10 月总辐射量

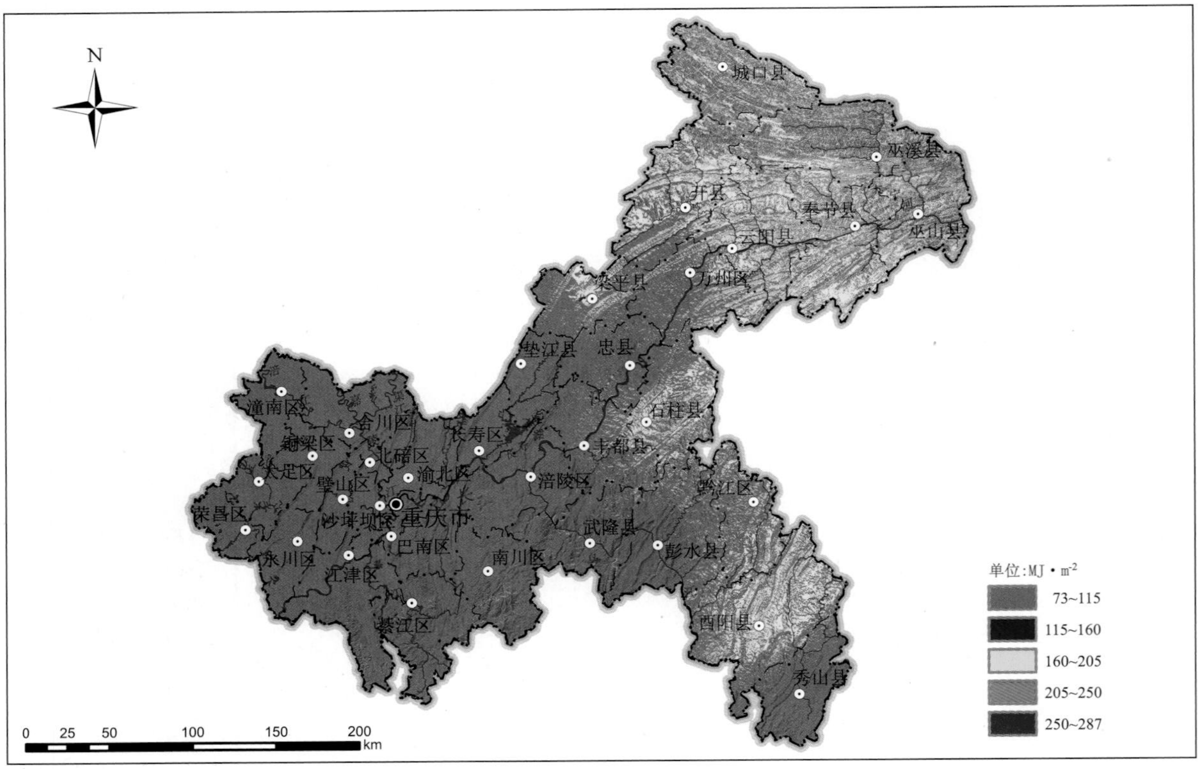

图 6.37　重庆市 11 月总辐射量

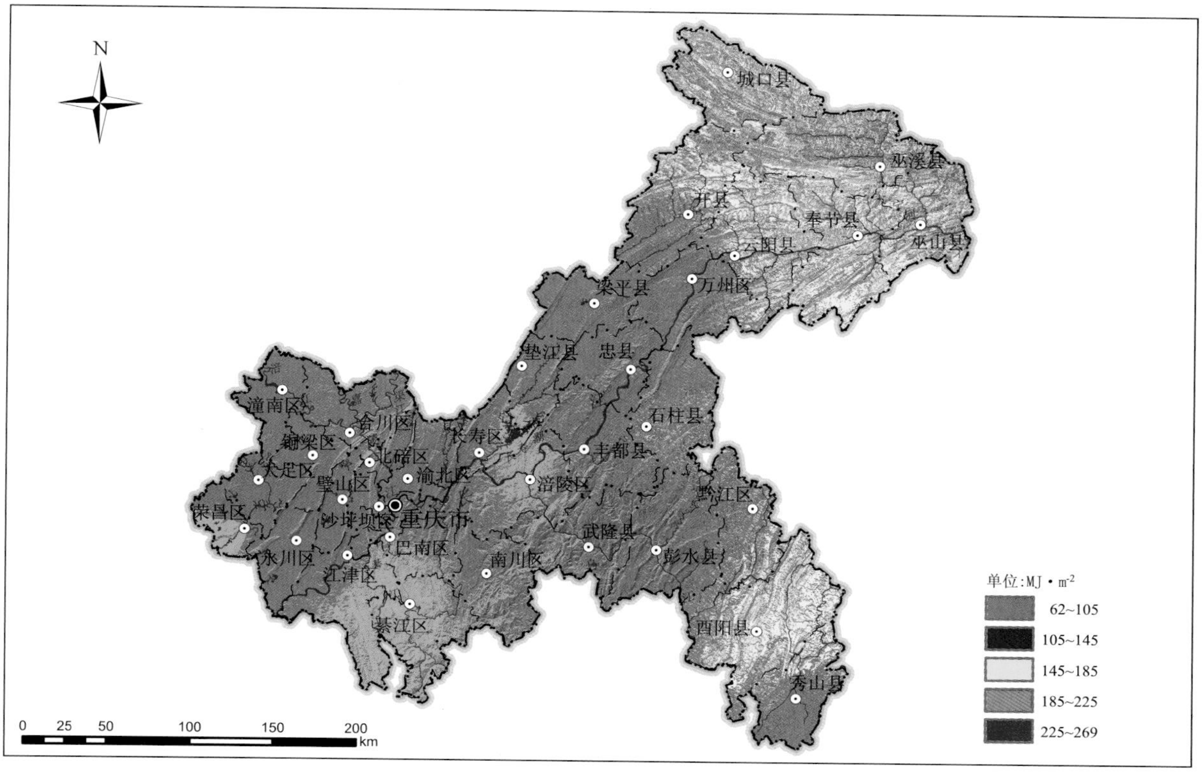

图6.38 重庆市12月总辐射量

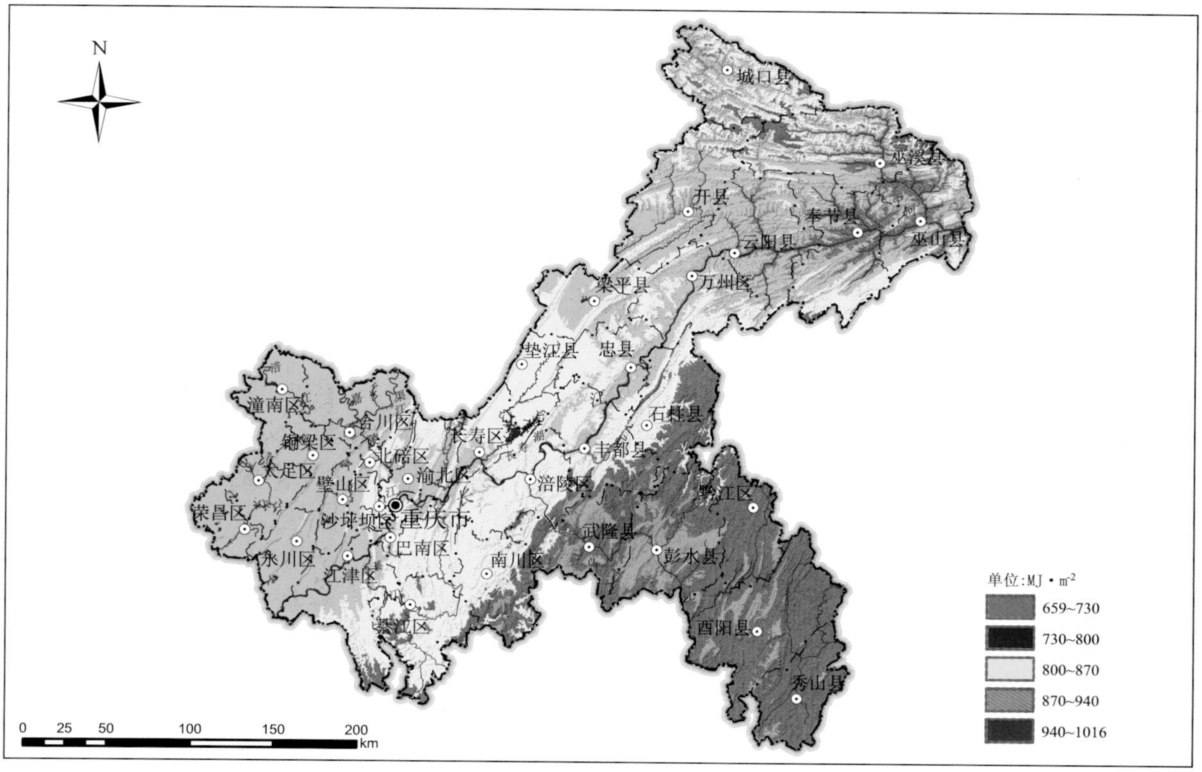

图6.39 重庆市春季总辐射量

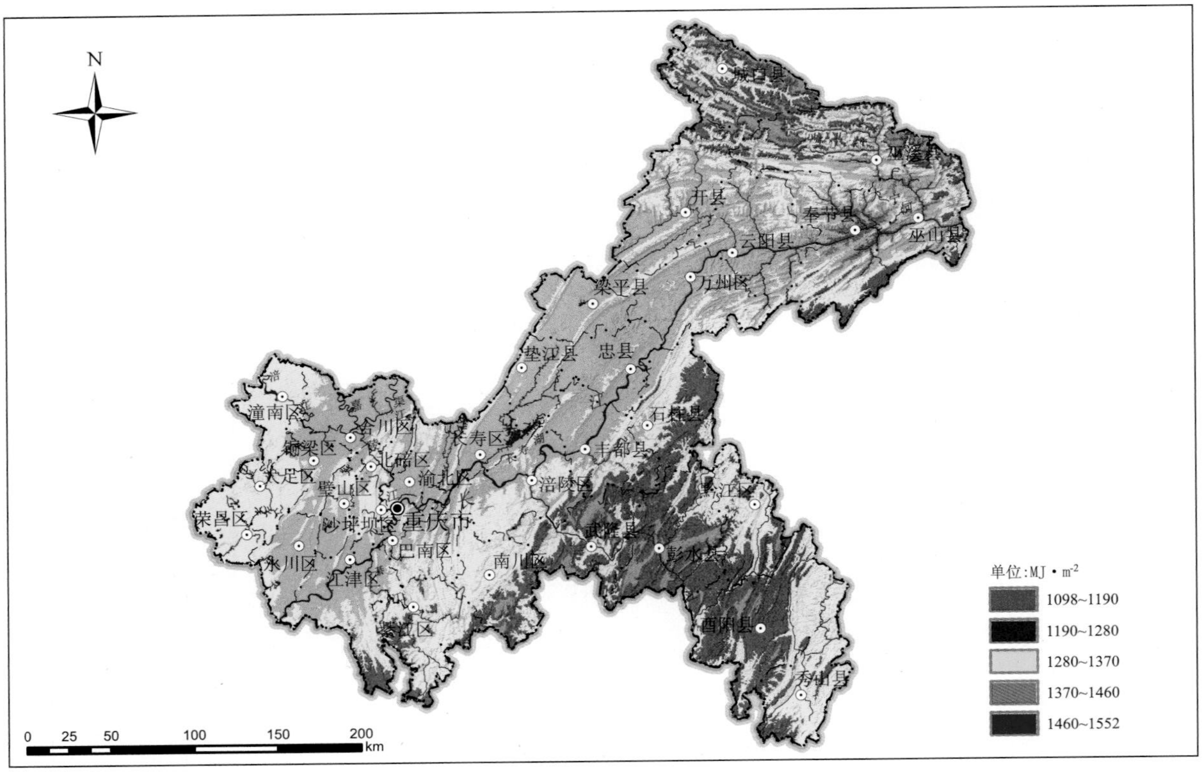

图 6.40　重庆市夏季总辐射量

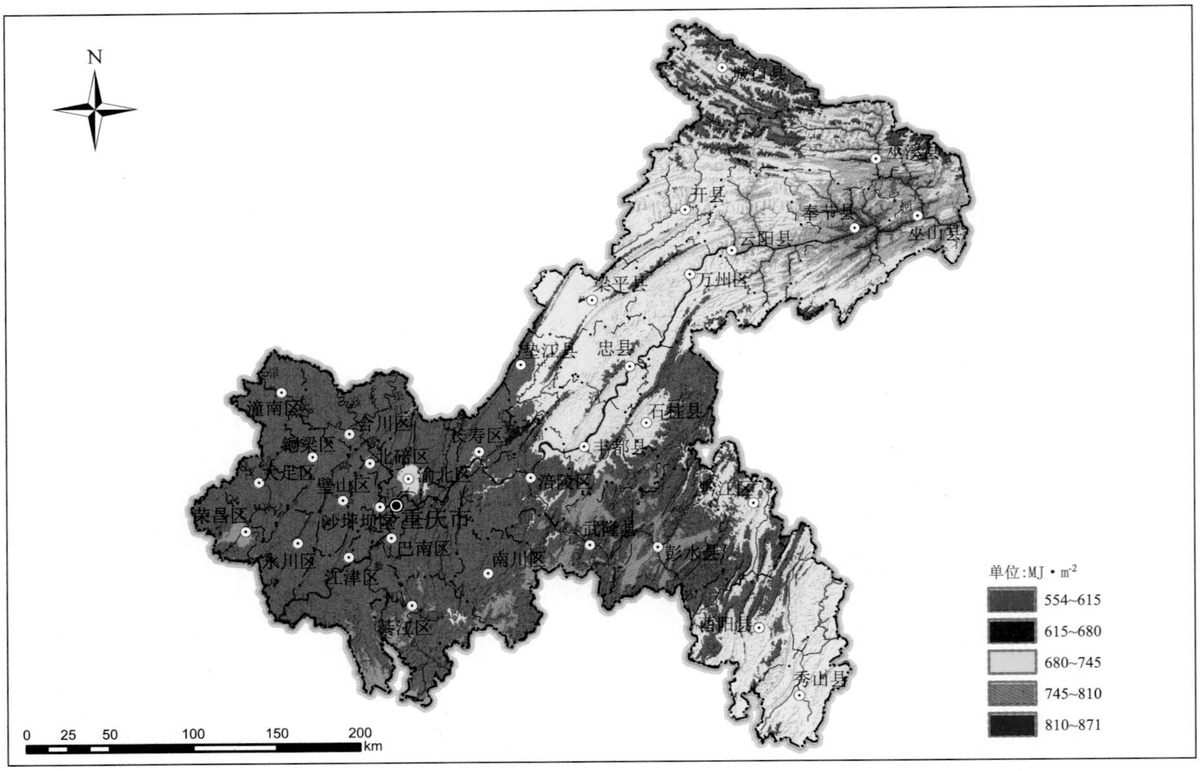

图 6.41　重庆市秋季总辐射量

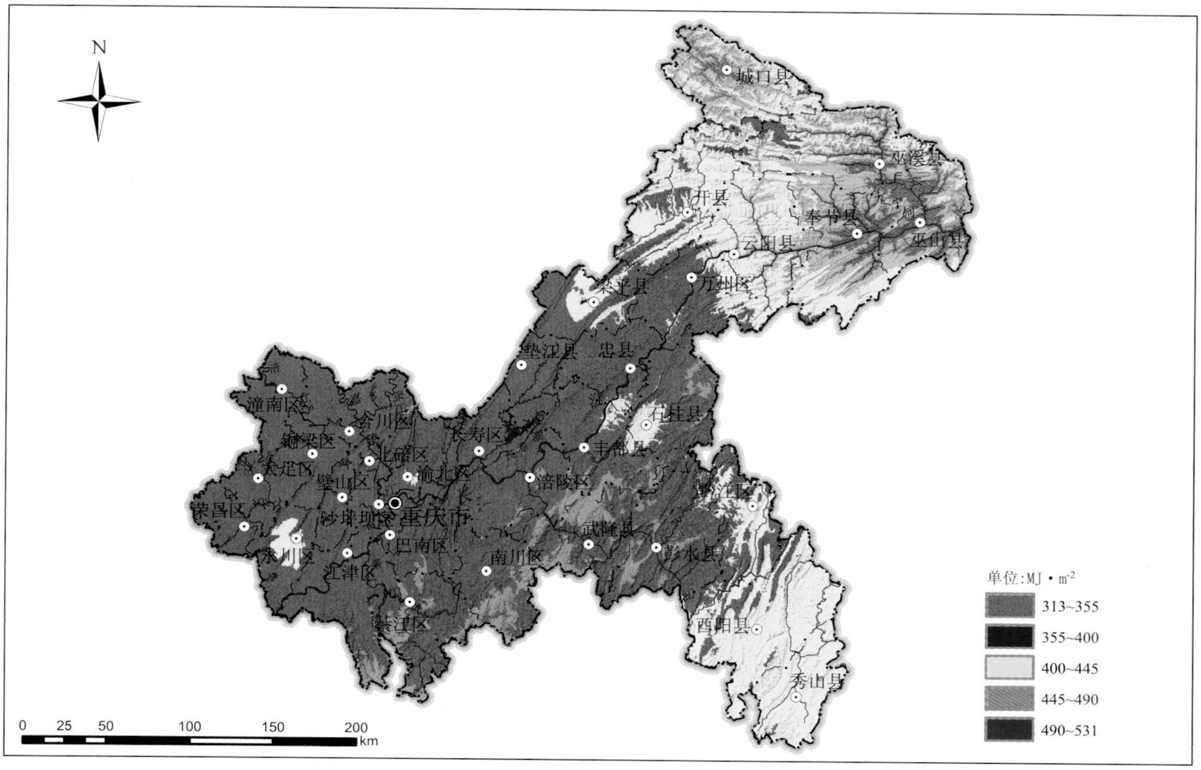

图 6.42 重庆市冬季总辐射量

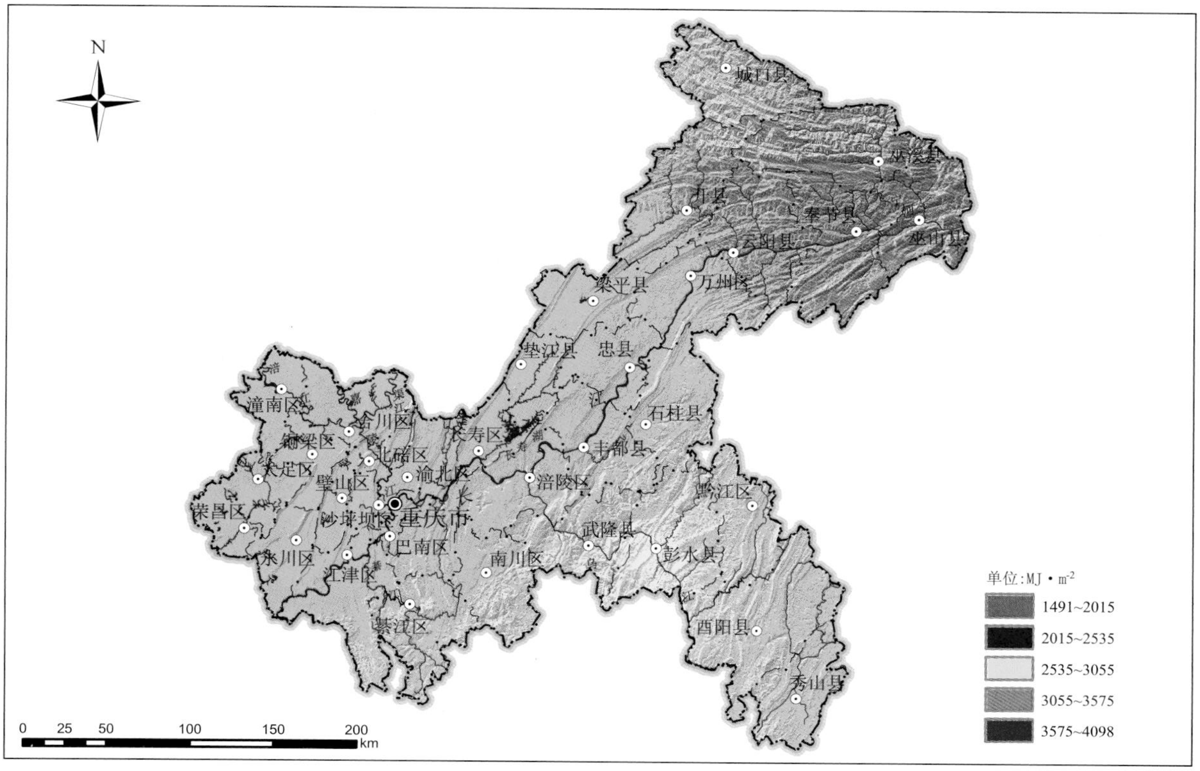

图 6.43 重庆市年总辐射量

6.1.1.4 日照时数

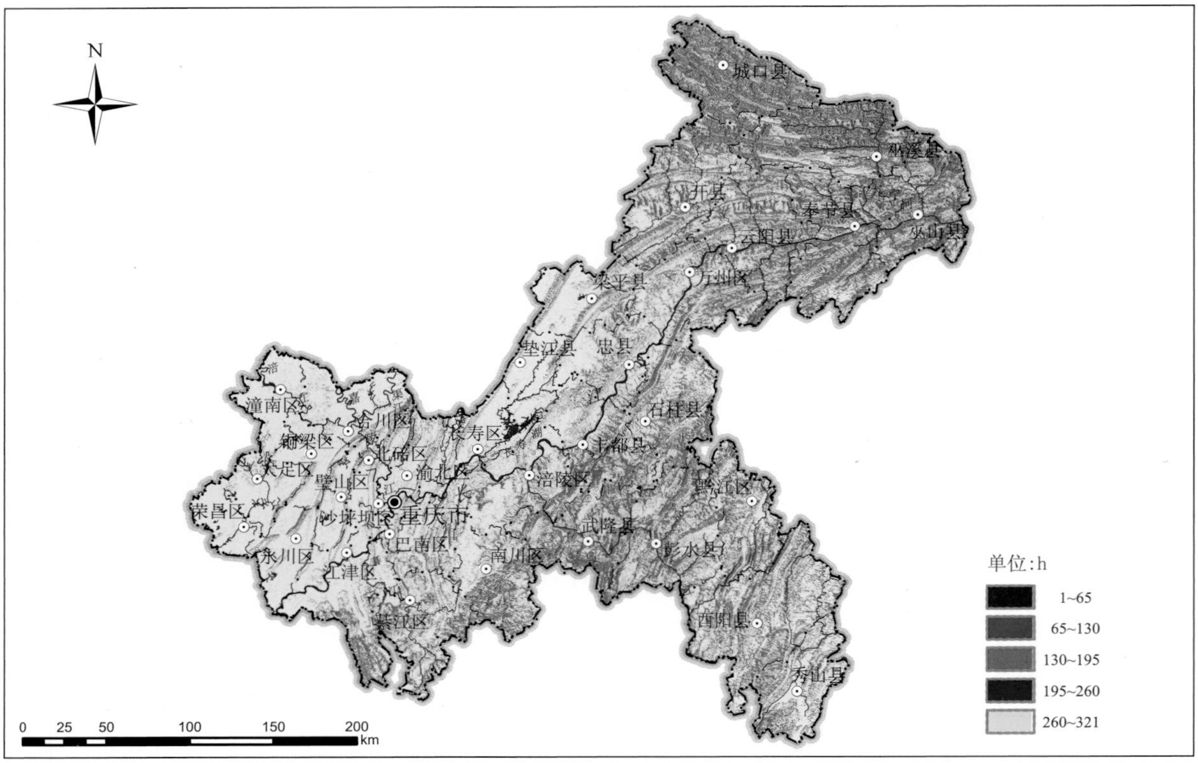

图 6.44 重庆市 1 月可照时数

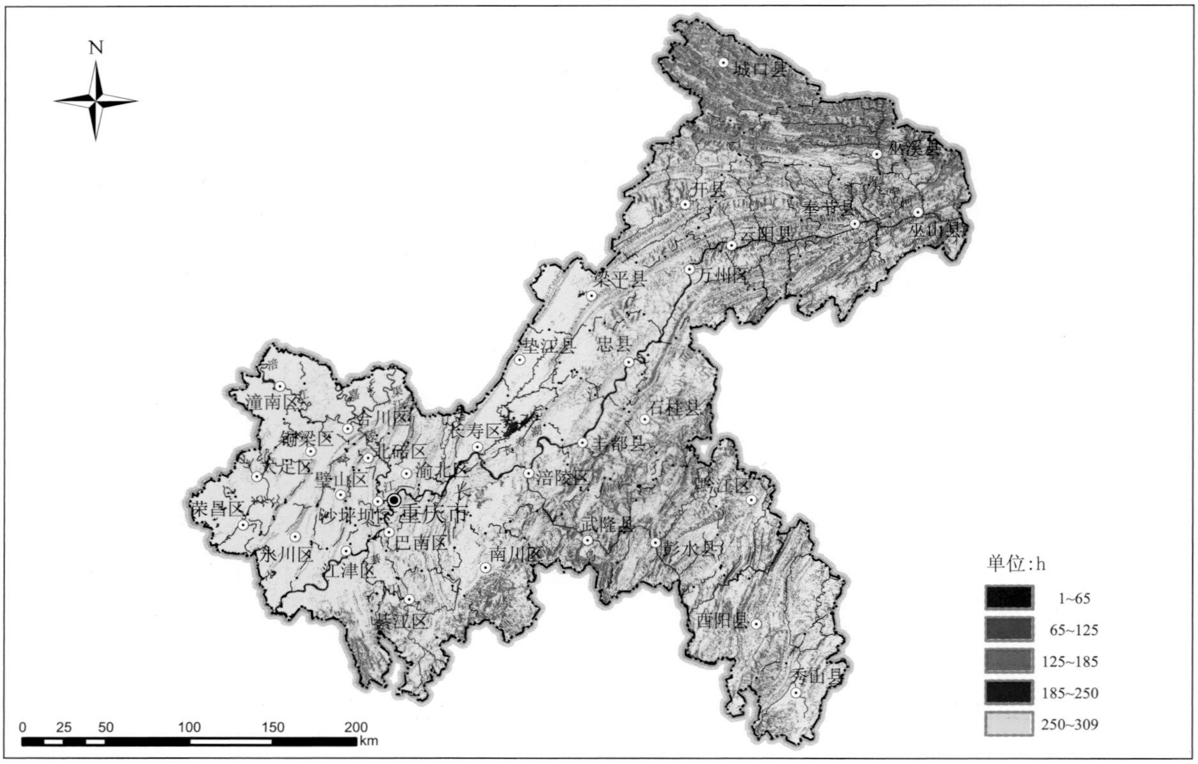

图 6.45 重庆市 2 月可照时数

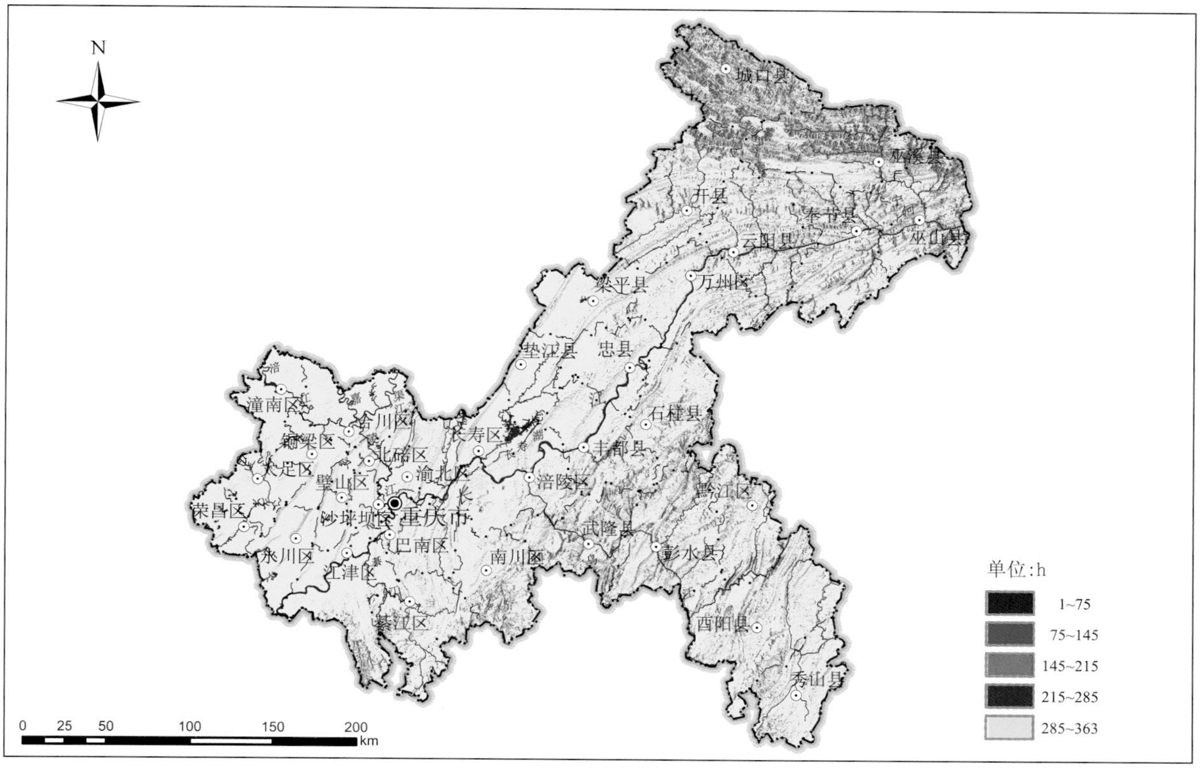

图 6.46 重庆市 3 月可照时数

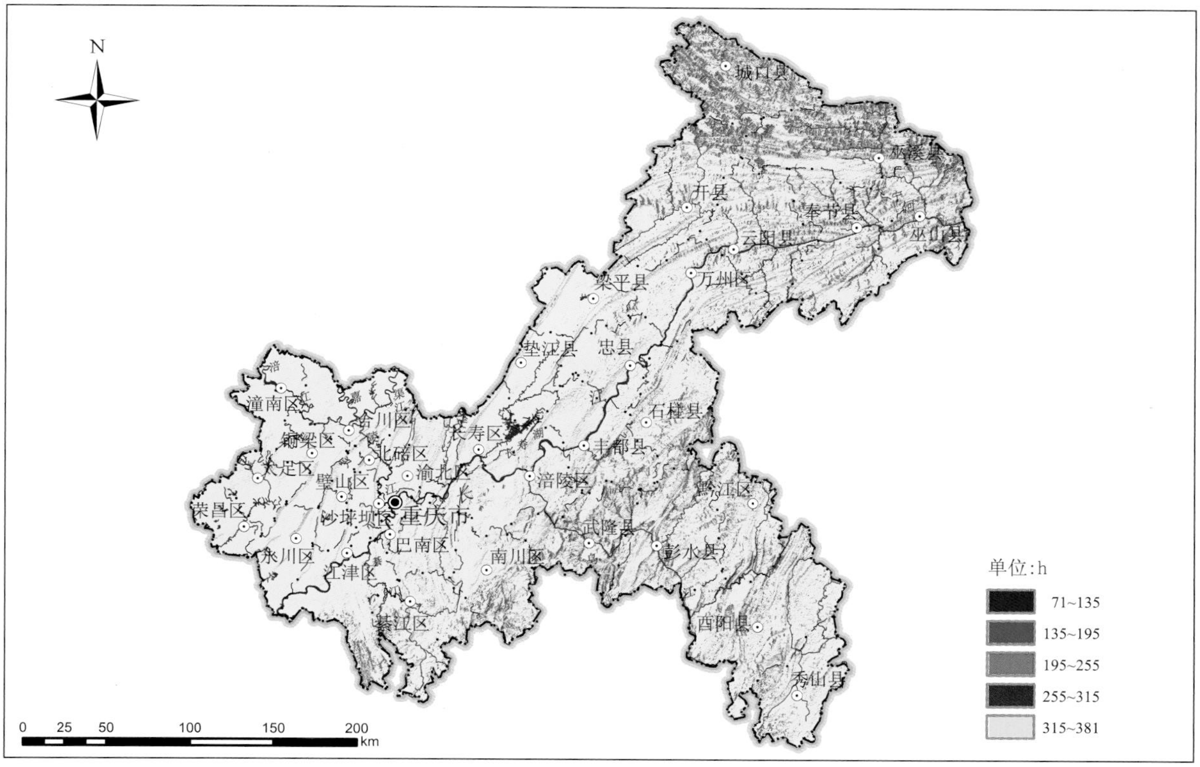

图 6.47 重庆市 4 月可照时数

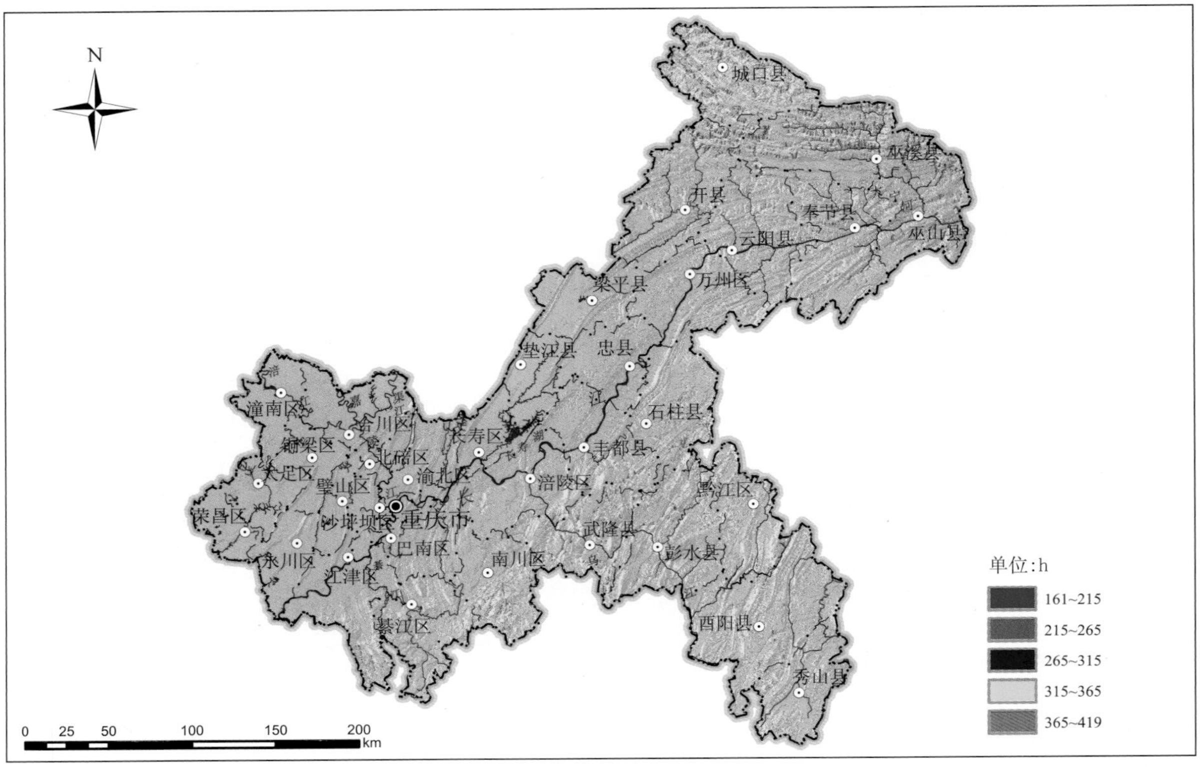

图 6.48　重庆市 5 月可照时数

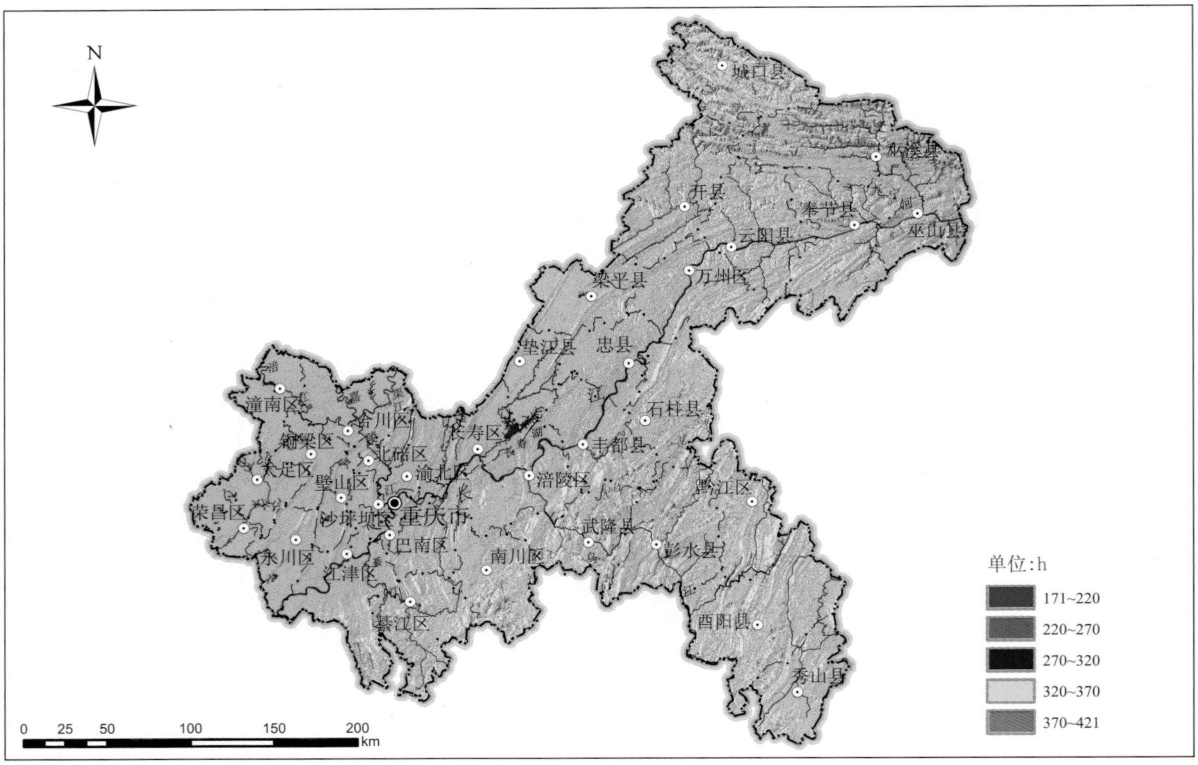

图 6.49　重庆市 6 月可照时数

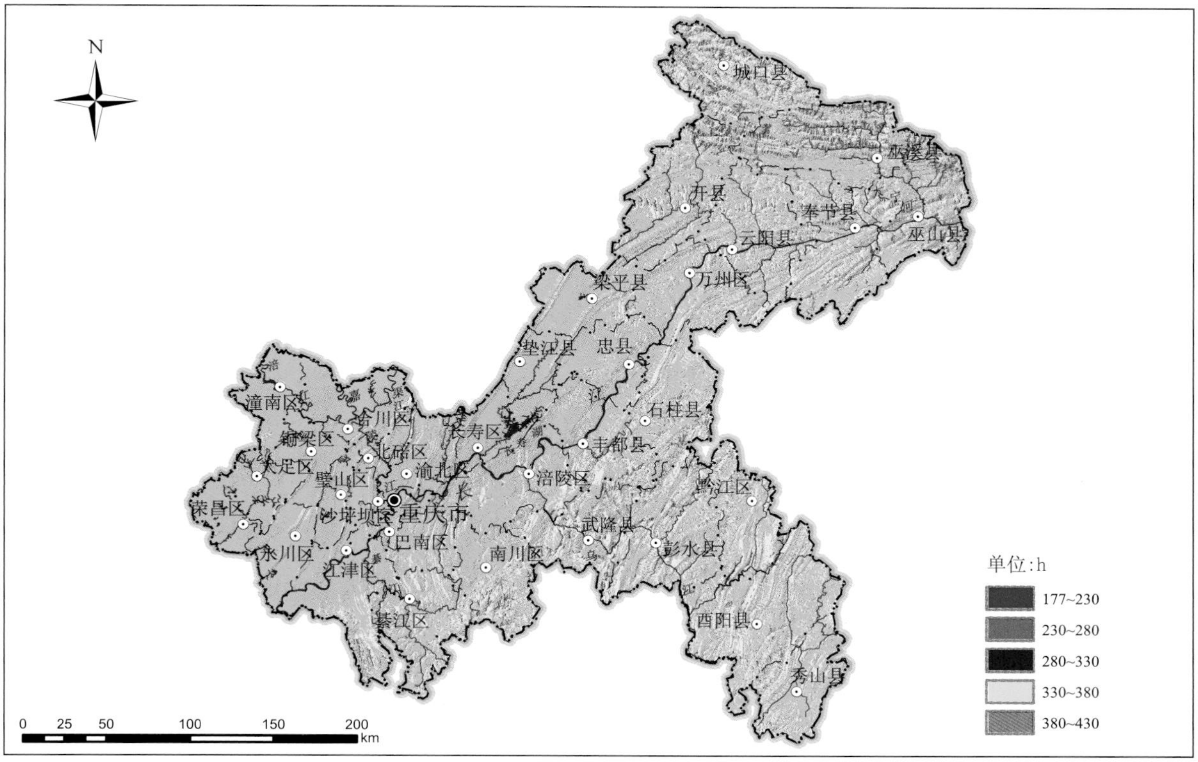

图 6.50 重庆市 7 月可照时数

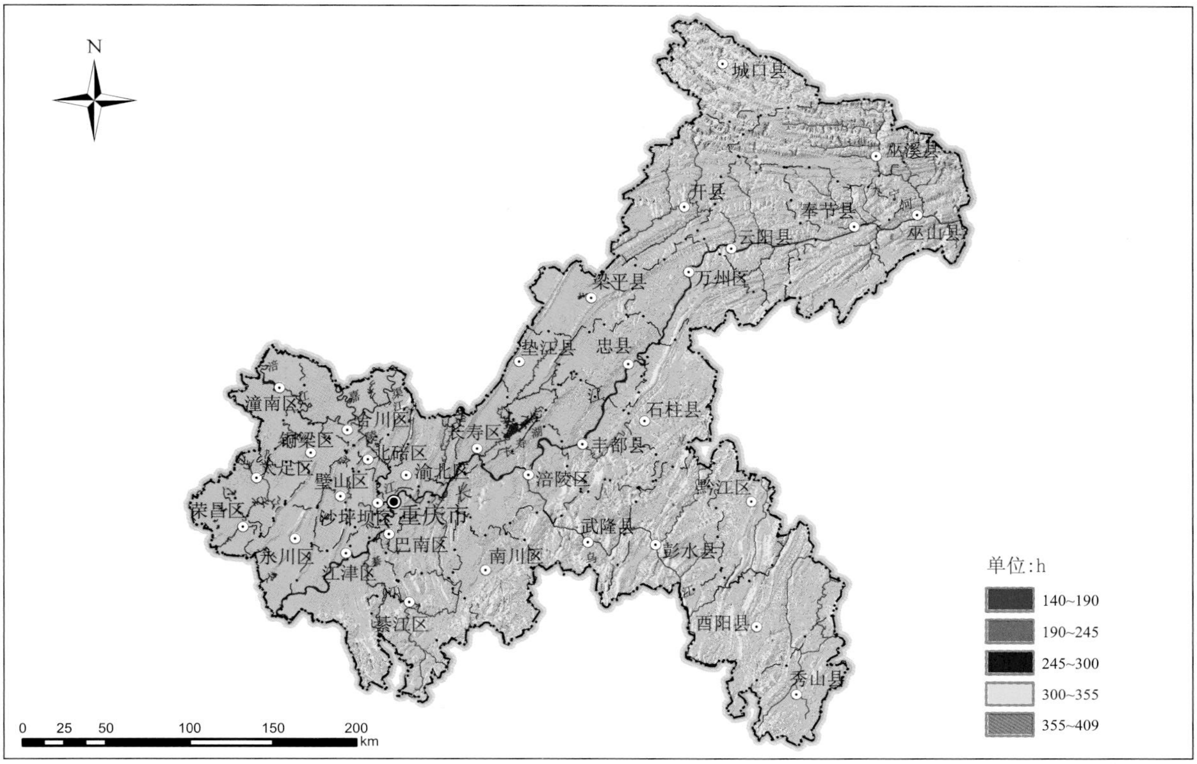

图 6.51 重庆市 8 月可照时数

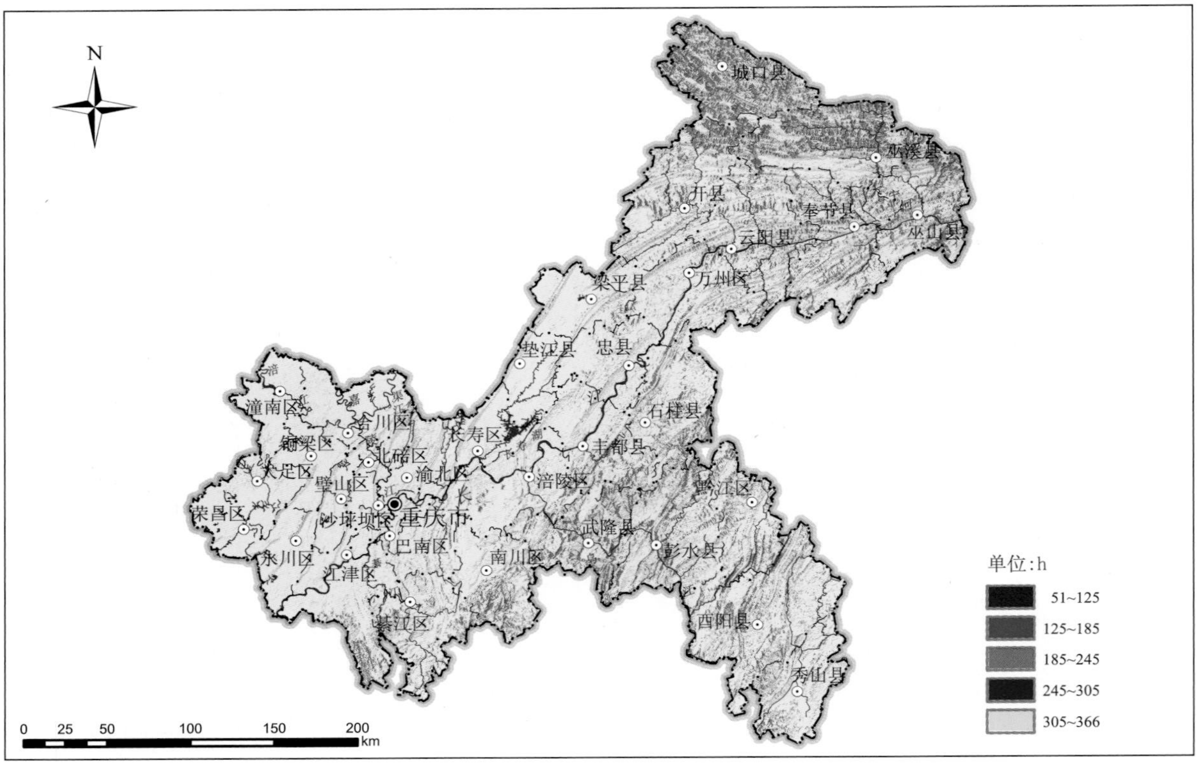

图 6.52　重庆市 9 月可照时数

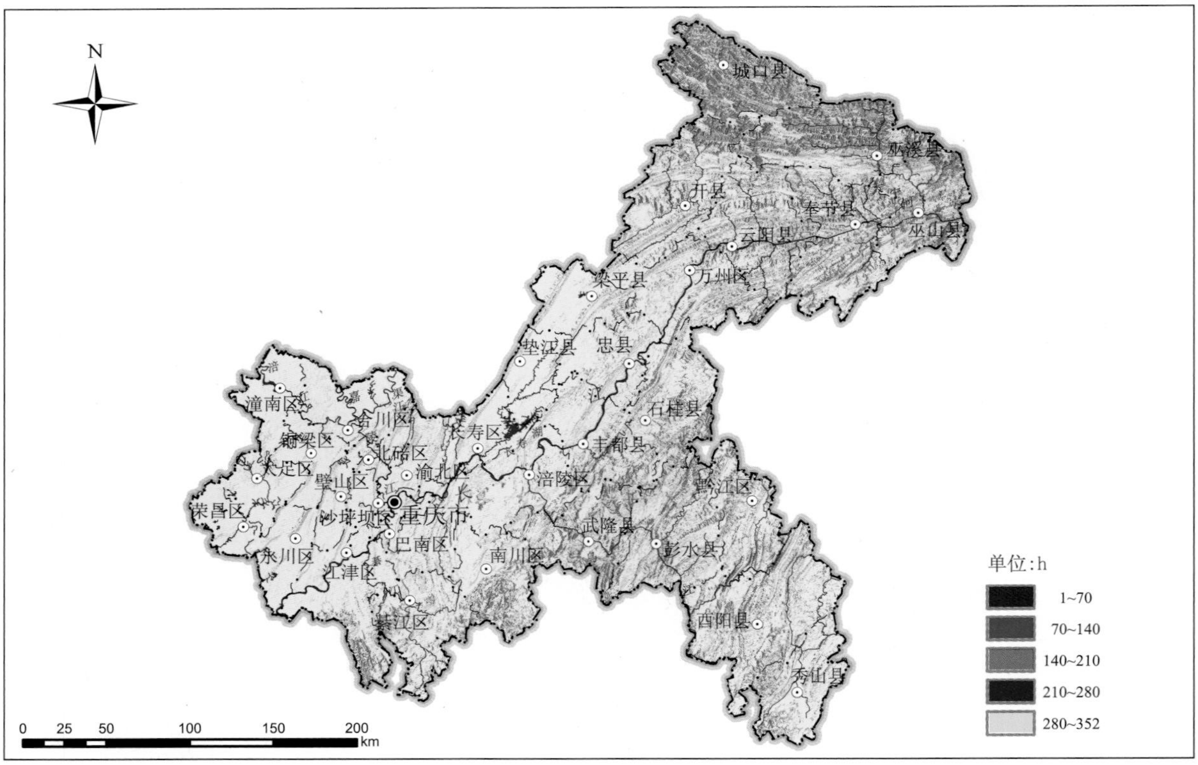

图 6.53　重庆市 10 月可照时数

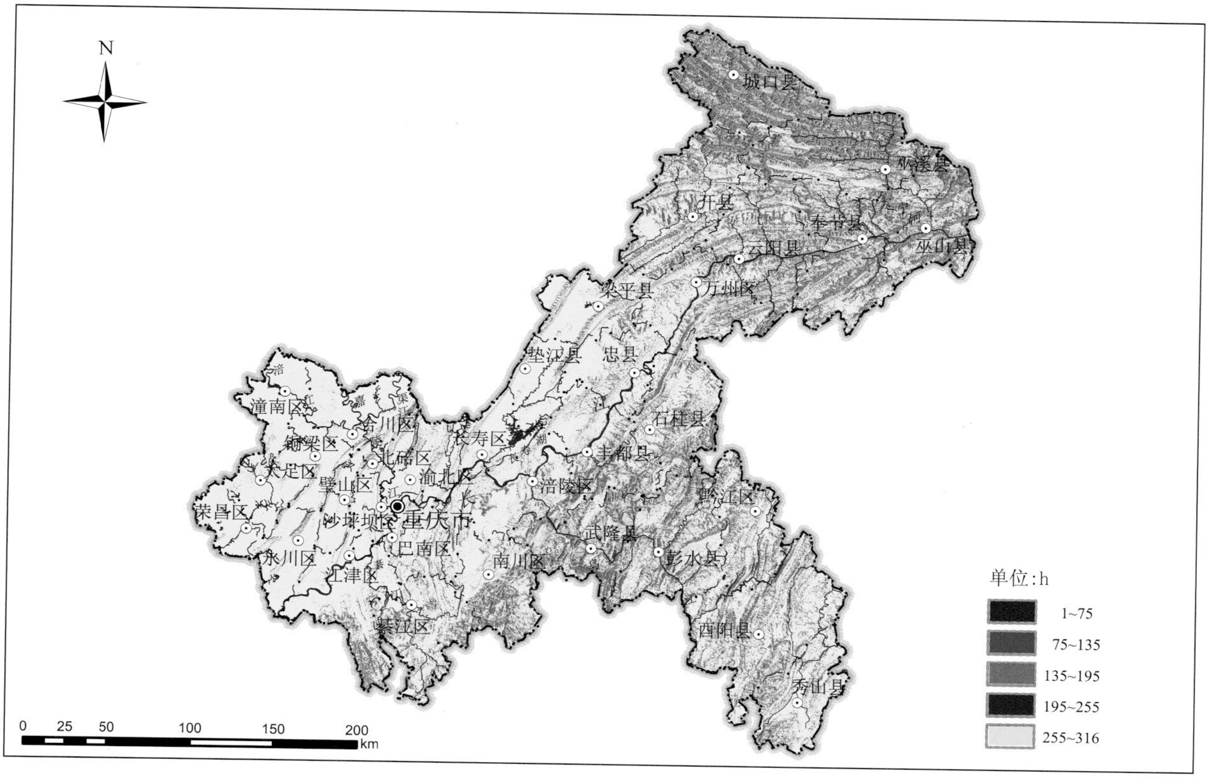

图 6.54 重庆市 11 月可照时数

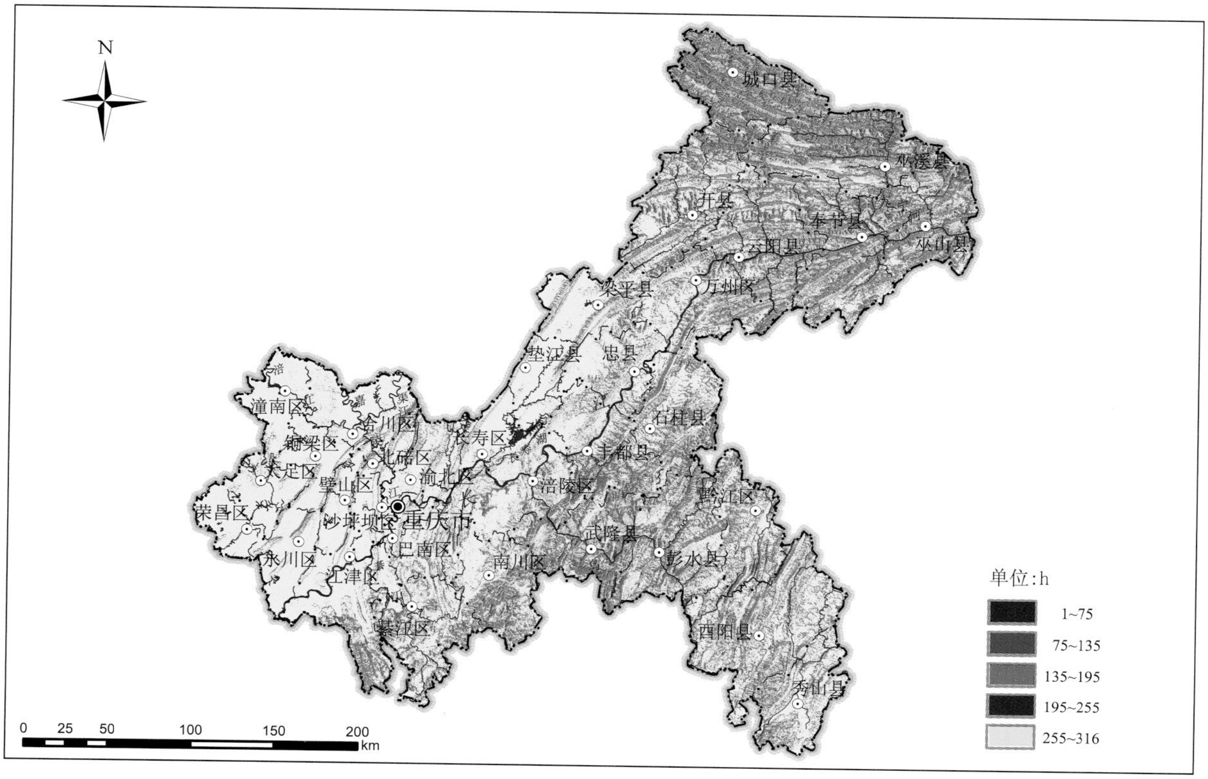

图 6.55 重庆市 12 月可照时数

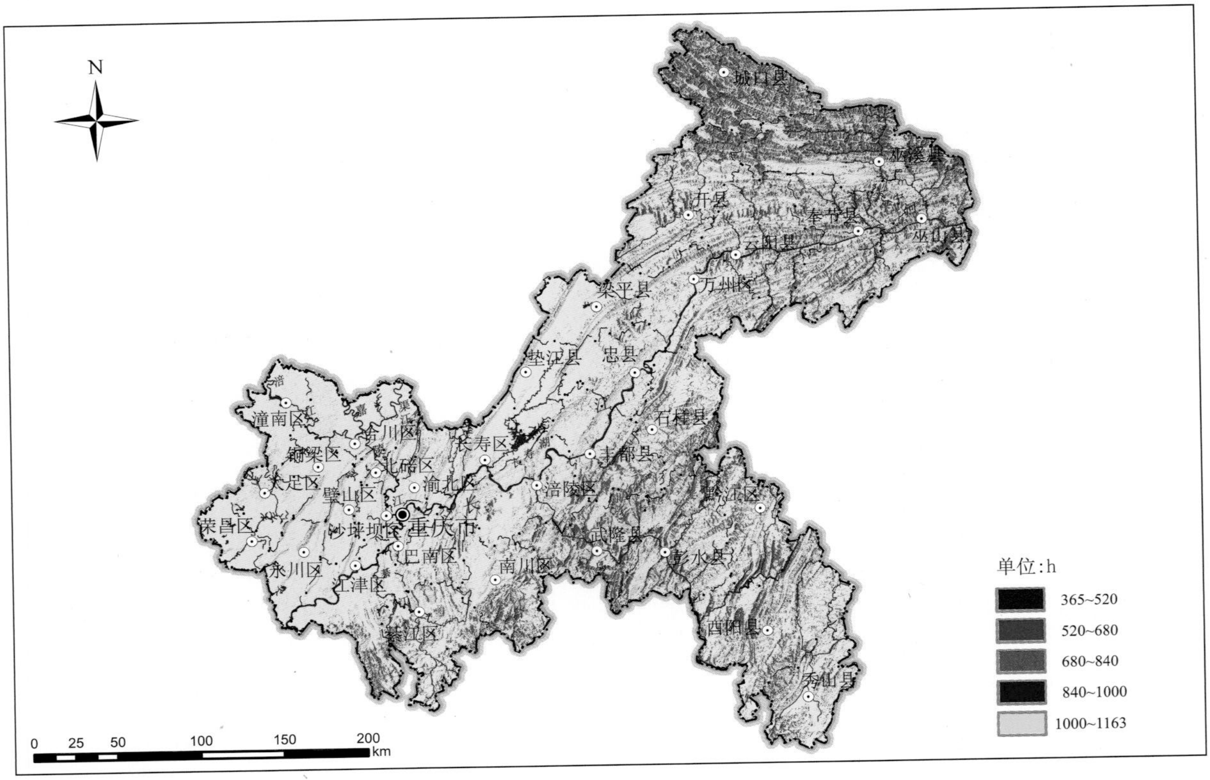

图 6.56　重庆市春季可照时数

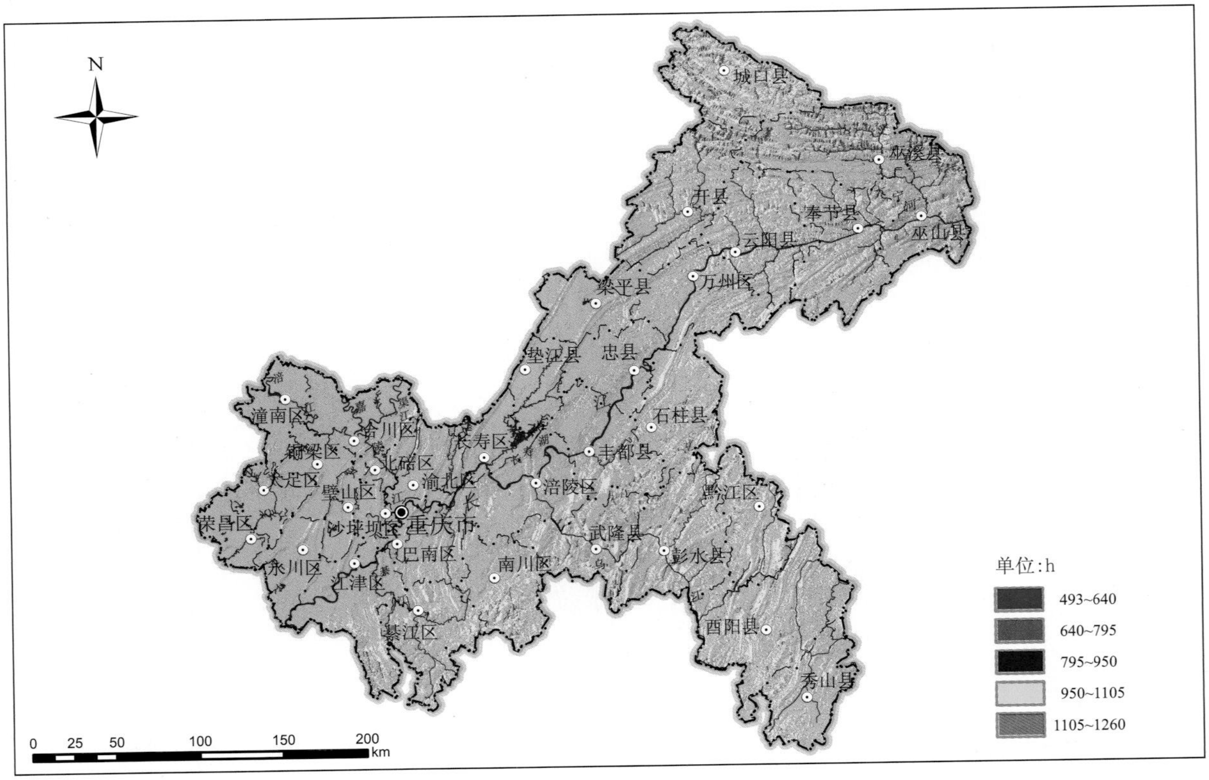

图 6.57　重庆市夏季可照时数

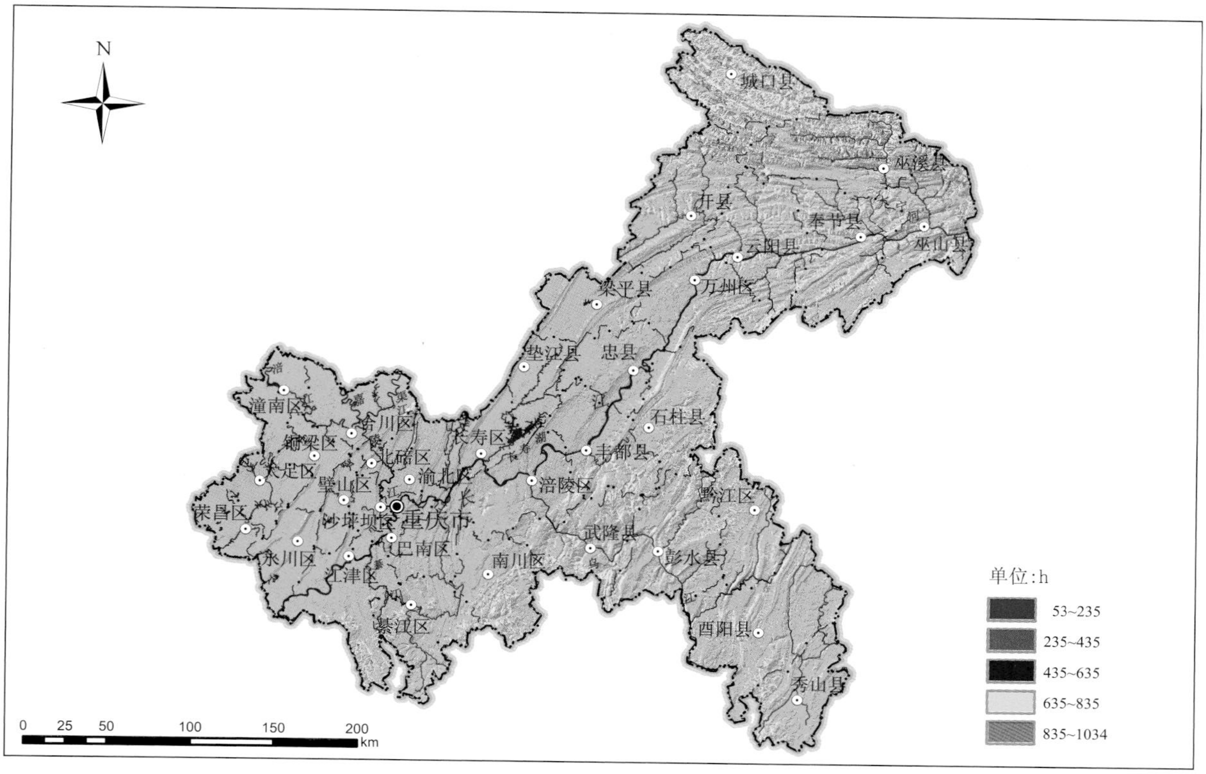

图 6.58 重庆市秋季可照时数

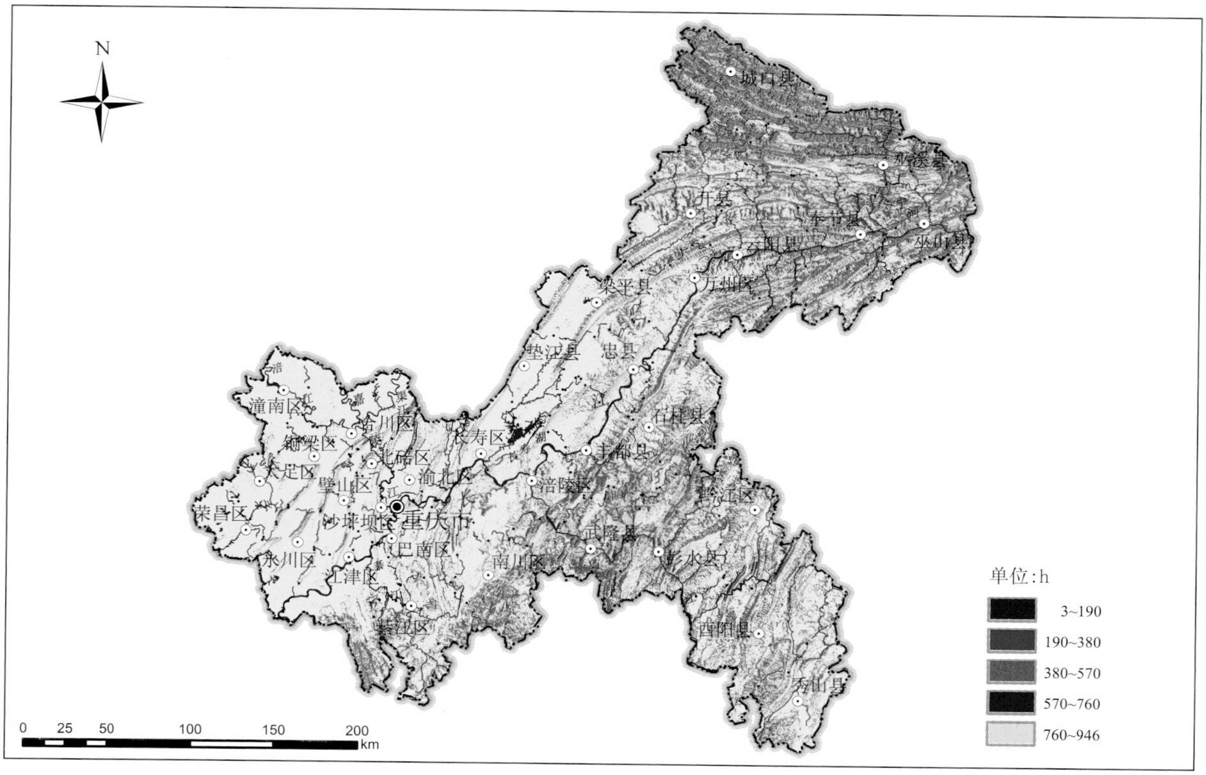

图 6.59 重庆市冬季可照时数

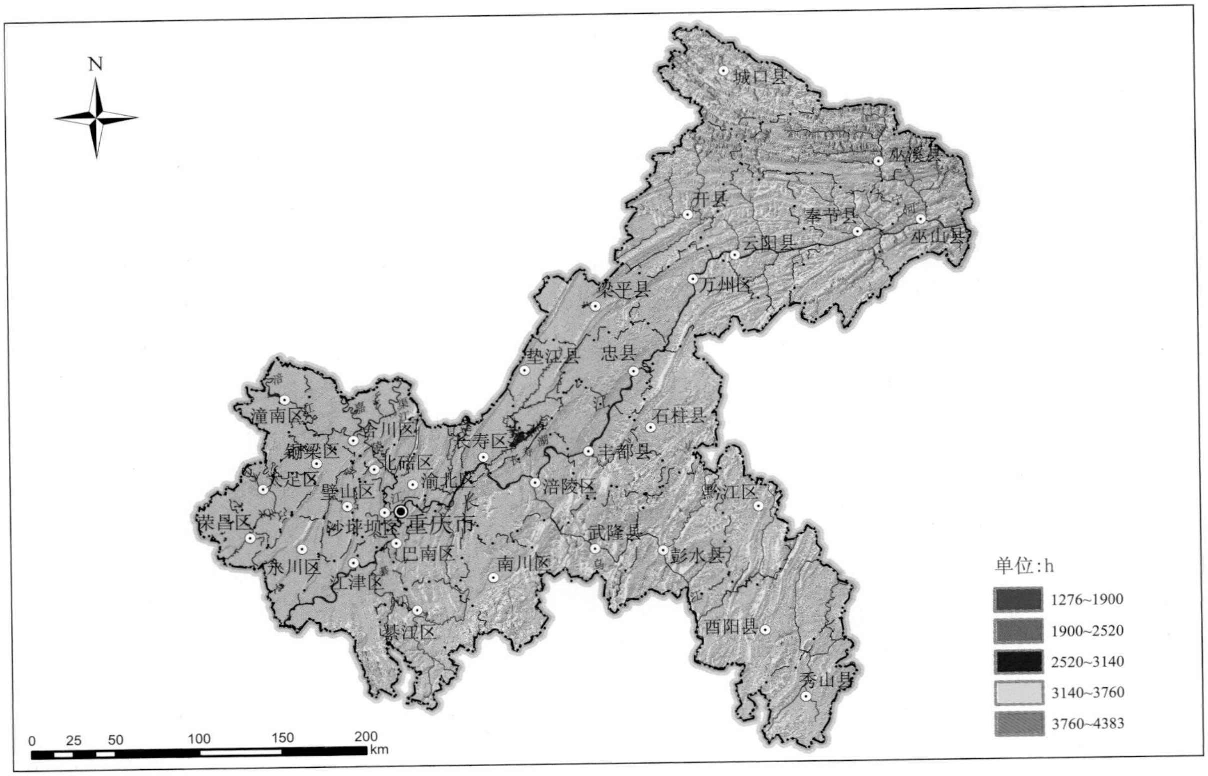

图 6.60　重庆市年可照时数

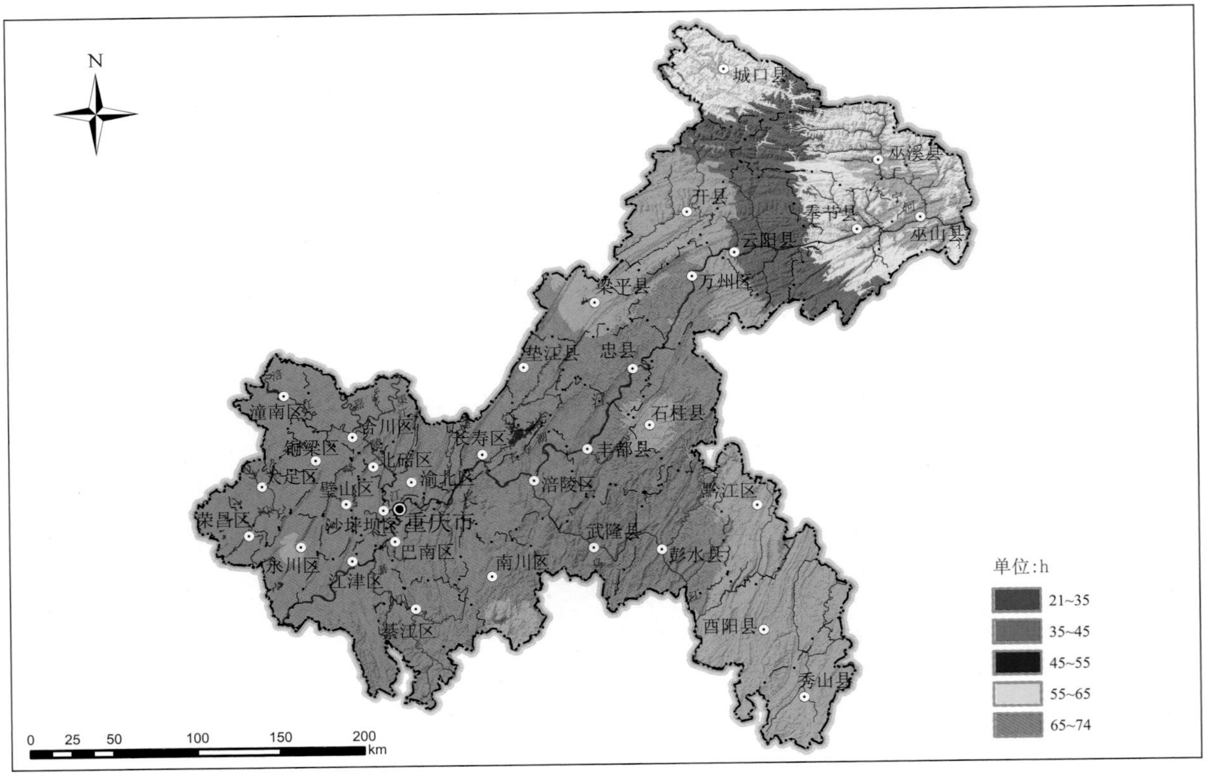

图 6.61　重庆市 1 月日照时数

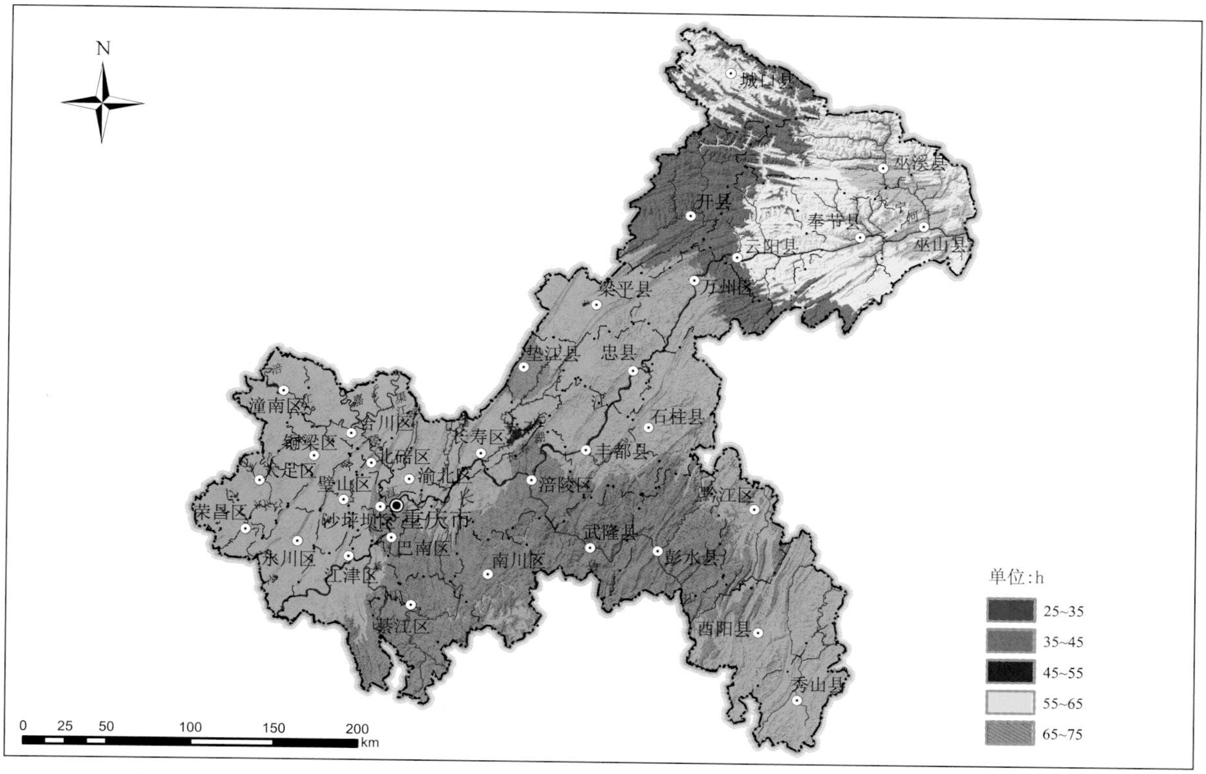

图 6.62 重庆市 2 月日照时数

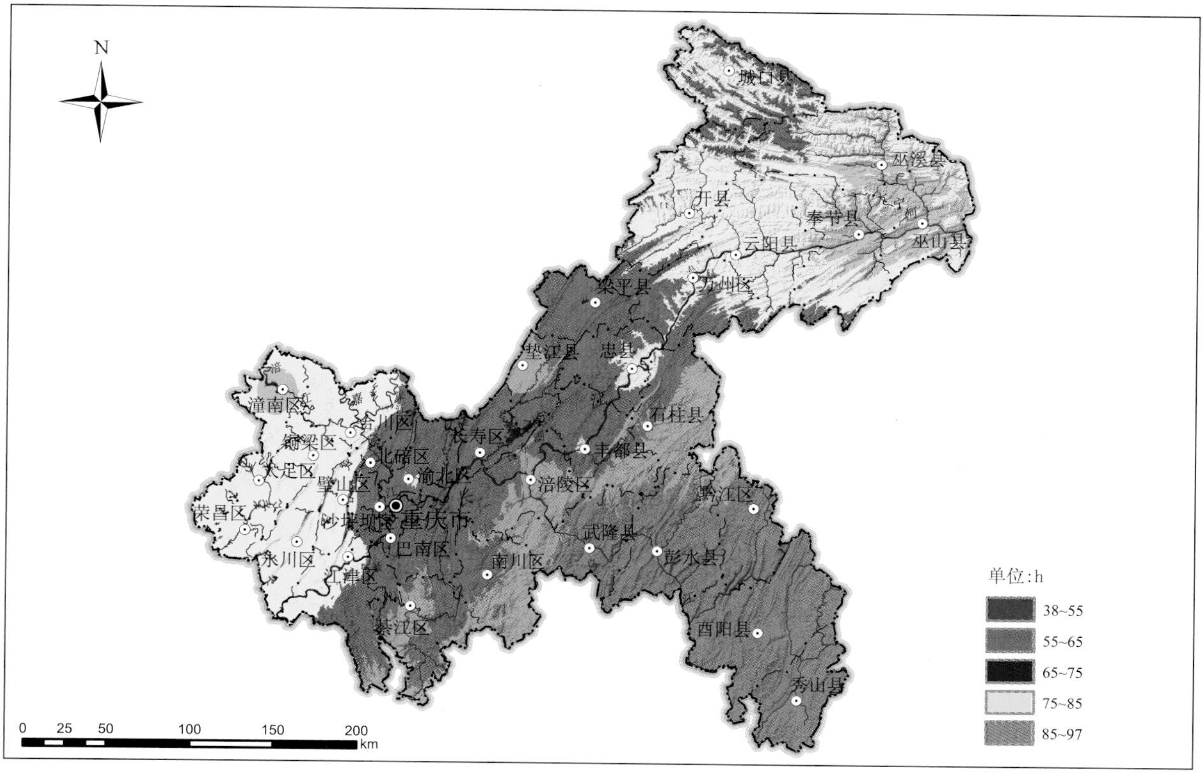

图 6.63 重庆市 3 月日照时数

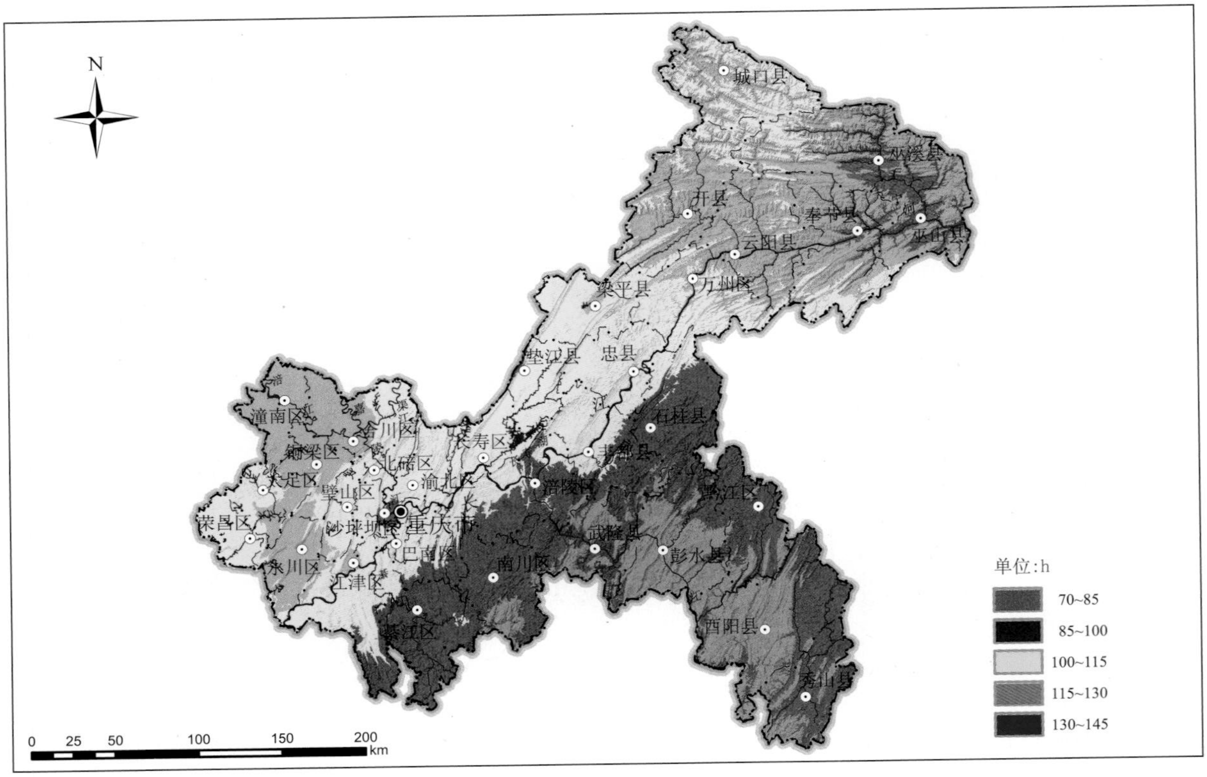

图 6.64　重庆市 4 月日照时数

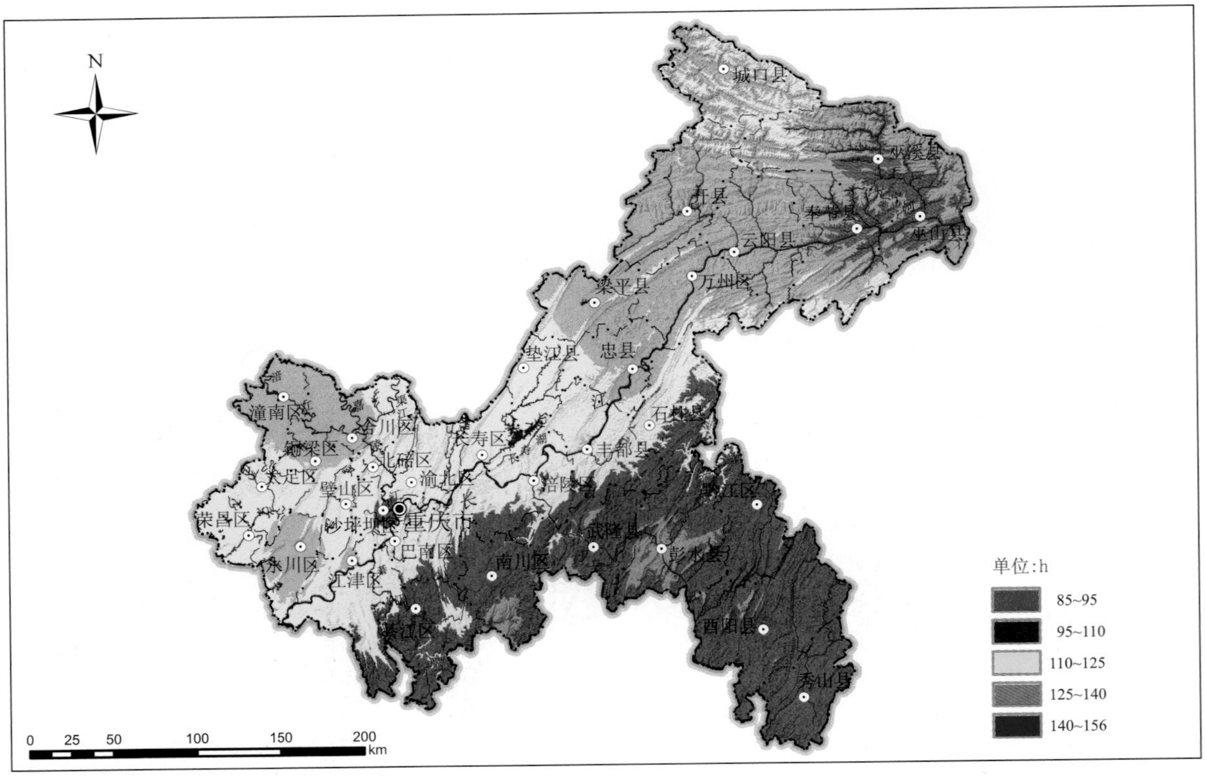

图 6.65　重庆市 5 月日照时数

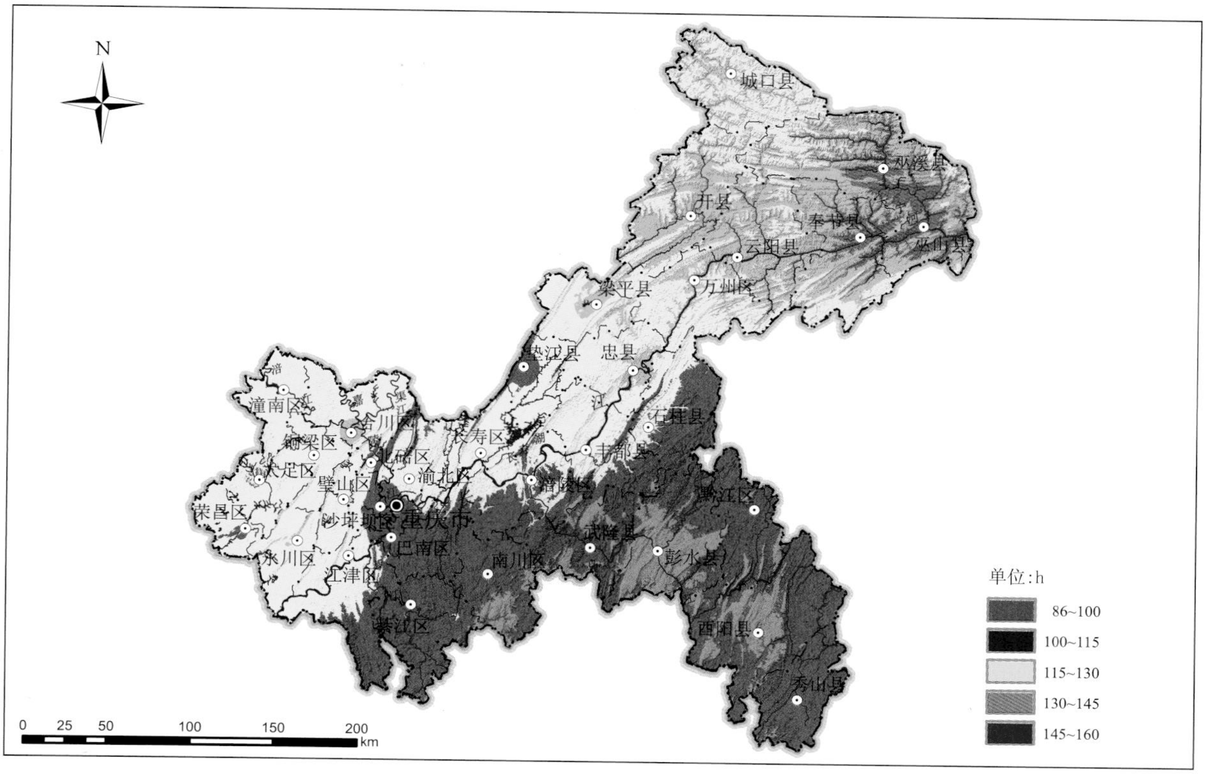

图 6.66　重庆市 6 月日照时数

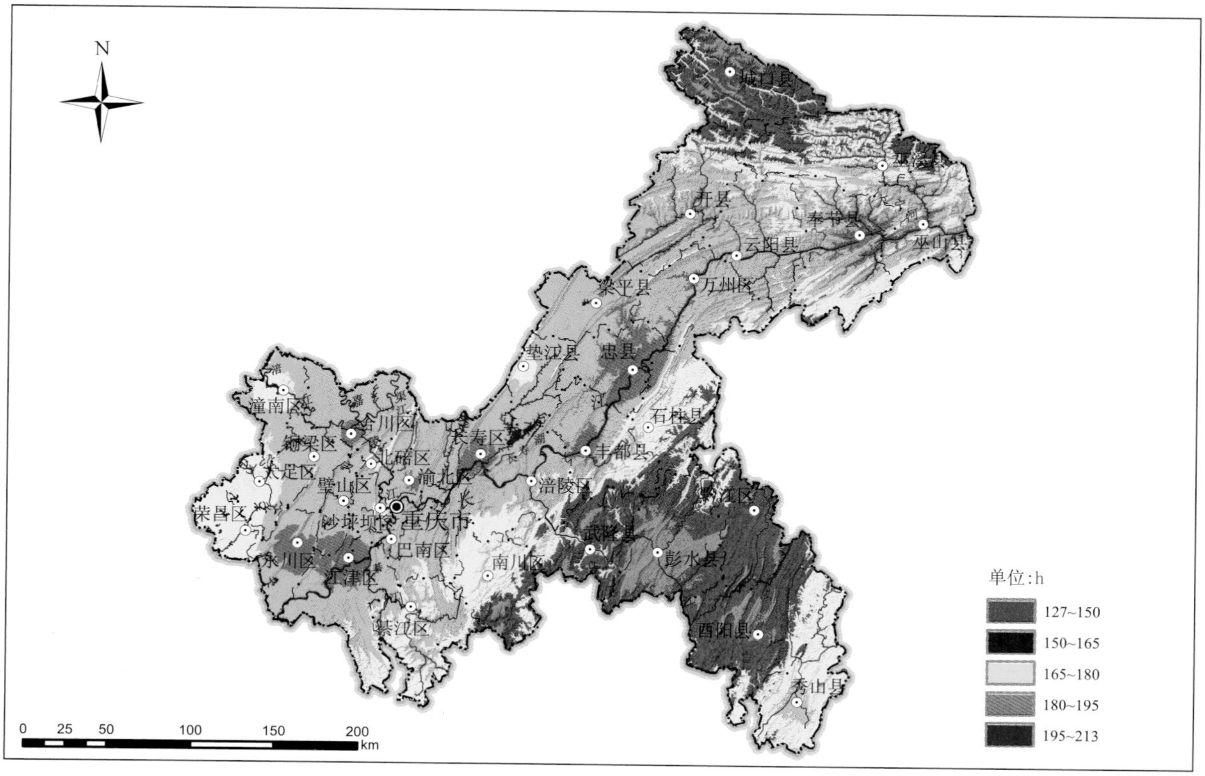

图 6.67　重庆市 7 月日照时数

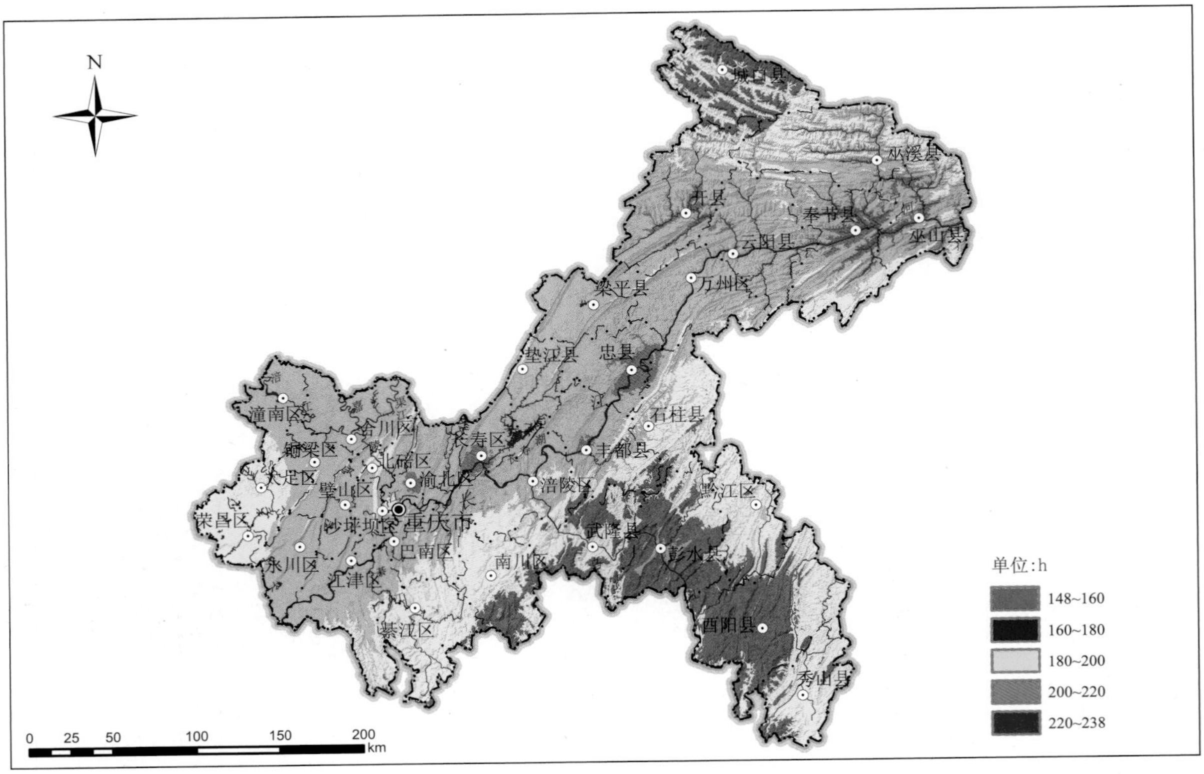

图 6.68　重庆市 8 月日照时数

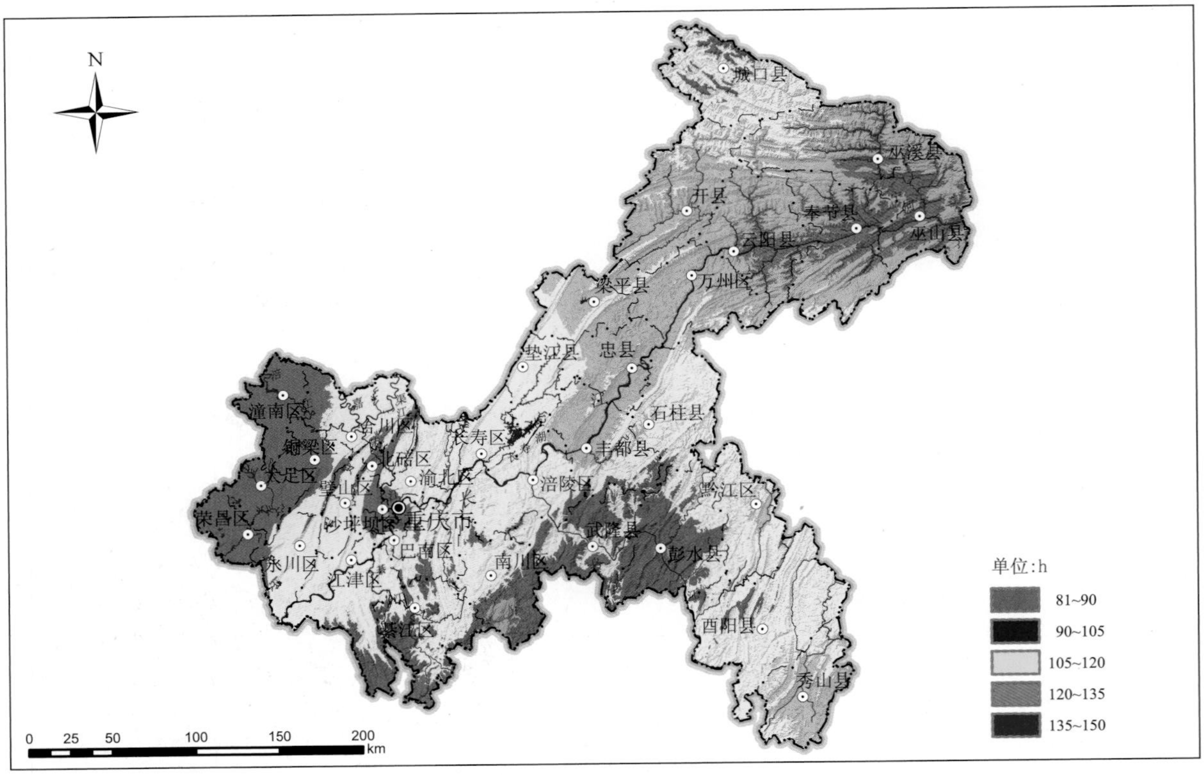

图 6.69　重庆市 9 月日照时数

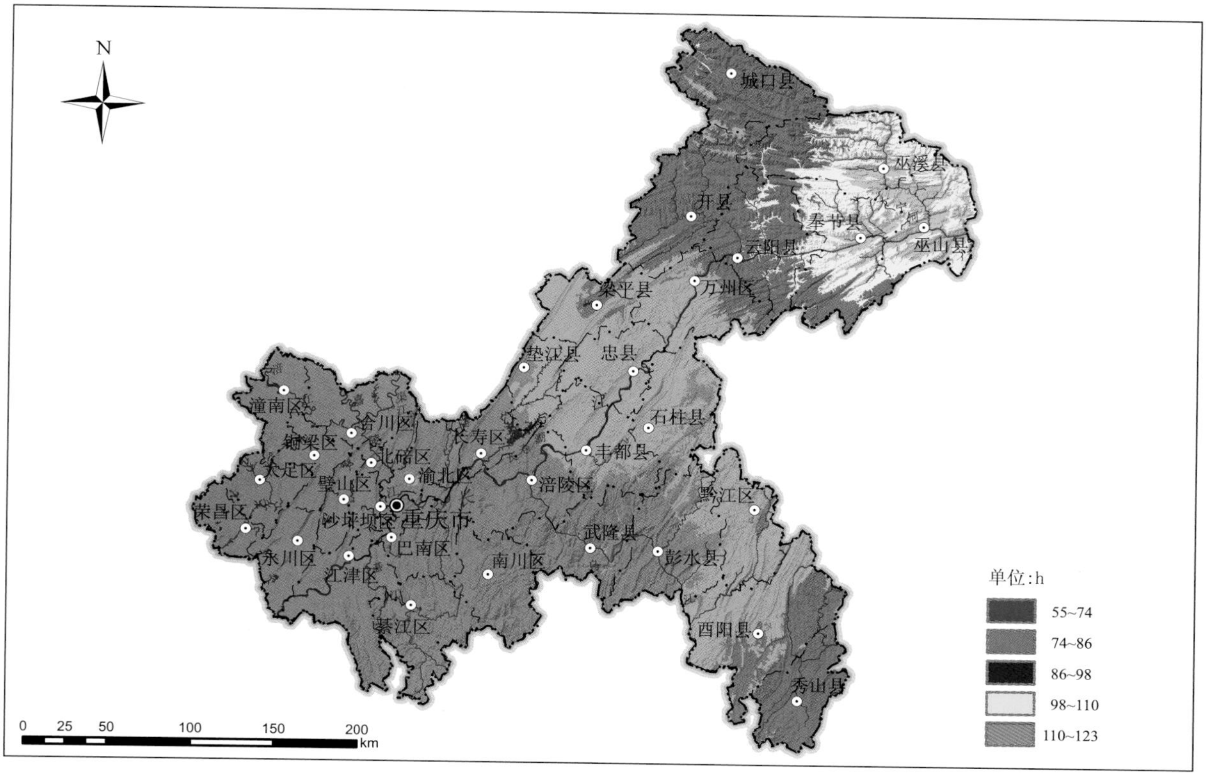

图 6.70 重庆市10月日照时数

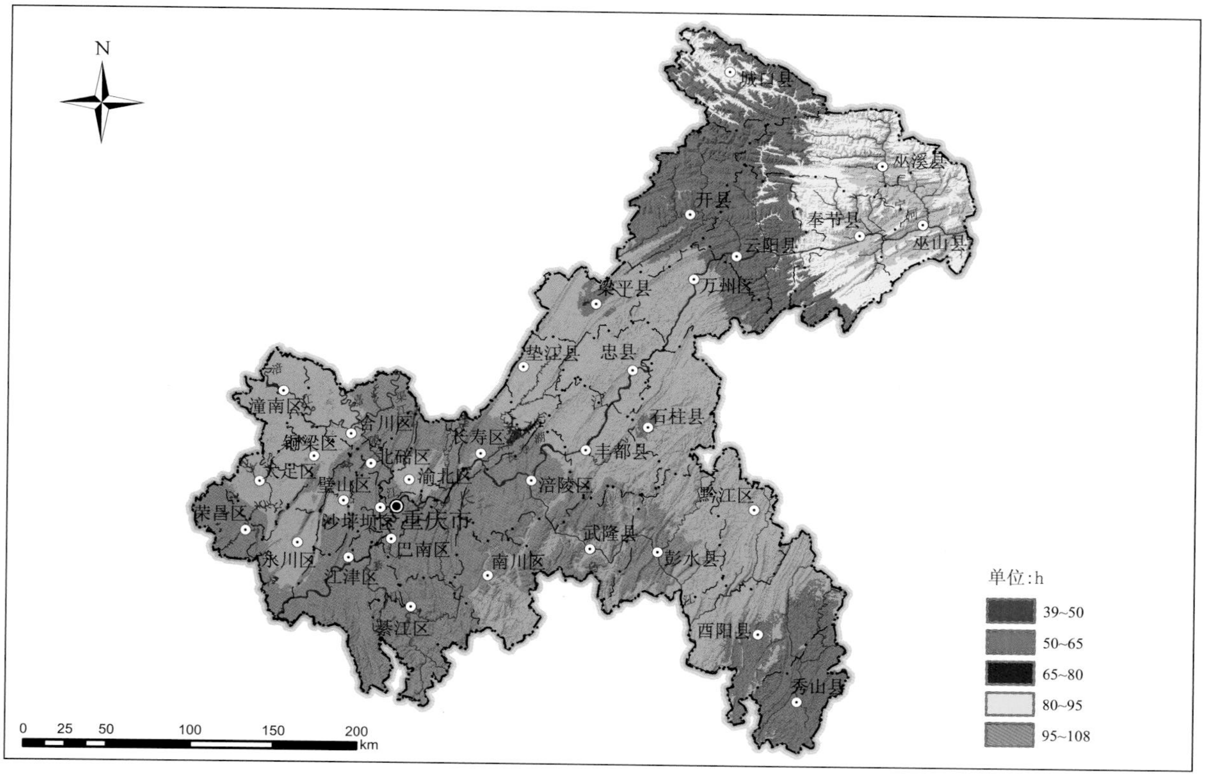

图 6.71 重庆市11月日照时数

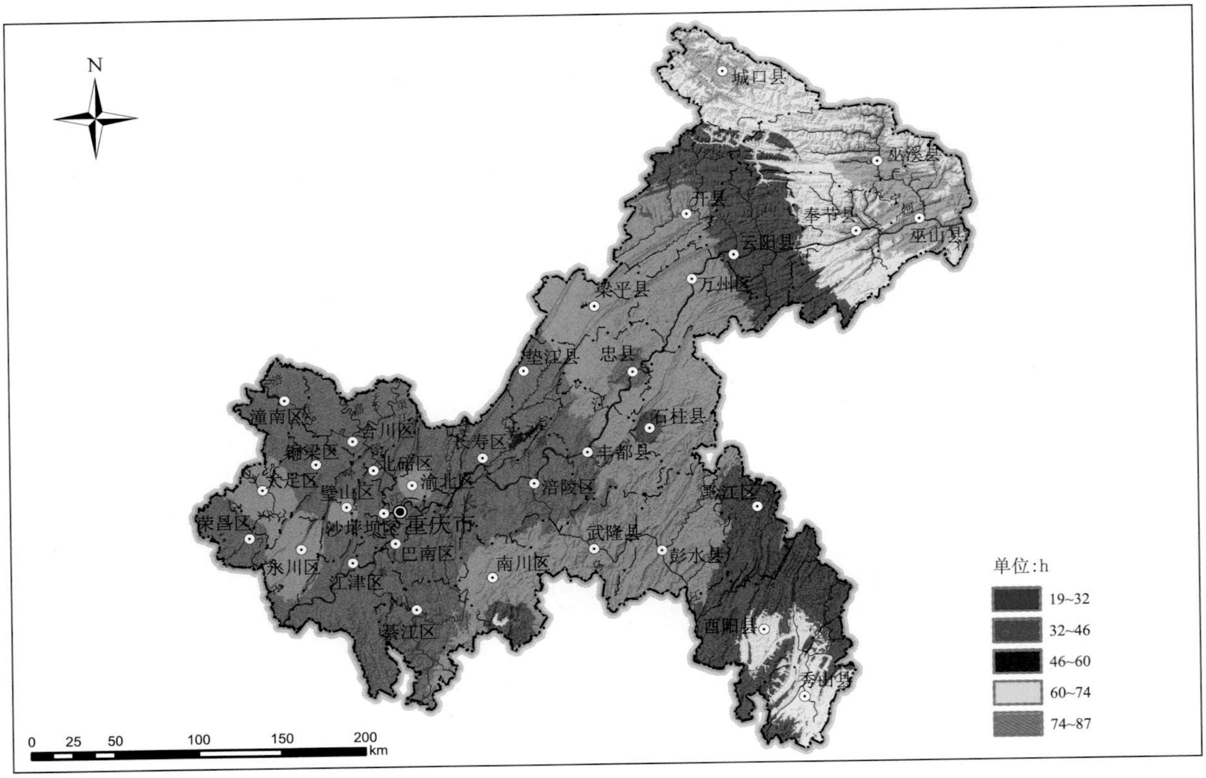

图 6.72　重庆市 12 月日照时数

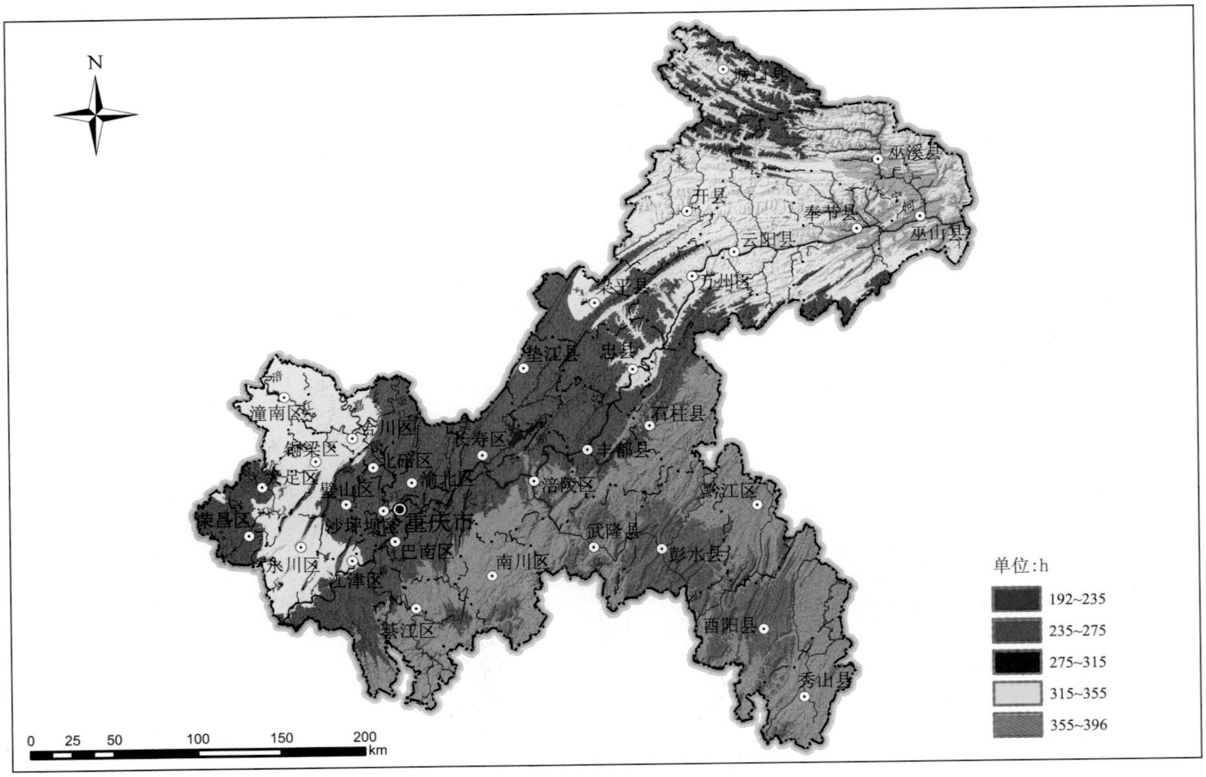

图 6.73　重庆市春季日照时数

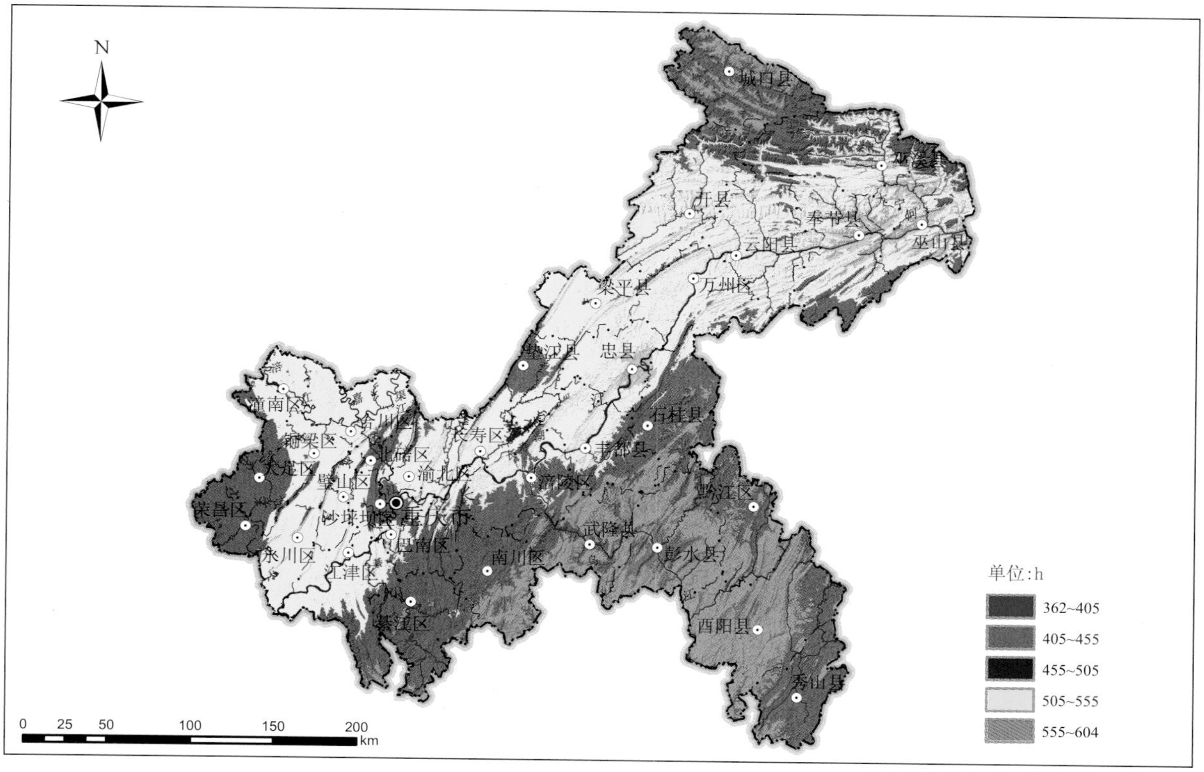

图 6.74　重庆市夏季日照时数

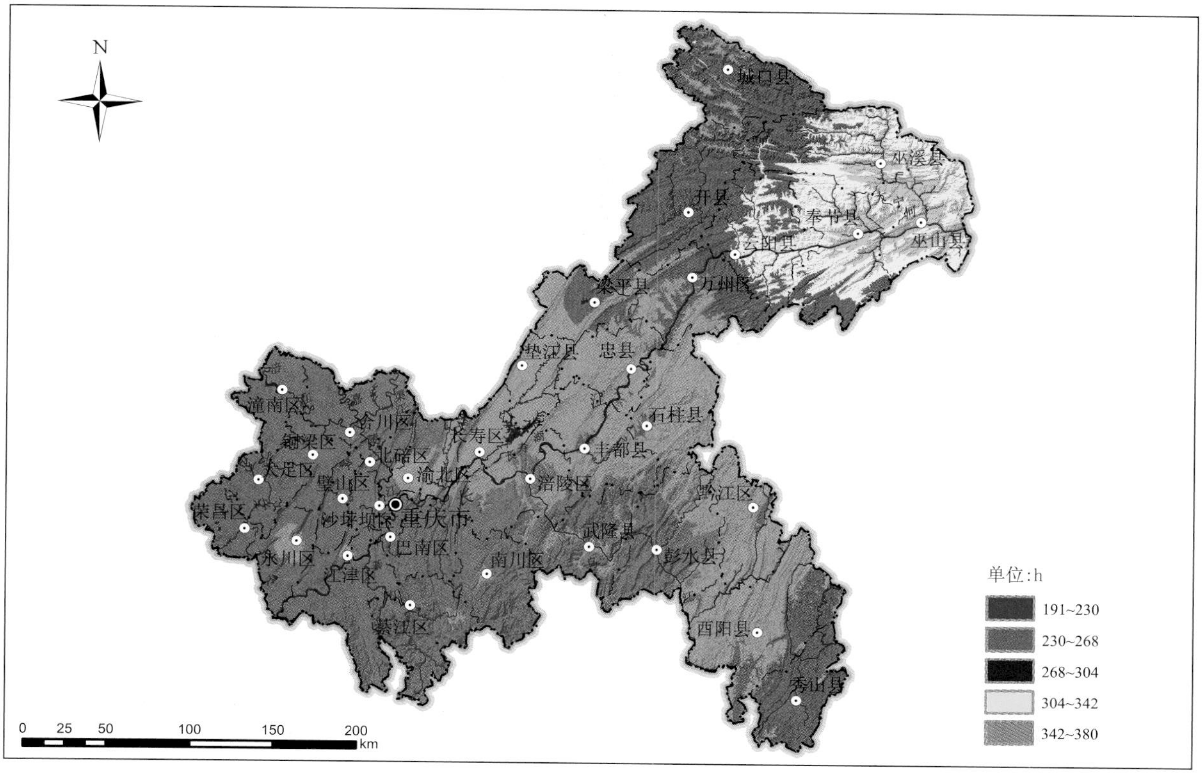

图 6.75　重庆市秋季日照时数

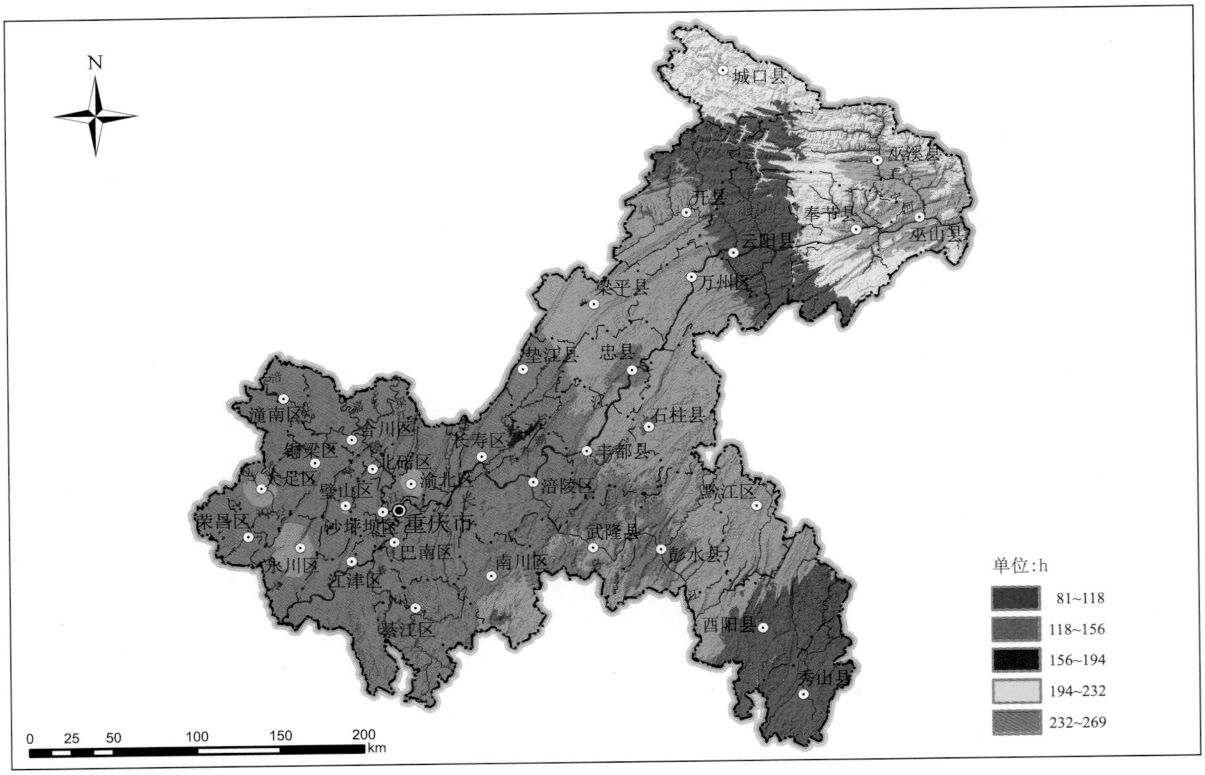

图 6.76 重庆市冬季日照时数

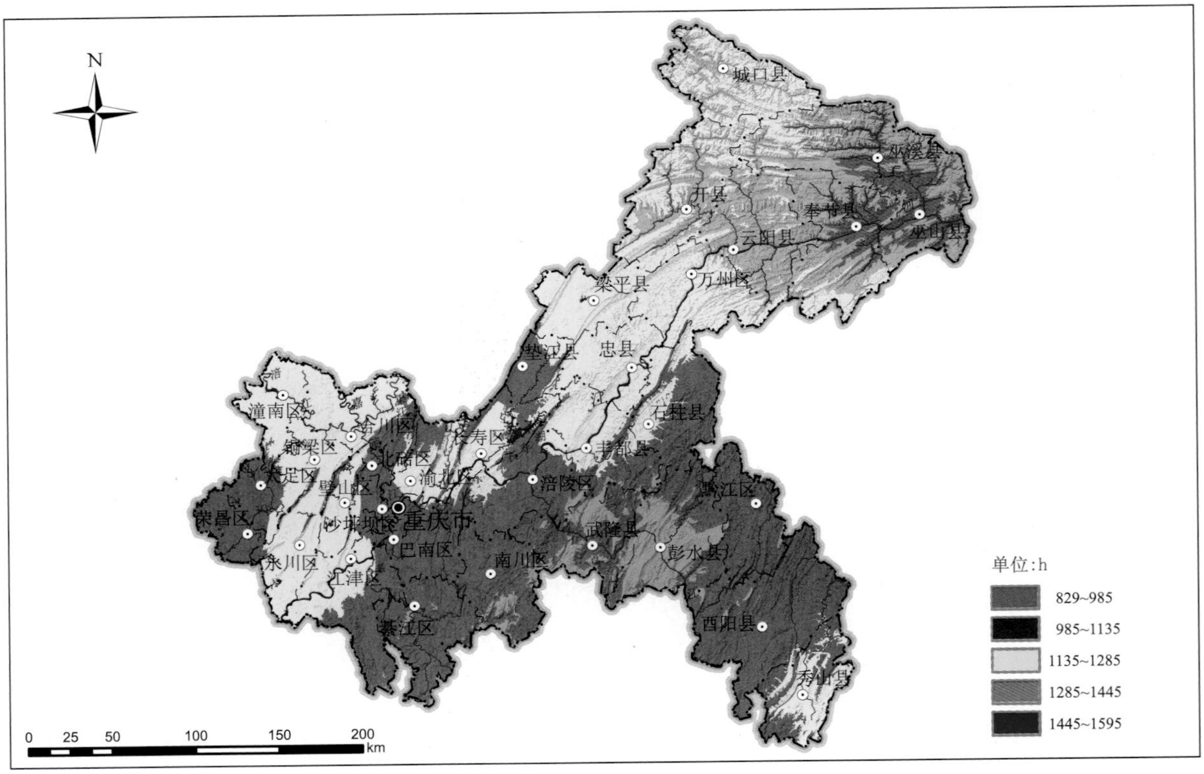

图 6.77 重庆市年日照时数

6.1.1.5 气温

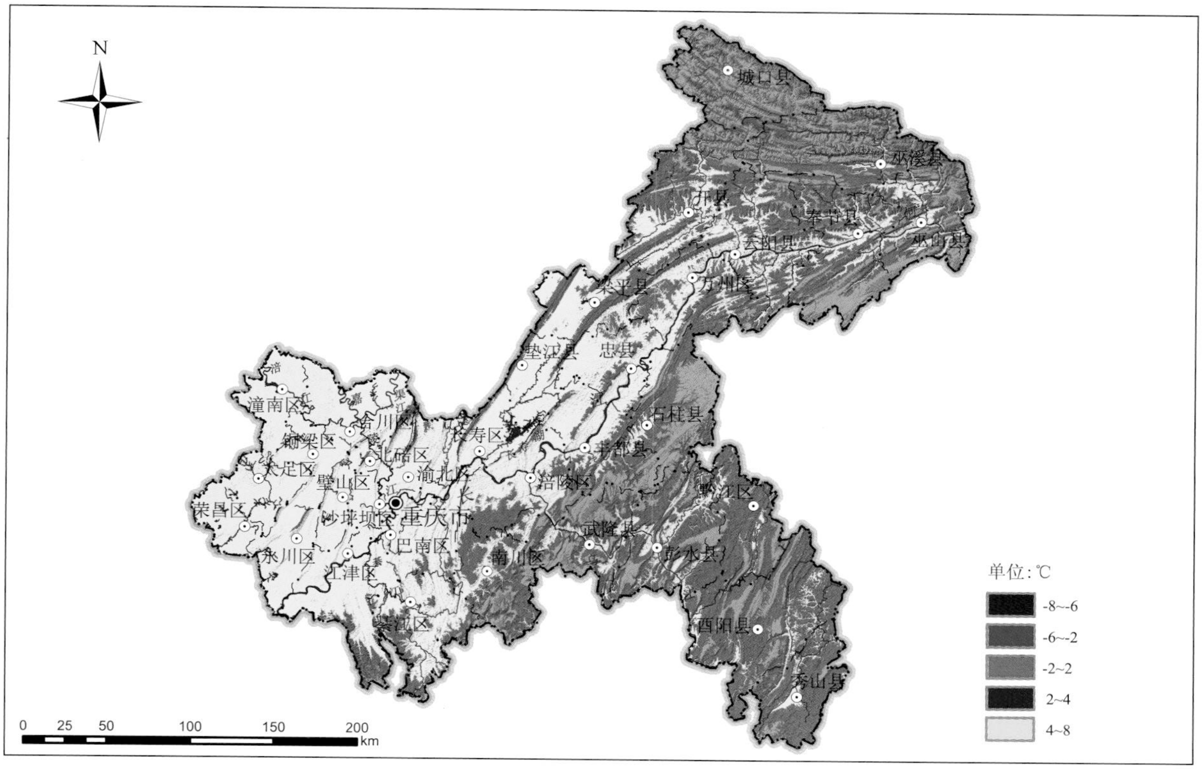

图 6.78 重庆市1月平均气温

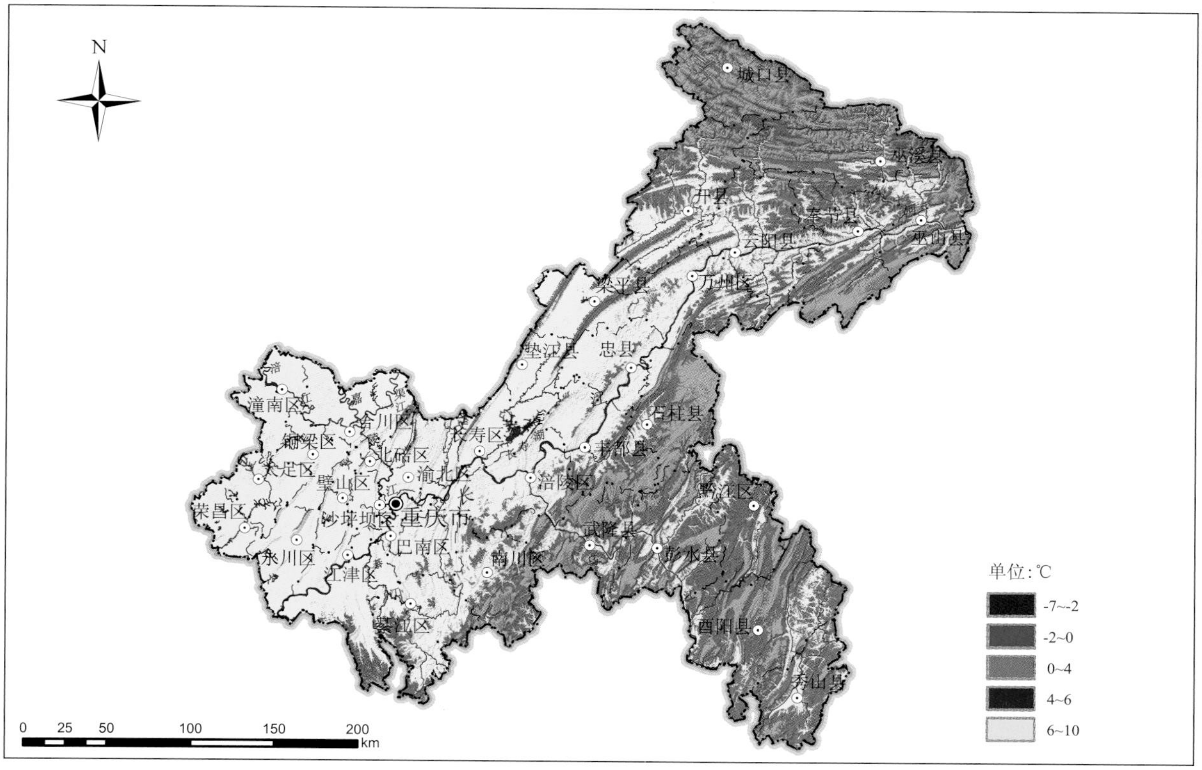

图 6.79 重庆市2月平均气温

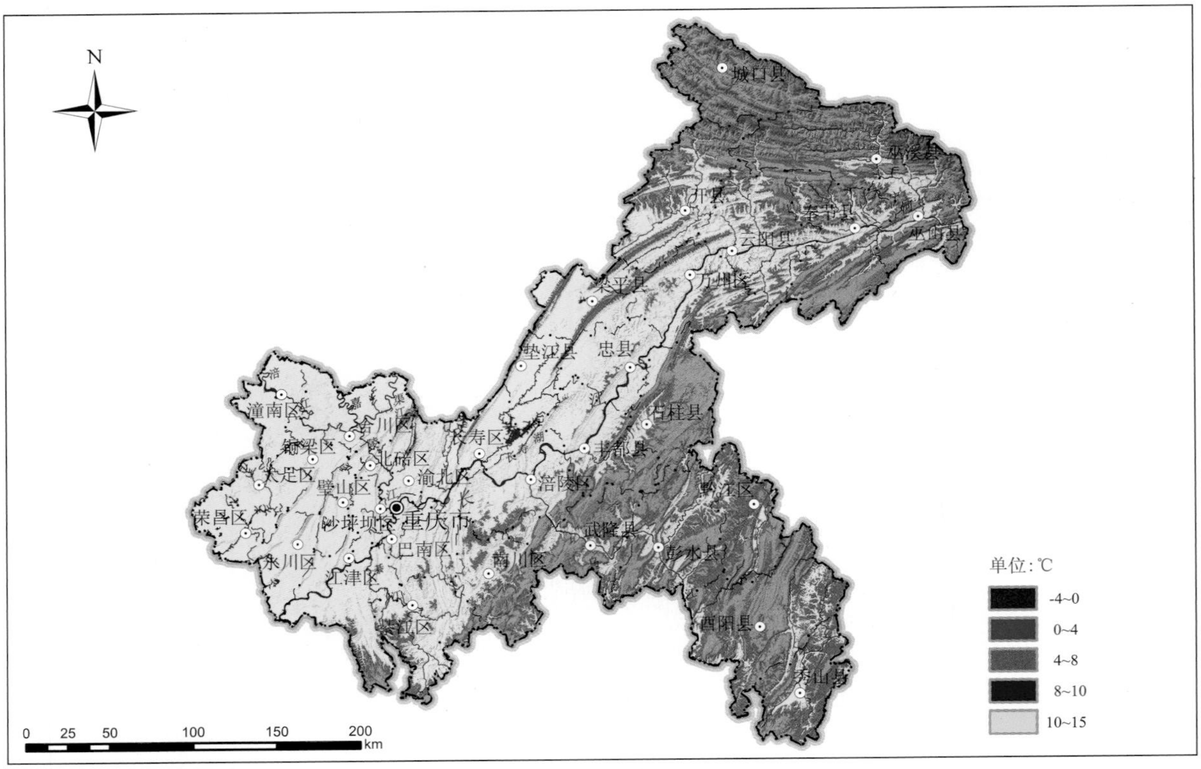

图 6.80　重庆市 3 月平均气温

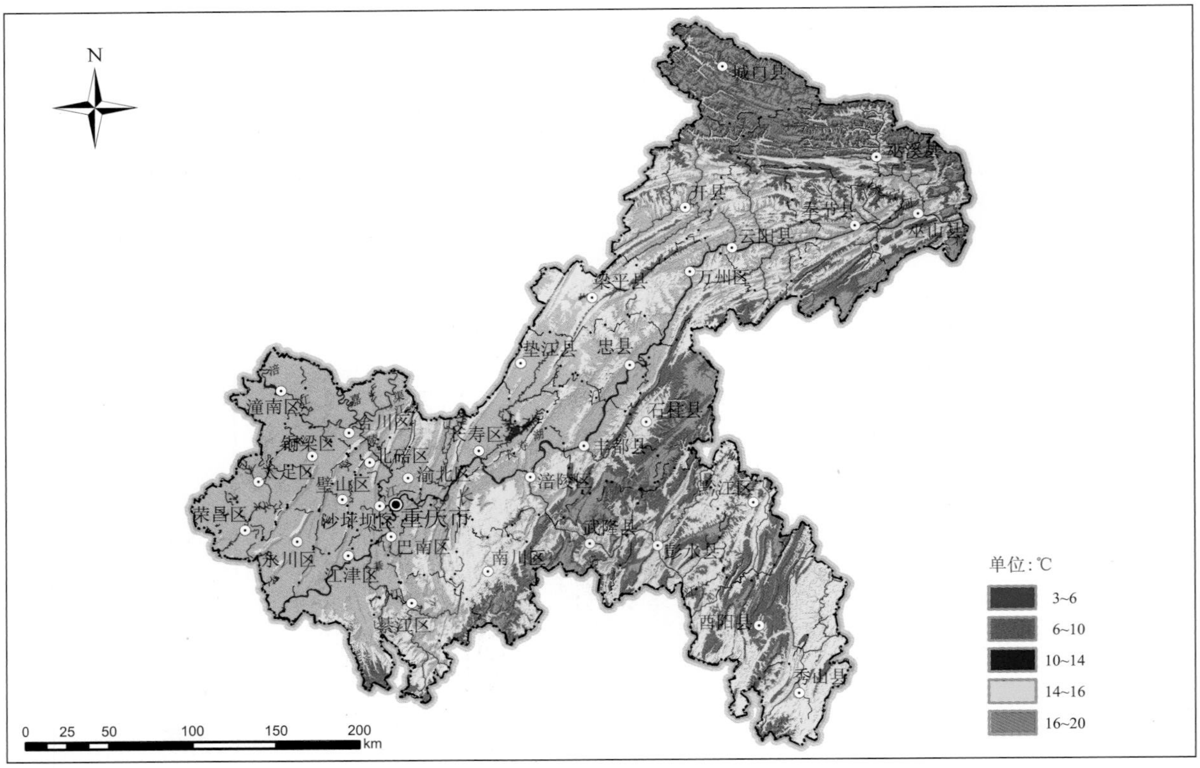

图 6.81　重庆市 4 月平均气温

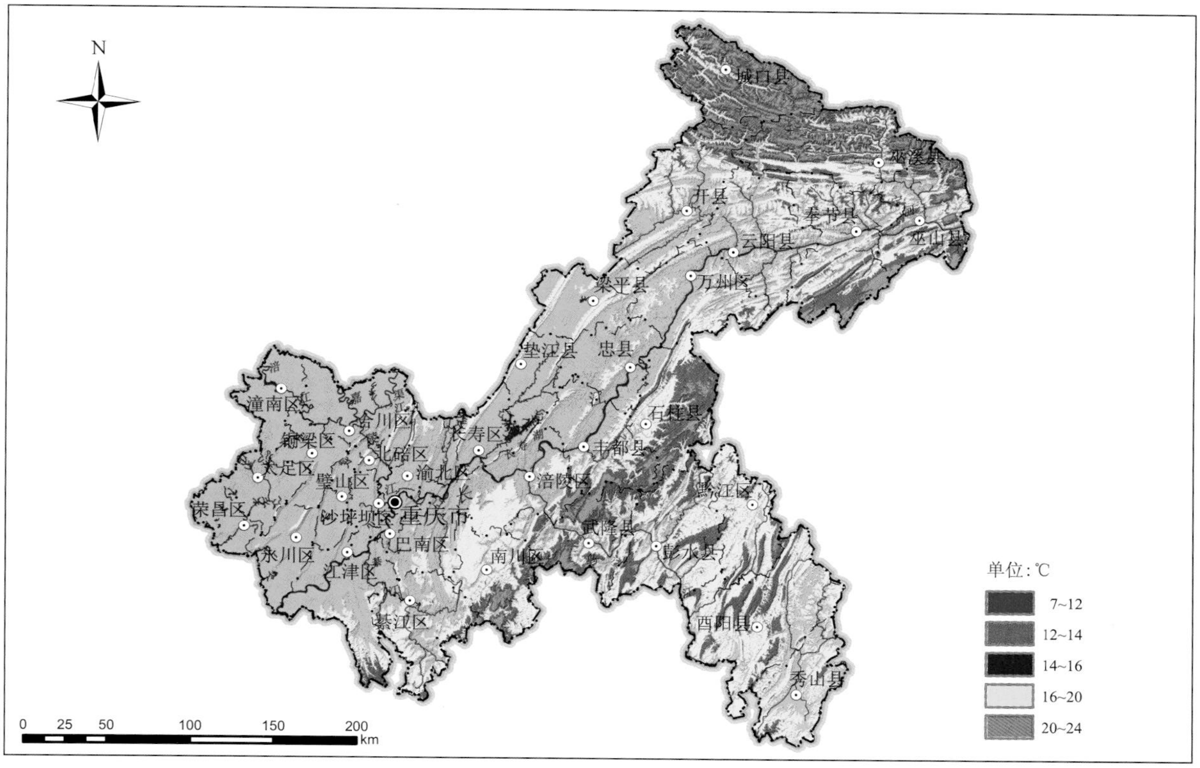

图 6.82 重庆市 5 月平均气温

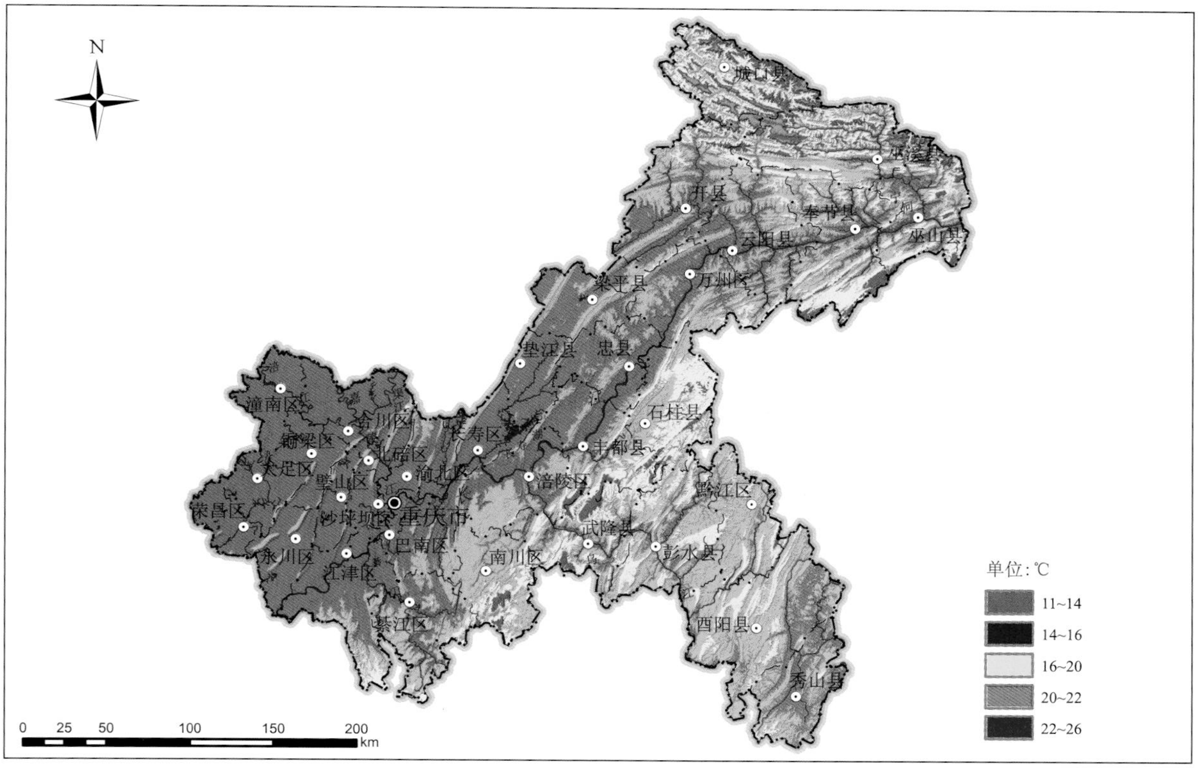

图 6.83 重庆市 6 月平均气温

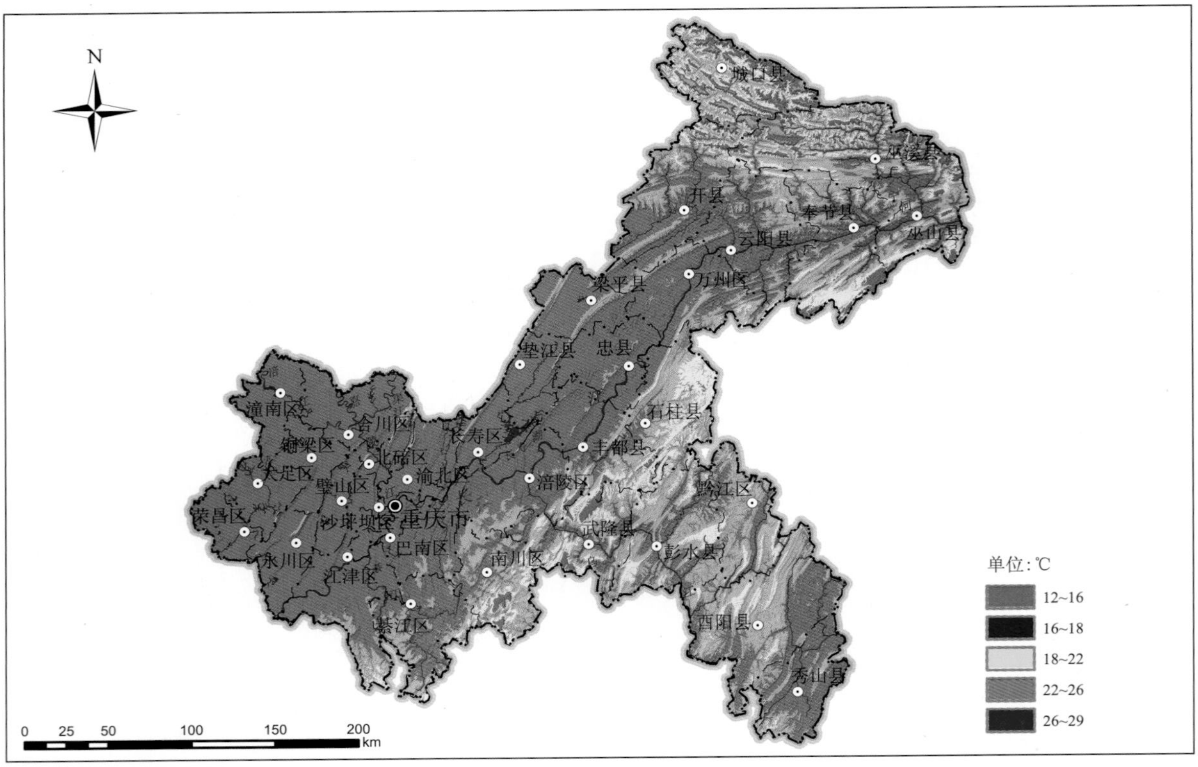

图 6.84　重庆市 7 月平均气温

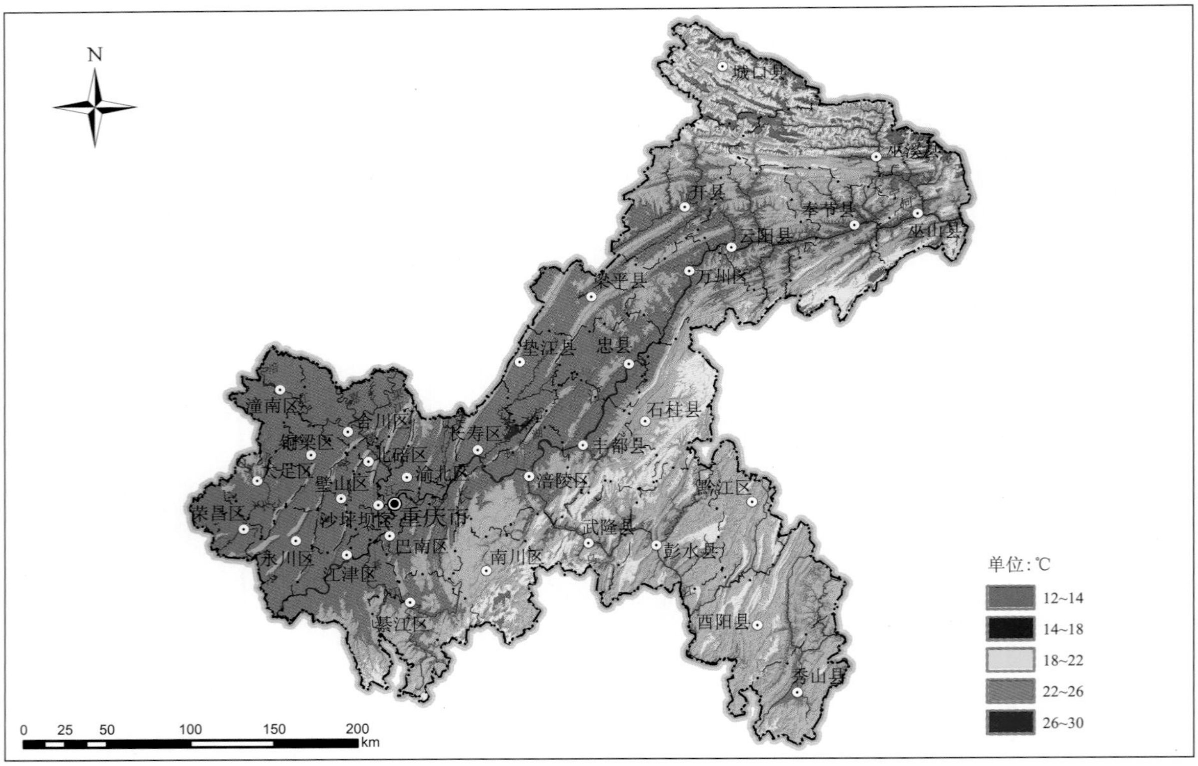

图 6.85　重庆市 8 月平均气温

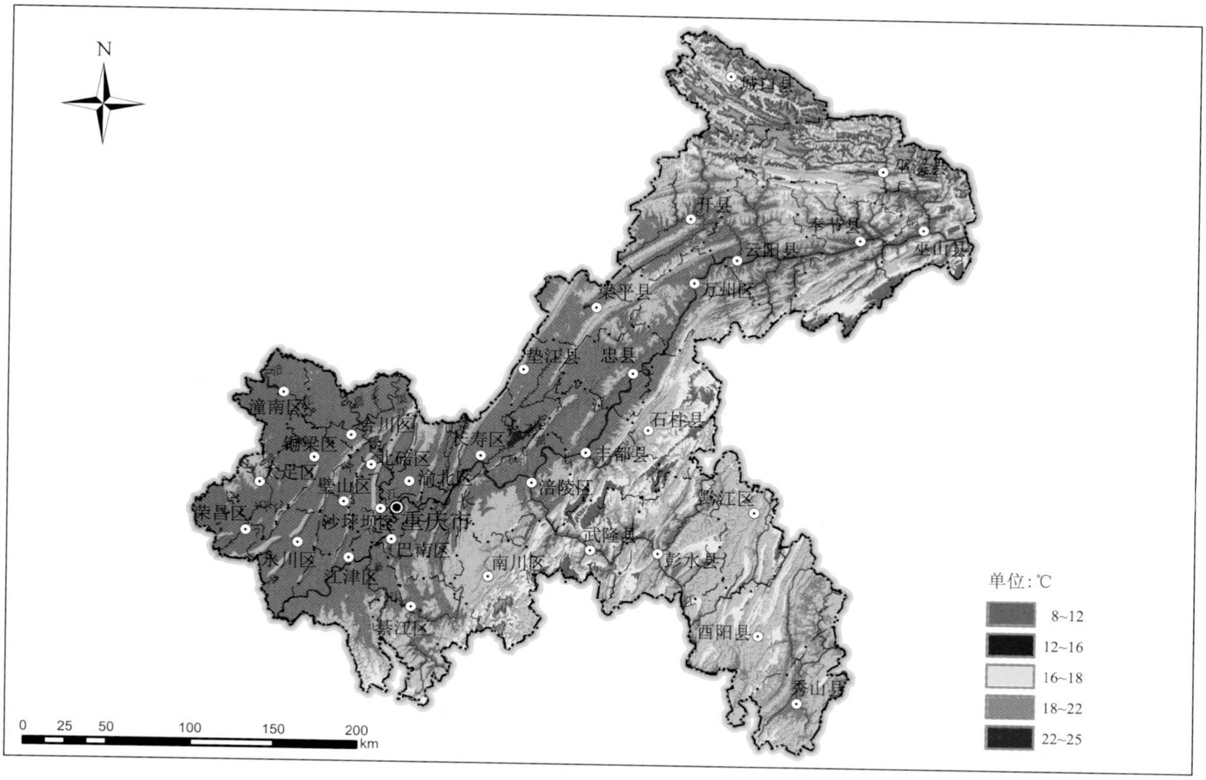

图 6.86 重庆市 9 月平均气温

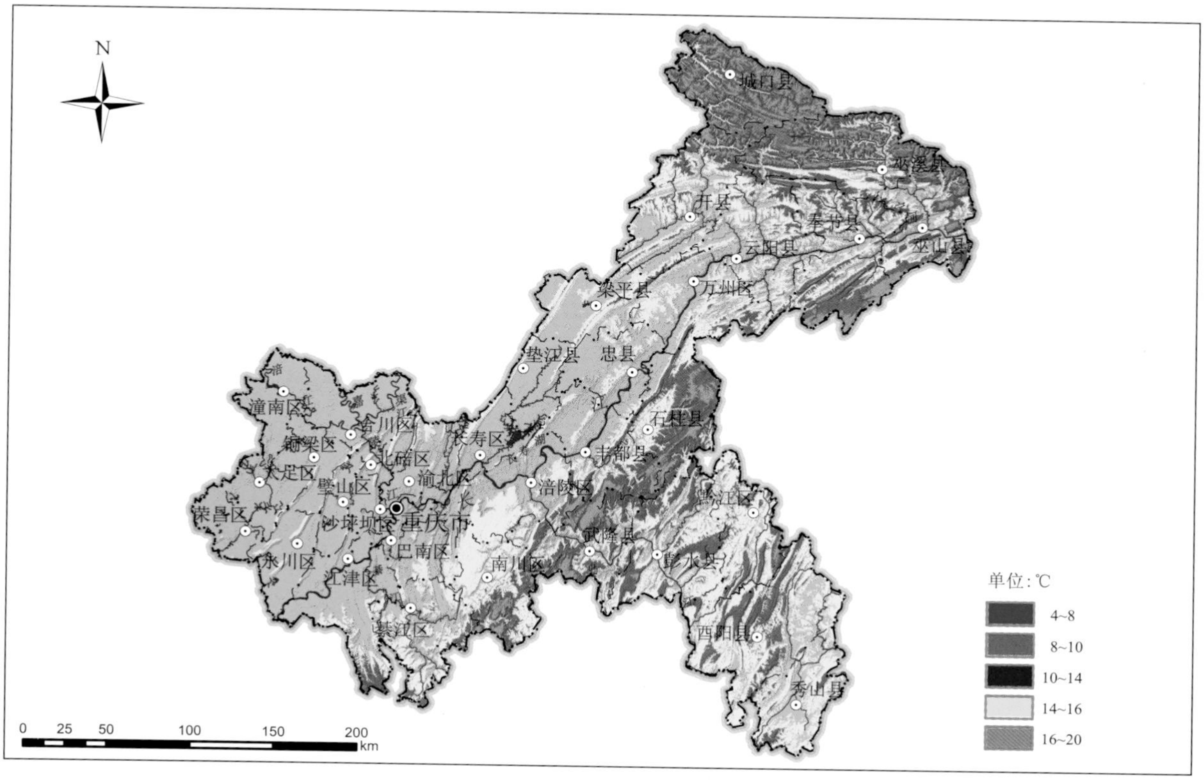

图 6.87 重庆市 10 月平均气温

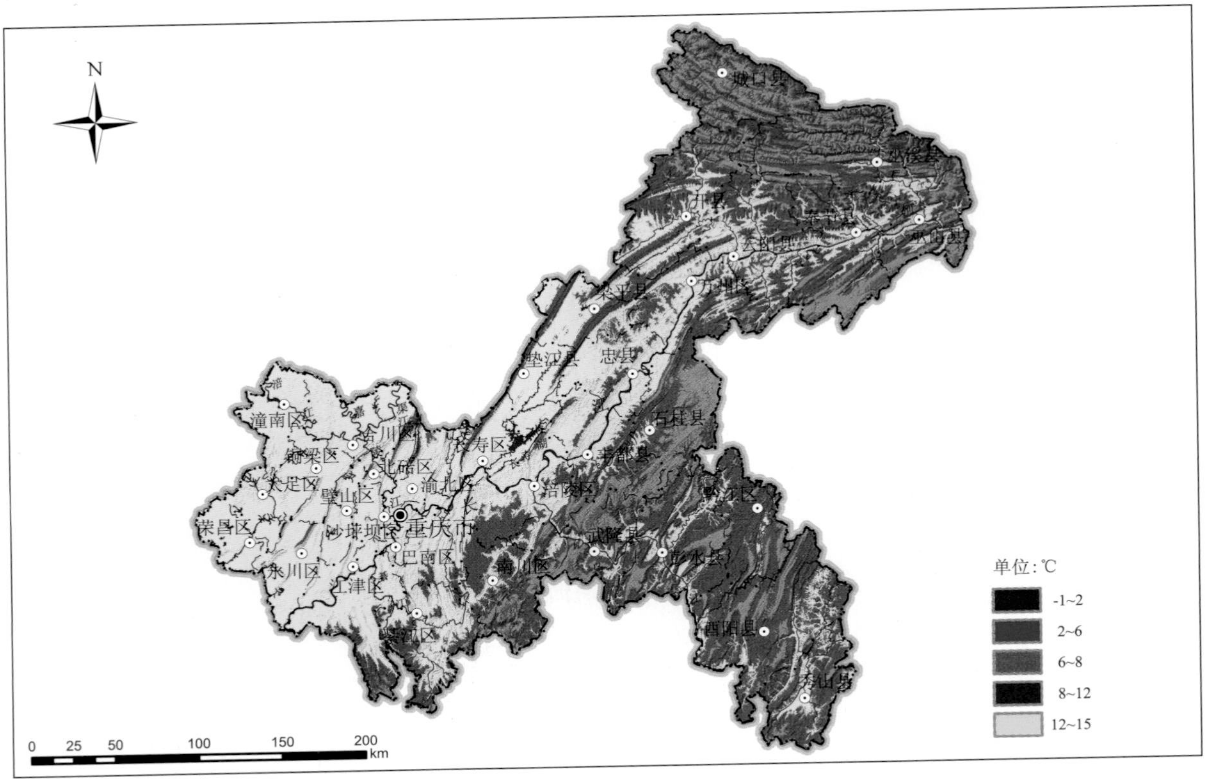

图 6.88　重庆市 11 月平均气温

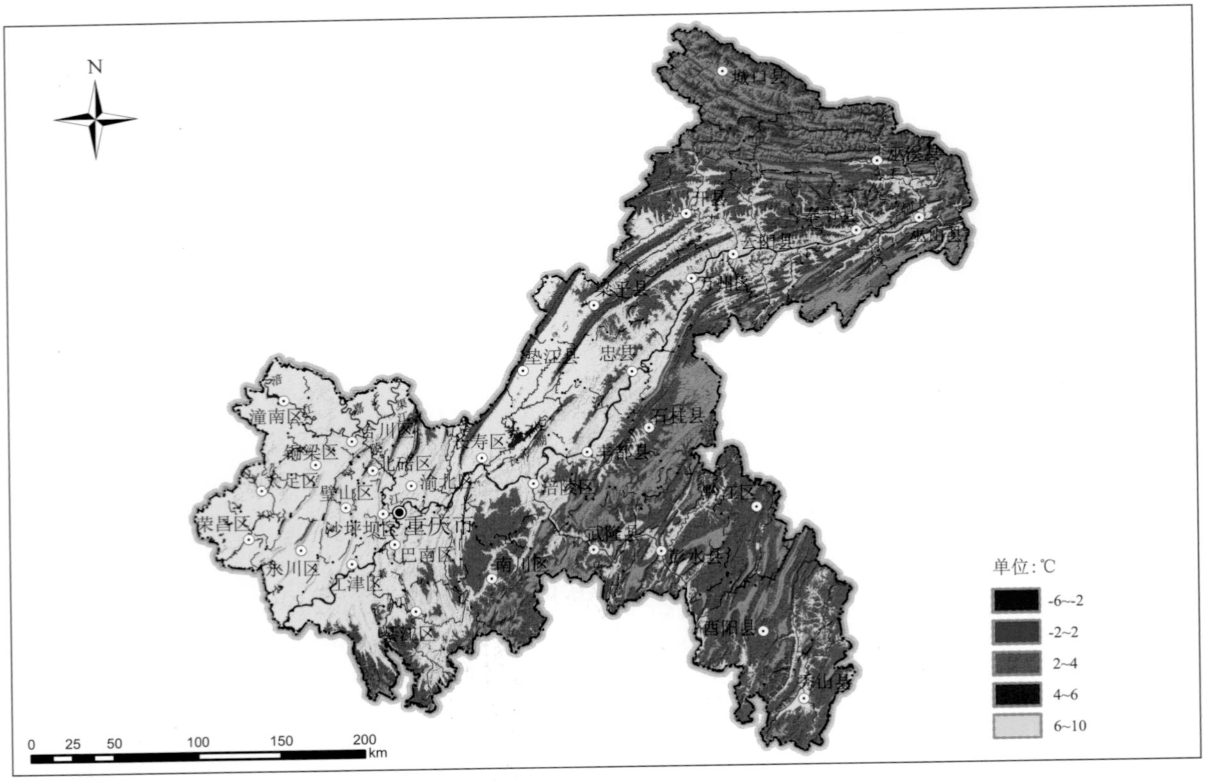

图 6.89　重庆市 12 月平均气温

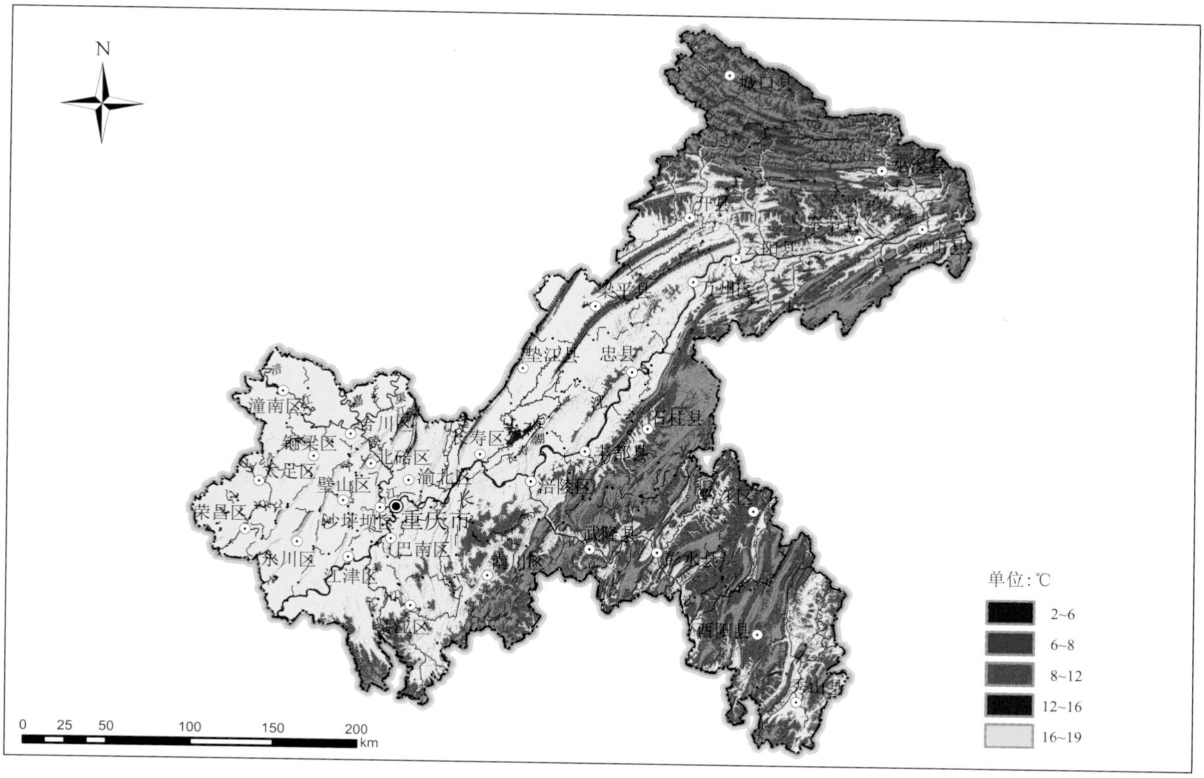

图 6.90 重庆市春季平均气温

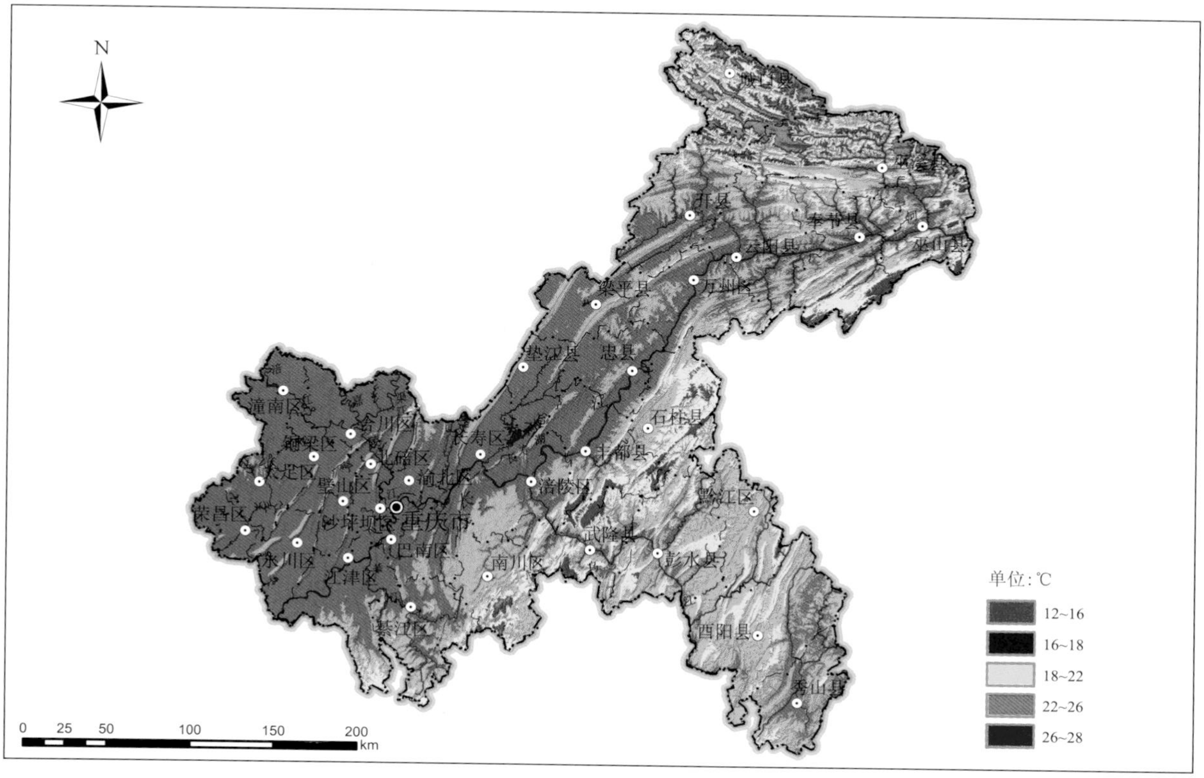

图 6.91 重庆市夏季平均气温

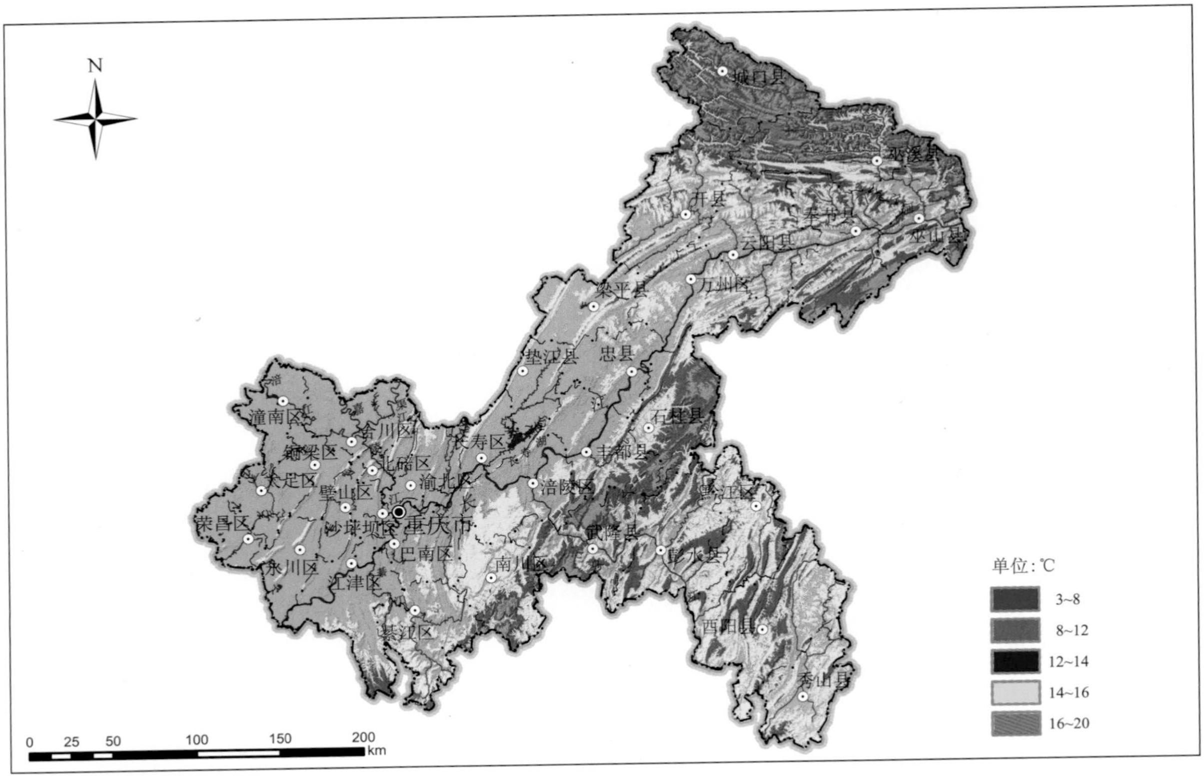

图 6.92　重庆市秋季平均气温

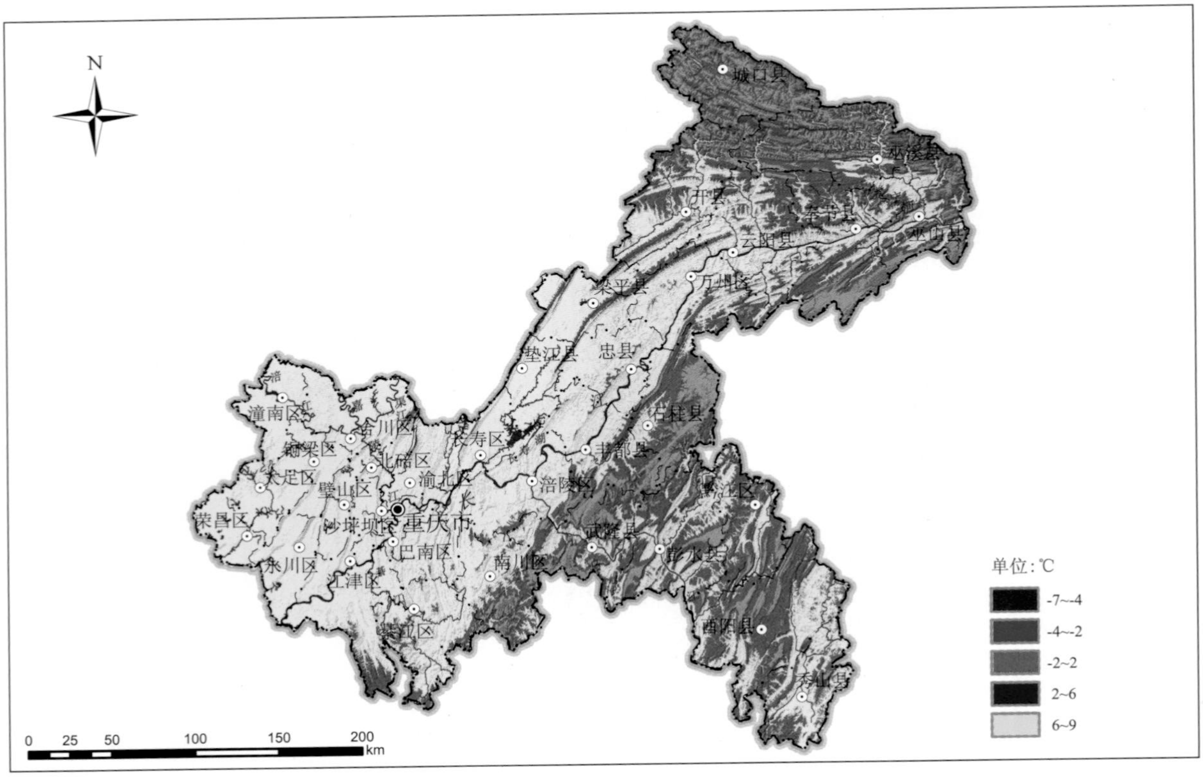

图 6.93　重庆市冬季平均气温

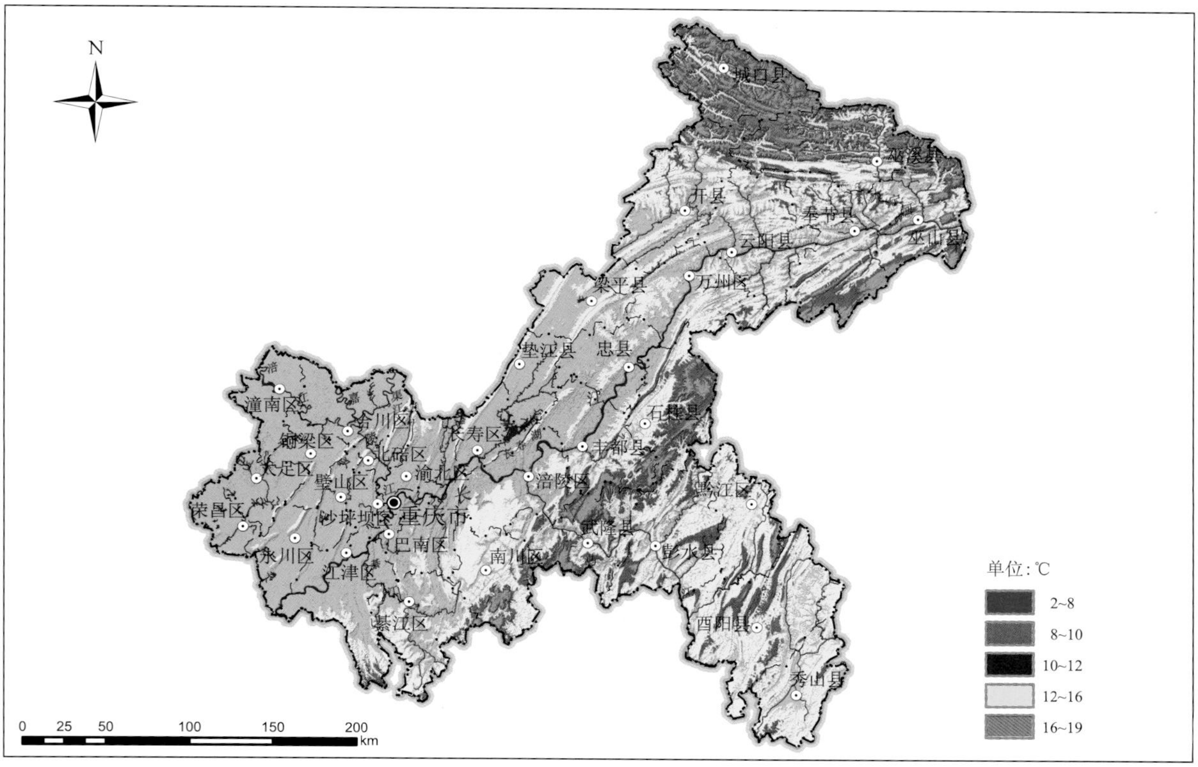

图 6.94 重庆市年平均气温

6.1.1.6 积温

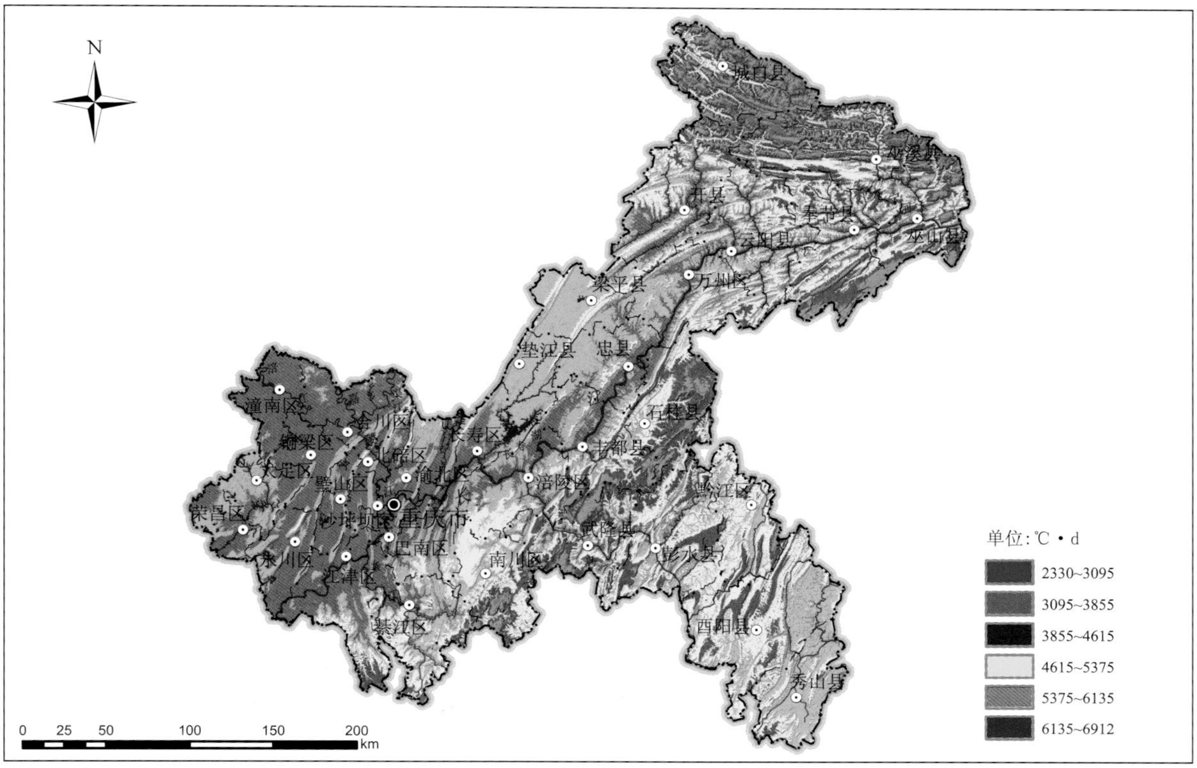

图 6.95 重庆市年≥0 ℃活动积温

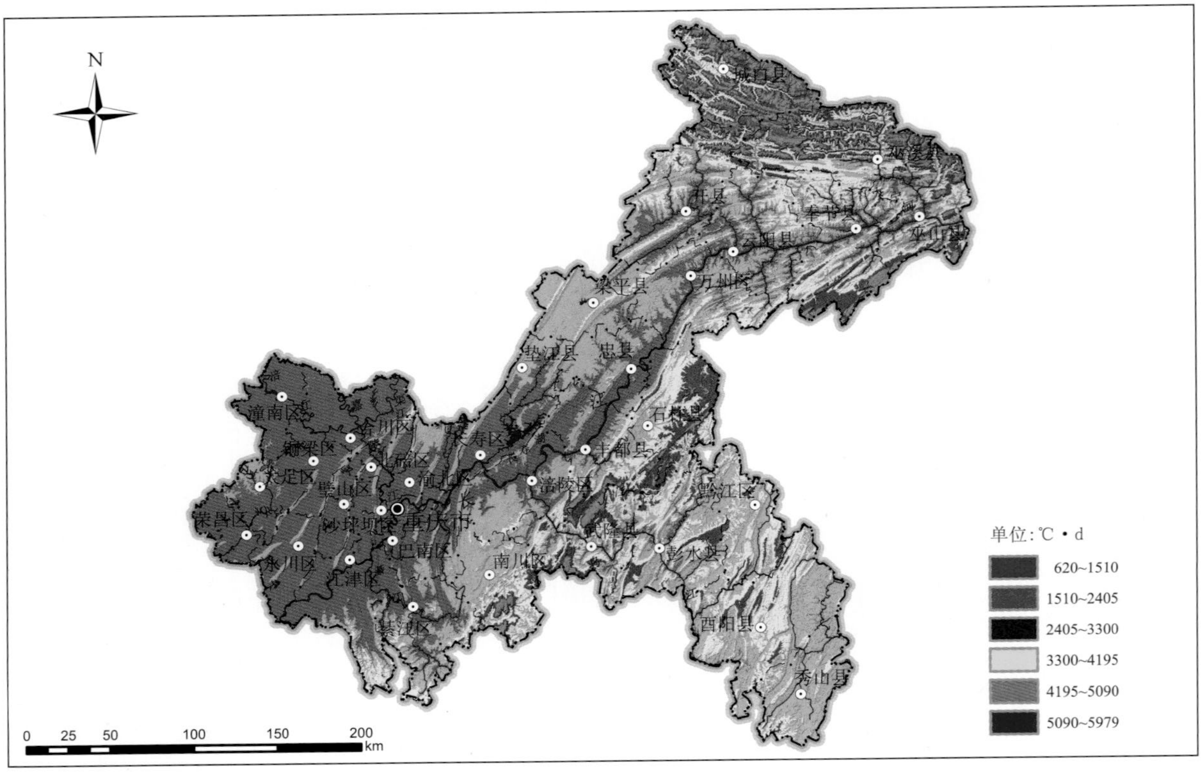

图 6.96　重庆市年≥10 ℃活动积温

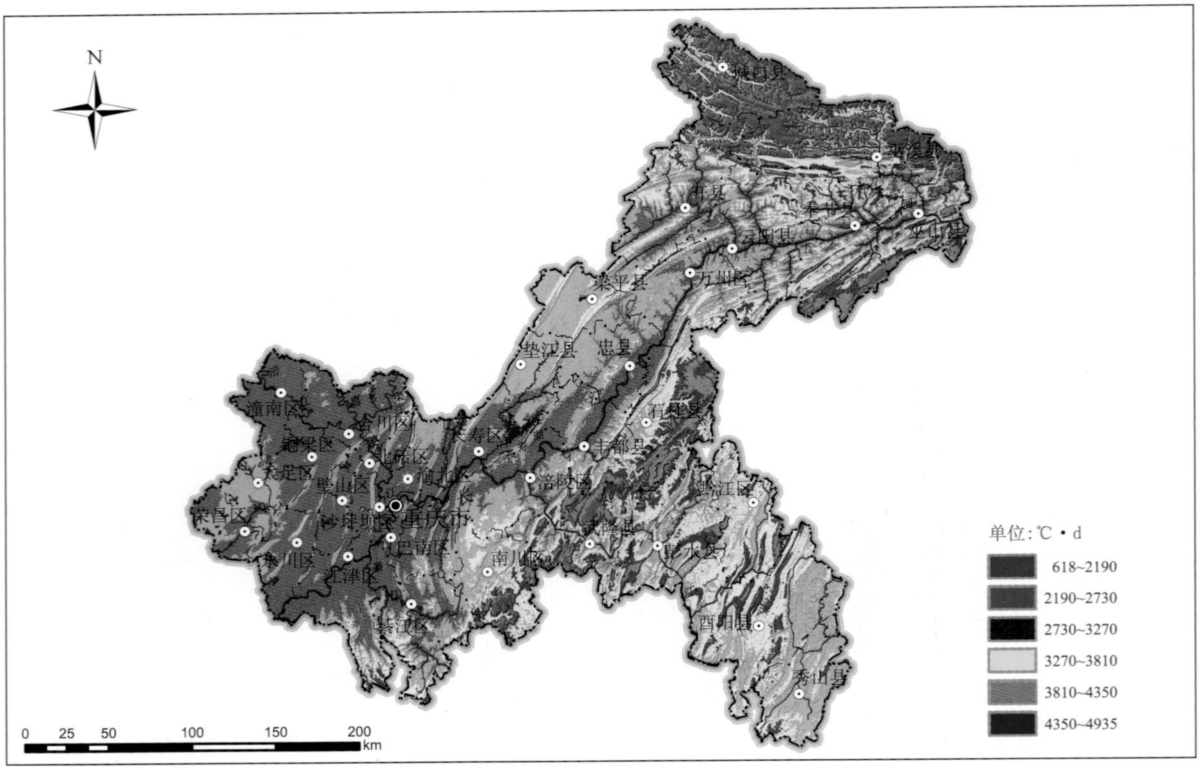

图 6.97　重庆市大春≥10 ℃活动积温

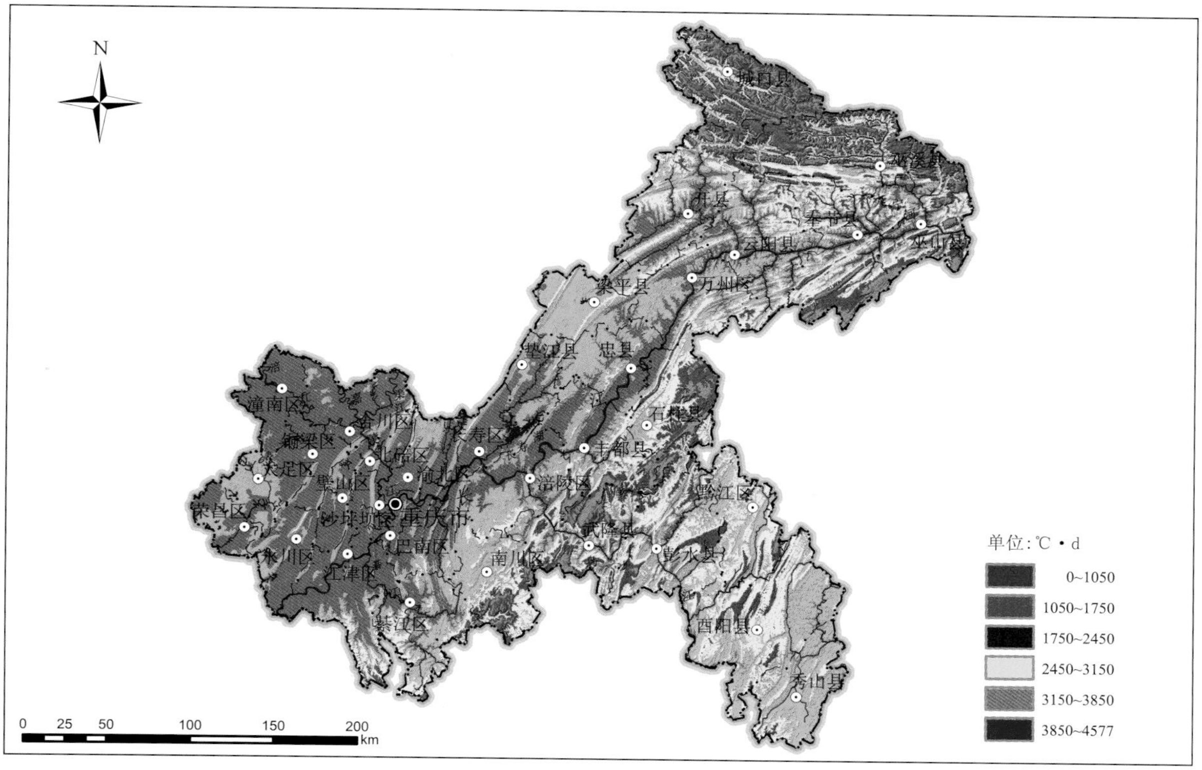

图 6.98 重庆市大春≥15 ℃活动积温

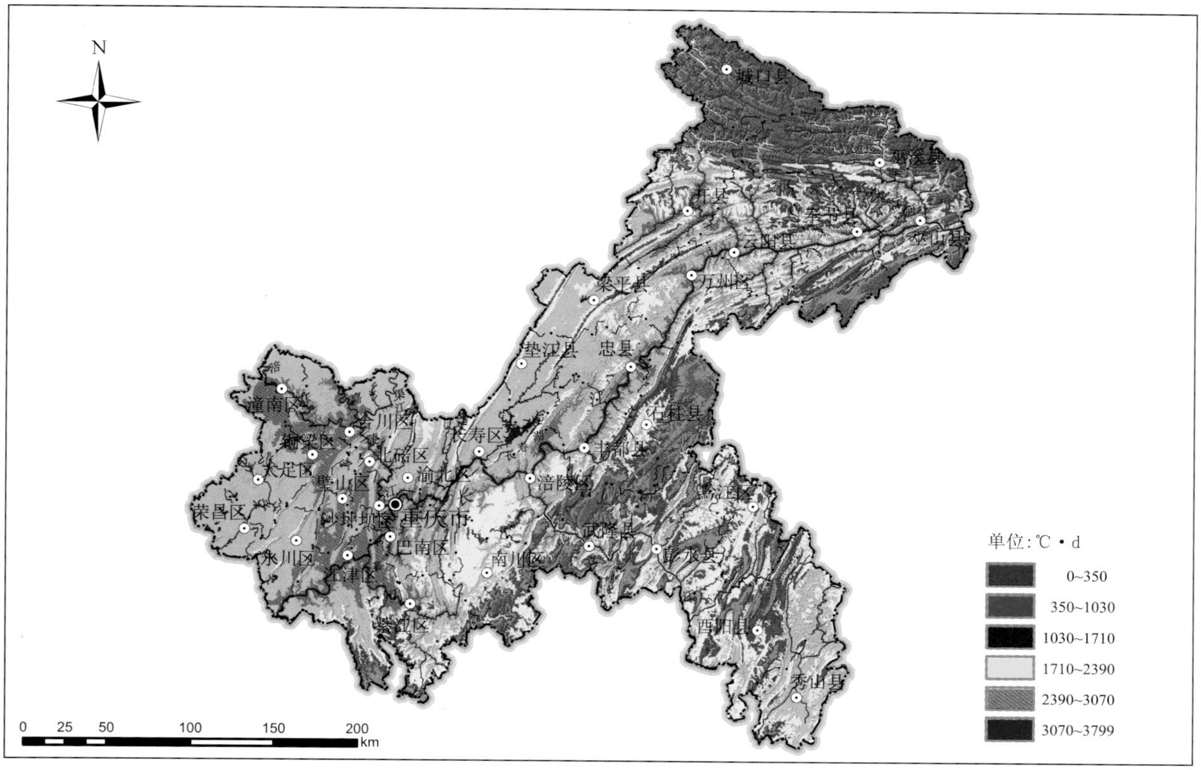

图 6.99 重庆市大春≥20 ℃活动积温

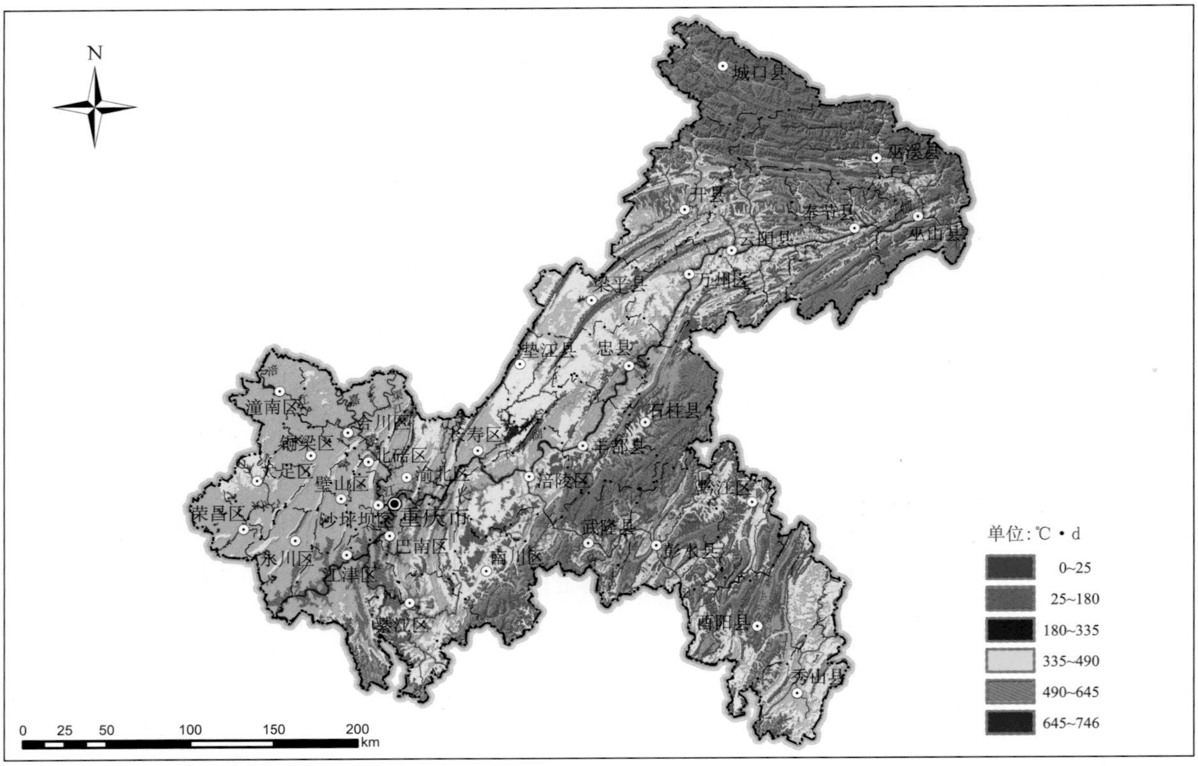

图 6.100　重庆市大春≥25 ℃活动积温

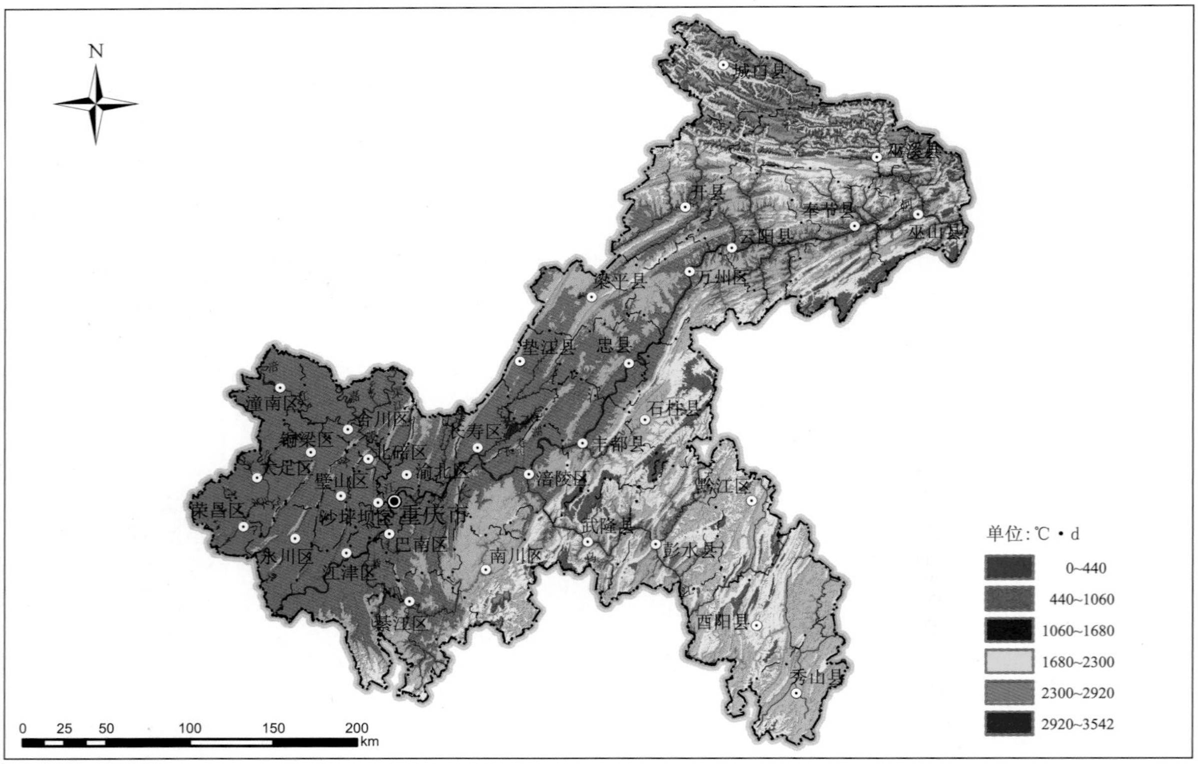

图 6.101　重庆市小春≥0 ℃活动积温

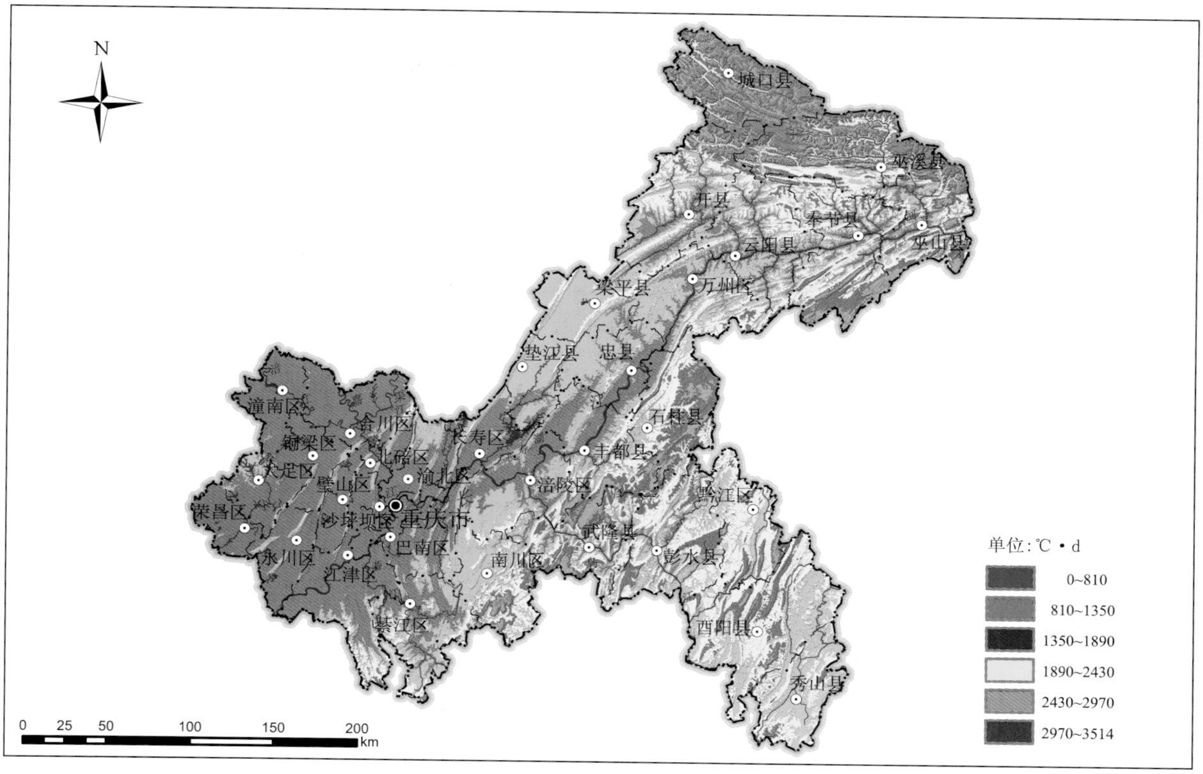

图 6.102　重庆市小春≥5 ℃活动积温

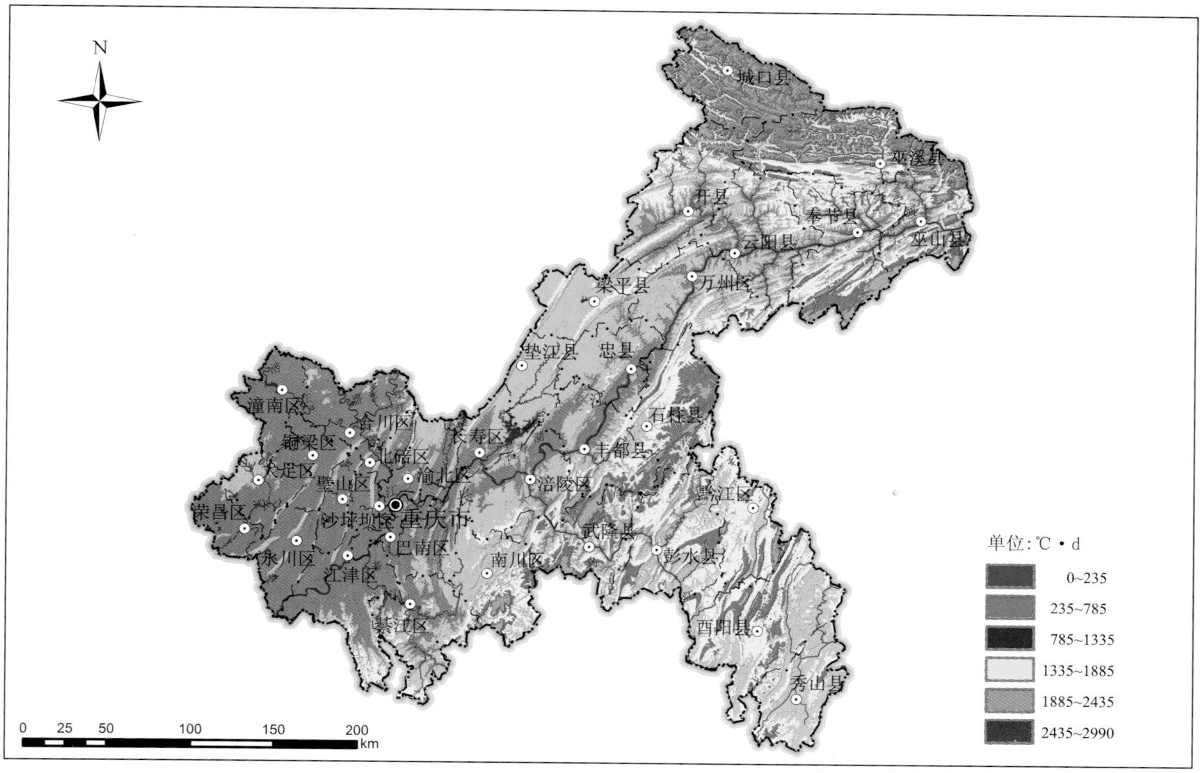

图 6.103　重庆市小春≥10 ℃活动积温

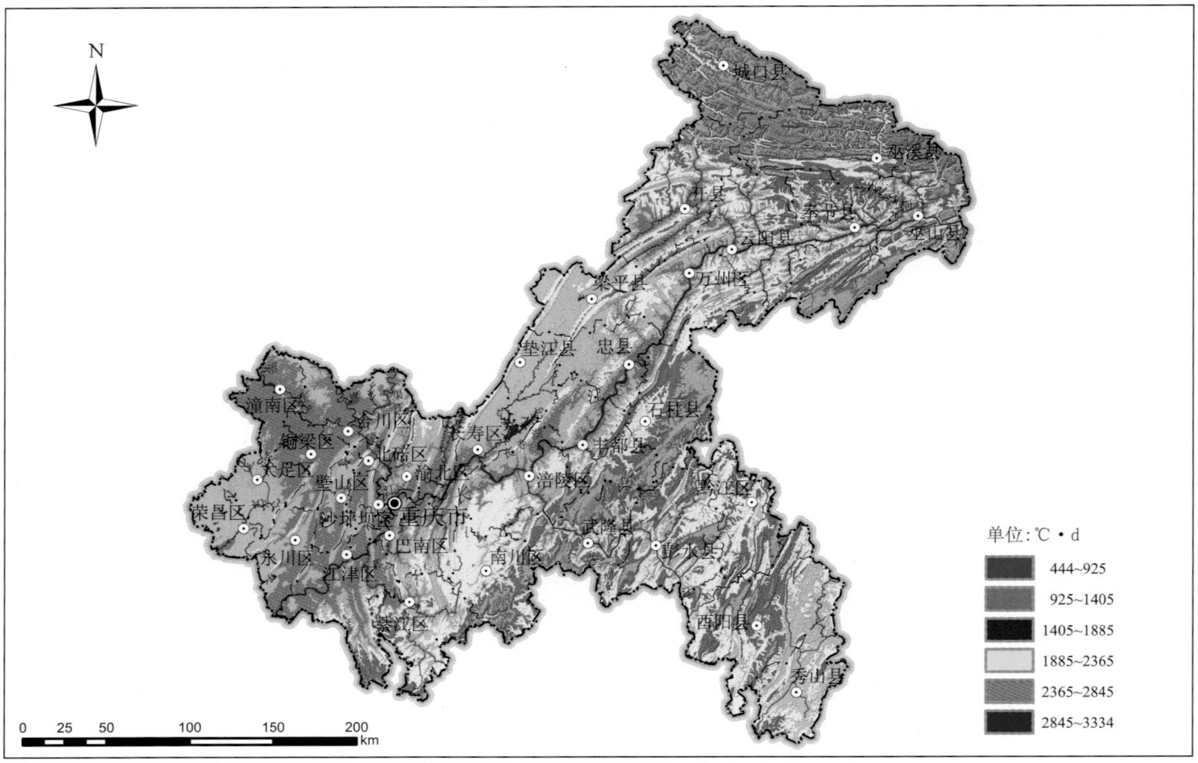

图 6.104 重庆市年≥10 ℃有效积温

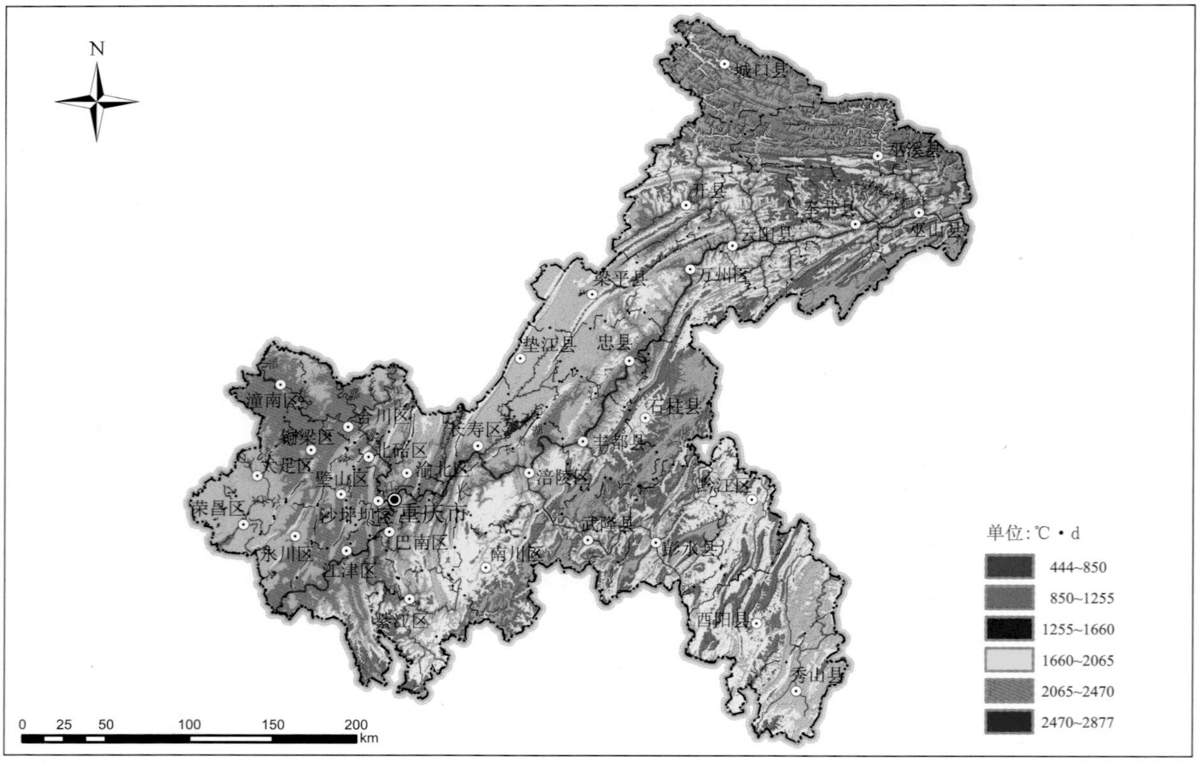

图 6.105 重庆市大春≥10 ℃有效积温

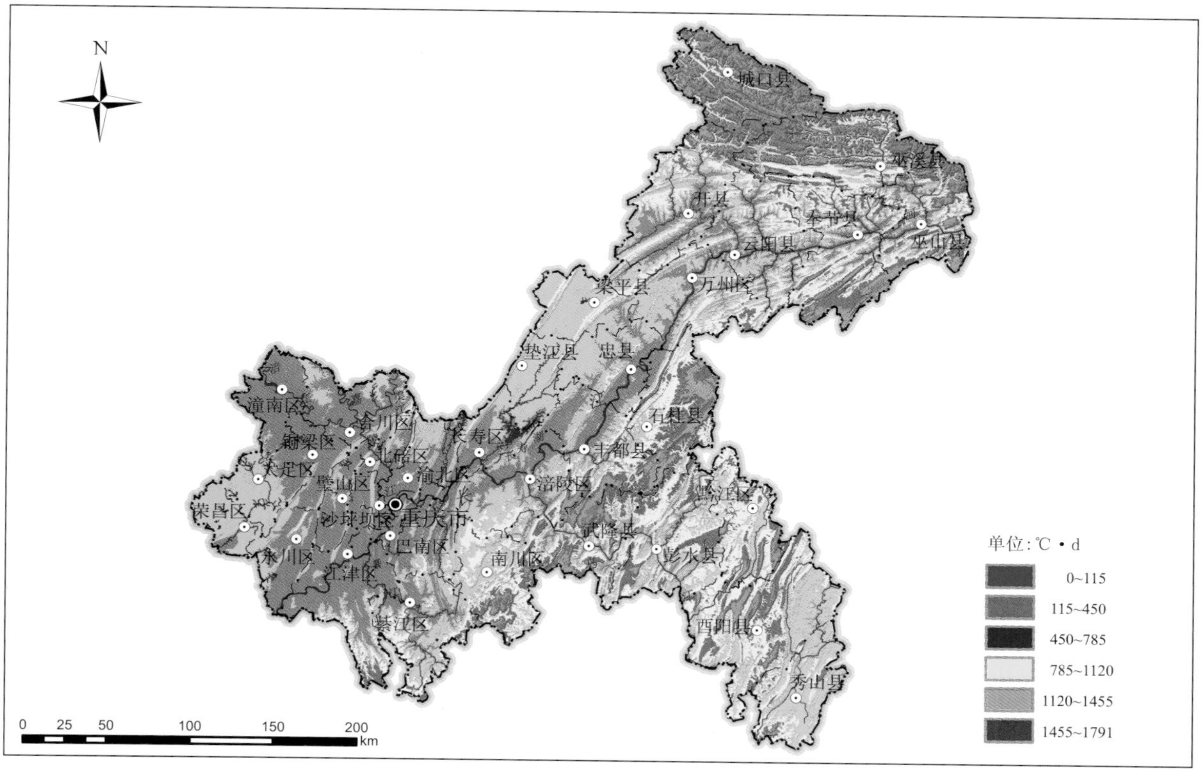

图6.106 重庆市大春≥15℃有效积温

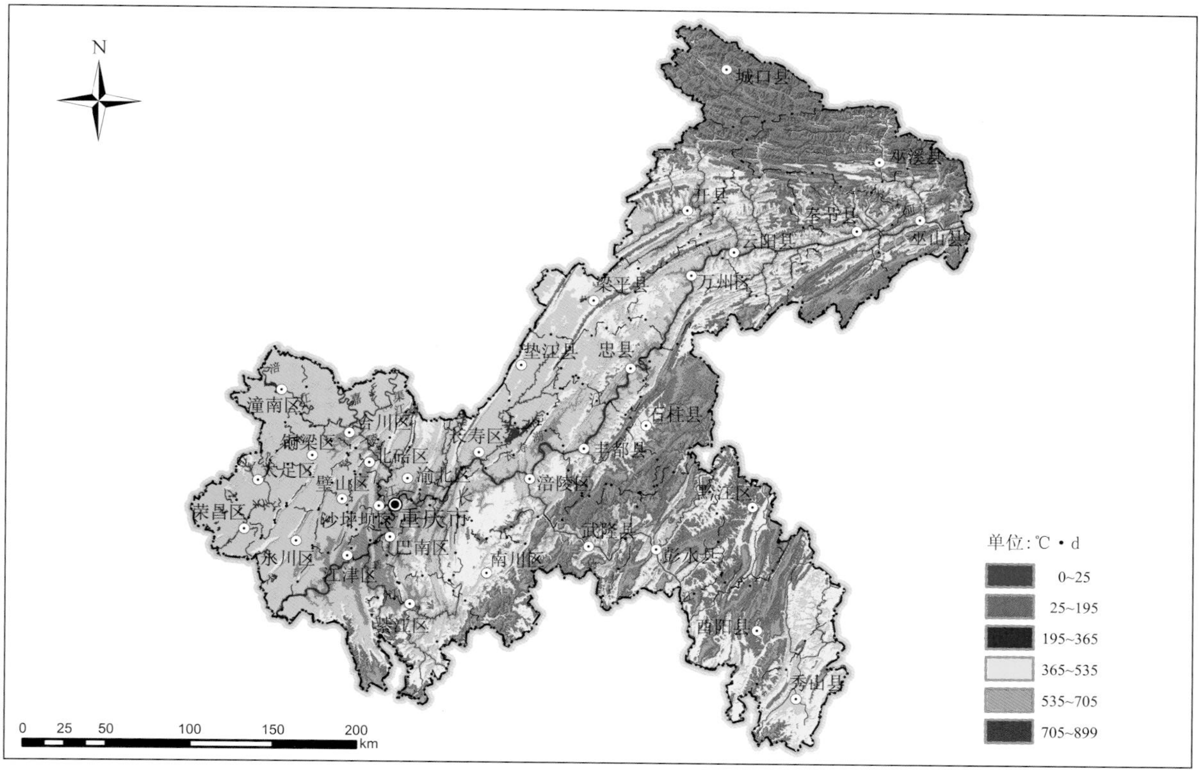

图6.107 重庆市大春≥20℃有效积温

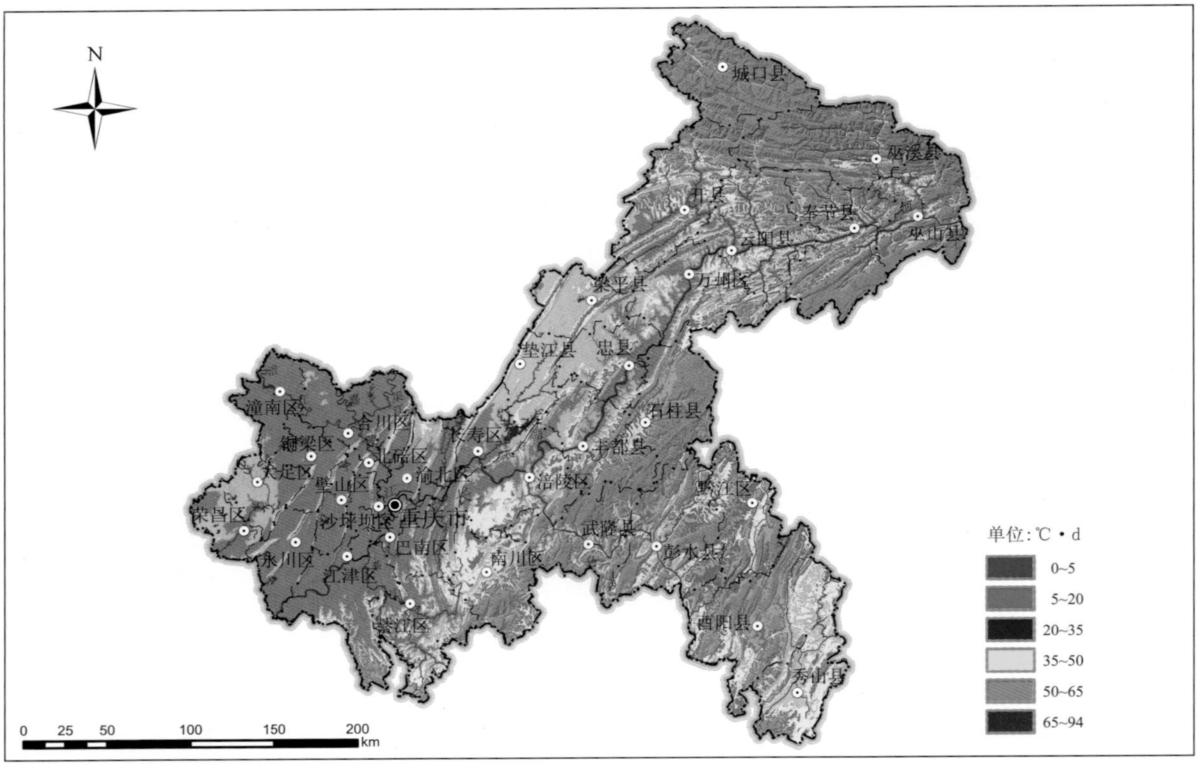

图 6.108　重庆市大春≥25 ℃有效积温

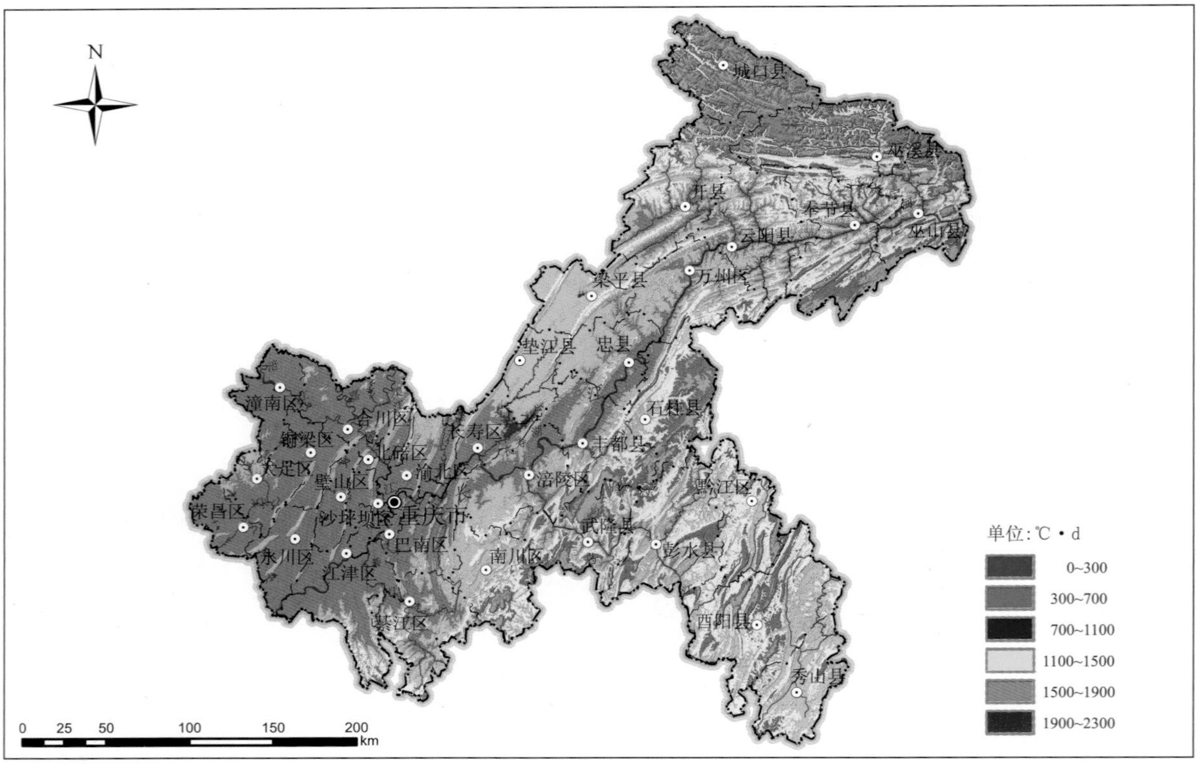

图 6.109　重庆市小春≥5 ℃有效积温

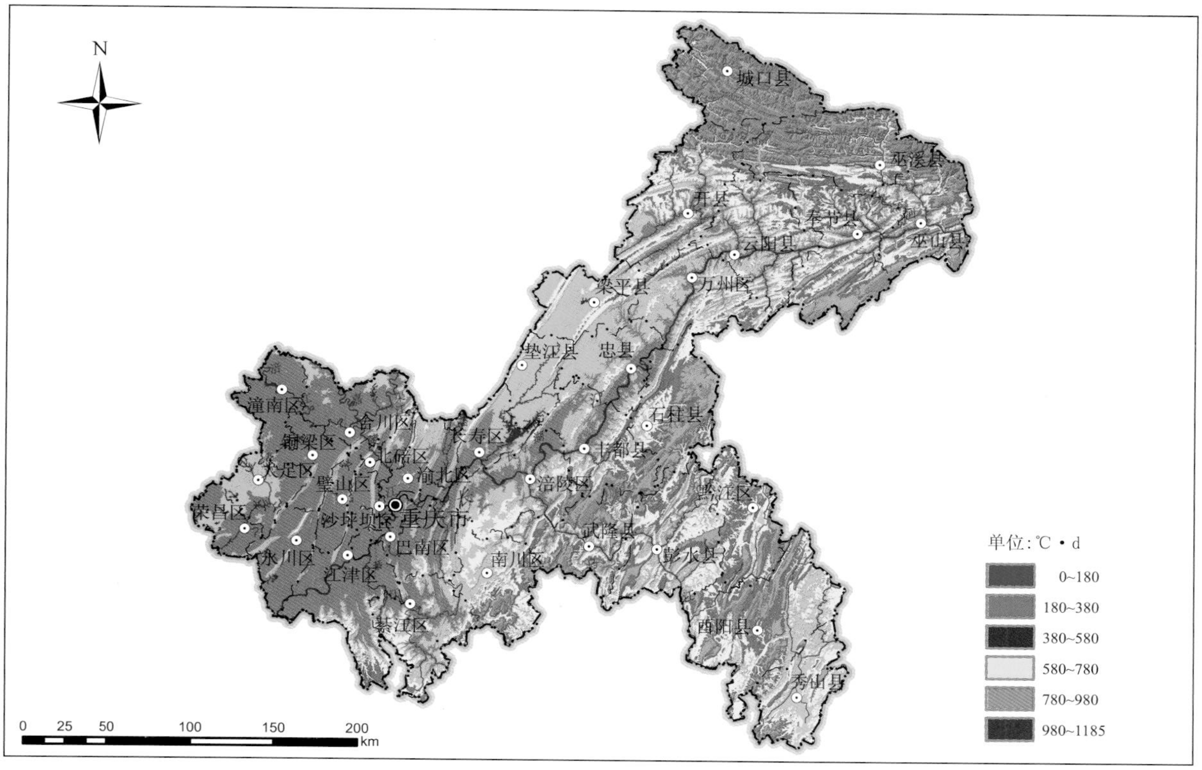

图 6.110 重庆市小春≥10 ℃有效积温

6.1.1.7 地温

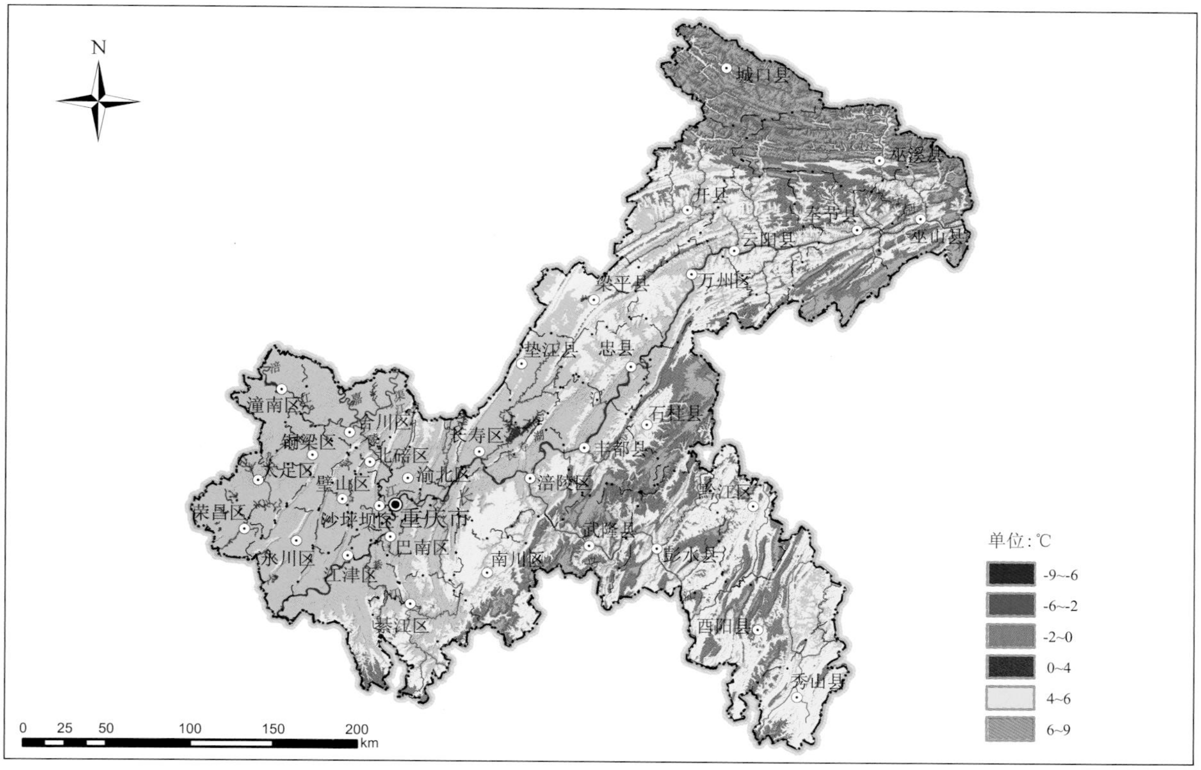

图 6.111 重庆市1月平均地温

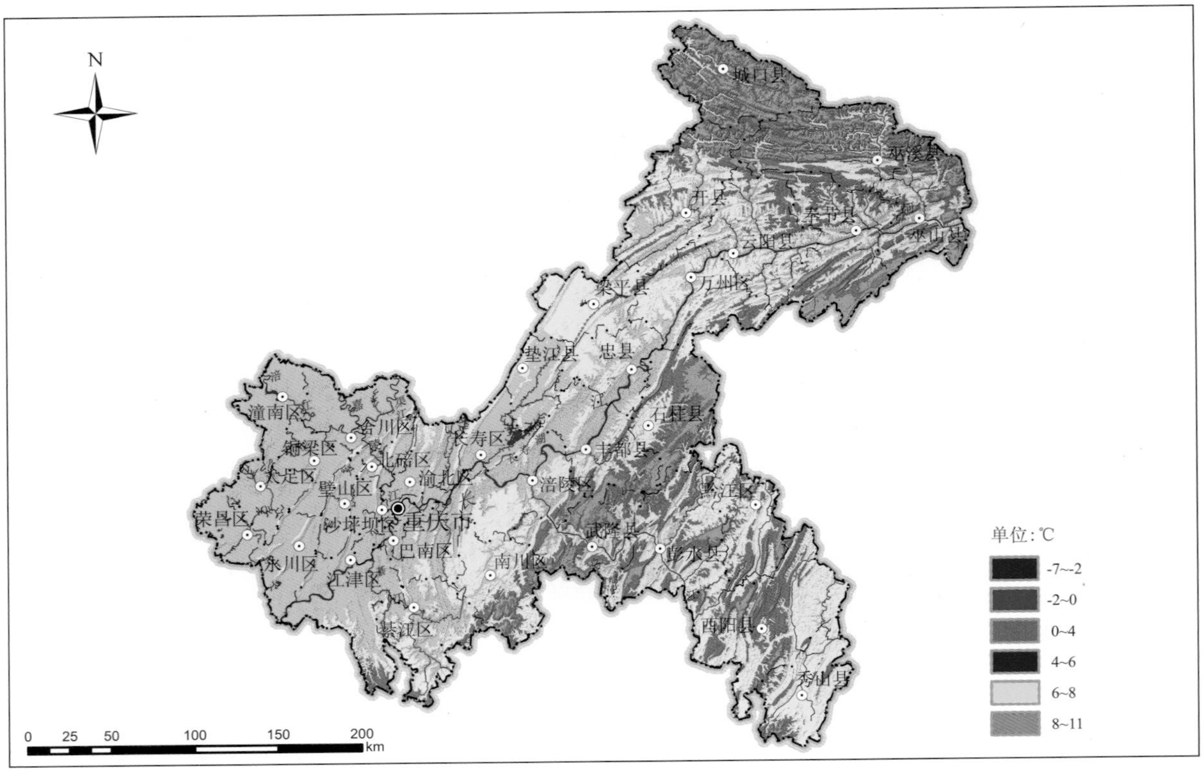

图 6.112 重庆市 2 月平均地温

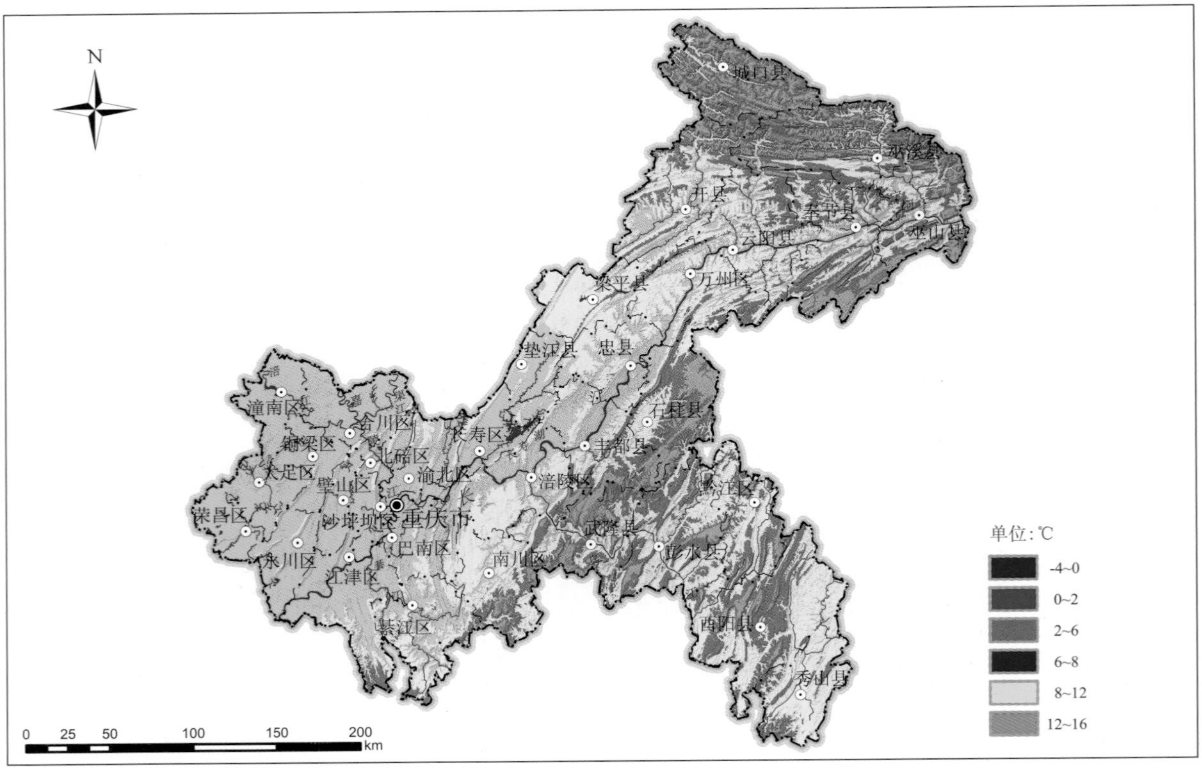

图 6.113 重庆市 3 月平均地温

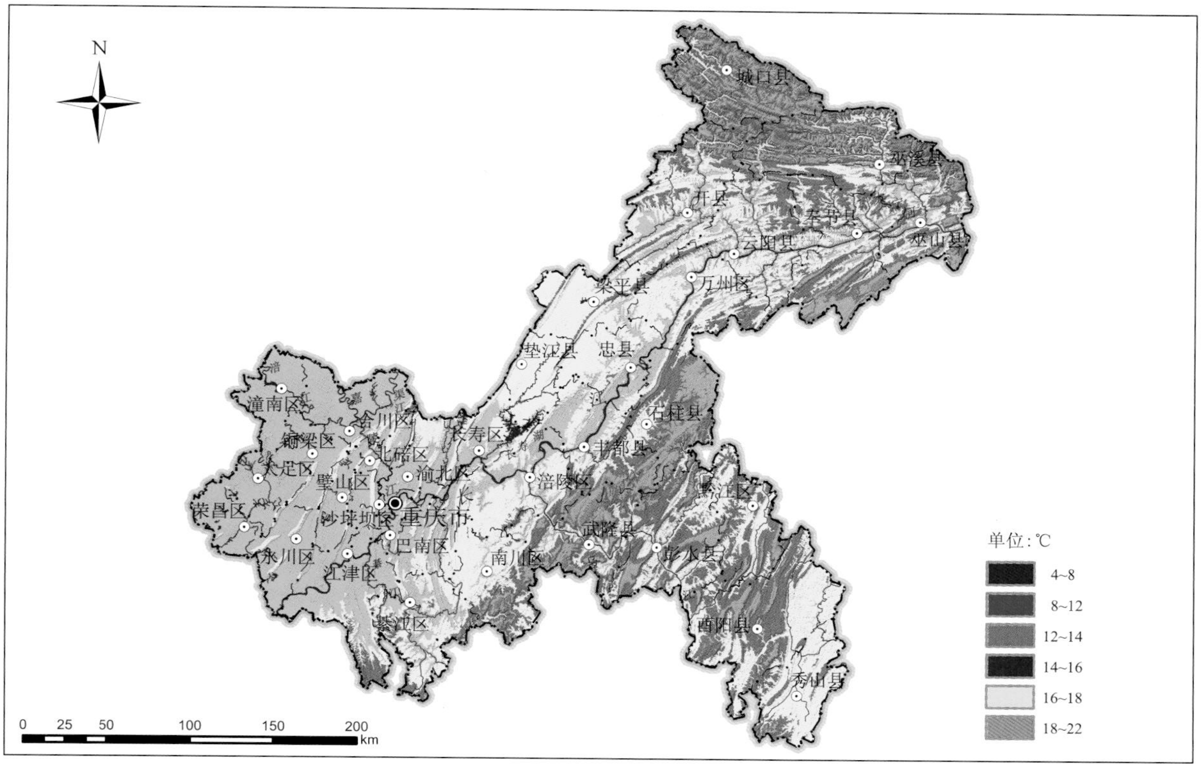

图 6.114 重庆市 4 月平均地温

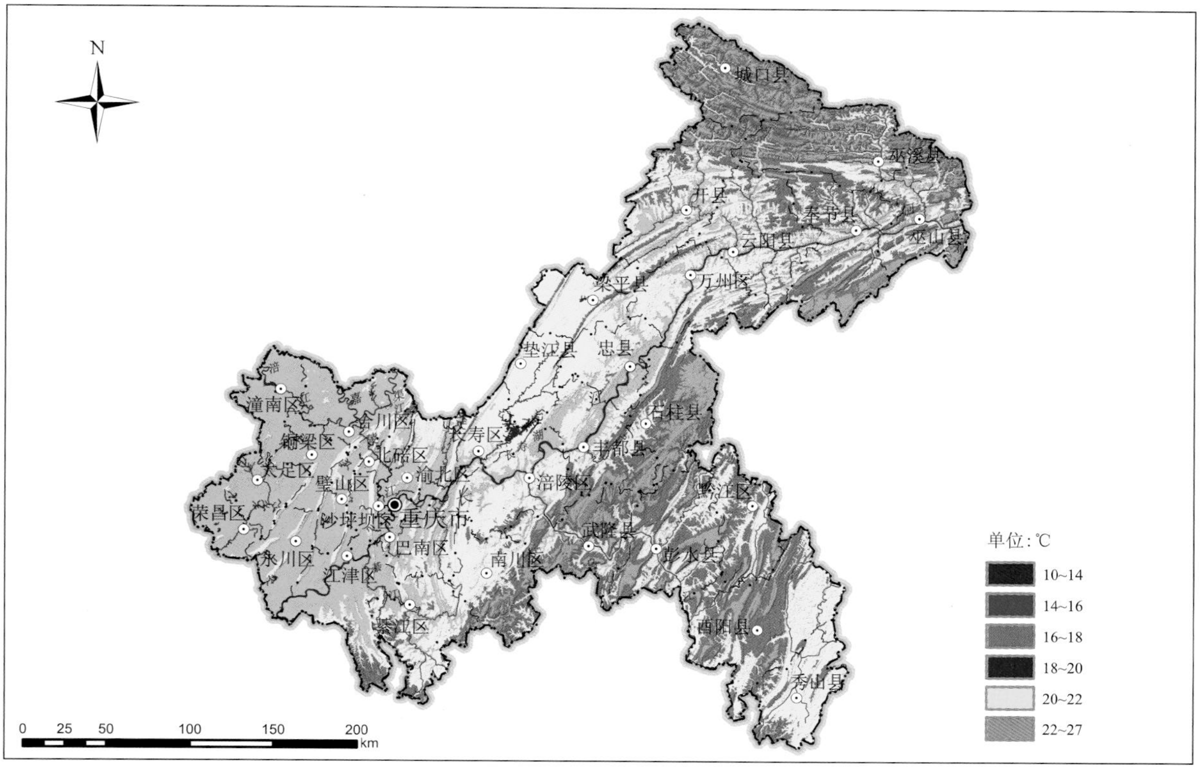

图 6.115 重庆市 5 月平均地温

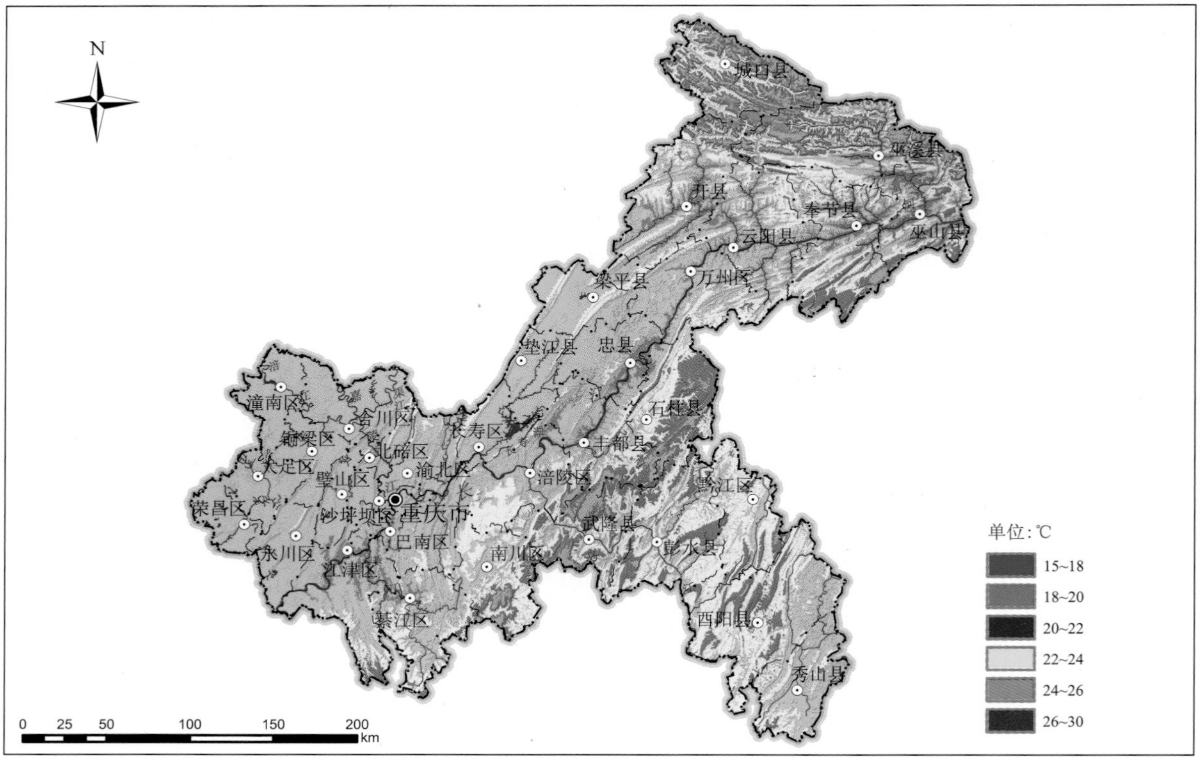

图 6.116　重庆市 6 月平均地温

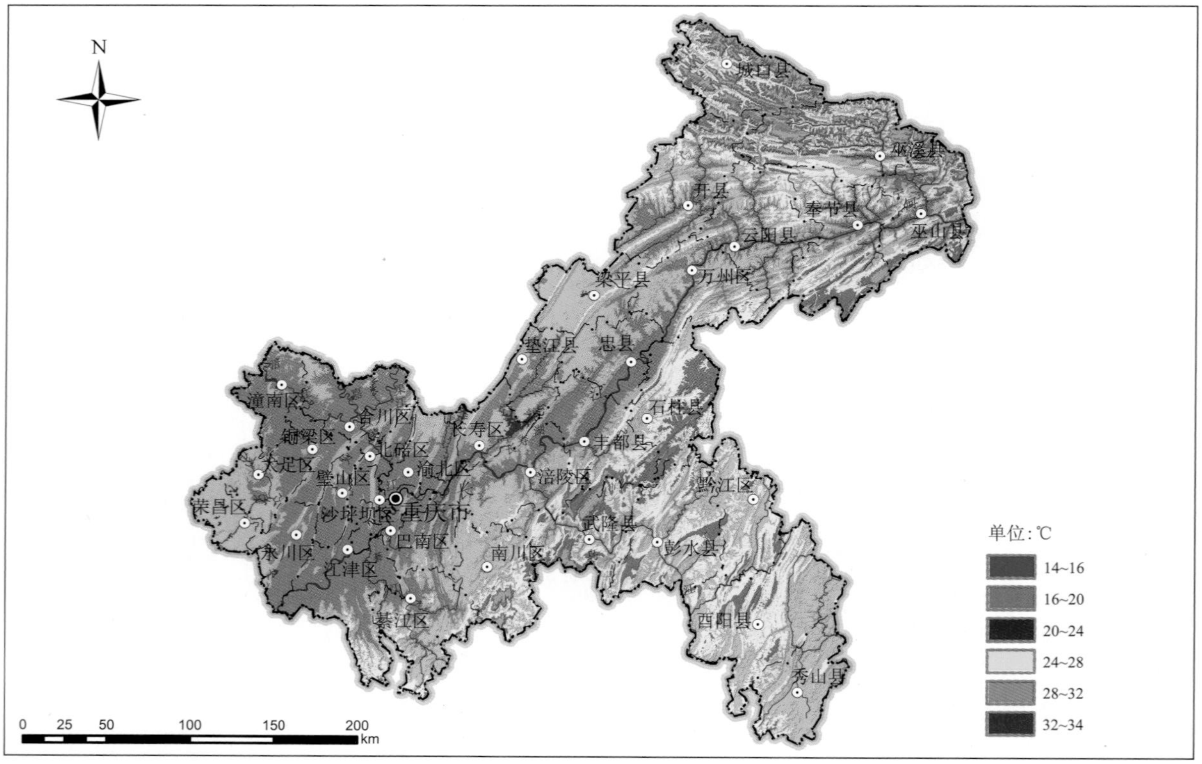

图 6.117　重庆市 7 月平均地温

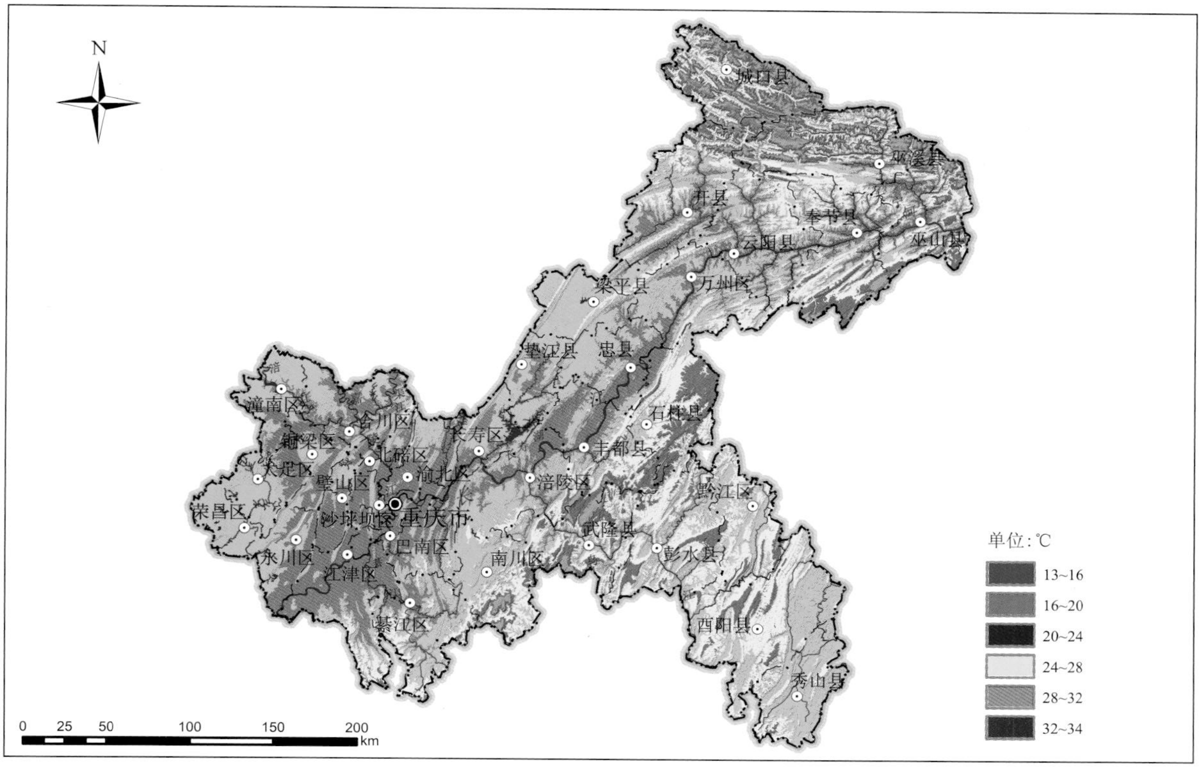

图 6.118 重庆市 8 月平均地温

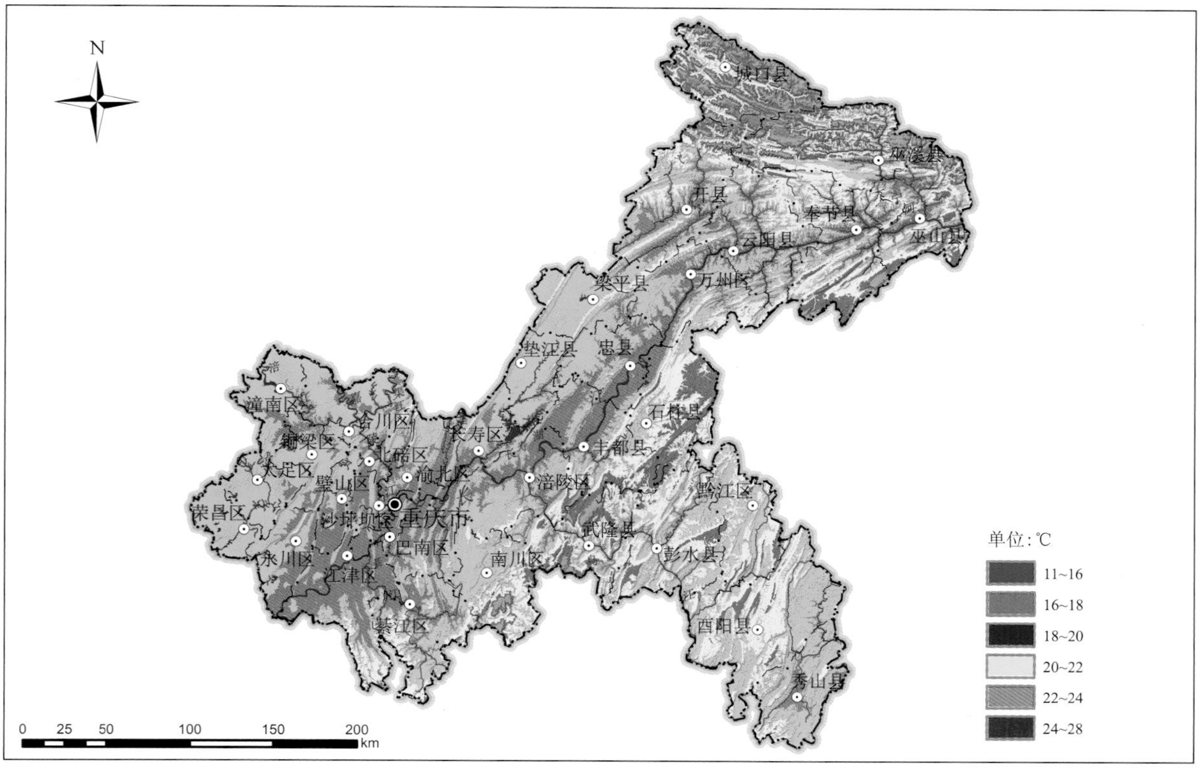

图 6.119 重庆市 9 月平均地温

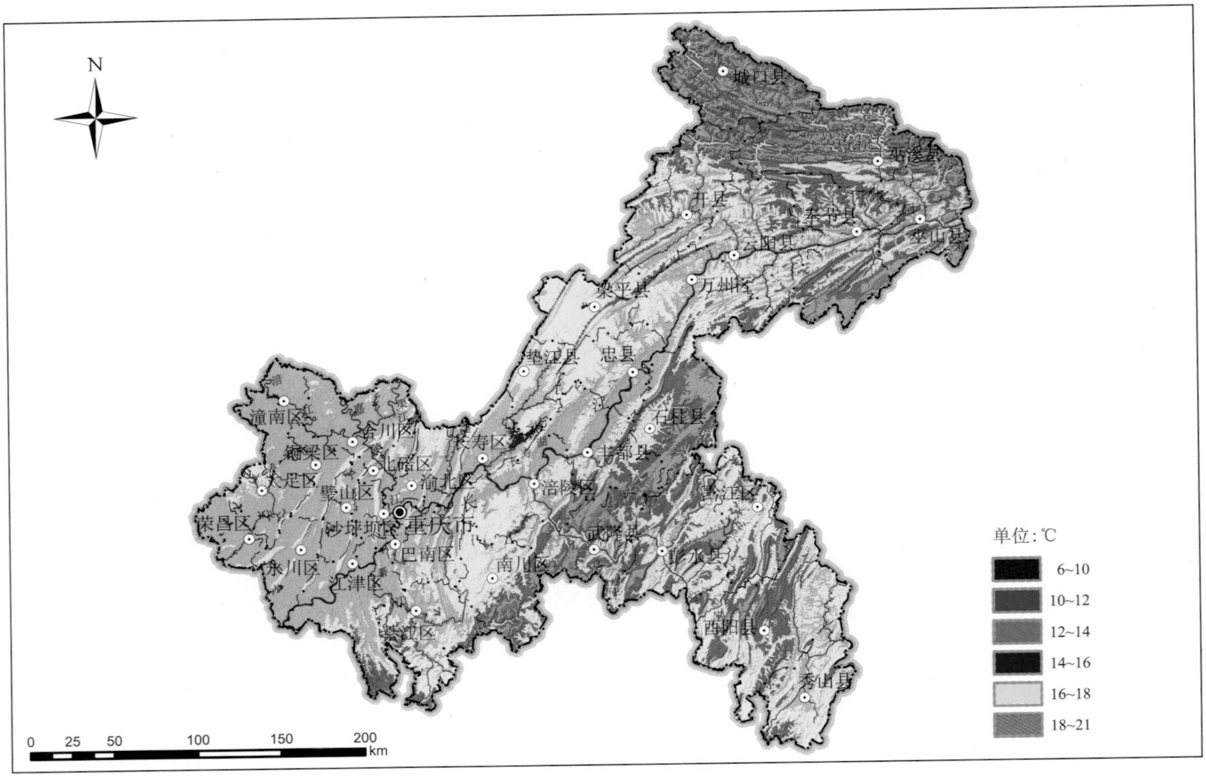

图 6.120　重庆市 10 月平均地温

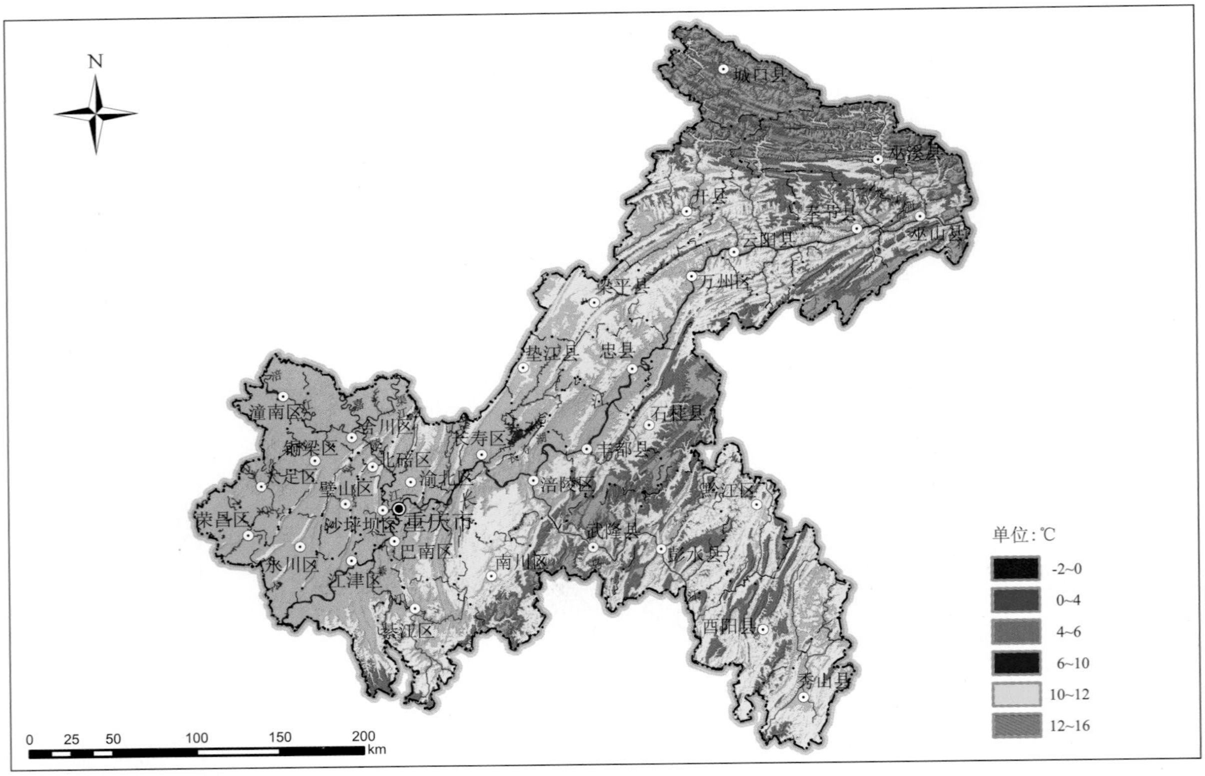

图 6.121　重庆市 11 月平均地温

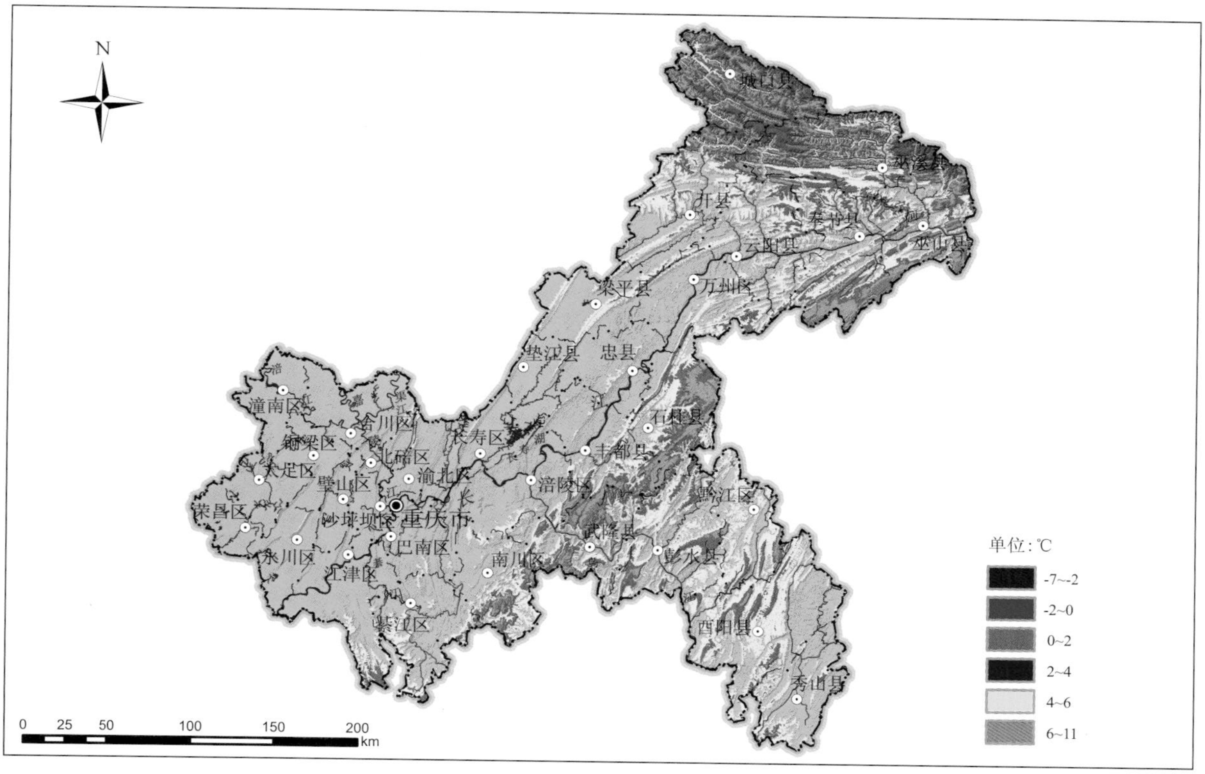

图 6.122 重庆市 12 月平均地温

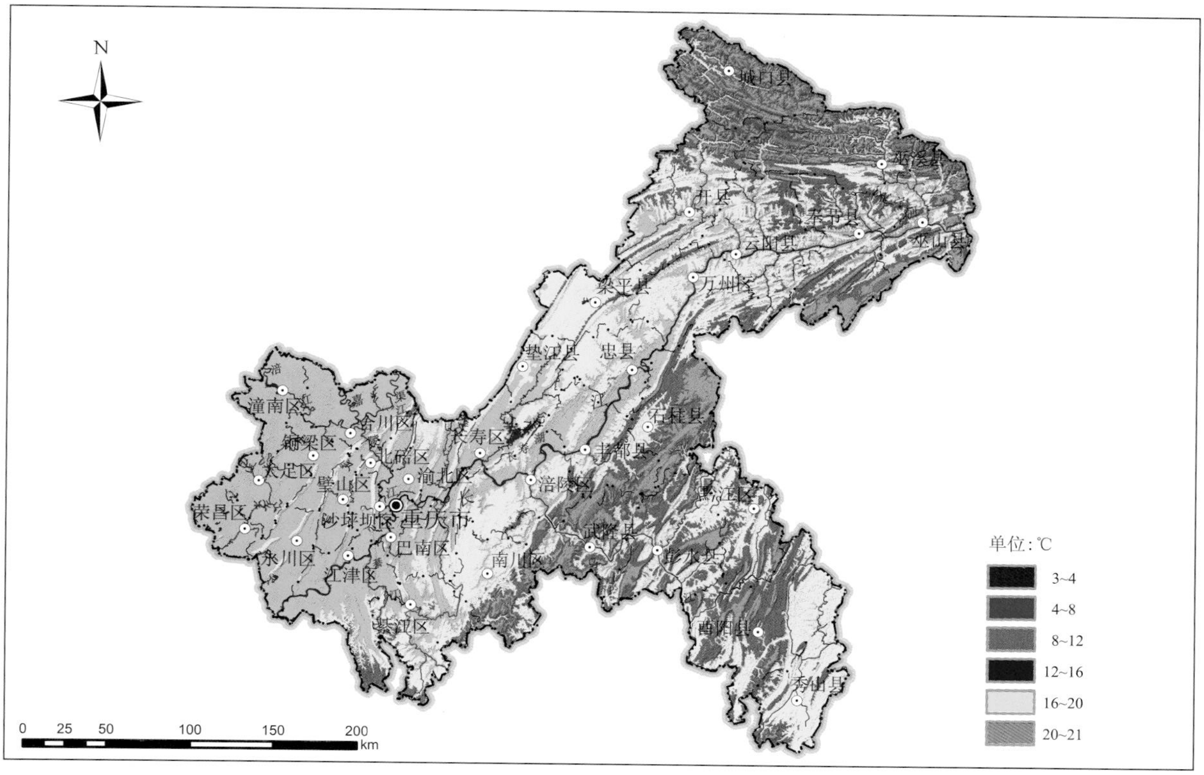

图 6.123 重庆市春季平均地温

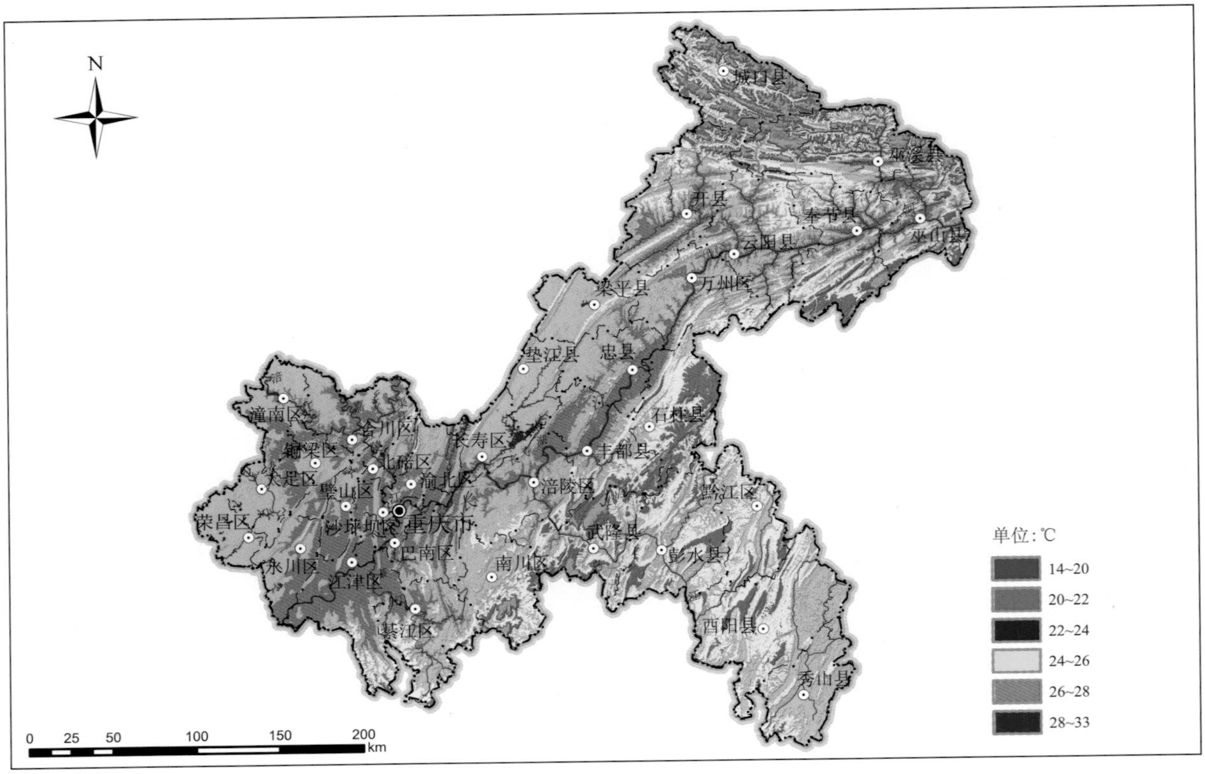

图 6.124　重庆市夏季平均地温

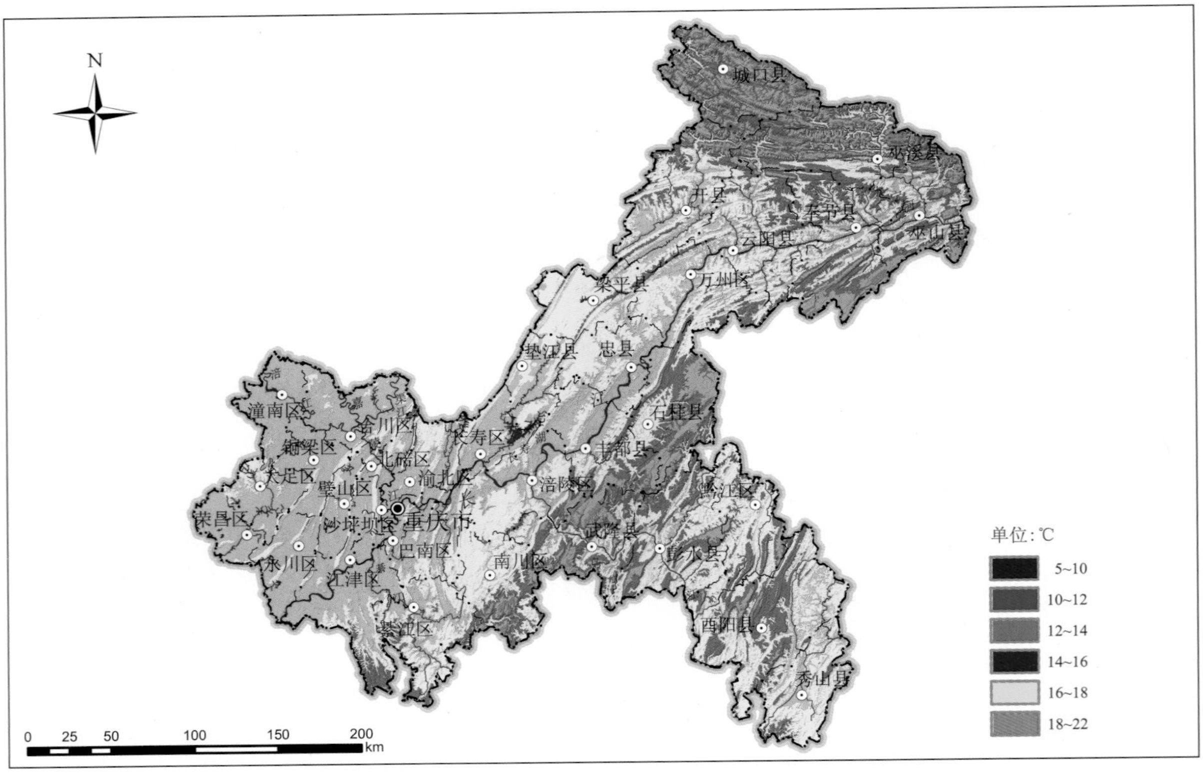

图 6.125　重庆市秋季平均地温

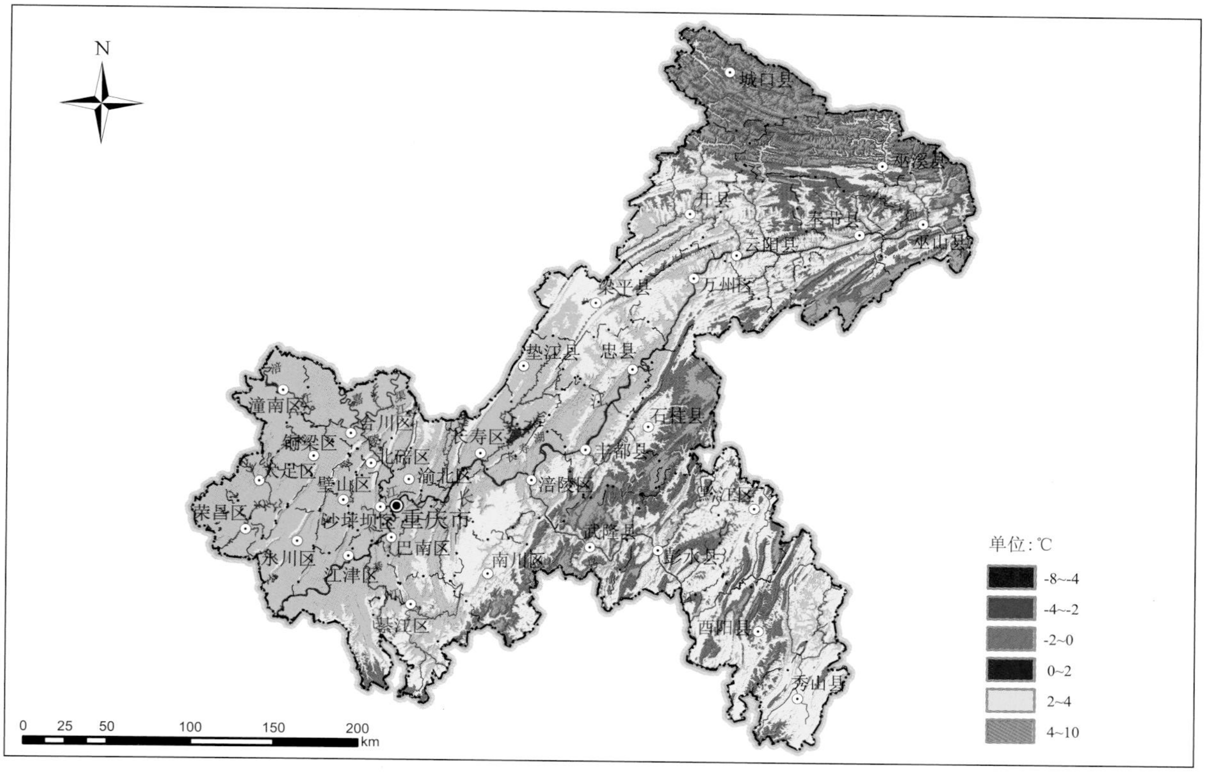

图 6.126 重庆市冬季平均地温

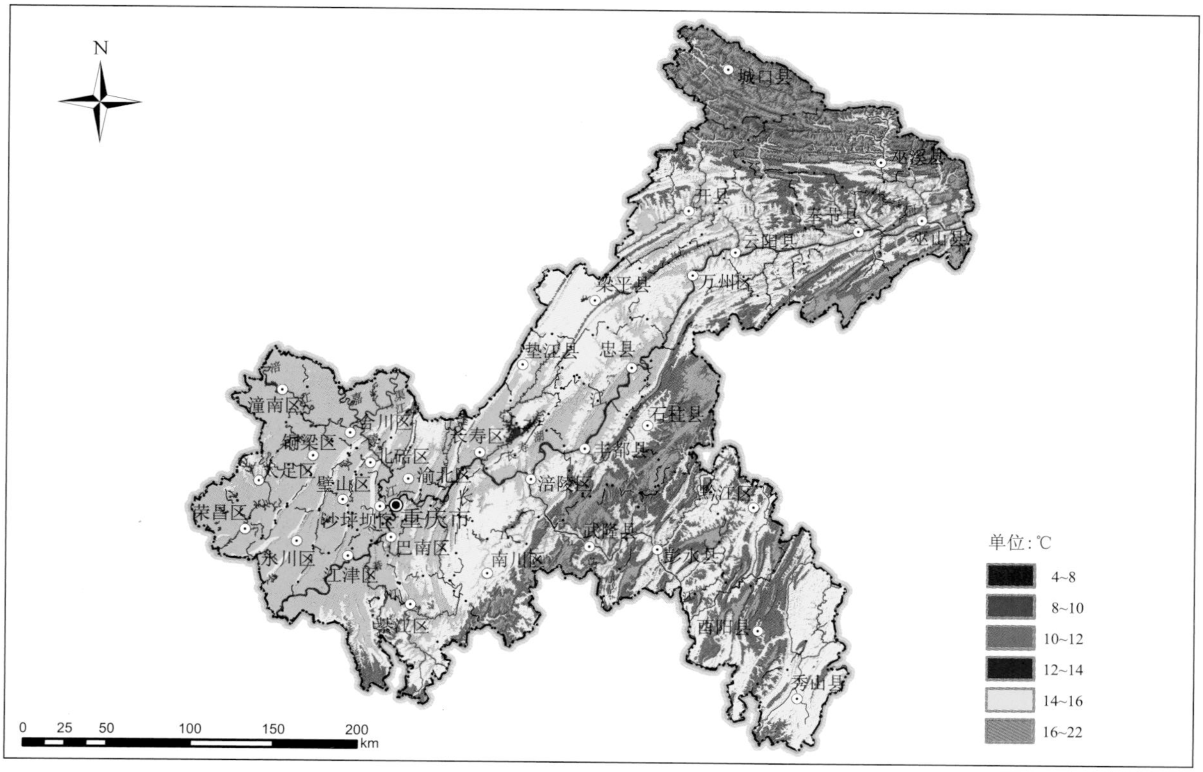

图 6.127 重庆市年平均地温

6.1.1.8 降水量

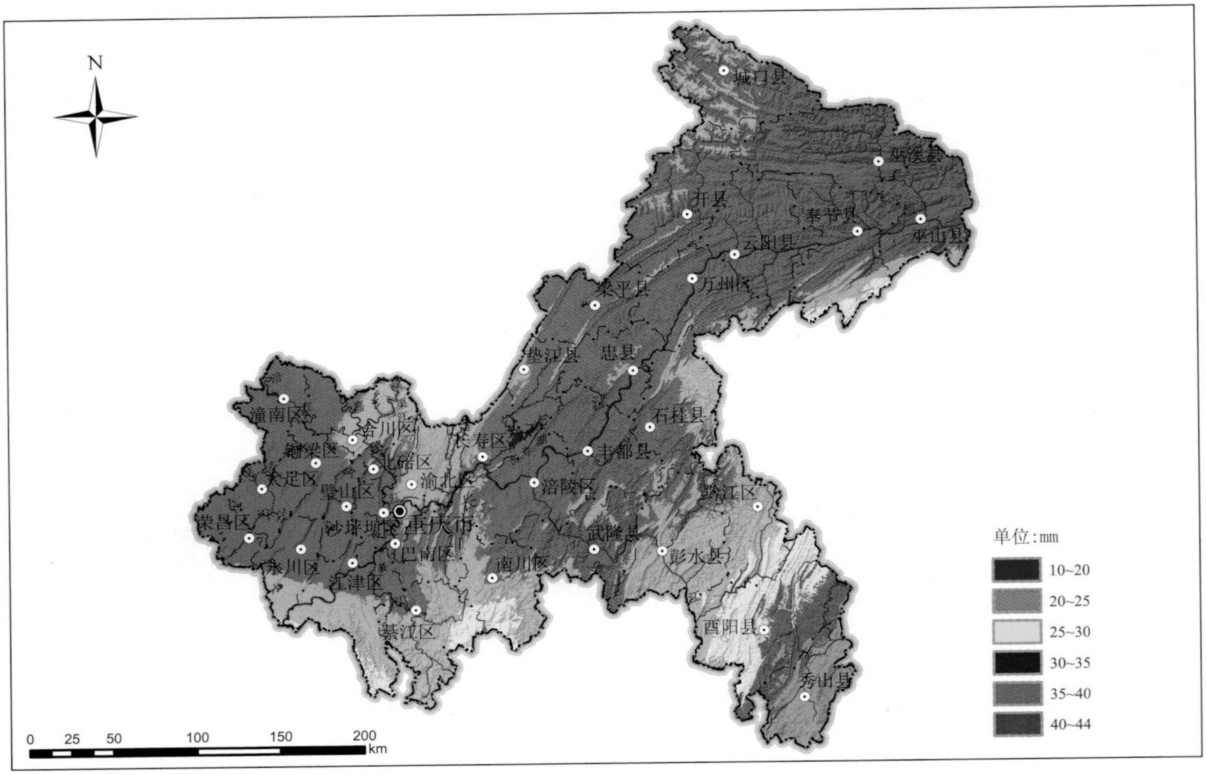

图 6.128 重庆市 1 月降水量

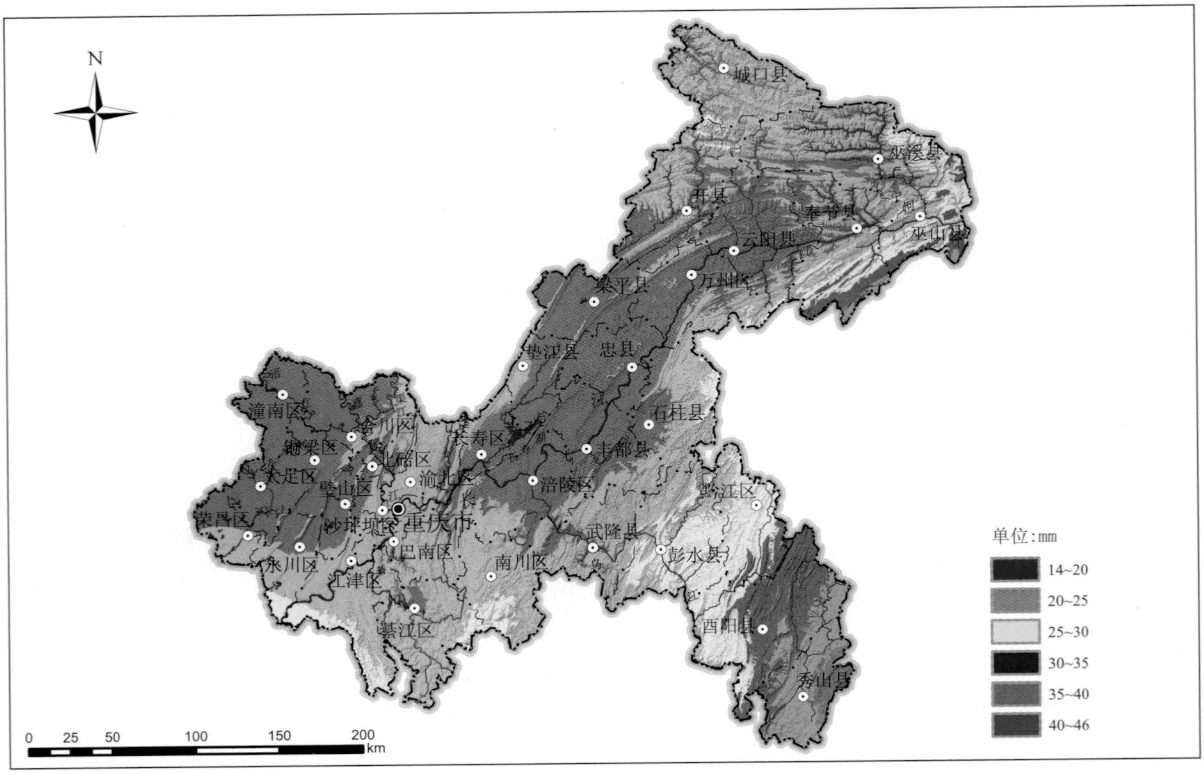

图 6.129 重庆市 2 月降水量

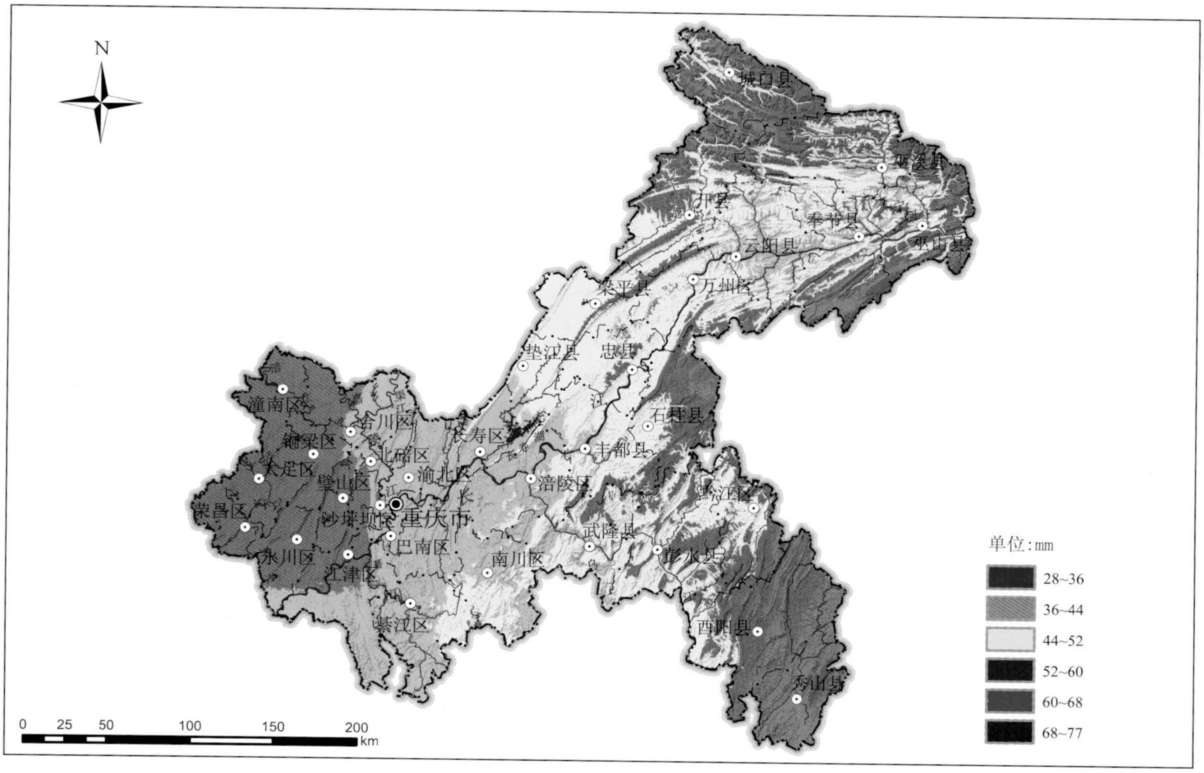

图 6.130　重庆市 3 月降水量

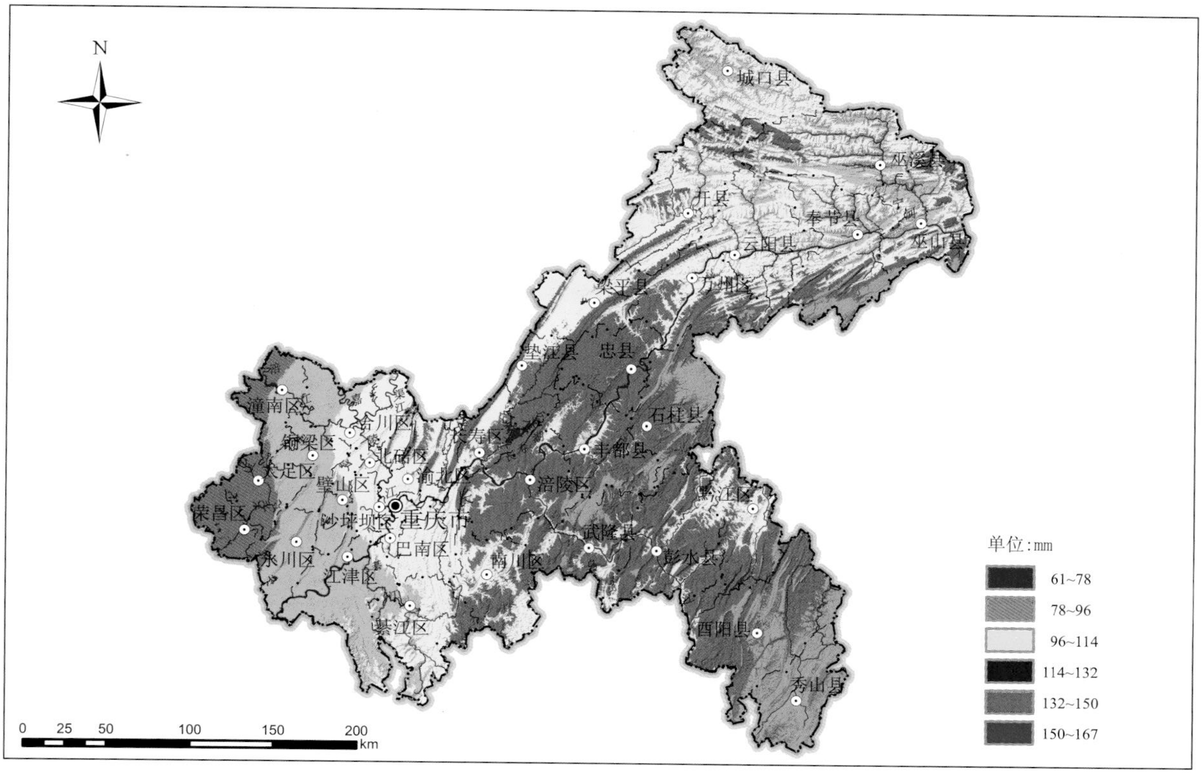

图 6.131　重庆市 4 月降水量

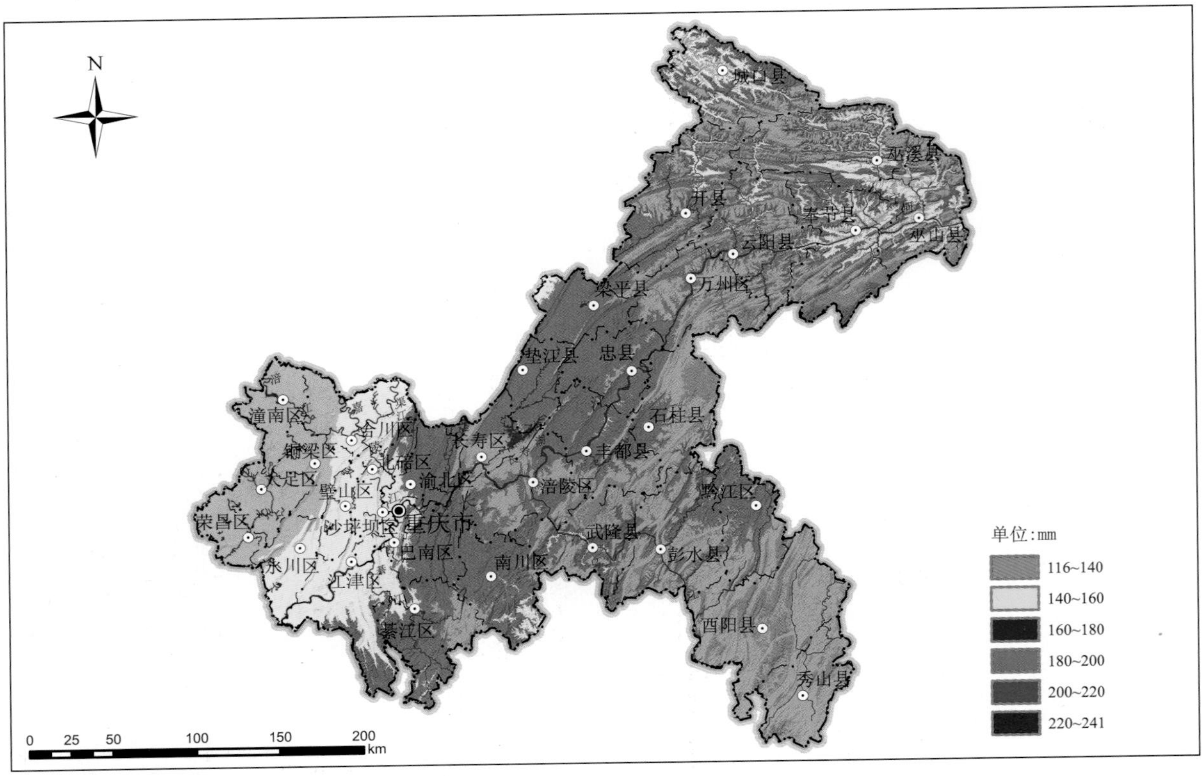

图 6.132　重庆市 5 月降水量

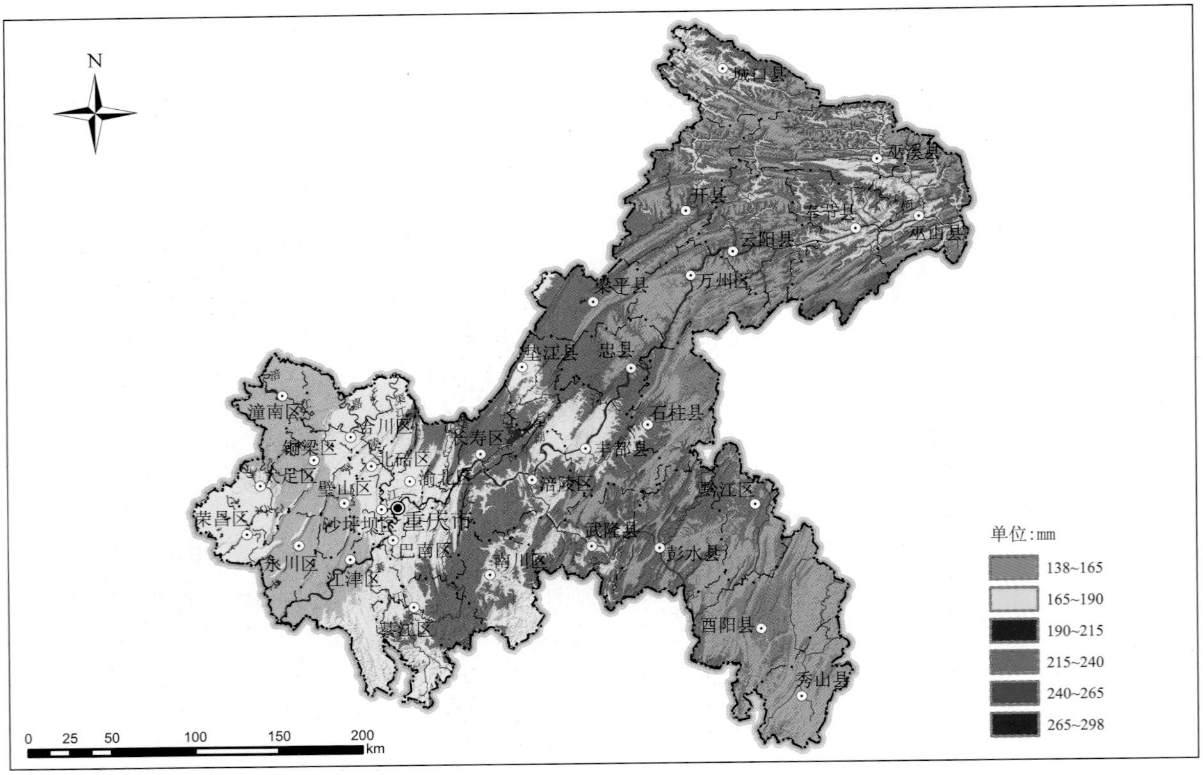

图 6.133　重庆市 6 月降水量

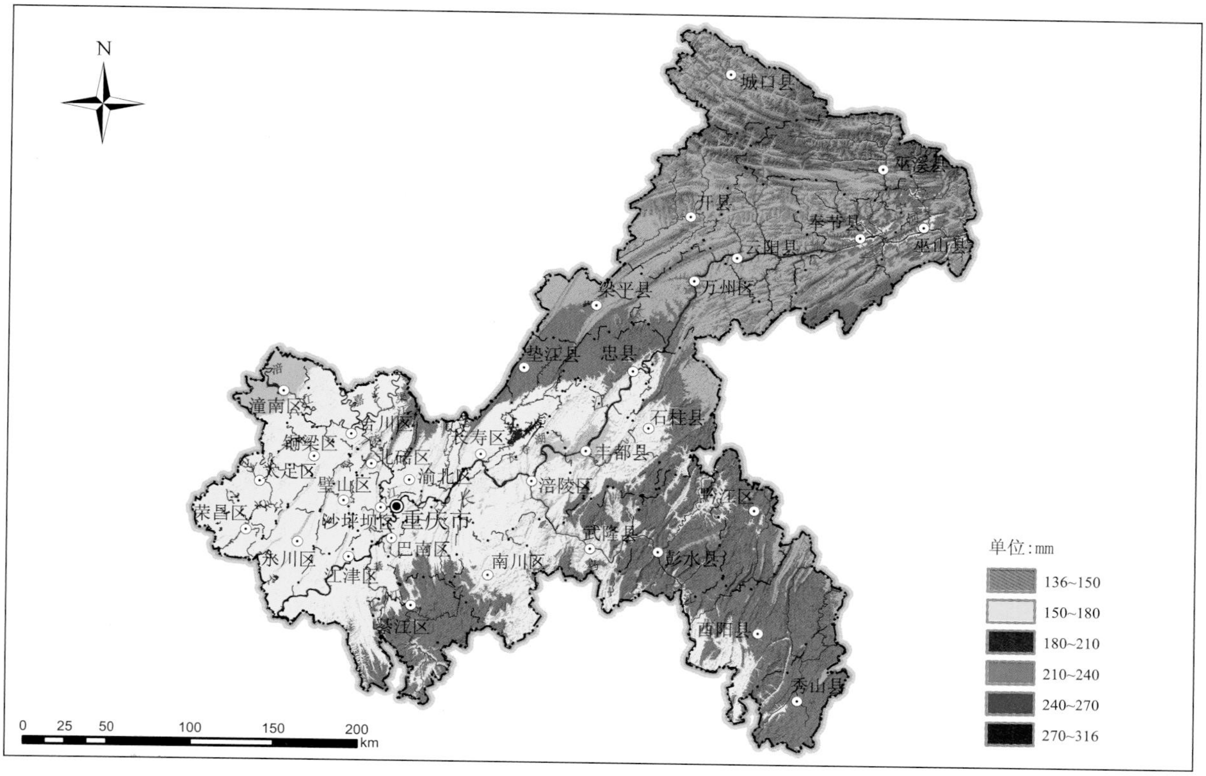

图 6.134 重庆市 7 月降水量

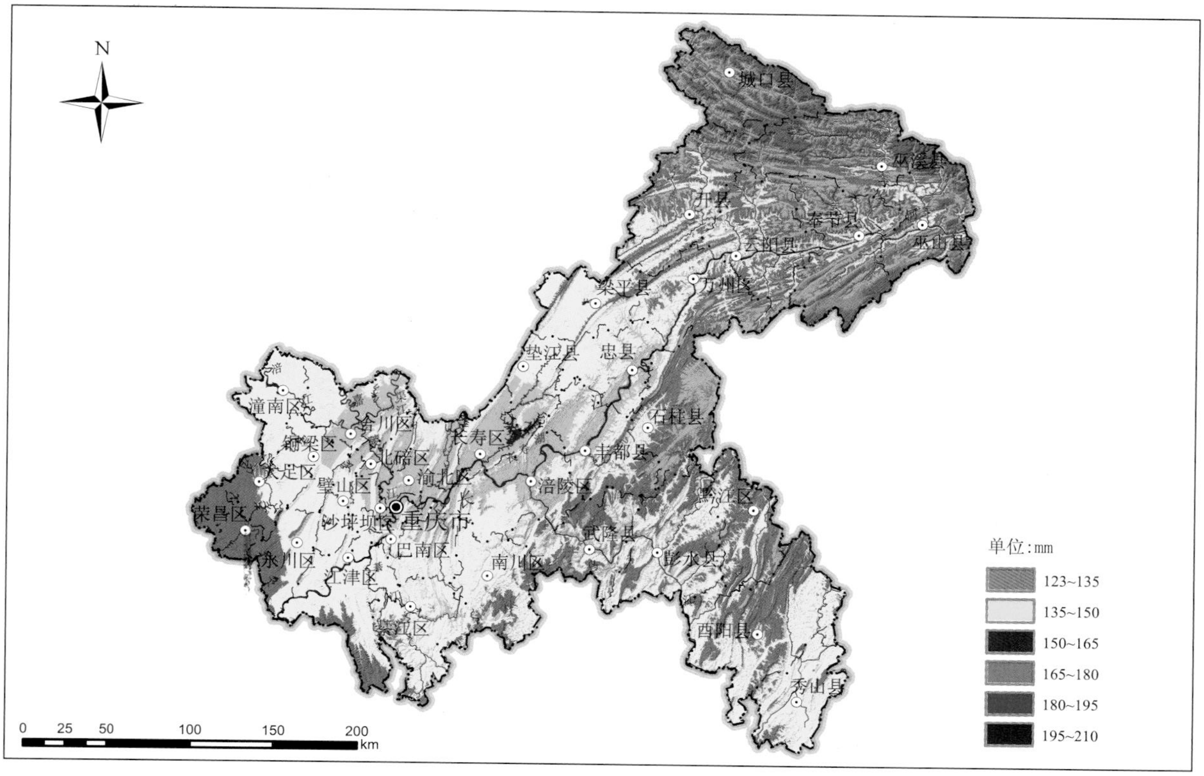

图 6.135 重庆市 8 月降水量

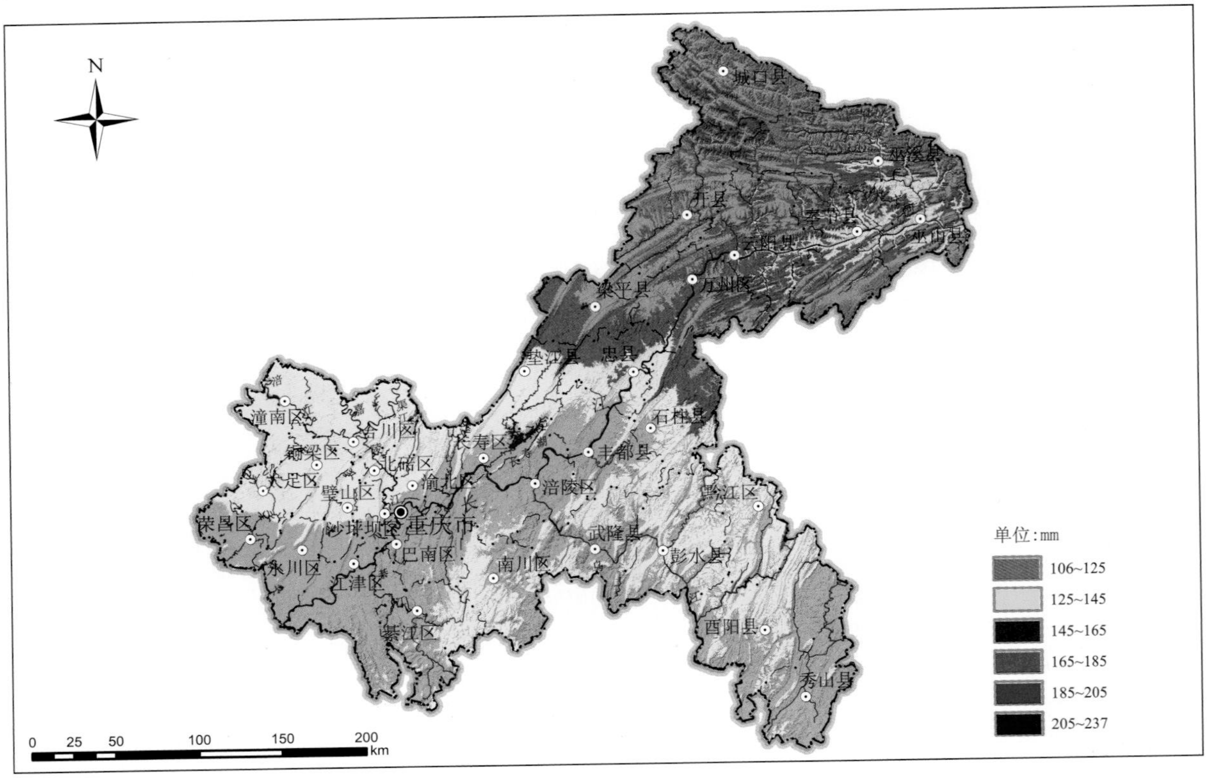

图 6.136　重庆市 9 月降水量

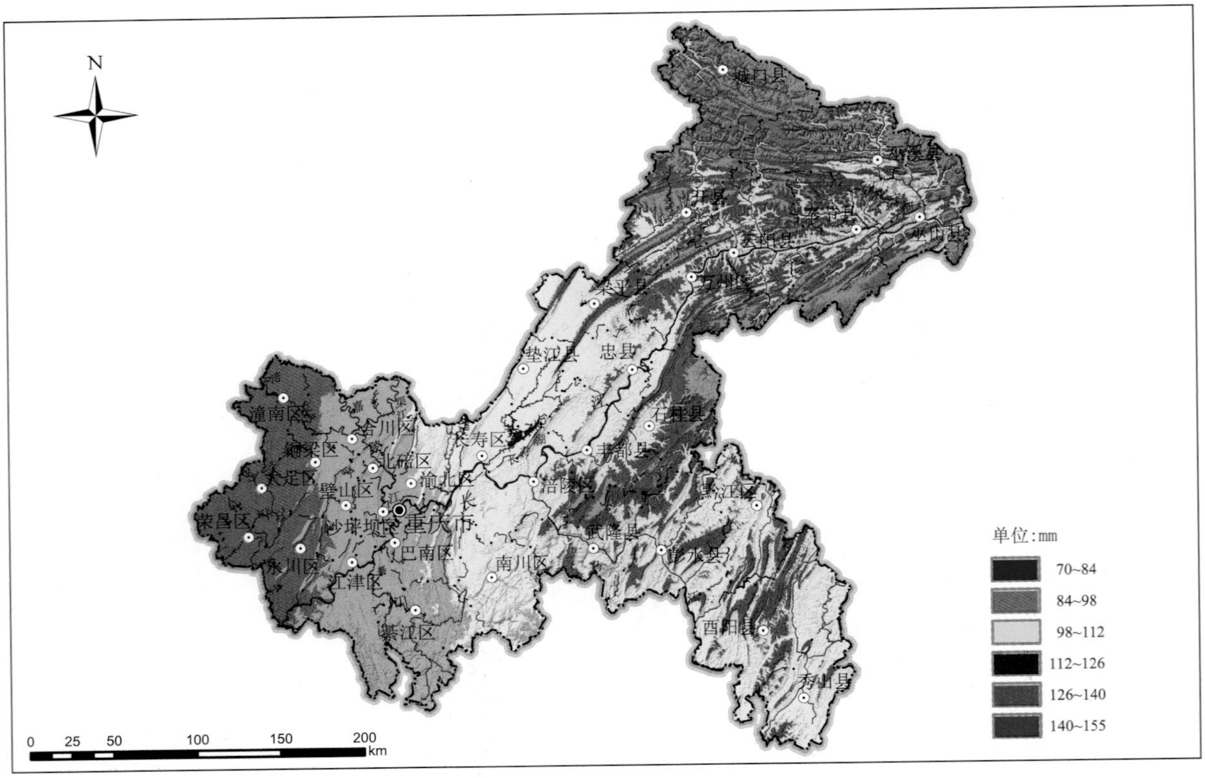

图 6.137　重庆市 10 月降水量

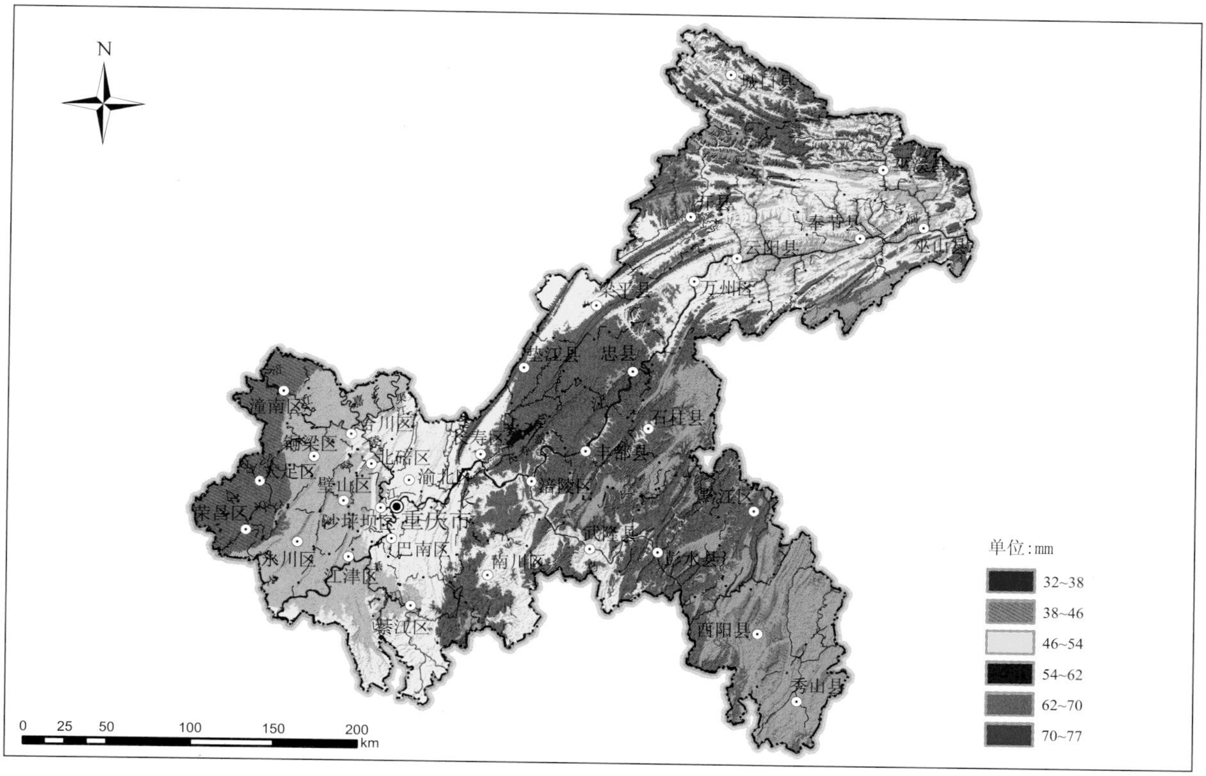

图 6.138　重庆市 11 月降水量

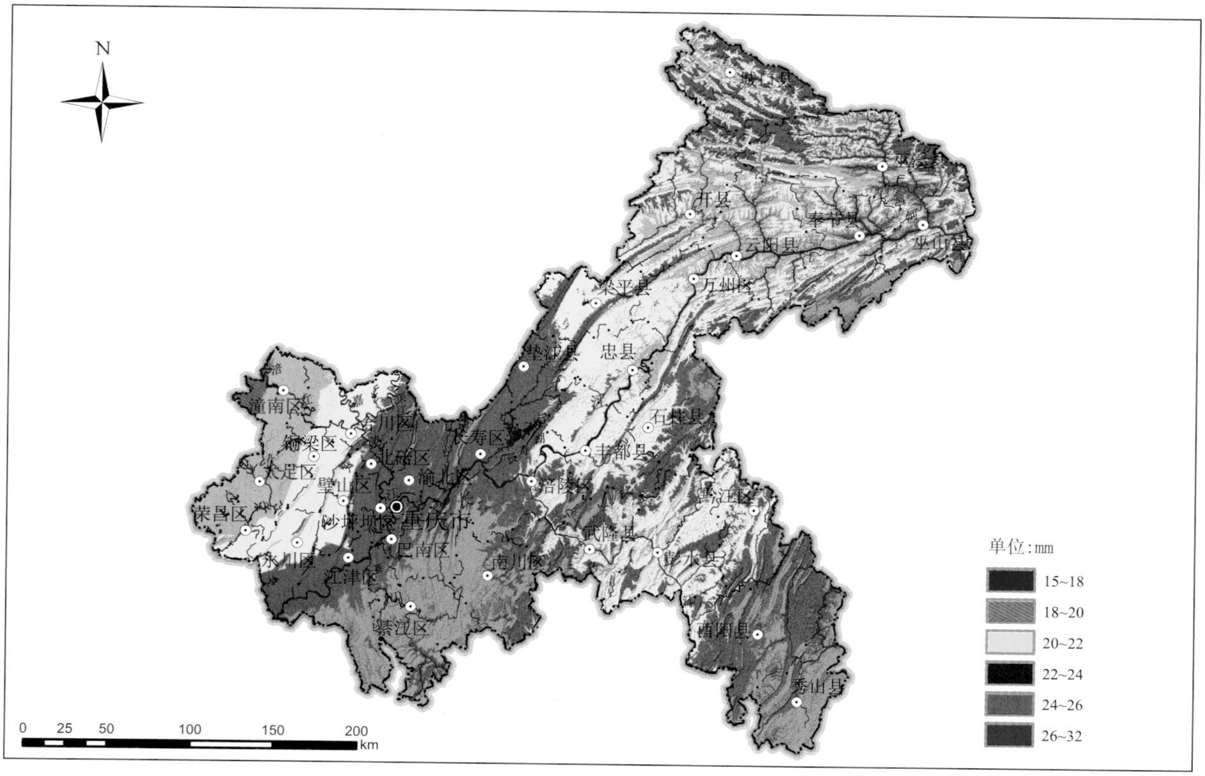

图 6.139　重庆市 12 月降水量

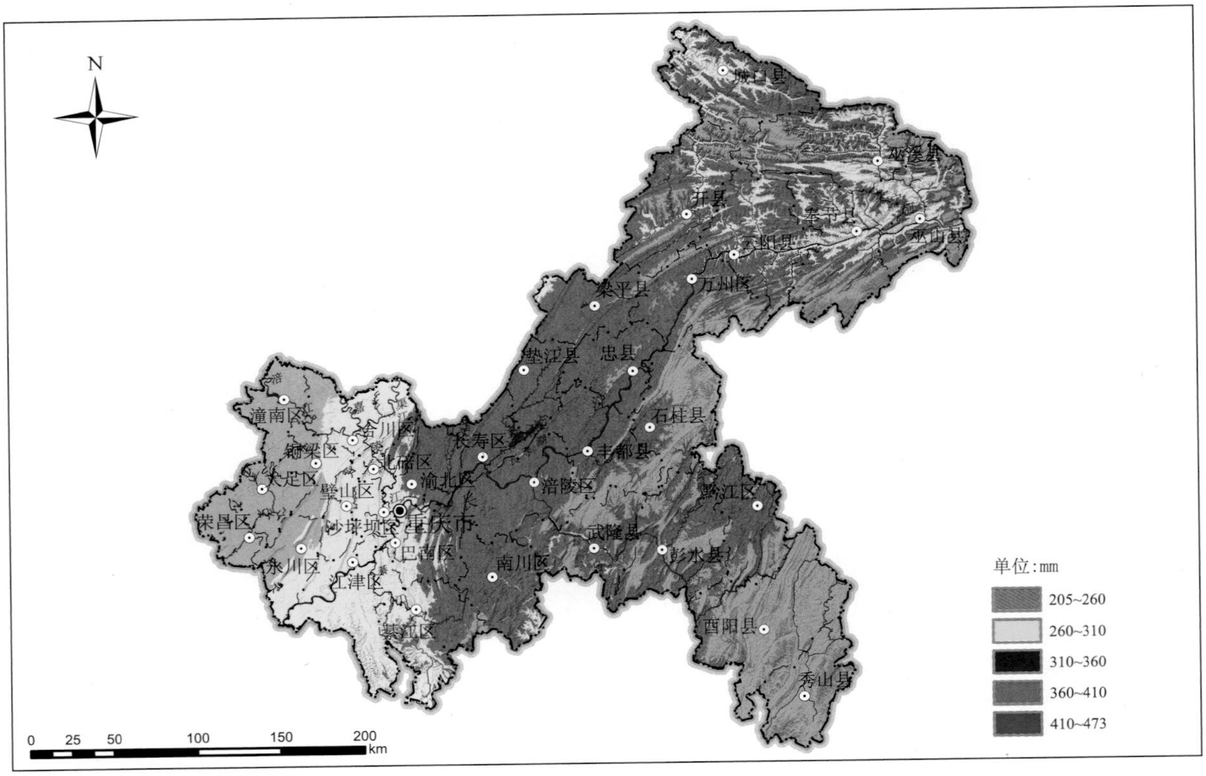

图 6.140 重庆市春季降水量

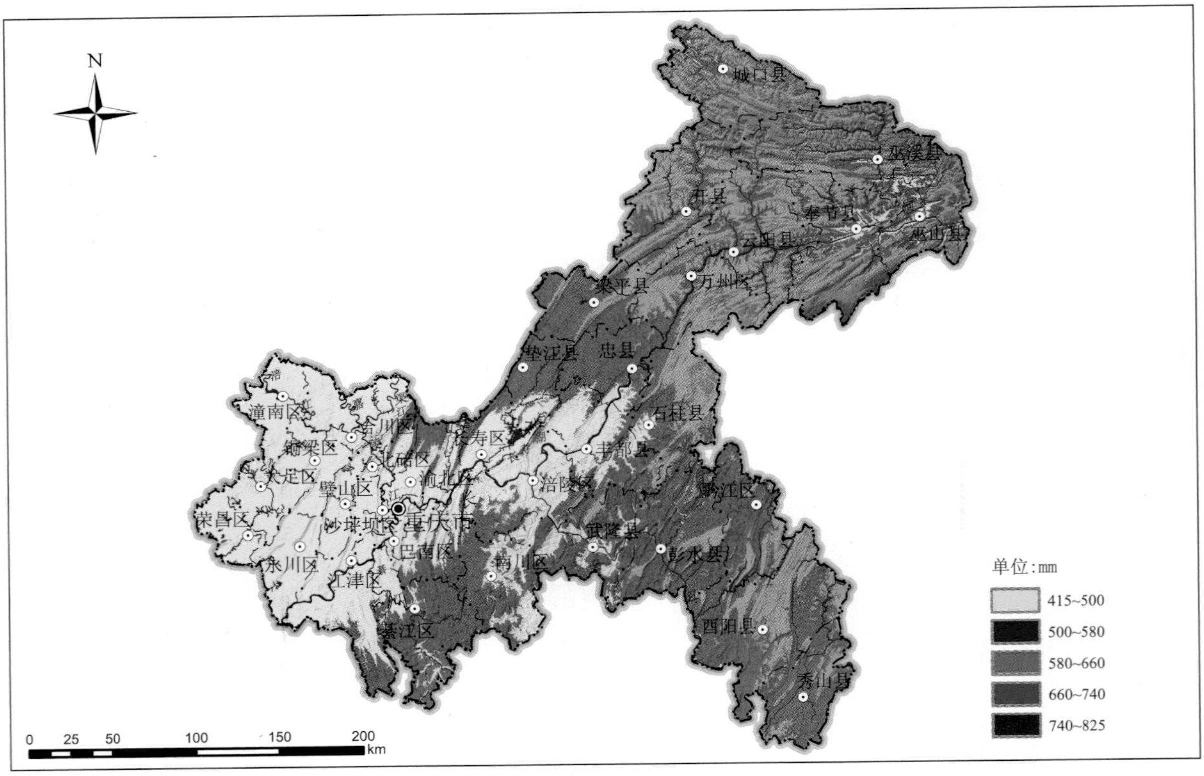

图 6.141 重庆市夏季降水量

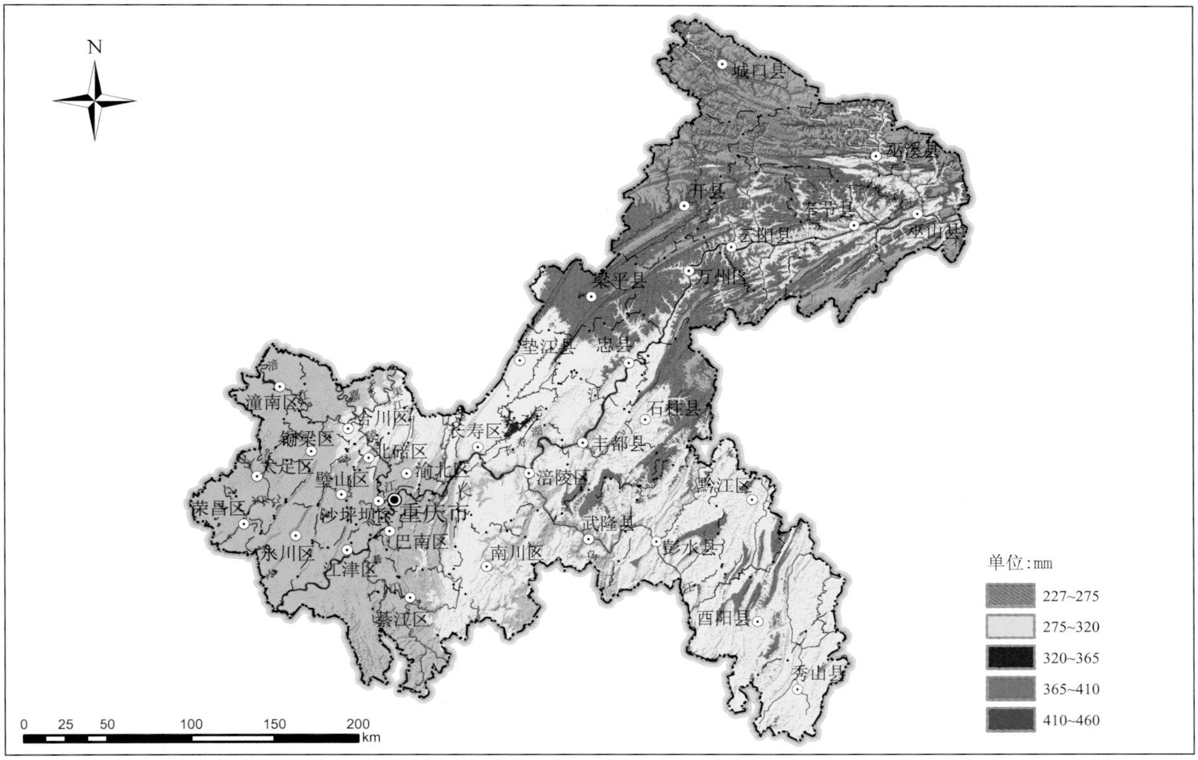

图 6.142 重庆市秋季降水量

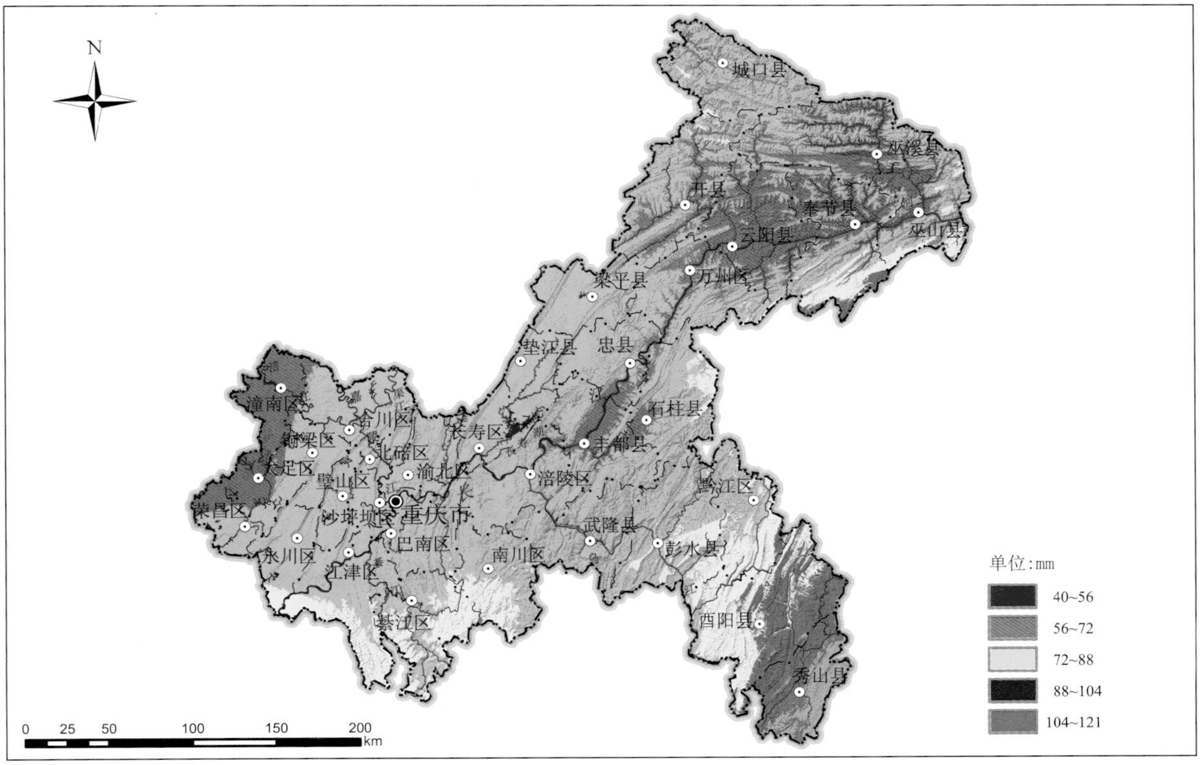

图 6.143 重庆市冬季降水量

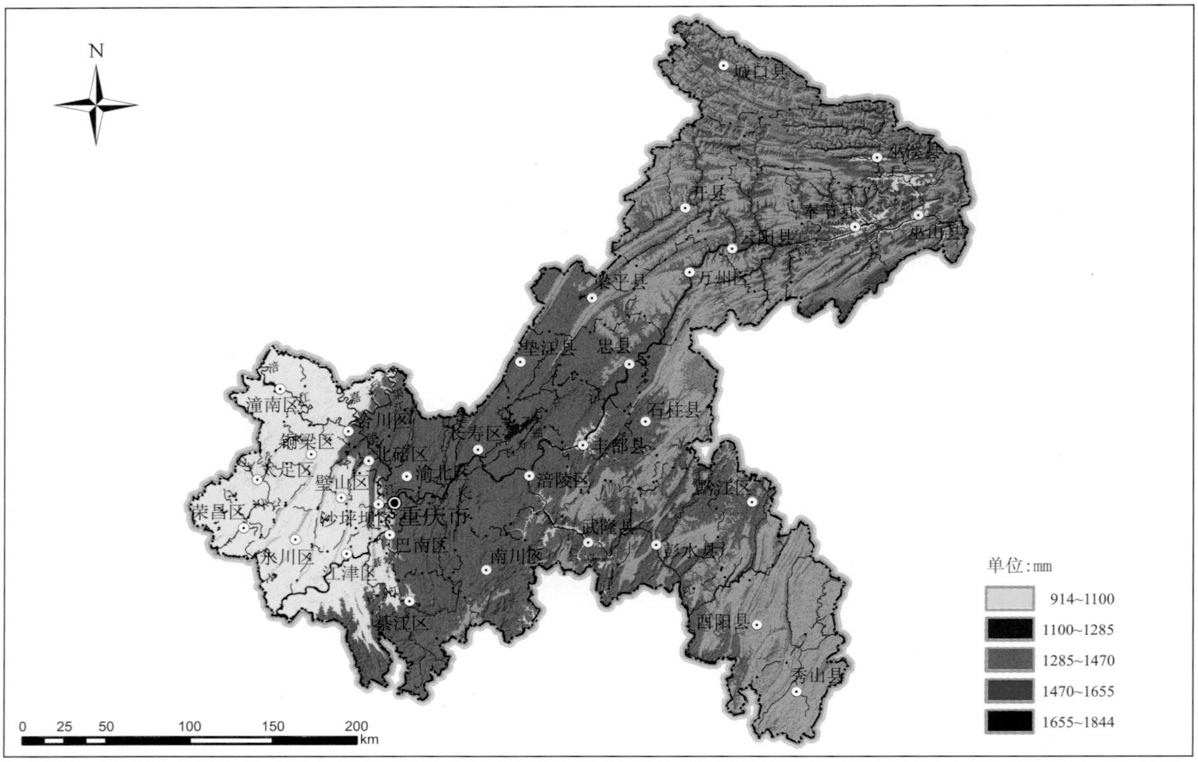

图 6.144 重庆市年降水量

6.1.1.9 水汽压

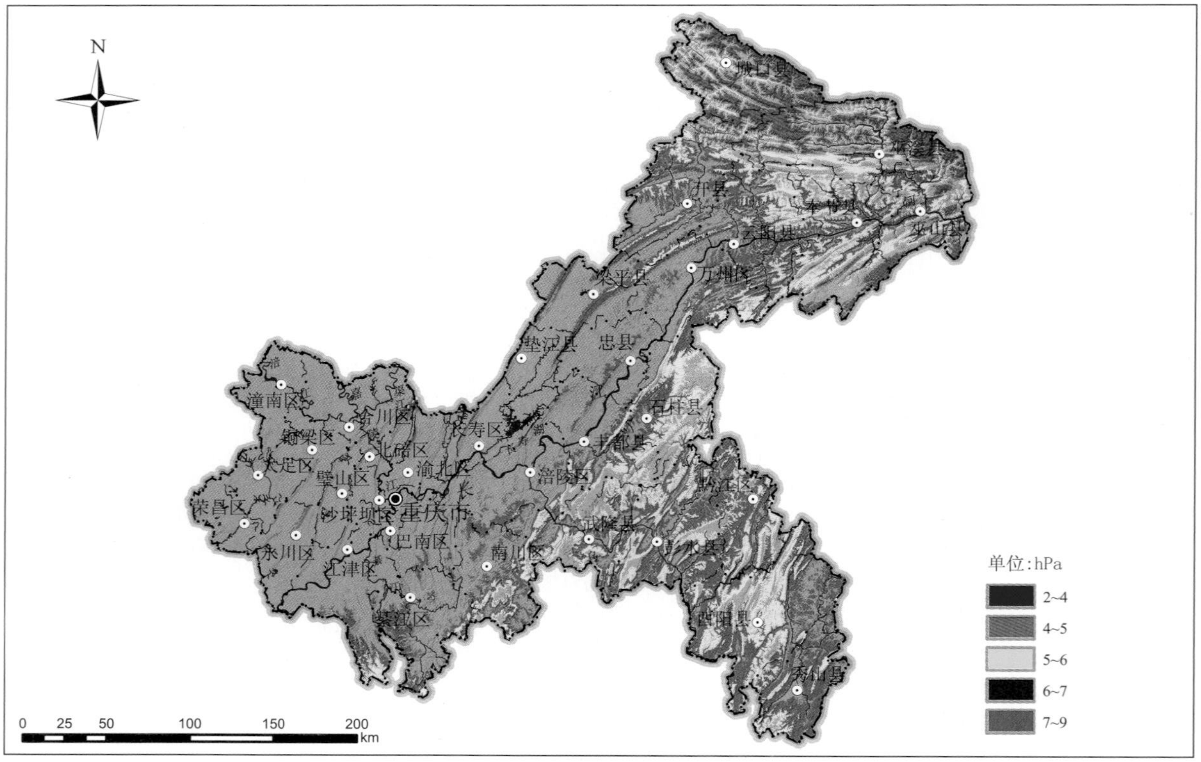

图 6.145 重庆市 1 月平均水汽压

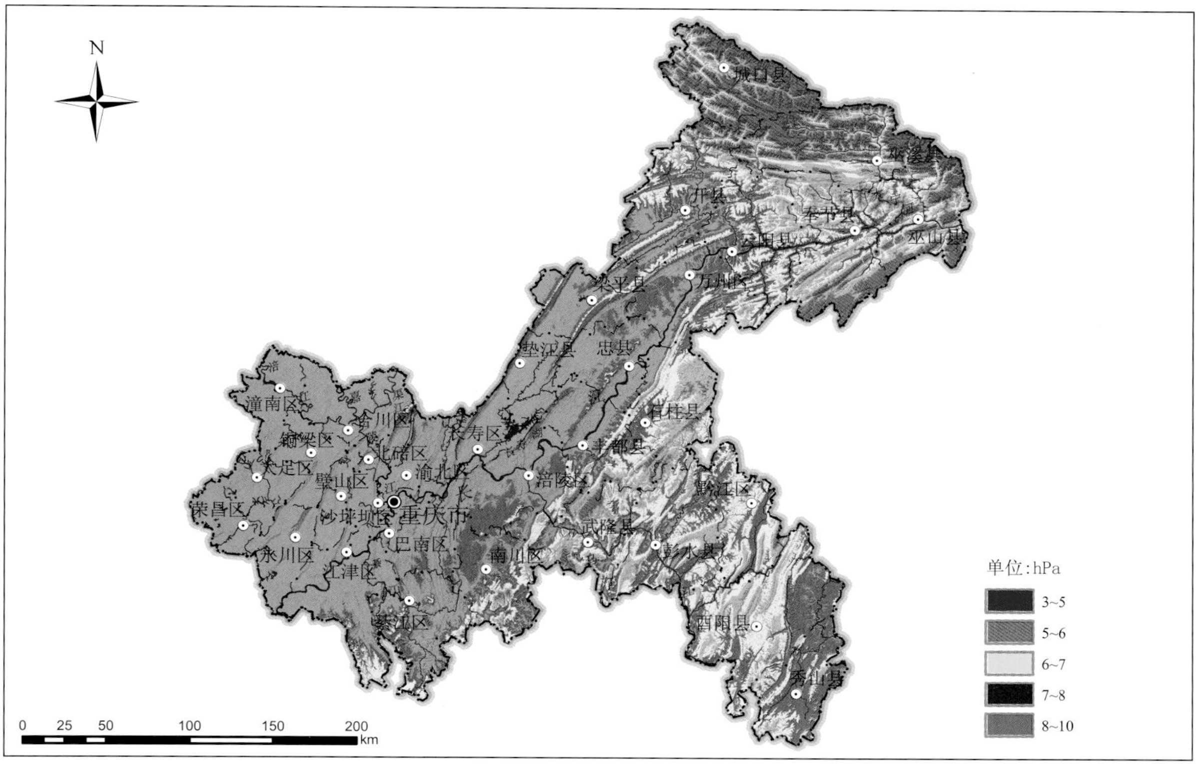

图 6.146 重庆市 2 月平均水汽压

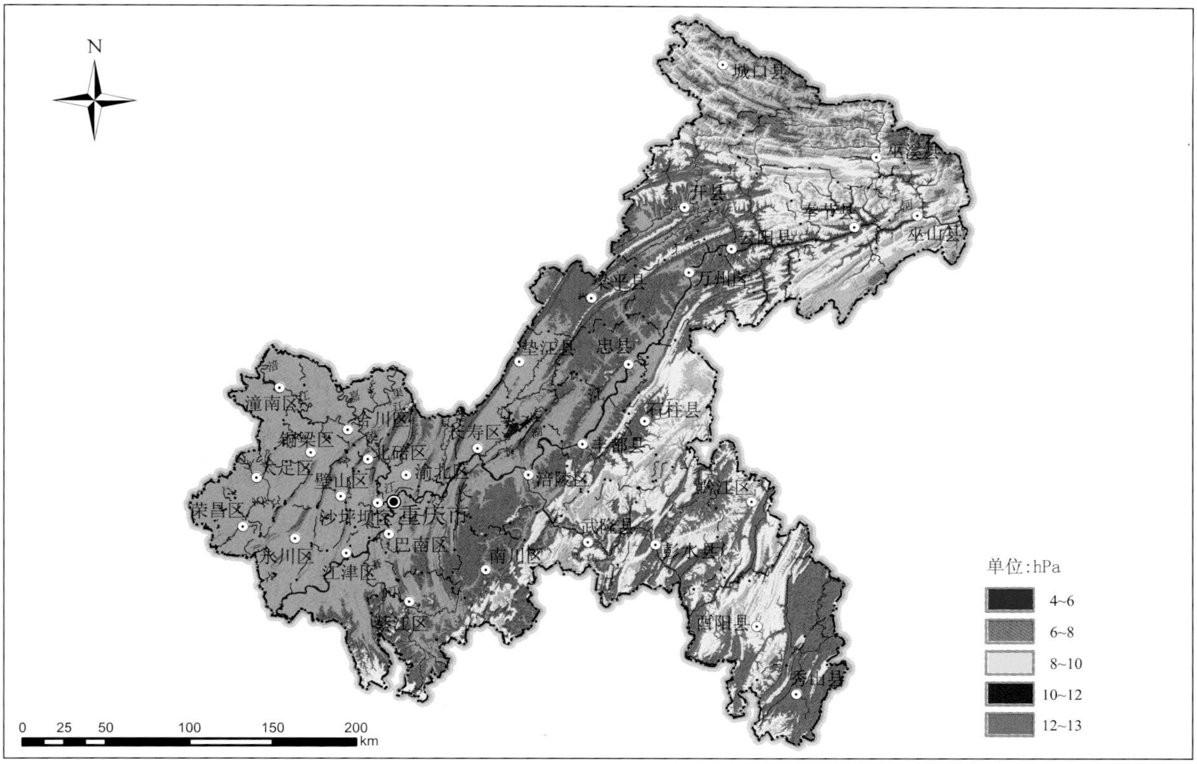

图 6.147 重庆市 3 月平均水汽压

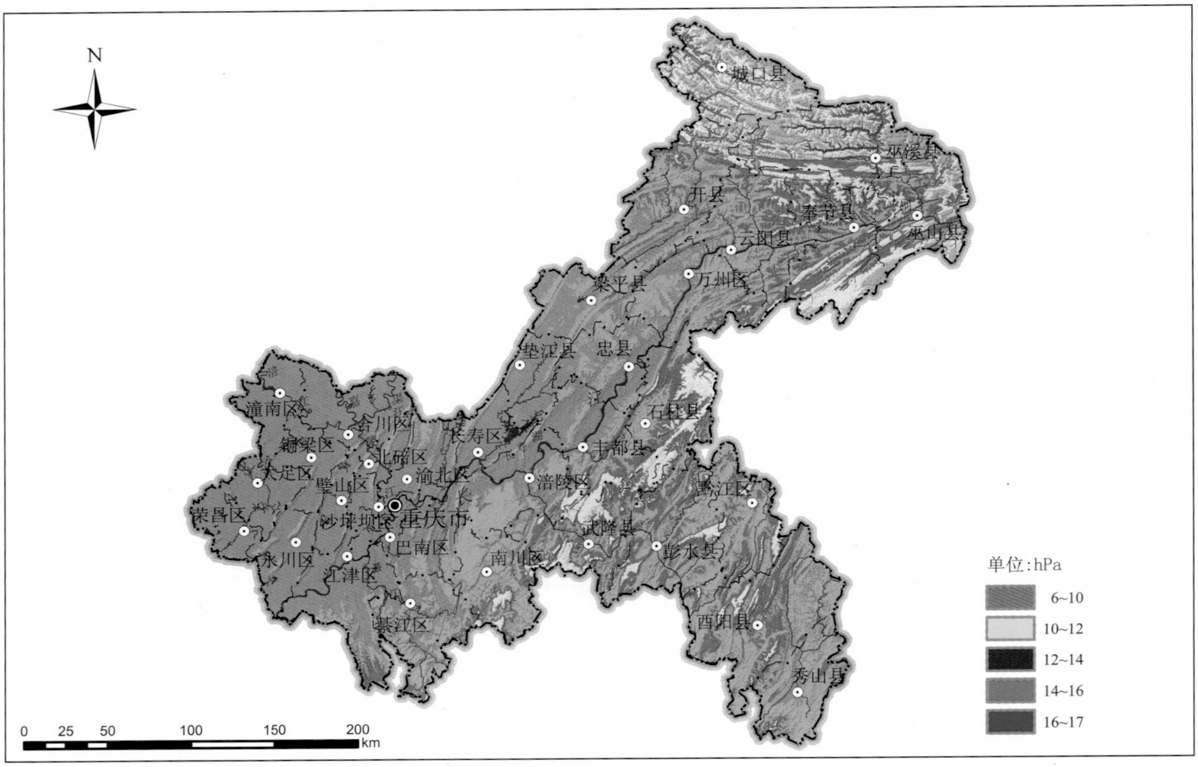

图 6.148 重庆市 4 月平均水汽压

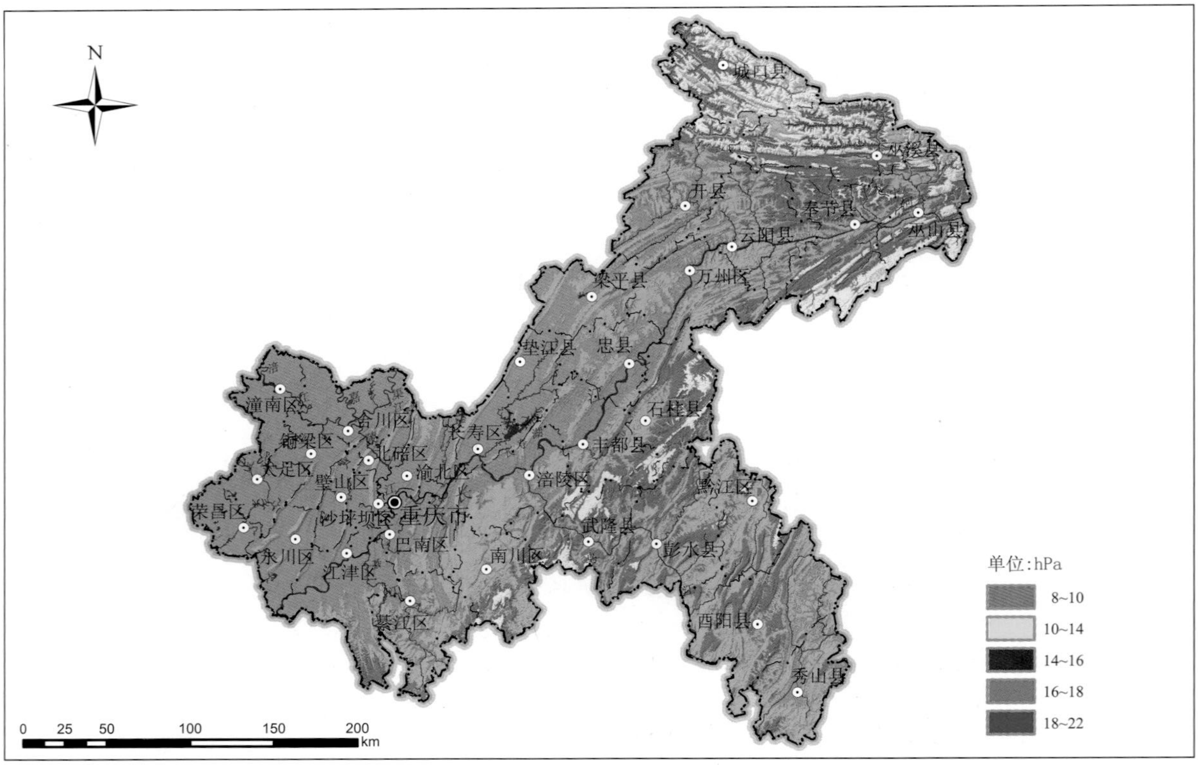

图 6.149 重庆市 5 月平均水汽压

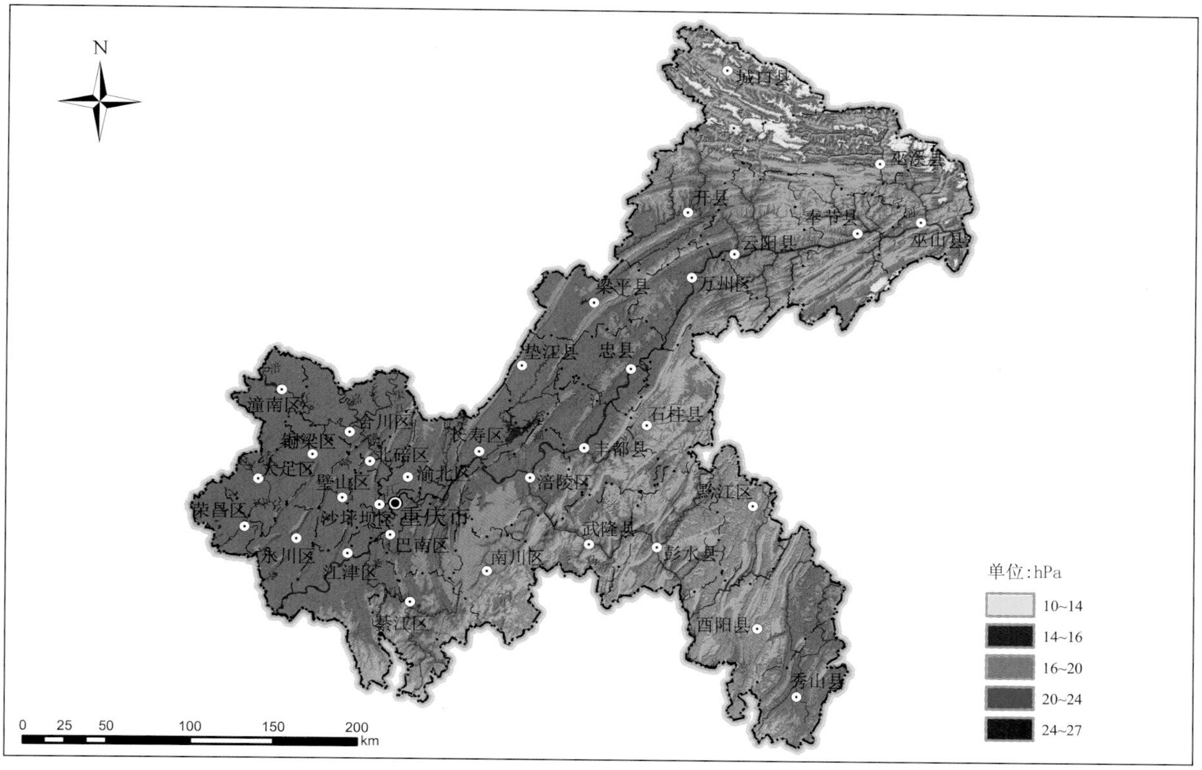

图 6.150　重庆市 6 月平均水汽压

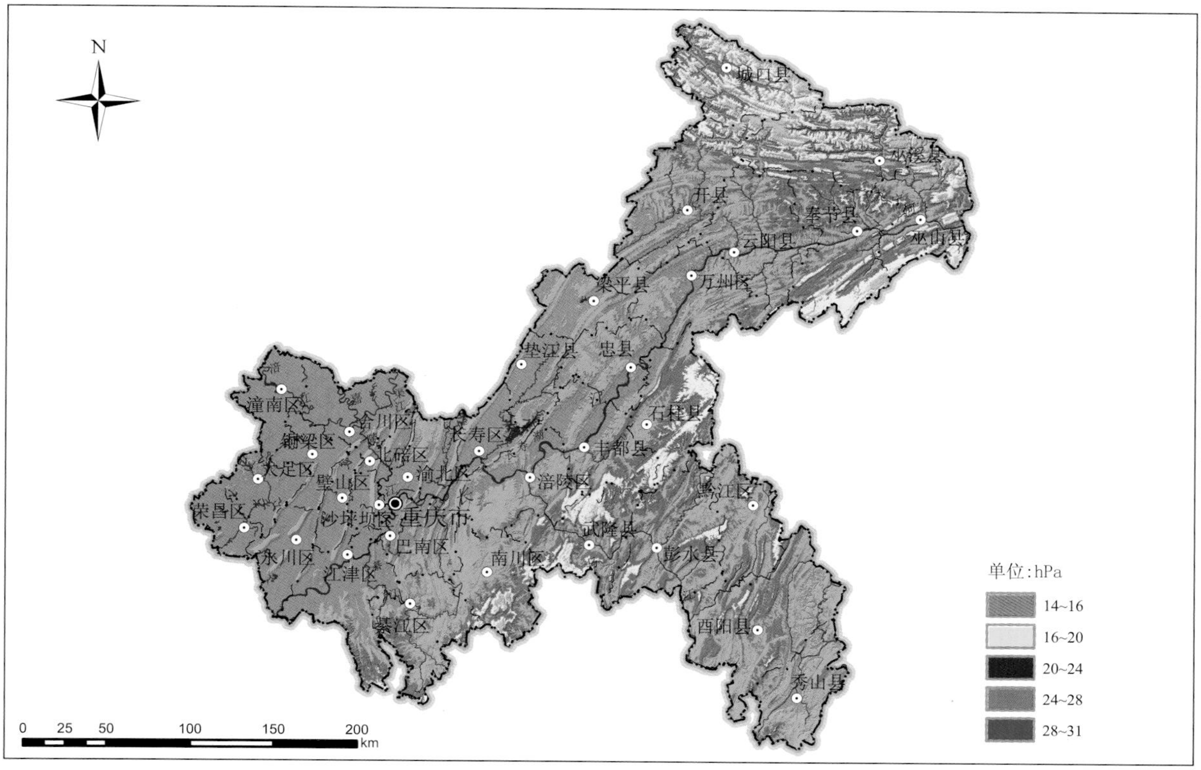

图 6.151　重庆市 7 月平均水汽压

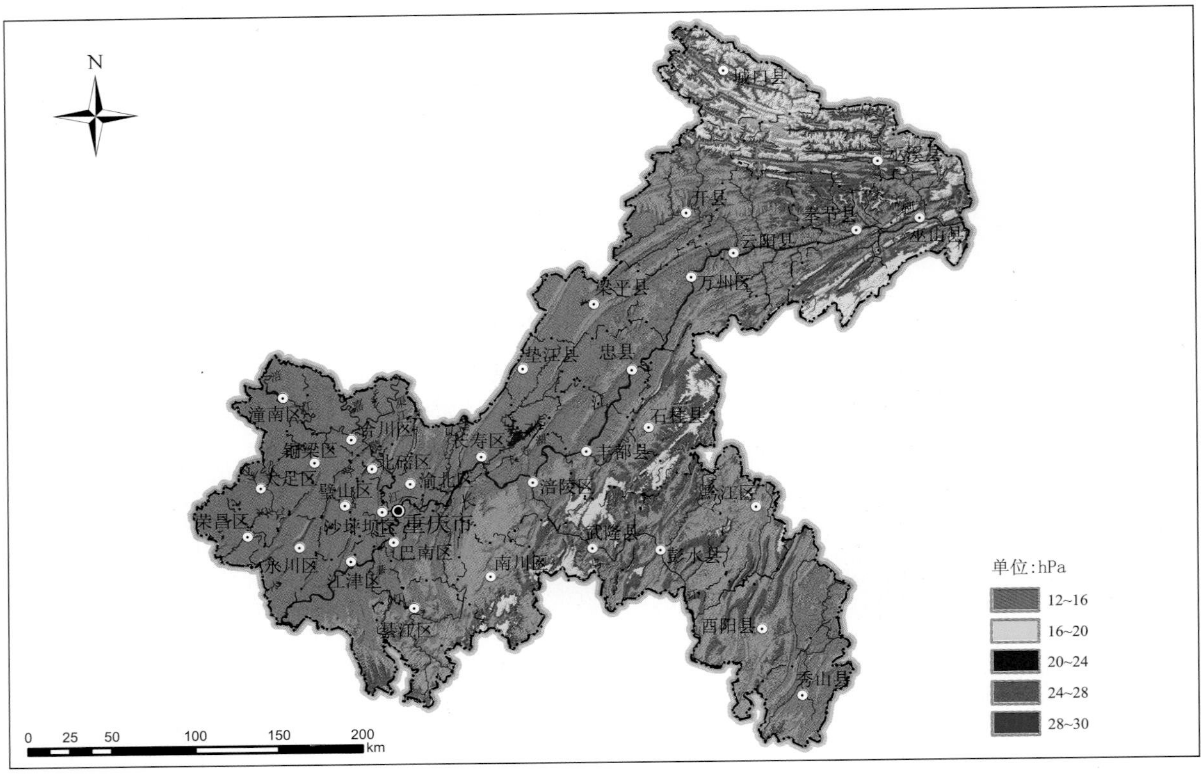

图 6.152　重庆市 8 月平均水汽压

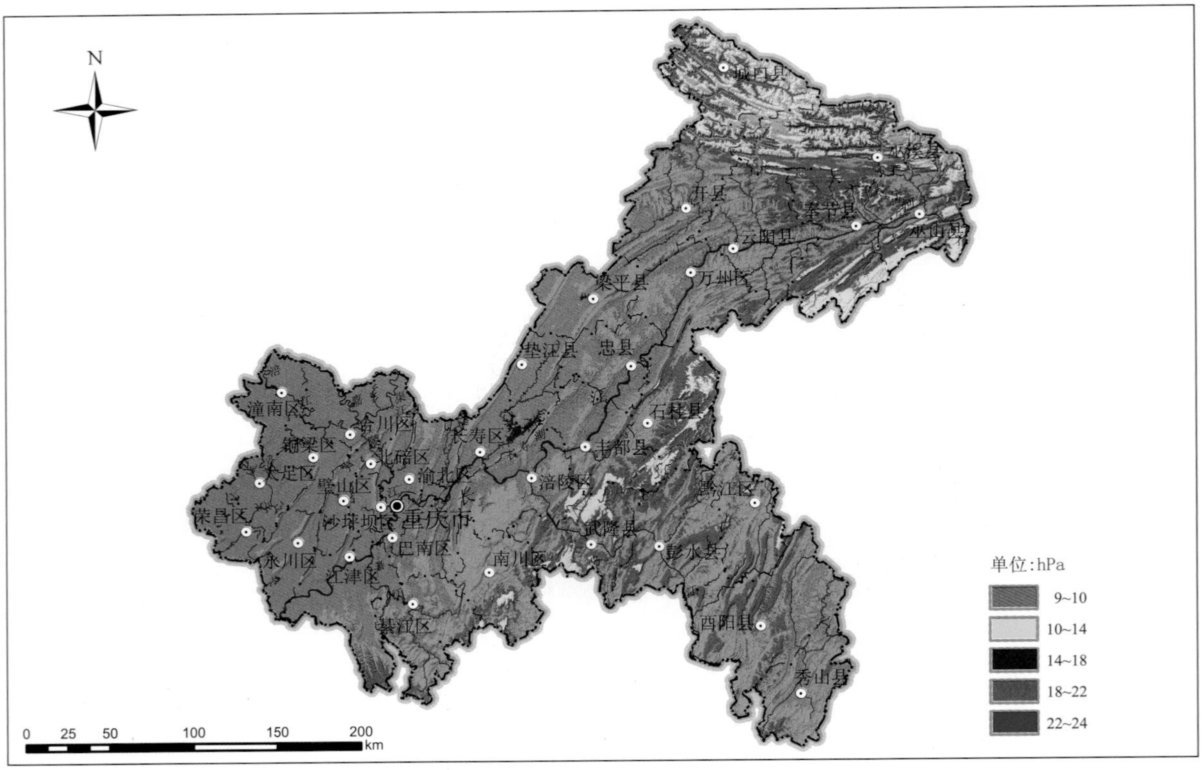

图 6.153　重庆市 9 月平均水汽压

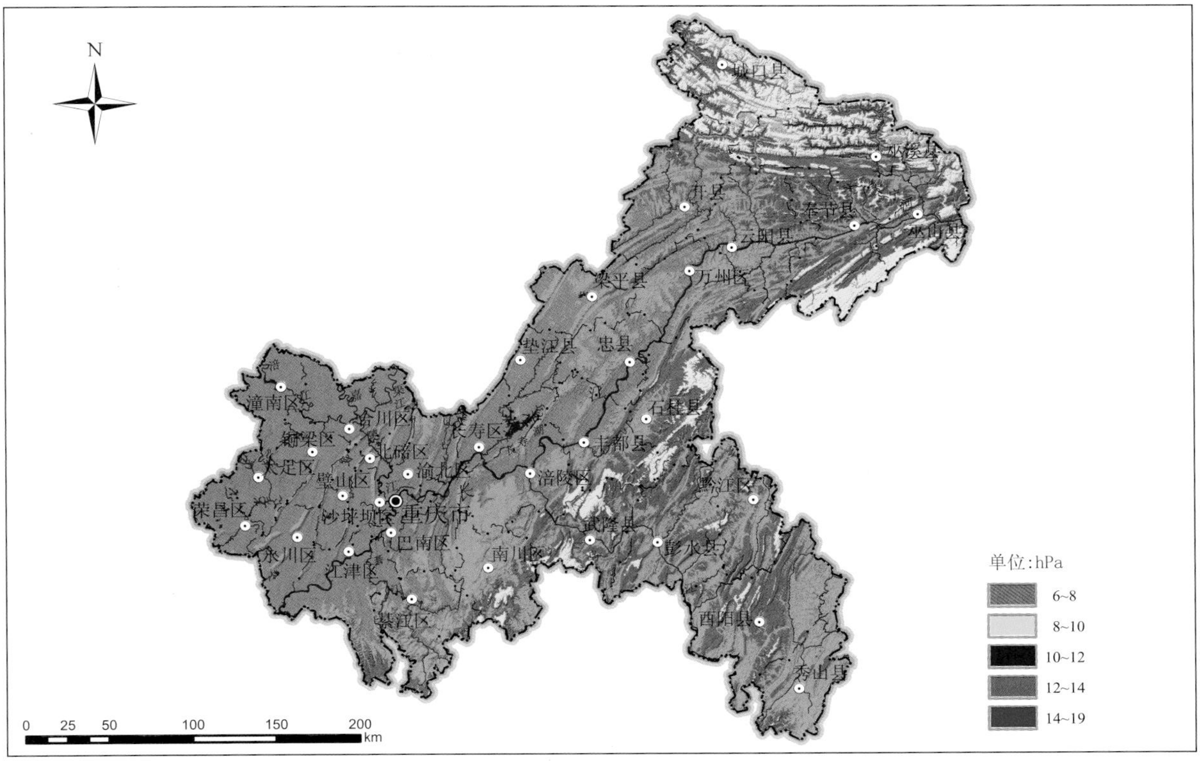

图 6.154 重庆市10月平均水汽压

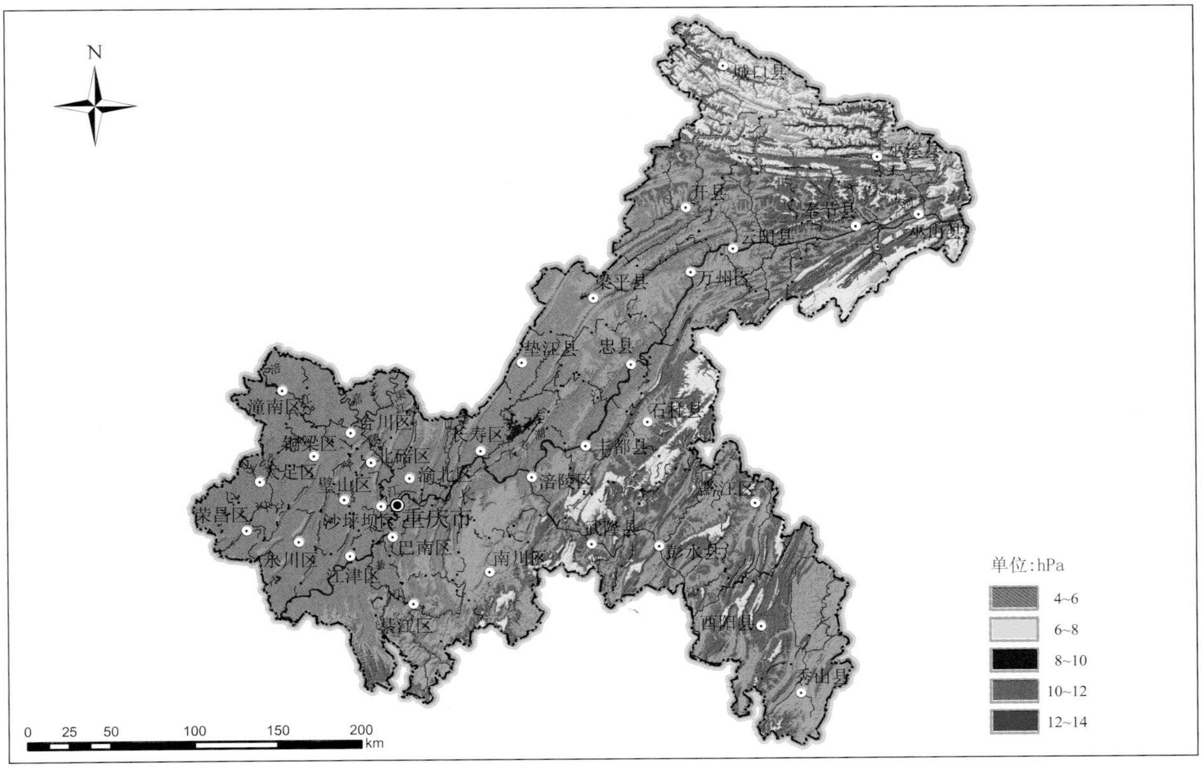

图 6.155 重庆市11月平均水汽压

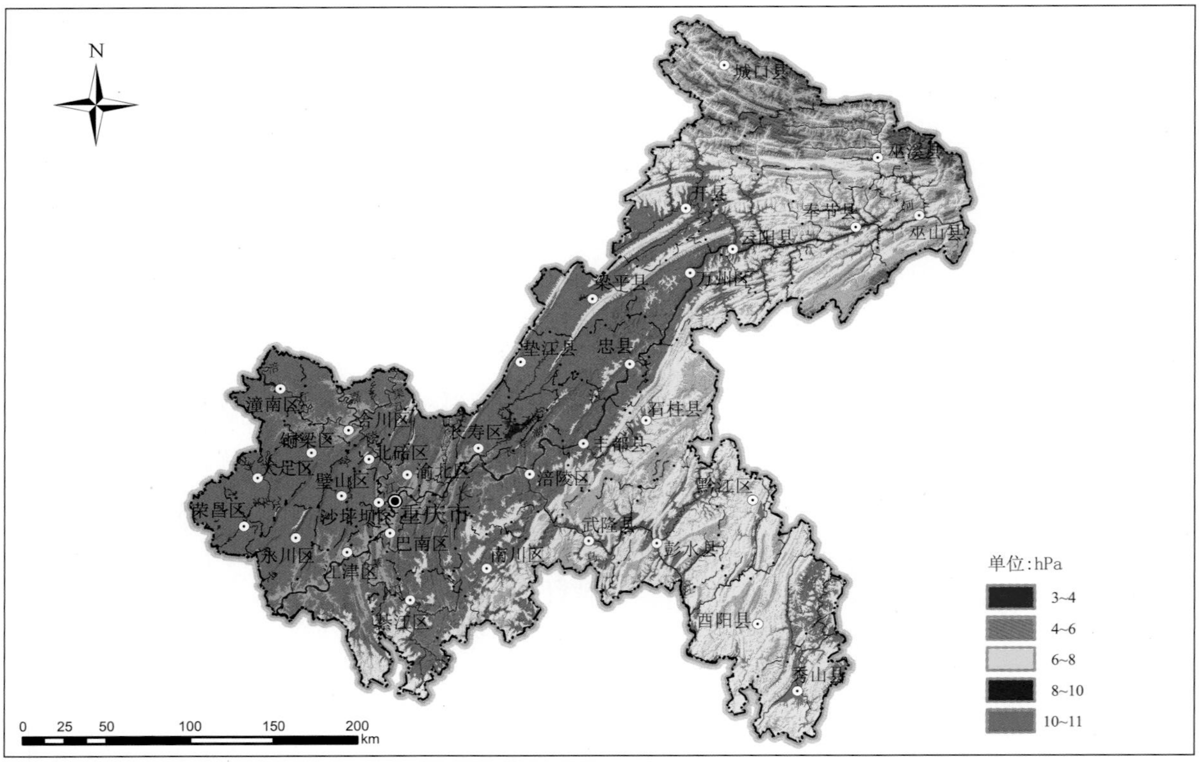

图 6.156 重庆市 12 月平均水汽压

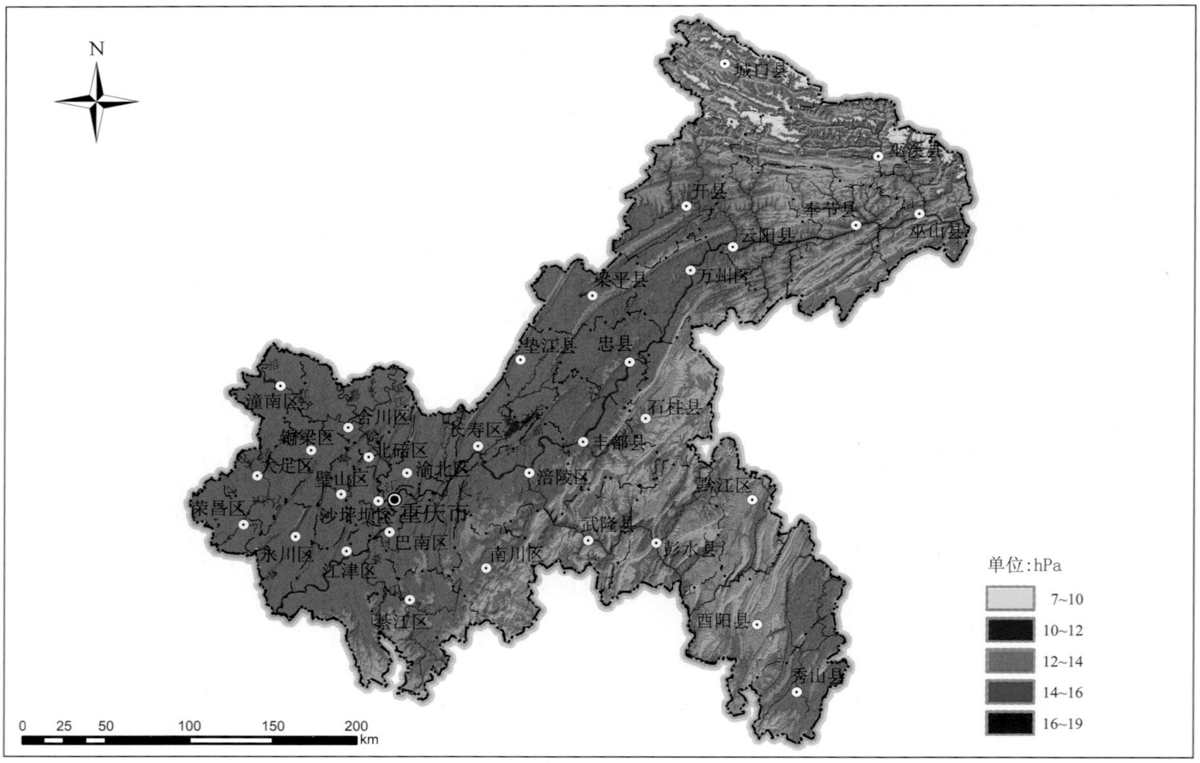

图 6.157 重庆市年平均水汽压

6.1.1.10 相对湿度

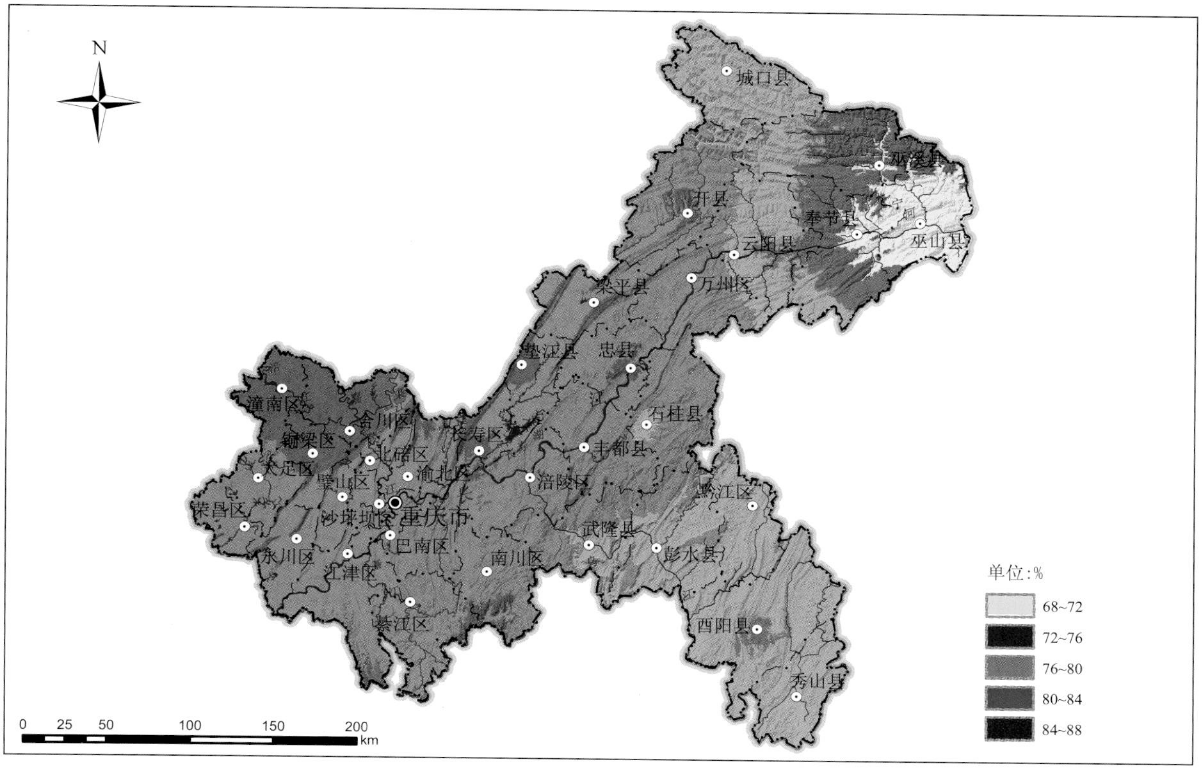

图 6.158 重庆市1月平均相对湿度

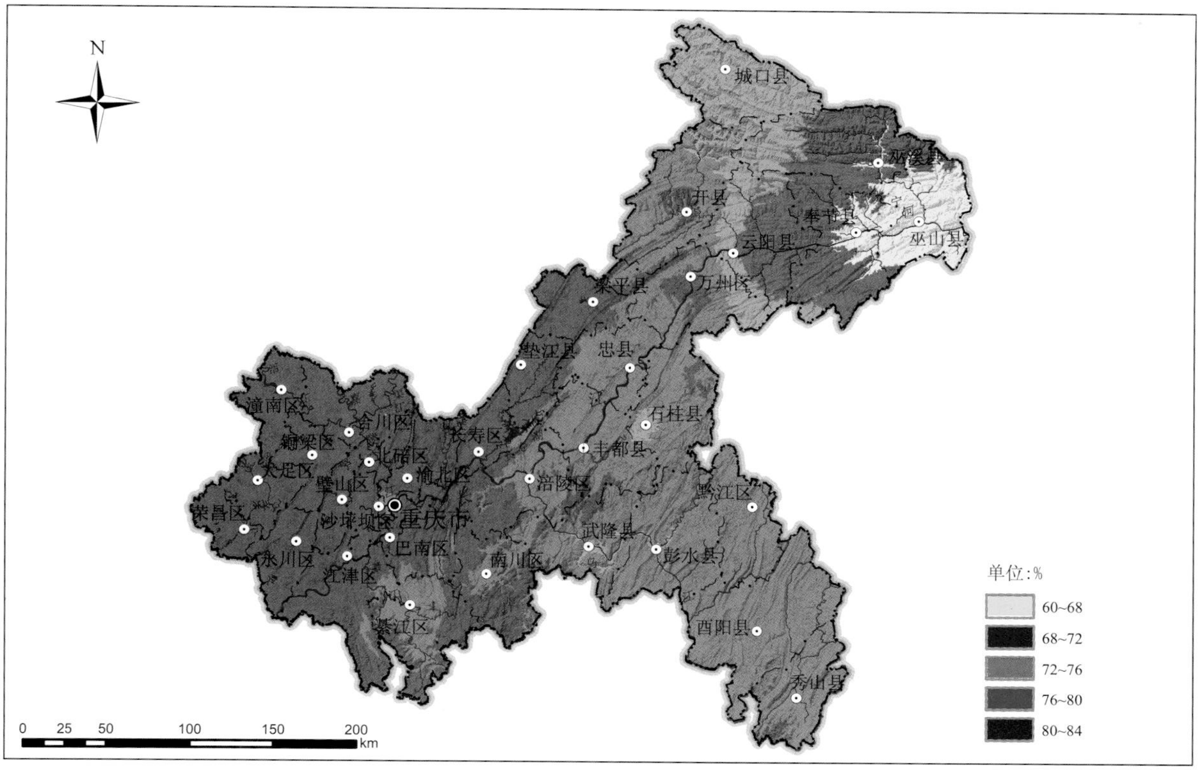

图 6.159 重庆市2月平均相对湿度

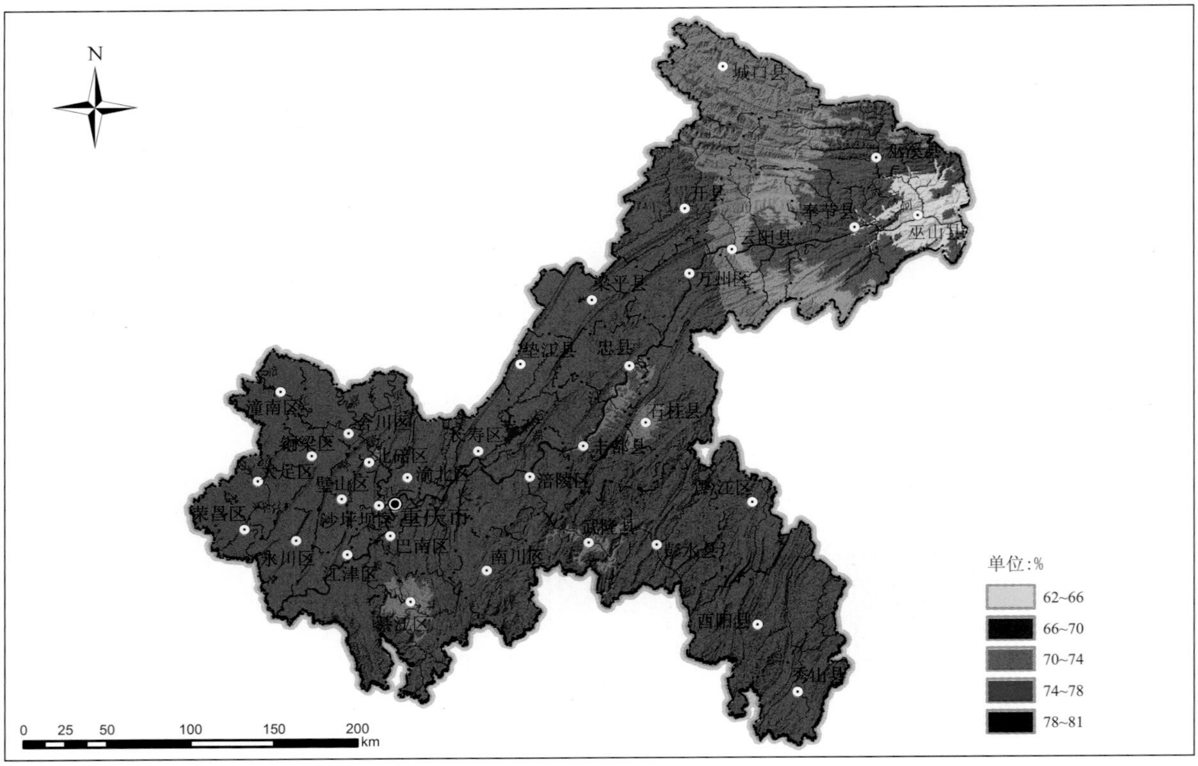

图 6.160　重庆市 3 月平均相对湿度

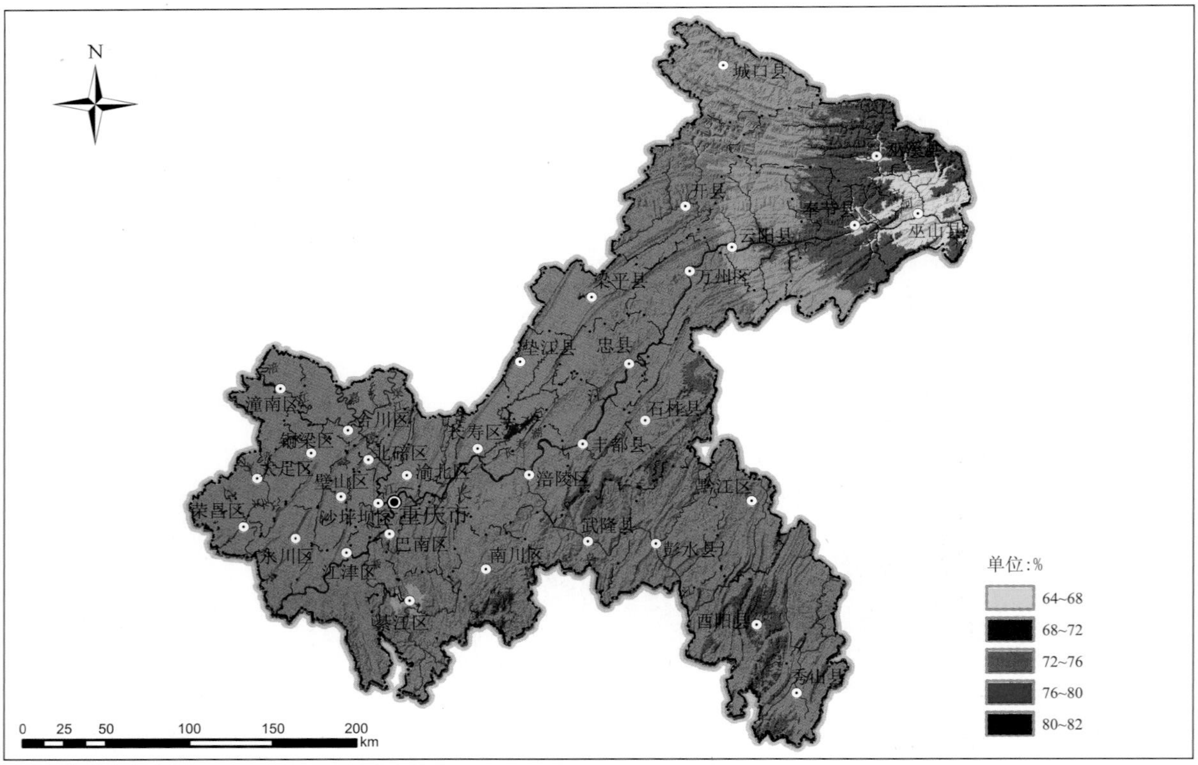

图 6.161　重庆市 4 月平均相对湿度

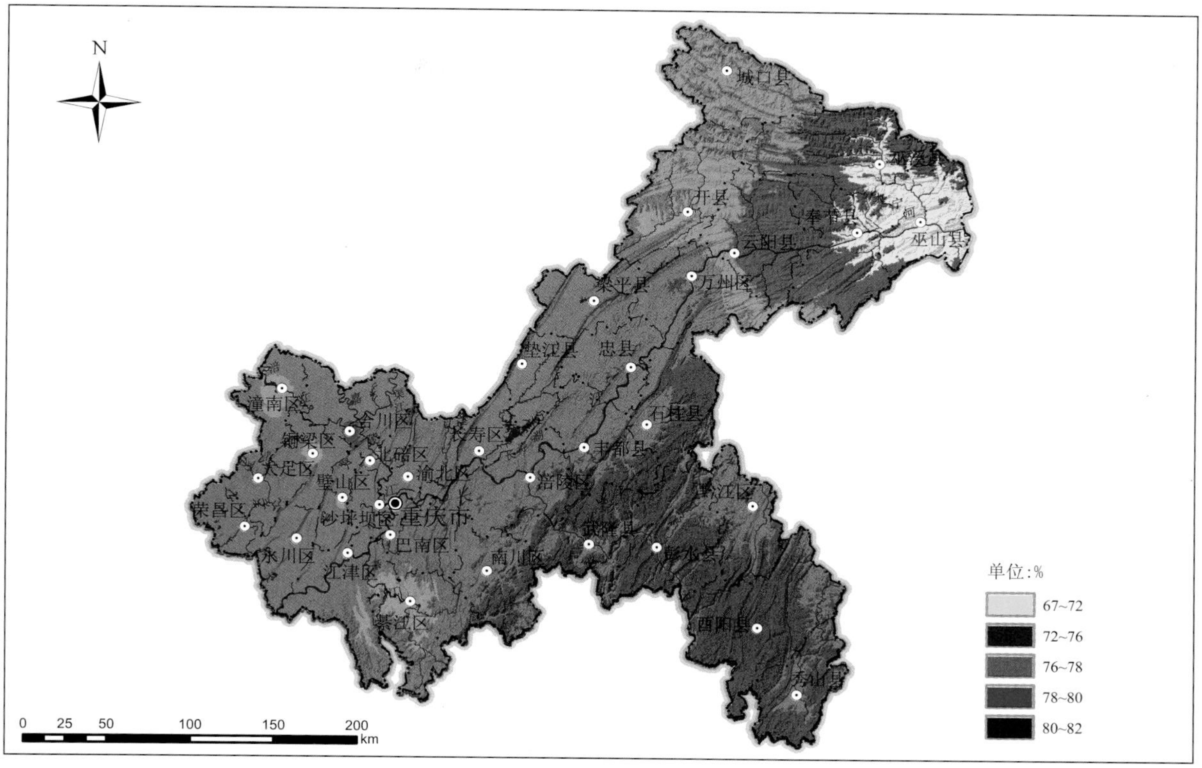

图 6.162　重庆市 5 月平均相对湿度

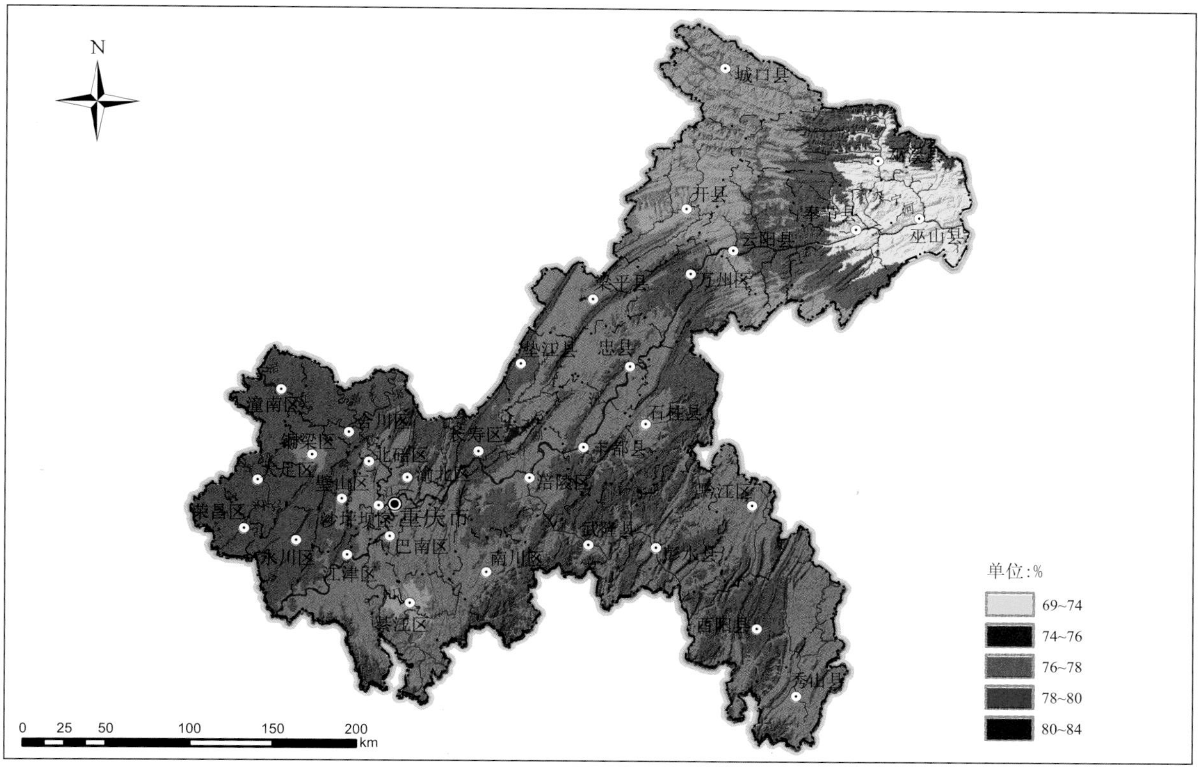

图 6.163　重庆市 6 月平均相对湿度

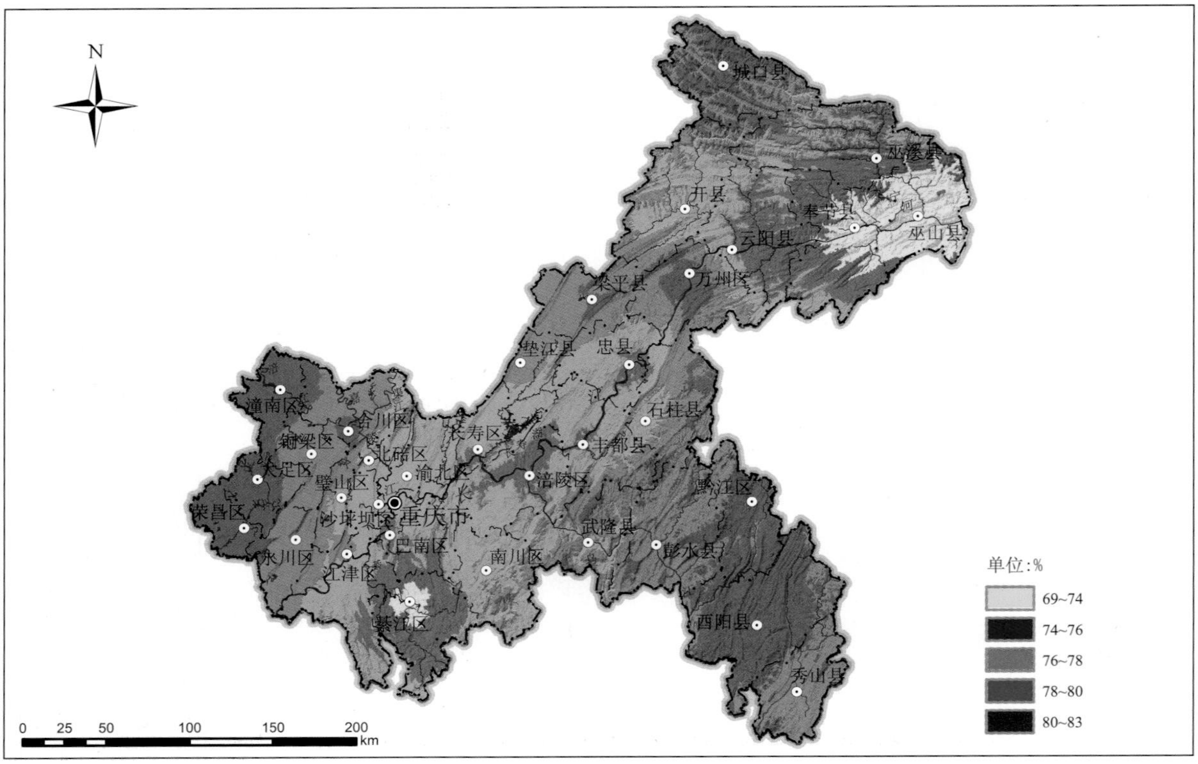

图 6.164　重庆市 7 月平均相对湿度

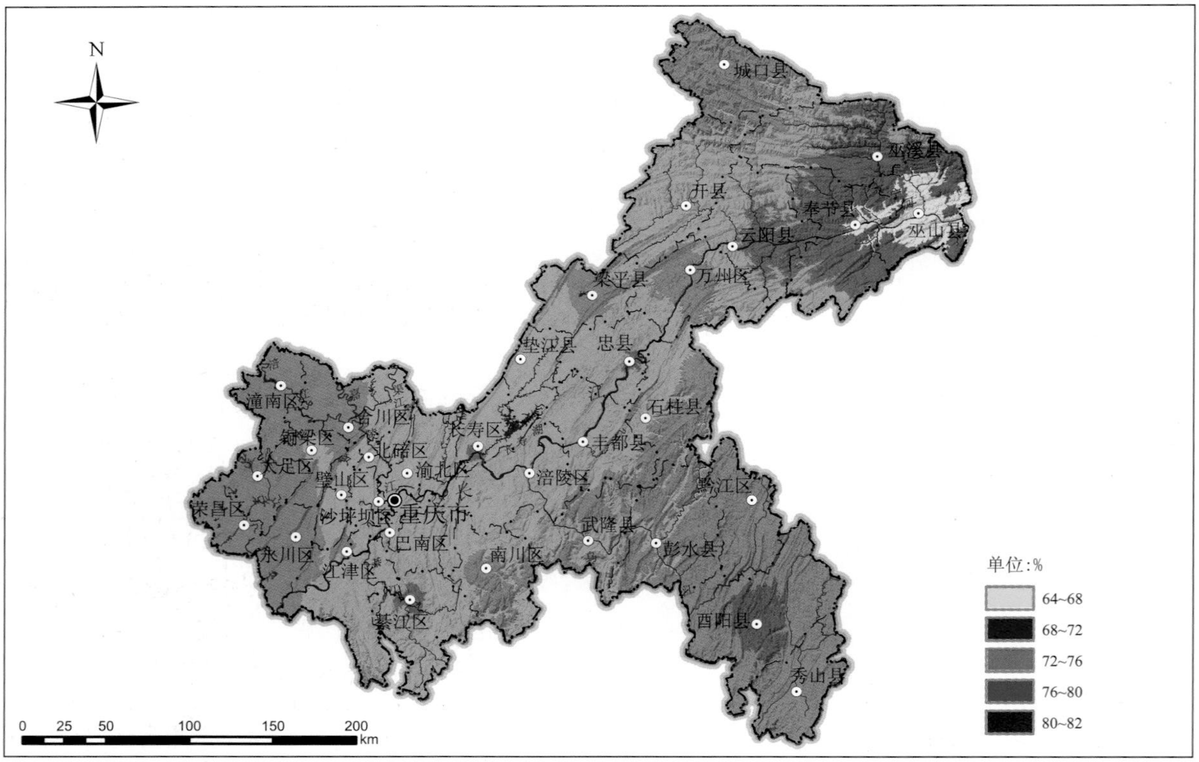

图 6.165　重庆市 8 月平均相对湿度

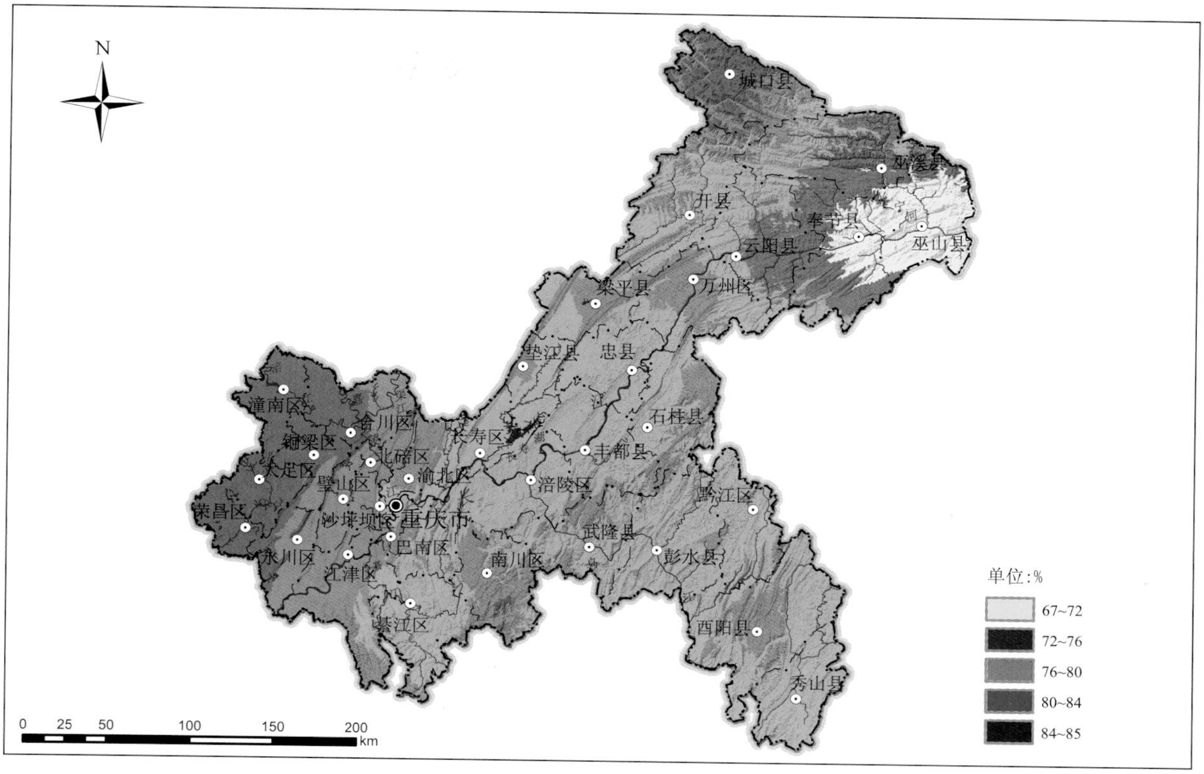

图 6.166 重庆市 9 月平均相对湿度

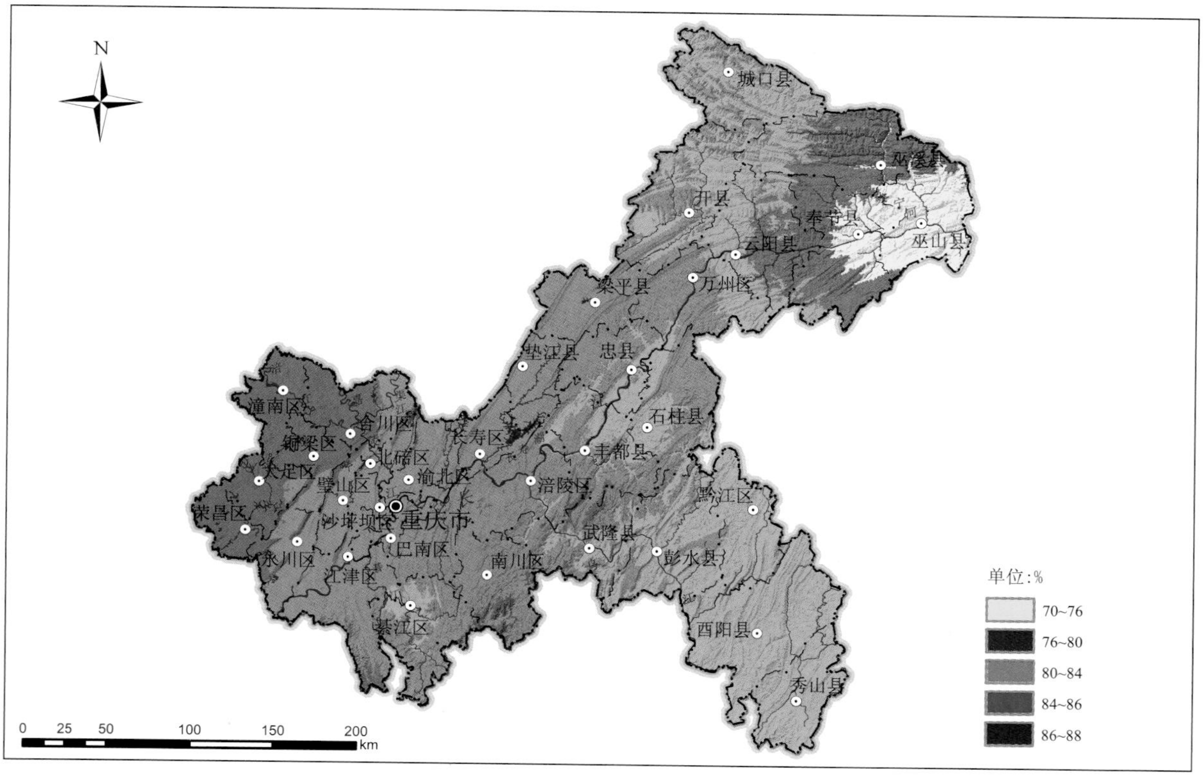

图 6.167 重庆市 10 月平均相对湿度

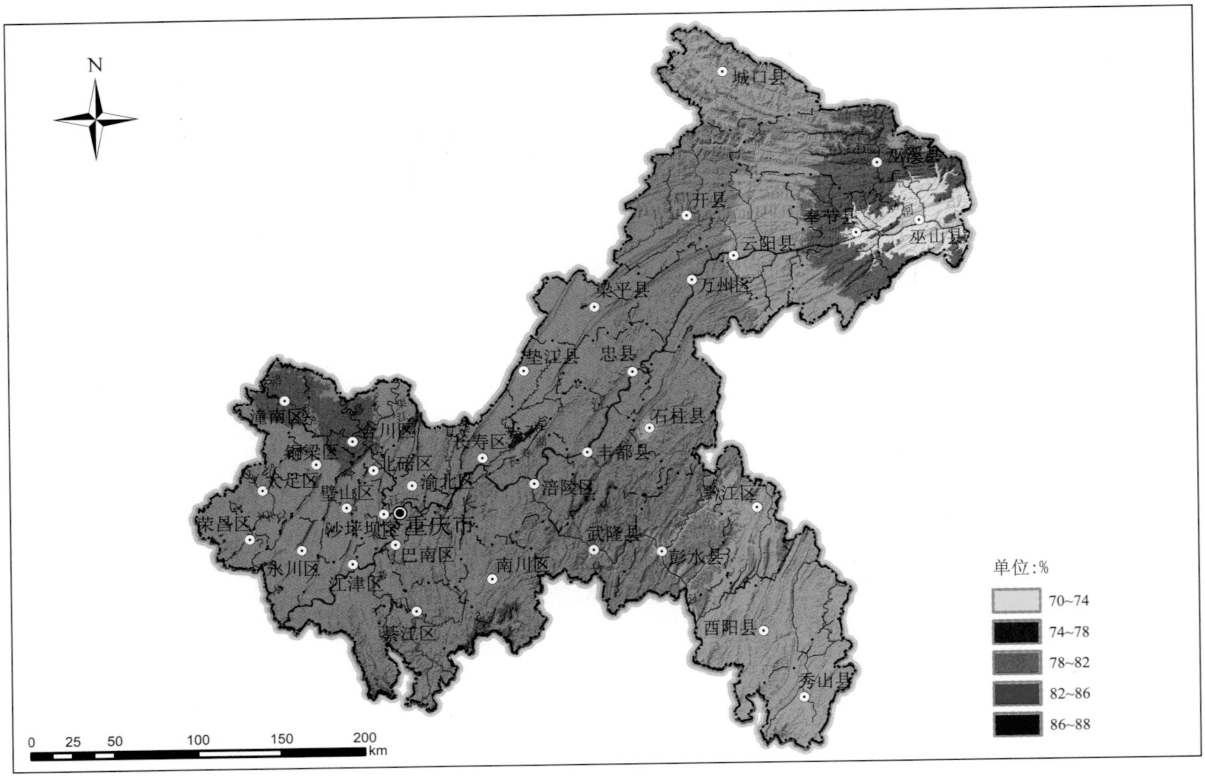

图 6.168　重庆市 11 月平均相对湿度

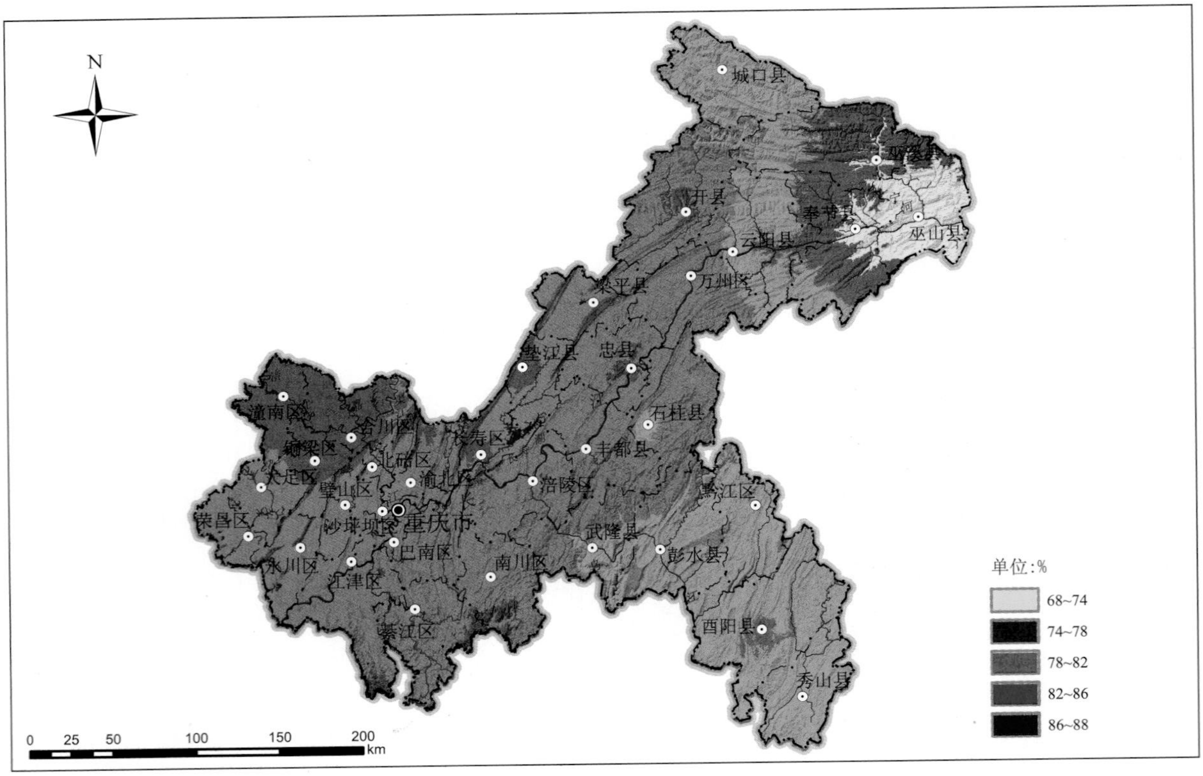

图 6.169　重庆市 12 月平均相对湿度

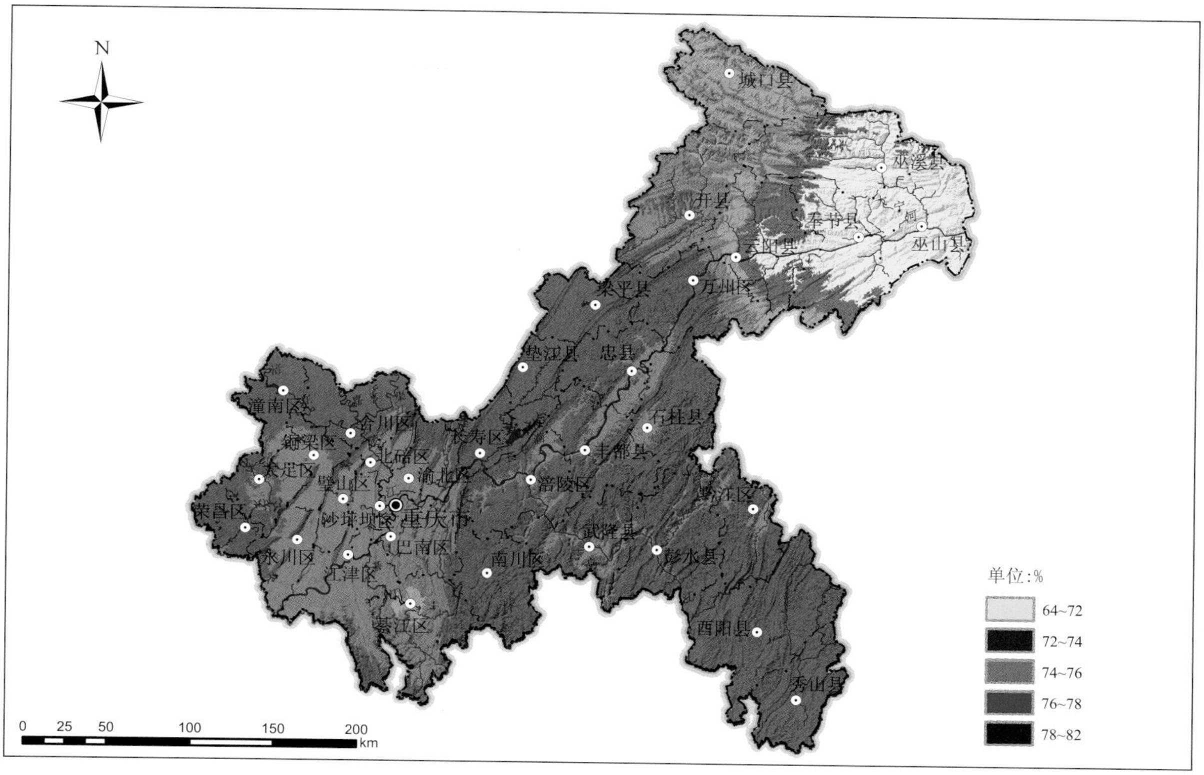

图 6.170 重庆市春季平均相对湿度

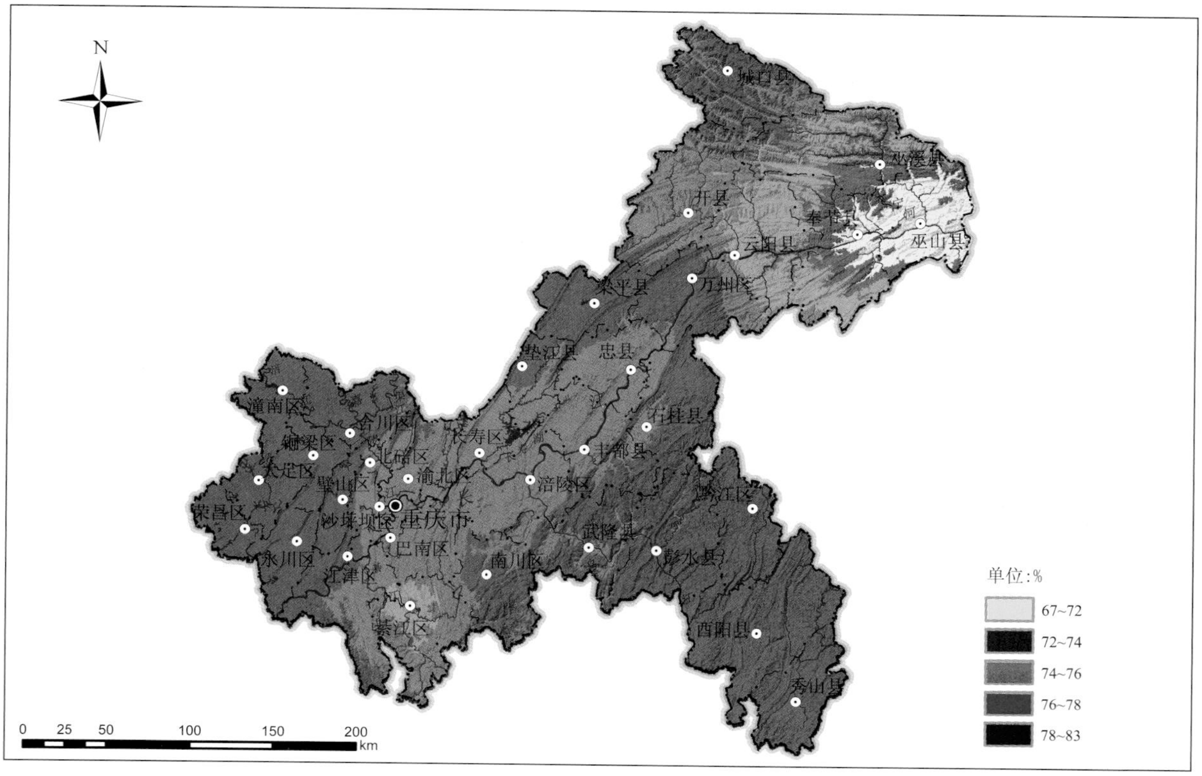

图 6.171 重庆市夏季平均相对湿度

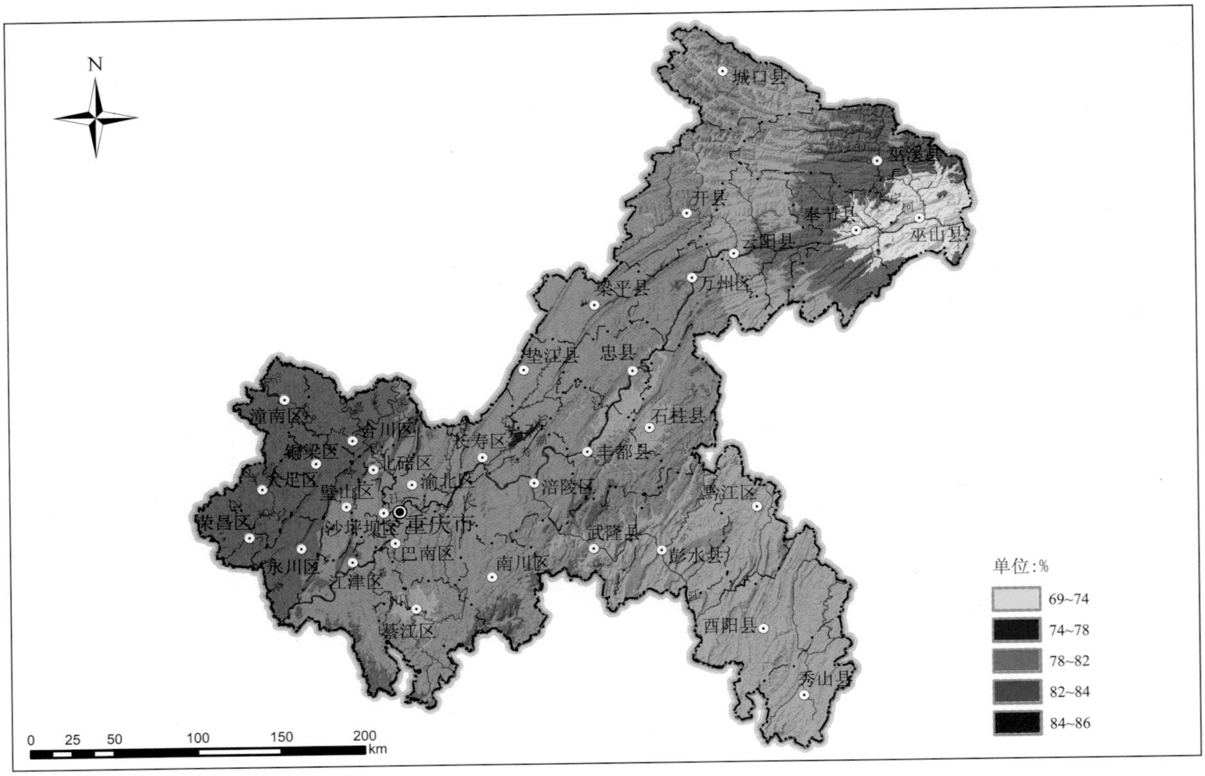

图 6.172　重庆市秋季平均相对湿度

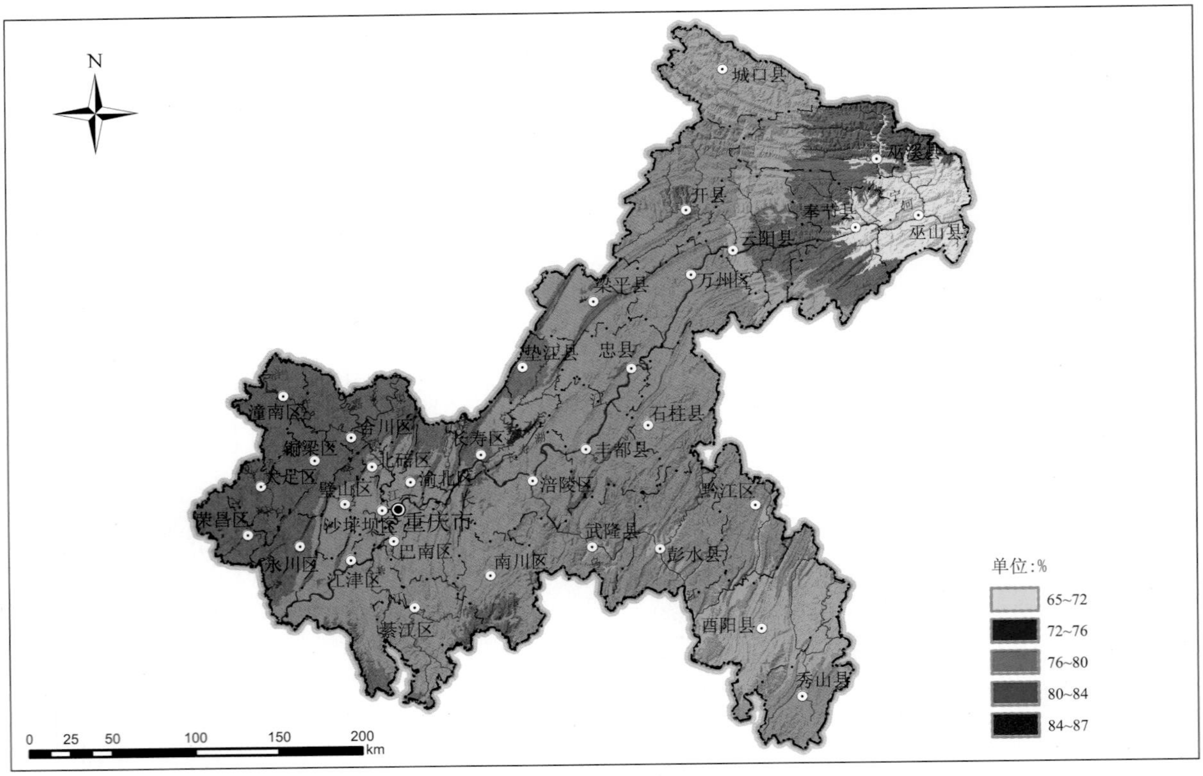

图 6.173　重庆市冬季平均相对湿度

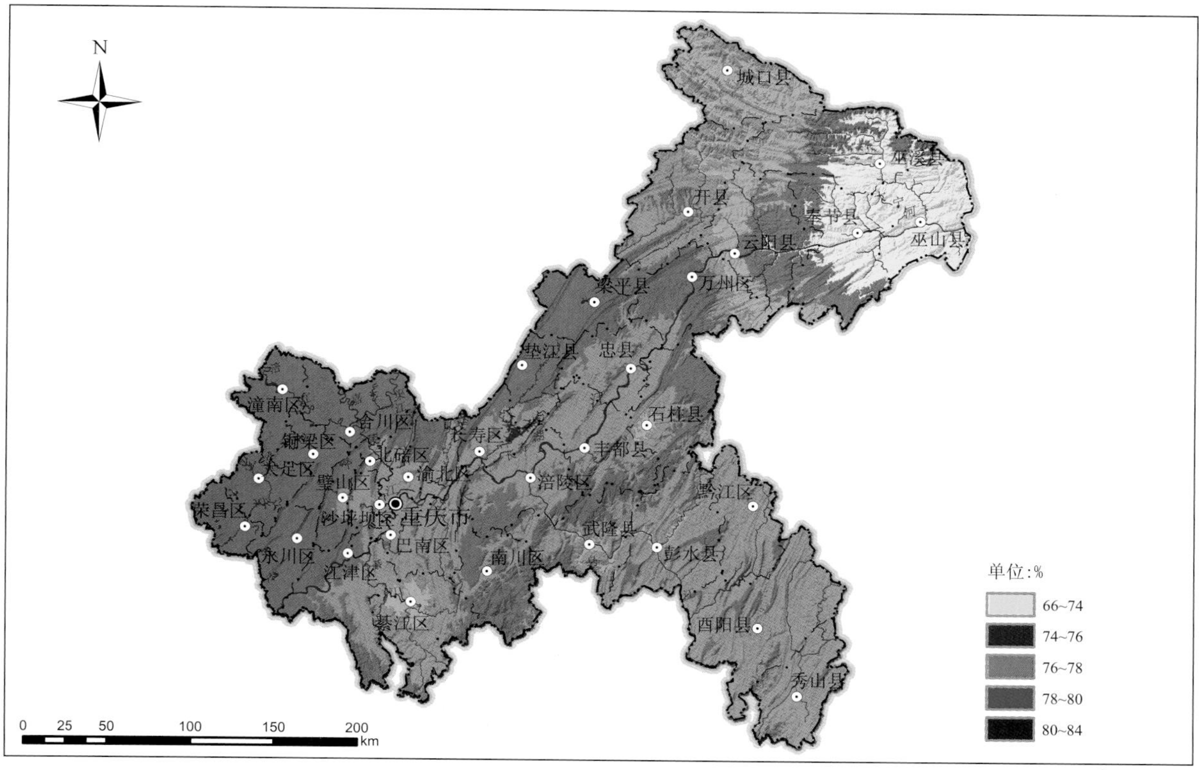

图 6.174 重庆市年平均相对湿度

6.1.1.11 风速、风功能密度

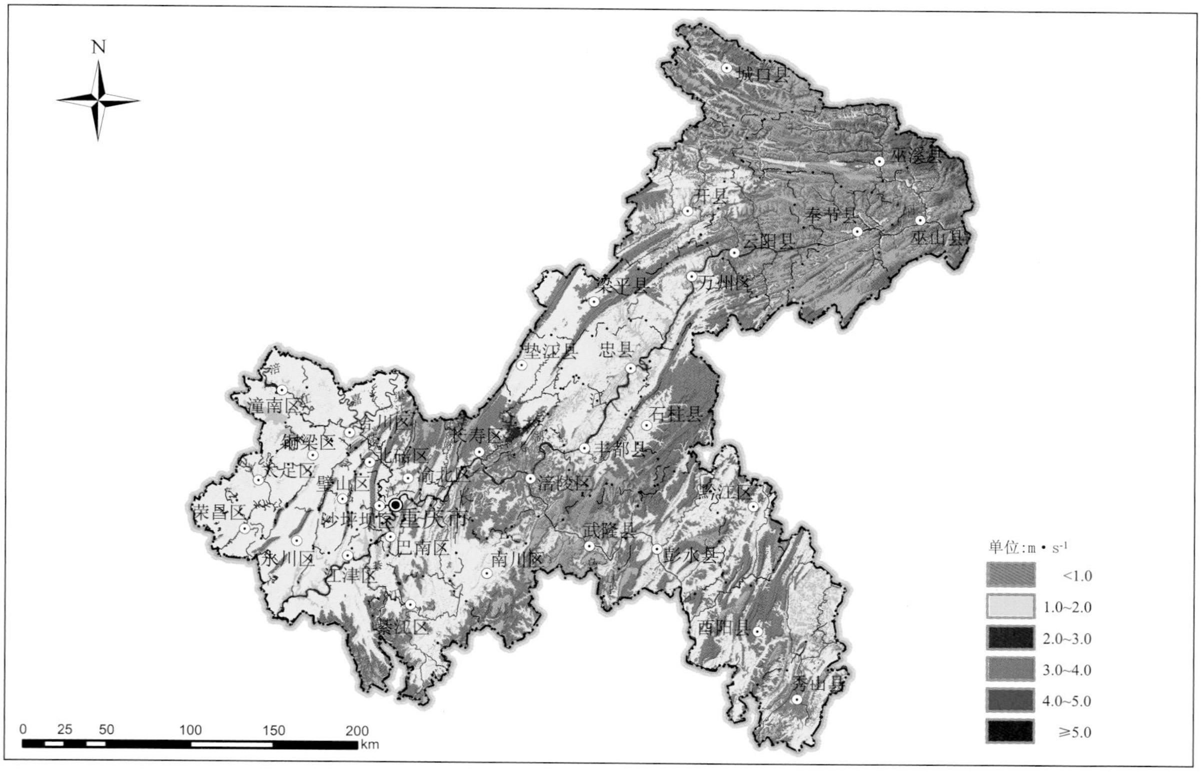

图 6.175 重庆市年平均风速

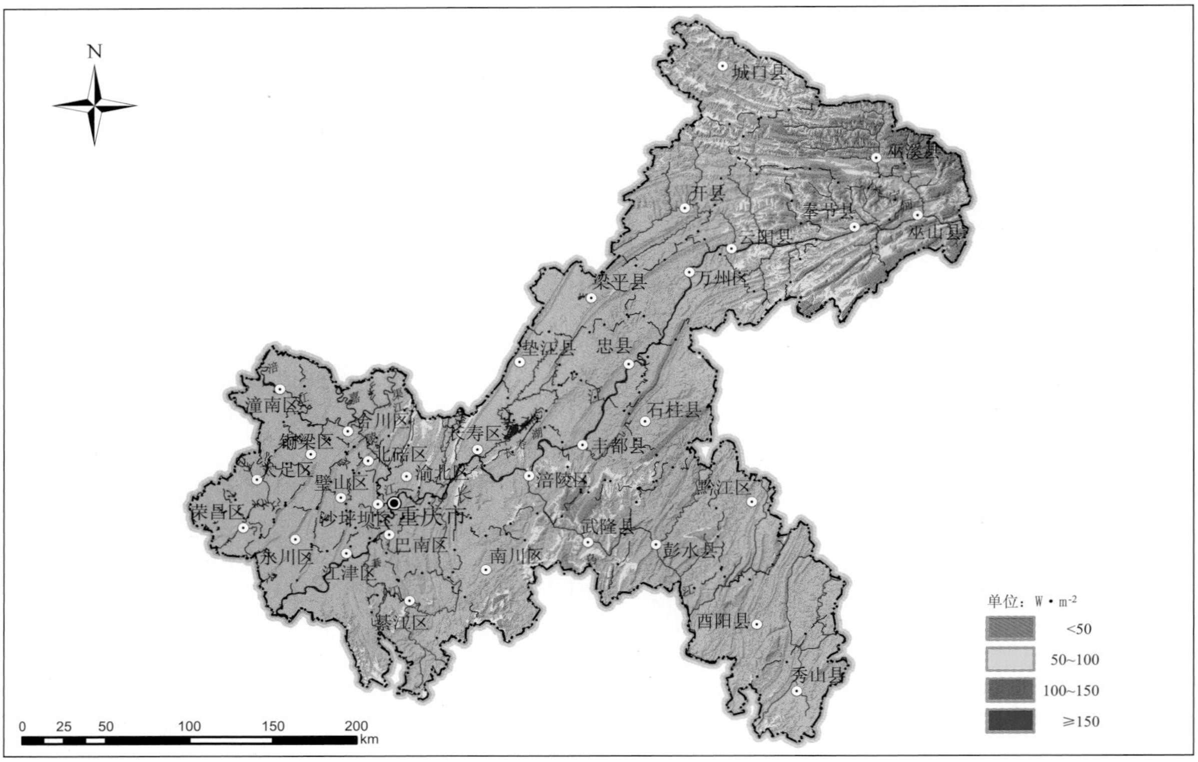

图 6.176　重庆市年平均风功能密度

6.1.2　代表区县

6.1.2.1　总辐射、日照时数

(1)奉节县

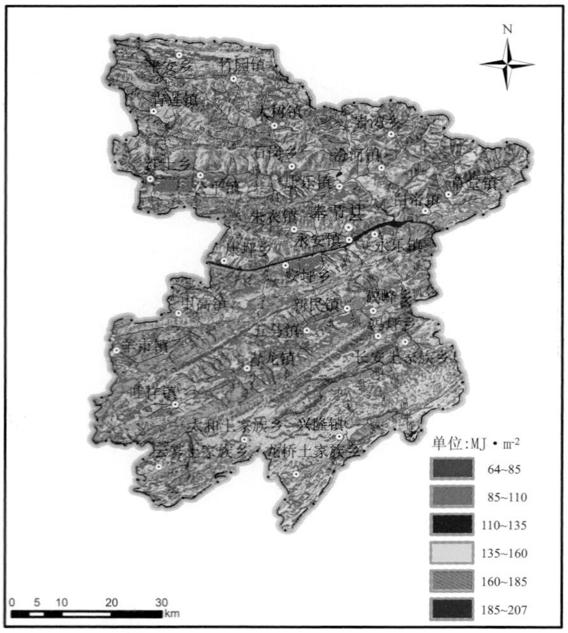

图 6.177　奉节县 1 月总辐射量

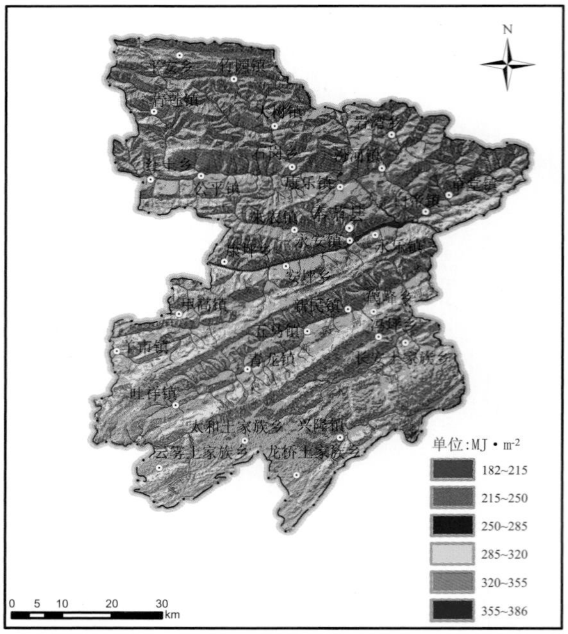

图 6.178　奉节县 4 月总辐射量

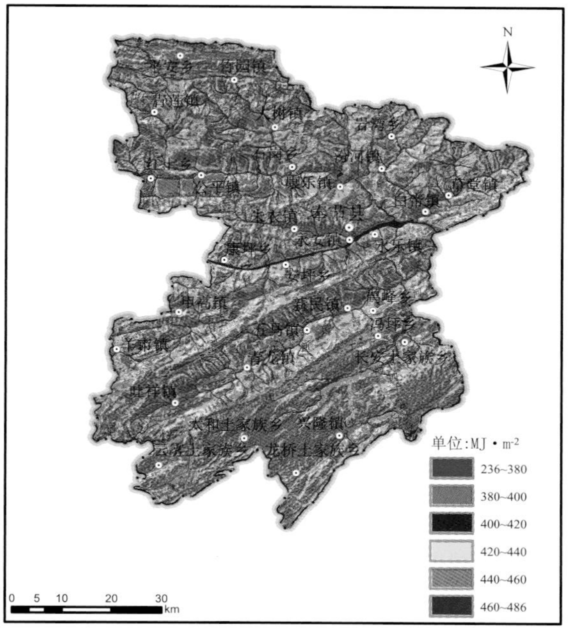

图 6.179　奉节县7月总辐射量

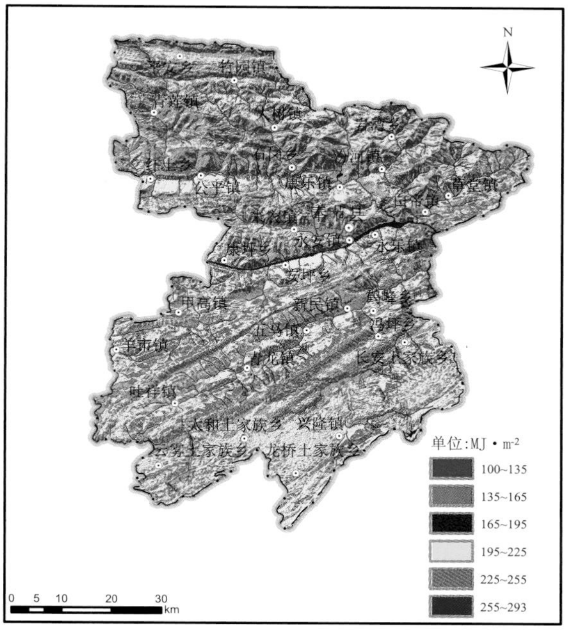

图 6.180　奉节县10月总辐射量

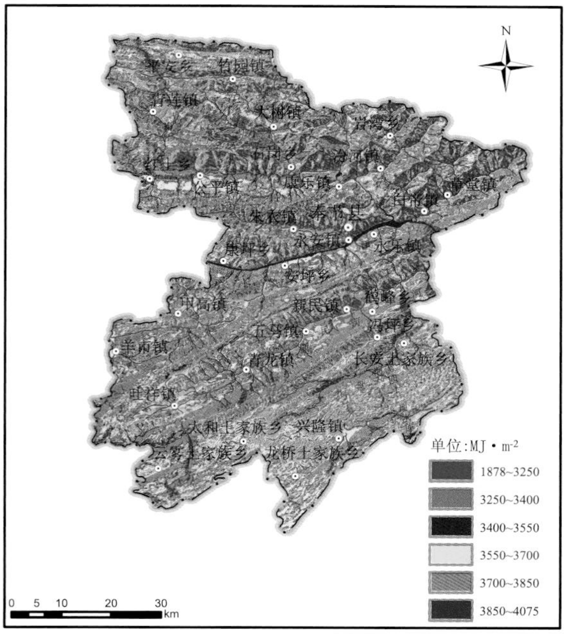

图 6.181　奉节县年总辐射量

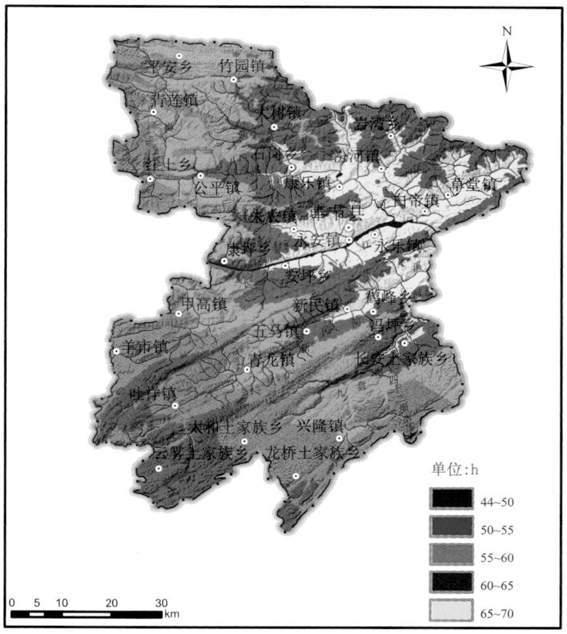

图 6.182　奉节县1月日照时数

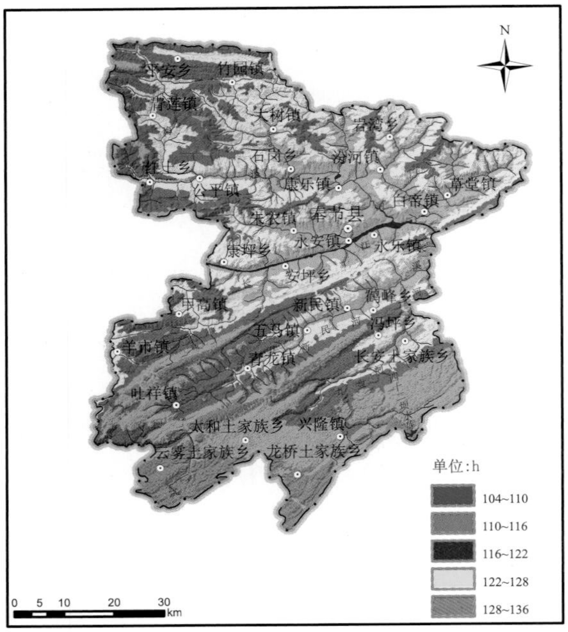

图 6.183　奉节县 4 月日照时数

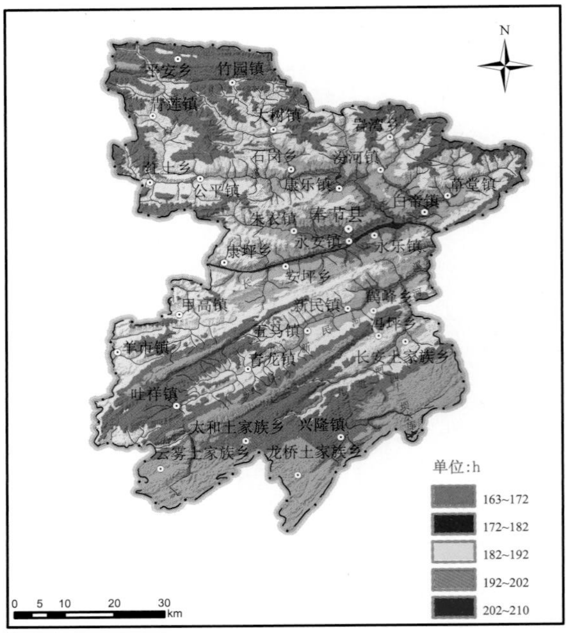

图 6.184　奉节县 7 月日照时数

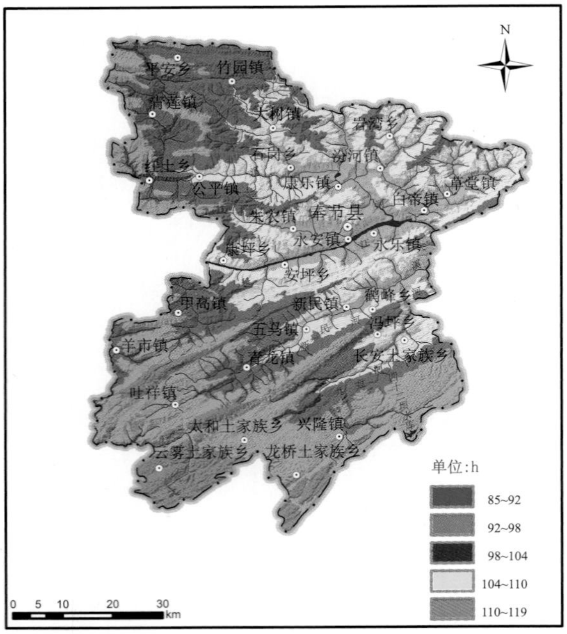

图 6.185　奉节县 10 月日照时数

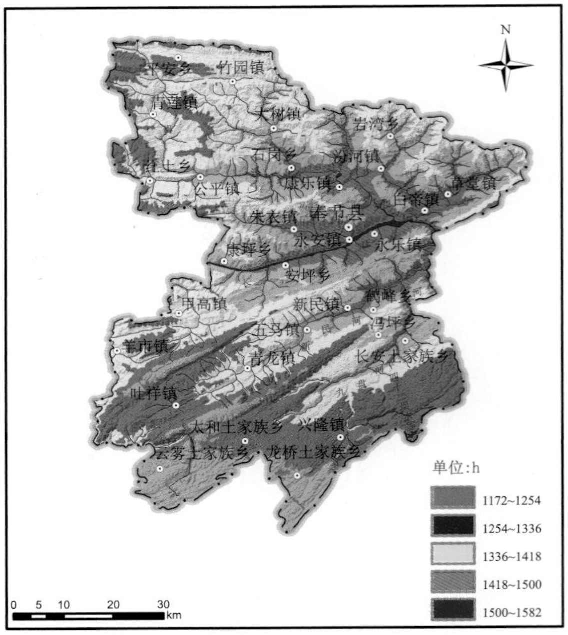

图 6.186　奉节县年日照时数

(2)开县

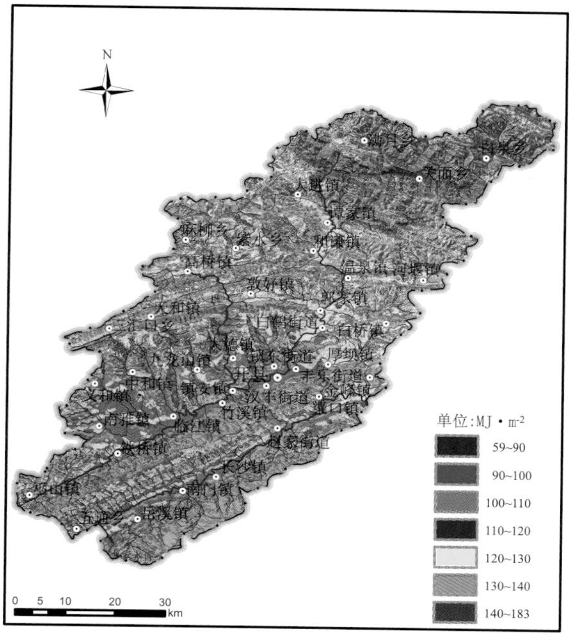

图6.187 开县1月总辐射量

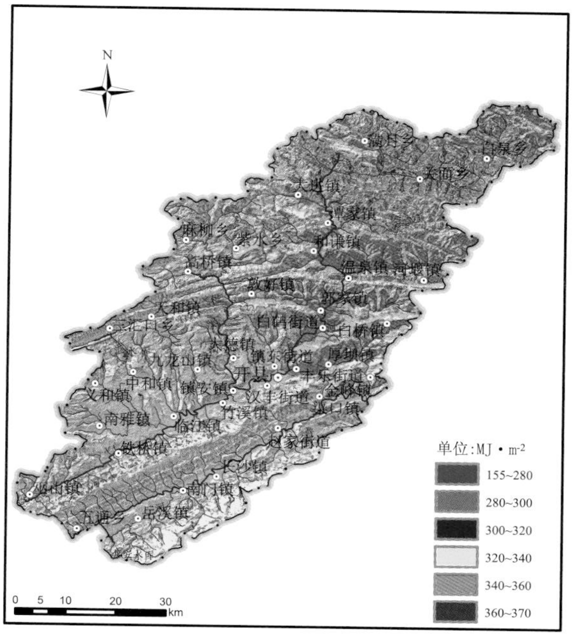

图6.188 开县4月总辐射量

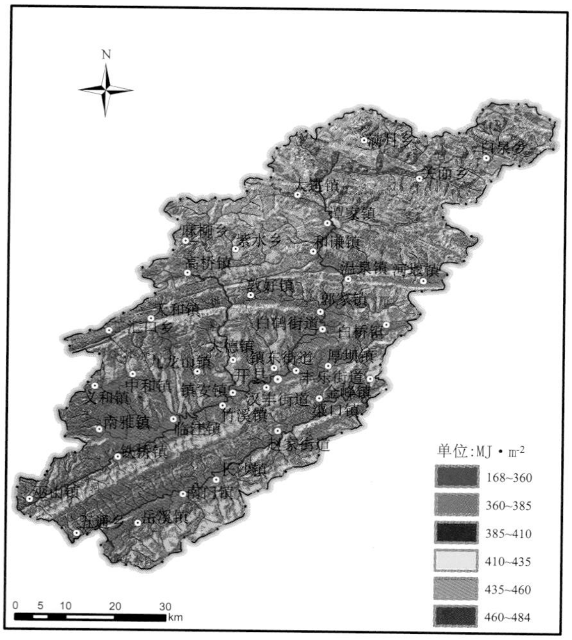

图6.189 开县7月总辐射量

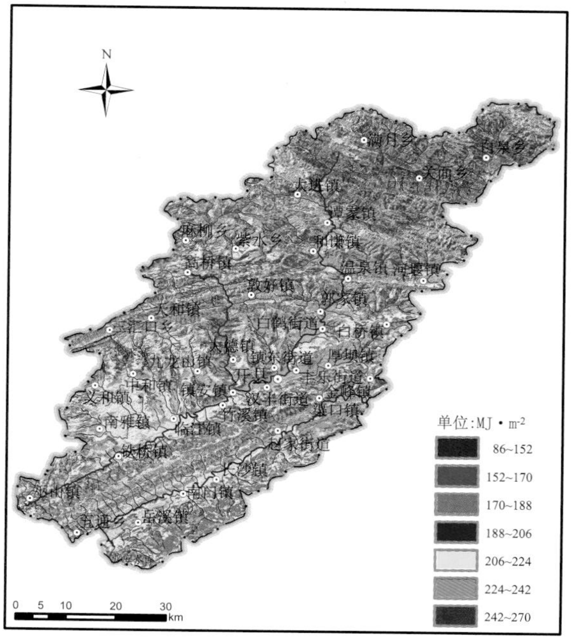

图6.190 开县10月总辐射量

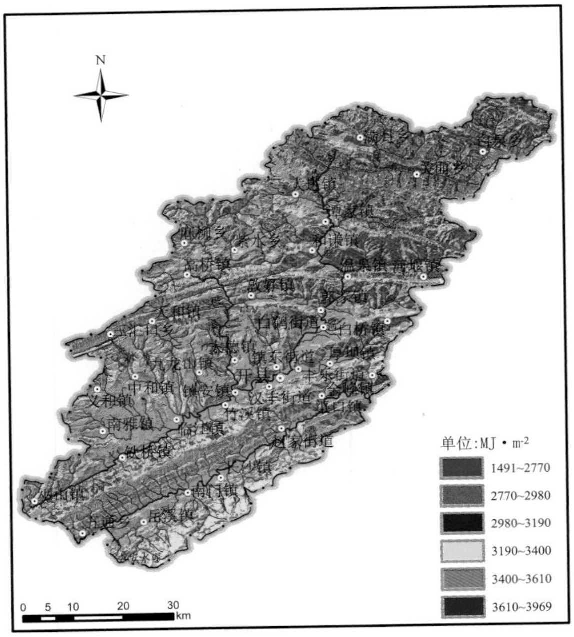

图 6.191　开县年总辐射量

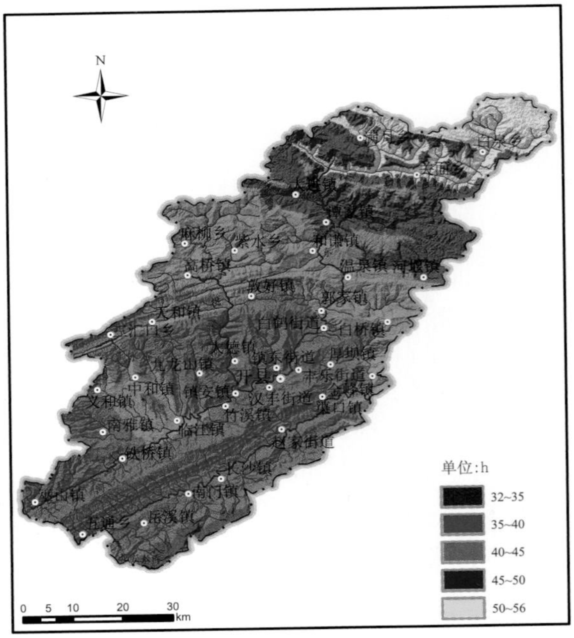

图 6.192　开县 1 月日照时数

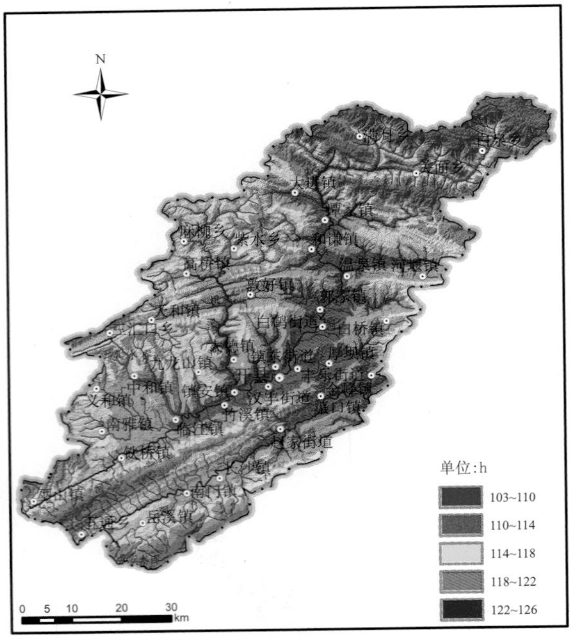

图 6.193　开县 4 月日照时数

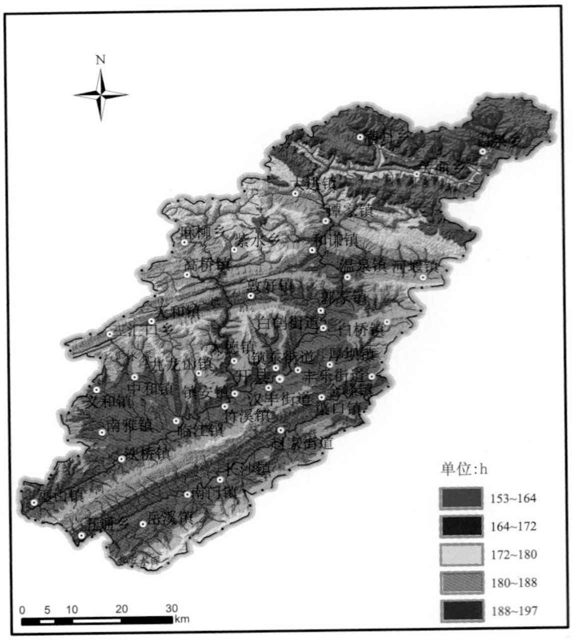

图 6.194　开县 7 月日照时数

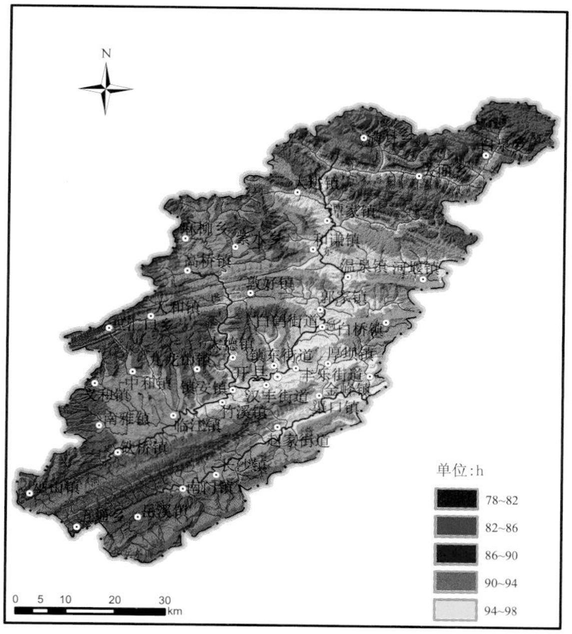

图 6.195　开县 10 月日照时数

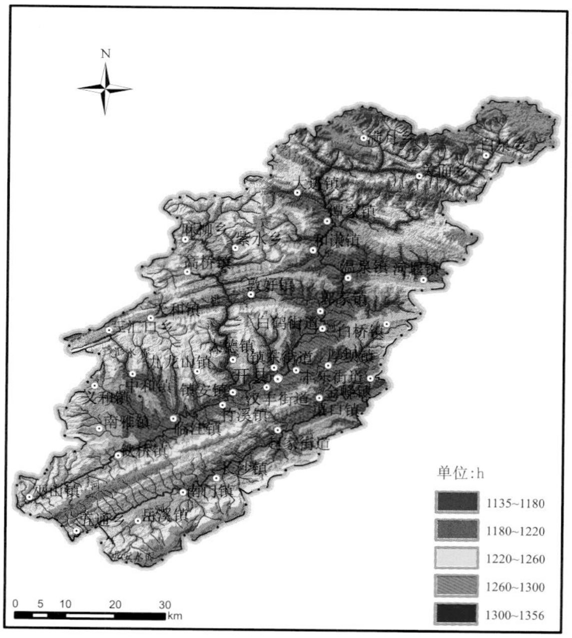

图 6.196　开县年日照时数

（3）万州区

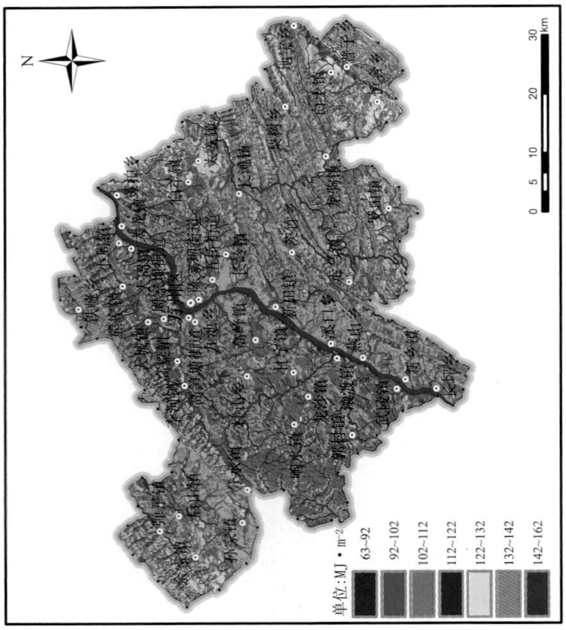

图6.197 万州区1月总辐射量

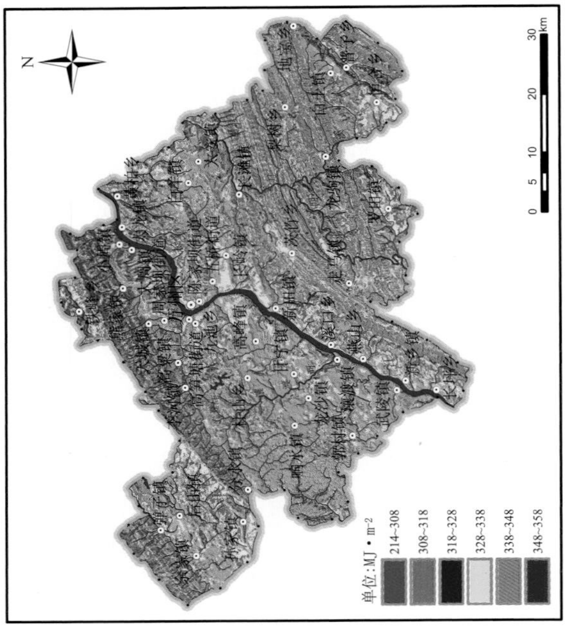

图6.198 万州区4月总辐射量

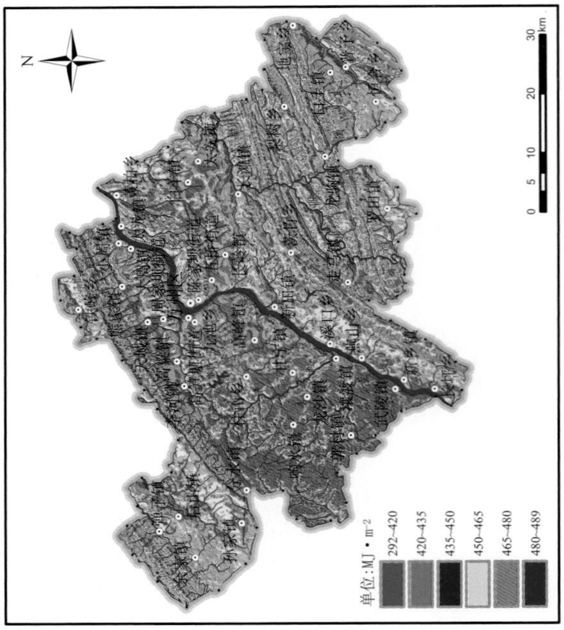

图6.199 万州区7月总辐射量

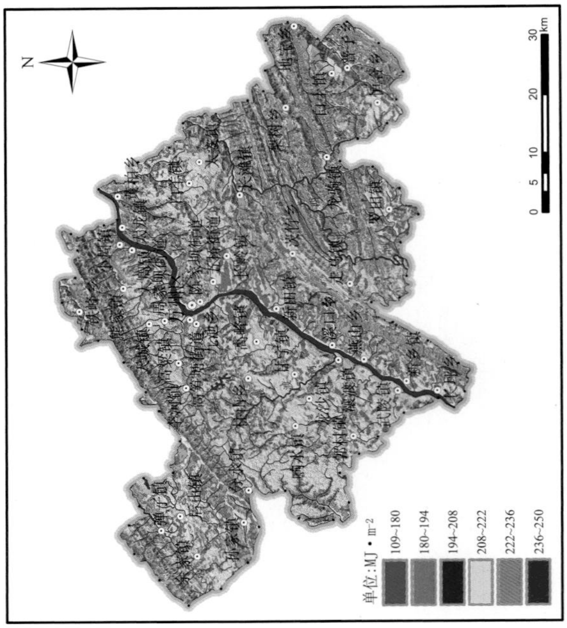

图6.200 万州区10月总辐射量

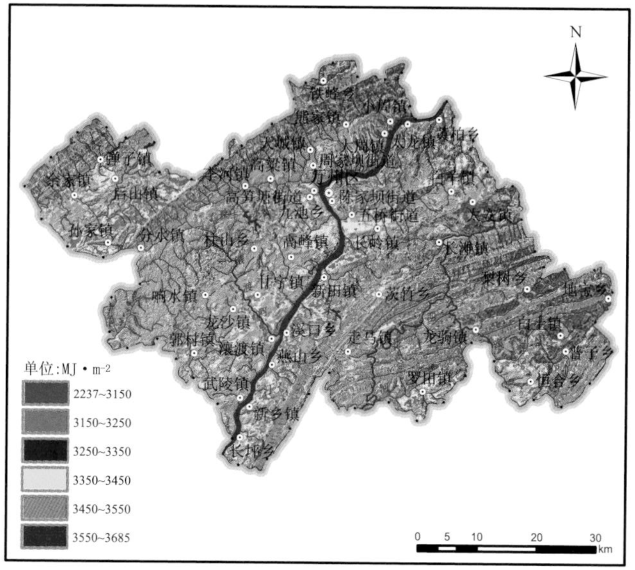

图6.201　万州区年总辐射量

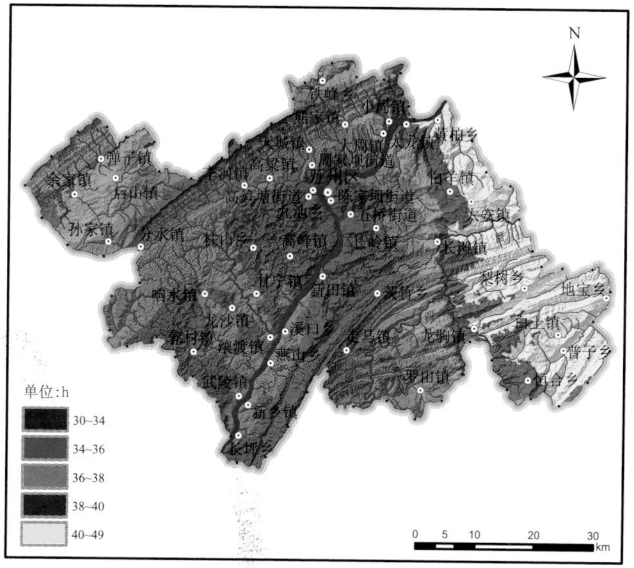

图6.202　万州区1月日照时数

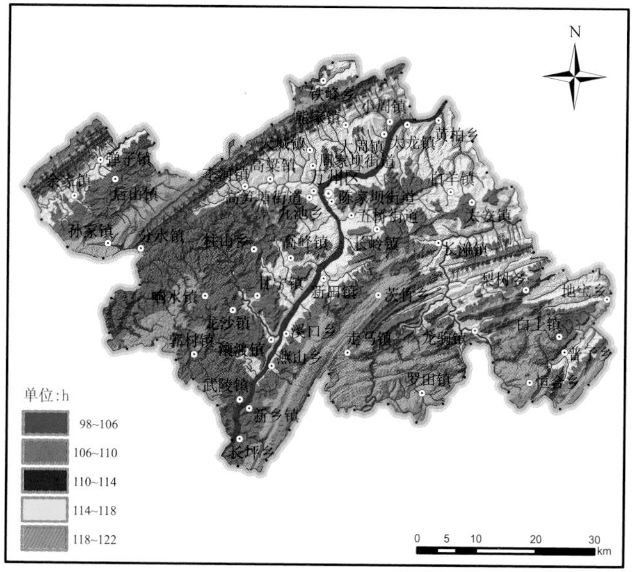

图6.203　万州区4月日照时数

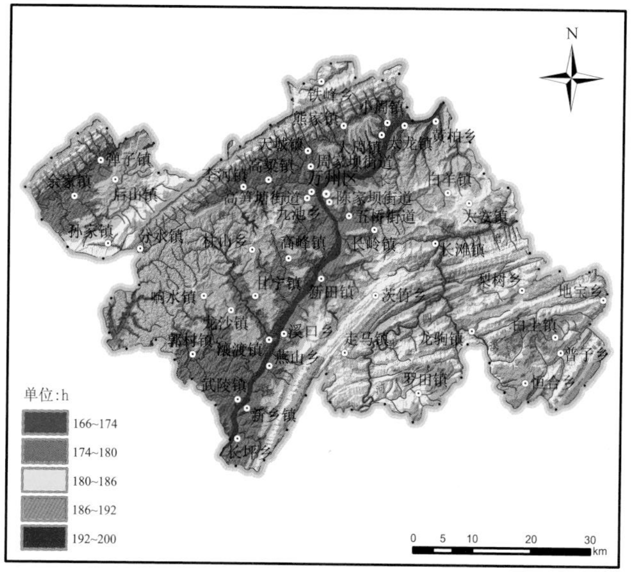

图6.204　万州区7月日照时数

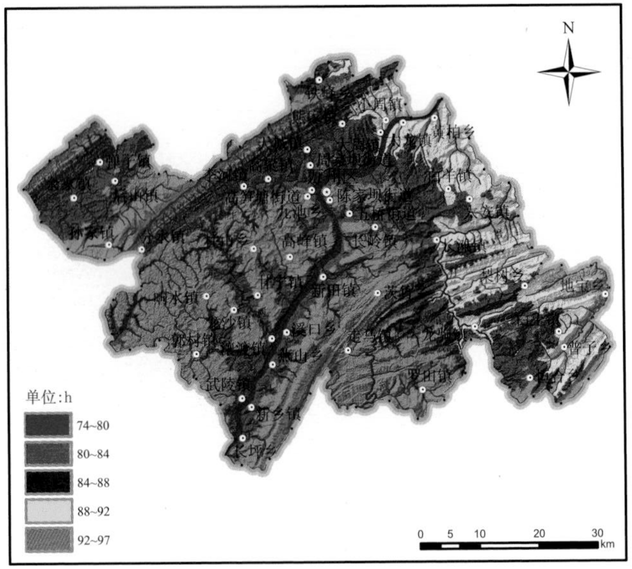

图6.205　万州区10月日照时数

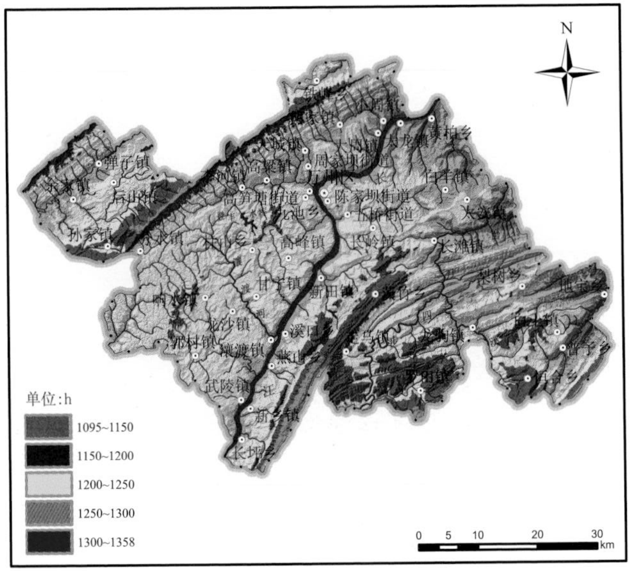

图6.206　万州区年日照时数

（4）忠县

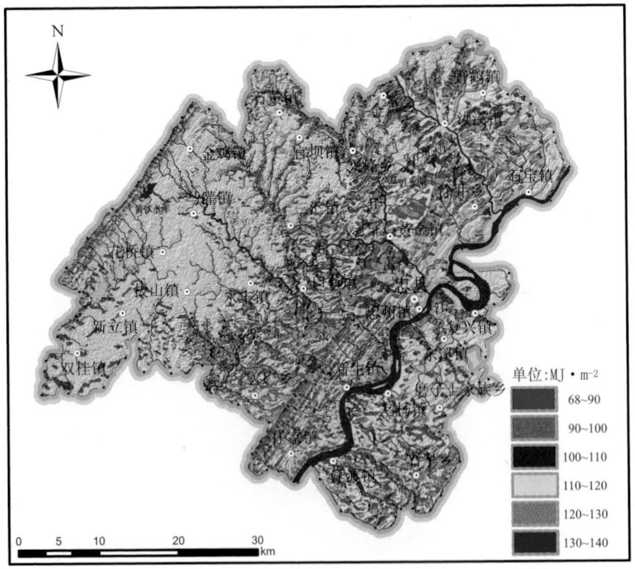

图6.207　忠县1月总辐射量

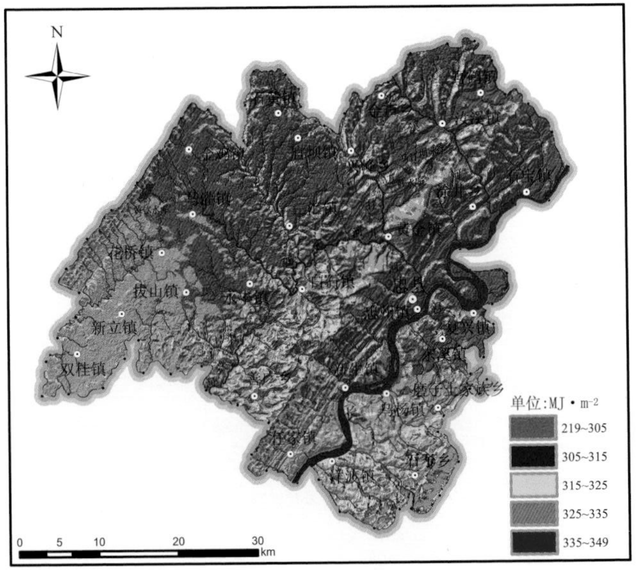

图6.208　忠县4月总辐射量

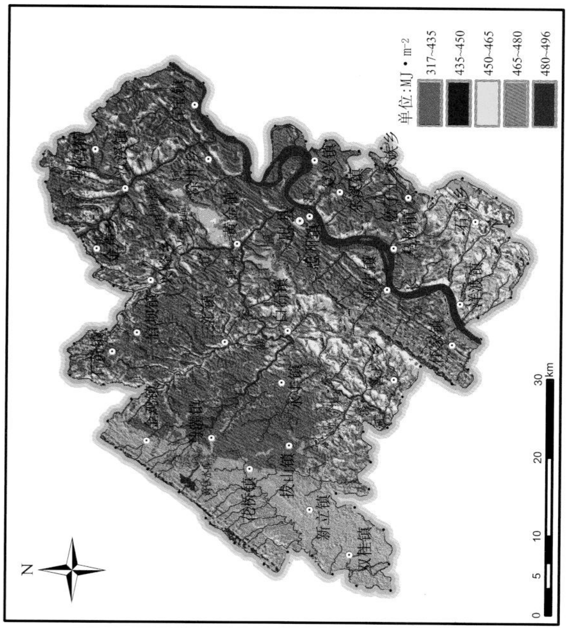

图6.209 忠县7月总辐射量

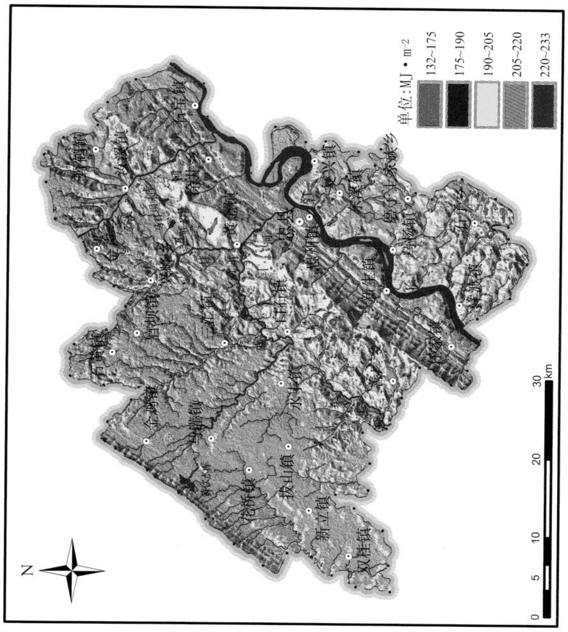

图6.210 忠县10月总辐射量

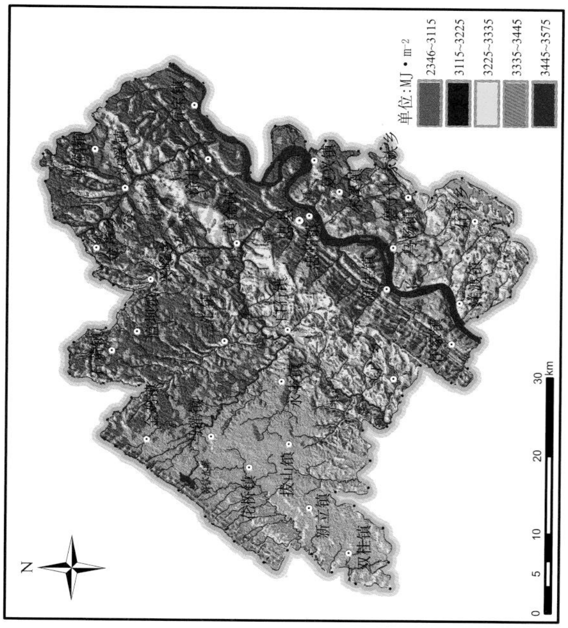

图6.211 忠县年总辐射量

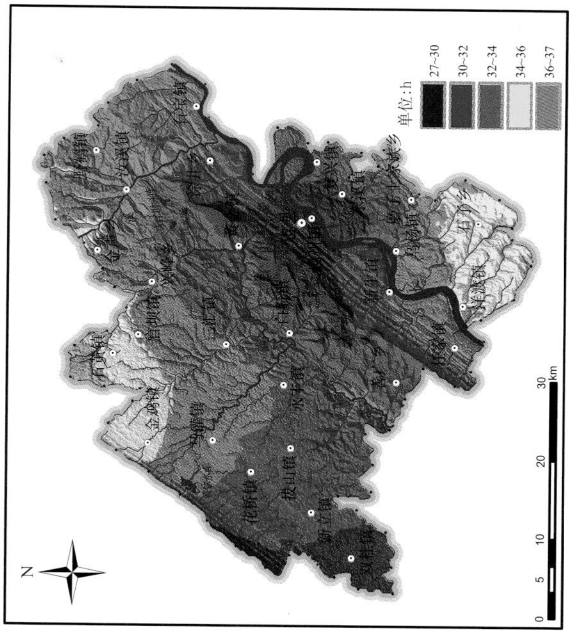

图6.212 忠县1月日照时数

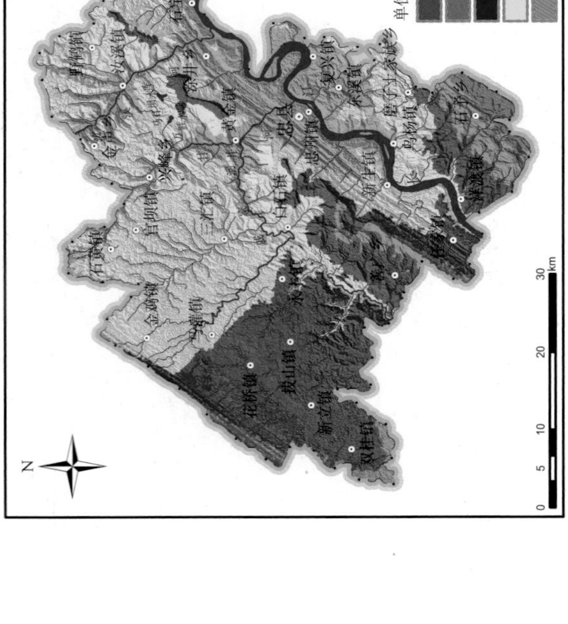

图6.213　忠县4月日照时数

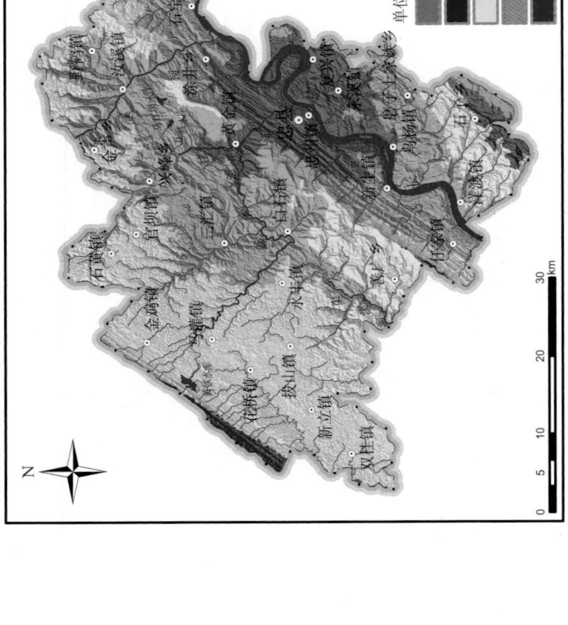

图6.214　忠县7月日照时数

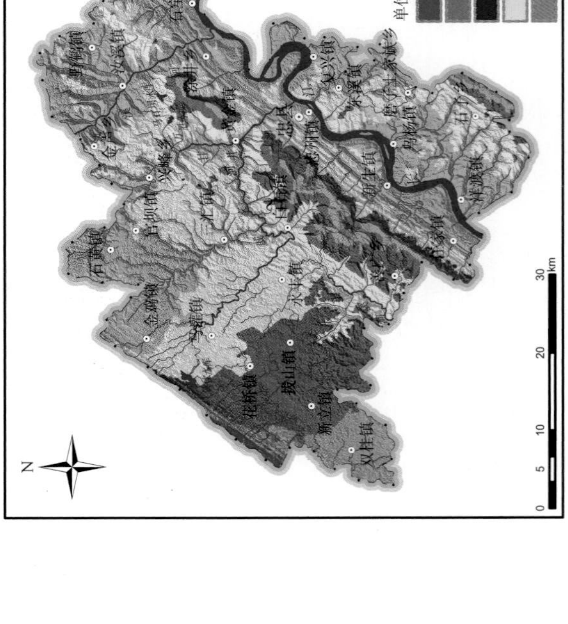

图6.215　忠县10月日照时数

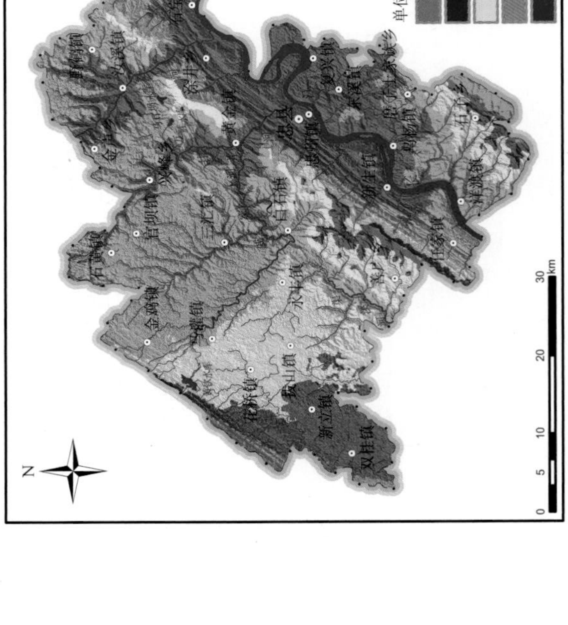

图6.216　忠县年日照时数

（5）黔江区

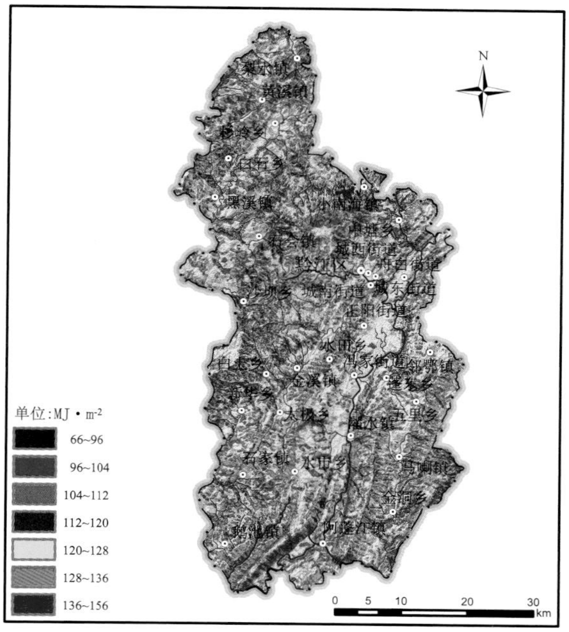

图 6.217　黔江区 1 月总辐射量

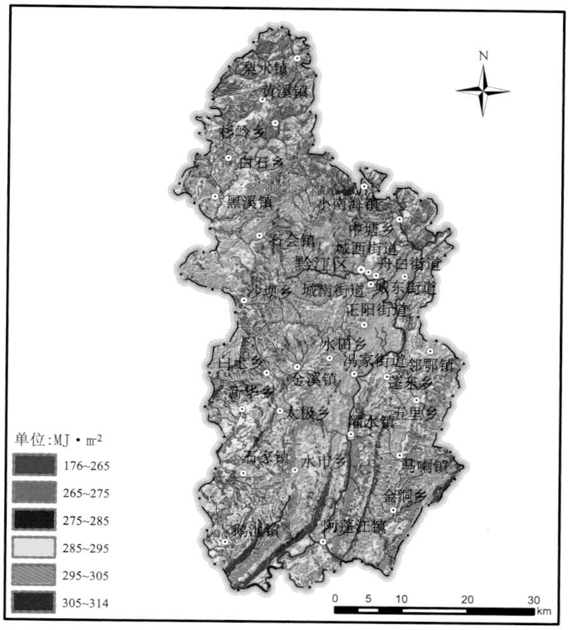

图 6.218　黔江区 4 月总辐射量

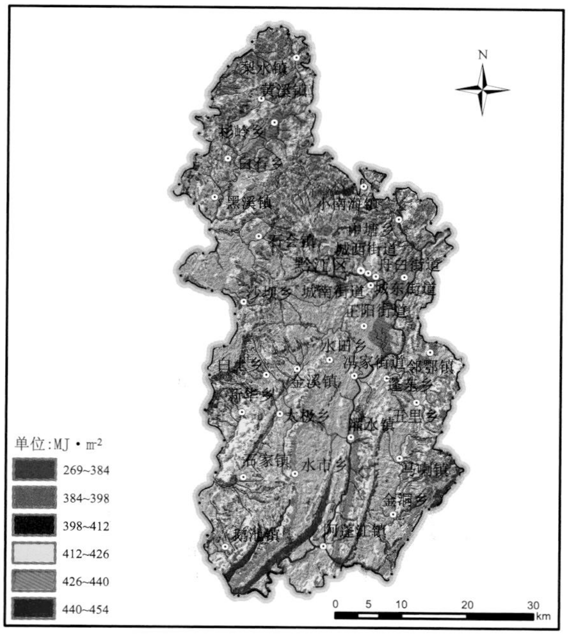

图 6.219　黔江区 7 月总辐射量

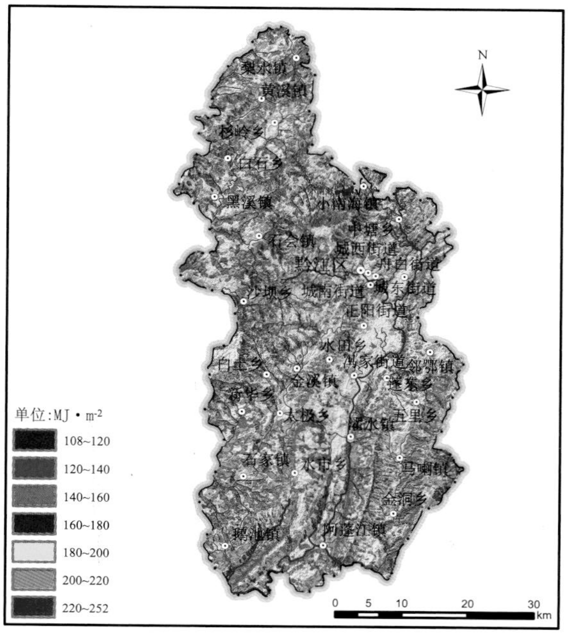

图 6.220　黔江区 10 月总辐射量

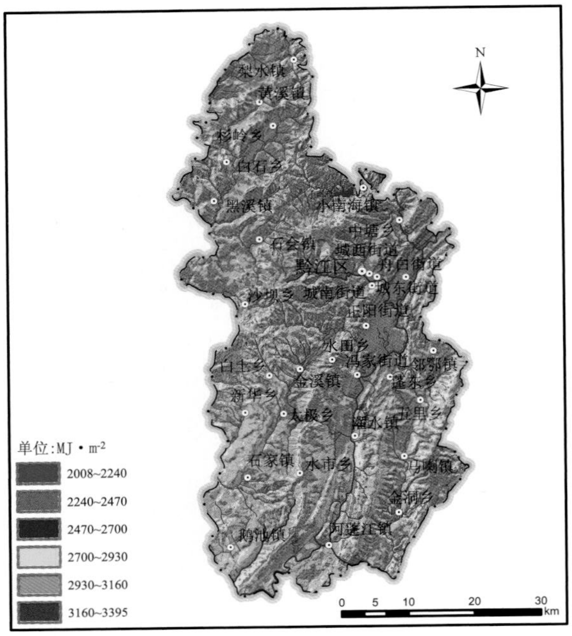

图 6.221　黔江区年总辐射量

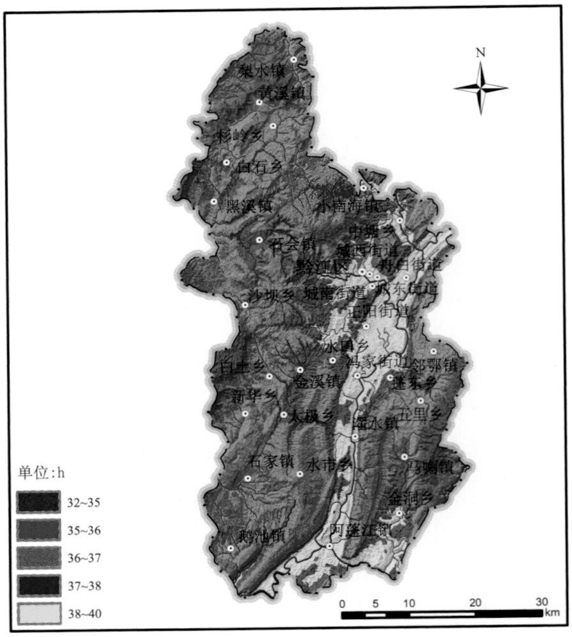

图 6.222　黔江区 1 月日照时数

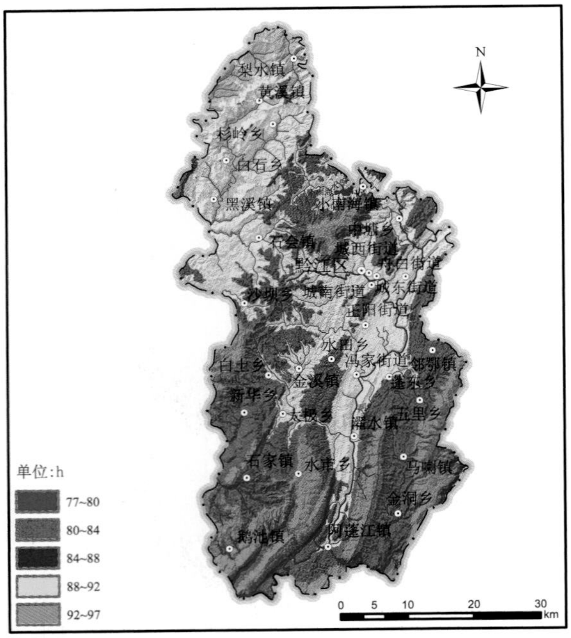

图 6.223　黔江区 4 月日照时数

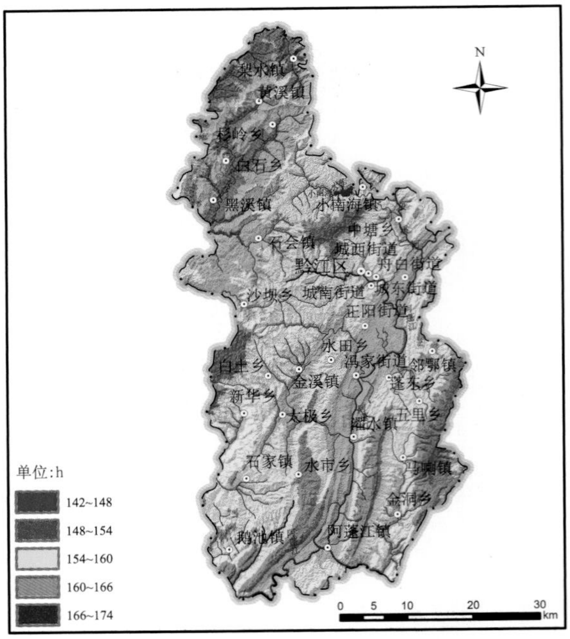

图 6.224　黔江区 7 月日照时数

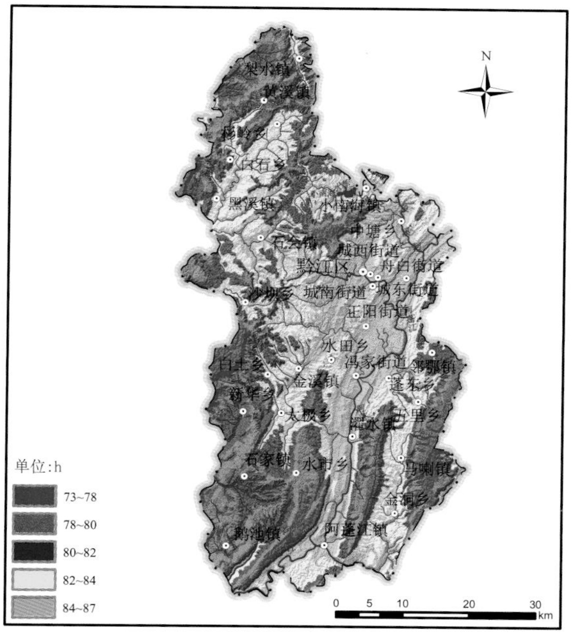

图 6.225　黔江区 10 月日照时数

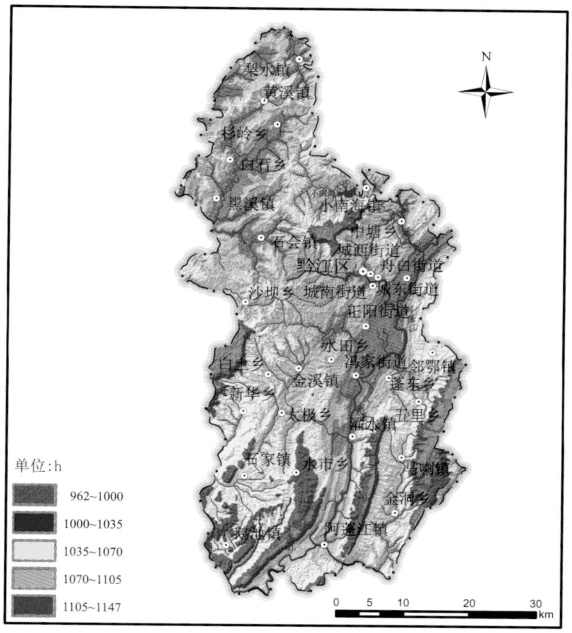

图 6.226　黔江区年日照时数

(6)酉阳县

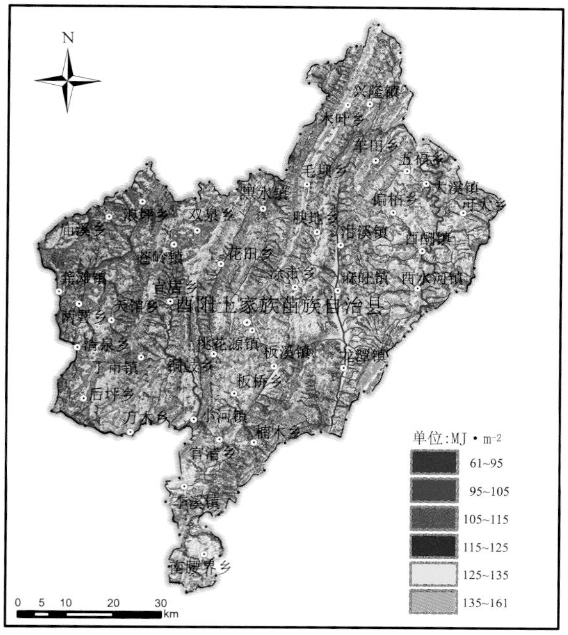

图 6.227　酉阳县 1 月总辐射量

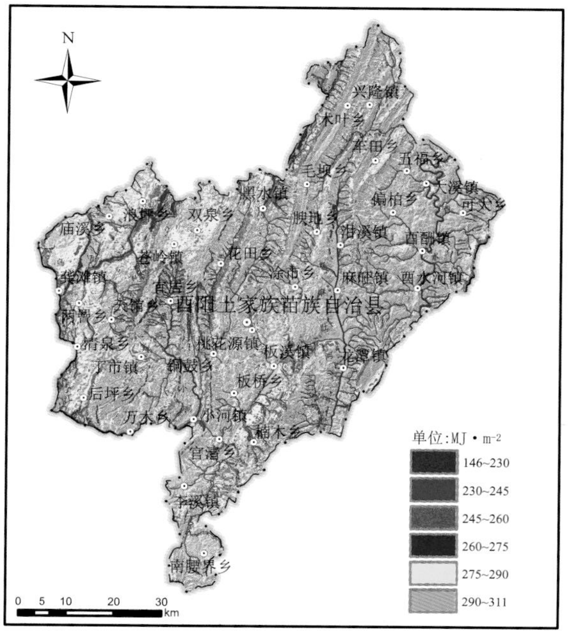

图 6.228　酉阳县 4 月总辐射量

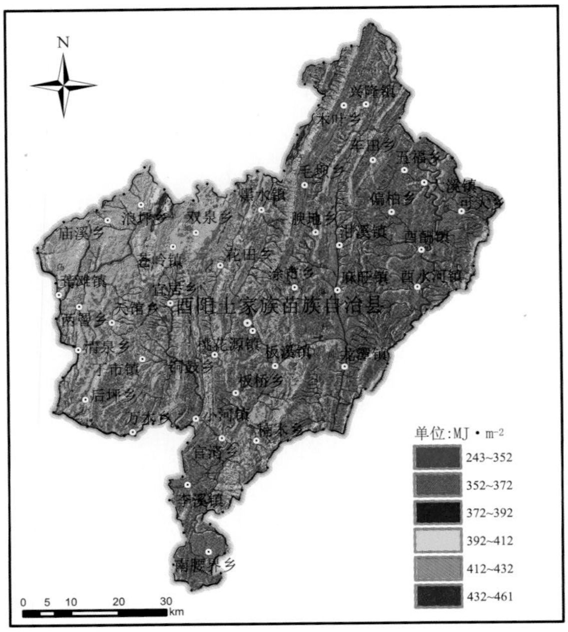

图 6.229 酉阳县 7 月总辐射量

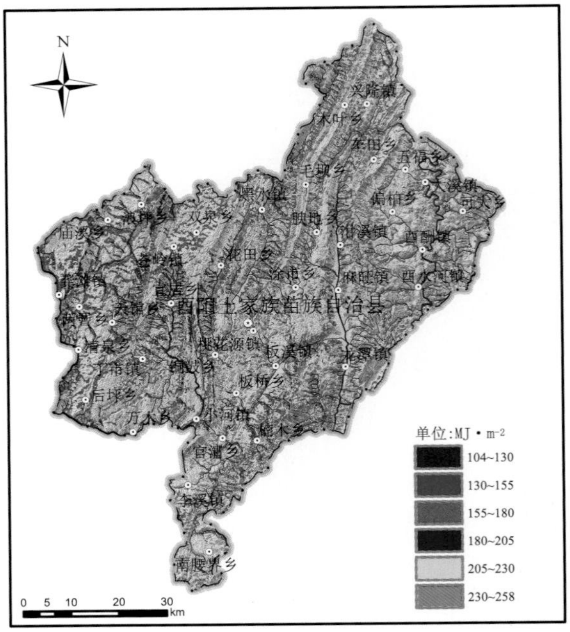

图 6.230 酉阳县 10 月总辐射量

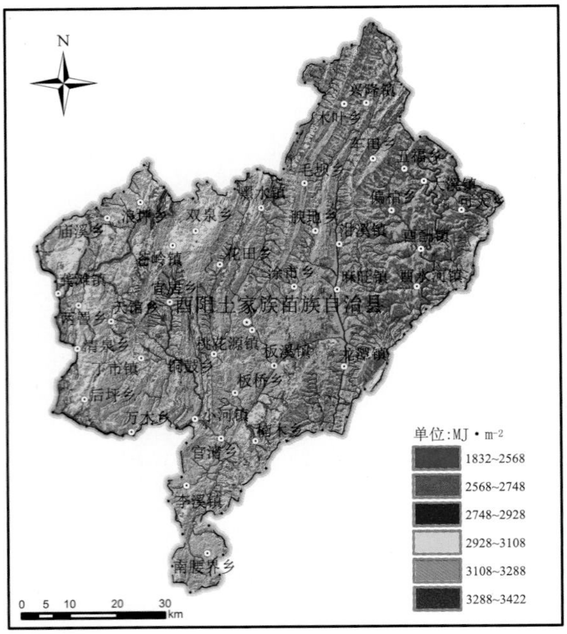

图 6.231 酉阳县年总辐射量

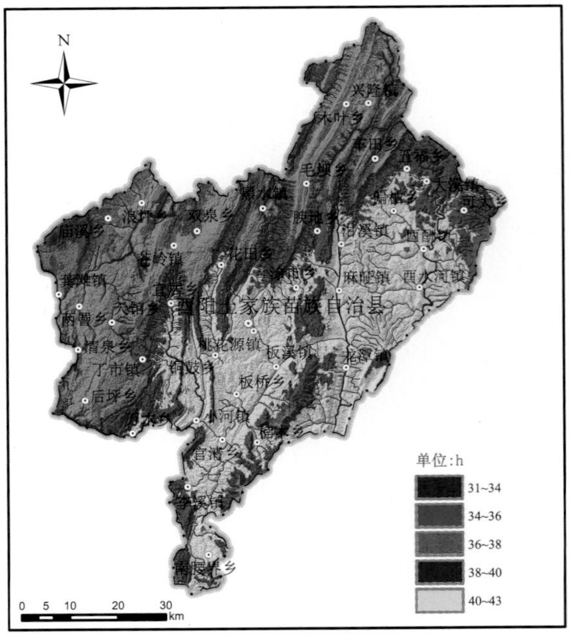

图 6.232 酉阳县 1 月日照时数

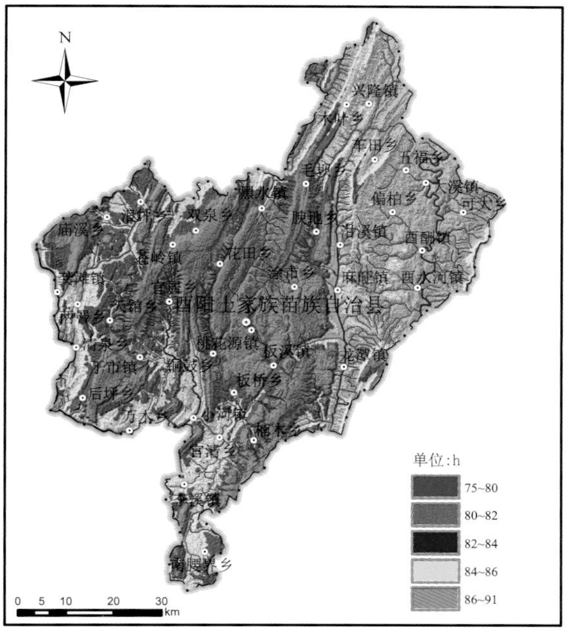

图 6.233 酉阳县 4 月日照时数

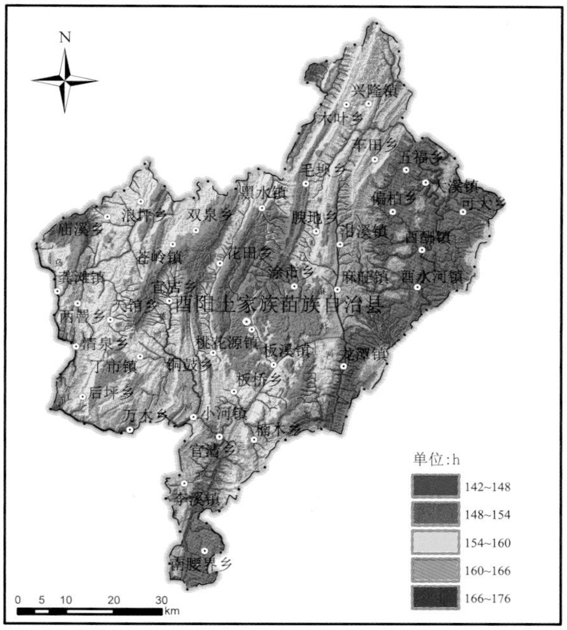

图 6.234 酉阳县 7 月日照时数

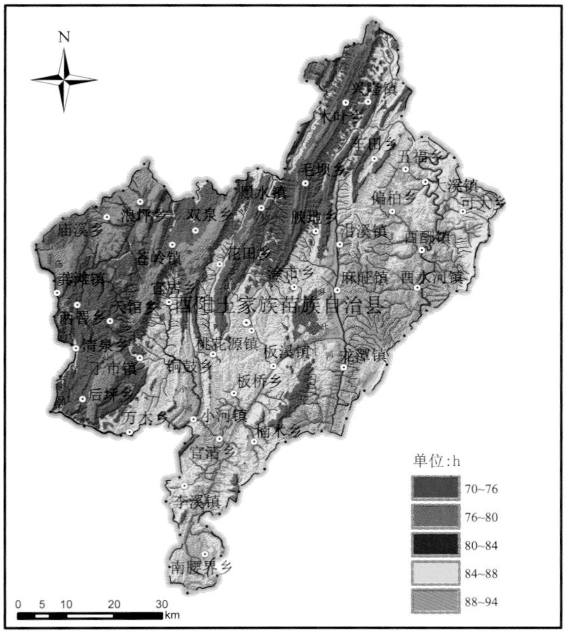

图 6.235 酉阳县 10 月日照时数

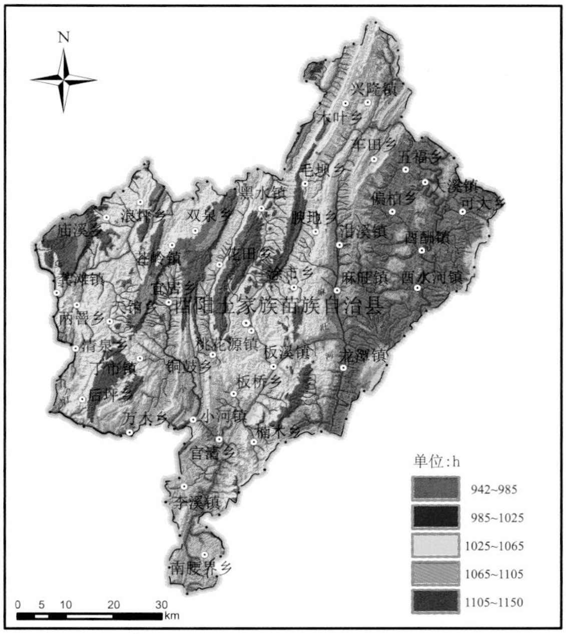

图 6.236 酉阳县年日照时数

（7）涪陵区

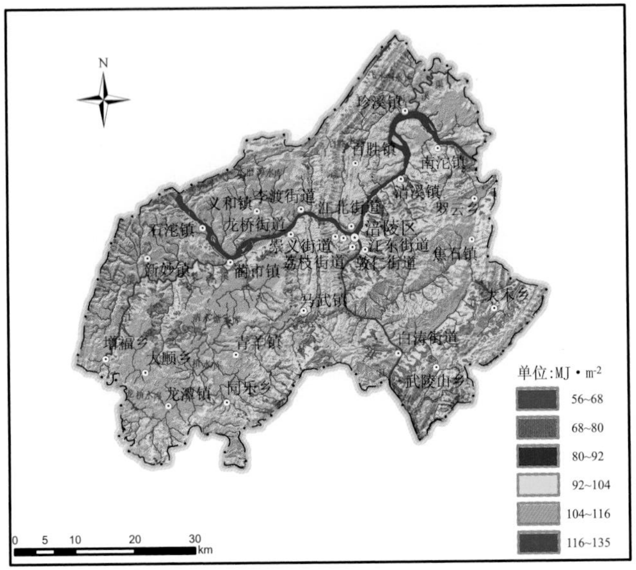

图6.237　涪陵区1月总辐射量

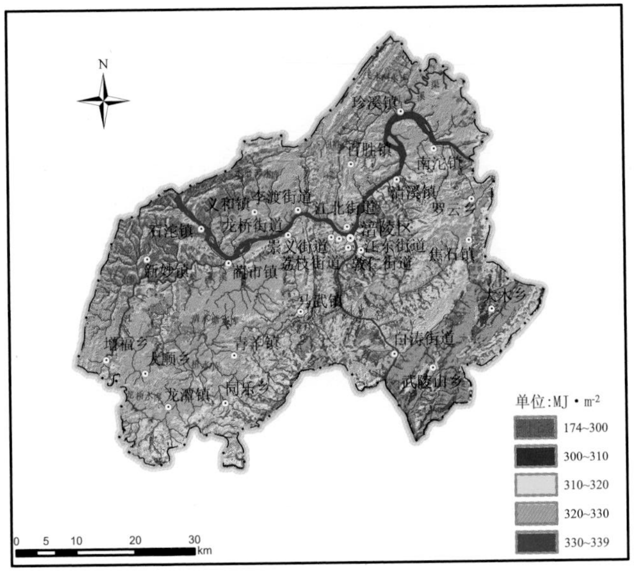

图6.238　涪陵区4月总辐射量

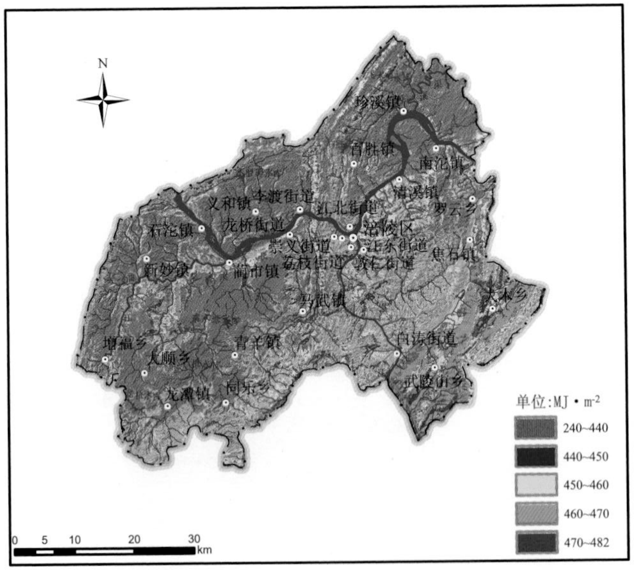

图6.239　涪陵区7月总辐射量

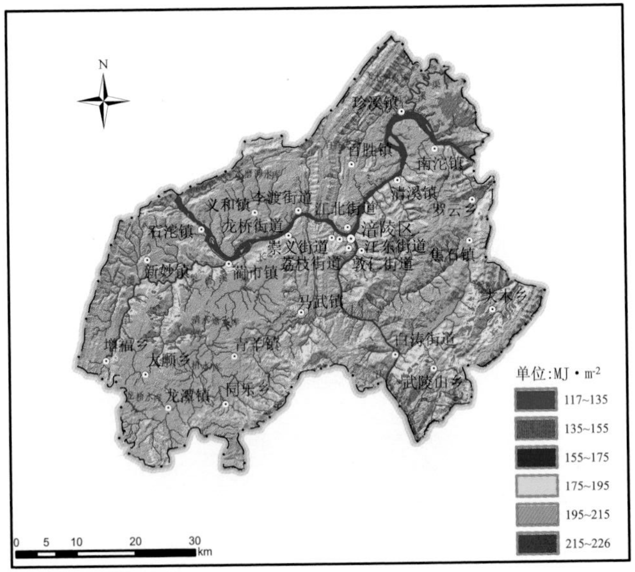

图6.240　涪陵区10月总辐射量

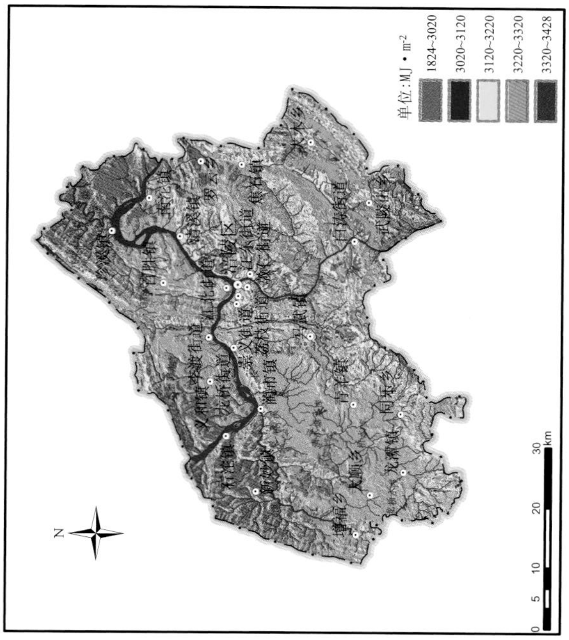

图6.241　涪陵区年总辐射量

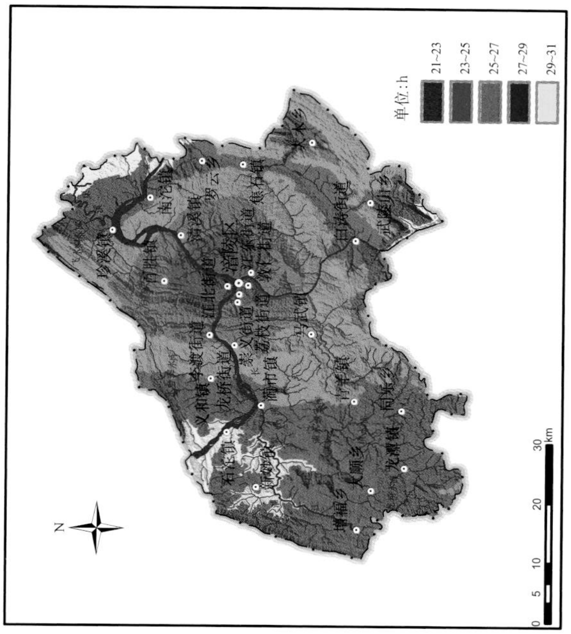

图6.242　涪陵区1月日照时数

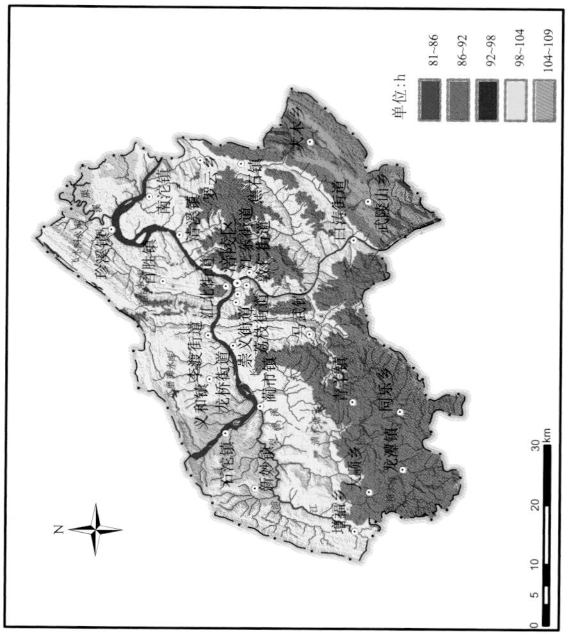

图6.243　涪陵区4月日照时数

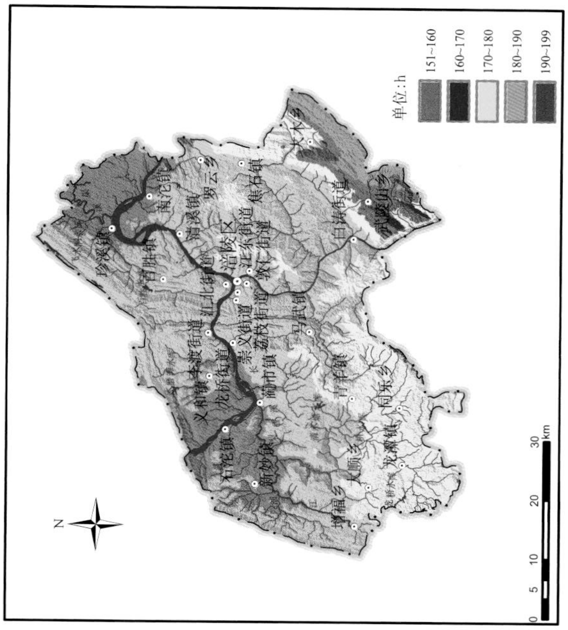

图6.244　涪陵区7月日照时数

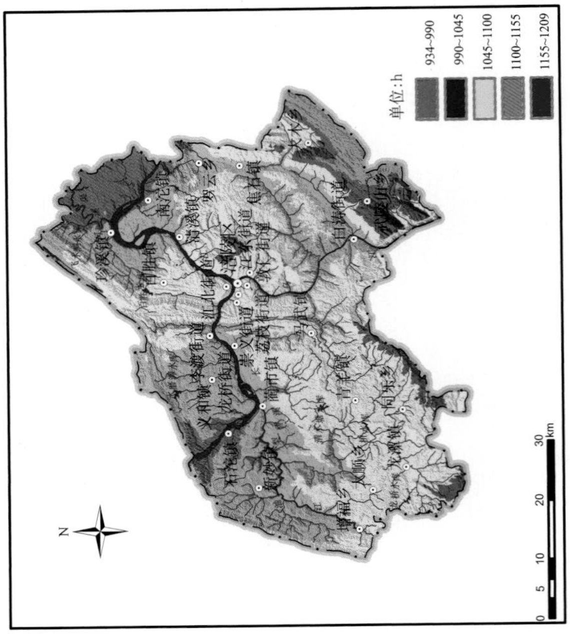

图6.246　涪陵区年日照时数

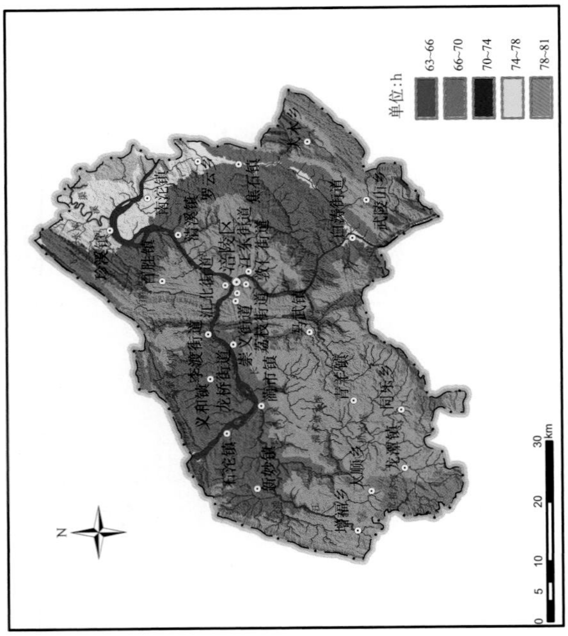

图6.245　涪陵区10月日照时数

(8)南川区

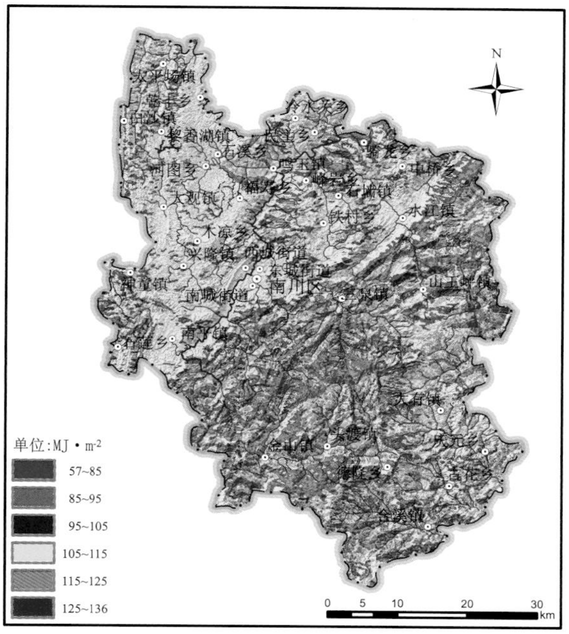

图 6.247 南川区 1 月总辐射量

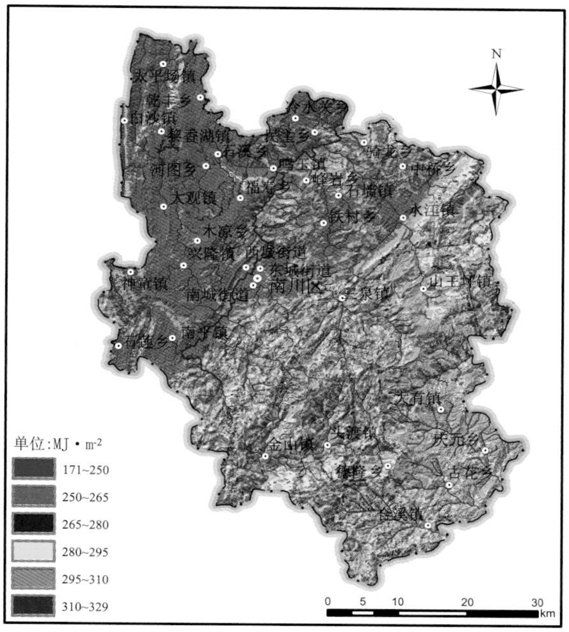

图 6.248 南川区 4 月总辐射量

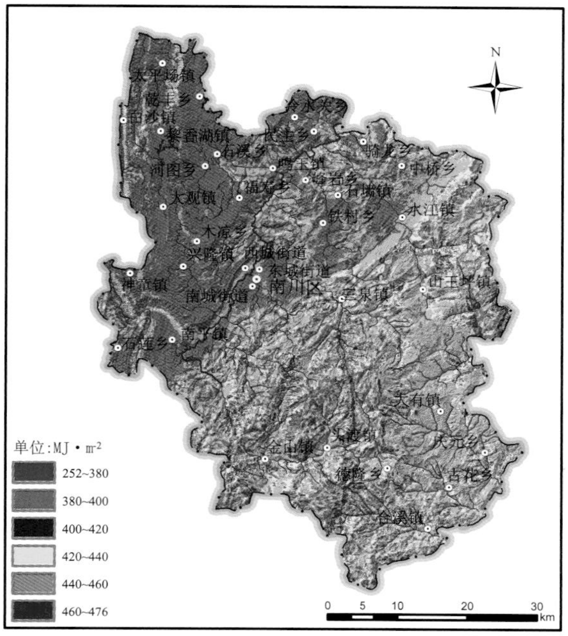

图 6.249 南川区 7 月总辐射量

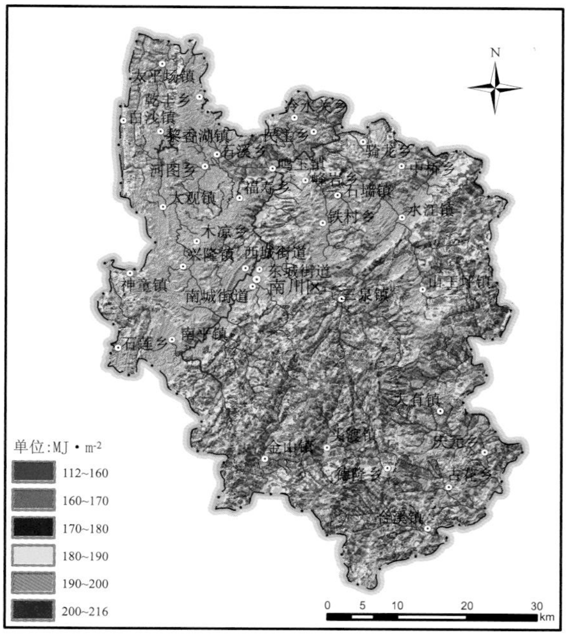

图 6.250 南川区 10 月总辐射量

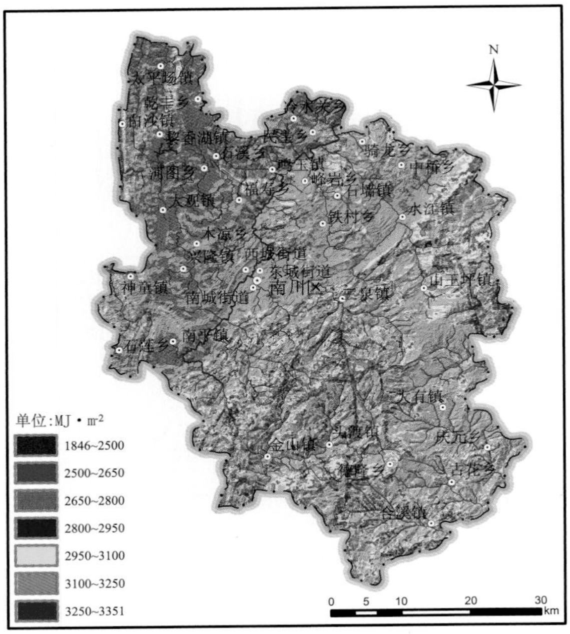

图 6.251 南川区年总辐射量

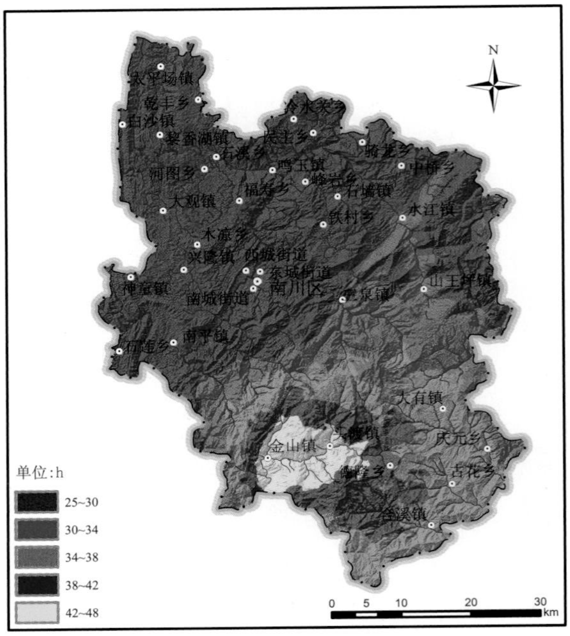

图 6.252 南川区 1 月日照时数

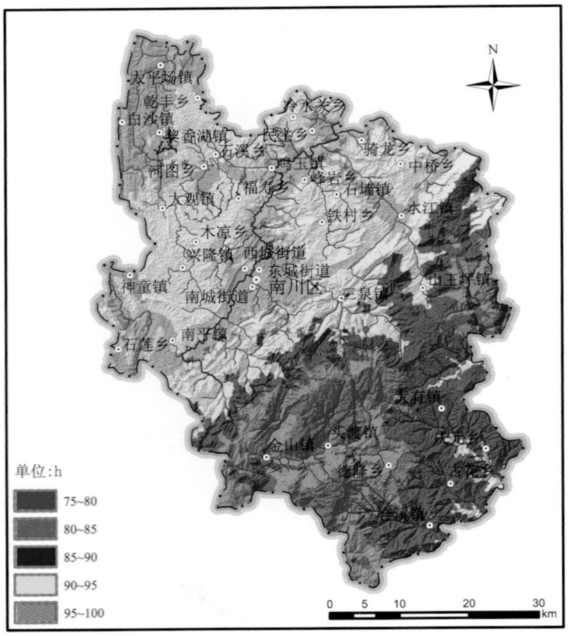

图 6.253 南川区 4 月日照时数

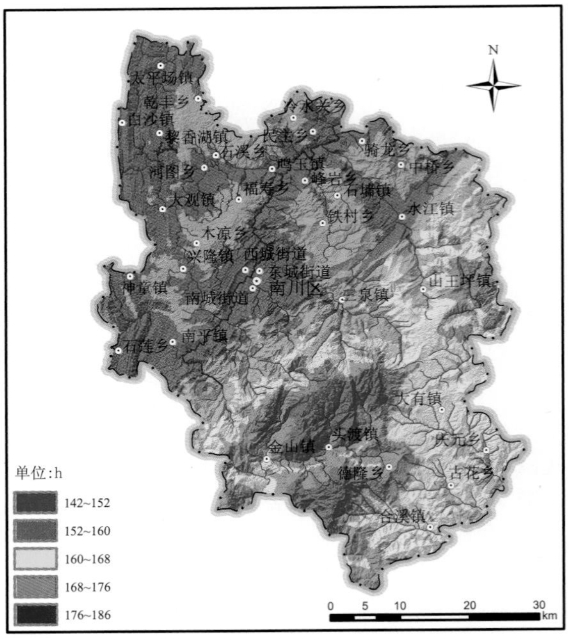

图 6.254 南川区 7 月日照时数

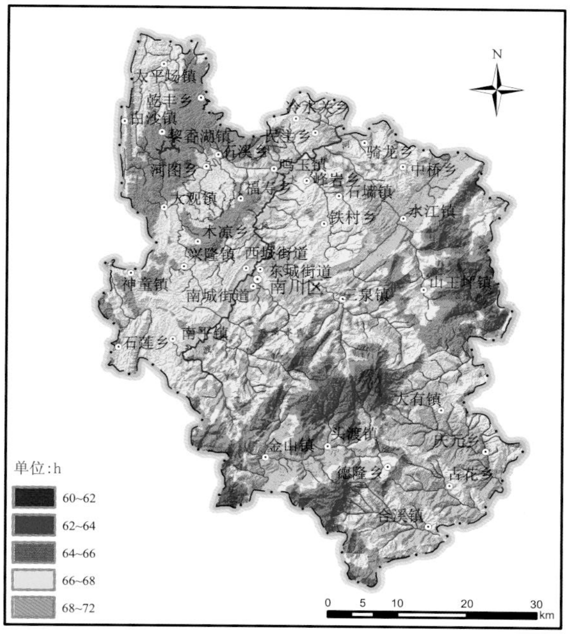

图 6.255 南川区 10 月日照时数

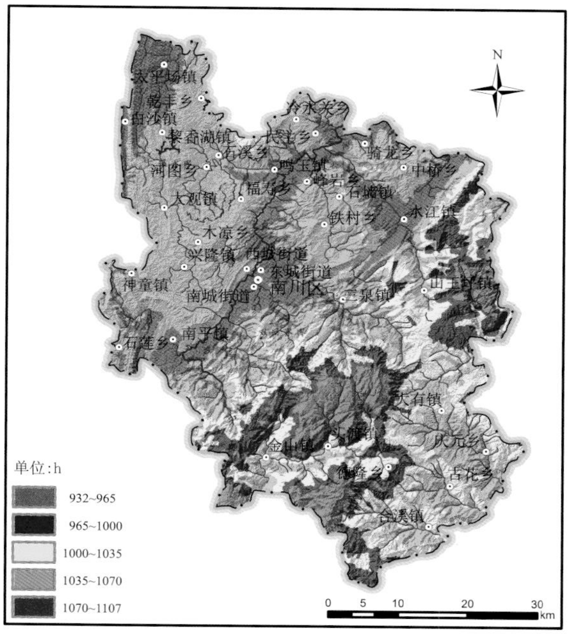

图 6.256 南川区年日照时数

(9)渝北区

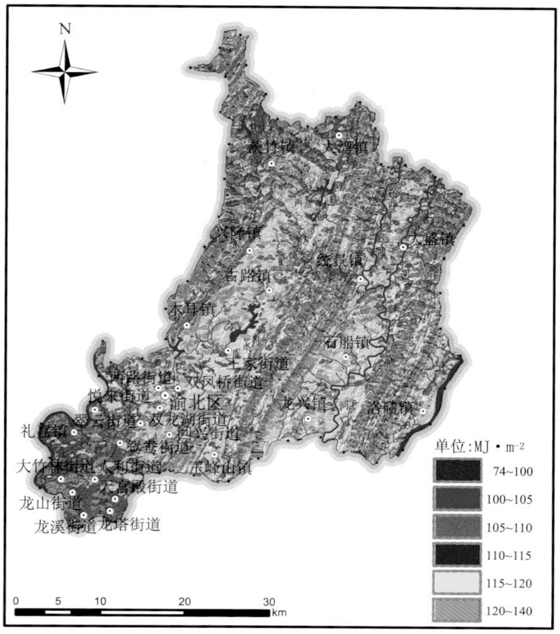

图 6.257 渝北区 1 月总辐射量

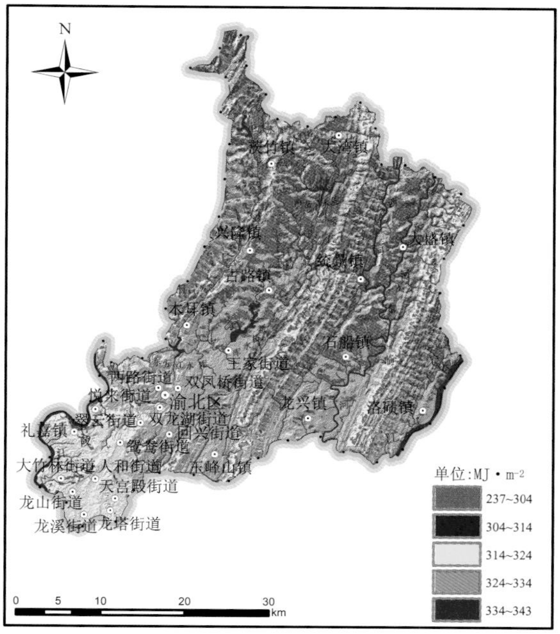

图 6.258 渝北区 4 月总辐射量

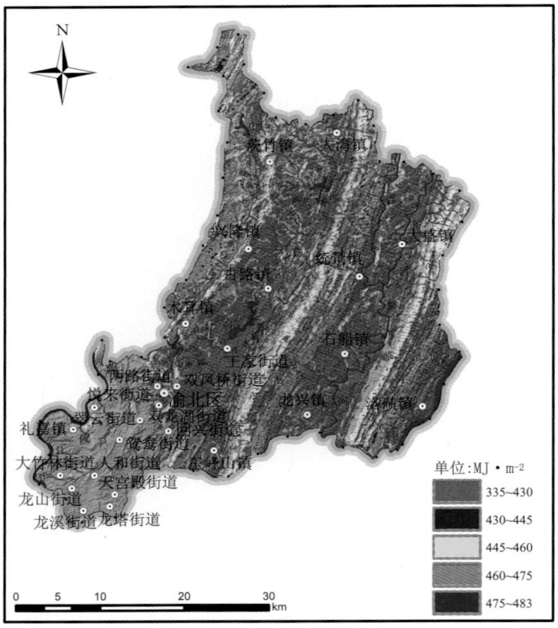

图 6.259 渝北区 7 月总辐射量

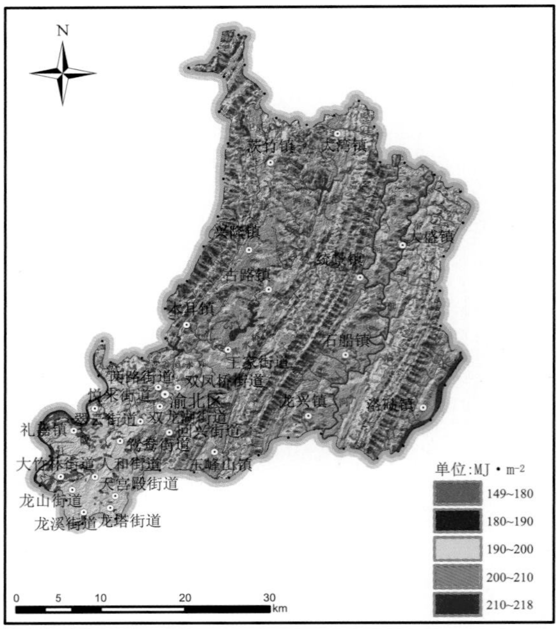

图 6.260 渝北区 10 月总辐射量

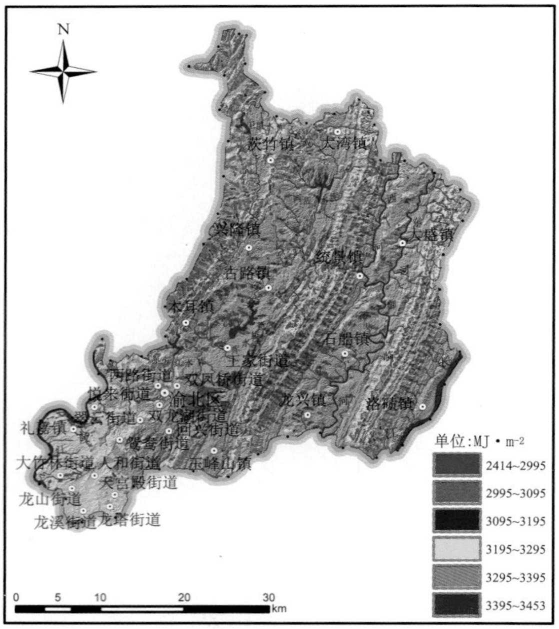

图 6.261 渝北区年总辐射量

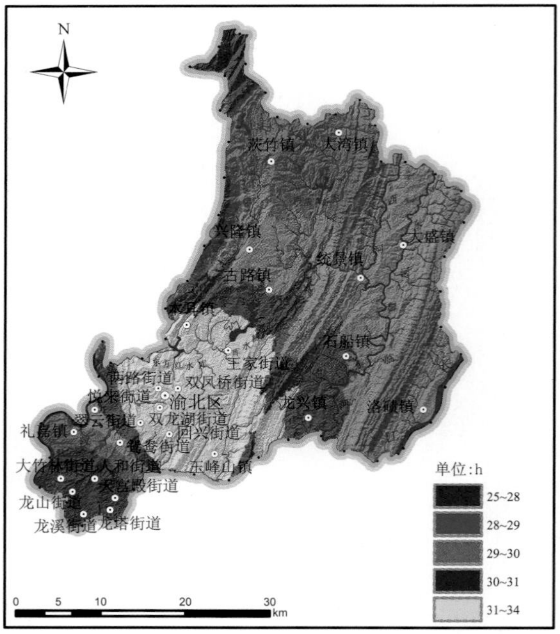

图 6.262 渝北区 1 月日照时数

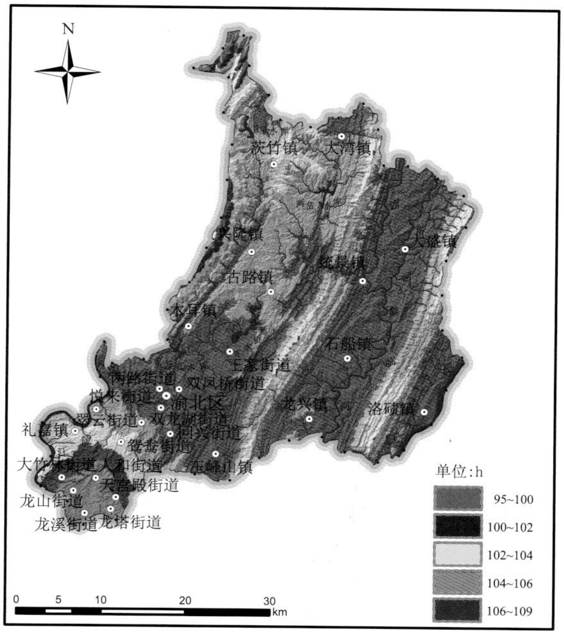

图 6.263 渝北区 4 月日照时数

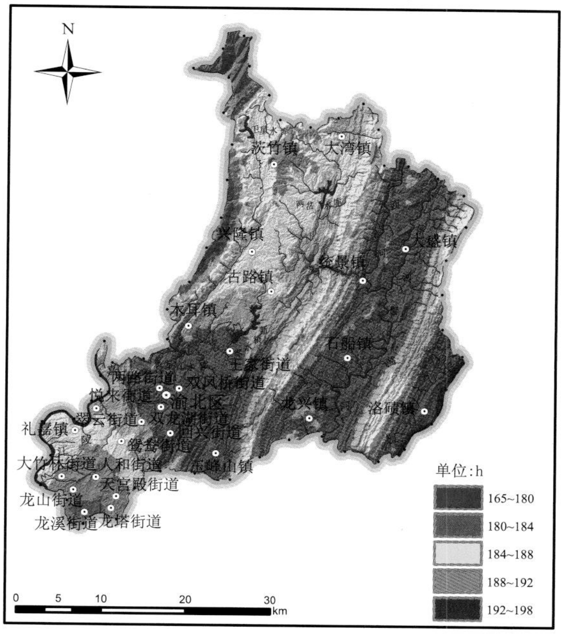

图 6.264 渝北区 7 月日照时数

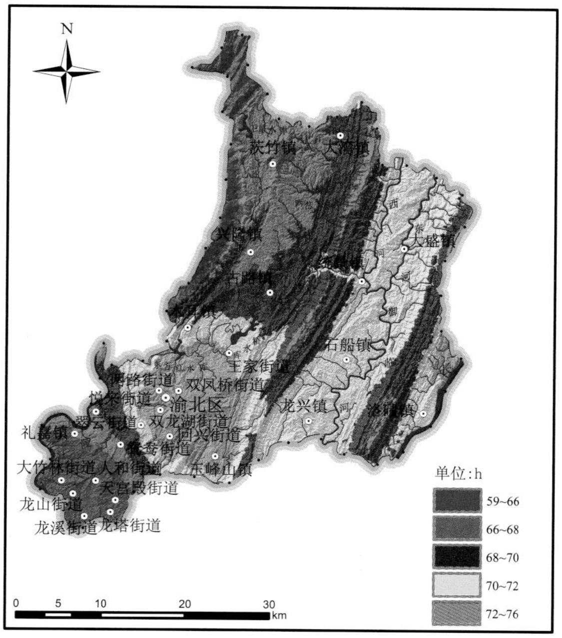

图 6.265 渝北区 10 月日照时数

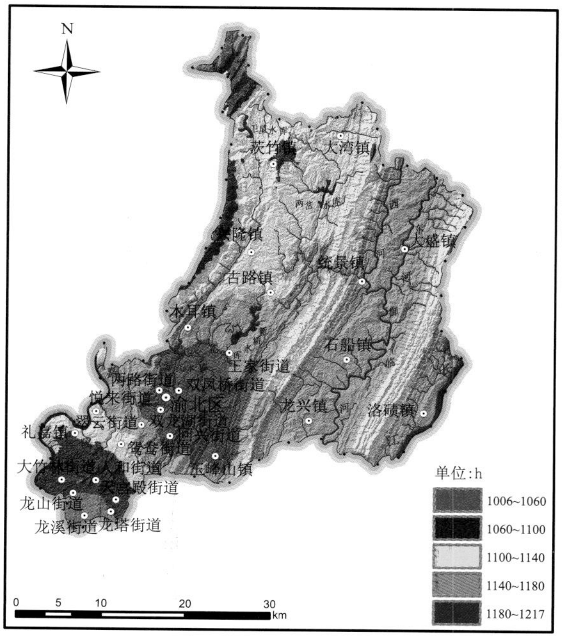

图 6.266 渝北区年日照时数

（10）合川区

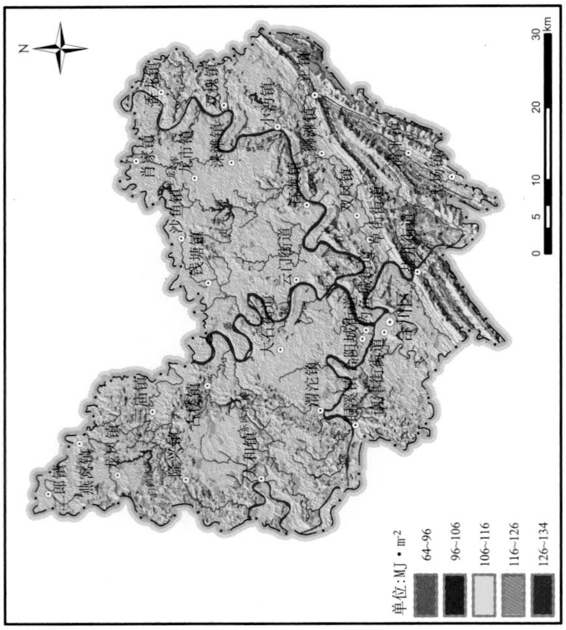

图6.267 合川区1月总辐射量

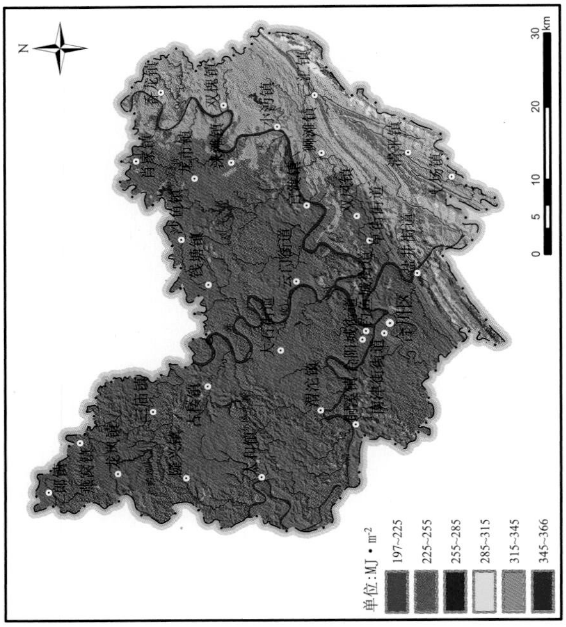

图6.268 合川区4月总辐射量

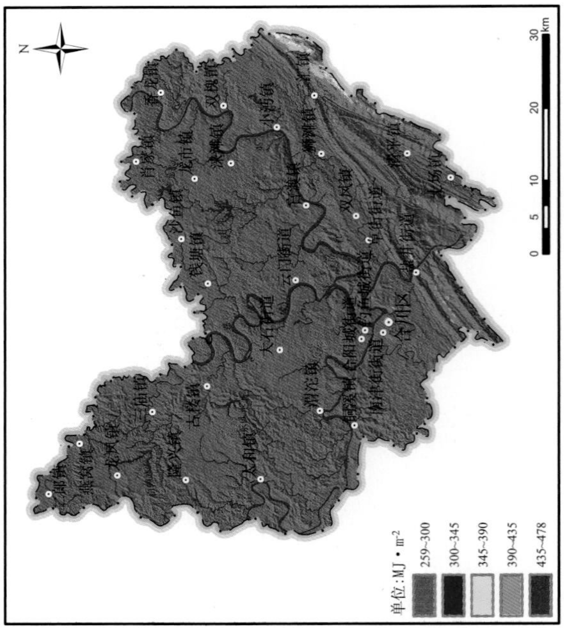

图6.269 合川区7月总辐射量

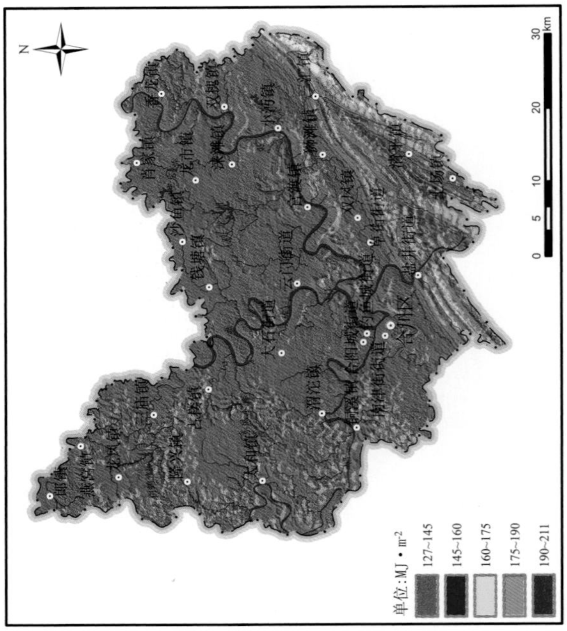

图6.270 合川区10月总辐射量

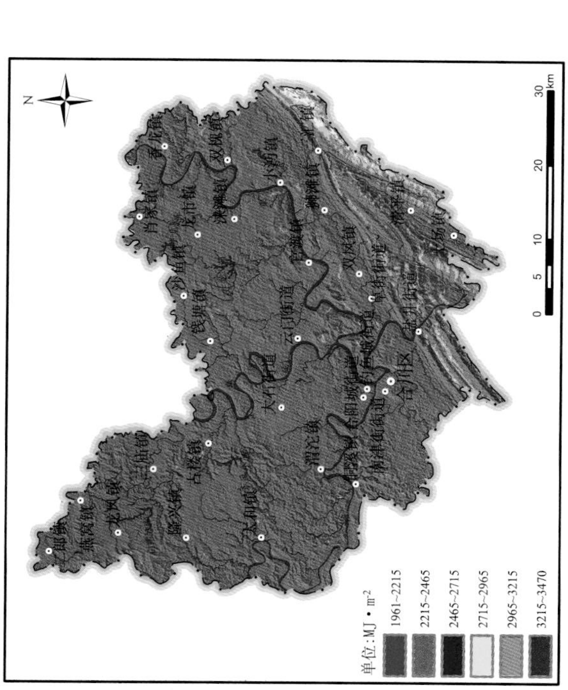

图6.271 合川区年总辐射量

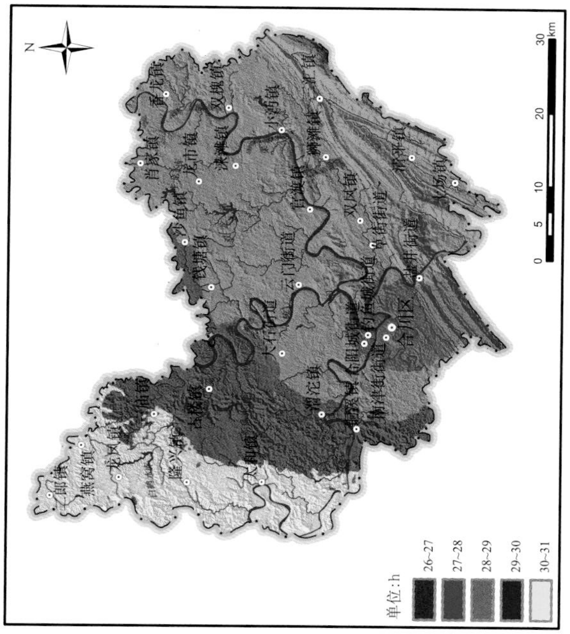

图6.272 合川区1月日照时数

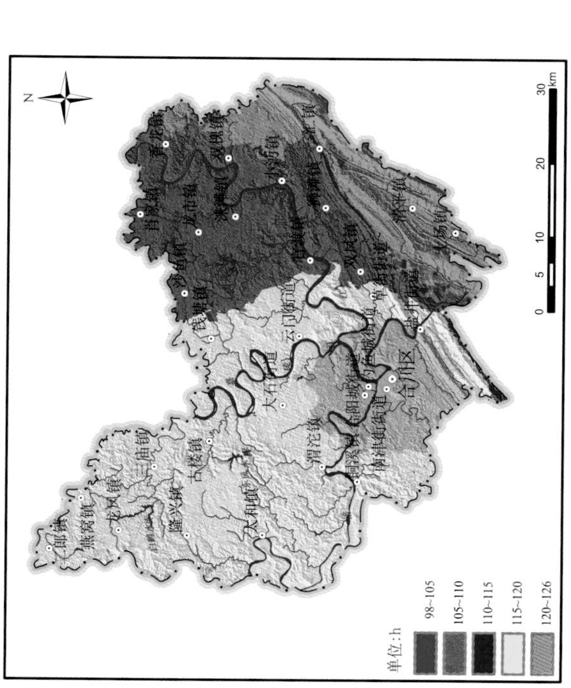

图6.273 合川区4月日照时数

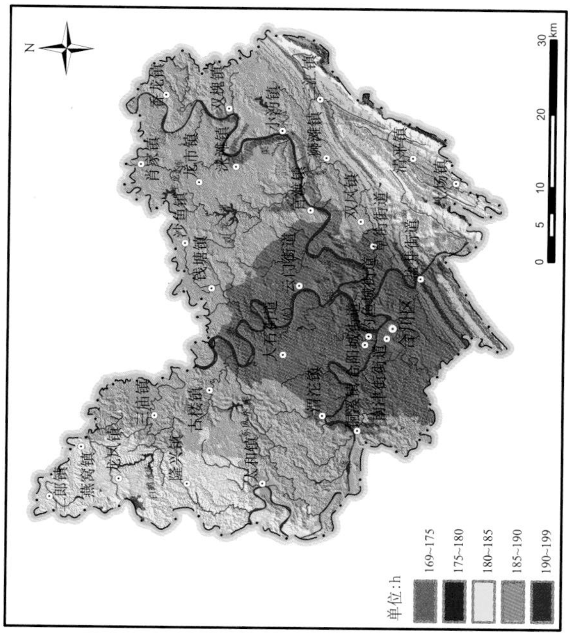

图6.274 合川区7月日照时数

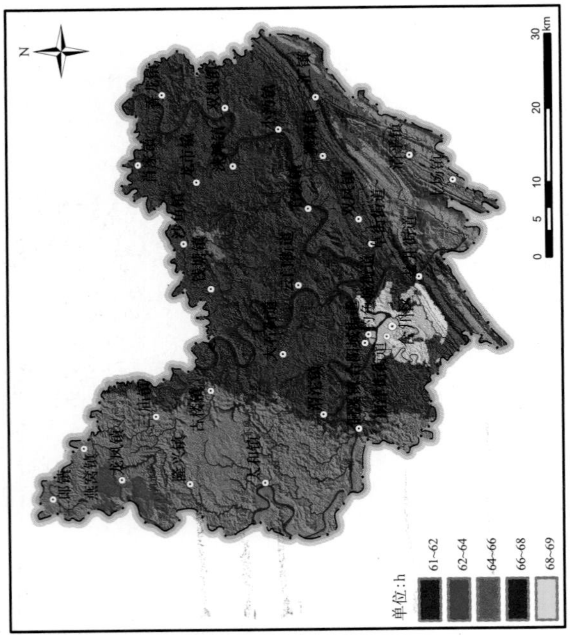

图6.275　合川区10月日照时数

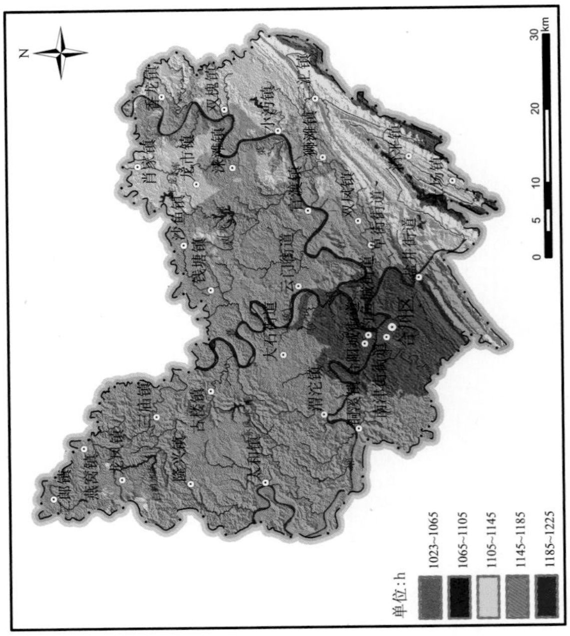

图6.276　合川区年日照时数

(11)铜梁区

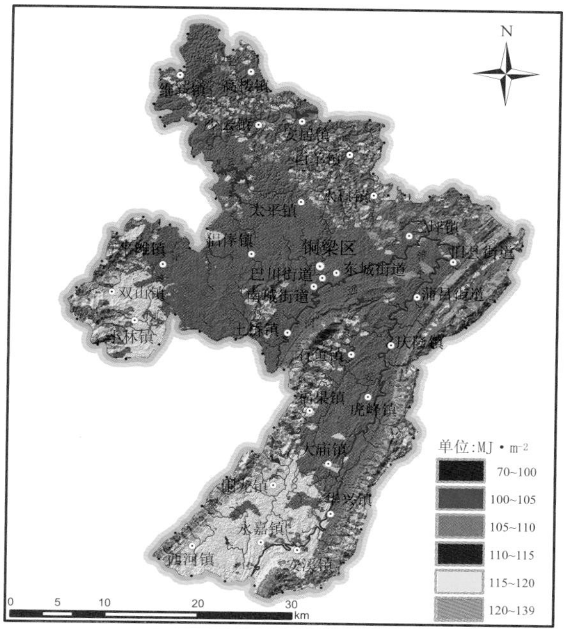

图 6.277 铜梁区 1 月总辐射量

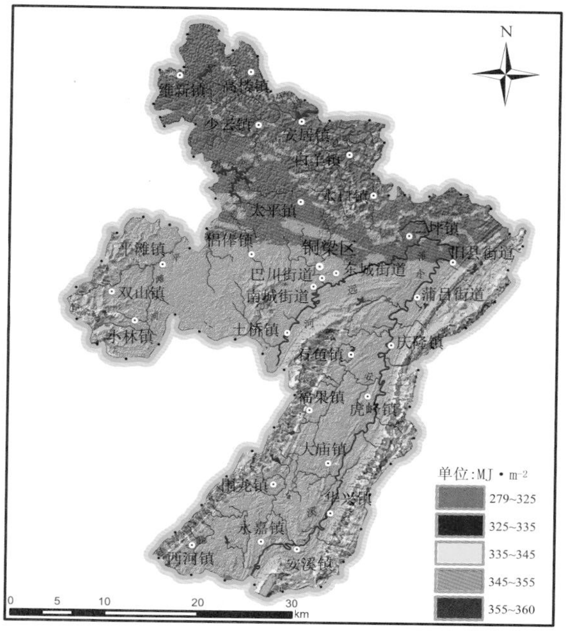

图 6.278 铜梁区 4 月总辐射量

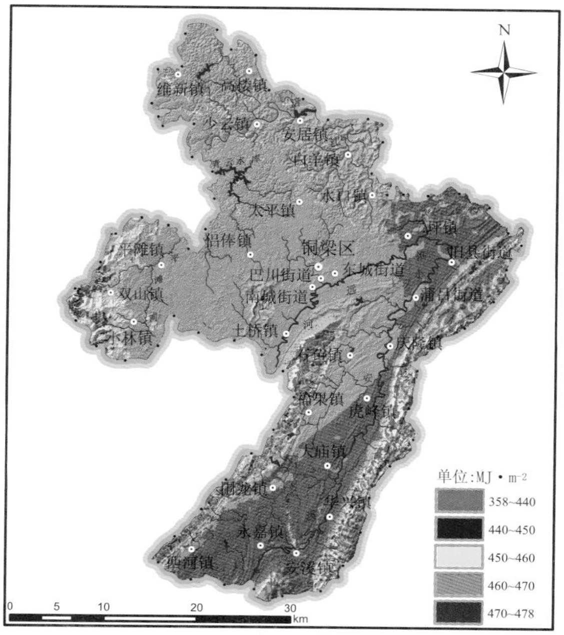

图 6.279 铜梁区 7 月总辐射量

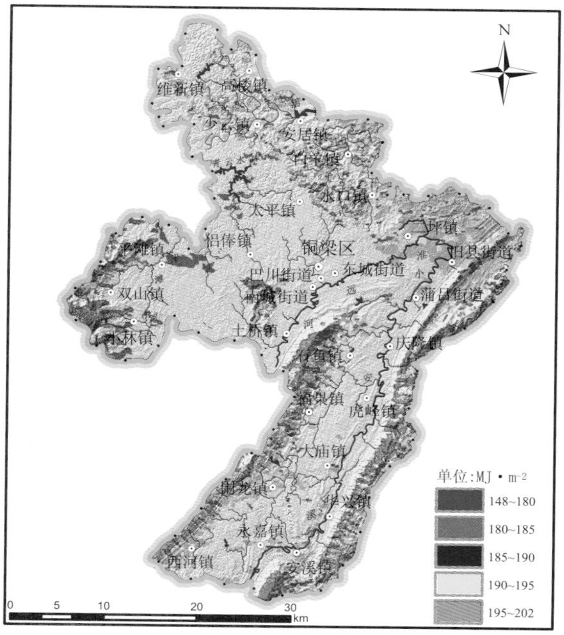

图 6.280 铜梁区 10 月总辐射量

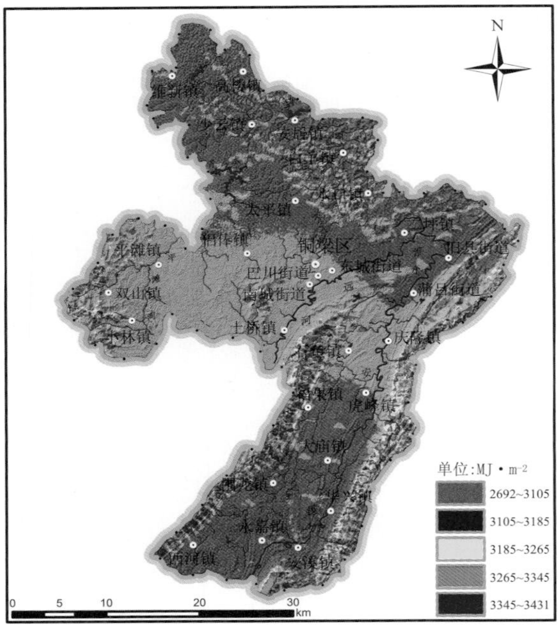

图 6.281　铜梁区年总辐射量

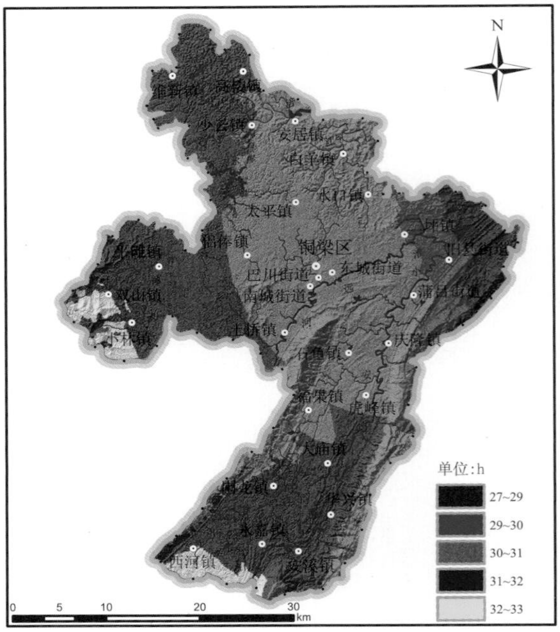

图 6.282　铜梁区 1 月日照时数

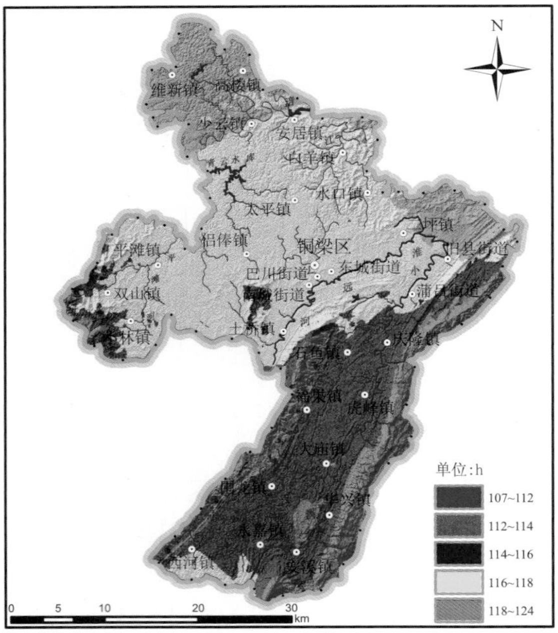

图 6.283　铜梁区 4 月日照时数

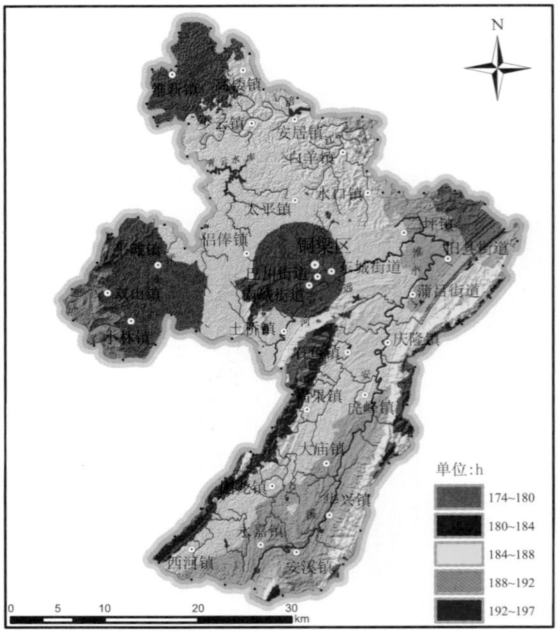

图 6.284　铜梁区 7 月日照时数

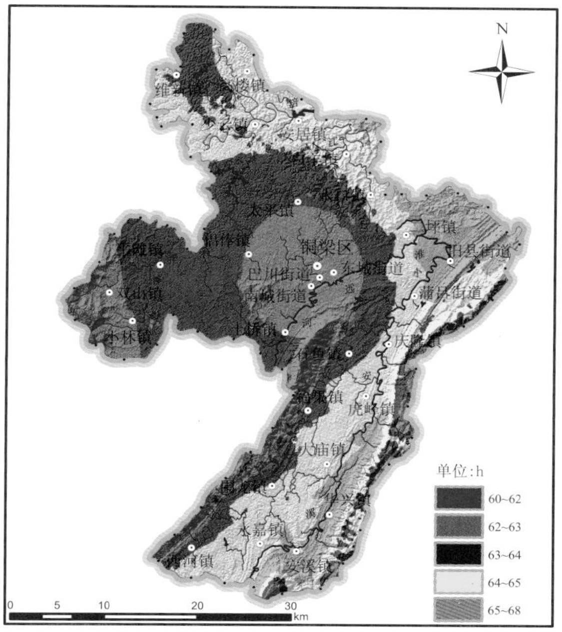

图 6.285 铜梁区 10 月日照时数

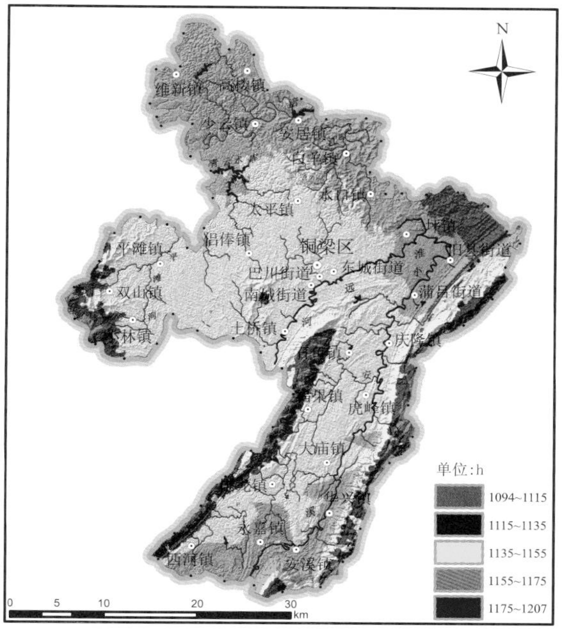

图 6.286 铜梁区年日照时数

(12)江津区

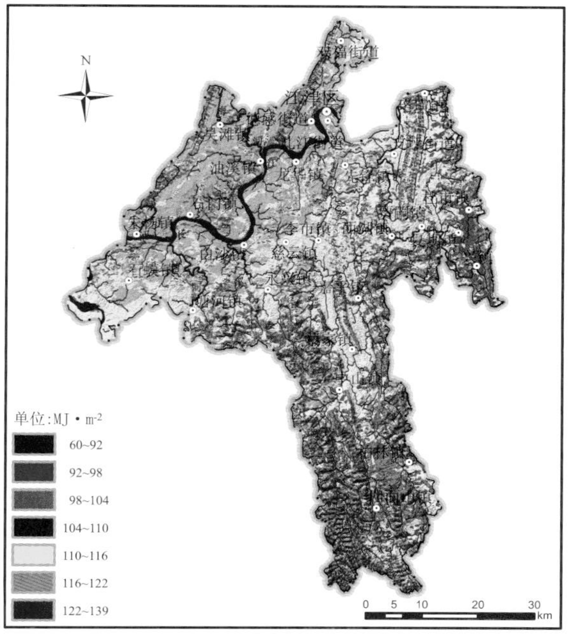

图 6.287 江津区 1 月总辐射量

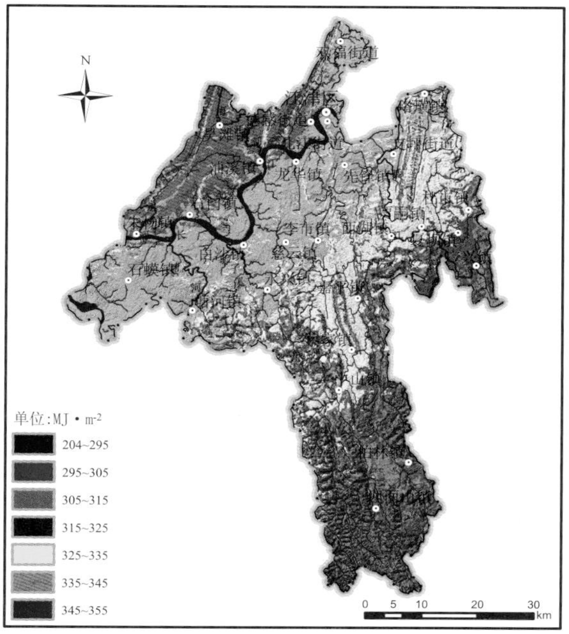

图 6.288 江津区 4 月总辐射量

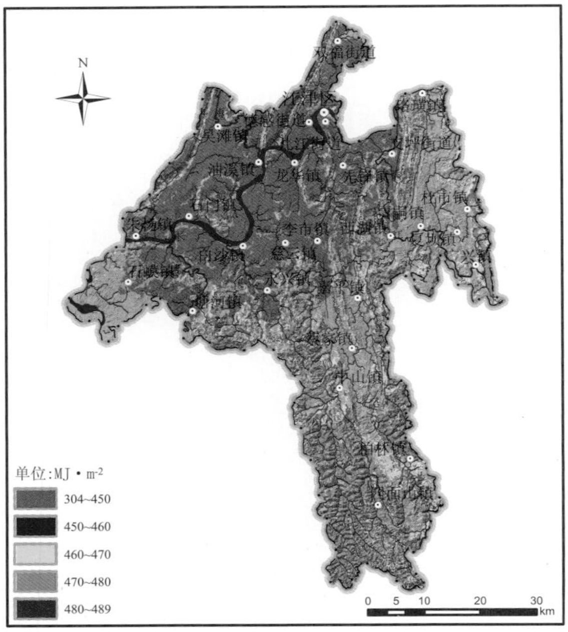

图 6.289　江津区 7 月总辐射量

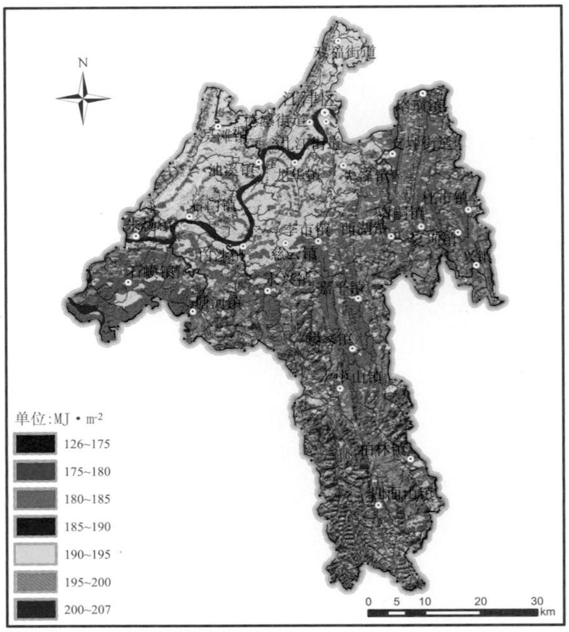

图 6.290　江津区 10 月总辐射量

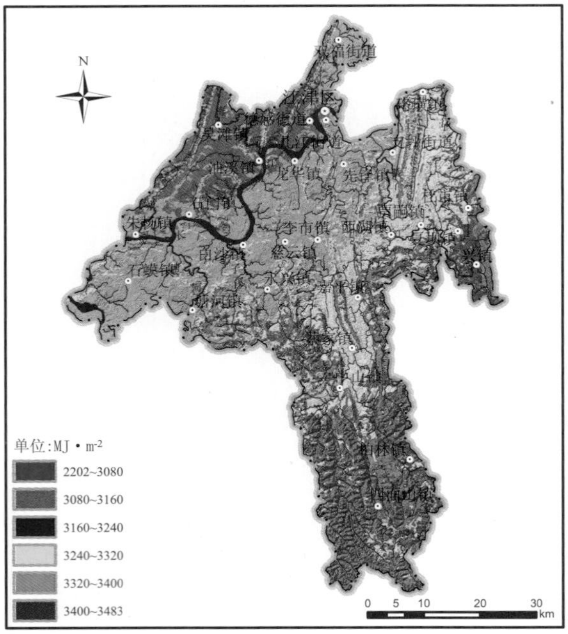

图 6.291　江津区年总辐射量

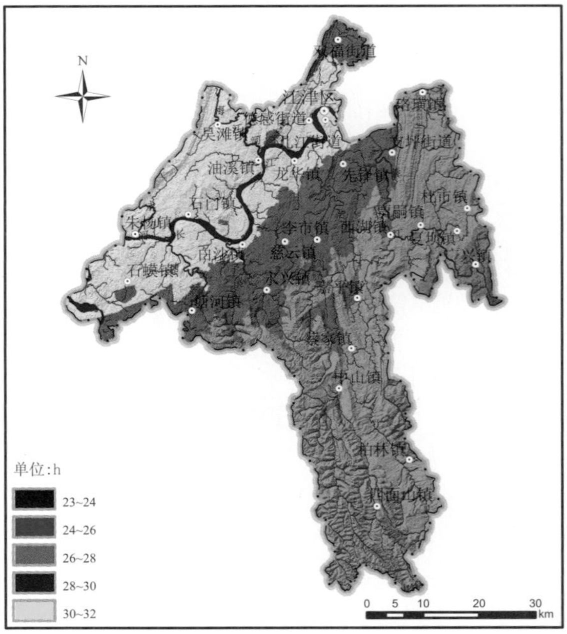

图 6.292　江津区 1 月日照时数

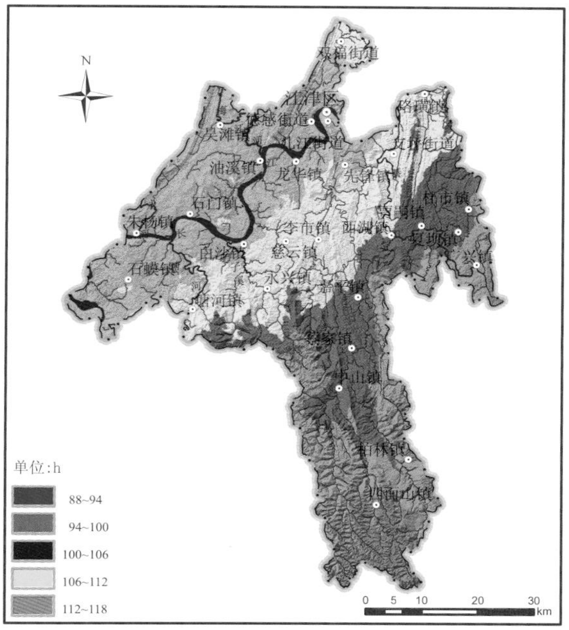

图 6.293　江津区 4 月日照时数

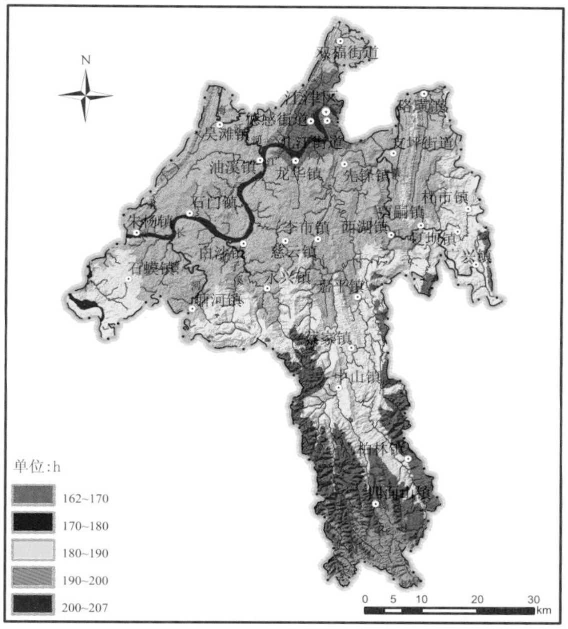

图 6.294　江津区 7 月日照时数

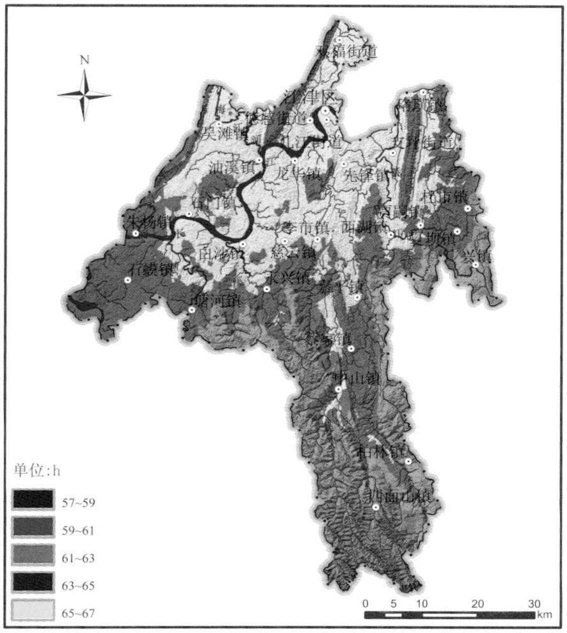

图 6.295　江津区 10 月日照时数

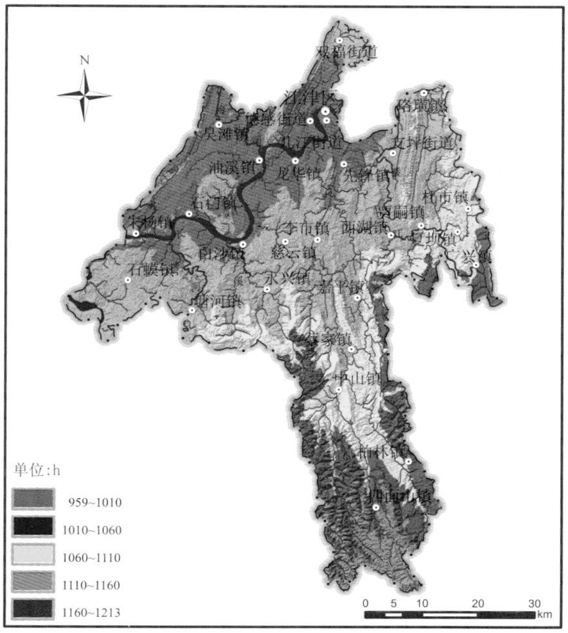

图 6.296　江津区年日照时数

6.1.2.2 气温、积温、地温

(1)奉节县

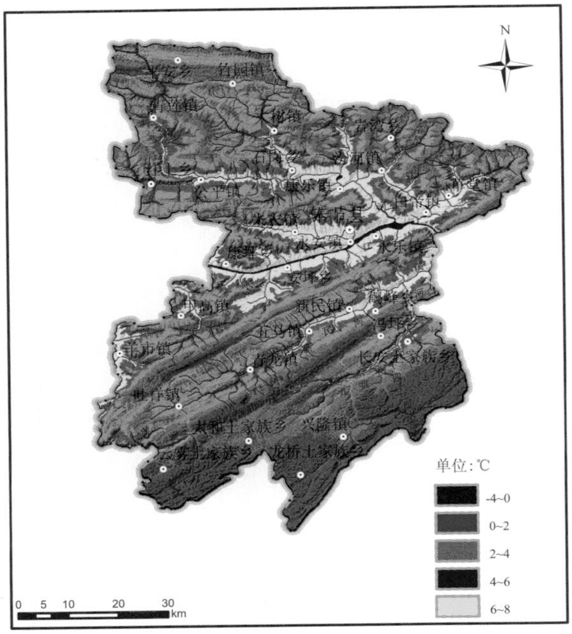

图 6.297 奉节县 1 月平均气温

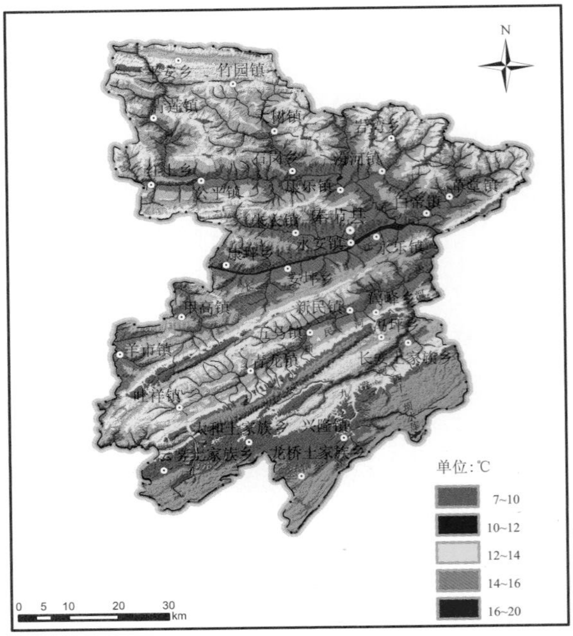

图 6.298 奉节县 4 月平均气温

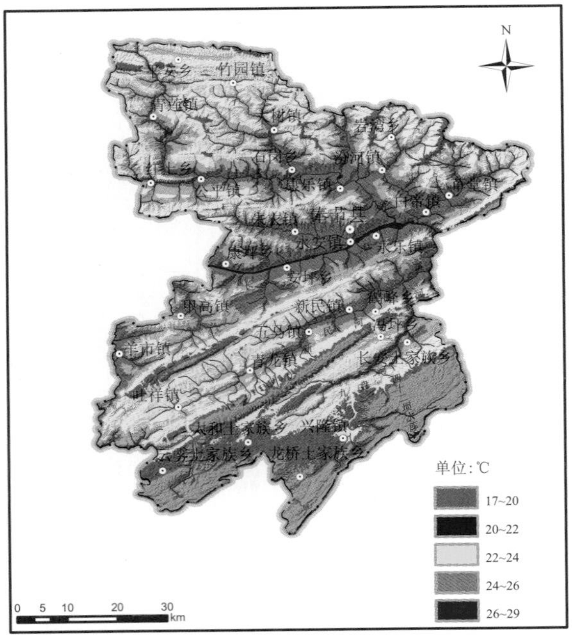

图 6.299 奉节县 7 月平均气温

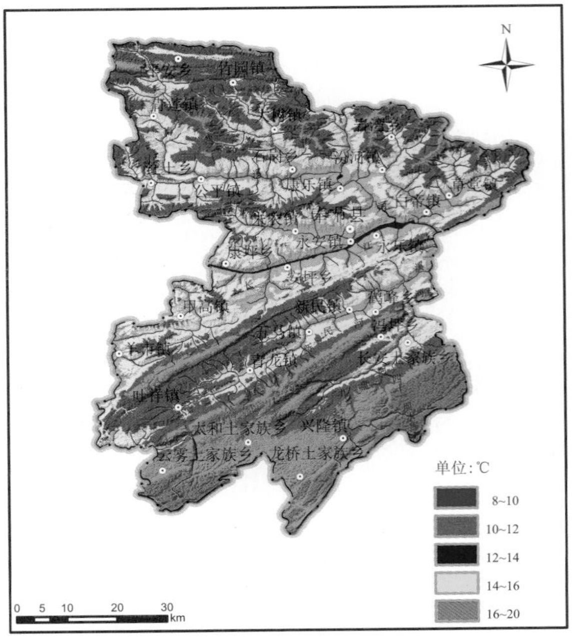

图 6.300 奉节县 10 月平均气温

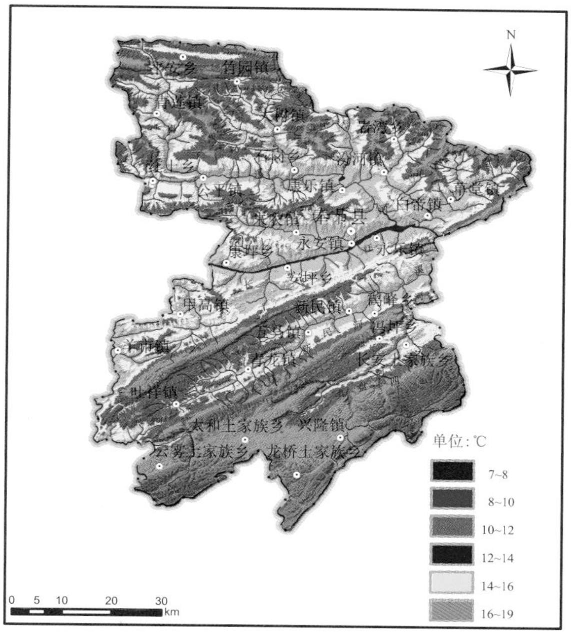

图 6.301 奉节县年平均气温

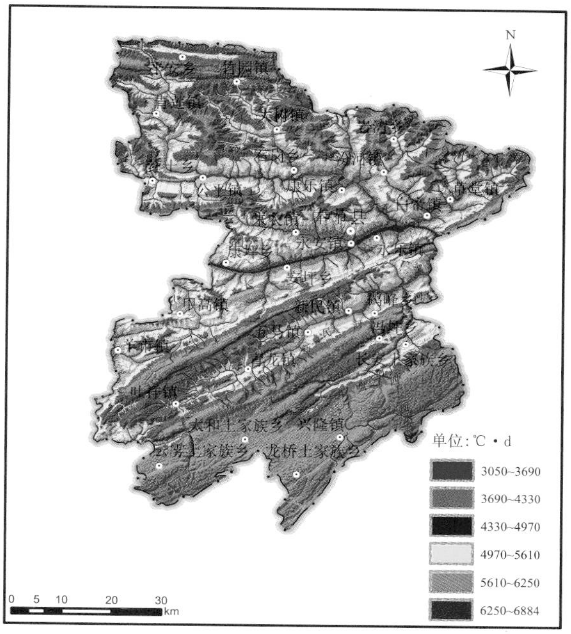

图 6.302 奉节县年≥0 ℃活动积温

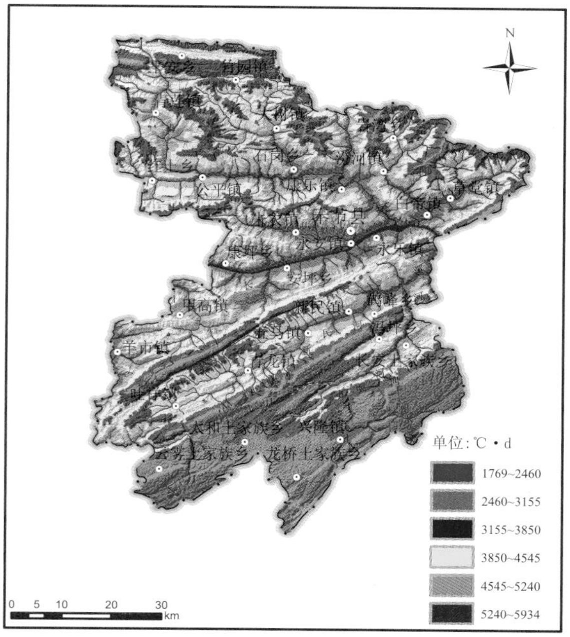

图 6.303 奉节县年≥10 ℃活动积温

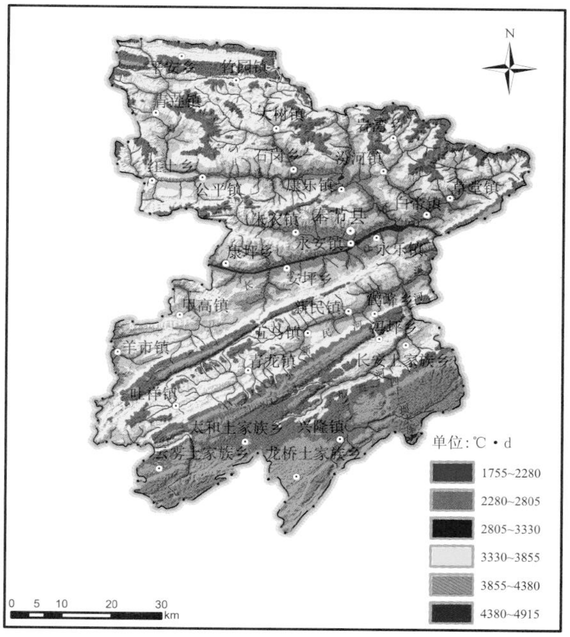

图 6.304 奉节县大春≥10 ℃活动积温

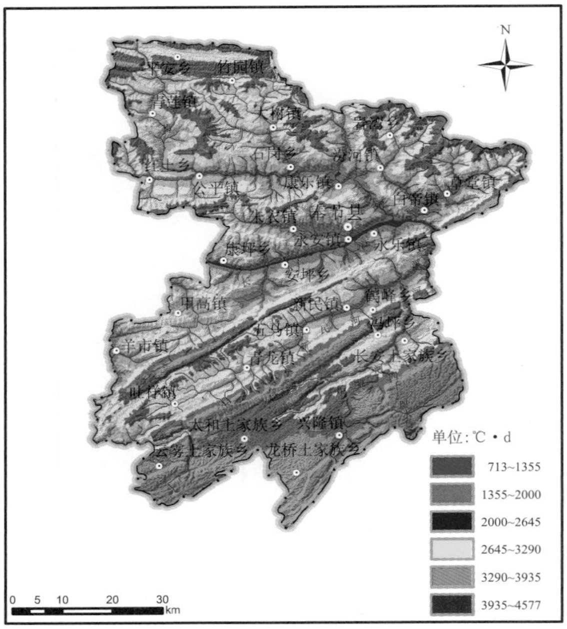

图 6.305　奉节县大春≥15 ℃活动积温

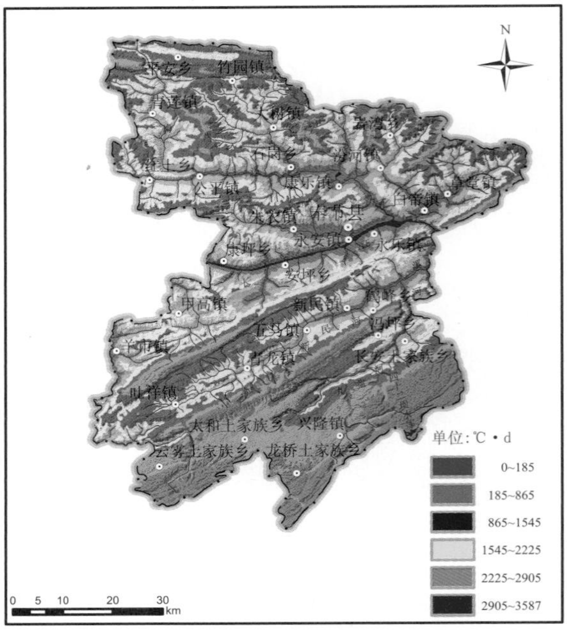

图 6.306　奉节县大春≥20 ℃活动积温

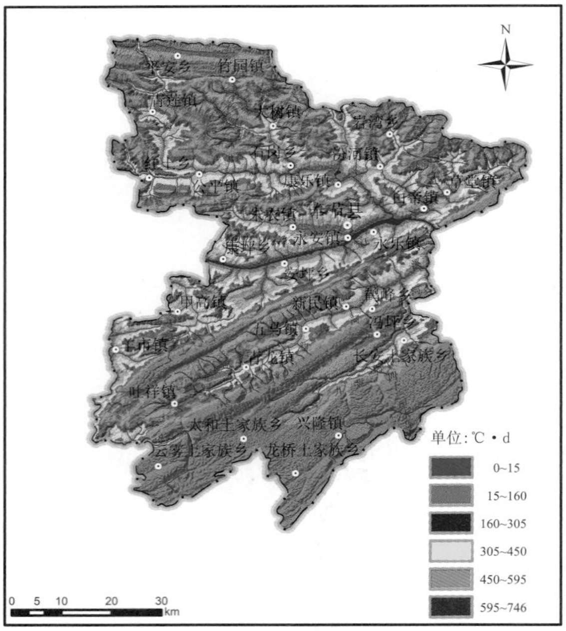

图 6.307　奉节县大春≥25 ℃活动积温

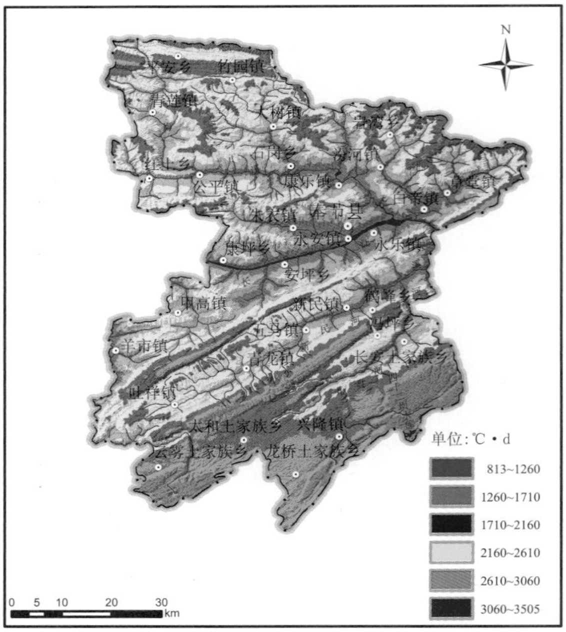

图 6.308　奉节县小春≥0 ℃活动积温

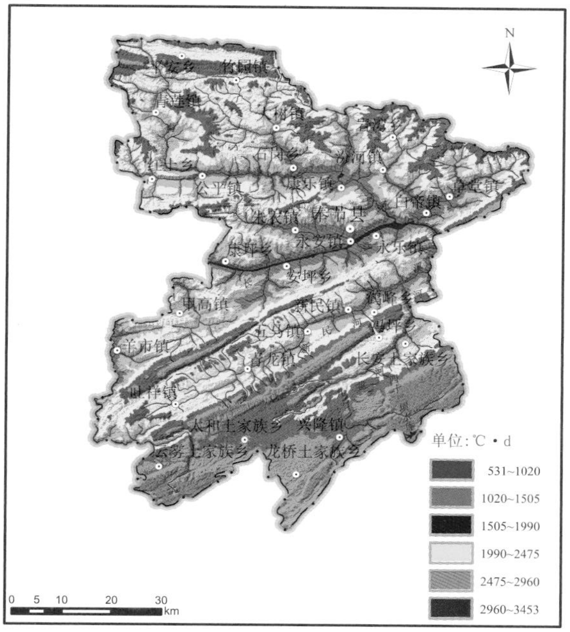

图 6.309 奉节县小春≥5 ℃活动积温

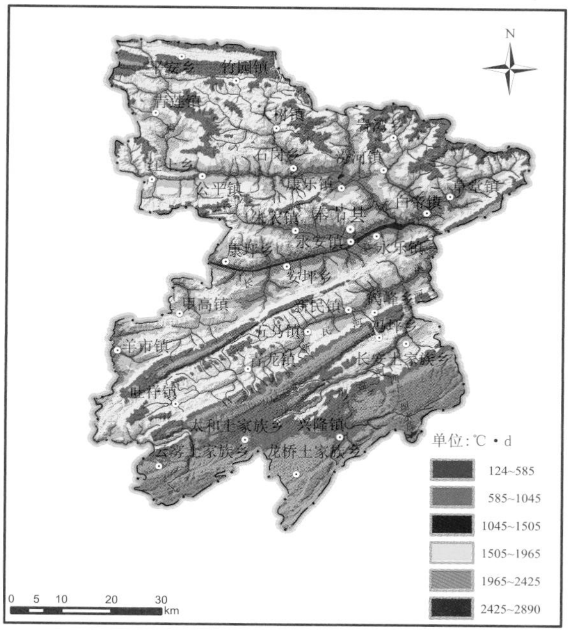

图 6.310 奉节县小春≥10 ℃活动积温

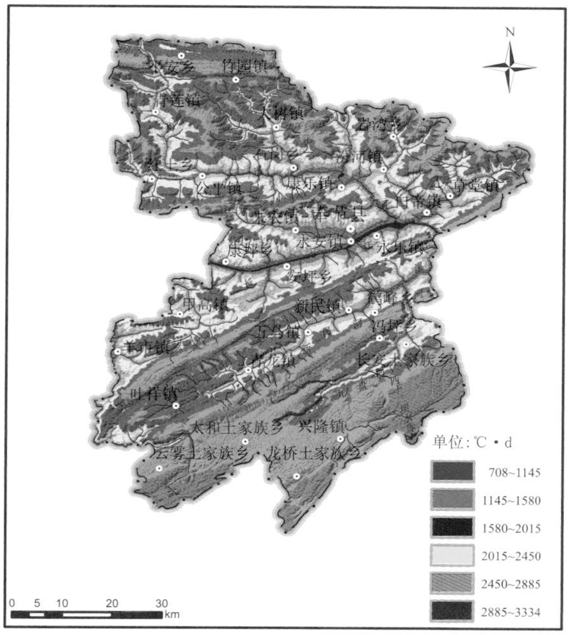

图 6.311 奉节县年≥10 ℃有效积温

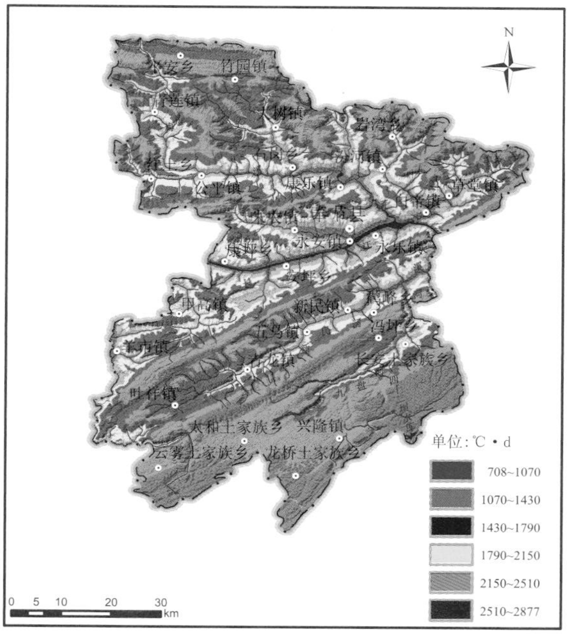

图 6.312 奉节县大春≥10 ℃有效积温

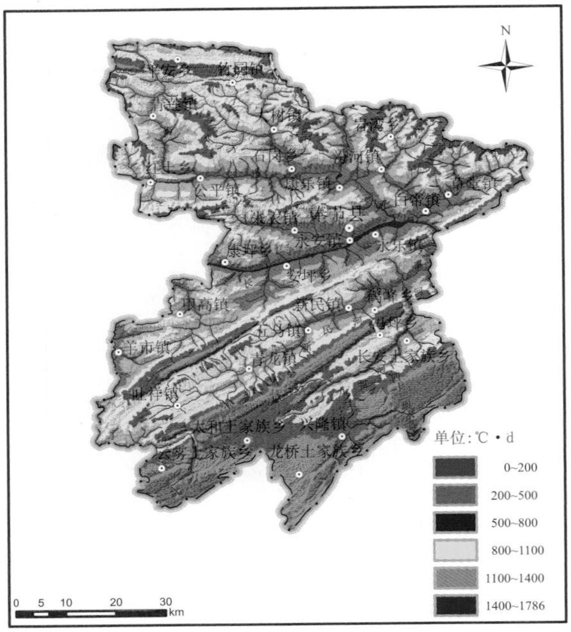

图 6.313　奉节县大春≥15 ℃有效积温

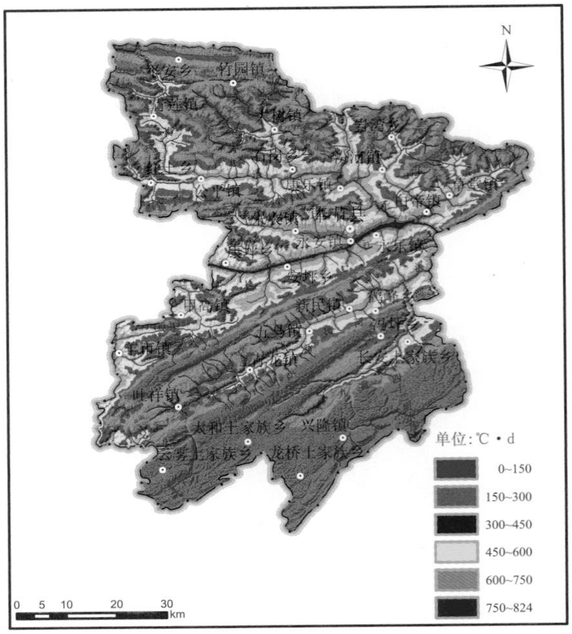

图 6.314　奉节县大春≥20 ℃有效积温

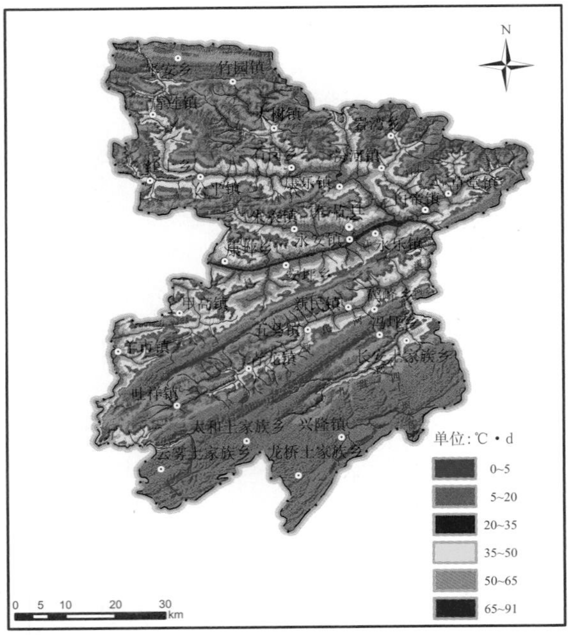

图 6.315　奉节县大春≥25 ℃有效积温

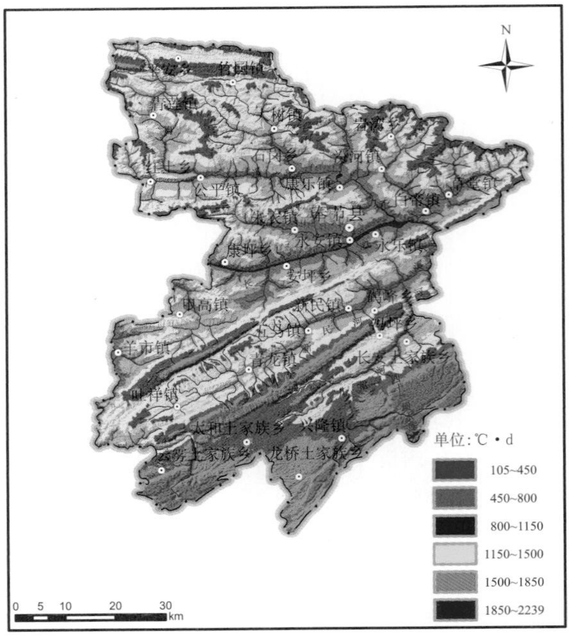

图 6.316　奉节县小春≥5 ℃有效积温

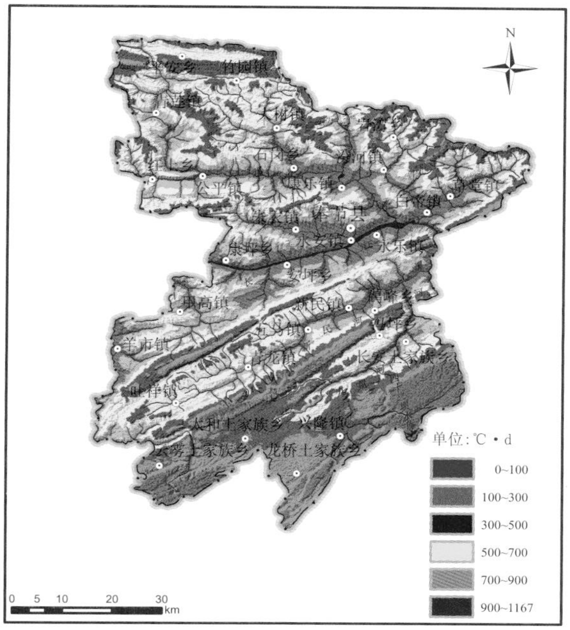

图 6.317 奉节县小春≥10 ℃有效积温

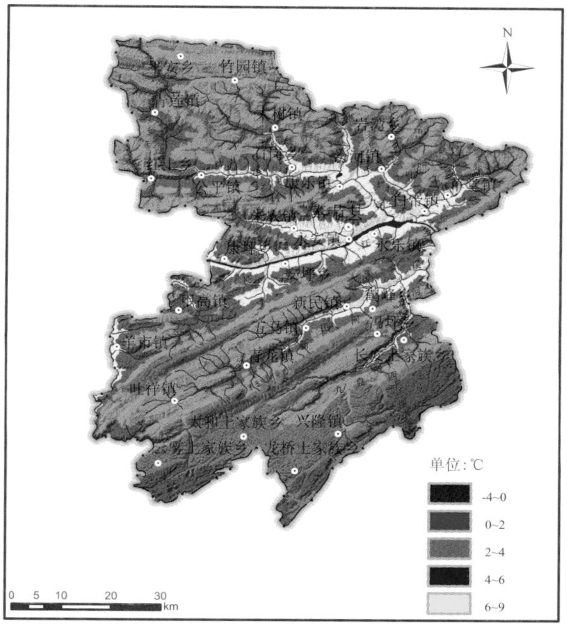

图 6.318 奉节县 1 月平均地温

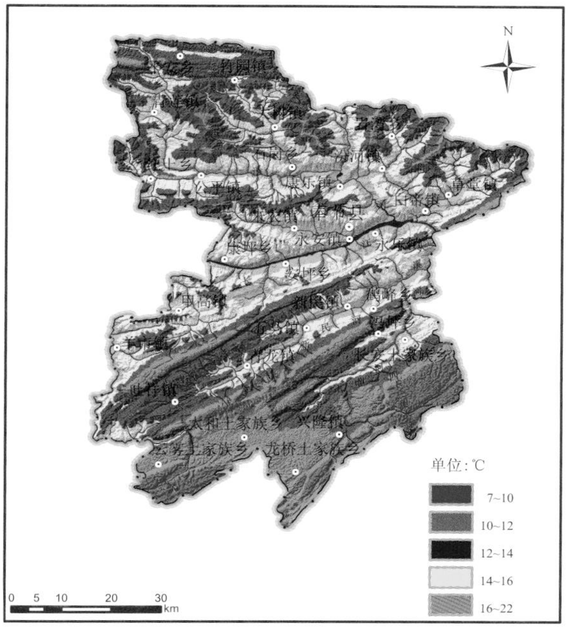

图 6.319 奉节县 4 月平均地温

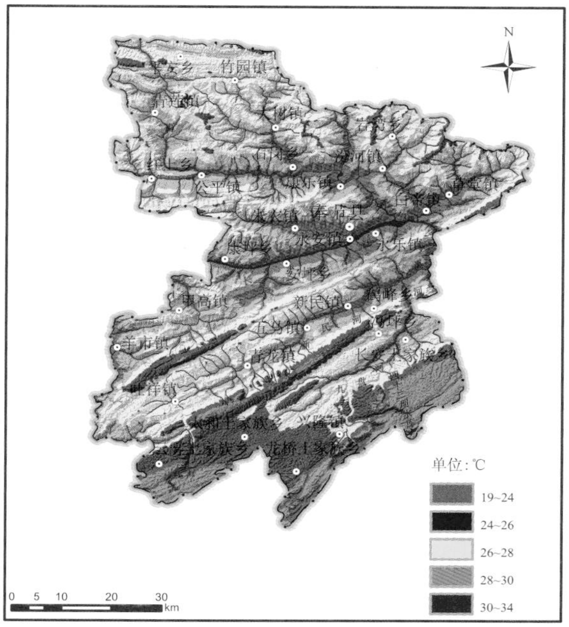

图 6.320 奉节县 7 月平均地温

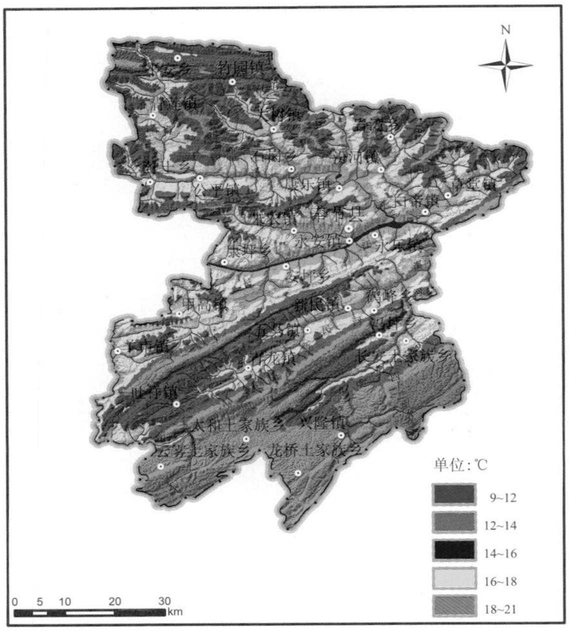

图 6.321　奉节县 10 月平均地温

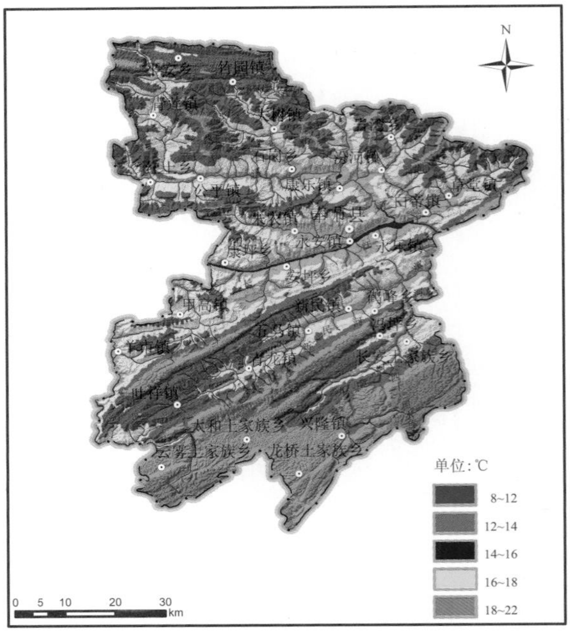

图 6.322　奉节县年平均地温

(2)开县

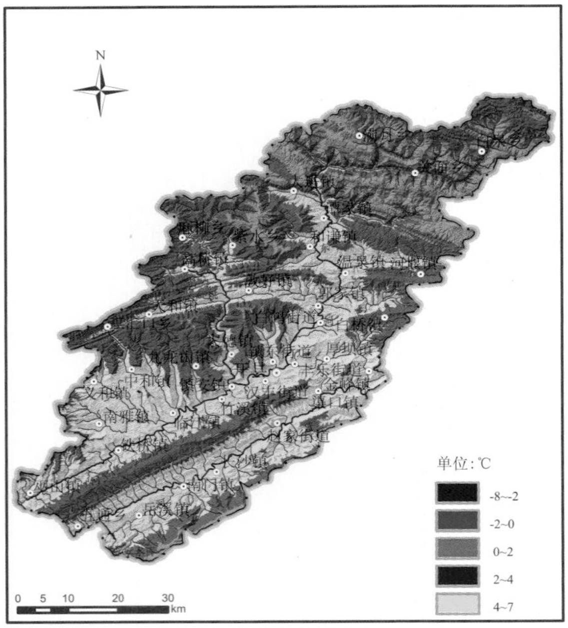

图 6.323　开县 1 月平均气温

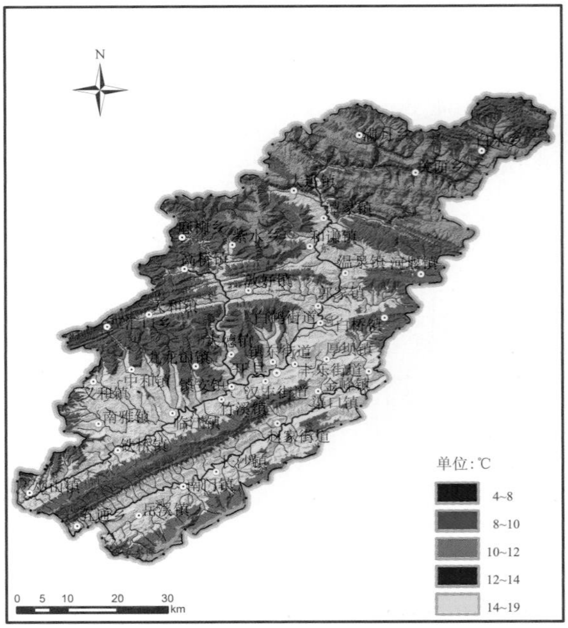

图 6.324　开县 4 月平均气温

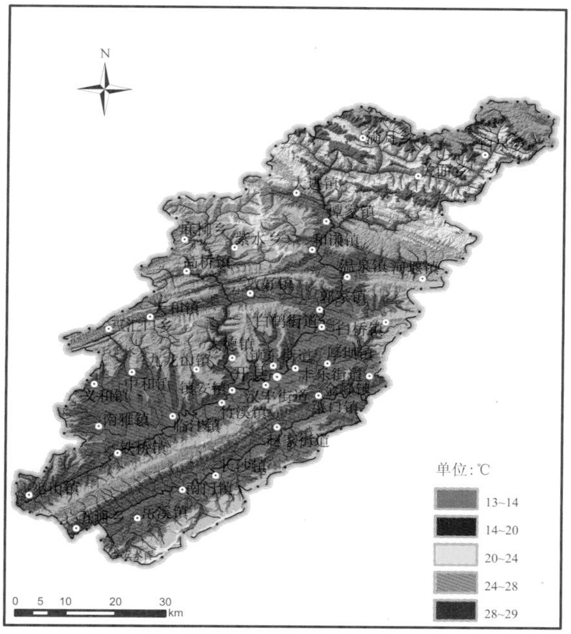

图 6.325 开县 7 月平均气温

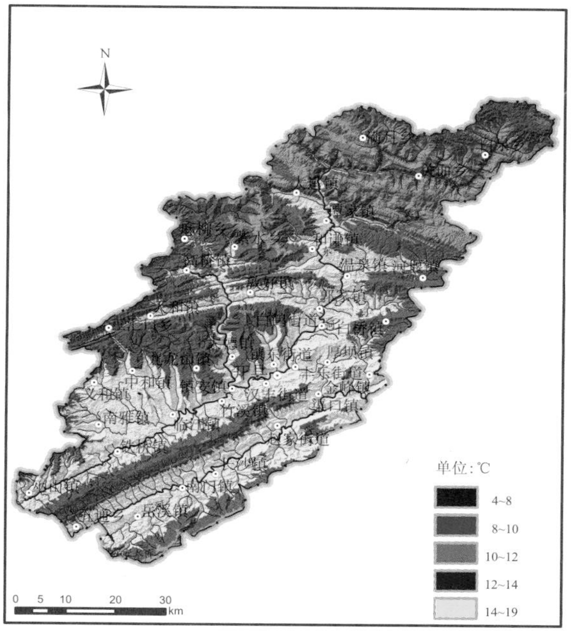

图 6.326 开县 10 月平均气温

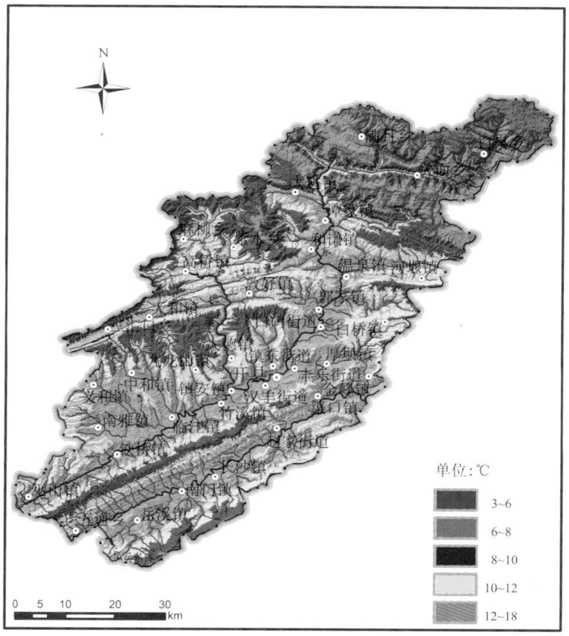

图 6.327 开县年平均气温

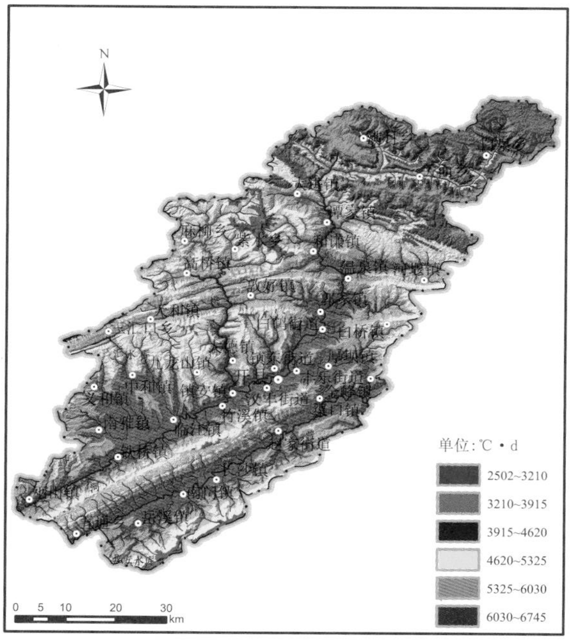

图 6.328 开县年≥0 ℃活动积温

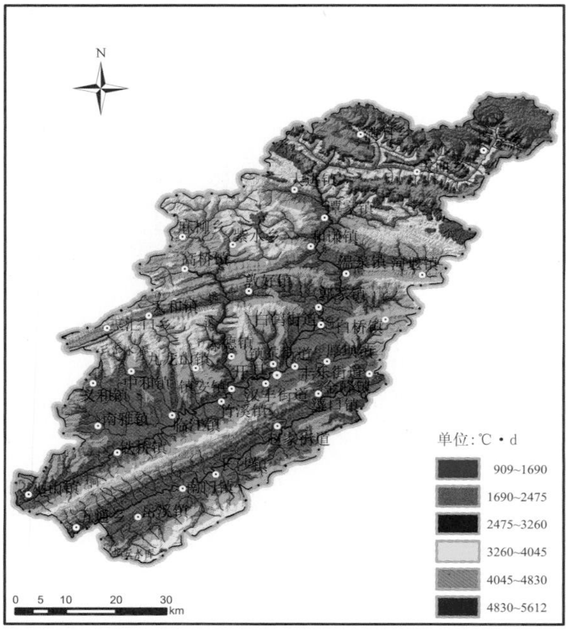

图 6.329 开县年≥10 ℃活动积温

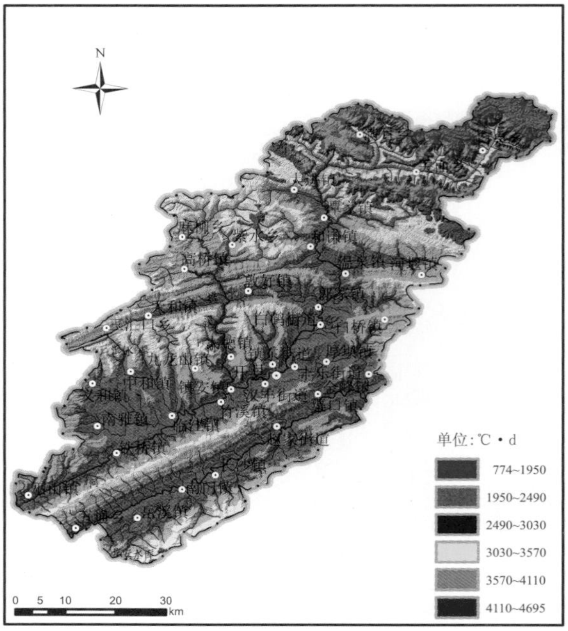

图 6.330 开县大春≥10 ℃活动积温

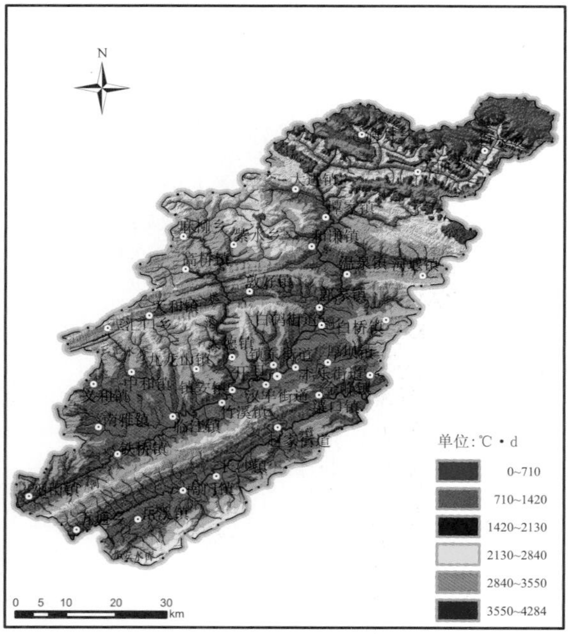

图 6.331 开县大春≥15 ℃活动积温

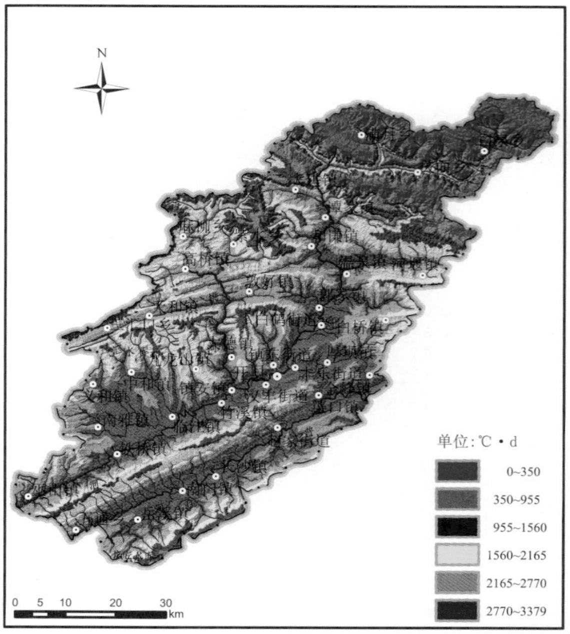

图 6.332 开县大春≥20 ℃活动积温

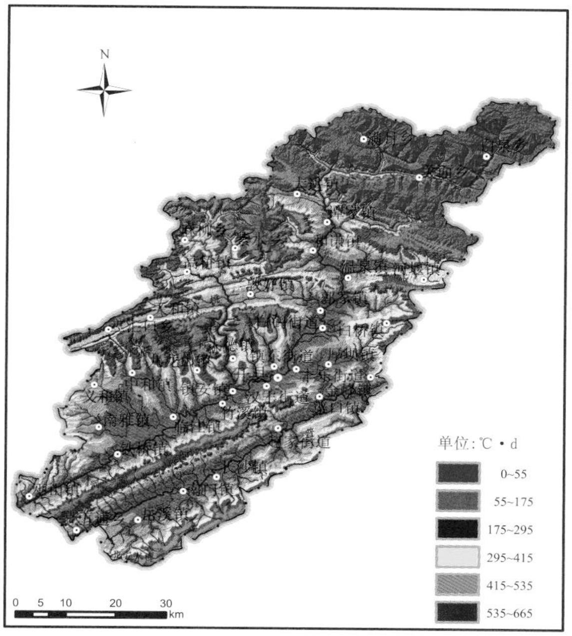

图 6.333　开县大春≥25 ℃活动积温

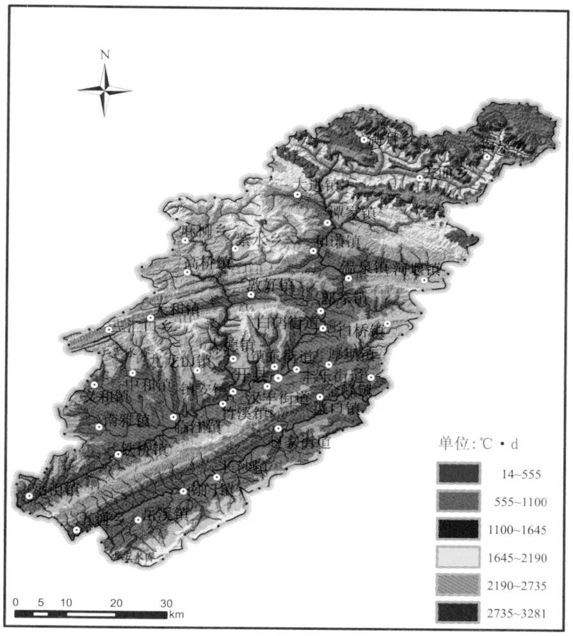

图 6.334　开县小春≥0 ℃活动积温

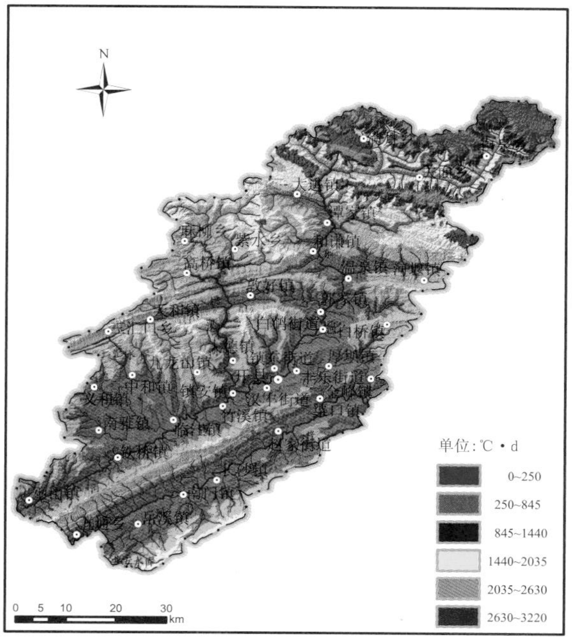

图 6.335　开县小春≥5 ℃活动积温

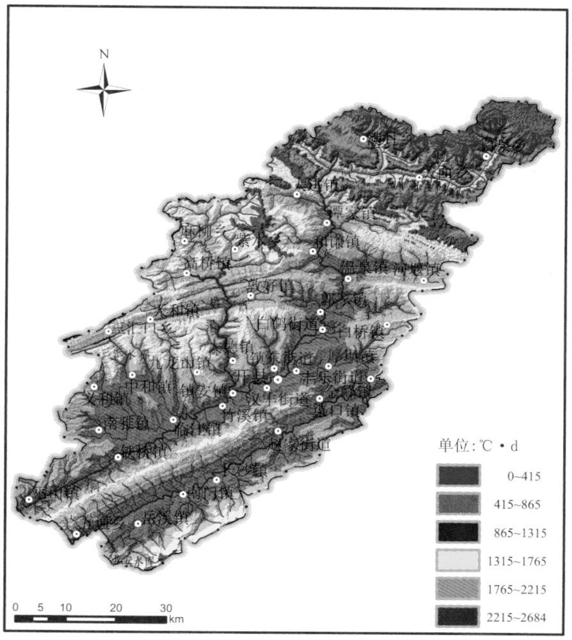

图 6.336　开县小春≥10 ℃活动积温

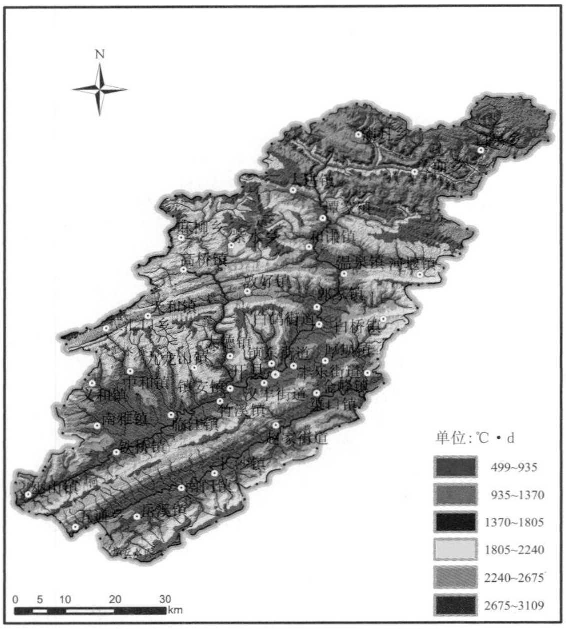

图 6.337 开县年≥10 ℃有效积温

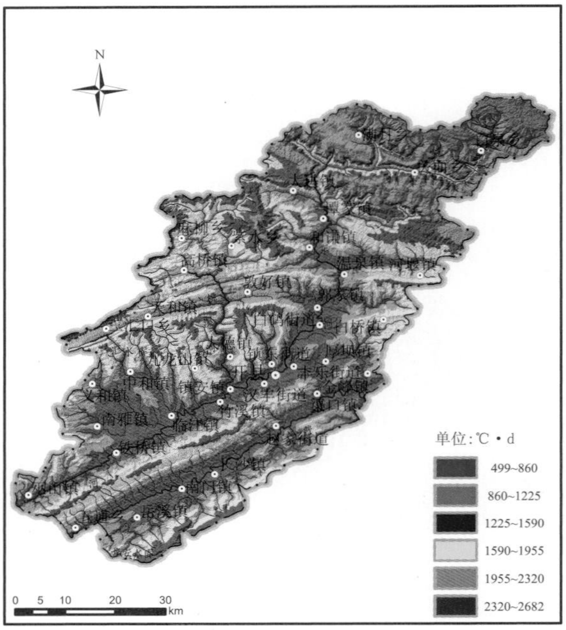

图 6.338 开县大春≥10 ℃有效积温

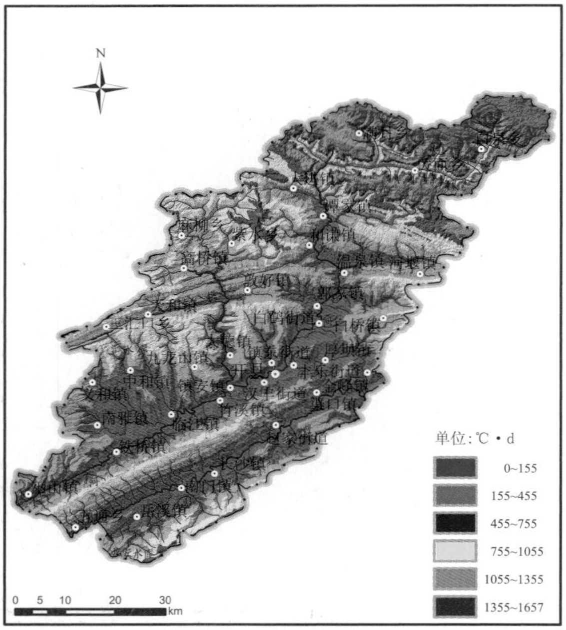

图 6.339 开县大春≥15 ℃有效积温

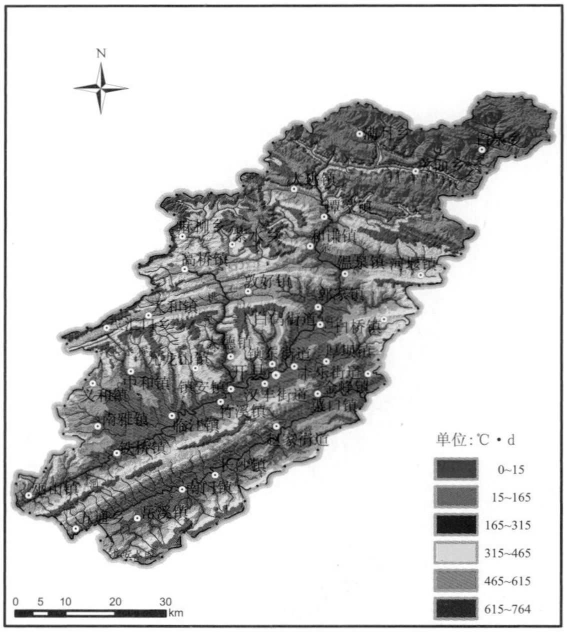

图 6.340 开县大春≥20 ℃有效积温

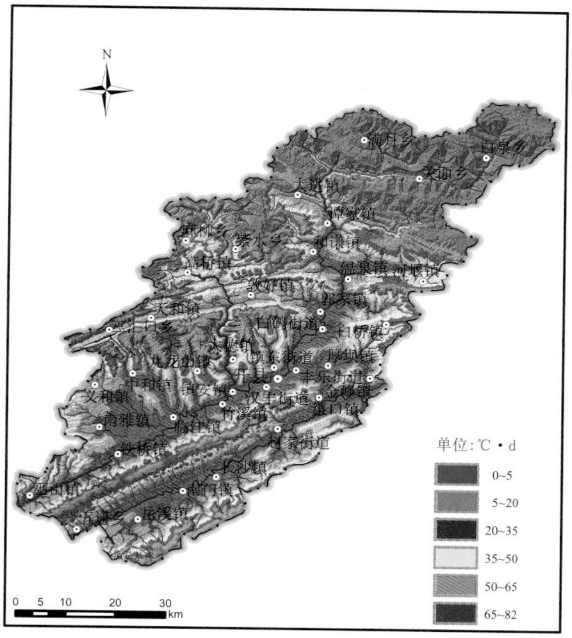

图 6.341 开县大春≥25 ℃有效积温

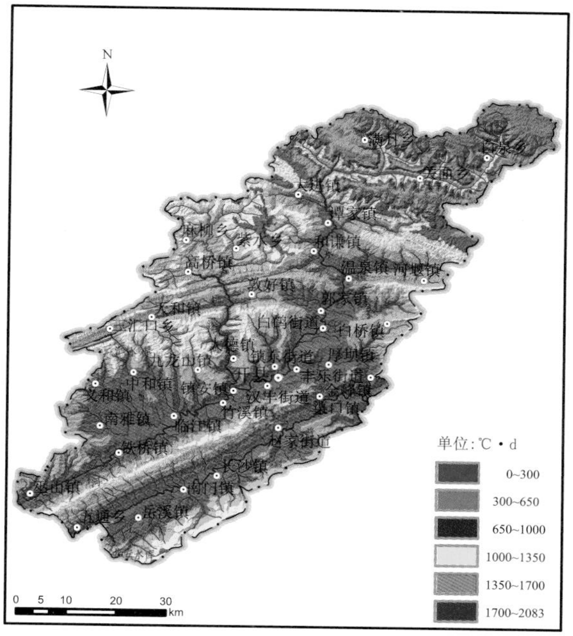

图 6.342 开县小春≥5 ℃有效积温

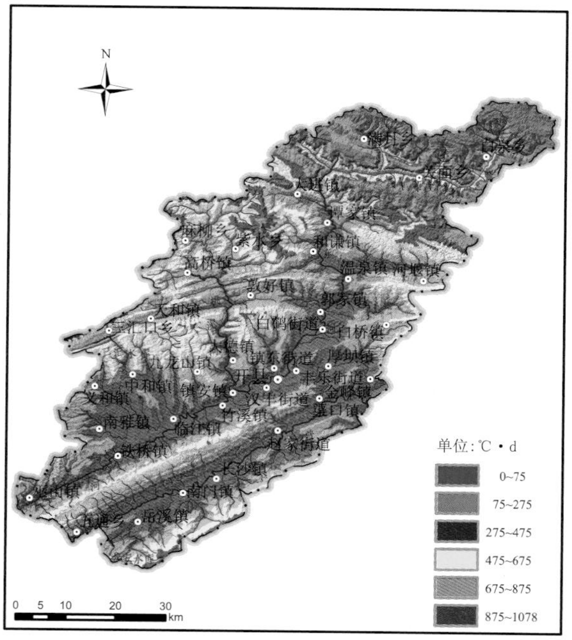

图 6.343 开县小春≥10 ℃有效积温

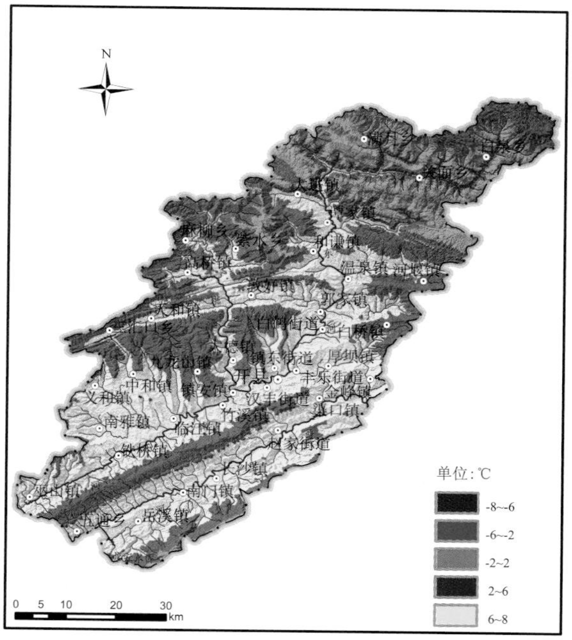

图 6.344 开县 1 月平均地温

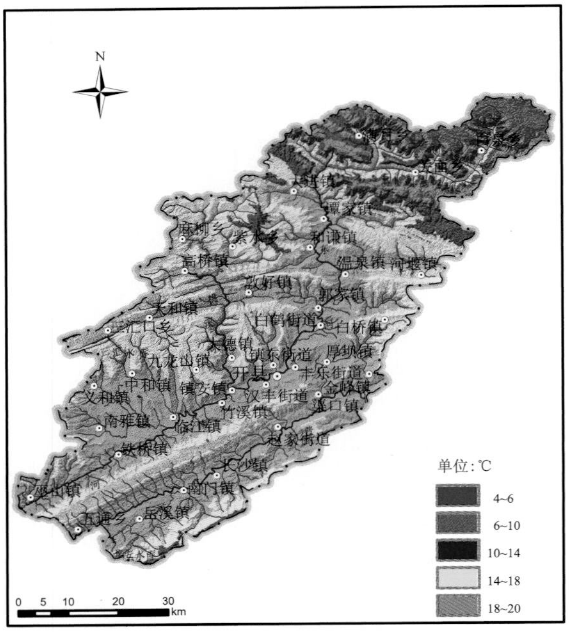

图 6.345 开县 4 月平均地温

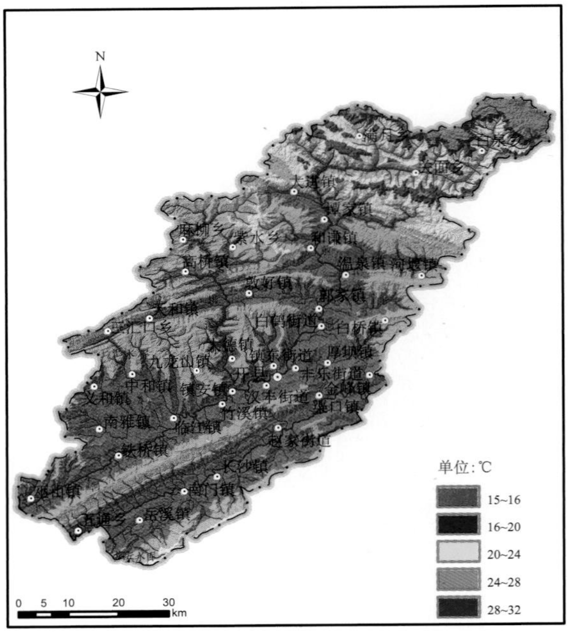

图 6.346 开县 7 月平均地温

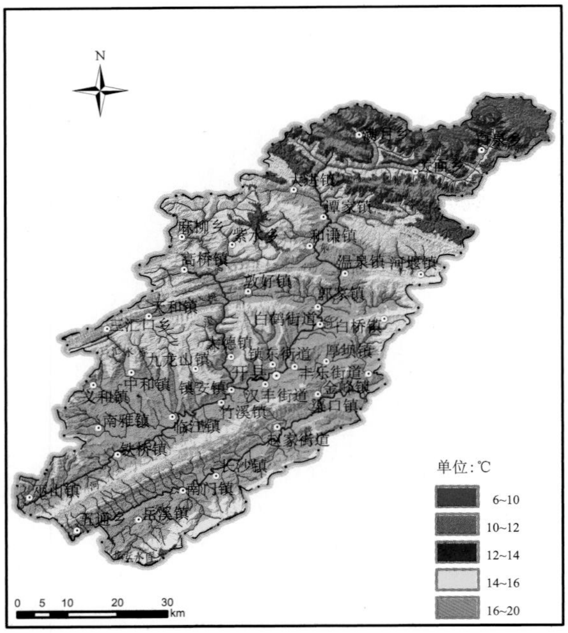

图 6.347 开县 10 月平均地温

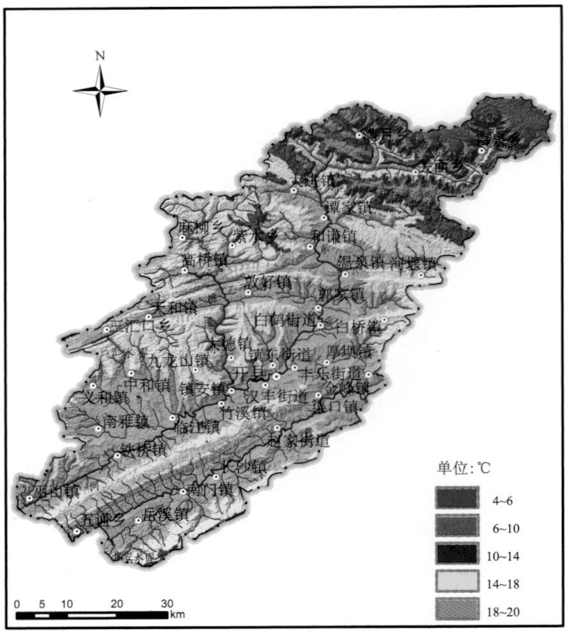

图 6.348 开县年平均地温

(3)万州区

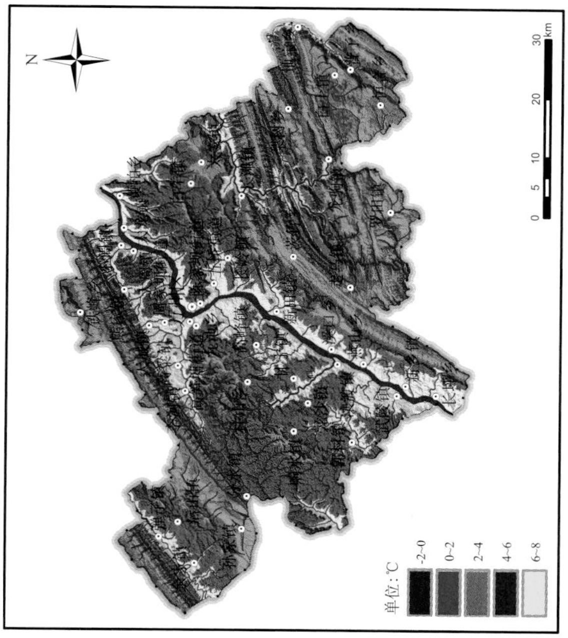

图6.349 万州区1月平均气温

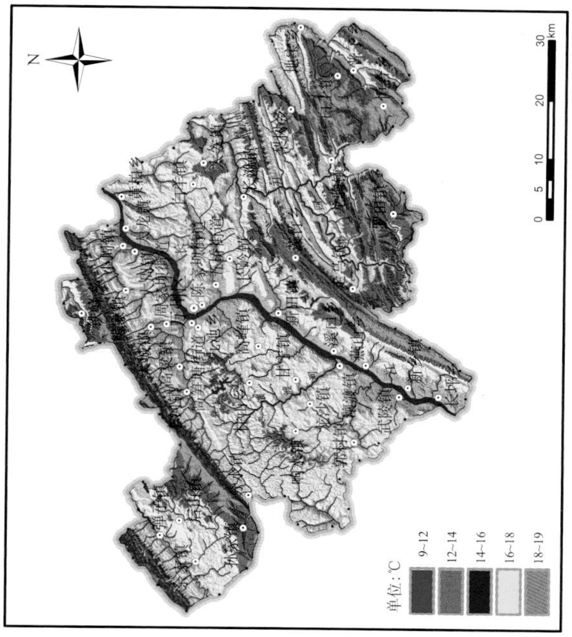

图6.350 万州区4月平均气温

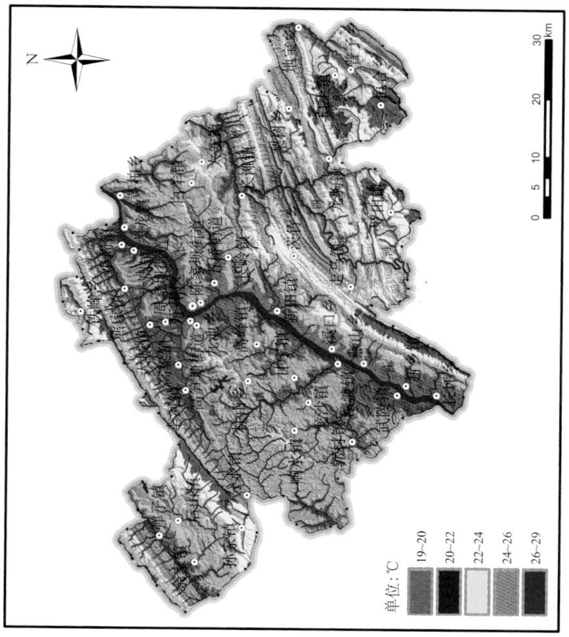

图6.351 万州区7月平均气温

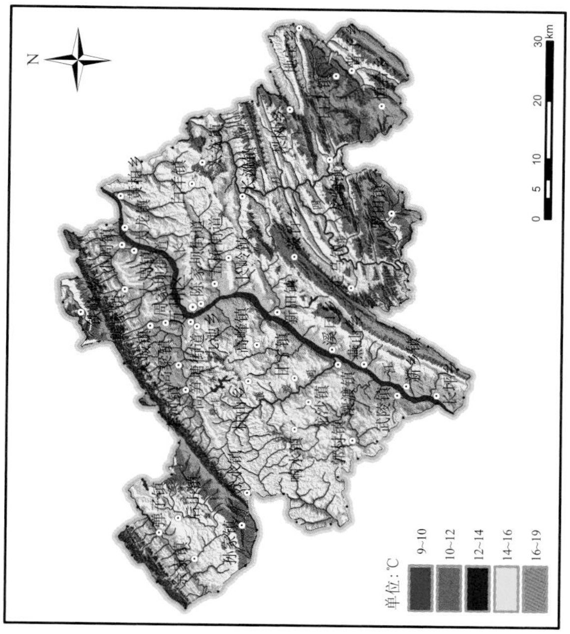

图6.352 万州区10月平均气温

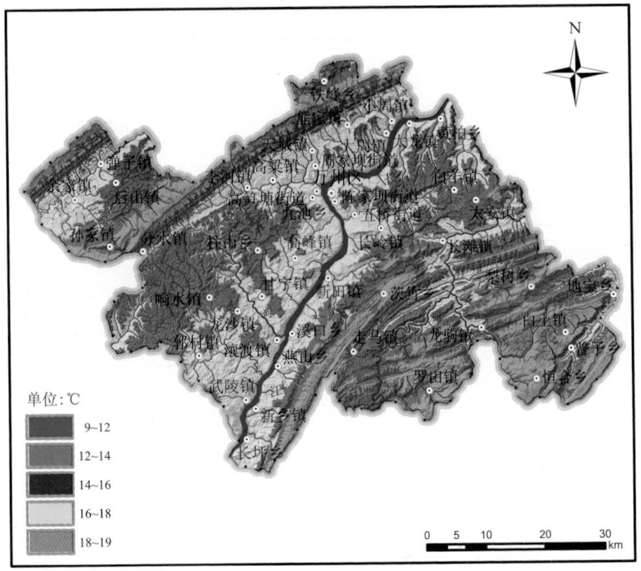

图6.353　万州区年平均气温

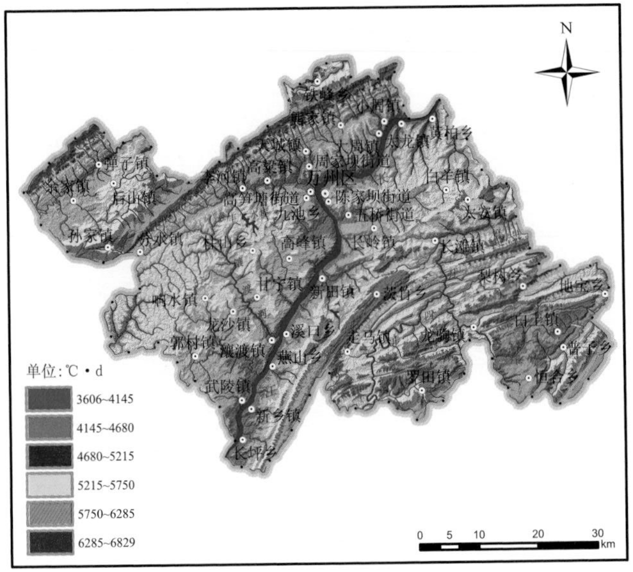

图6.354　万州区年≥0 ℃活动积温

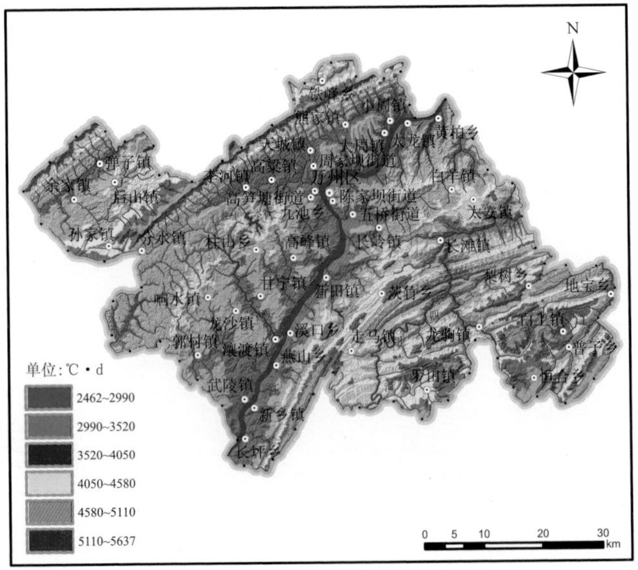

图6.355　万州区年≥10 ℃活动积温

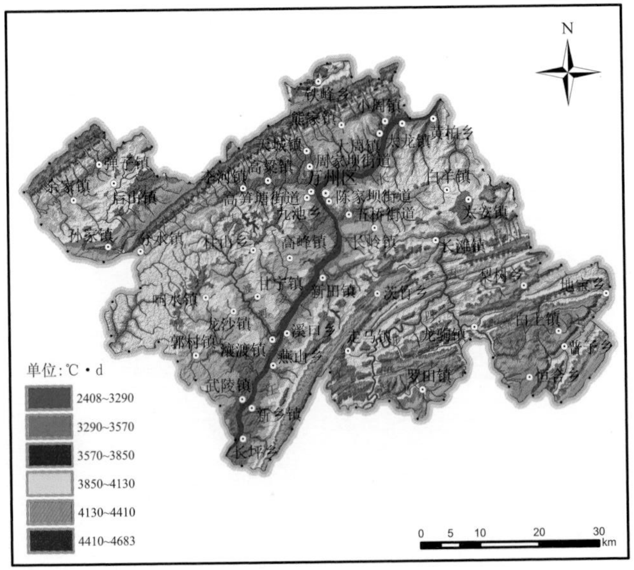

图6.356　万州区大春≥10 ℃活动积温

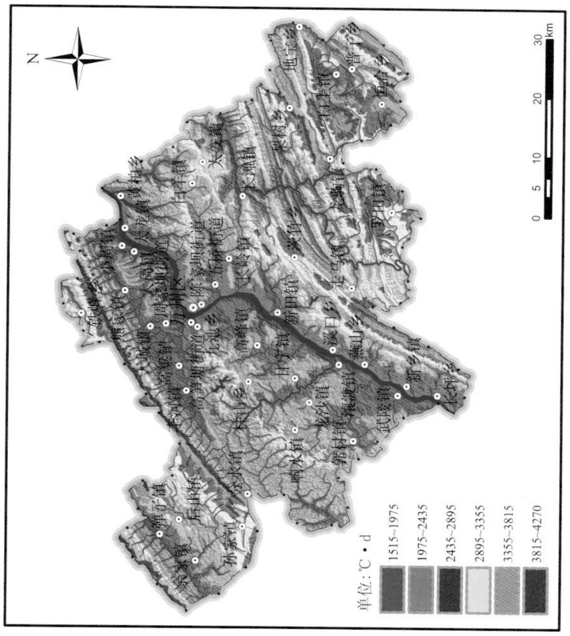

图6.357 万州区大春≥15 ℃活动积温

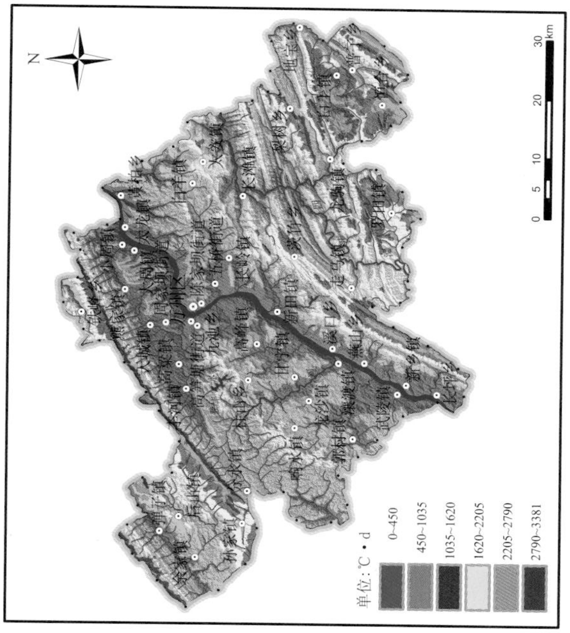

图6.358 万州区大春≥20 ℃活动积温

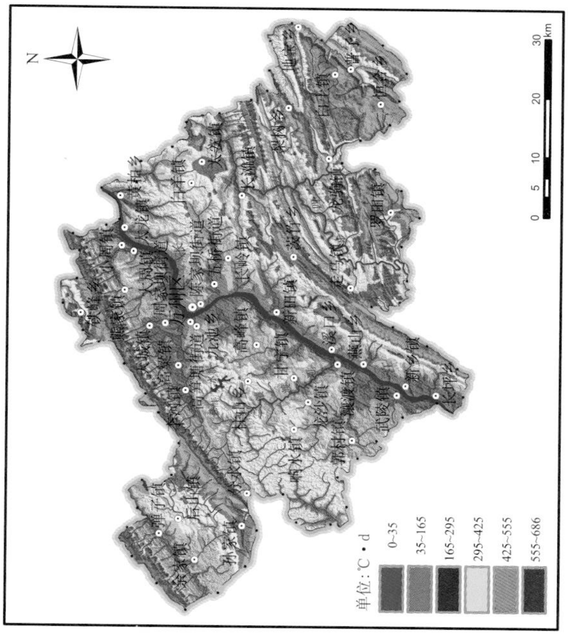

图6.359 万州区大春≥25 ℃活动积温

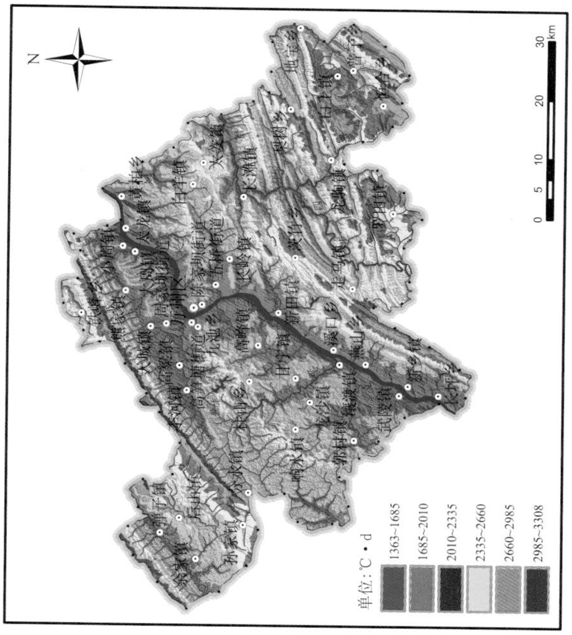

图6.360 万州区小春≥0 ℃活动积温

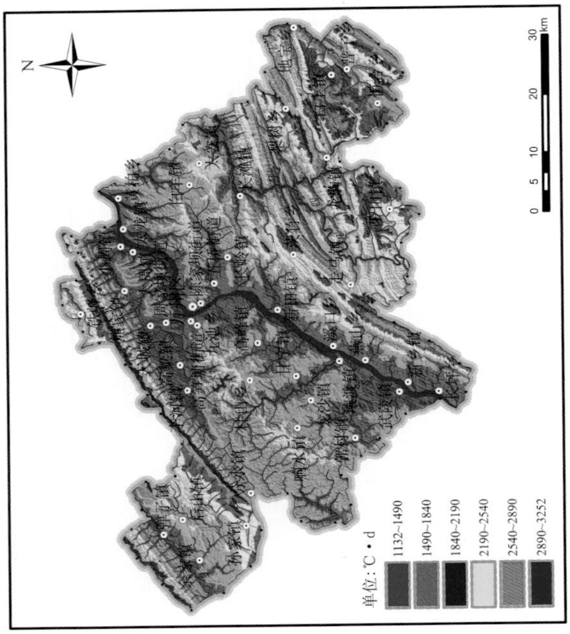

图6.361　万州区小春≥5 ℃活动积温

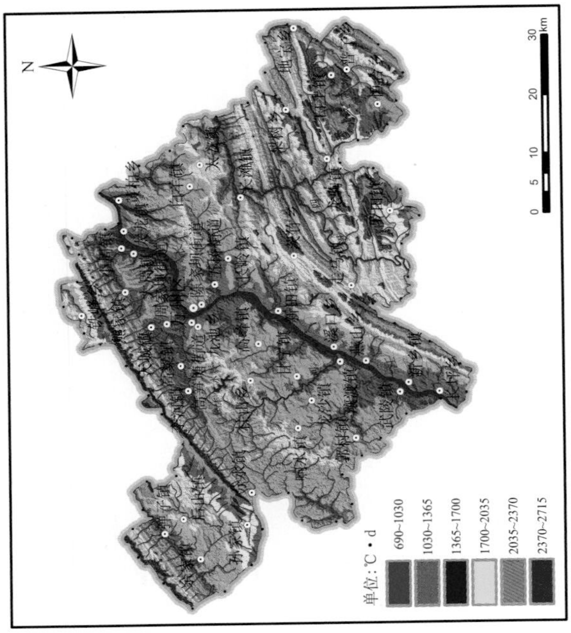

图6.362　万州区小春≥10 ℃活动积温

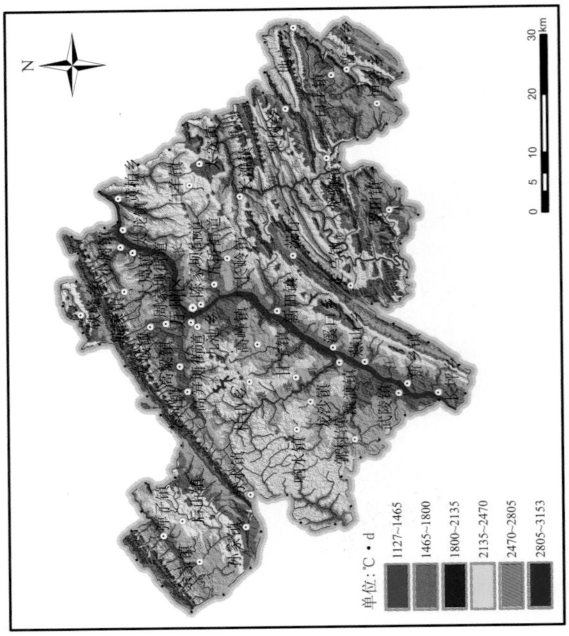

图6.363　万州区年≥10 ℃有效积温

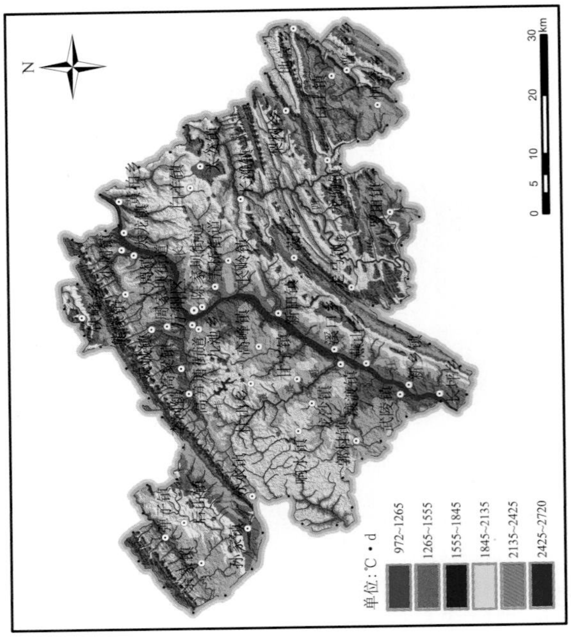

图6.364　万州区大春≥10 ℃有效积温

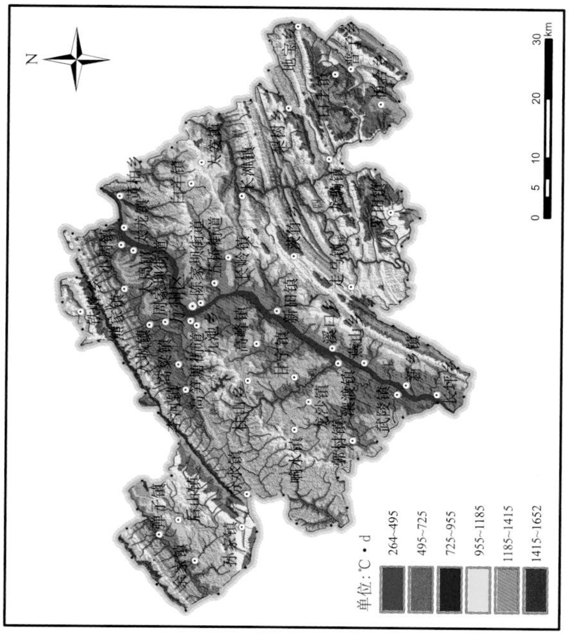

图6.365 万州区大春≥15℃有效积温

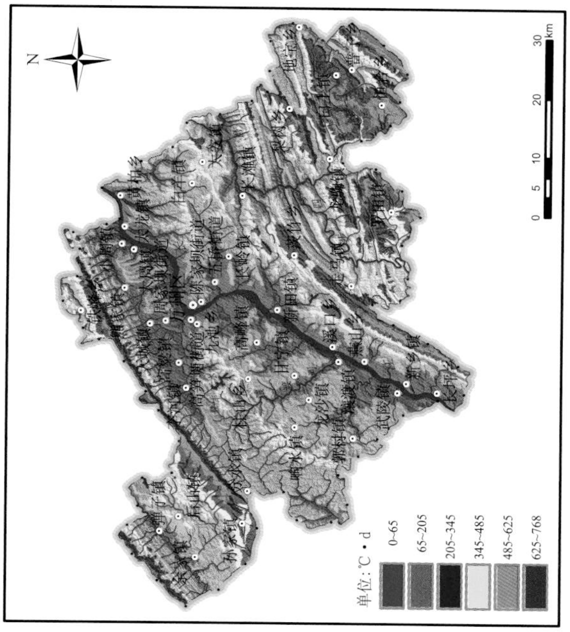

图6.366 万州区大春≥20℃有效积温

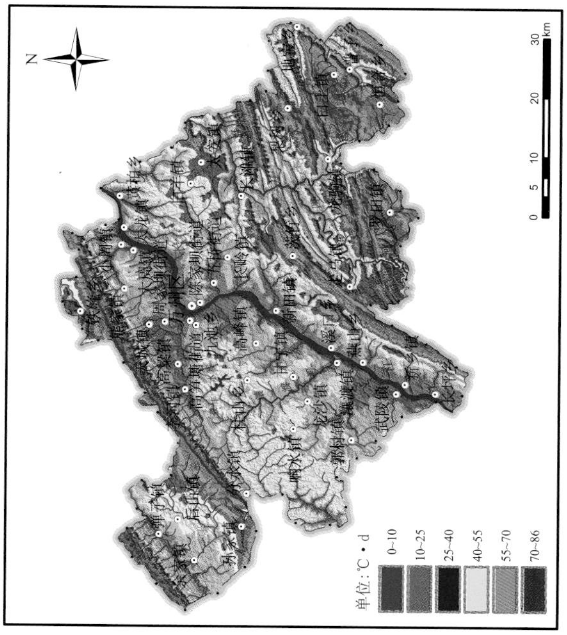

图6.367 万州区大春≥25℃有效积温

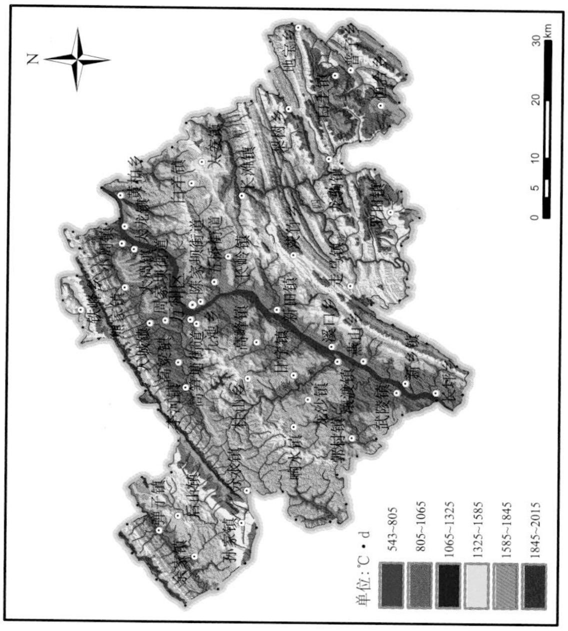

图6.368 万州区小春≥5℃有效积温

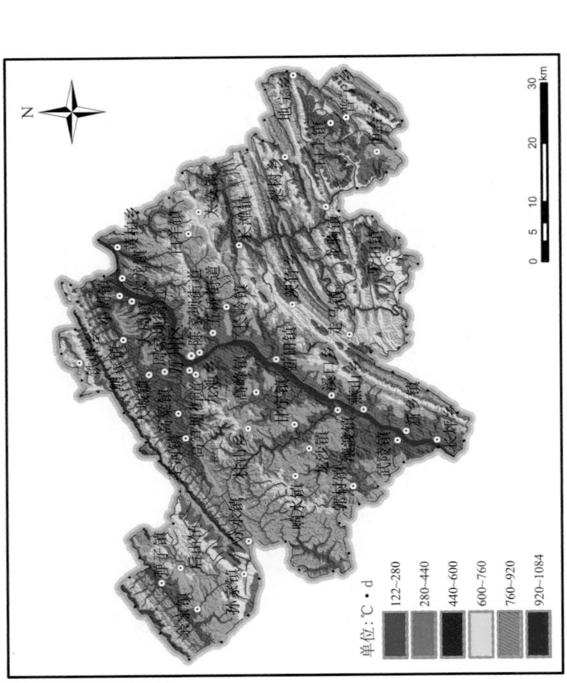

图6.369　万州区小春≥10℃有效积温

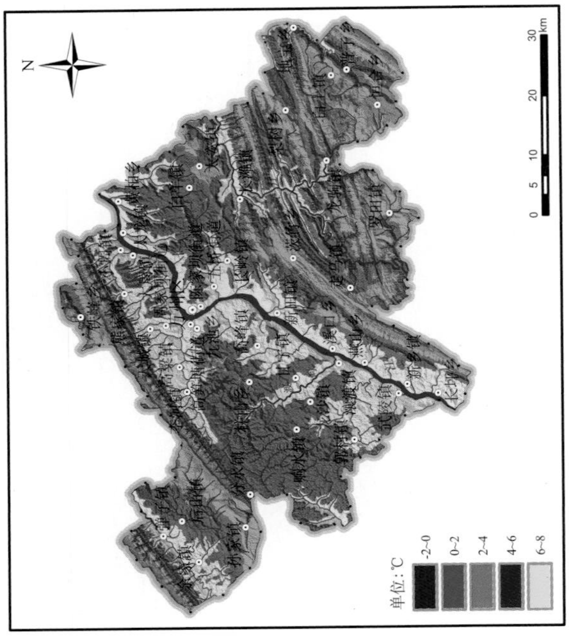

图6.370　万州区1月平均地温

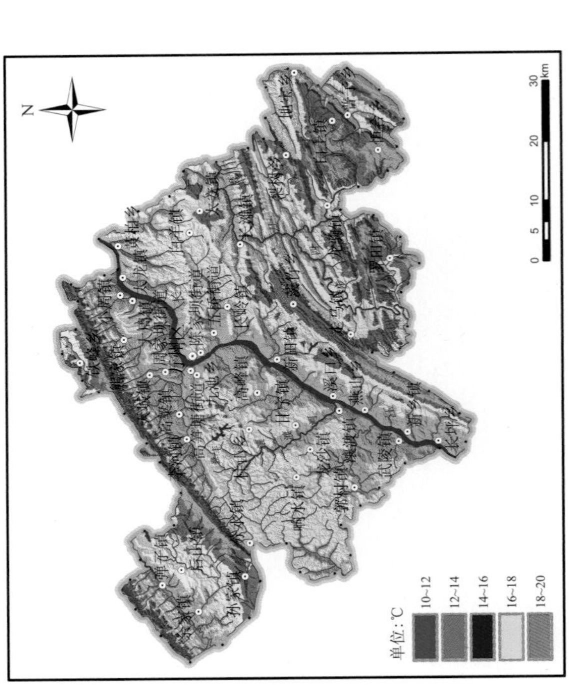

图6.371　万州区4月平均地温

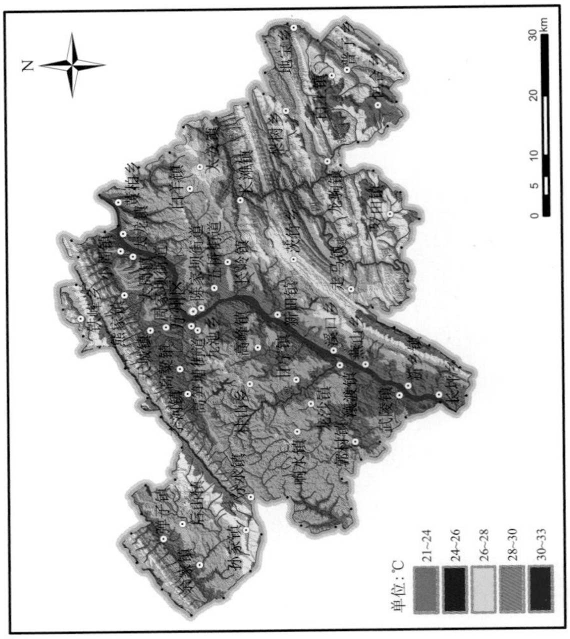

图6.372　万州区7月平均地温

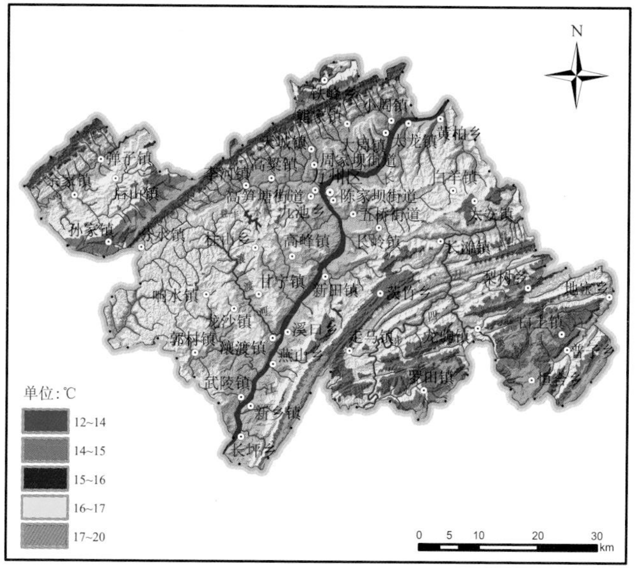

图6.373 万州区10月平均地温

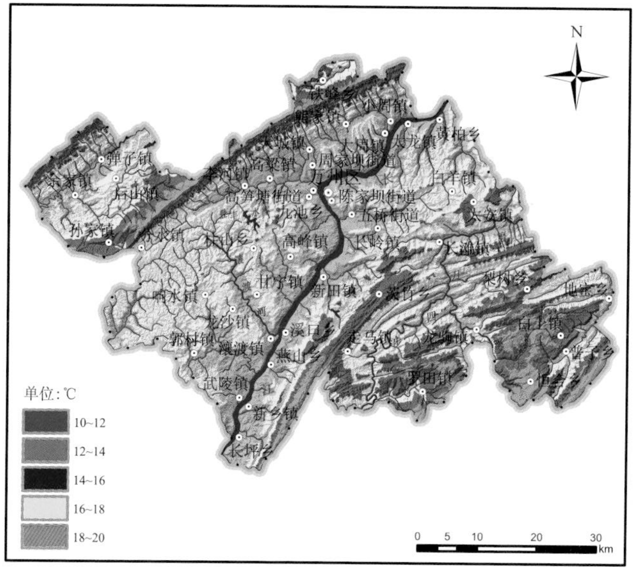

图6.374 万州区年平均地温

(4)忠县

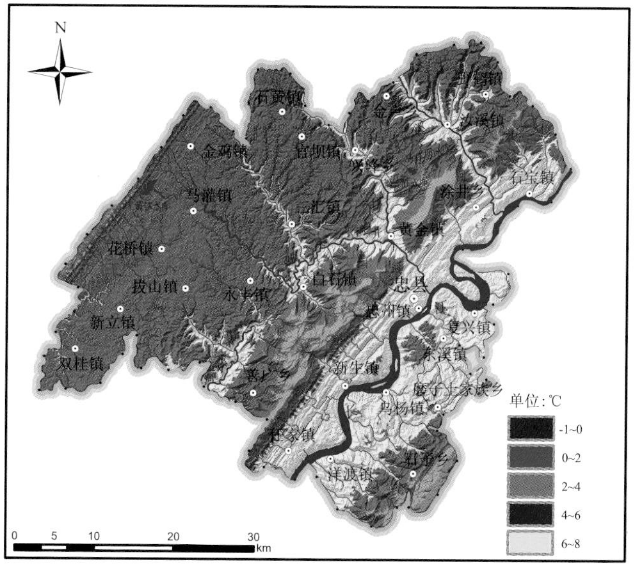

图6.375 忠县1月平均气温

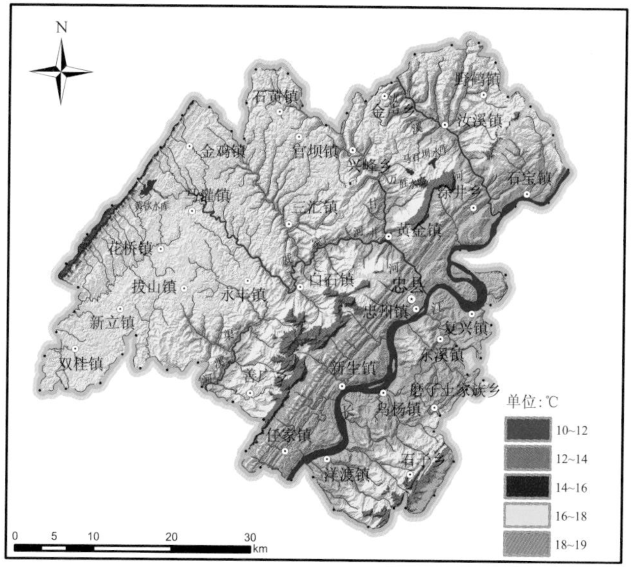

图6.376 忠县4月平均气温

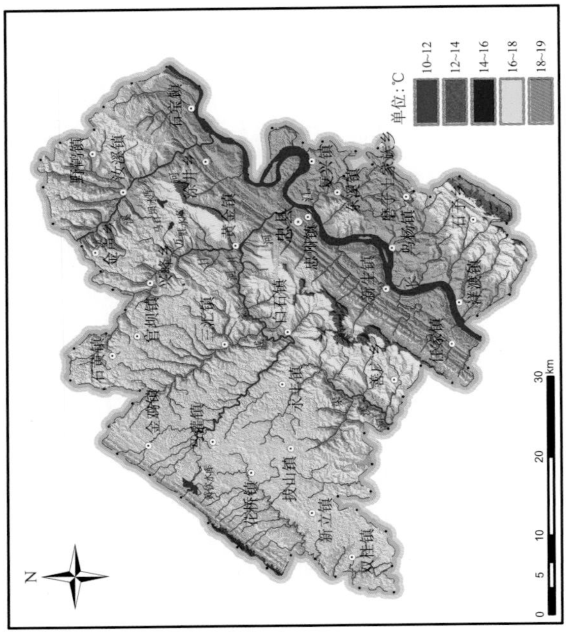

图6.378　忠县10月平均气温

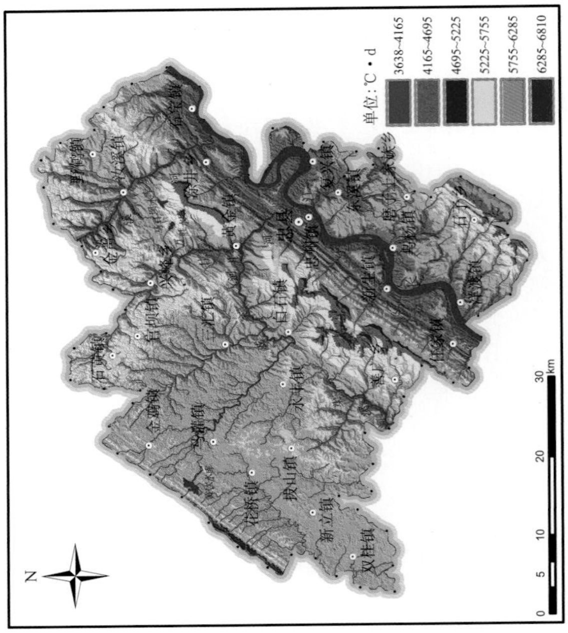

图6.380　忠县年≥0 ℃活动积温

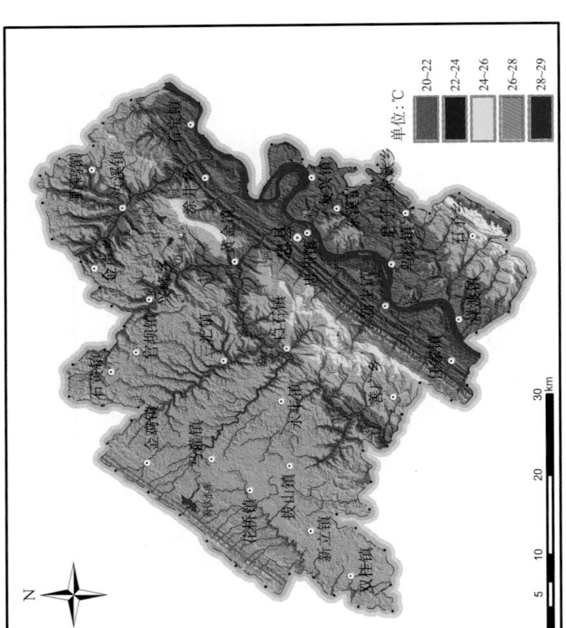

图6.377　忠县7月平均气温

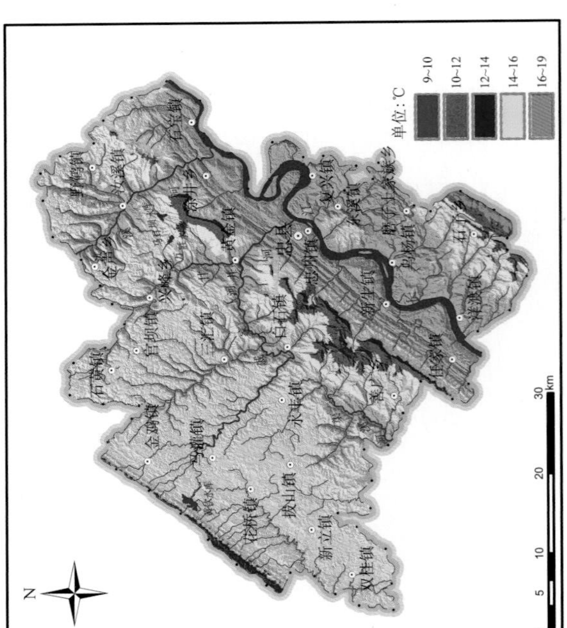

图6.379　忠县年平均气温

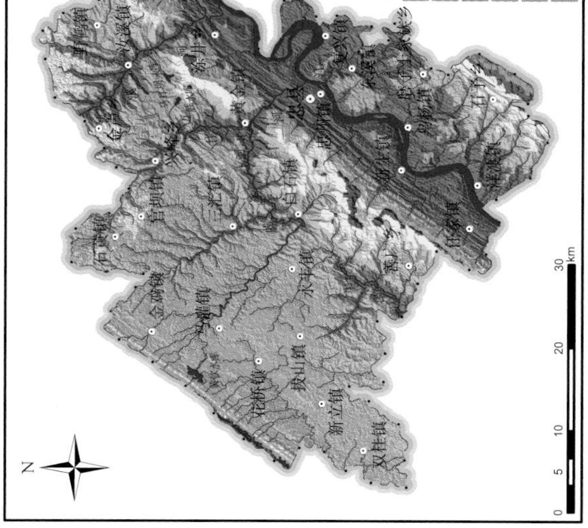

图6.381 忠县年≥10 ℃活动积温

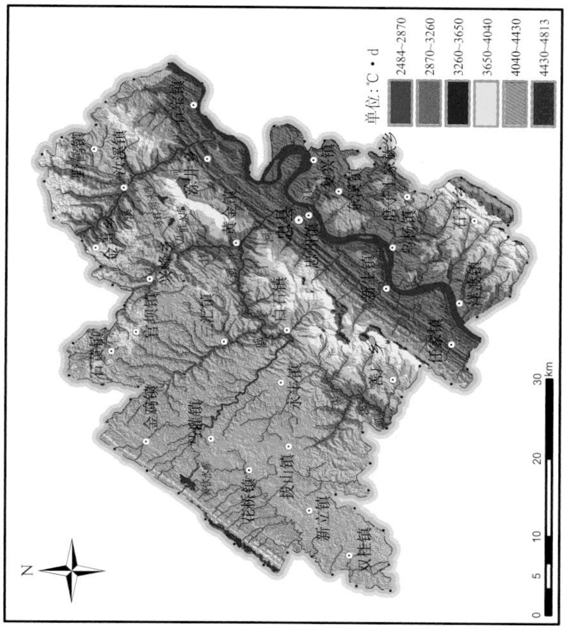

图6.382 忠县大春≥10 ℃活动积温

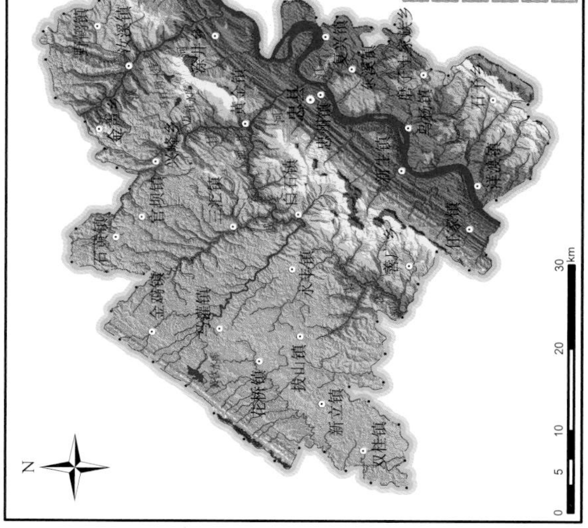

图6.383 忠县大春≥15 ℃活动积温

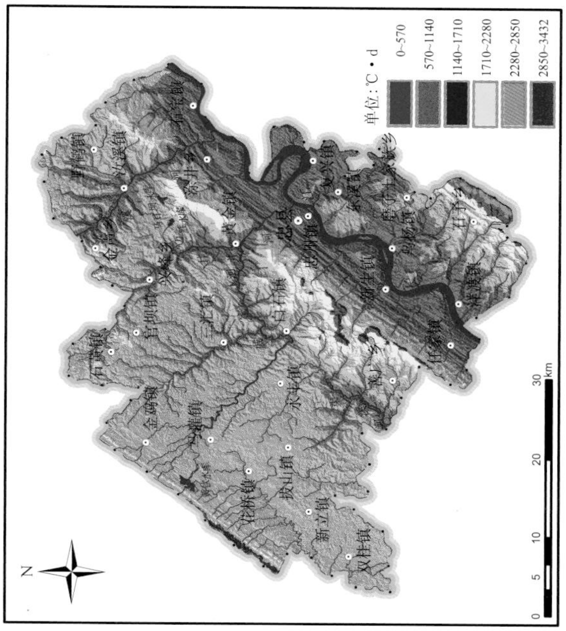

图6.384 忠县大春≥20 ℃活动积温

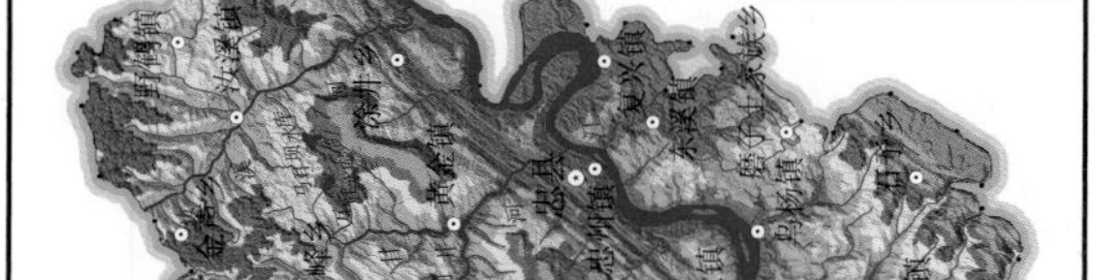

图6.385 忠县大春≥25 ℃活动积温

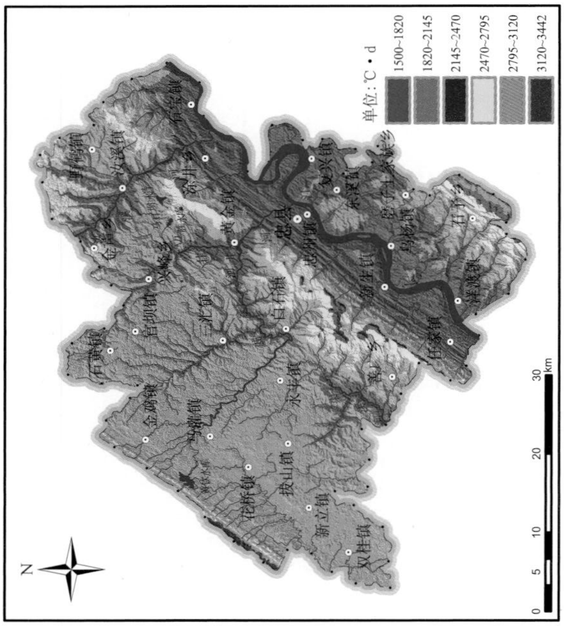

图6.386 忠县小春≥0 ℃活动积温

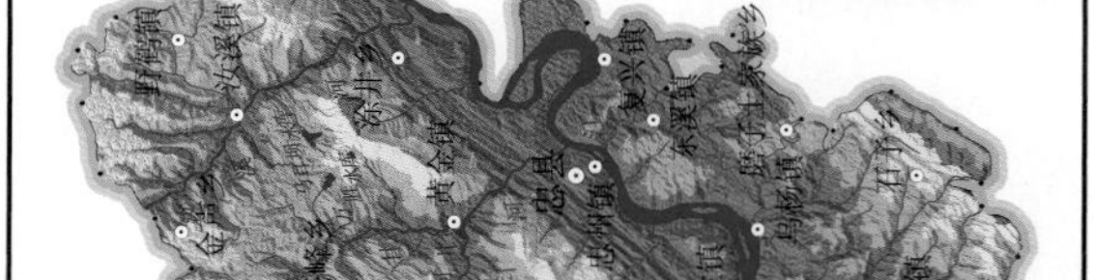

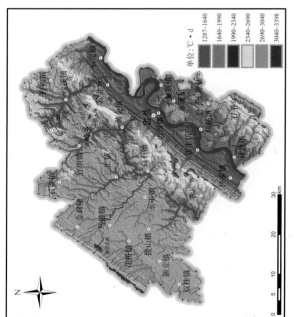

图6.387 忠县小春≥5 ℃活动积温

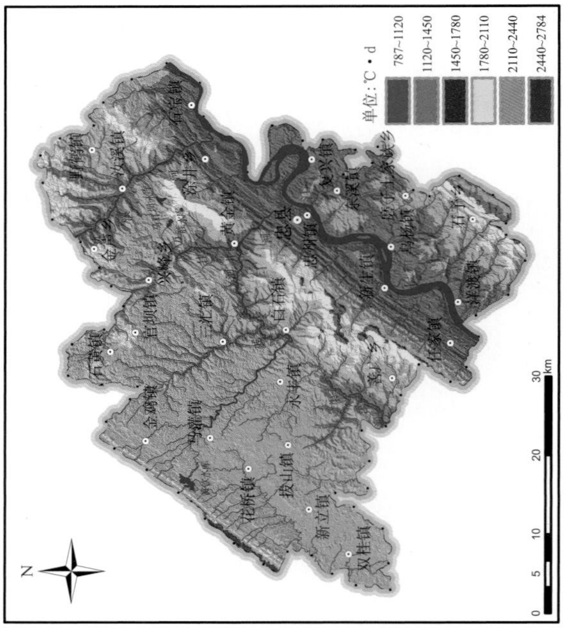

图6.388 忠县小春≥10 ℃活动积温

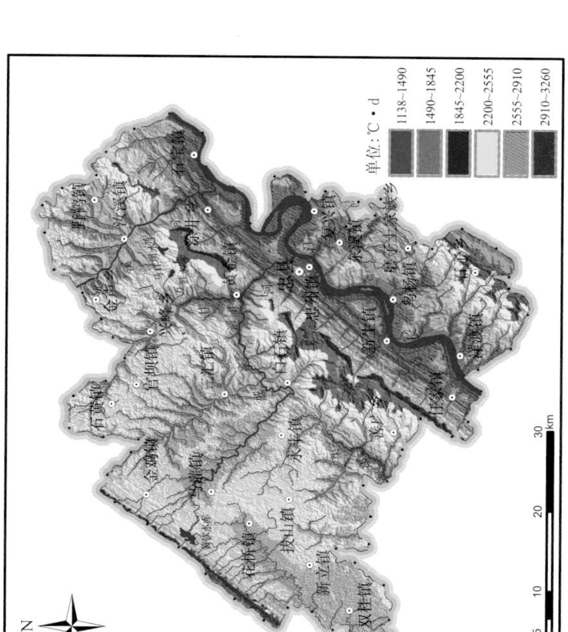

图6.389 忠县年≥10℃有效积温

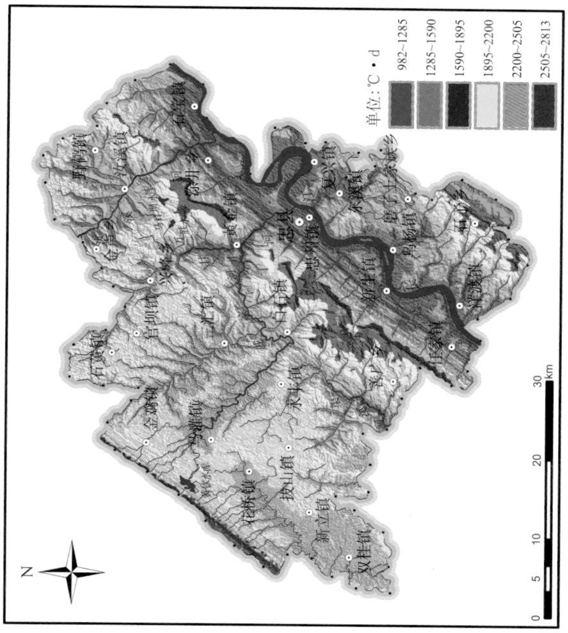

图6.390 忠县大春≥10℃有效积温

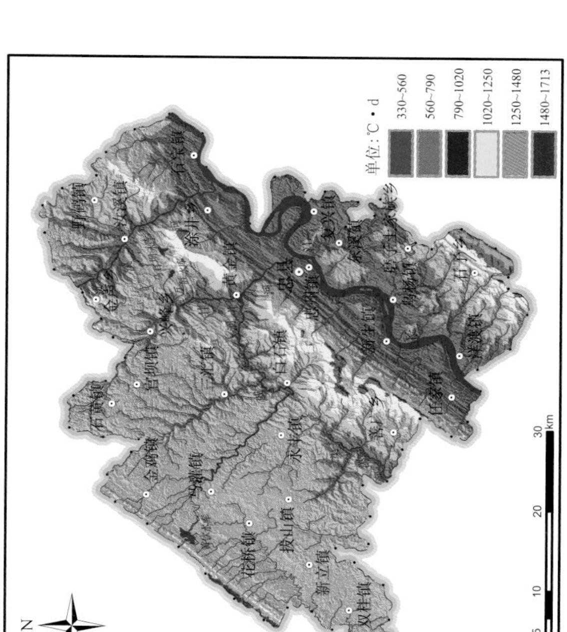

图6.391 忠县大春≥15℃有效积温

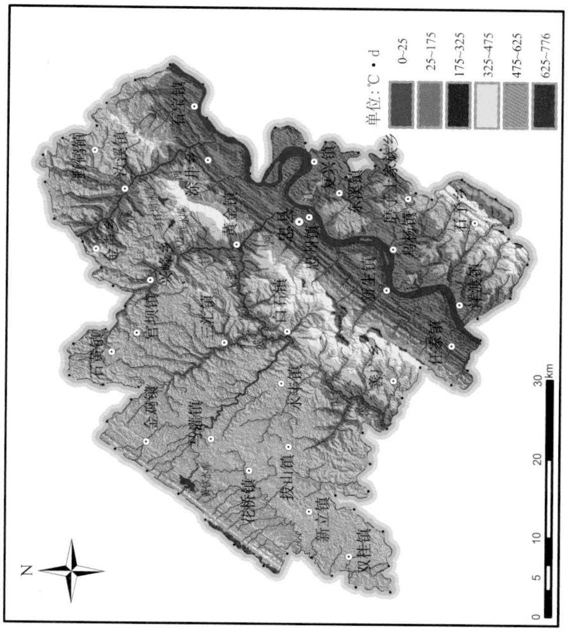

图6.392 忠县大春≥20℃有效积温

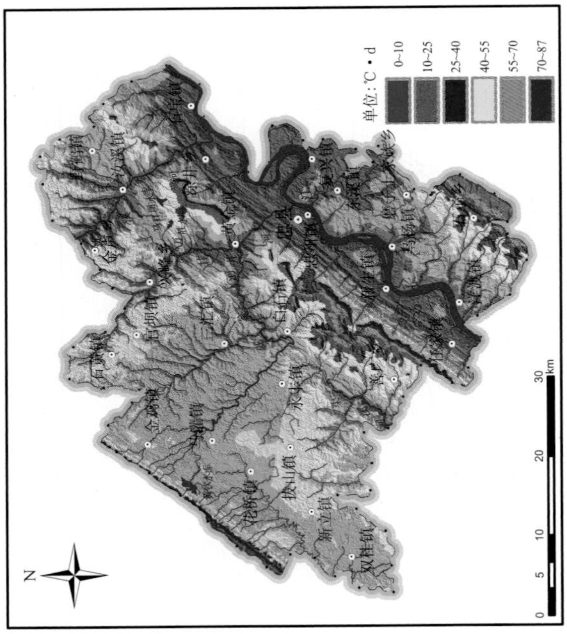

图6.393 忠县大春≥25 ℃有效积温

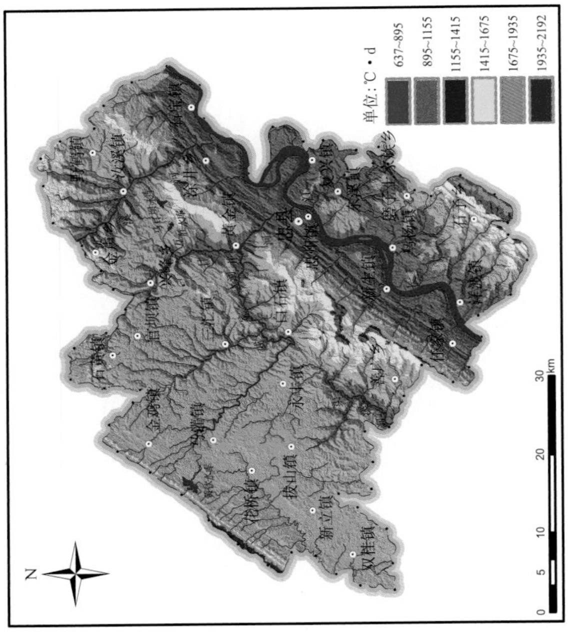

图6.394 忠县小春≥5 ℃有效积温

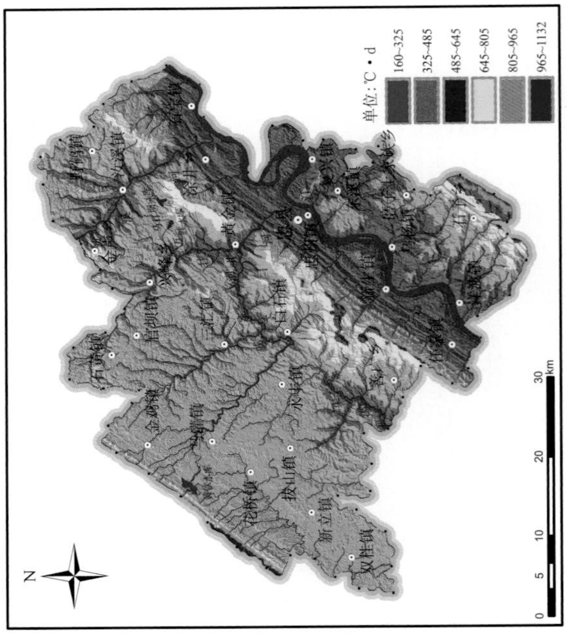

图6.395 忠县小春≥10 ℃有效积温

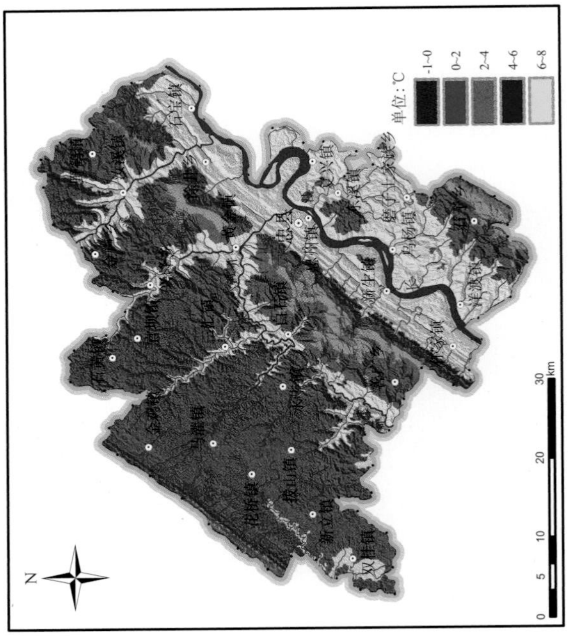

图6.396 忠县1月平均地温

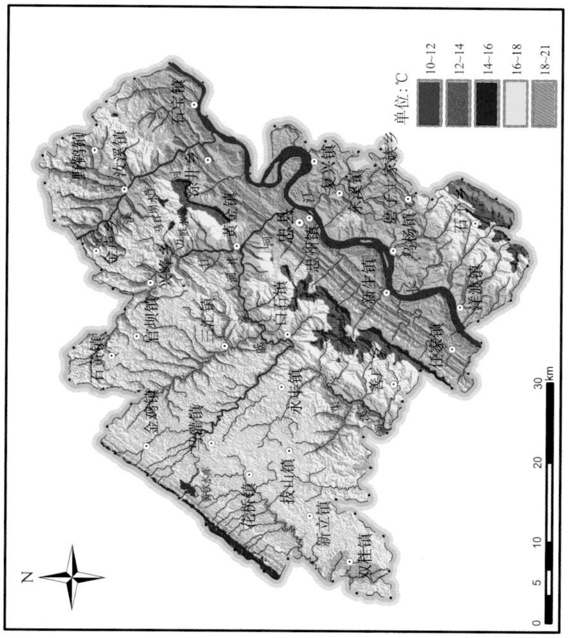
图6.397 忠县4月平均地温

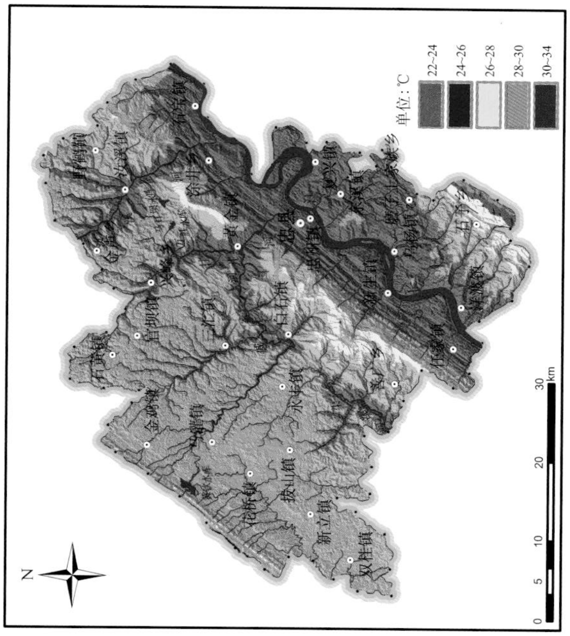
图6.398 忠县7月平均地温

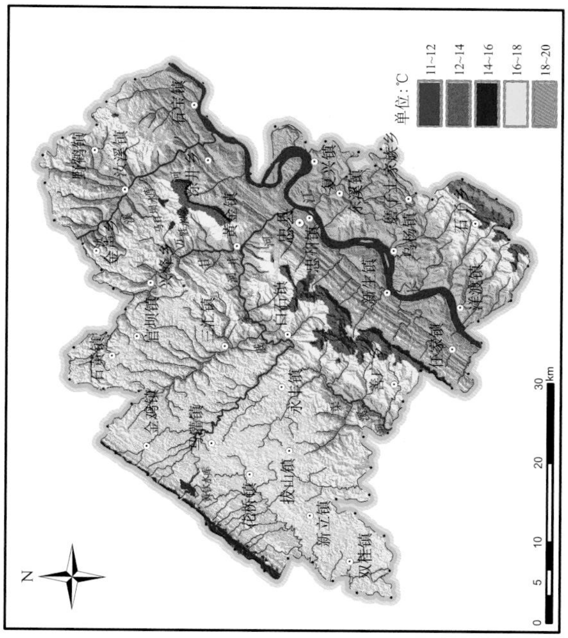
图6.399 忠县10月平均地温

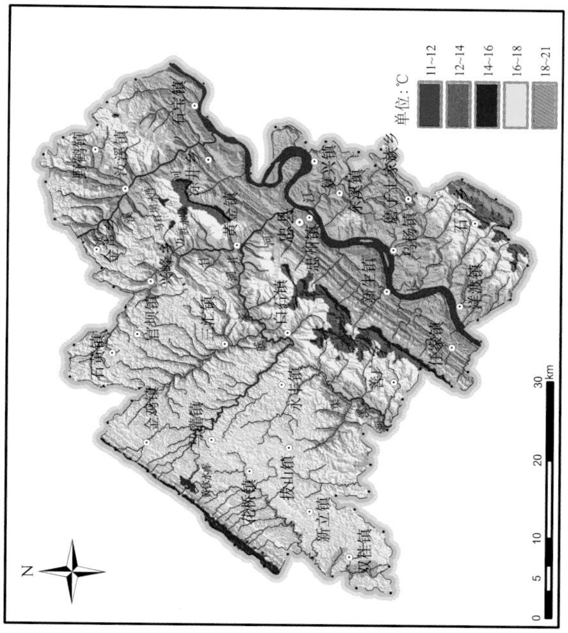
图6.400 忠县年平均地温

(5)黔江区

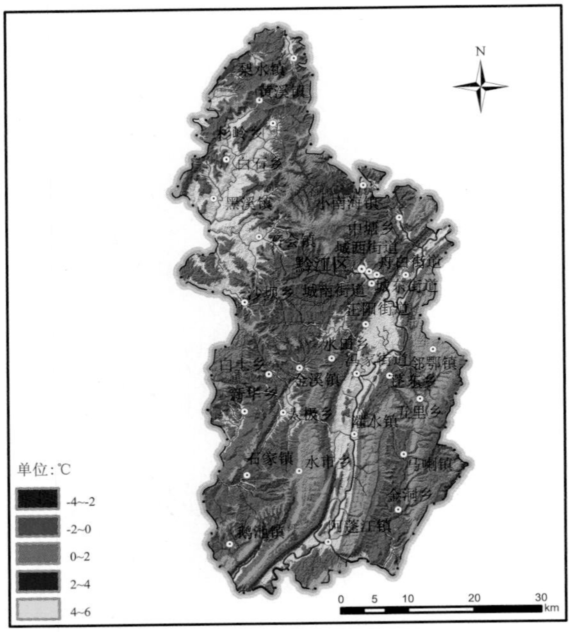

图 6.401　黔江区 1 月平均气温

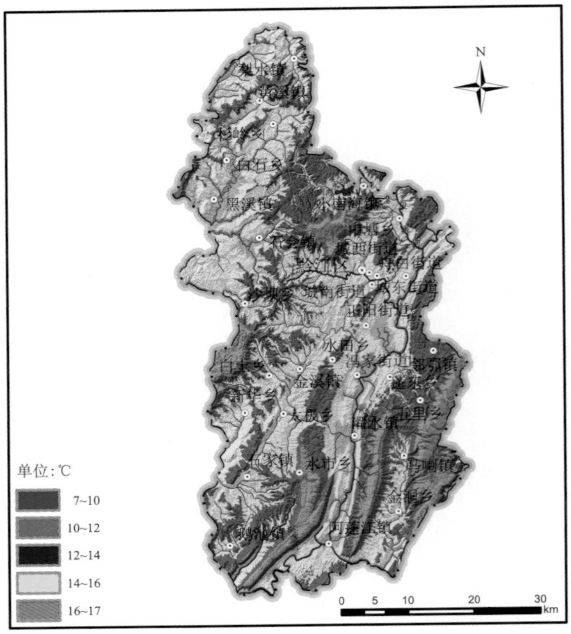

图 6.402　黔江区 4 月平均气温

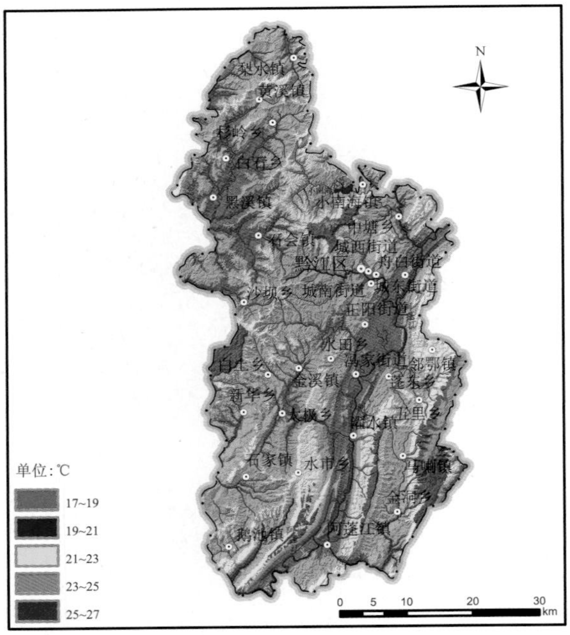

图 6.403　黔江区 7 月平均气温

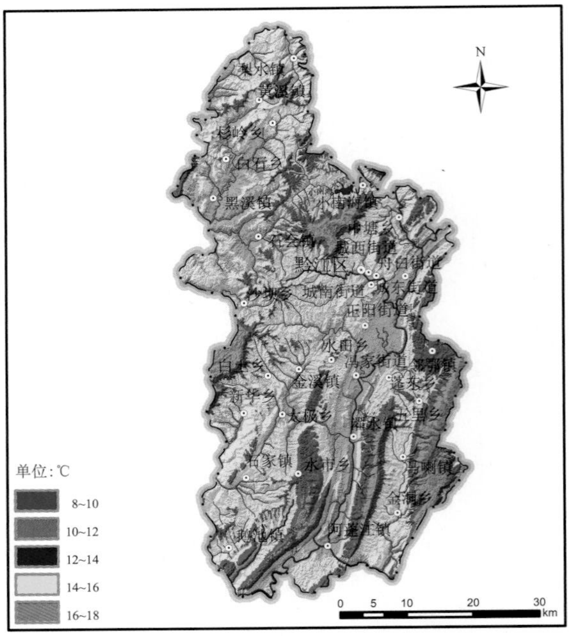

图 6.404　黔江区 10 月平均气温

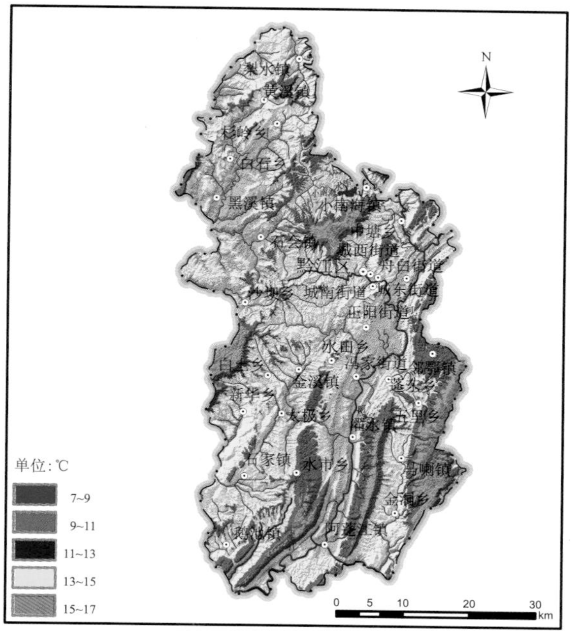

图 6.405　黔江区年平均气温

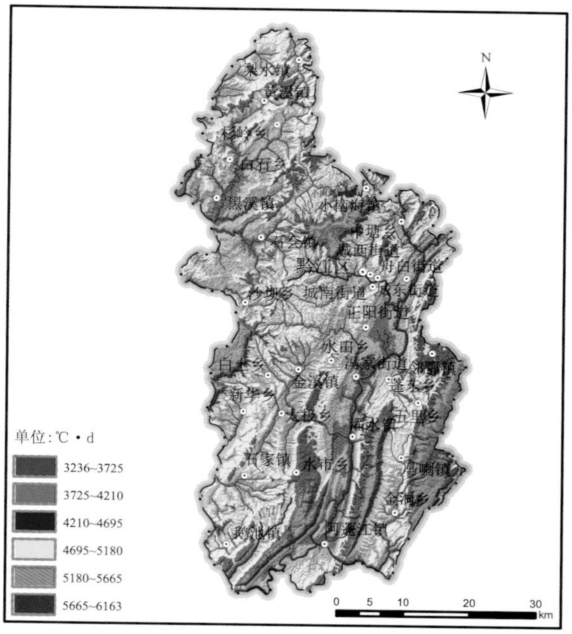

图 6.406　黔江区年≥0 ℃活动积温

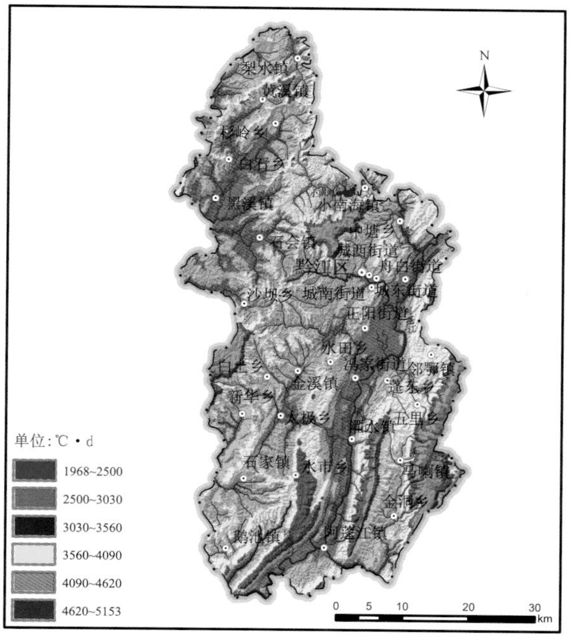

图 6.407　黔江区年≥10 ℃活动积温

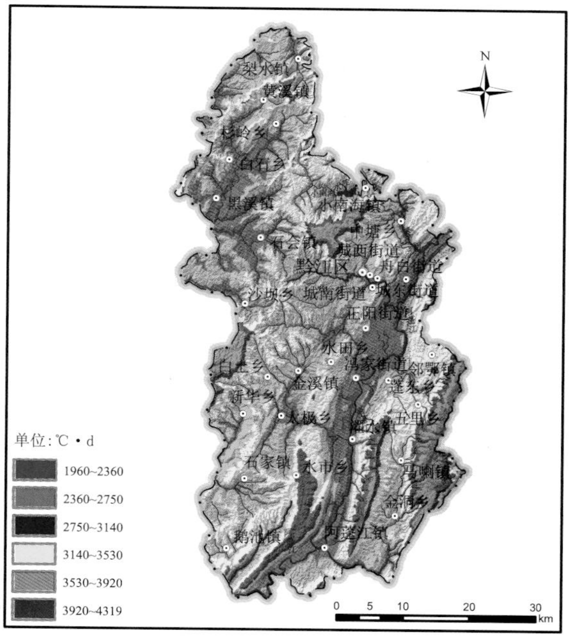

图 6.408　黔江区大春≥10 ℃活动积温

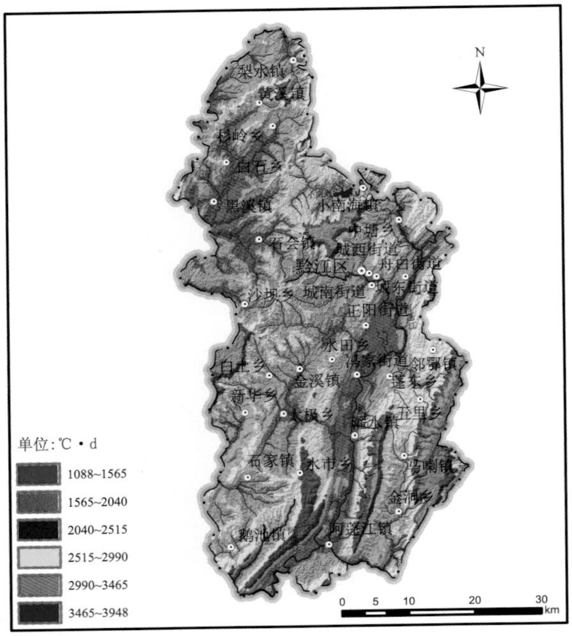

图 6.409　黔江区大春≥15 ℃活动积温

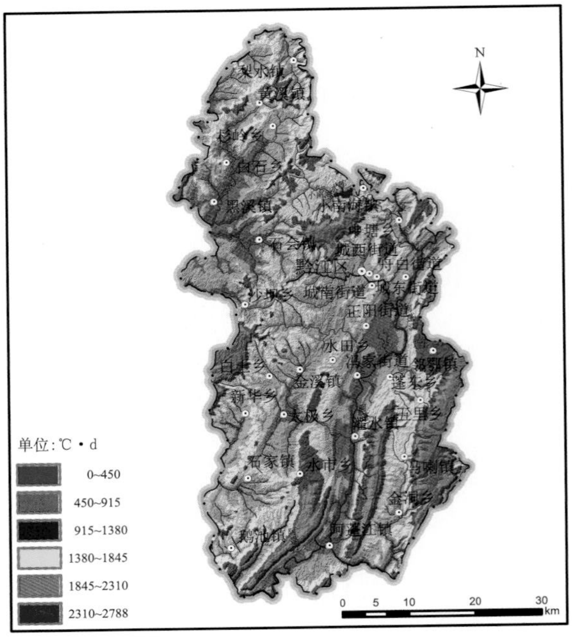

图 6.410　黔江区大春≥20 ℃活动积温

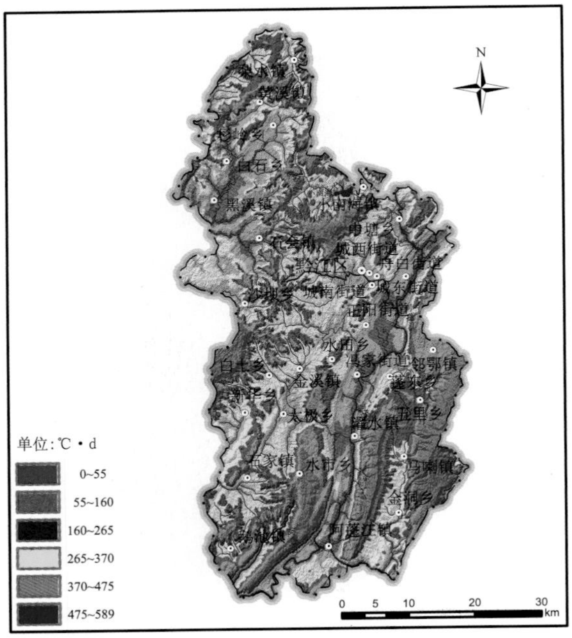

图 6.411　黔江区大春≥25 ℃活动积温

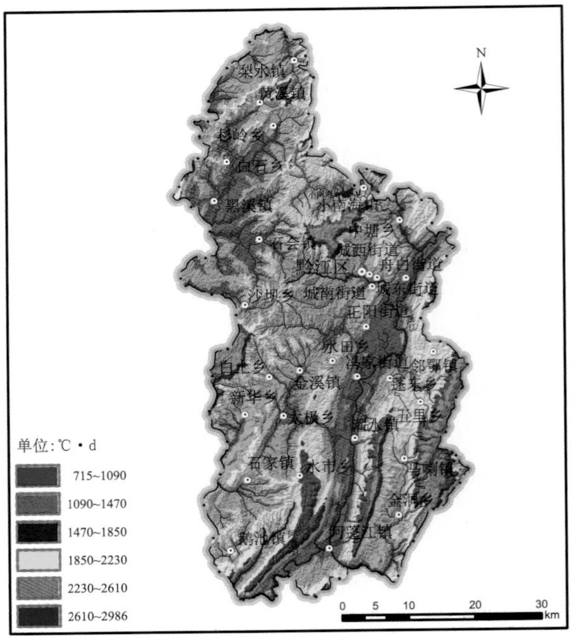

图 6.412　黔江区小春≥0 ℃活动积温

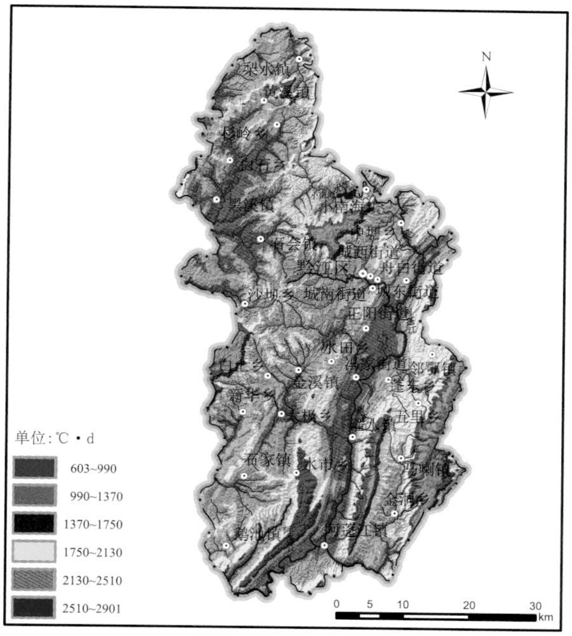

图 6.413 黔江区小春≥5 ℃活动积温

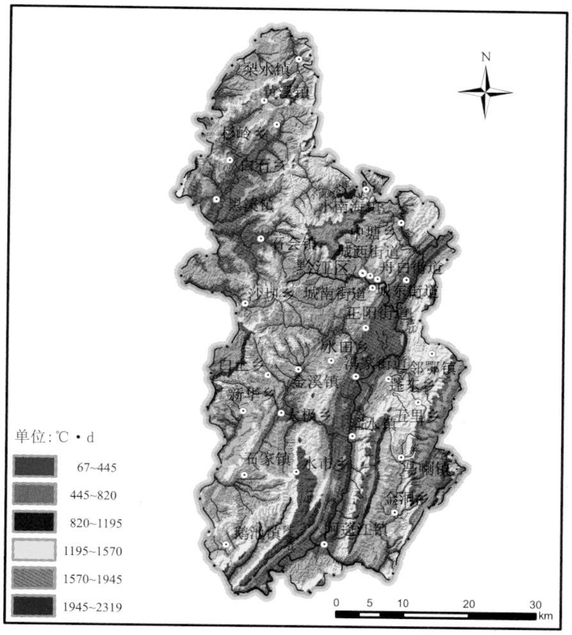

图 6.414 黔江区小春≥10 ℃活动积温

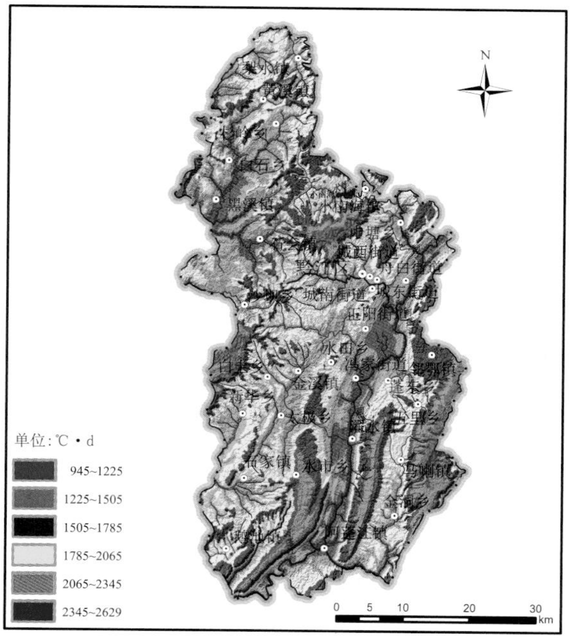

图 6.415 黔江区年≥10 ℃有效积温

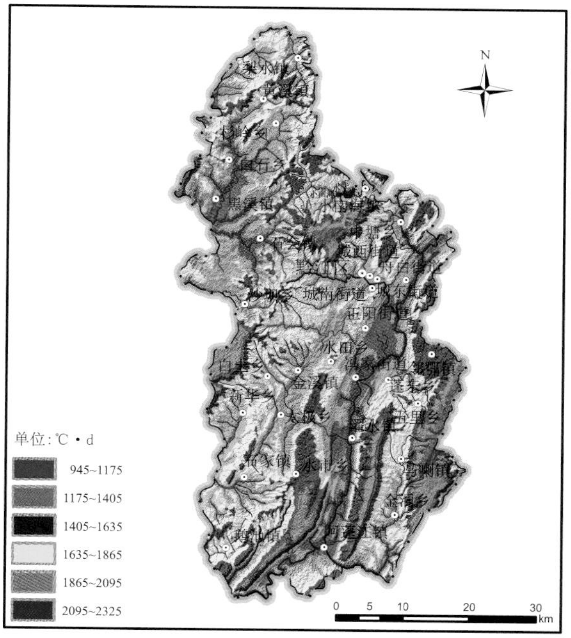

图 6.416 黔江区大春≥10 ℃有效积温

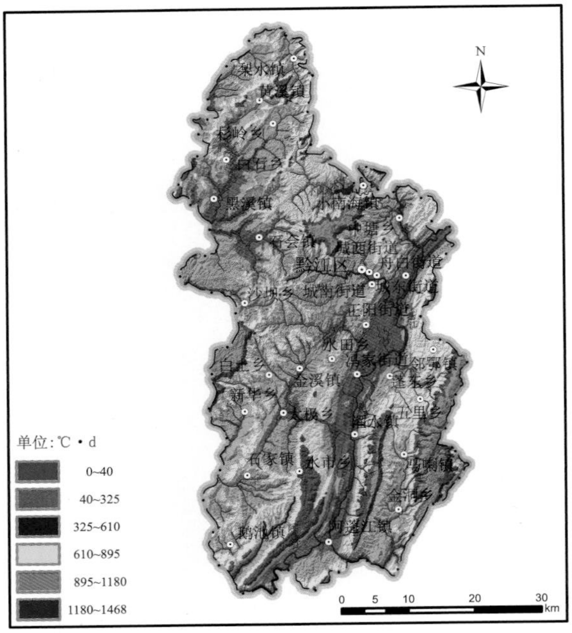

图 6.417　黔江区大春≥15 ℃有效积温

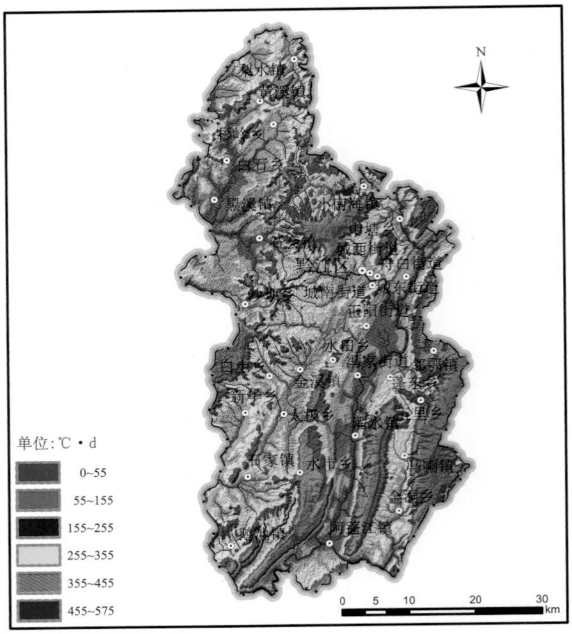

图 6.418　黔江区大春≥20 ℃有效积温

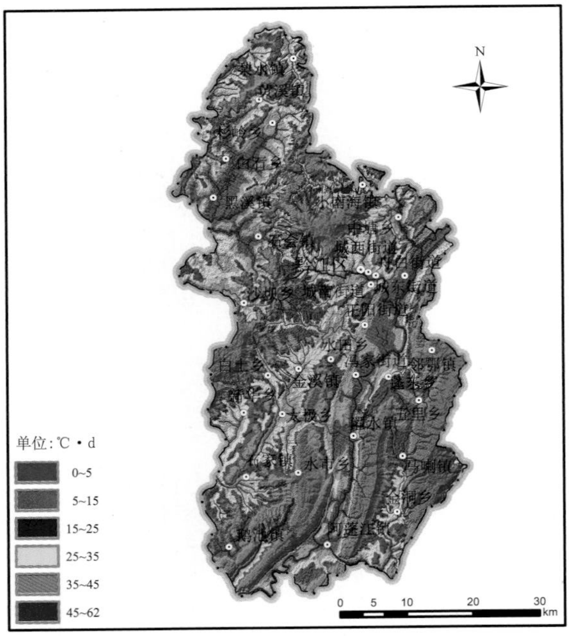

图 6.419　黔江区大春≥25 ℃有效积温

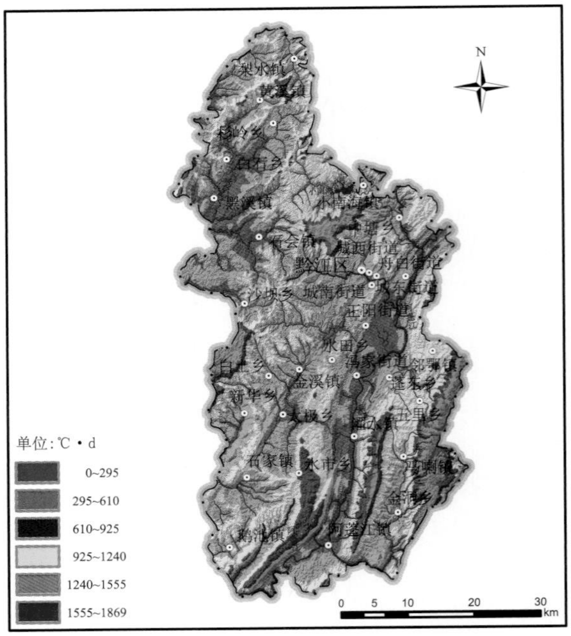

图 6.420　黔江区小春≥5 ℃有效积温

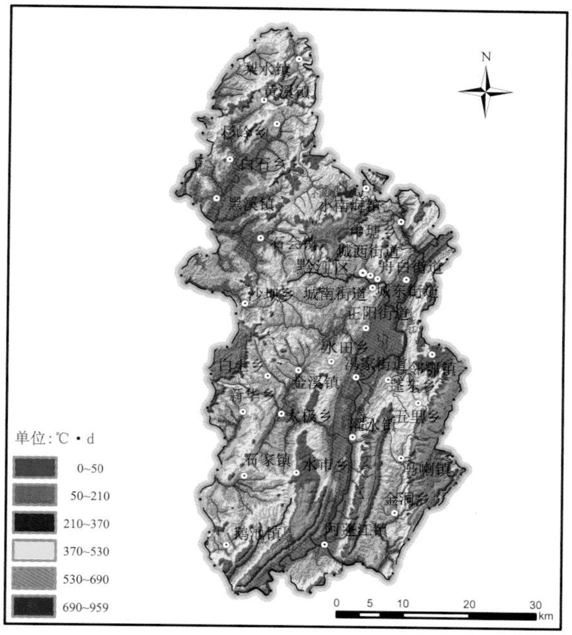

图 6.421 黔江区小春≥10 ℃有效积温

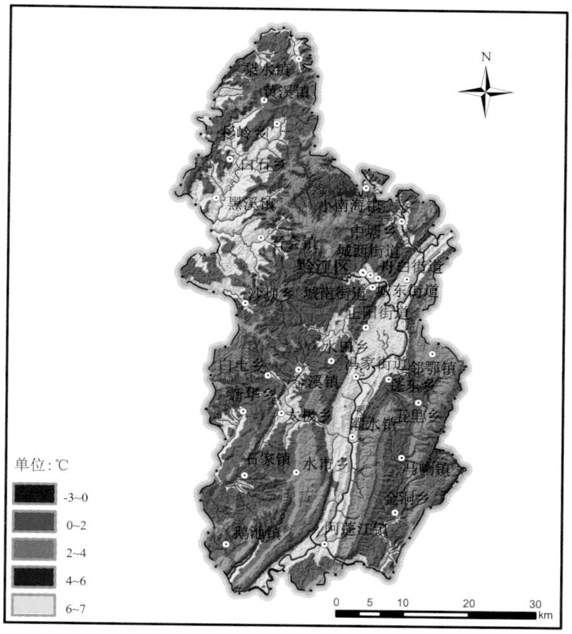

图 6.422 黔江区 1 月平均地温

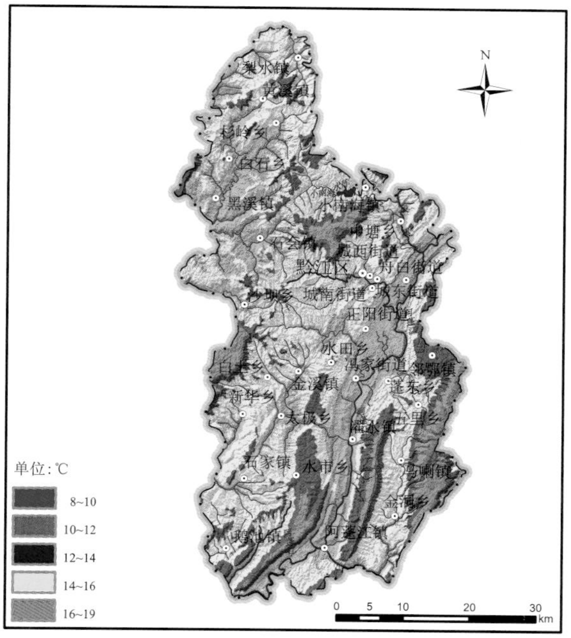

图 6.423 黔江区 4 月平均地温

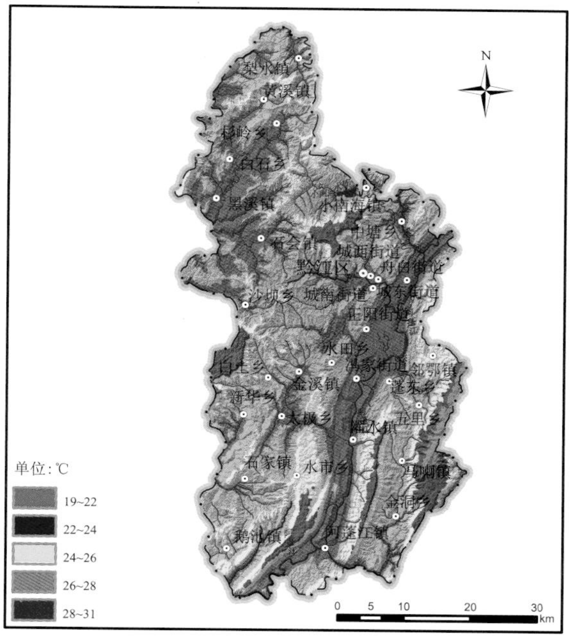

图 6.424 黔江区 7 月平均地温

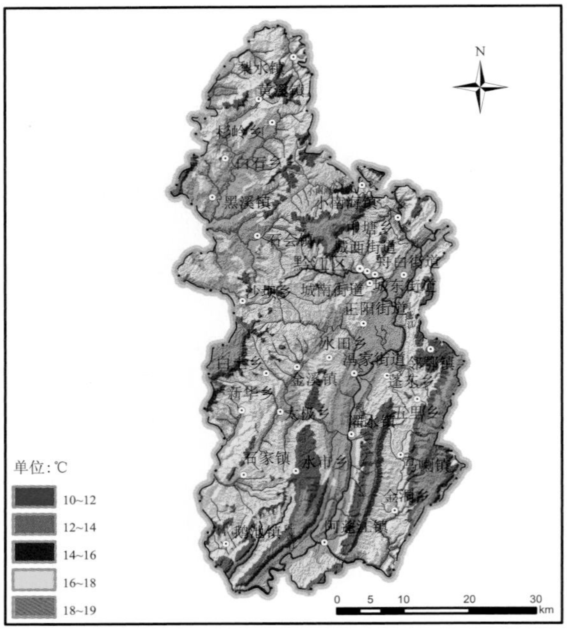

图 6.425　黔江区 10 月平均地温

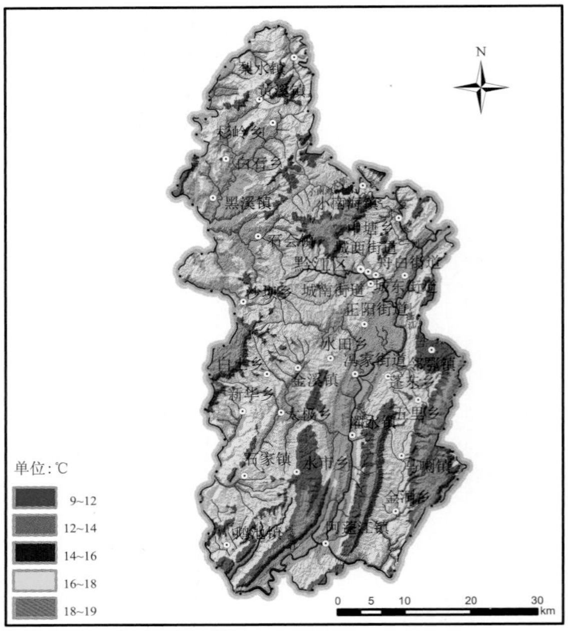

图 6.426　黔江区年平均地温

(6)酉阳县

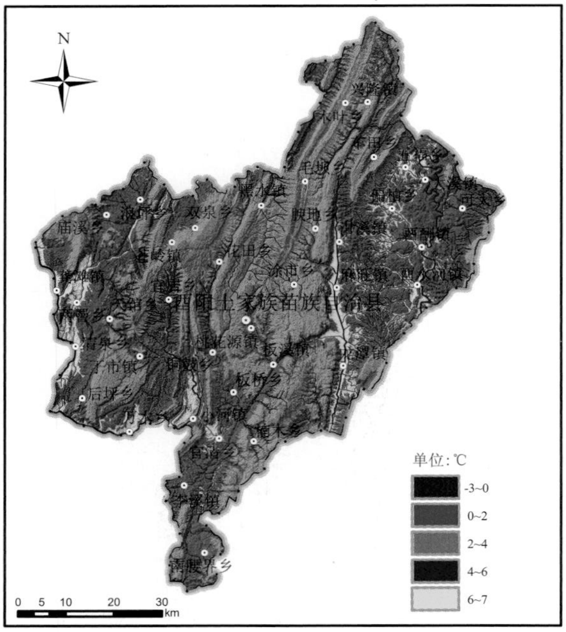

图 6.427　酉阳县 1 月平均气温

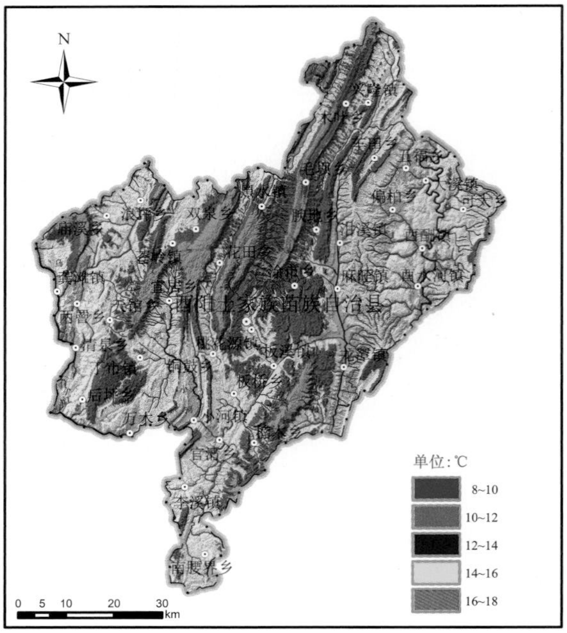

图 6.428　酉阳县 4 月平均气温

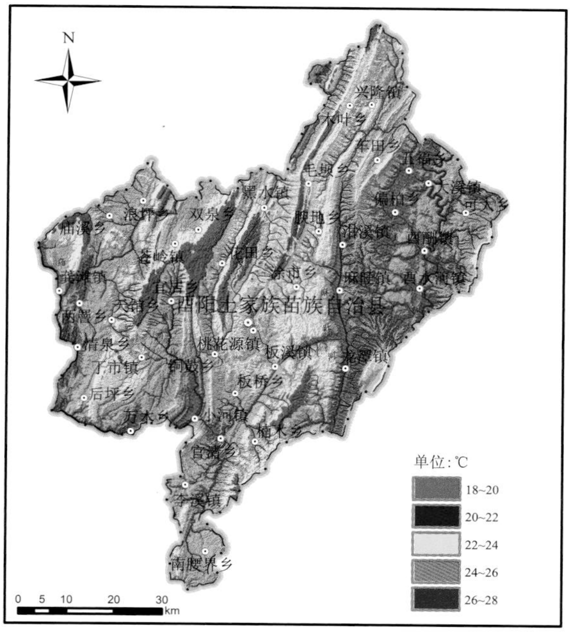

图 6.429　酉阳县 7 月平均气温

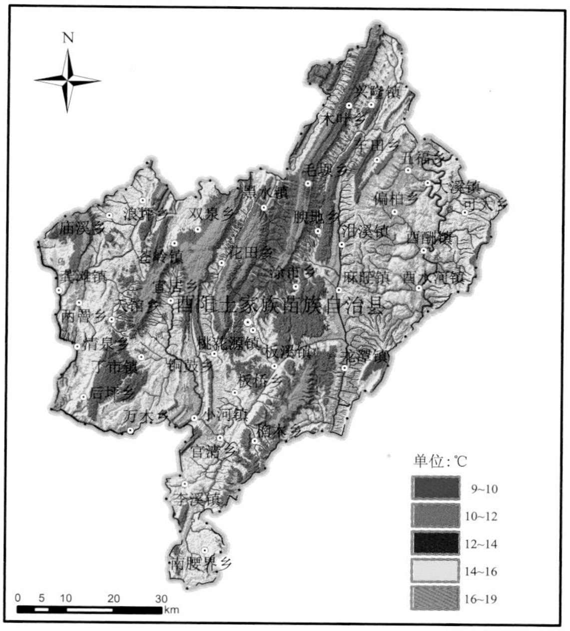

图 6.430　酉阳县 10 月平均气温

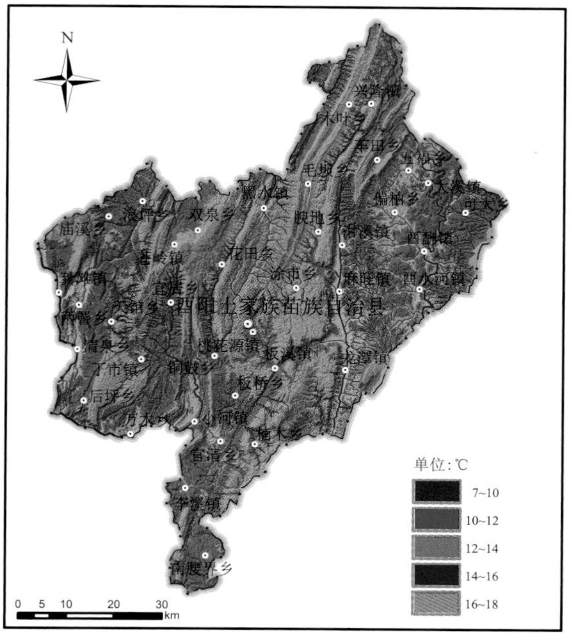

图 6.431　酉阳县年平均气温

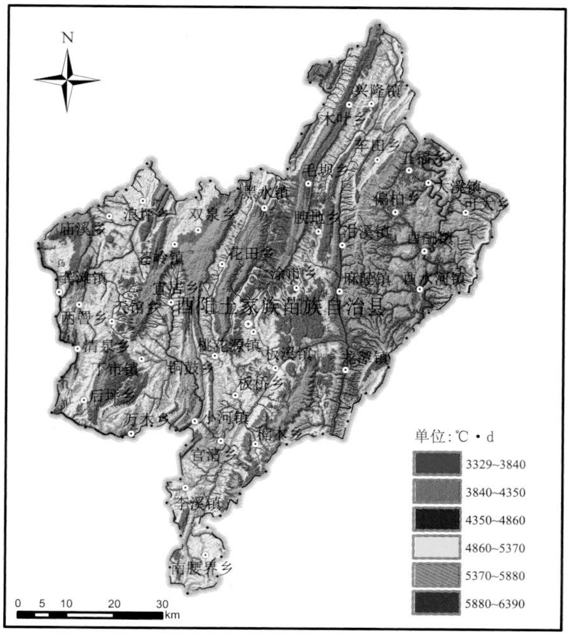

图 6.432　酉阳县年≥0 ℃活动积温

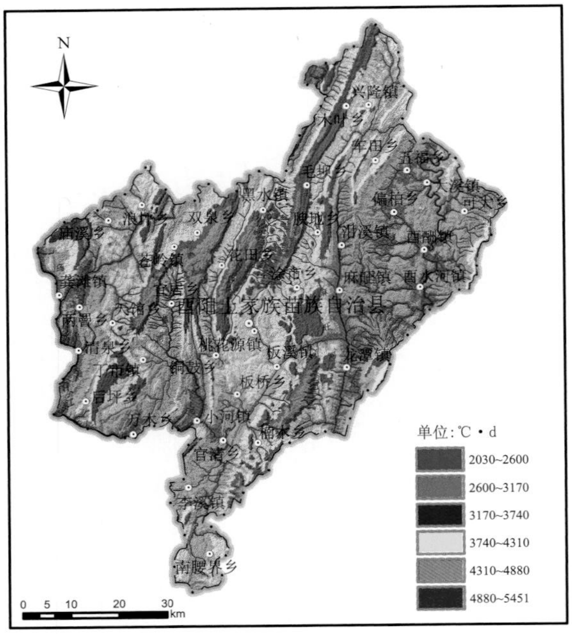

图 6.433 酉阳县年≥10 ℃活动积温

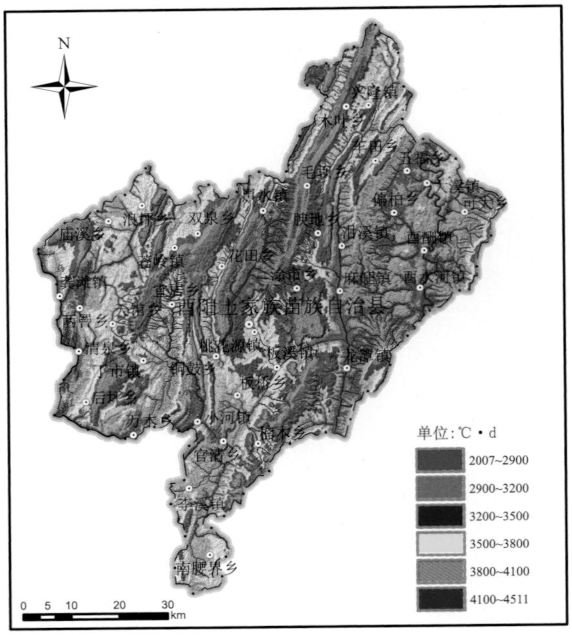

图 6.434 酉阳县大春≥10 ℃活动积温

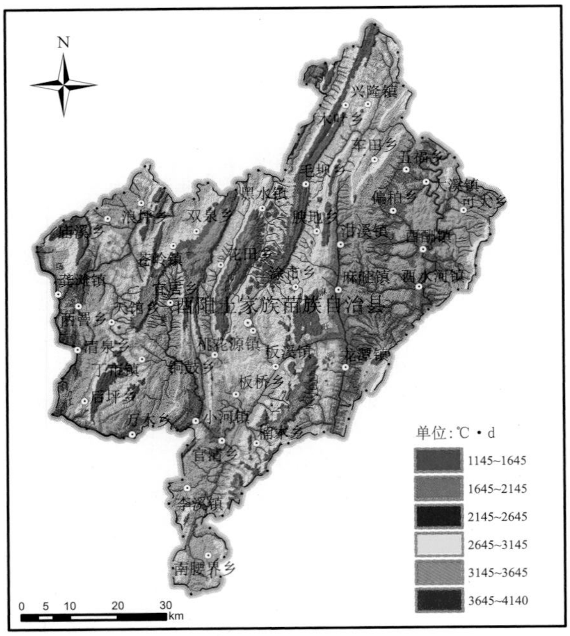

图 6.435 酉阳县大春≥15 ℃活动积温

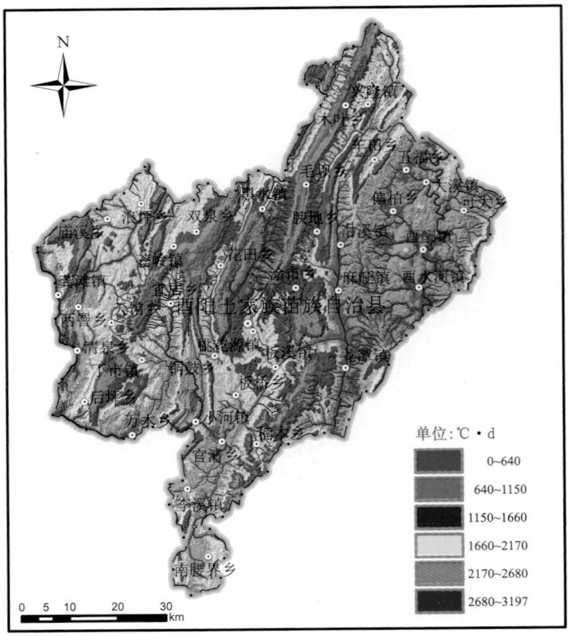

图 6.436 酉阳县大春≥20 ℃活动积温

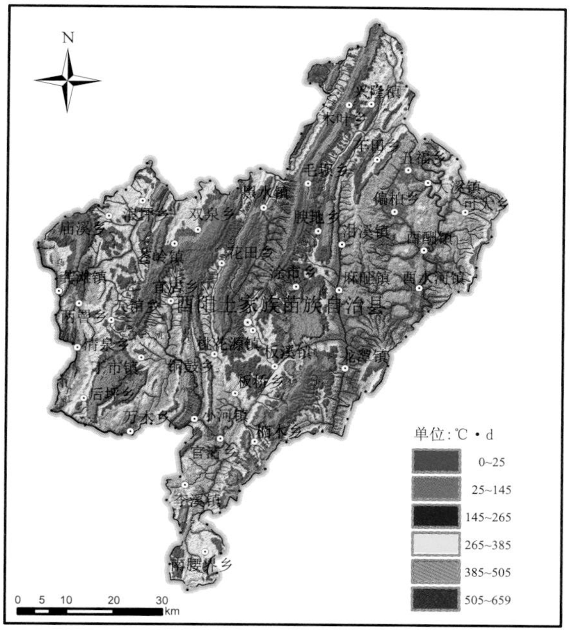

图 6.437 酉阳县大春≥25 ℃活动积温

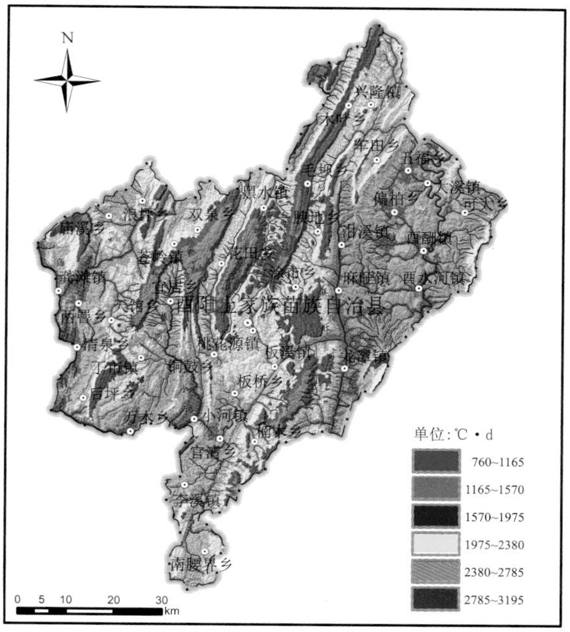

图 6.438 酉阳县小春≥0 ℃活动积温

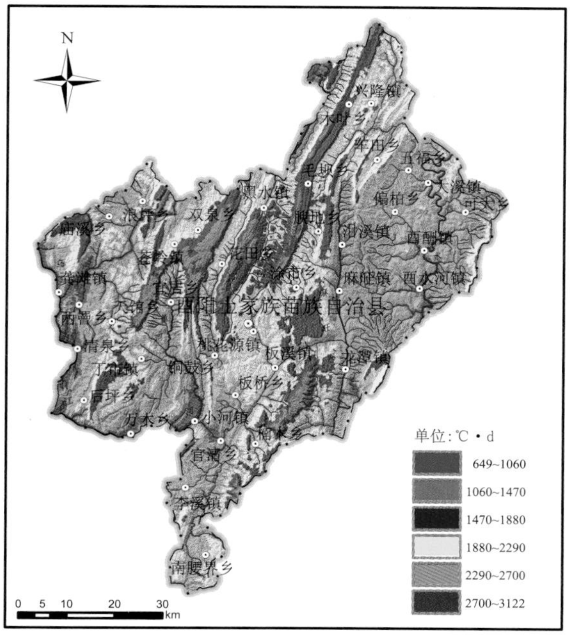

图 6.439 酉阳县小春≥5 ℃活动积温

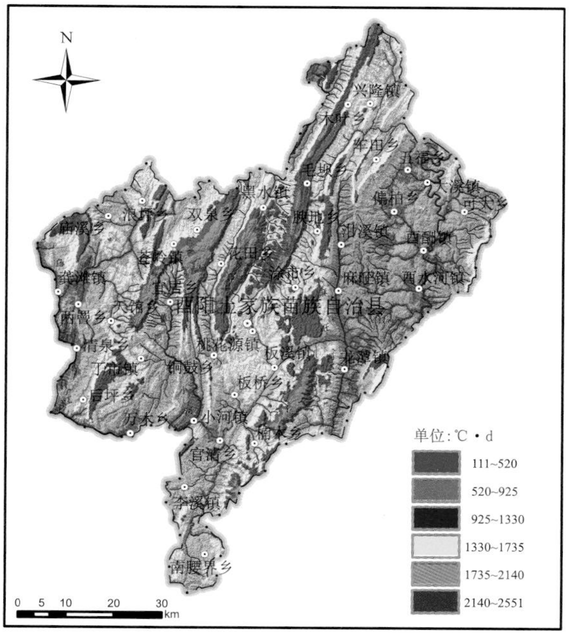

图 6.440 酉阳县小春≥10 ℃活动积温

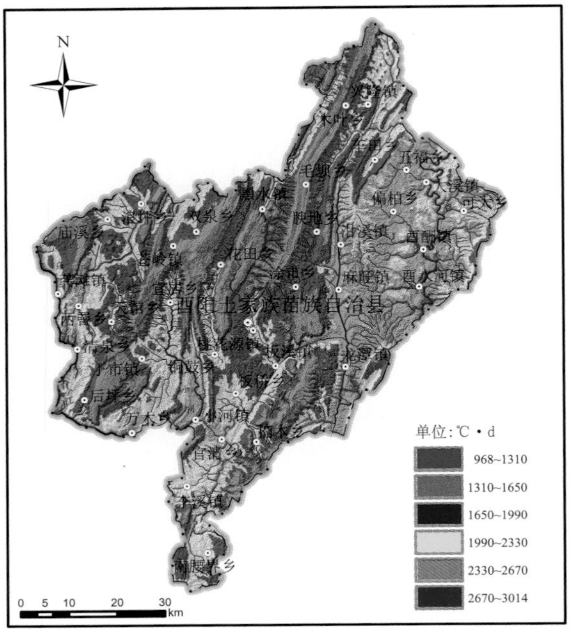

图 6.441　酉阳县年≥10 ℃有效积温

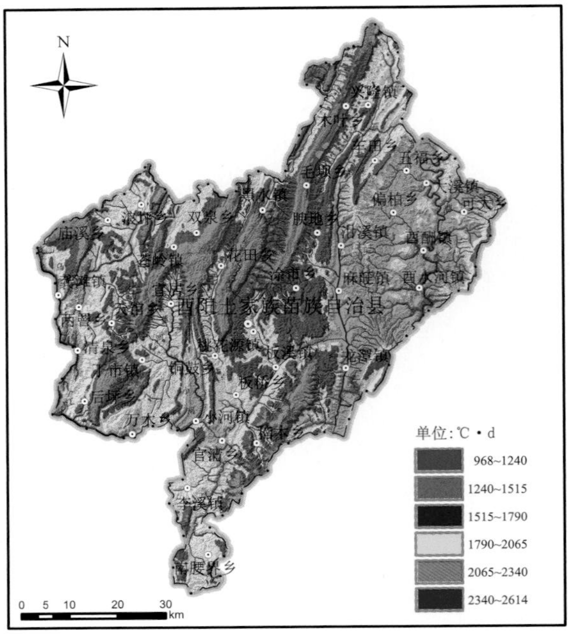

图 6.442　酉阳县大春≥10 ℃有效积温

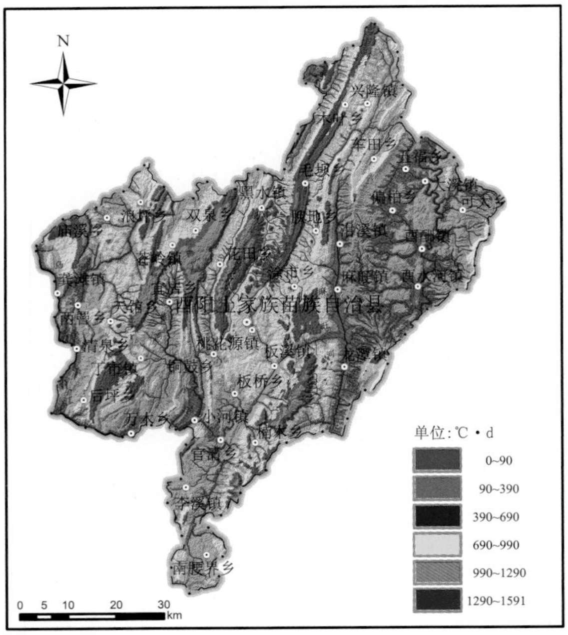

图 6.443　酉阳县大春≥15 ℃有效积温

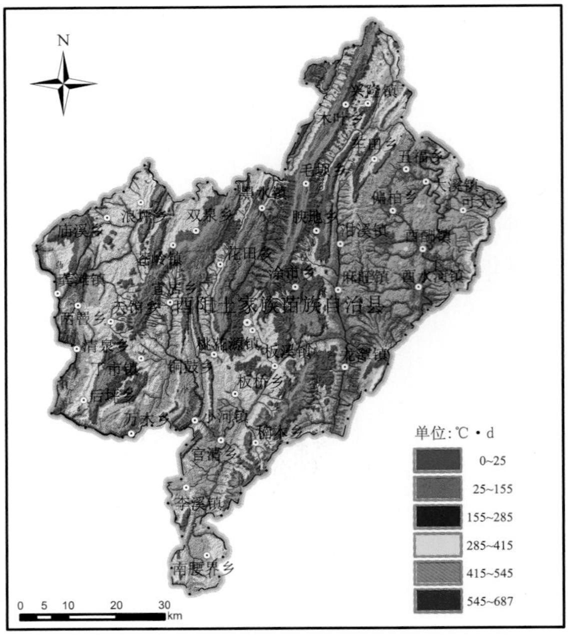

图 6.444　酉阳县大春≥20 ℃有效积温

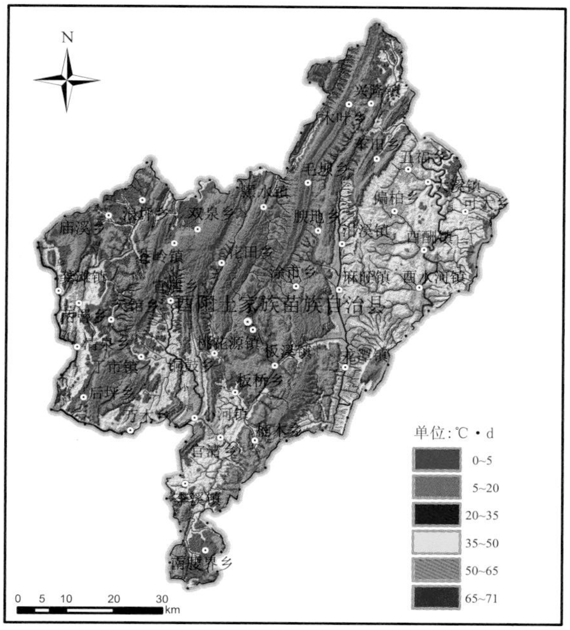

图 6.445 酉阳县大春≥25 ℃有效积温

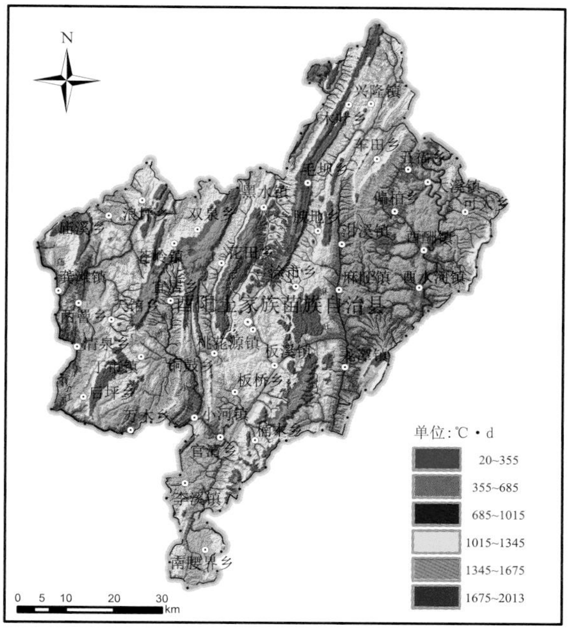

图 6.446 酉阳县小春≥5 ℃有效积温

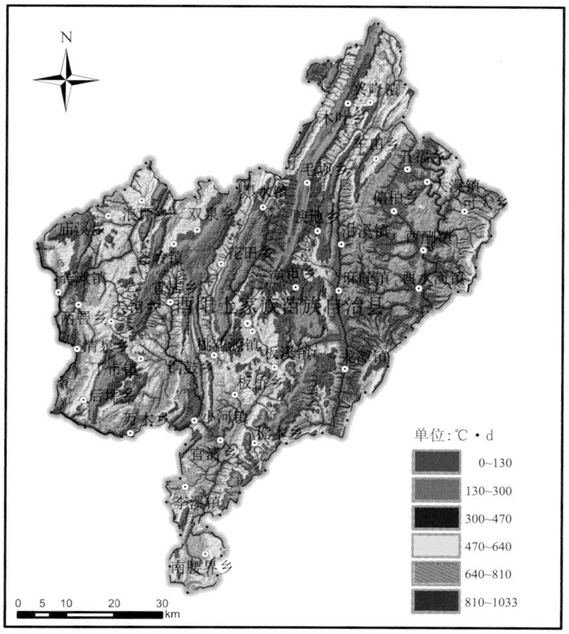

图 6.447 酉阳县小春≥10 ℃有效积温

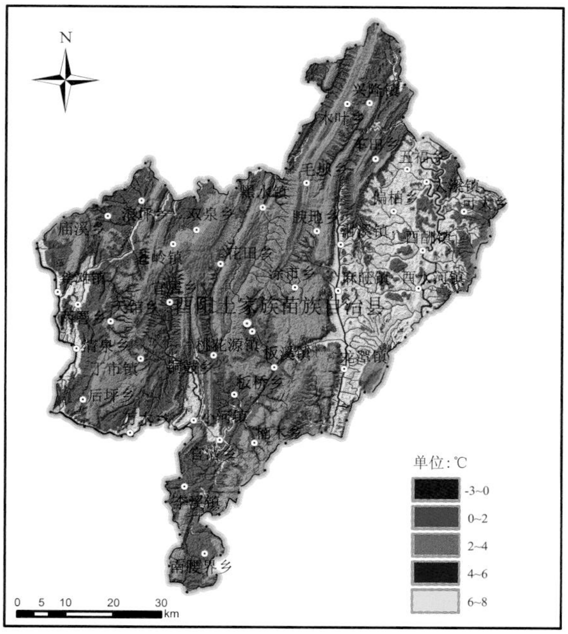

图 6.448 酉阳县1月平均地温

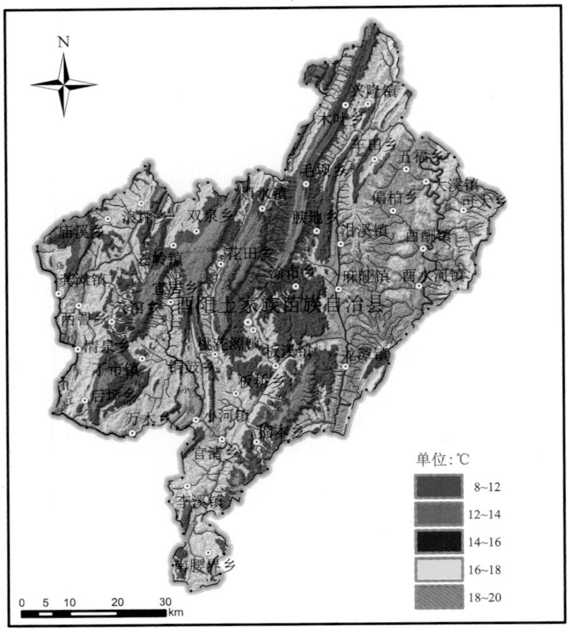

图 6.449　酉阳县 4 月平均地温

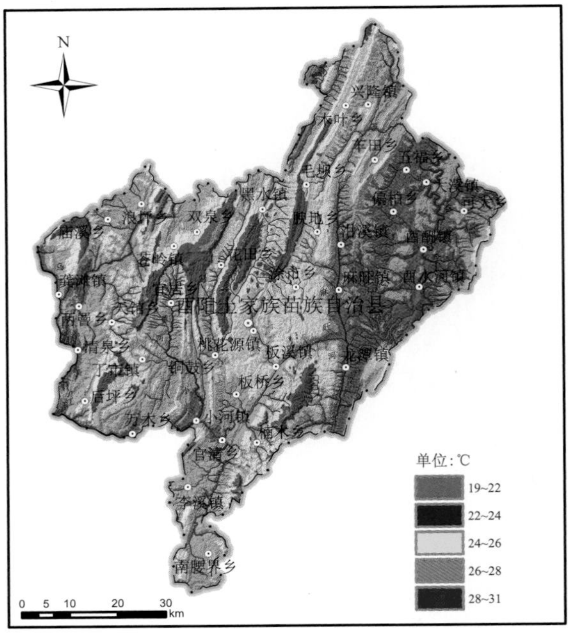

图 6.450　酉阳县 7 月平均地温

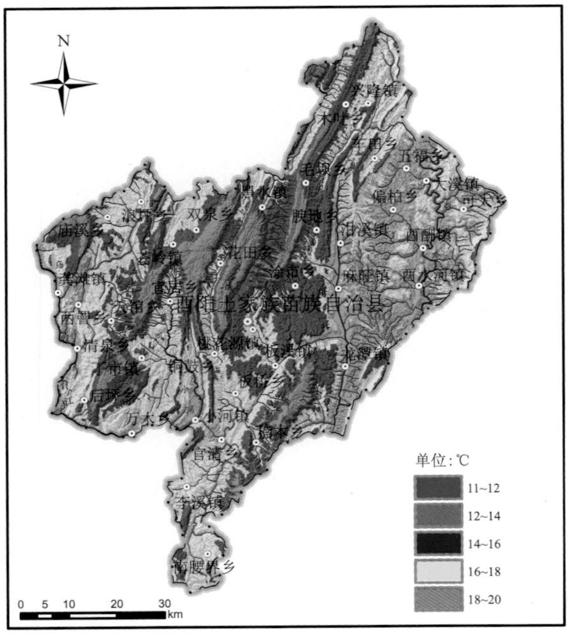

图 6.451　酉阳县 10 月平均地温

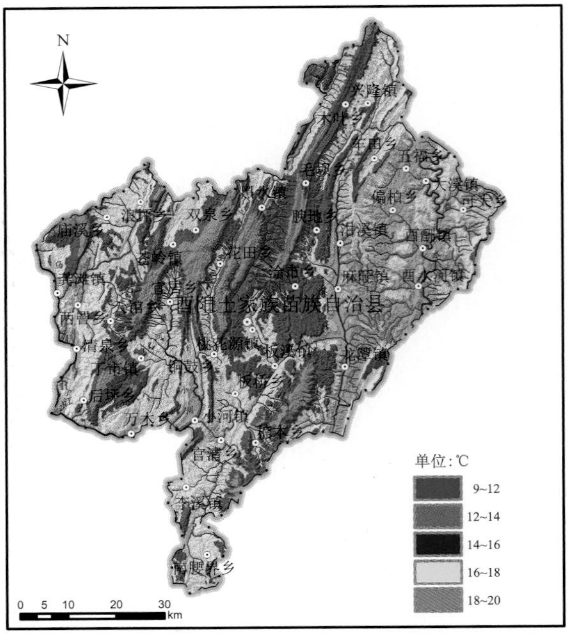

图 6.452　酉阳县年平均地温

(7)涪陵区

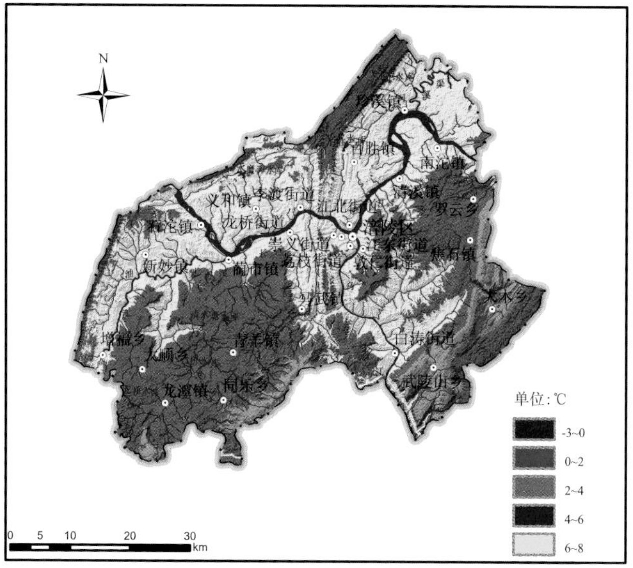

图6.453　涪陵区1月平均气温

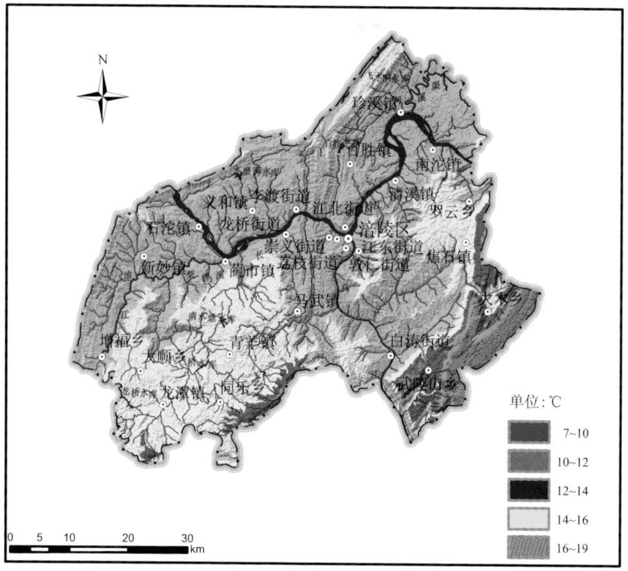

图6.454　涪陵区4月平均气温

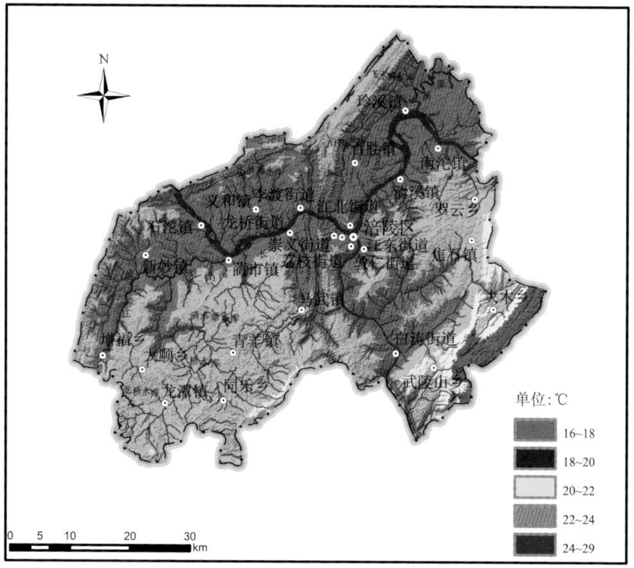

图6.455　涪陵区7月平均气温

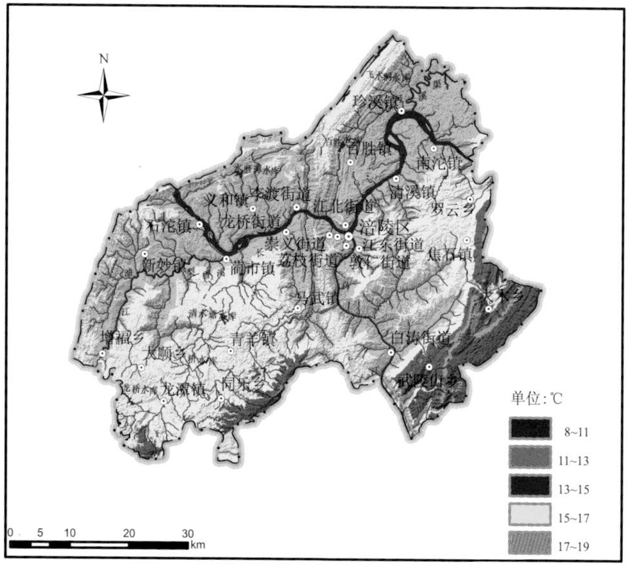

图6.456　涪陵区10月平均气温

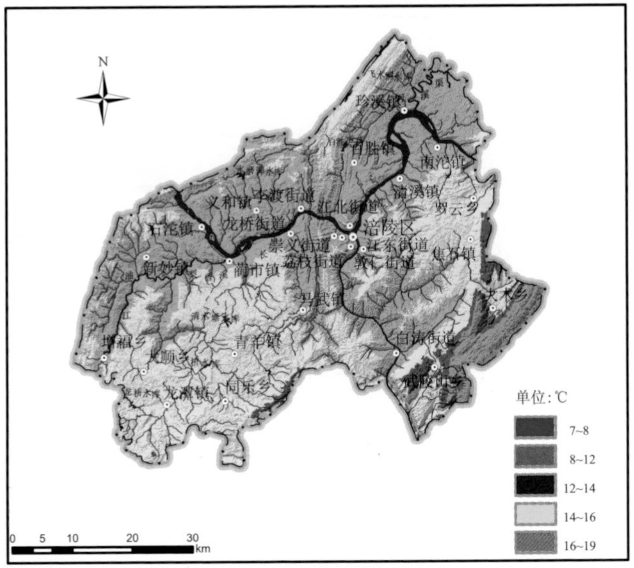

图6.457 涪陵区年平均气温

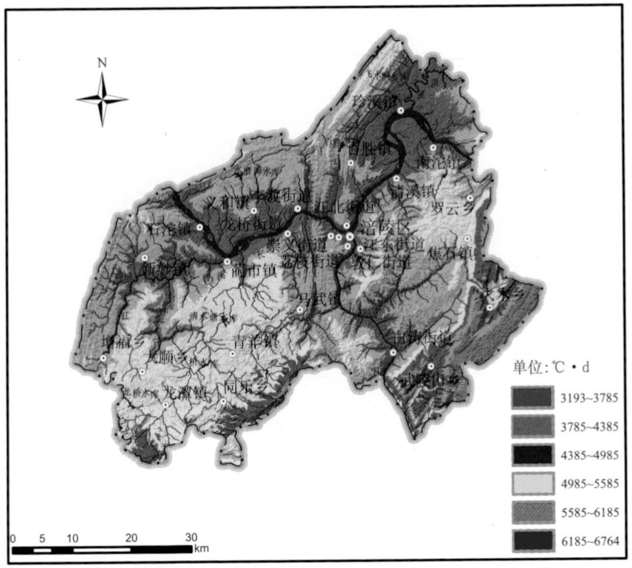

图6.458 涪陵区年≥0 ℃活动积温

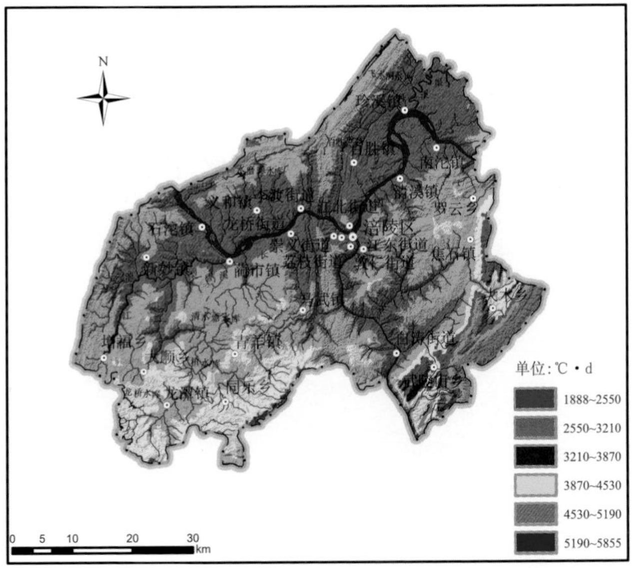

图6.459 涪陵区年≥10 ℃活动积温

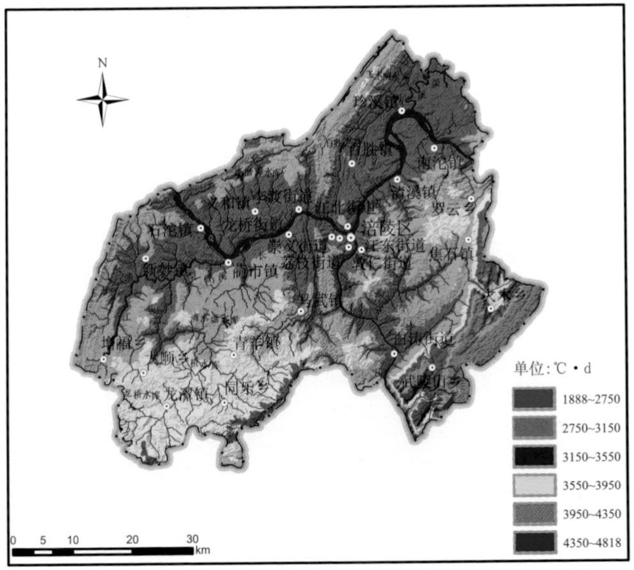

图6.460 涪陵区大春≥10 ℃活动积温

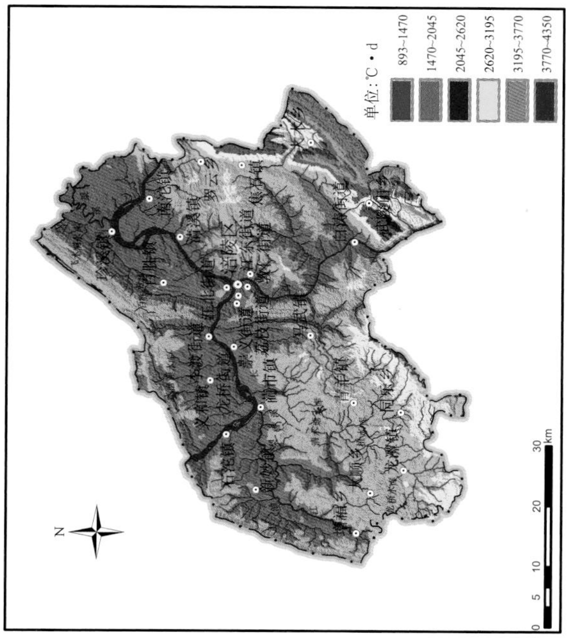

图6.461 涪陵区大春≥15 ℃活动积温

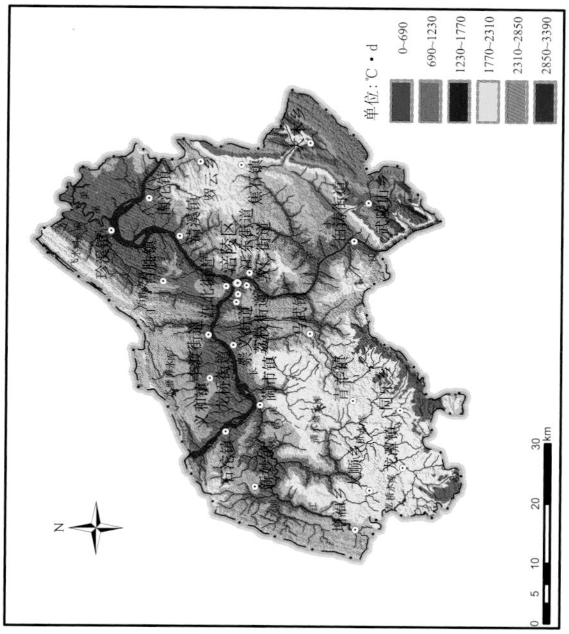

图6.462 涪陵区大春≥20 ℃活动积温

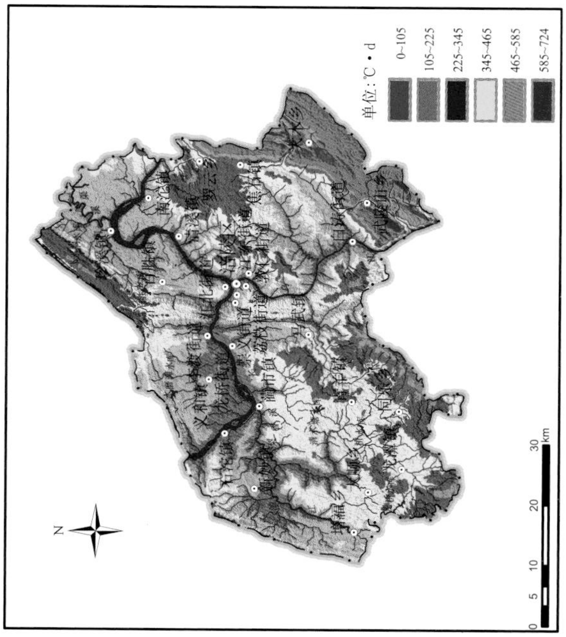

图6.463 涪陵区大春≥25 ℃活动积温

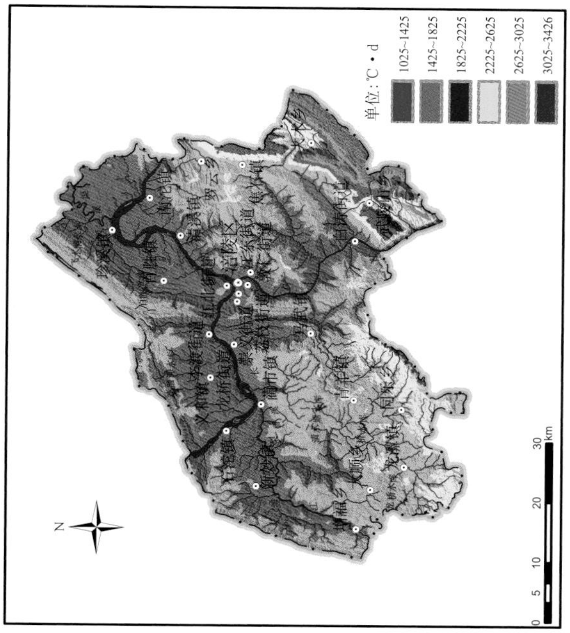

图6.464 涪陵区小春≥0 ℃活动积温

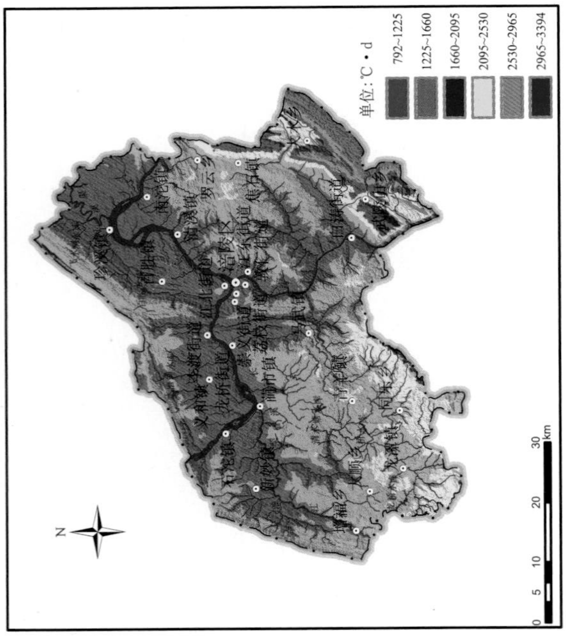

图6.465 涪陵区小春≥5 ℃活动积温

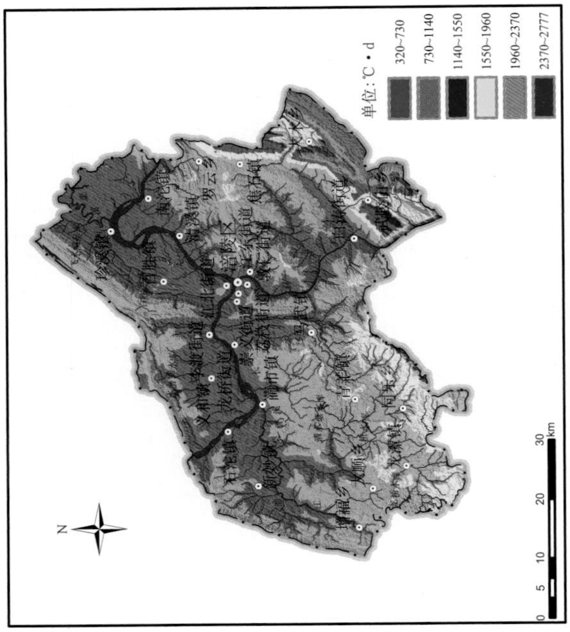

图6.466 涪陵区小春≥10 ℃活动积温

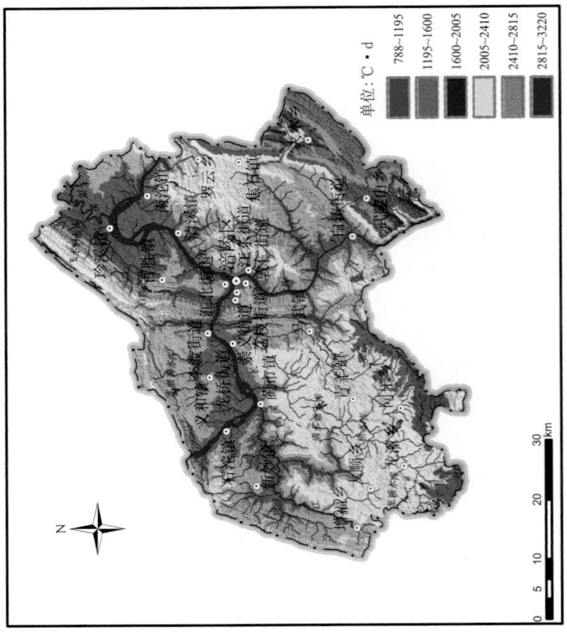

图6.467 涪陵区年≥10 ℃有效积温

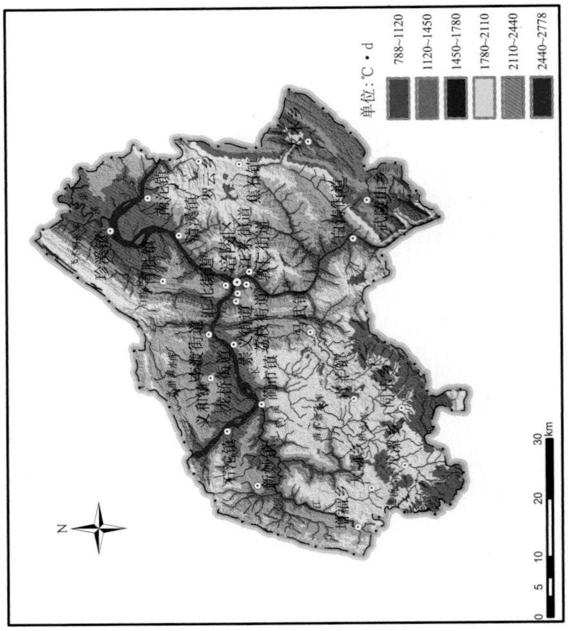

图6.468 涪陵区大春≥10 ℃有效积温

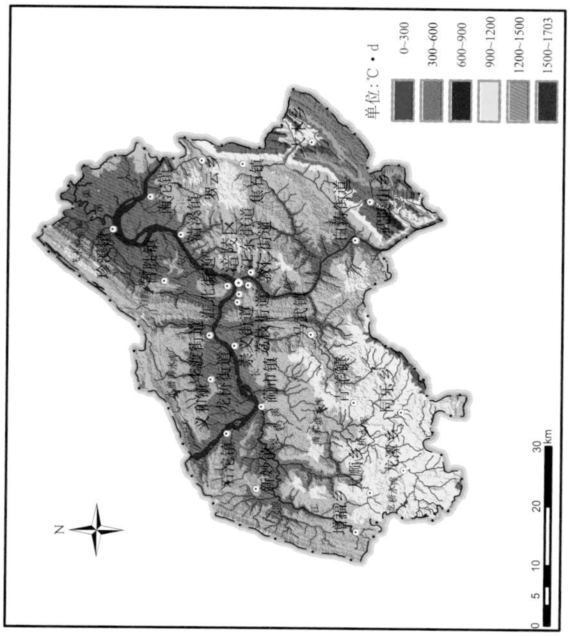

图6.469 涪陵区大春≥15 ℃有效积温

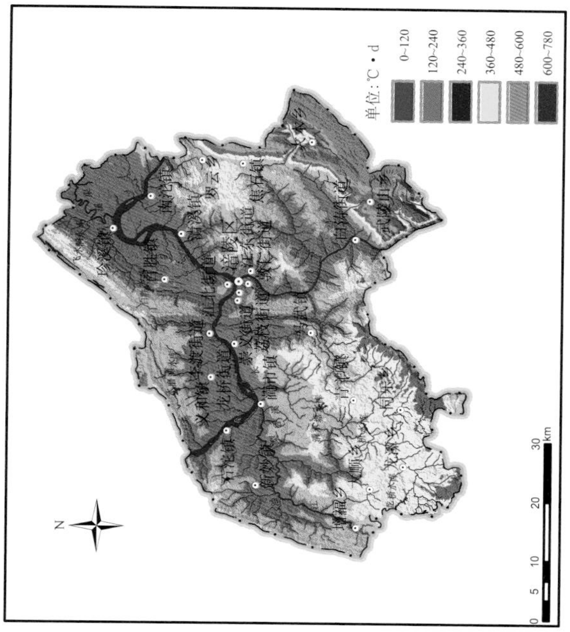

图6.470 涪陵区大春≥20 ℃有效积温

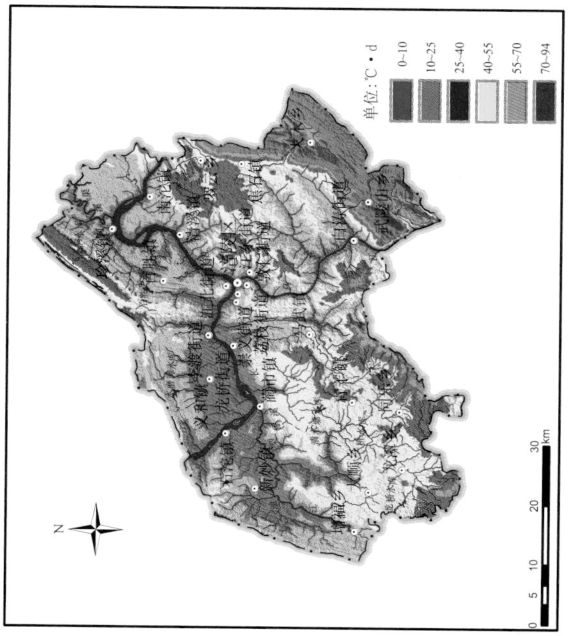

图6.471 涪陵区大春≥25 ℃有效积温

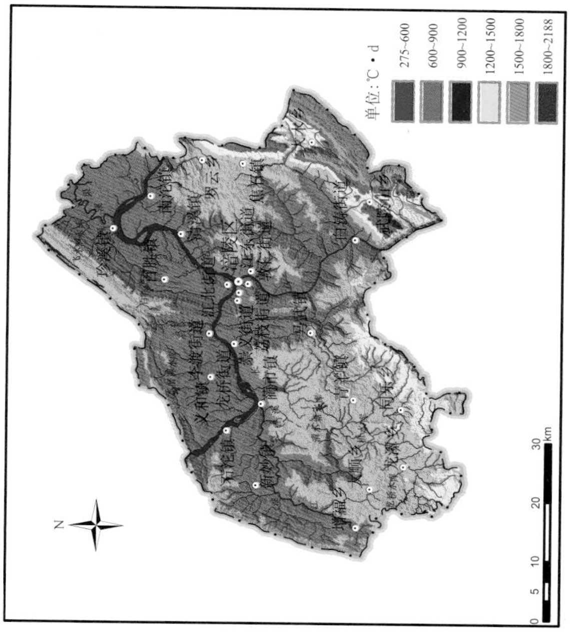

图6.472 涪陵区小春≥5 ℃有效积温

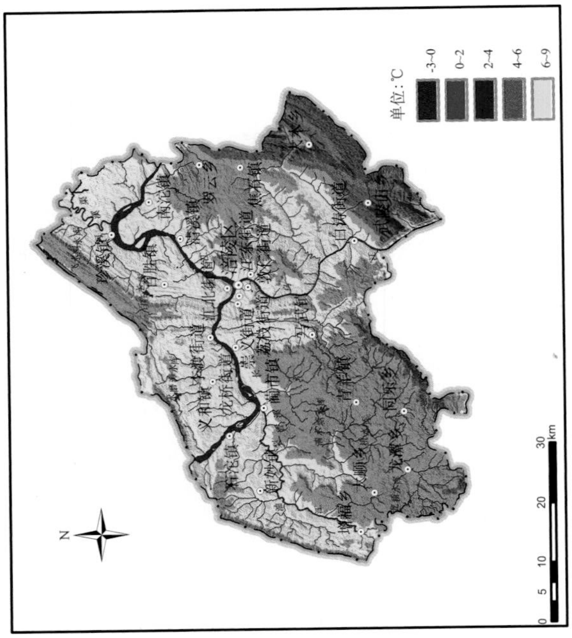

图6.474 涪陵区1月平均地温

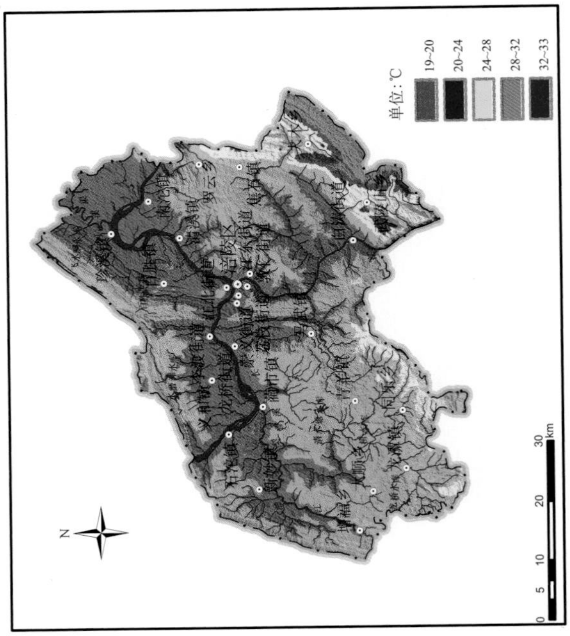

图6.476 涪陵区7月平均地温

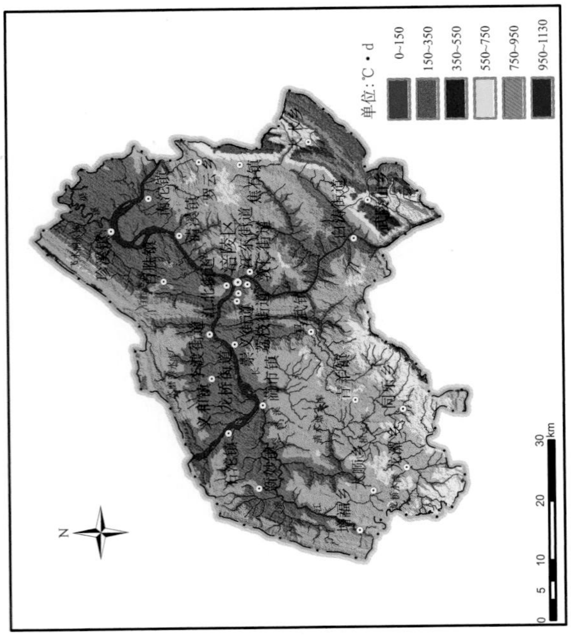

图6.473 涪陵区小春≥10 ℃有效积温

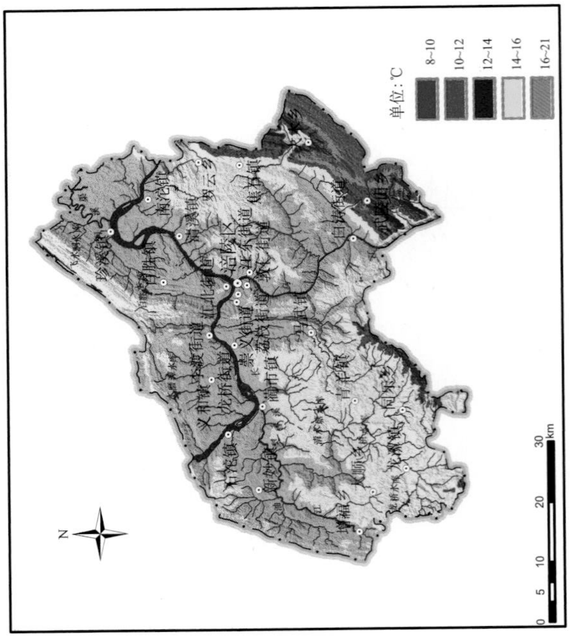

图6.475 涪陵区4月平均地温

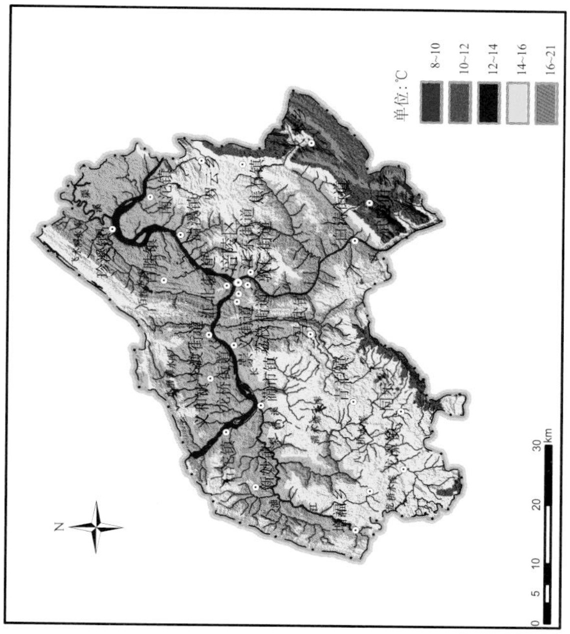

图6.478 涪陵区年平均地温

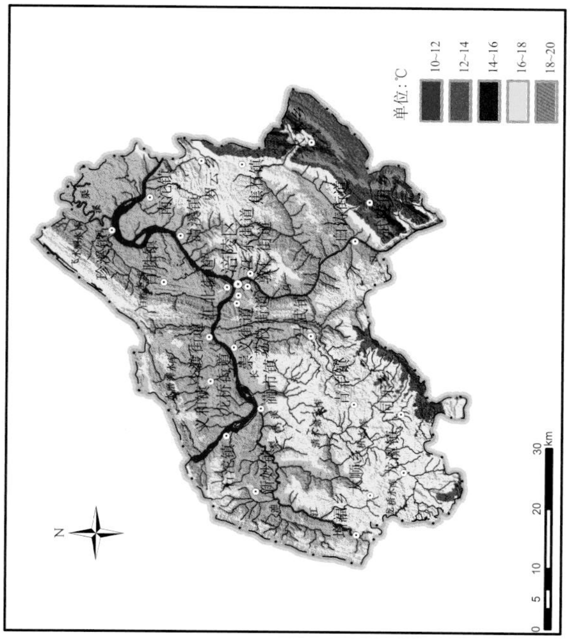

图6.477 涪陵区10月平均地温

(8)南川区

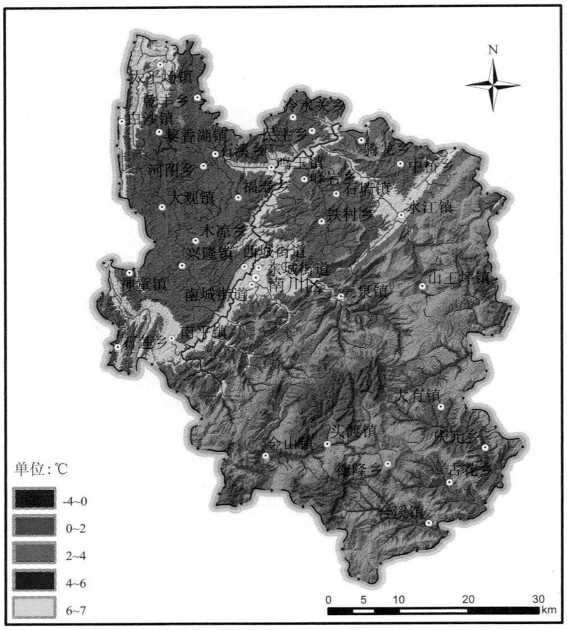

图 6.479　南川区 1 月平均气温

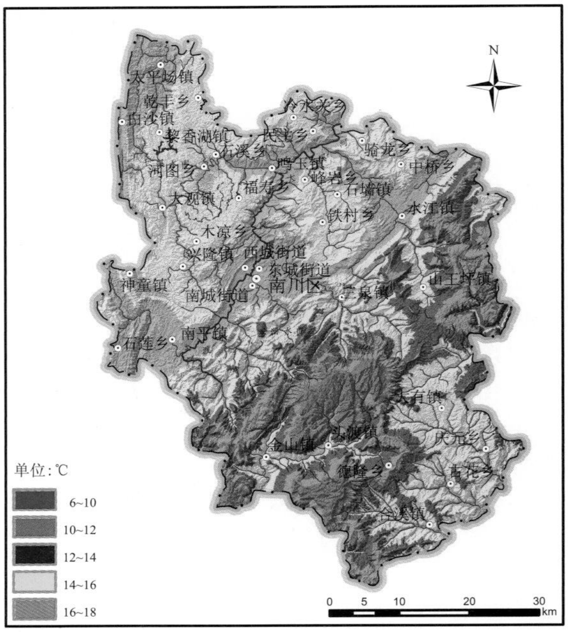

图 6.480　南川区 4 月平均气温

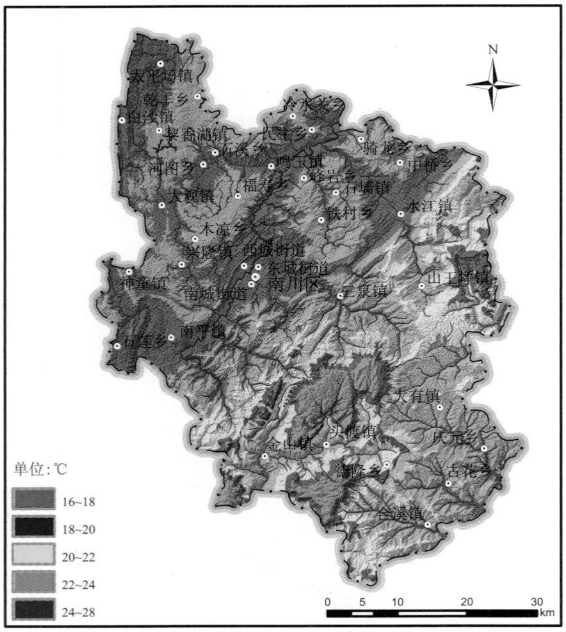

图 6.481　南川区 7 月平均气温

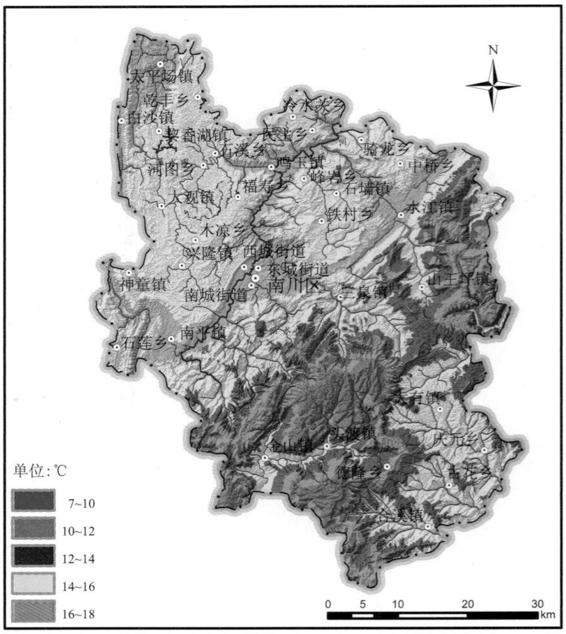

图 6.482　南川区 10 月平均气温

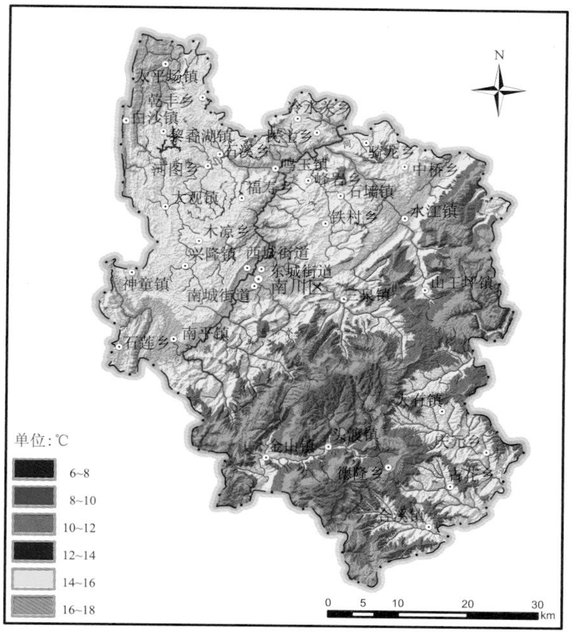

图 6.483 南川区年平均气温

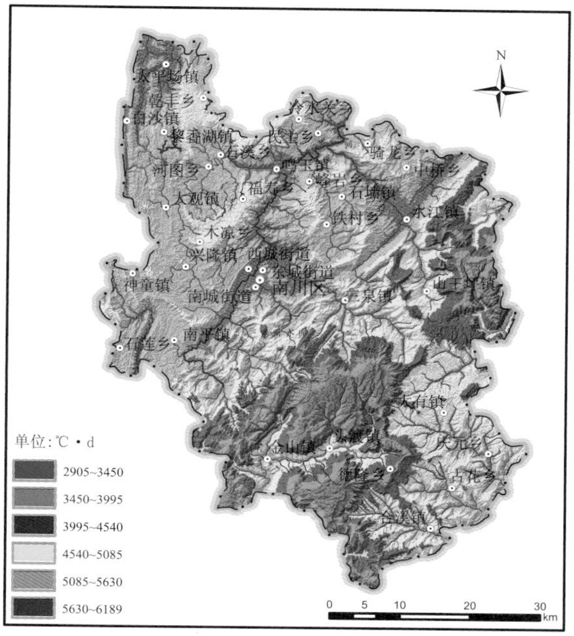

图 6.484 南川区年≥0 ℃活动积温

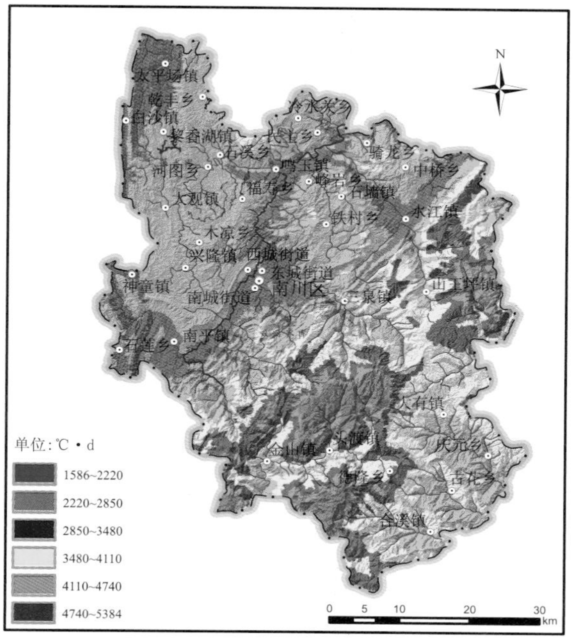

图 6.485 南川区年≥10 ℃活动积温

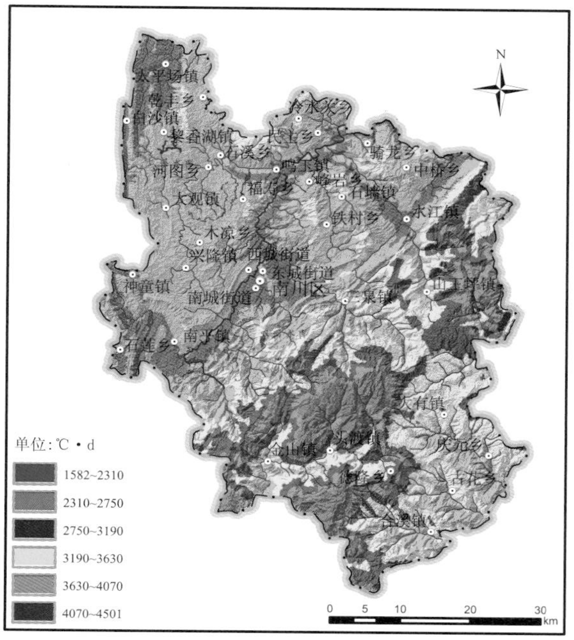

图 6.486 南川区大春≥10 ℃活动积温

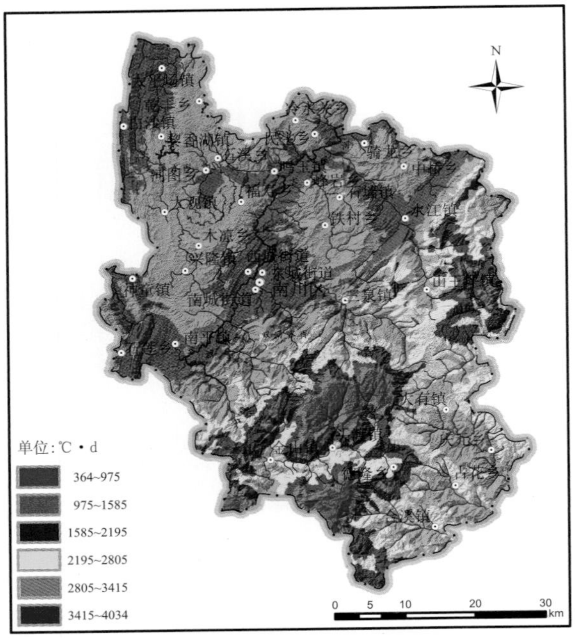

图 6.487　南川区大春≥15 ℃活动积温

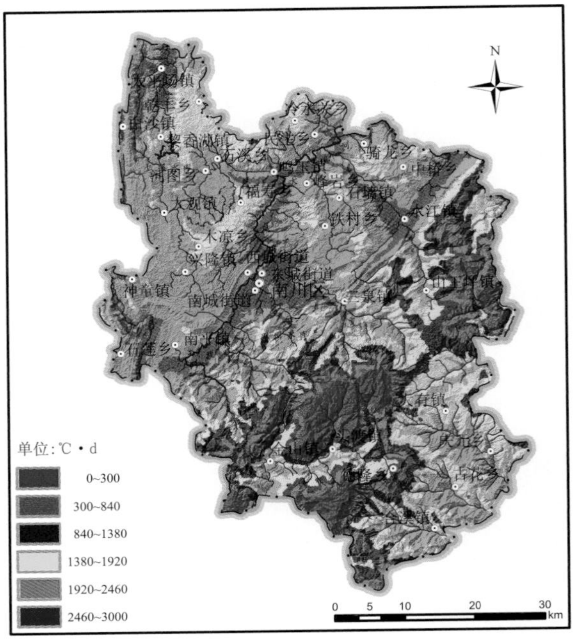

图 6.488　南川区大春≥20 ℃活动积温

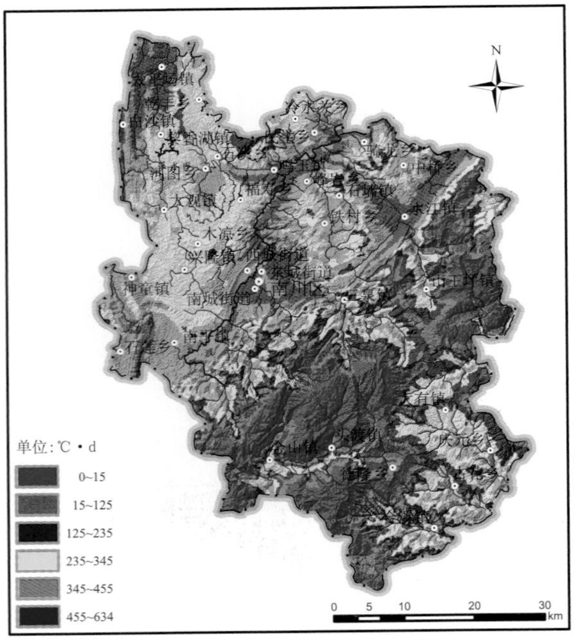

图 6.489　南川区大春≥25 ℃活动积温

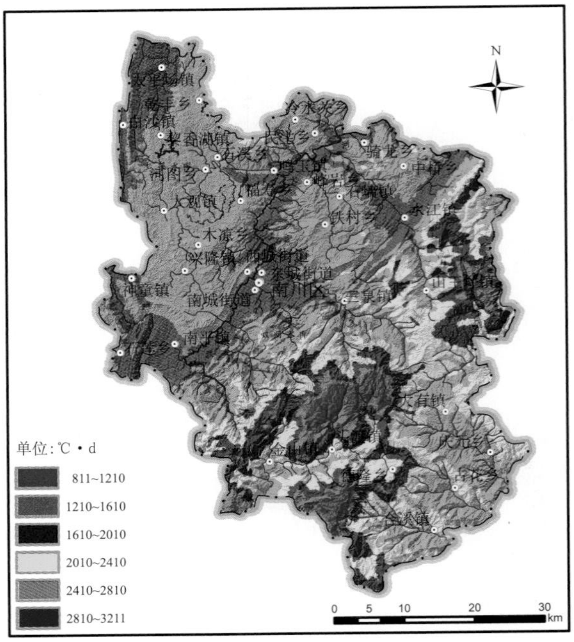

图 6.490　南川区小春≥0 ℃活动积温

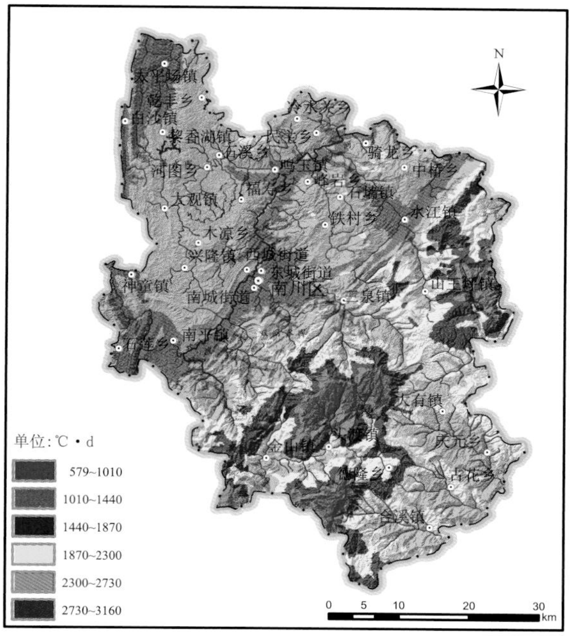

图 6.491 南川区小春≥5 ℃活动积温

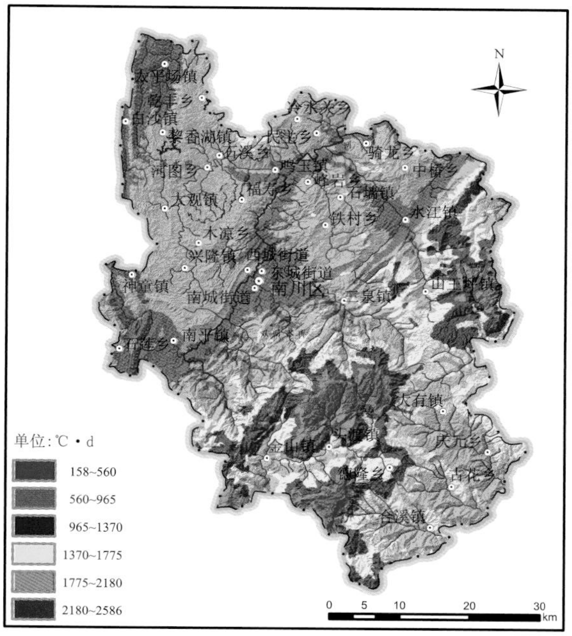

图 6.492 南川区小春≥10 ℃活动积温

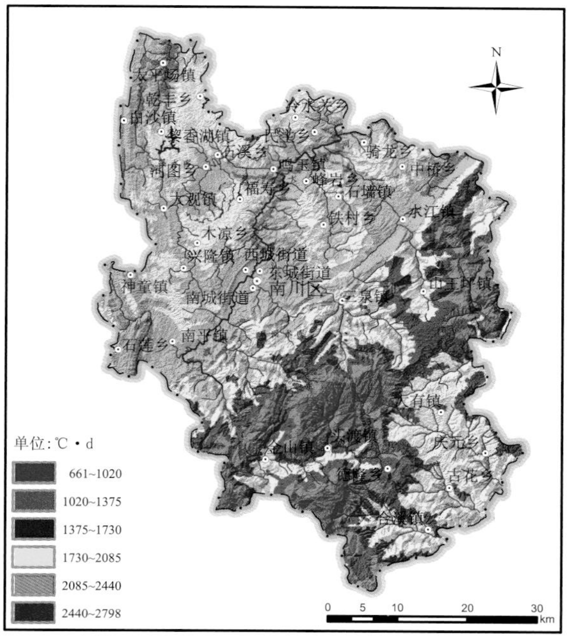

图 6.493 南川区年≥10 ℃有效积温

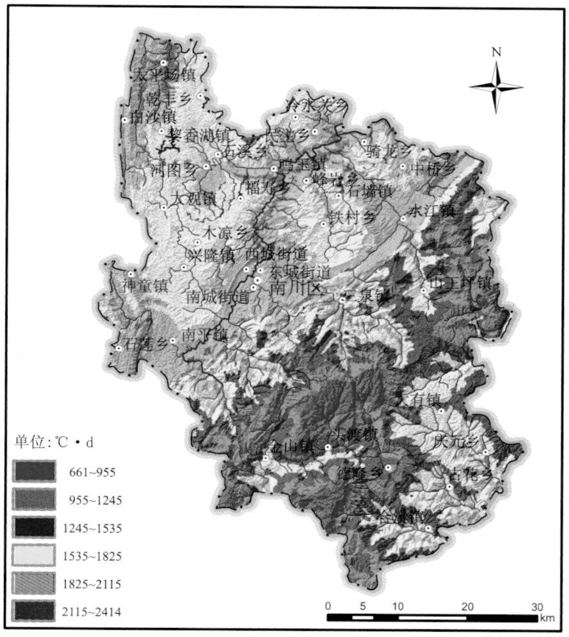

图 6.494 南川区大春≥10 ℃有效积温

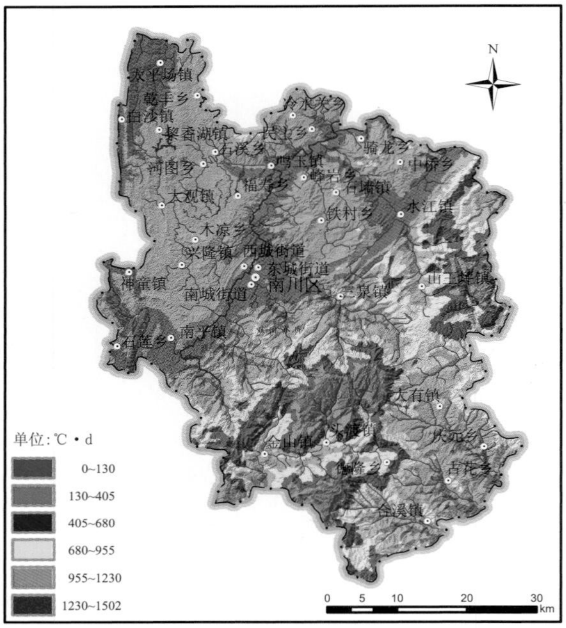

图 6.495　南川区大春≥15 ℃有效积温

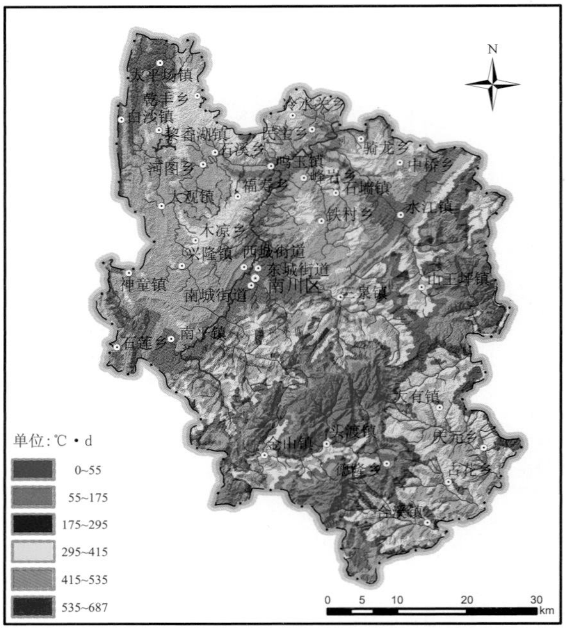

图 6.496　南川区大春≥20 ℃有效积温

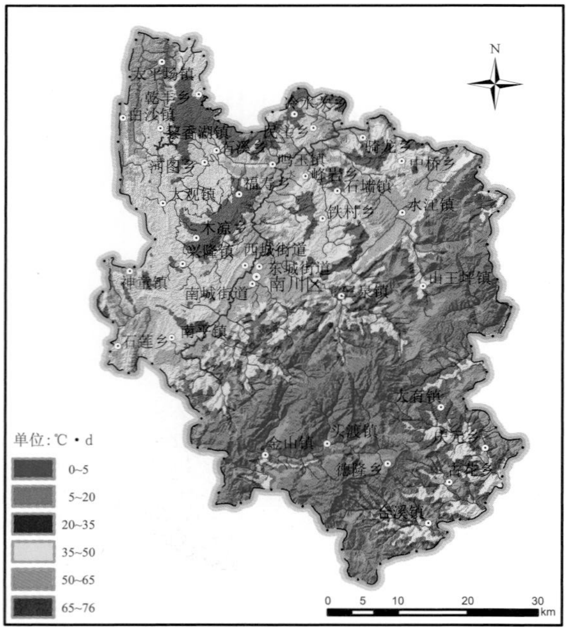

图 6.497　南川区大春≥25 ℃有效积温

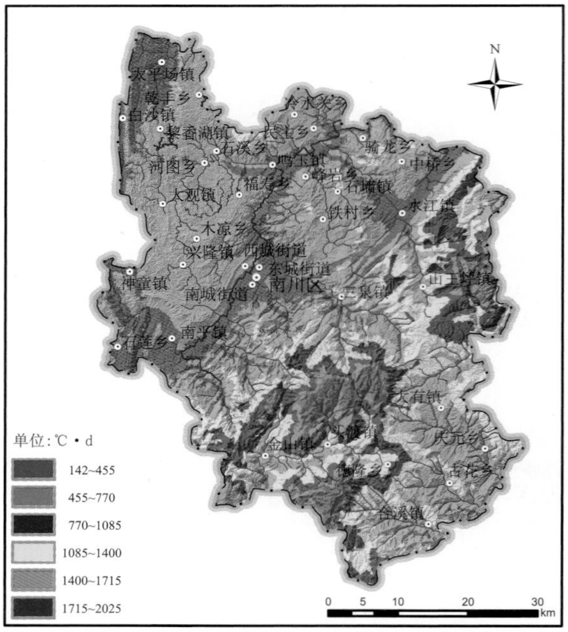

图 6.498　南川区小春≥5 ℃有效积温

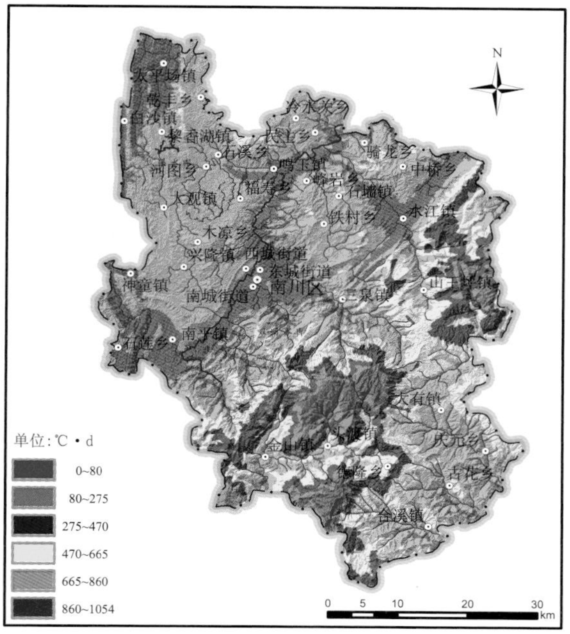

图 6.499 南川区小春≥10 ℃有效积温

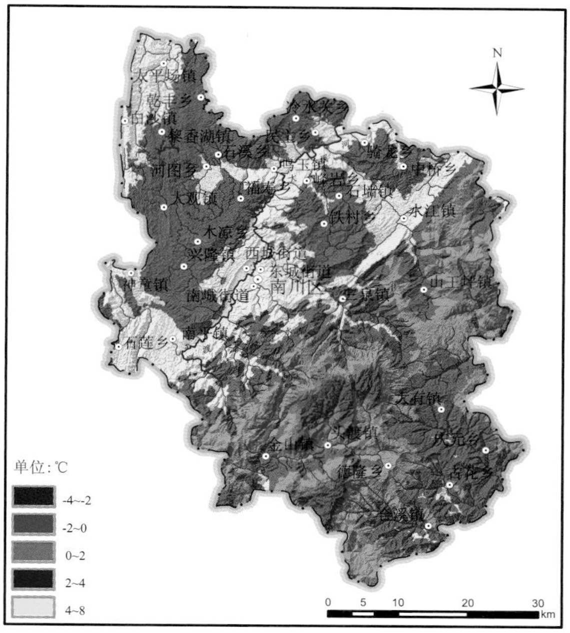

图 6.500 南川区 1 月平均地温

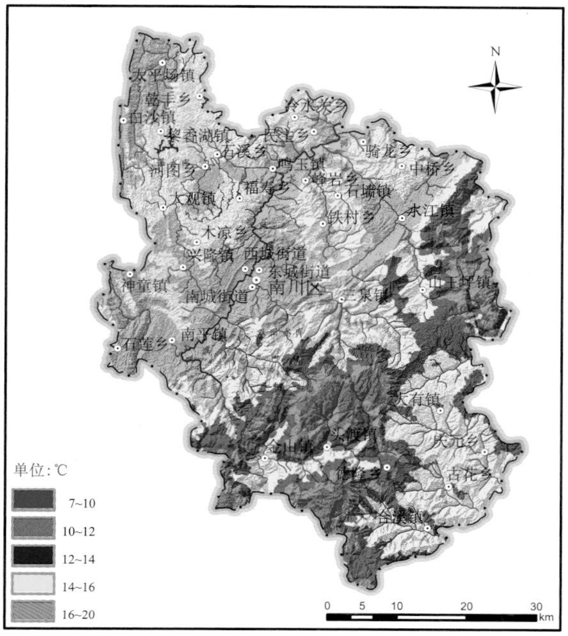

图 6.501 南川区 4 月平均地温

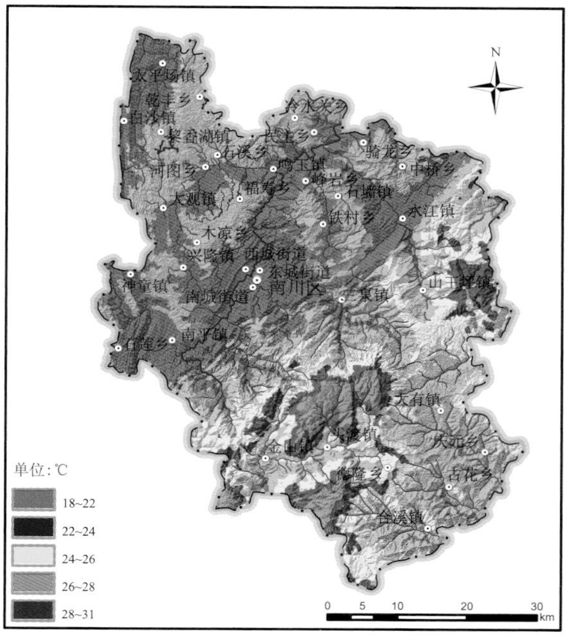

图 6.502 南川区 7 月平均地温

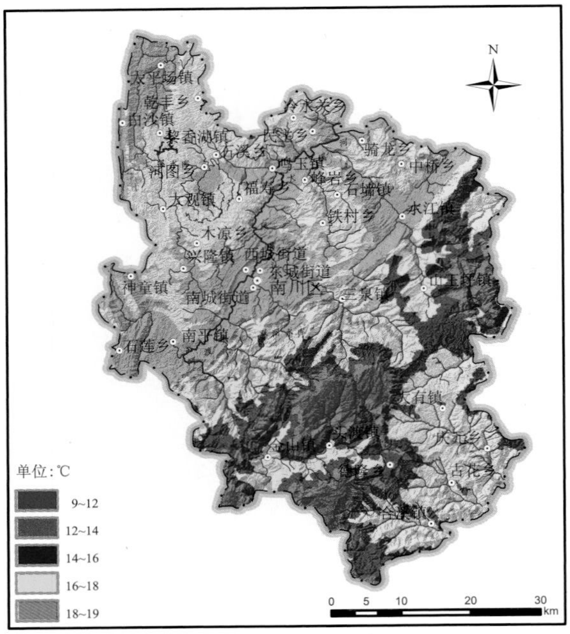

图 6.503　南川区 10 月平均地温

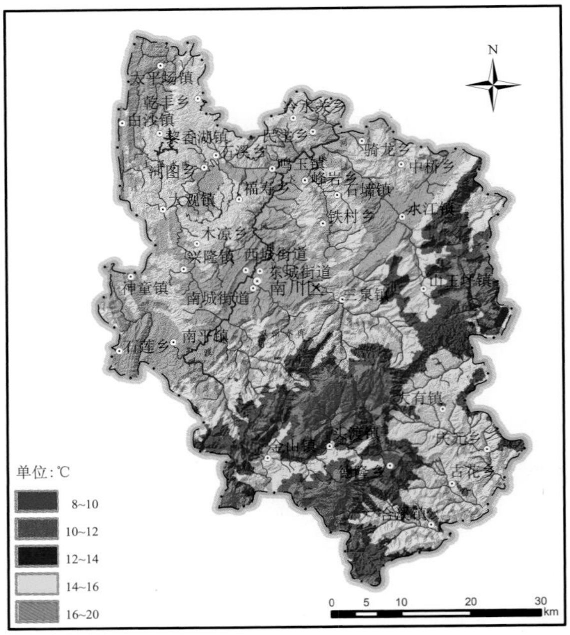

图 6.504　南川区年平均地温

(9)渝北区

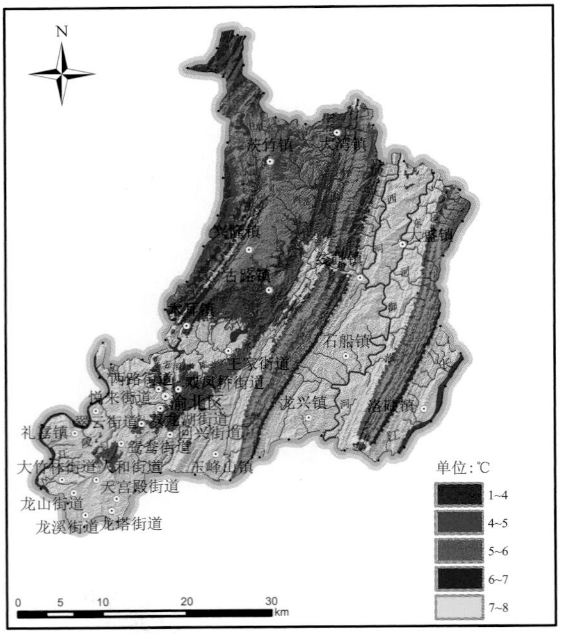

图 6.505　渝北区 1 月平均气温

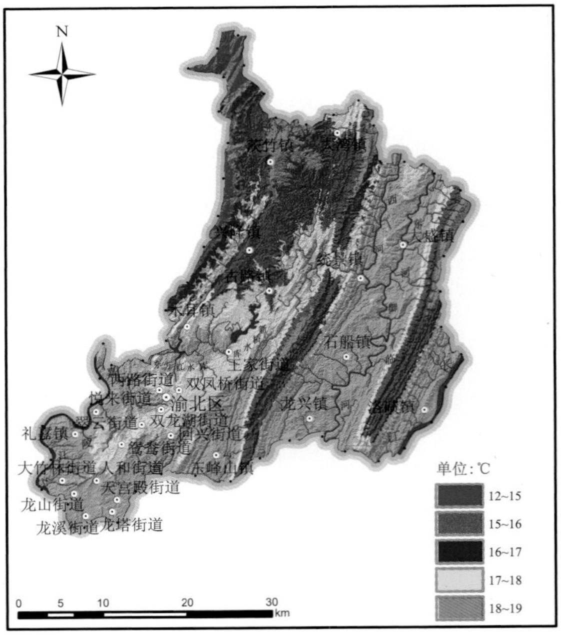

图 6.506　渝北区 4 月平均气温

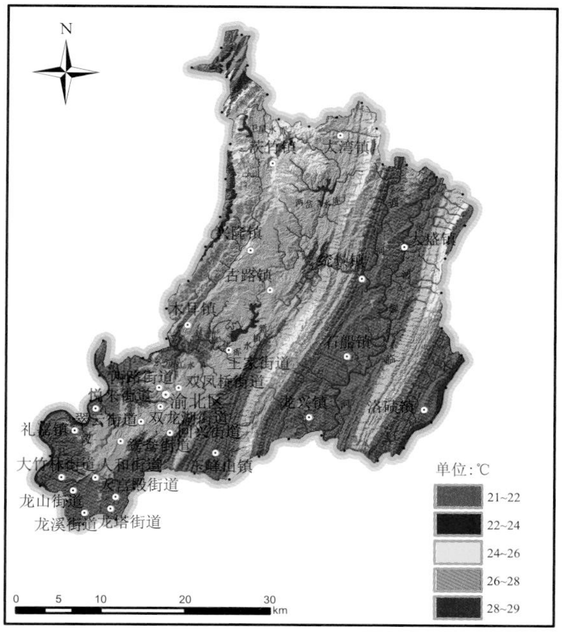

图 6.507　渝北区 7 月平均气温

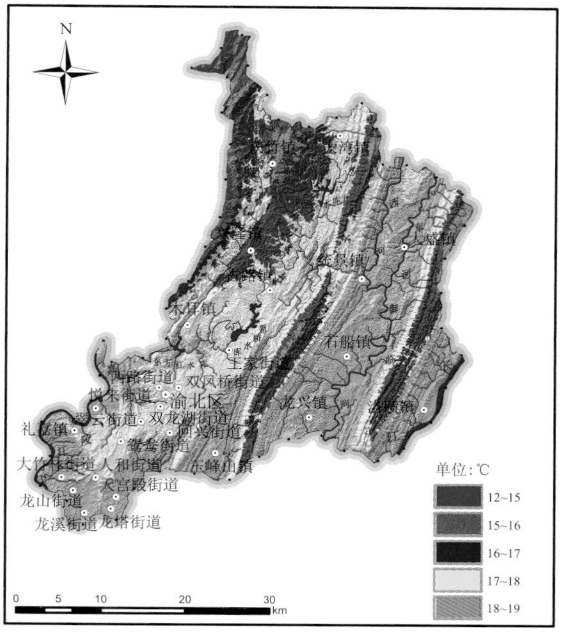

图 6.508　渝北区 10 月平均气温

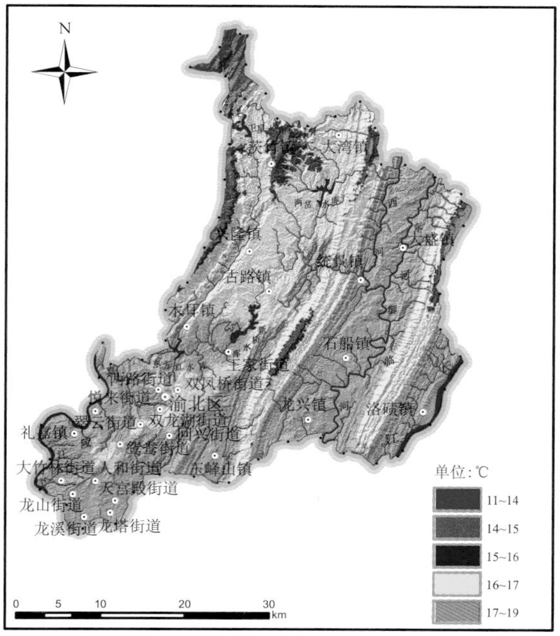

图 6.509　渝北区年平均气温

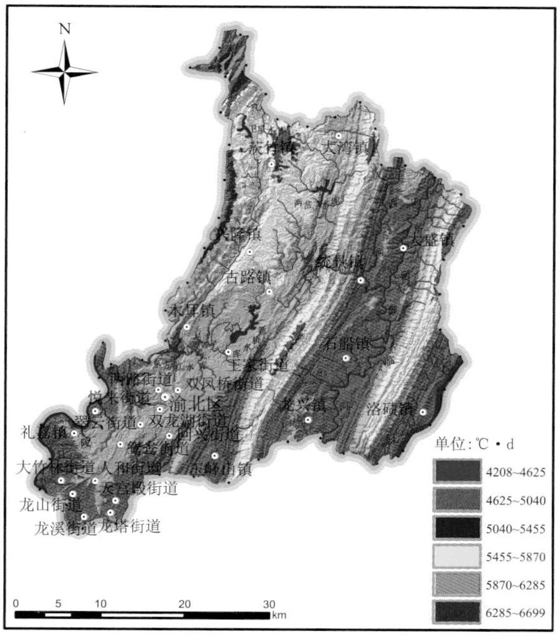

图 6.510　渝北区年≥0 ℃活动积温

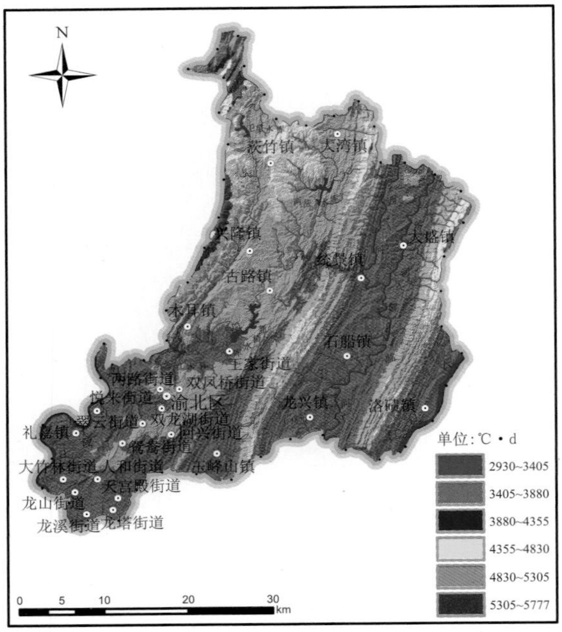

图 6.511 渝北区年≥10 ℃活动积温

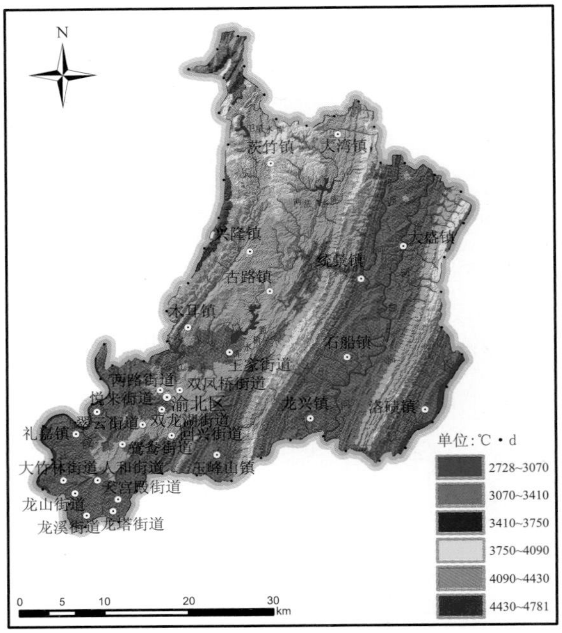

图 6.512 渝北区大春≥10 ℃活动积温

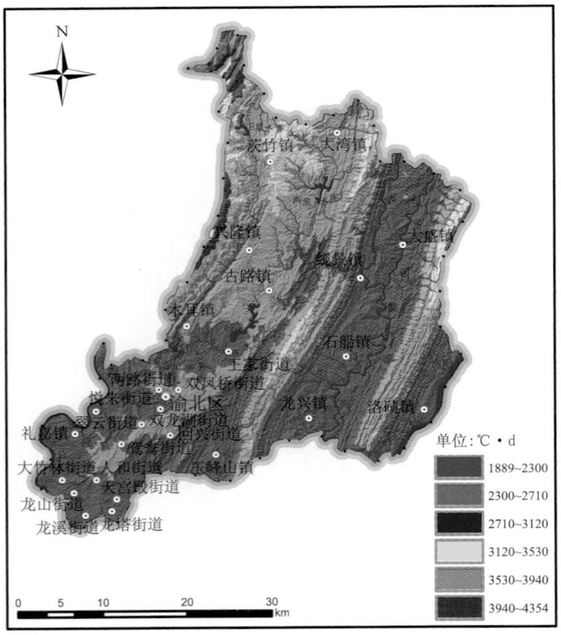

图 6.513 渝北区大春≥15 ℃活动积温

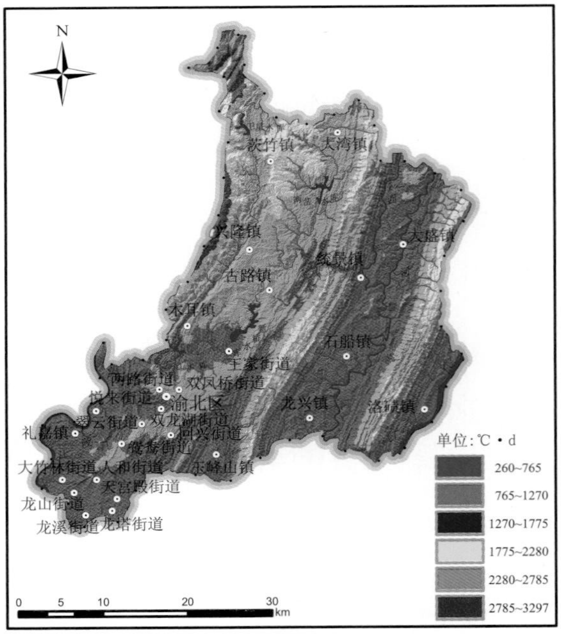

图 6.514 渝北区大春≥20 ℃活动积温

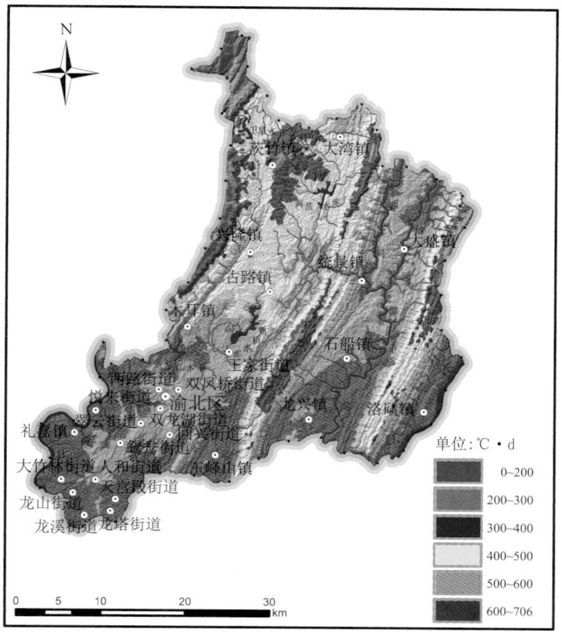

图 6.515　渝北区大春≥25 ℃活动积温

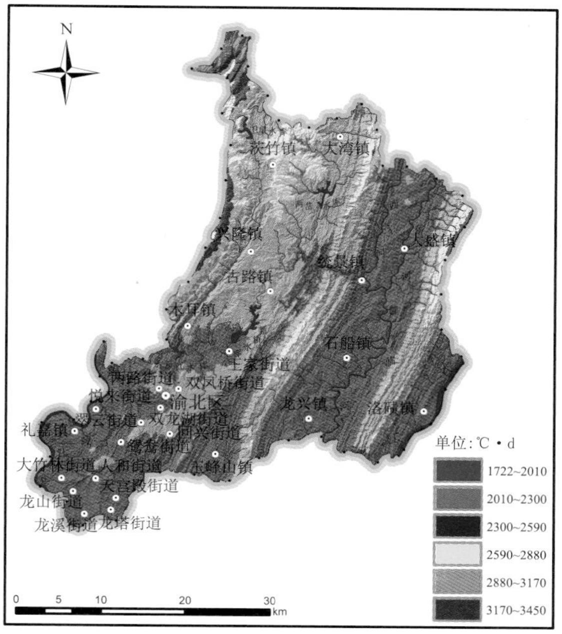

图 6.516　渝北区小春≥0 ℃活动积温

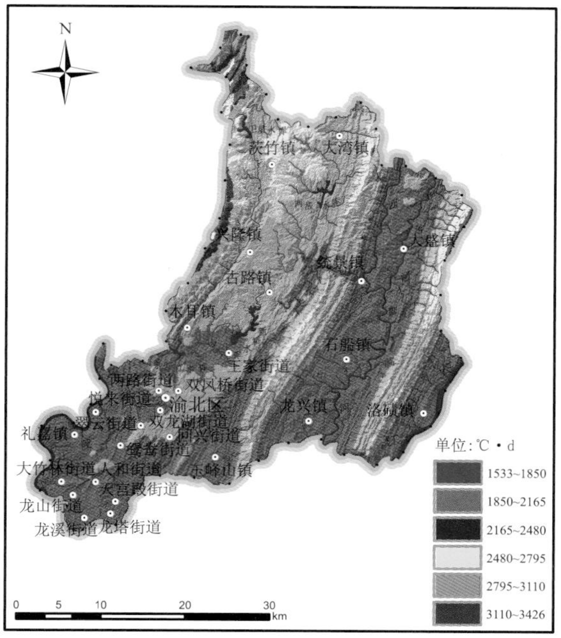

图 6.517　渝北区小春≥5 ℃活动积温

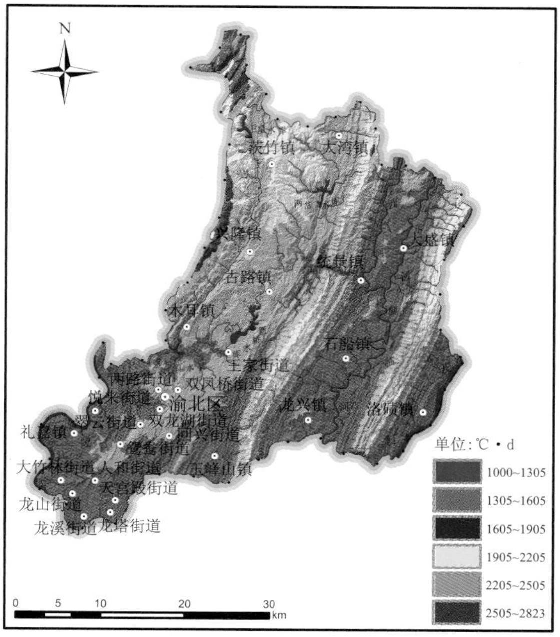

图 6.518　渝北区小春≥10 ℃活动积温

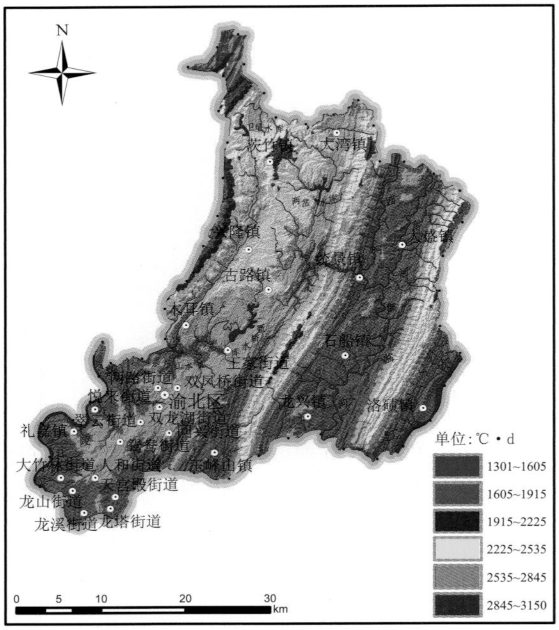

图 6.519　渝北区年≥10 ℃有效积温

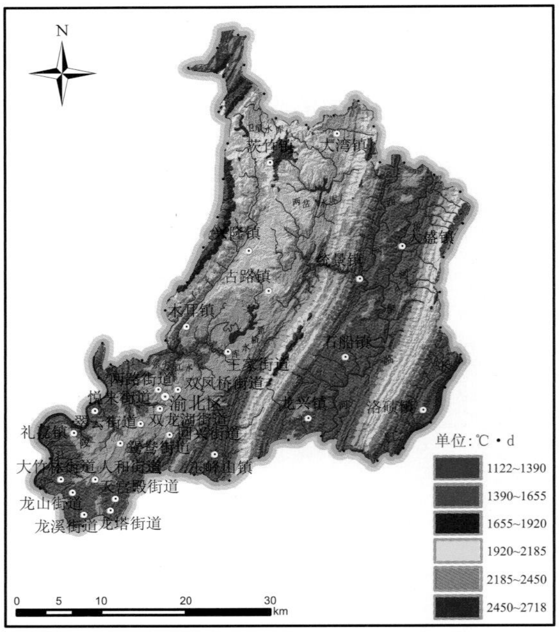

图 6.520　渝北区大春≥10 ℃有效积温

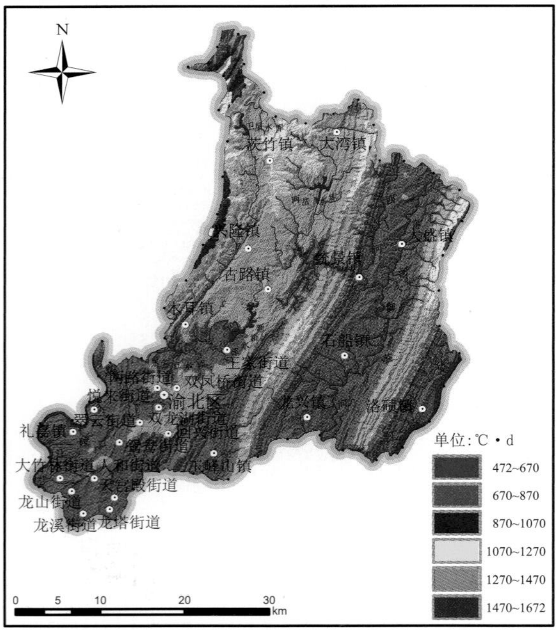

图 6.521　渝北区大春≥15 ℃有效积温

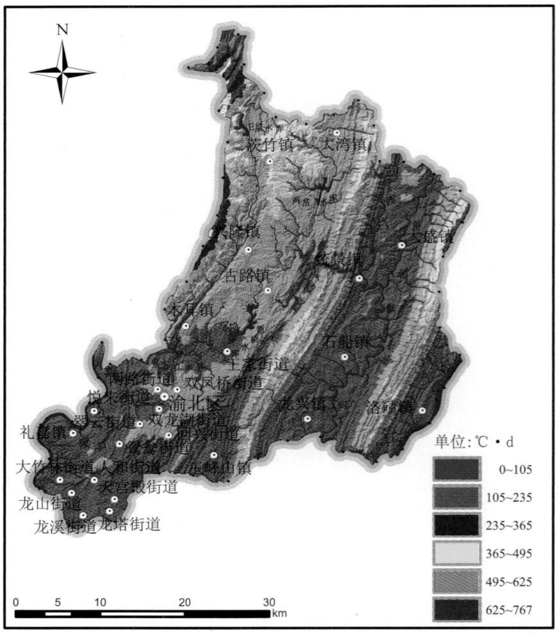

图 6.522　渝北区大春≥20 ℃有效积温

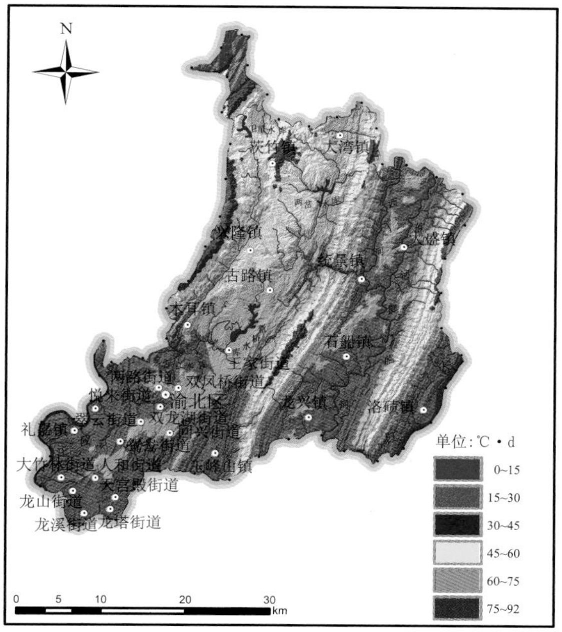

图 6.523　渝北区大春≥25 ℃有效积温

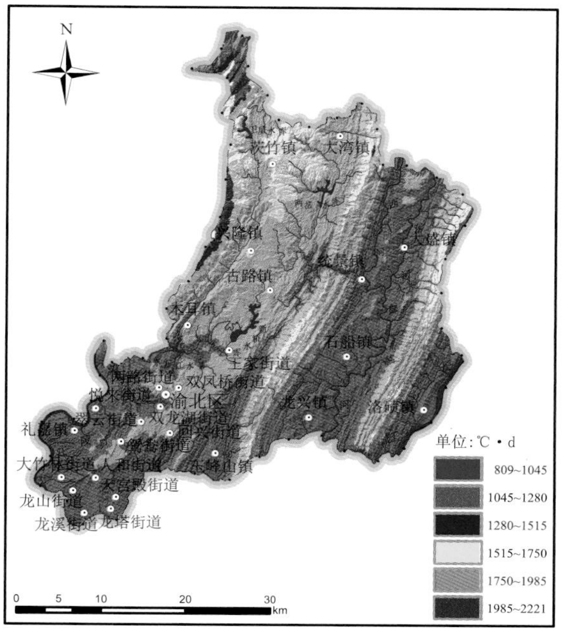

图 6.524　渝北区小春≥5 ℃有效积温

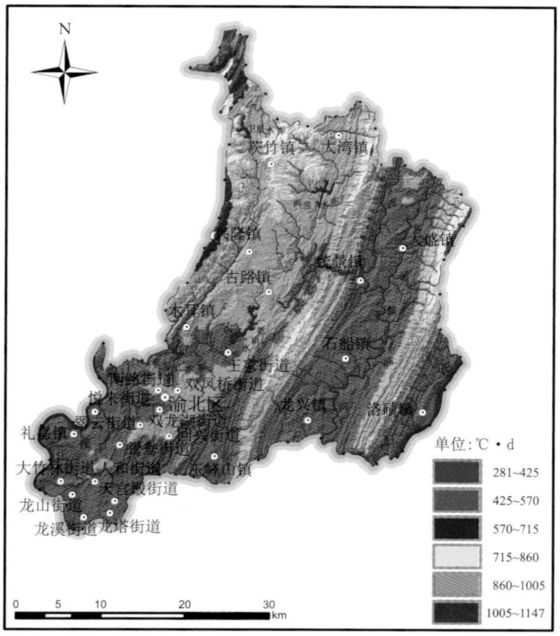

图 6.525　渝北区小春≥10 ℃有效积温

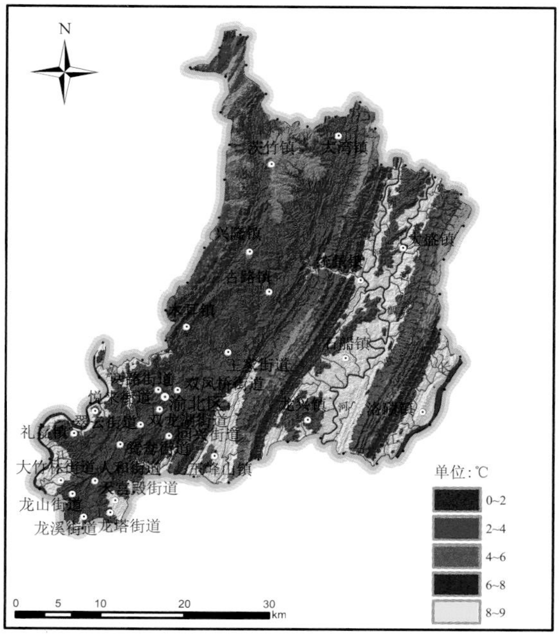

图 6.526　渝北区 1 月平均地温

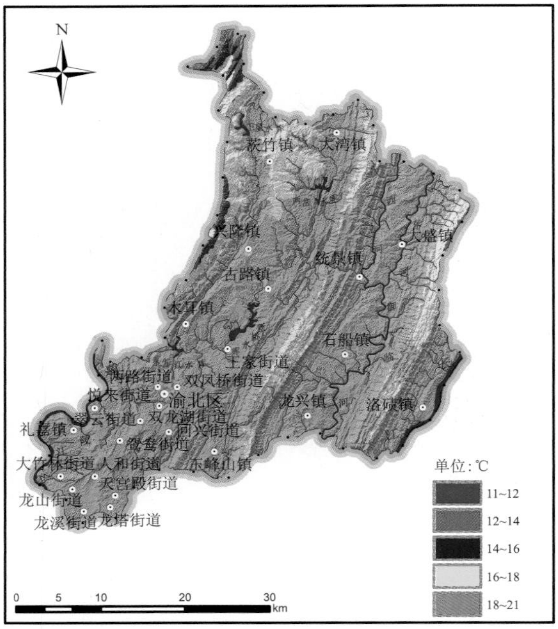

图 6.527　渝北区 4 月平均地温

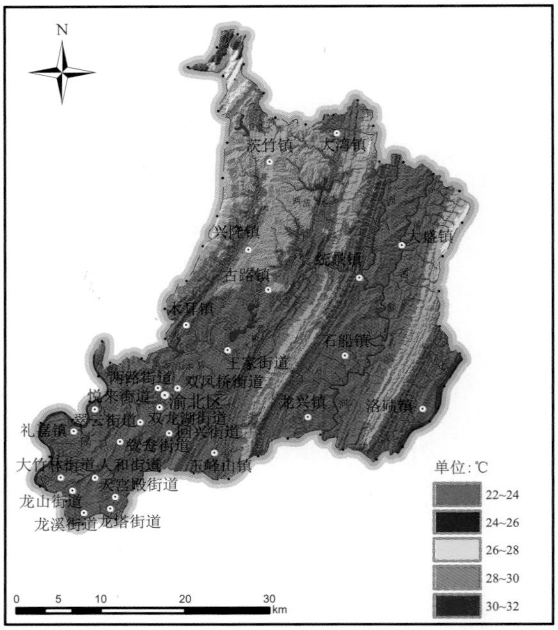

图 6.528　渝北区 7 月平均地温

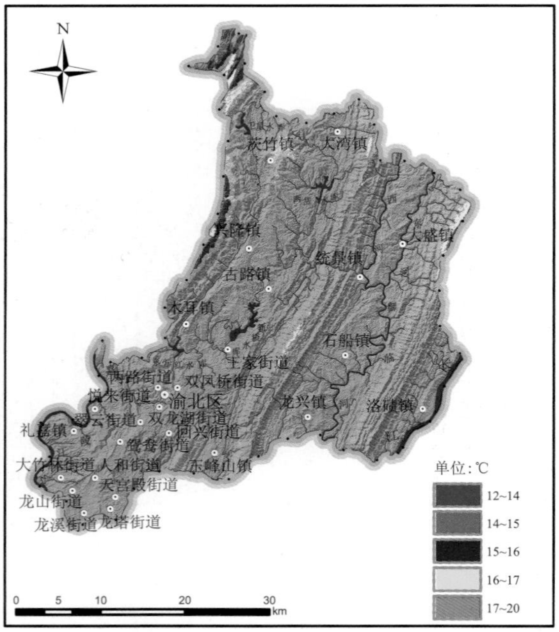

图 6.529　渝北区 10 月平均地温

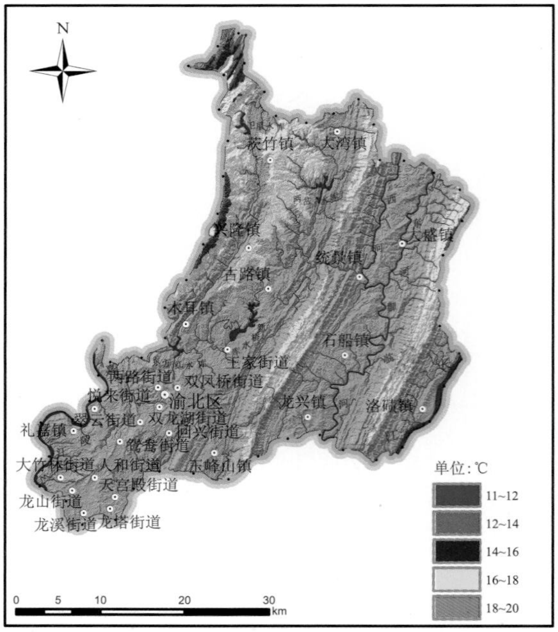

图 6.530　渝北区年平均地温

（10）合川区

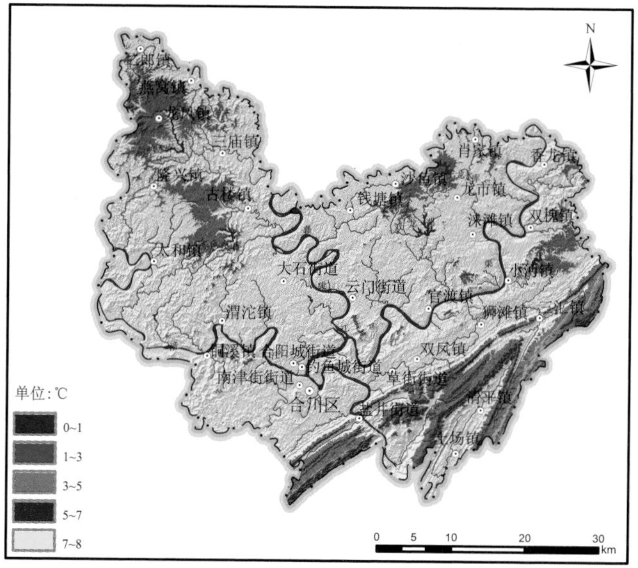

图6.531　合川区1月平均气温

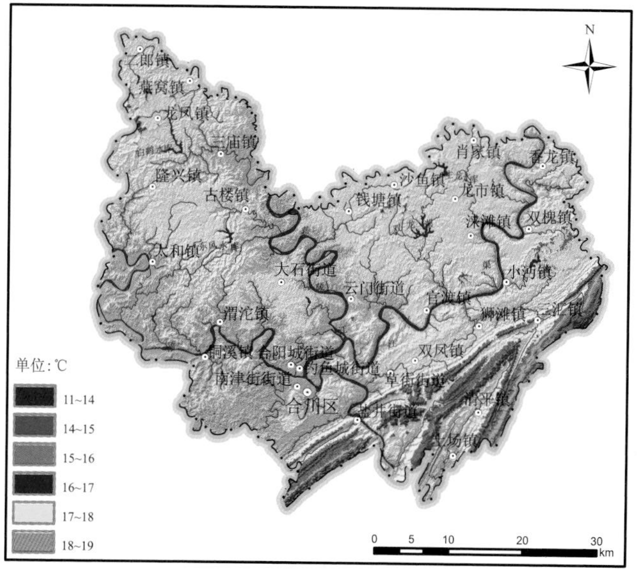

图6.532　合川区4月平均气温

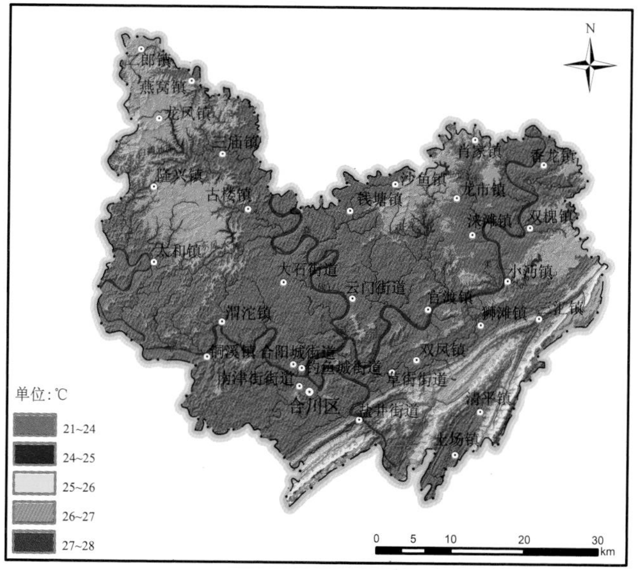

图6.533　合川区7月平均气温

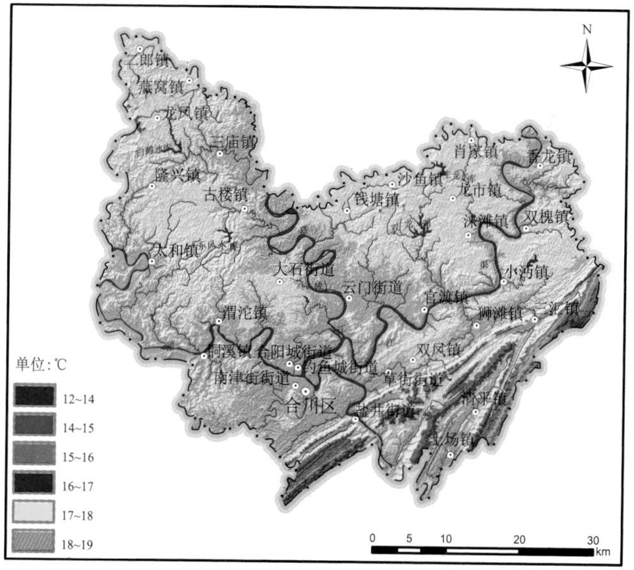

图6.534　合川区10月平均气温

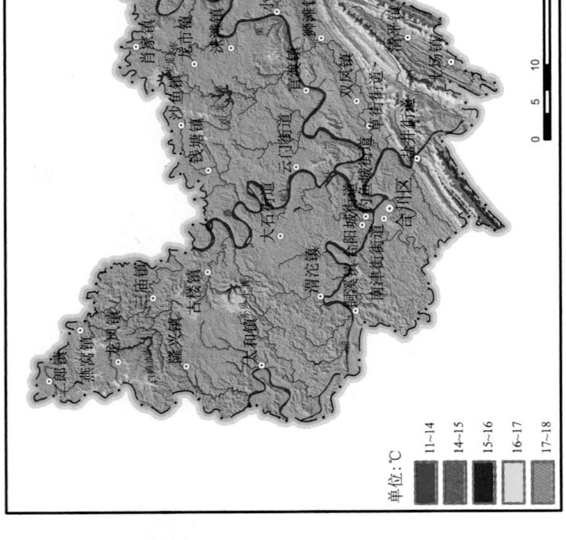

图6.535 合川区年平均气温

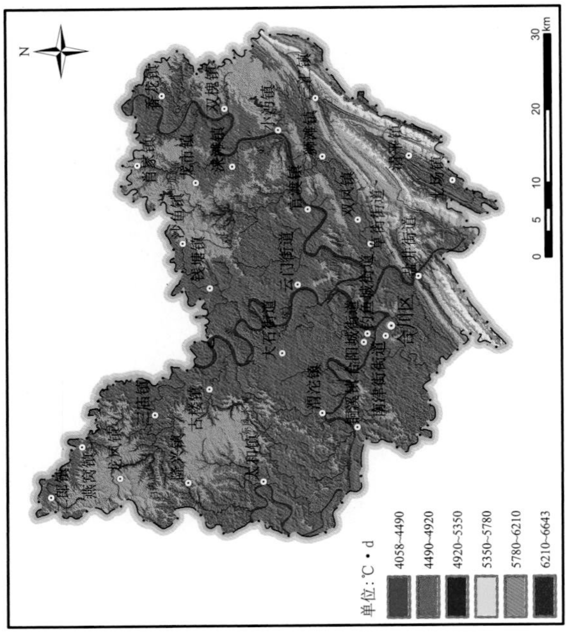

图6.536 合川区年≥0 ℃活动积温

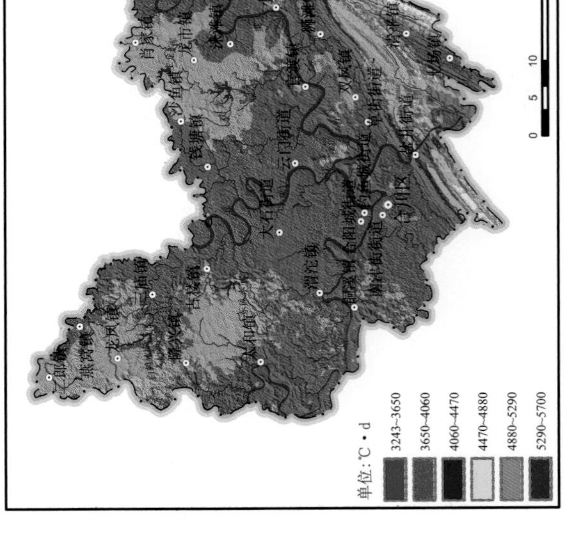

图6.537 合川区年≥10 ℃活动积温

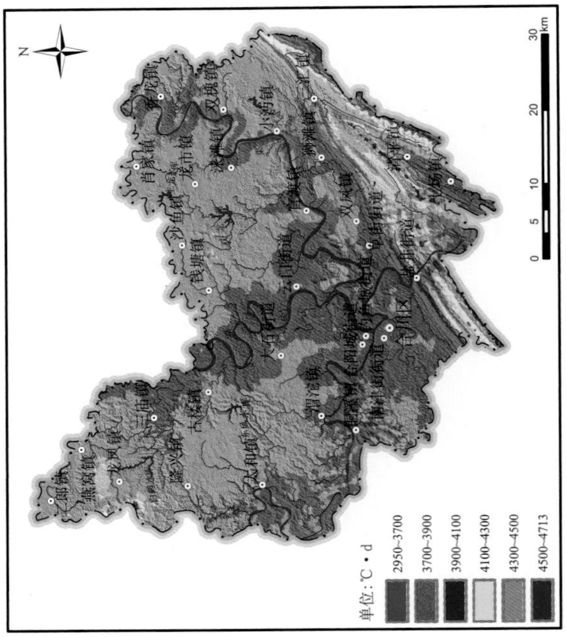

图6.538 合川区大春≥10 ℃活动积温

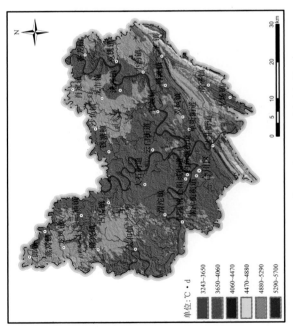

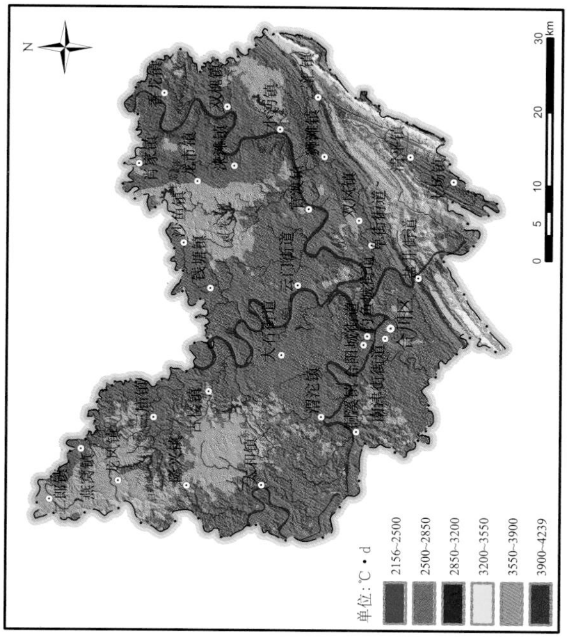

图6.539 合川区大春≥15 ℃活动积温

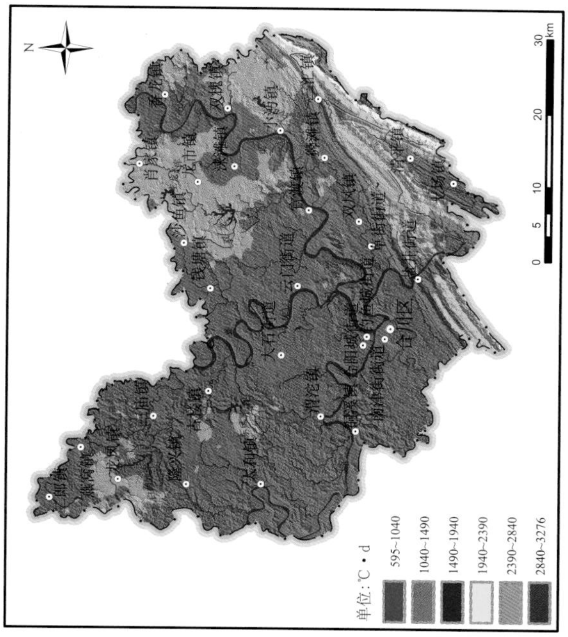

图6.540 合川区大春≥20 ℃活动积温

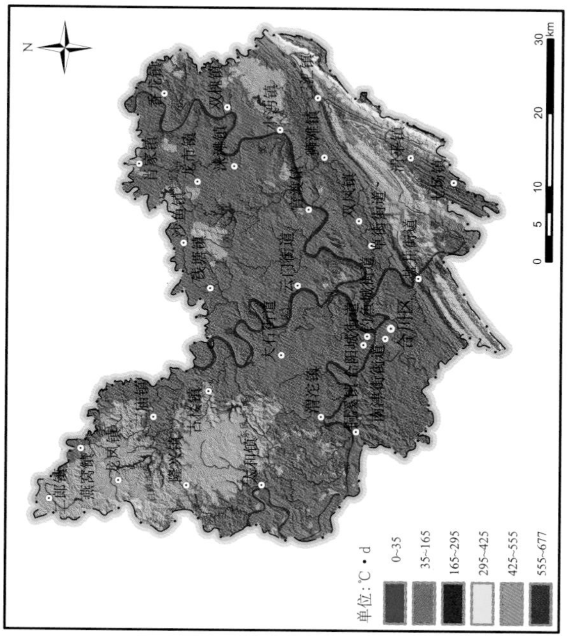

图6.541 合川区大春≥25 ℃活动积温

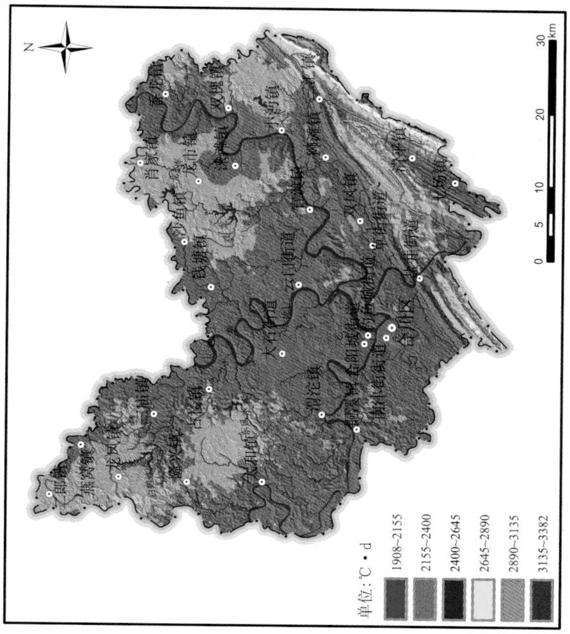

图6.542 合川区小春≥0 ℃活动积温

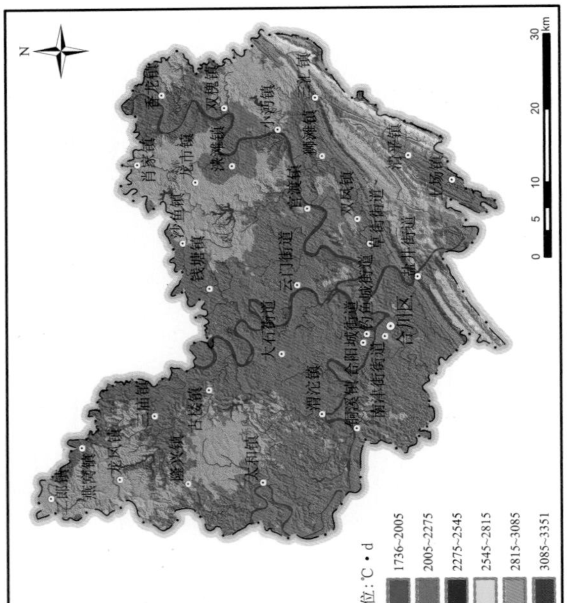

图6.543　合川区小春≥5 ℃活动积温

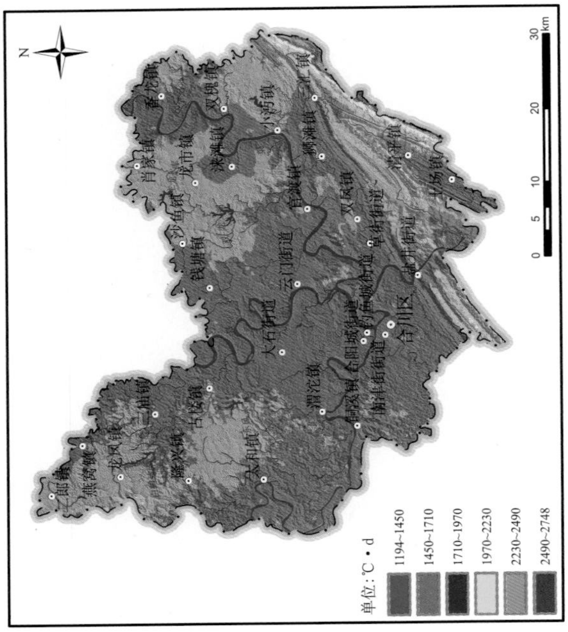

图6.544　合川区小春≥10 ℃活动积温

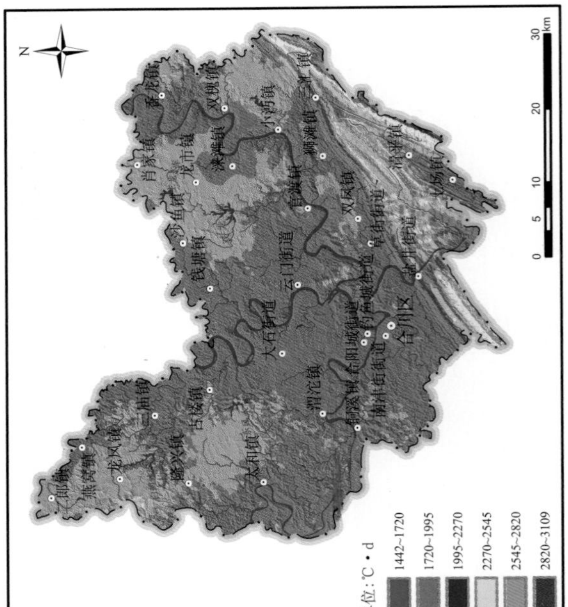

图6.545　合川区年≥10 ℃有效积温

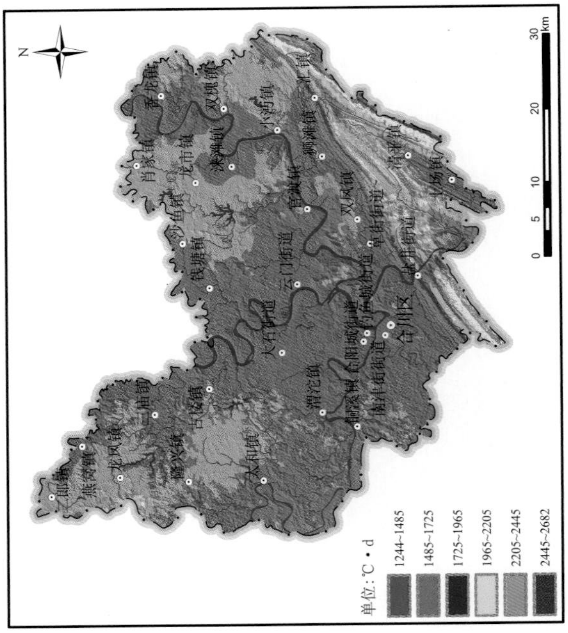

图6.546　合川区大春≥10 ℃有效积温

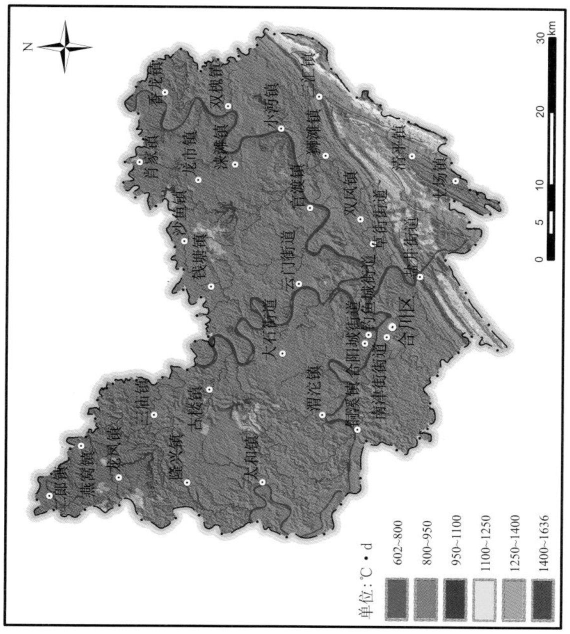

图6.547 合川区大春≥15 ℃有效积温

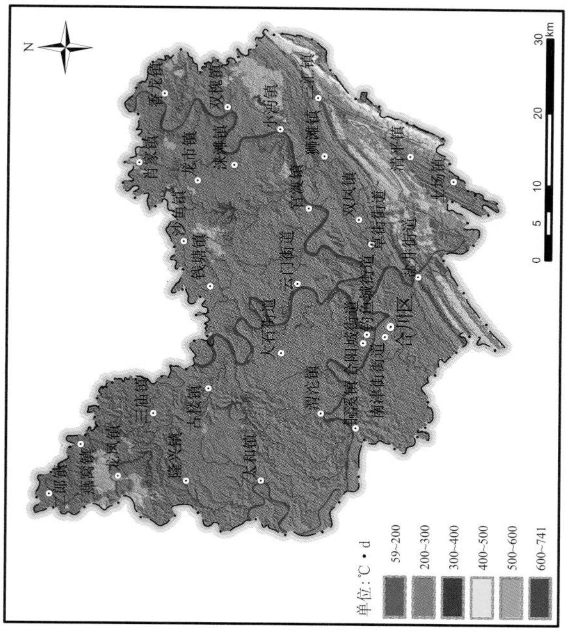

图6.548 合川区大春≥20 ℃有效积温

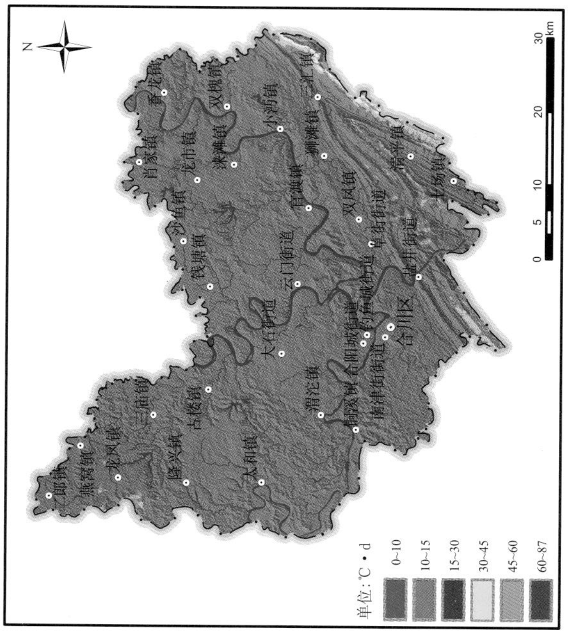

图6.549 合川区大春≥25 ℃有效积温

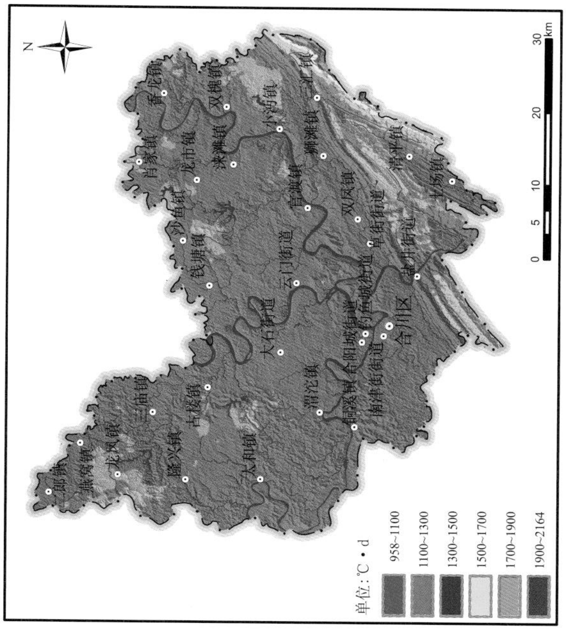

图6.550 合川区小春≥5 ℃有效积温

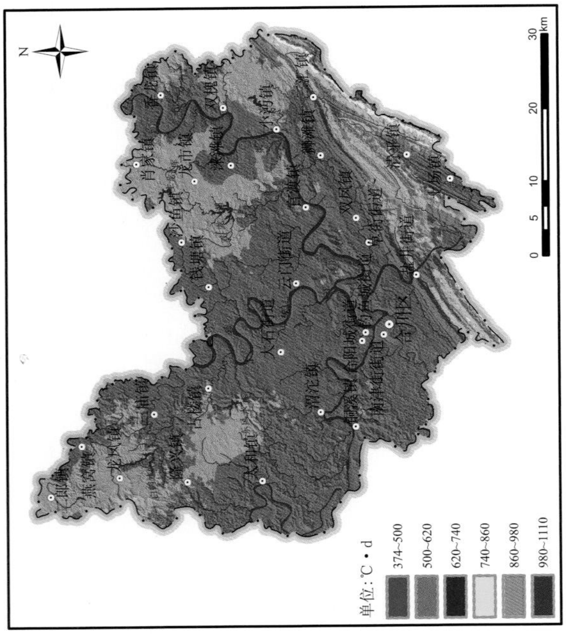

图6.551 合川区小春≥10 ℃有效积温

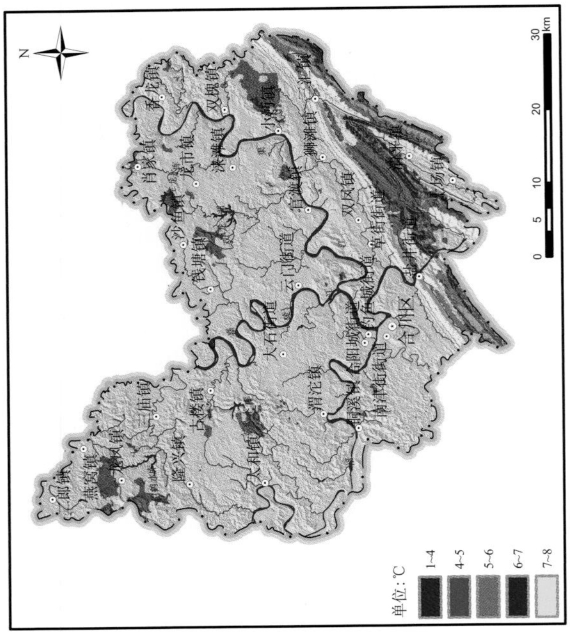

图6.552 合川区1月平均地温

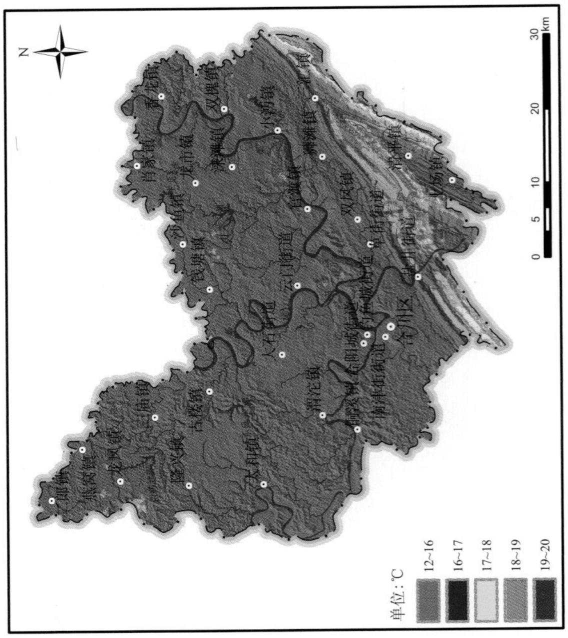

图6.553 合川区4月平均地温

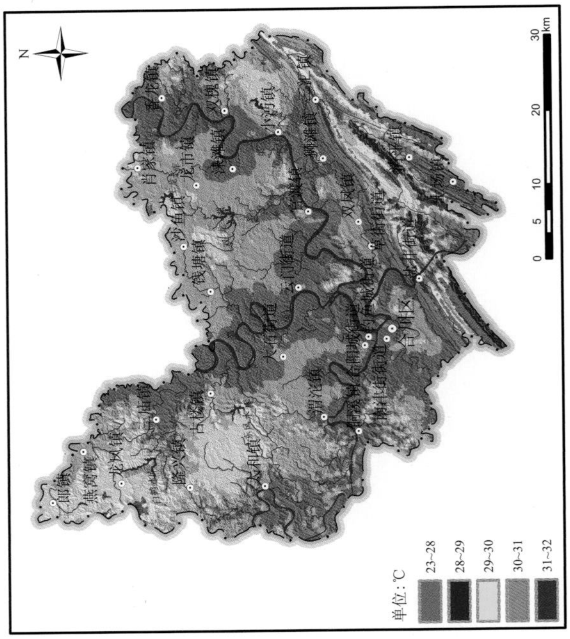

图6.554 合川区7月平均地温

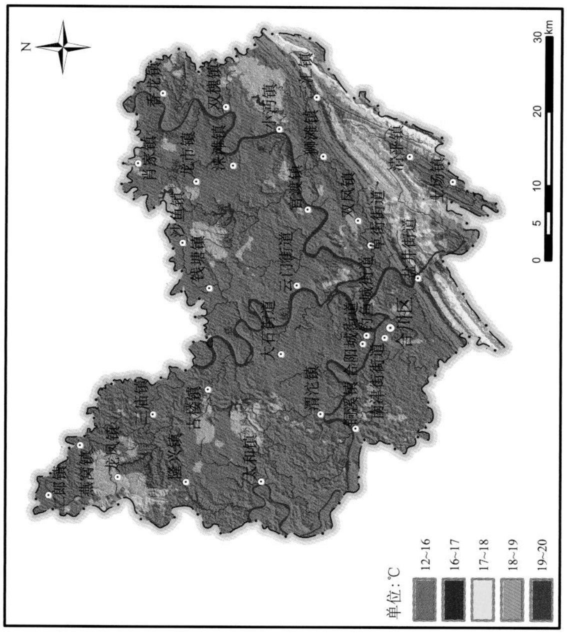

图6.556 合川区年平均地温

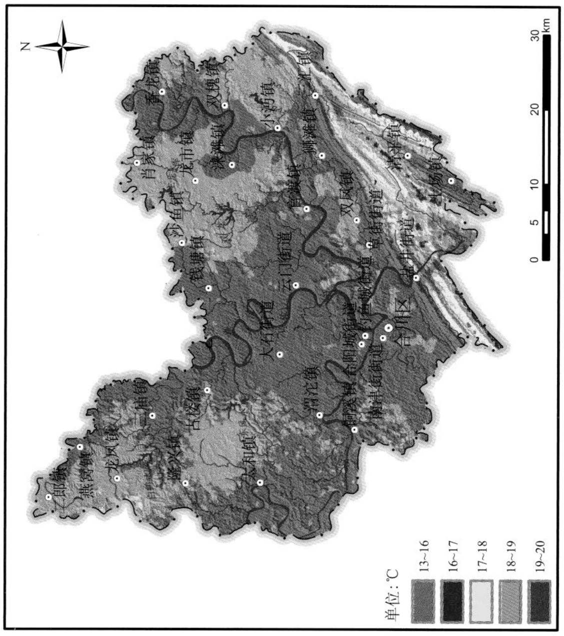

图6.555 合川区10月平均地温

(11)铜梁区

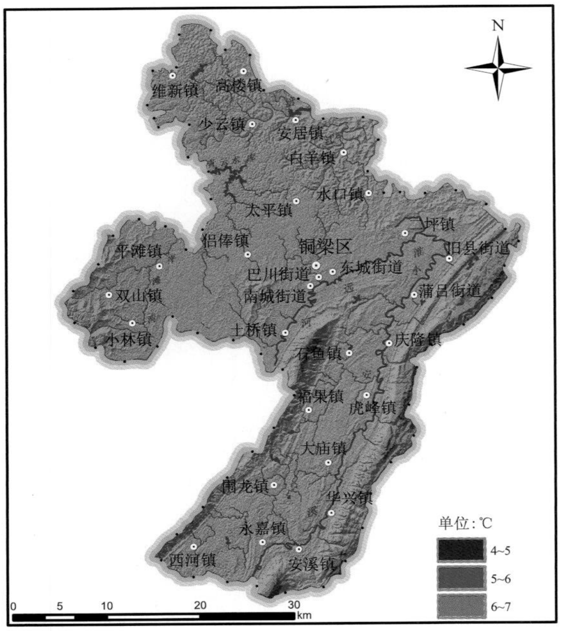

图 6.557　铜梁区 1 月平均气温

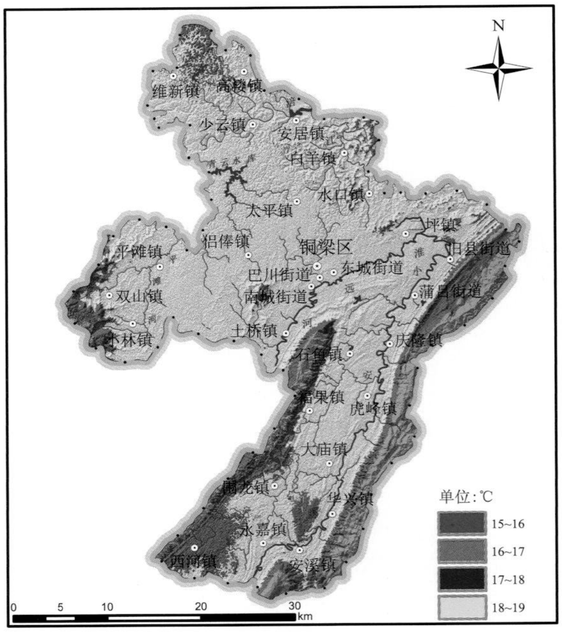

图 6.558　铜梁区 4 月平均气温

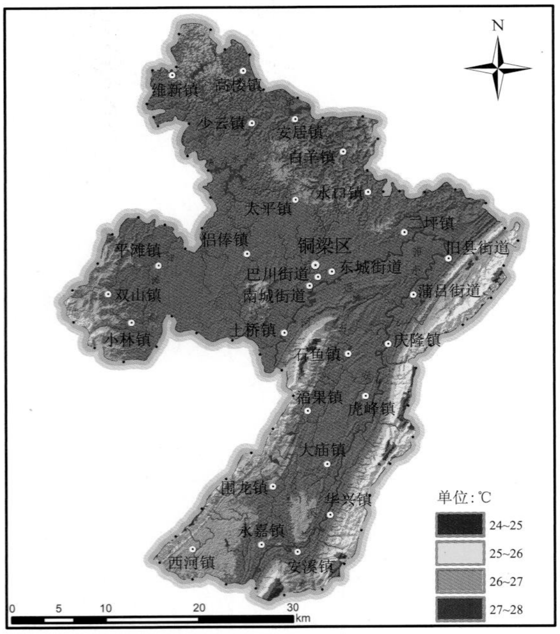

图 6.559　铜梁区 7 月平均气温

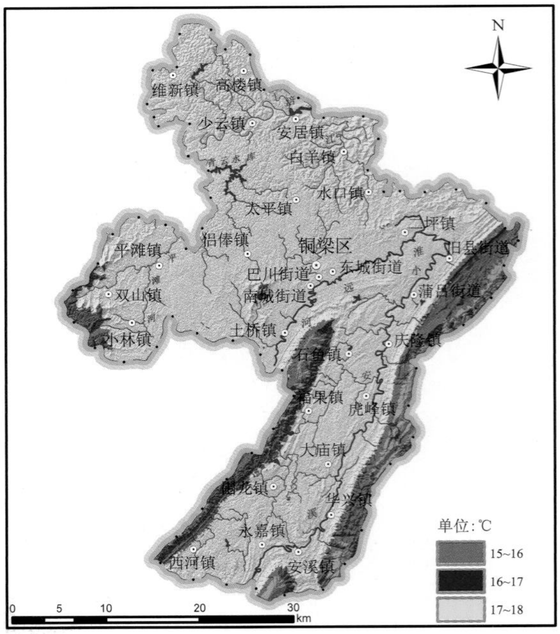

图 6.560　铜梁区 10 月平均气温

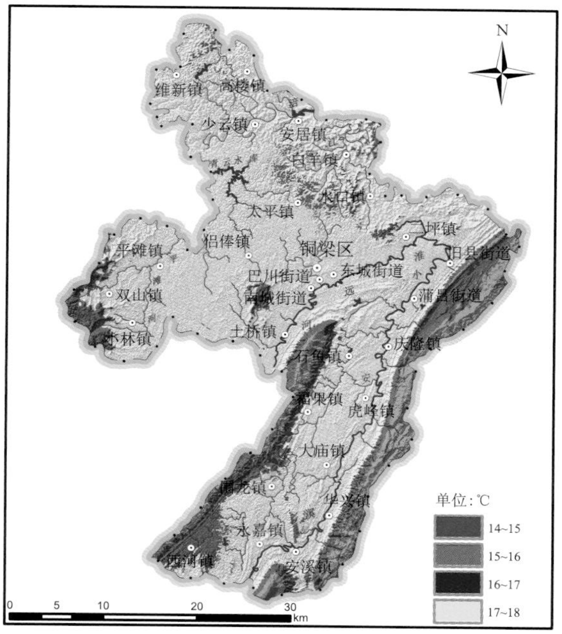

图 6.561　铜梁区年平均气温

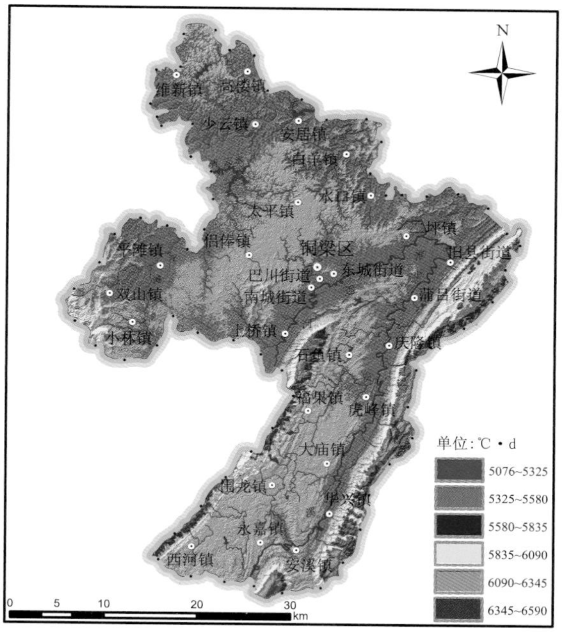

图 6.562　铜梁区年≥0 ℃活动积温

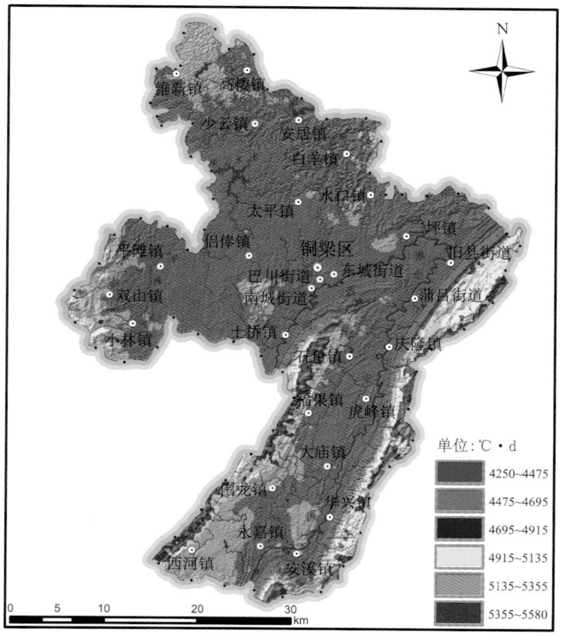

图 6.563　铜梁区年≥10 ℃活动积温

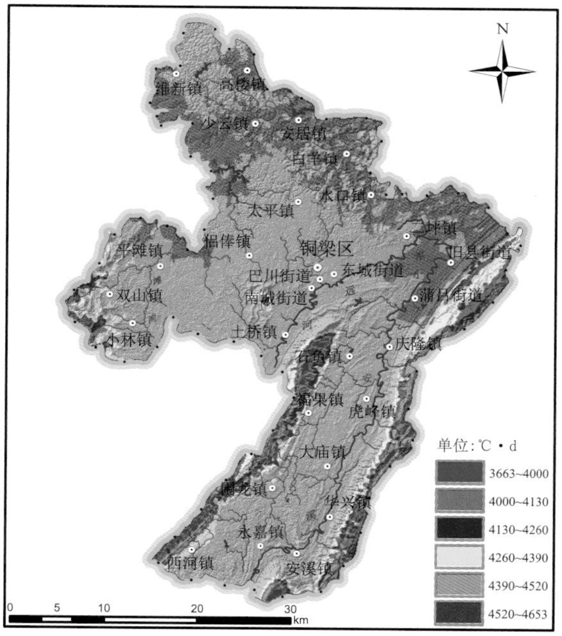

图 6.564　铜梁区大春≥10 ℃活动积温

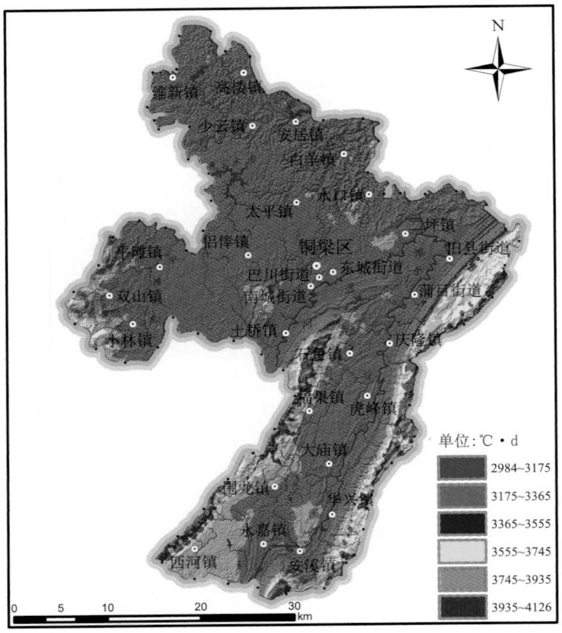

图 6.565 铜梁区大春≥15 ℃活动积温

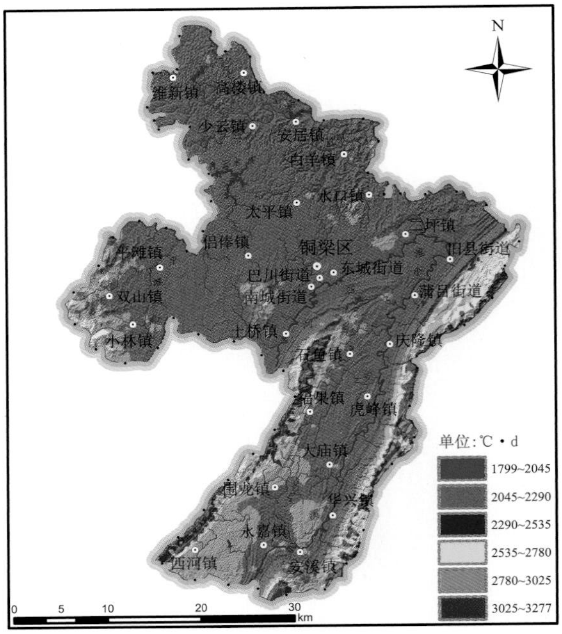

图 6.566 铜梁区大春≥20 ℃活动积温

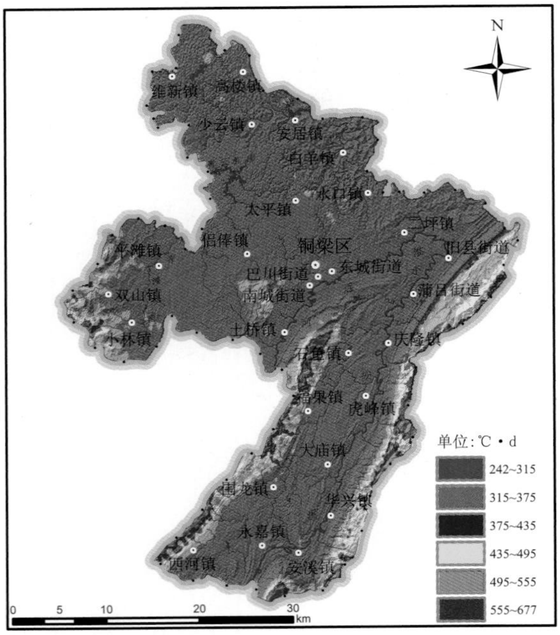

图 6.567 铜梁区大春≥25 ℃活动积温

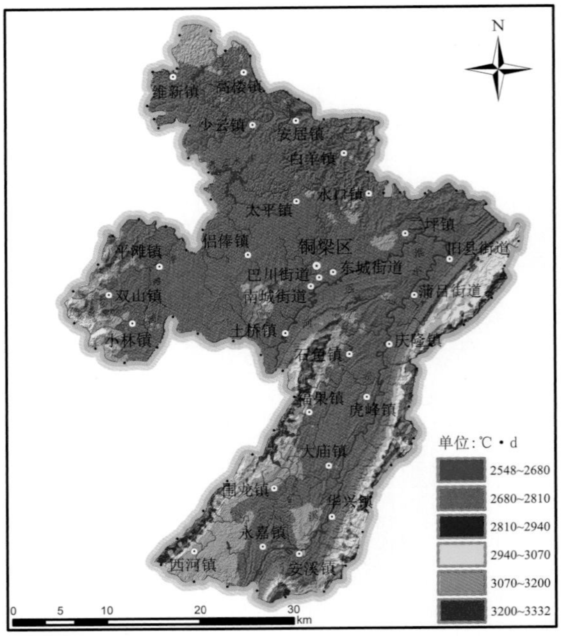

图 6.568 铜梁区小春≥0 ℃活动积温

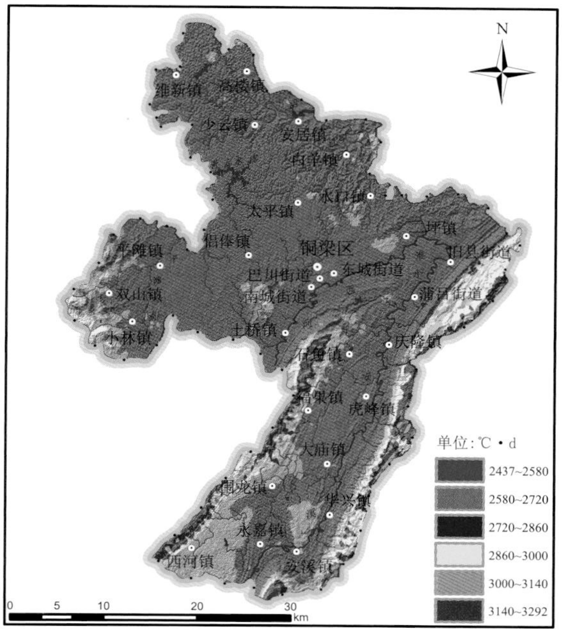

图 6.569 铜梁区小春≥5 ℃活动积温

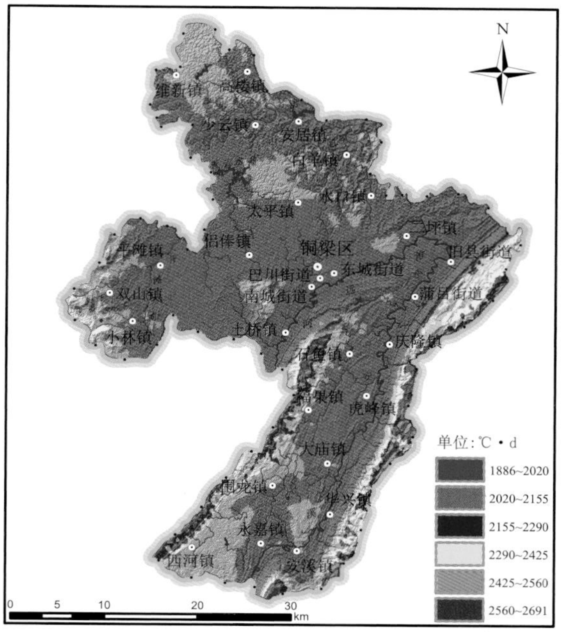

图 6.570 铜梁区小春≥10 ℃活动积温

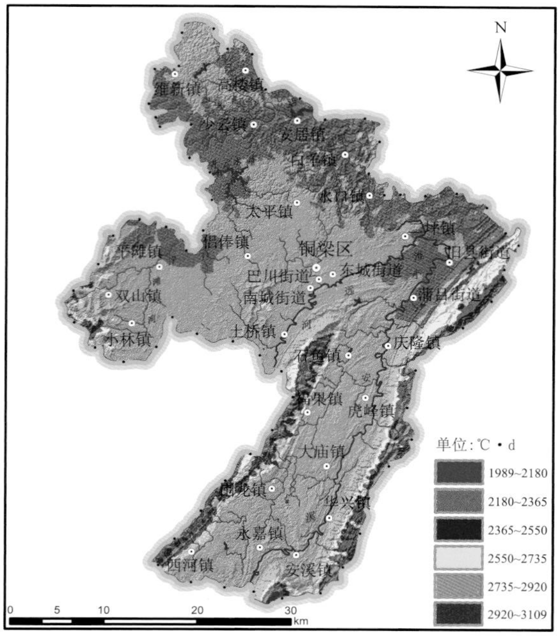

图 6.571 铜梁区年≥10 ℃有效积温

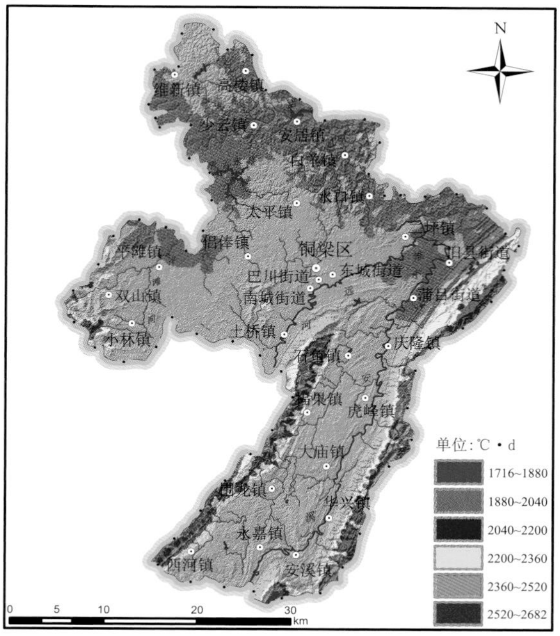

图 6.572 铜梁区大春≥10 ℃有效积温

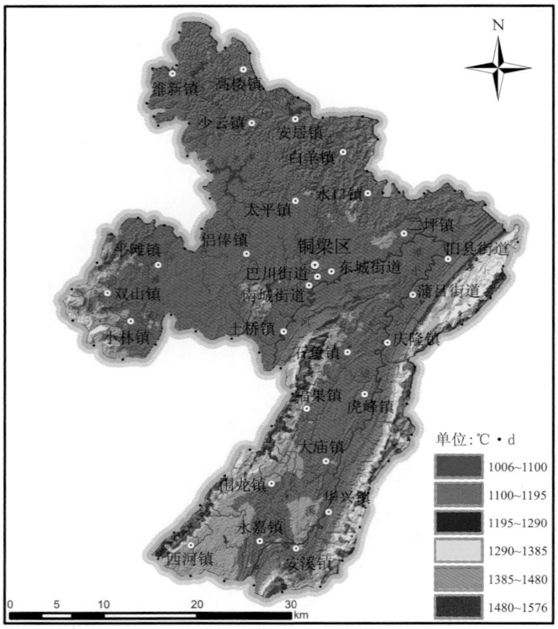

图 6.573　铜梁区大春≥15 ℃有效积温

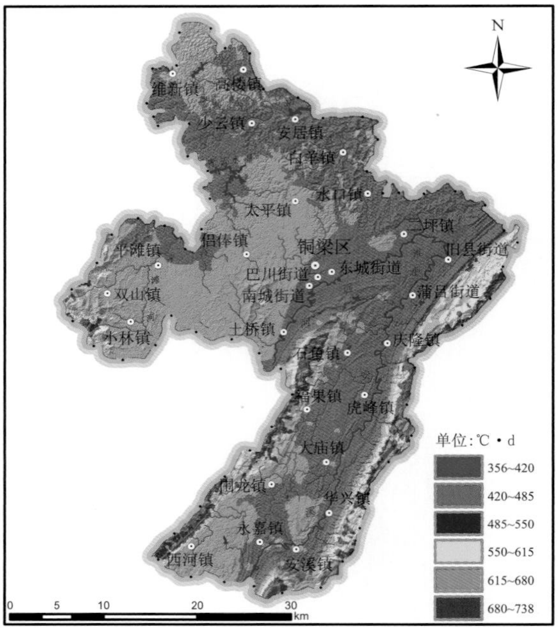

图 6.574　铜梁区大春≥20 ℃有效积温

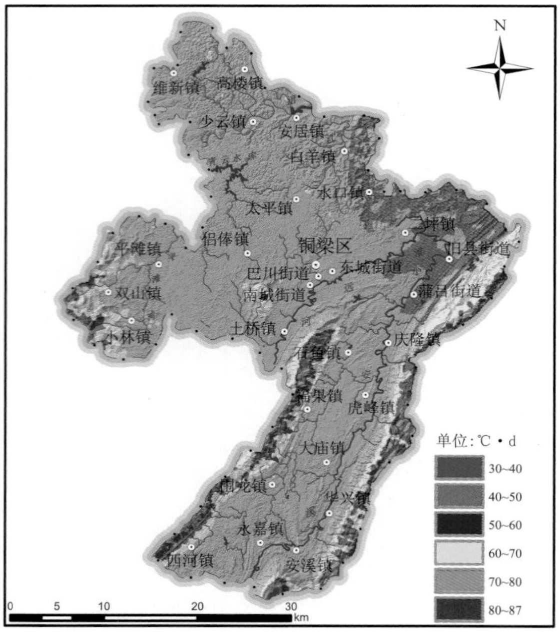

图 6.575　铜梁区大春≥25 ℃有效积温

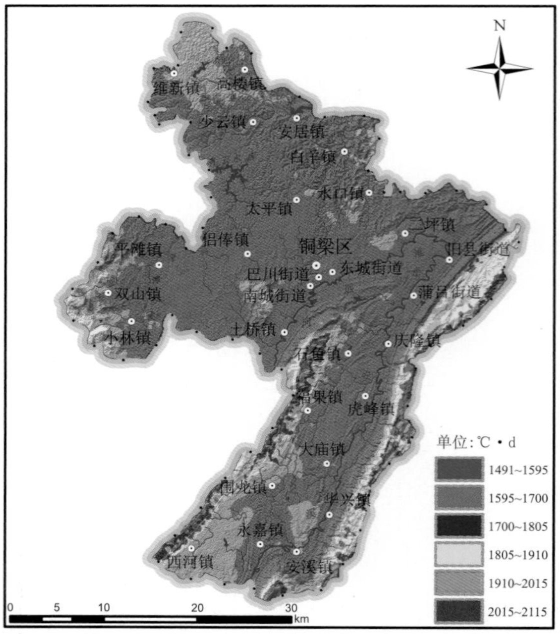

图 6.576　铜梁区小春≥5 ℃有效积温

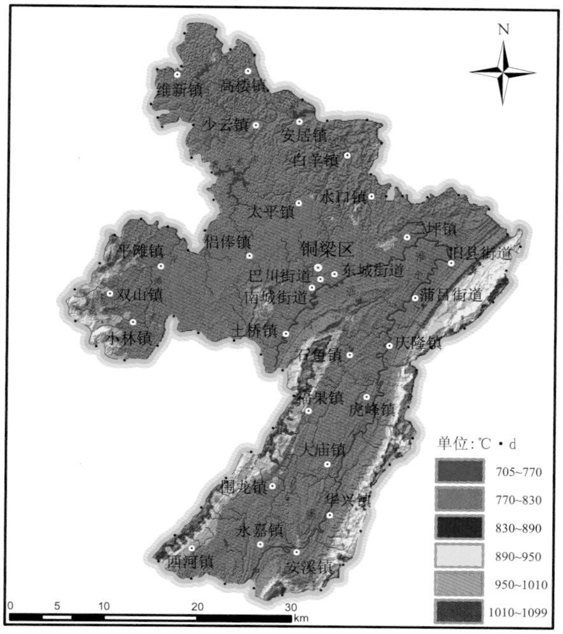

图 6.577 铜梁区小春≥10 ℃有效积温

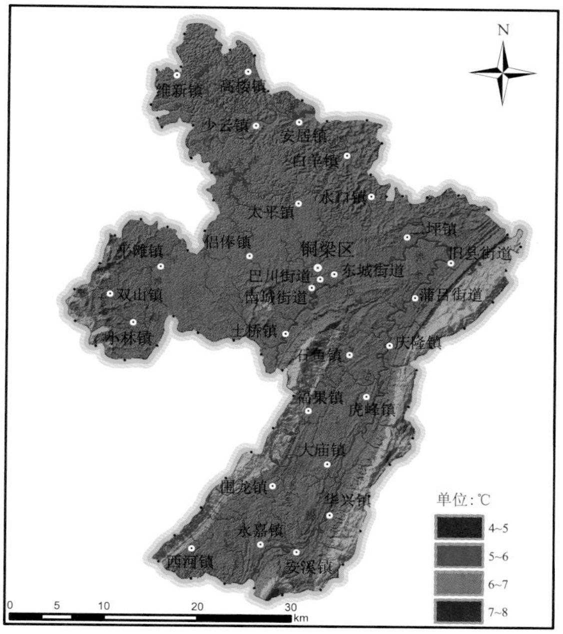

图 6.578 铜梁区 1 月平均地温

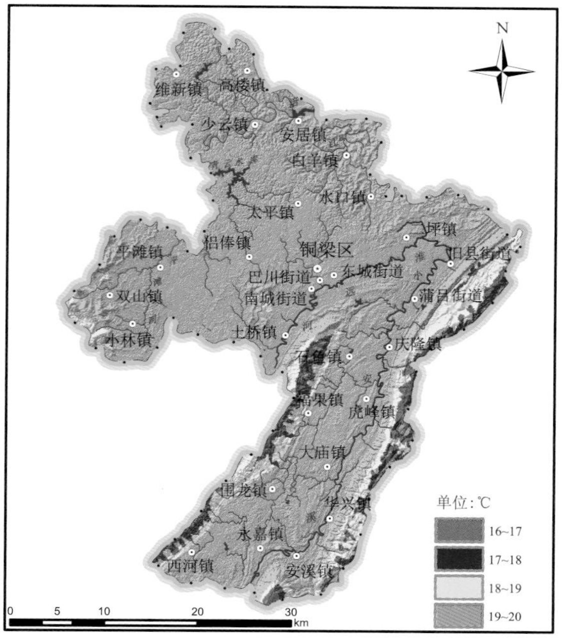

图 6.579 铜梁区 4 月平均地温

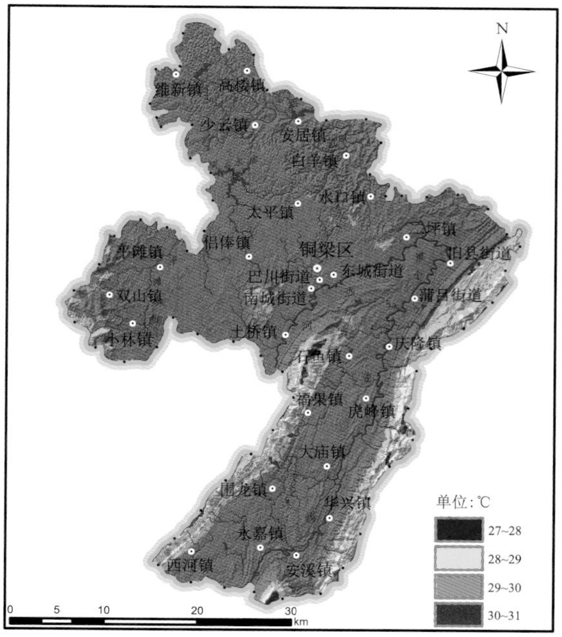

图 6.580 铜梁区 7 月平均地温

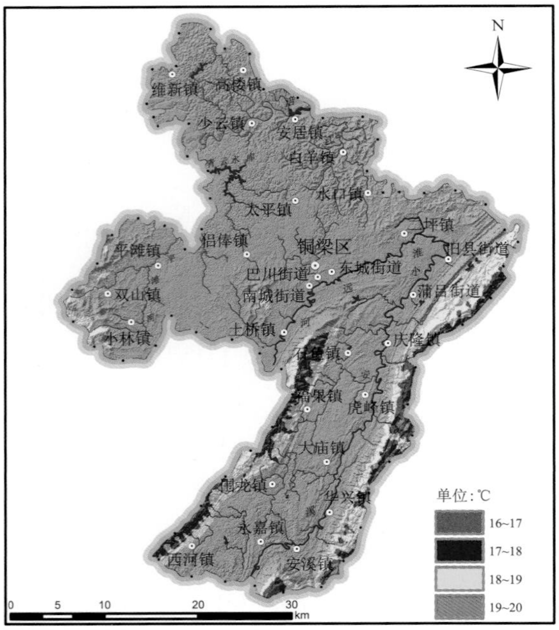

图 6.581　铜梁区 10 月平均地温

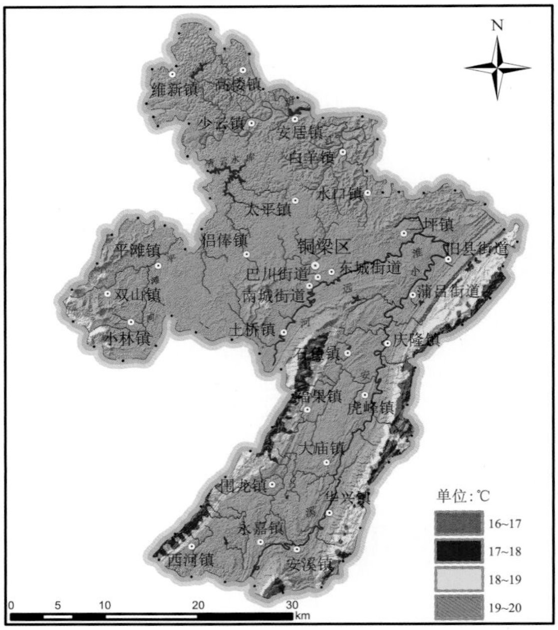

图 6.582　铜梁区年平均地温

(12)江津区

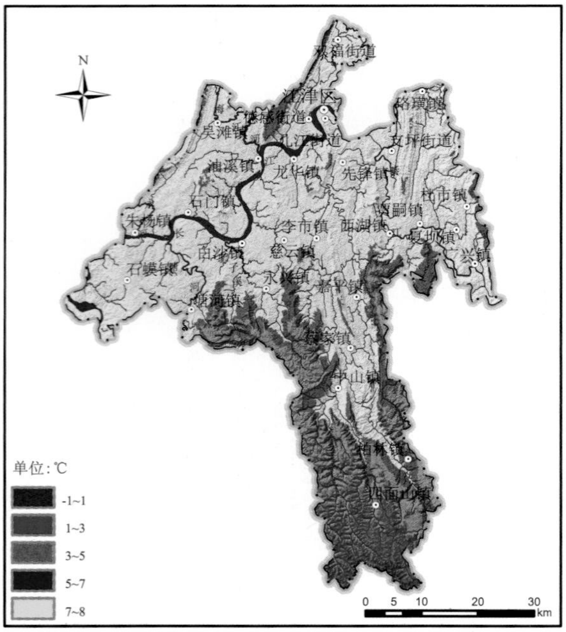

图 6.583　江津区 1 月平均气温

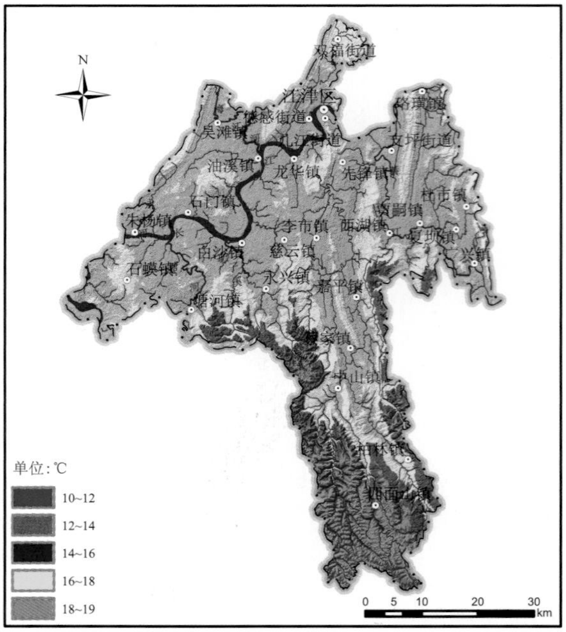

图 6.584　江津区 4 月平均气温

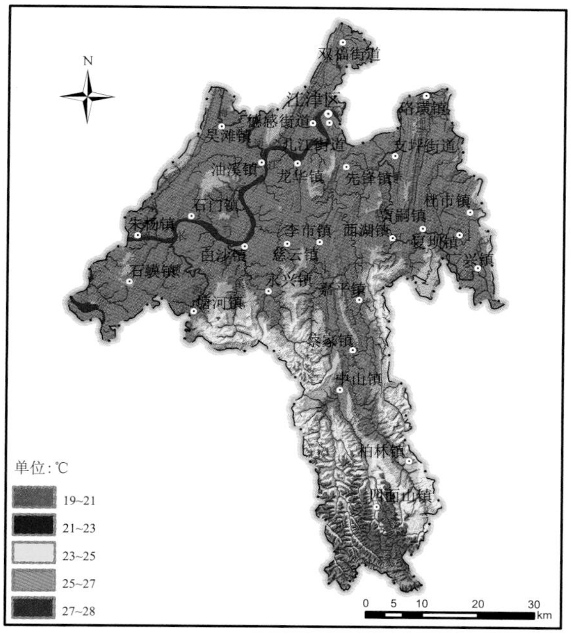

图 6.585 江津区 7 月平均气温

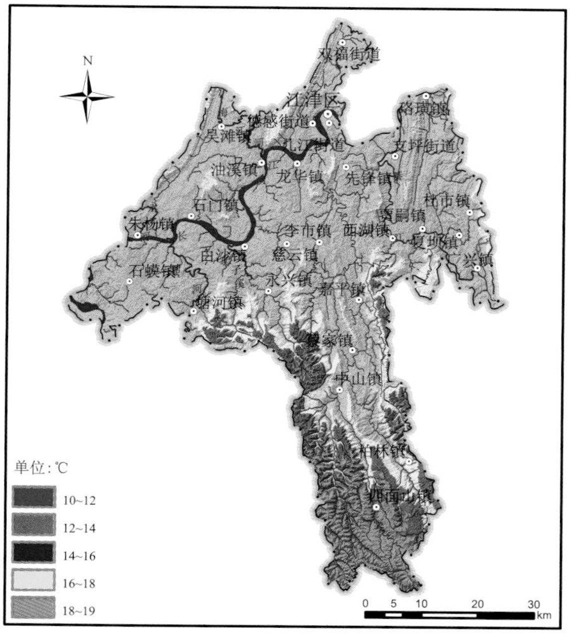

图 6.586 江津区 10 月平均气温

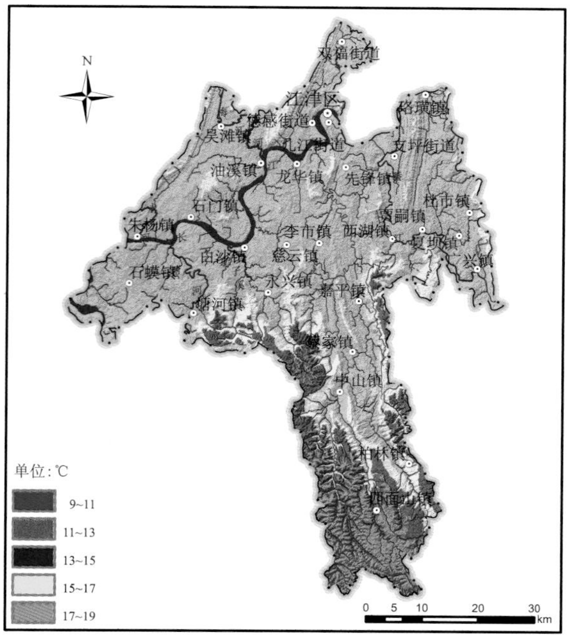

图 6.587 江津区年平均气温

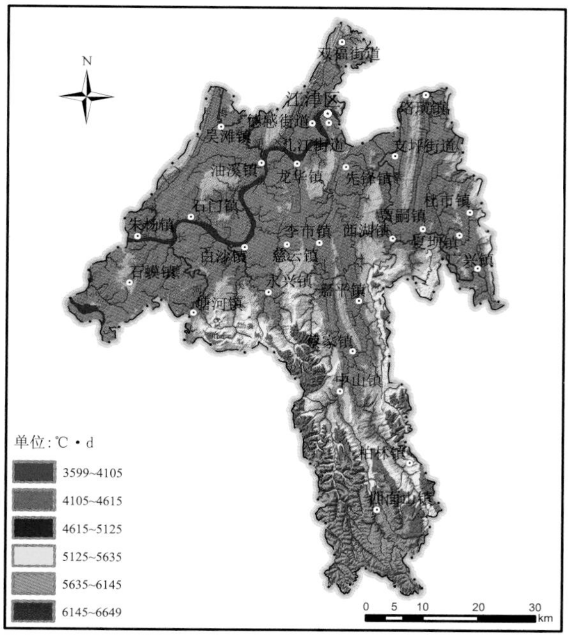

图 6.588 江津区年≥0 ℃活动积温

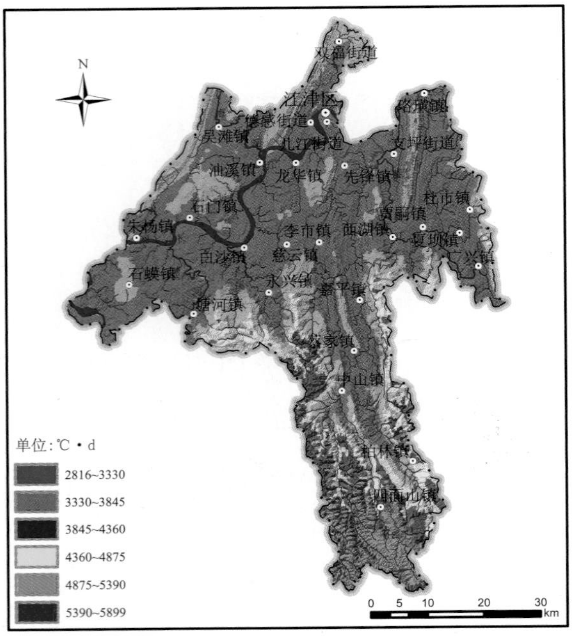

图 6.589 江津区年≥10 ℃活动积温

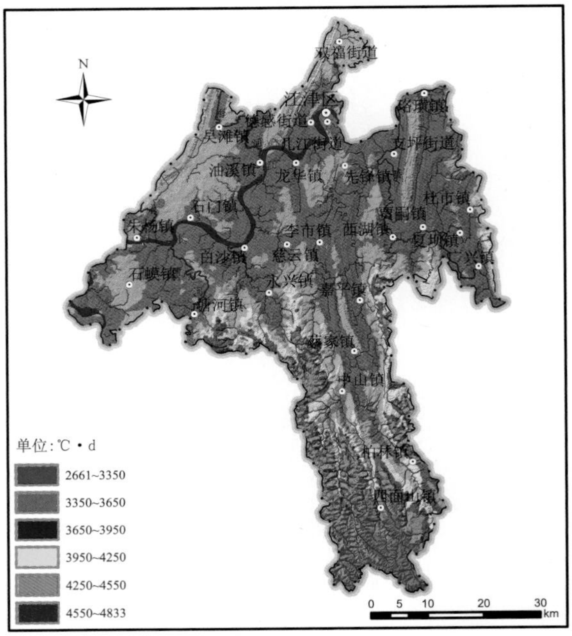

图 6.590 江津区大春≥10 ℃活动积温

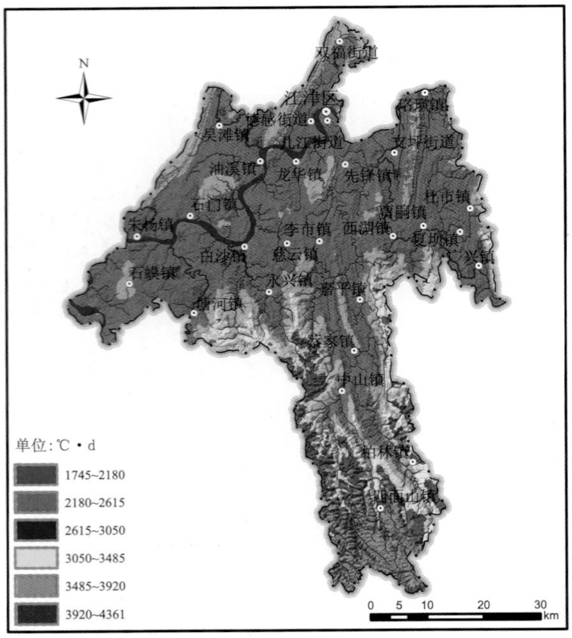

图 6.591 江津区大春≥15 ℃活动积温

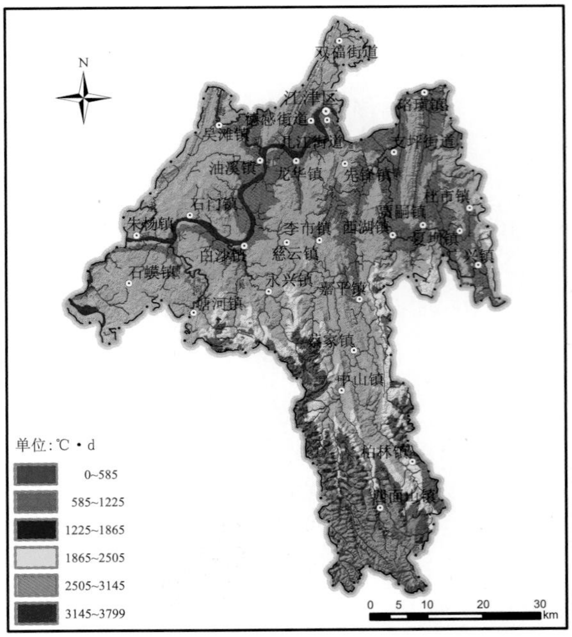

图 6.592 江津区大春≥20 ℃活动积温

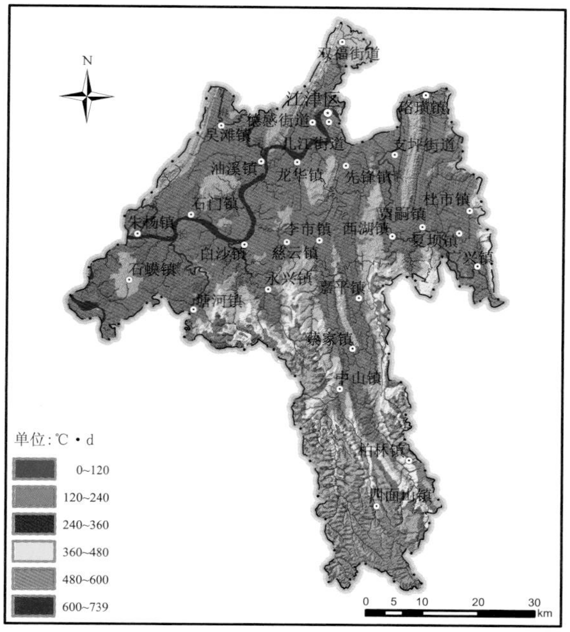

图 6.593　江津区大春≥25 ℃活动积温

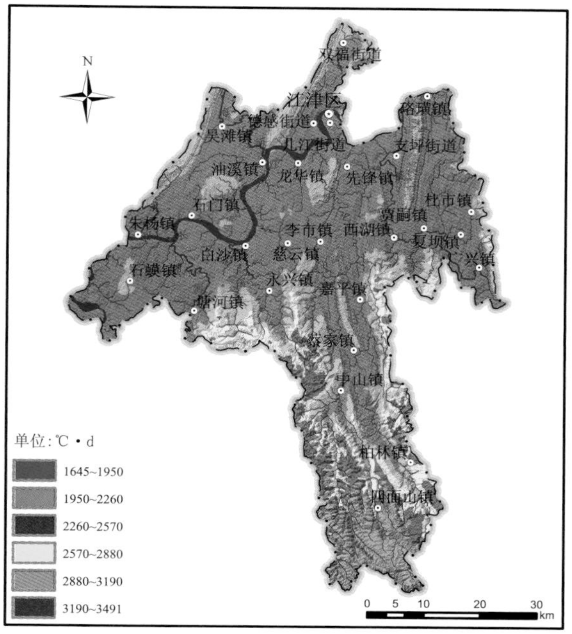

图 6.594　江津区小春≥0 ℃活动积温

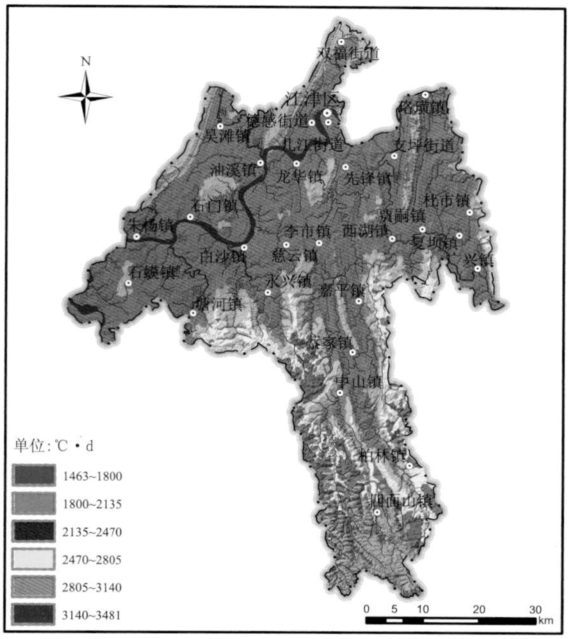

图 6.595　江津区小春≥5 ℃活动积温

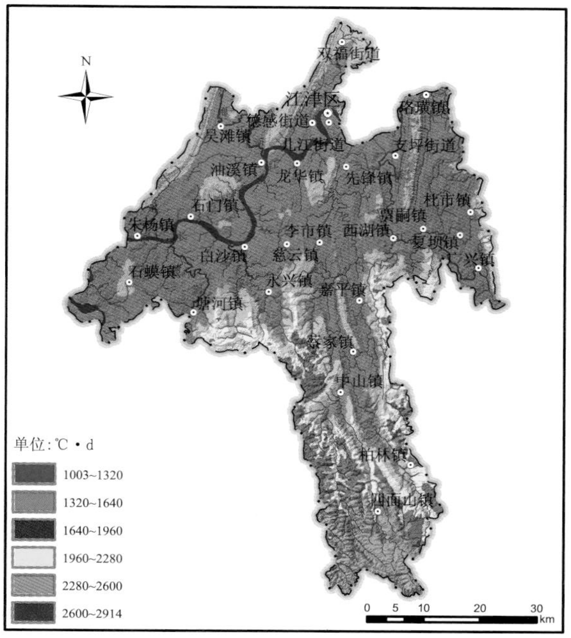

图 6.596　江津区小春≥10 ℃活动积温

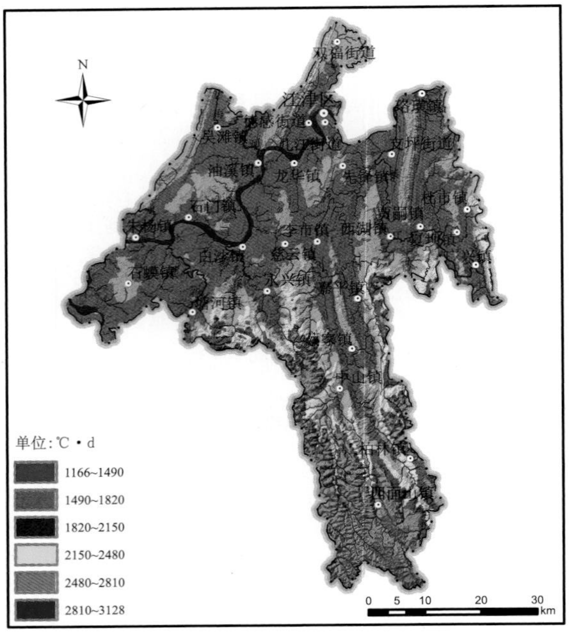

图 6.597　江津区年≥10 ℃有效积温

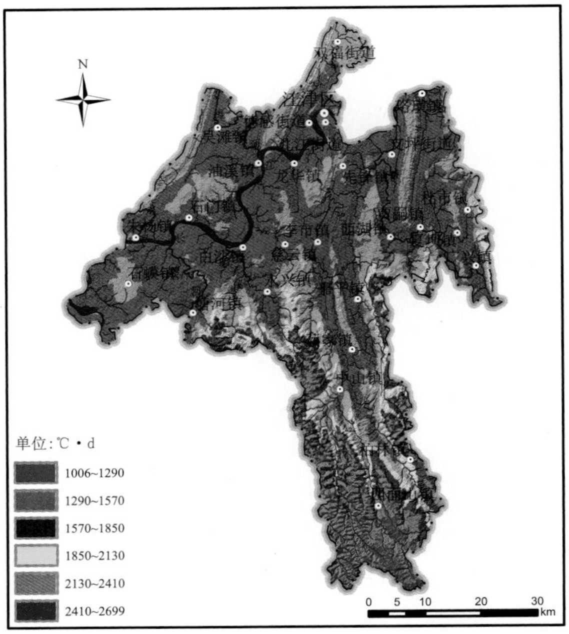

图 6.598　江津区大春≥10 ℃有效积温

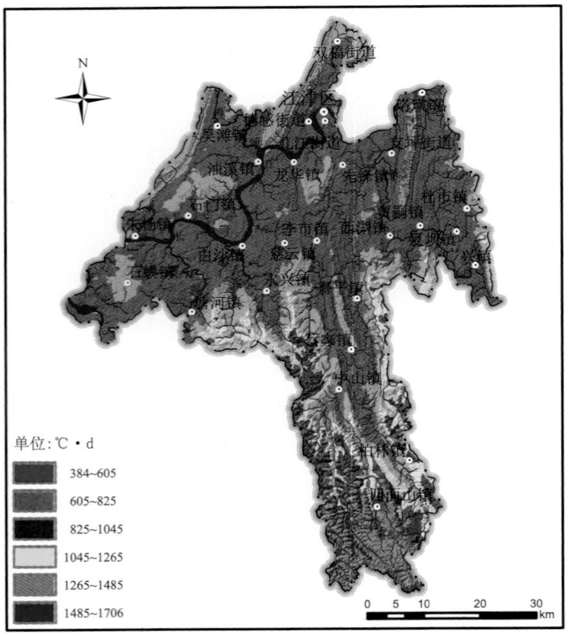

图 6.599　江津区大春≥15 ℃有效积温

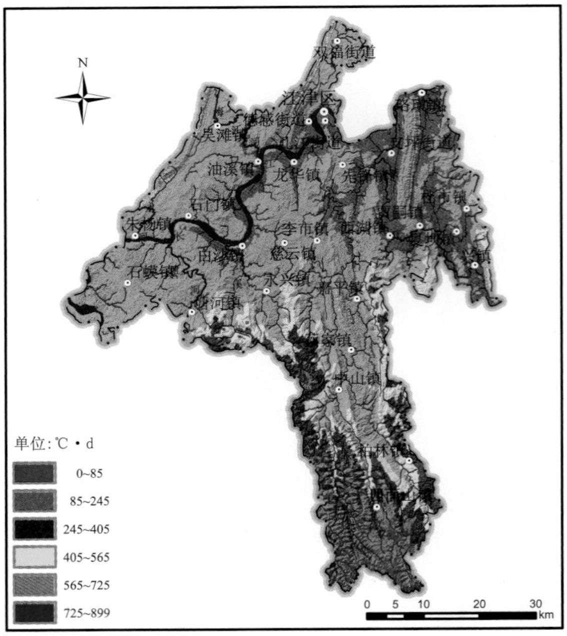

图 6.600　江津区大春≥20 ℃有效积温

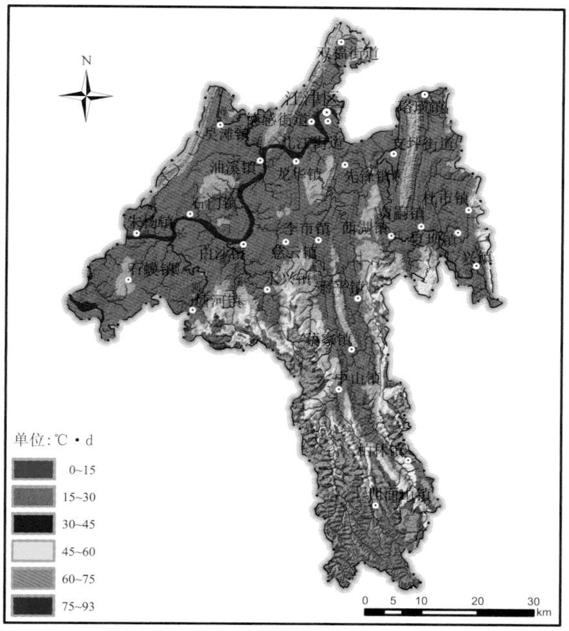

图 6.601 江津区大春≥25 ℃有效积温

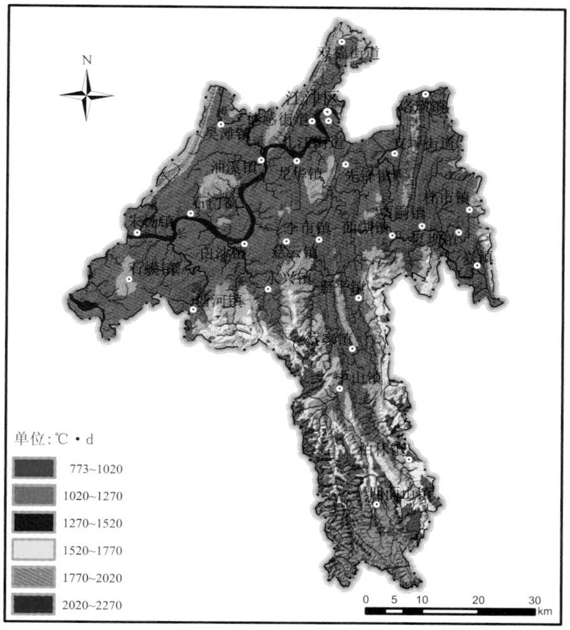

图 6.602 江津区小春≥5 ℃有效积温

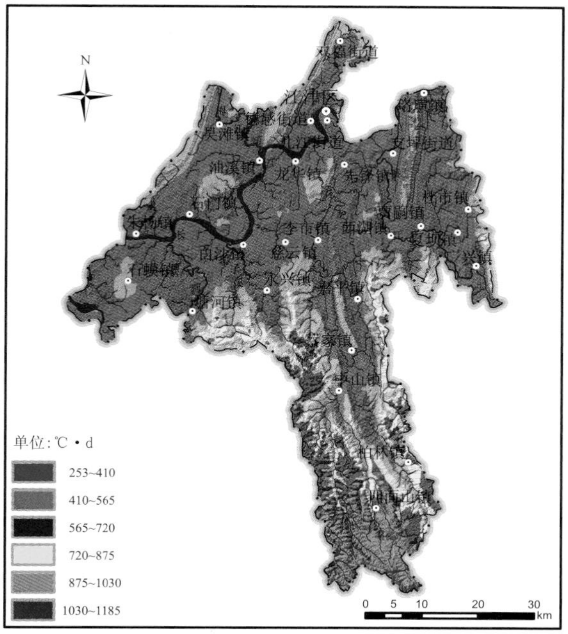

图 6.603 江津区小春≥10 ℃有效积温

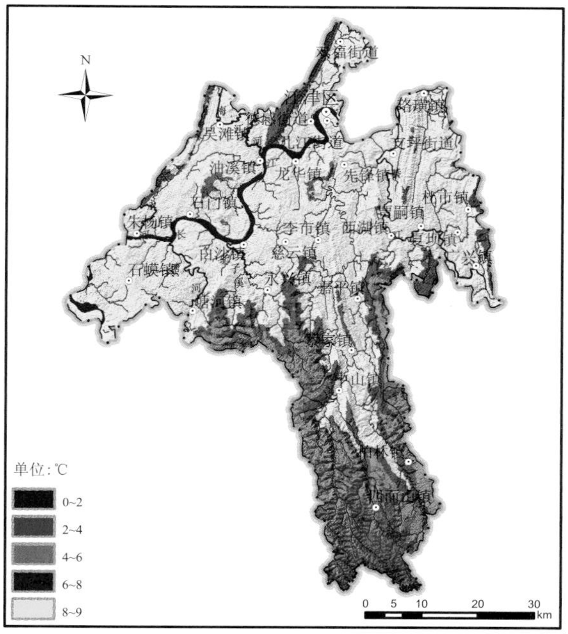

图 6.604 江津区1月平均地温

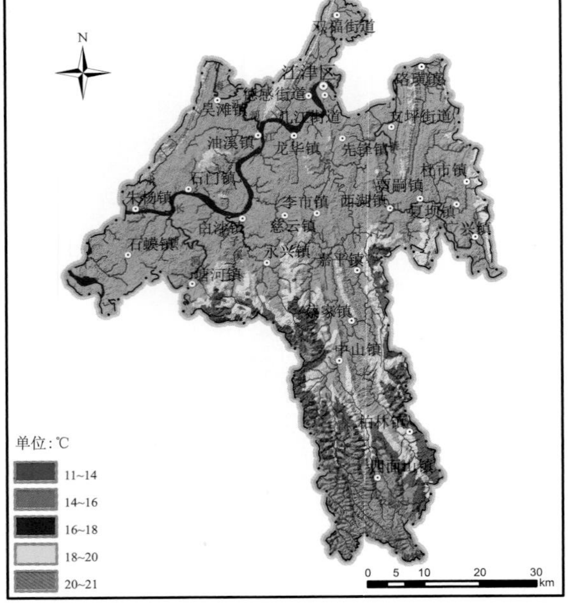

图 6.605　江津区 4 月平均地温

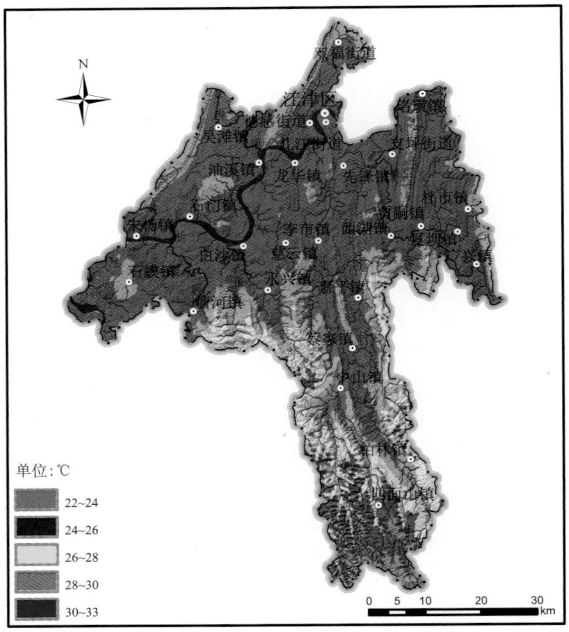

图 6.606　江津区 7 月平均地温

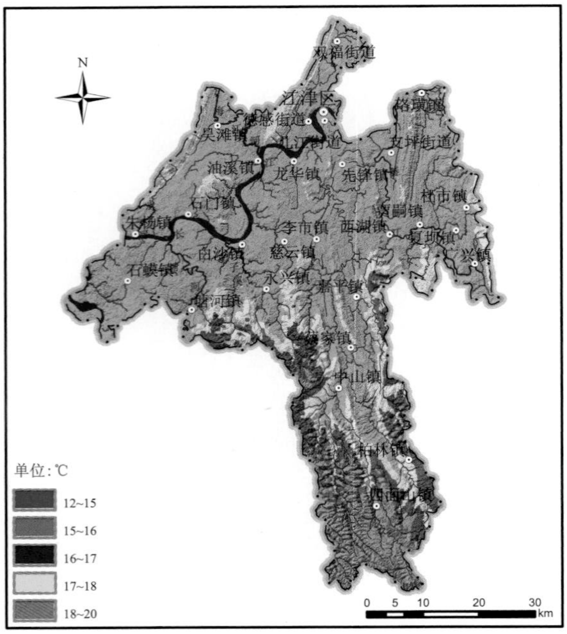

图 6.607　江津区 10 月平均地温

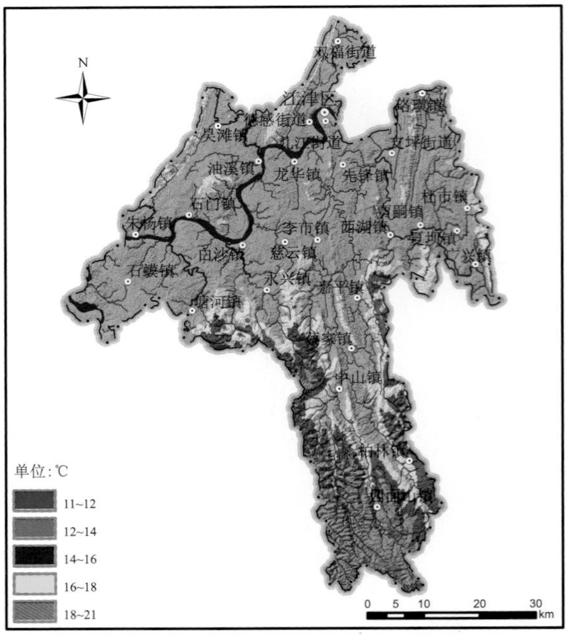

图 6.608　江津区年平均地温

6.1.2.3 降水量

(1)奉节县

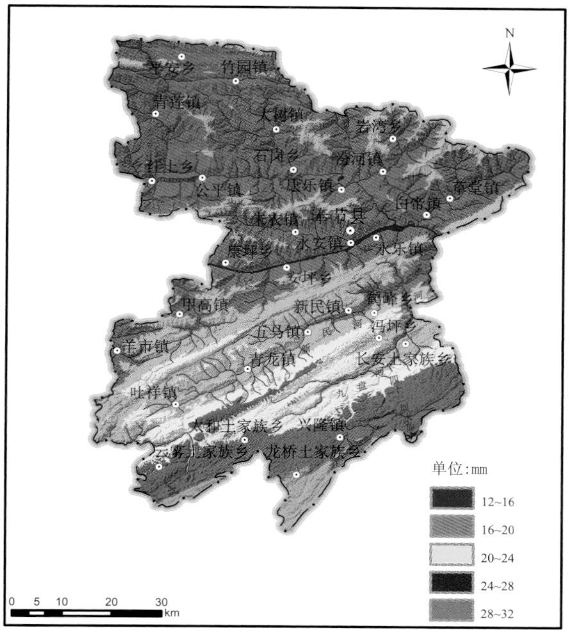

图 6.609 奉节县 1 月降水量

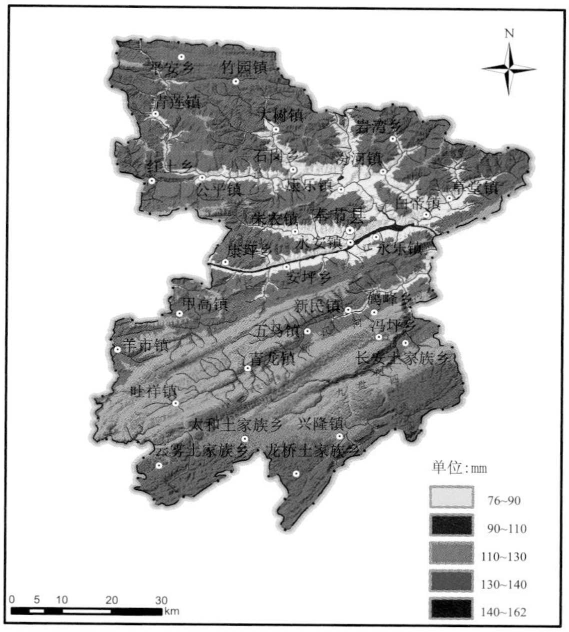

图 6.610 奉节县 4 月降水量

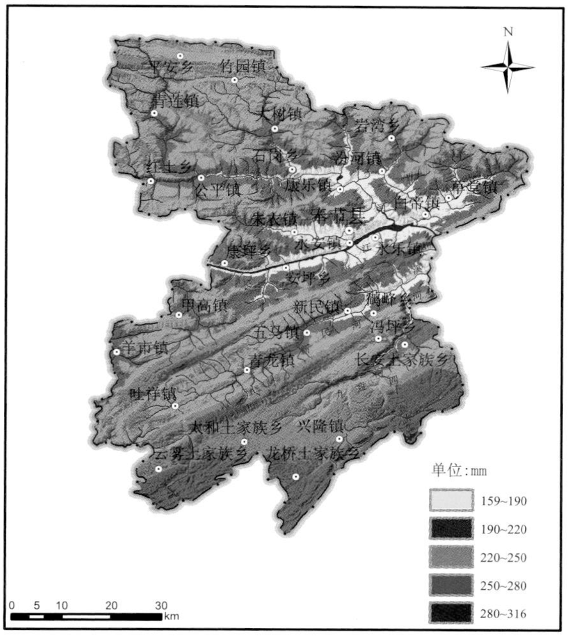

图 6.611 奉节县 7 月降水量

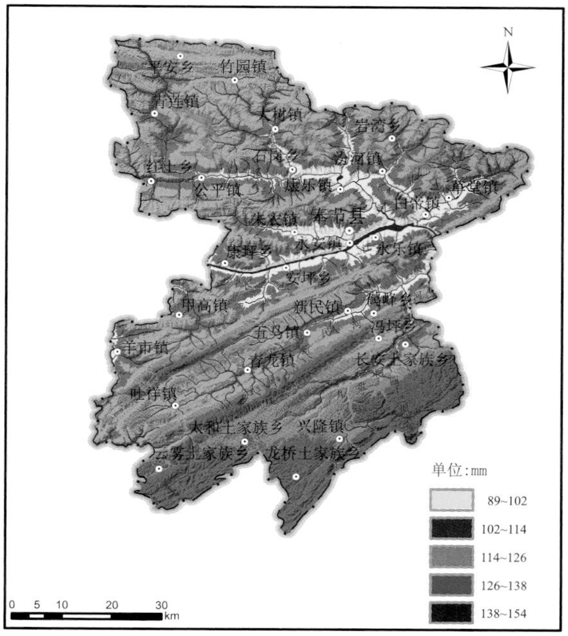

图 6.612 奉节县 10 月降水量

(2)开县

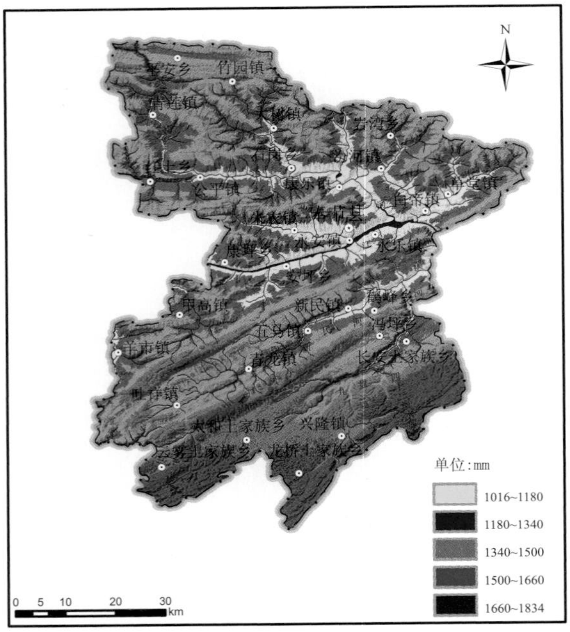

图 6.613　奉节县年降水量

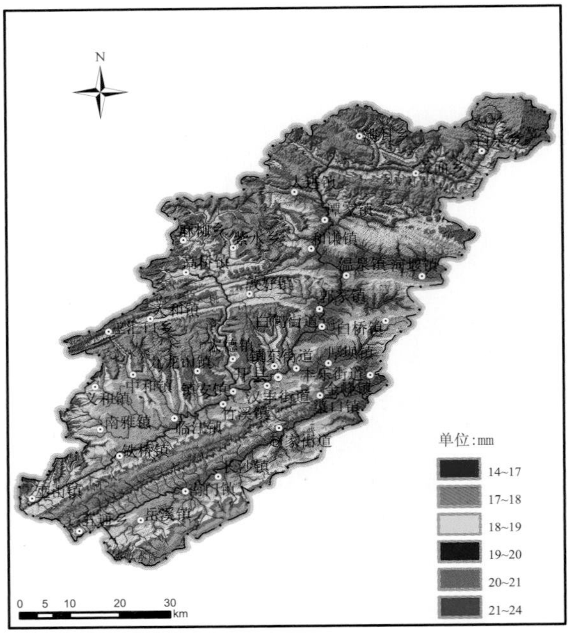

图 6.614　开县 1 月降水量

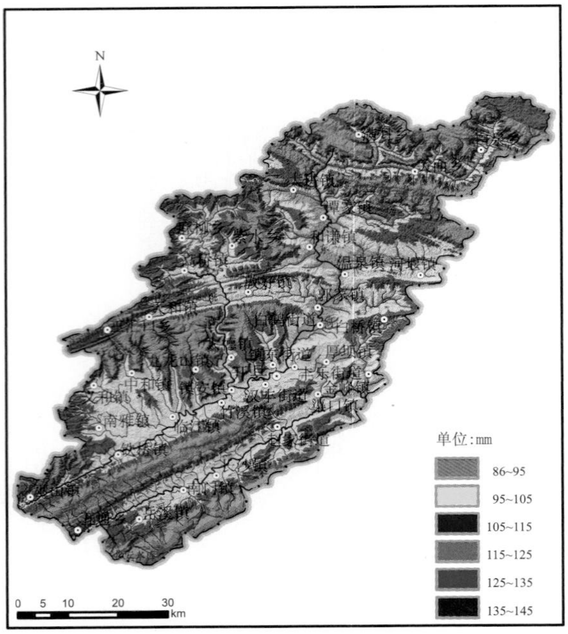

图 6.615　开县 4 月降水量

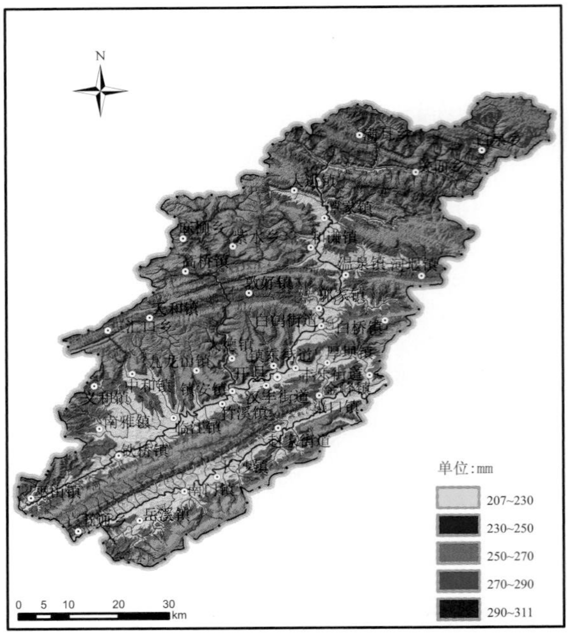

图 6.616　开县 7 月降水量

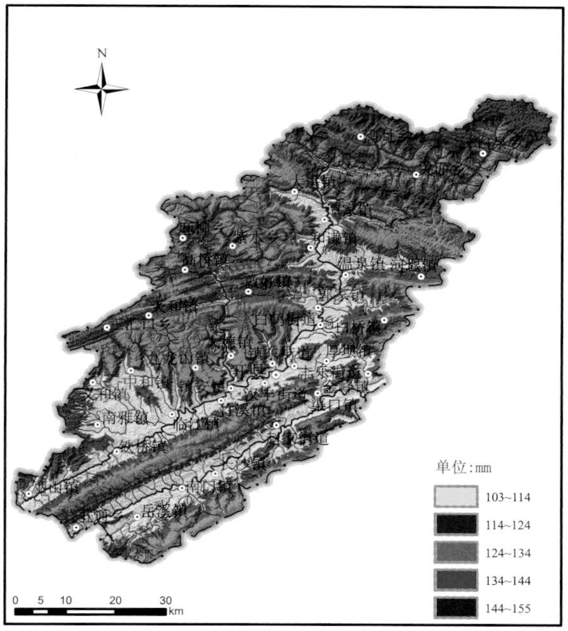

图 6.617 开县 10 月降水量

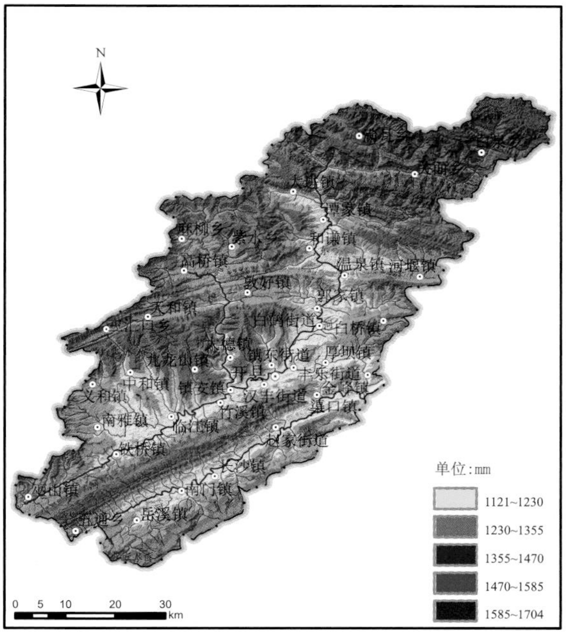

图 6.618 开县年降水量

（3）万州区

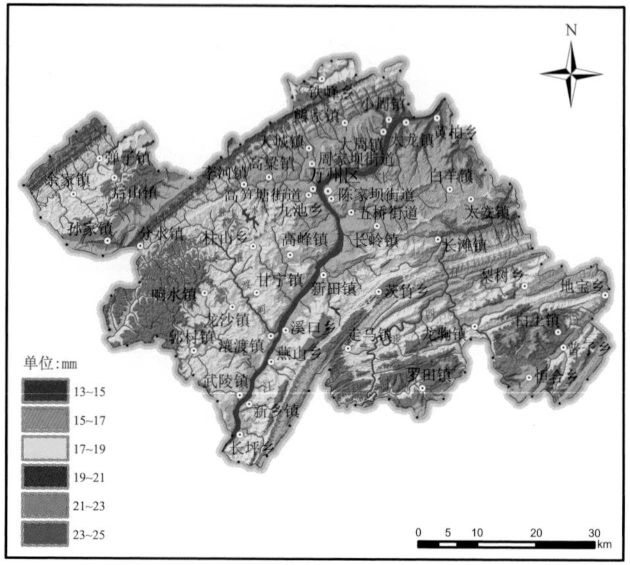

图6.619　万州区1月降水量

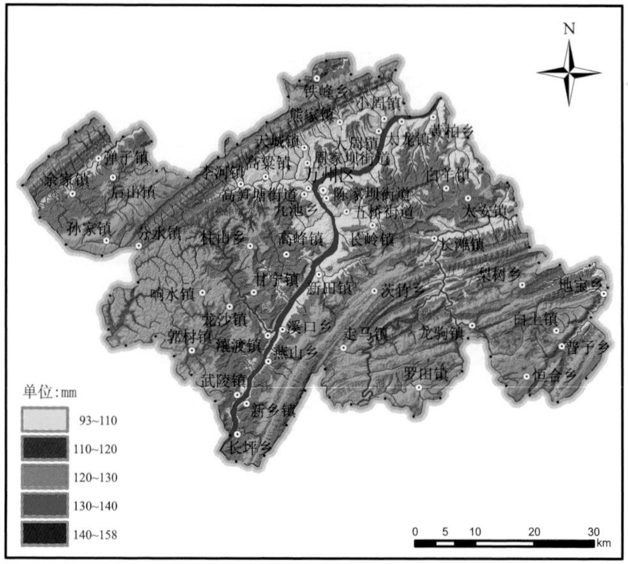

图6.620　万州区4月降水量

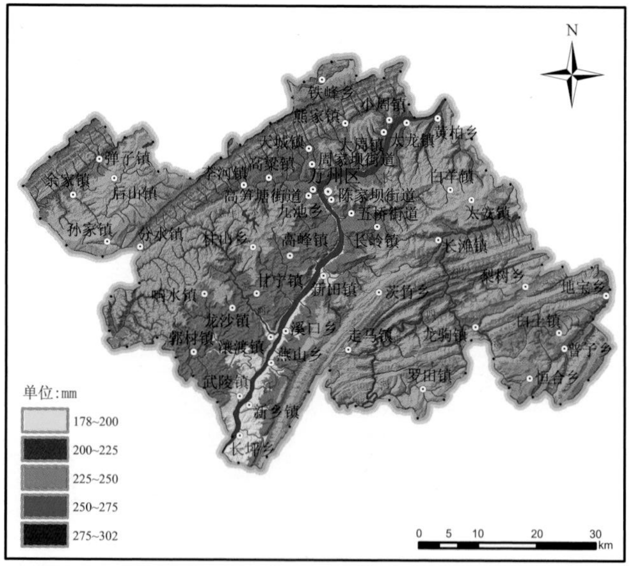

图6.621　万州区7月降水量

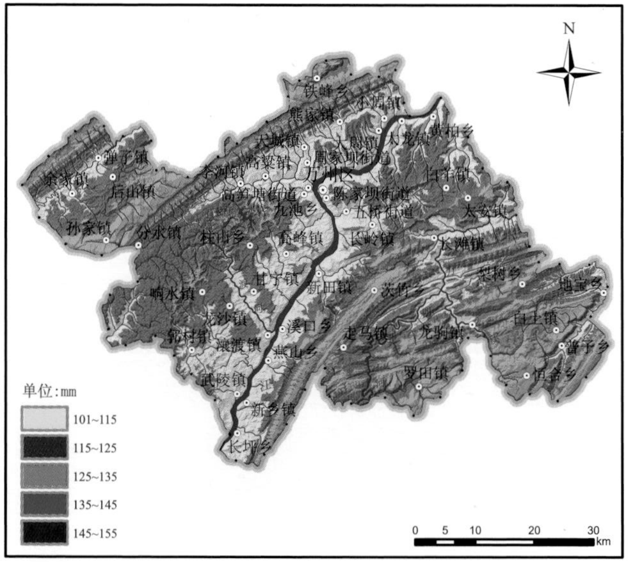

图6.622　万州区10月降水量

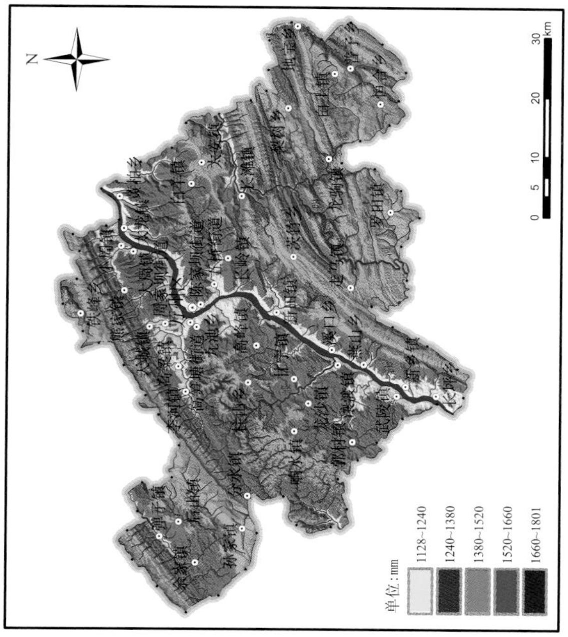

图6.623 万州区年降水量

(4)忠县

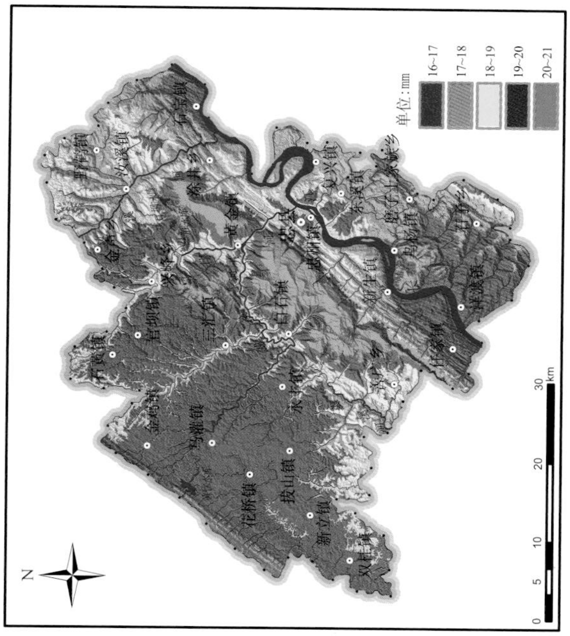

图6.624 忠县1月降水量

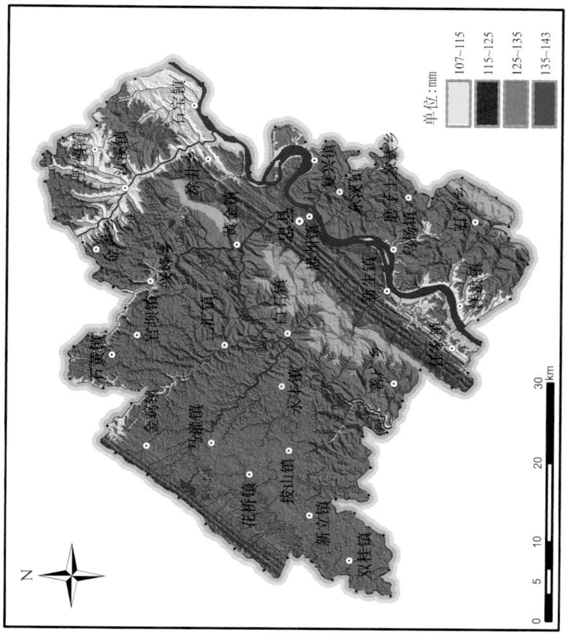

图6.625 忠县4月降水量

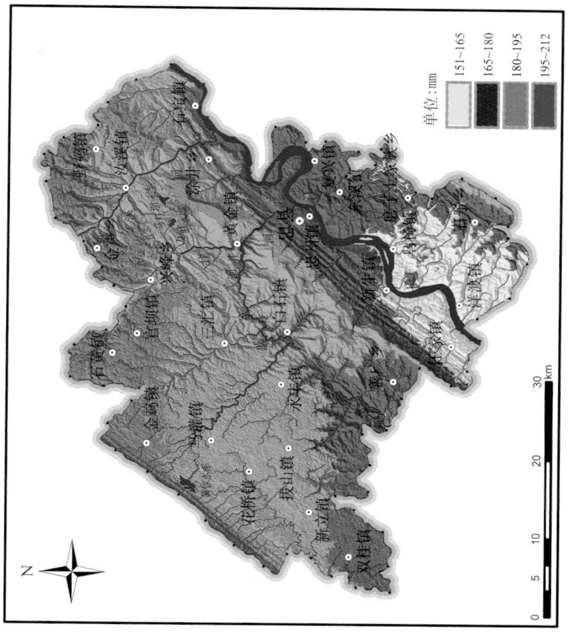

图6.626 忠县7月降水量

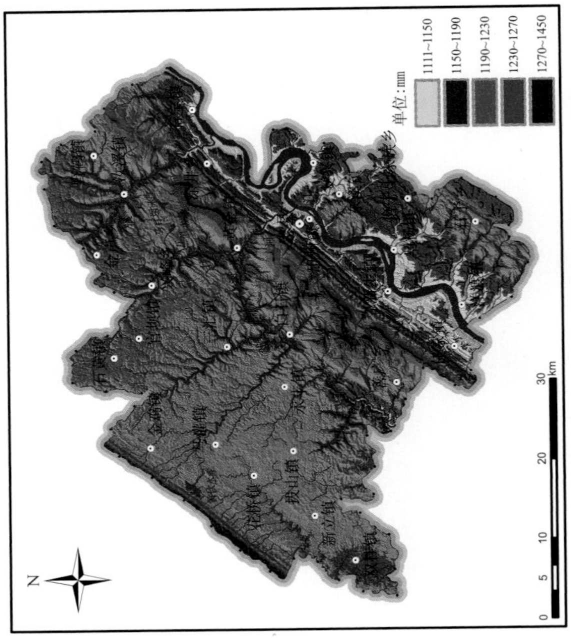

图6.628 忠县年降水量

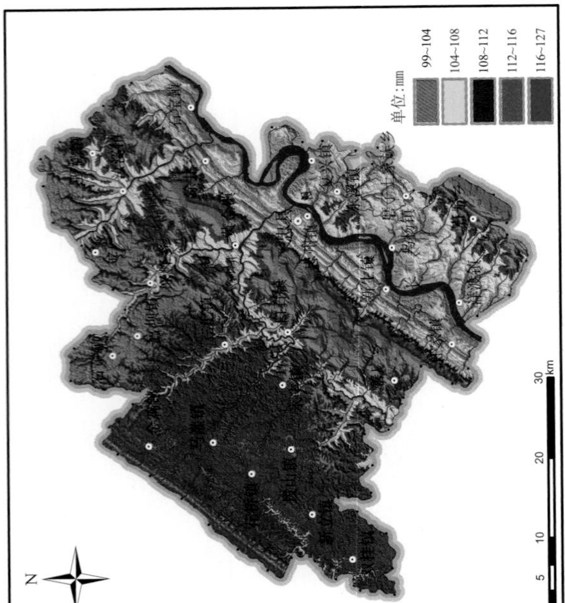

图6.627 忠县10月降水量

(5)黔江区

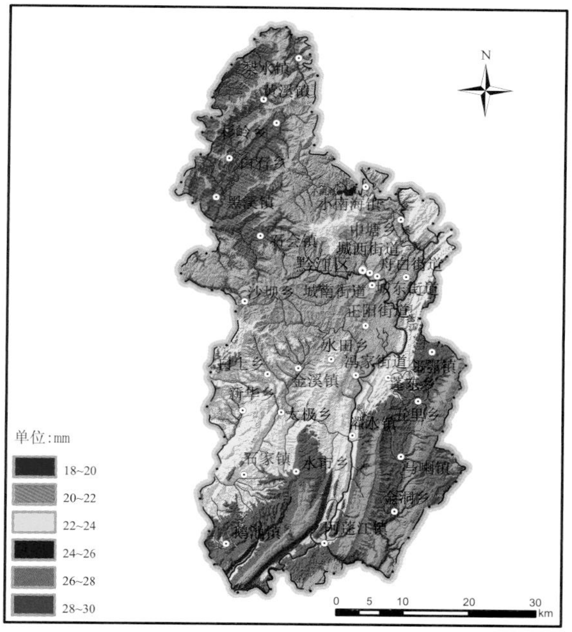

图 6.629　黔江区 1 月降水量

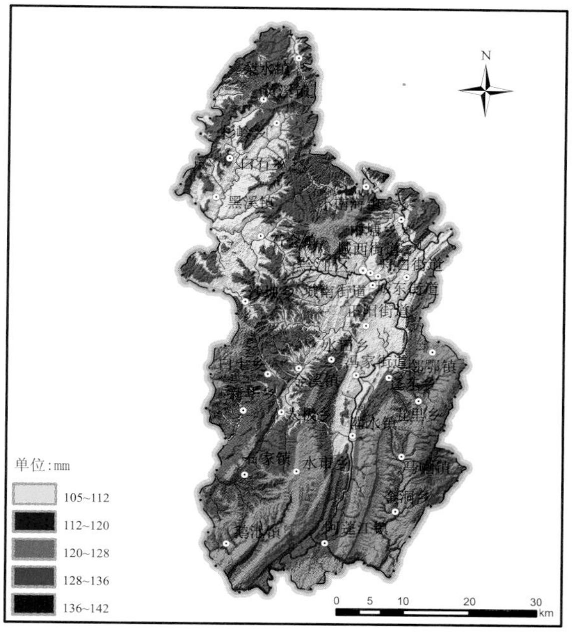

图 6.630　黔江区 4 月降水量

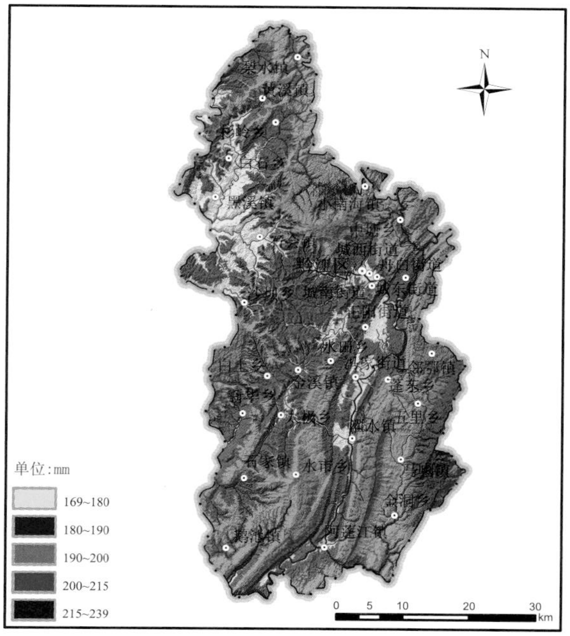

图 6.631　黔江区 7 月降水量

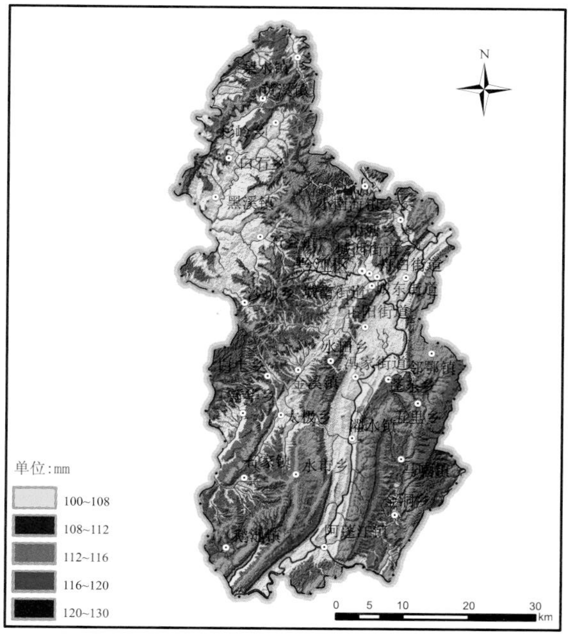

图 6.632　黔江区 10 月降水量

(6)酉阳县

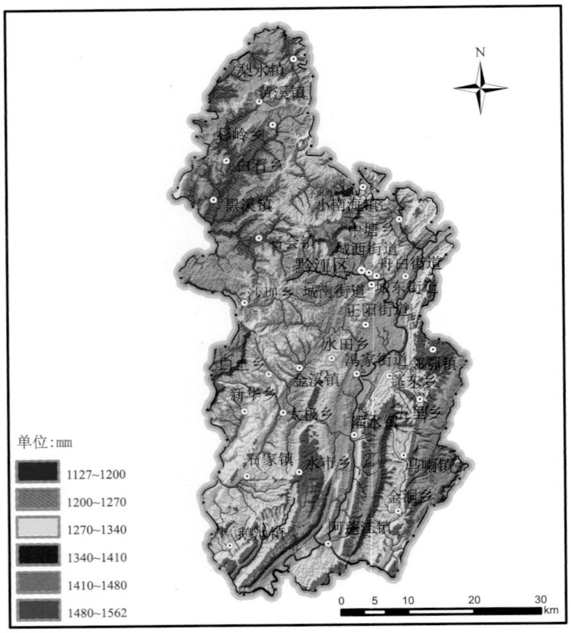

图 6.633　黔江区年降水量

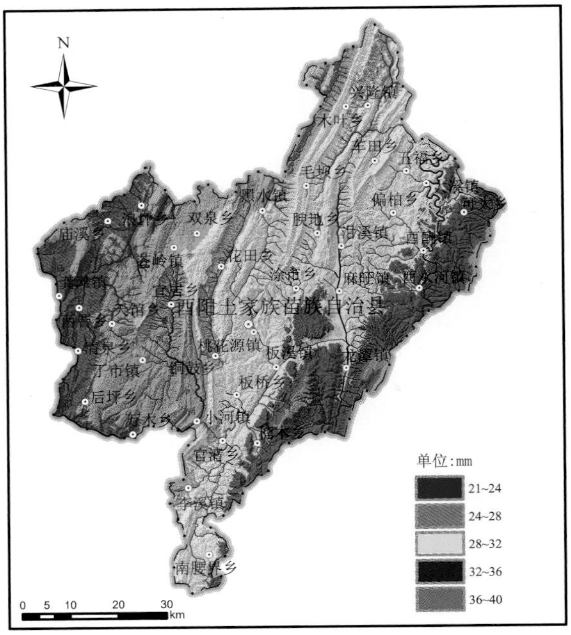

图 6.634　酉阳县 1 月降水量

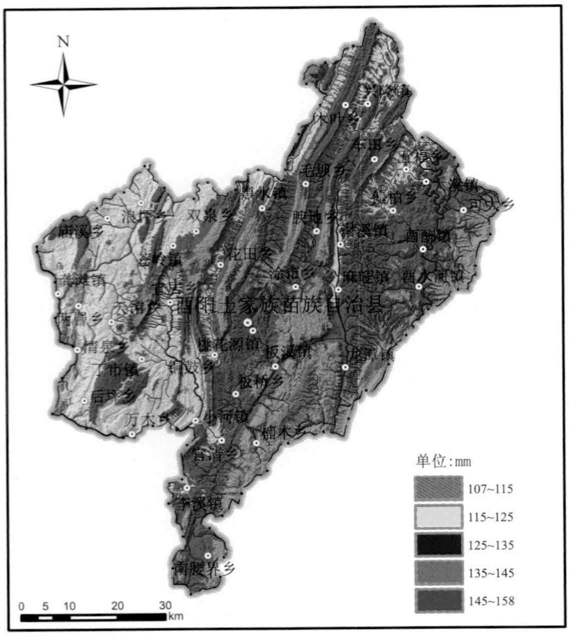

图 6.635　酉阳县 4 月降水量

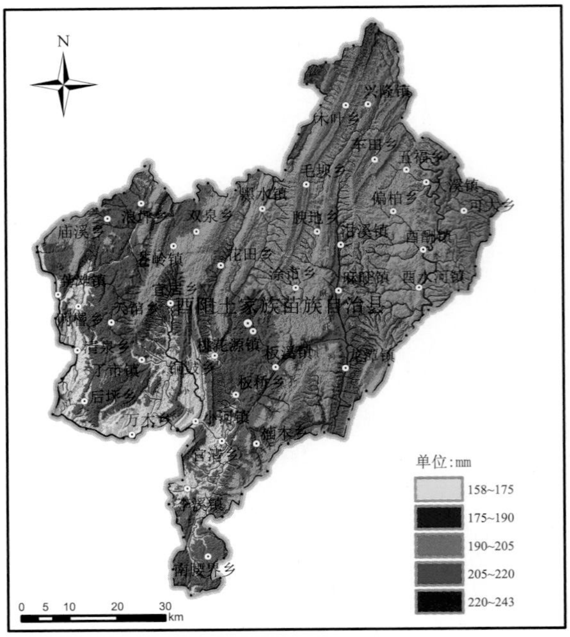

图 6.636　酉阳县 7 月降水量

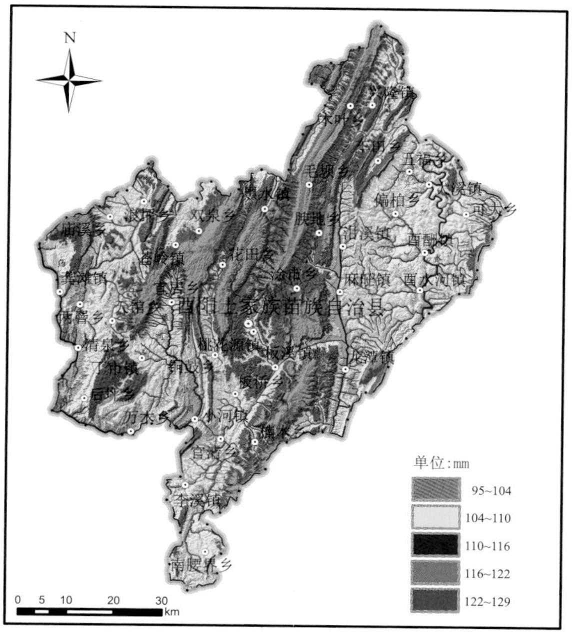

图 6.637 酉阳县 10 月降水量

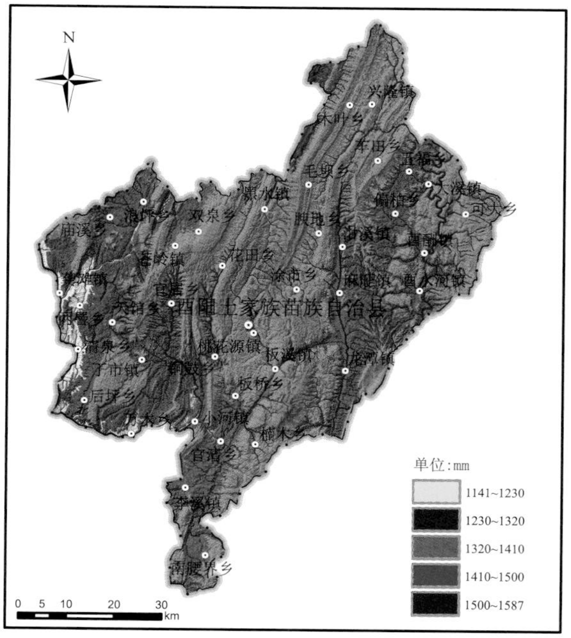

图 6.638 酉阳县年降水量

(7)涪陵区

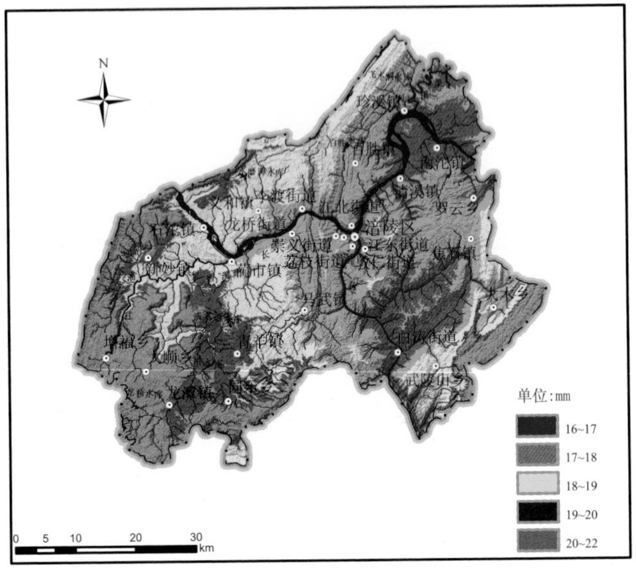

图6.639　涪陵区1月降水量

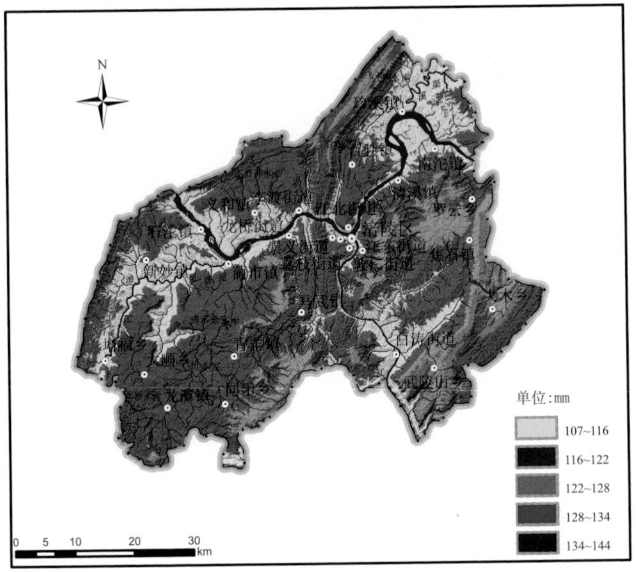

图6.640　涪陵区4月降水量

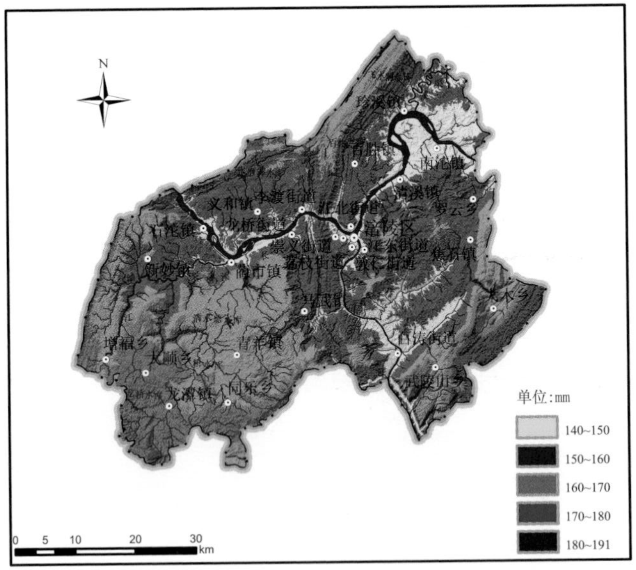

图6.641　涪陵区7月降水量

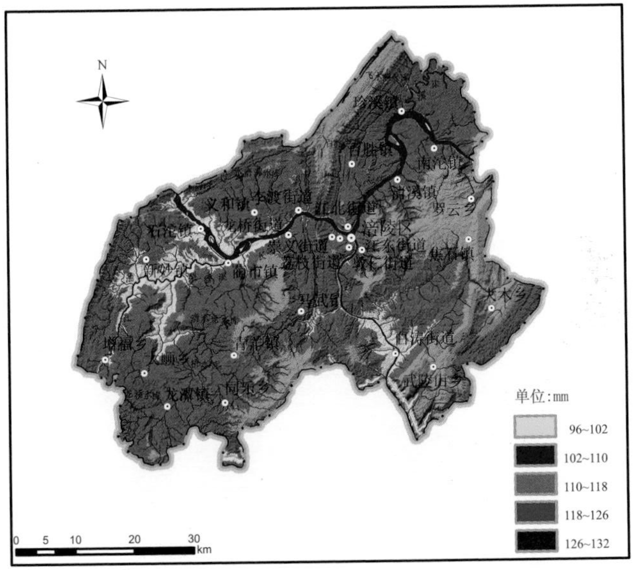

图6.642　涪陵区10月降水量

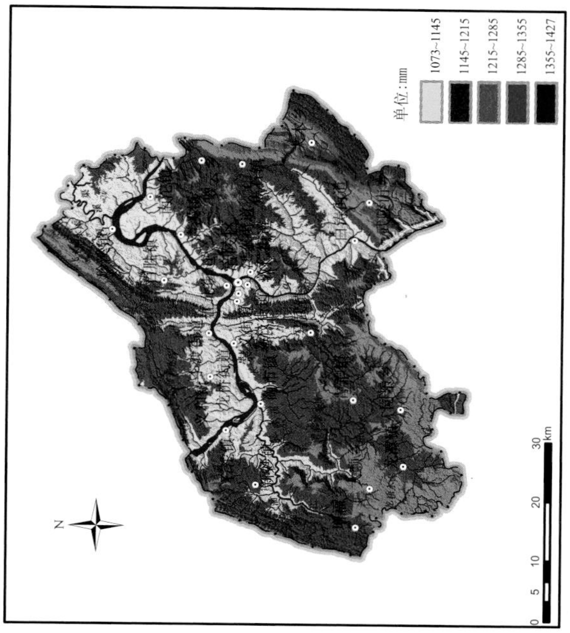

图6.643 涪陵区年降水量

(8)南川区

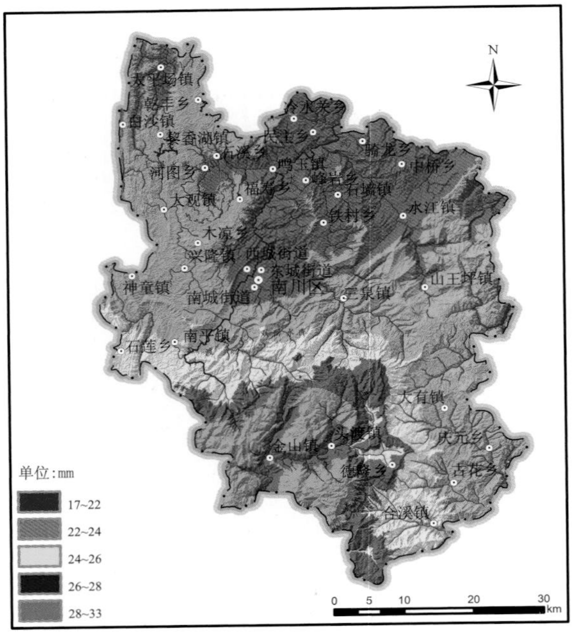

图 6.644 南川区 1 月降水量

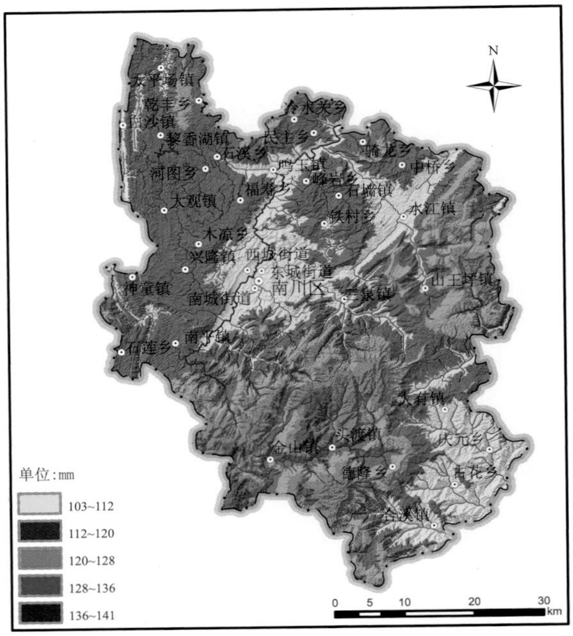

图 6.645 南川区 4 月降水量

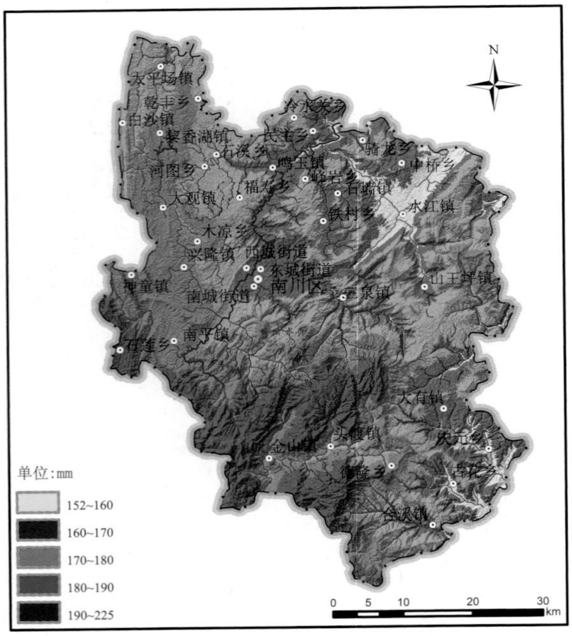

图 6.646 南川区 7 月降水量

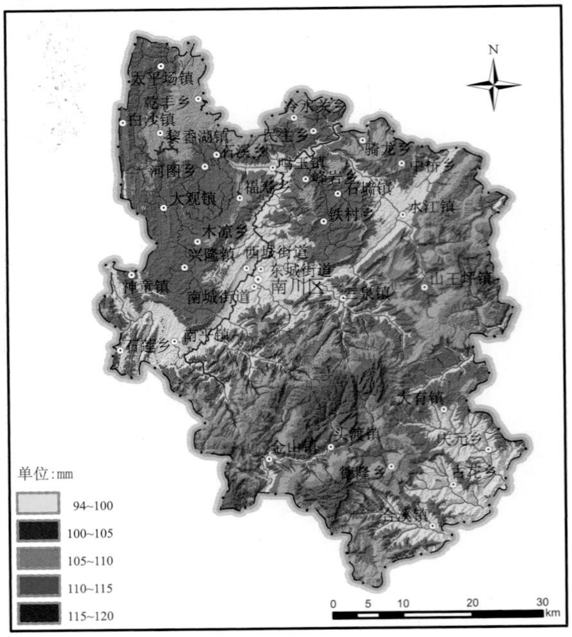

图 6.647 南川区 10 月降水量

(9)渝北区

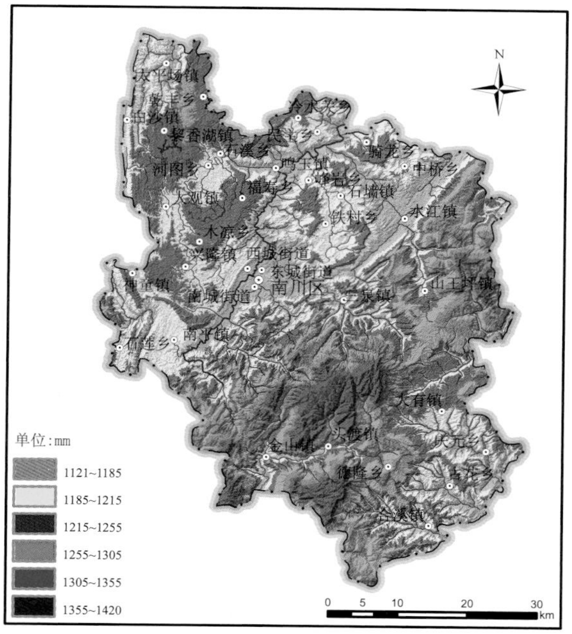

图 6.648　南川区年降水量

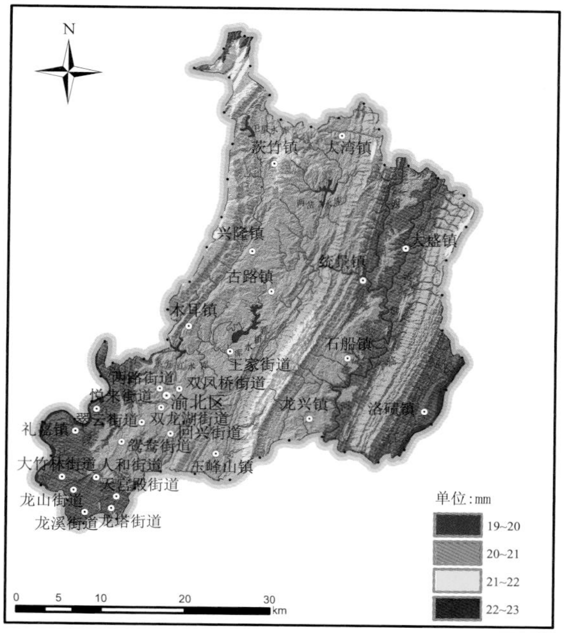

图 6.649　渝北区1月降水量

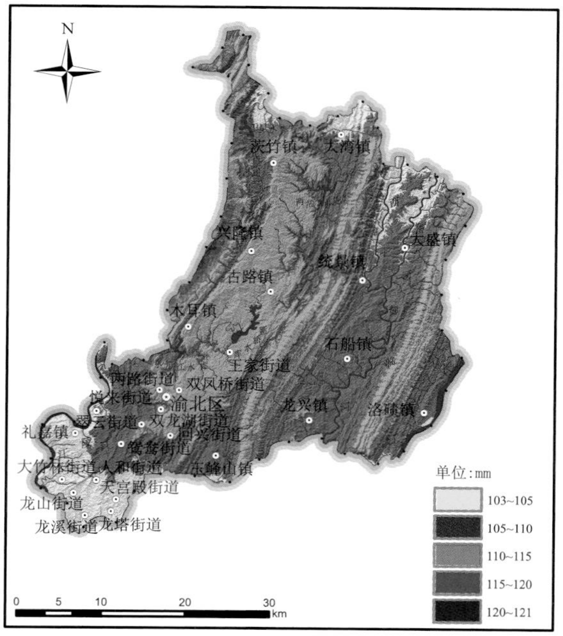

图 6.650　渝北区4月降水量

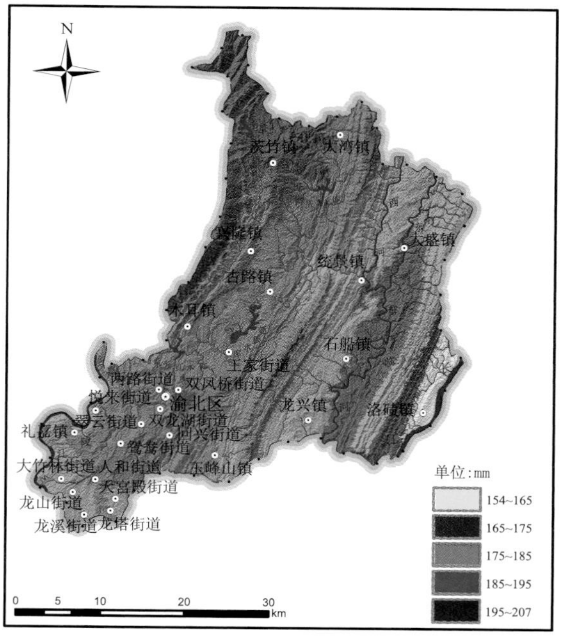

图 6.651　渝北区7月降水量

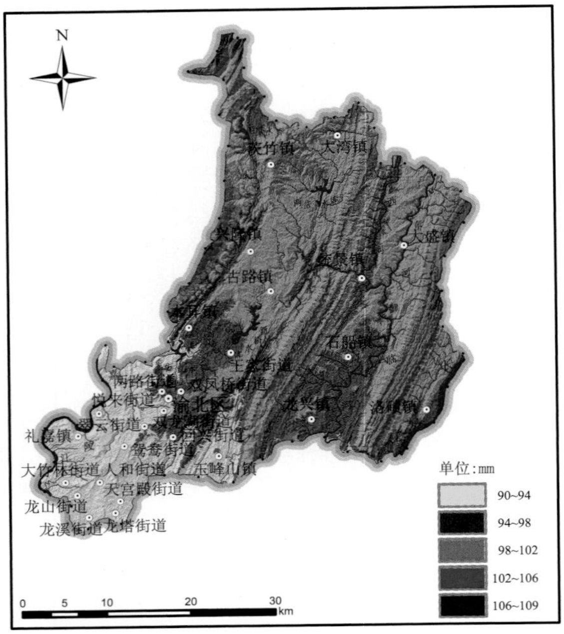

图 6.652　渝北区 10 月降水量

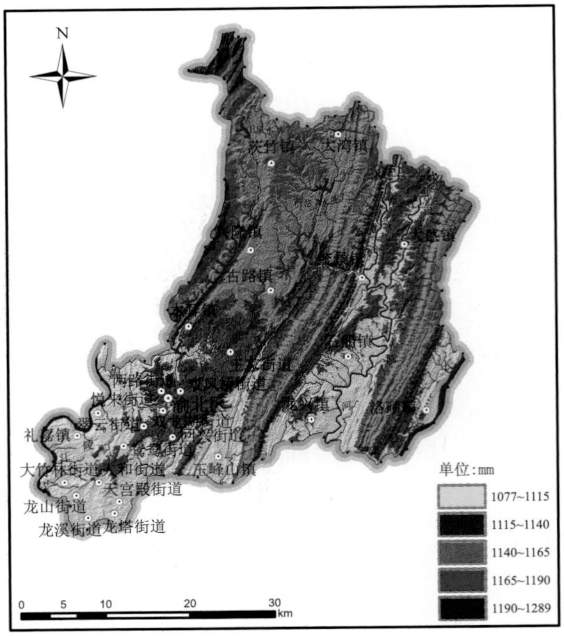

图 6.653　渝北区年降水量

(10)合川区

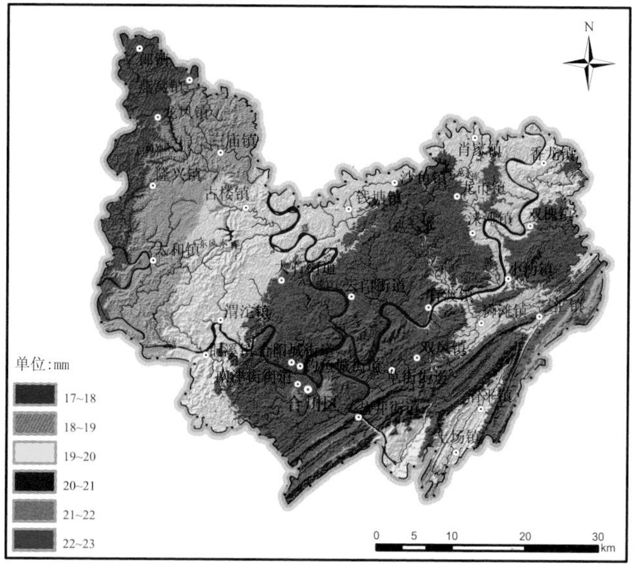

图6.654　合川区1月降水量

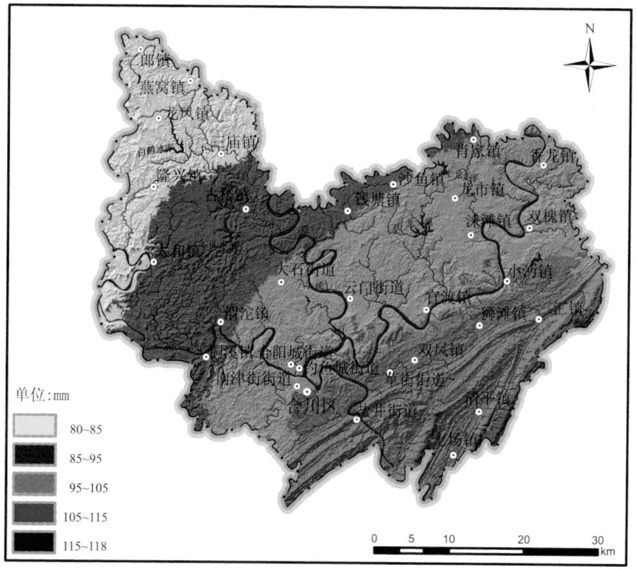

图6.655　合川区4月降水量

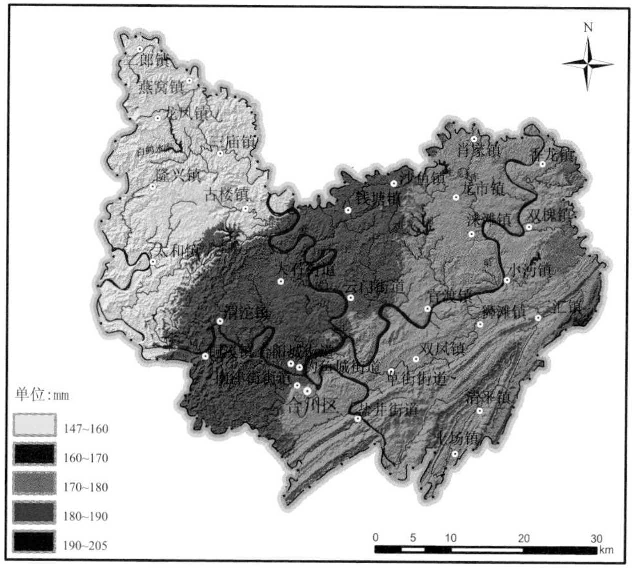

图6.656　合川区7月降水量

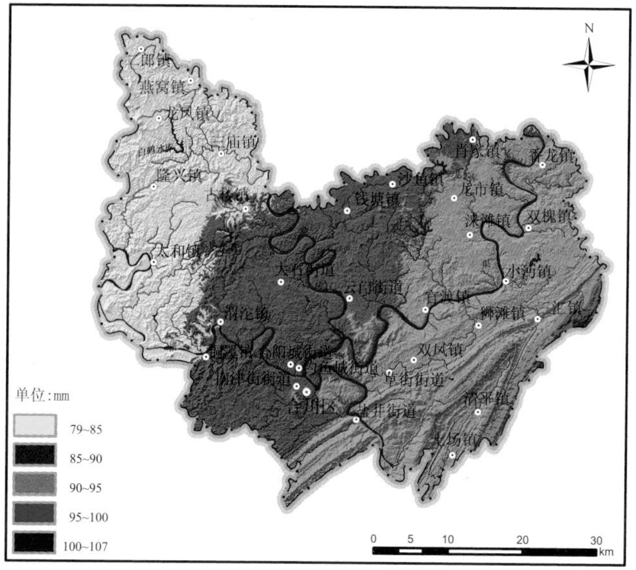

图6.657　合川区10月降水量

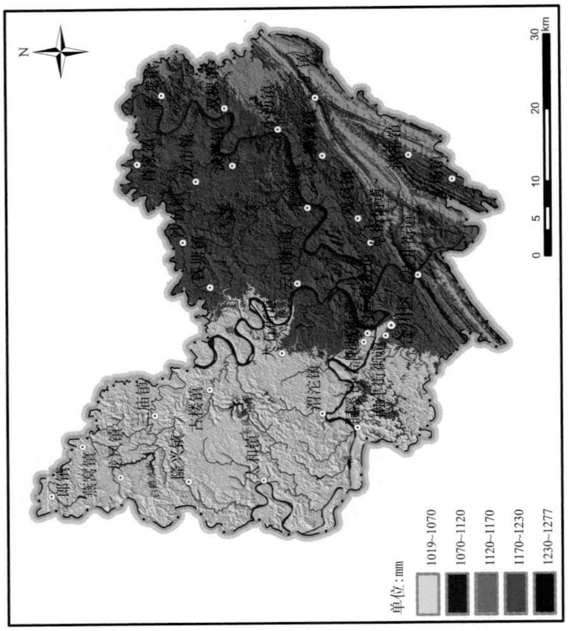

图6.658　合川区年降水量

（11）铜梁区

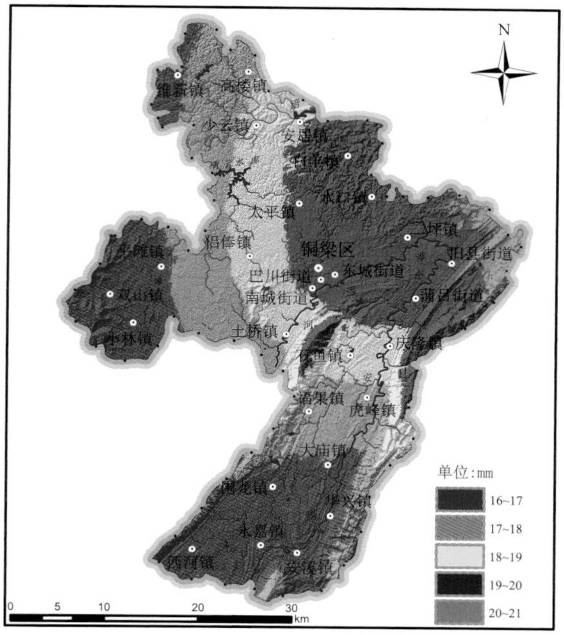

图 6.659　铜梁区 1 月降水量

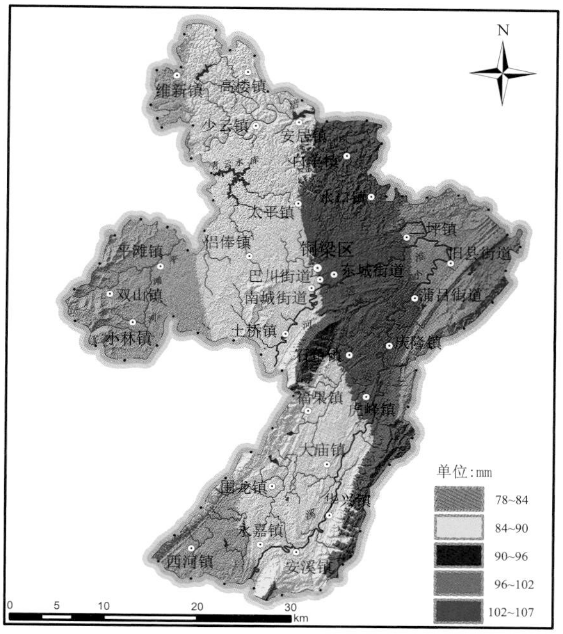

图 6.660　铜梁区 4 月降水量

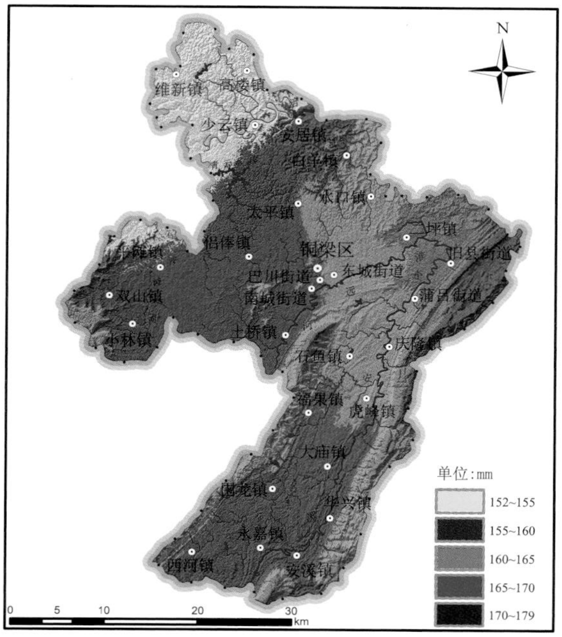

图 6.661　铜梁区 7 月降水量

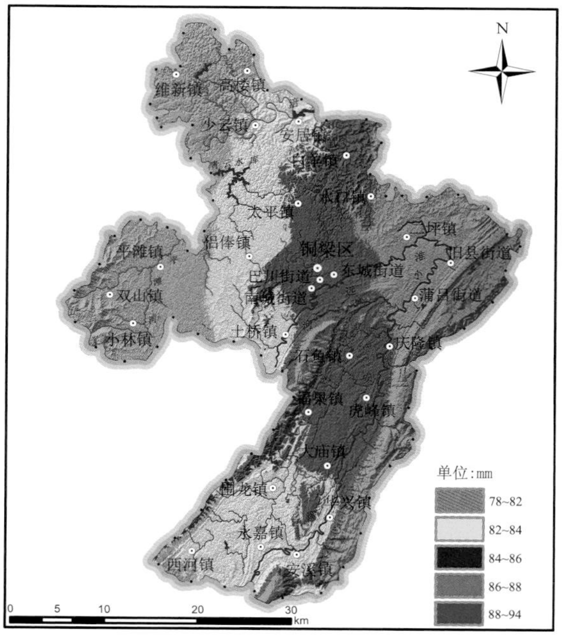

图 6.662　铜梁区 10 月降水量

(12)江津区

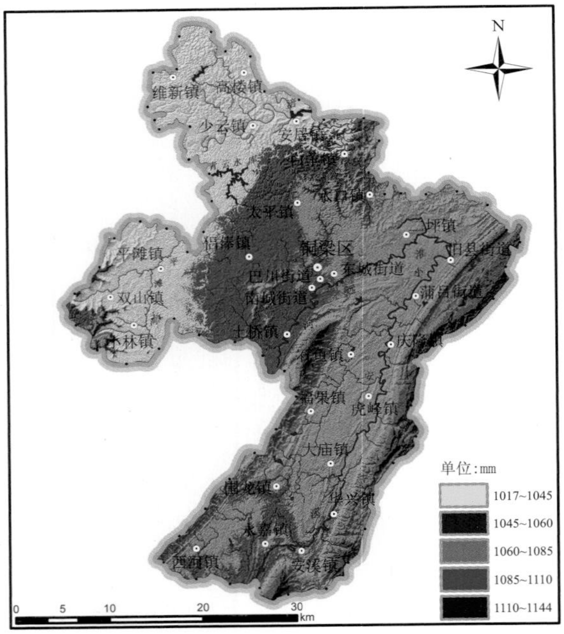

图 6.663　铜梁区年降水量

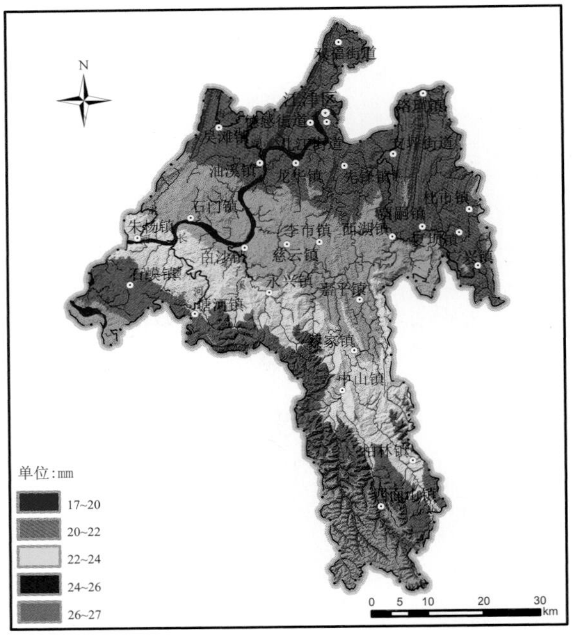

图 6.664　江津区 1 月降水量

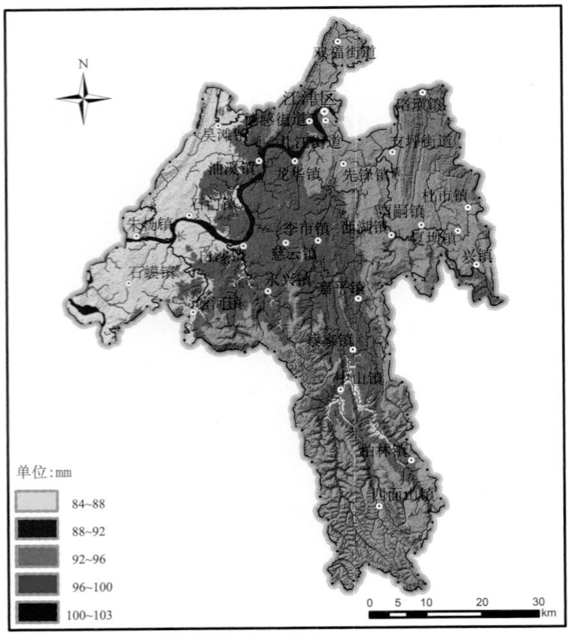

图 6.665　江津区 4 月降水量

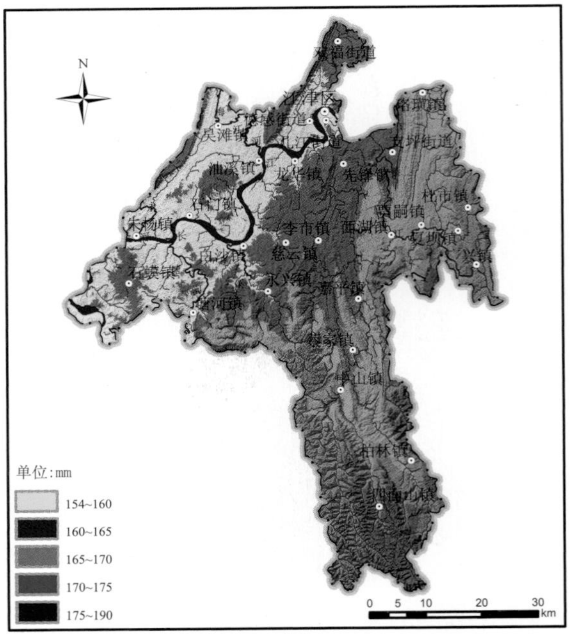

图 6.666　江津区 7 月降水量

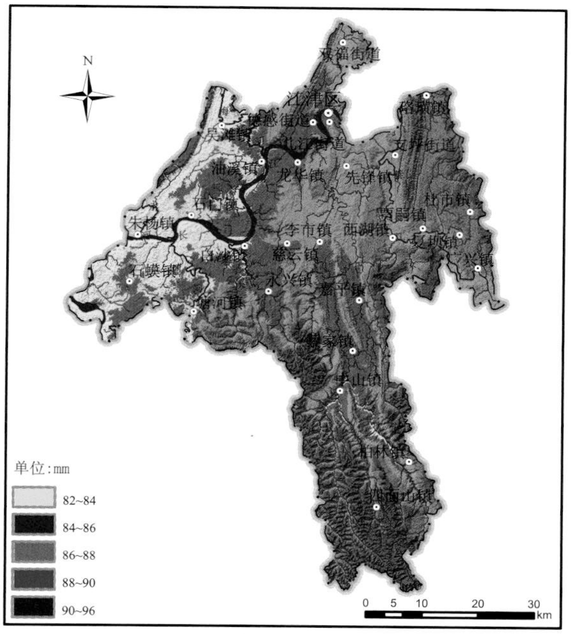

图 6.667 江津区10月降水量

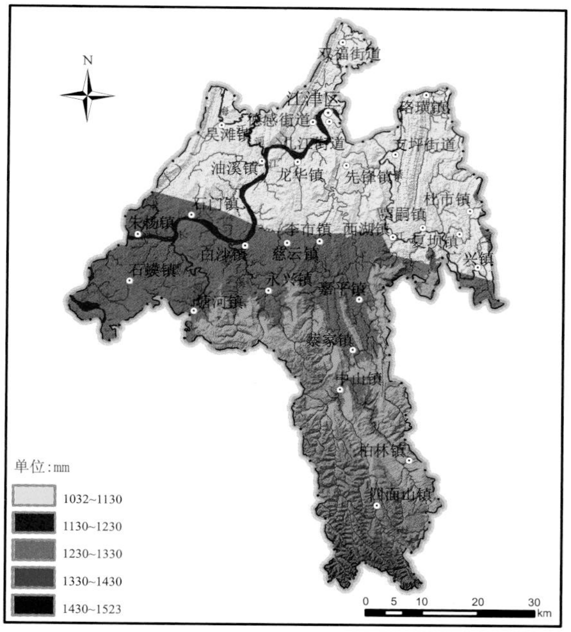

图 6.668 江津区年降水量

6.1.2.4 水汽压、相对湿度

(1)奉节县

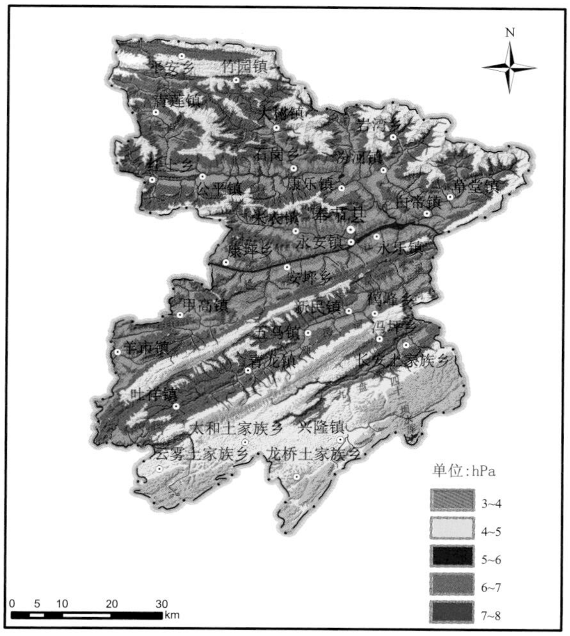

图 6.669 奉节县1月平均水汽压

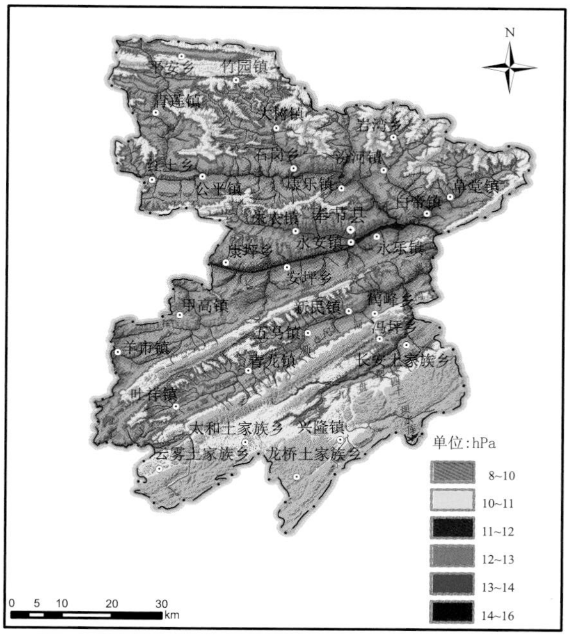

图 6.670 奉节县4月平均水汽压

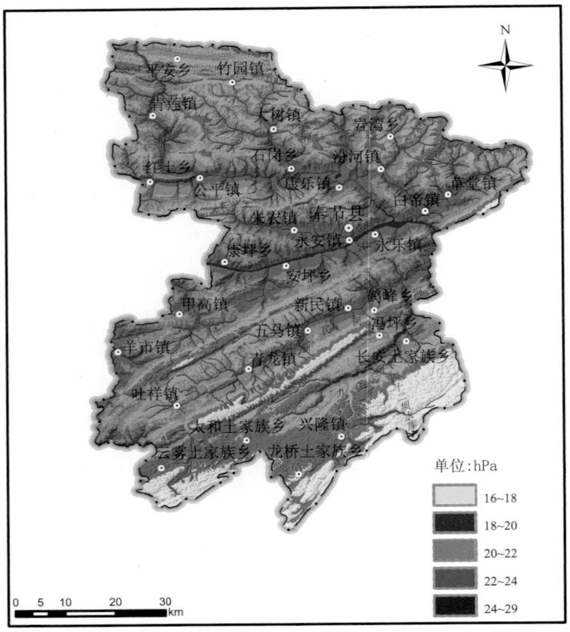

图 6.671　奉节县 7 月平均水汽压

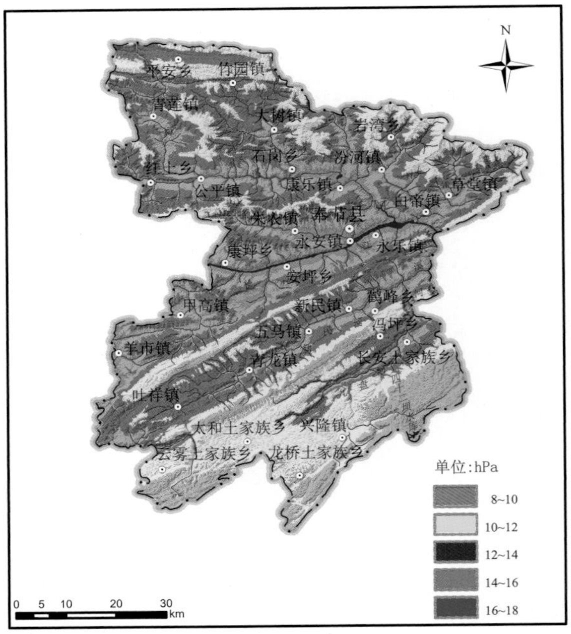

图 6.672　奉节县 10 月平均水汽压

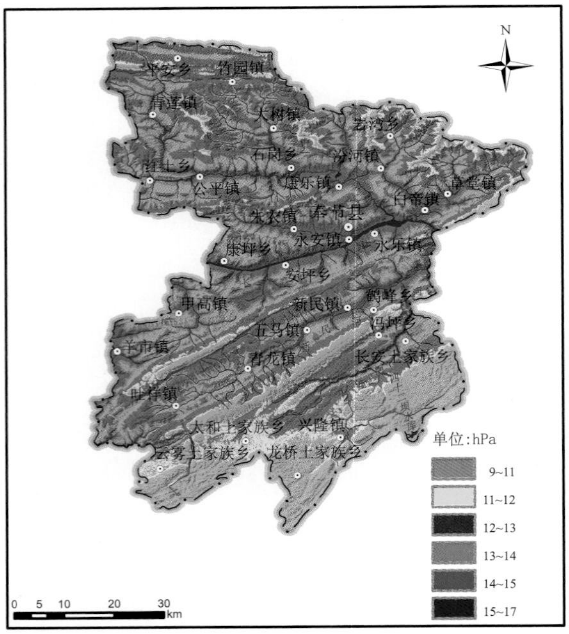

图 6.673　奉节县年平均水汽压

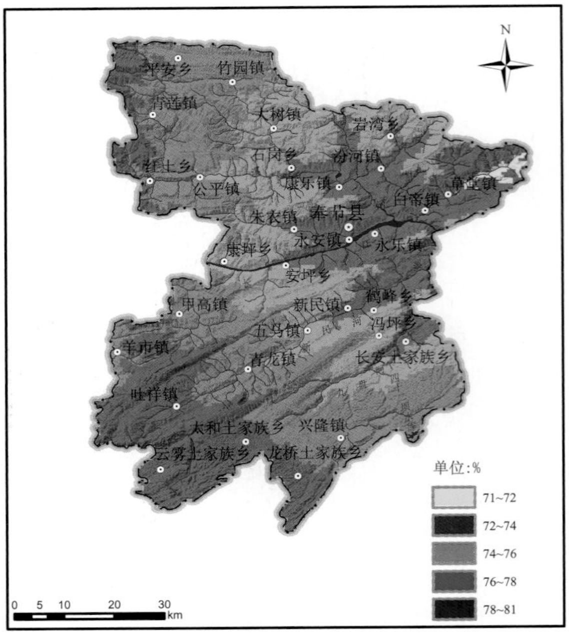

图 6.674　奉节县 1 月平均相对湿度

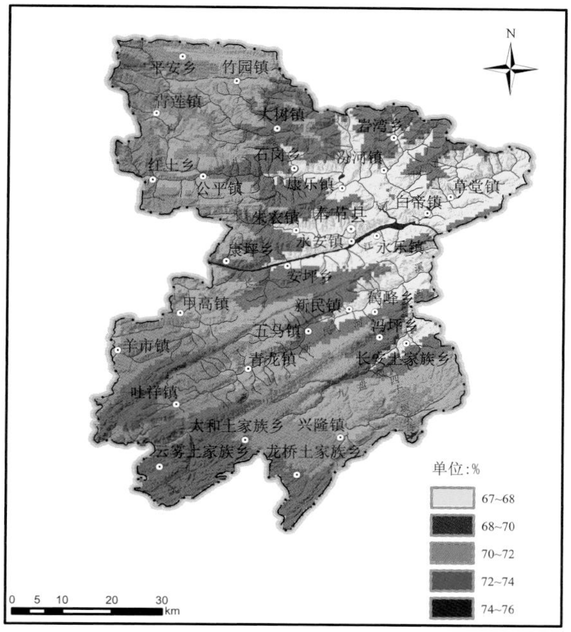

图 6.675 奉节县 4 月平均相对湿度

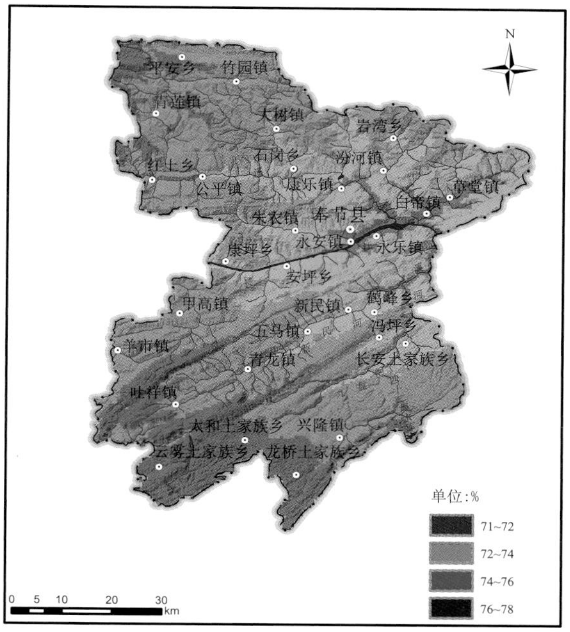

图 6.676 奉节县 7 月平均相对湿度

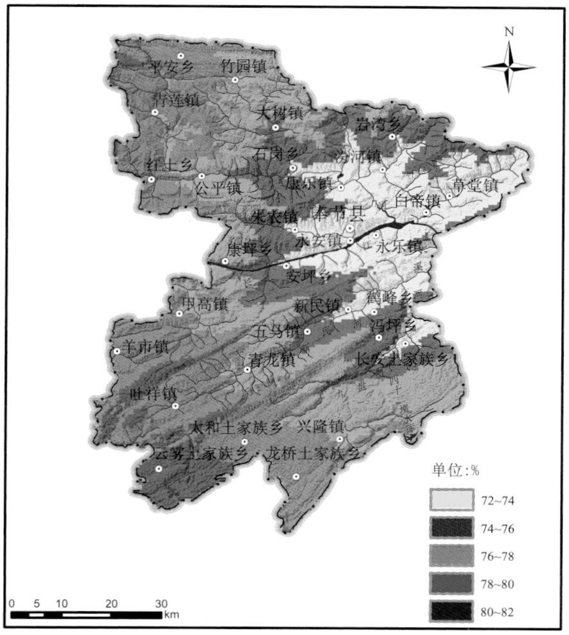

图 6.677 奉节县 10 月平均相对湿度

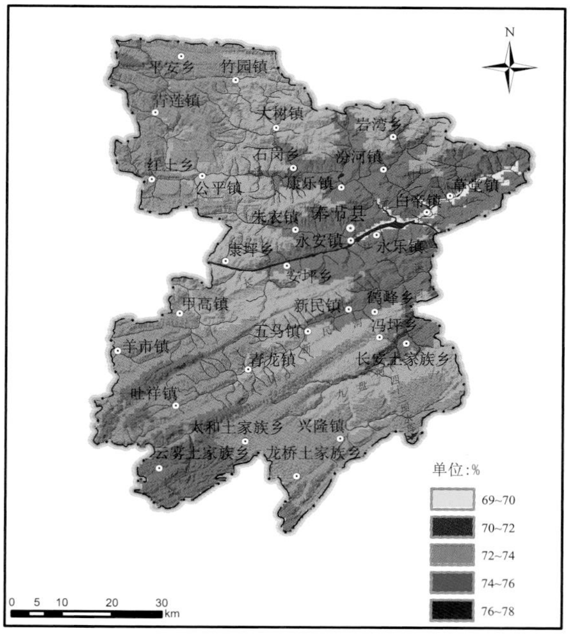

图 6.678 奉节县年平均相对湿度

(2)开县

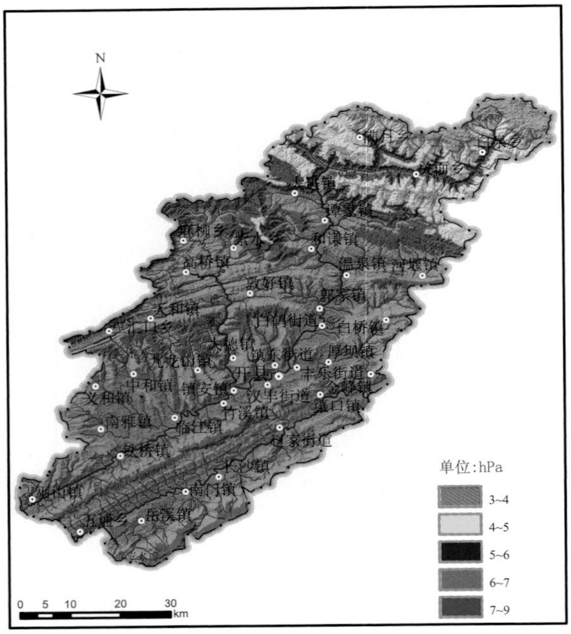

图 6.679　开县 1 月平均水汽压

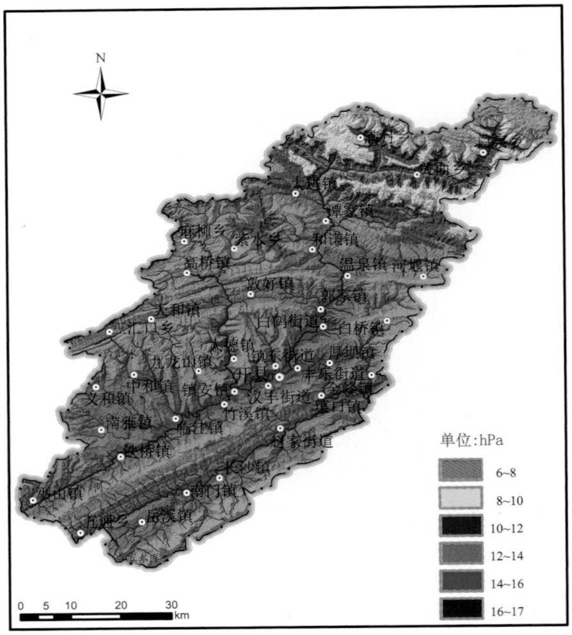

图 6.680　开县 4 月平均水汽压

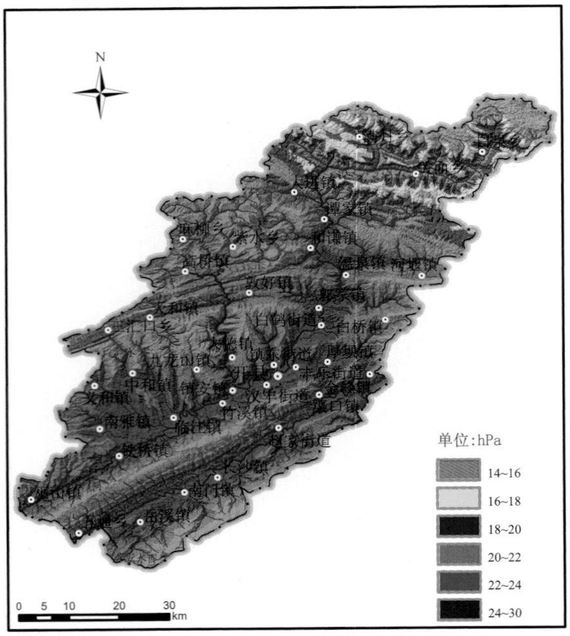

图 6.681　开县 7 月平均水汽压

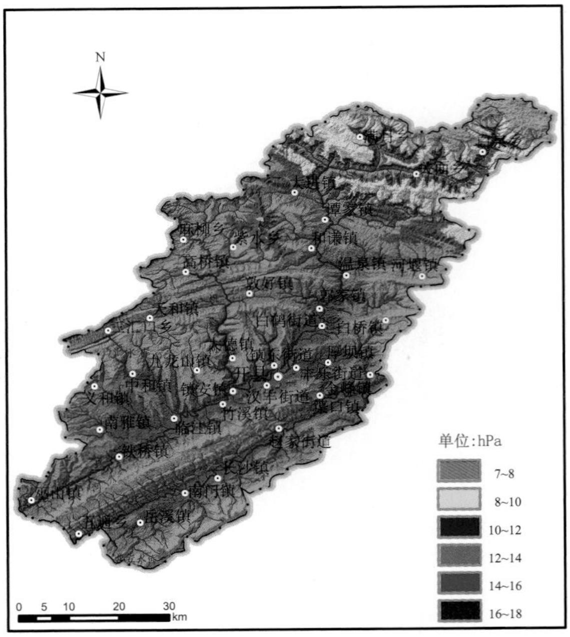

图 6.682　开县 10 月平均水汽压

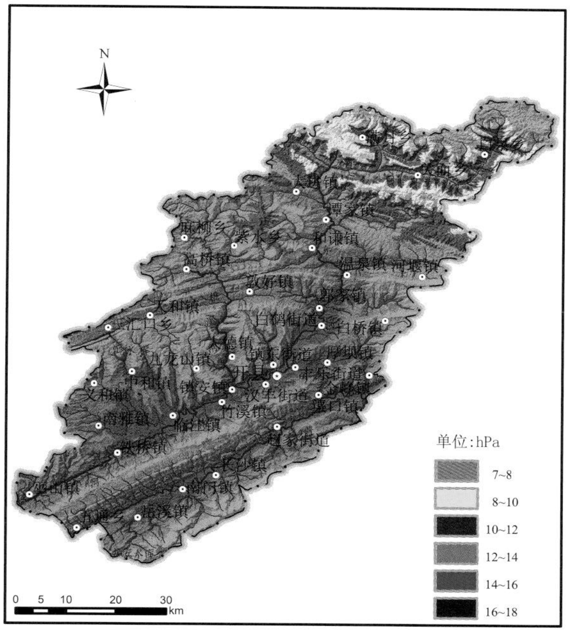

图 6.683　开县年平均水汽压

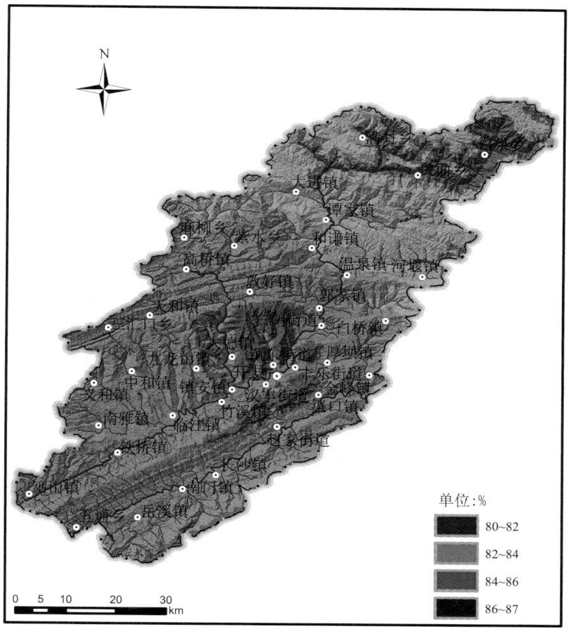

图 6.684　开县 1 月平均相对湿度

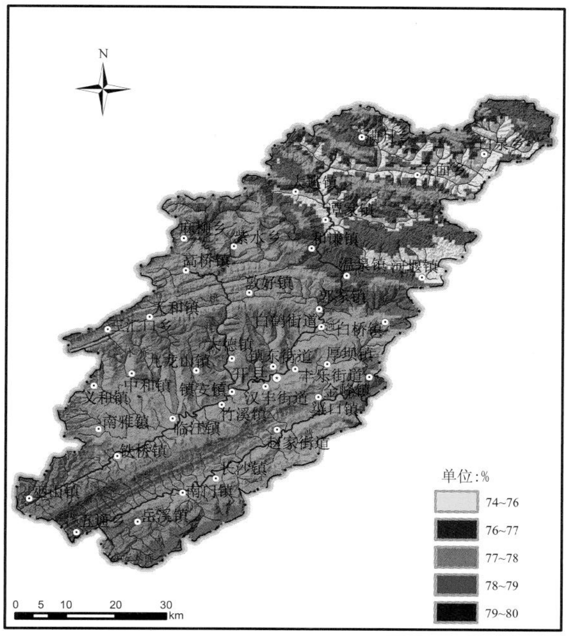

图 6.685　开县 4 月平均相对湿度

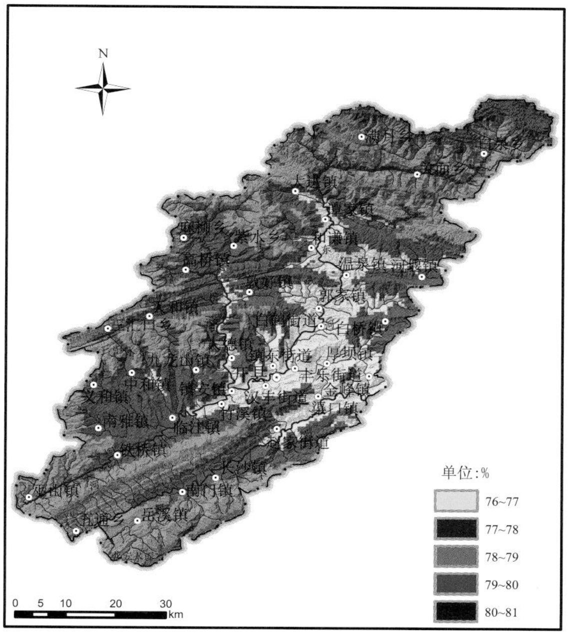

图 6.686　开县 7 月平均相对湿度

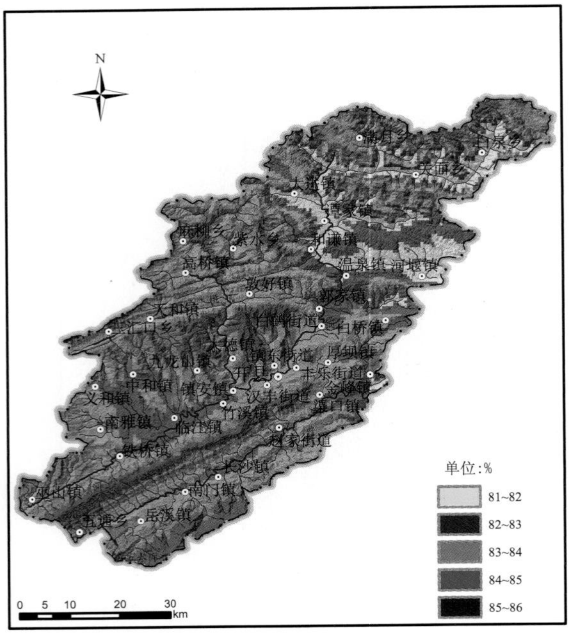

图 6.687　开县 10 月平均相对湿度

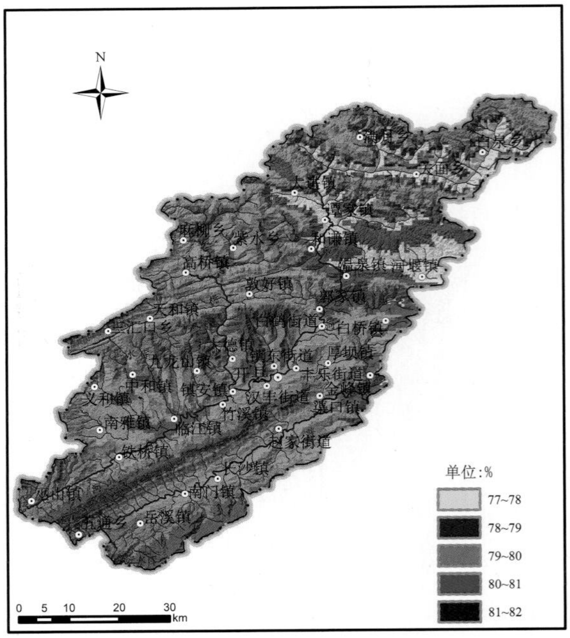

图 6.688　开县年平均相对湿度

(3)万州区

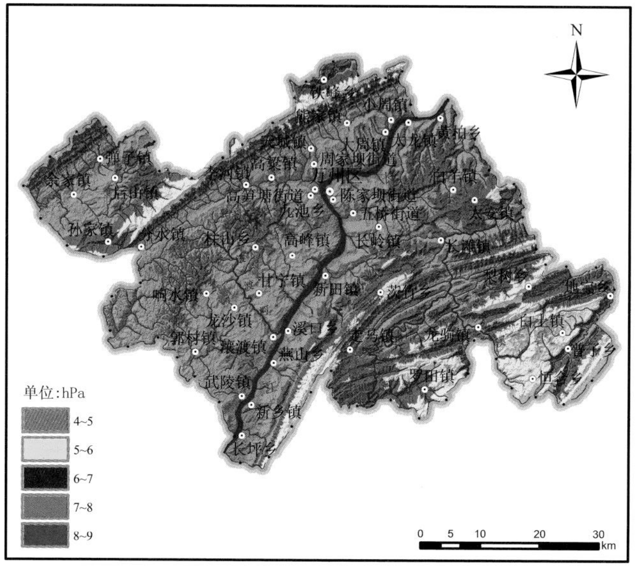

图6.689　万州区1月平均水汽压

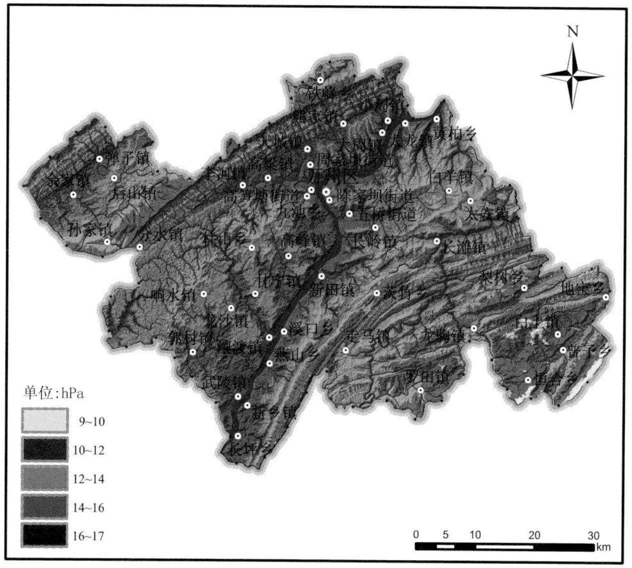

图6.690　万州区4月平均水汽压

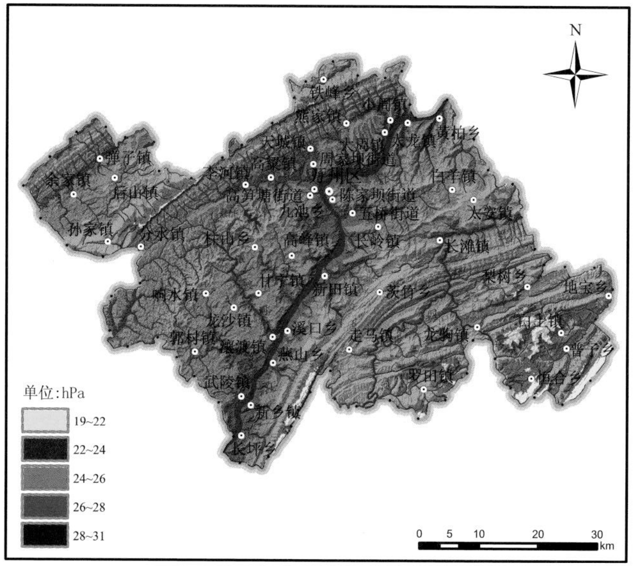

图6.691　万州区7月平均水汽压

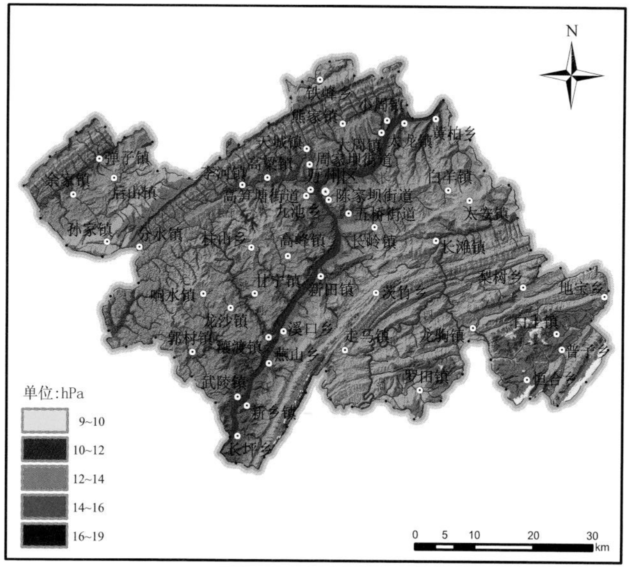

图6.692　万州区10月平均水汽压

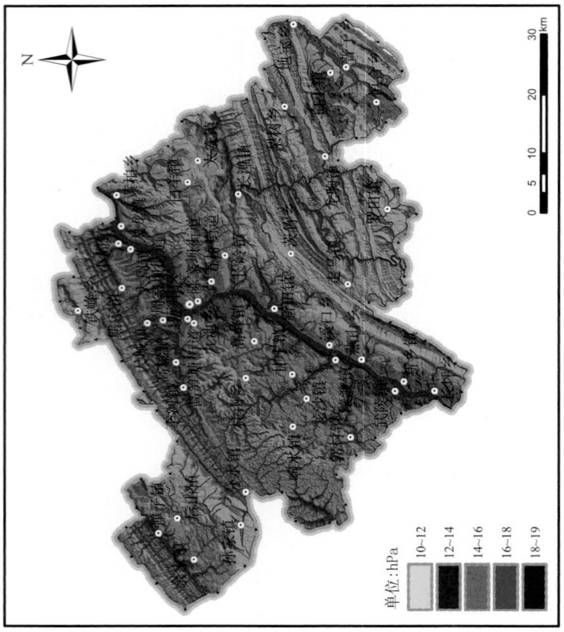

图6.693　万州区年平均水汽压

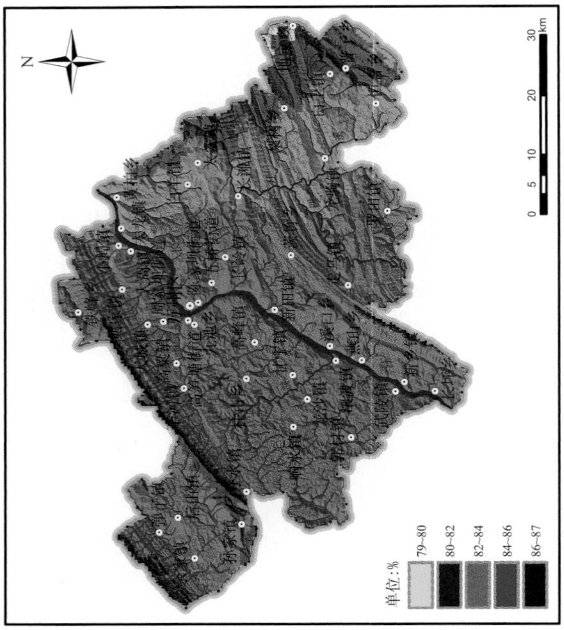

图6.694　万州区1月平均相对湿度

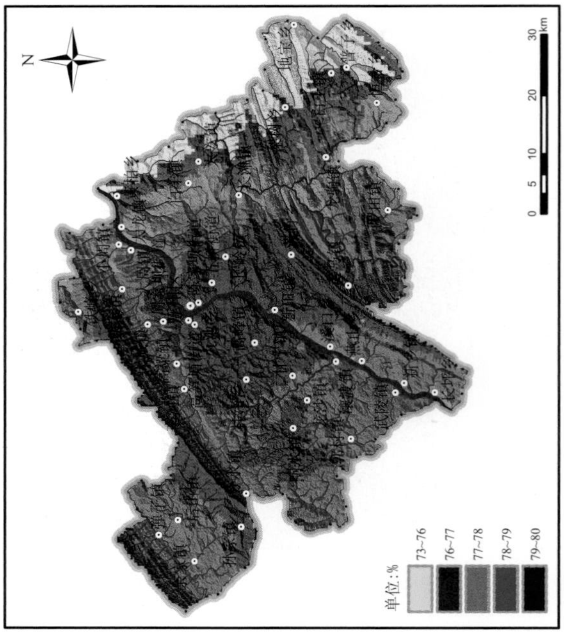

图6.695　万州区4月平均相对湿度

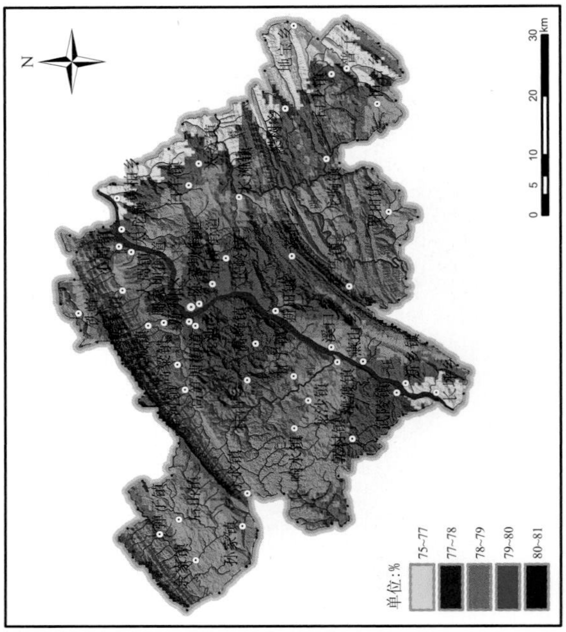

图6.696　万州区7月平均相对湿度

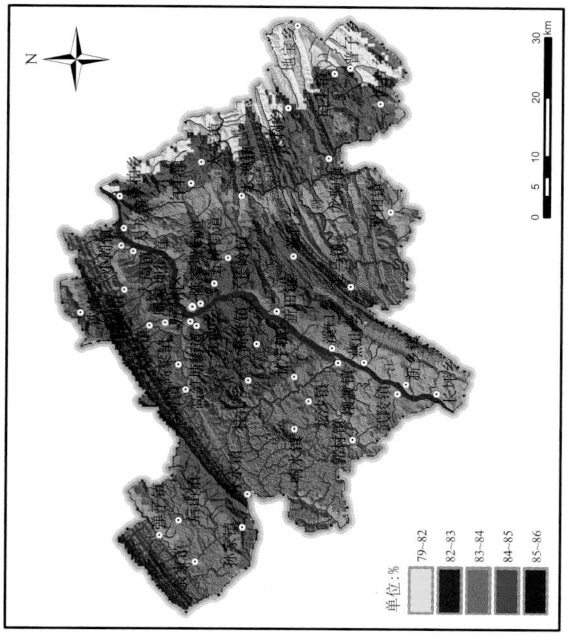

图6.697　万州区10月平均相对湿度

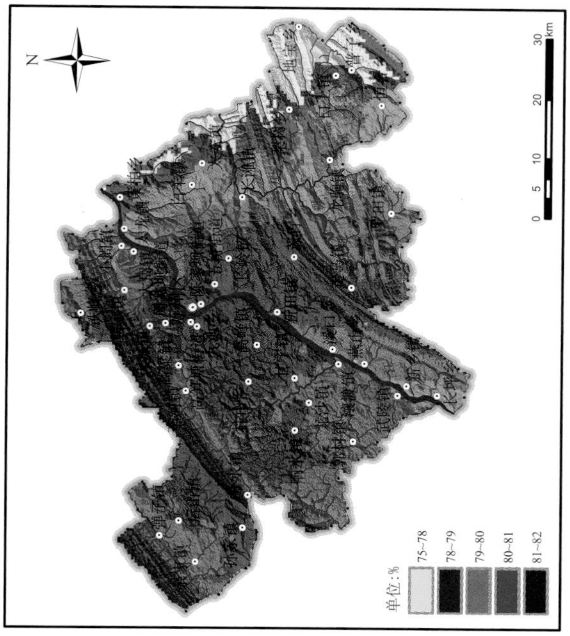

图6.698　万州区年平均相对湿度

（4）忠县

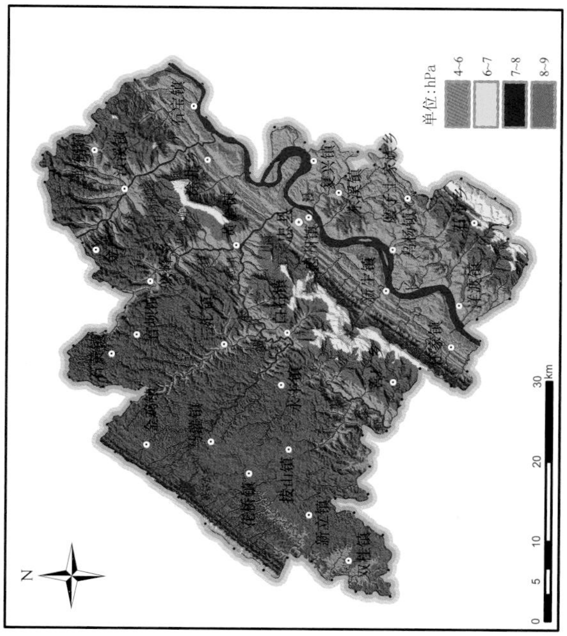

图6.699　忠县1月平均水汽压

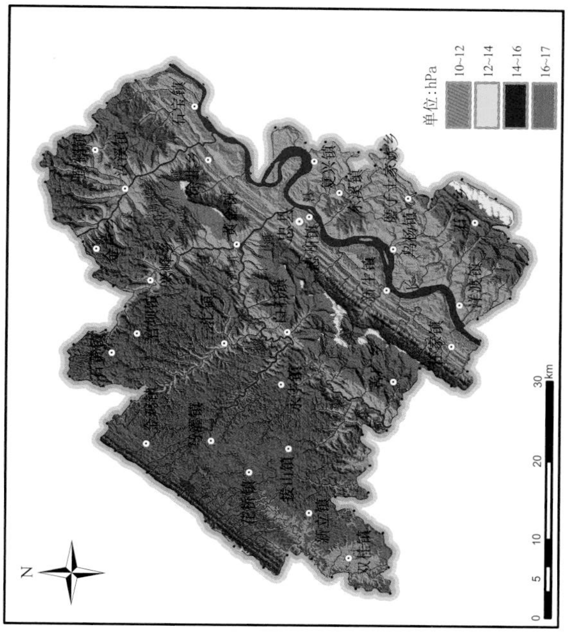

图6.700　忠县4月平均水汽压

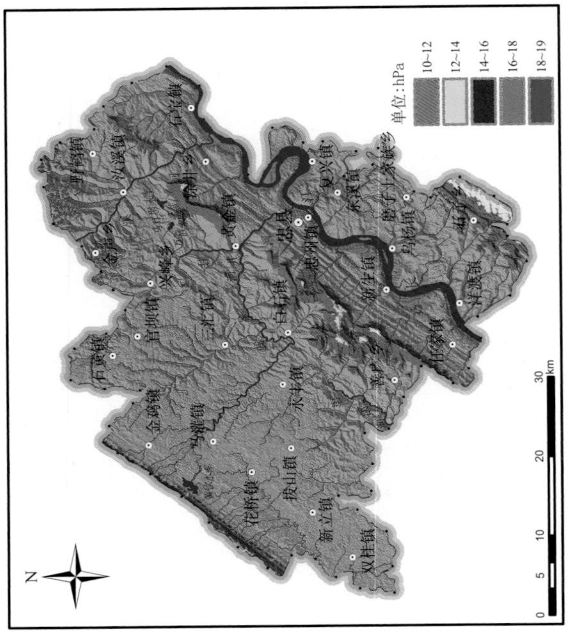

图6.702　忠县10月平均水汽压

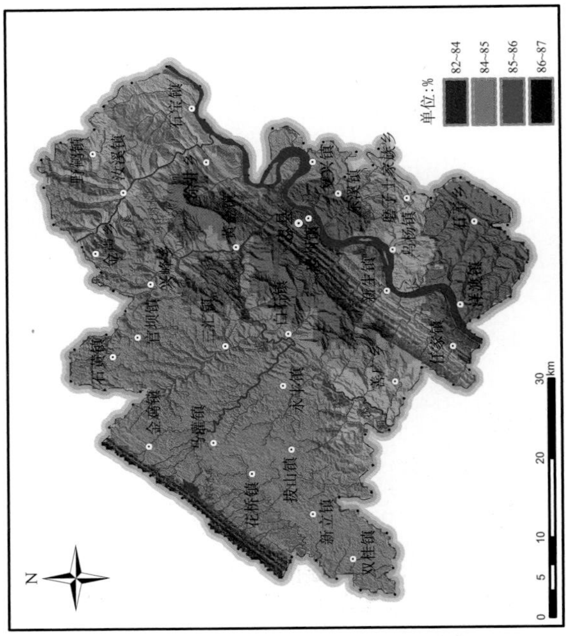

图6.704　忠县1月平均相对湿度

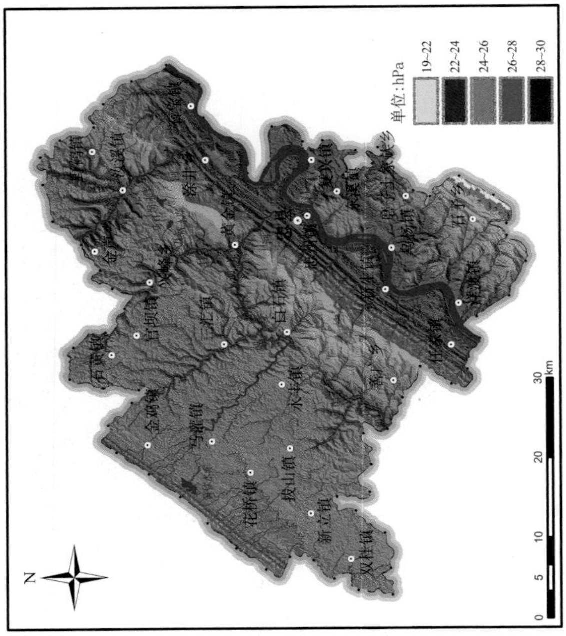

图6.701　忠县7月平均水汽压

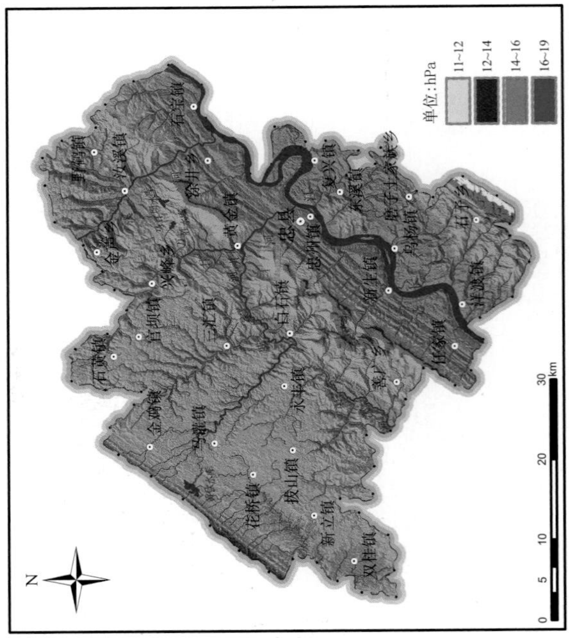

图6.703　忠县年平均水汽压

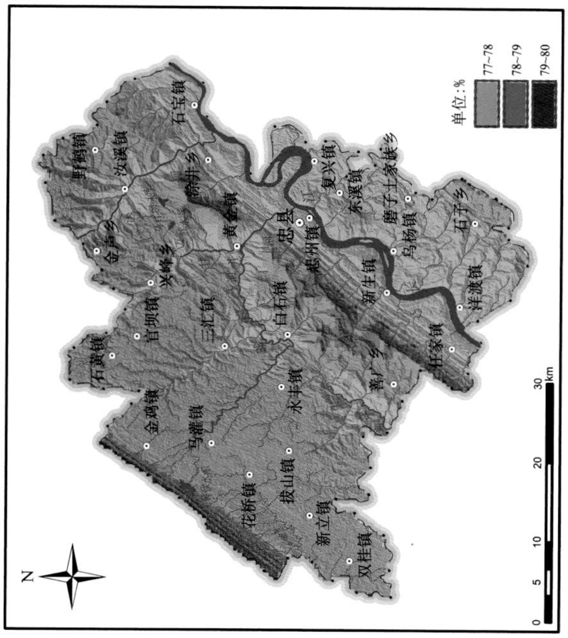

图6.705 忠县4月平均相对湿度

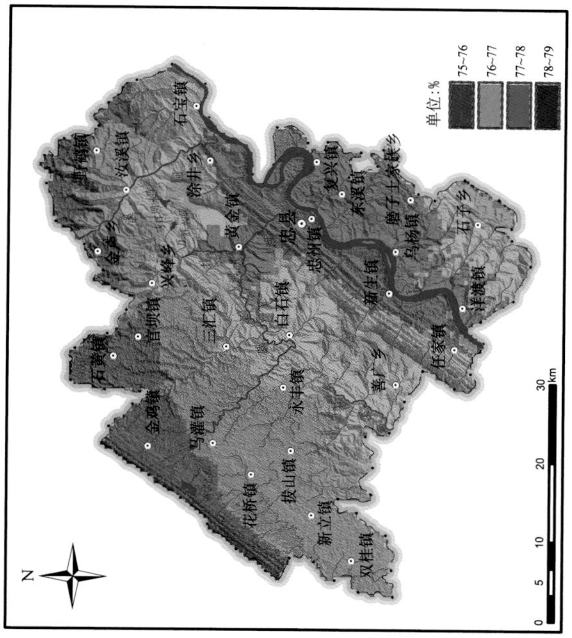

图6.706 忠县7月平均相对湿度

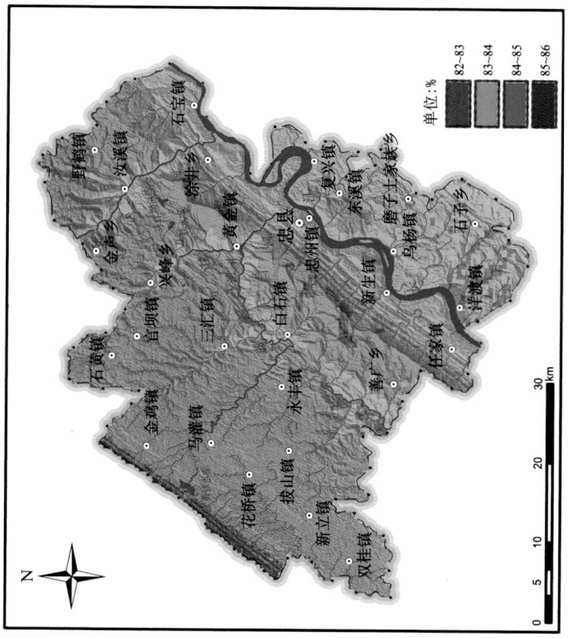

图6.707 忠县10月平均相对湿度

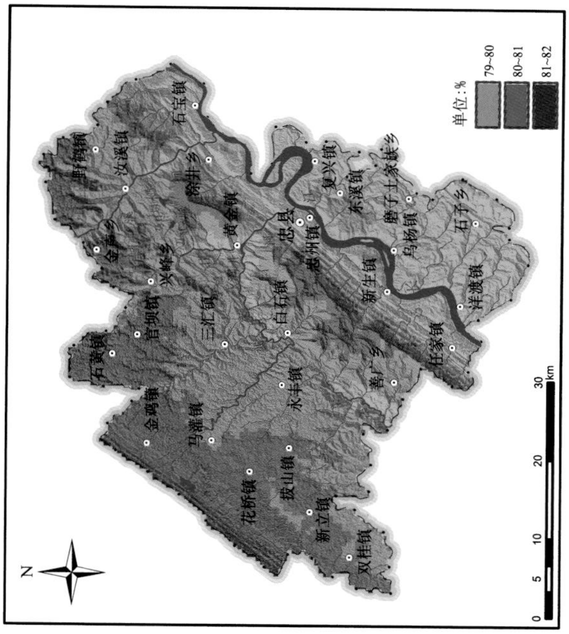

图6.708 忠县年平均相对湿度

(5)黔江区

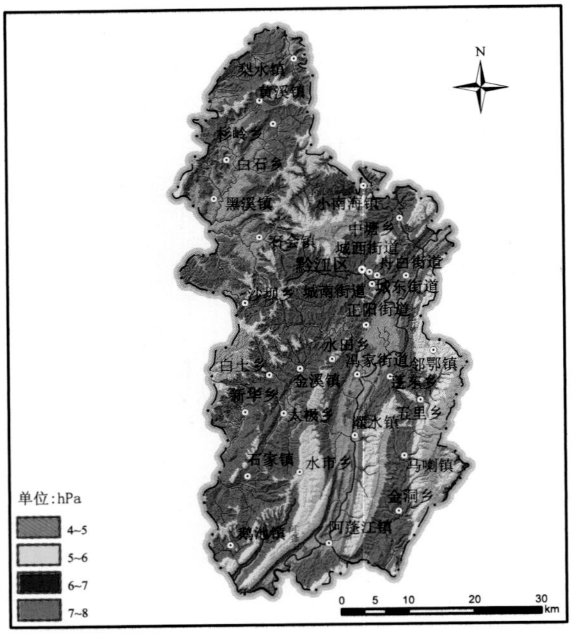

图 6.709　黔江区 1 月平均水汽压

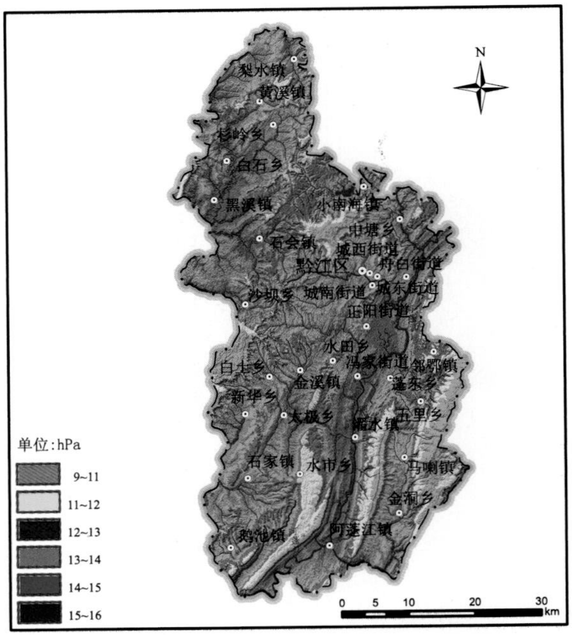

图 6.710　黔江区 4 月平均水汽压

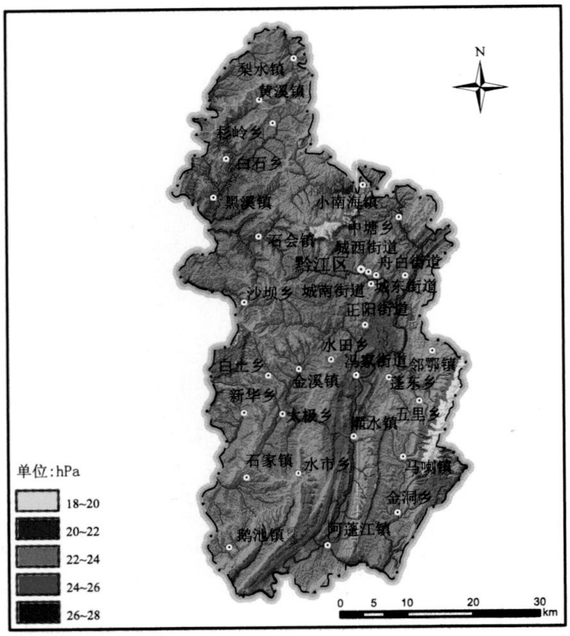

图 6.711　黔江区 7 月平均水汽压

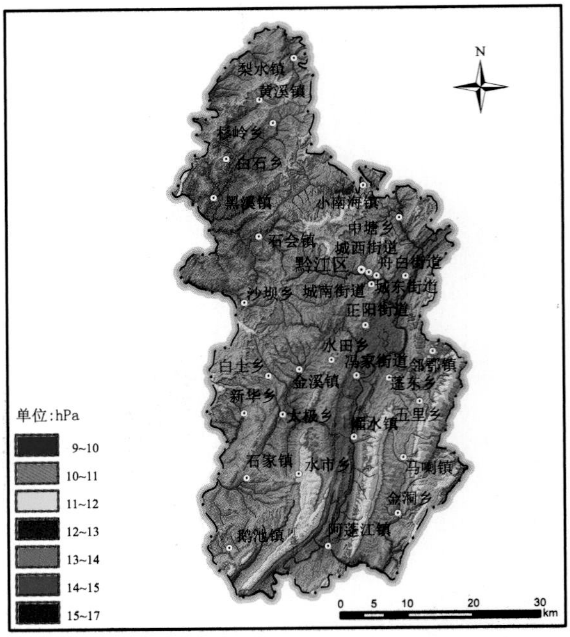

图 6.712　黔江区 10 月平均水汽压

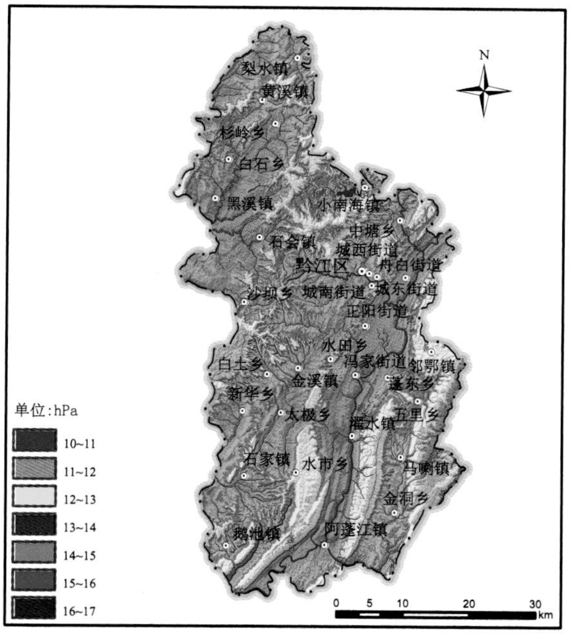

图 6.713 黔江区年平均水汽压

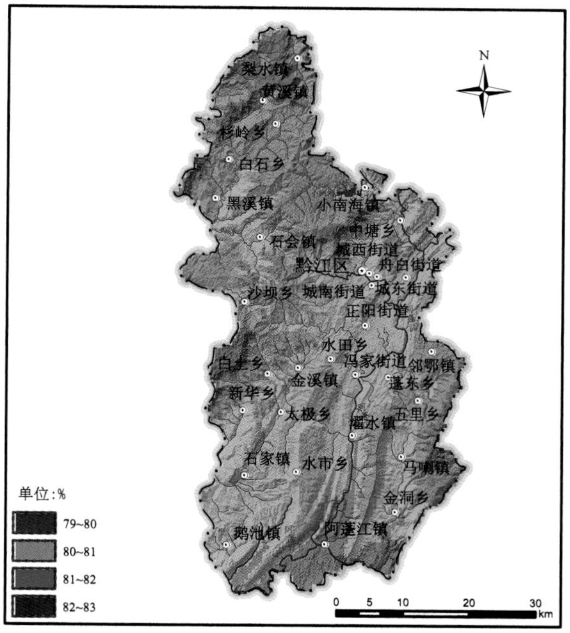

图 6.714 黔江区 1 月平均相对湿度

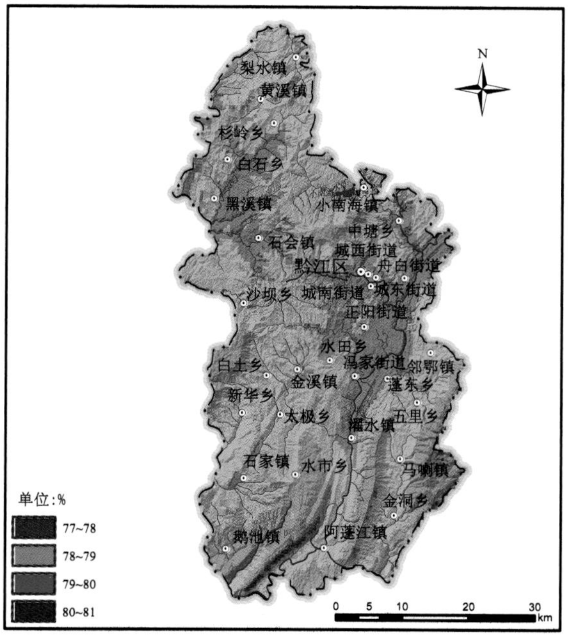

图 6.715 黔江区 4 月平均相对湿度

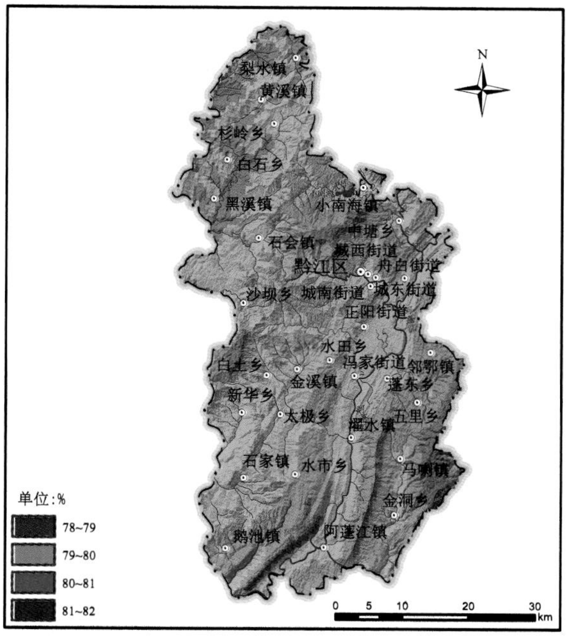

图 6.716 黔江区 7 月平均相对湿度

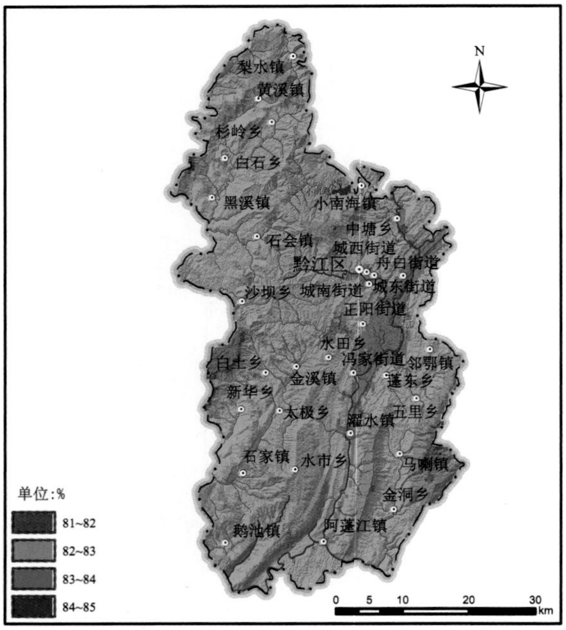

图 6.717　黔江区 10 月平均相对湿度

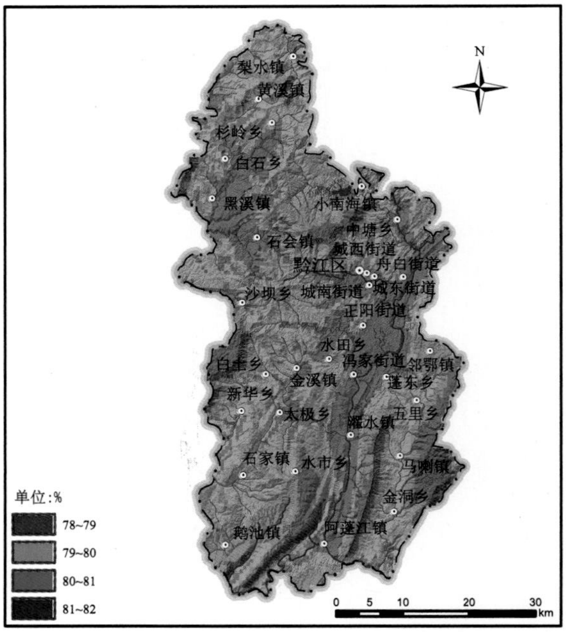

图 6.718　黔江区年平均相对湿度

(6)酉阳县

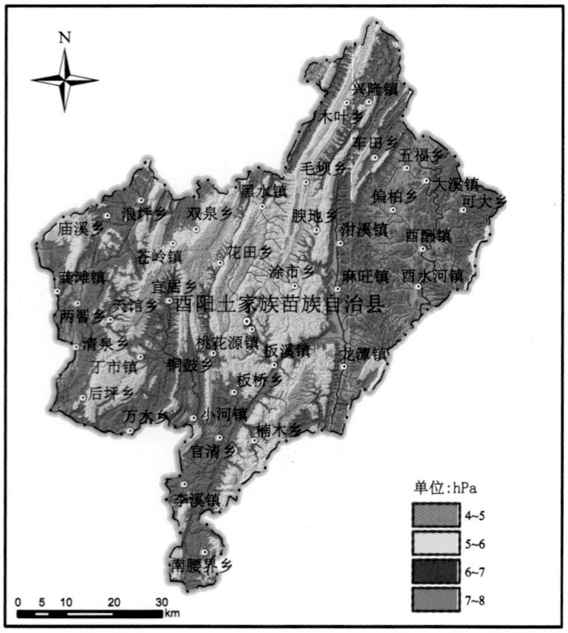

图 6.719　酉阳县 1 月平均水汽压

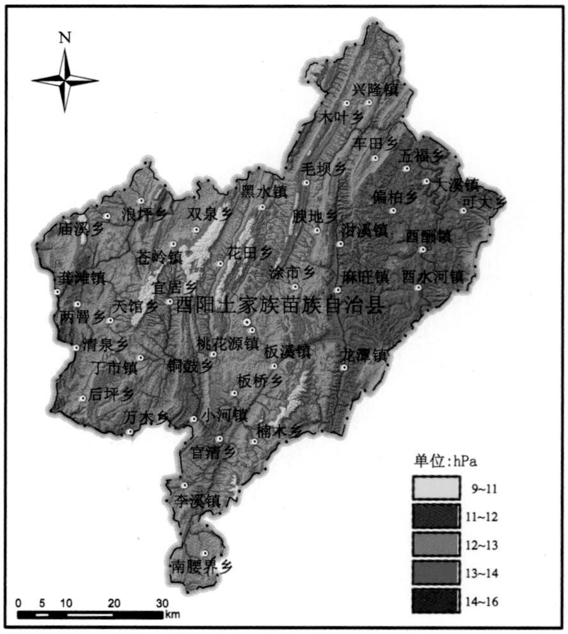

图 6.720　酉阳县 4 月平均水汽压

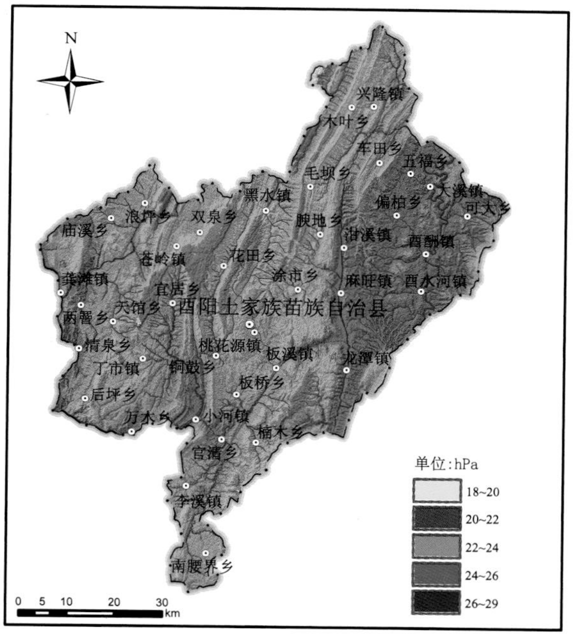

图 6.721　酉阳县 7 月平均水汽压

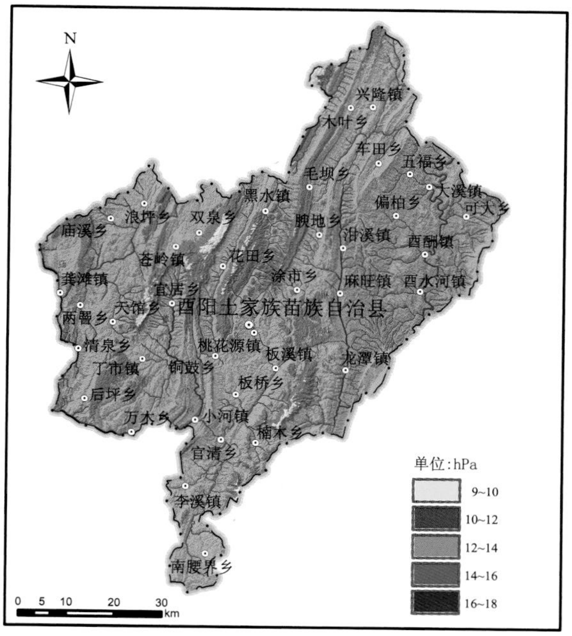

图 6.722　酉阳县 10 月平均水汽压

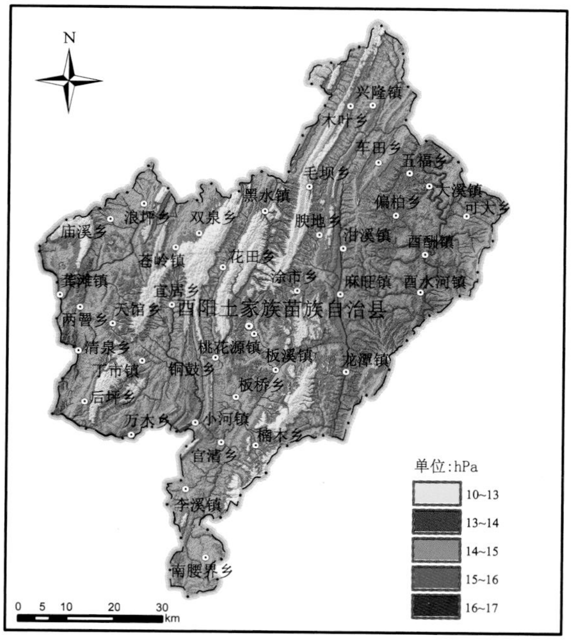

图 6.723　酉阳县年平均水汽压

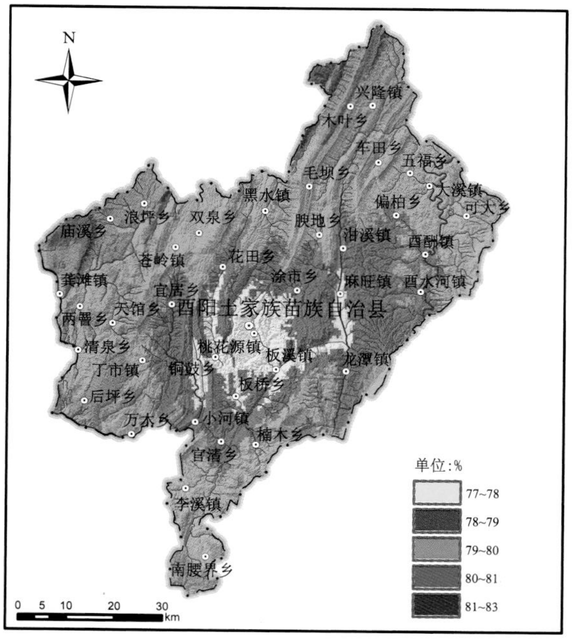

图 6.724　酉阳县 1 月平均相对湿度

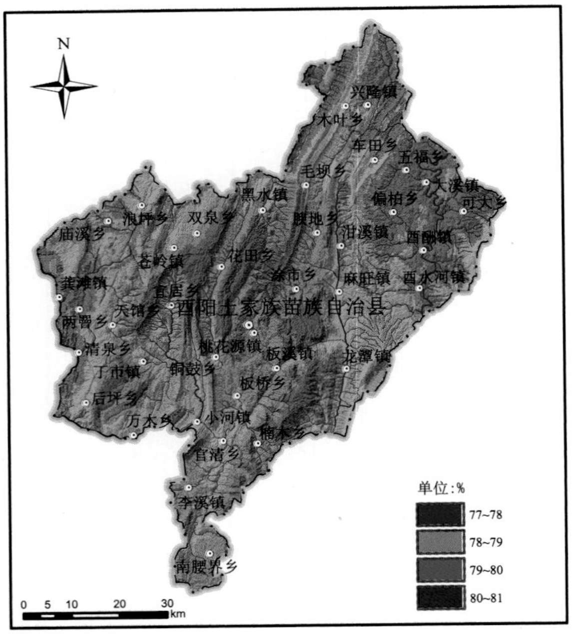

图 6.725 酉阳县 4 月平均相对湿度

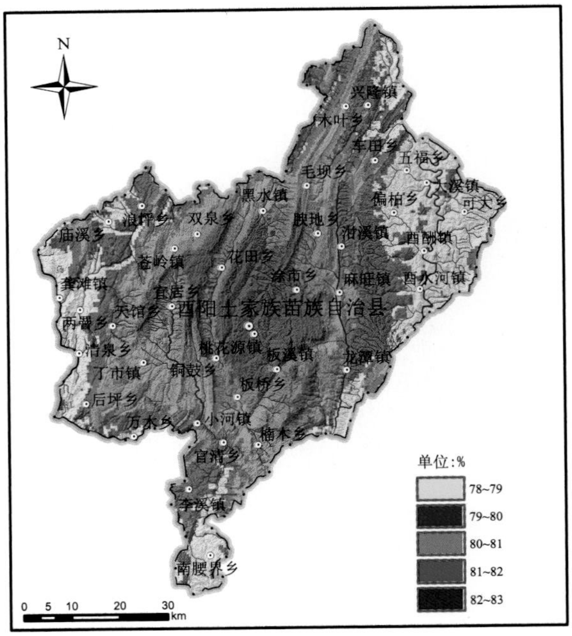

图 6.726 酉阳县 7 月平均相对湿度

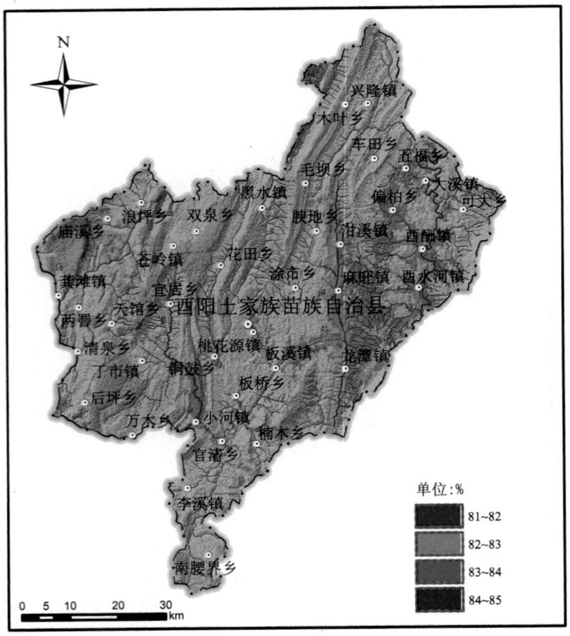

图 6.727 酉阳县 10 月平均相对湿度

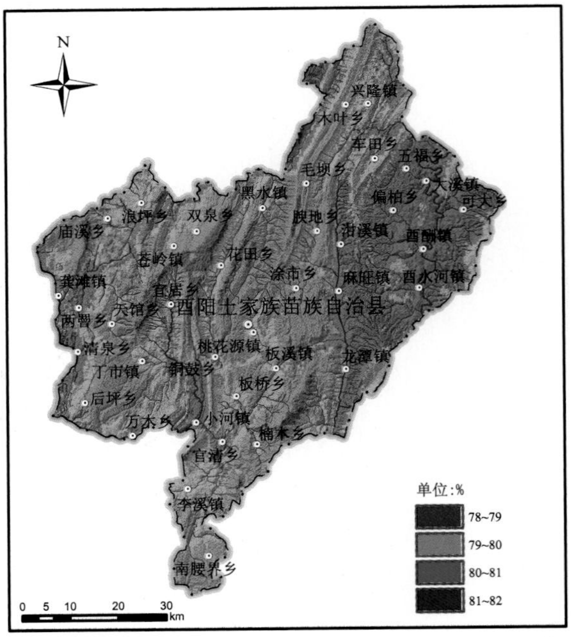

图 6.728 酉阳县年平均相对湿度

(7)涪陵区

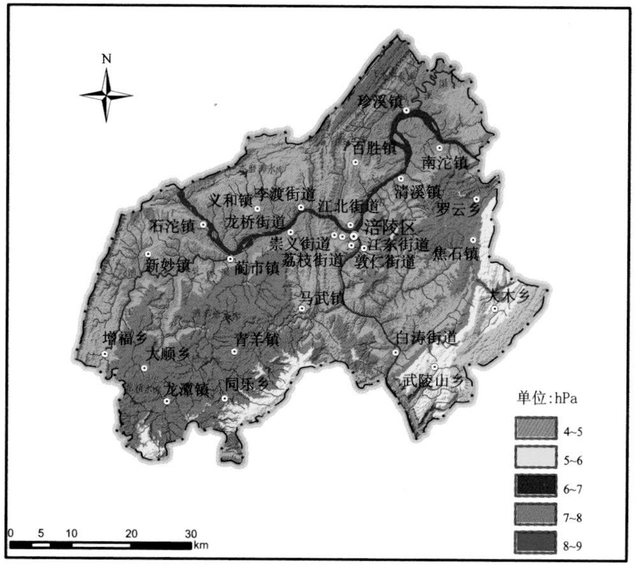

图6.729 涪陵区1月平均水汽压

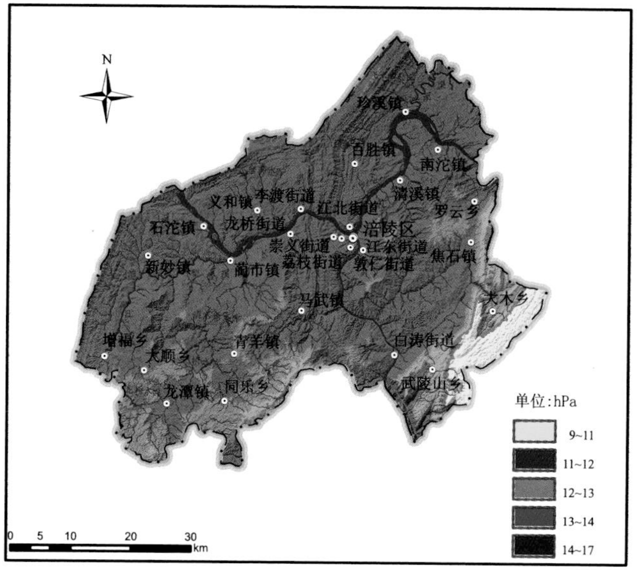

图6.730 涪陵区4月平均水汽压

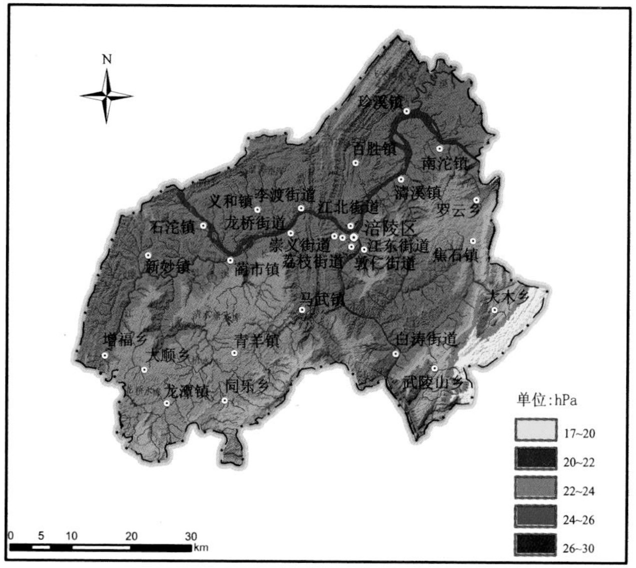

图6.731 涪陵区7月平均水汽压

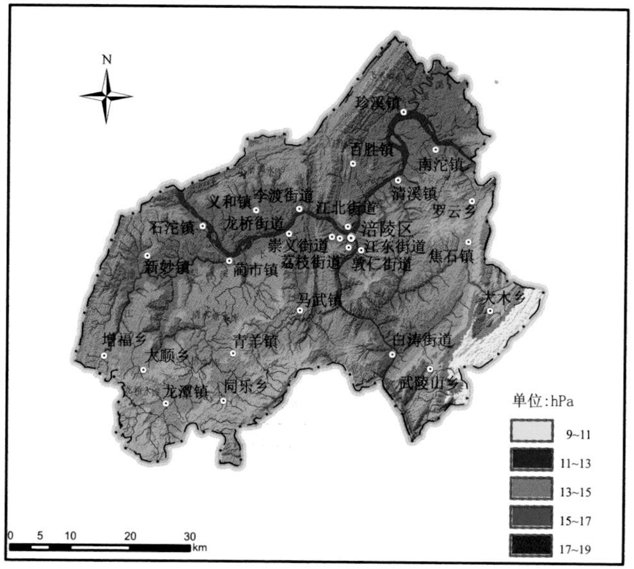

图6.732 涪陵区10月平均水汽压

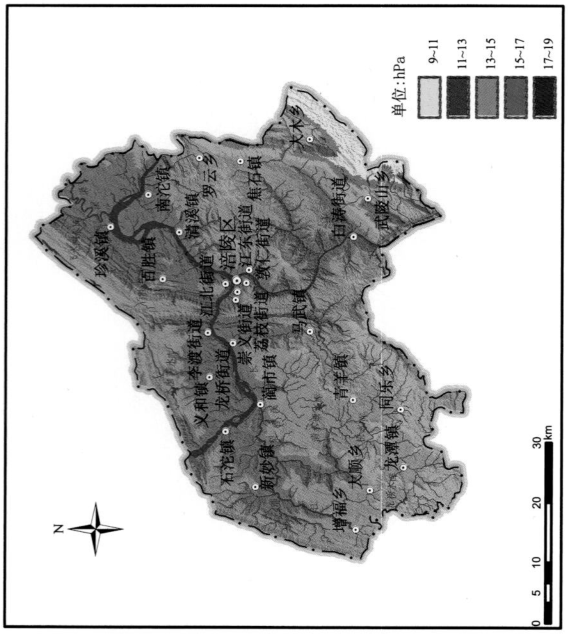

图6.733　涪陵区年平均水汽压

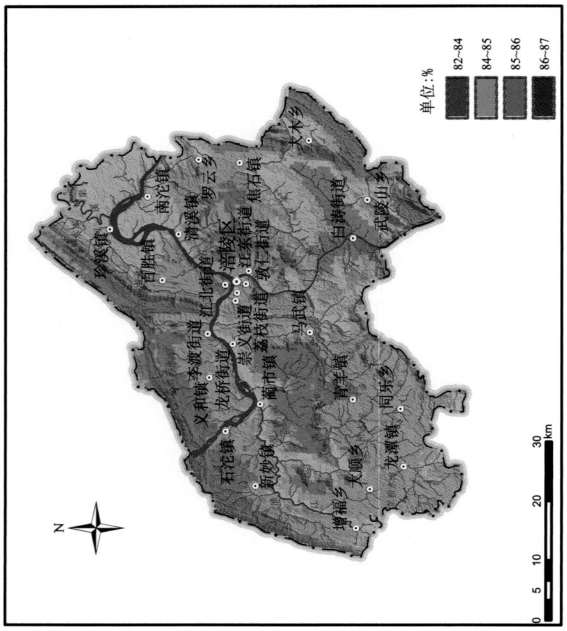

图6.734　涪陵区1月平均相对湿度

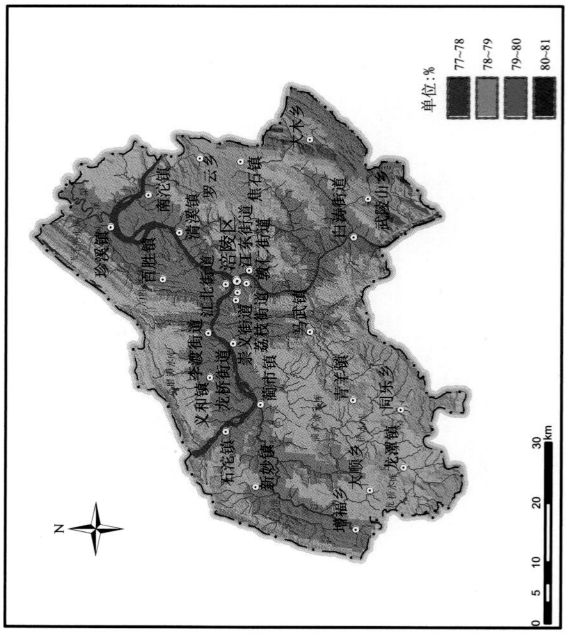

图6.735　涪陵区4月平均相对湿度

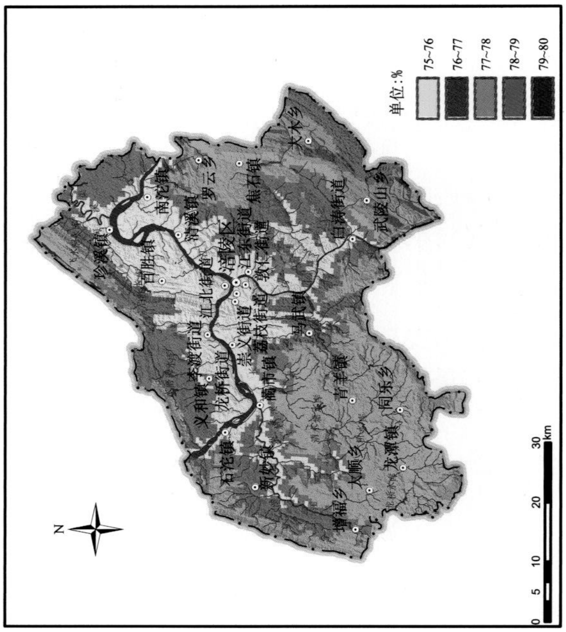

图6.736　涪陵区7月平均相对湿度

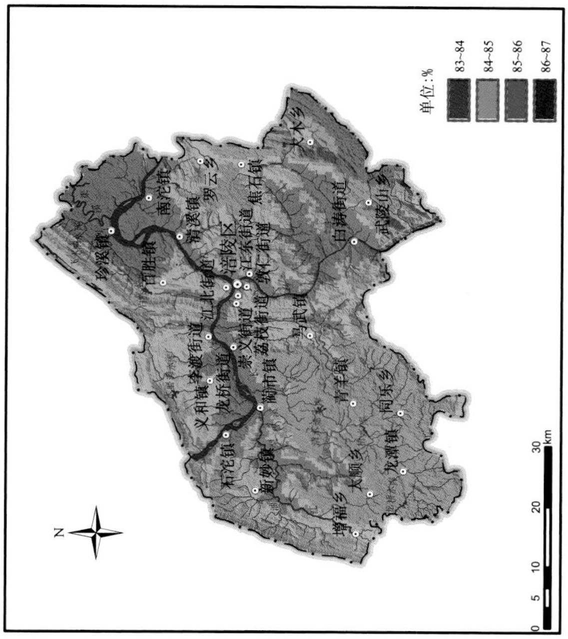

图6.737 涪陵区10月平均相对湿度

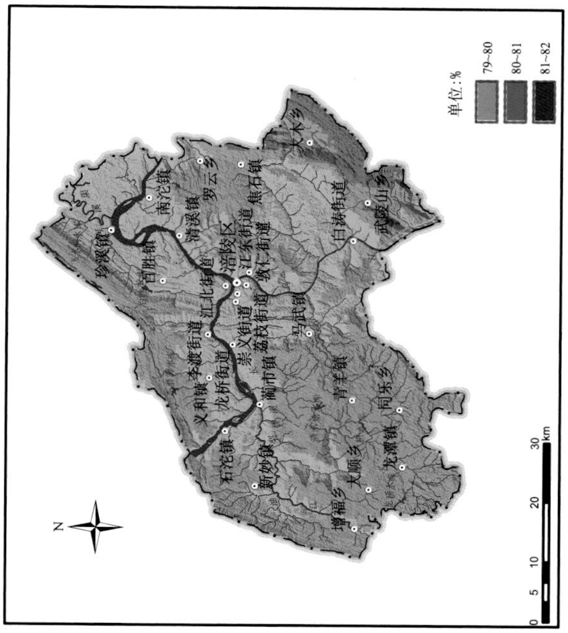

图6.738 涪陵区年平均相对湿度

(8)南川区

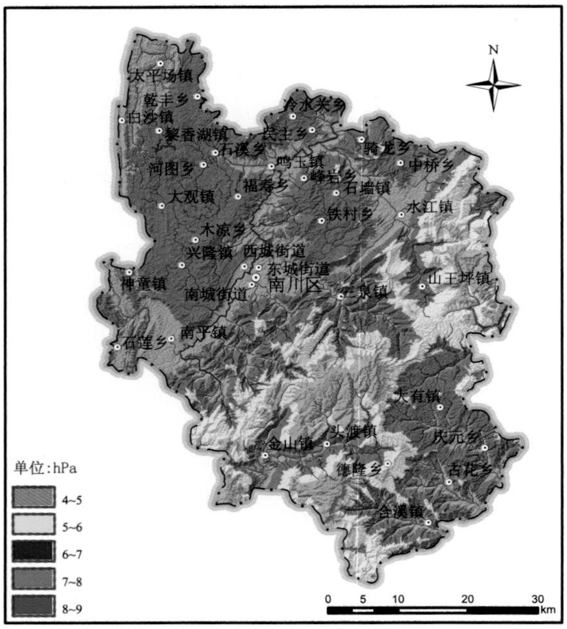

图 6.739　南川区 1 月平均水汽压

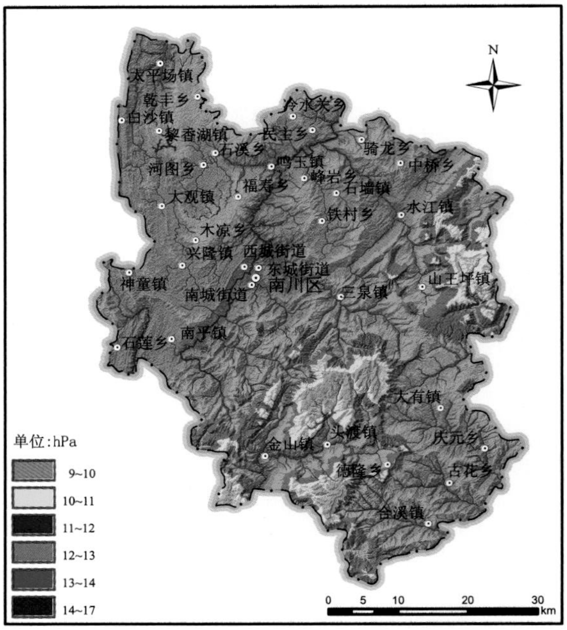

图 6.740　南川区 4 月平均水汽压

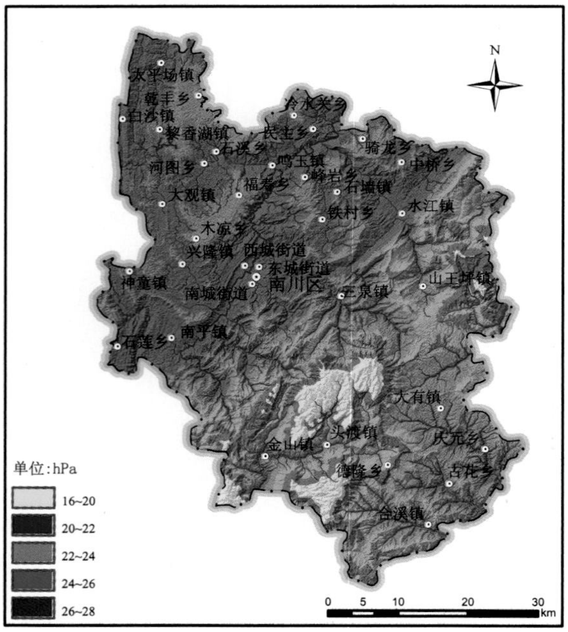

图 6.741　南川区 7 月平均水汽压

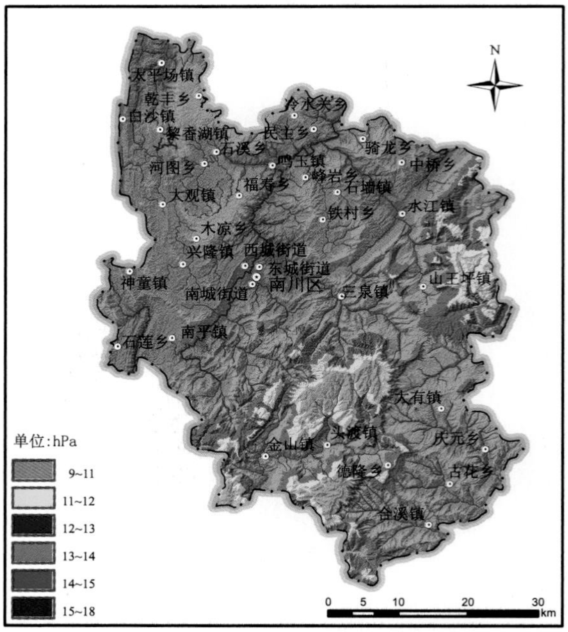

图 6.742　南川区 10 月平均水汽压

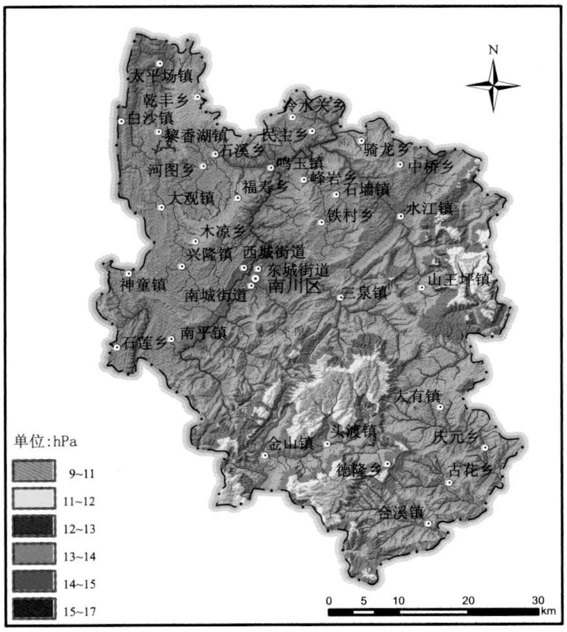

图 6.743　南川区年平均水汽压

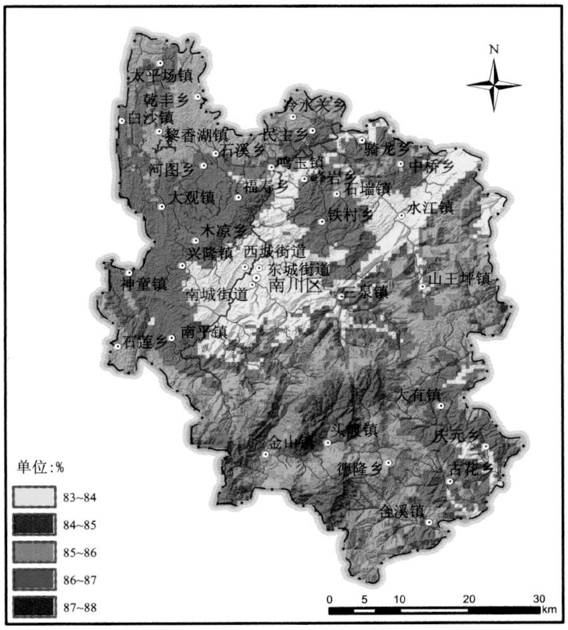

图 6.744　南川区 1 月平均相对湿度

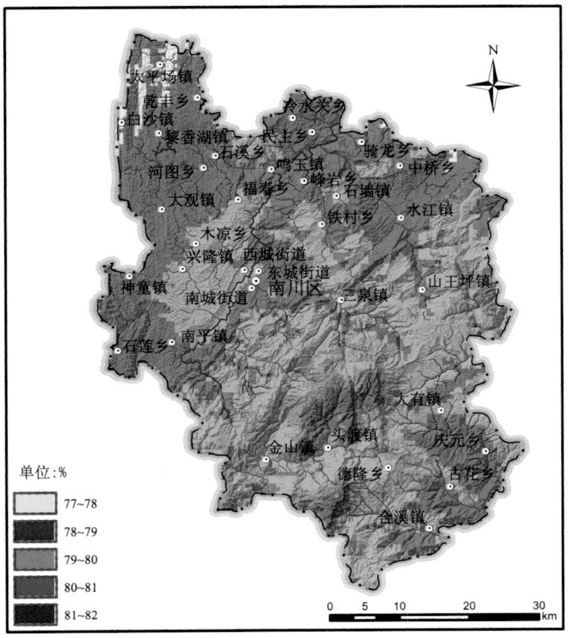

图 6.745　南川区 4 月平均相对湿度

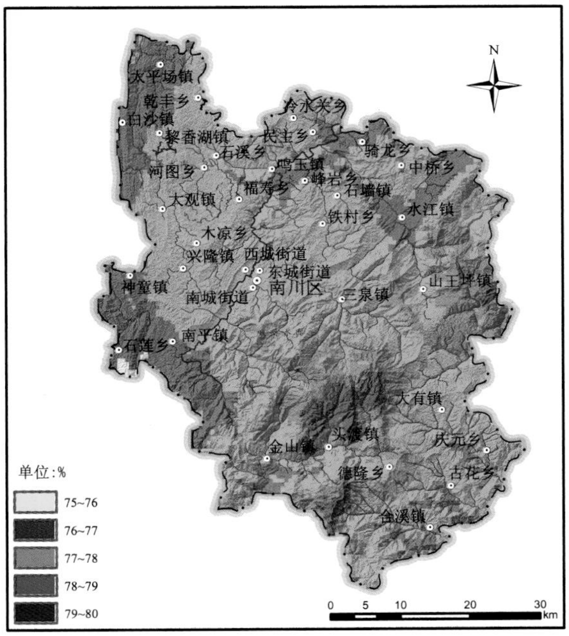

图 6.746　南川区 7 月平均相对湿度

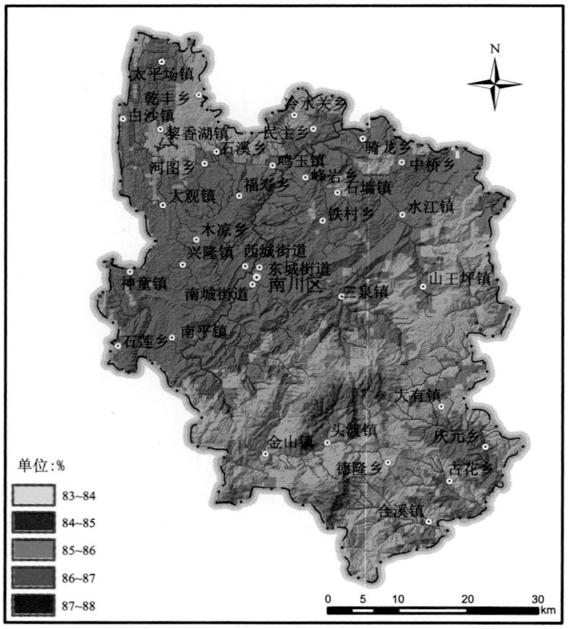

图 6.747　南川区 10 月平均相对湿度

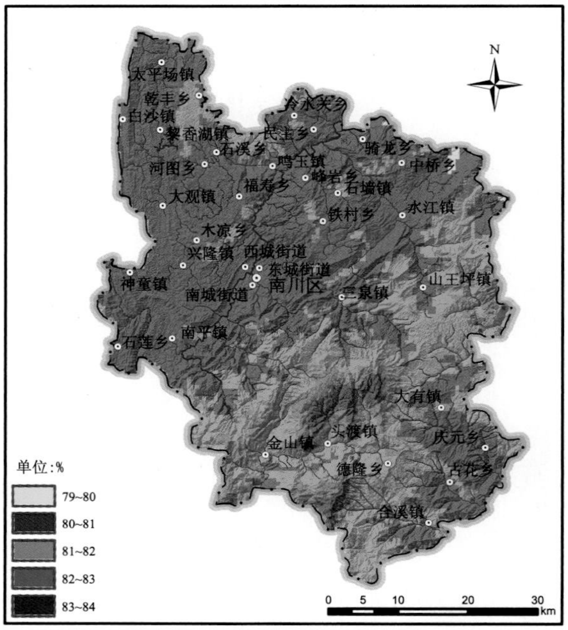

图 6.748　南川区年平均相对湿度

(9)渝北区

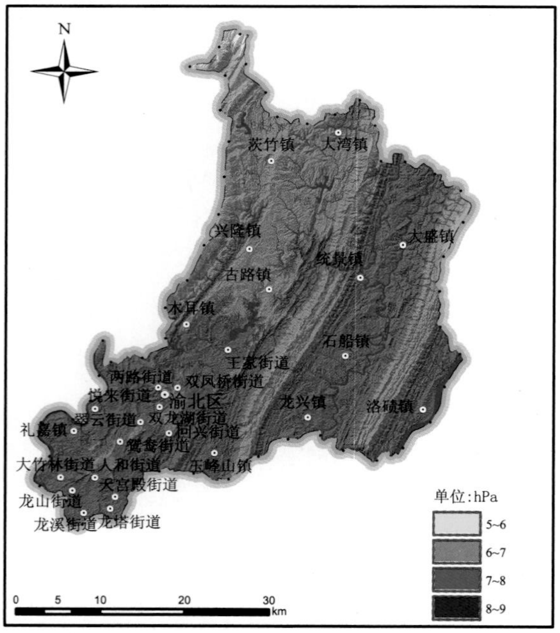

图 6.749　渝北区 1 月平均水汽压

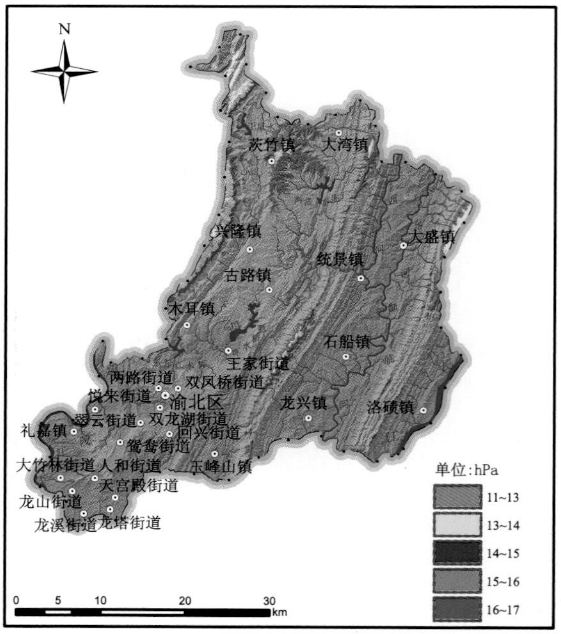

图 6.750　渝北区 4 月平均水汽压

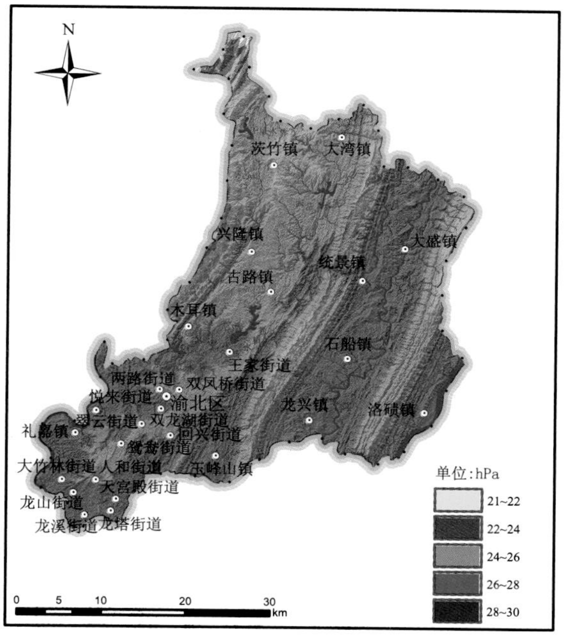

图 6.751 渝北区 7 月平均水汽压

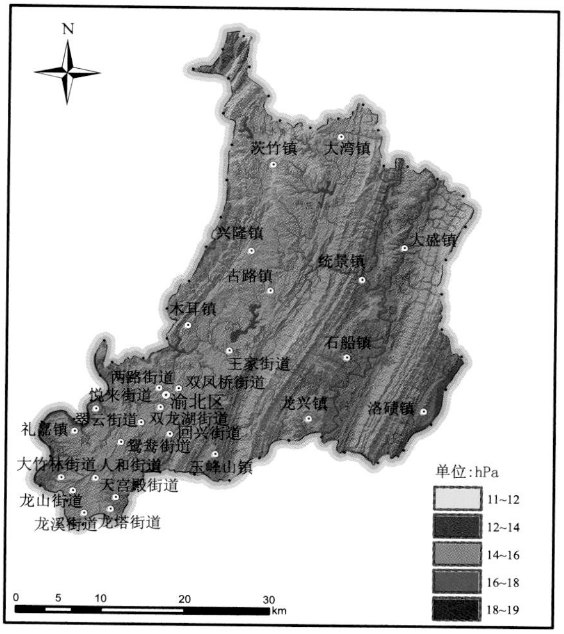

图 6.752 渝北区 10 月平均水汽压

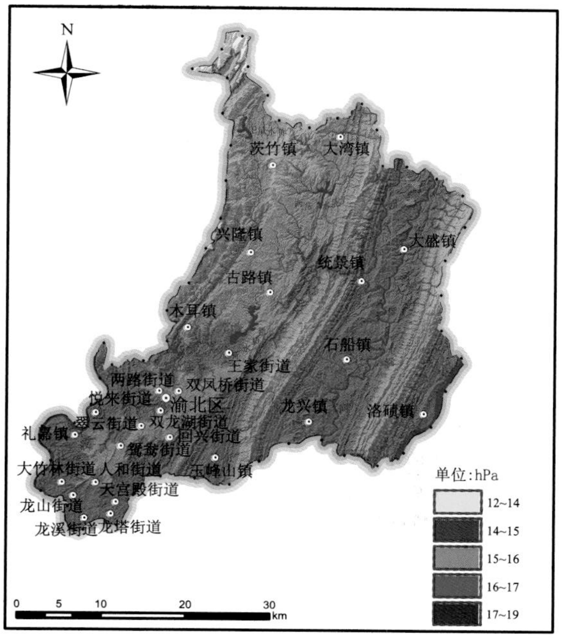

图 6.753 渝北区年平均水汽压

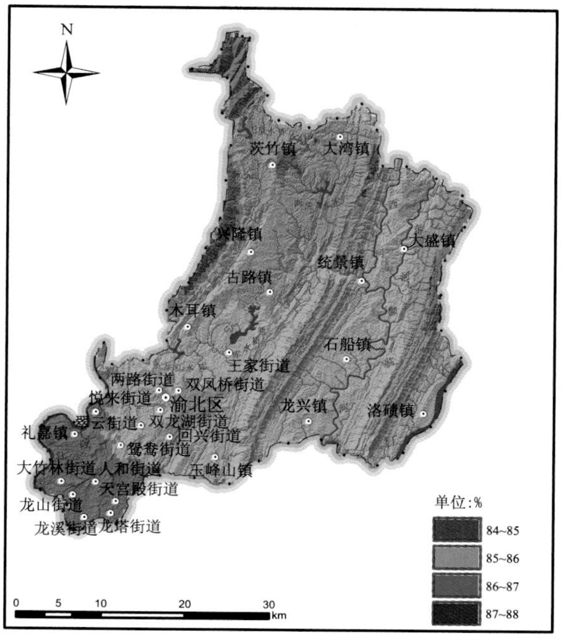

图 6.754 渝北区 1 月平均相对湿度

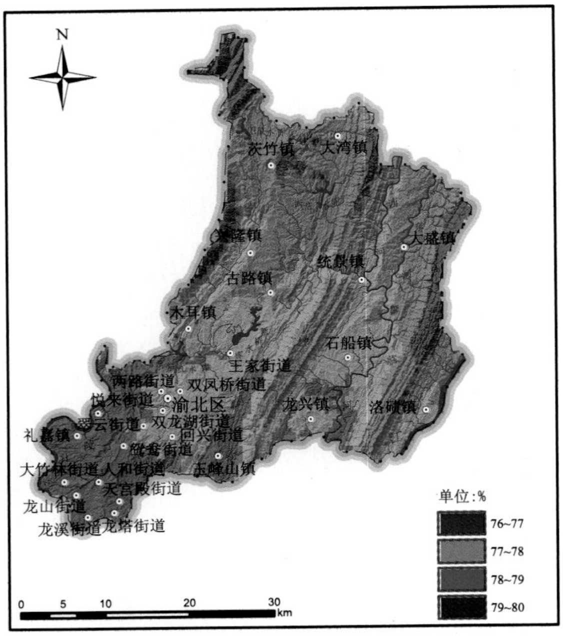

图 6.755 渝北区 4 月平均相对湿度

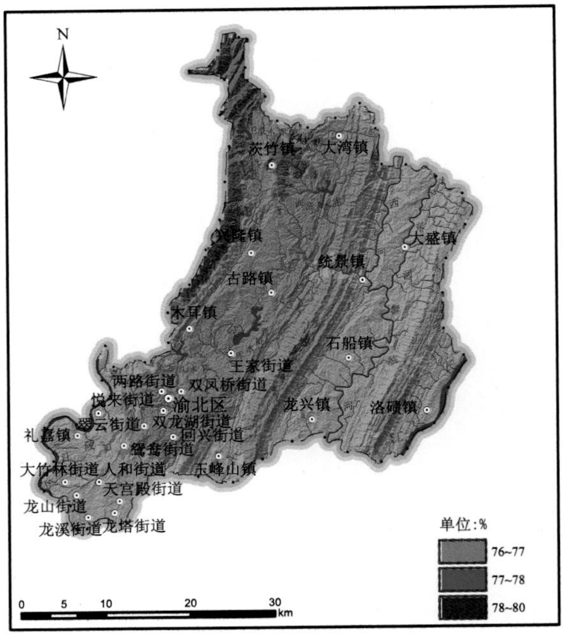

图 6.756 渝北区 7 月平均相对湿度

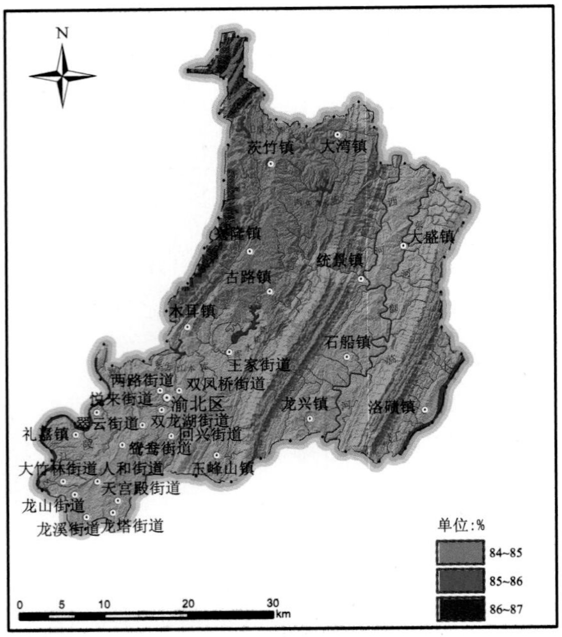

图 6.757 渝北区 10 月平均相对湿度

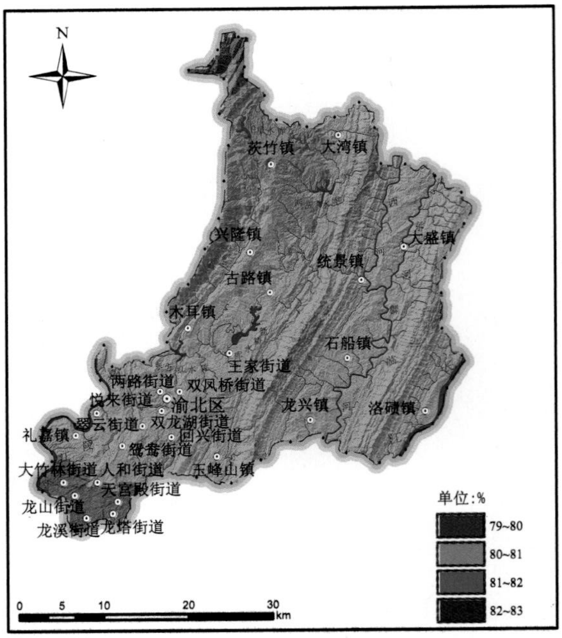

图 6.758 渝北区年平均相对湿度

(10)合川区

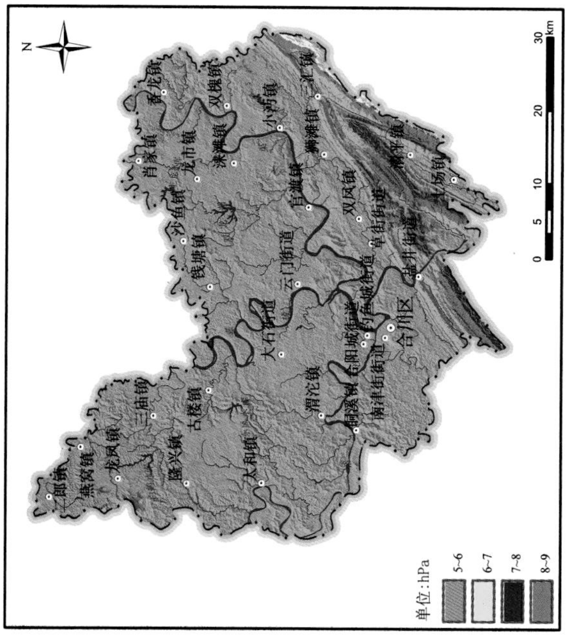

图6.759 合川区1月平均水汽压

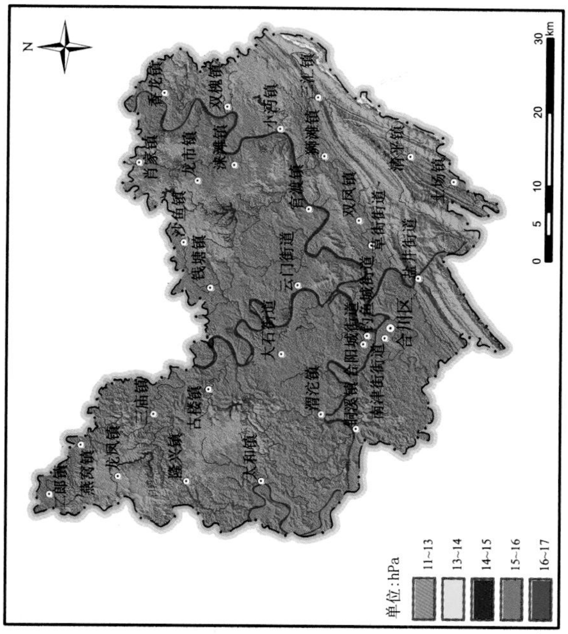

图6.760 合川区4月平均水汽压

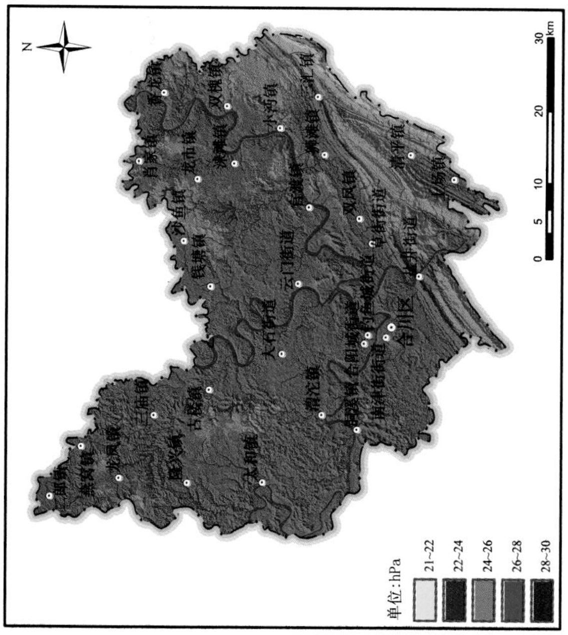

图6.761 合川区7月平均水汽压

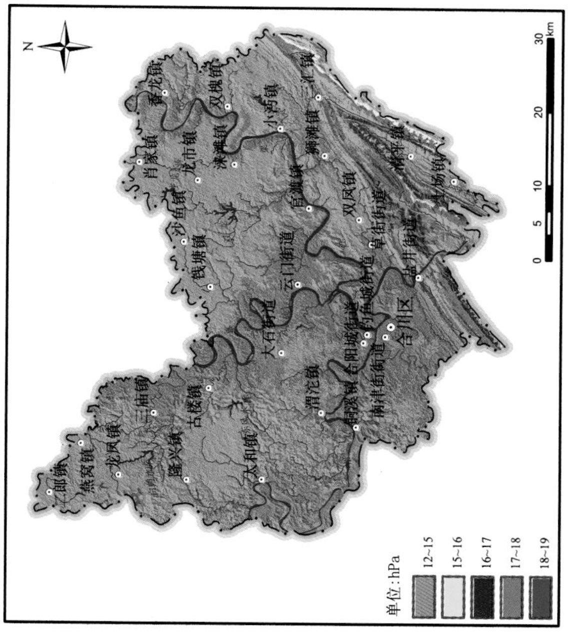

图6.762 合川区10月平均水汽压

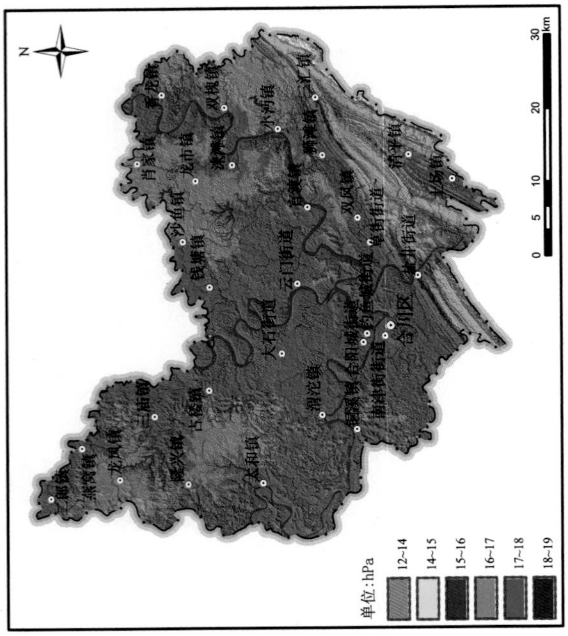

图6.763　合川区年平均水汽压

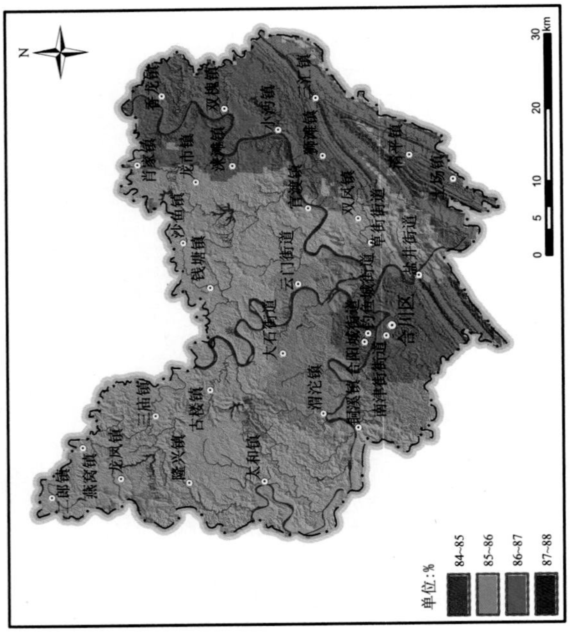

图6.764　合川区1月平均相对湿度

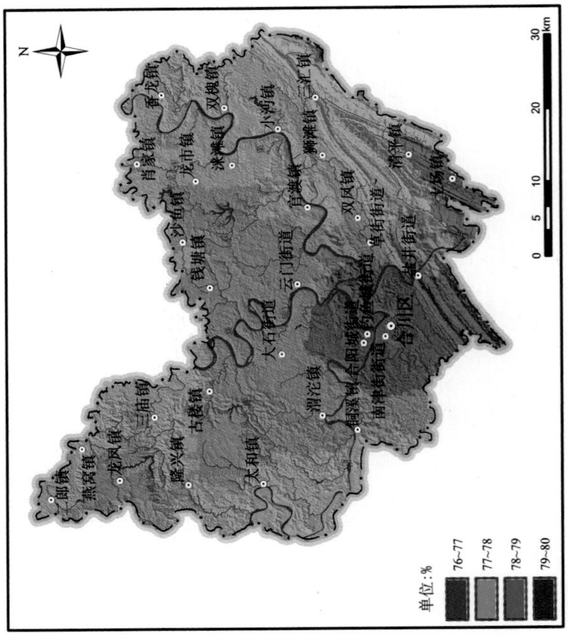

图6.765　合川区4月平均相对湿度

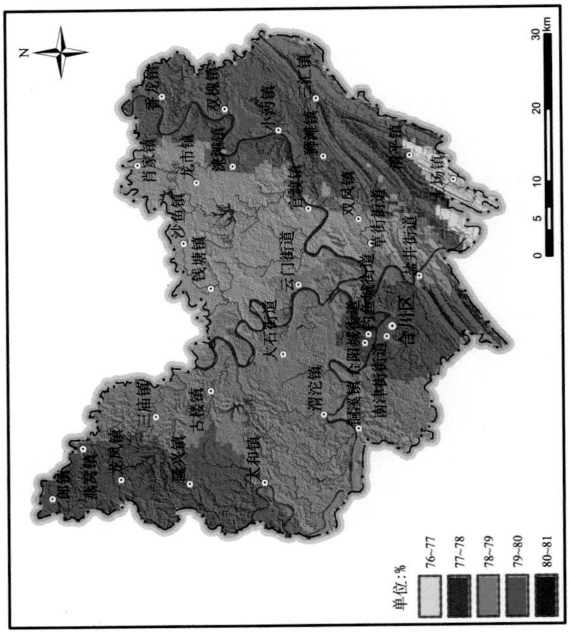

图6.766　合川区7月平均相对湿度

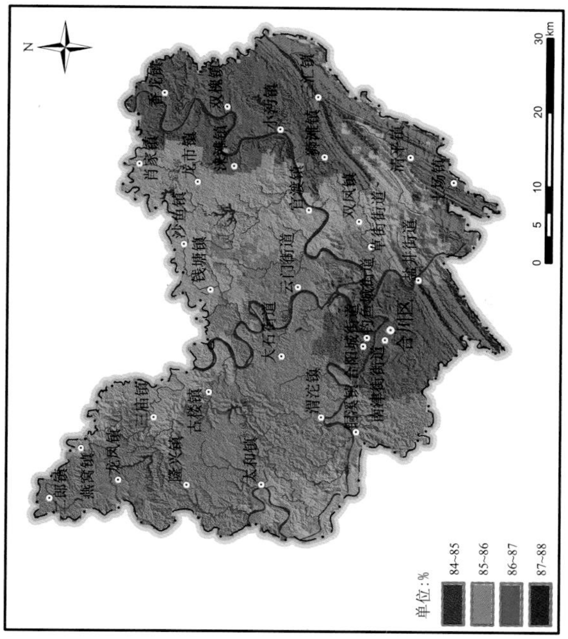

图6.767 合川区10月平均相对湿度

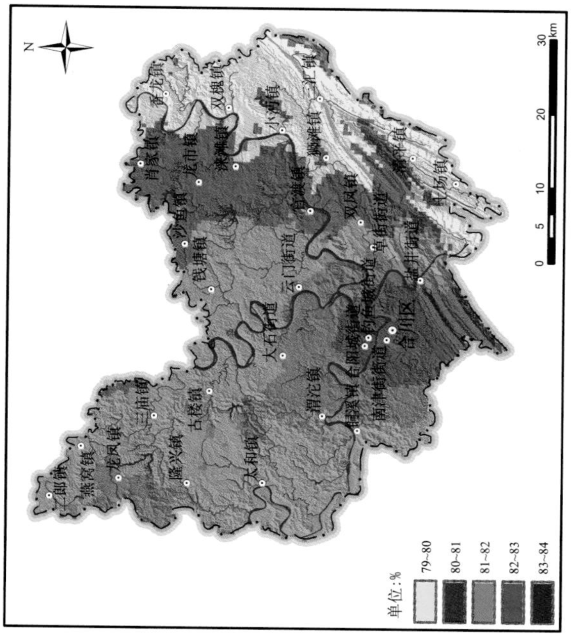

图6.768 合川区年平均相对湿度

（11）铜梁区

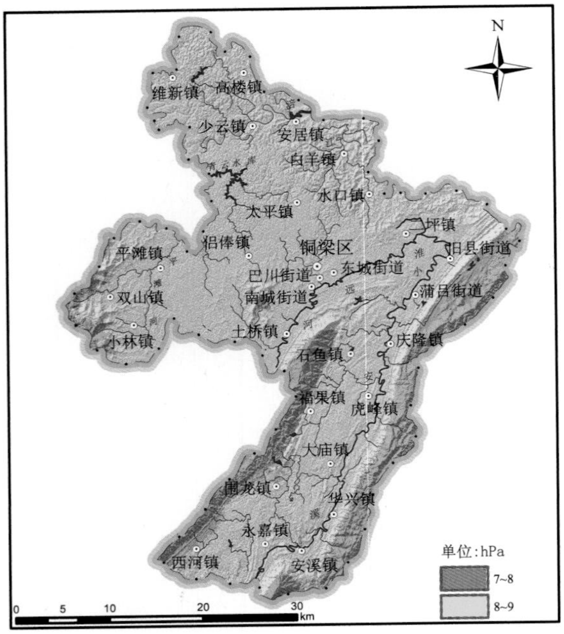

图 6.769　铜梁区 1 月平均水汽压

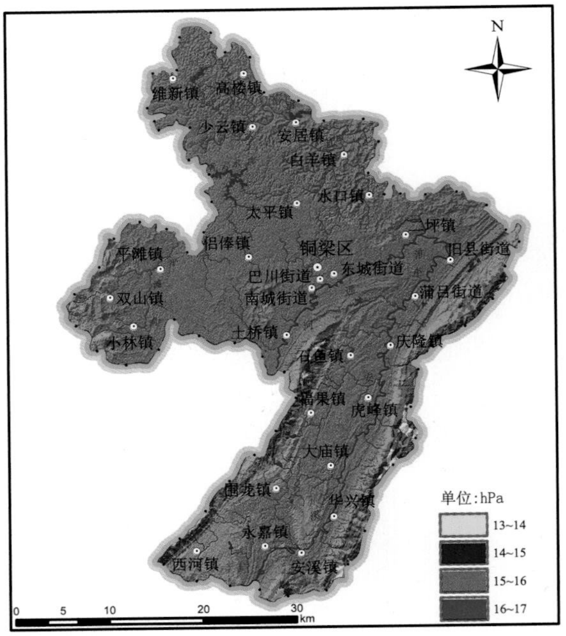

图 6.770　铜梁区 4 月平均水汽压

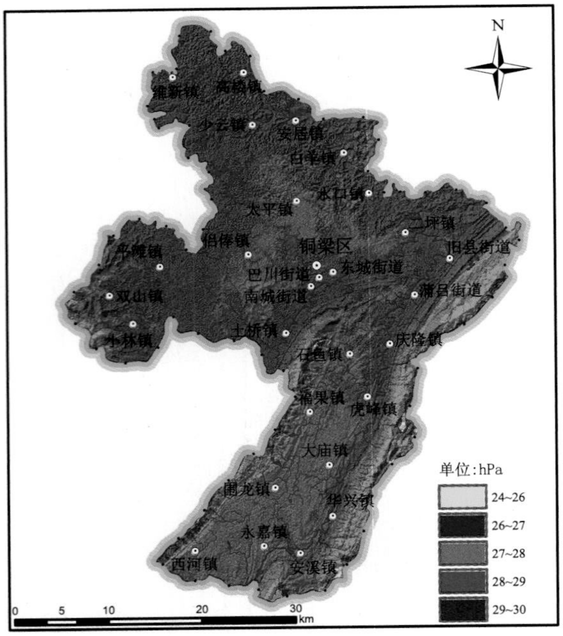

图 6.771　铜梁区 7 月平均水汽压

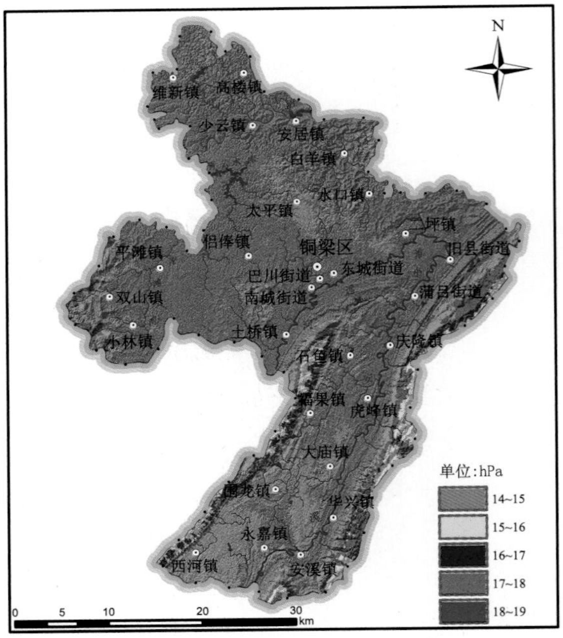

图 6.772　铜梁区 10 月平均水汽压

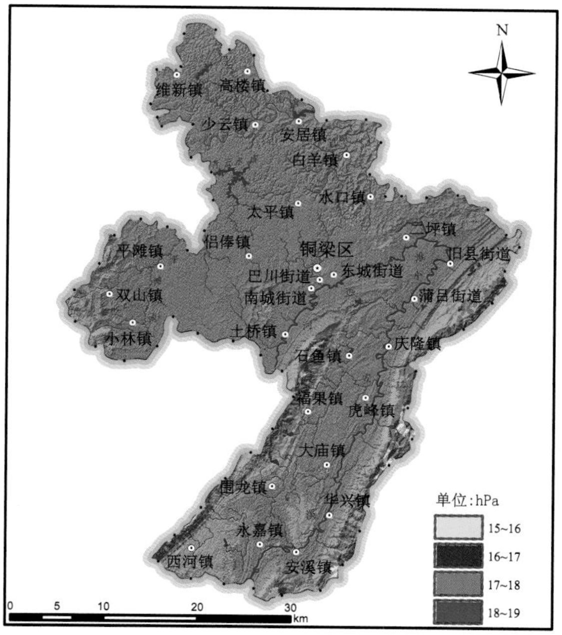

图 6.773 铜梁区年平均水汽压

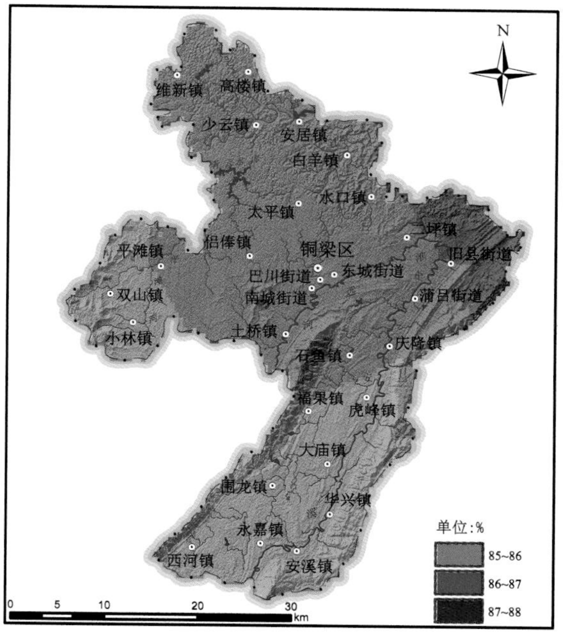

图 6.774 铜梁区 1 月平均相对湿度

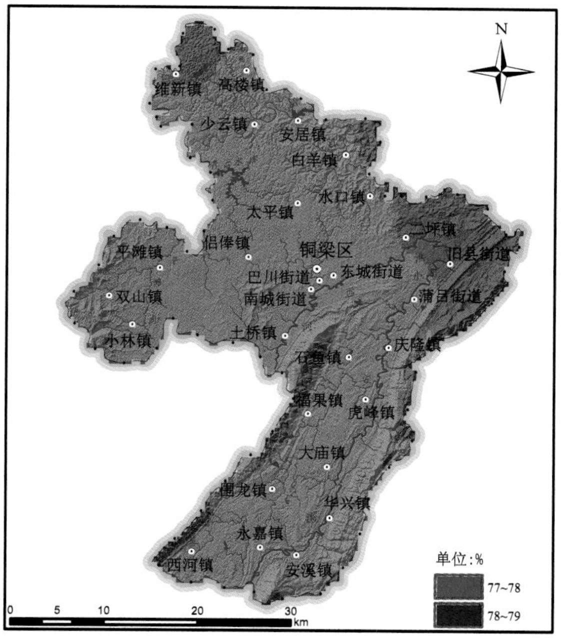

图 6.775 铜梁区 4 月平均相对湿度

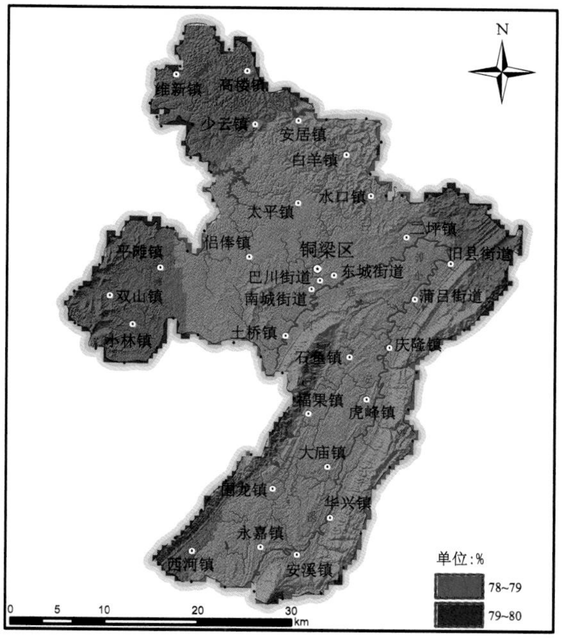

图 6.776 铜梁区 7 月平均相对湿度

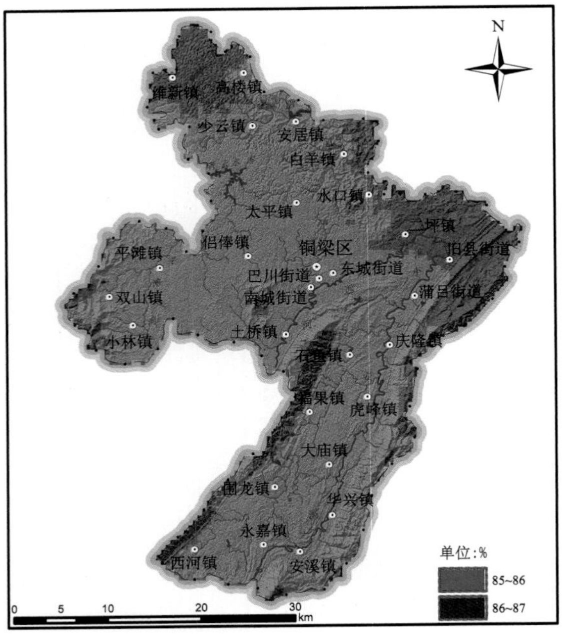

图 6.777 铜梁区 10 月平均相对湿度

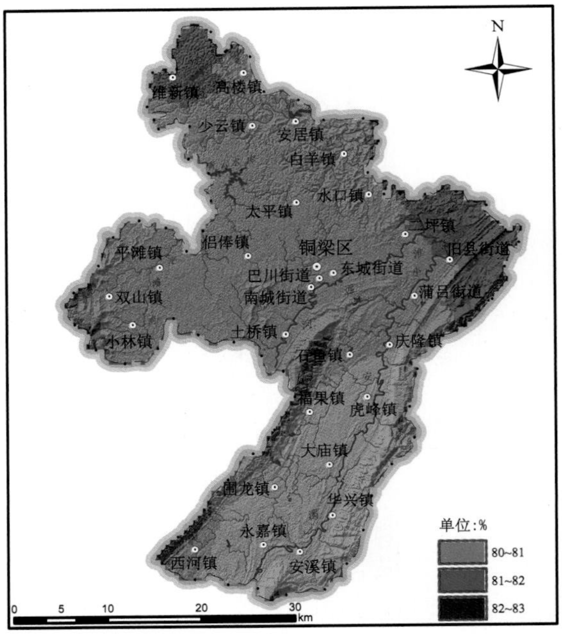

图 6.778 铜梁区年平均相对湿度

(12)江津区

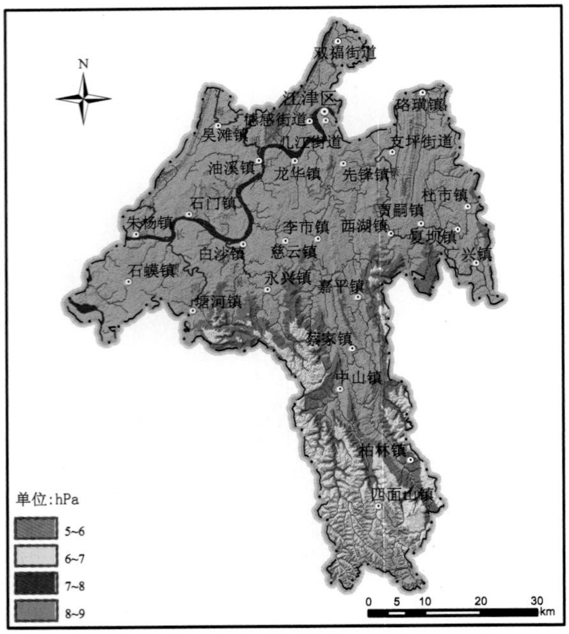

图 6.779 江津区 1 月平均水汽压

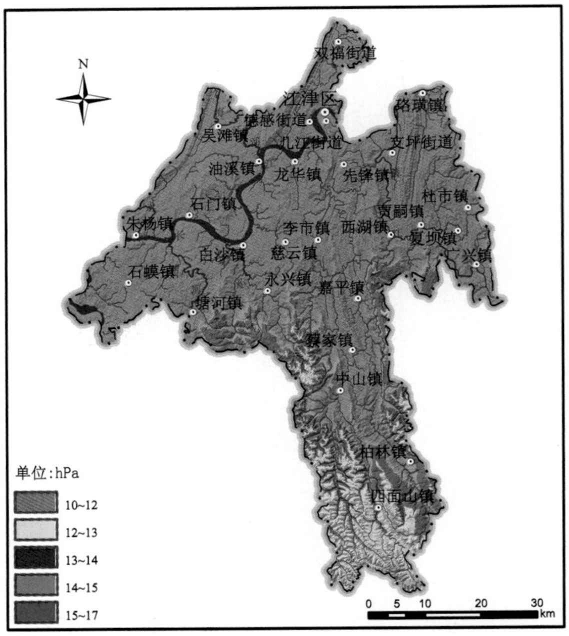

图 6.780 江津区 4 月平均水汽压

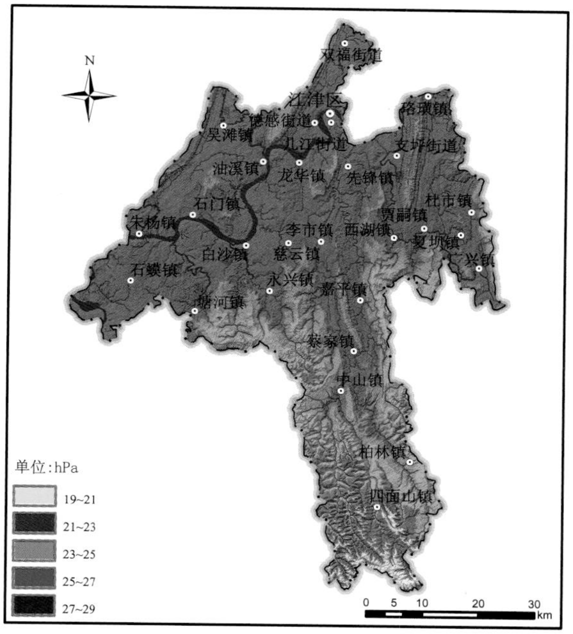

图 6.781 江津区 7 月平均水汽压

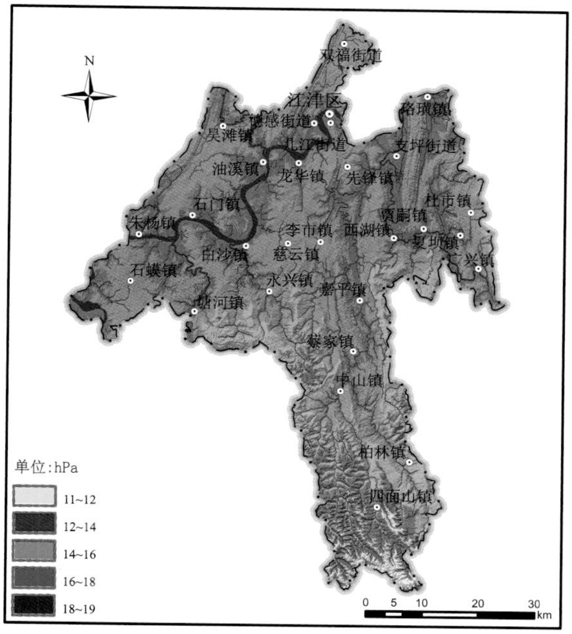

图 6.782 江津区 10 月平均水汽压

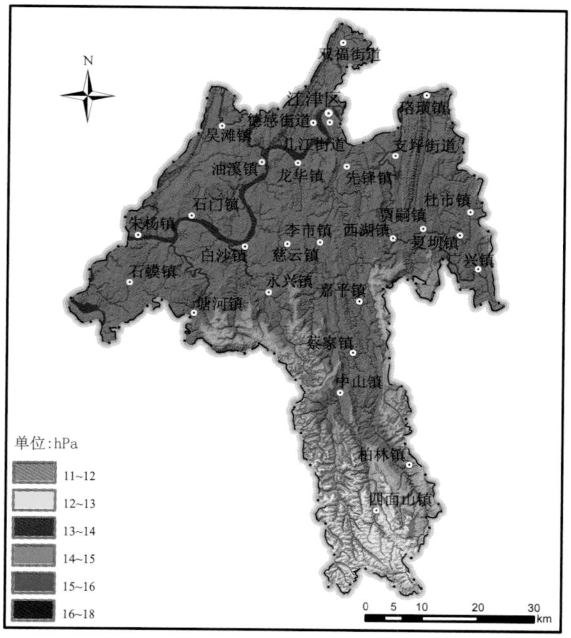

图 6.783 江津区年平均水汽压

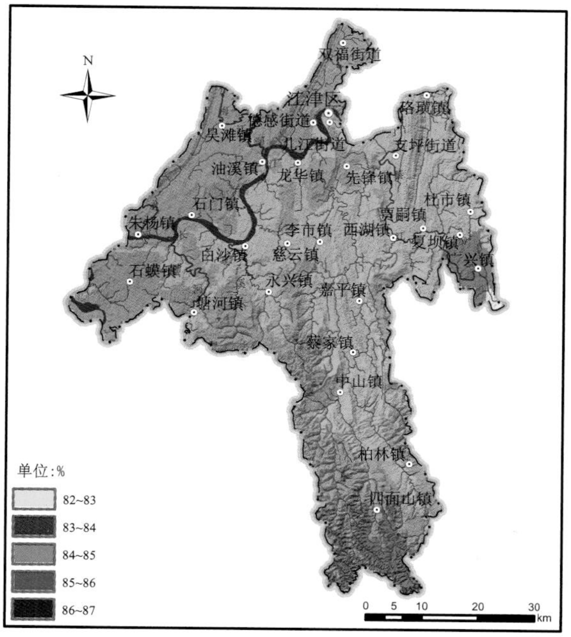

图 6.784 江津区 1 月平均相对湿度

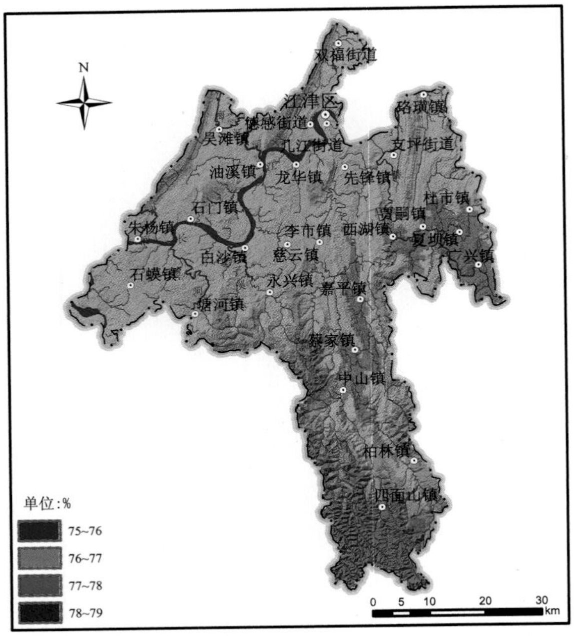

图 6.785　江津区 4 月平均相对湿度

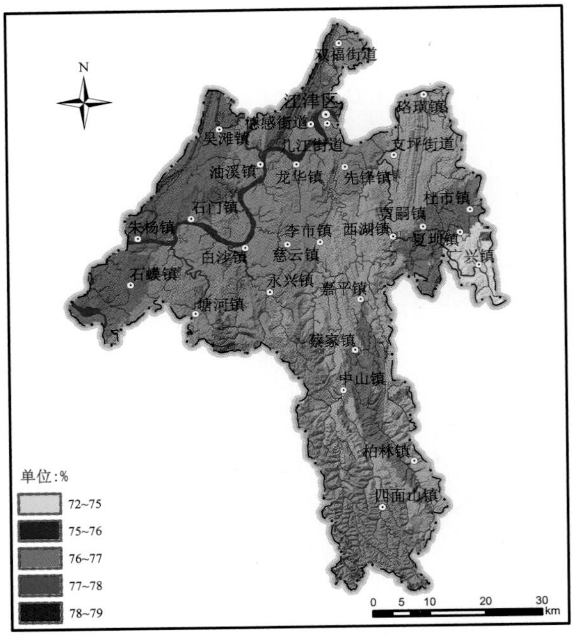

图 6.786　江津区 7 月平均相对湿度

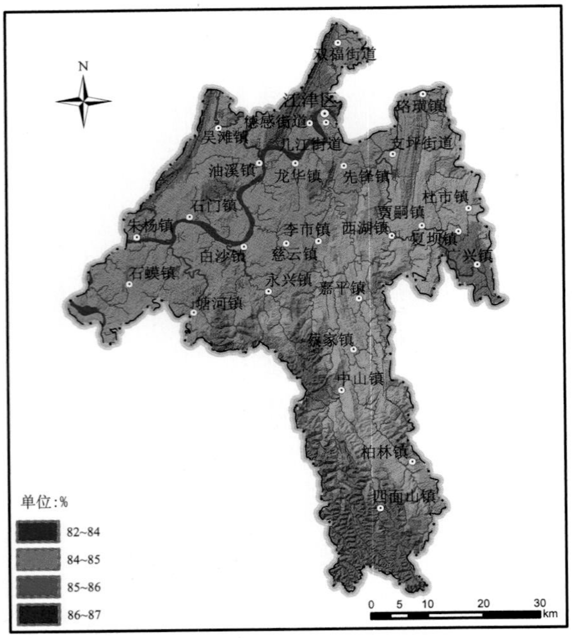

图 6.787　江津区 10 月平均相对湿度

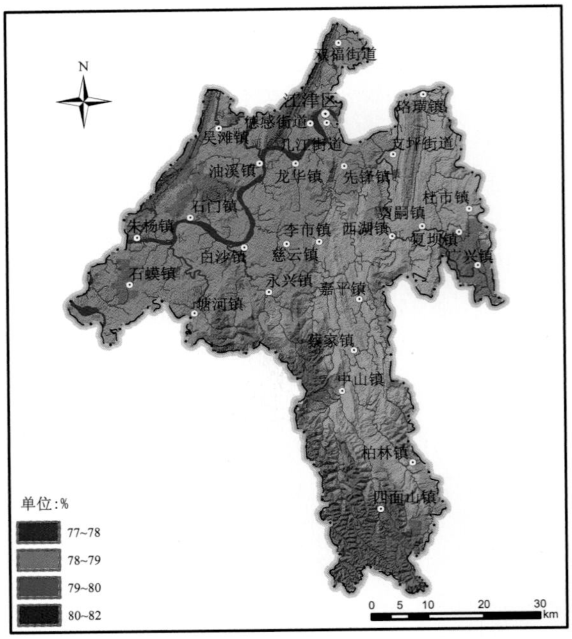

图 6.788　江津区年平均相对湿度

6.2 气象灾害空间分布图

6.2.1 全市

6.2.1.1 干旱

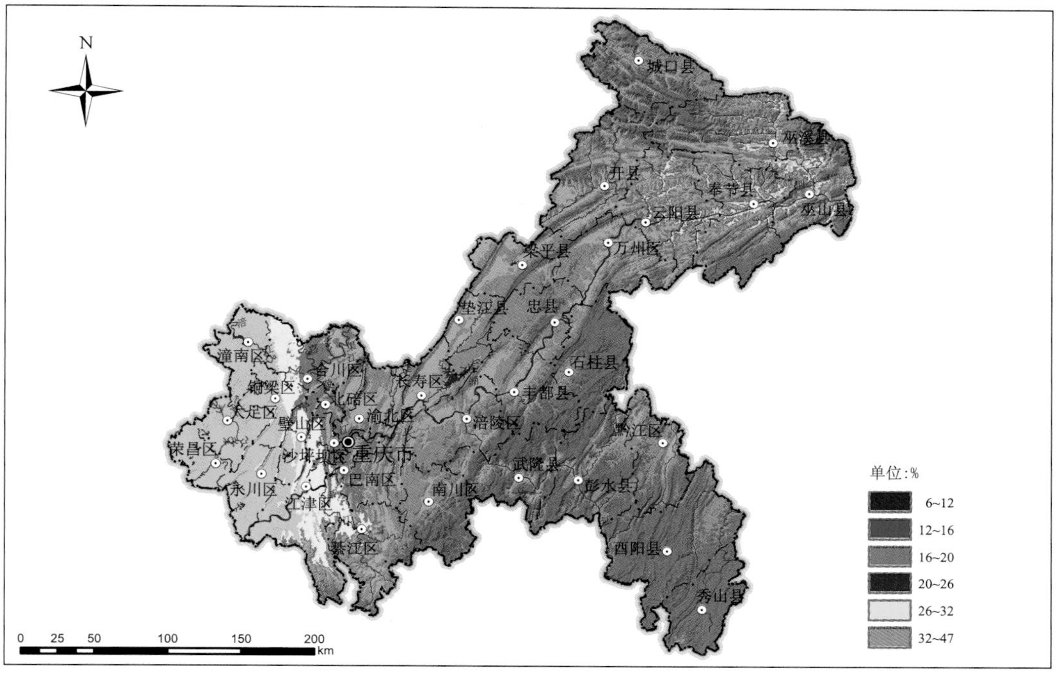

图 6.789 重庆市春季干旱发生频率

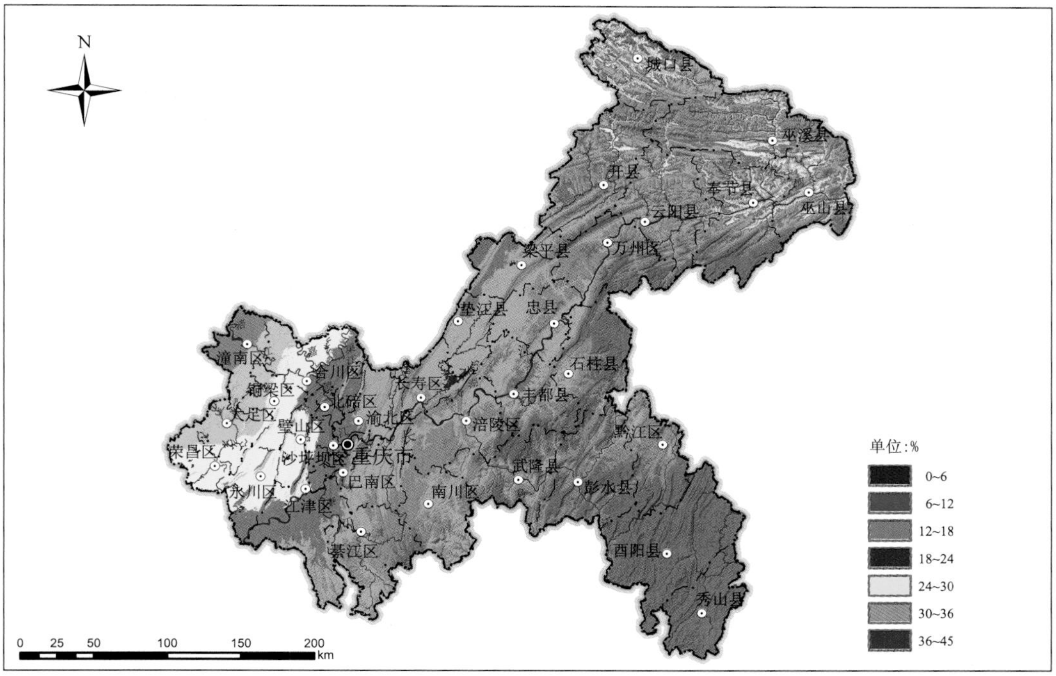

图 6.790 重庆市夏季干旱发生频率

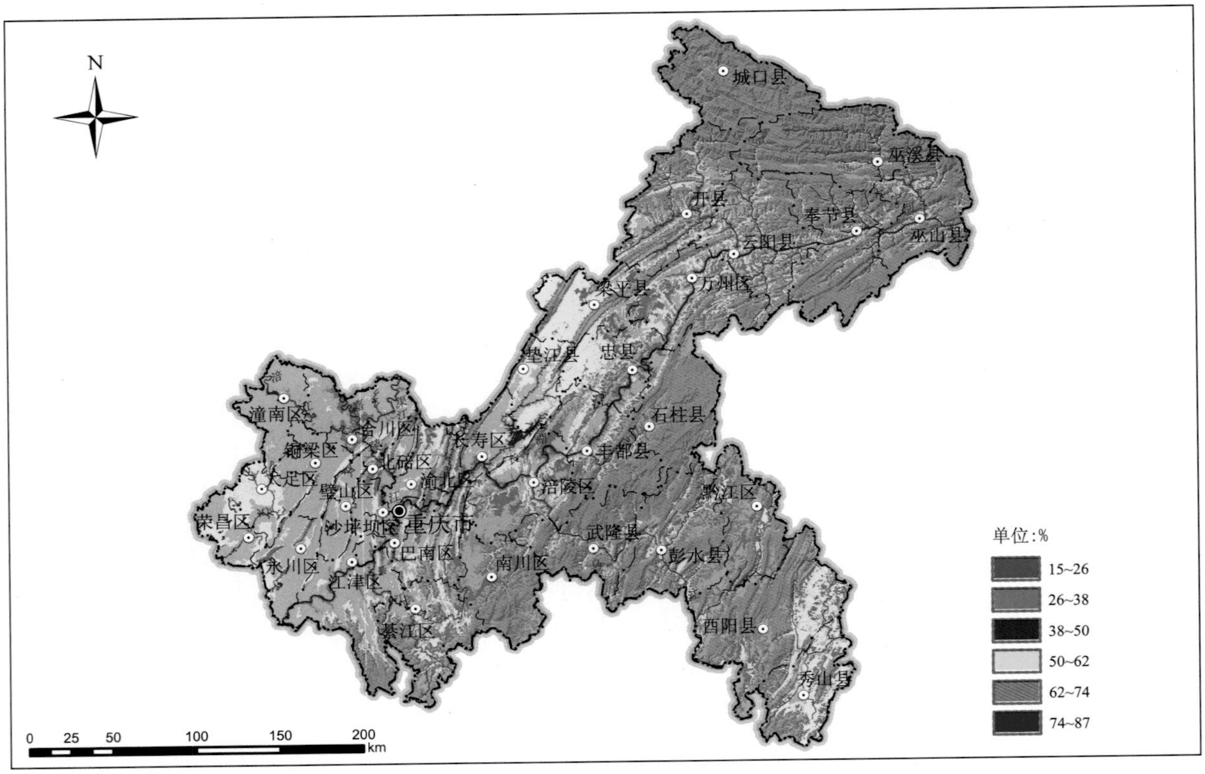

图 6.791　重庆市伏旱发生频率

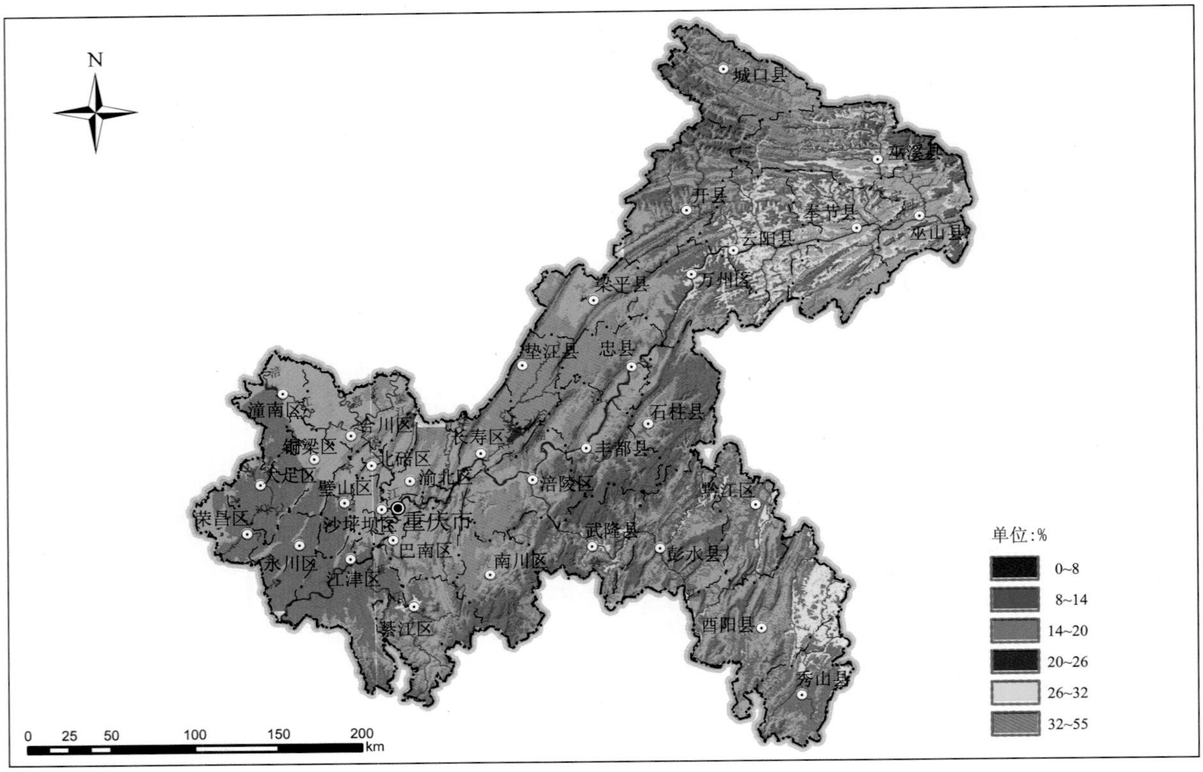

图 6.792　重庆市秋季干旱发生频率

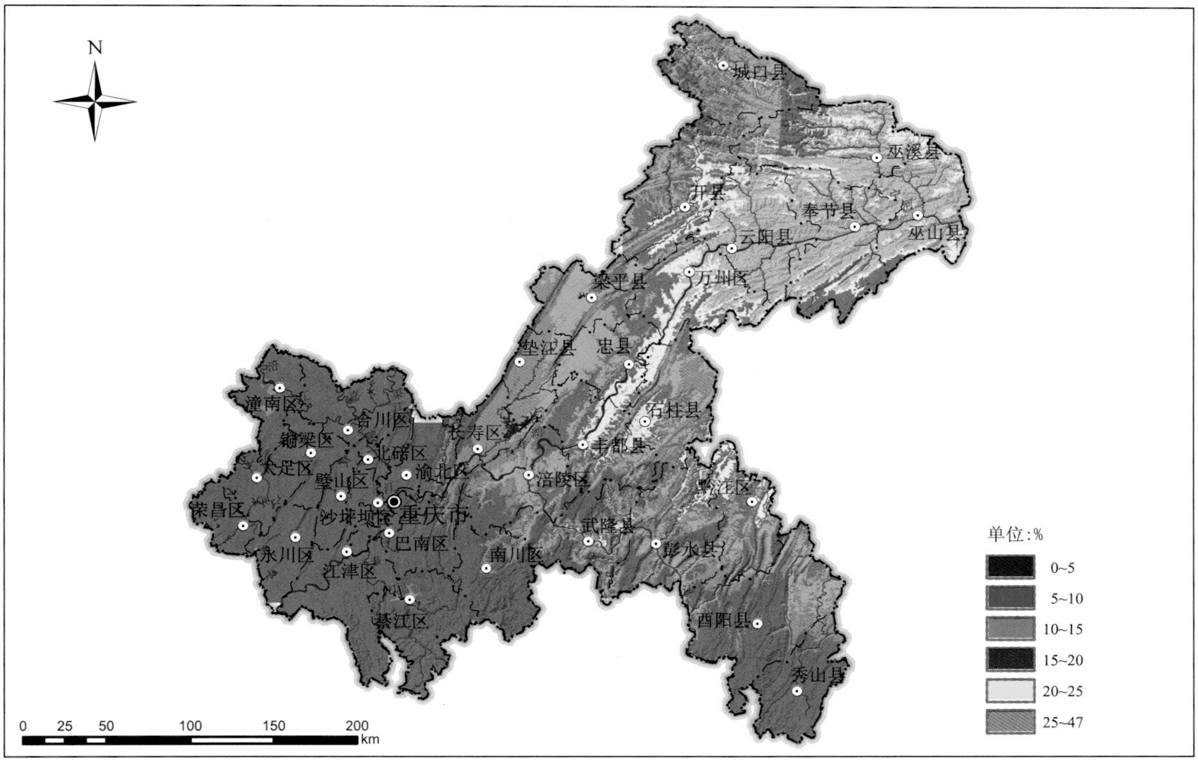

图 6.793 重庆市冬季干旱发生频率

6.2.1.2 暴雨

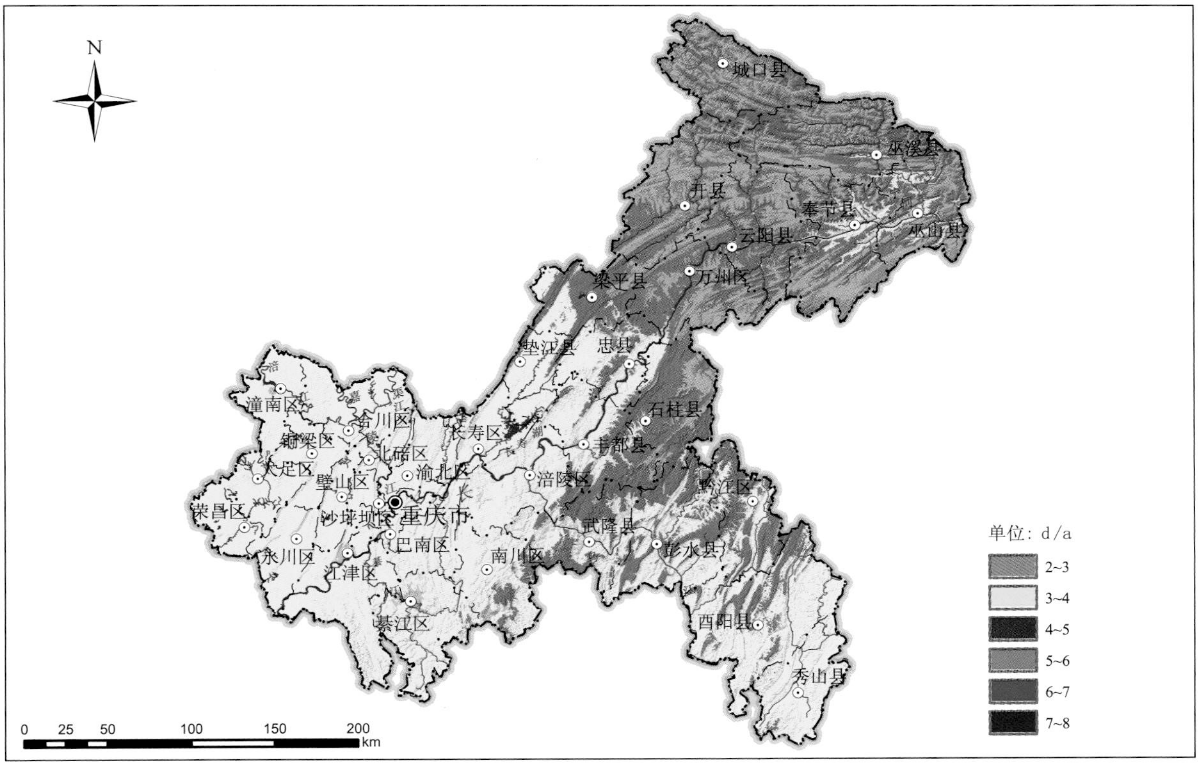

图 6.794 重庆市暴雨日数

6.2.1.3　绵雨

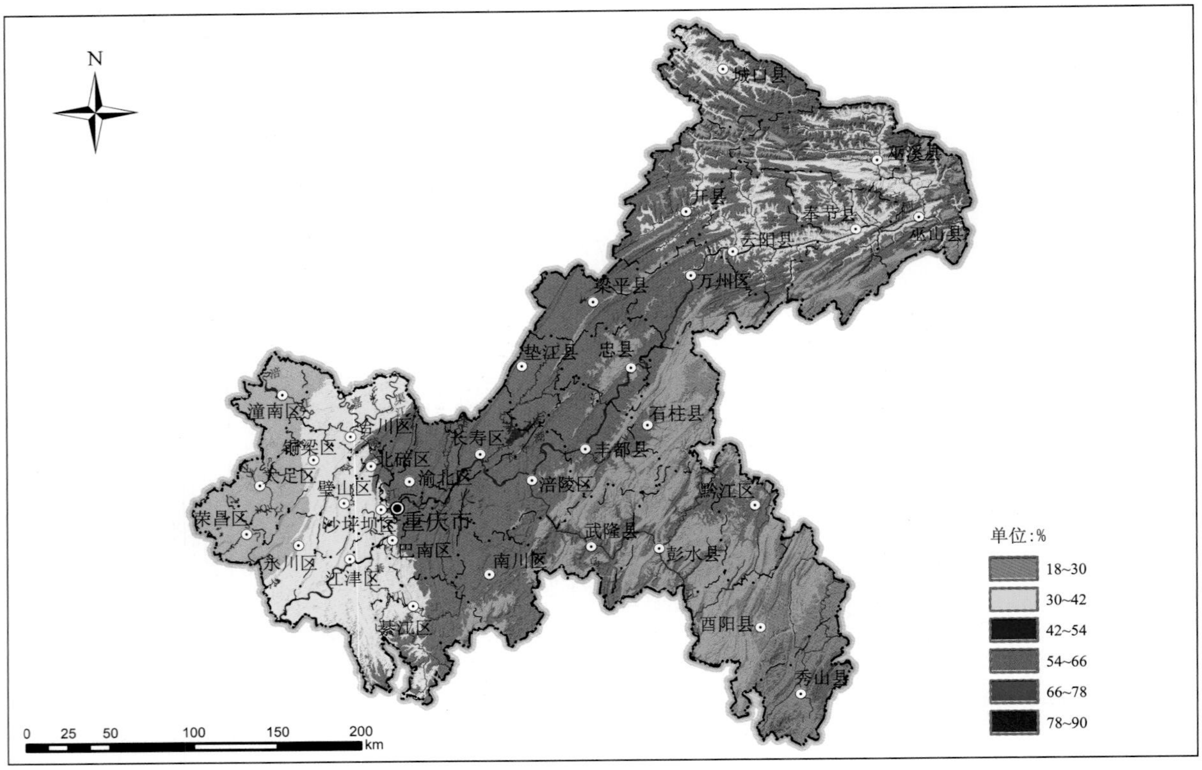

图 6.795　重庆市春季绵雨发生频率

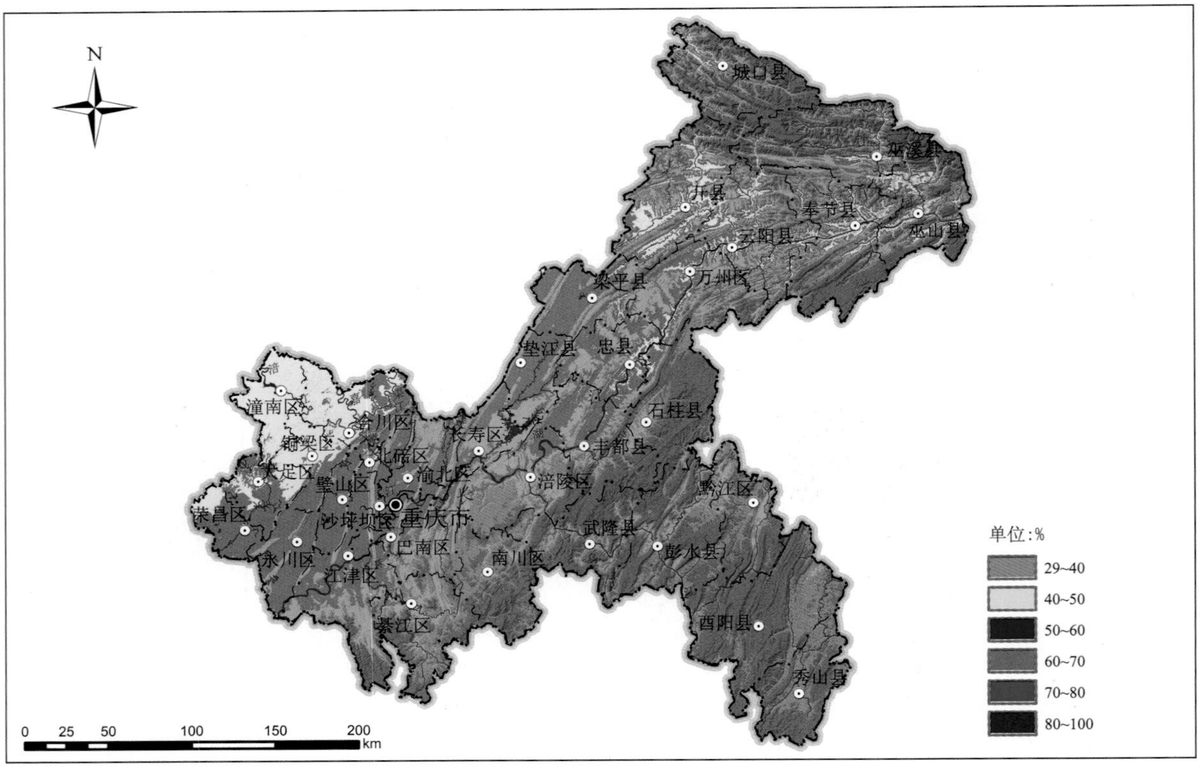

图 6.796　重庆市初夏绵雨发生频率

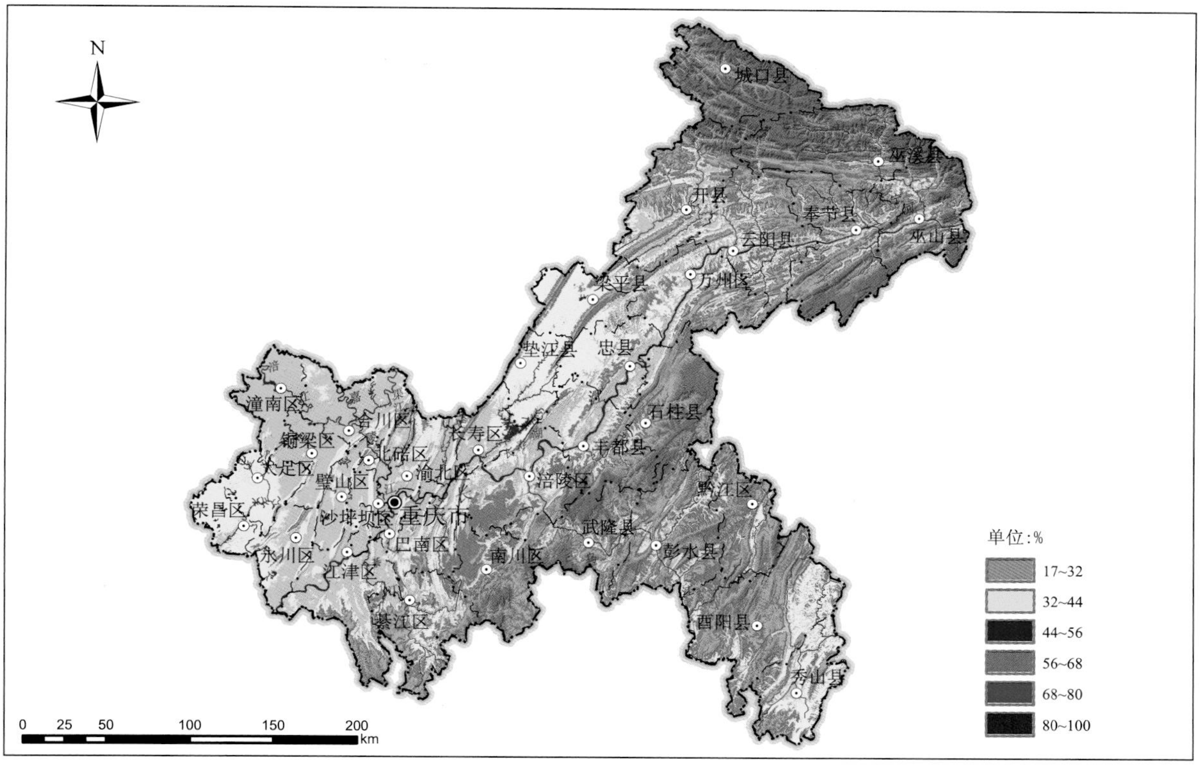

图 6.797 重庆市盛夏绵雨发生频率

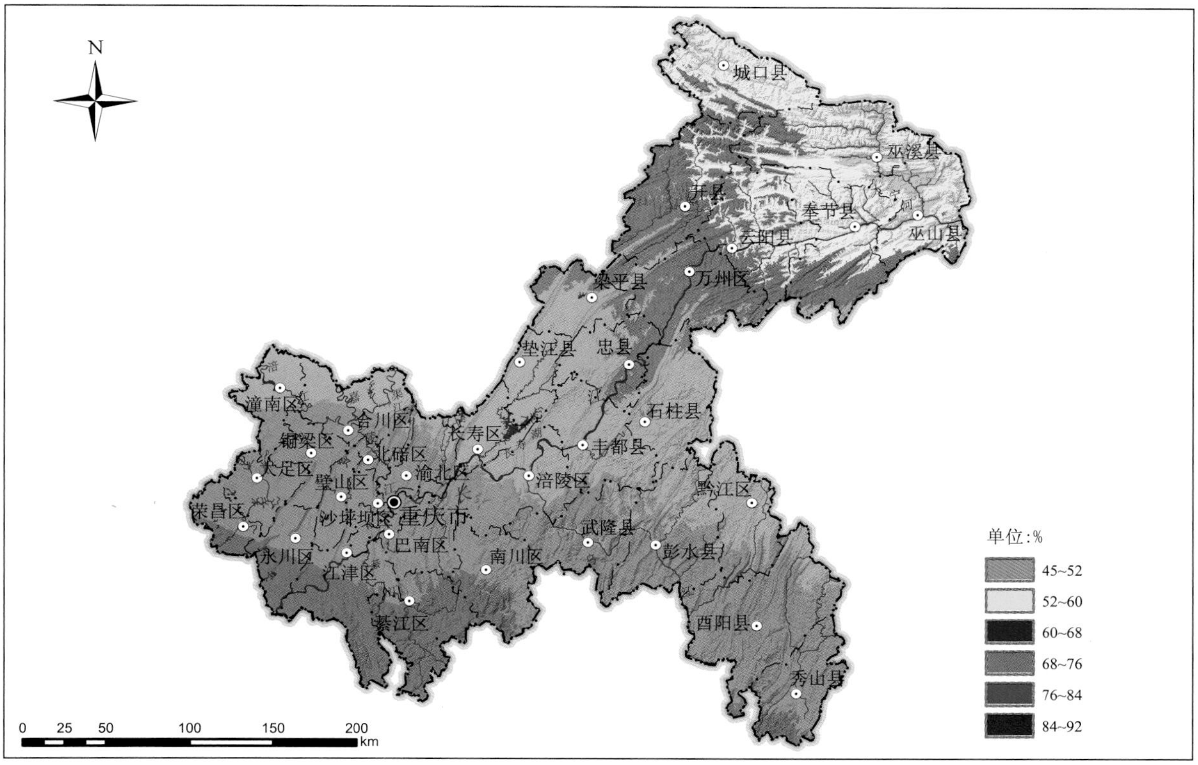

图 6.798 重庆市秋季绵雨发生频率

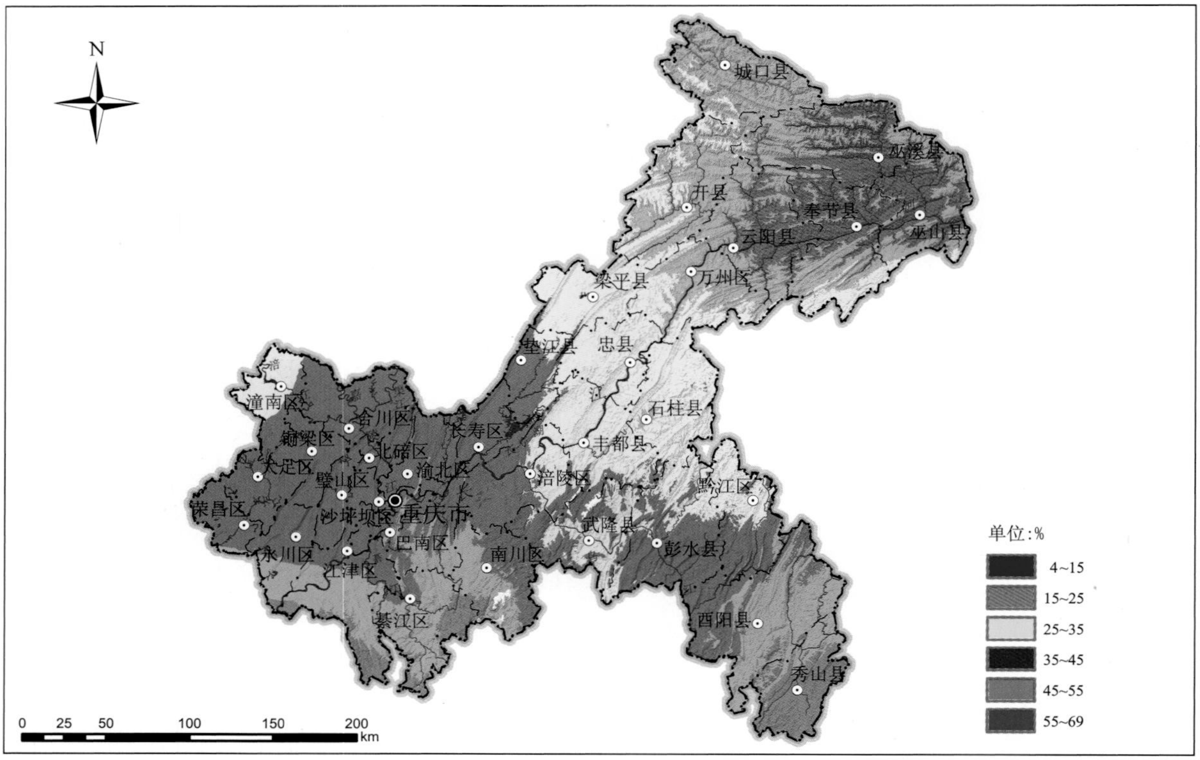

图 6.799 重庆市冬季绵雨发生频率

6.2.1.4 高温

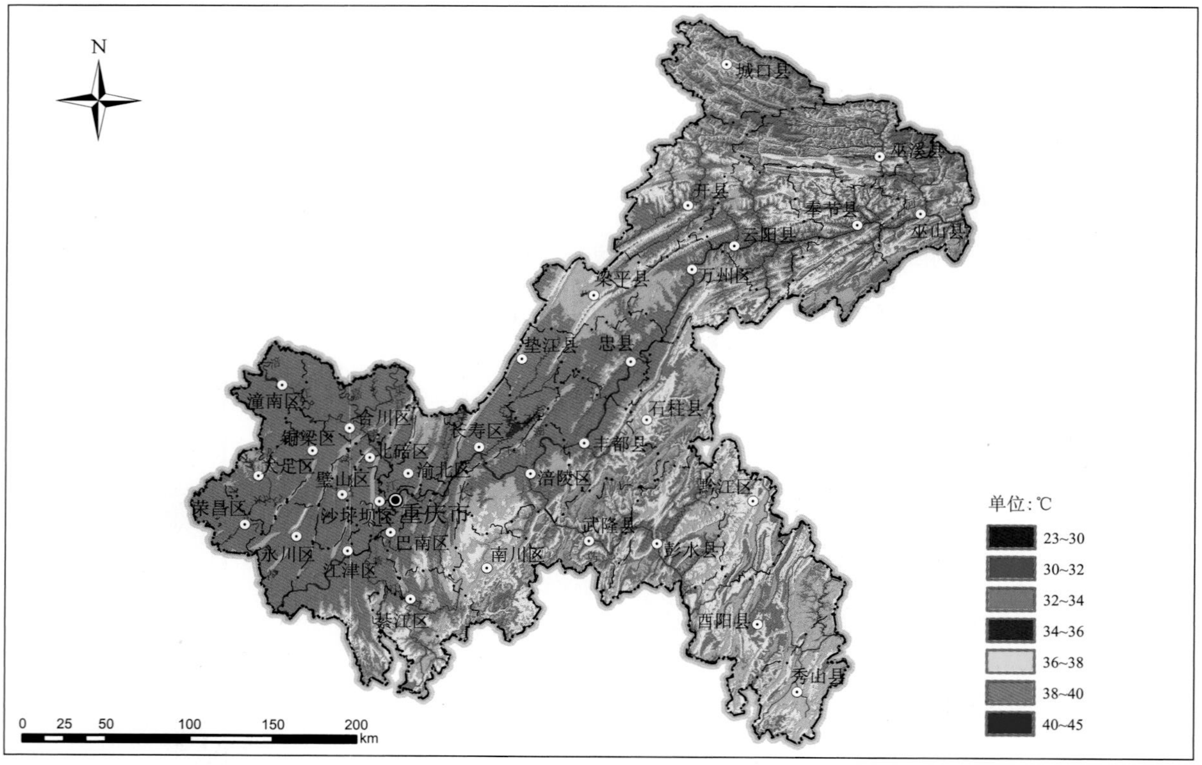

图 6.800 重庆市历史极端最高气温

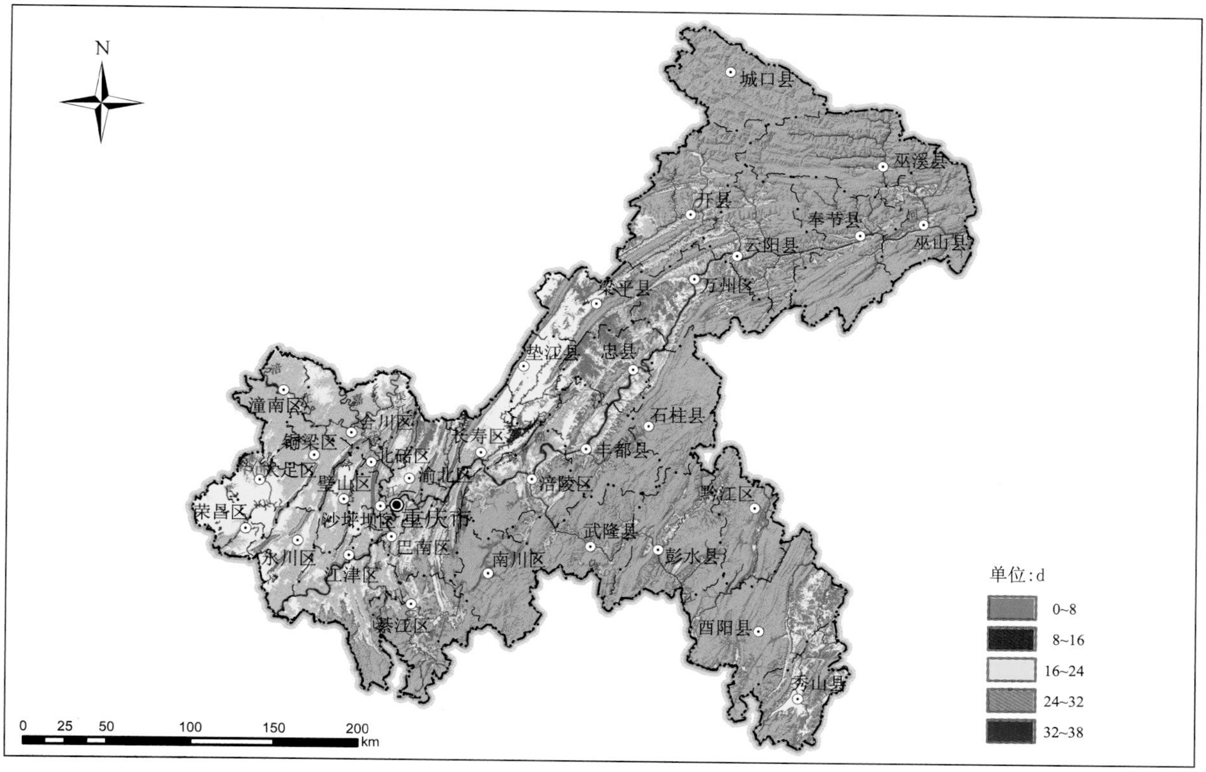

图 6.801 重庆市年日最高气温≥35 ℃日数

6.2.1.5 低温

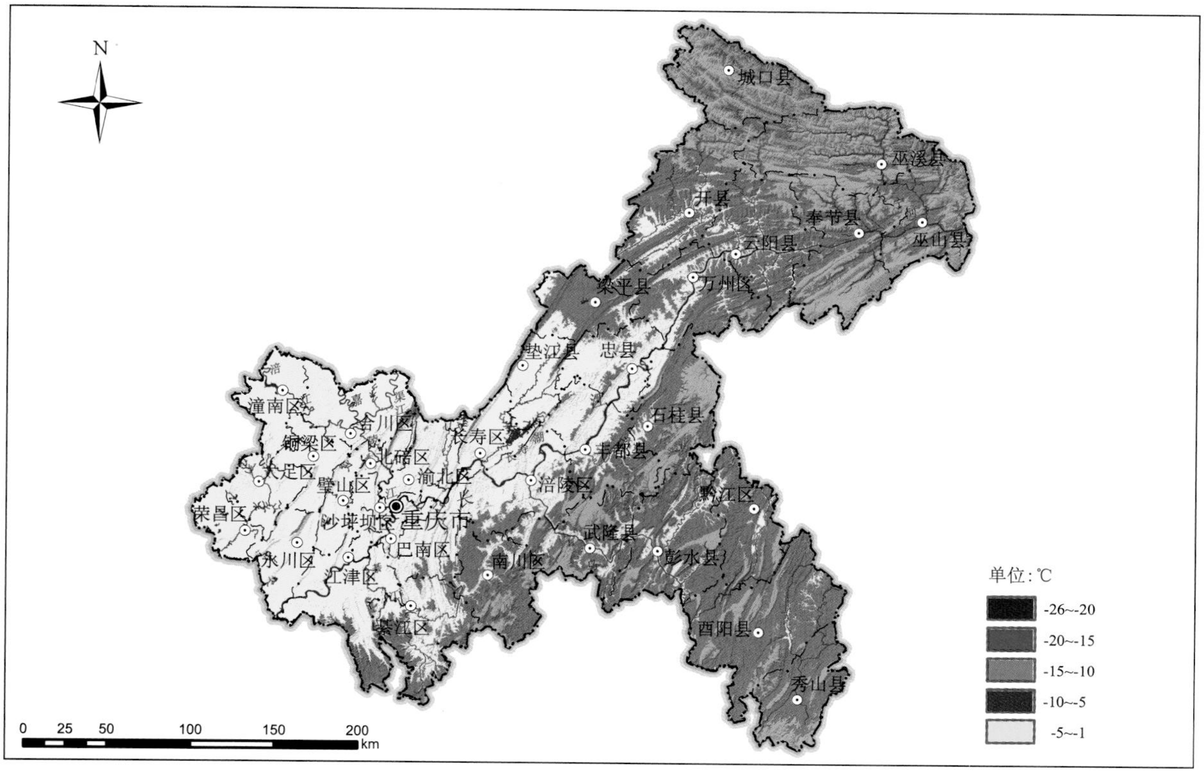

图 6.802 重庆市历史极端最低气温

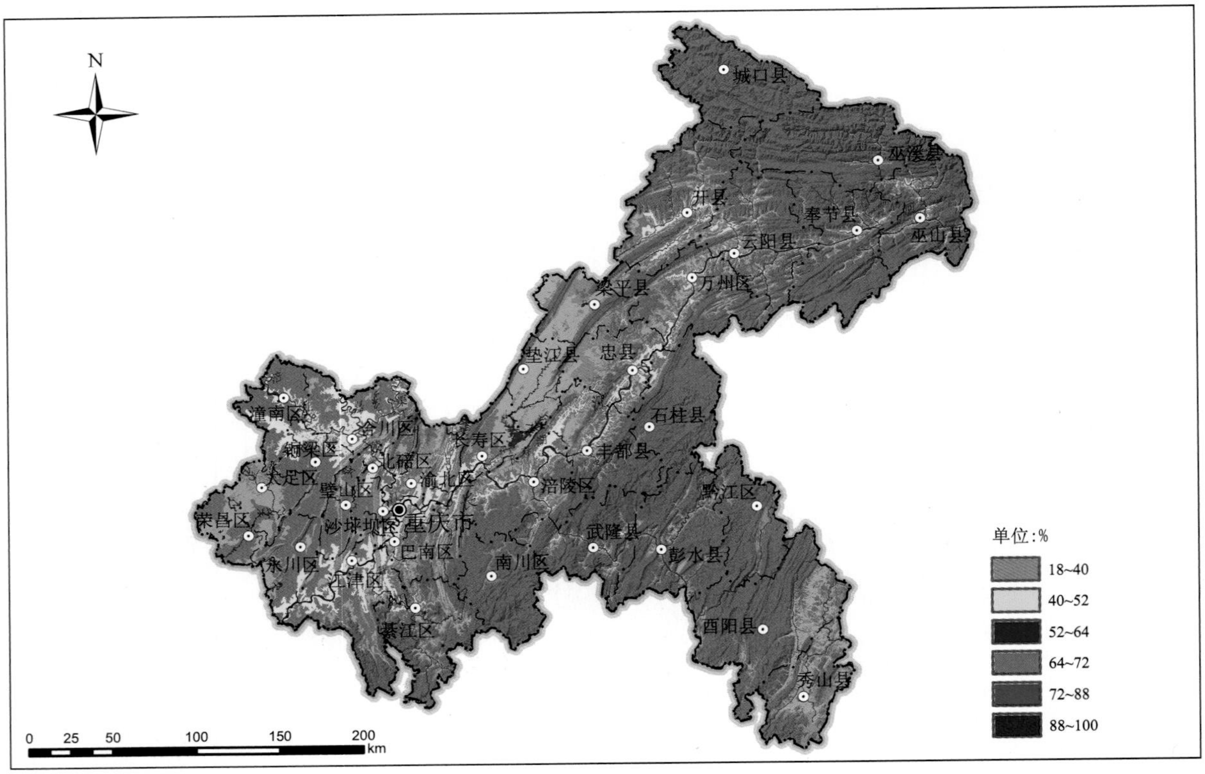

图 6.803　重庆市春季低温发生频率

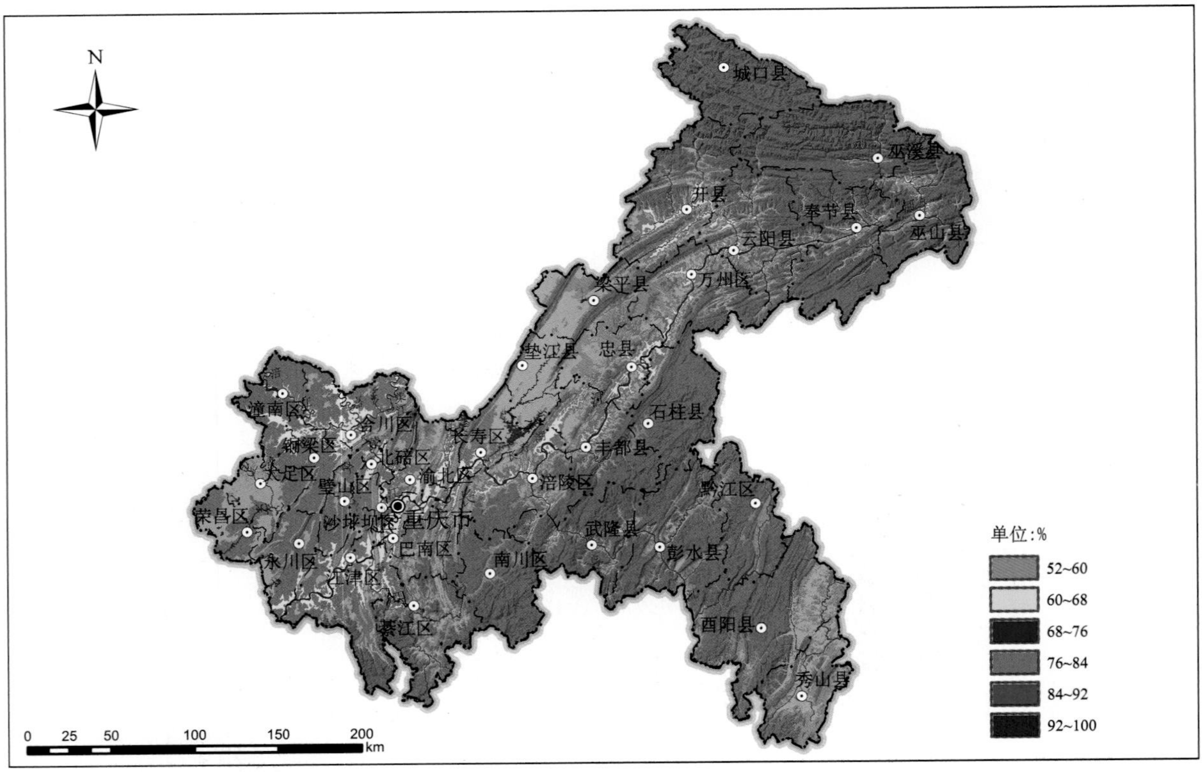

图 6.804　重庆市秋季低温发生频率

6.2.1.6 冻害

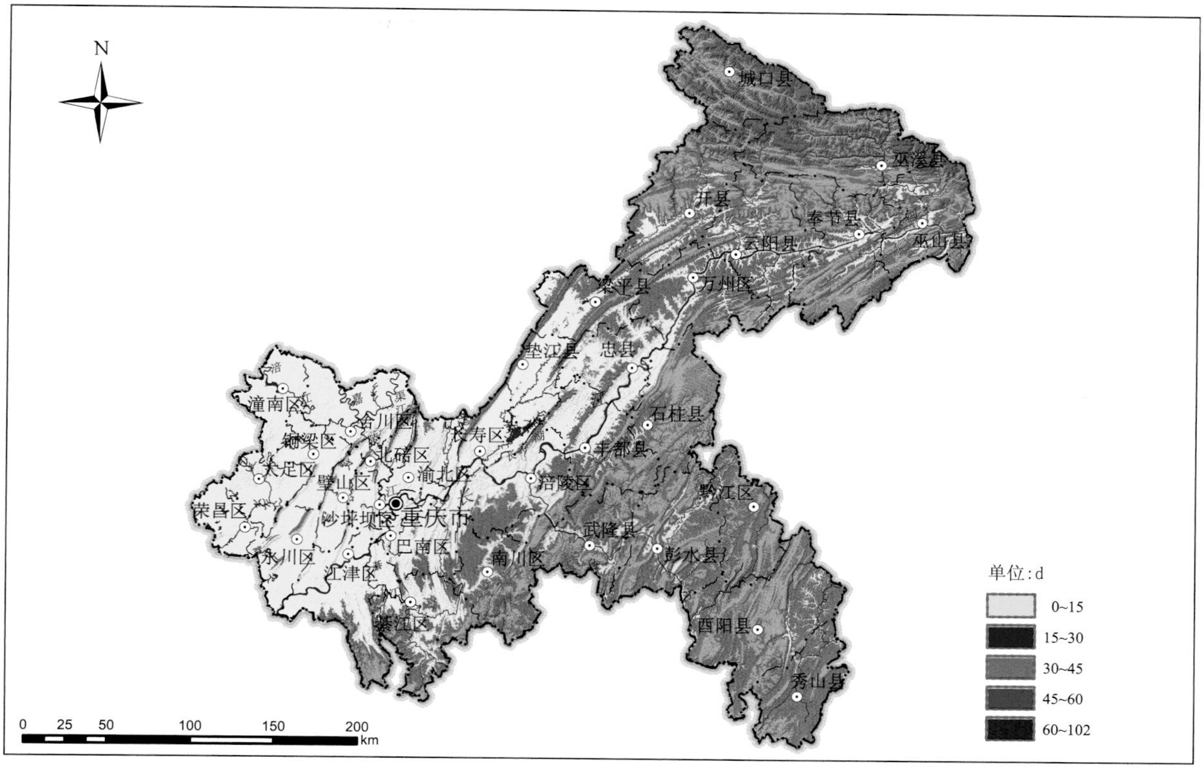

图 6.805 重庆市霜冻日数

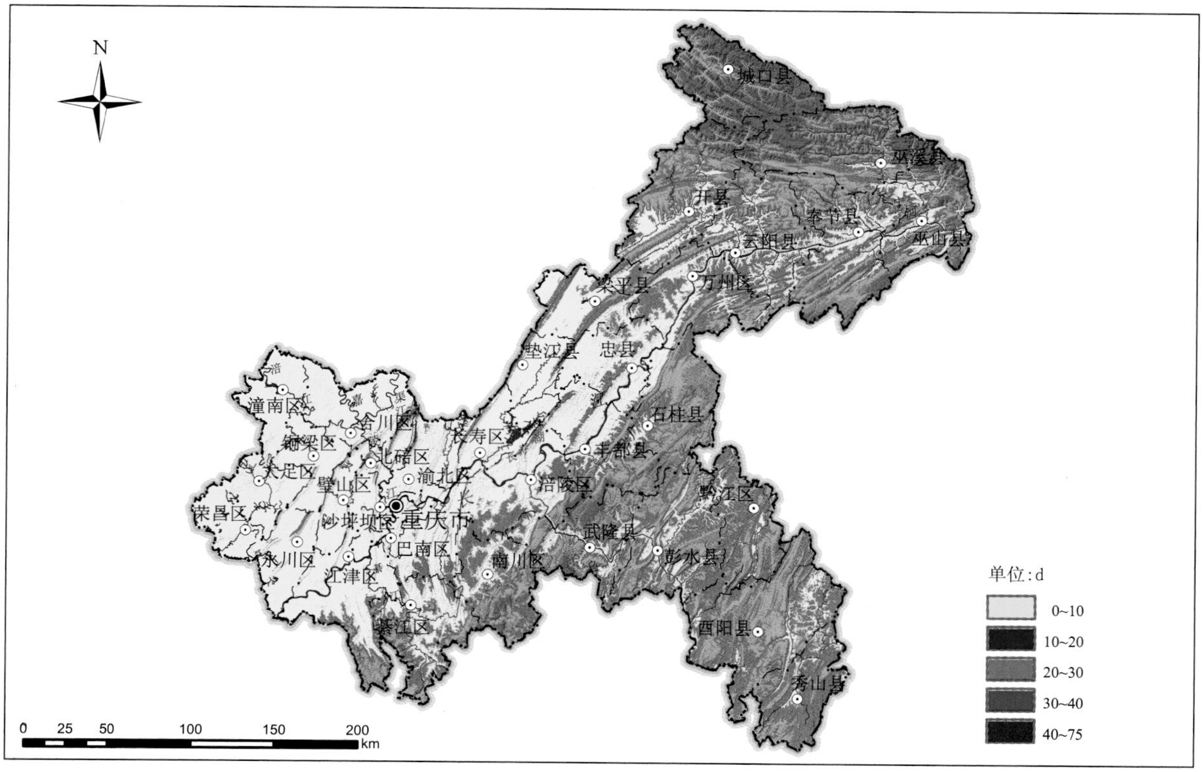

图 6.806 重庆市一般冻害日数

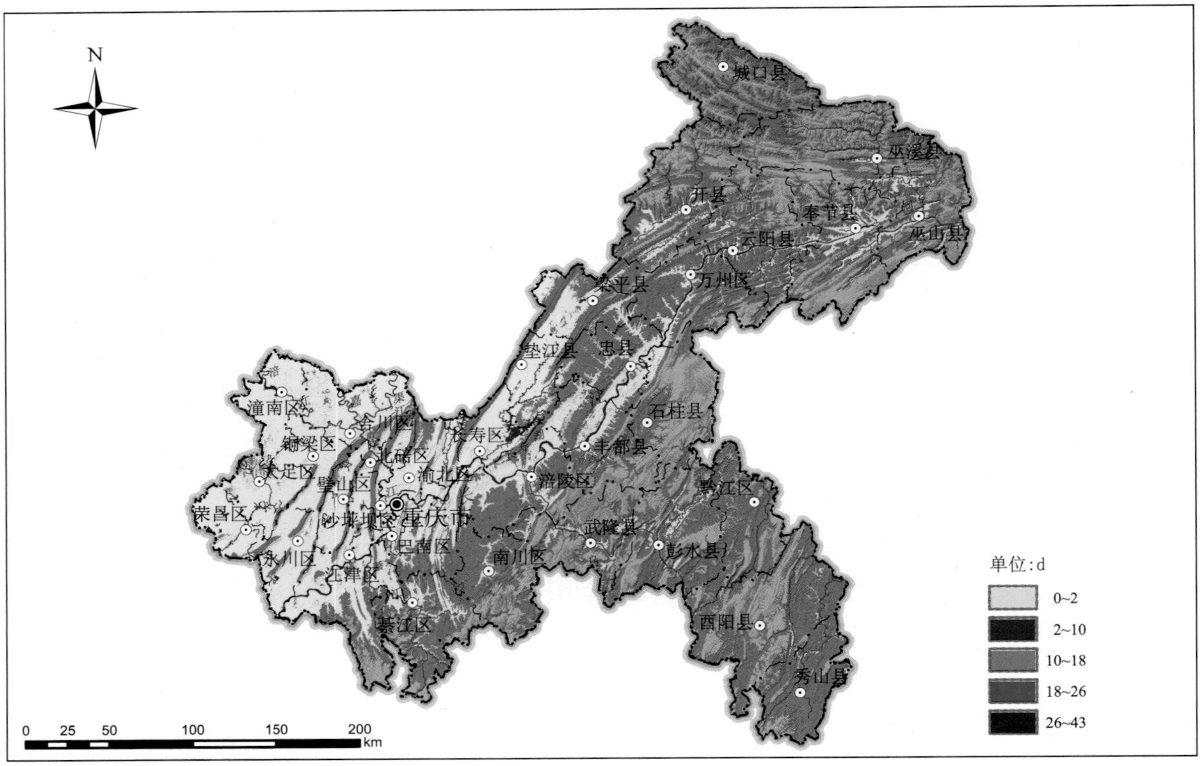

图 6.807　重庆市较重冻害日数

6.2.2　代表区县

(1)奉节县

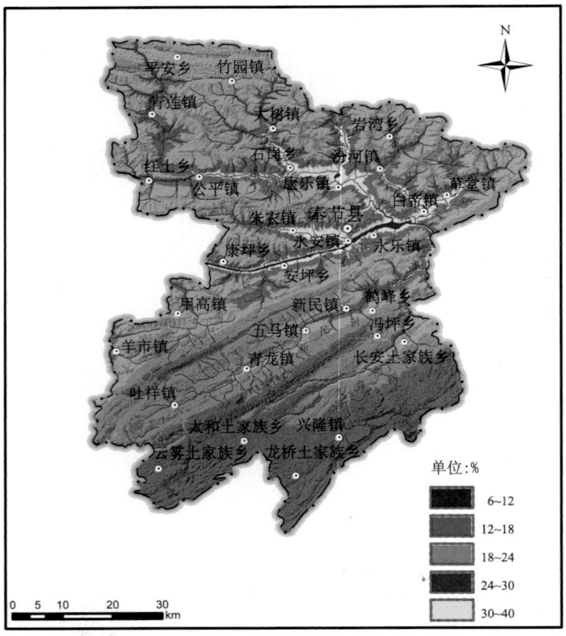

图 6.808　奉节县春季干旱发生频率

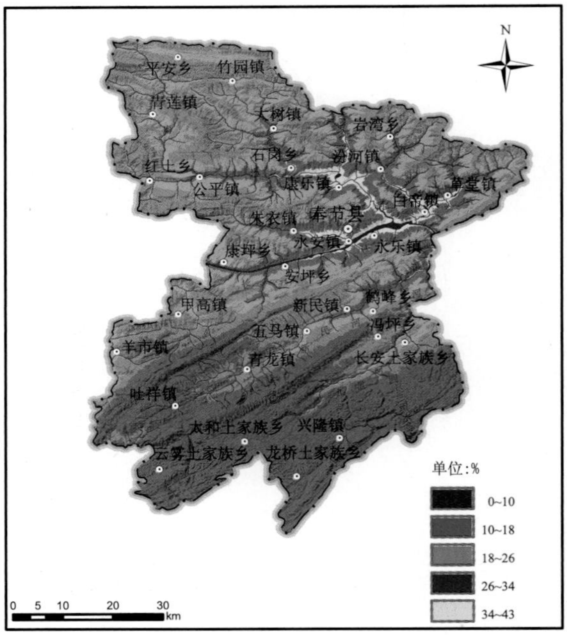

图 6.809　奉节县夏季干旱发生频率

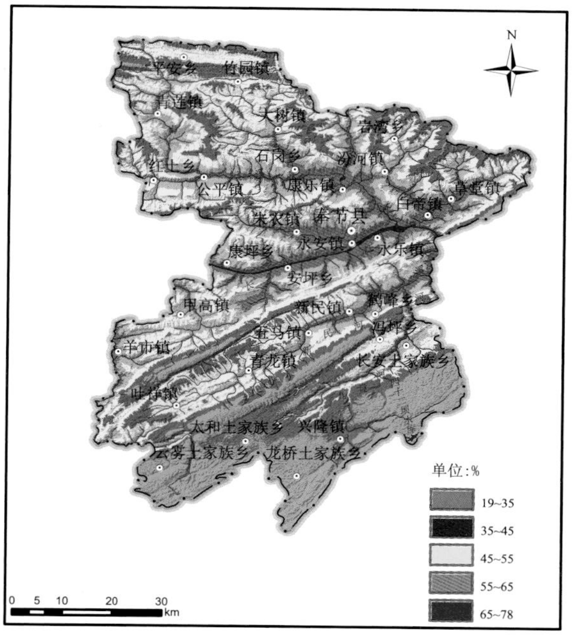

图 6.810 奉节县伏旱发生频率

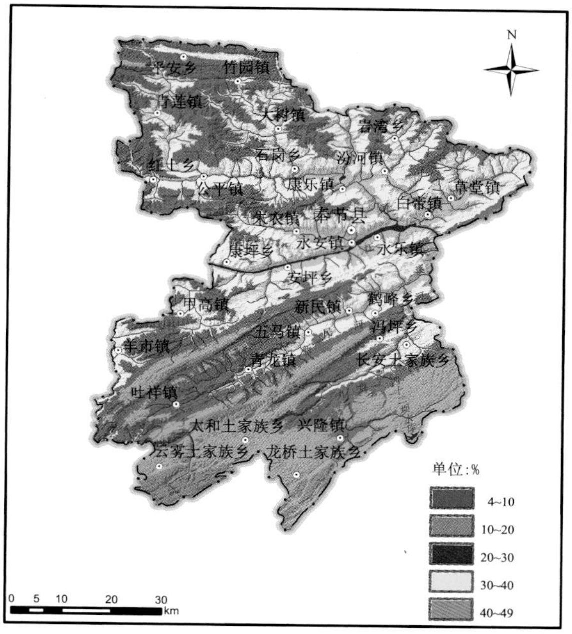

图 6.811 奉节县秋季干旱发生频率

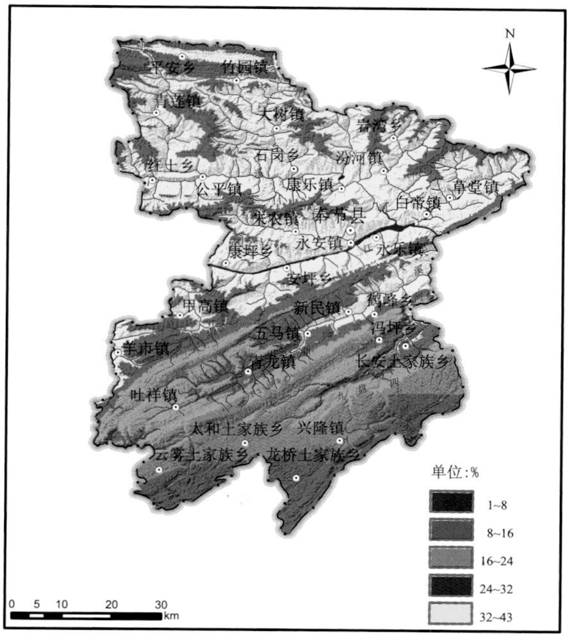

图 6.812 奉节县冬季干旱发生频率

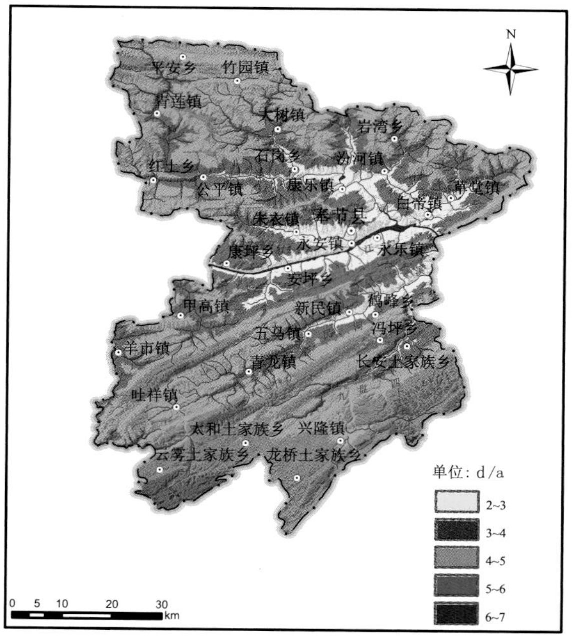

图 6.813 奉节县暴雨日数

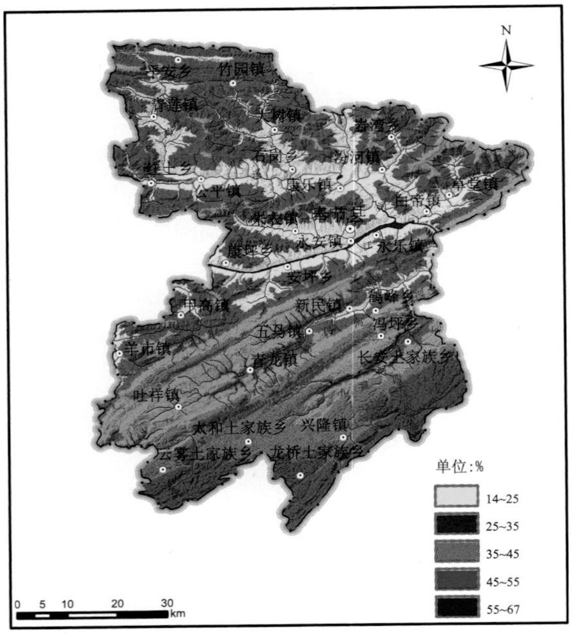

图 6.814　奉节县春季绵雨发生频率

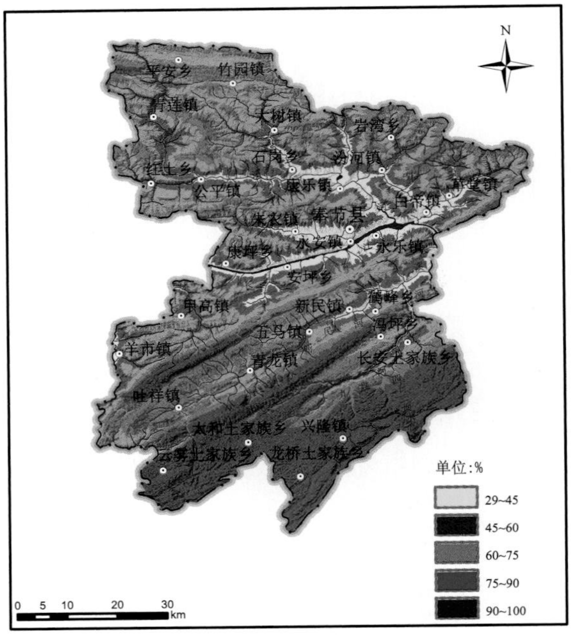

图 6.815　奉节县初夏绵雨发生频率

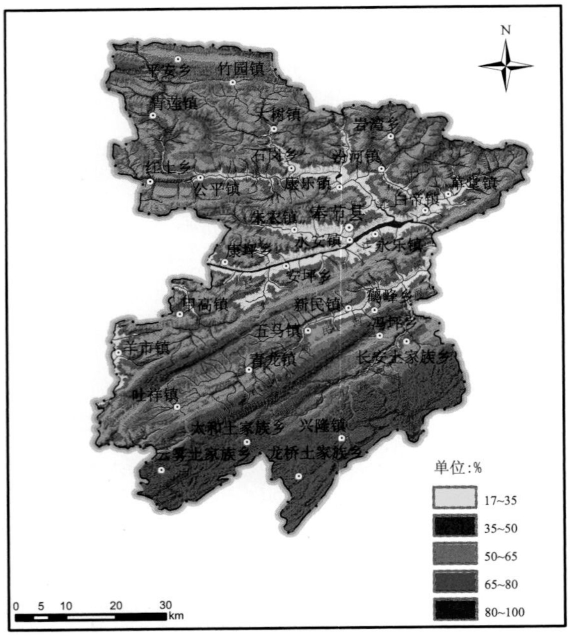

图 6.816　奉节县盛夏绵雨发生频率

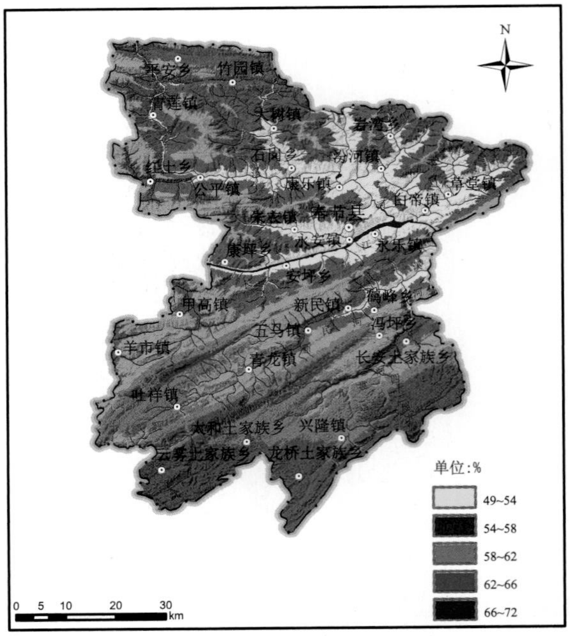

图 6.817　奉节县秋季绵雨发生频率

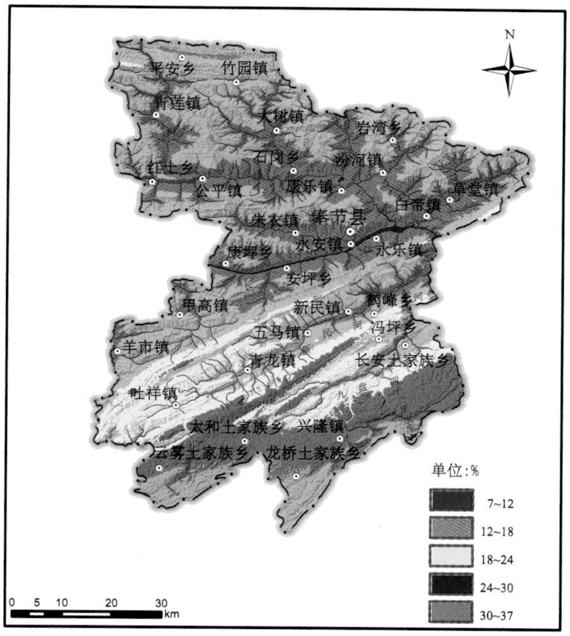

图 6.818 奉节县冬季绵雨发生频率

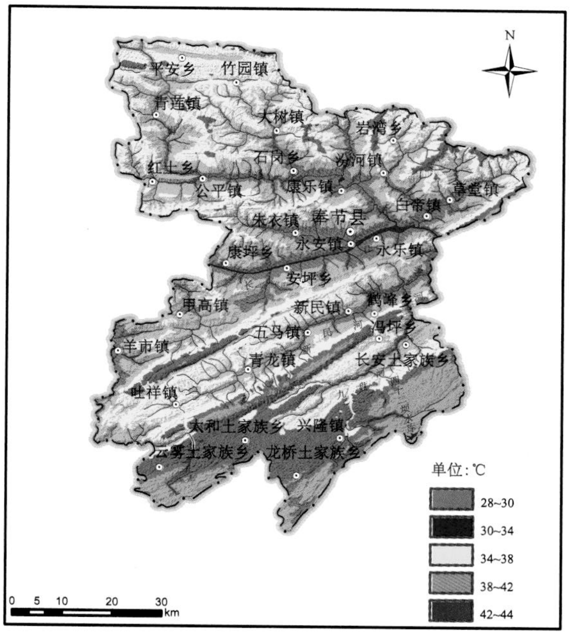

图 6.819 奉节县历史极端最高气温

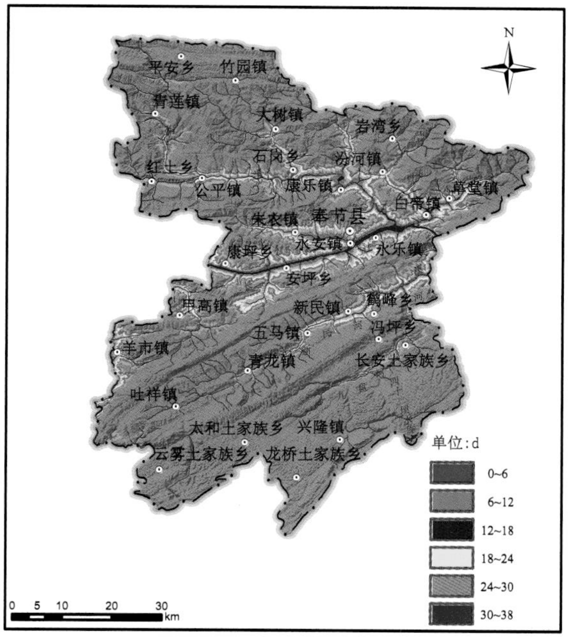

图 6.820 奉节县年日最高气温≥35 ℃日数

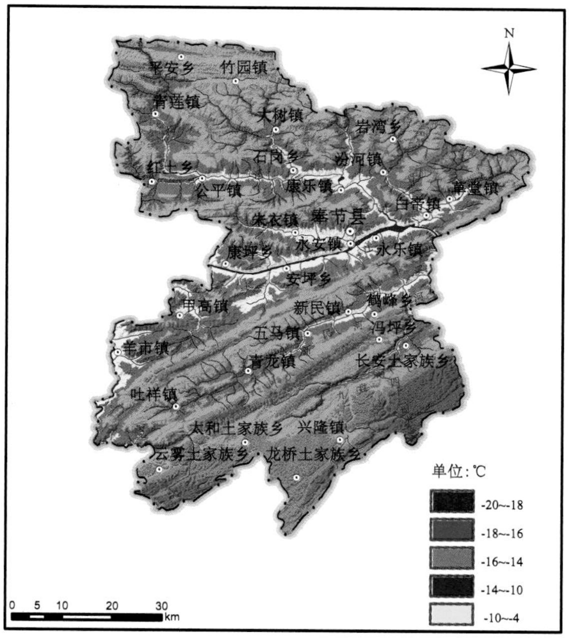

图 6.821 奉节县历史极端最低气温

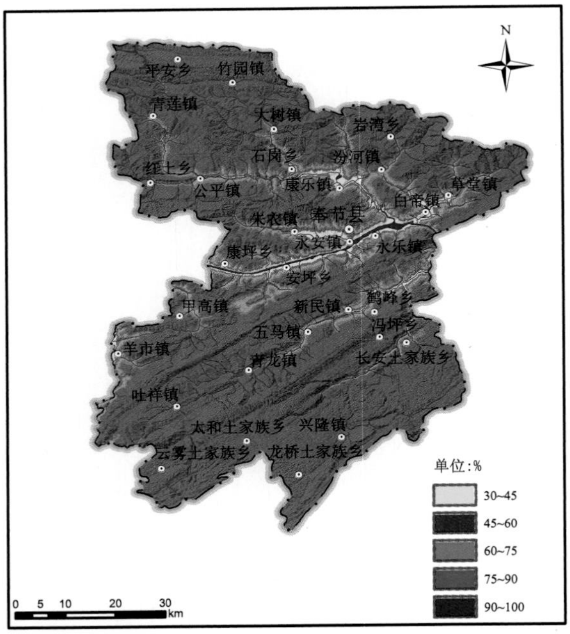

图 6.822　奉节县春季低温发生频率

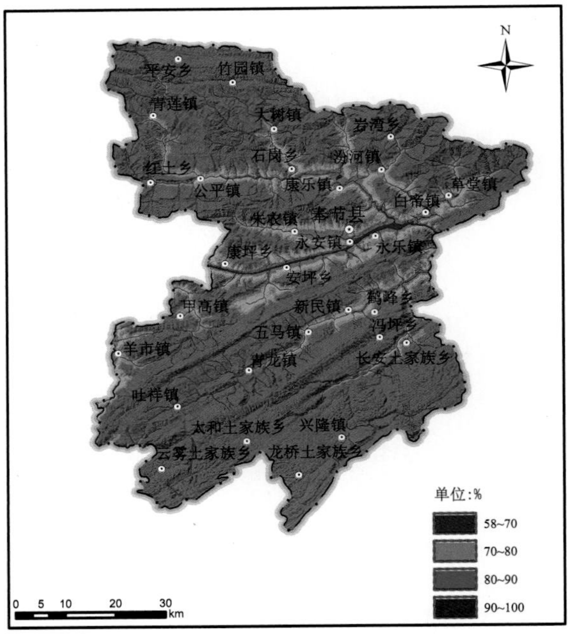

图 6.823　奉节县秋季低温发生频率

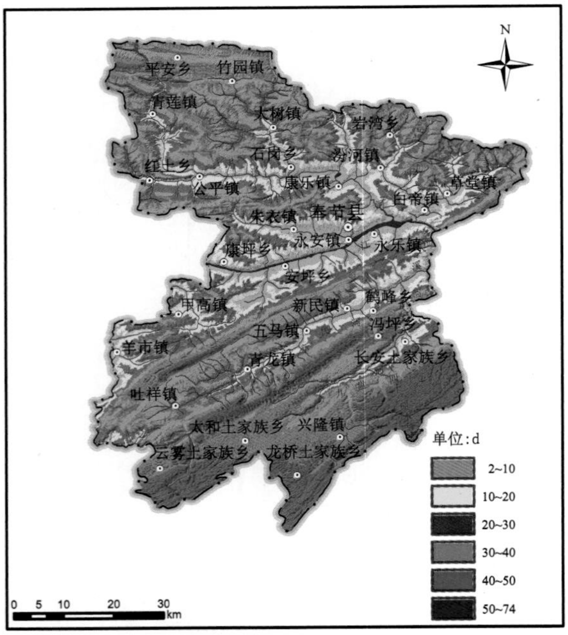

图 6.824　奉节县霜冻日数

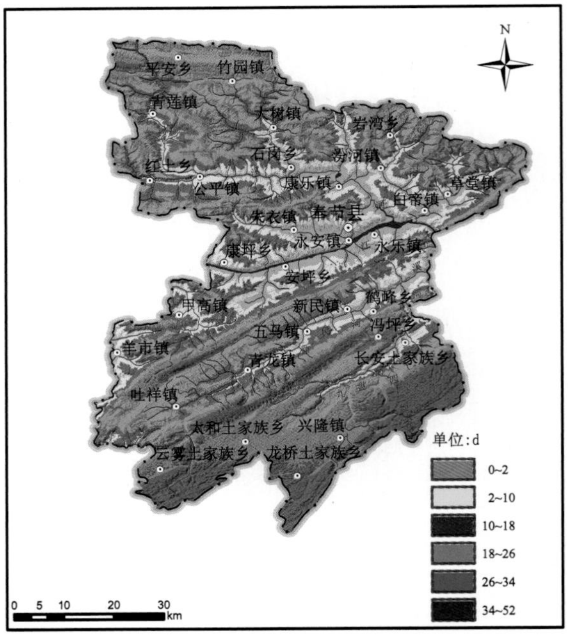

图 6.825　奉节县一般冻害日数

(2)开县

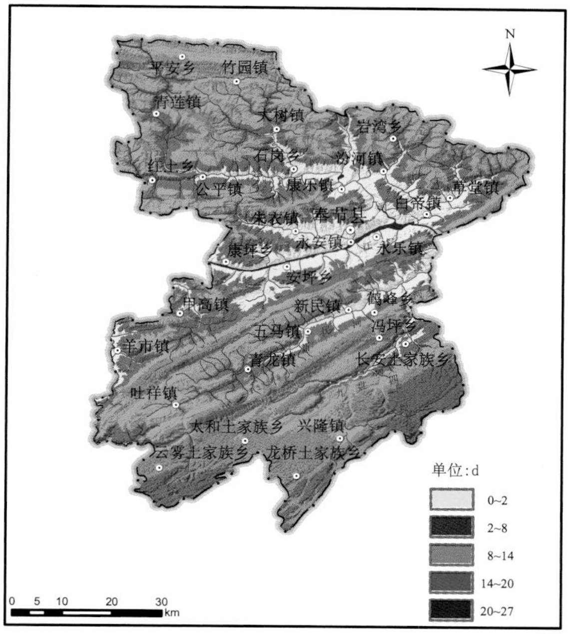

图 6.826 奉节县较重冻害日数

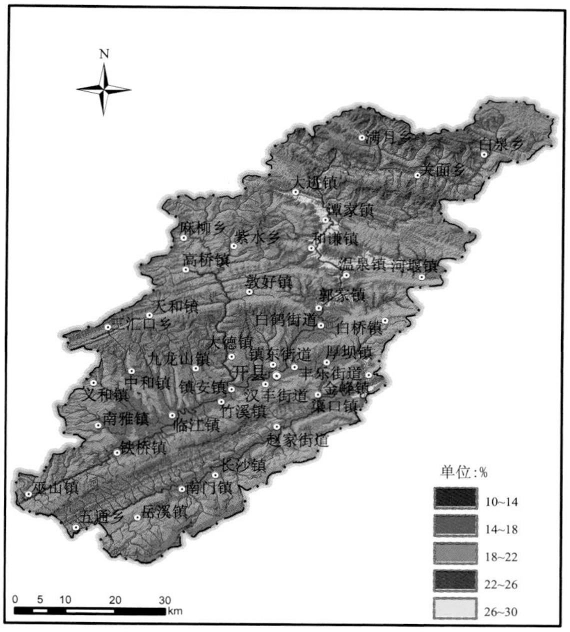

图 6.827 开县春季干旱发生频率

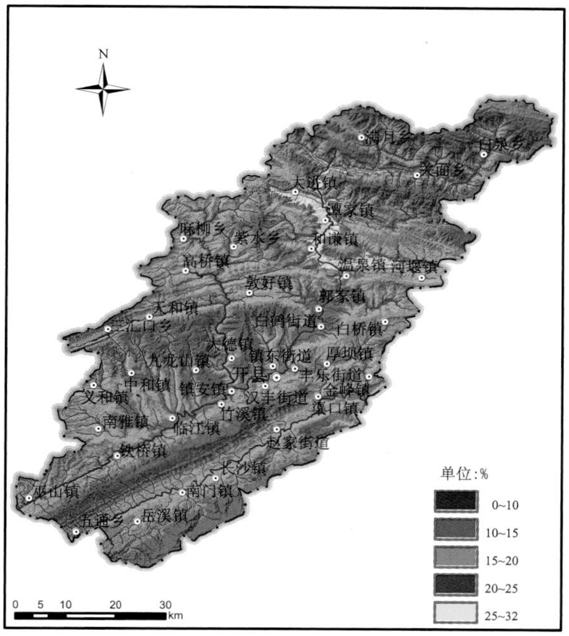

图 6.828 开县夏季干旱发生频率

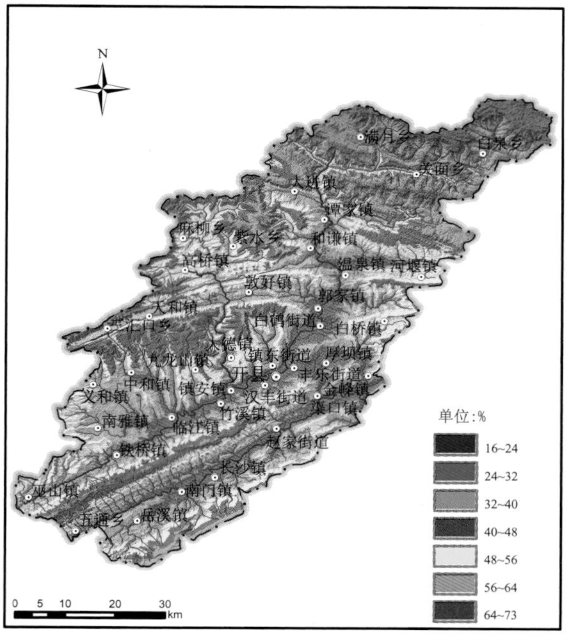

图 6.829 开县伏旱发生频率

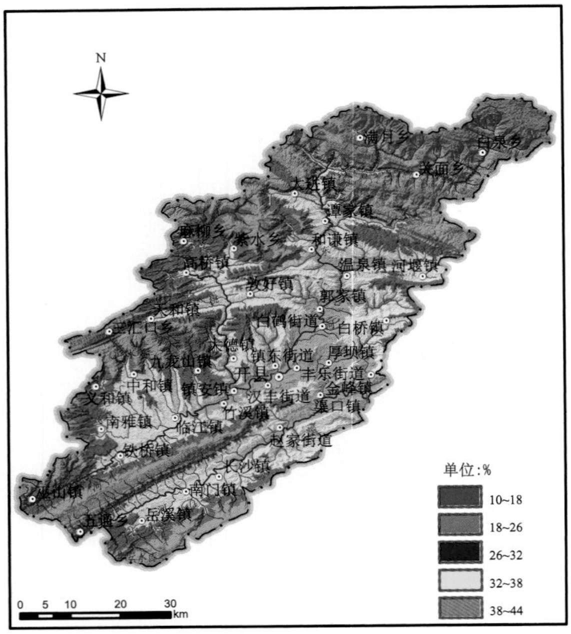

图 6.830 开县秋季干旱发生频率

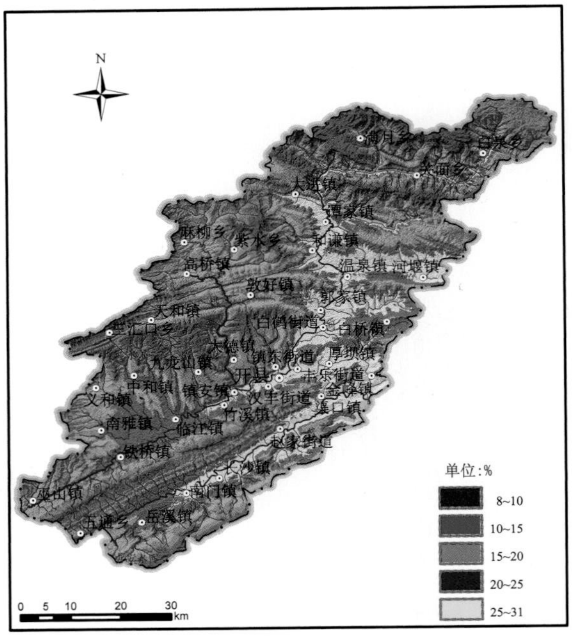

图 6.831 开县冬季干旱发生频率

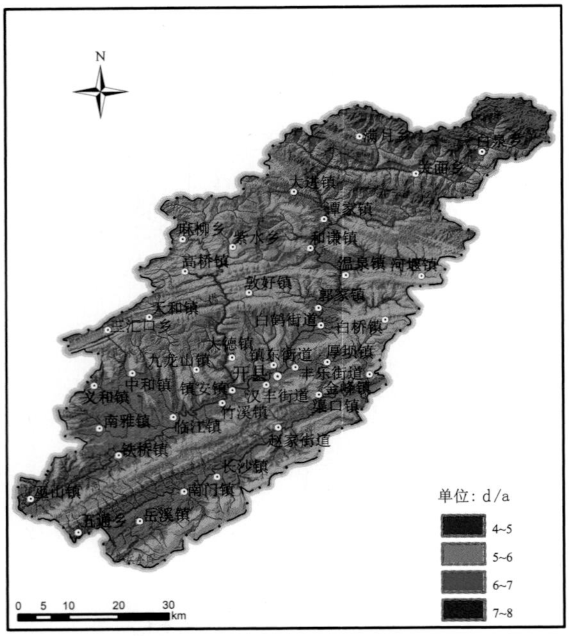

图 6.832 开县暴雨日数

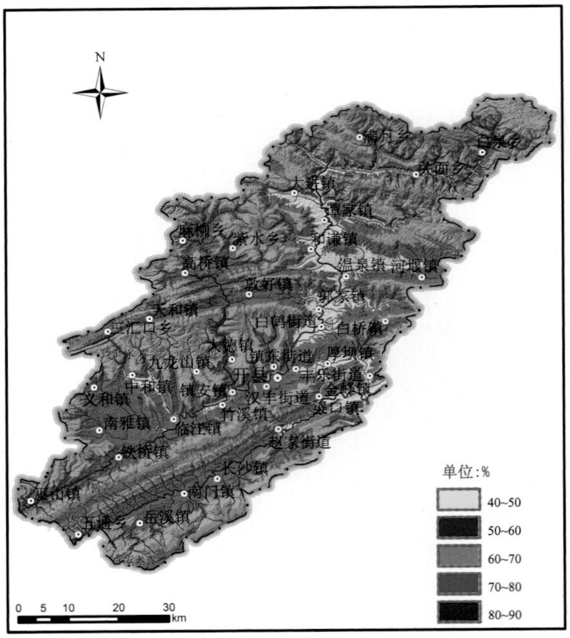

图 6.833 开县春季绵雨发生频率

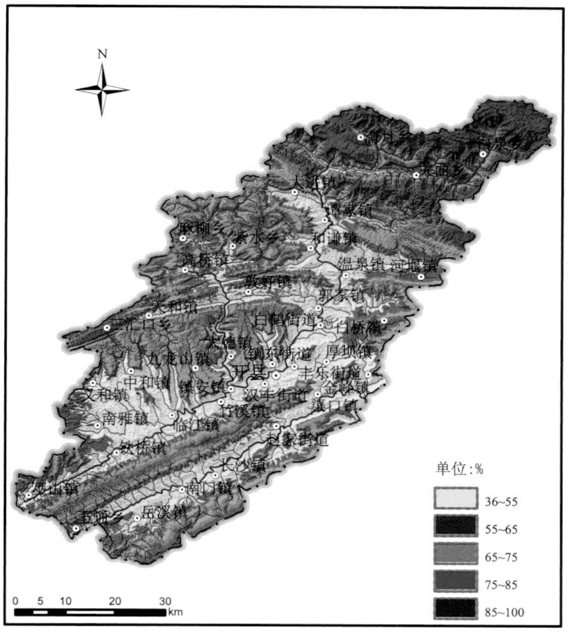

图 6.834　开县初夏绵雨发生频率

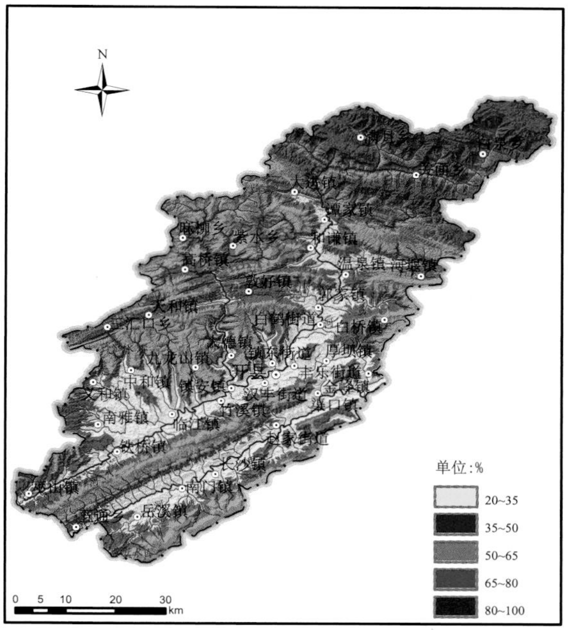

图 6.835　开县盛夏绵雨发生频率

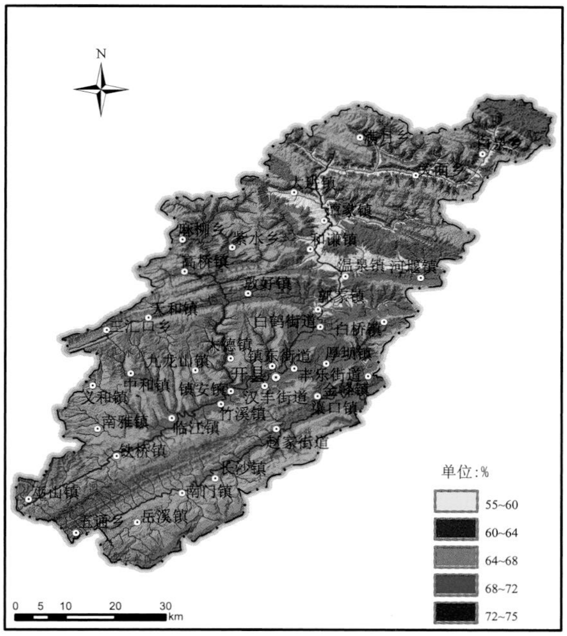

图 6.836　开县秋季绵雨发生频率

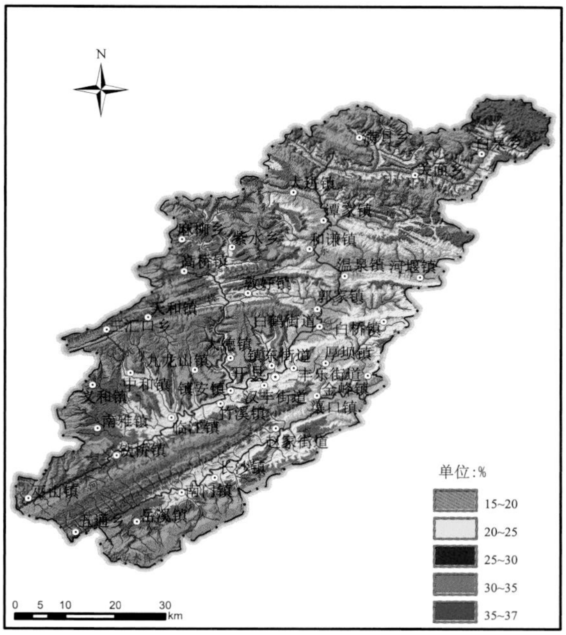

图 6.837　开县冬季绵雨发生频率

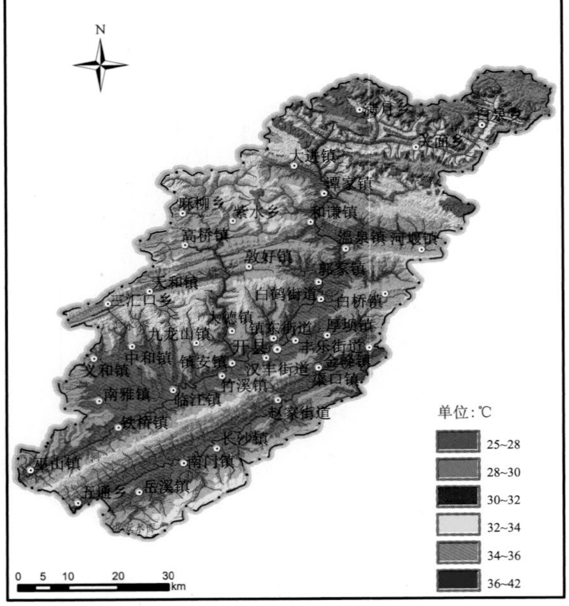

图 6.838　开县历史极端最高气温

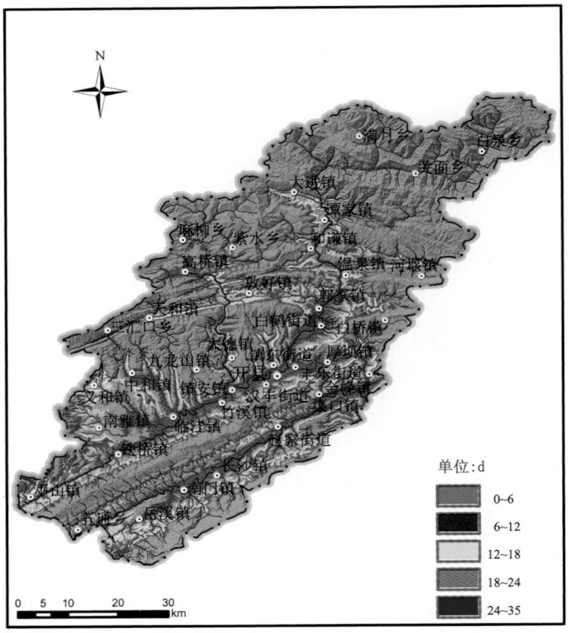

图 6.839　开县年日最高气温≥35 ℃日数

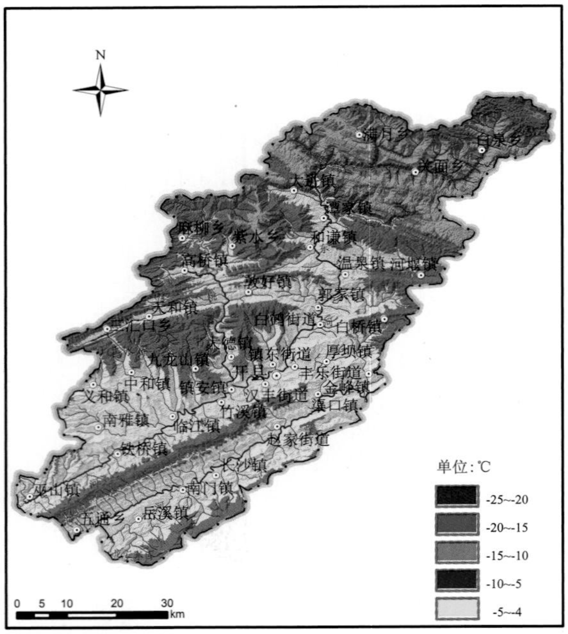

图 6.840　开县历史极端最低气温

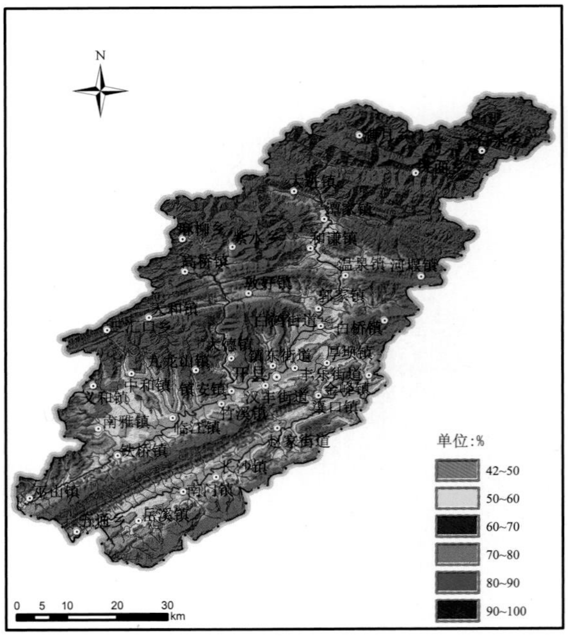

图 6.841　开县春季低温发生频率

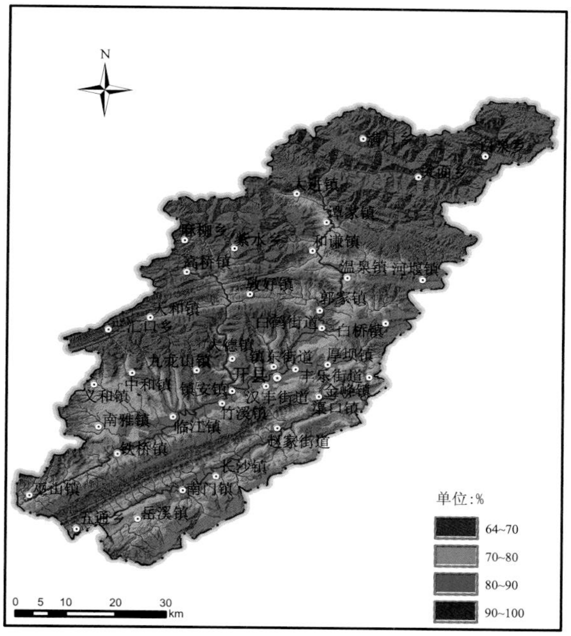

图 6.842 开县秋季低温发生频率

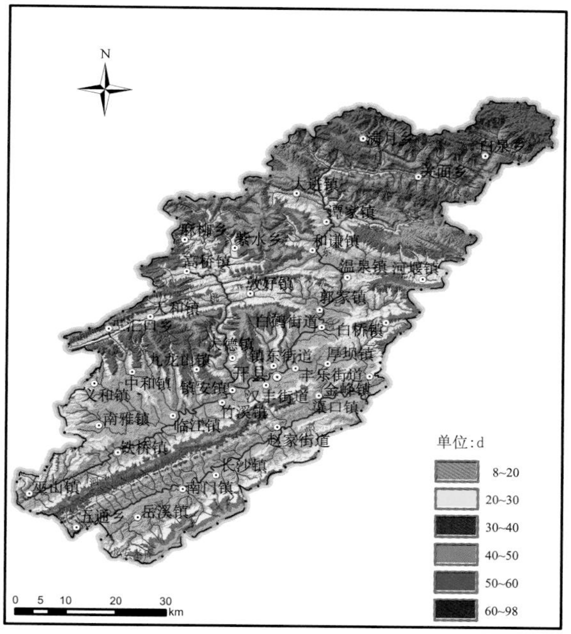

图 6.843 开县霜冻日数

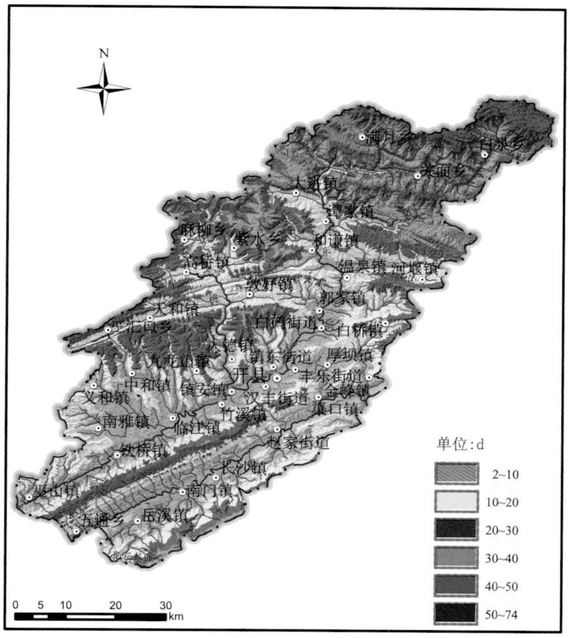

图 6.844 开县一般冻害日数

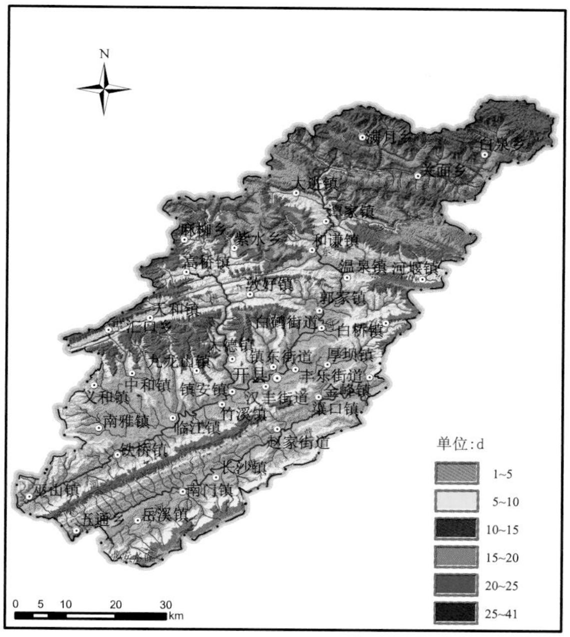

图 6.845 开县较重冻害日数

(3)万州区

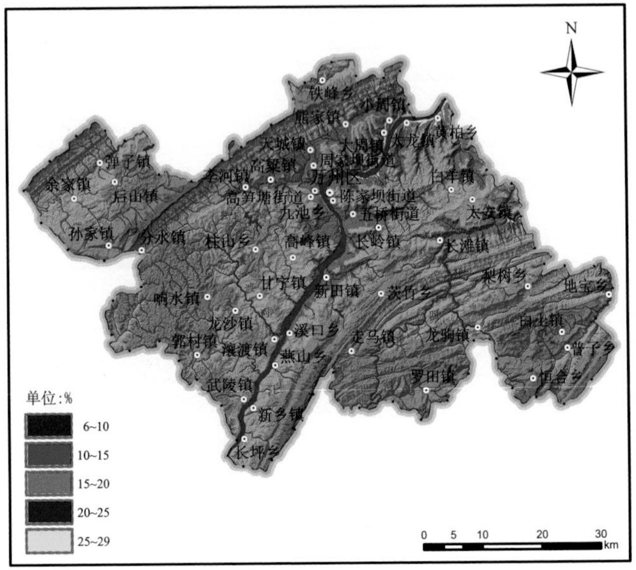

图6.846　万州区春季干旱发生频率

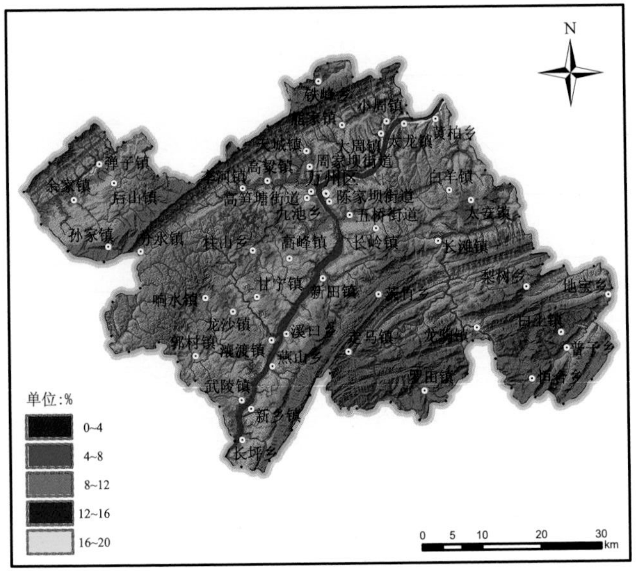

图6.847　万州区夏季干旱发生频率

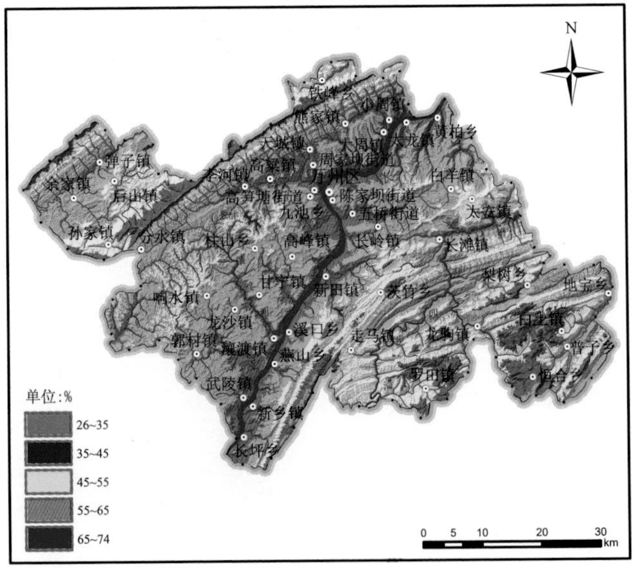

图6.848　万州区伏旱发生频率

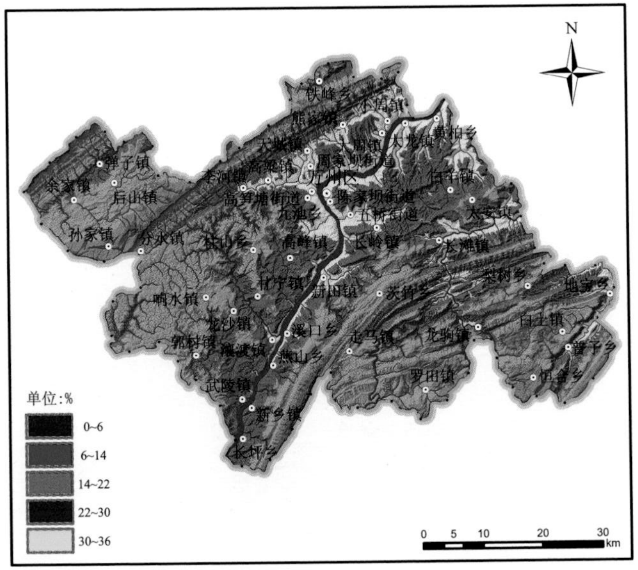

图6.849　万州区秋季干旱发生频率

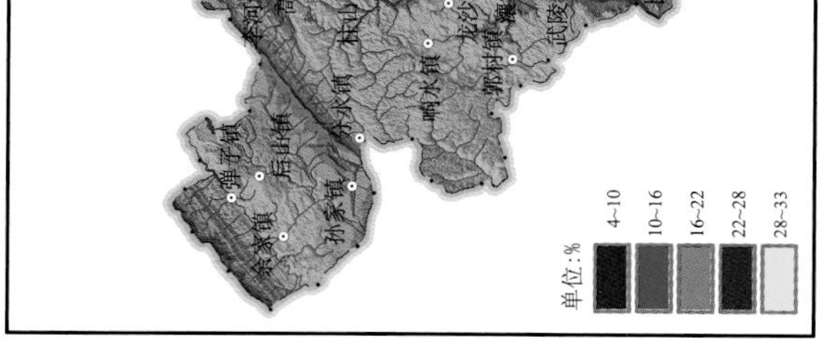

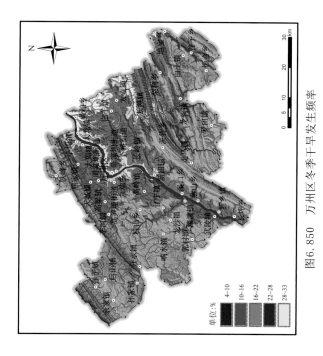

图6.850 万州区冬季干旱发生频率

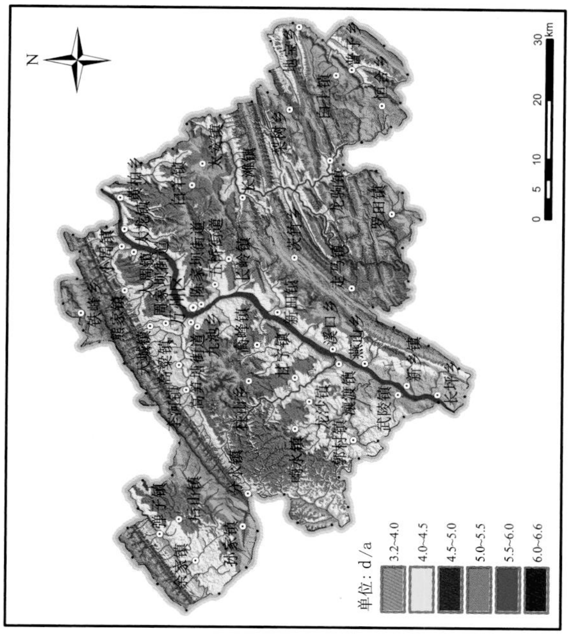

图6.851 万州区暴雨日数

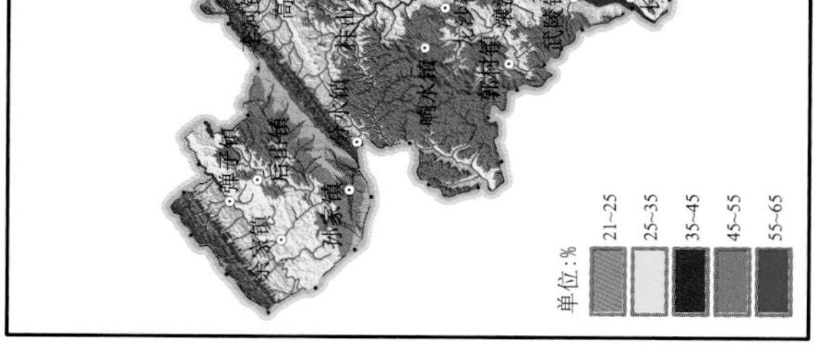

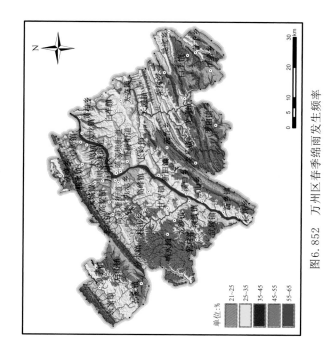

图6.852 万州区春季绵雨发生频率

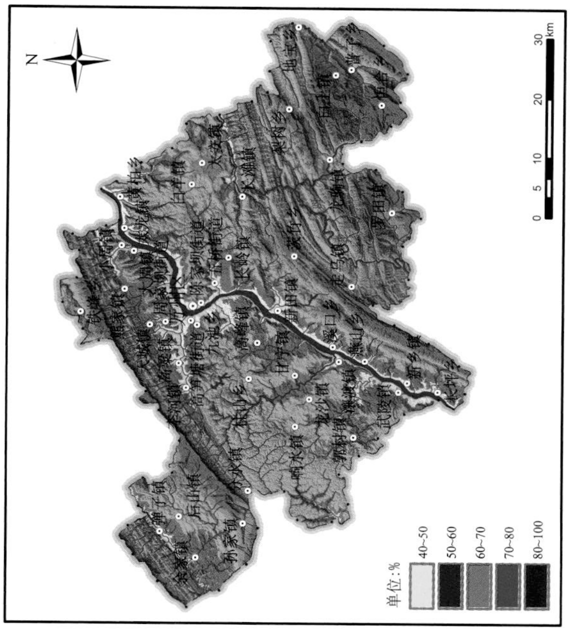

图6.853 万州区初夏绵雨发生频率

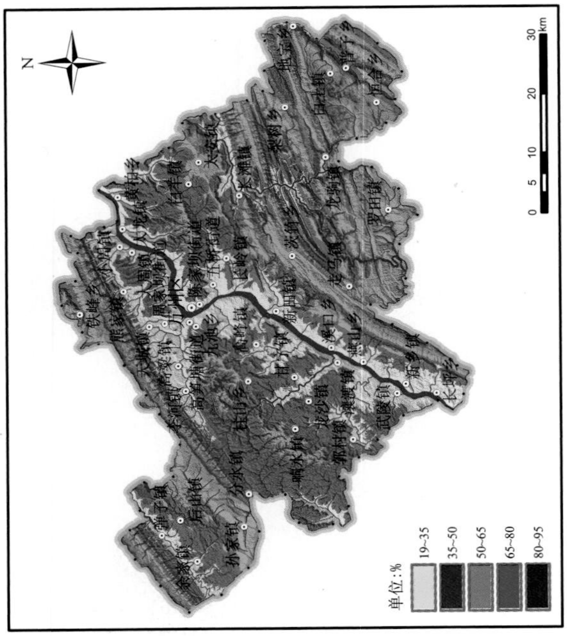

图6.854　万州区盛夏绵雨发生频率

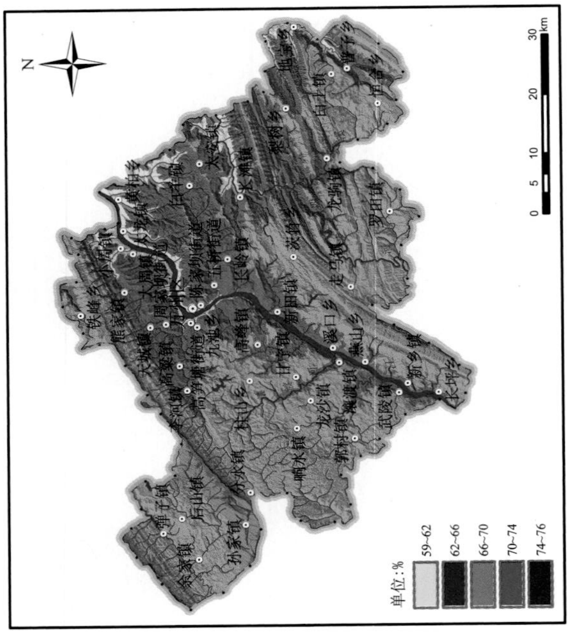

图6.855　万州区秋季绵雨发生频率

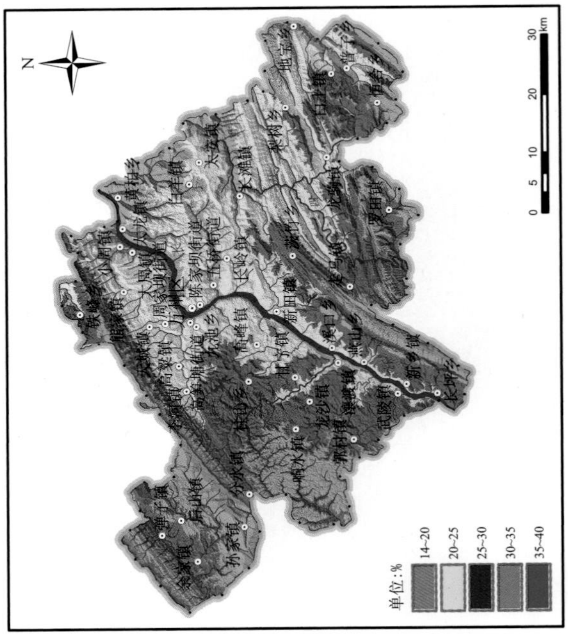

图6.856　万州区冬季绵雨发生频率

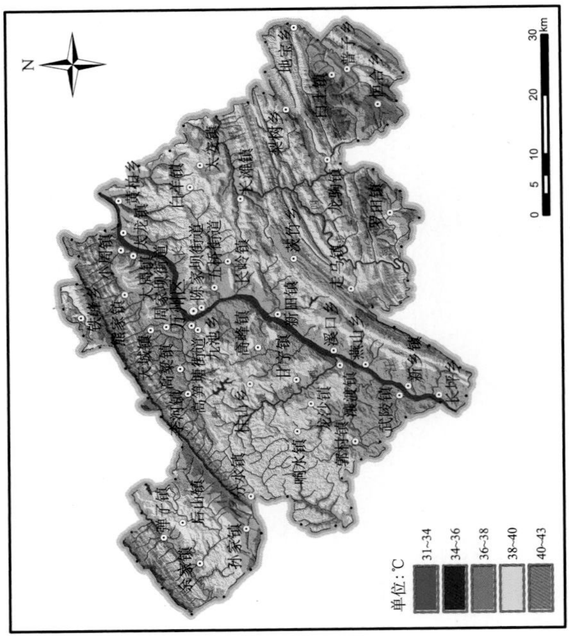

图6.857　万州区历史极端最高气温

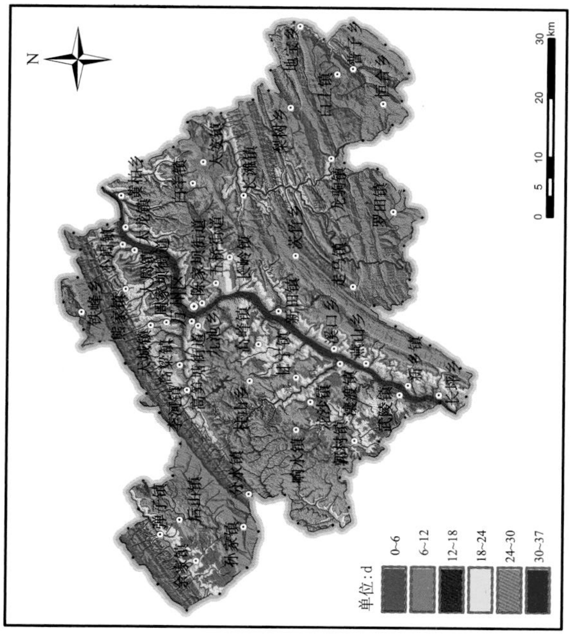

图6.858 万州区年日最高气温≥35 ℃日数

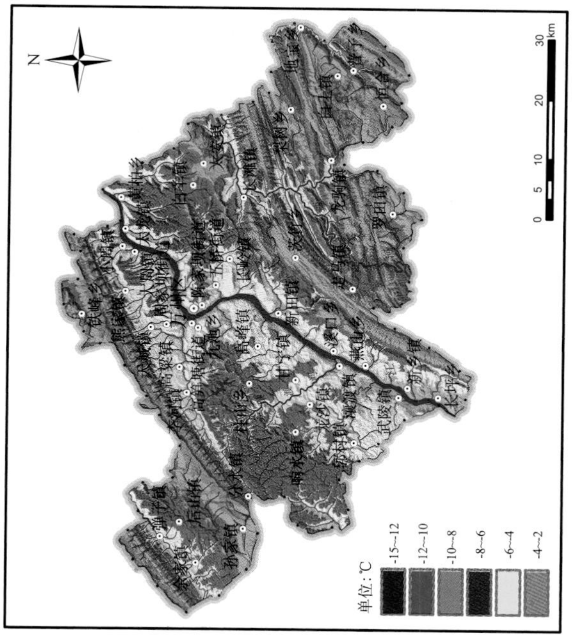

图6.859 万州区历史极端最低气温

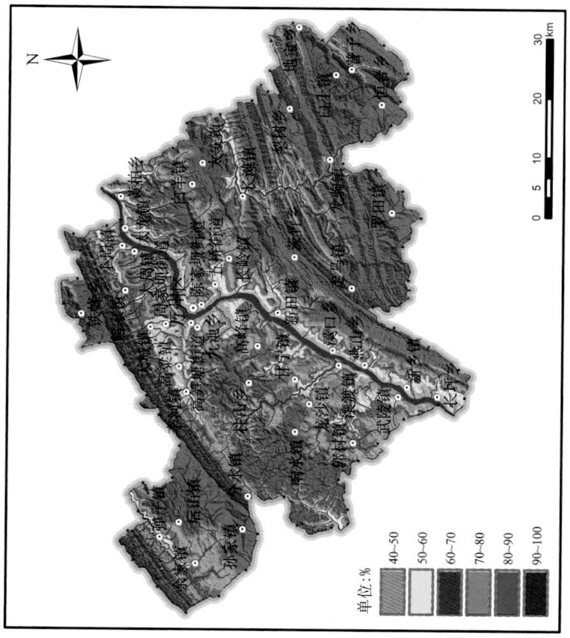

图6.860 万州区春季低温发生频率

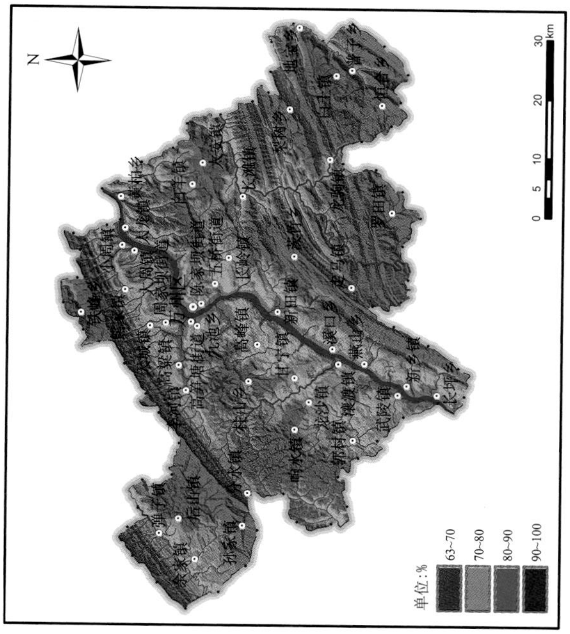

图6.861 万州区秋季低温发生频率

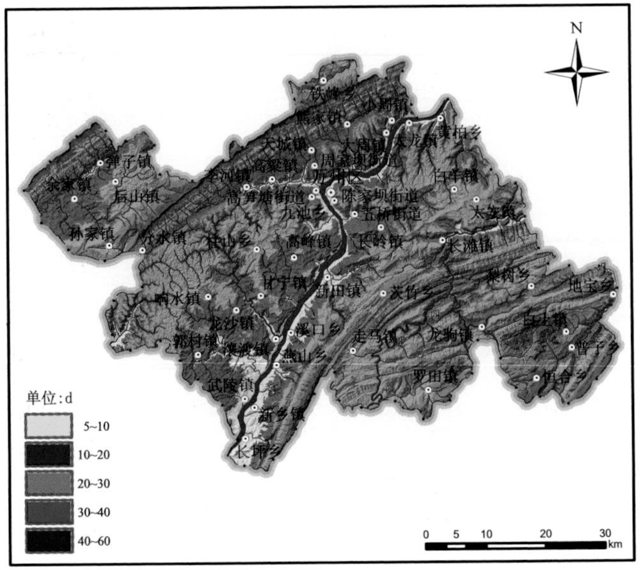

图6.862　万州区霜冻日数

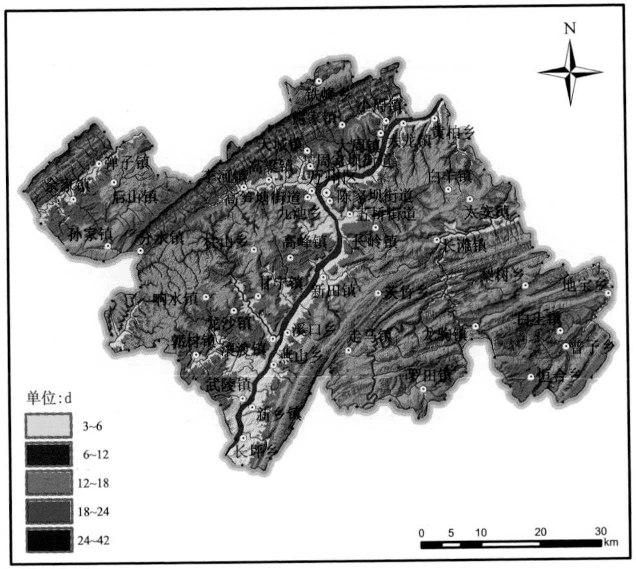

图6.863　万州区一般冻害日数

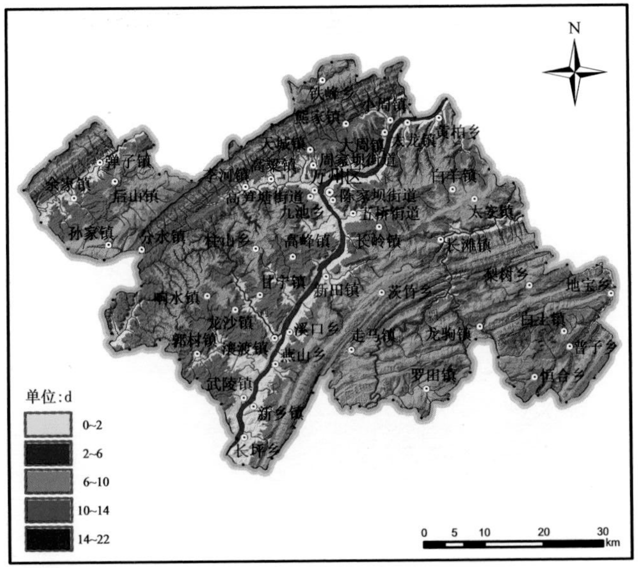

图6.864　万州区较重冻害日数

(4)忠县

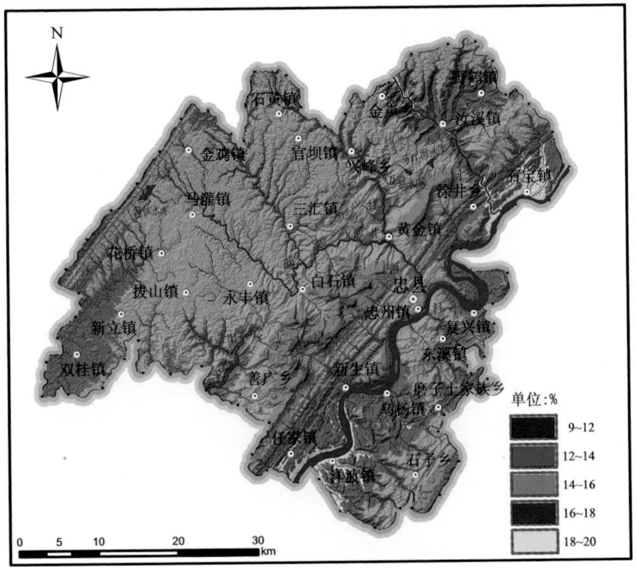

图6.865　忠县春季干旱发生频率

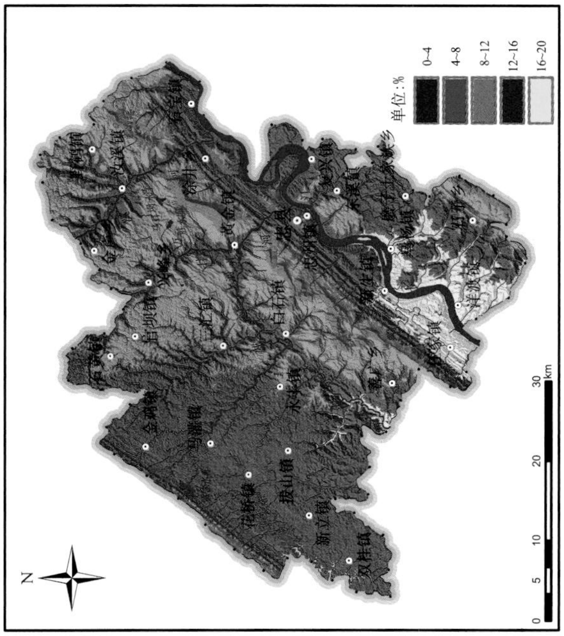

图6.866　忠县夏季干旱发生频率

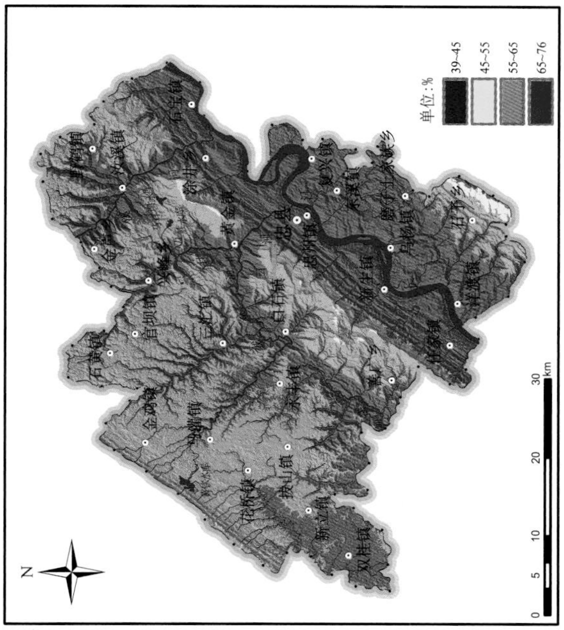

图6.867　忠县伏旱发生频率

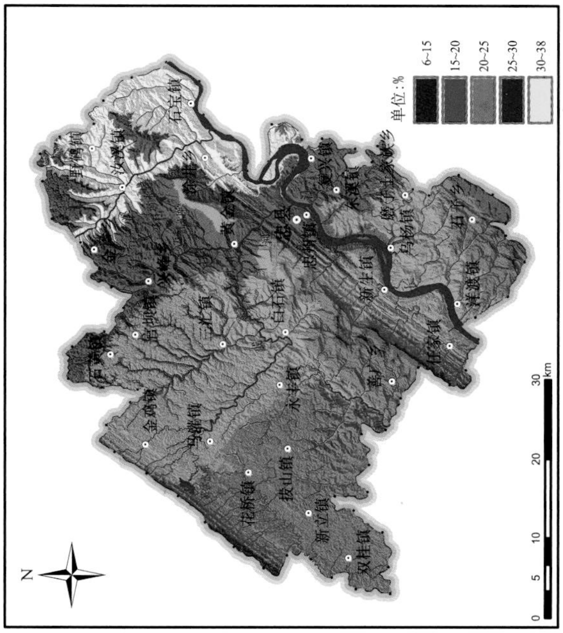

图6.868　忠县秋季干旱发生频率

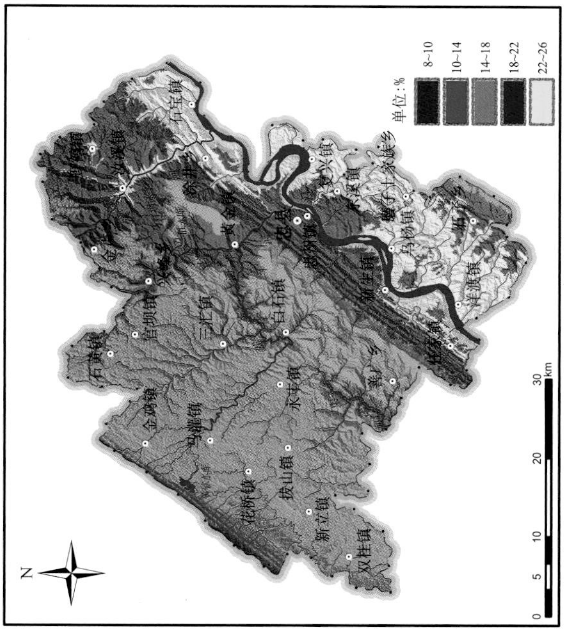

图6.869　忠县冬季干旱发生频率

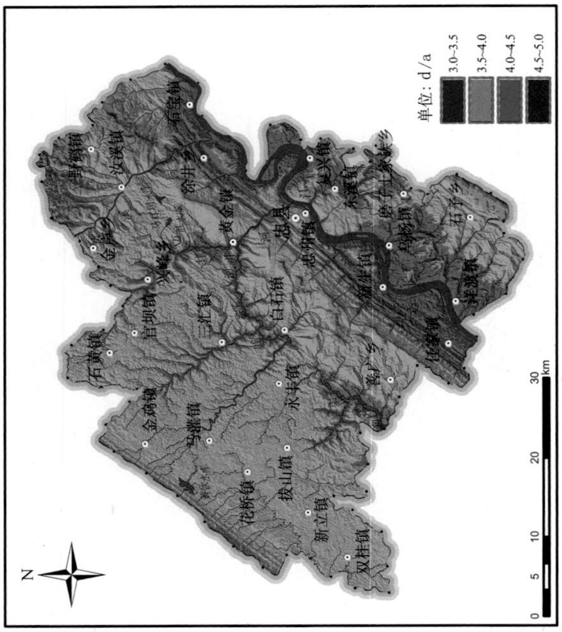

图6.870　忠县暴雨日数

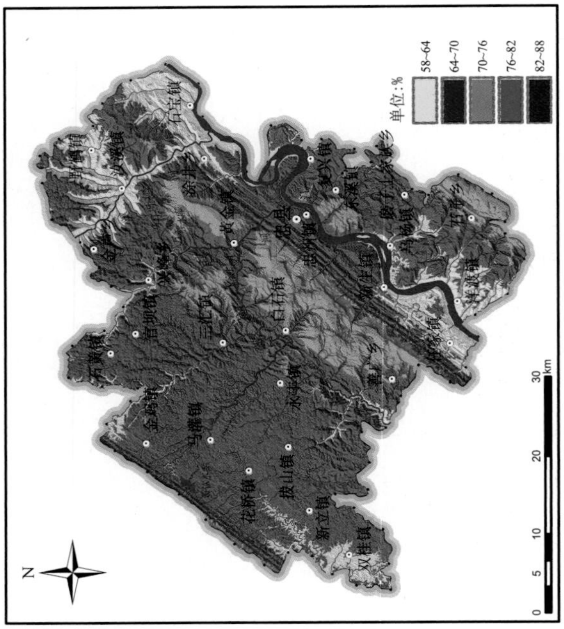

图6.871　忠县春季绵雨发生频率

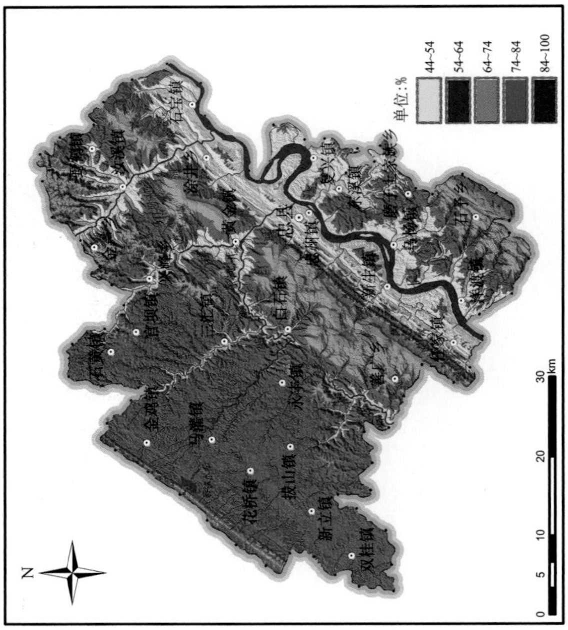

图6.872　忠县初夏绵雨发生频率

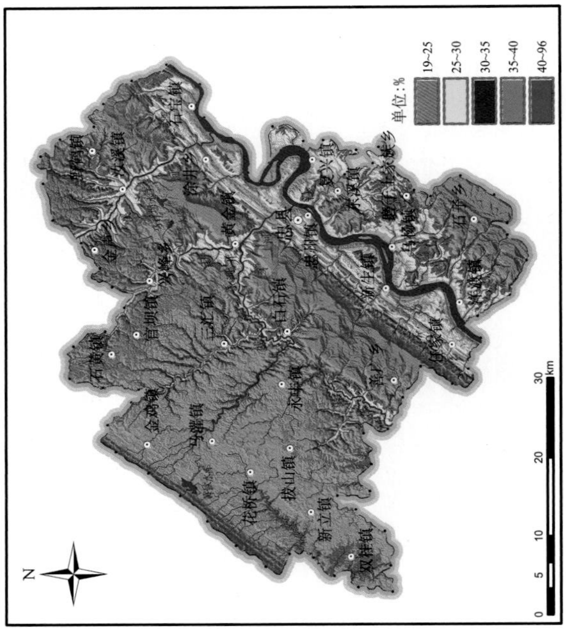

图6.873　忠县盛夏绵雨发生频率

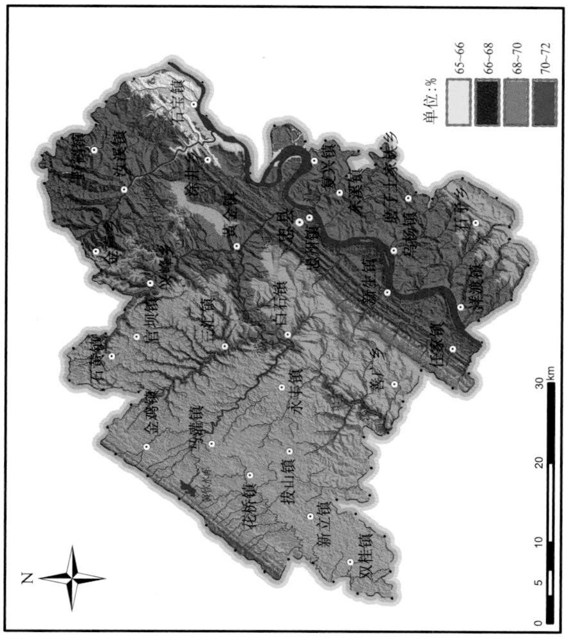

图6.874 忠县秋季绵雨发生频率

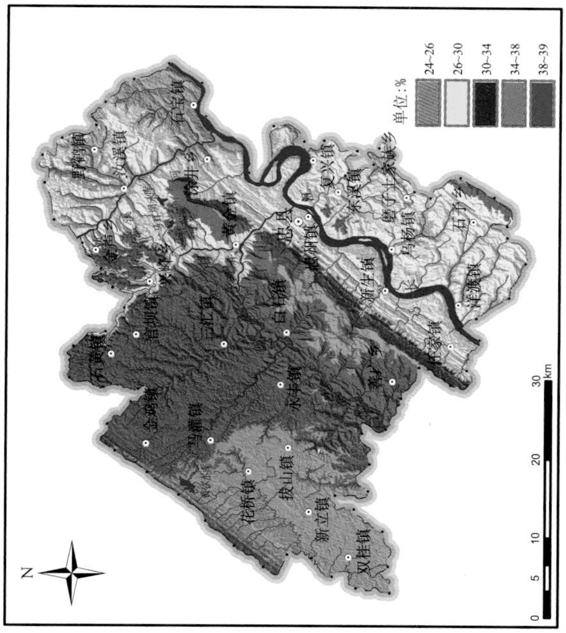

图6.875 忠县冬季绵雨发生频率

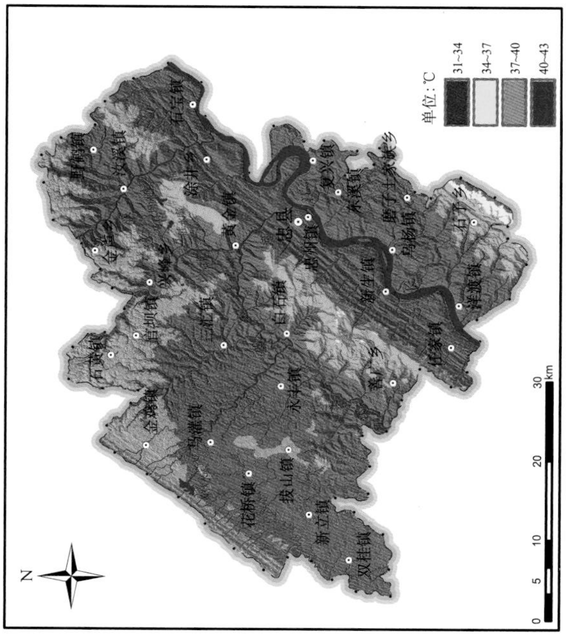

图6.876 忠县历史极端最高气温

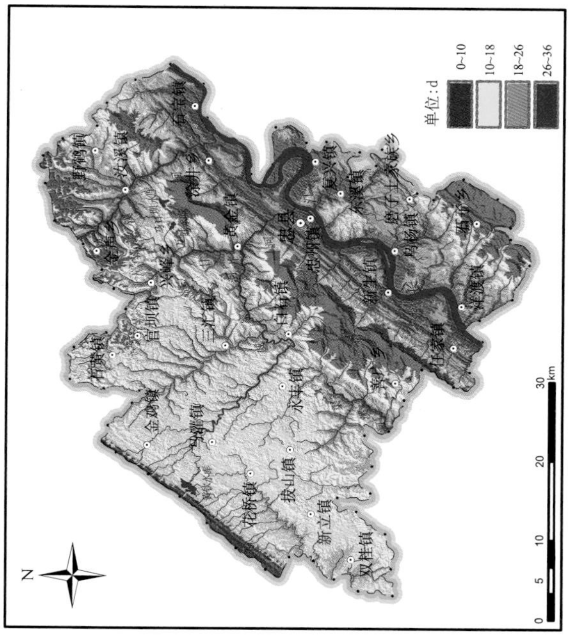

图6.877 忠县年日最高气温≥35 ℃日数

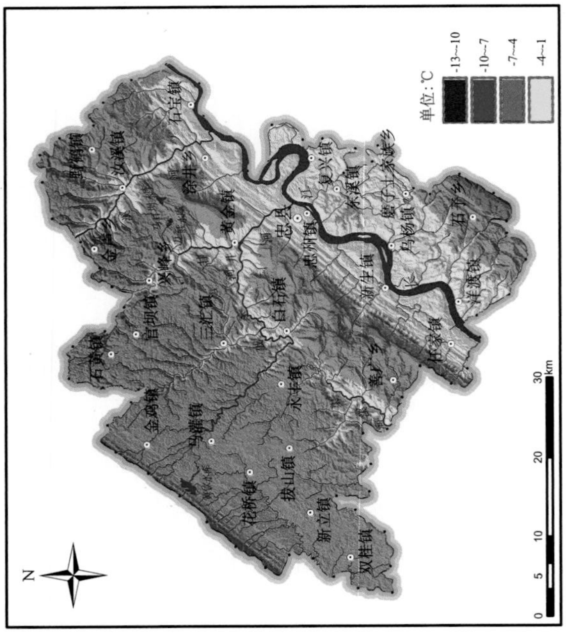

图6.878　忠县历史极端最低气温

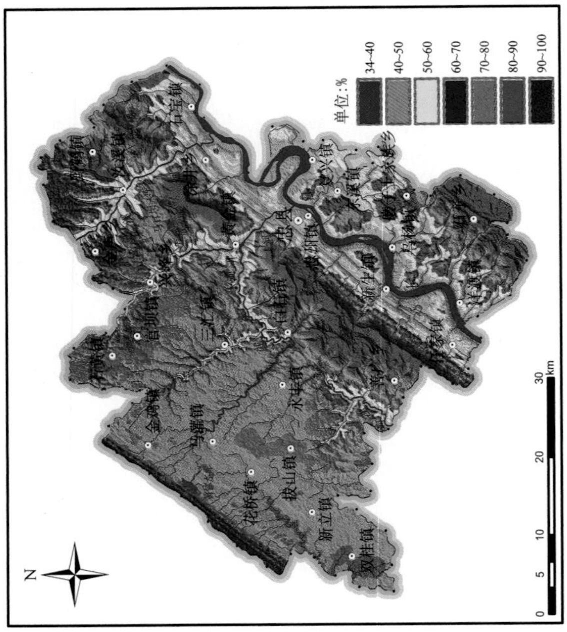

图6.879　忠县春季低温发生频率

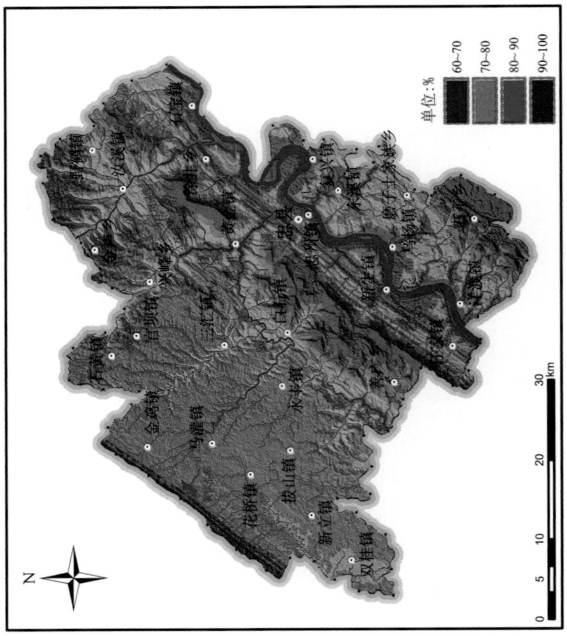

图6.880　忠县秋季低温发生频率

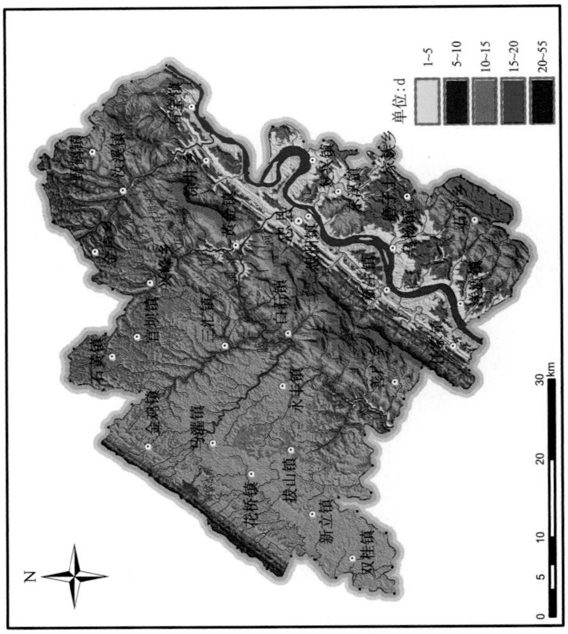

图6.881　忠县霜冻日数

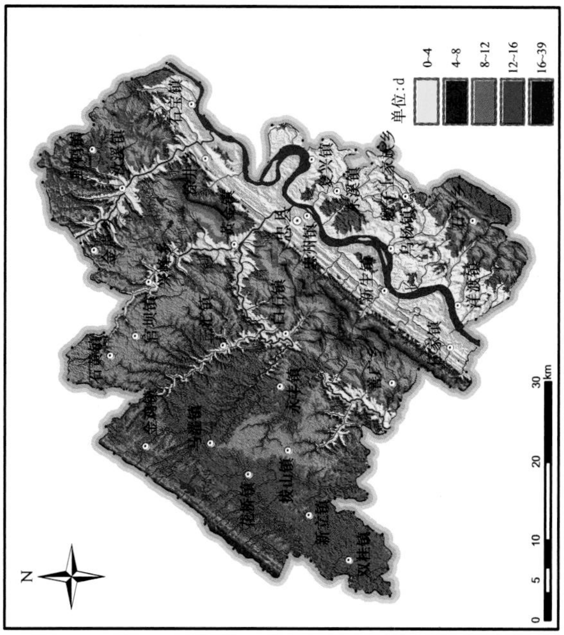

图6.882 忠县一般冻害日数

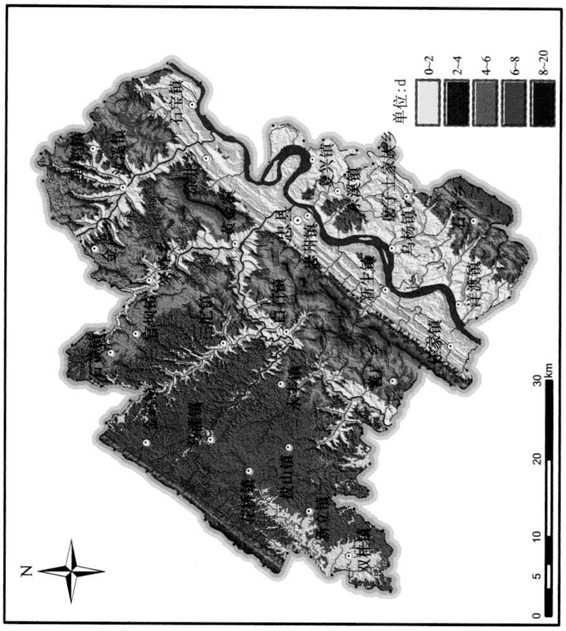

图6.883 忠县较重冻害日数

（5）黔江区

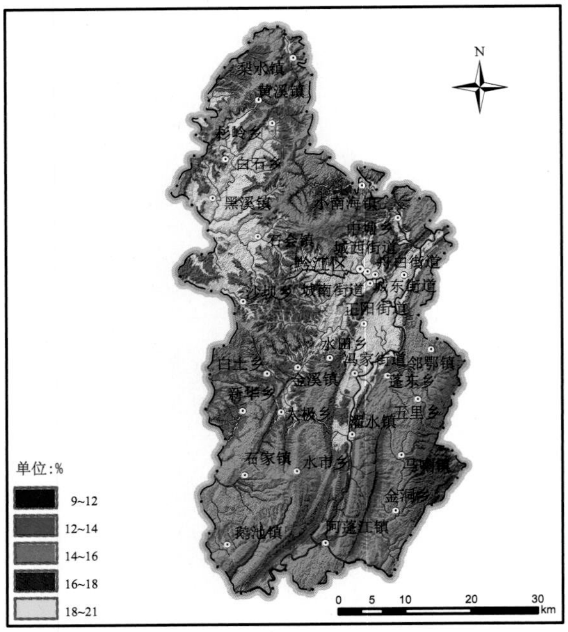

图 6.884　黔江区春季干旱发生频率

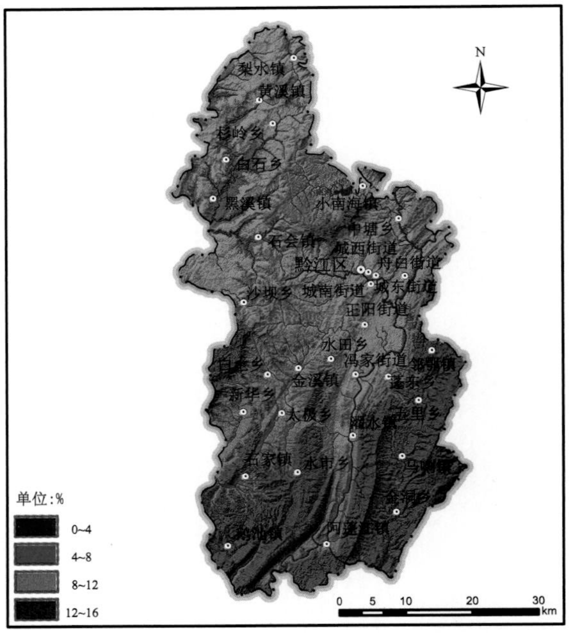

图 6.885　黔江区夏季干旱发生频率

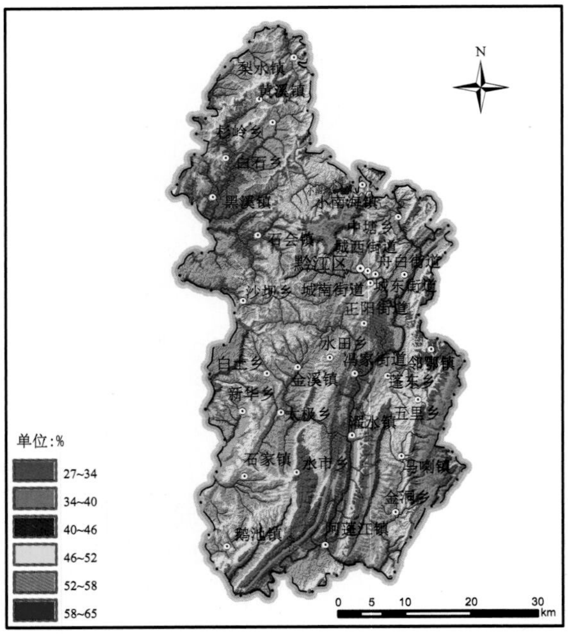

图 6.886　黔江区伏旱发生频率

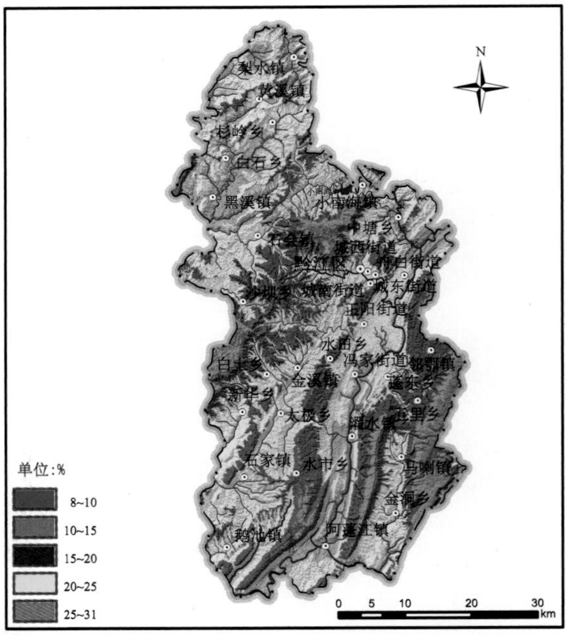

图 6.887　黔江区秋季干旱发生频率

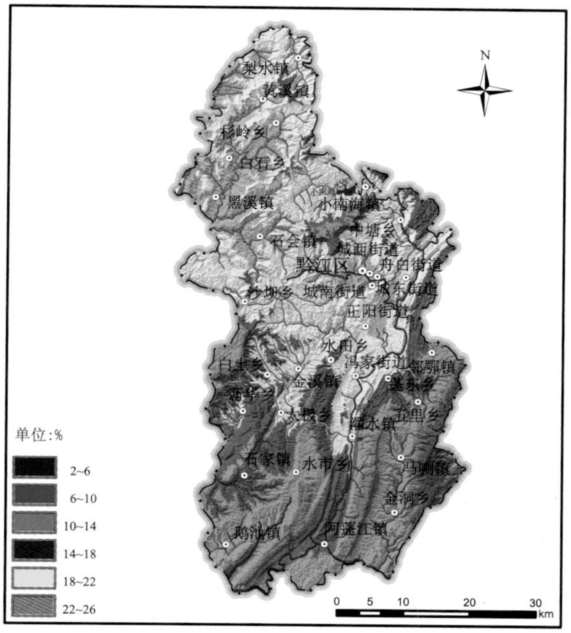

图 6.888 黔江区冬季干旱发生频率

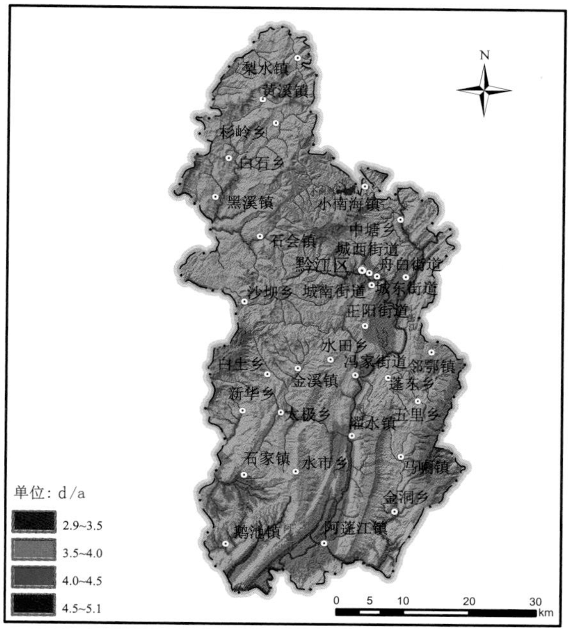

图 6.889 黔江区暴雨日数

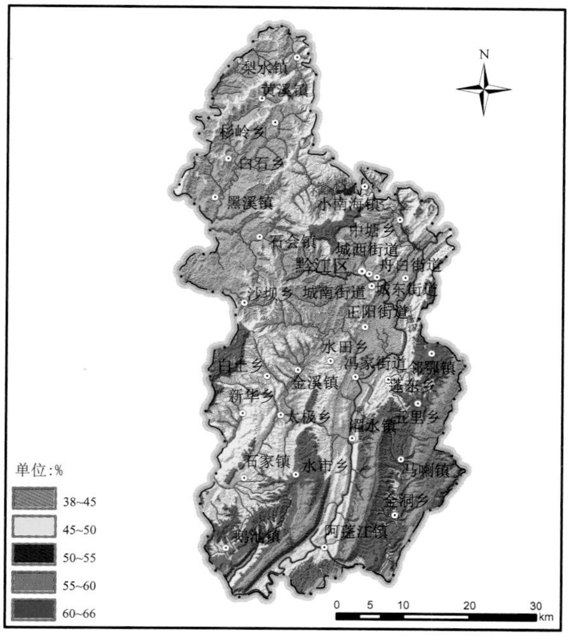

图 6.890 黔江区春季绵雨发生频率

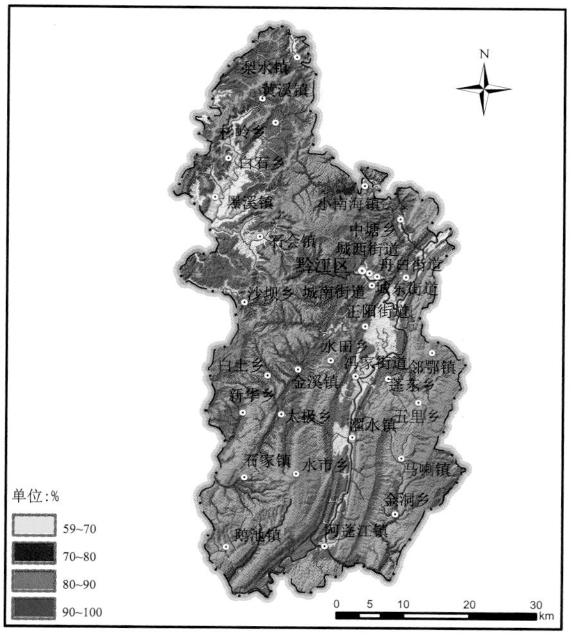

图 6.891 黔江区初夏绵雨发生频率

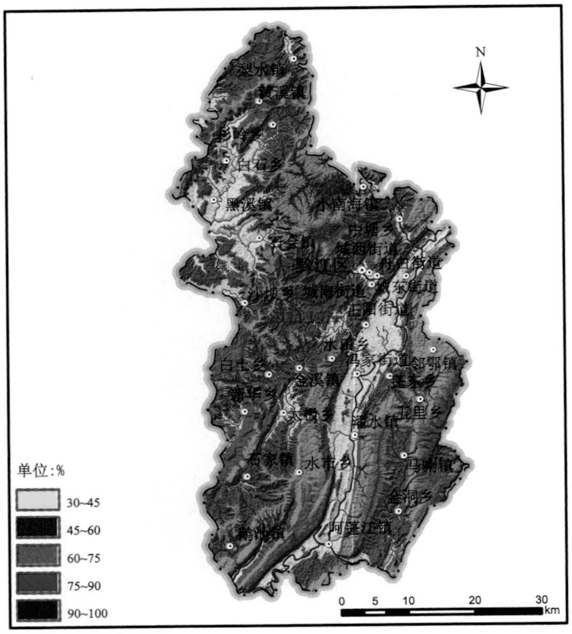

图 6.892 黔江区盛夏绵雨发生频率

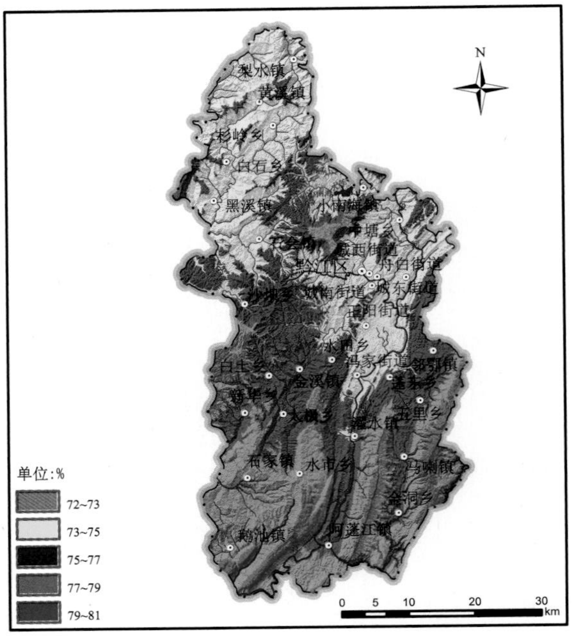

图 6.893 黔江区秋季绵雨发生频率

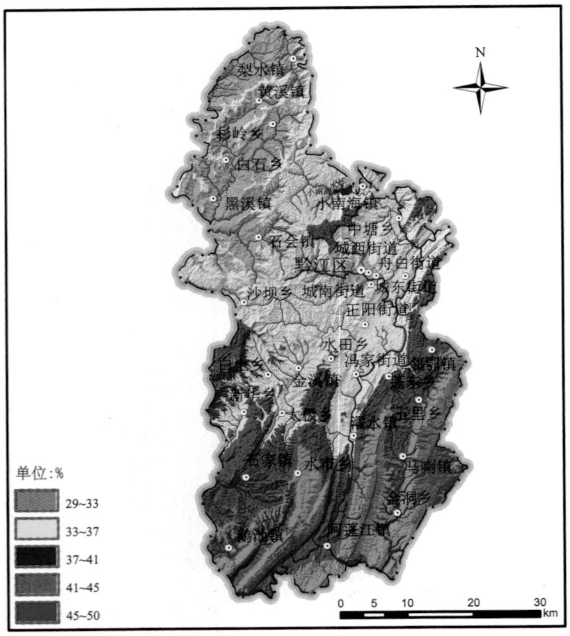

图 6.894 黔江区冬季绵雨发生频率

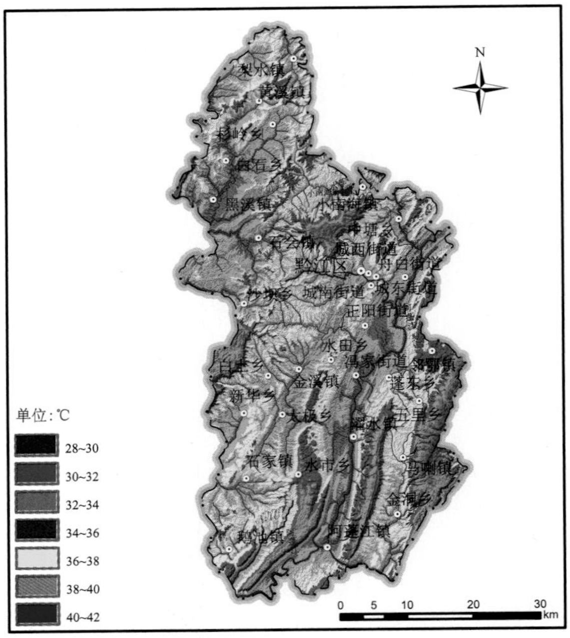

图 6.895 黔江区历史极端最高气温

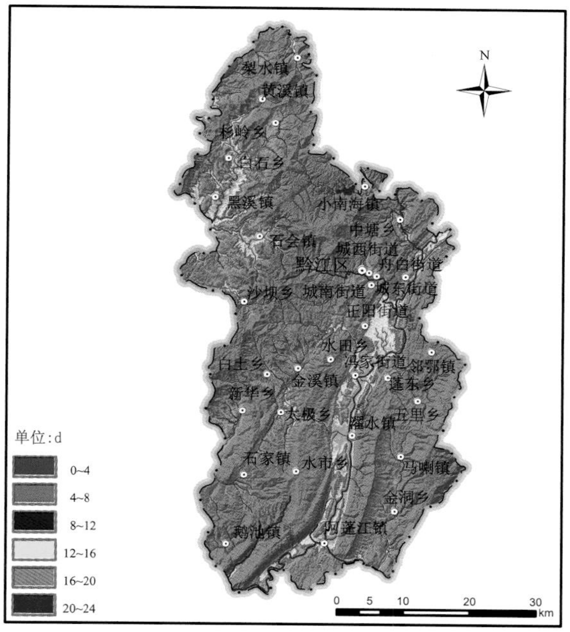

图 6.896 黔江区年日最高气温≥35 ℃日数

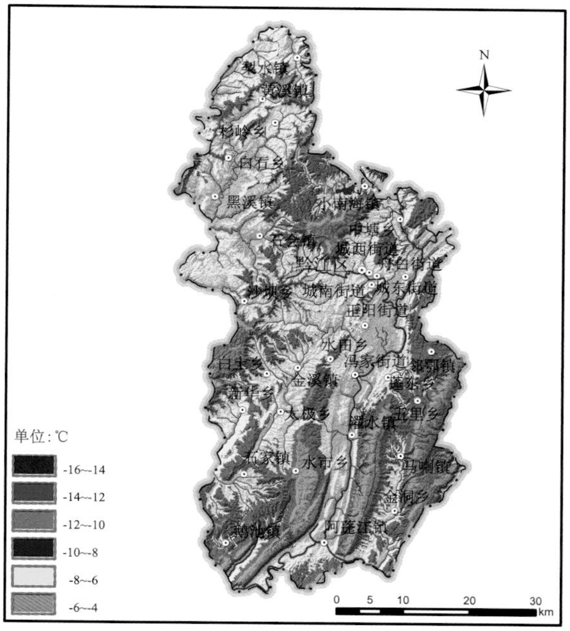

图 6.897 黔江区历史极端最低气温

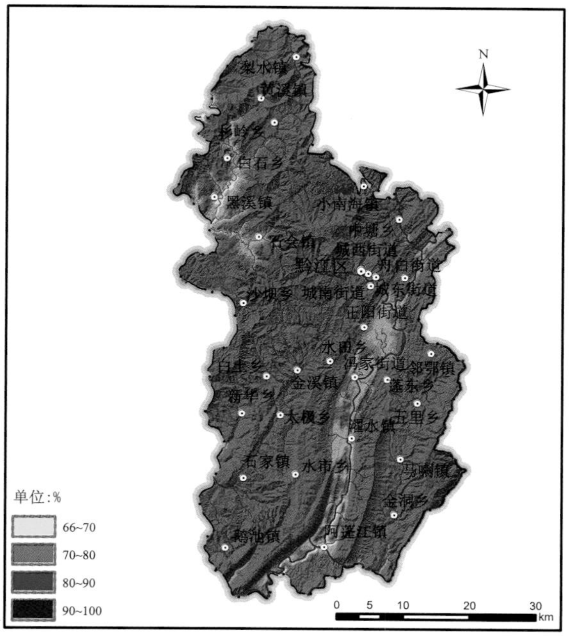

图 6.898 黔江区春季低温发生频率

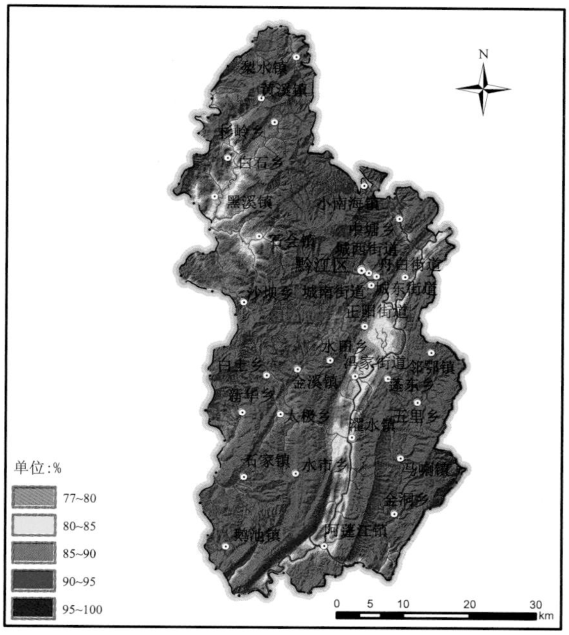

图 6.899 黔江区秋季低温发生频率

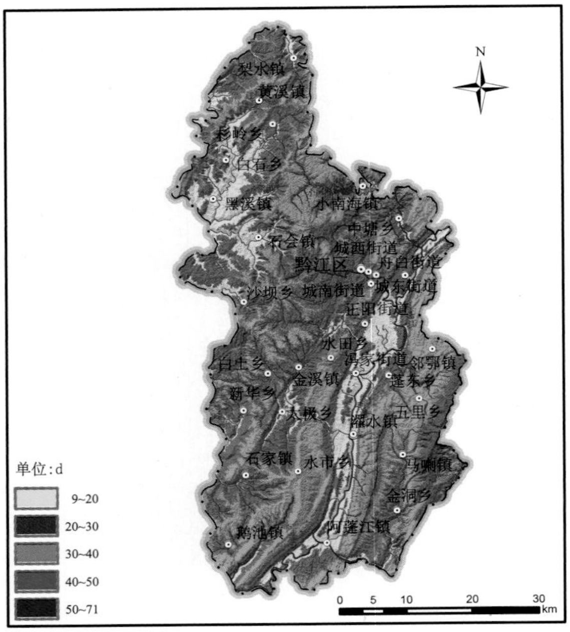

图 6.900 黔江区霜冻日数

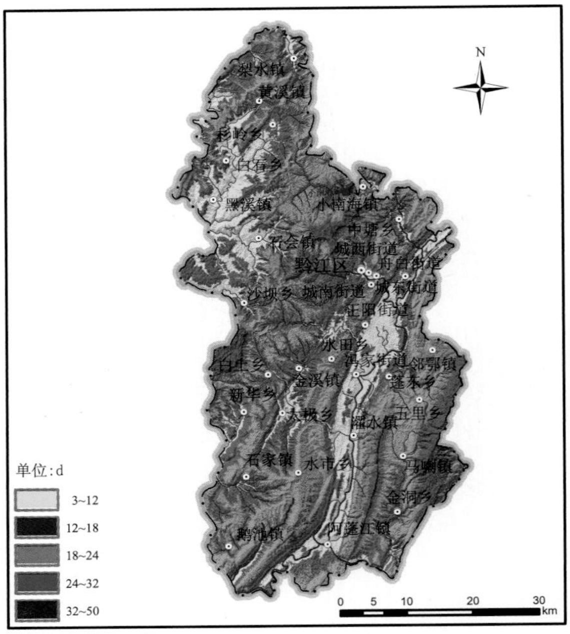

图 6.901 黔江区一般冻害日数

(6)酉阳县

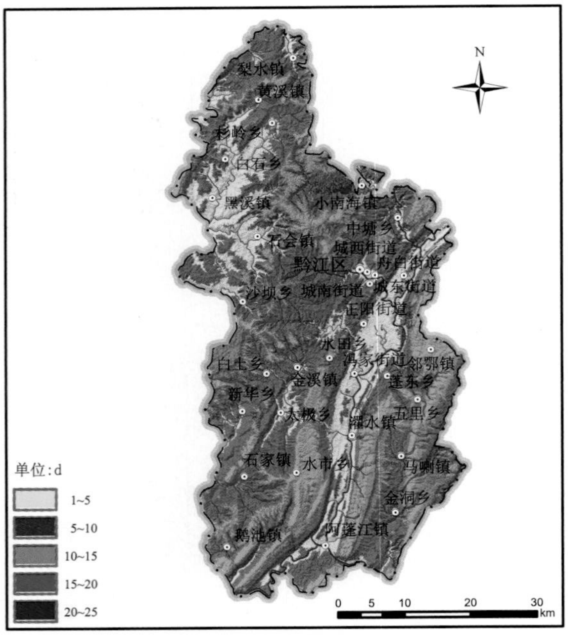

图 6.902 黔江区较重冻害日数

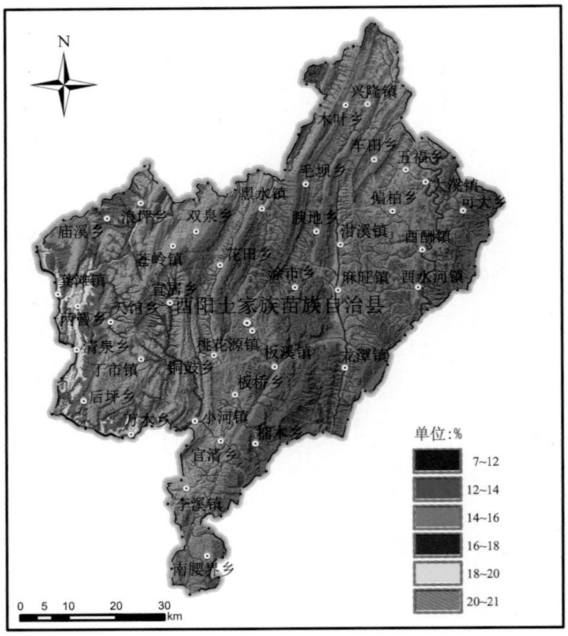

图 6.903 酉阳县春季干旱发生频率

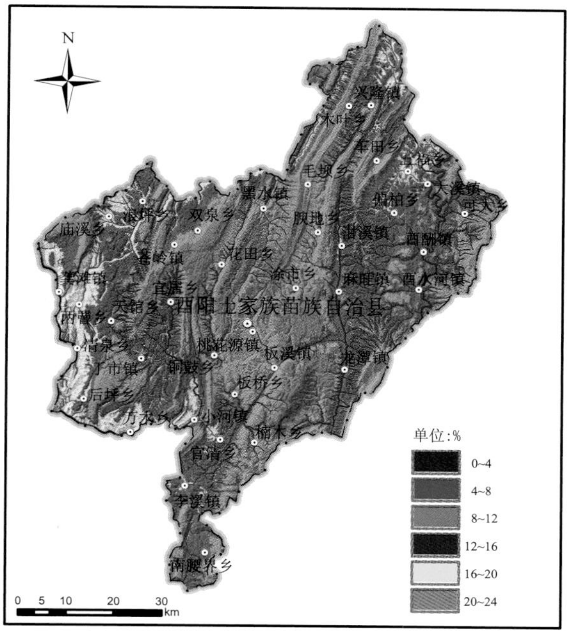

图 6.904 酉阳县夏季干旱发生频率

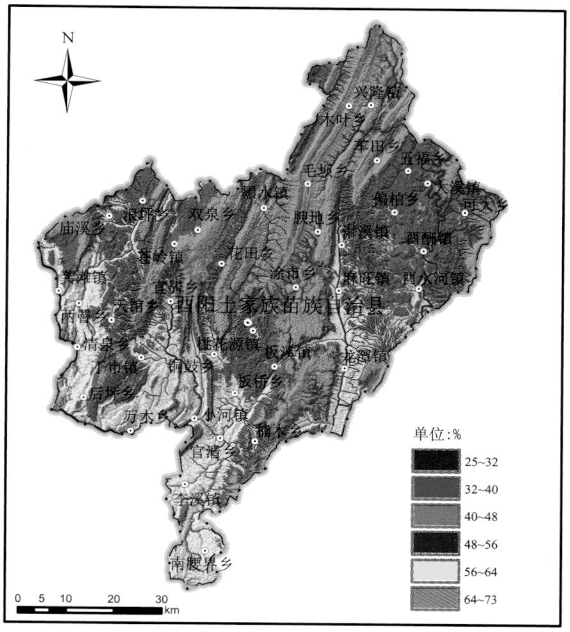

图 6.905 酉阳县伏旱发生频率

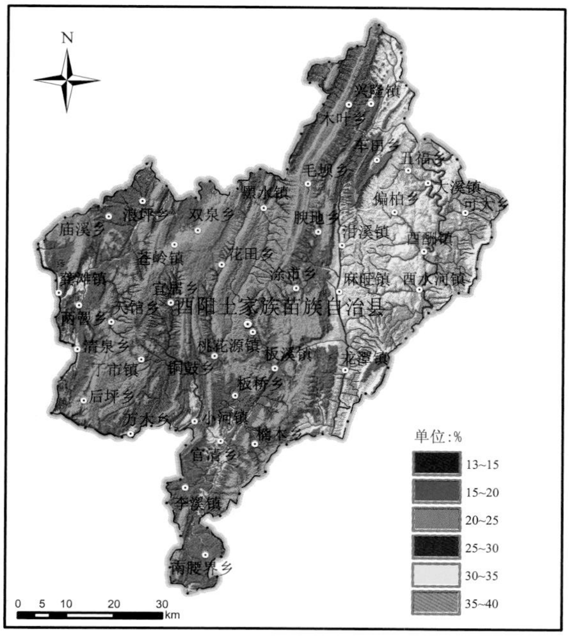

图 6.906 酉阳县秋季干旱发生频率

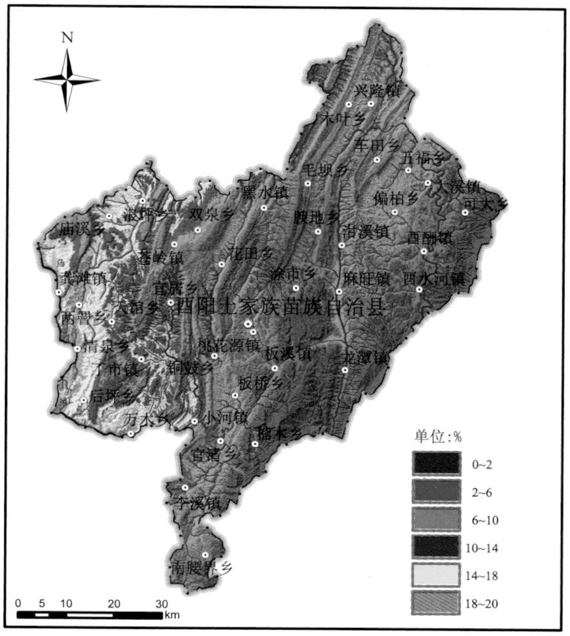

图 6.907 酉阳县冬季干旱发生频率

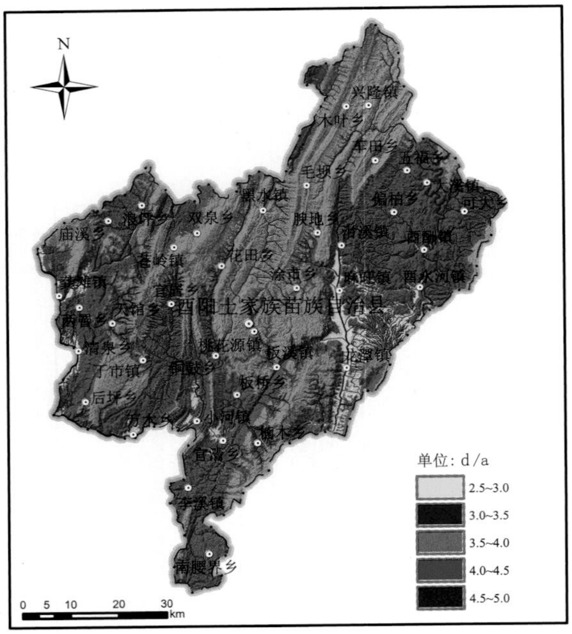

图 6.908　酉阳县暴雨日数

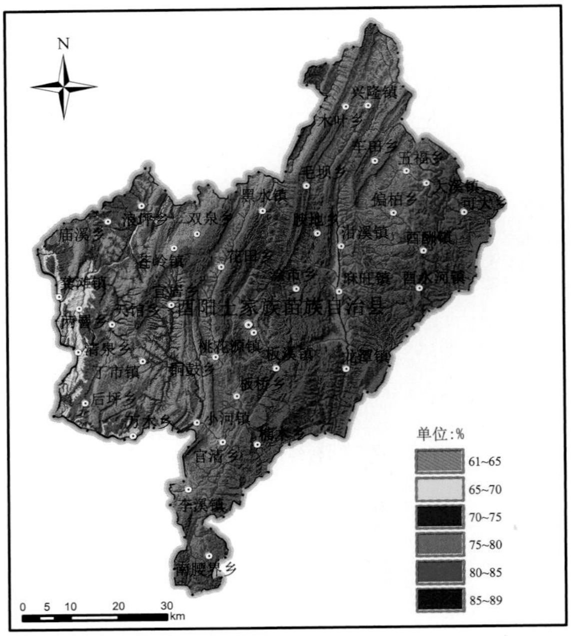

图 6.909　酉阳县春季绵雨发生频率

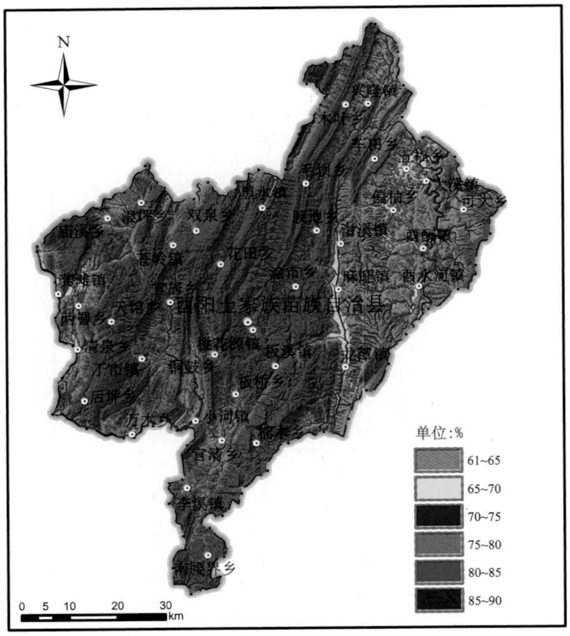

图 6.910　酉阳县初夏绵雨发生频率

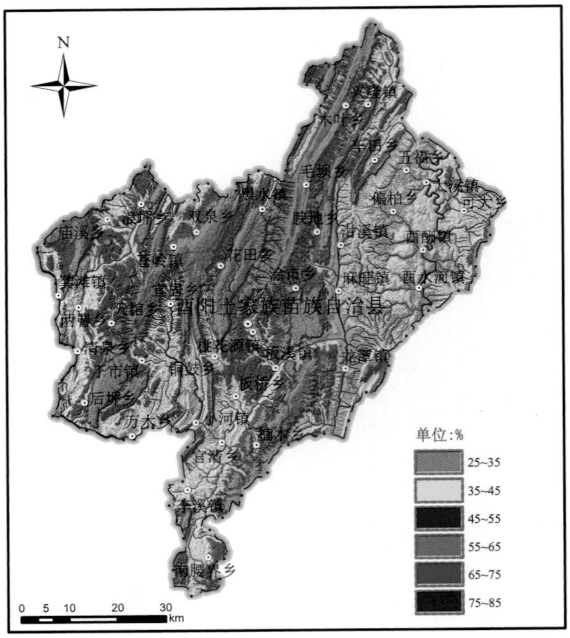

图 6.911　酉阳县盛夏绵雨发生频率

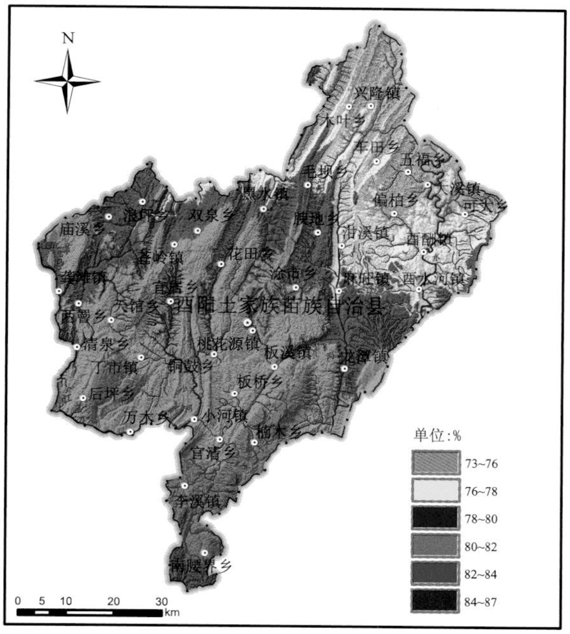

图 6.912　酉阳县秋季绵雨发生频率

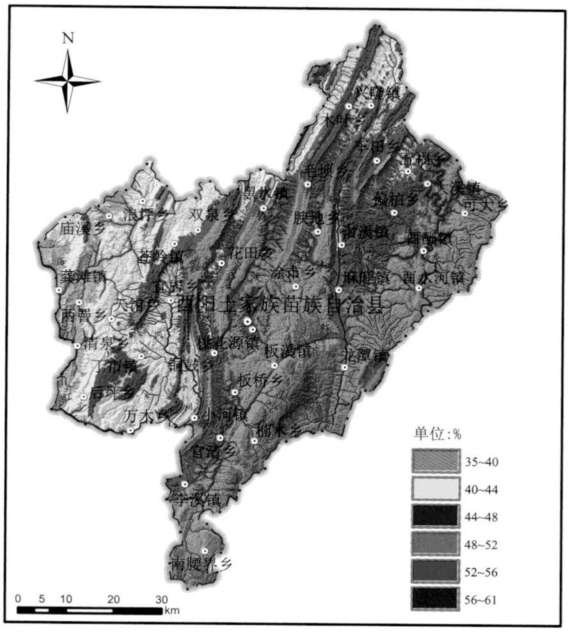

图 6.913　酉阳县冬季绵雨发生频率

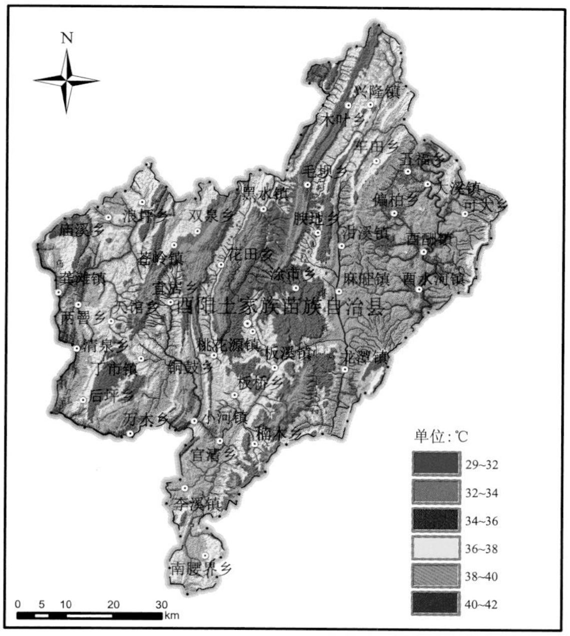

图 6.914　酉阳县历史极端最高气温

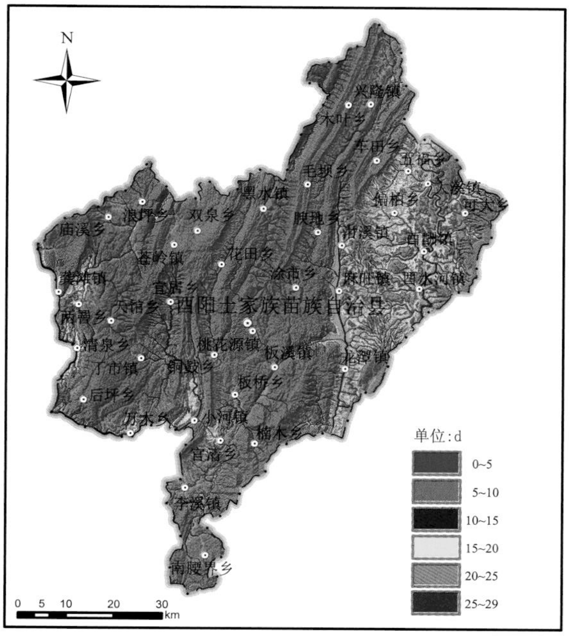

图 6.915　酉阳县年日最高气温≥35 ℃日数

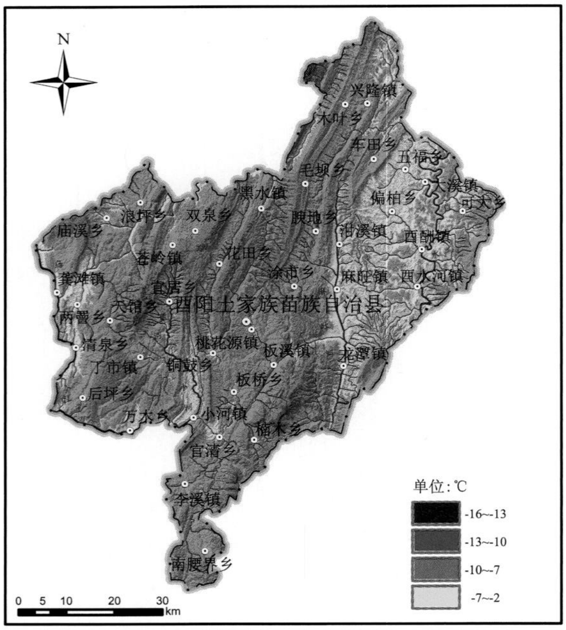

图 6.916　酉阳县历史极端最低气温

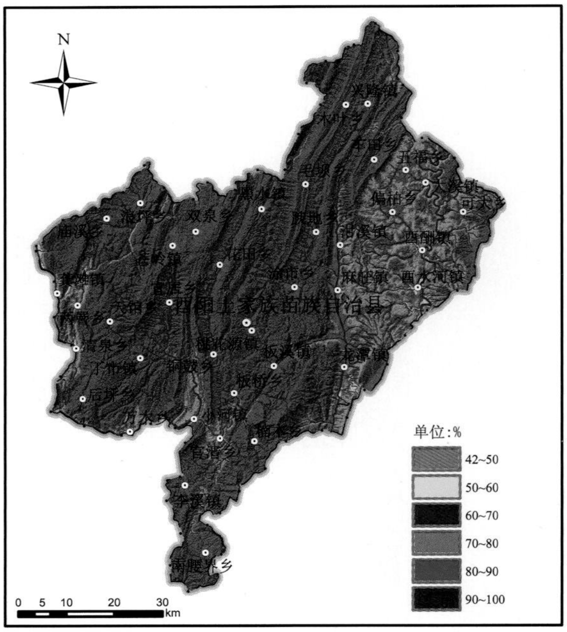

图 6.917　酉阳县春季低温发生频率

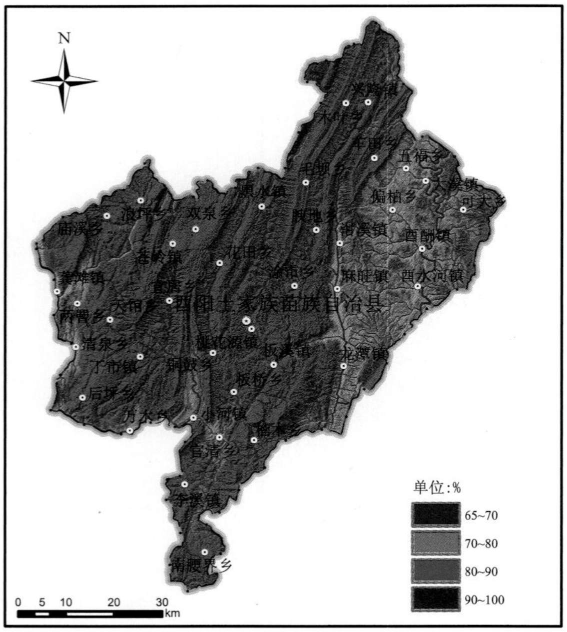

图 6.918　酉阳县秋季低温发生频率

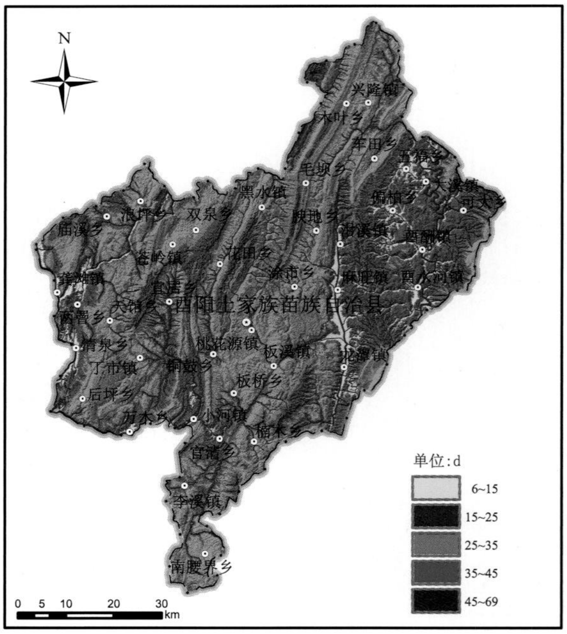

图 6.919　酉阳县霜冻日数

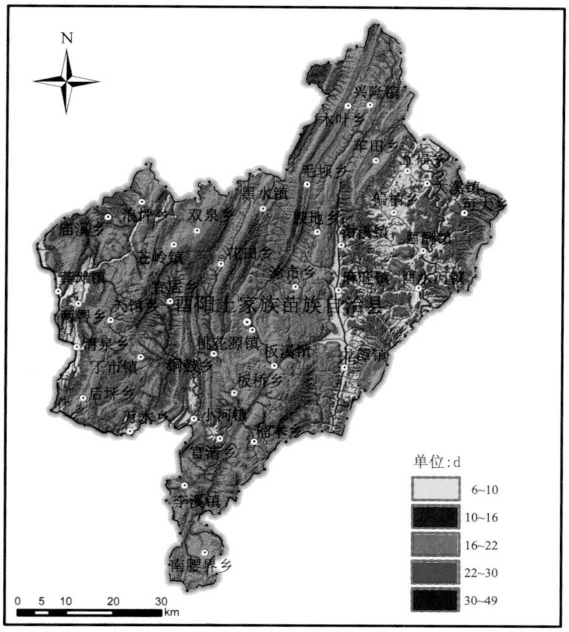

图 6.920　酉阳县一般冻害日数

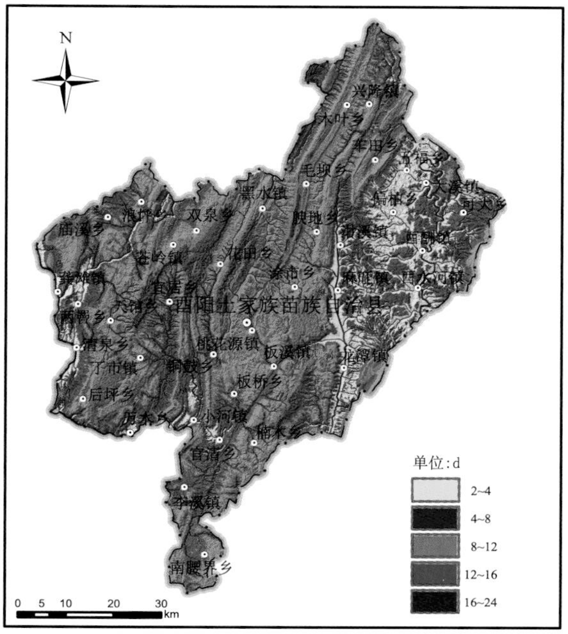

图 6.921　酉阳县较重冻害日数

(7)涪陵区

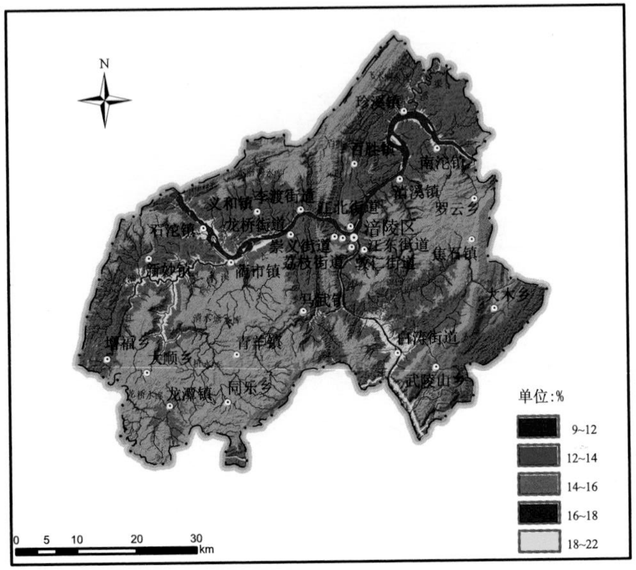

图6.922　涪陵区春季干旱发生频率

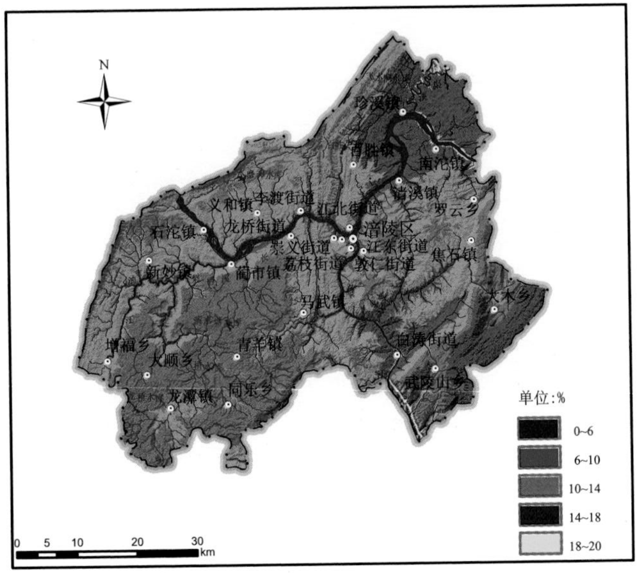

图6.923　涪陵区夏季干旱发生频率

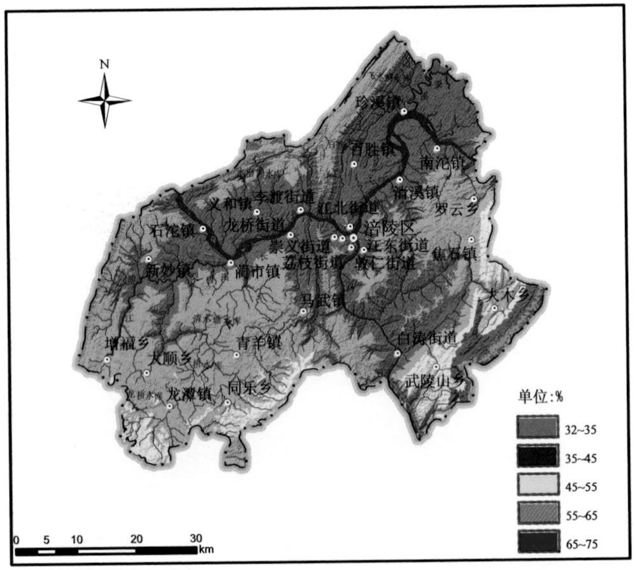

图6.924　涪陵区伏旱发生频率

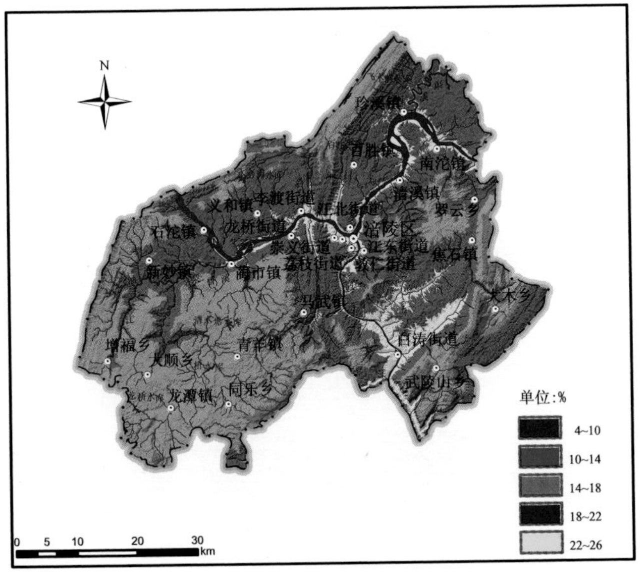

图6.925　涪陵区秋季干旱发生频率

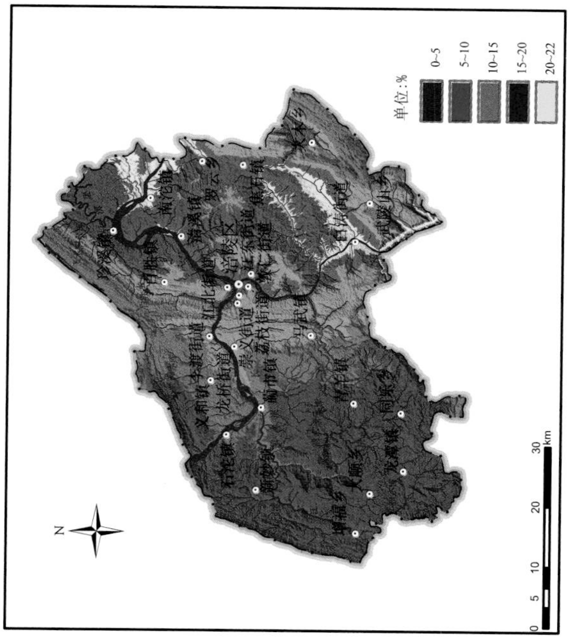

图6.926 涪陵区冬季干旱发生频率

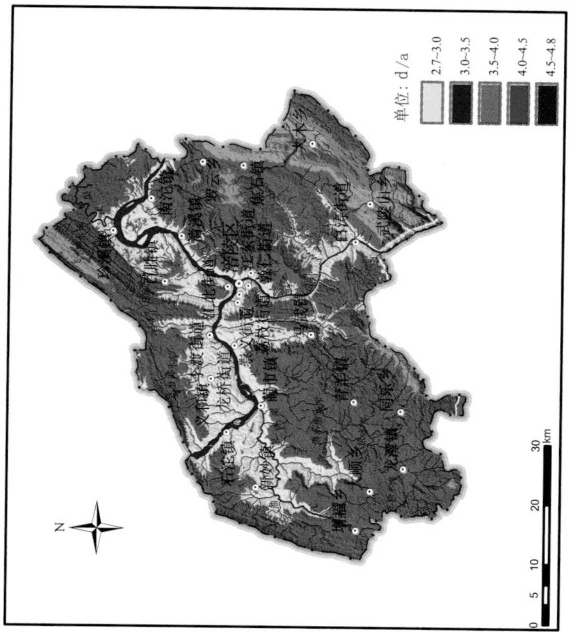

图6.927 涪陵区暴雨日数

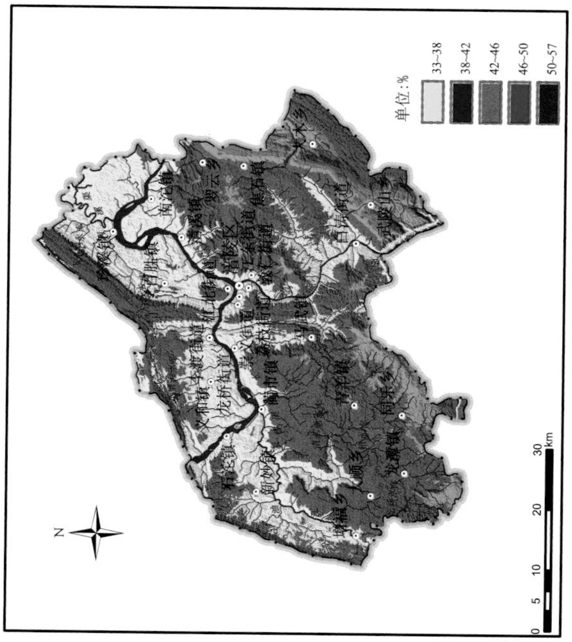

图6.928 涪陵区春季绵雨发生频率

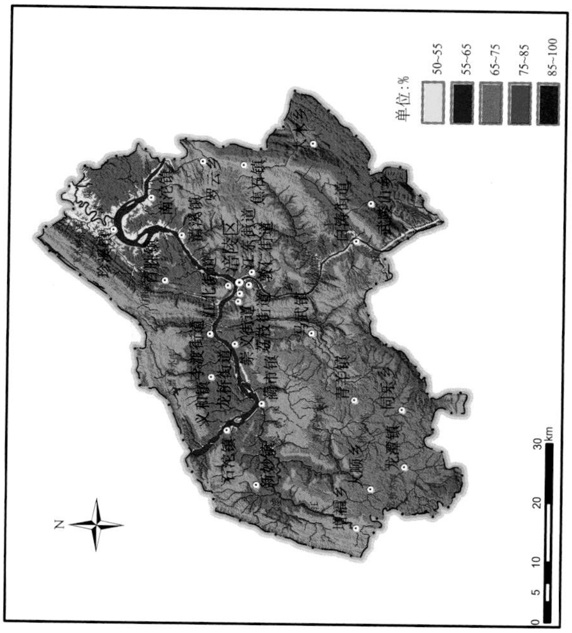

图6.929 涪陵区初夏绵雨发生频率

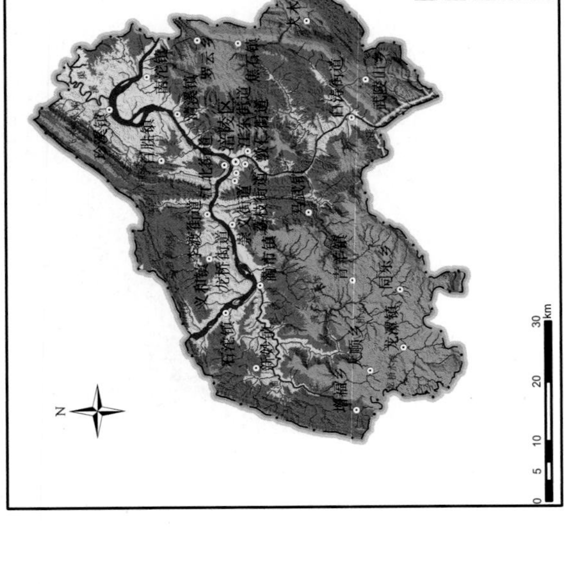

图6.930 涪陵区盛夏绵雨发生频率

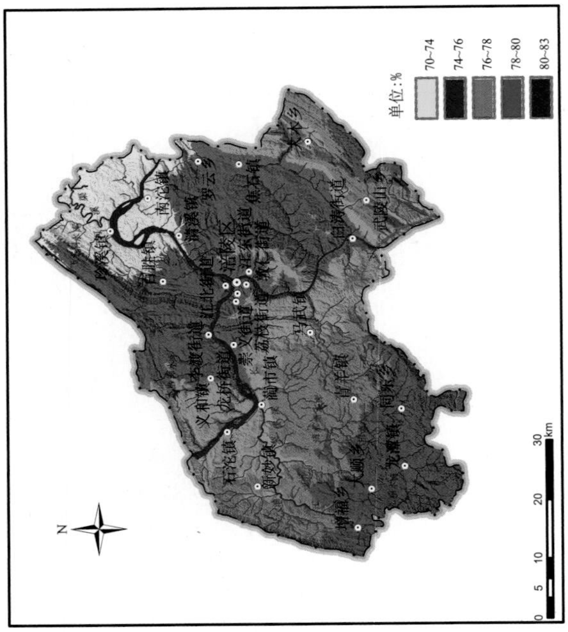

图6.931 涪陵区秋季绵雨发生频率

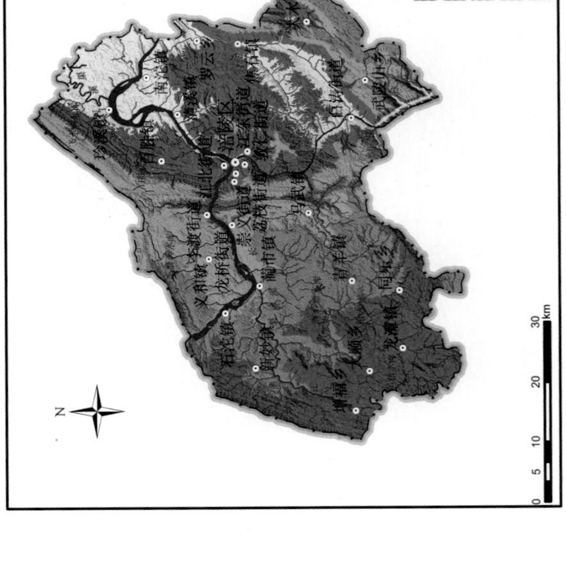

图6.932 涪陵区冬季绵雨发生频率

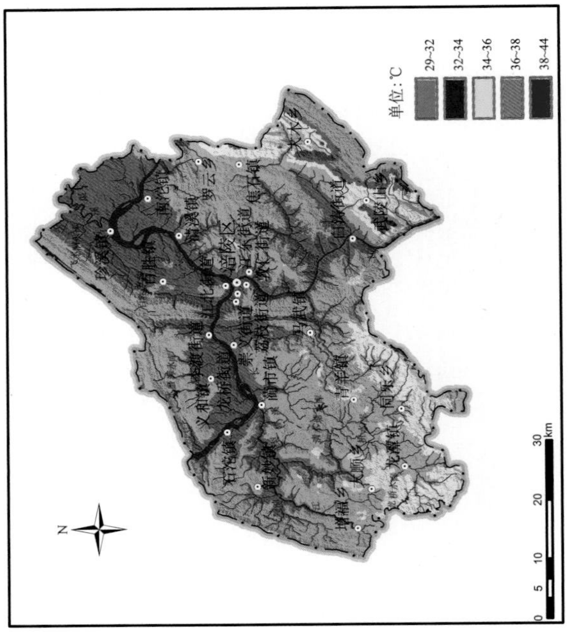

图6.933 涪陵区历史极端最高气温

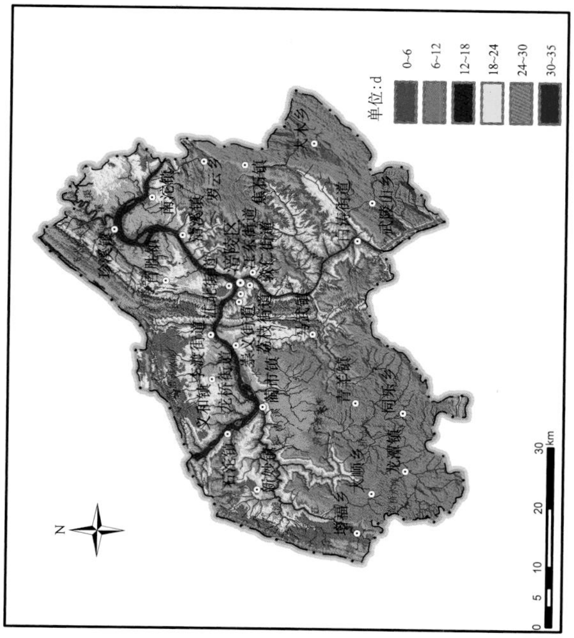

图6.934　涪陵区年日最高气温≥35 ℃日数

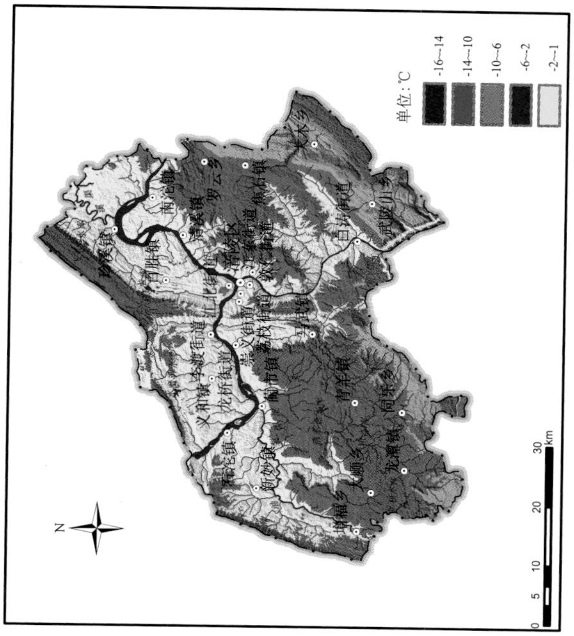

图6.935　涪陵区历史极端最低气温

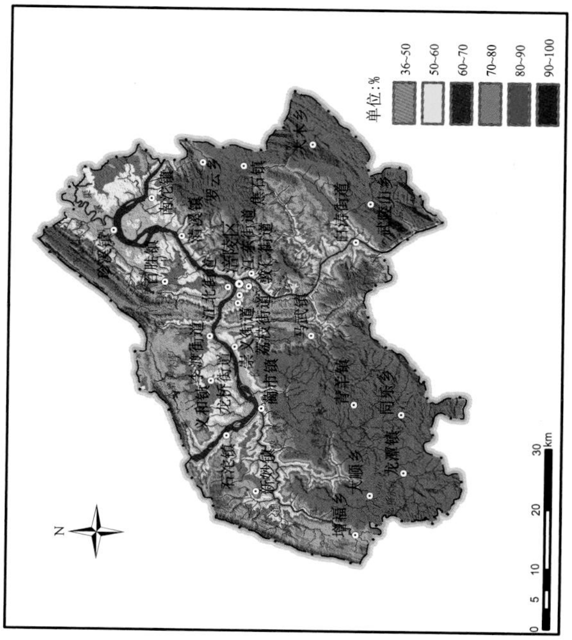

图6.936　涪陵区春季低温发生频率

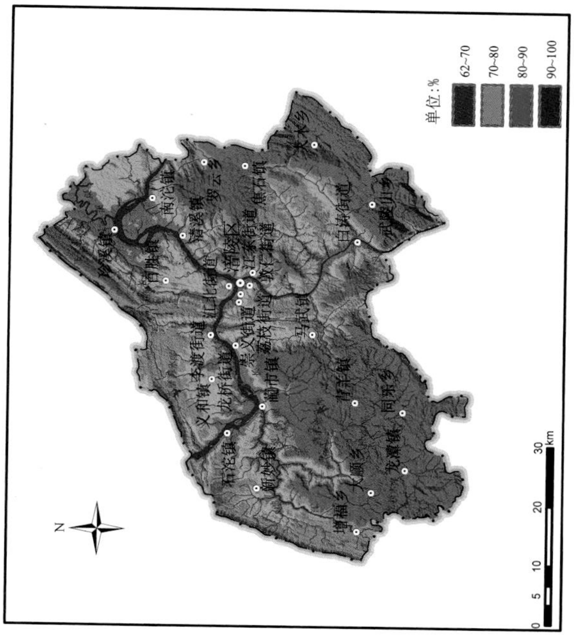

图6.937　涪陵区秋季低温发生频率

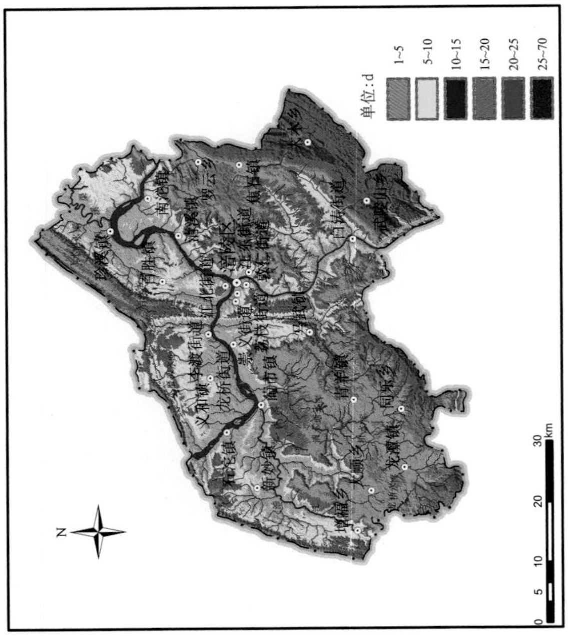

图6.938 涪陵区霜冻日数

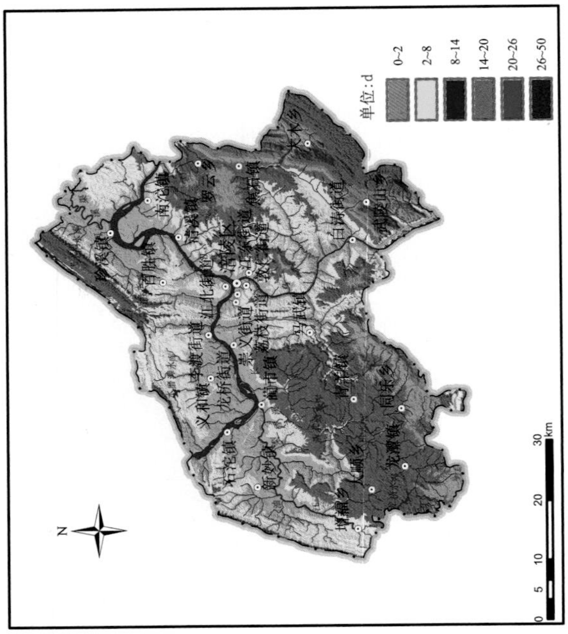

图6.939 涪陵区一般冻害日数

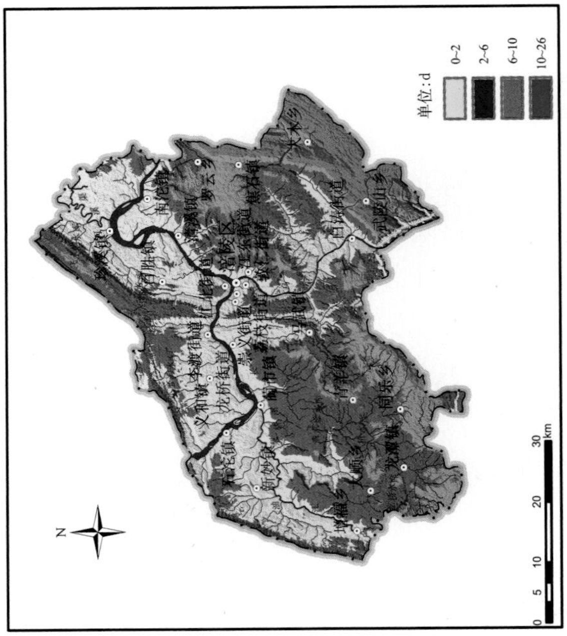

图6.940 涪陵区较重冻害日数

(8)南川区

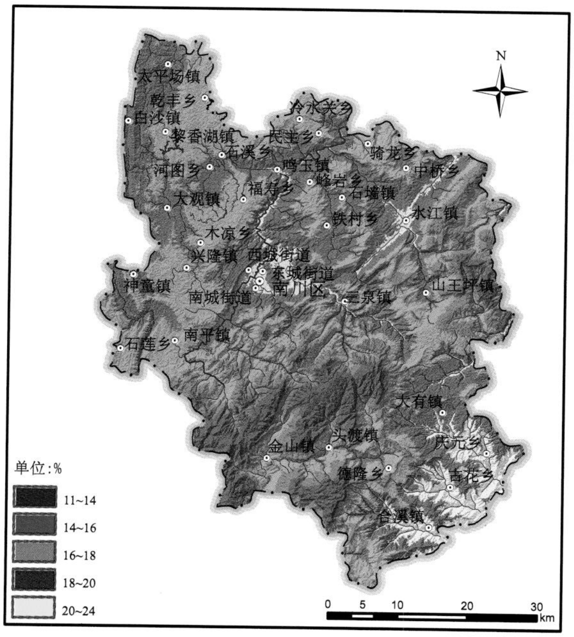

图 6.941　南川区春季干旱发生频率

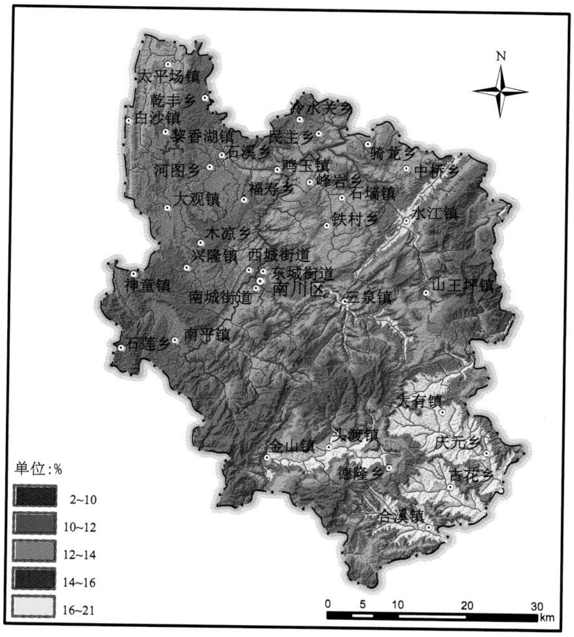

图 6.942　南川区夏季干旱发生频率

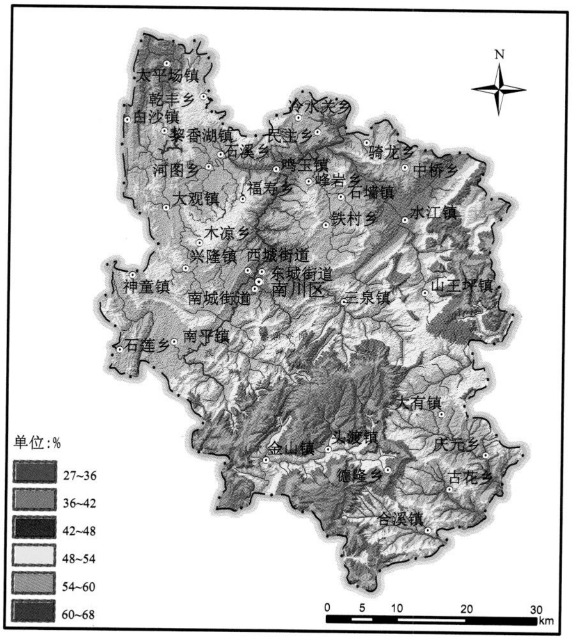

图 6.943　南川区伏旱发生频率

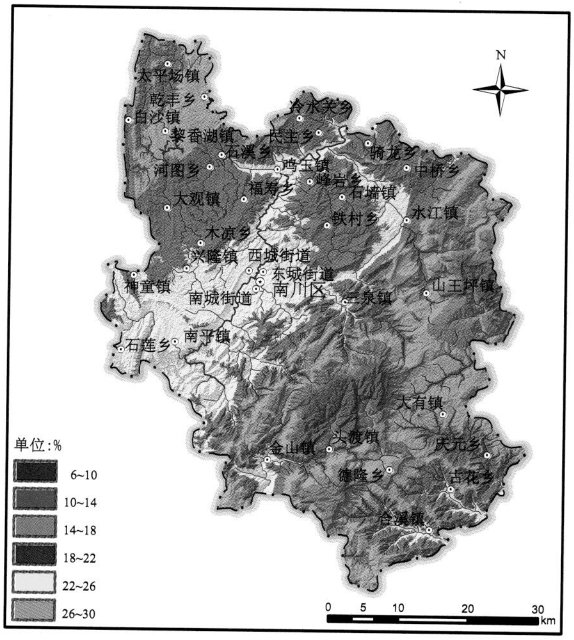

图 6.944　南川区秋季干旱发生频率

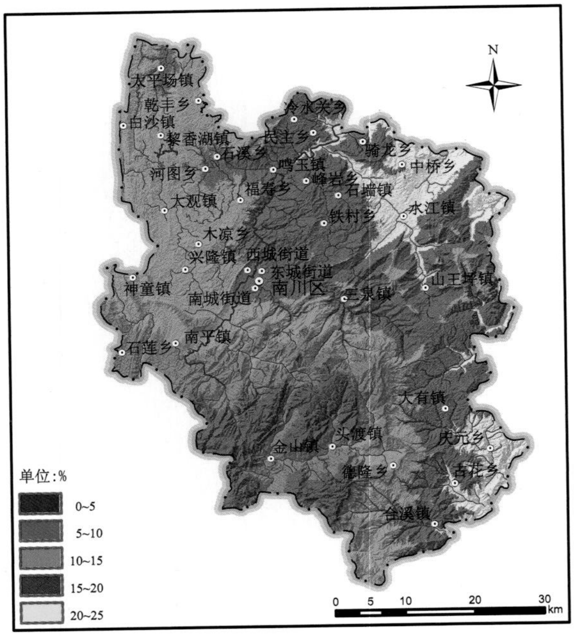

图 6.945　南川区冬季干旱发生频率

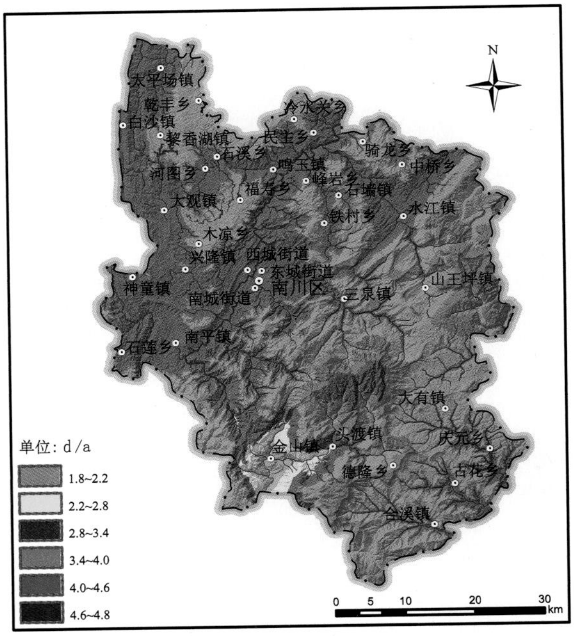

图 6.946　南川区暴雨日数

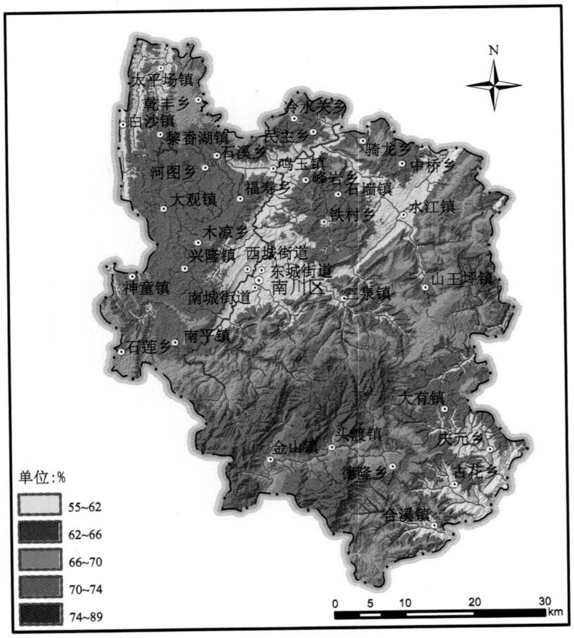

图 6.947　南川区春季绵雨发生频率

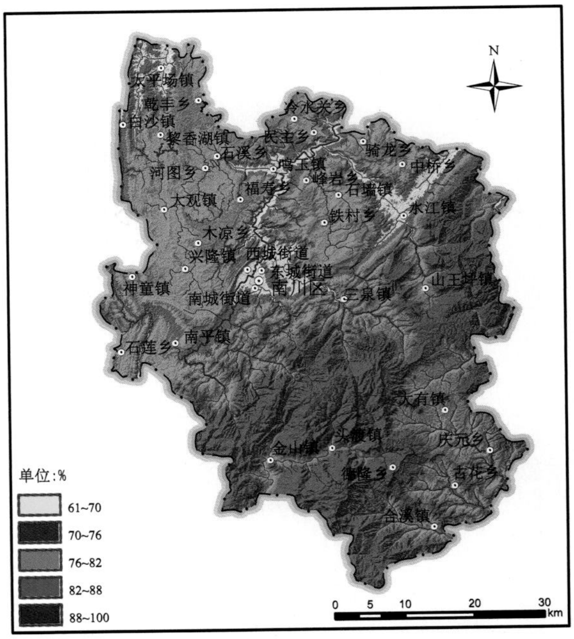

图 6.948　南川区初夏绵雨发生频率

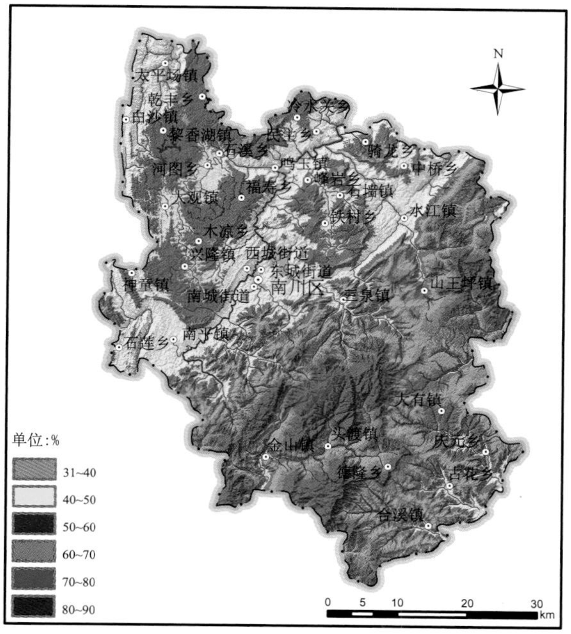

图 6.949　南川区盛夏绵雨发生频率

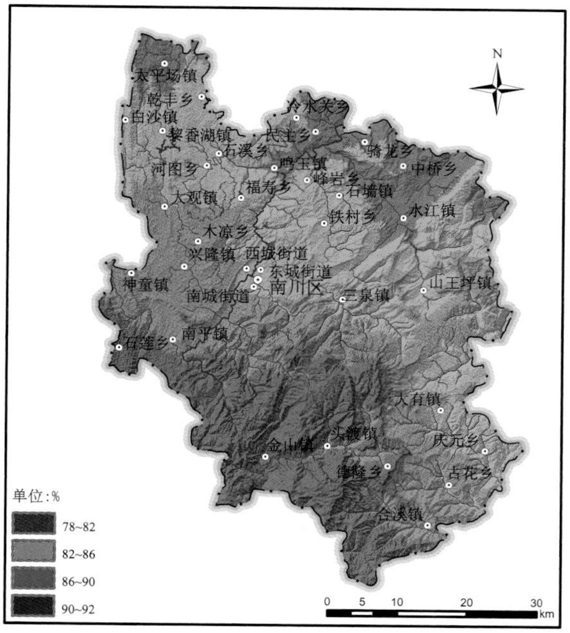

图 6.950　南川区秋季绵雨发生频率

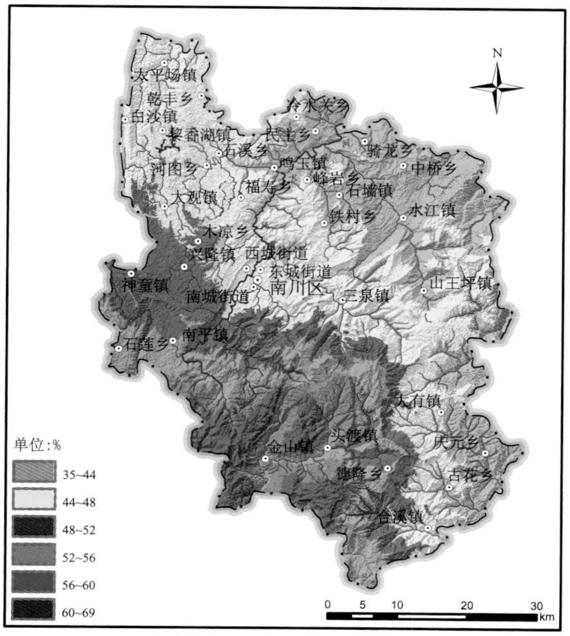

图 6.951　南川区冬季绵雨发生频率

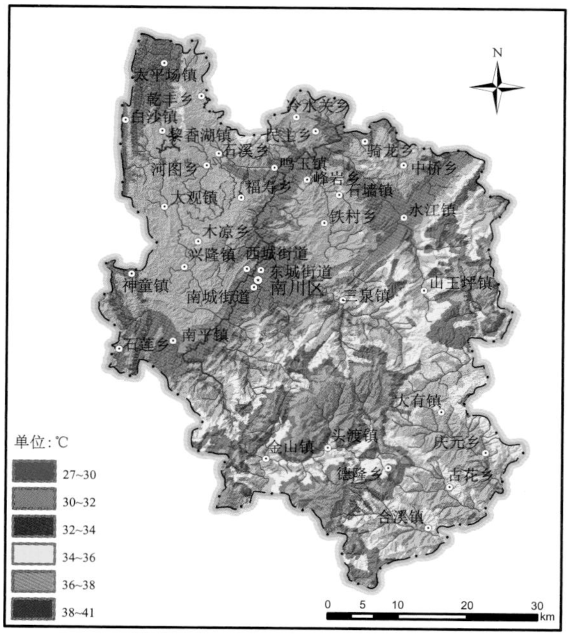

图 6.952　南川区历史极端最高气温

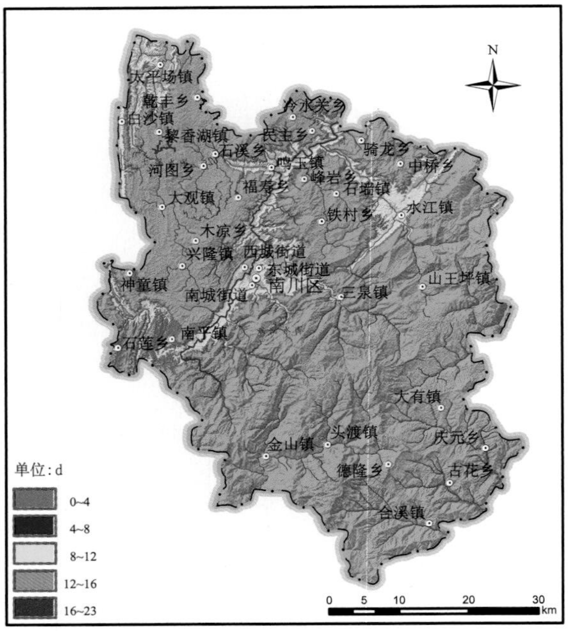

图 6.953　南川区年日最高气温≥35 ℃日数

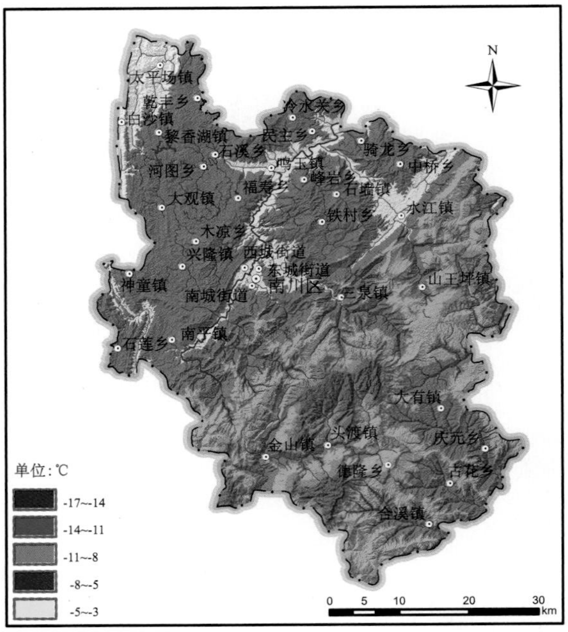

图 6.954　南川区历史极端最低气温

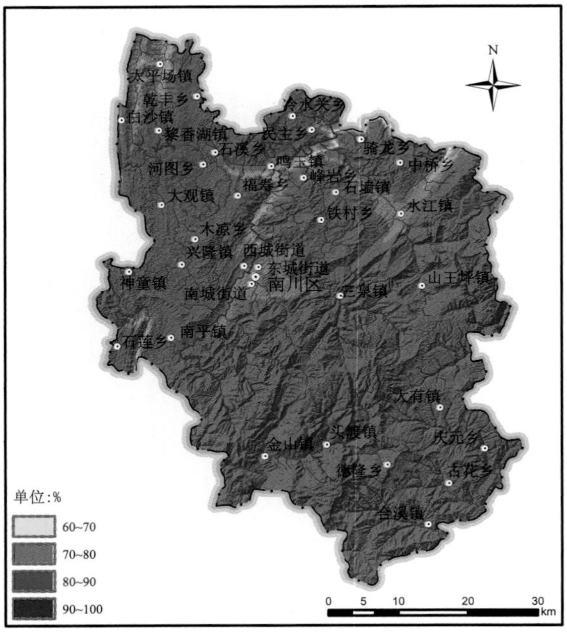

图 6.955　南川区春季低温发生频率

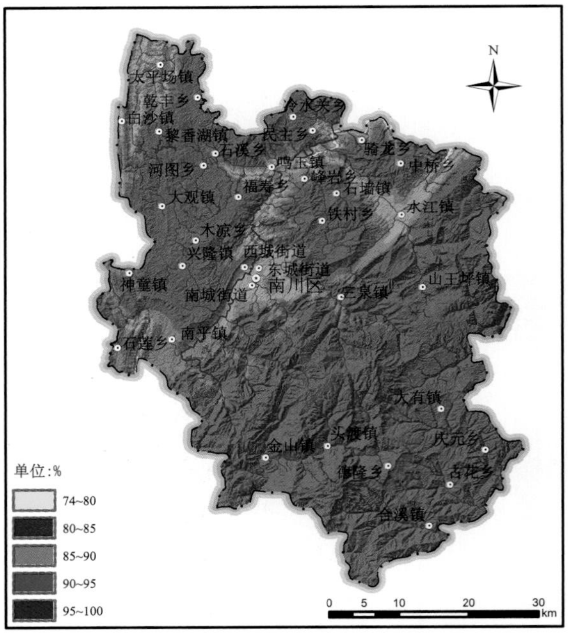

图 6.956　南川区秋季低温发生频率

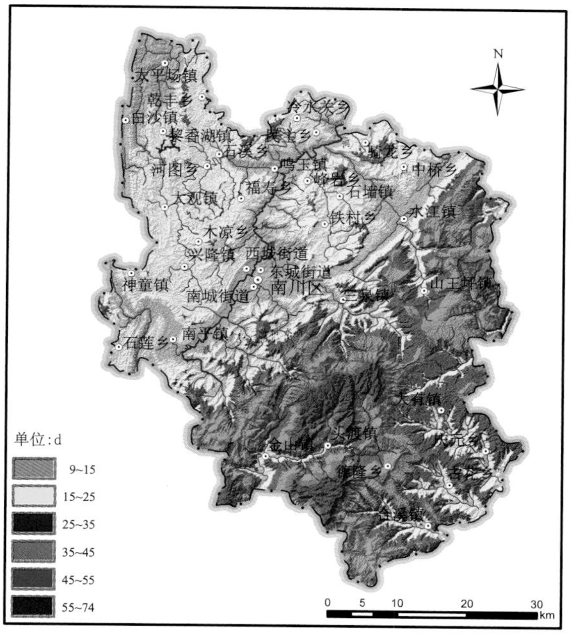

图 6.957　南川区霜冻日数

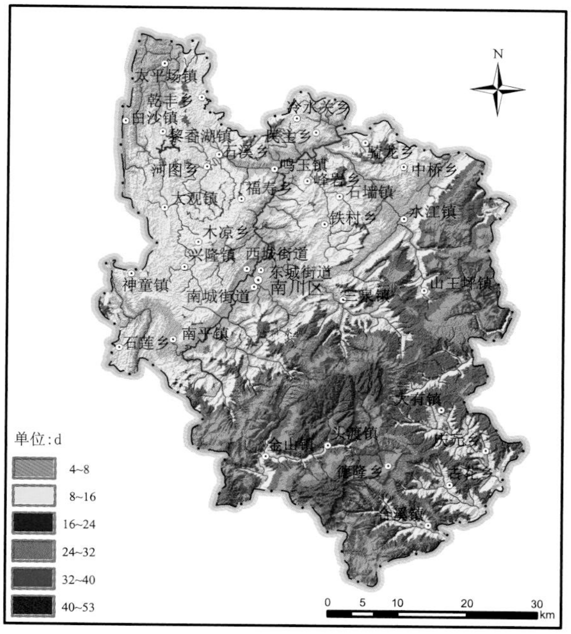

图 6.958　南川区一般冻害日数

(9)渝北区

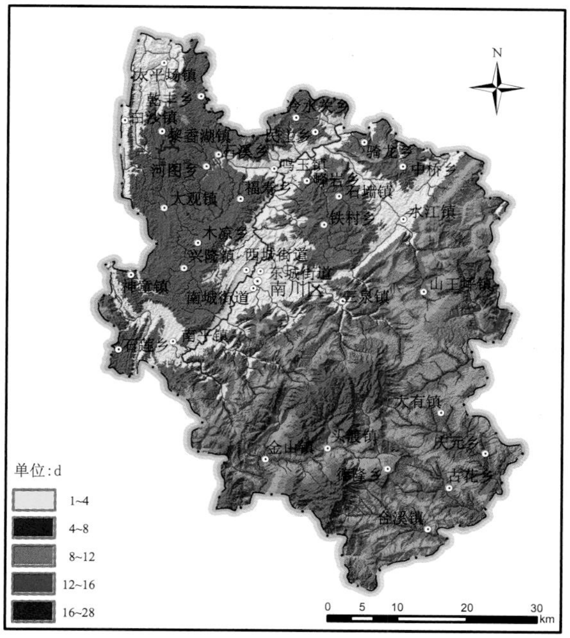

图 6.959　南川区较重冻害日数

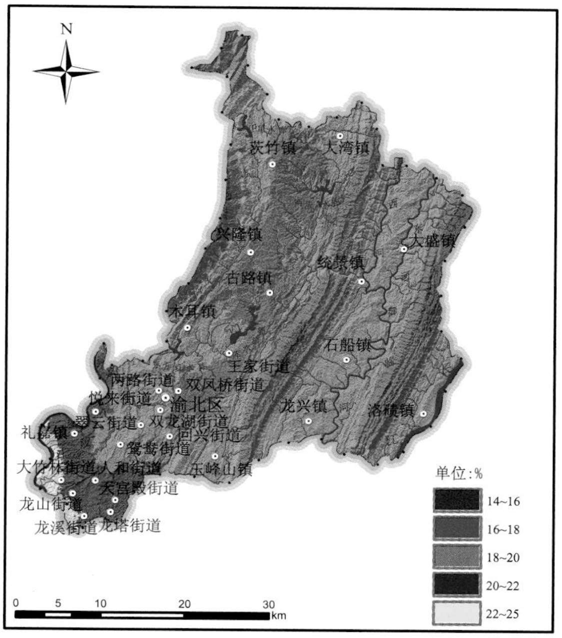

图 6.960　渝北区春季干旱发生频率

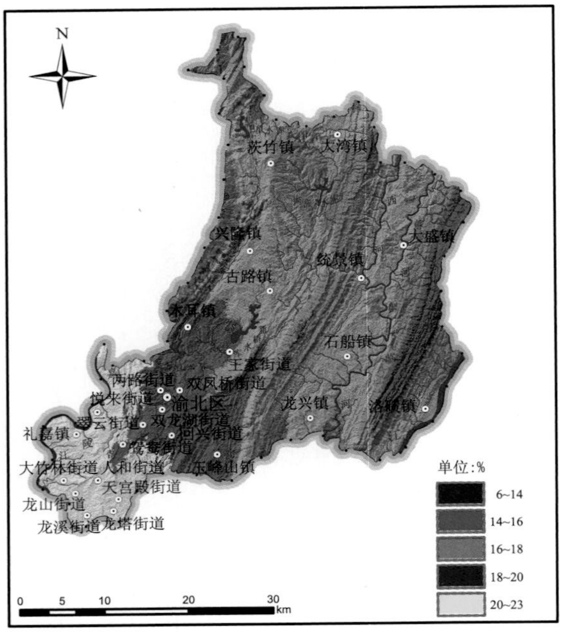

图 6.961　渝北区夏季干旱发生频率

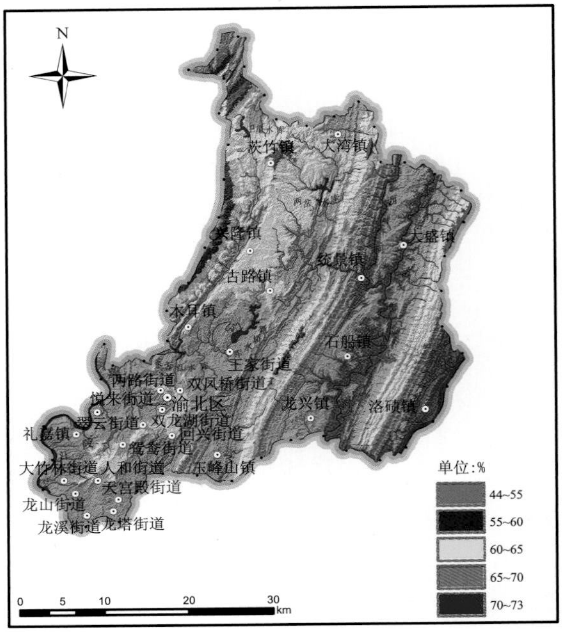

图 6.962　渝北区伏旱发生频率

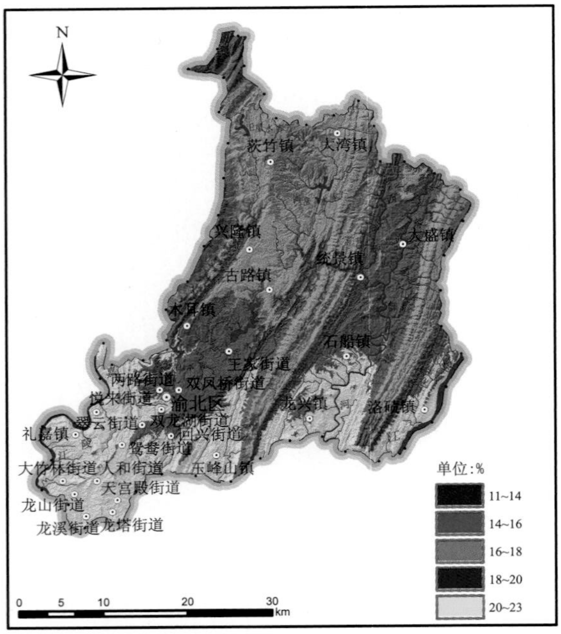

图 6.963　渝北区秋季干旱发生频率

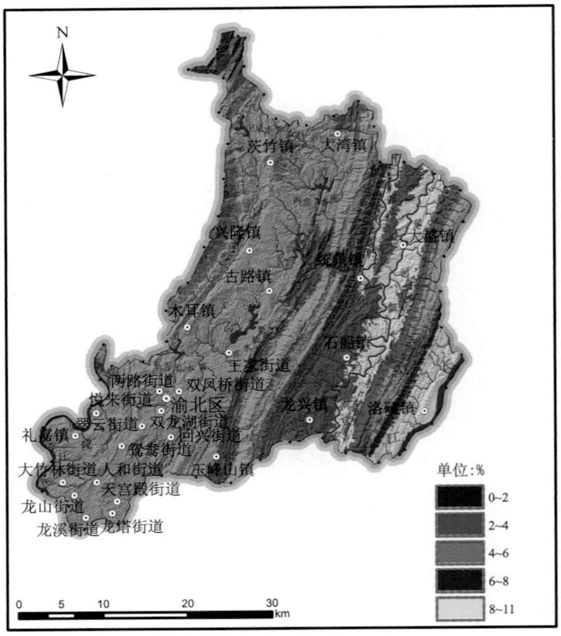

图 6.964　渝北区冬季干旱发生频率

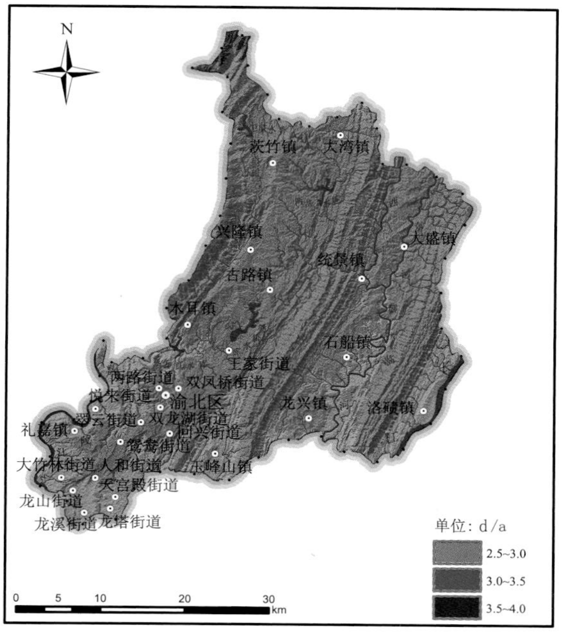

图 6.965　渝北区暴雨日数

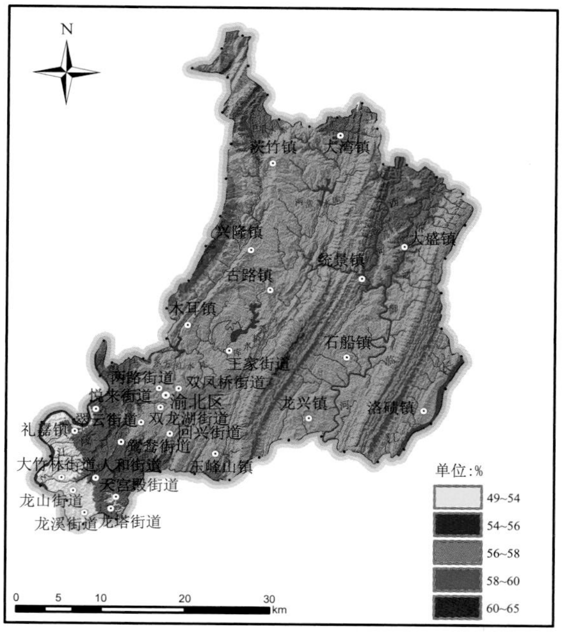

图 6.966　渝北区春季绵雨发生频率

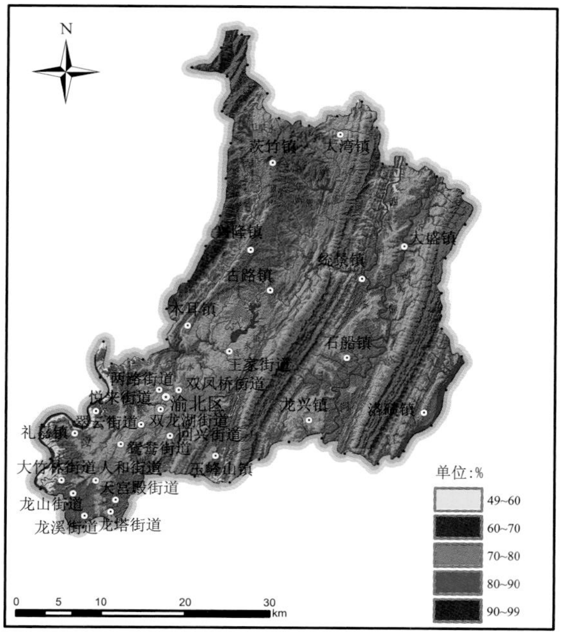

图 6.967　渝北区初夏绵雨发生频率

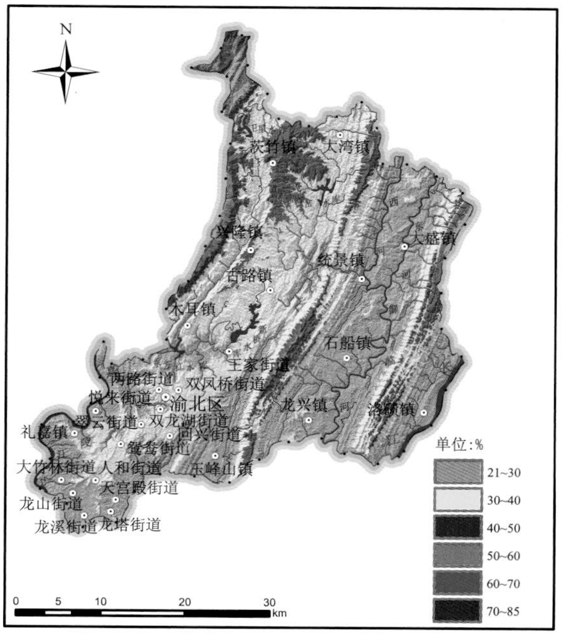

图 6.968　渝北区盛夏绵雨发生频率

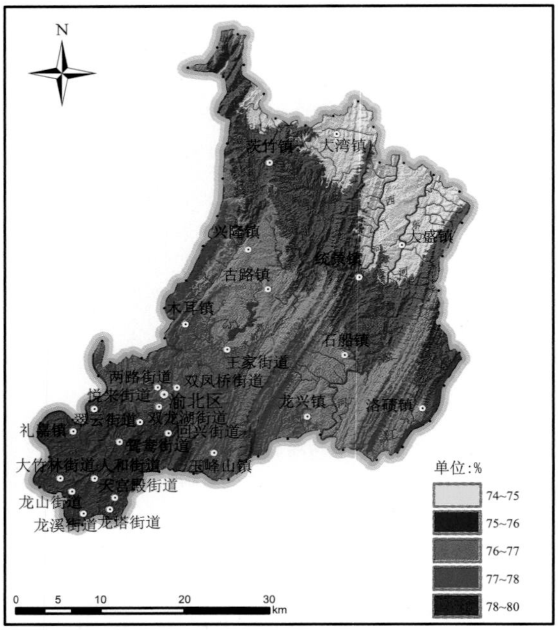

图 6.969 渝北区秋季绵雨发生频率

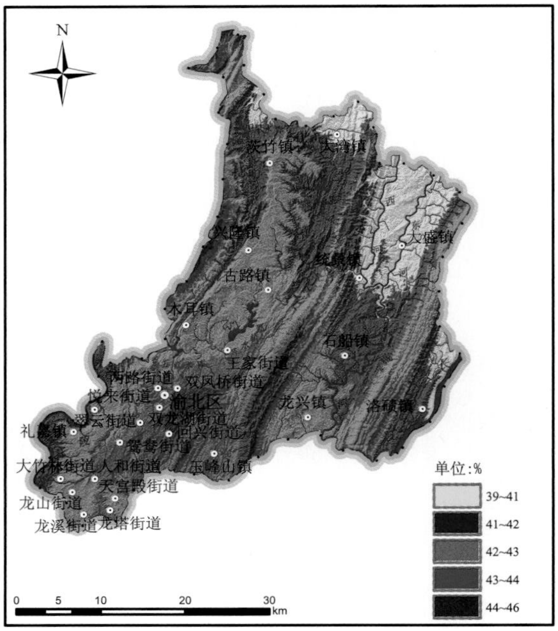

图 6.970 渝北区冬季绵雨发生频率

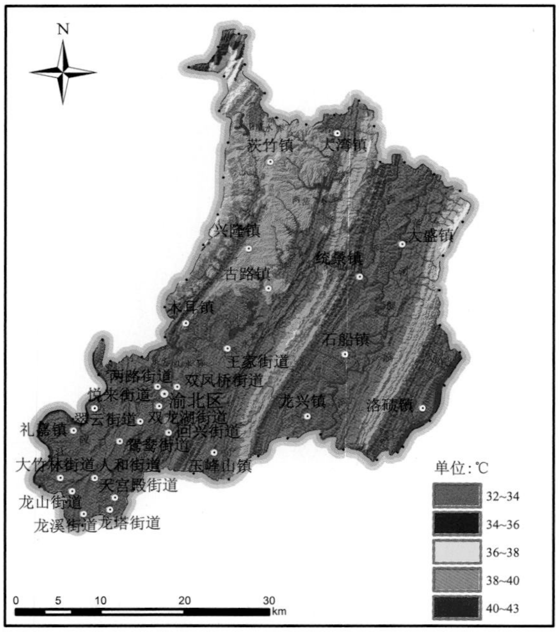

图 6.971 渝北区历史极端最高气温

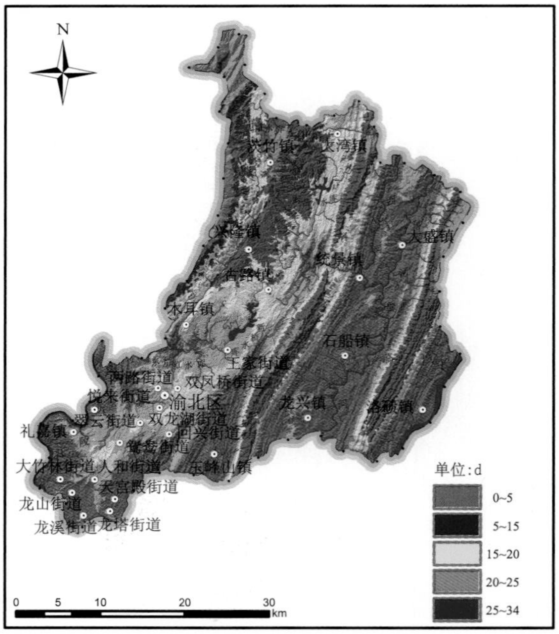

图 6.972 渝北区年日最高气温≥35 ℃日数

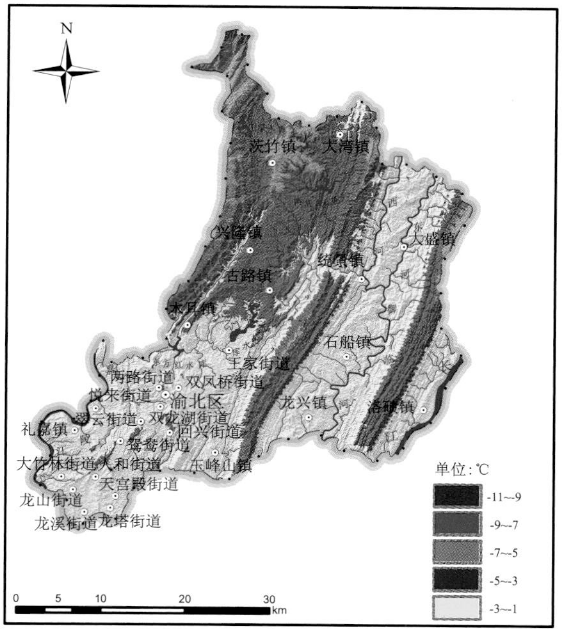

图 6.973 渝北区历史极端最低气温

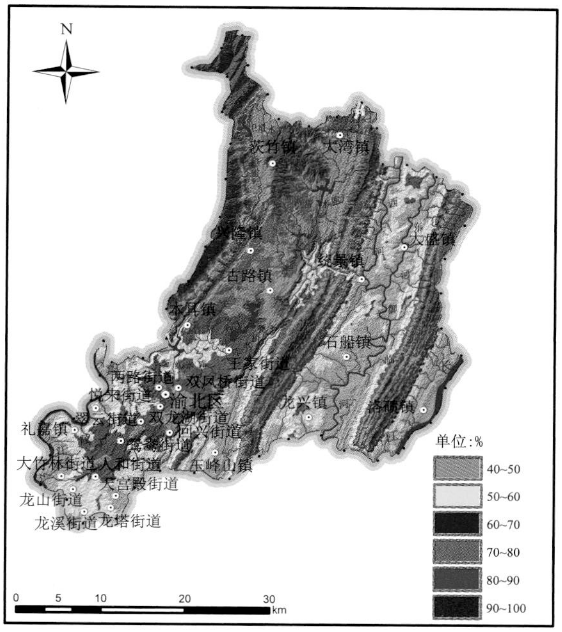

图 6.974 渝北区春季低温发生频率

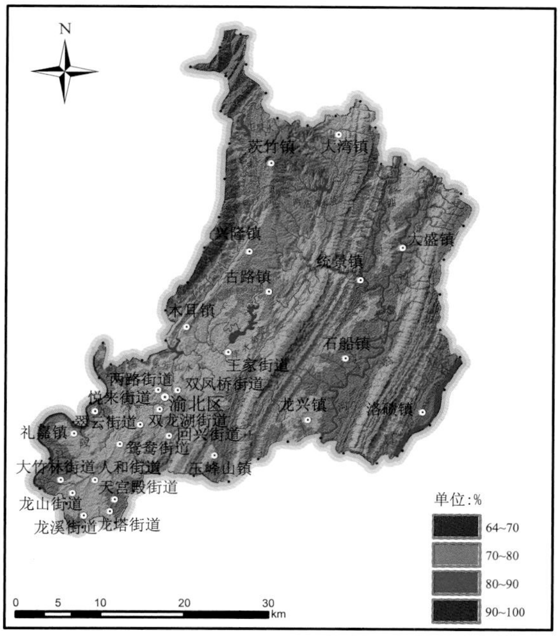

图 6.975 渝北区秋季低温发生频率

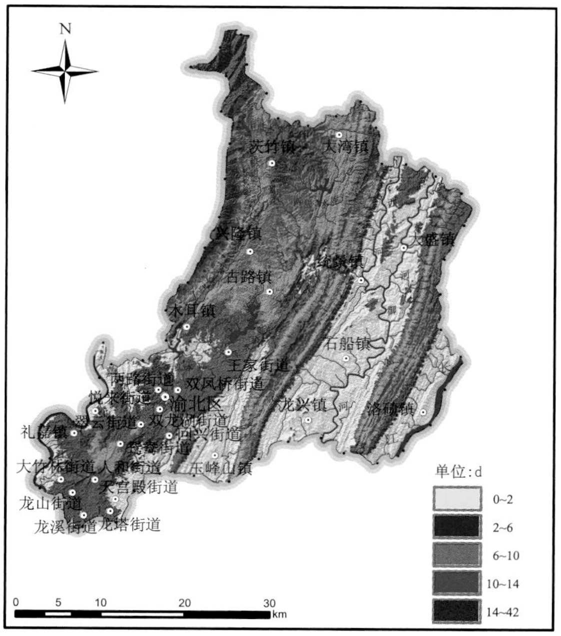

图 6.976 渝北区霜冻日数

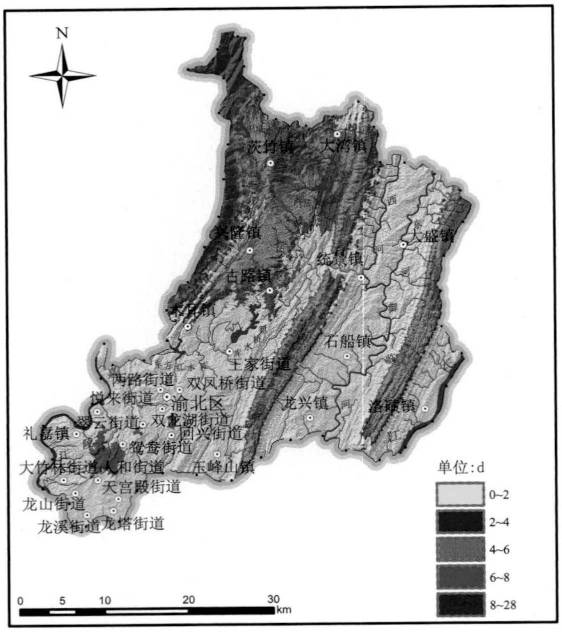

图 6.977 渝北区一般冻害日数

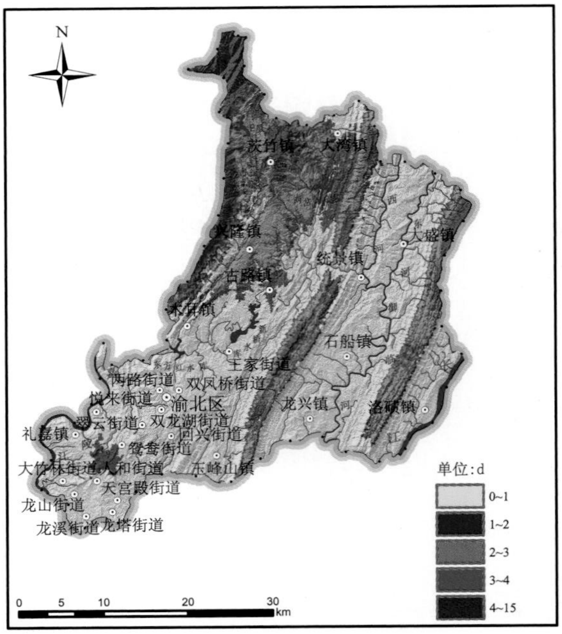

图 6.978 渝北区较重冻害日数

(10)合川区

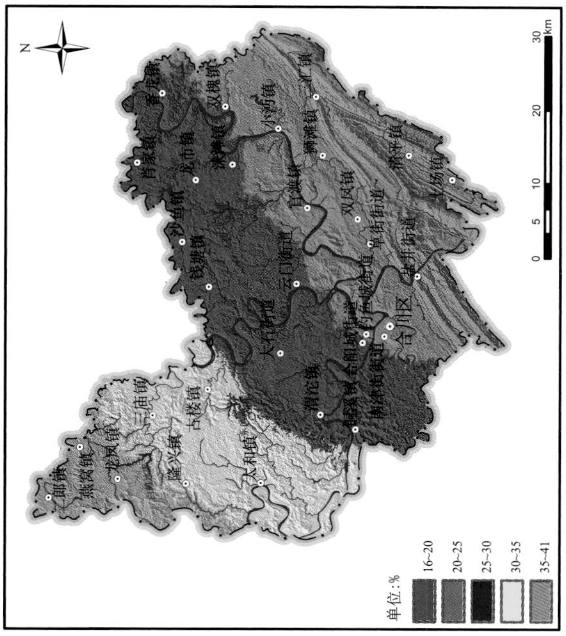

图6.979 合川区春季干旱发生频率

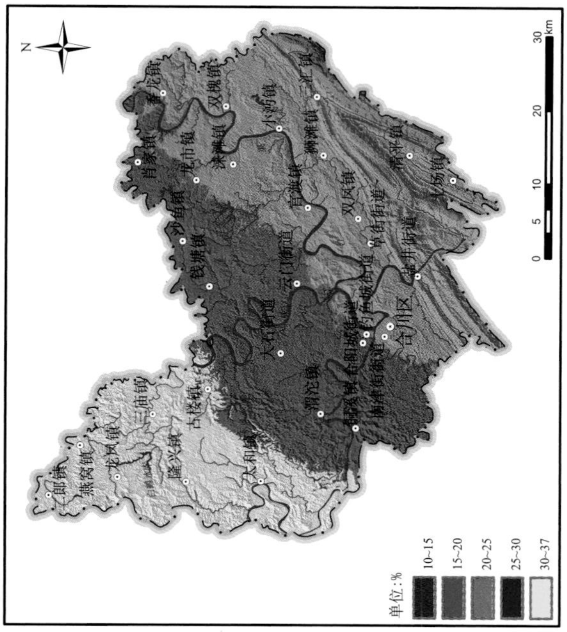

图6.980 合川区夏季干旱发生频率

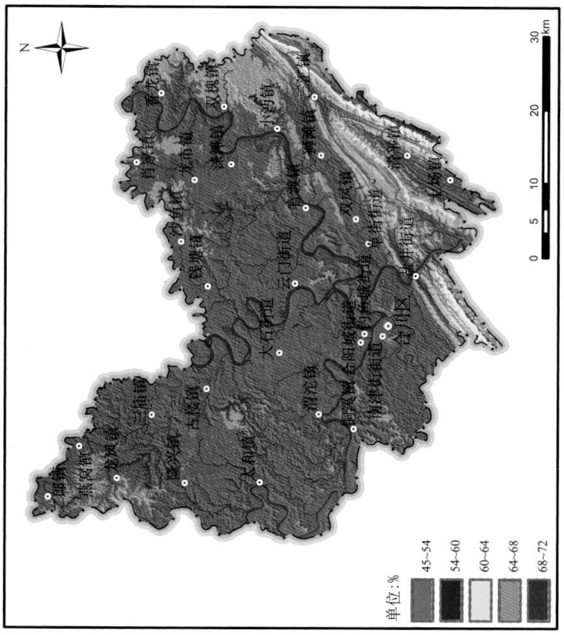

图6.981 合川区伏旱发生频率

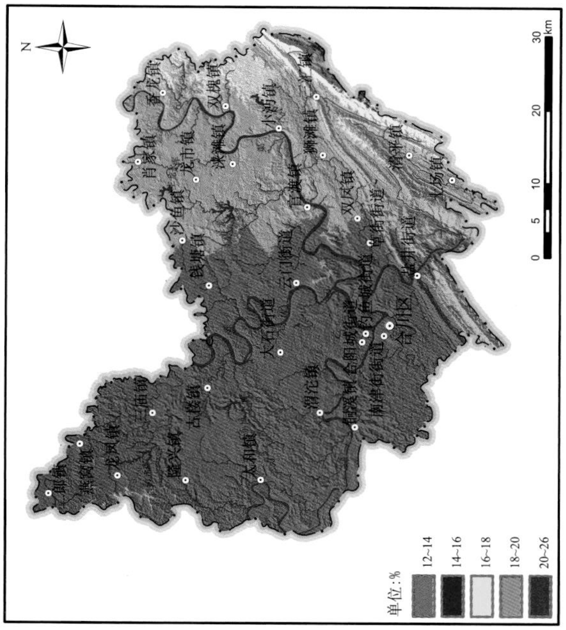

图6.982 合川区秋季干旱发生频率

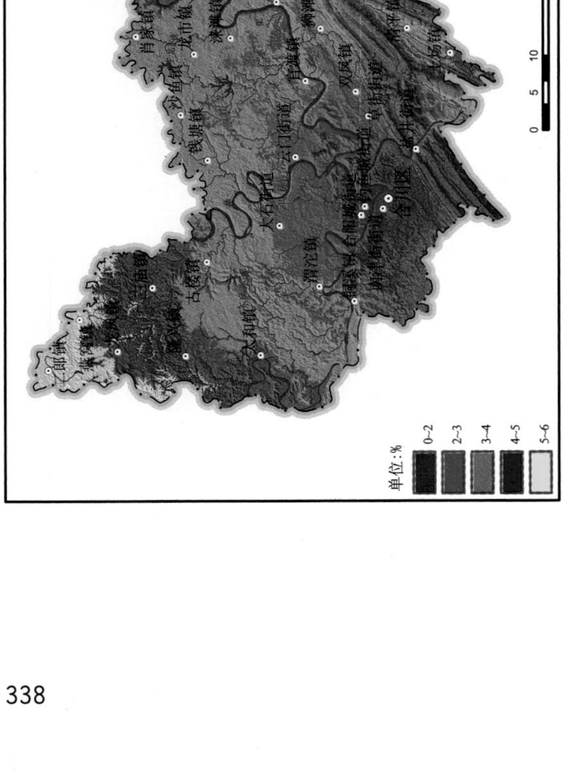

图6.983 合川区冬季干旱发生频率

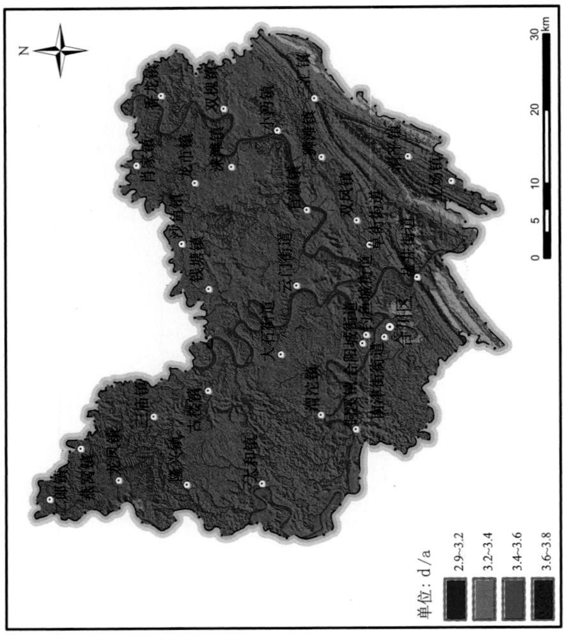

图6.984 合川区暴雨日数

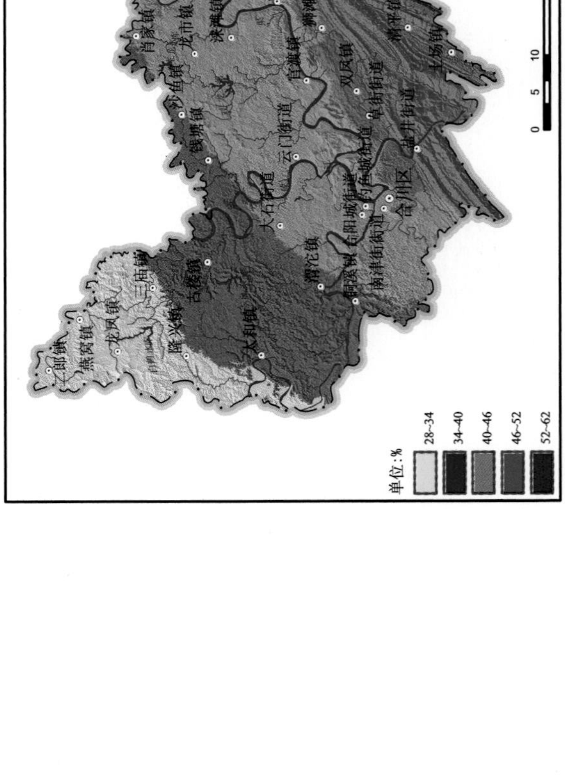

图6.985 合川区春季绵雨发生频率

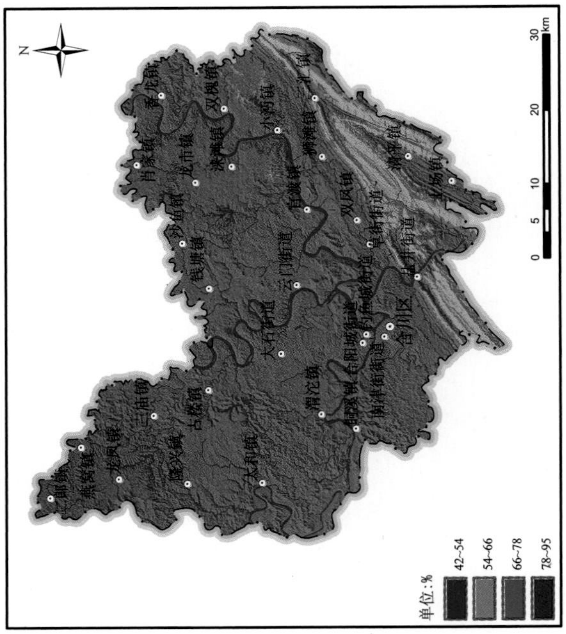

图6.986 合川区初夏绵雨发生频率

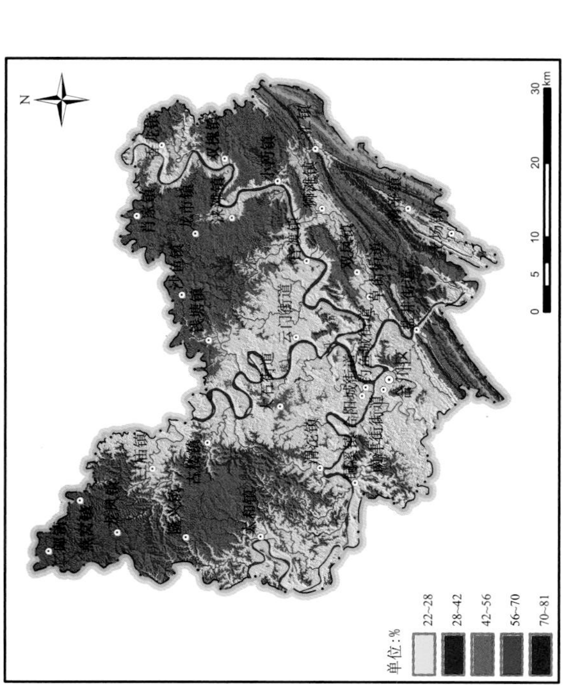

图6.987　合川区盛夏绵雨发生频率

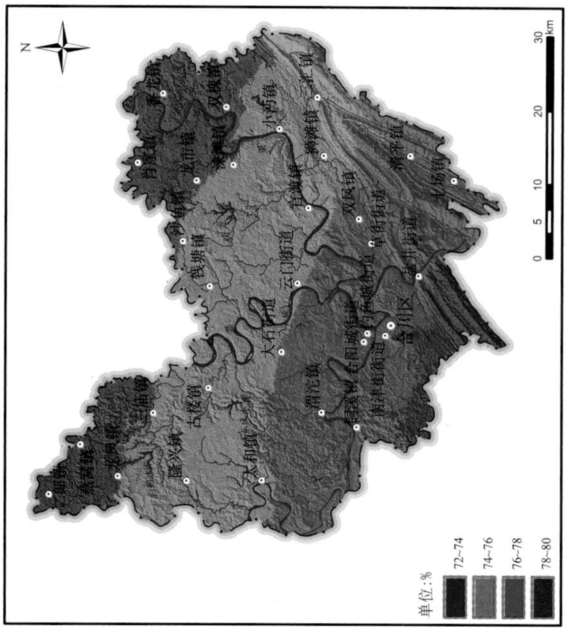

图6.988　合川区秋季绵雨发生频率

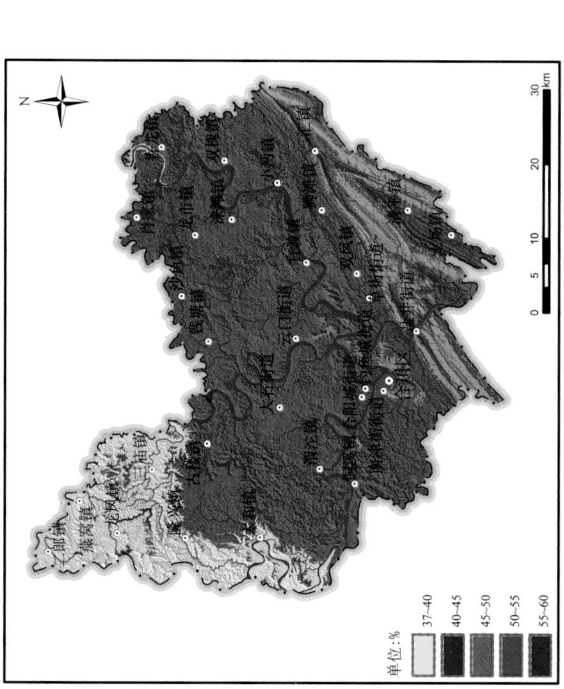

图6.989　合川区冬季绵雨发生频率

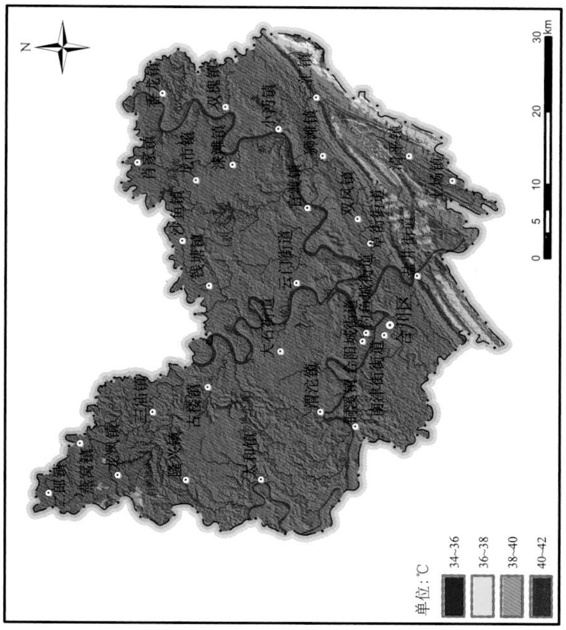

图6.990　合川区历史极端最高气温

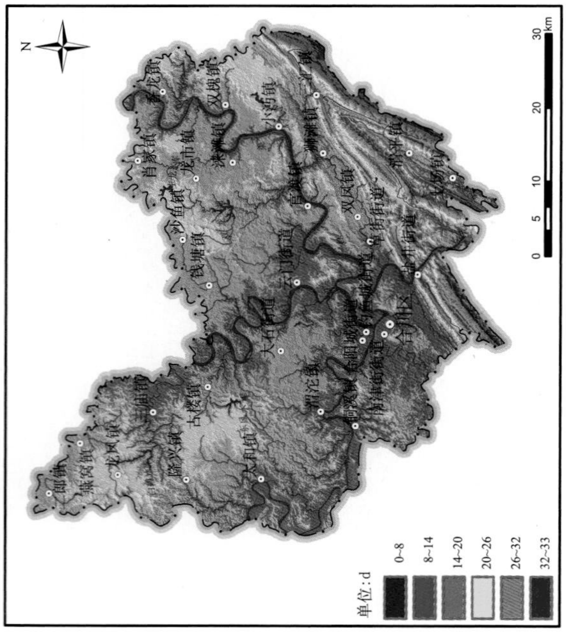

图6.991　合川区年日最高气温≥35 ℃日数

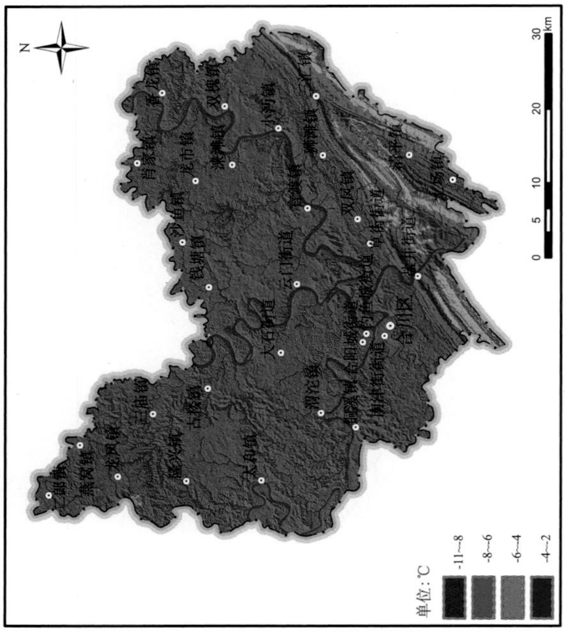

图6.992　合川区历史极端最低气温

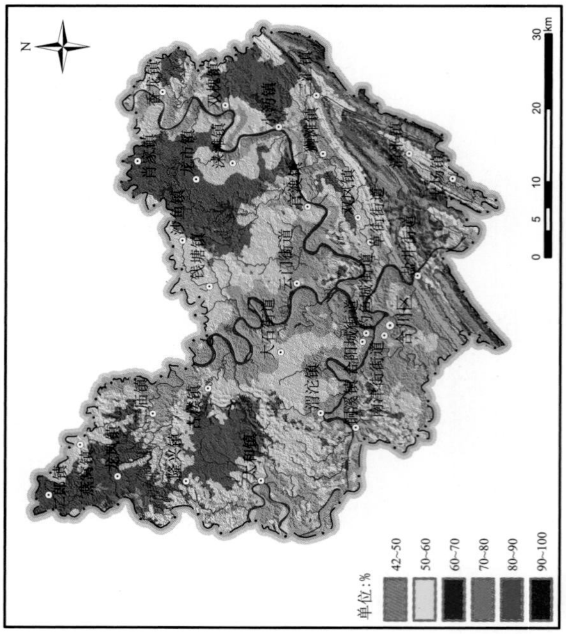

图6.993　合川区春季低温发生频率

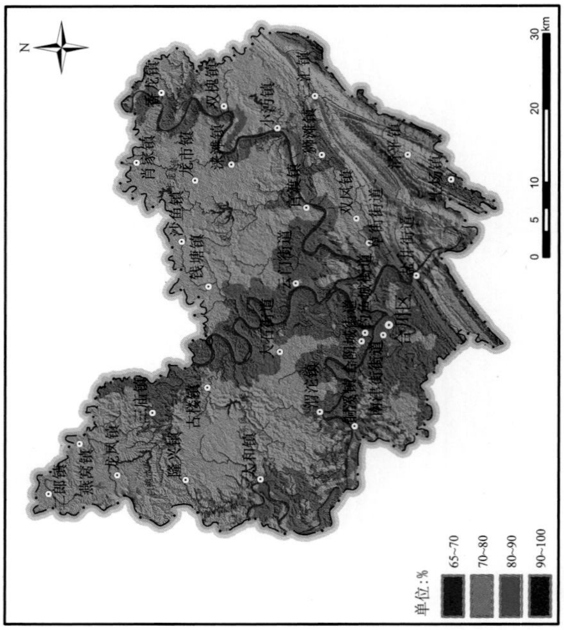

图6.994　合川区秋季低温发生频率

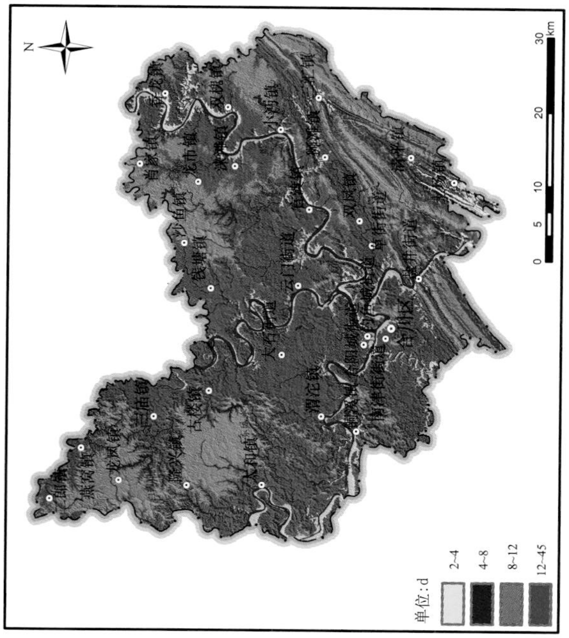

图6.995　合川区霜冻日数

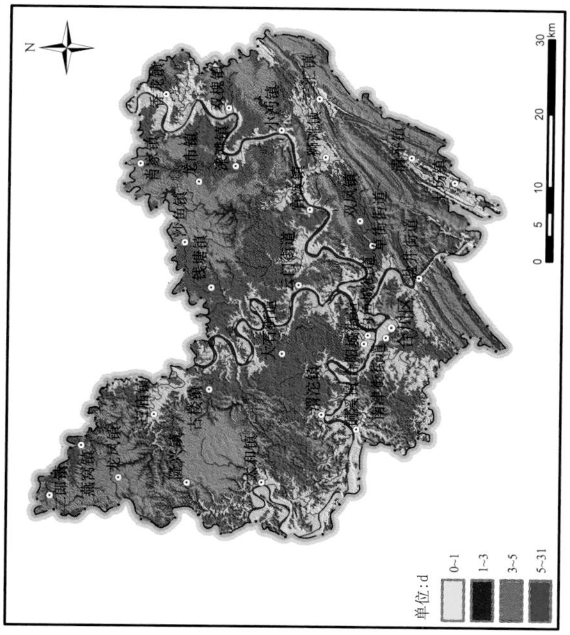

图6.996　合川区一般冻害日数

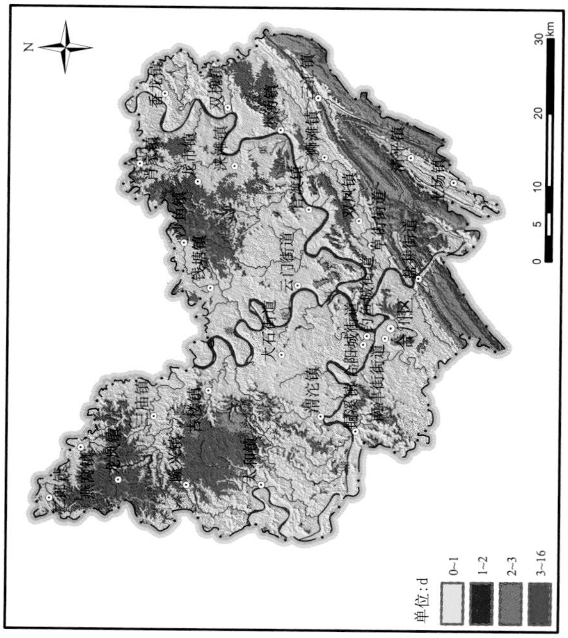

图6.997　合川区较重冻害日数

(11)铜梁区

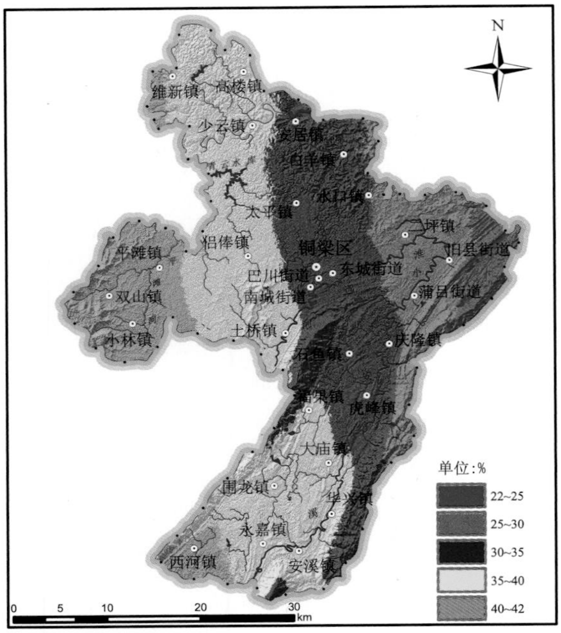

图 6.998 铜梁区春季干旱发生频率

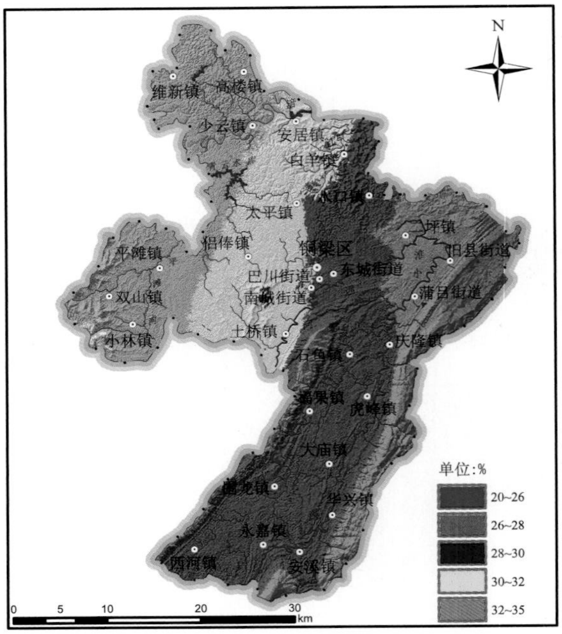

图 6.999 铜梁区夏季干旱发生频率

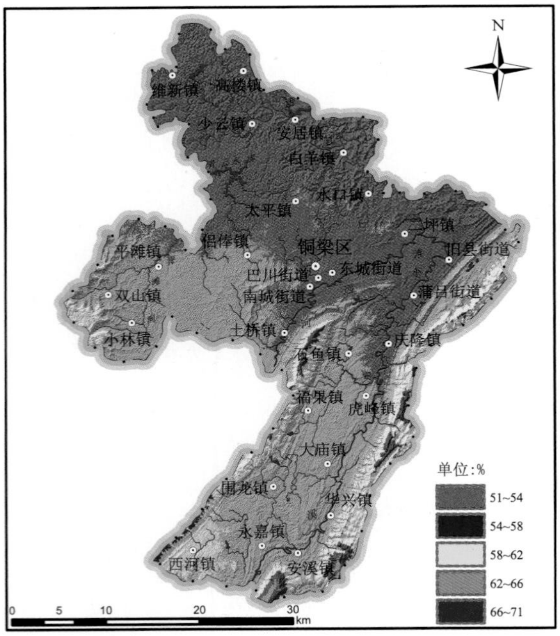

图 6.1000 铜梁区伏旱发生频率

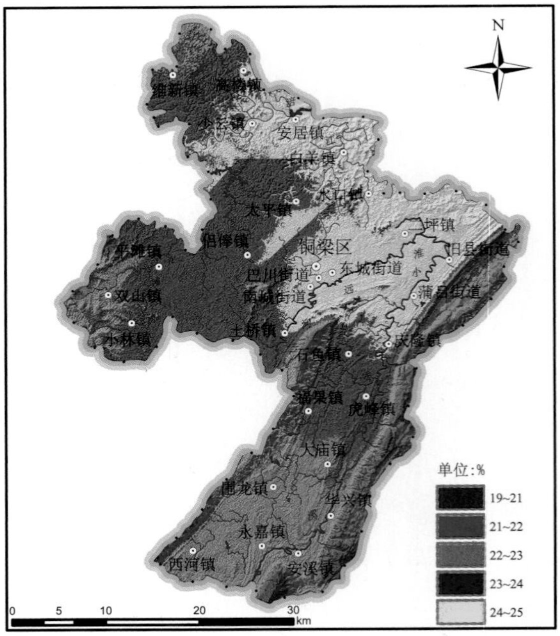

图 6.1001 铜梁区秋季干旱发生频率

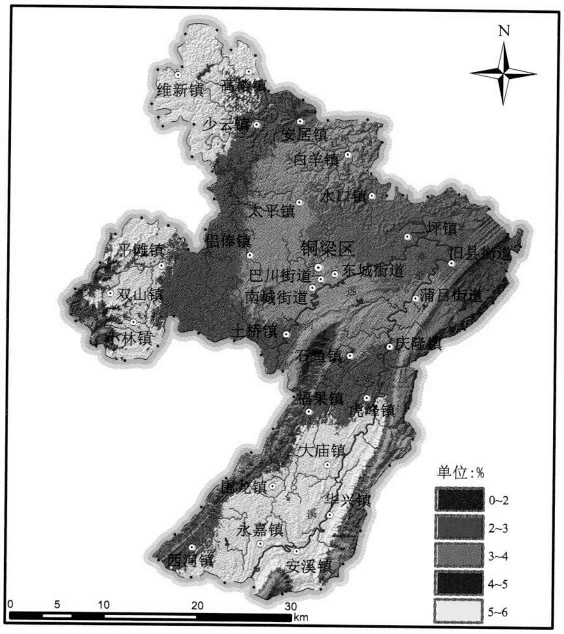

图 6.1002　铜梁区冬季干旱发生频率

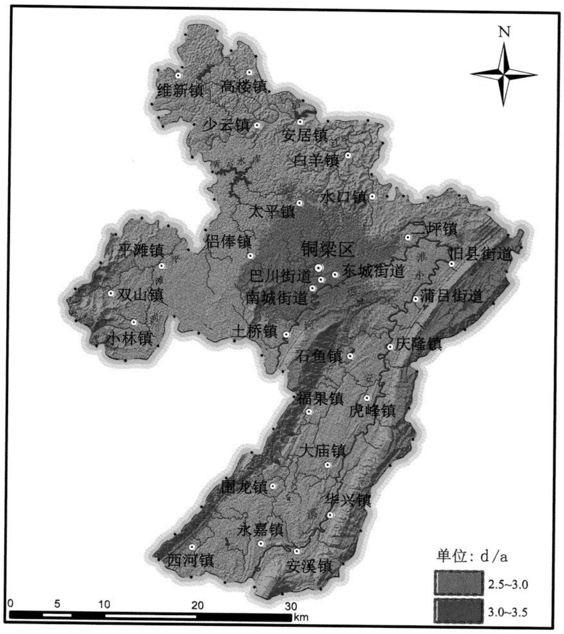

图 6.1003　铜梁区暴雨日数

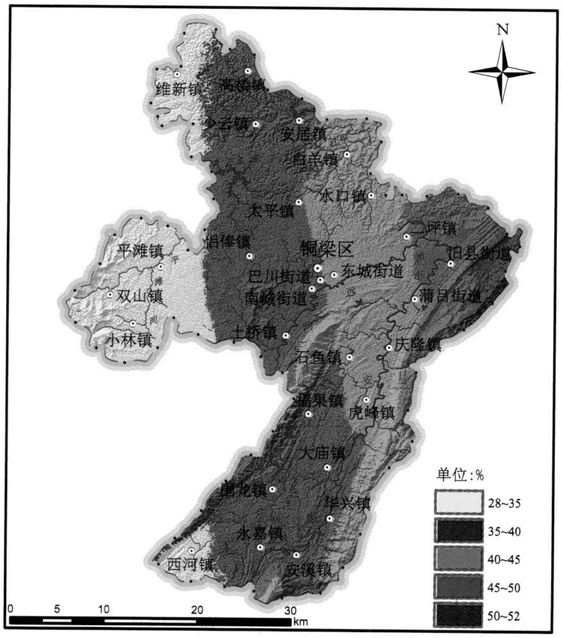

图 6.1004　铜梁区春季绵雨发生频率

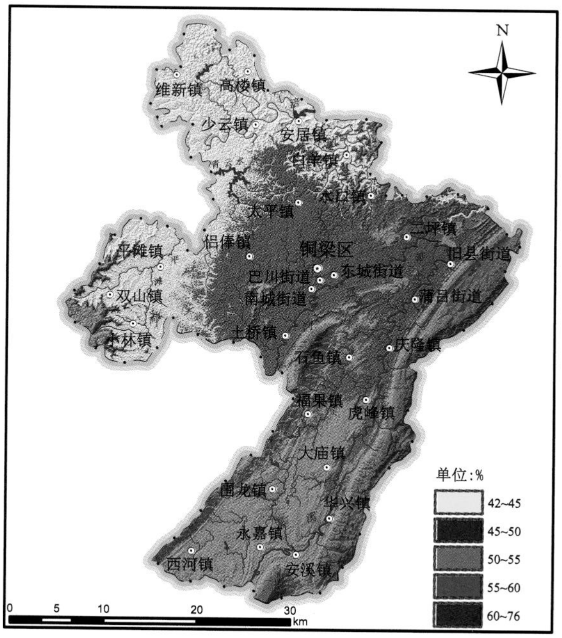

图 6.1005　铜梁区初夏绵雨发生频率

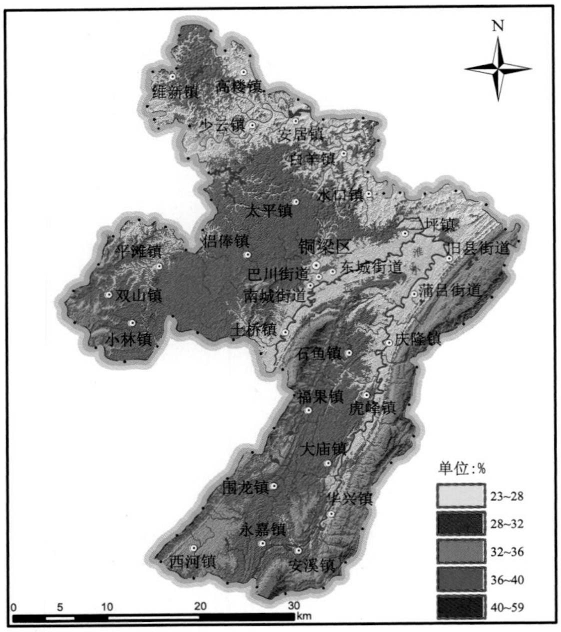

图 6.1006　铜梁区盛夏绵雨发生频率

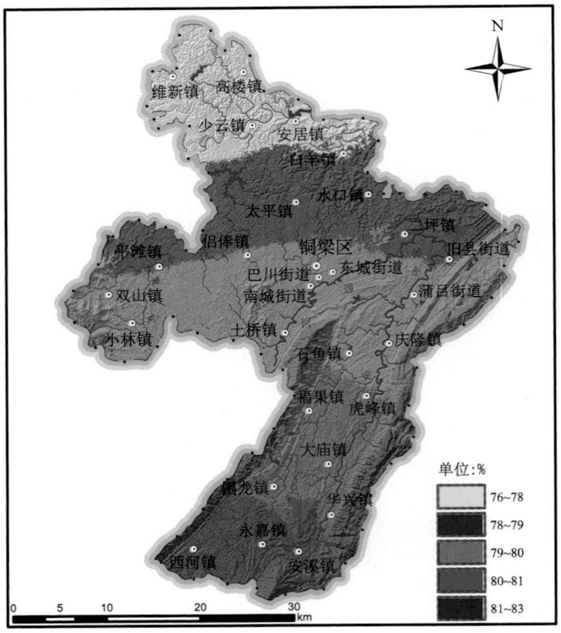

图 6.1007　铜梁区秋季绵雨发生频率

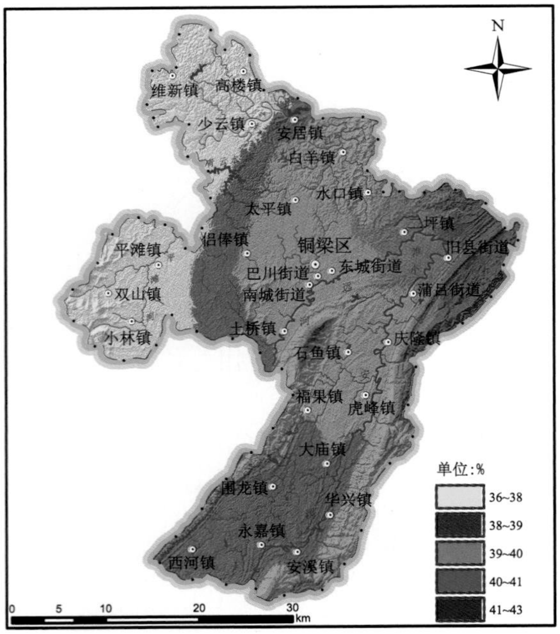

图 6.1008　铜梁区冬季绵雨发生频率

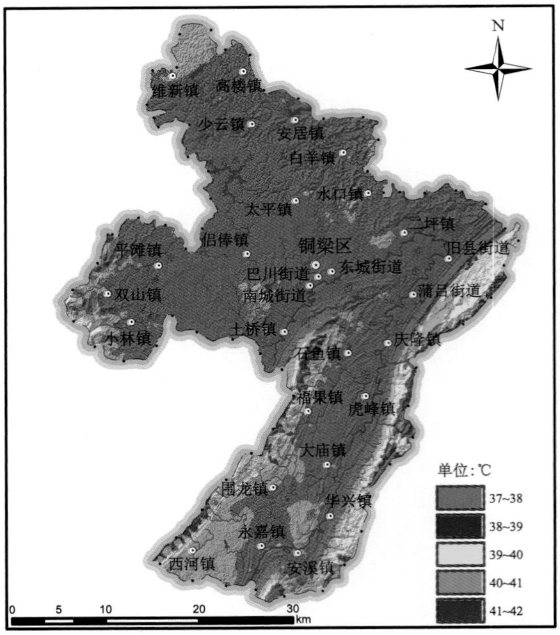

图 6.1009　铜梁区历史极端最高气温

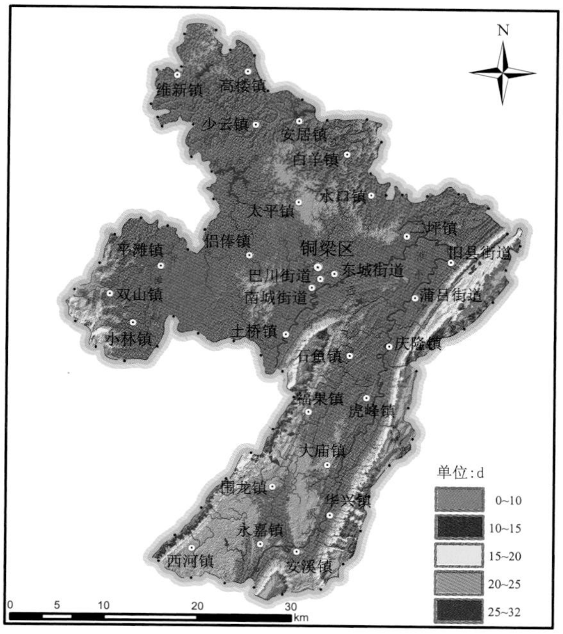

图 6.1010　铜梁区年日最高气温≥35 ℃日数

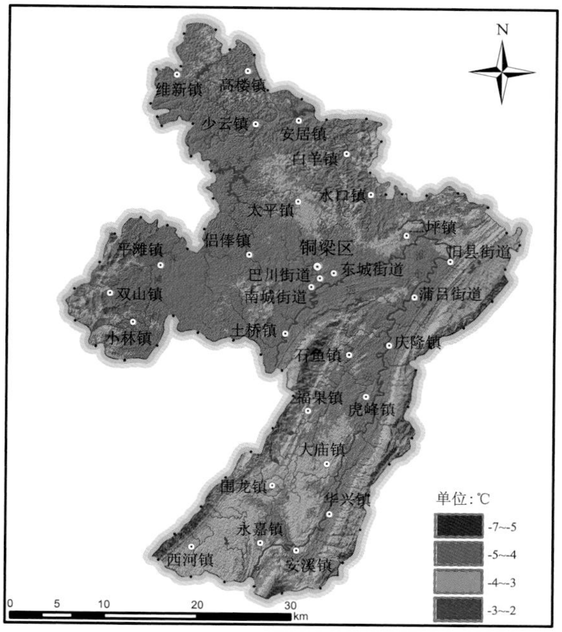

图 6.1011　铜梁区历史极端最低气温

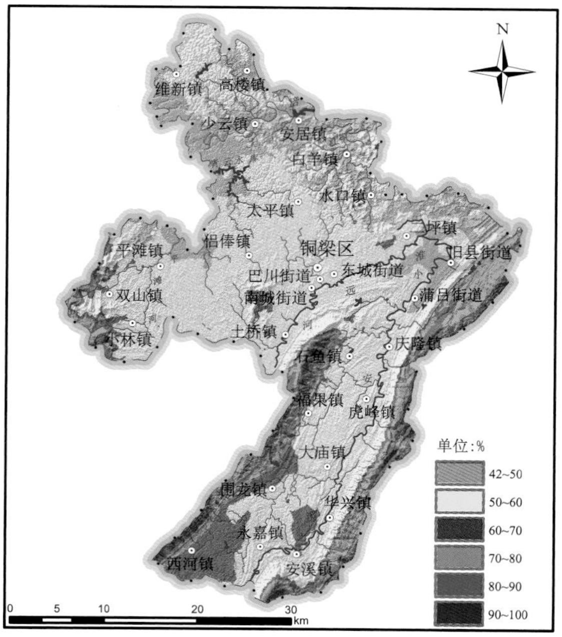

图 6.1012　铜梁区春季低温发生频率

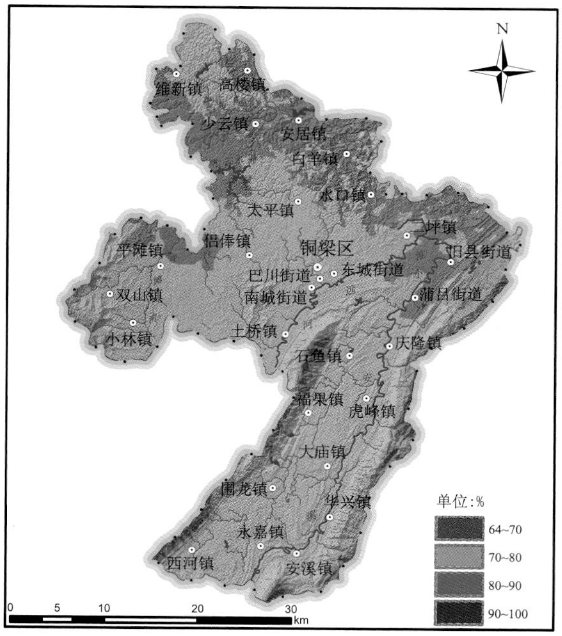

图 6.1013　铜梁区秋季低温发生频率

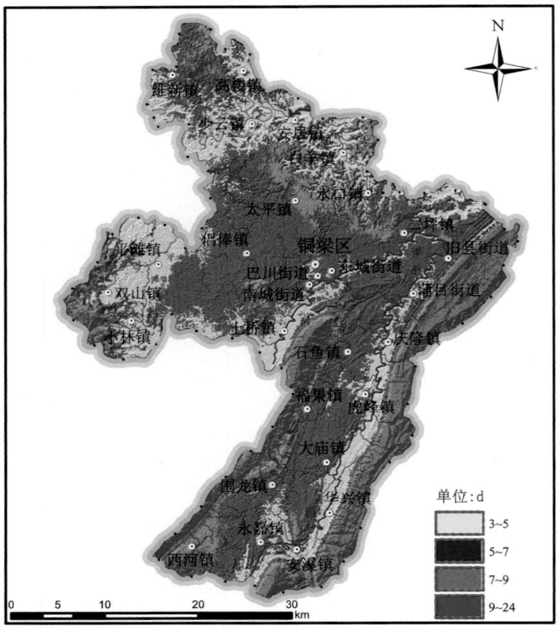

图 6.1014　铜梁区霜冻日数

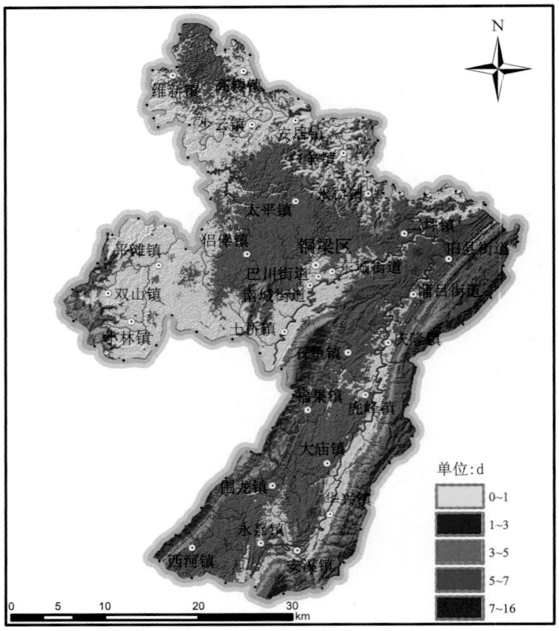

图 6.1015　铜梁区一般冻害日数

(12)江津区

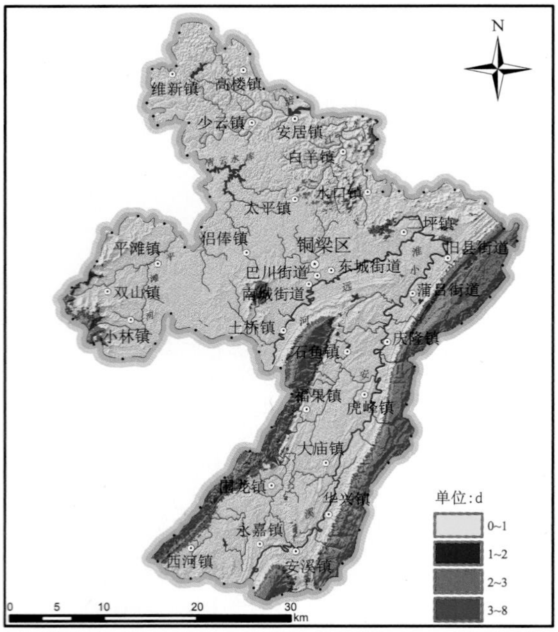

图 6.1016　铜梁区较重冻害日数

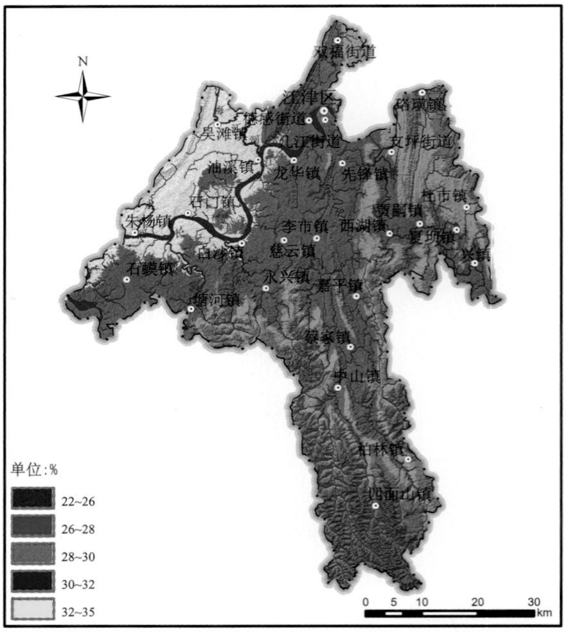

图 6.1017　江津区春季干旱发生频率

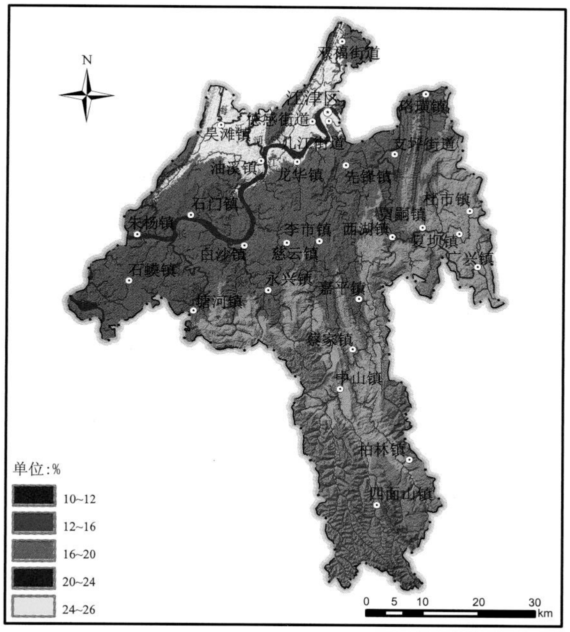

图 6.1018 江津区夏季干旱发生频率

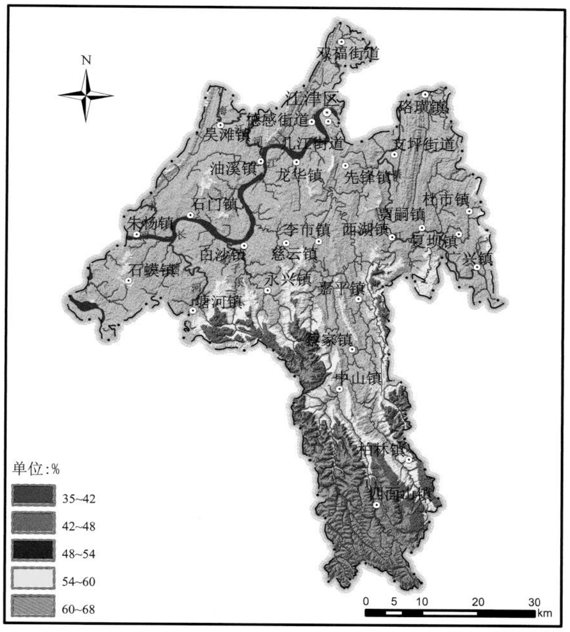

图 6.1019 江津区伏旱发生频率

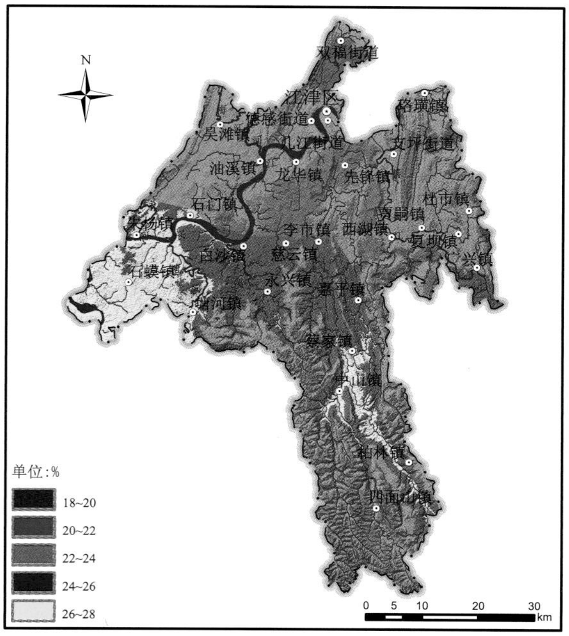

图 6.1020 江津区秋季干旱发生频率

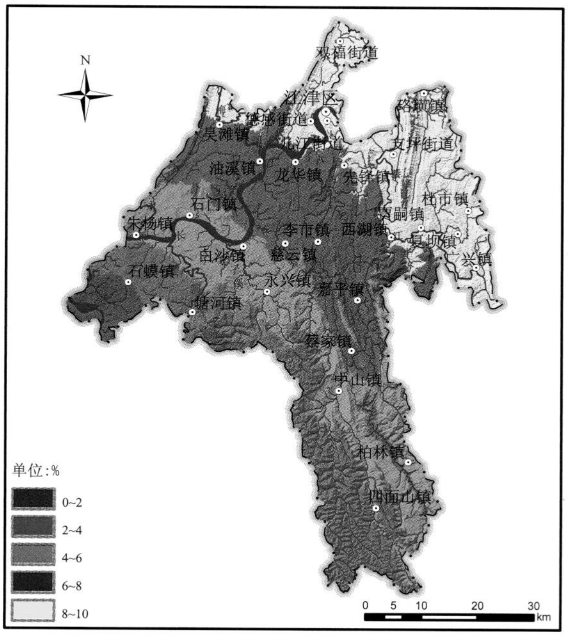

图 6.1021 江津区冬季干旱发生频率

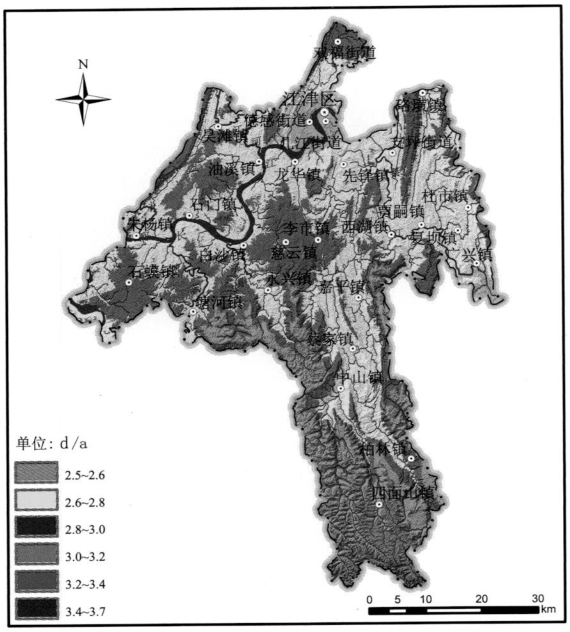

图 6.1022　江津区暴雨日数

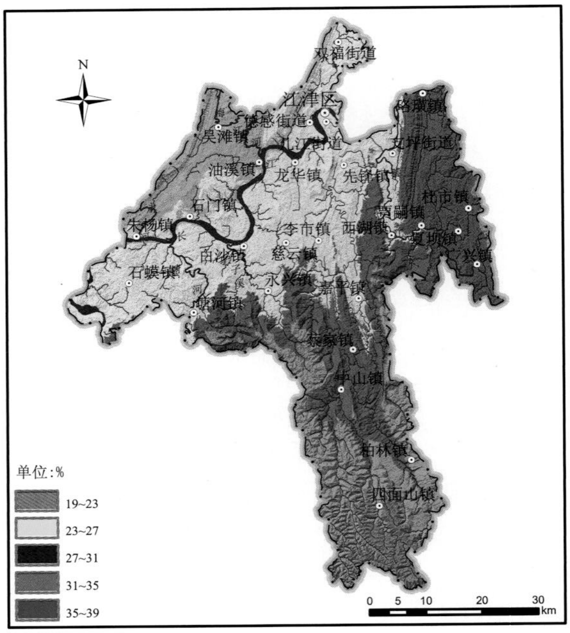

图 6.1023　江津区春季绵雨发生频率

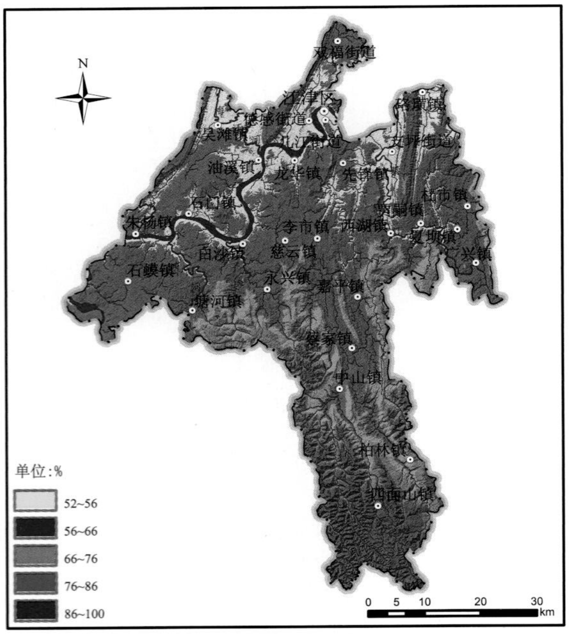

图 6.1024　江津区初夏绵雨发生频率

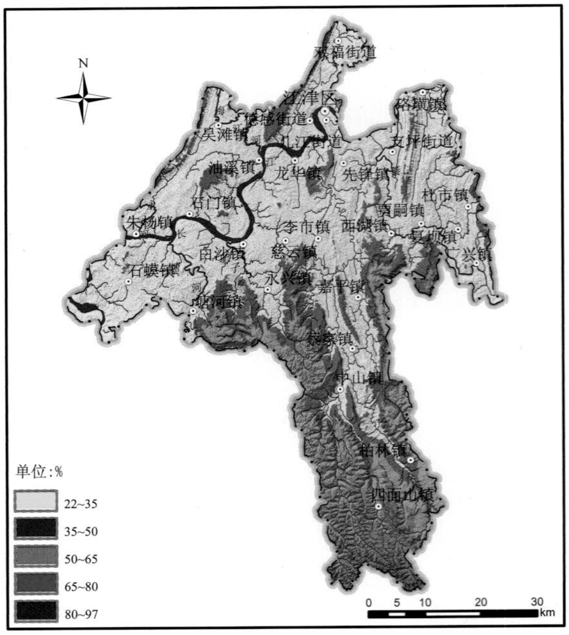

图 6.1025　江津区盛夏绵雨发生频率

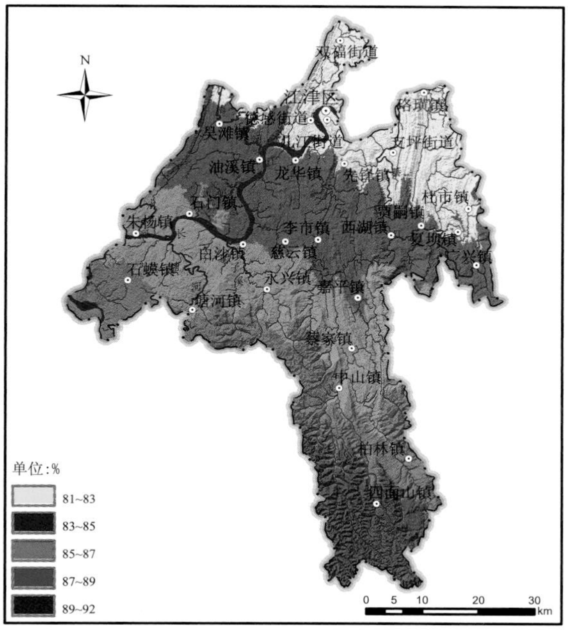

图 6.1026 江津区秋季绵雨发生频率

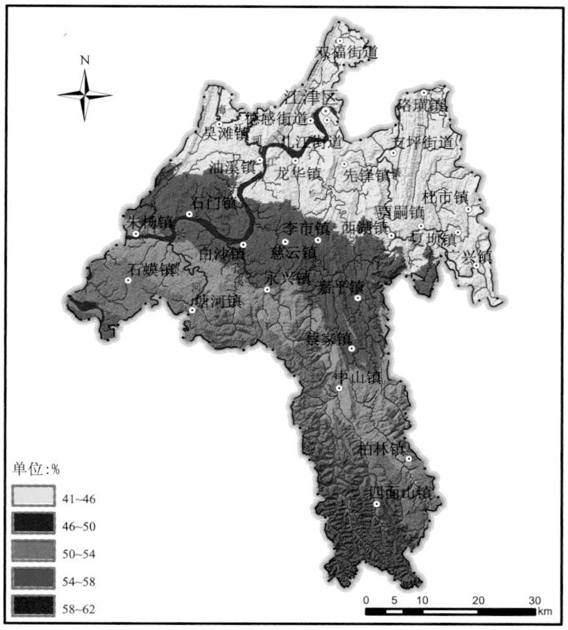

图 6.1027 江津区冬季绵雨发生频率

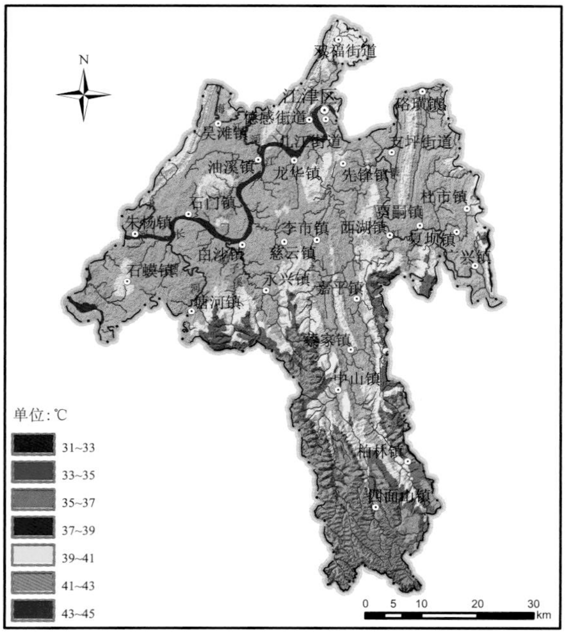

图 6.1028 江津区历史极端最高气温

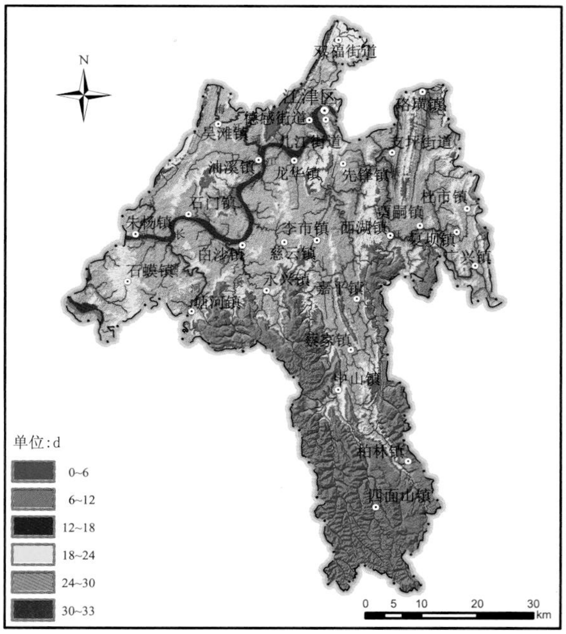

图 6.1029 江津区年日最高气温≥35 ℃日数

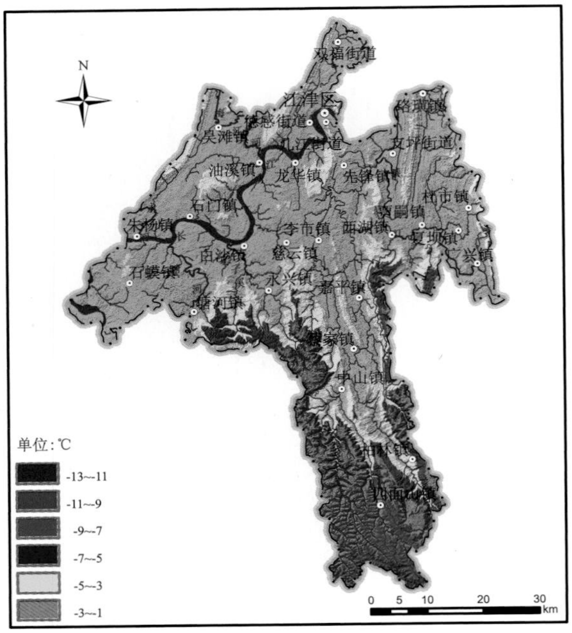

图 6.1030 江津区历史极端最低气温

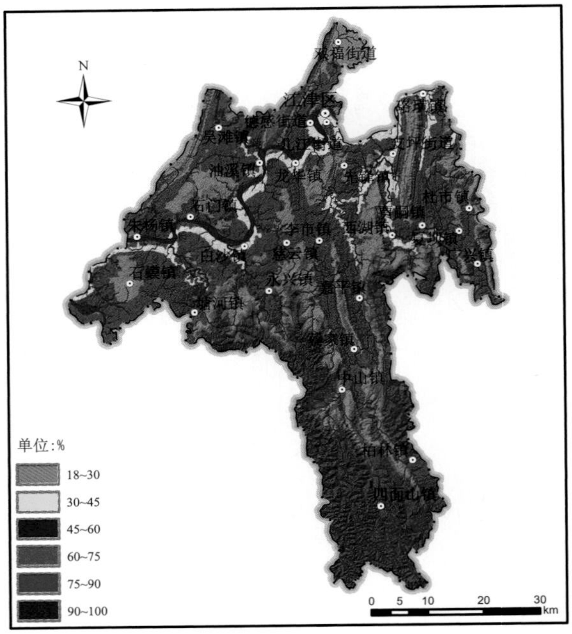

图 6.1031 江津区春季低温发生频率

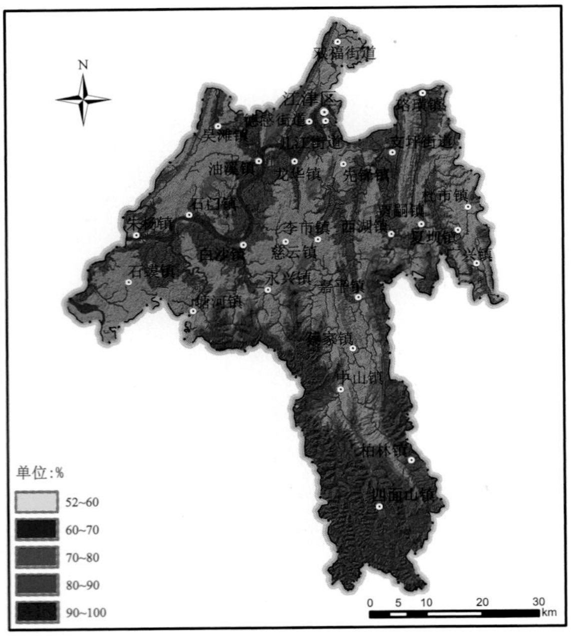

图 6.1032 江津区秋季低温发生频率

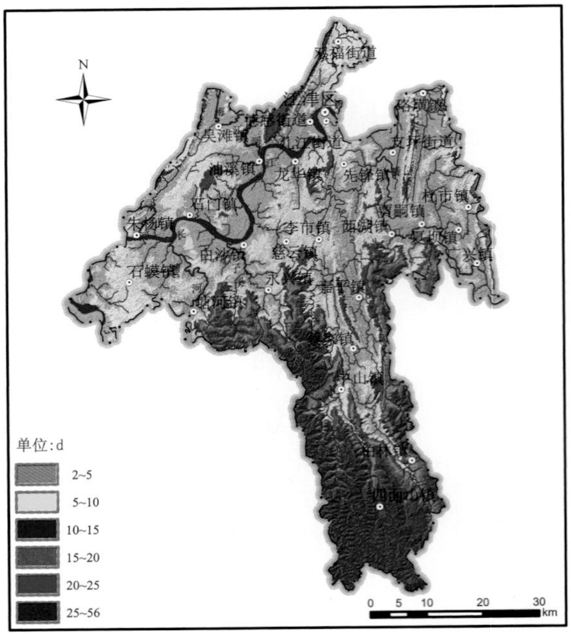

图 6.1033 江津区霜冻日数

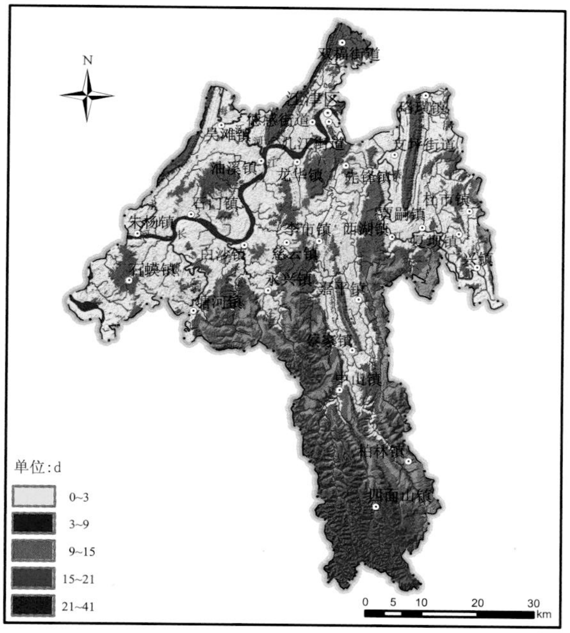

图 6.1034 江津区一般冻害日数

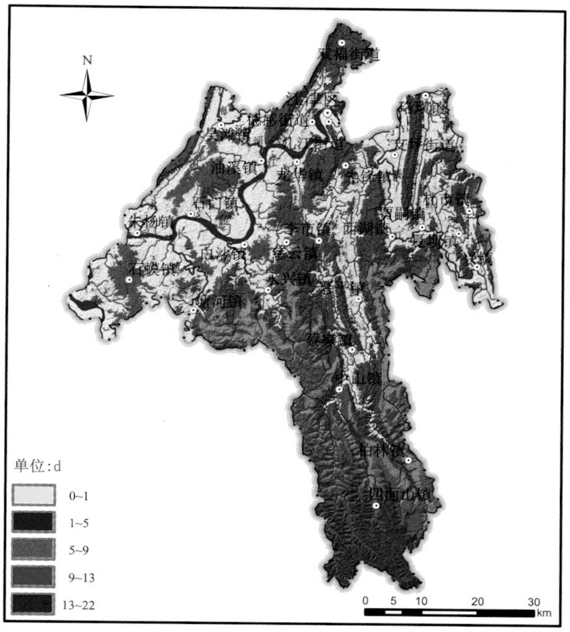

图 6.1035 江津区较重冻害日数

6.3 部分农作物生育期及农事活动分布图

6.3.1 农作物生育期

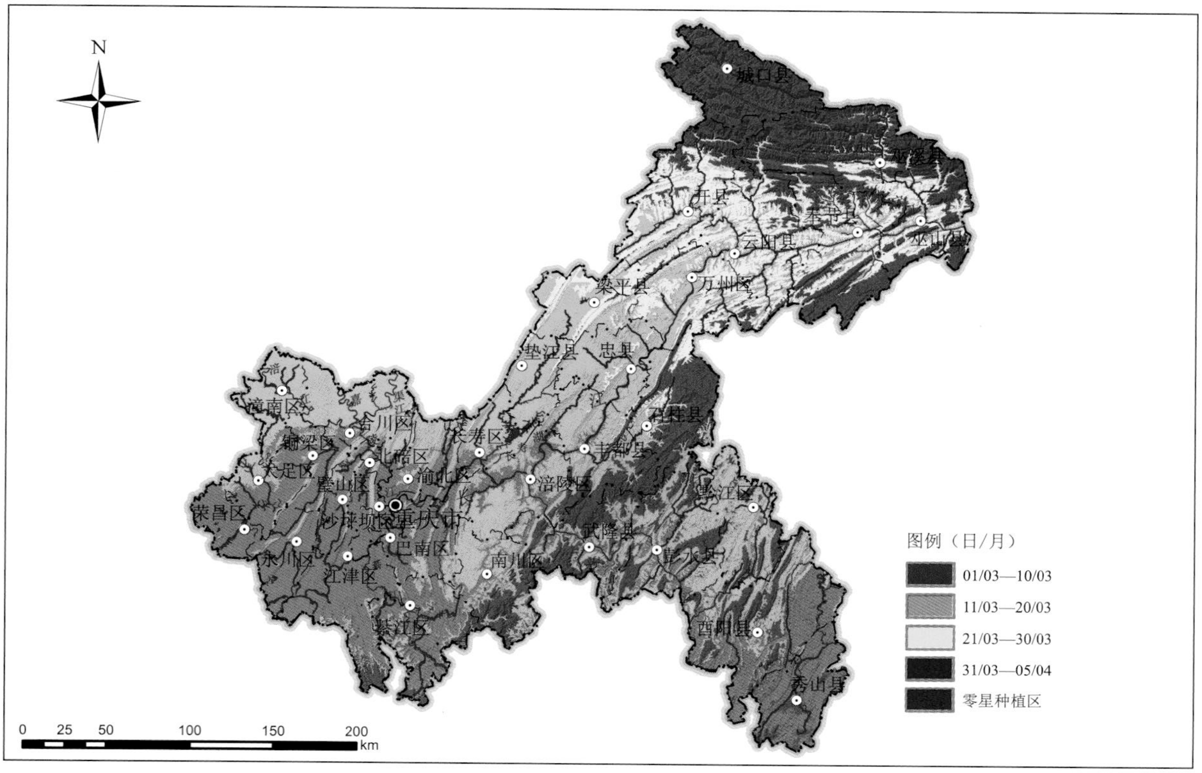

图 6.1036 重庆市冬小麦抽穗期

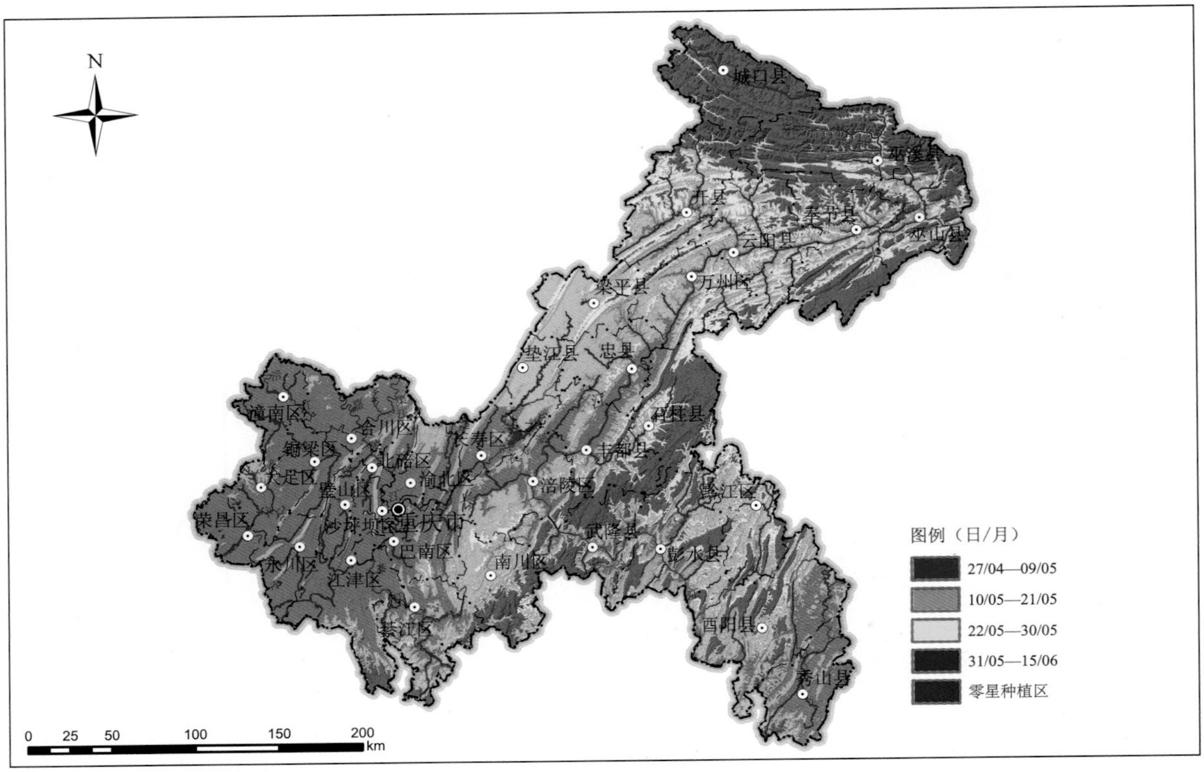

图 6.1037　重庆市冬小麦成熟期

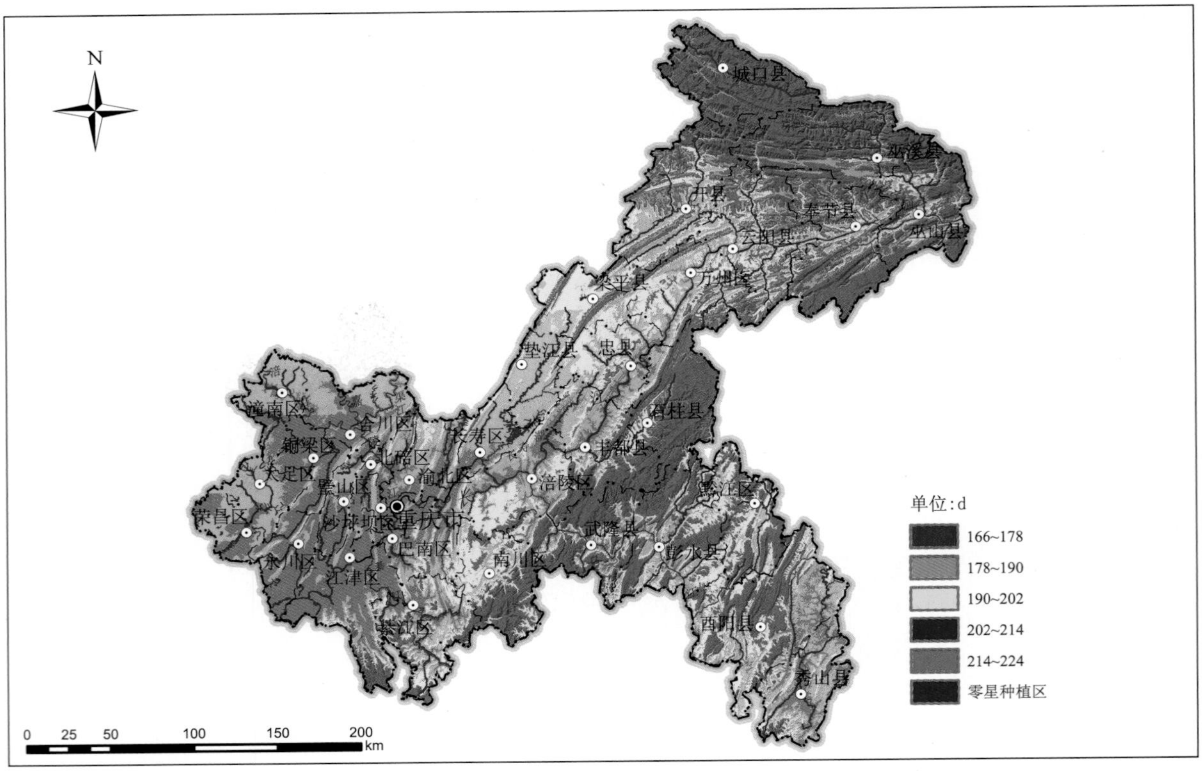

图 6.1038　重庆市冬小麦生育期天数

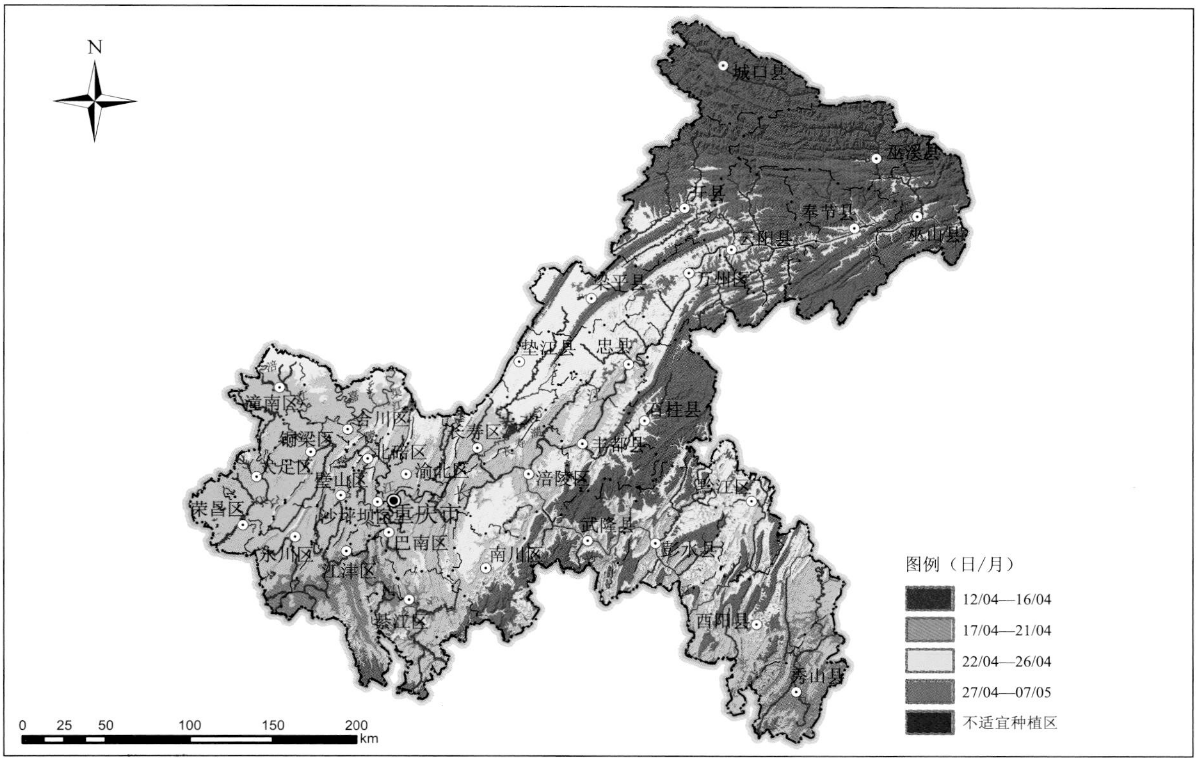

图 6.1039 重庆市宽皮橘初花期

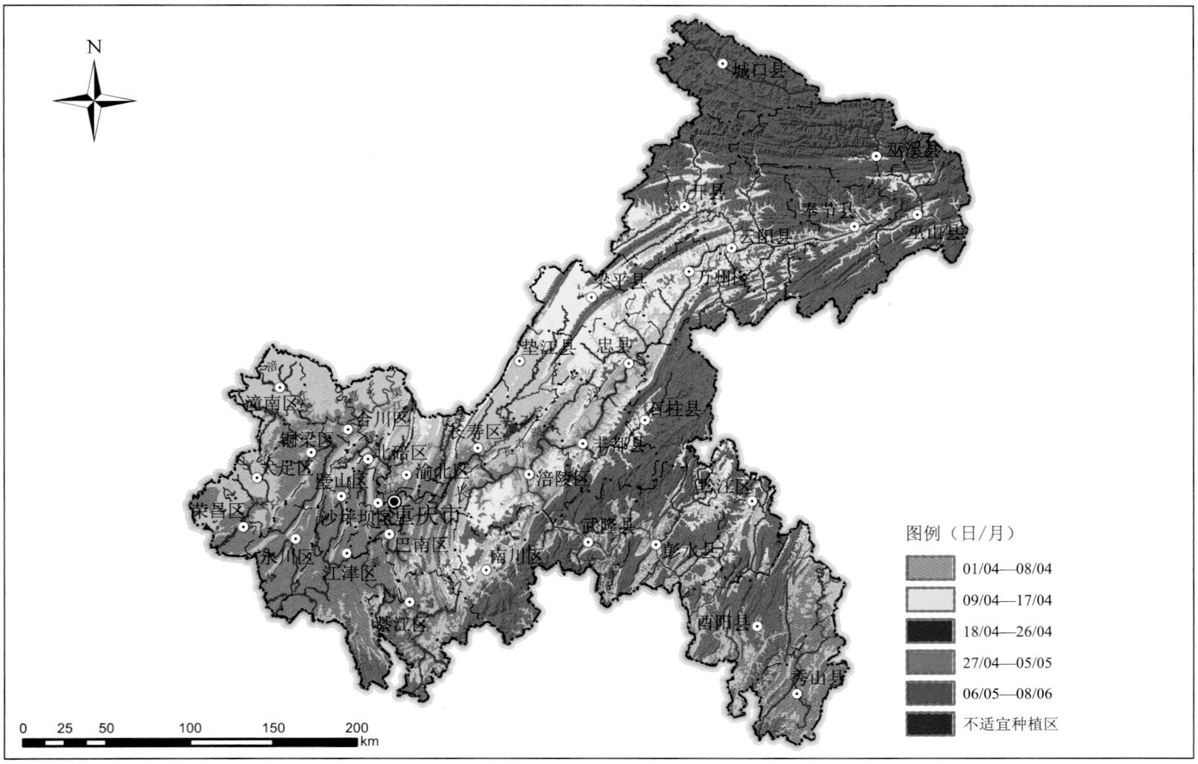

图 6.1040 重庆市甜橙初花期

6.3.2 农事活动

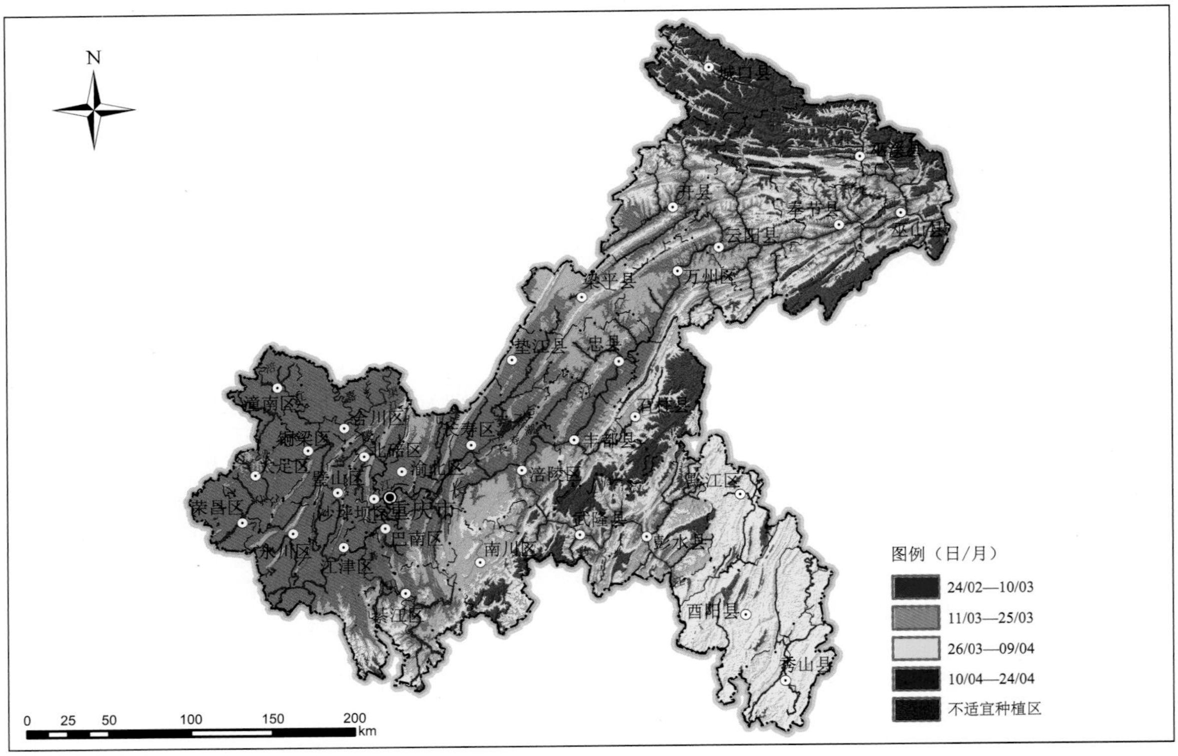

图 6.1041　重庆市优质稻适宜播种期

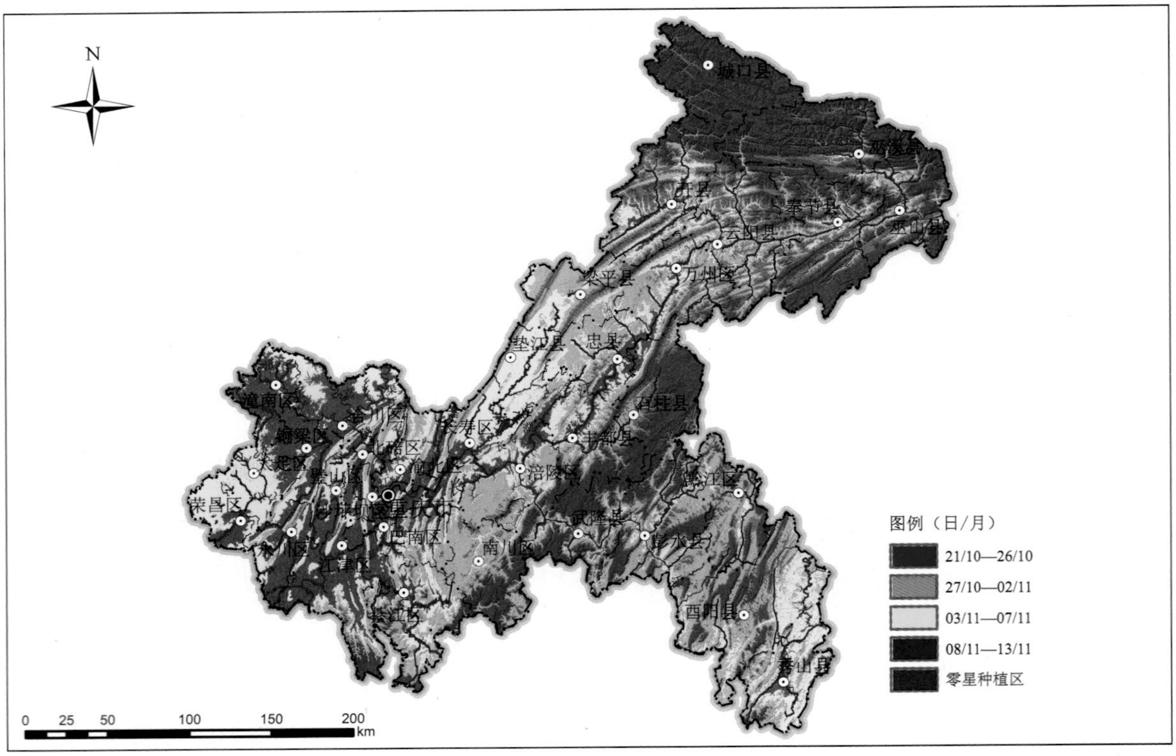

图 6.1042　重庆市冬小麦适宜播种期

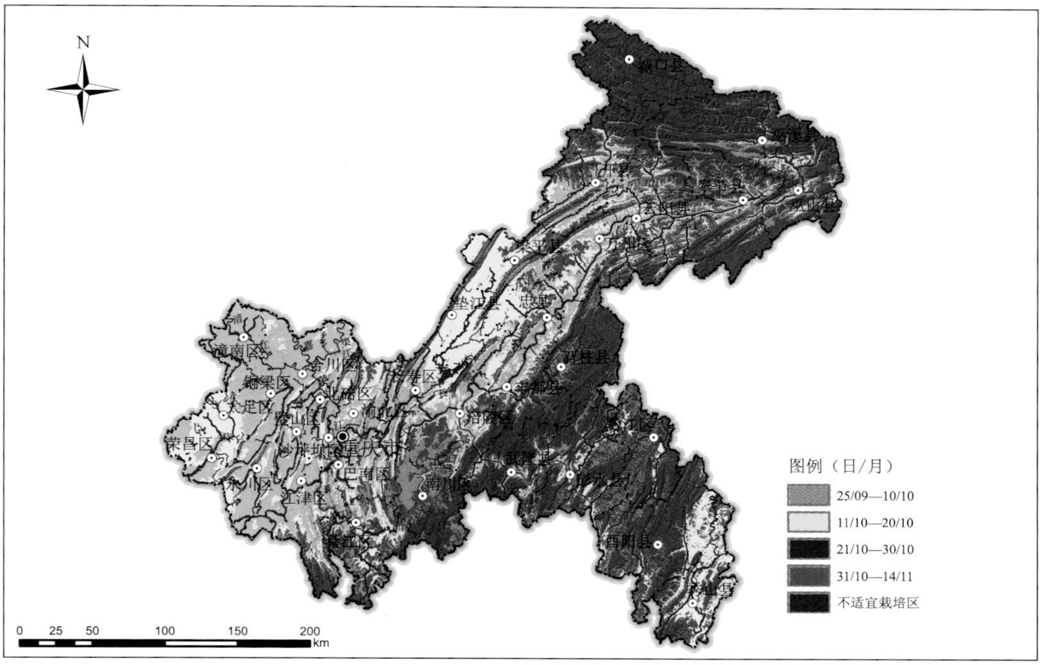

图 6.1043 重庆市油桐适宜采收期

6.4 农业气候区划图

6.4.1 全市

6.4.1.1 粮食作物

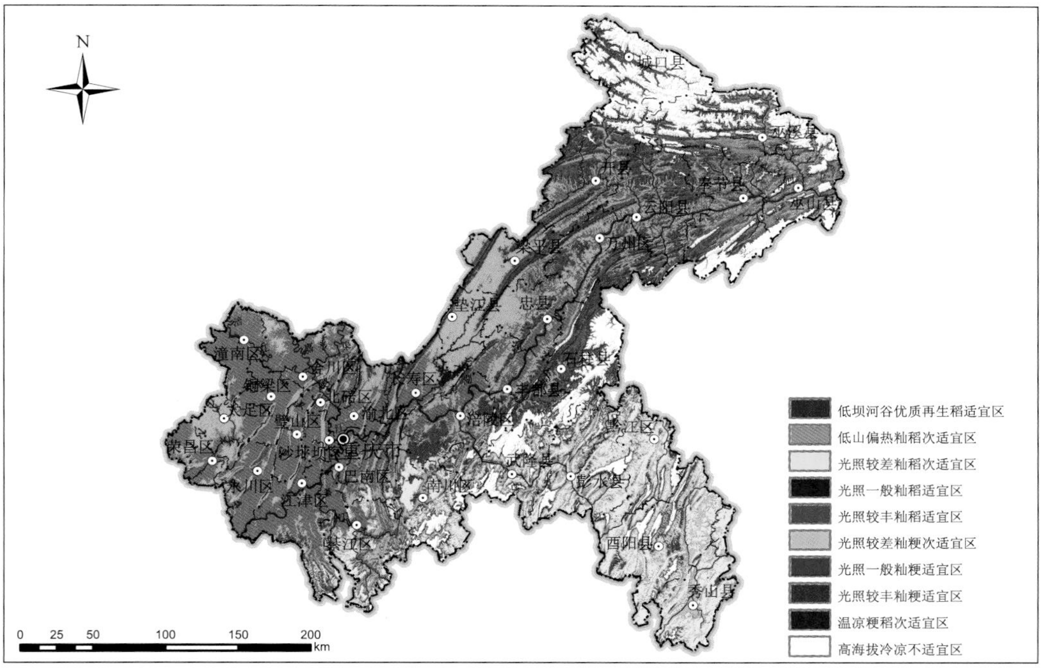

图 6.1044 重庆市优质稻气候区划

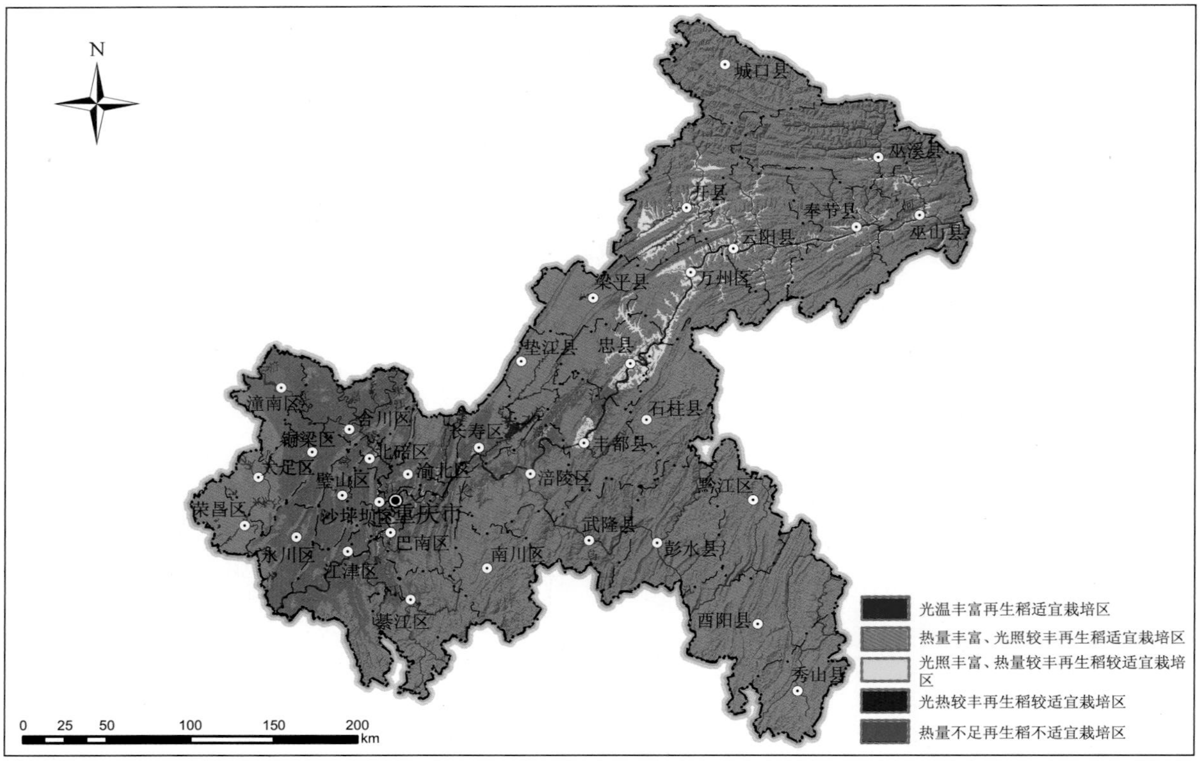

图 6.1045　重庆市再生稻气候区划

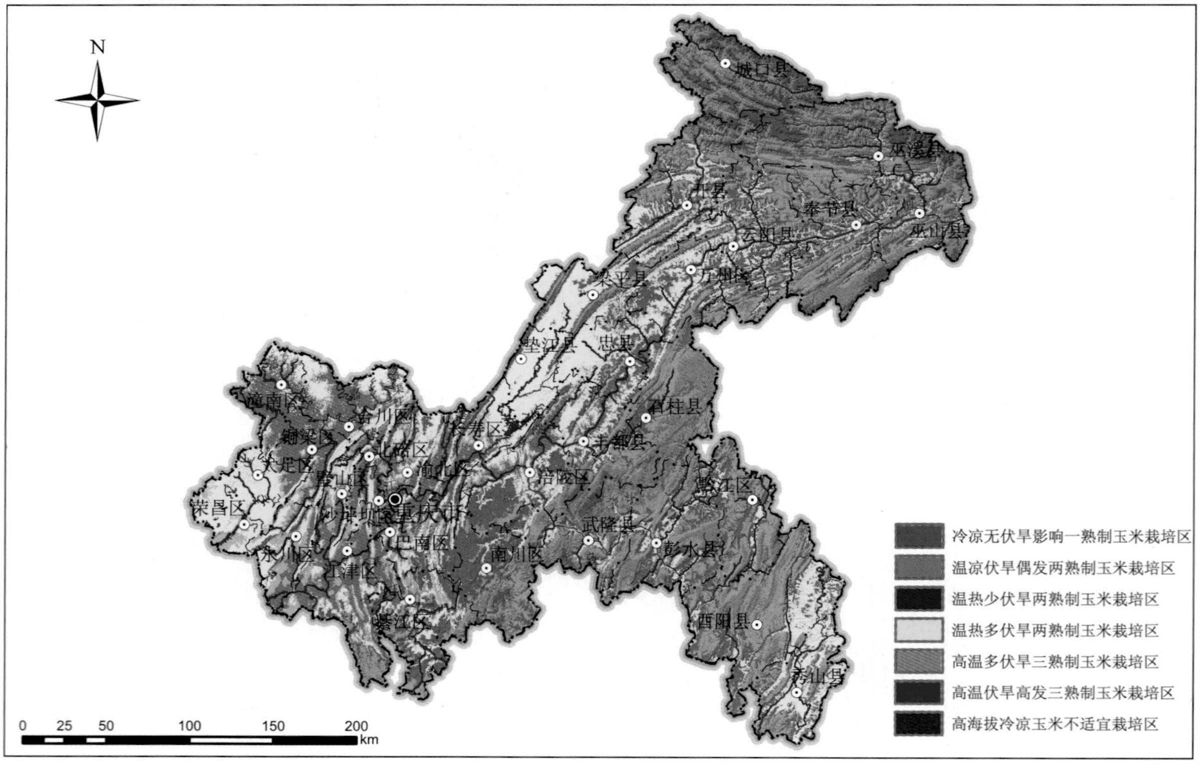

图 6.1046　重庆市玉米气候区划

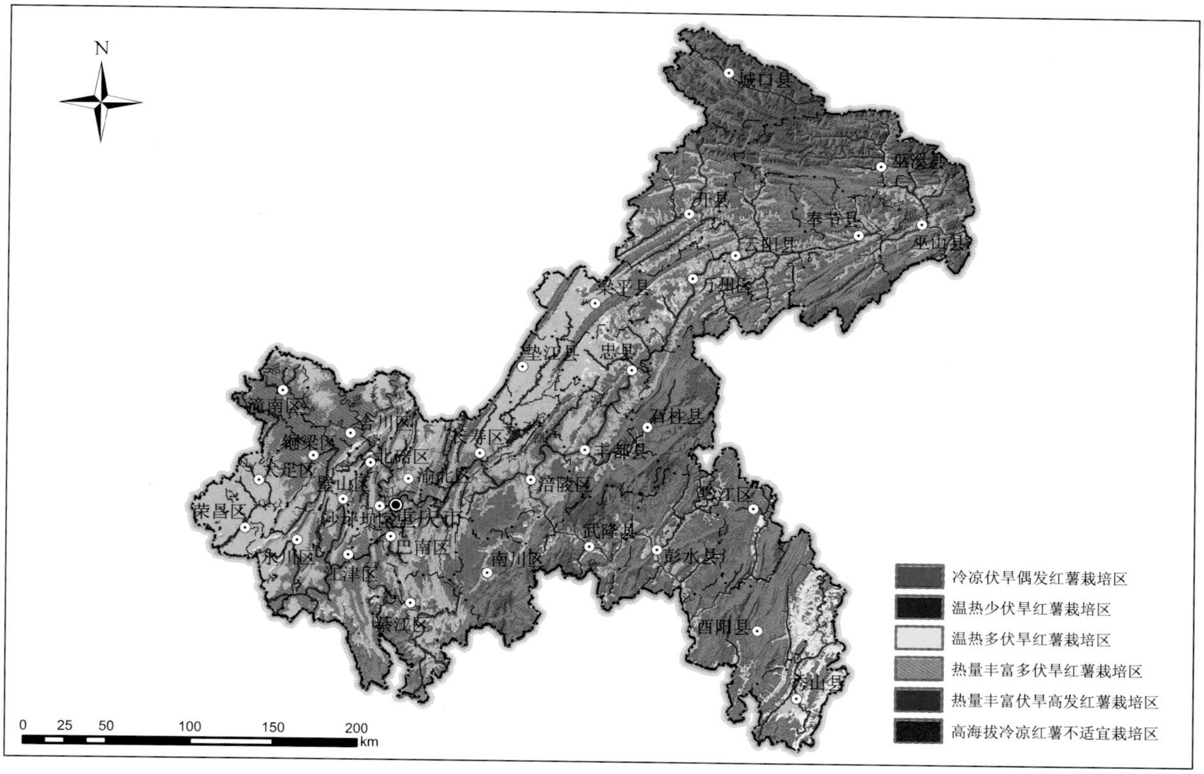

图 6.1047 重庆市红薯气候区划

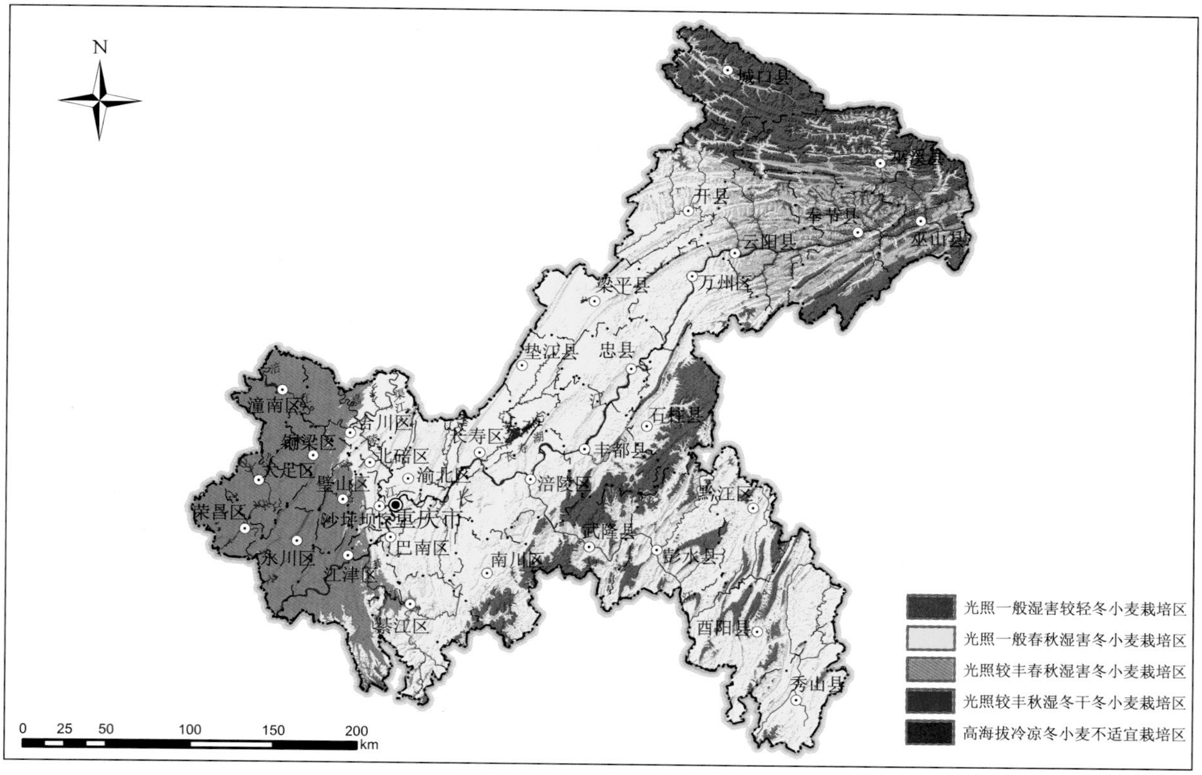

图 6.1048 重庆市冬小麦气候区划

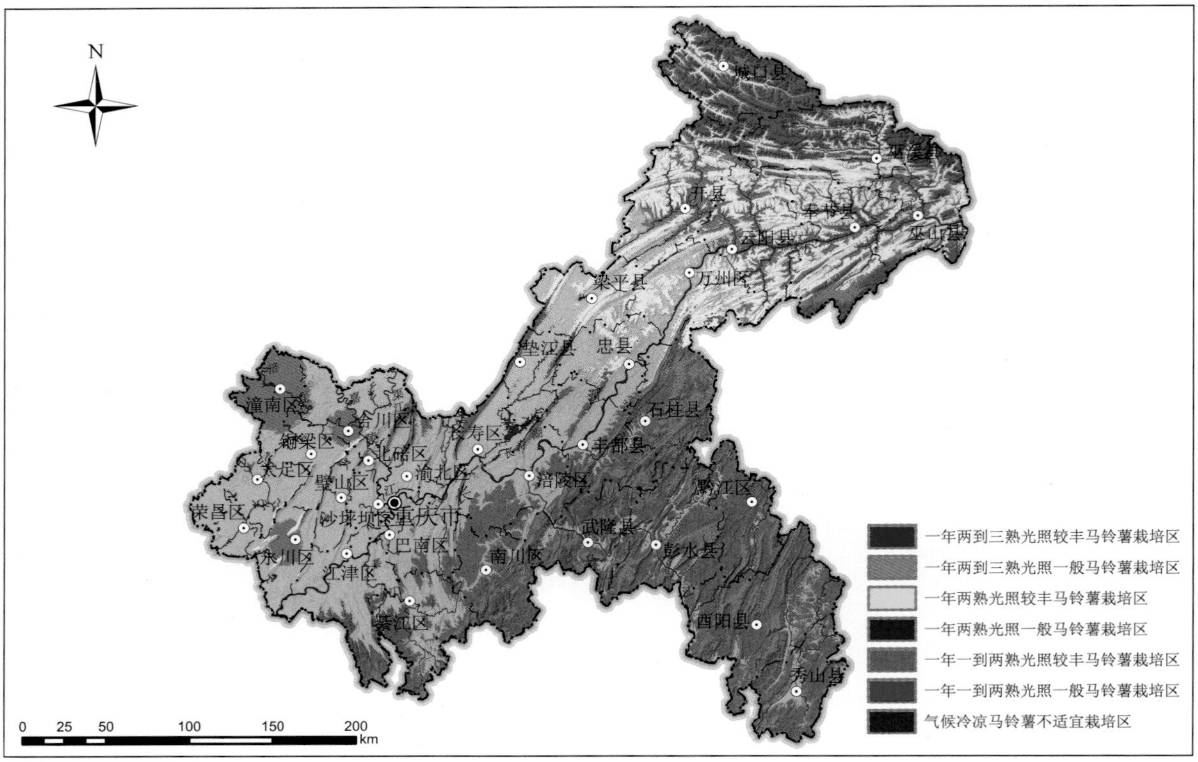

图 6.1049 重庆市马铃薯气候区划

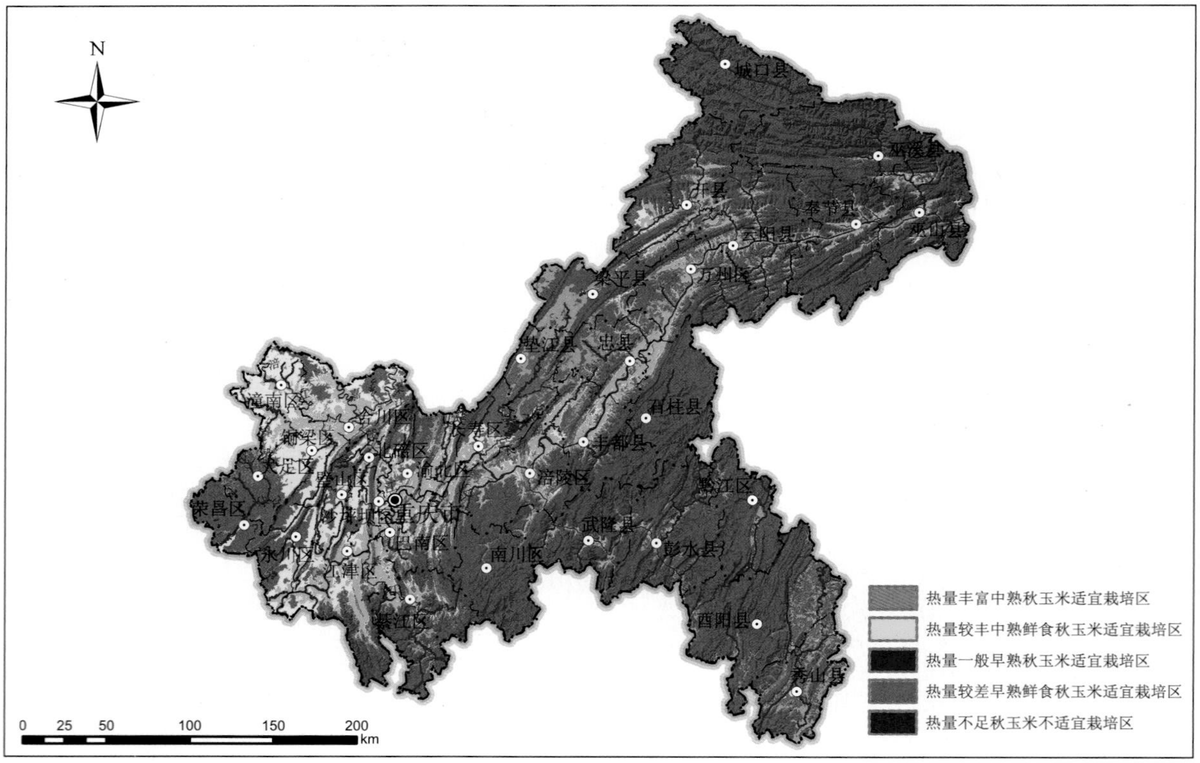

图 6.1050 重庆市秋玉米气候区划

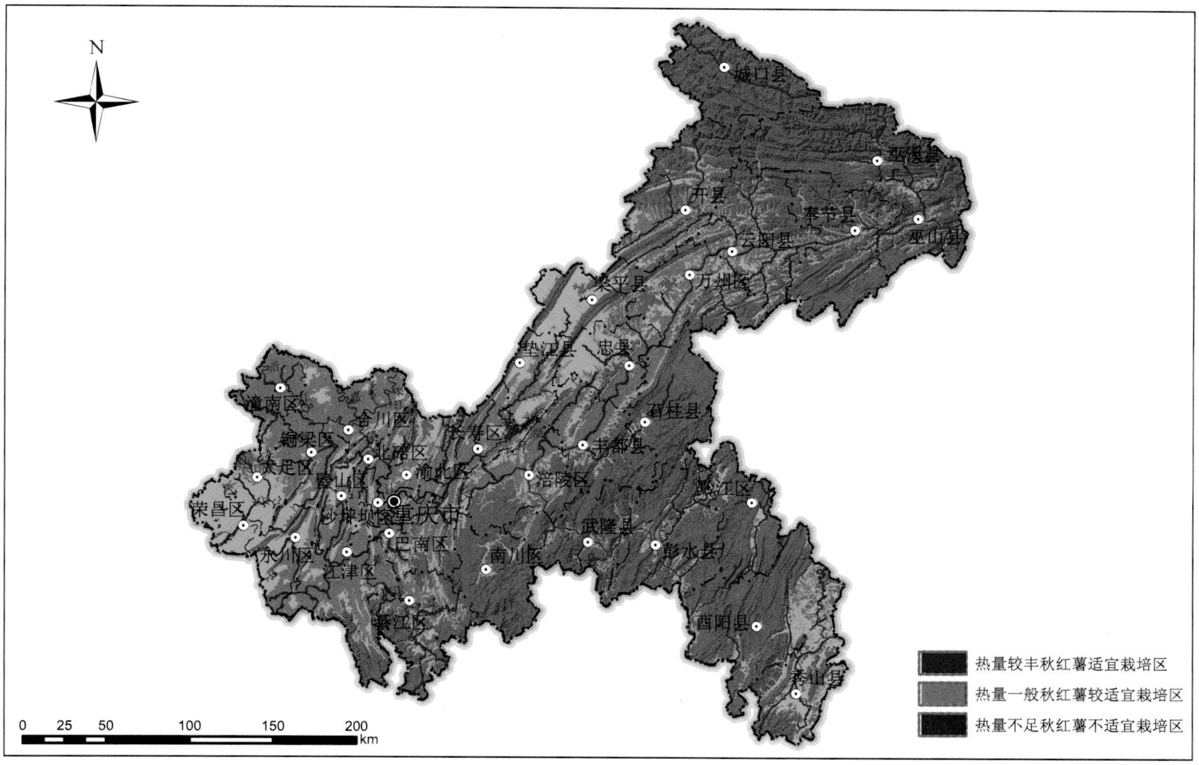

图 6.1051　重庆市秋红薯气候区划

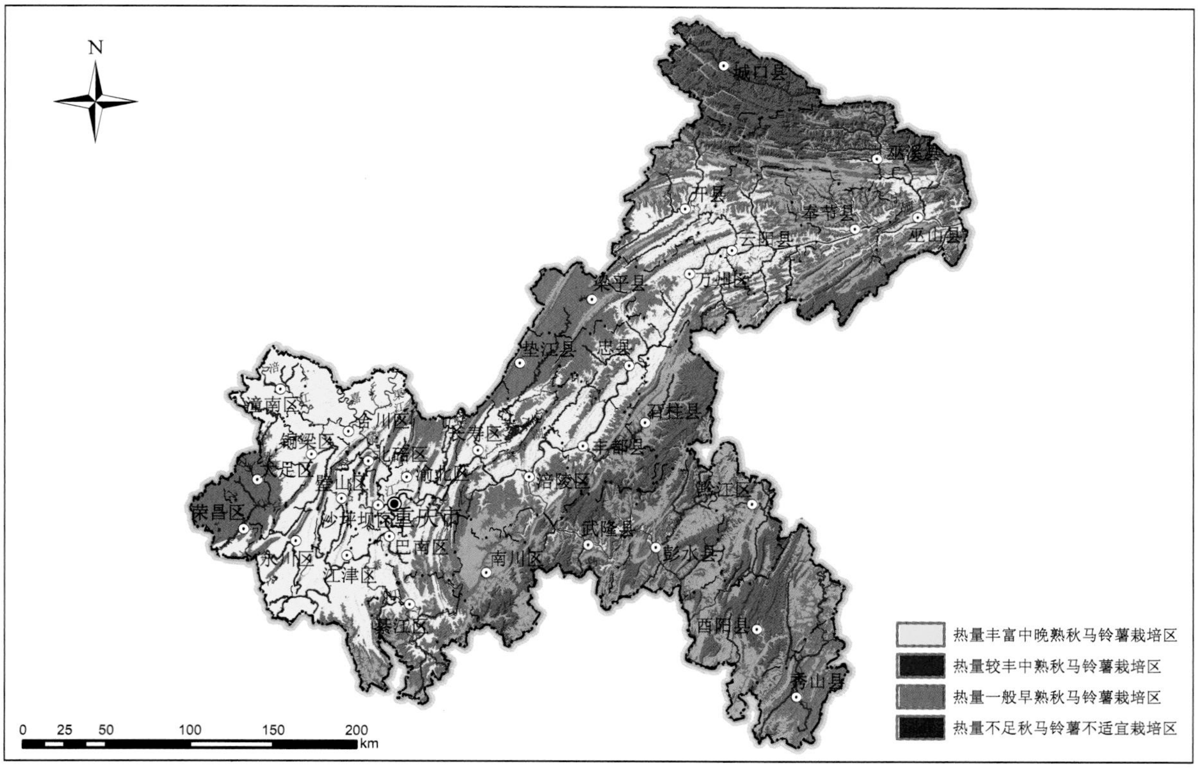

图 6.1052　重庆市秋马铃薯气候区划

6.4.1.2　经济作物

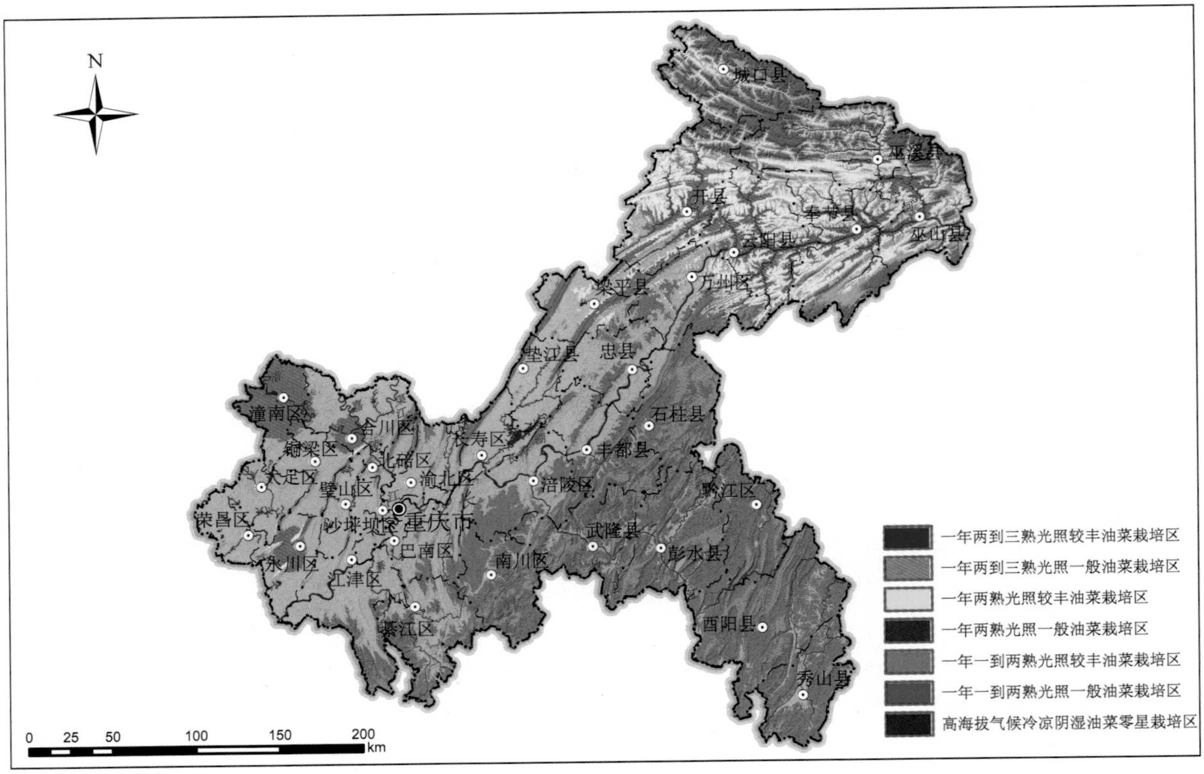

图 6.1053　重庆市油菜气候区划

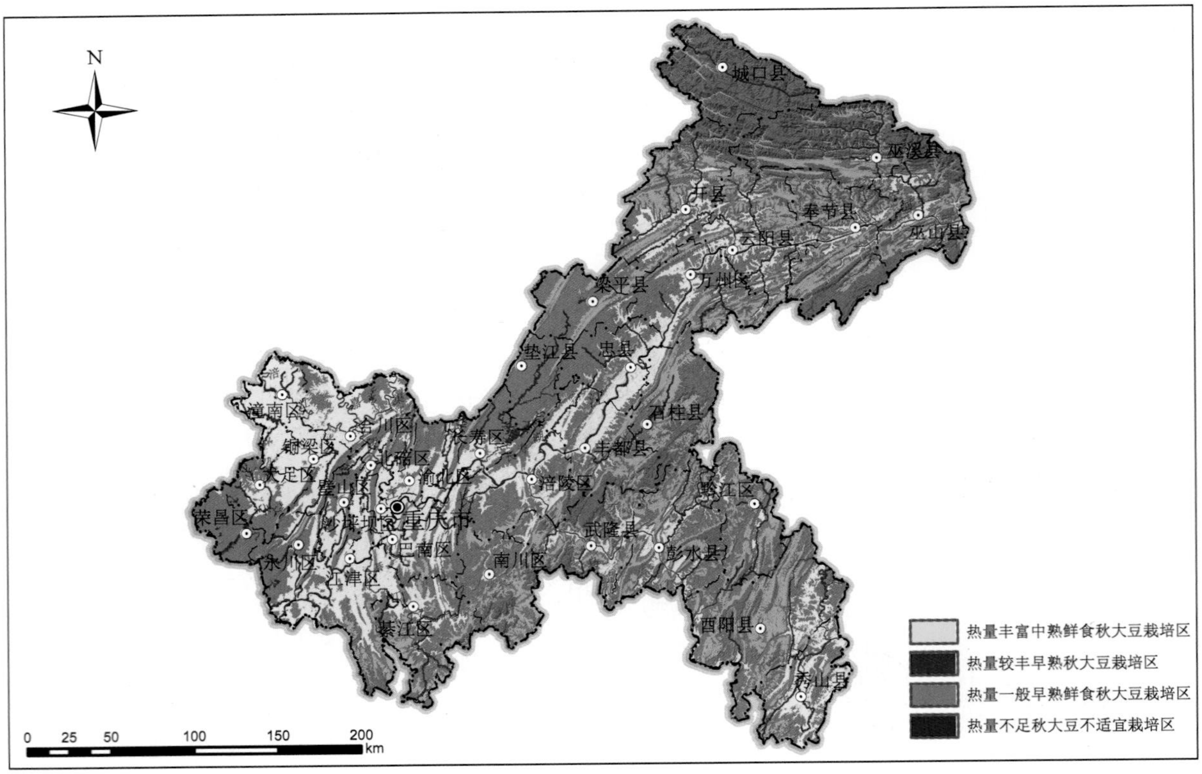

图 6.1054　重庆市秋大豆气候区划

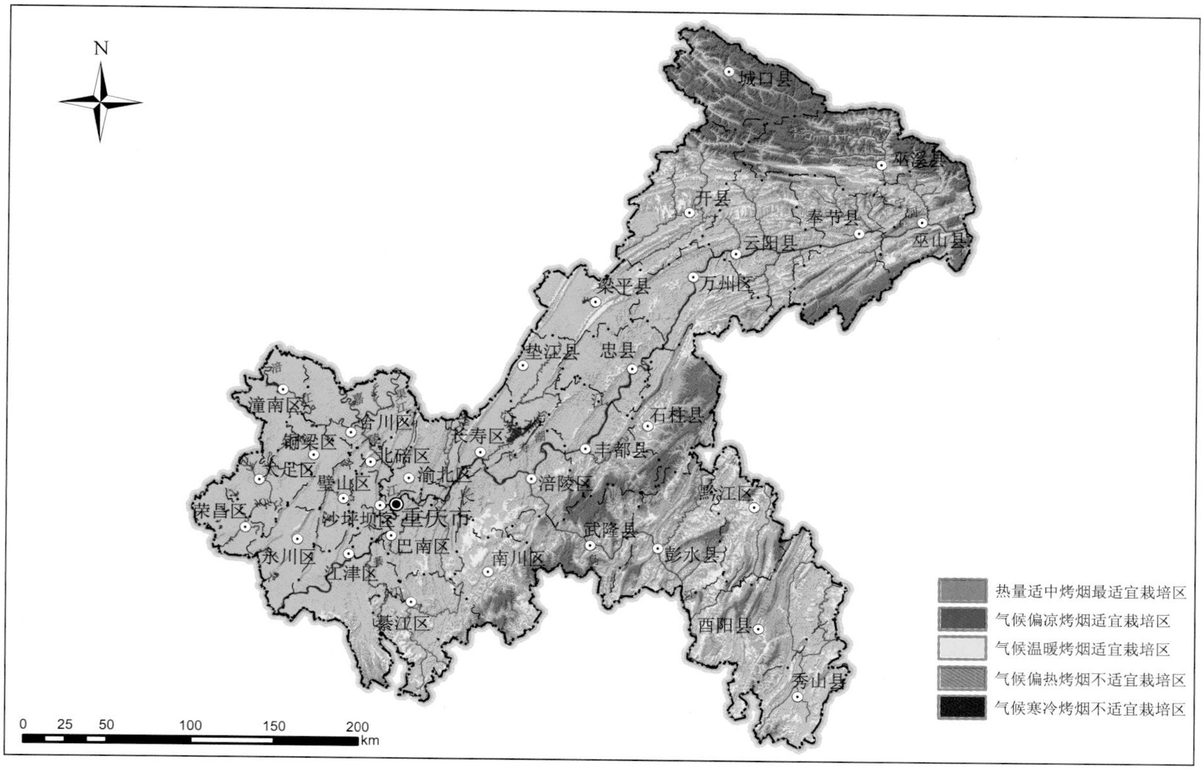

图 6.1055 重庆市烤烟气候区划

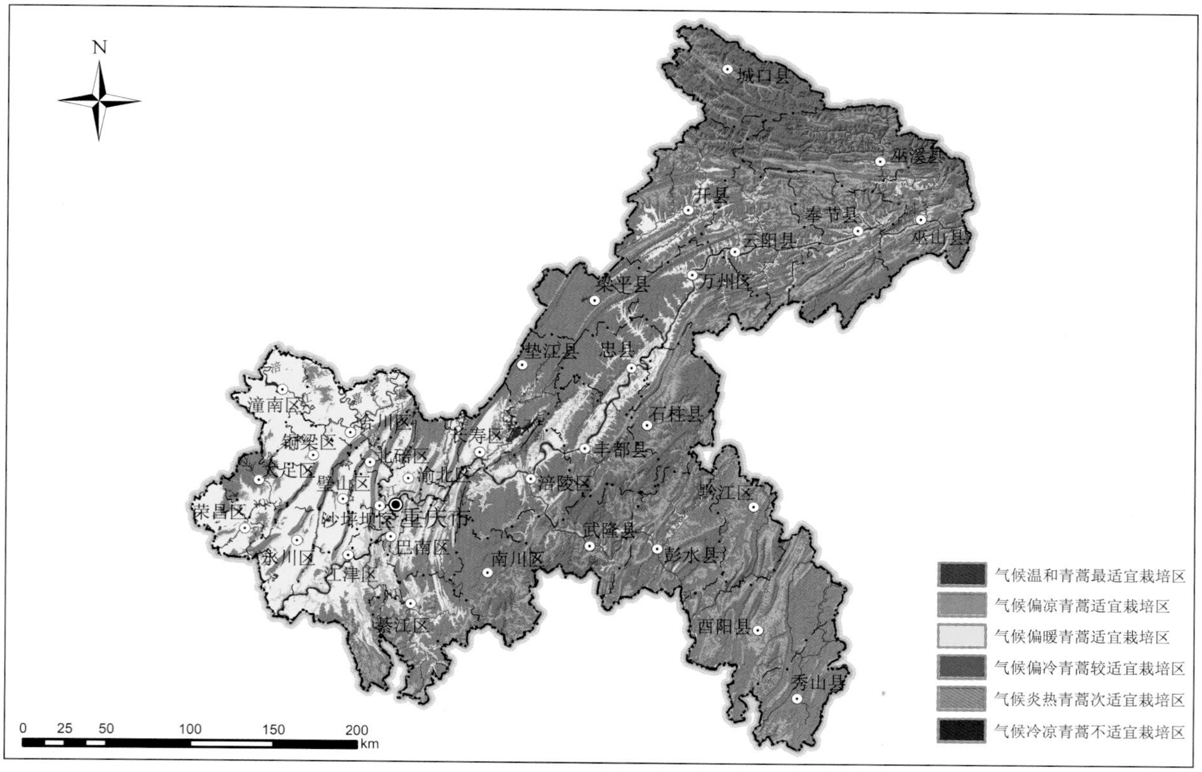

图 6.1056 重庆市青蒿气候区划

6.4.1.3　经济林果

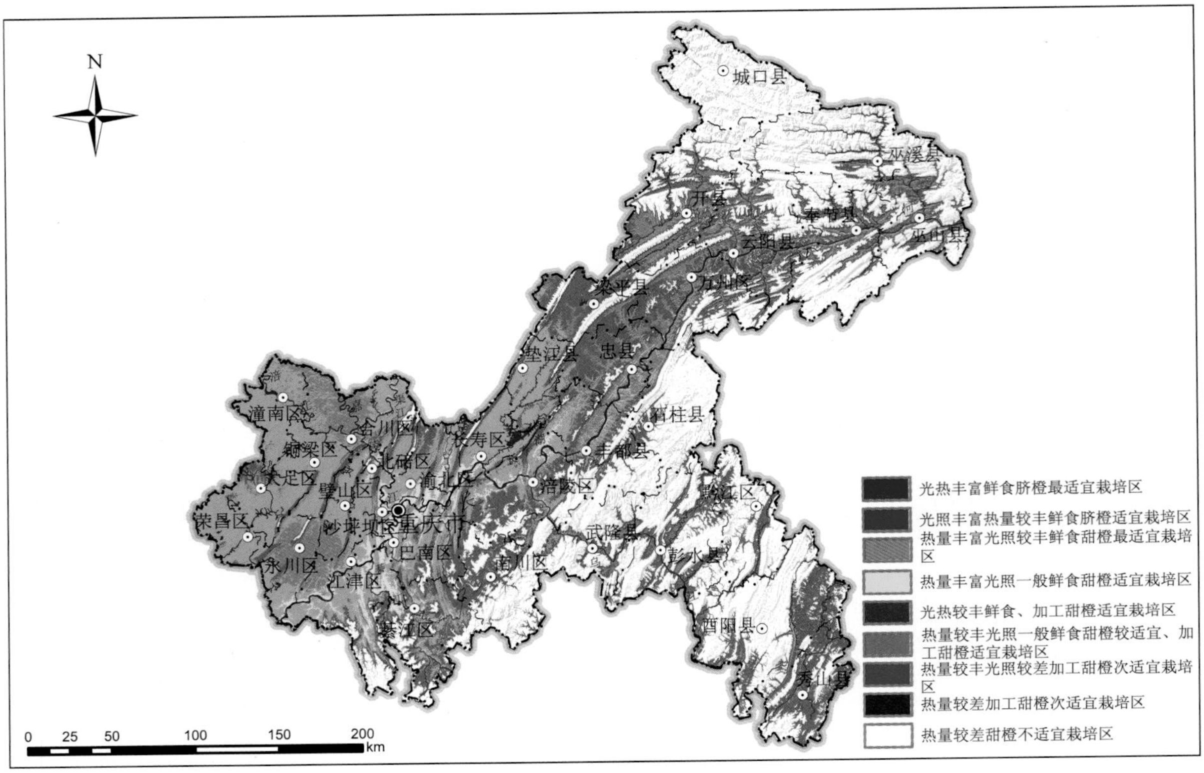

图 6.1057　重庆市甜橙气候区划

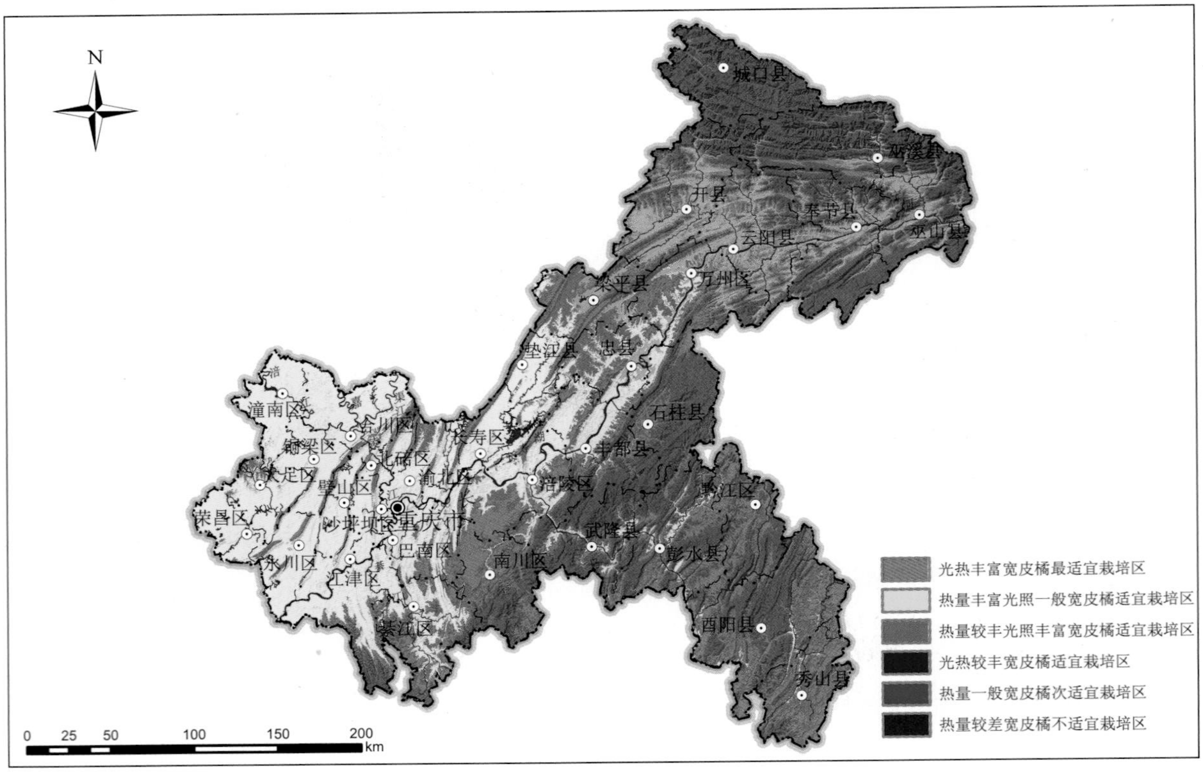

图 6.1058　重庆市宽皮橘气候区划

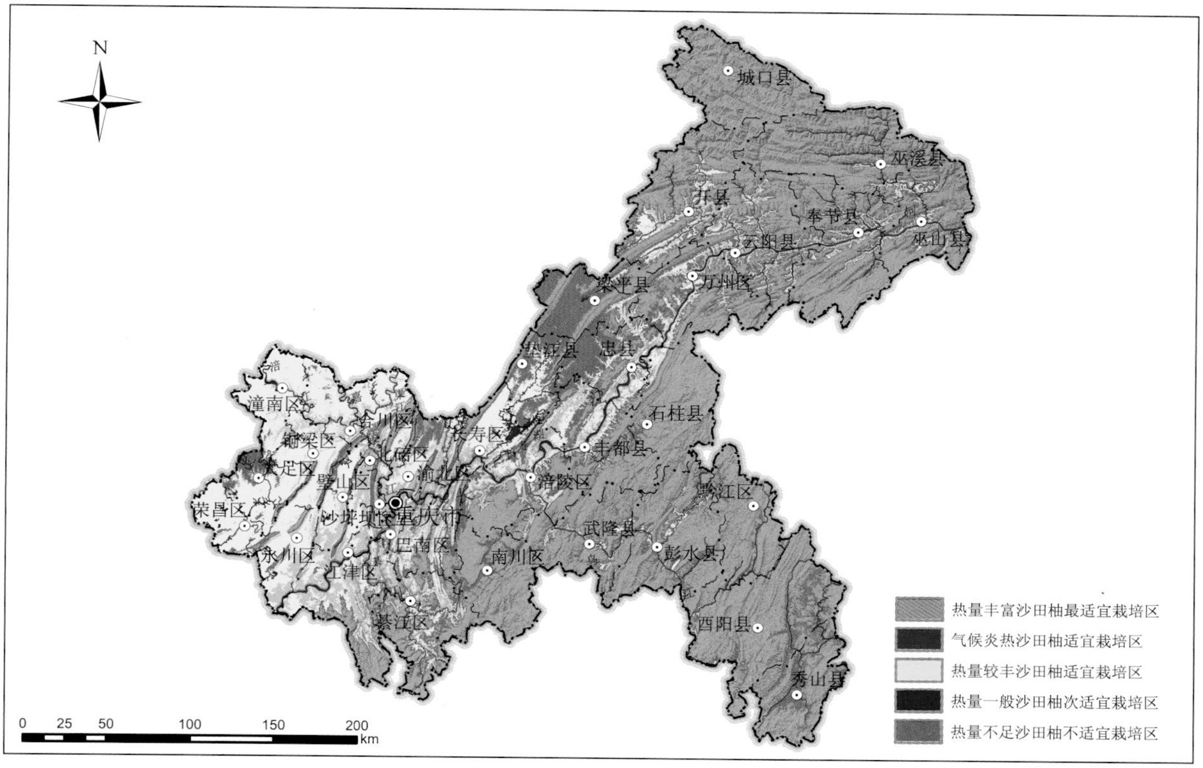

图 6.1059　重庆市沙田柚气候区划

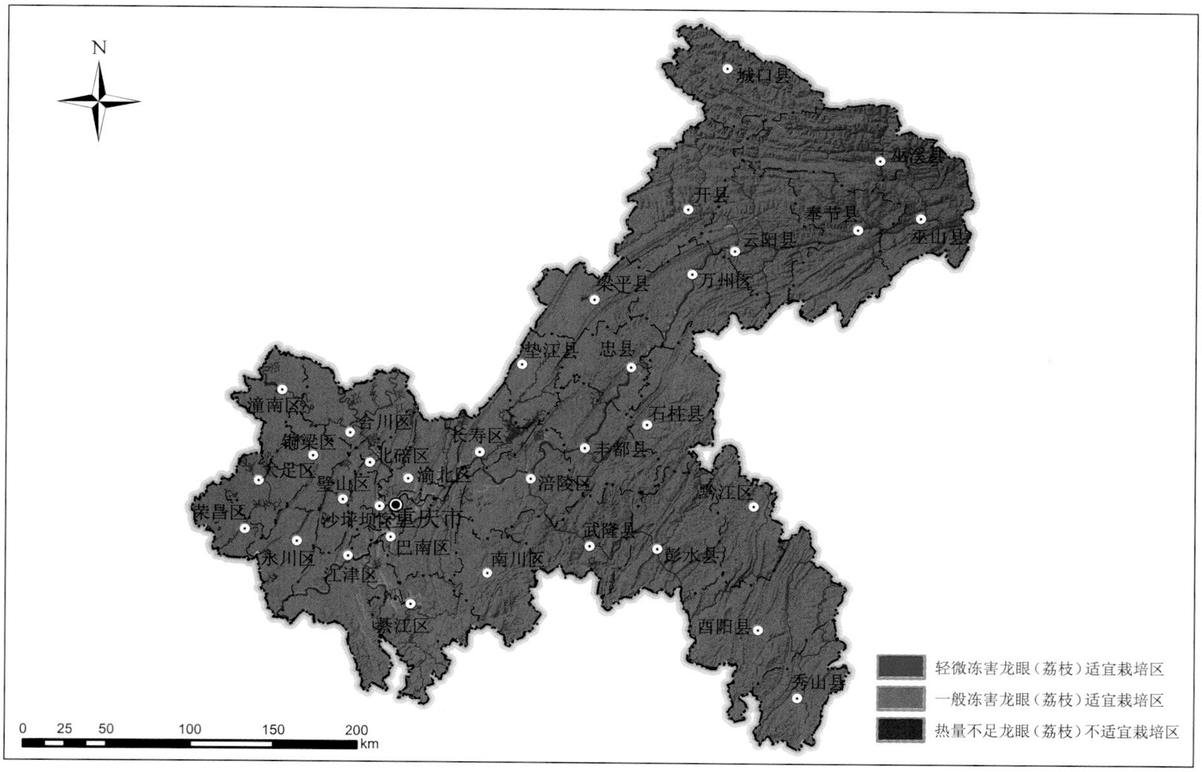

图 6.1060　重庆市龙眼（荔枝）气候区划

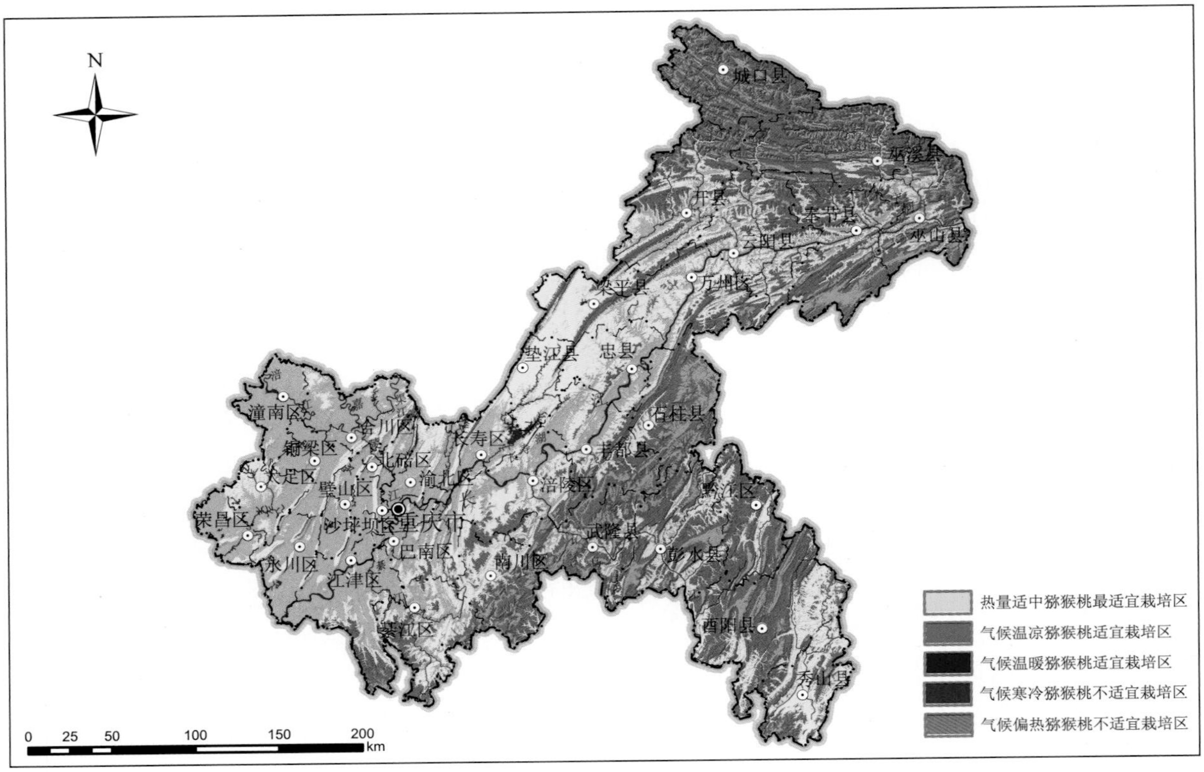

图 6.1061 重庆市猕猴桃气候区划

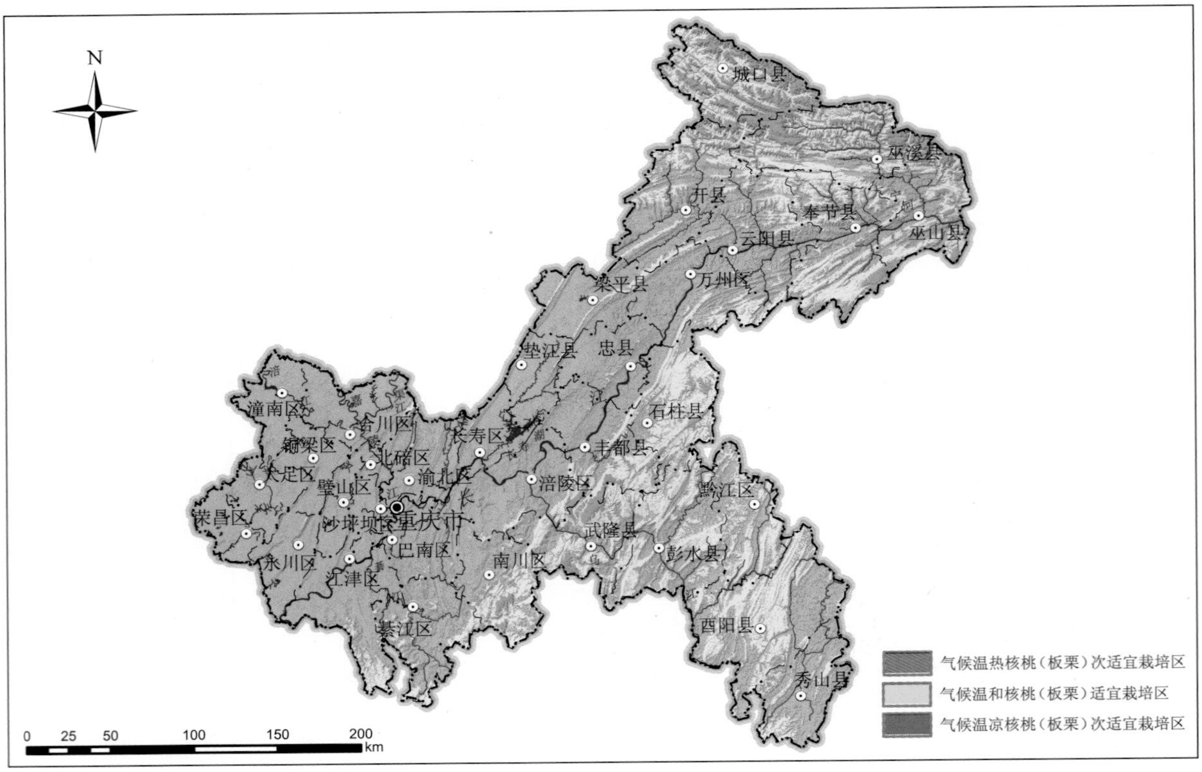

图 6.1062 重庆市核桃(板栗)气候区划

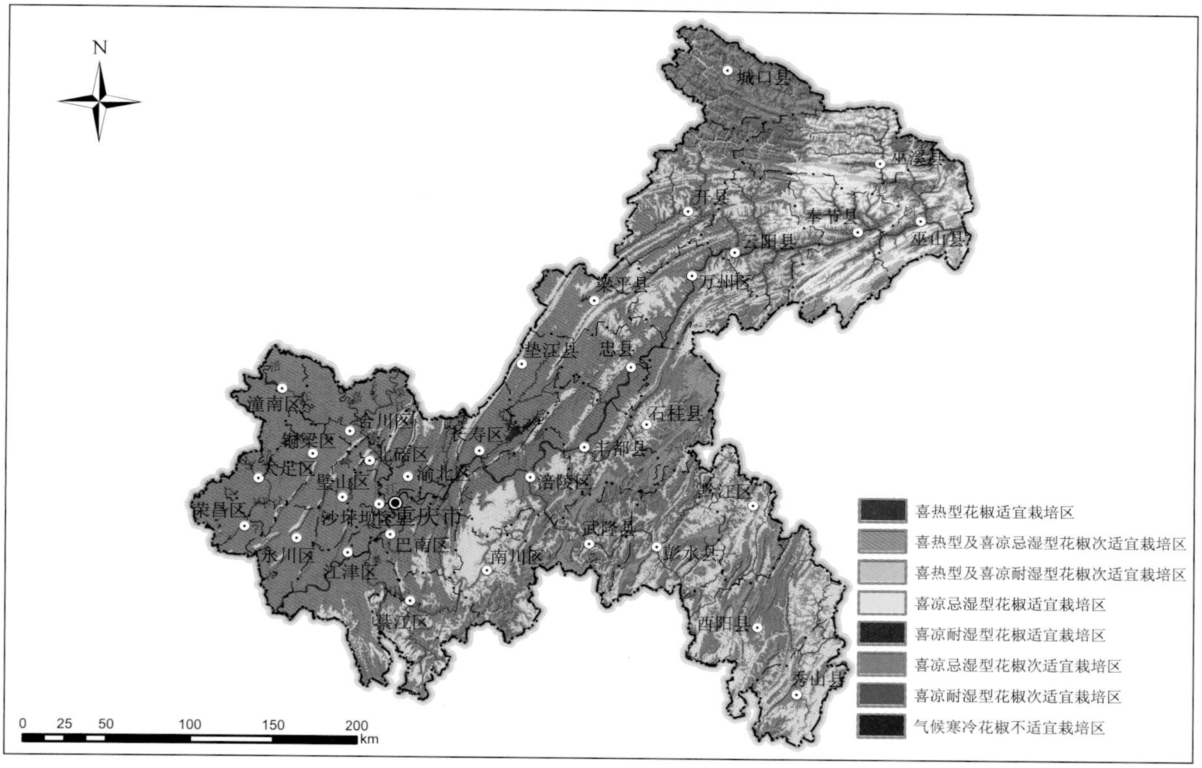

图 6.1063 重庆市花椒气候区划

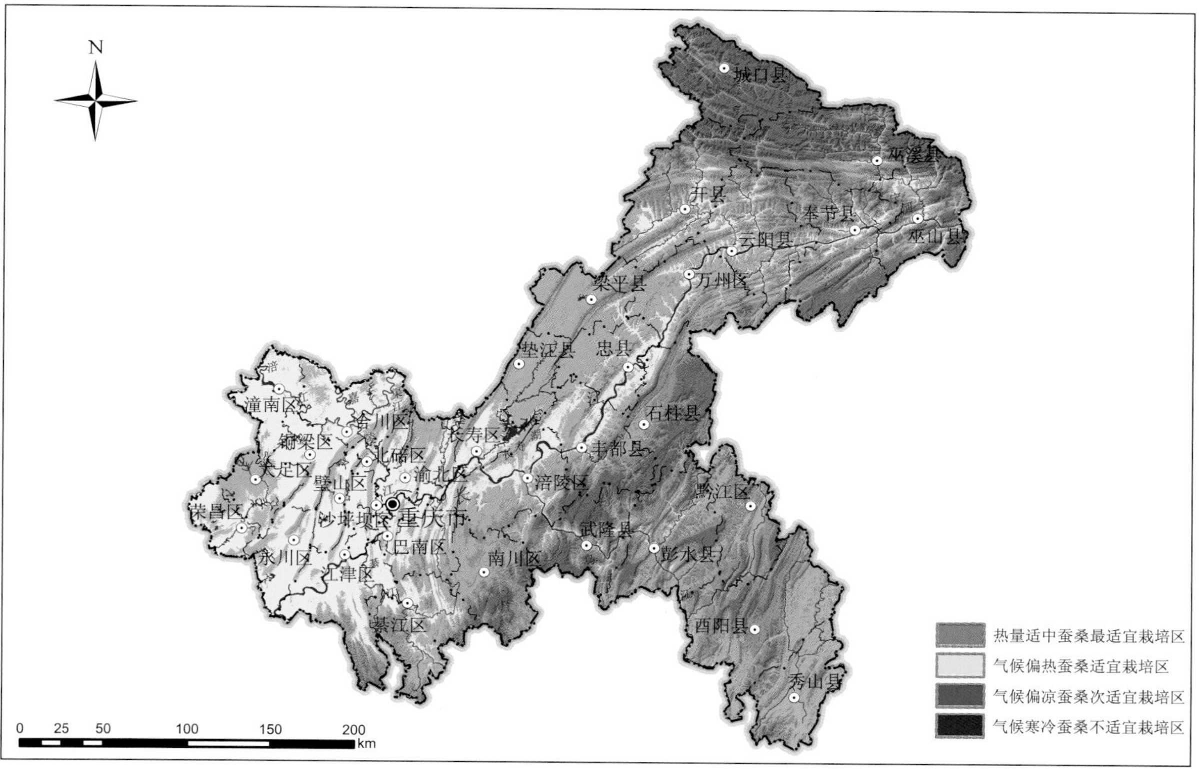

图 6.1064 重庆市蚕桑气候区划

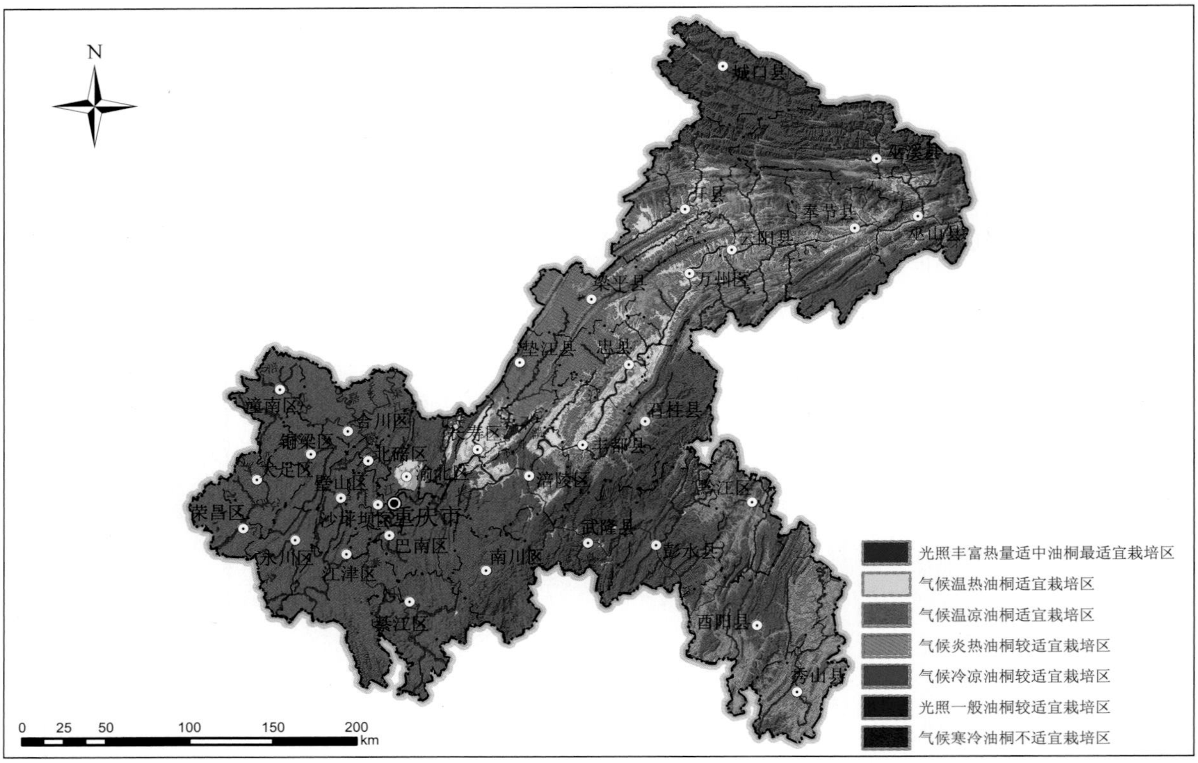

图 6.1065　重庆市油桐气候区划

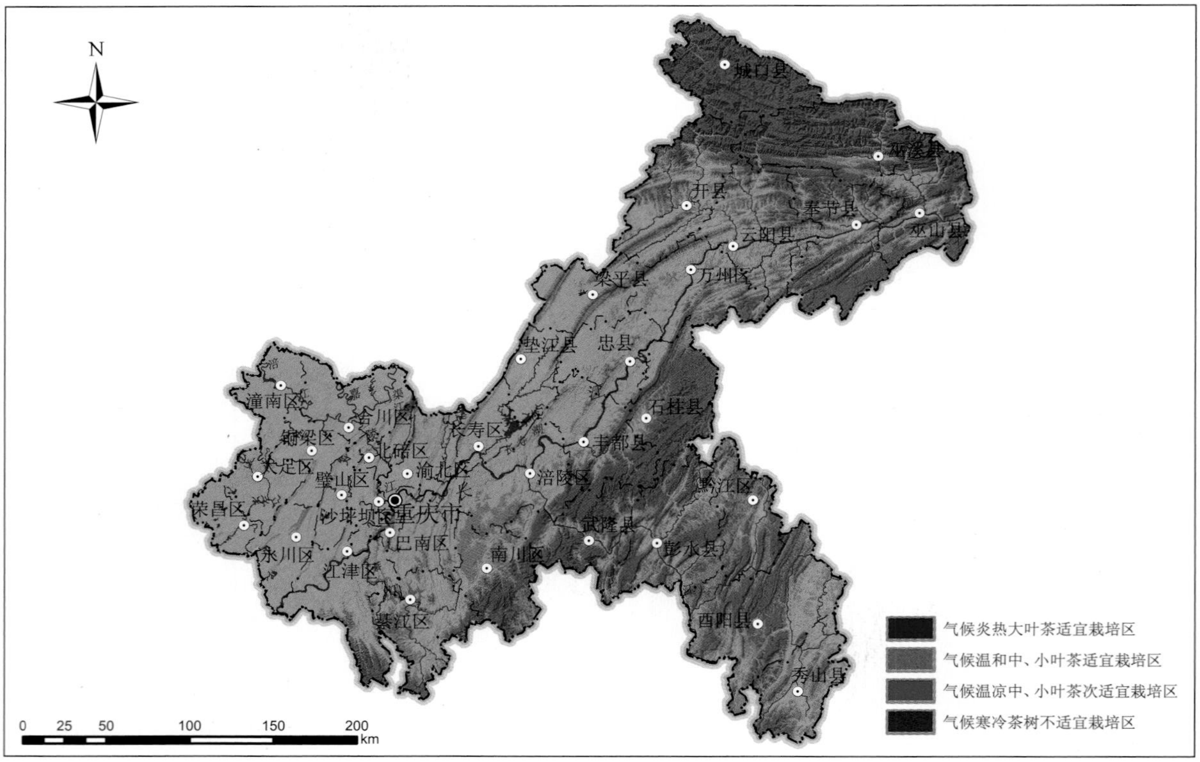

图 6.1066　重庆市茶树气候区划

6.4.2 代表区县

6.4.2.1 农业气候区划图(粮食作物、经济作物、经济林果)

(1)奉节县

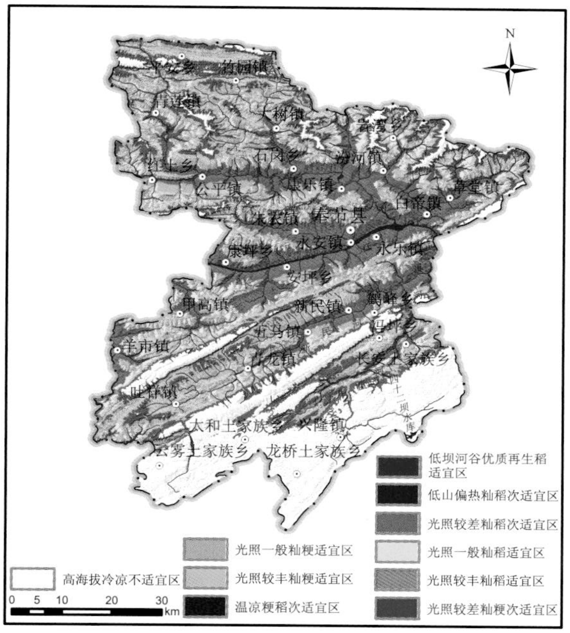

图 6.1067 奉节县优质稻气候区划

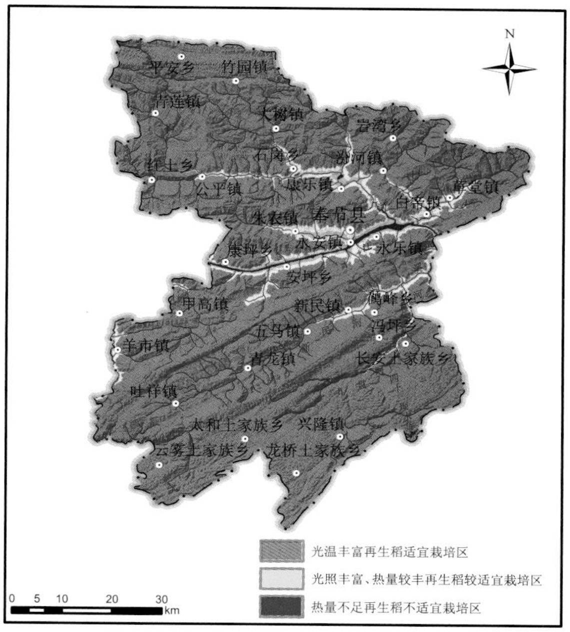

图 6.1068 奉节县再生稻气候区划

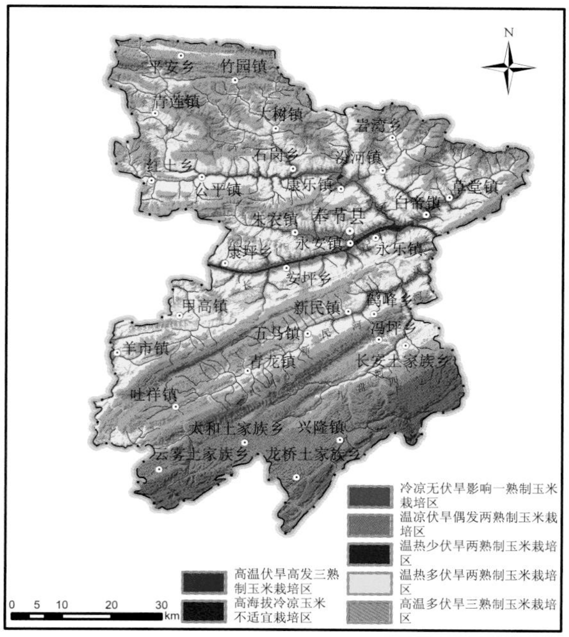

图 6.1069 奉节县玉米气候区划

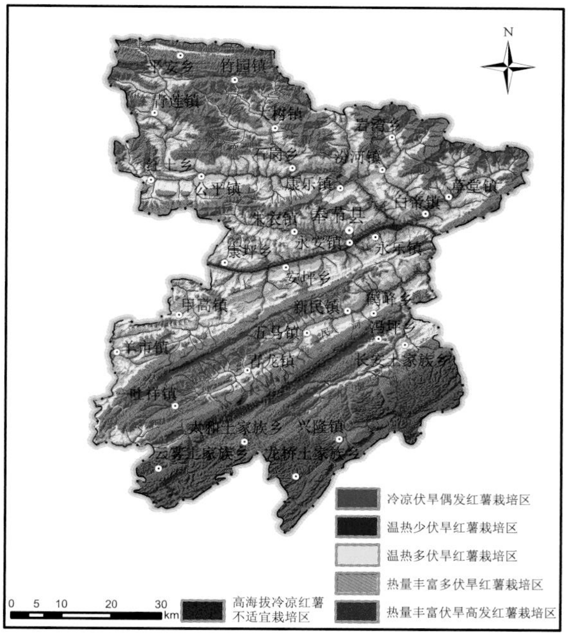

图 6.1070 奉节县红薯气候区划

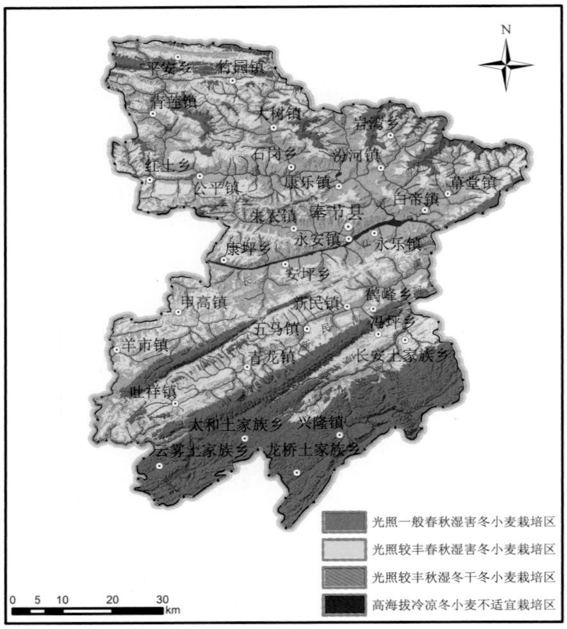

图 6.1071　奉节县冬小麦气候区划

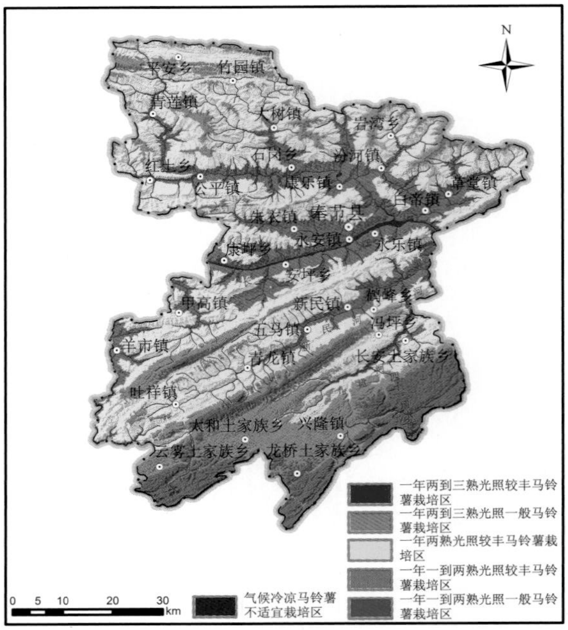

图 6.1072　奉节县马铃薯气候区划

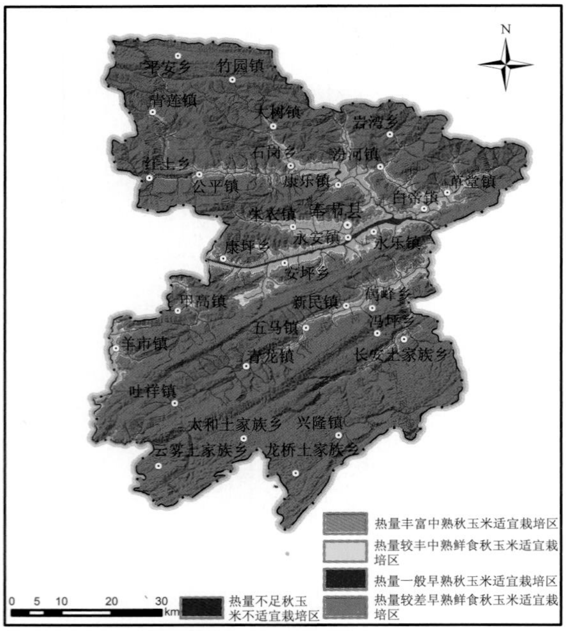

图 6.1073　奉节县秋玉米气候区划

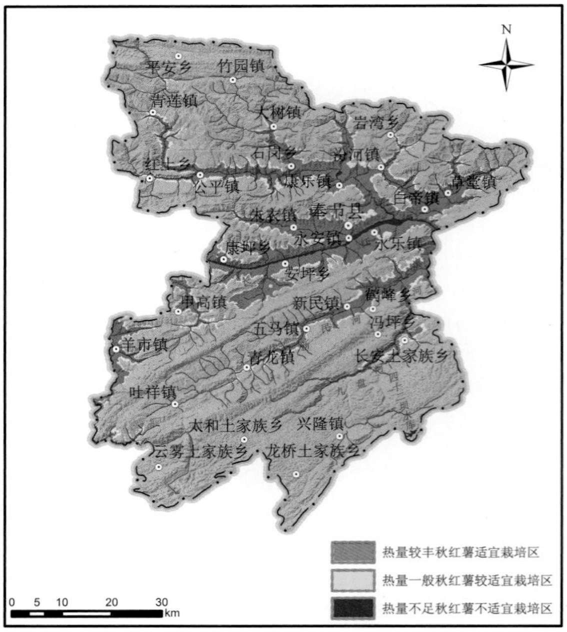

图 6.1074　奉节县秋红薯气候区划

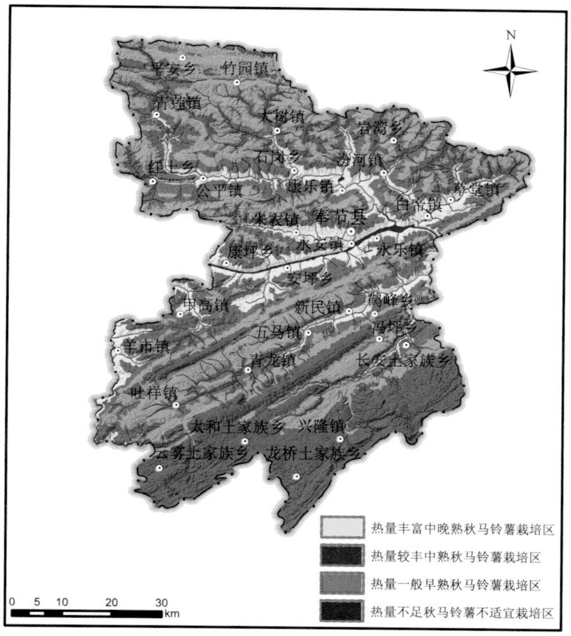

图 6.1075　奉节县秋马铃薯气候区划

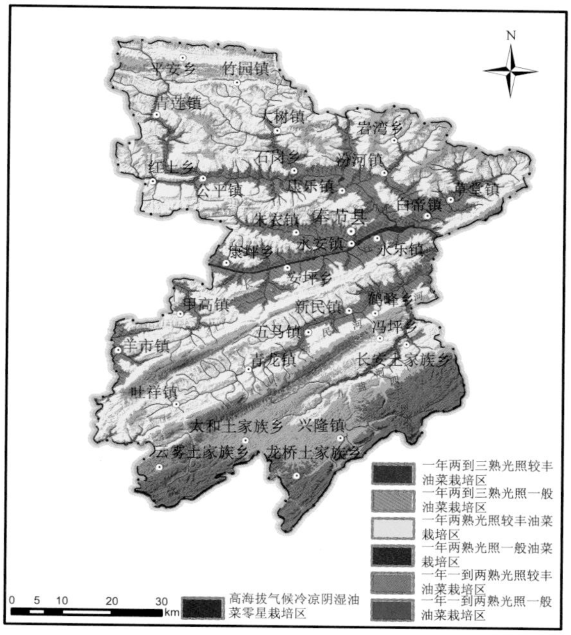

图 6.1076　奉节县油菜气候区划

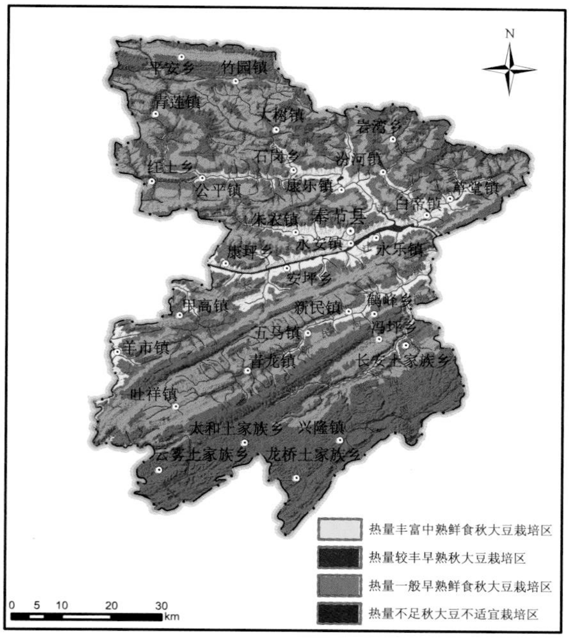

图 6.1077　奉节县秋大豆气候区划

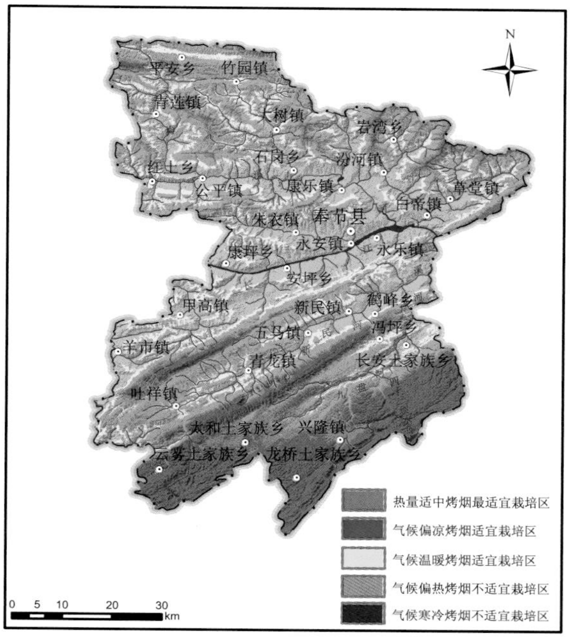

图 6.1078　奉节县烤烟气候区划

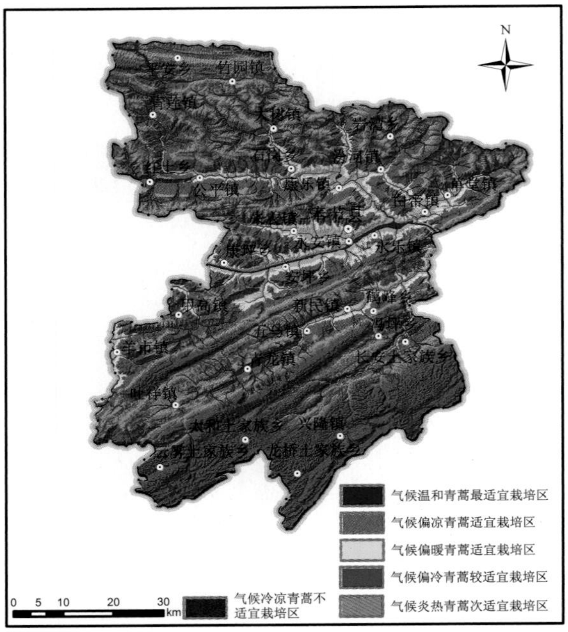

图 6.1079　奉节县青蒿气候区划

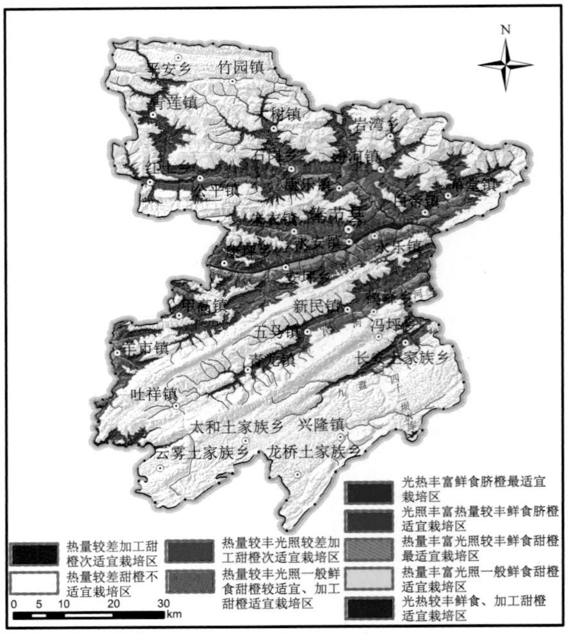

图 6.1080　奉节县甜橙气候区划

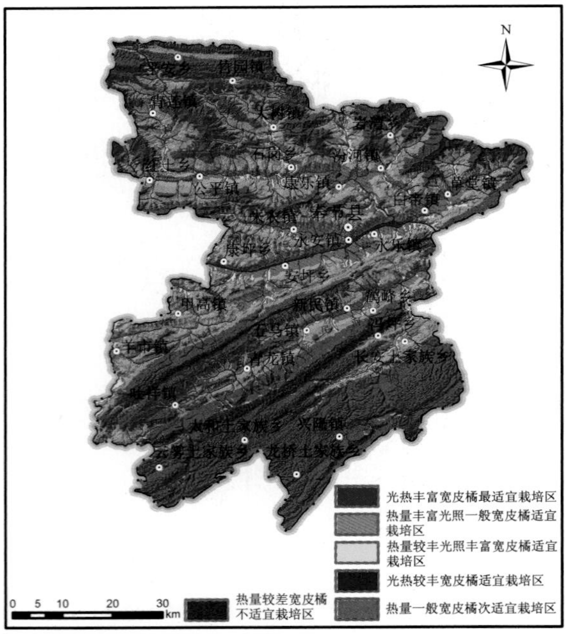

图 6.1081　奉节县宽皮橘气候区划

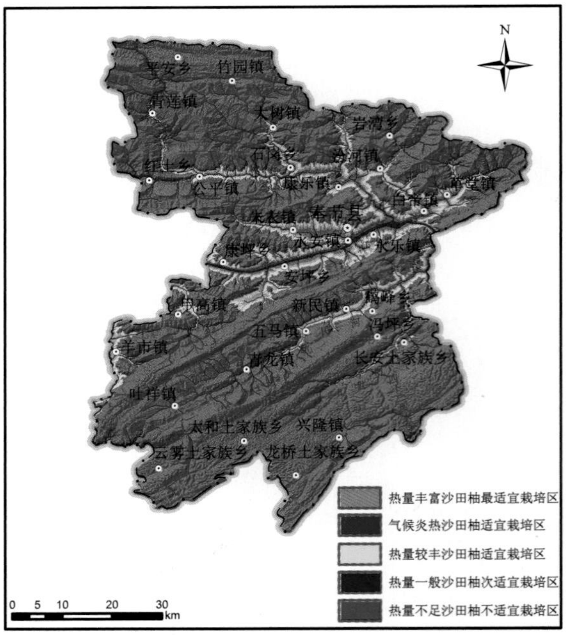

图 6.1082　奉节县沙田柚气候区划

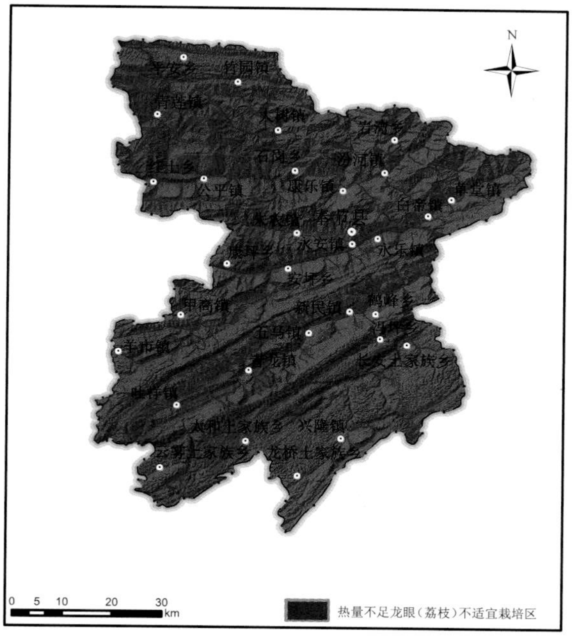

图 6.1083　奉节县龙眼(荔枝)气候区划

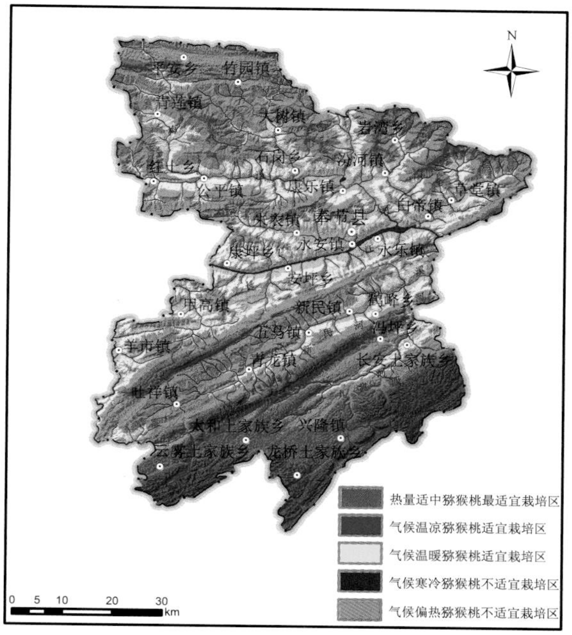

图 6.1084　奉节县猕猴桃气候区划

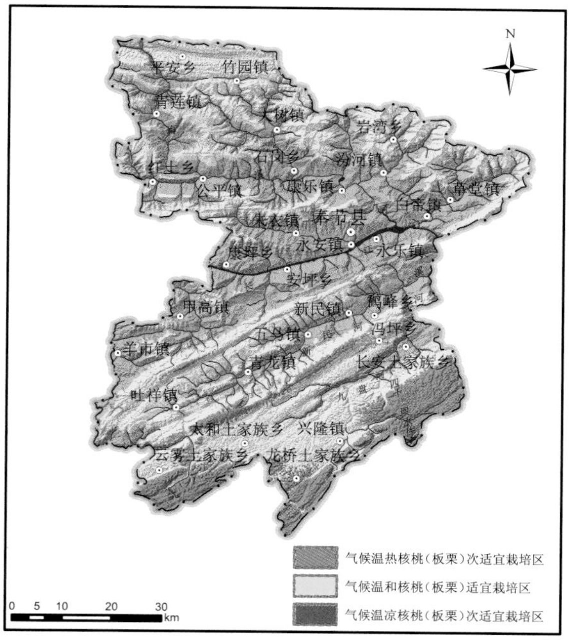

图 6.1085　奉节县核桃(板栗)气候区划

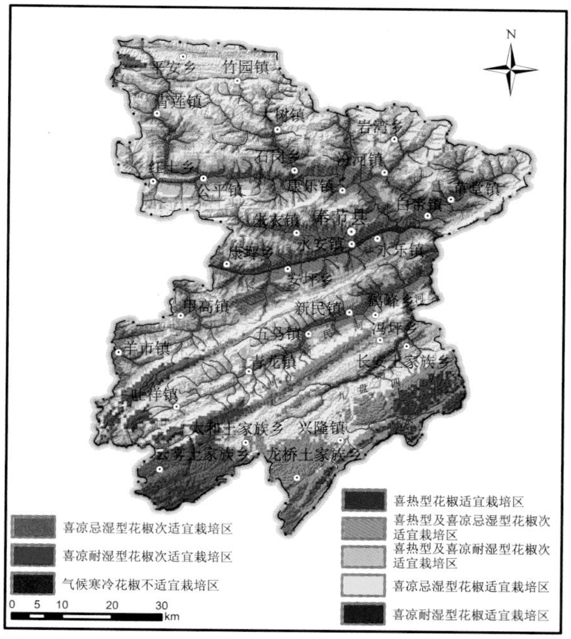

图 6.1086　奉节县花椒气候区划

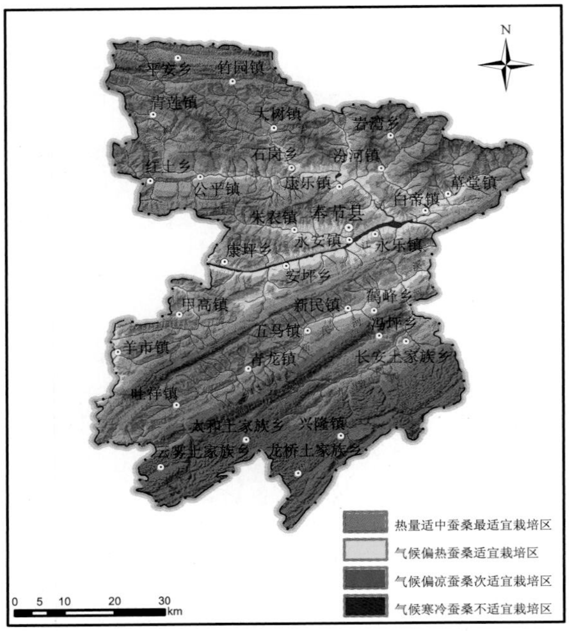

图 6.1087　奉节县蚕桑气候区划

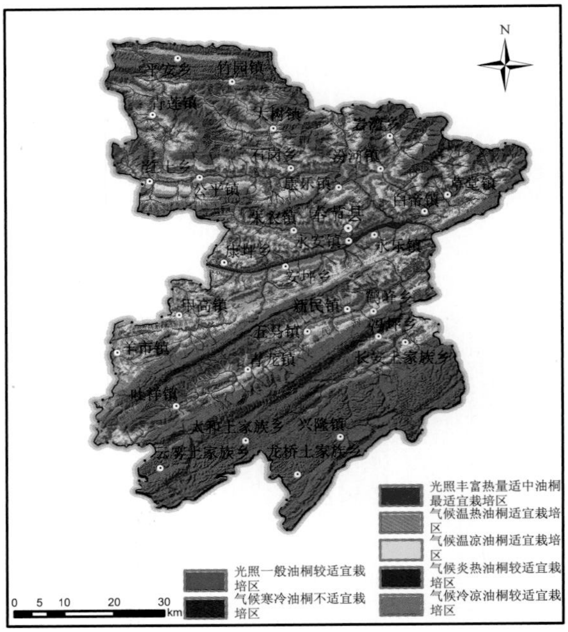

图 6.1088　奉节县油桐气候区划

(2)开县

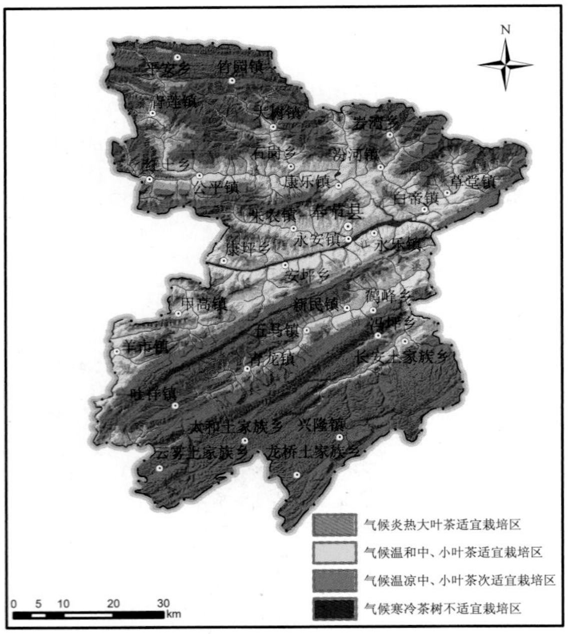

图 6.1089　奉节县茶树气候区划

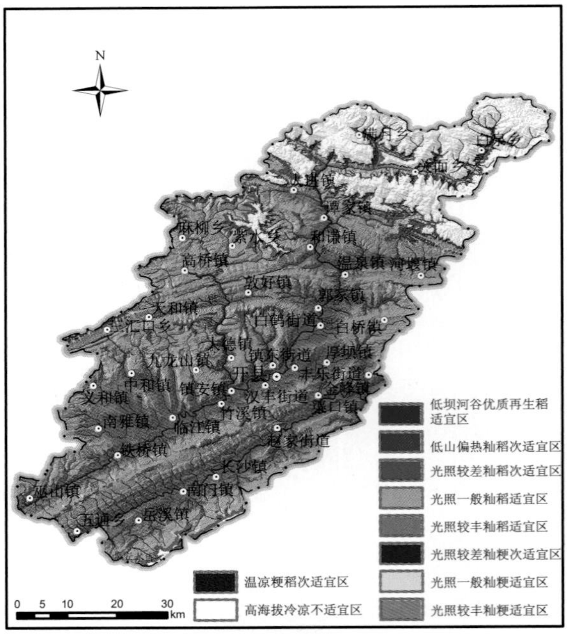

图 6.1090　开县优质稻气候区划

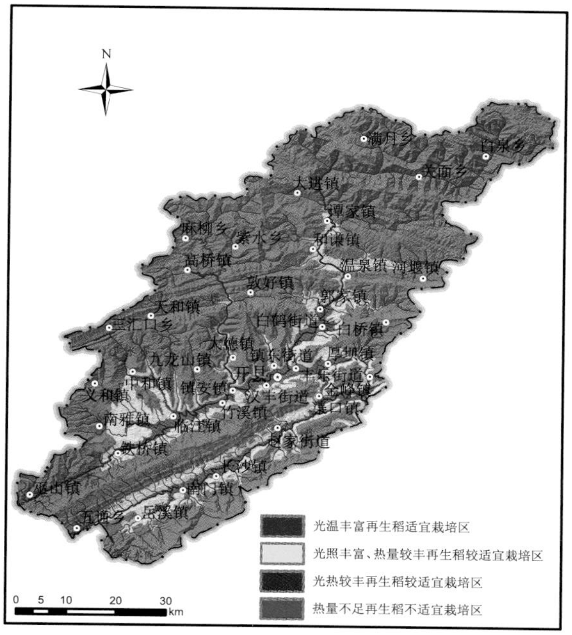

图 6.1091　开县再生稻气候区划

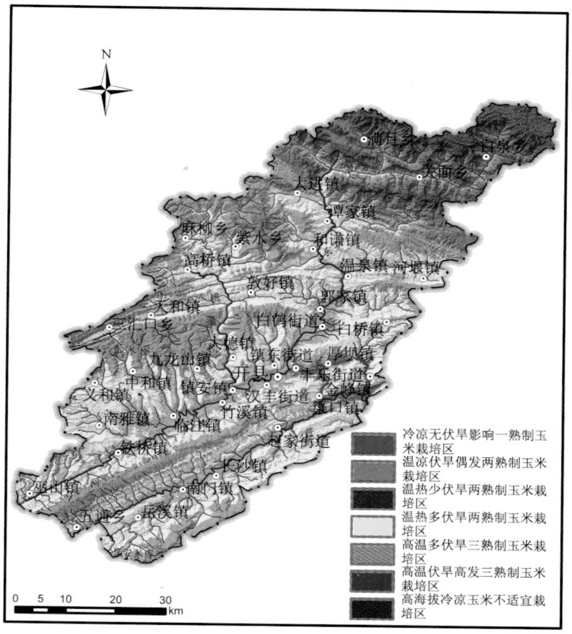

图 6.1092　开县玉米气候区划

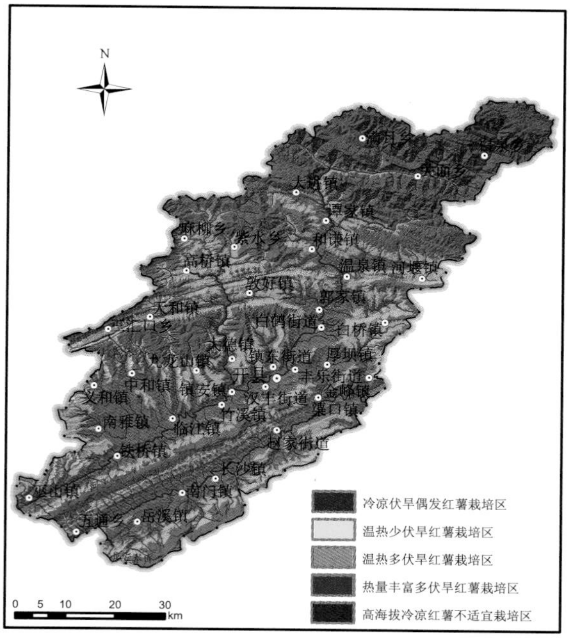

图 6.1093　开县红薯气候区划

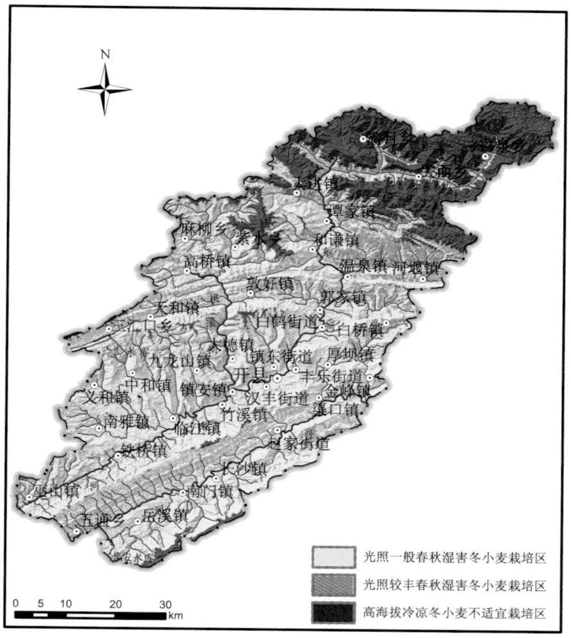

图 6.1094　开县冬小麦气候区划

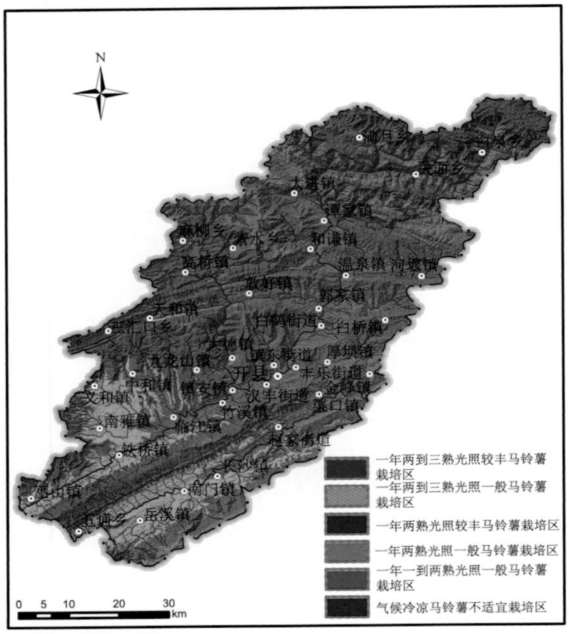

图 6.1095　开县马铃薯气候区划

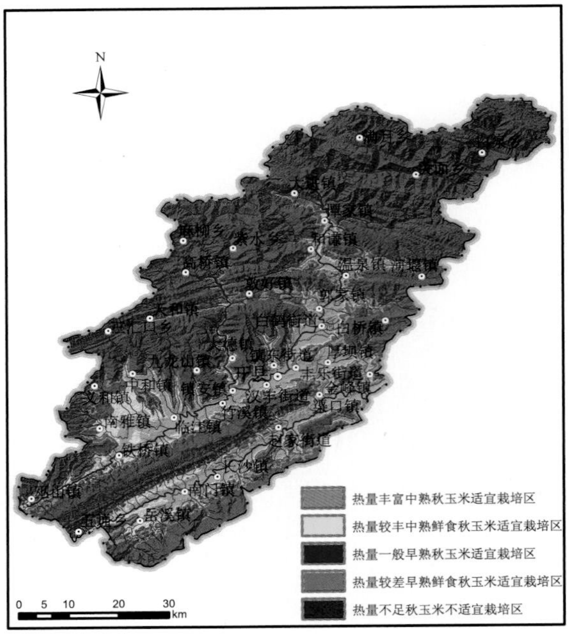

图 6.1096　开县秋玉米气候区划

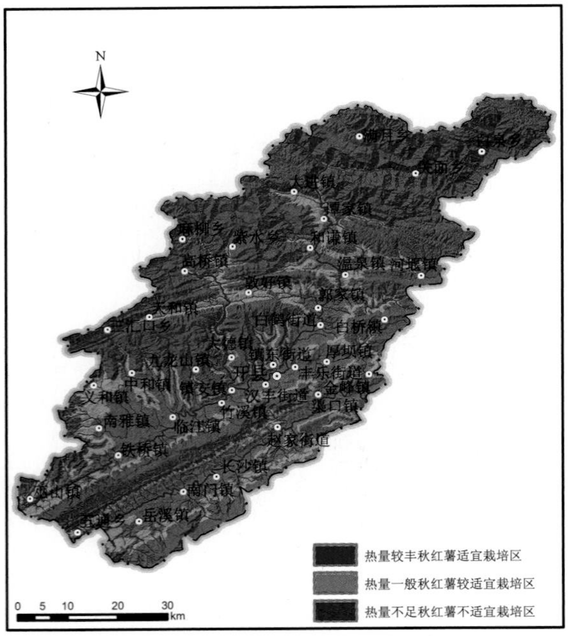

图 6.1097　开县秋红薯气候区划

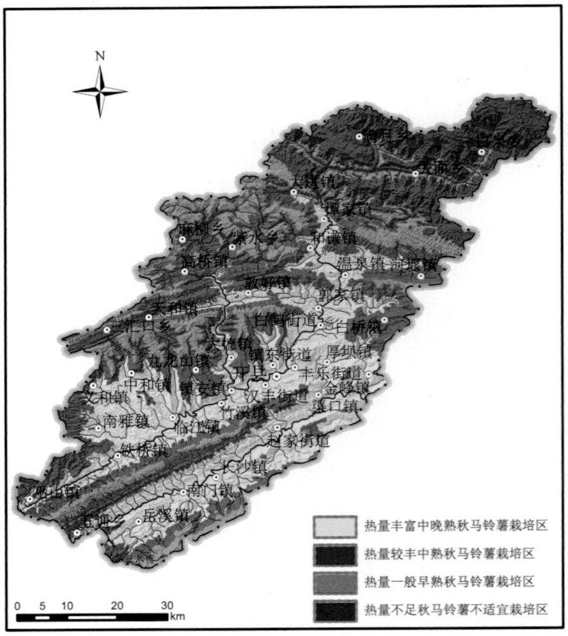

图 6.1098　开县秋马铃薯气候区划

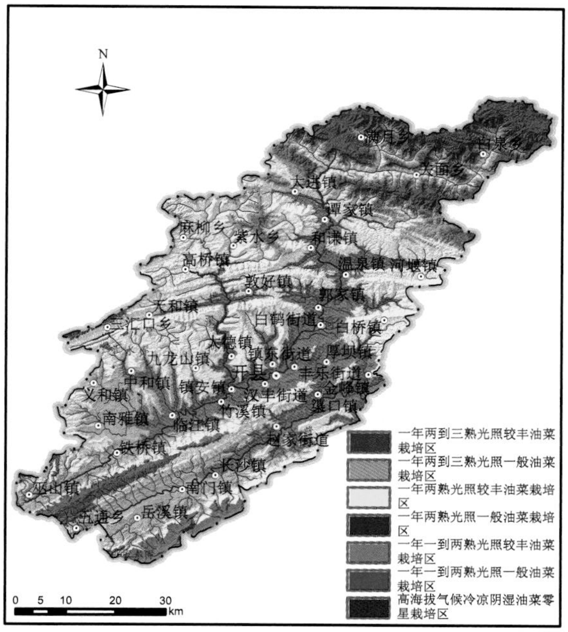

图 6.1099 开县油菜气候区划

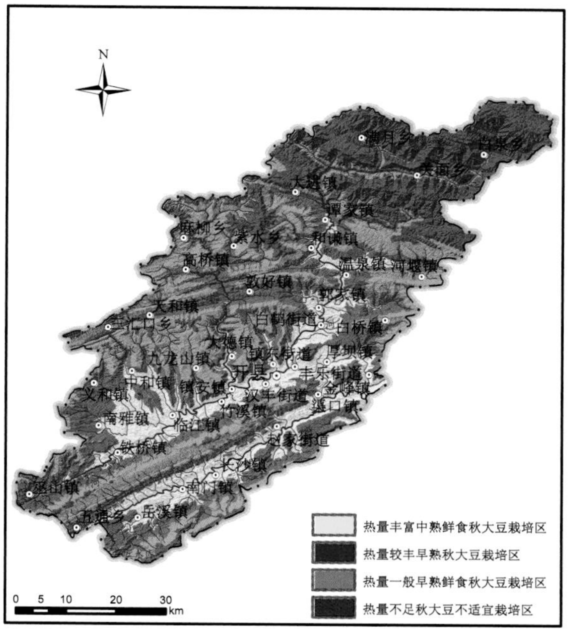

图 6.1100 开县秋大豆气候区划

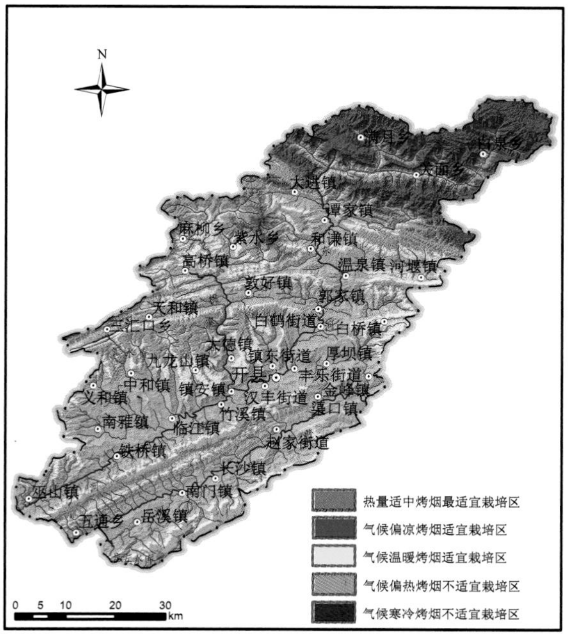

图 6.1101 开县烤烟气候区划

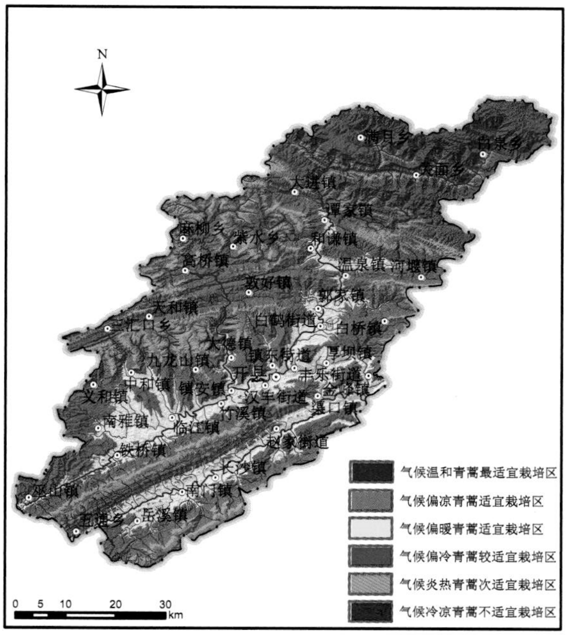

图 6.1102 开县青蒿气候区划

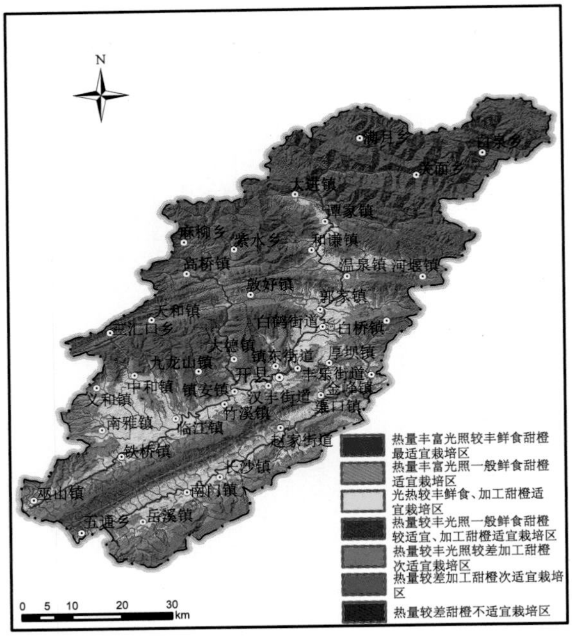

图 6.1103　开县甜橙气候区划

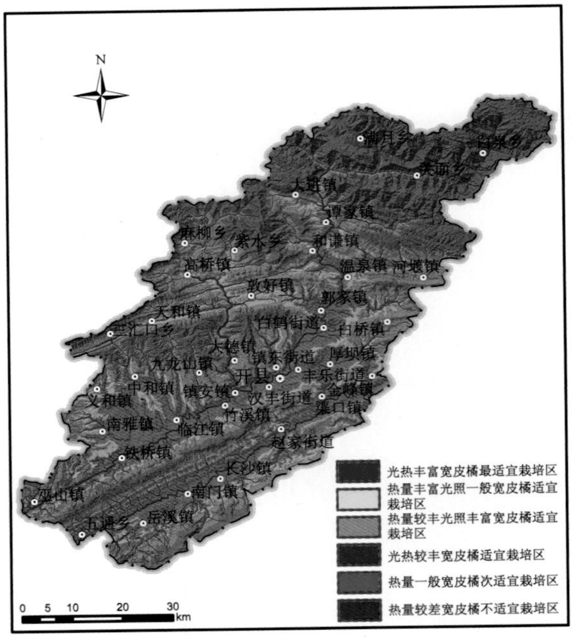

图 6.1104　开县宽皮橘气候区划

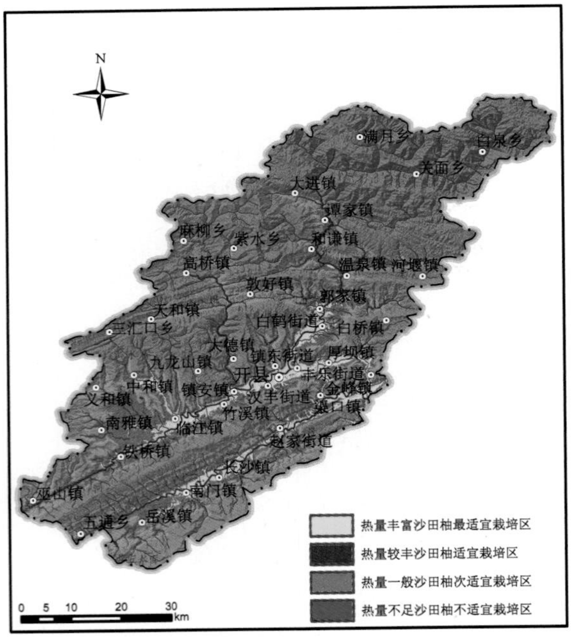

图 6.1105　开县沙田柚气候区划

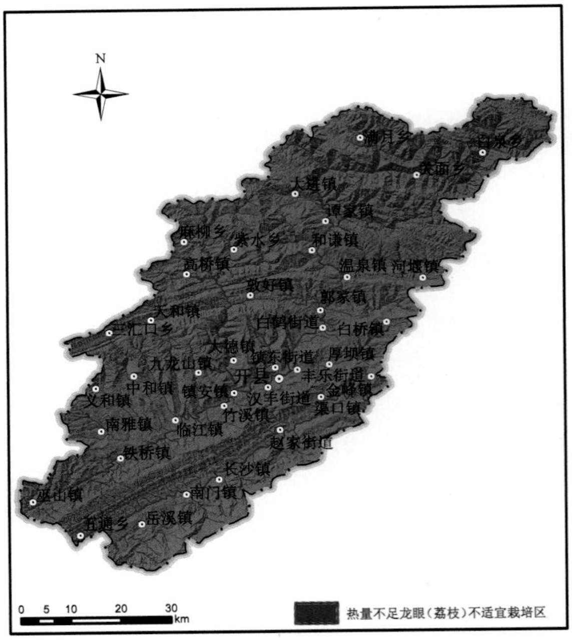

图 6.1106　开县龙眼（荔枝）气候区划

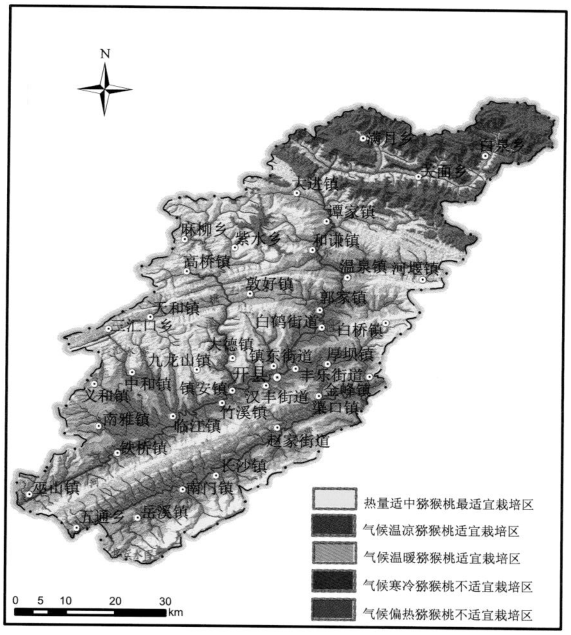

图 6.1107 开县猕猴桃气候区划

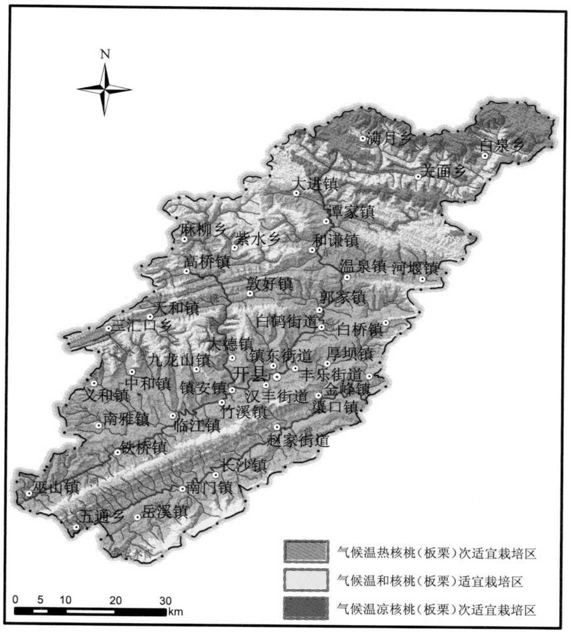

图 6.1108 开县核桃(板栗)气候区划

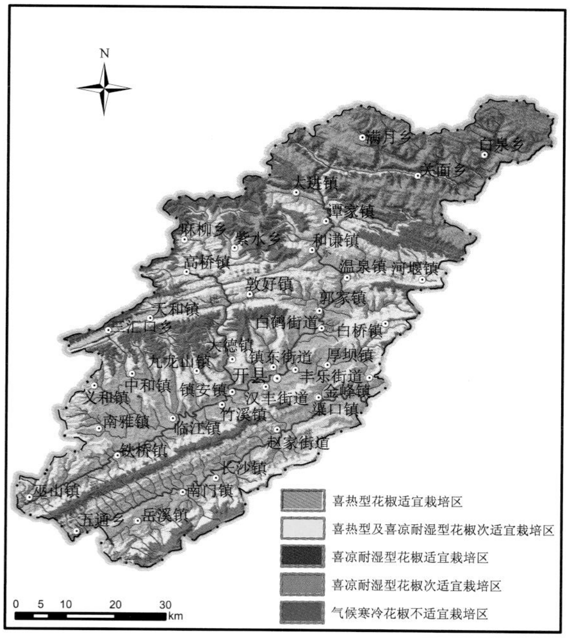

图 6.1109 开县花椒气候区划

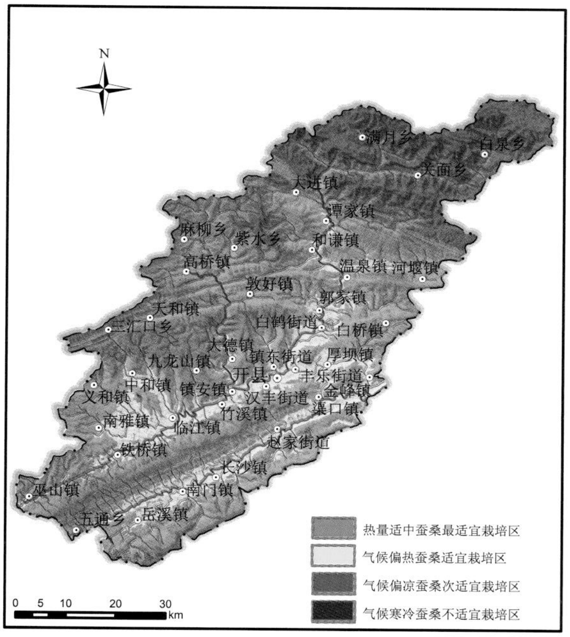

图 6.1110 开县蚕桑气候区划

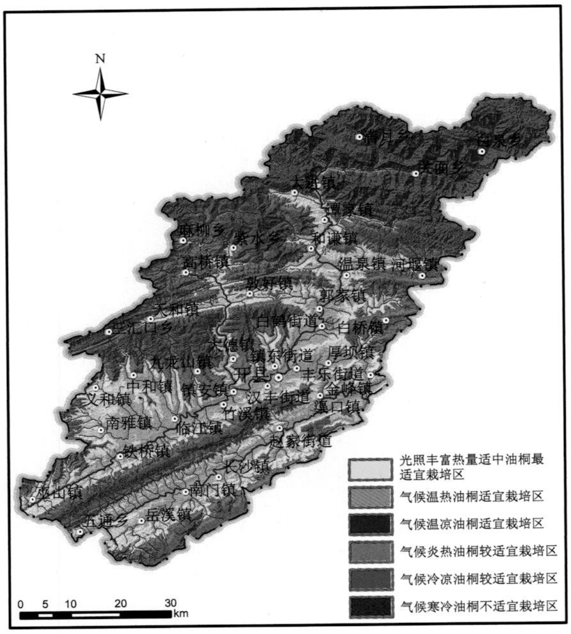

图 6.1111　开县油桐气候区划

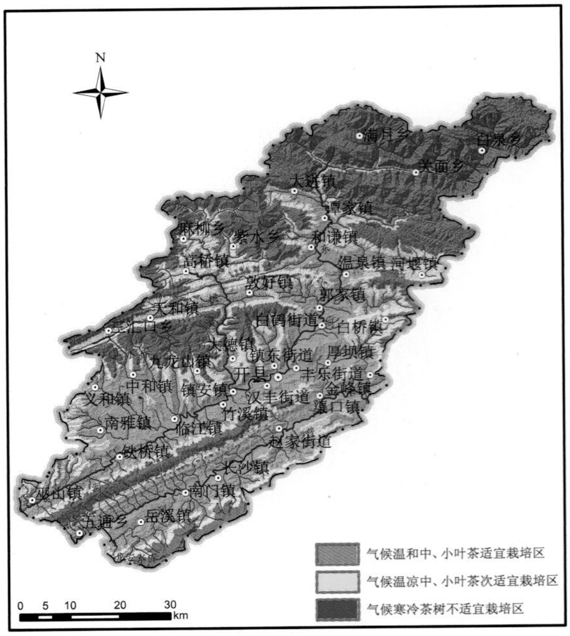

图 6.1112　开县茶树气候区划

（3）万州区

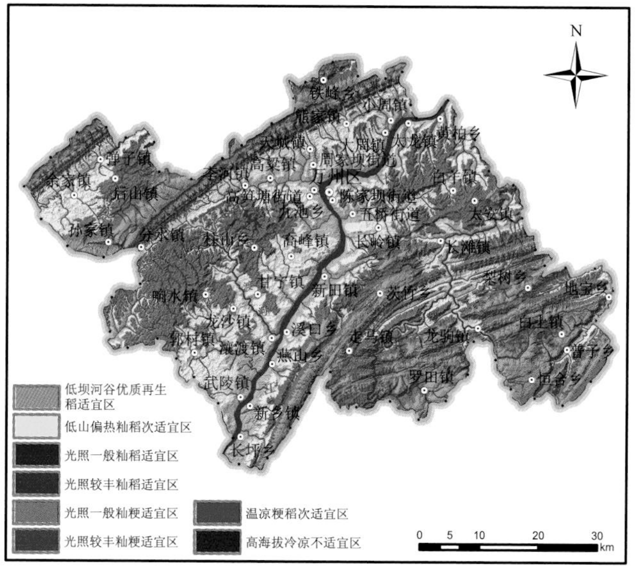

图6.1113　万州区优质稻气候区划

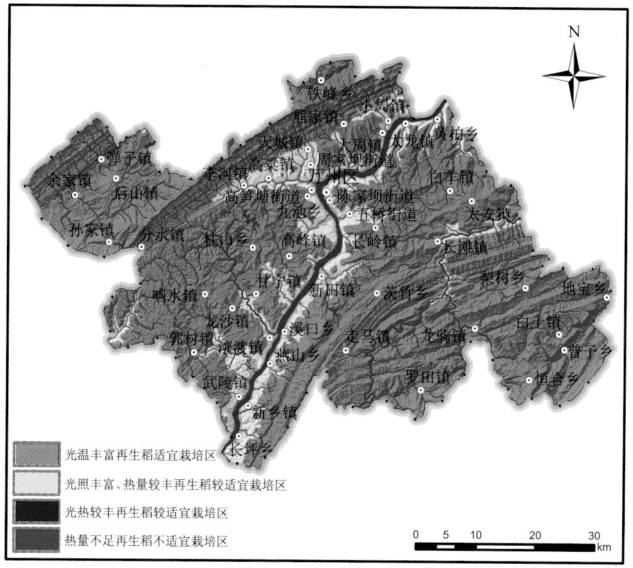

图6.1114　万州区再生稻气候区划

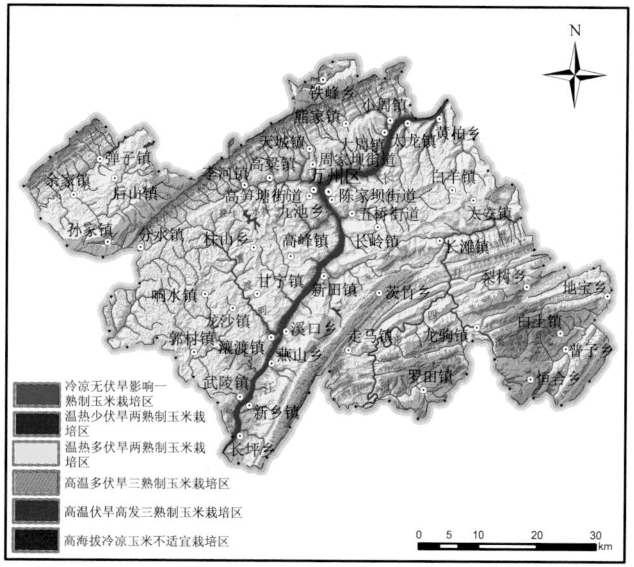

图6.1115　万州区玉米气候区划

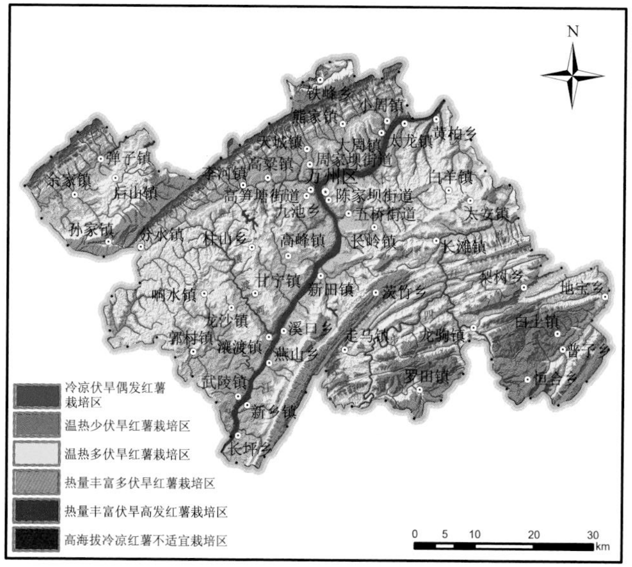

图6.1116　万州区红薯气候区划

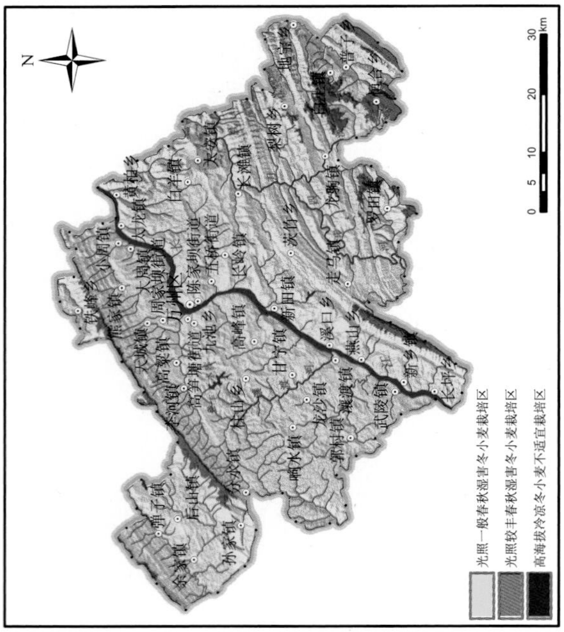

图6.1117　万州区冬小麦气候区划

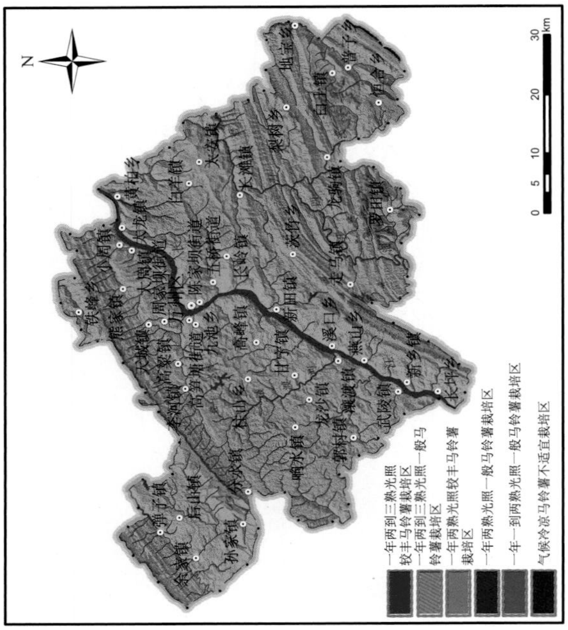

图6.1118　万州区马铃薯气候区划

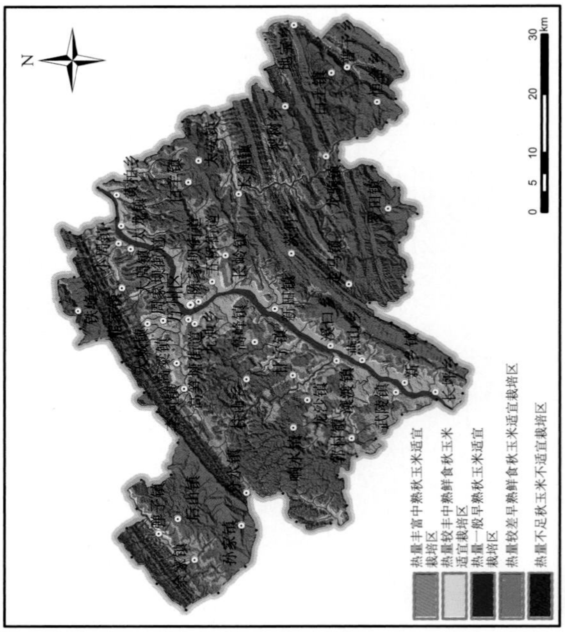

图6.1119　万州区秋玉米气候区划

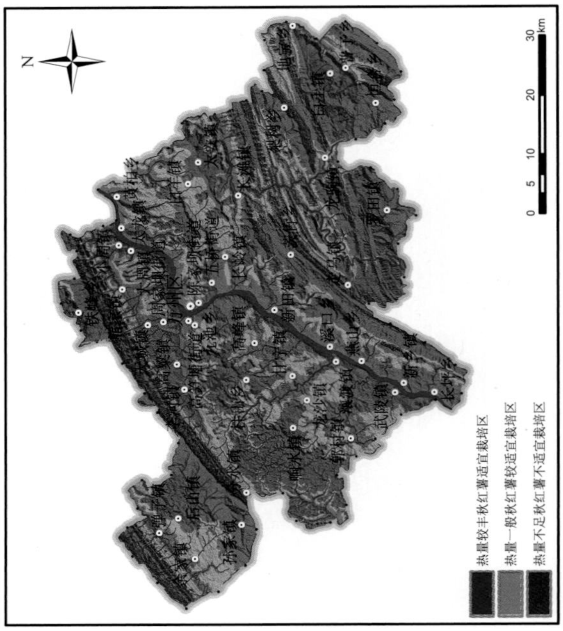

图6.1120　万州区秋红薯气候区划

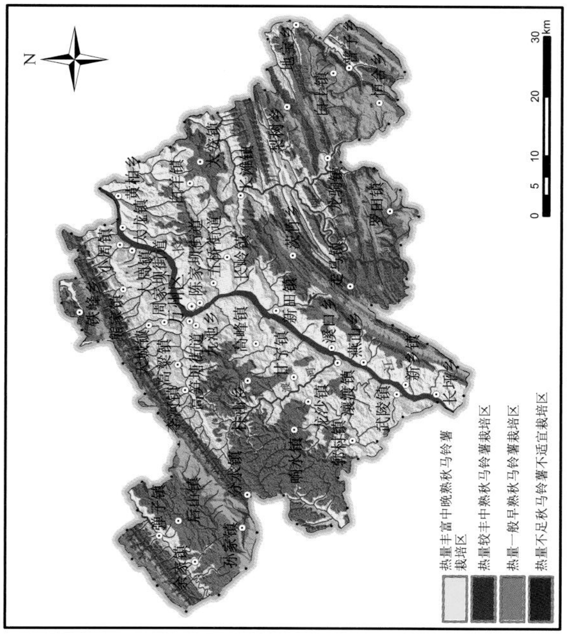

图6.1121　万州区秋马铃薯气候区划

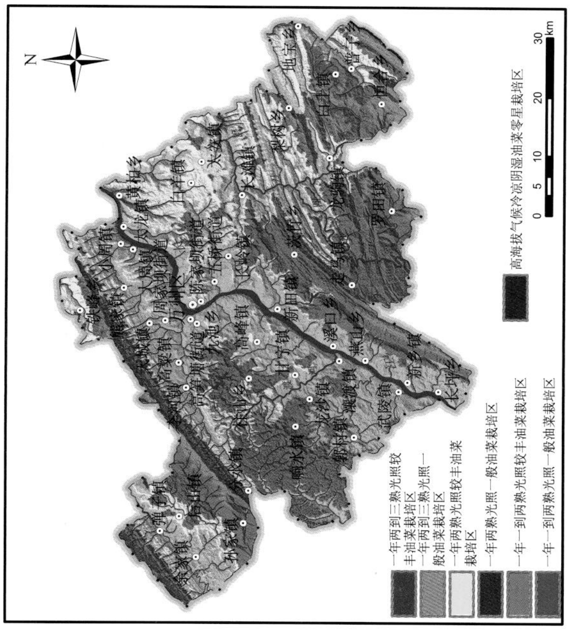

图6.1122　万州区油菜气候区划

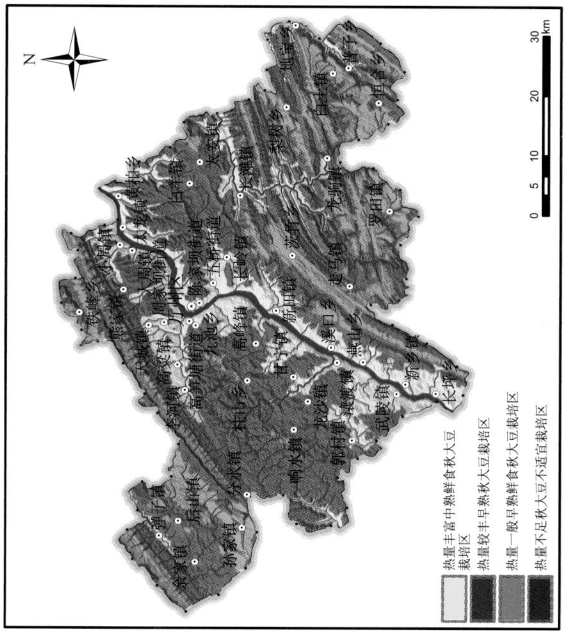

图6.1123　万州区秋大豆气候区划

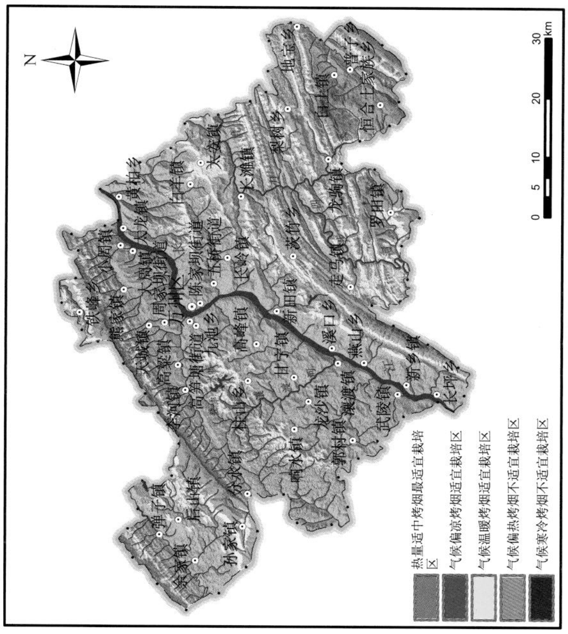

图6.1124　万州区烤烟气候区划

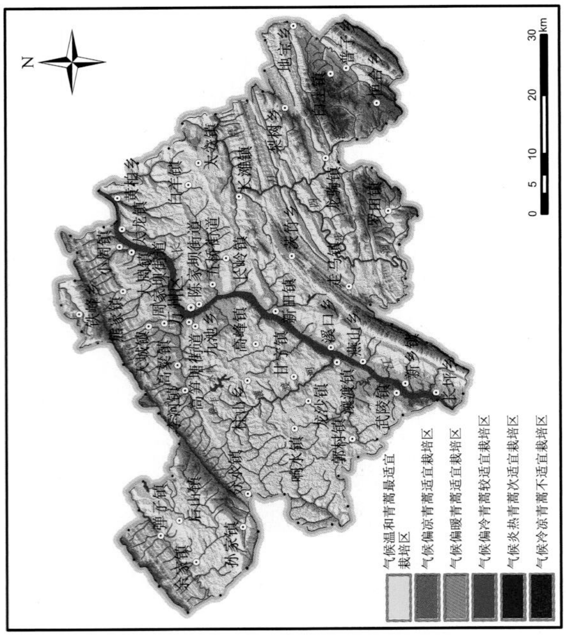

图6.1125 万州区青蒿气候区划

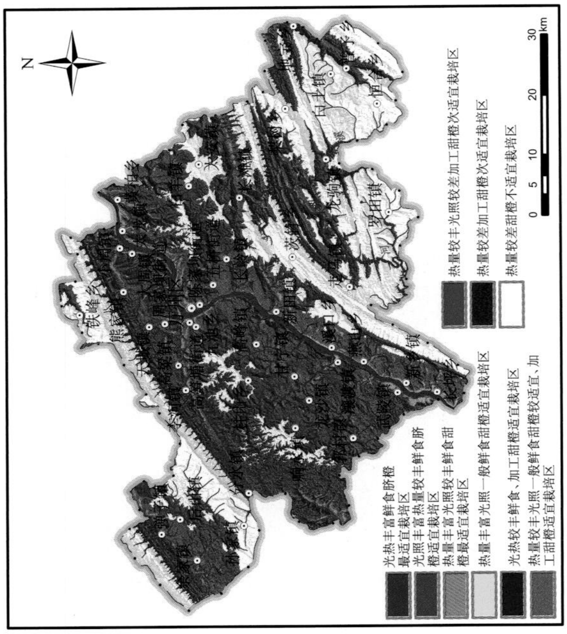

图6.1126 万州区甜橙气候区划

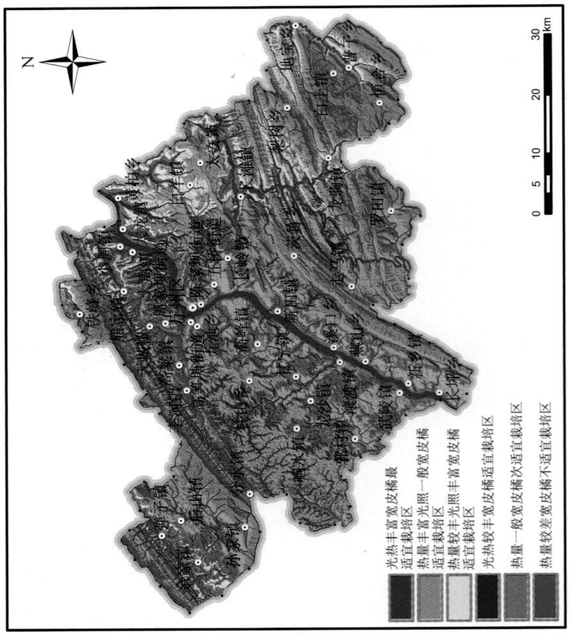

图6.1127 万州区宽皮橘气候区划

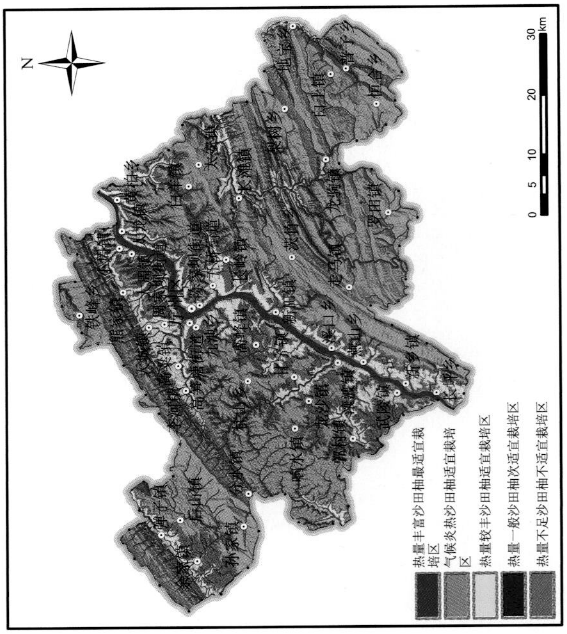

图6.1128 万州区沙田柚气候区划

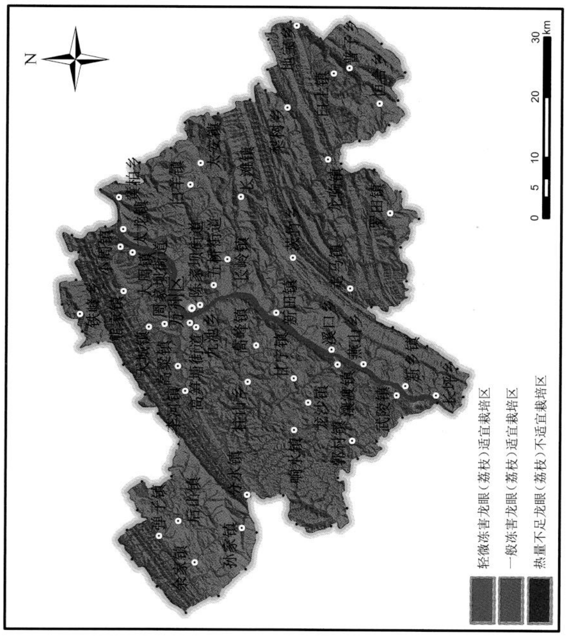

图6.1129 万州区龙眼（荔枝）气候区划

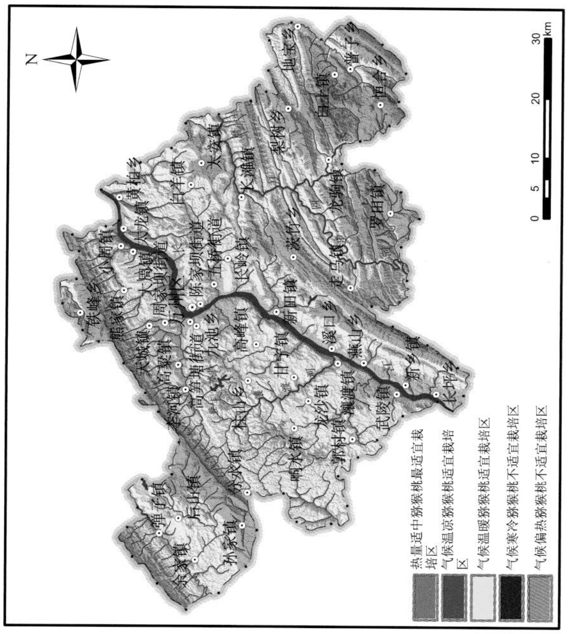

图6.1130 万州区猕猴桃气候区划

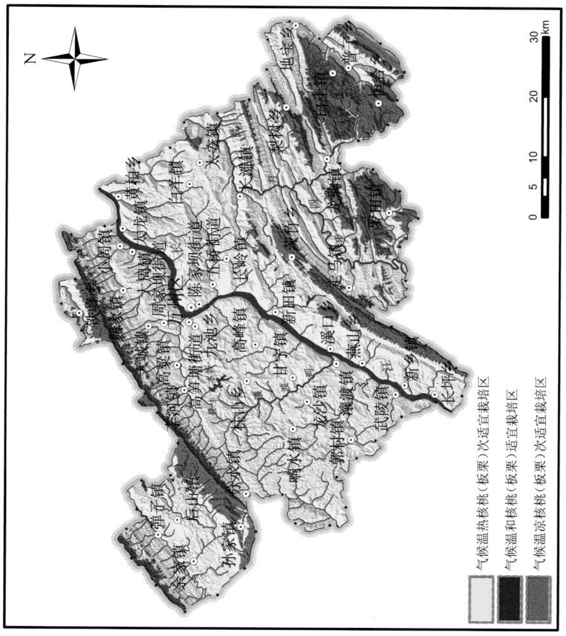

图6.1131 万州区核桃（板栗）气候区划

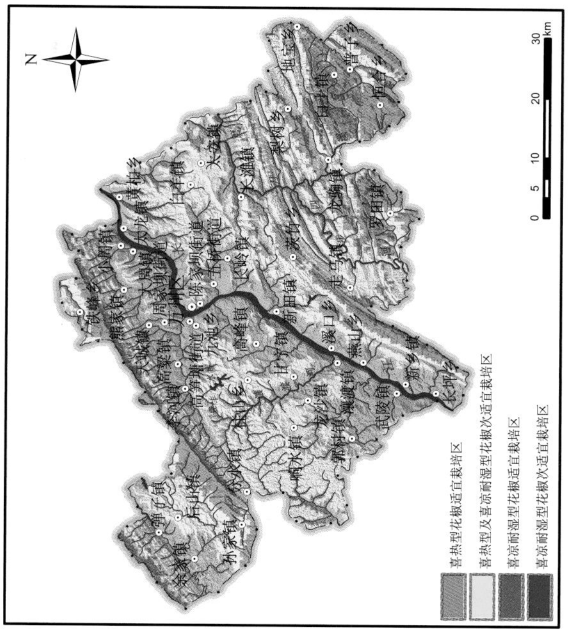

图6.1132 万州区花椒气候区划

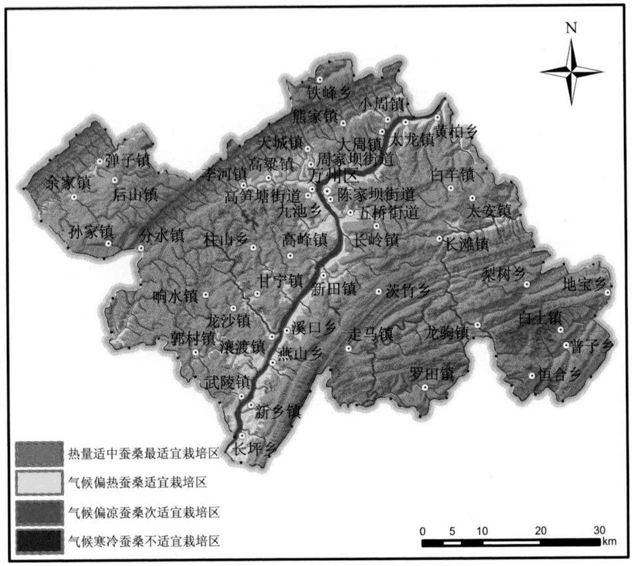

图6.1133 万州区蚕桑气候区划

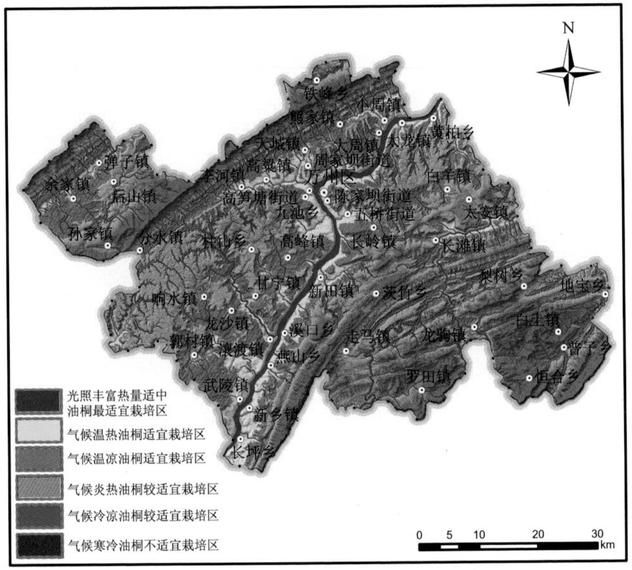

图6.1134 万州区油桐气候区划

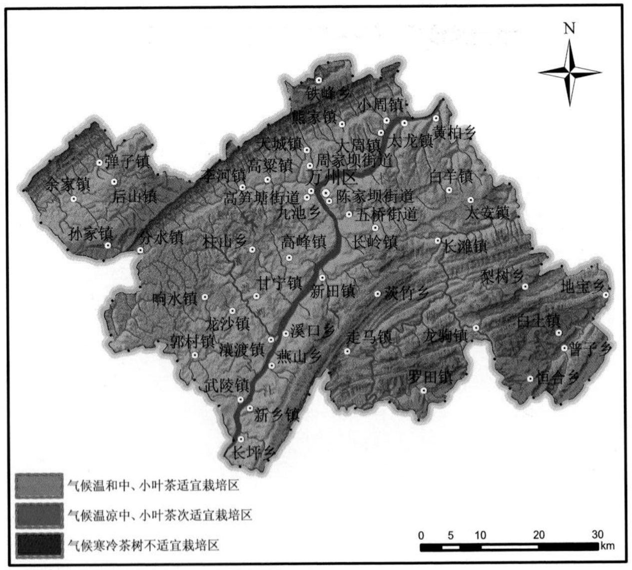

图6.1135 万州区茶树气候区划

(4)忠县

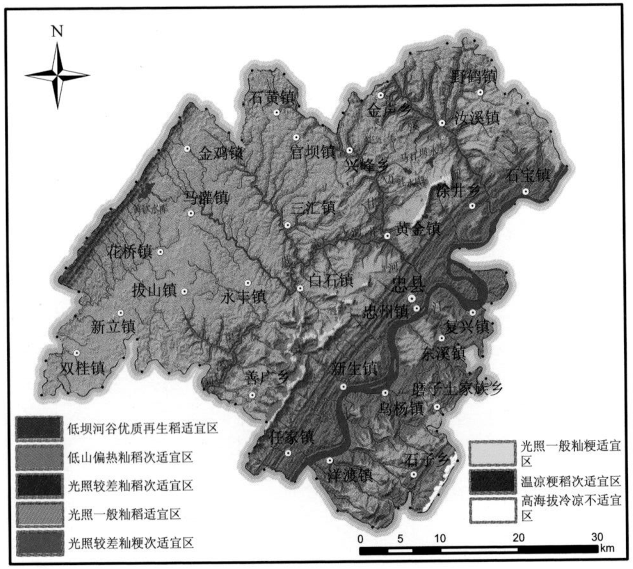

图6.1136 忠县优质稻气候区划

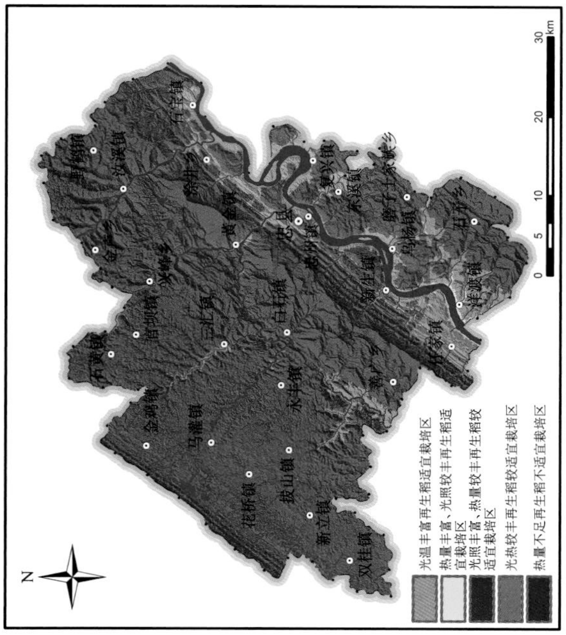

图6.1137　忠县再生稻气候区划

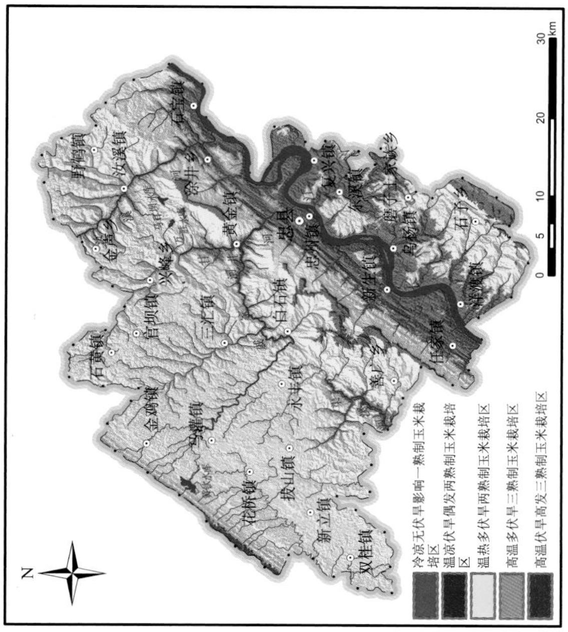

图6.1138　忠县玉米气候区划

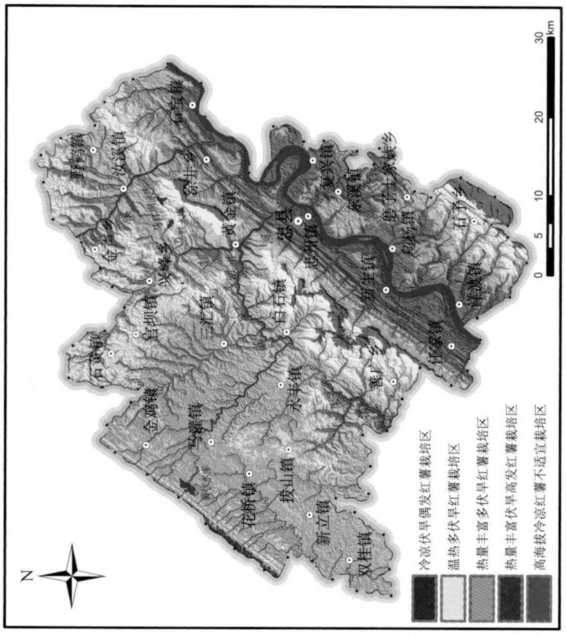

图6.1139　忠县红薯气候区划

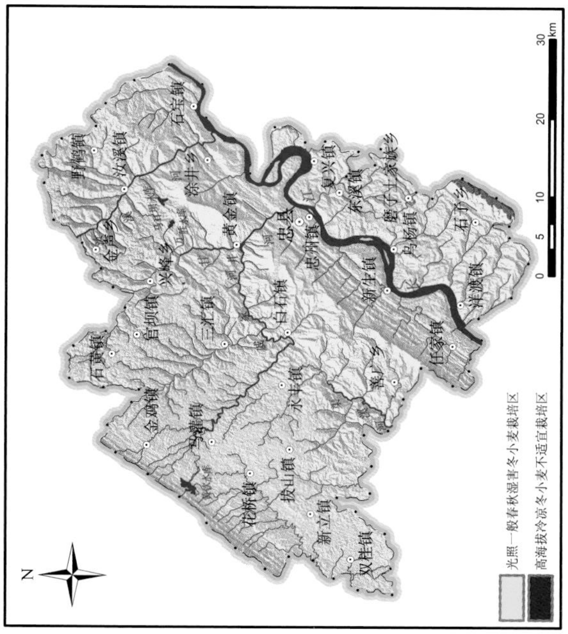

图6.1140　忠县冬小麦气候区划

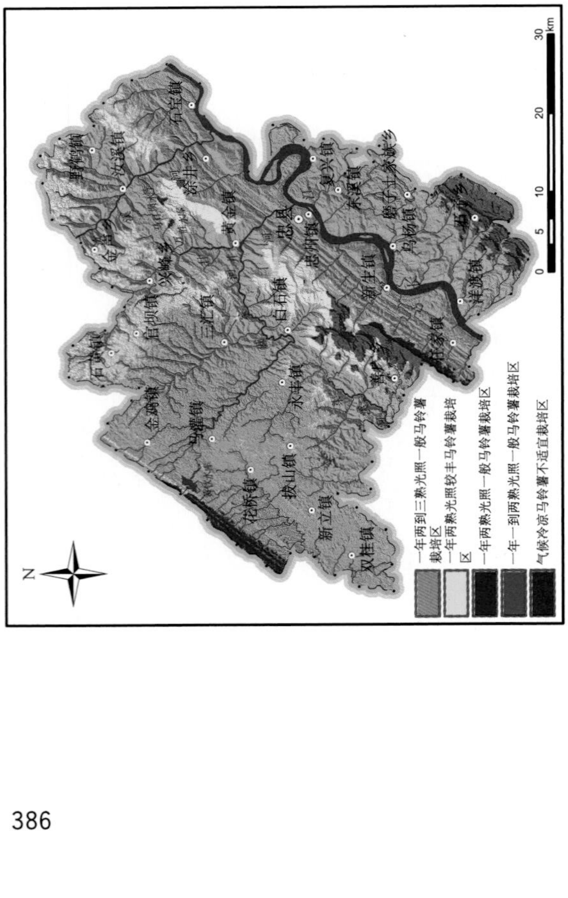

图6.1141　忠县马铃薯气候区划

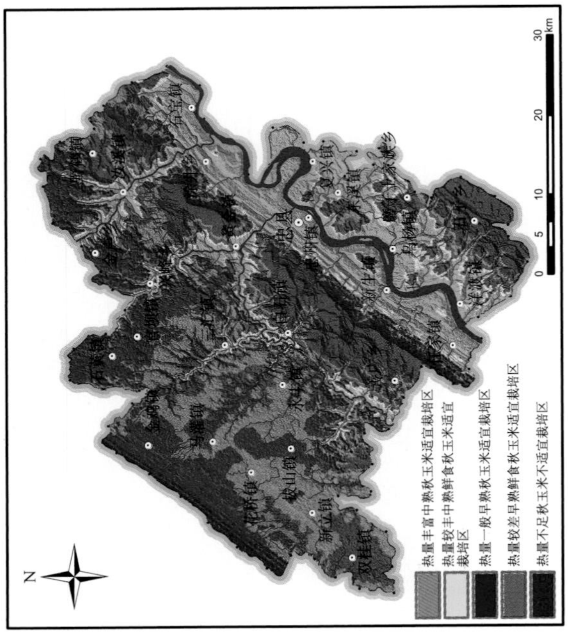

图6.1142　忠县秋玉米气候区划

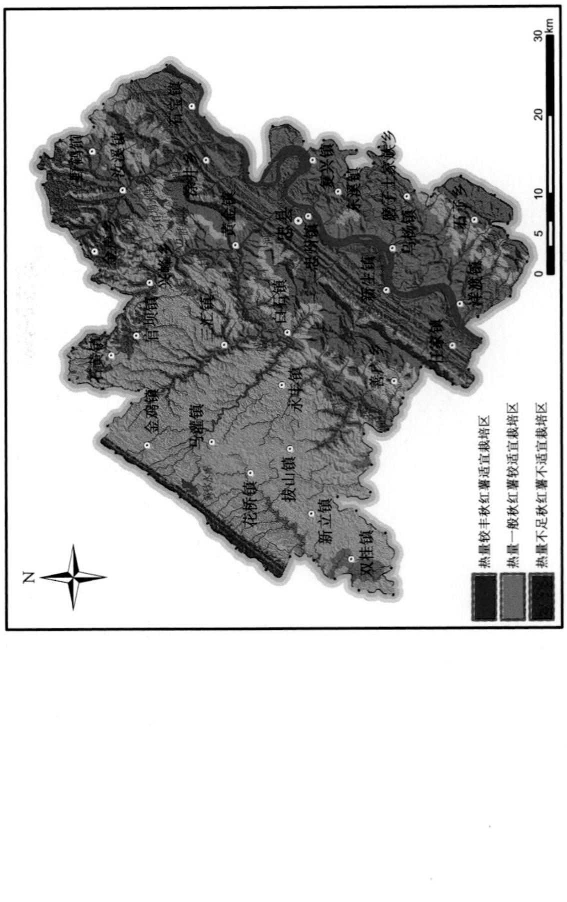

图6.1143　忠县秋红薯气候区划

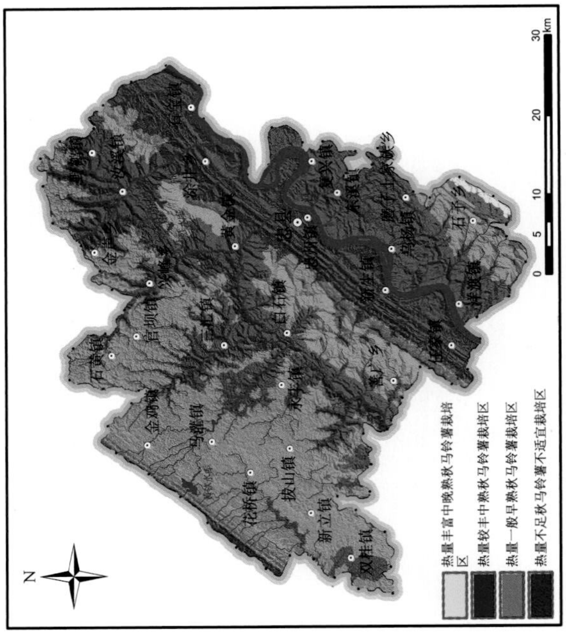

图6.1144　忠县秋马铃薯气候区划

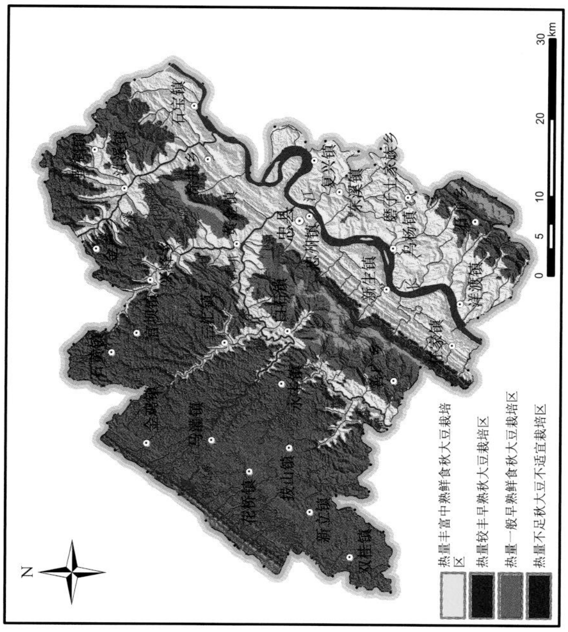

图6.1146 忠县秋大豆气候区划

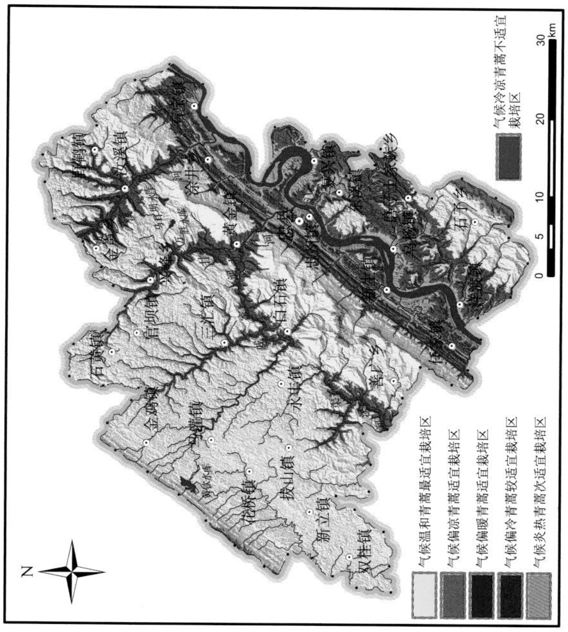

图6.1148 忠县青蒿气候区划

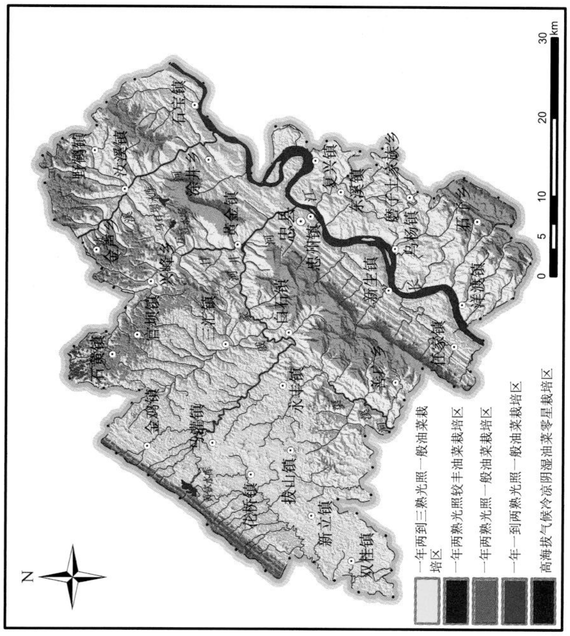

图6.1145 忠县油菜气候区划

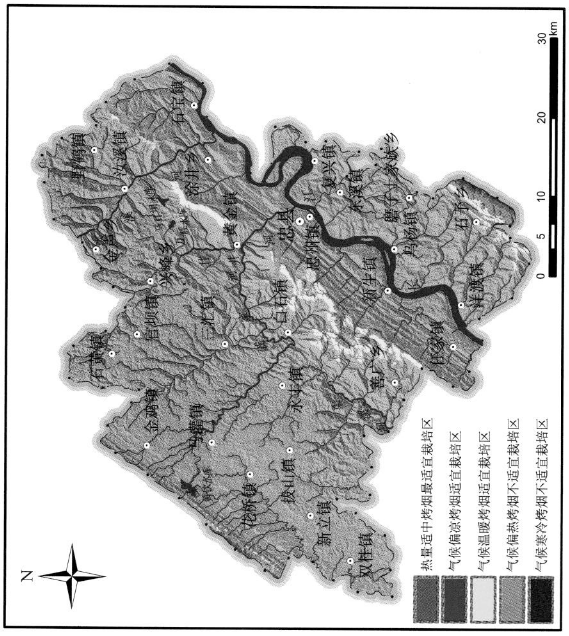

图6.1147 忠县烤烟气候区划

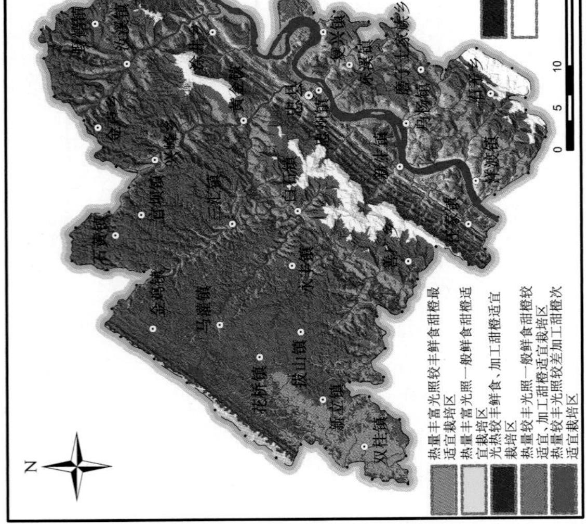

图6.1149　忠县甜橙气候区划

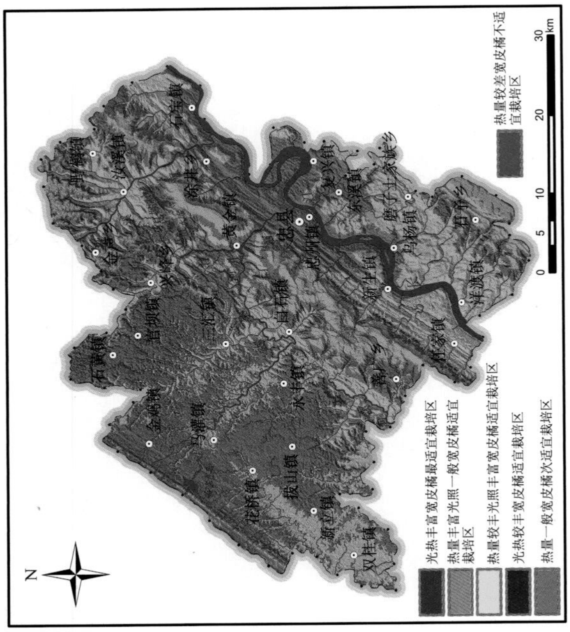

图6.1150　忠县宽皮橘气候区划

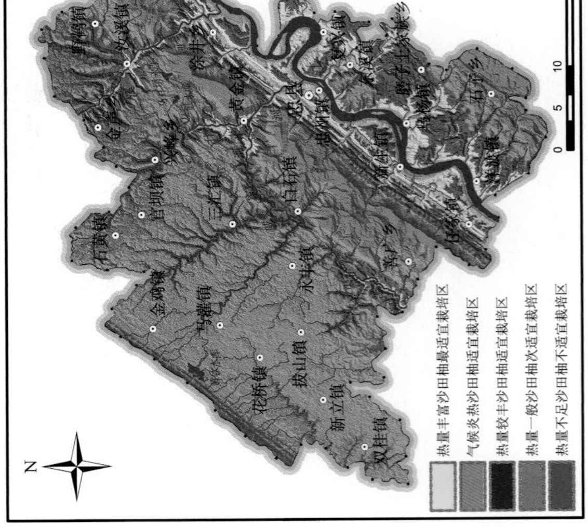

图6.1151　忠县沙田柚气候区划

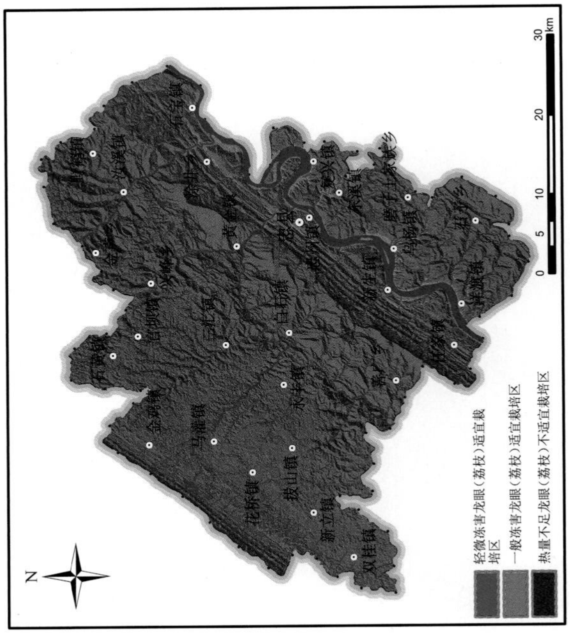

图6.1152　忠县龙眼（荔枝）气候区划

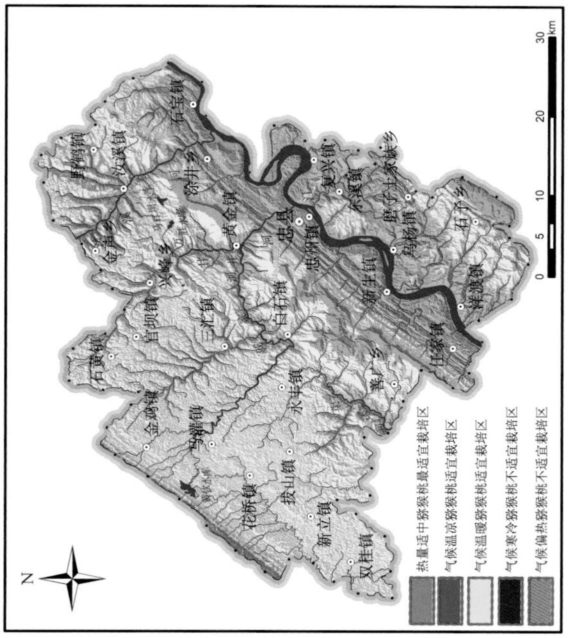

图6.1153 忠县猕猴桃气候区划

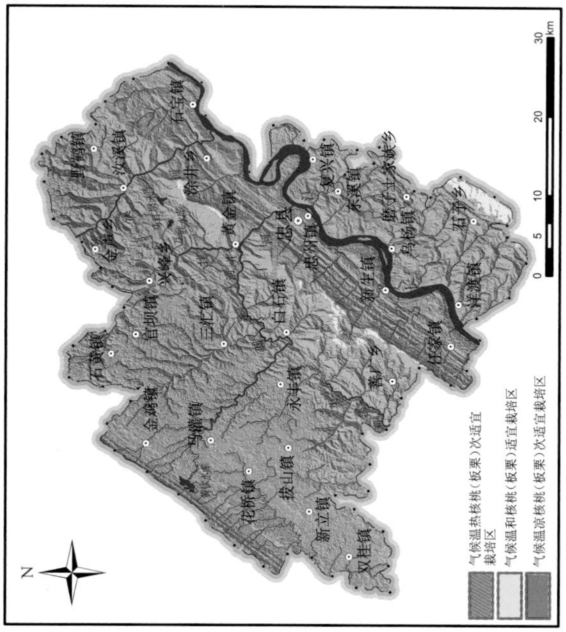

图6.1154 忠县核桃（板栗）气候区划

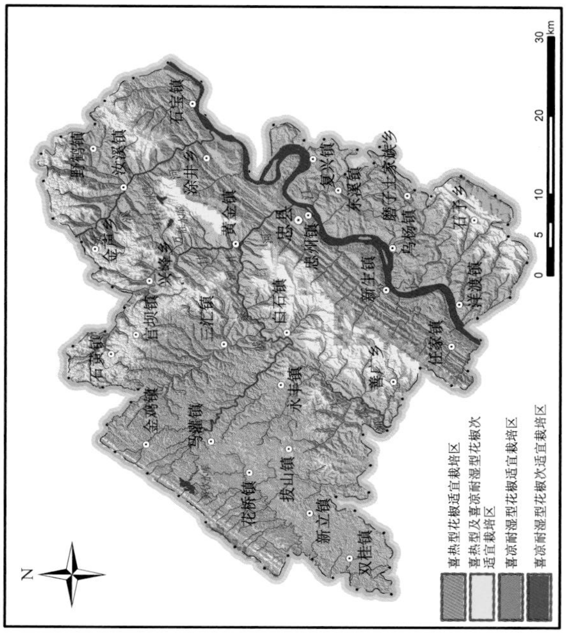

图6.1155 忠县花椒气候区划

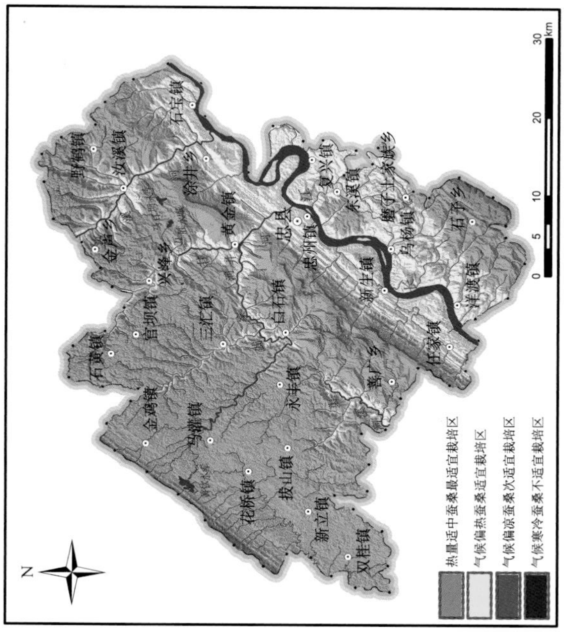

图6.1156 忠县蚕桑气候区划

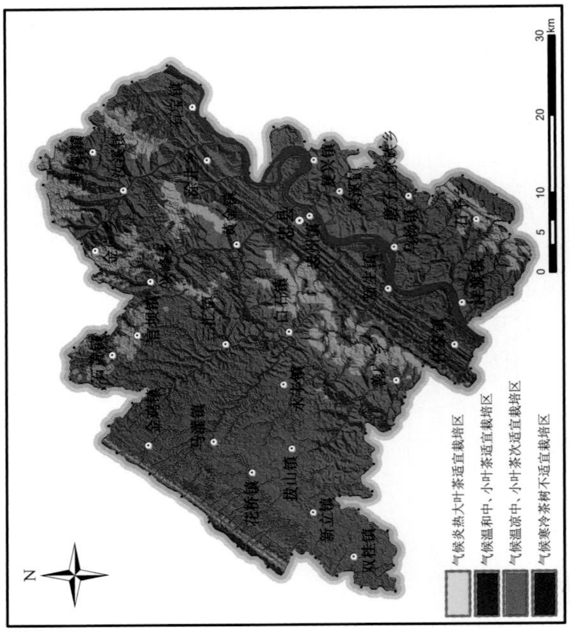

图6.1158 忠县茶树气候区划

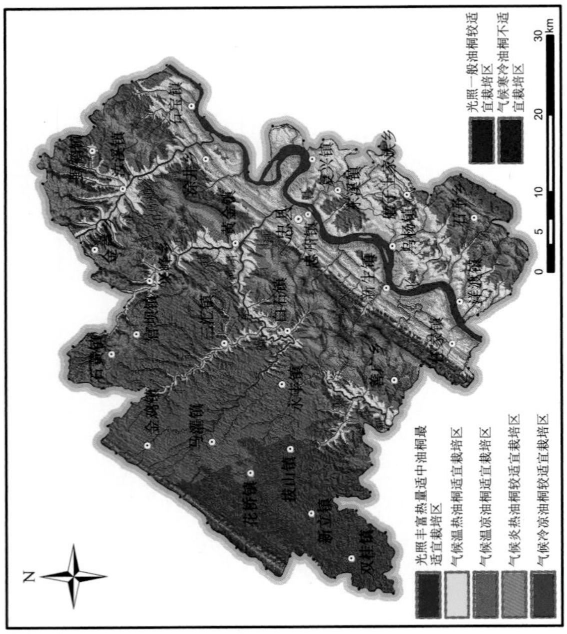

图6.1157 忠县油桐气候区划

(5)黔江区

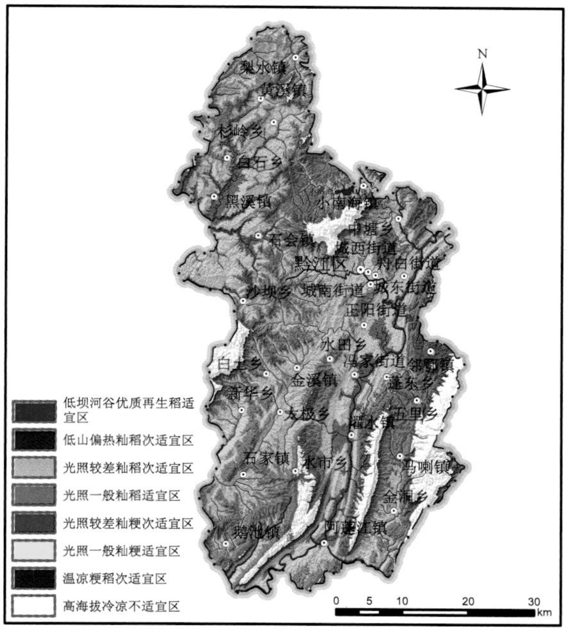

图 6.1159　黔江区优质稻气候区划

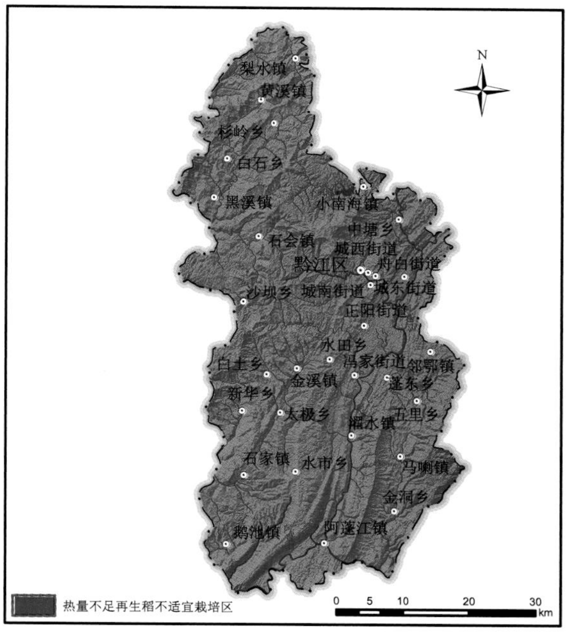

图 6.1160　黔江区再生稻气候区划

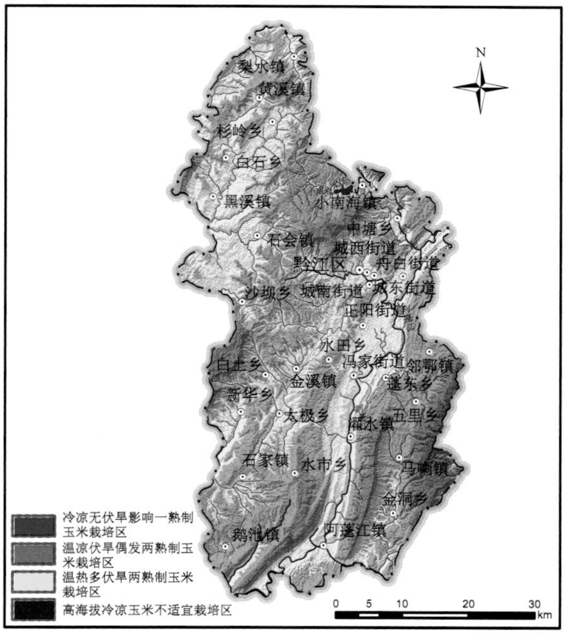

图 6.1161　黔江区玉米气候区划

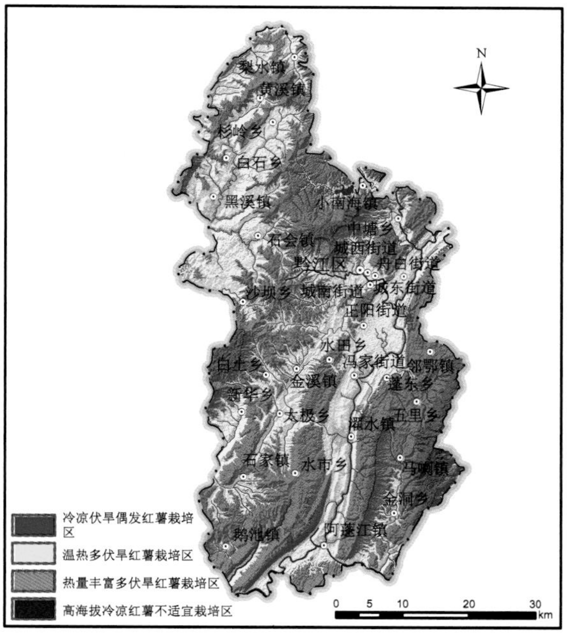

图 6.1162　黔江区红薯气候区划

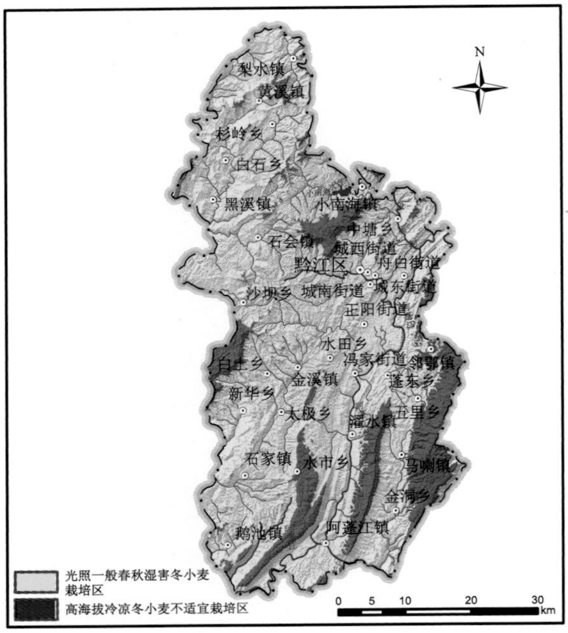

图 6.1163　黔江区冬小麦气候区划

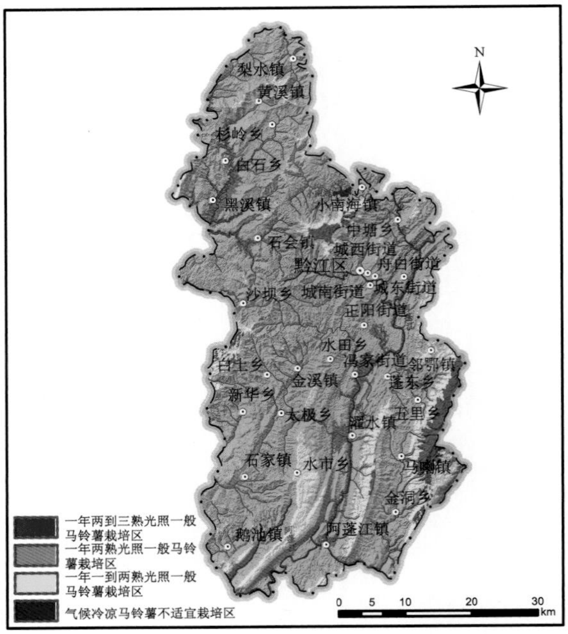

图 6.1164　黔江区马铃薯气候区划

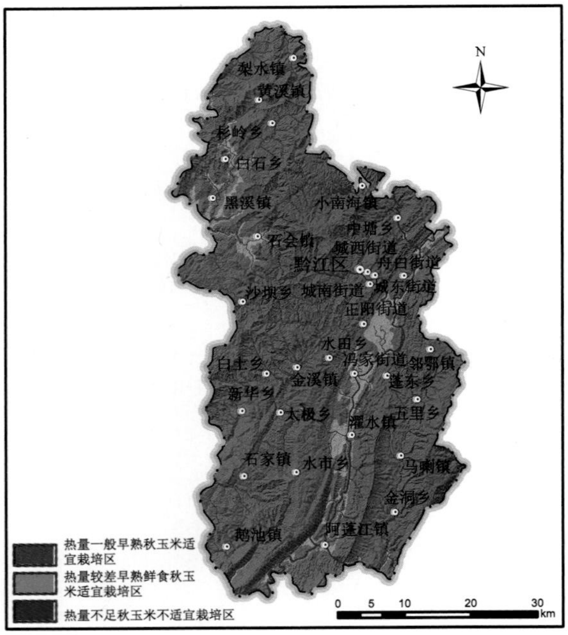

图 6.1165　黔江区秋玉米气候区划

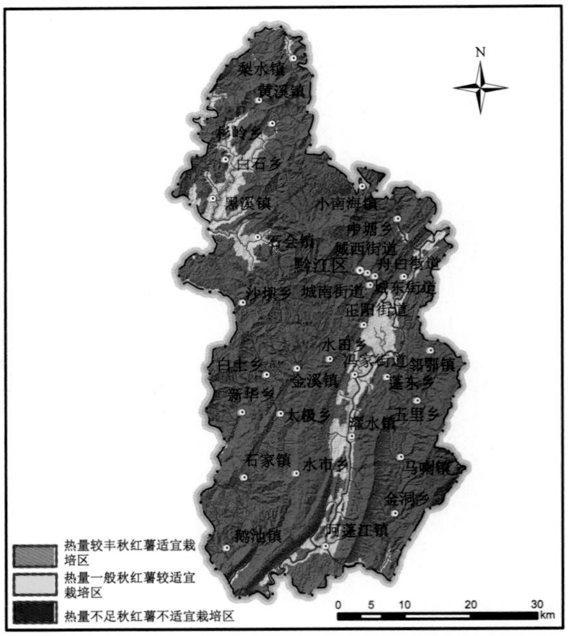

图 6.1166　黔江区秋红薯气候区划

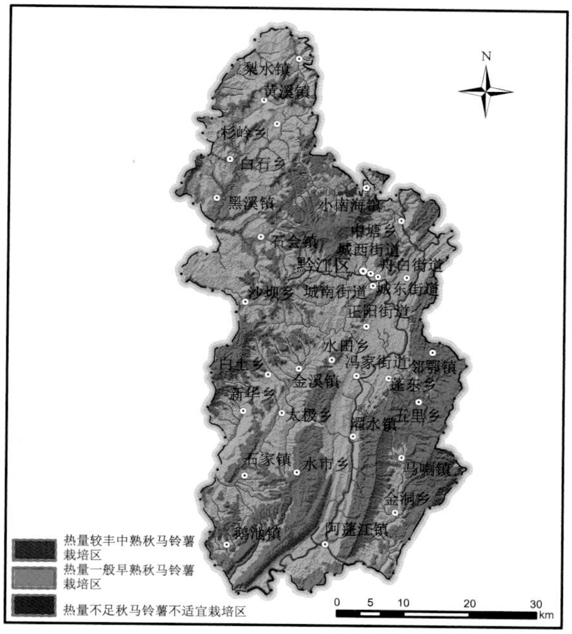

图 6.1167 黔江区秋马铃薯气候区划

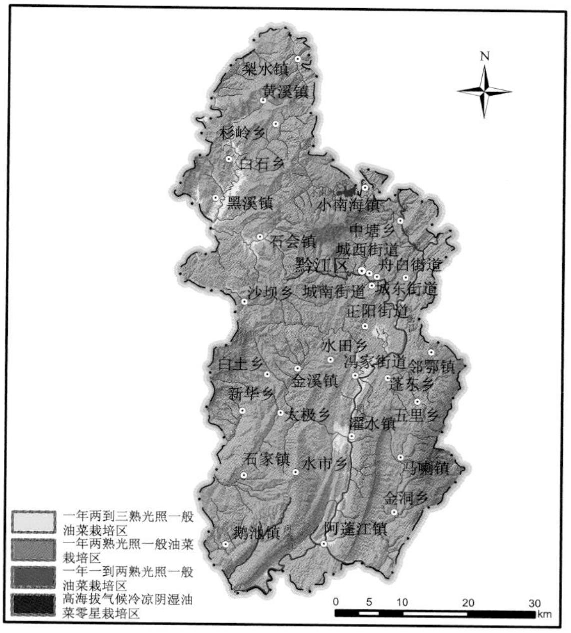

图 6.1168 黔江区油菜气候区划

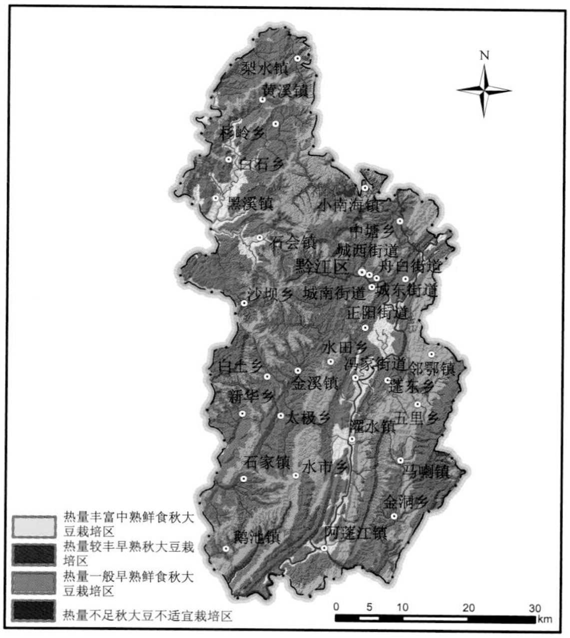

图 6.1169 黔江区秋大豆气候区划

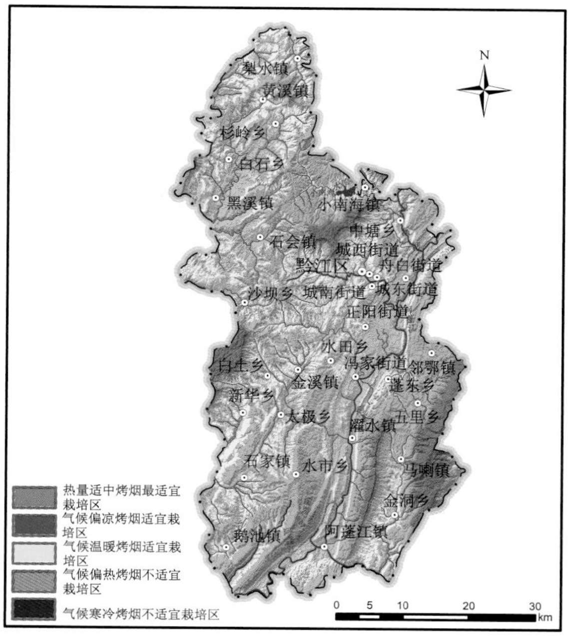

图 6.1170 黔江区烤烟气候区划

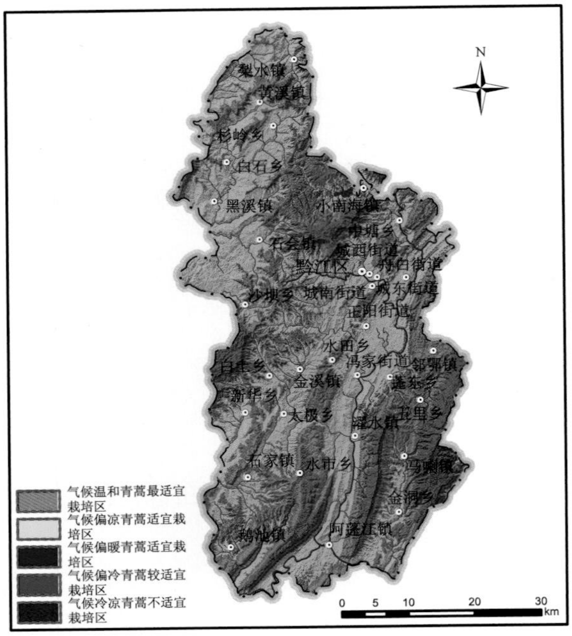

图 6.1171　黔江区青蒿气候区划

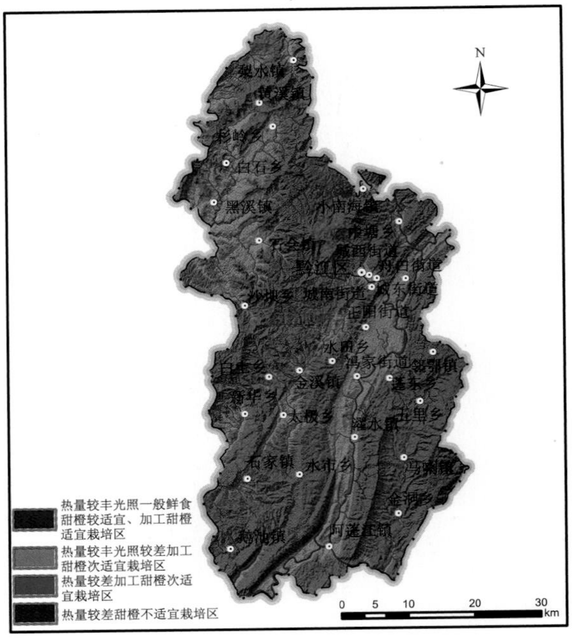

图 6.1172　黔江区甜橙气候区划

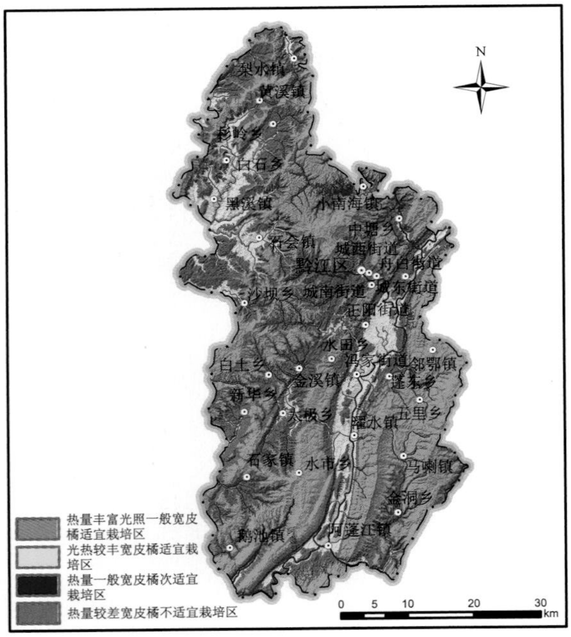

图 6.1173　黔江区宽皮橘气候区划

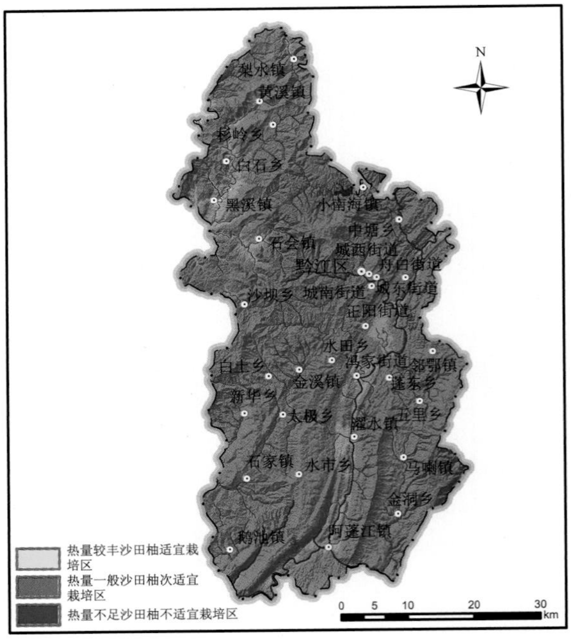

图 6.1174　黔江区沙田柚气候区划

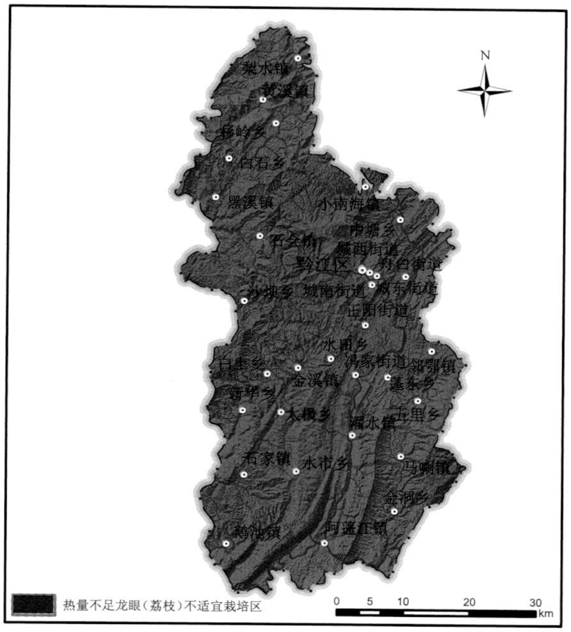

图 6.1175 黔江区龙眼(荔枝)气候区划

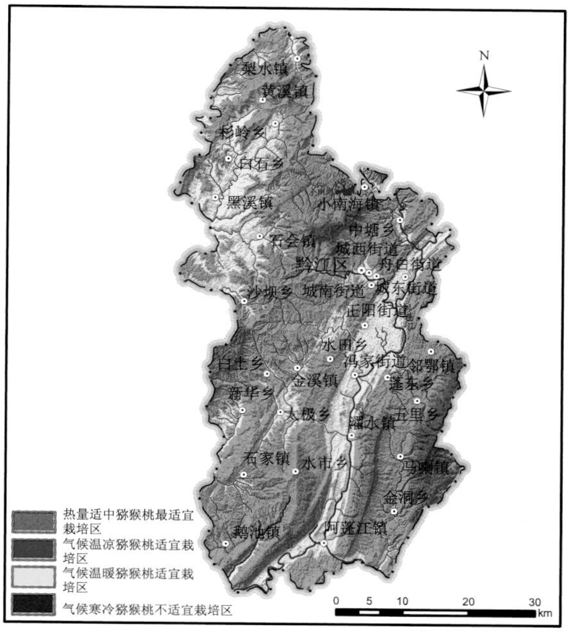

图 6.1176 黔江区猕猴桃气候区划

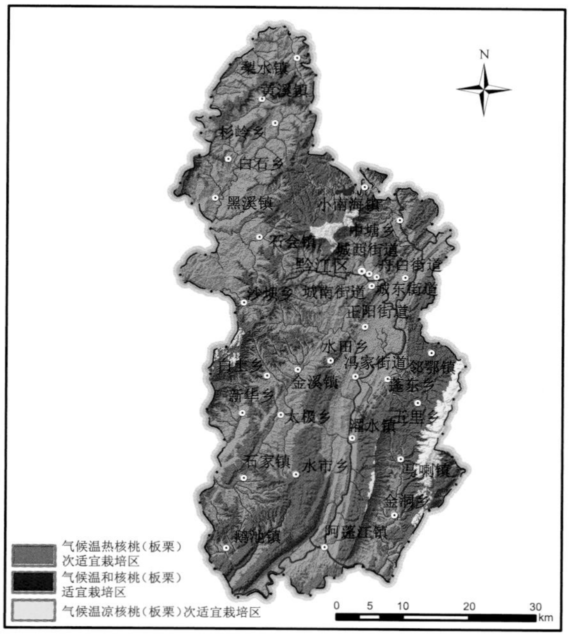

图 6.1177 黔江区核桃(板栗)气候区划

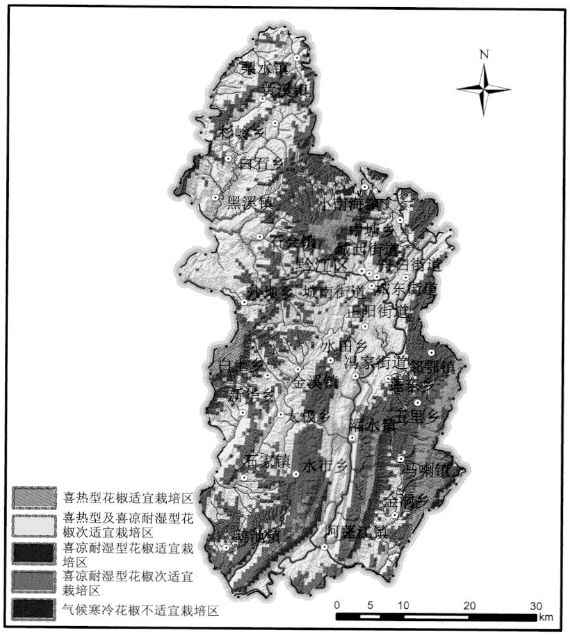

图 6.1178 黔江区花椒气候区划

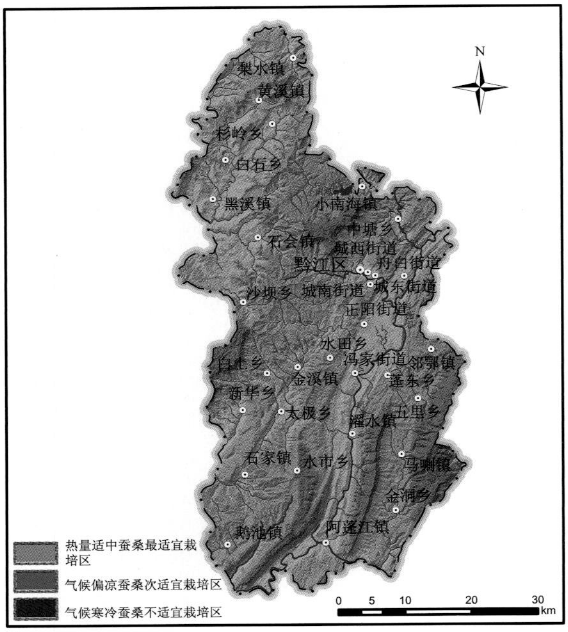

图 6.1179　黔江区蚕桑气候区划

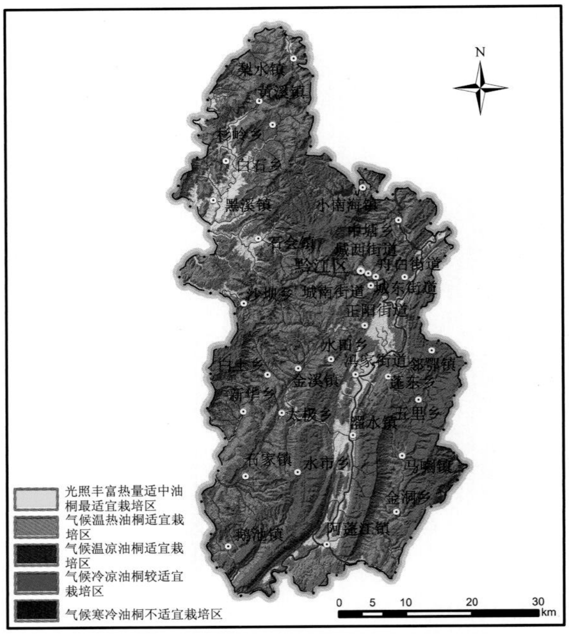

图 6.1180　黔江区油桐气候区划

(6)酉阳县

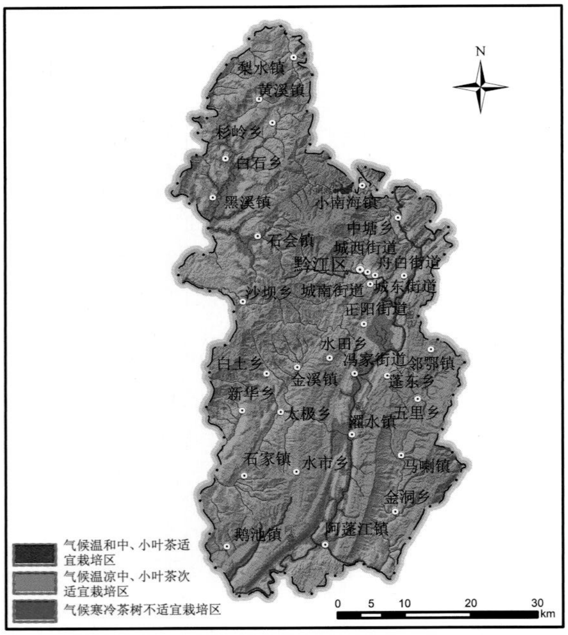

图 6.1181　黔江区茶树气候区划

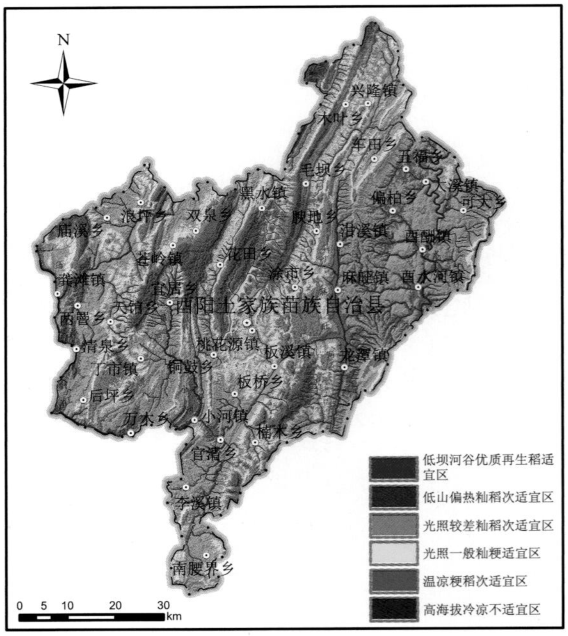

图 6.1182　酉阳县优质稻气候区划

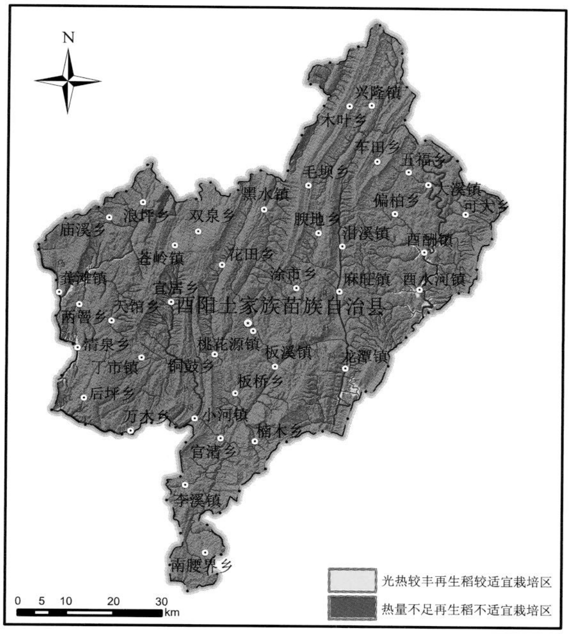

图 6.1183 酉阳县再生稻气候区划

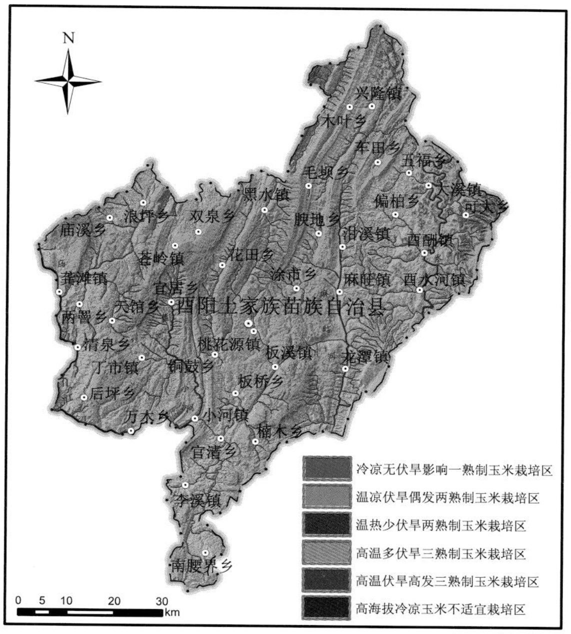

图 6.1184 酉阳县玉米气候区划

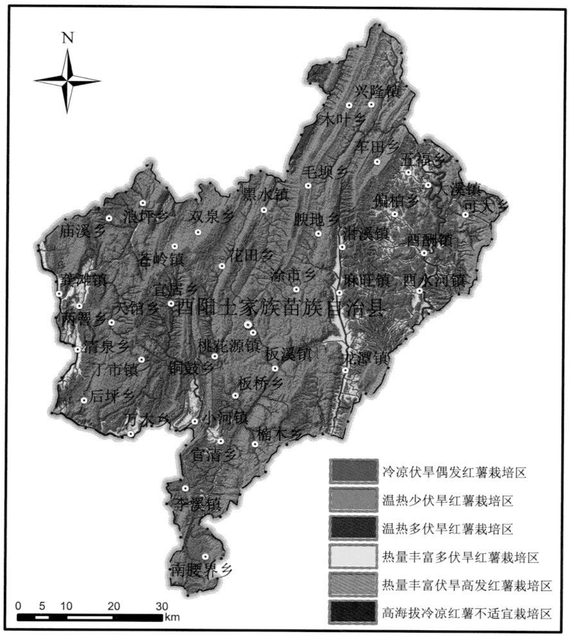

图 6.1185 酉阳县红薯气候区划

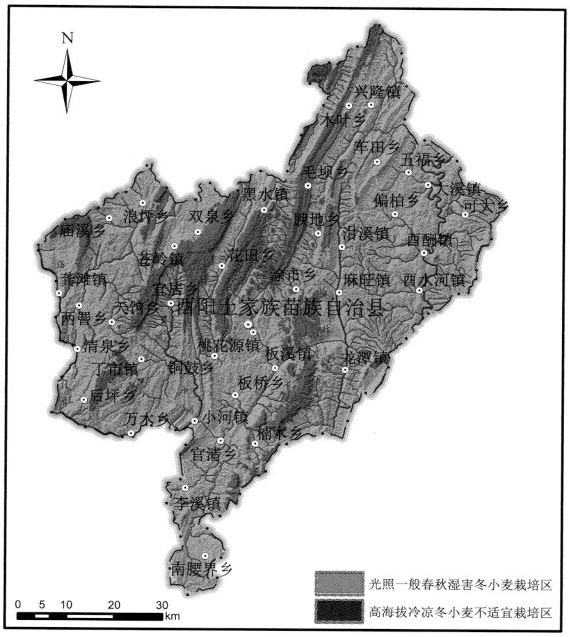

图 6.1186 酉阳县冬小麦气候区划

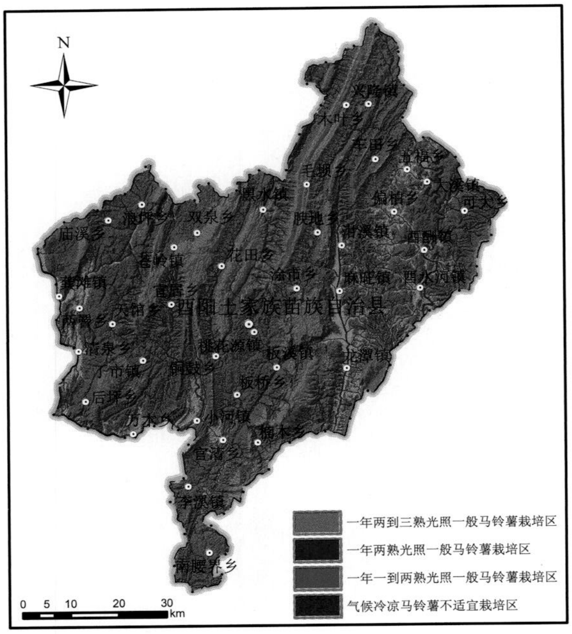

图 6.1187　酉阳县马铃薯气候区划

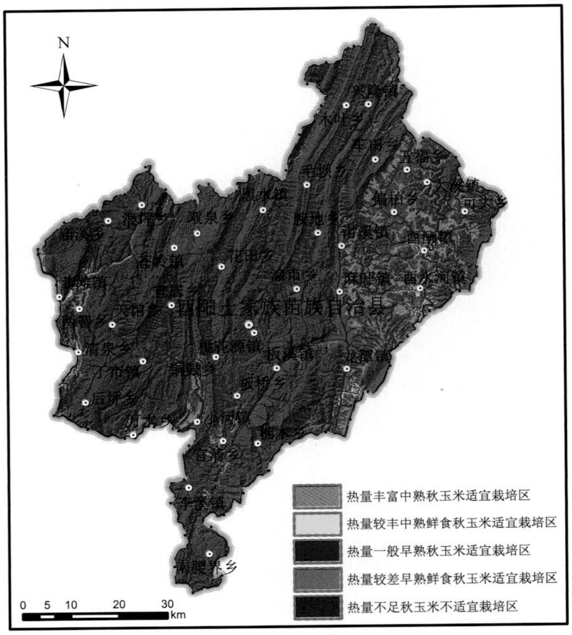

图 6.1188　酉阳县秋玉米气候区划

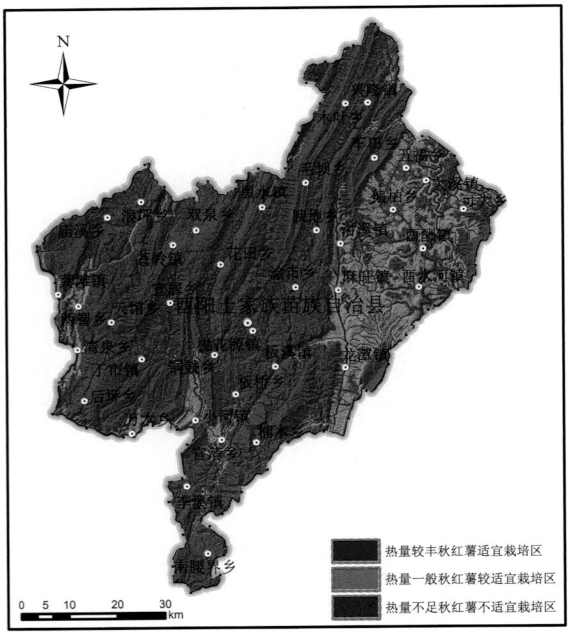

图 6.1189　酉阳县秋红薯气候区划

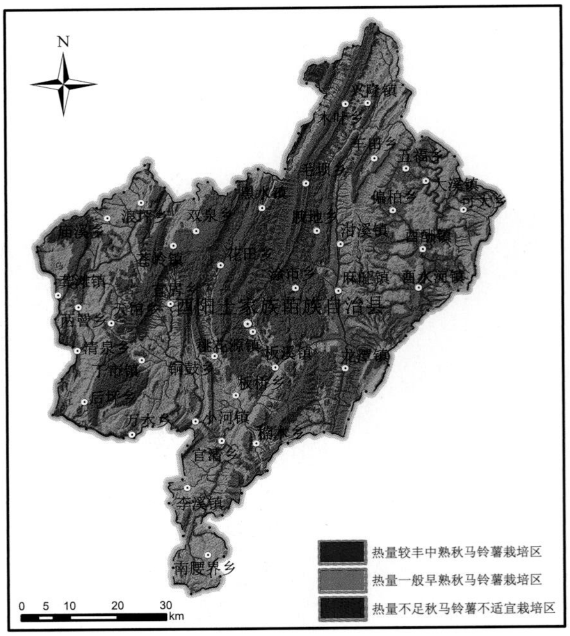

图 6.1190　酉阳县秋马铃薯气候区划

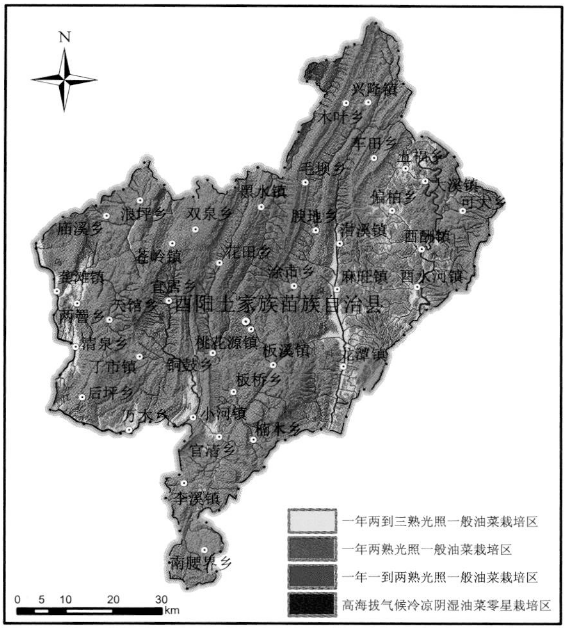

图 6.1191　酉阳县油菜气候区划

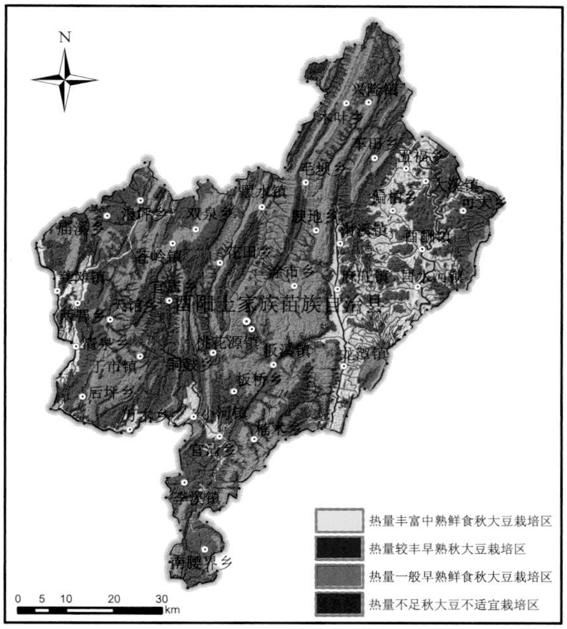

图 6.1192　酉阳县秋大豆气候区划

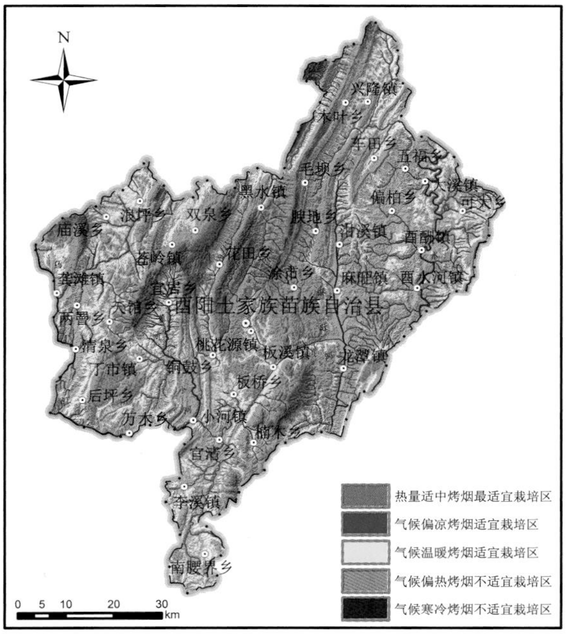

图 6.1193　酉阳县烤烟气候区划

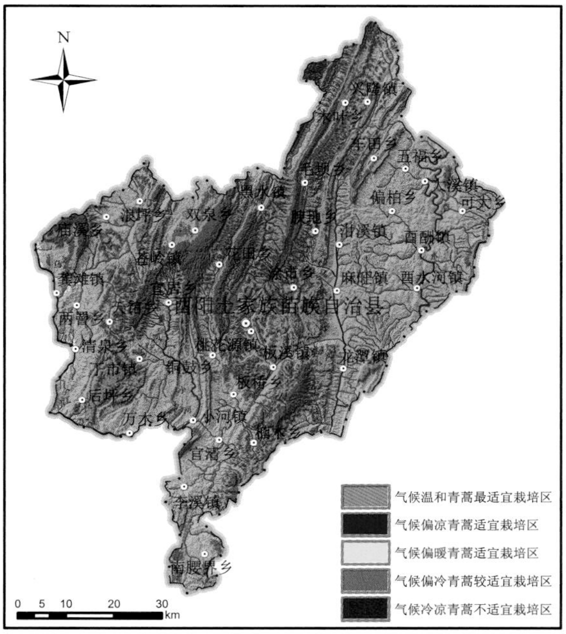

图 6.1194　酉阳县青蒿气候区划

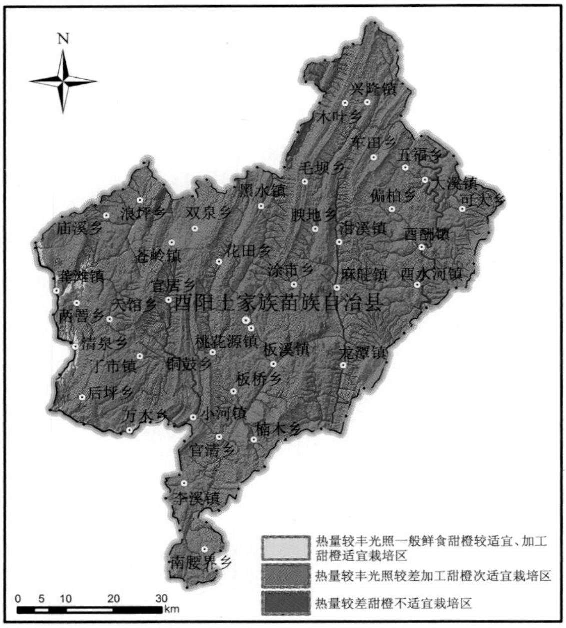

图 6.1195　酉阳县甜橙气候区划

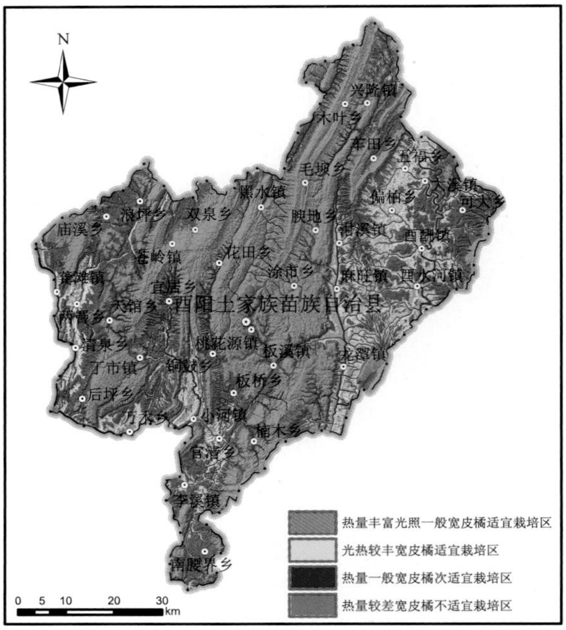

图 6.1196　酉阳县宽皮橘气候区划

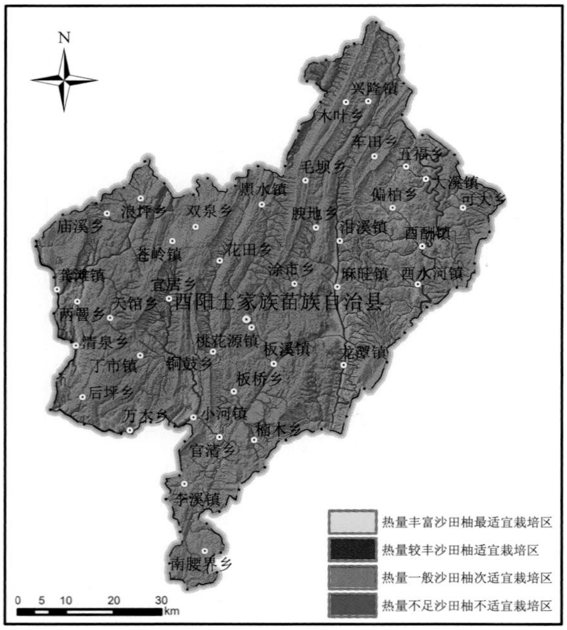

图 6.1197　酉阳县沙田柚气候区划

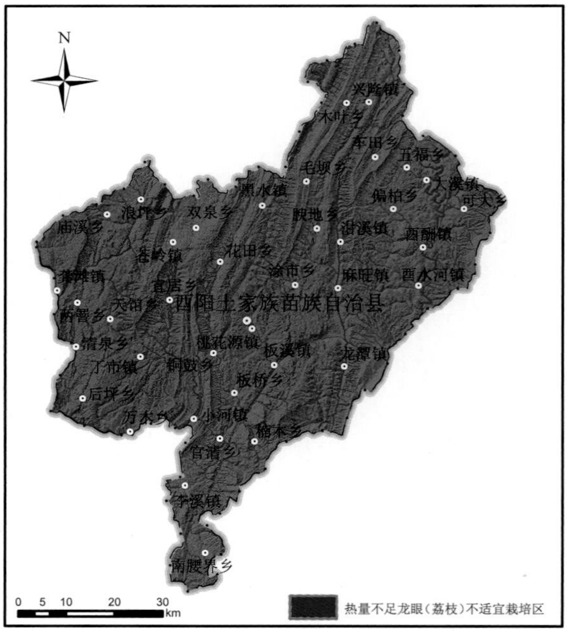

图 6.1198　酉阳县龙眼(荔枝)气候区划

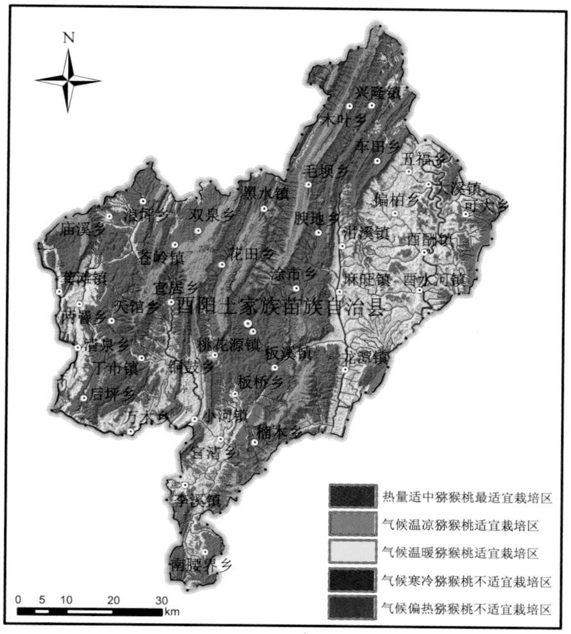

图 6.1199 酉阳县猕猴桃气候区划

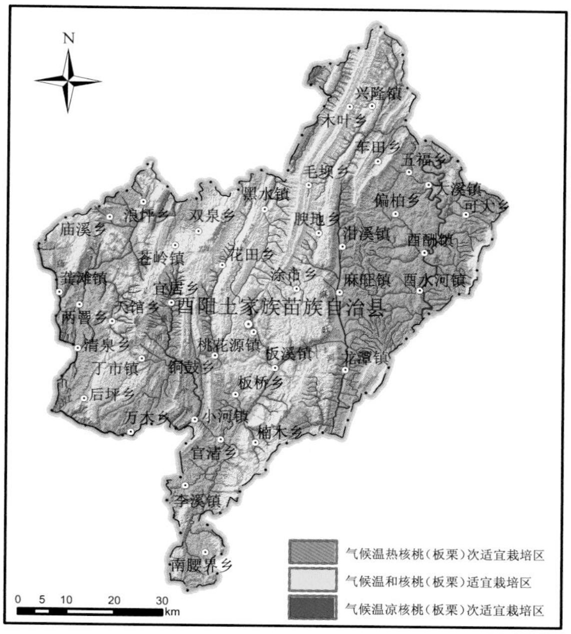

图 6.1200 酉阳县核桃(板栗)气候区划

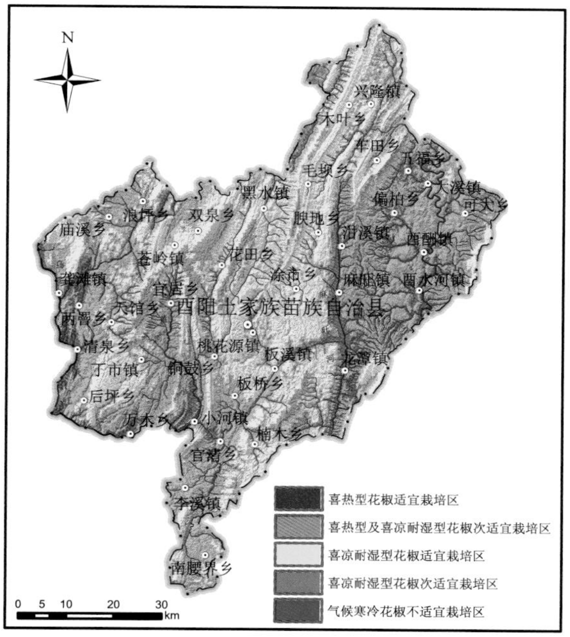

图 6.1201 酉阳县花椒气候区划

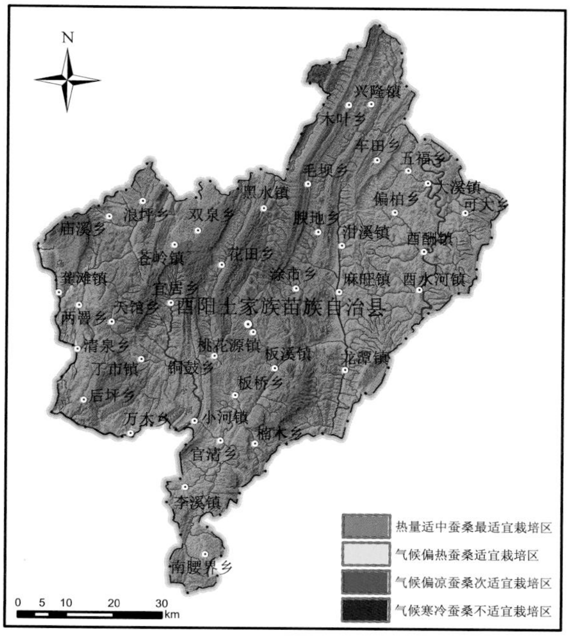

图 6.1202 酉阳县蚕桑气候区划

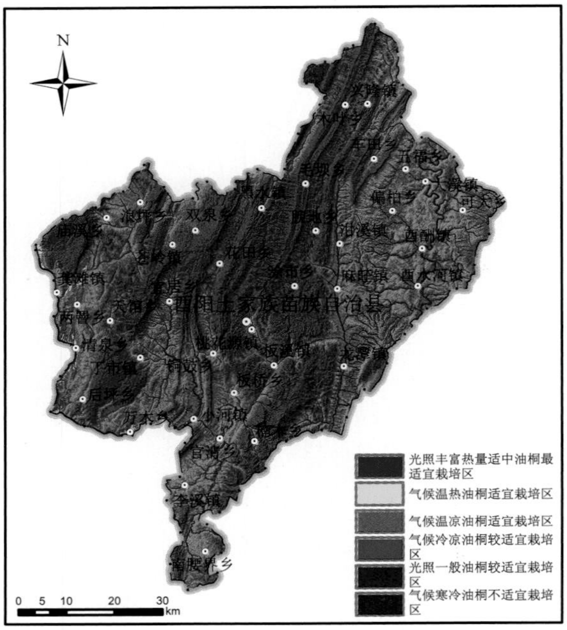

图 6.1203　酉阳县油桐气候区划

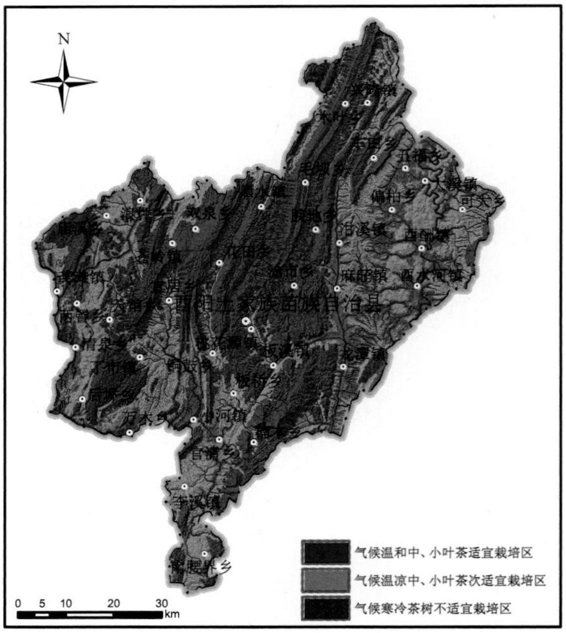

图 6.1204　酉阳县茶树气候区划

(7)涪陵区

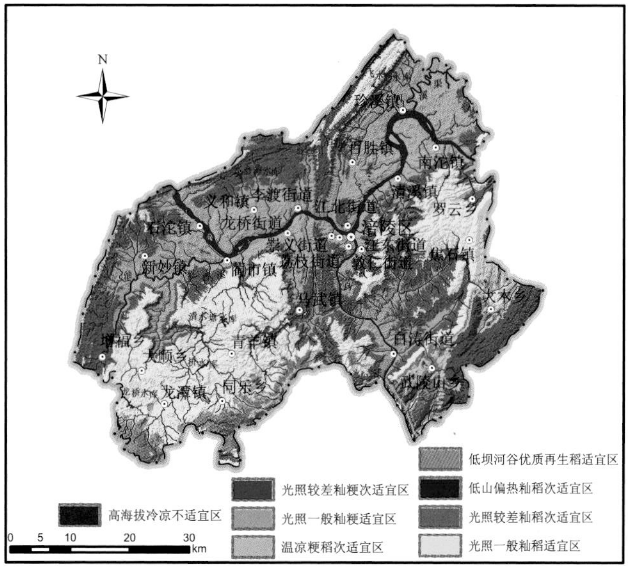

图6.1205 涪陵区优质稻气候区划

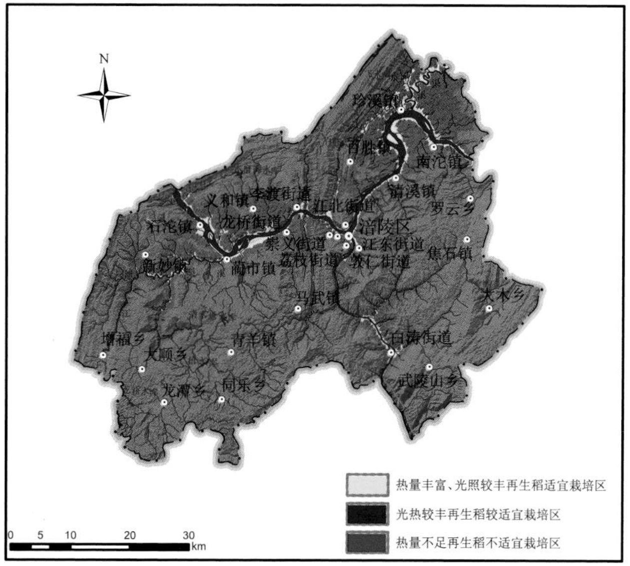

图6.1206 涪陵区再生稻气候区划

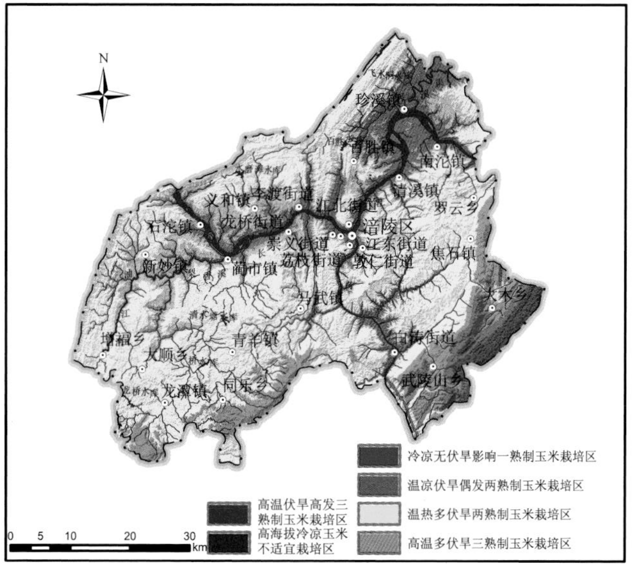

图6.1207 涪陵区玉米气候区划

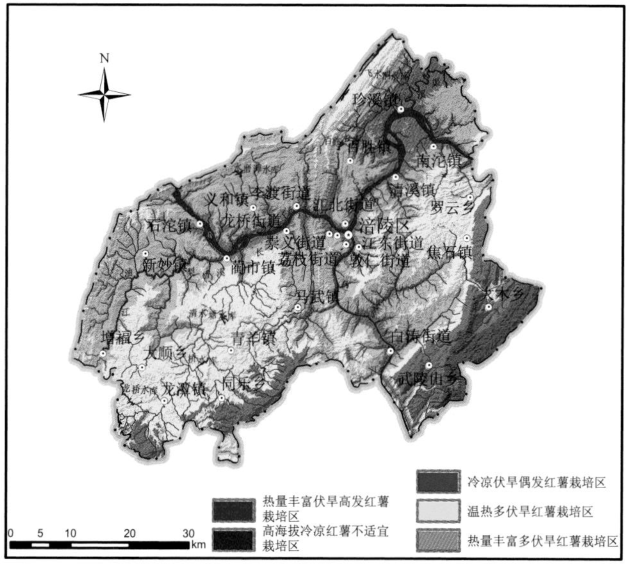

图6.1208 涪陵区红薯气候区划

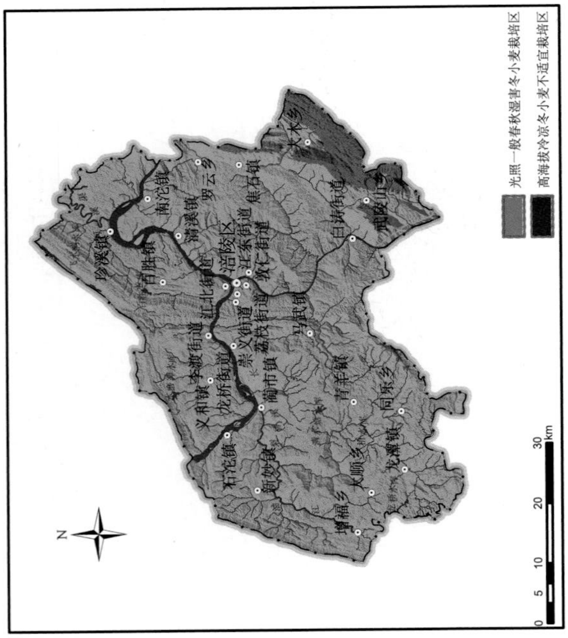

图6.1209 涪陵区冬小麦气候区划

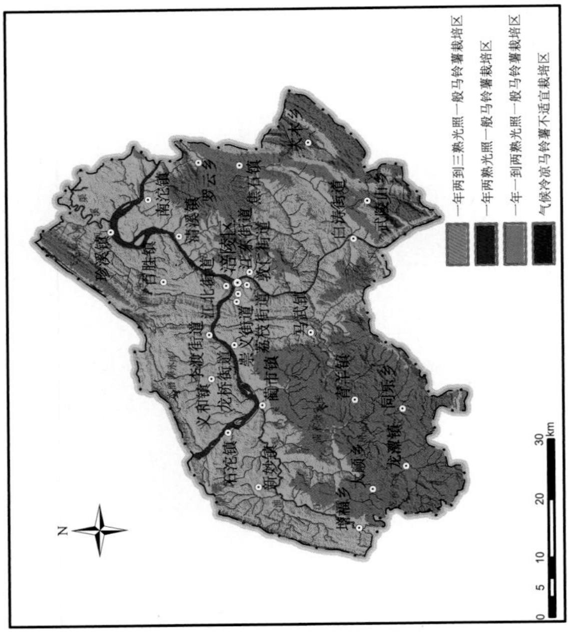

图6.1210 涪陵区马铃薯气候区划

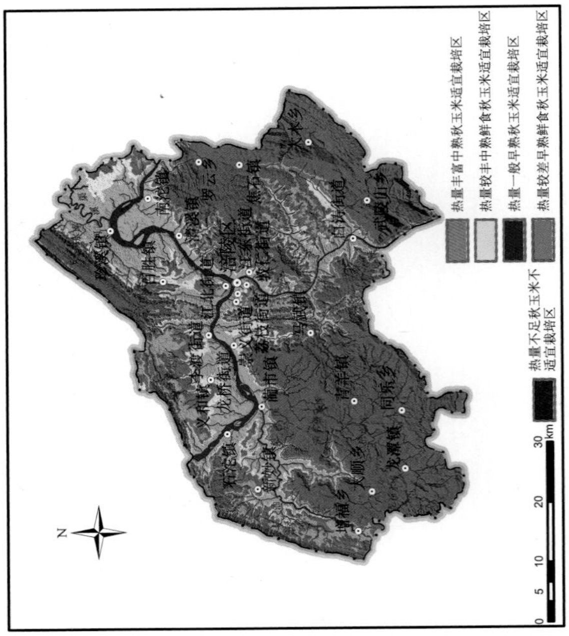

图6.1211 涪陵区秋玉米气候区划

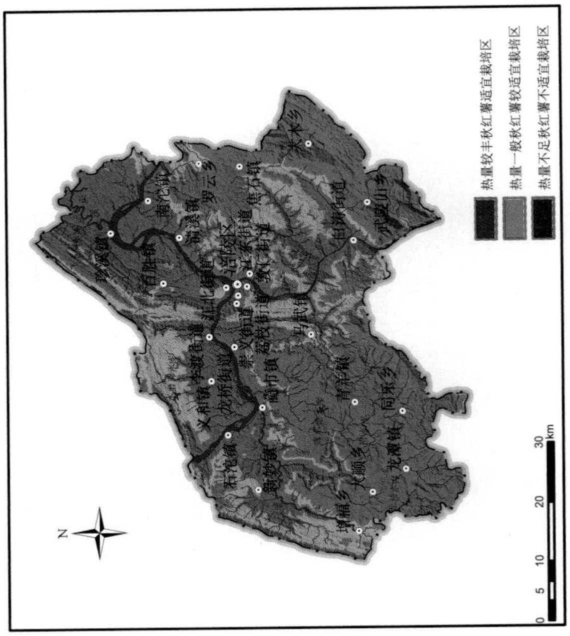

图6.1212 涪陵区秋红薯气候区划

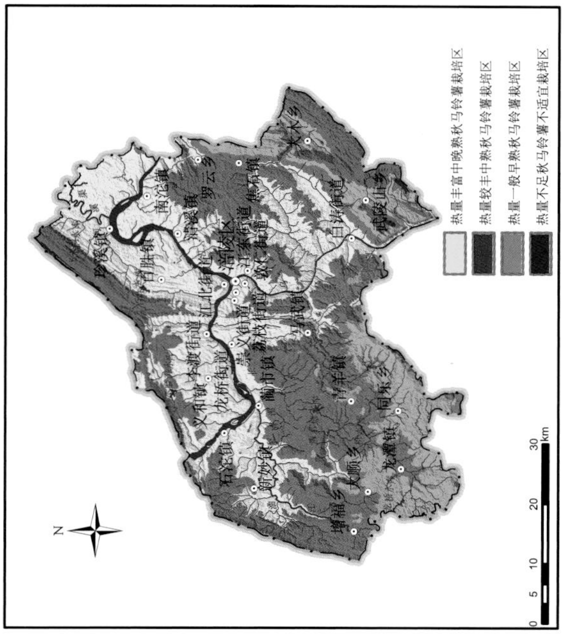

图6.1213 涪陵区秋马铃薯气候区划

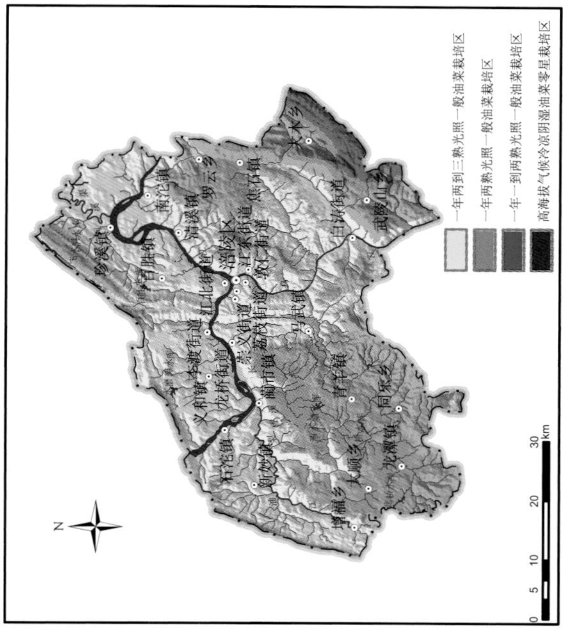

图6.1214 涪陵区油菜气候区划

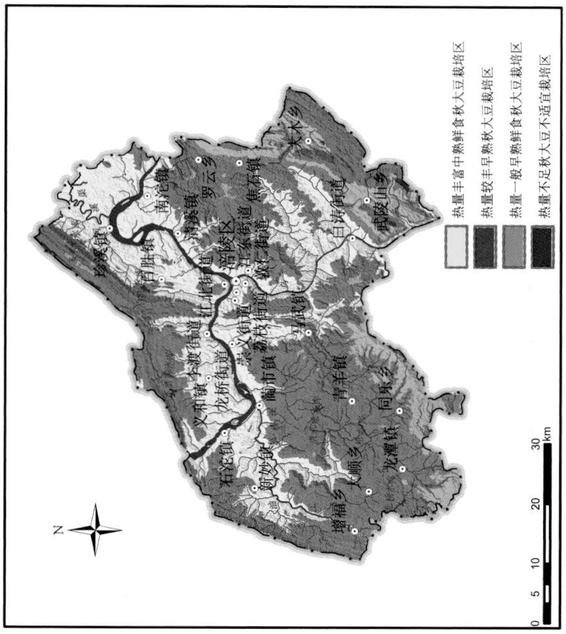

图6.1215 涪陵区秋大豆气候区划

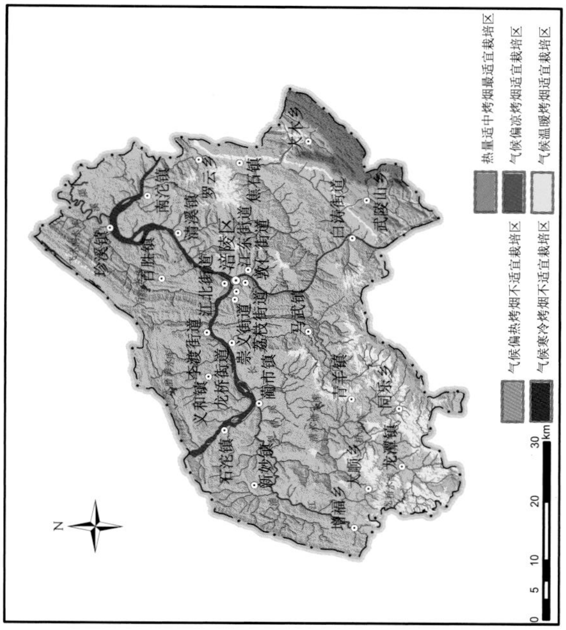

图6.1216 涪陵区烤烟气候区划

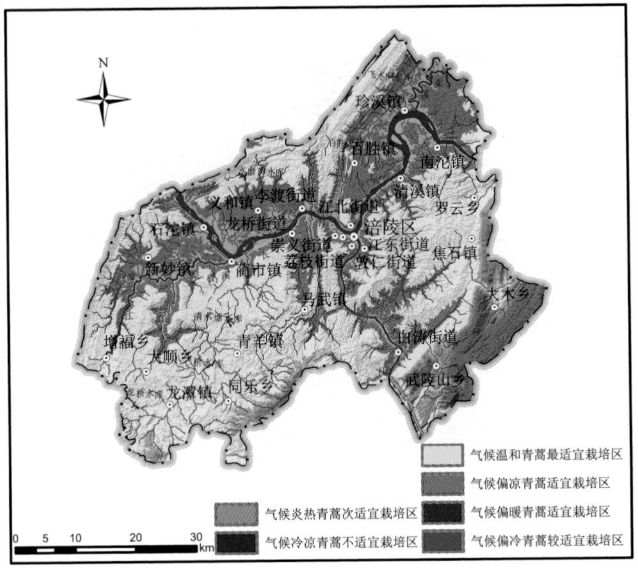

图6.1217 涪陵区青蒿气候区划

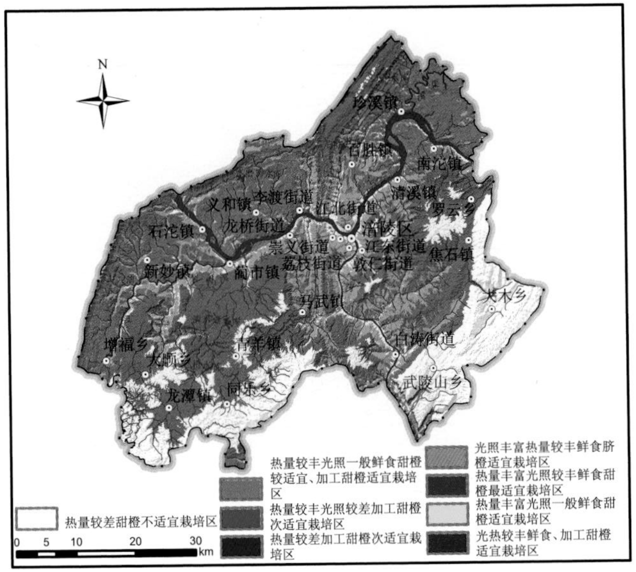

图6.1218 涪陵区甜橙气候区划

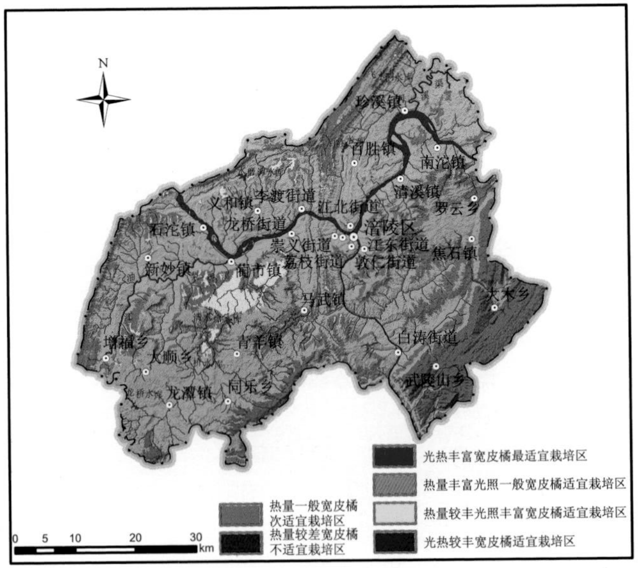

图6.1219 涪陵区宽皮橘气候区划

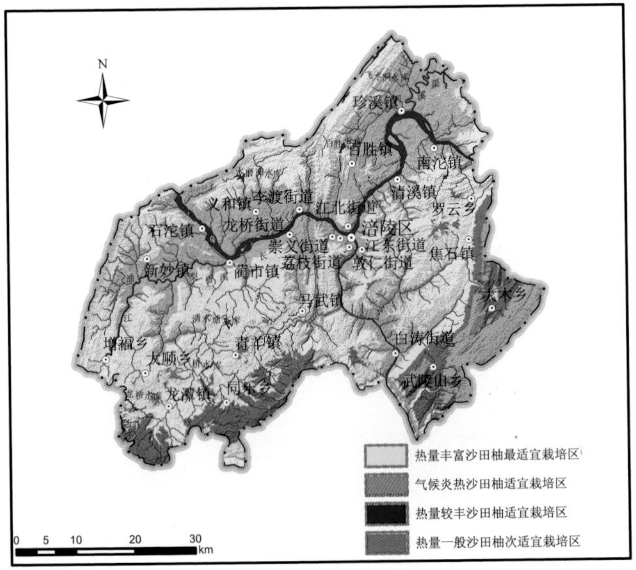

图6.1220 涪陵区沙田柚气候区划

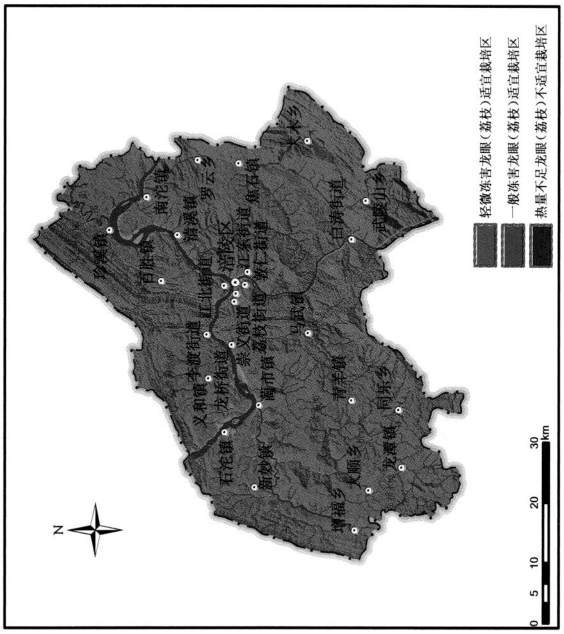

图6.1221 涪陵区龙眼（荔枝）气候区划

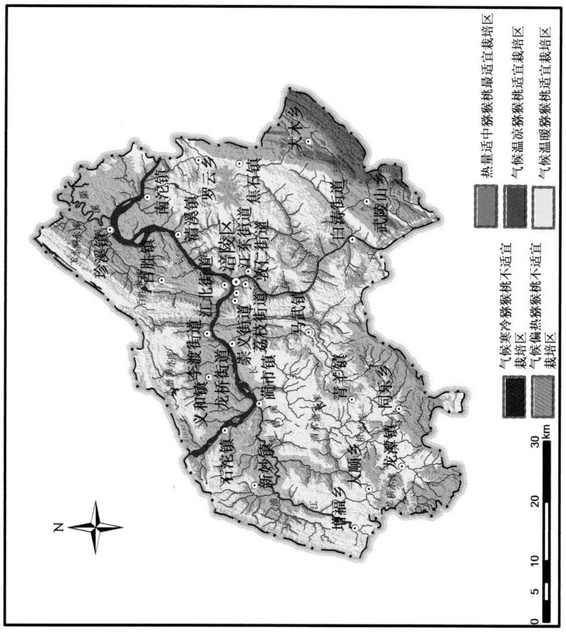

图6.1222 涪陵区猕猴桃气候区划

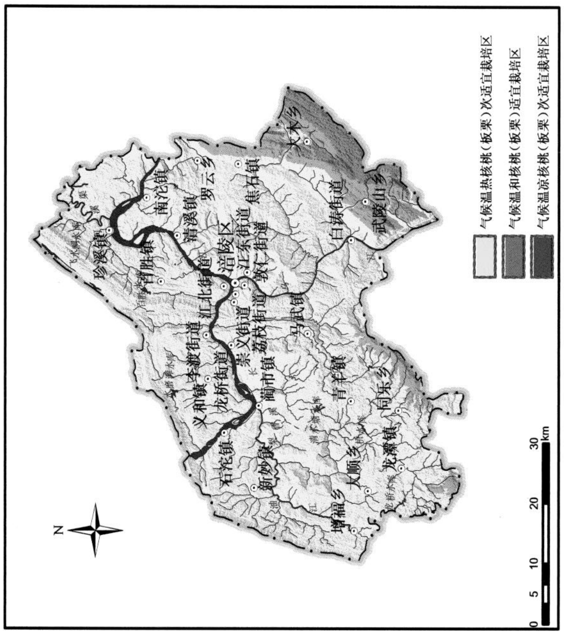

图6.1223 涪陵区核桃（板栗）气候区划

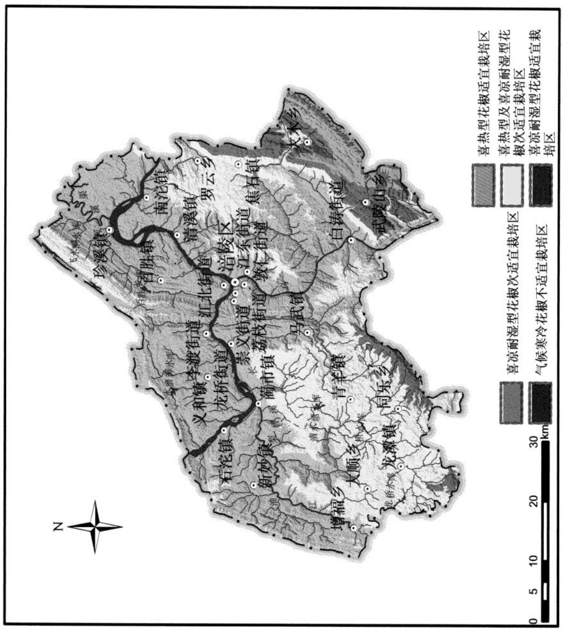

图6.1224 涪陵区花椒气候区划

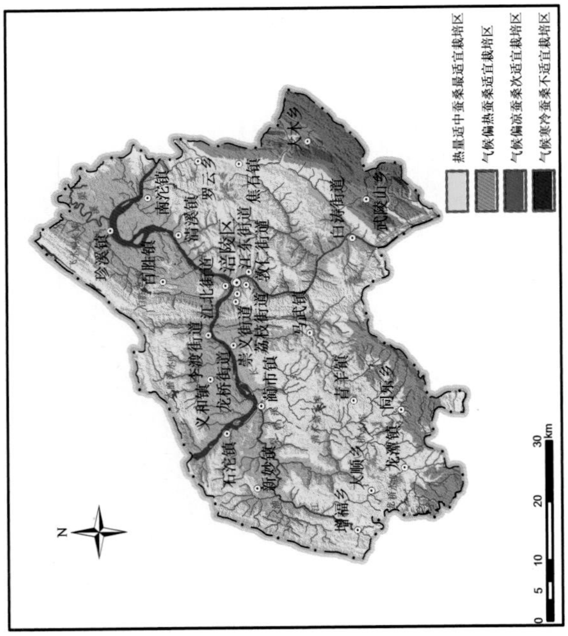

图6.1225　涪陵区蚕桑气候区划

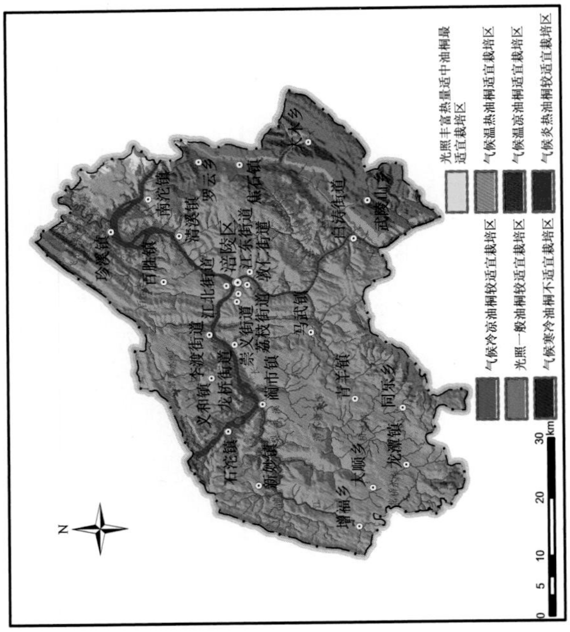

图6.1226　涪陵区油桐气候区划

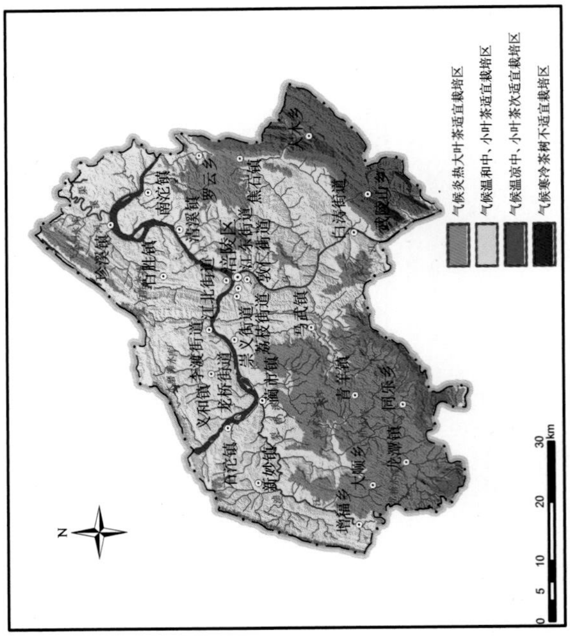

图6.1227　涪陵区茶树气候区划

(8)南川区

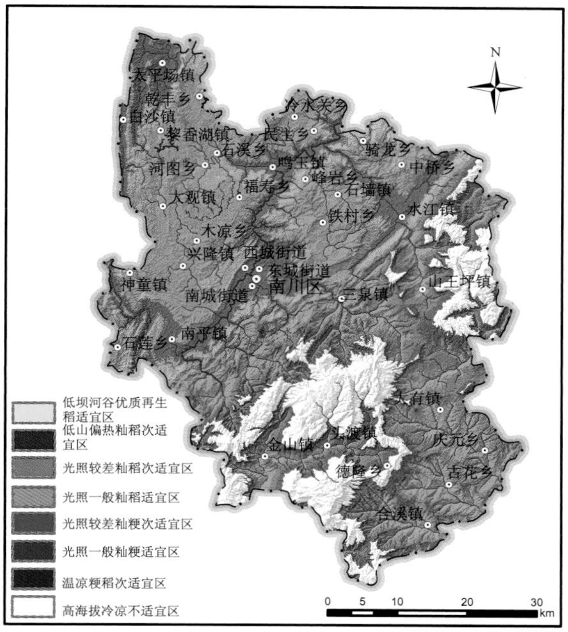

图 6.1228　南川区优质稻气候区划

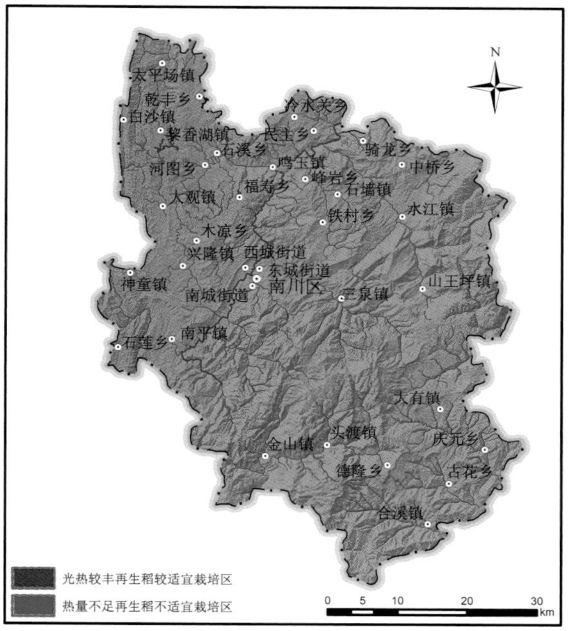

图 6.1229　南川区再生稻气候区划

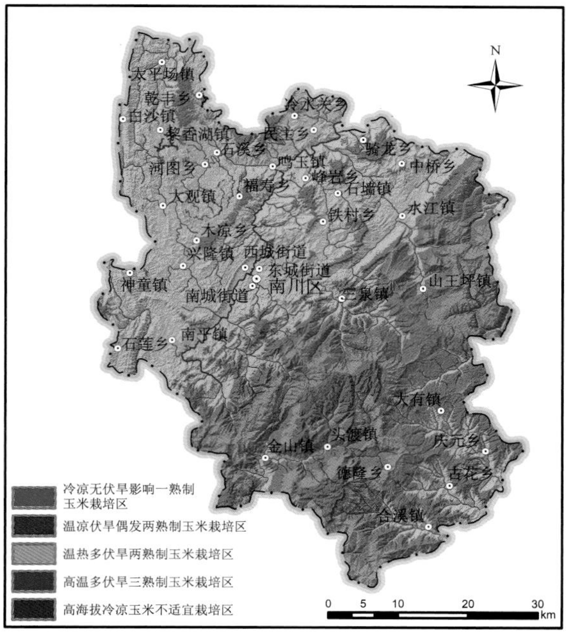

图 6.1230　南川区玉米气候区划

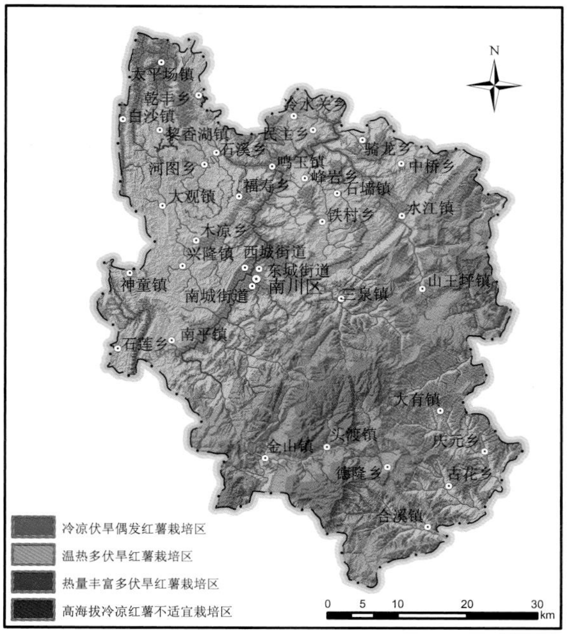

图 6.1231　南川区红薯气候区划

图 6.1232　南川区冬小麦气候区划

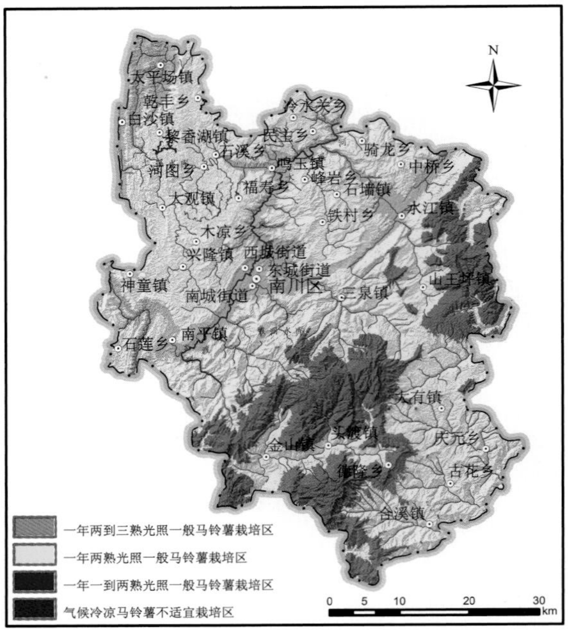

图 6.1233　南川区马铃薯气候区划

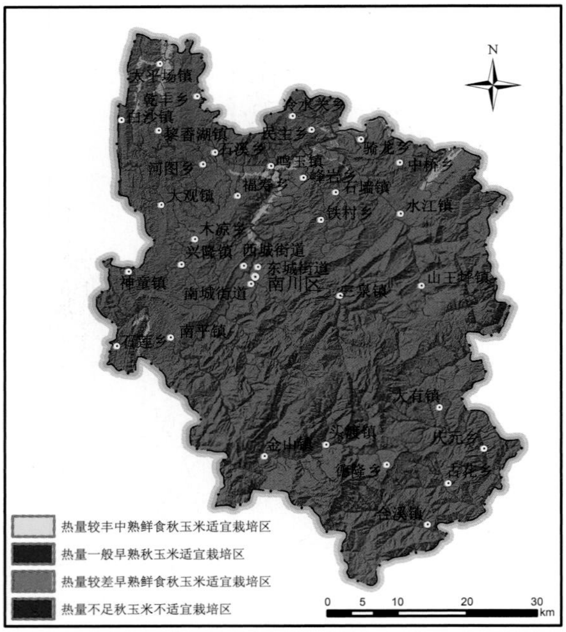

图 6.1234　南川区秋玉米气候区划

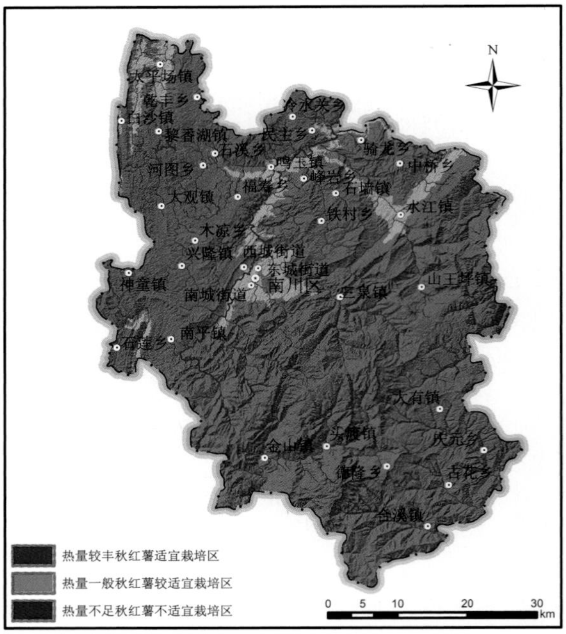

图 6.1235　南川区秋红薯气候区划

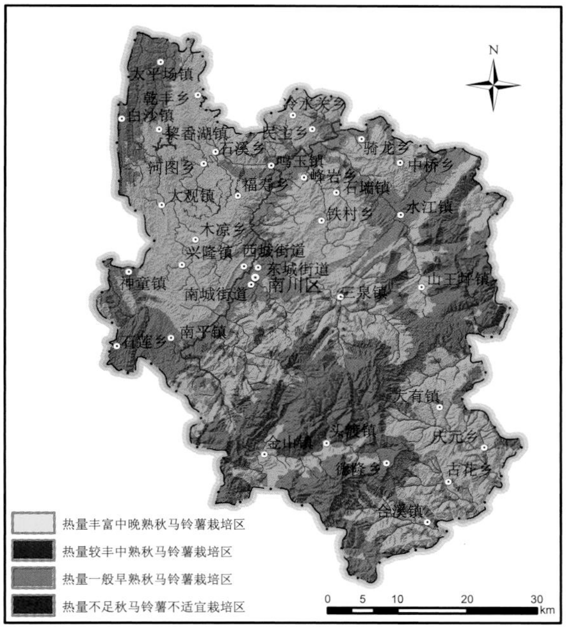

图 6.1236 南川区秋马铃薯气候区划

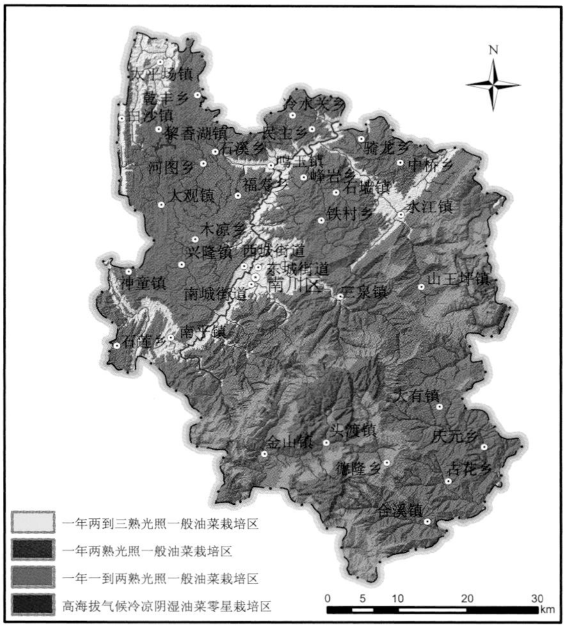

图 6.1237 南川区油菜气候区划

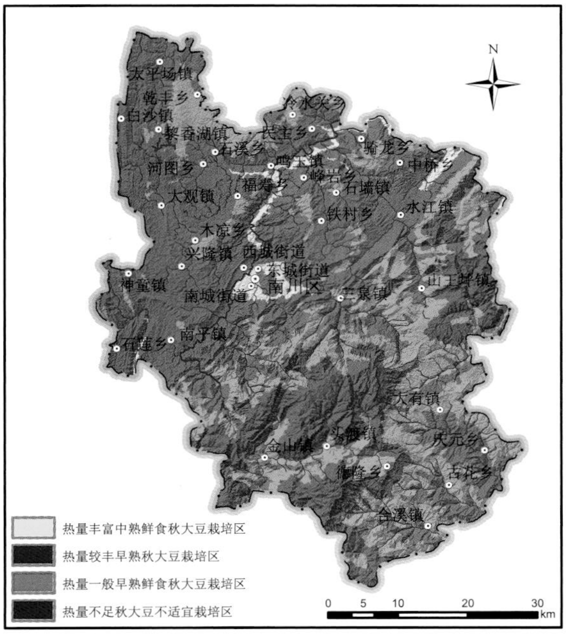

图 6.1238 南川区秋大豆气候区划

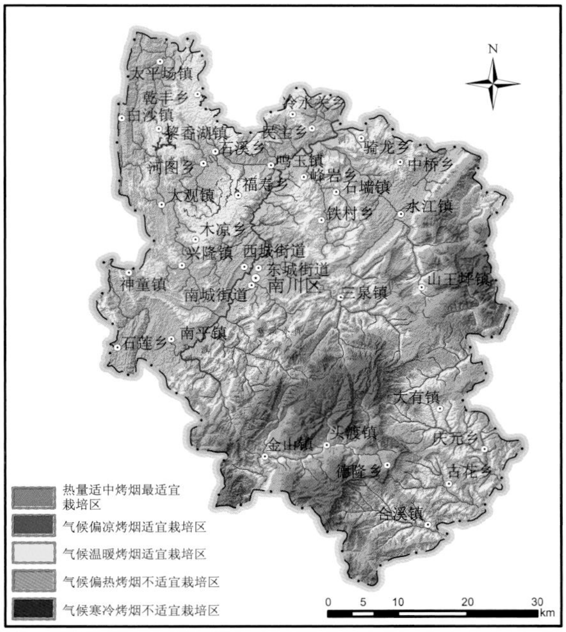

图 6.1239 南川区烤烟气候区划

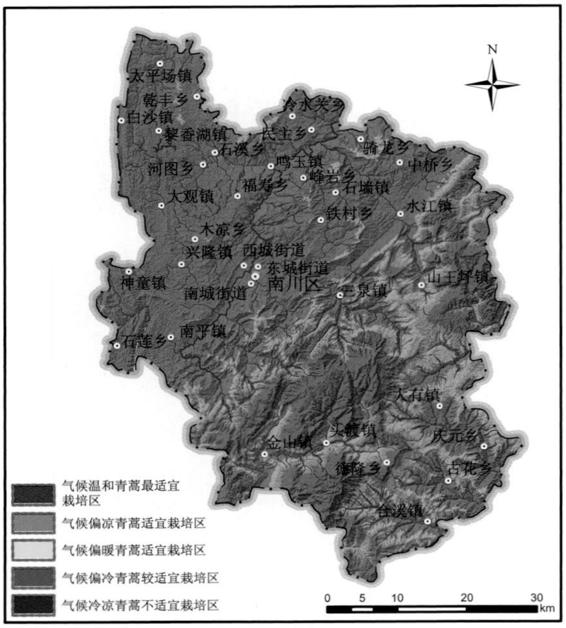

图 6.1240　南川区青蒿气候区划

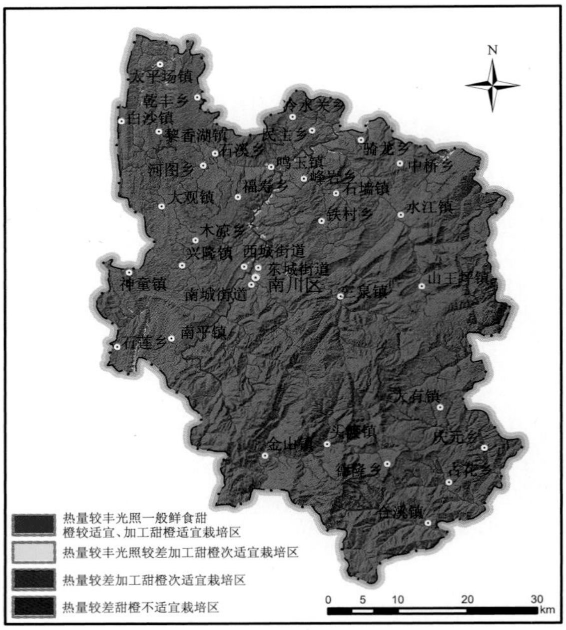

图 6.1241　南川区甜橙气候区划

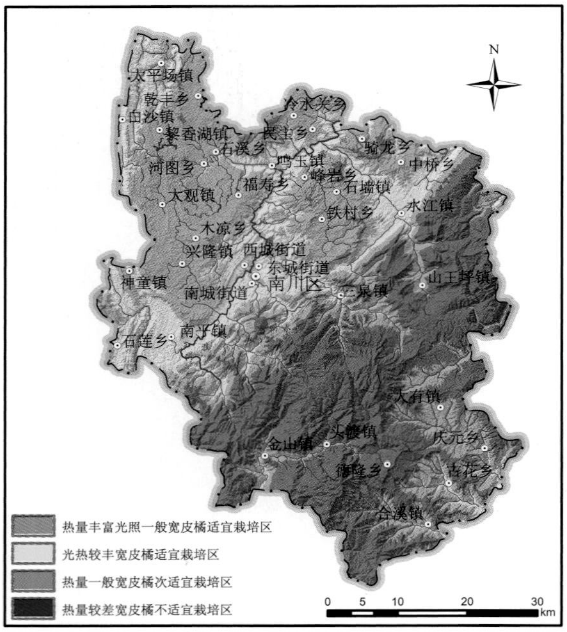

图 6.1242　南川区宽皮橘气候区划

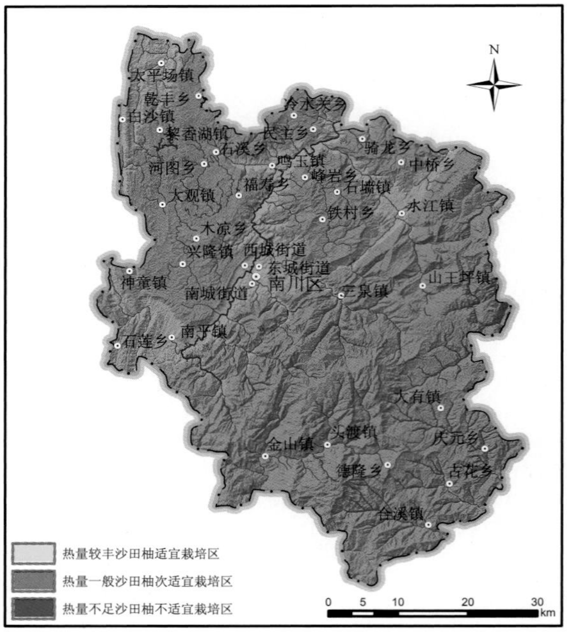

图 6.1243　南川区沙田柚气候区划

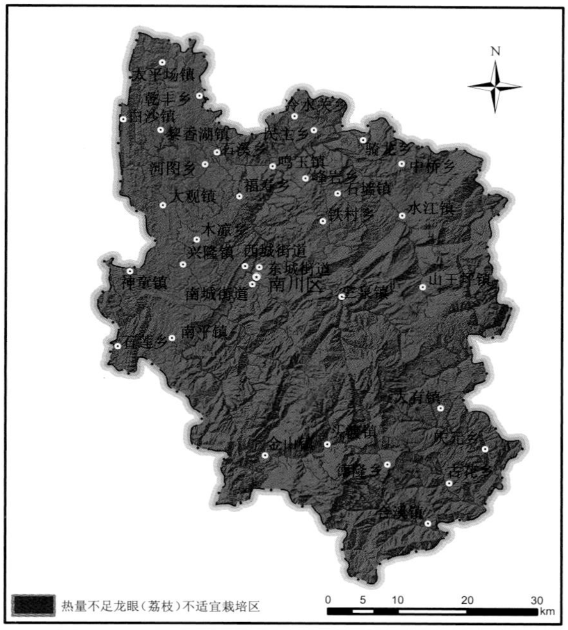

图 6.1244　南川区龙眼(荔枝)气候区划

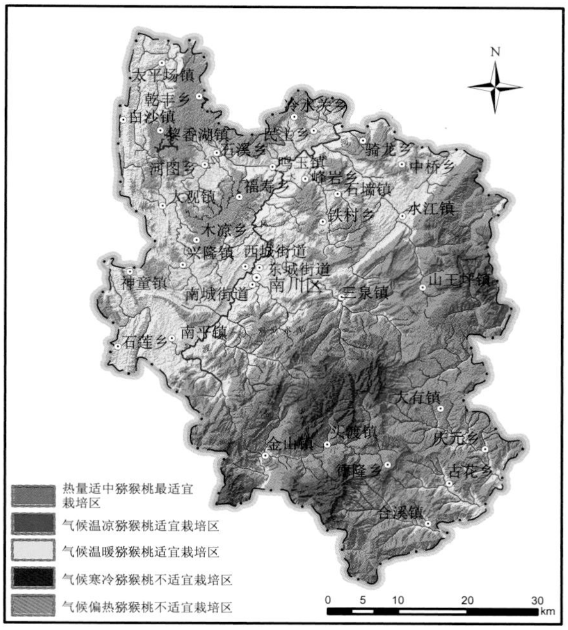

图 6.1245　南川区猕猴桃气候区划

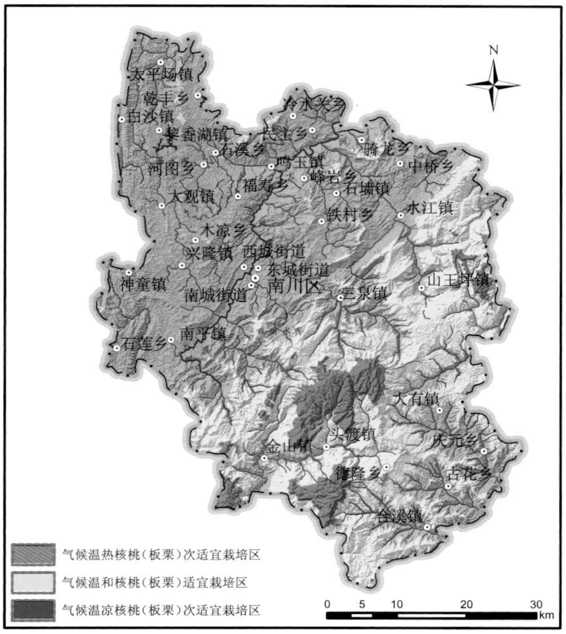

图 6.1246　南川区核桃(板栗)气候区划

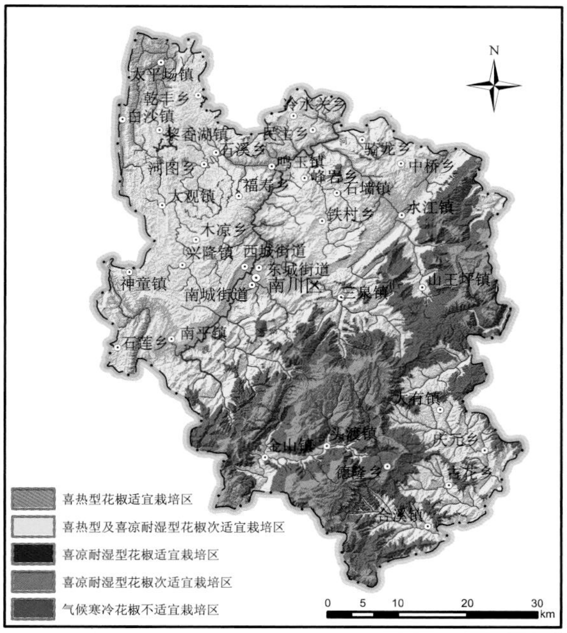

图 6.1247　南川区花椒气候区划

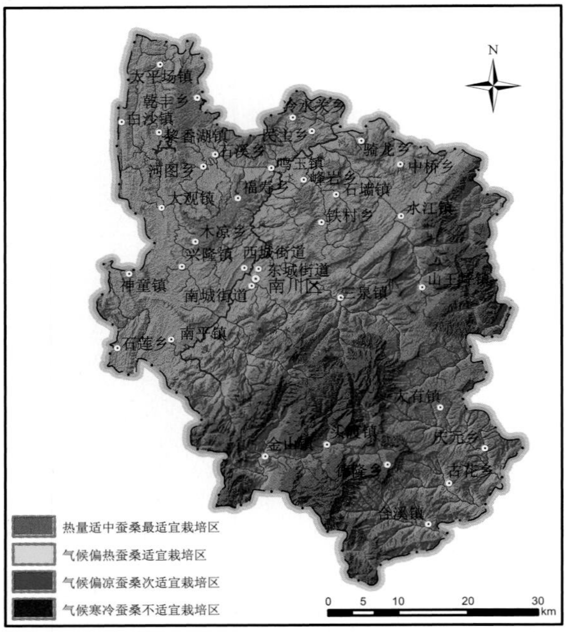

图 6.1248　南川区蚕桑气候区划

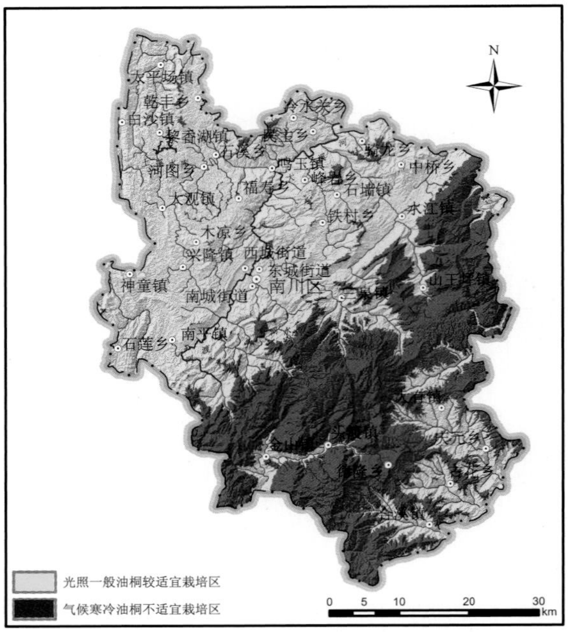

图 6.1249　南川区油桐气候区划

(9)渝北区

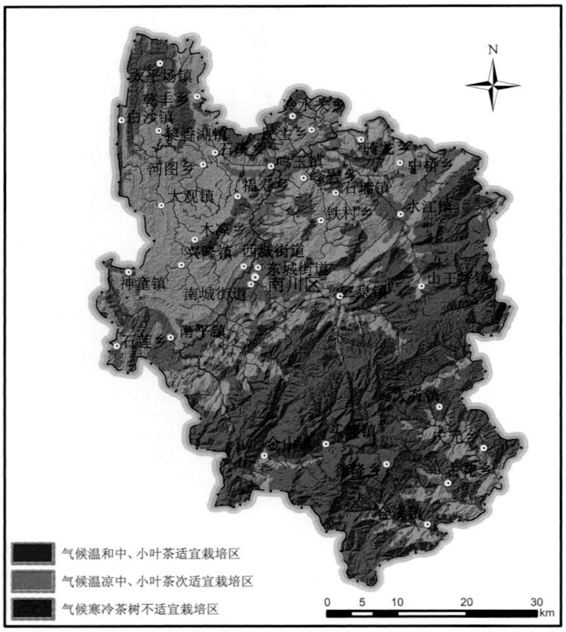

图 6.1250　南川区茶树气候区划

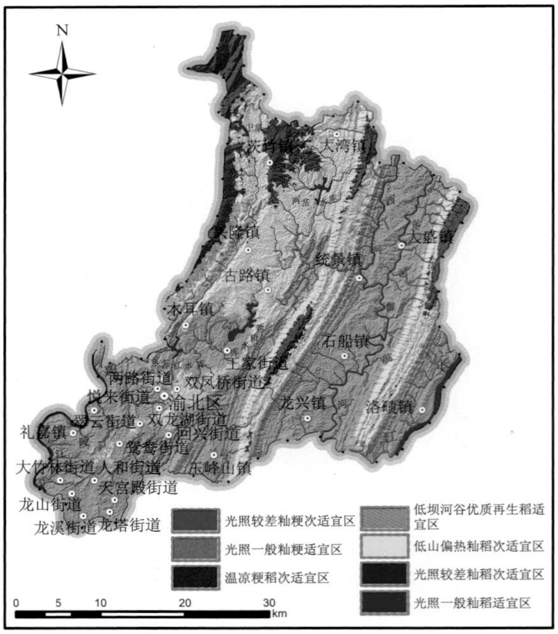

图 6.1251　渝北区优质稻气候区划

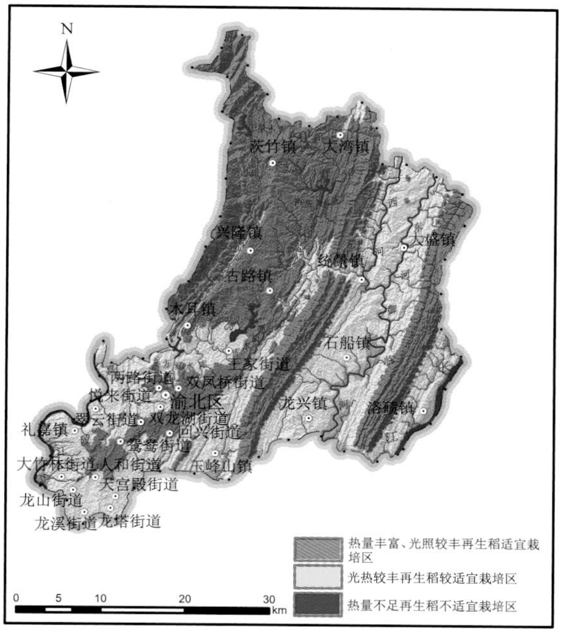

图 6.1252 渝北区再生稻气候区划

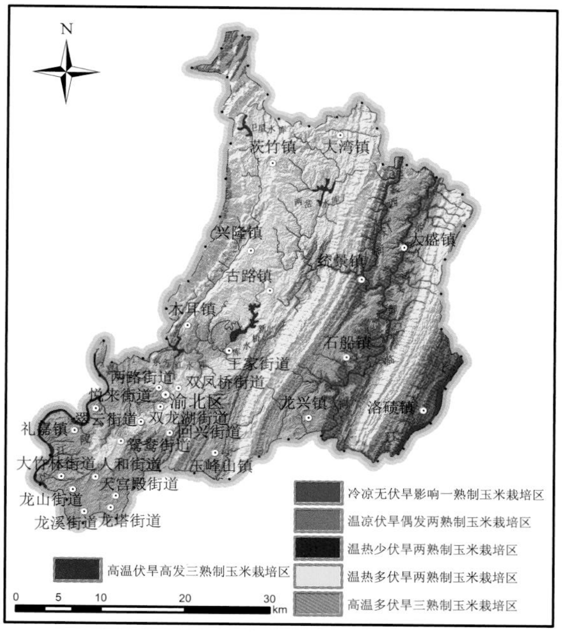

图 6.1253 渝北区玉米气候区划

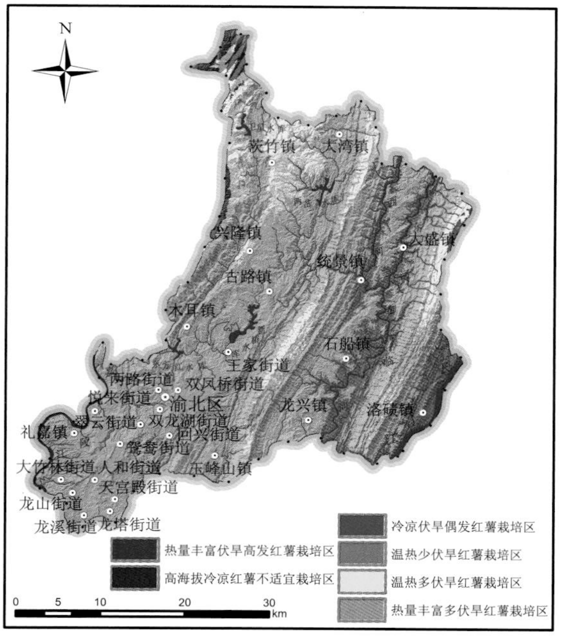

图 6.1254 渝北区红薯气候区划

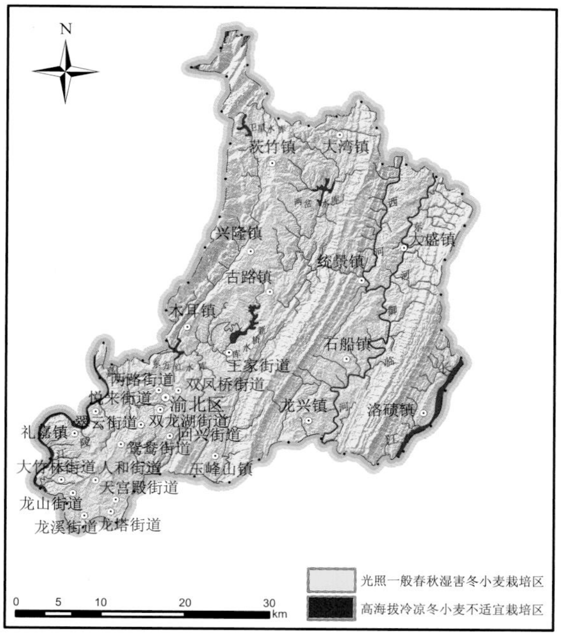

图 6.1255 渝北区冬小麦气候区划

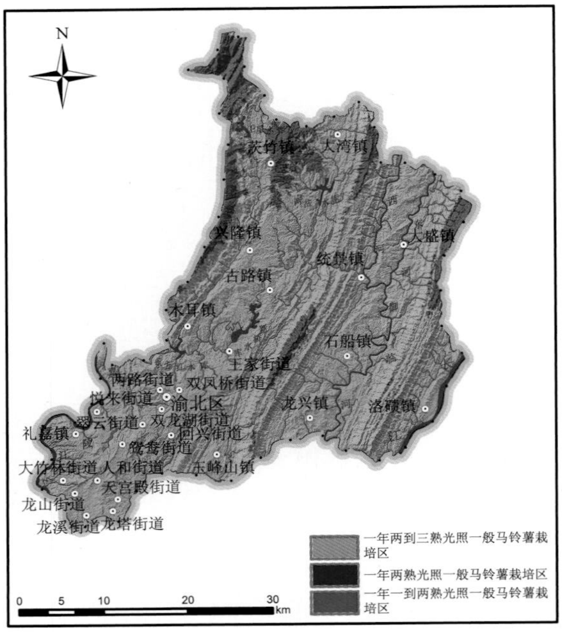

图 6.1256 渝北区马铃薯气候区划

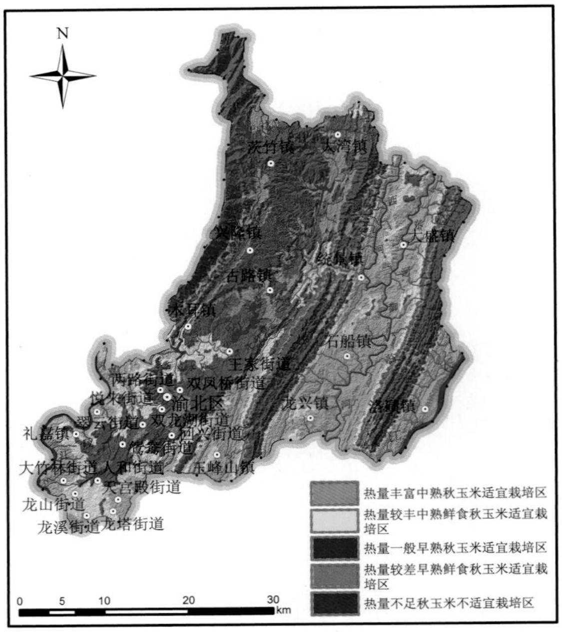

图 6.1257 渝北区秋玉米气候区划

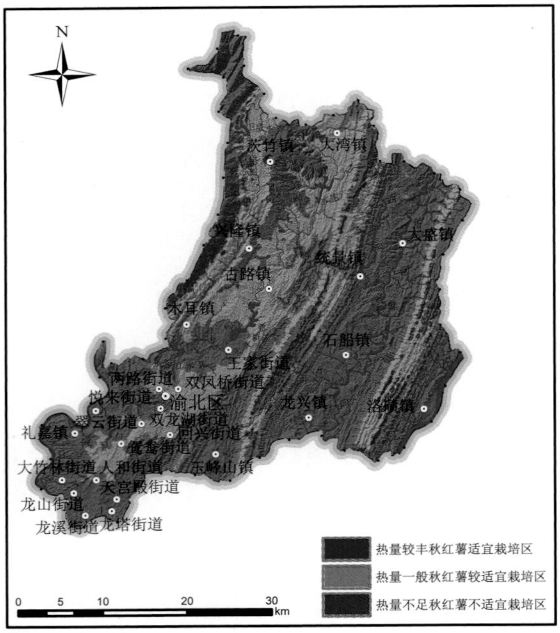

图 6.1258 渝北区秋红薯气候区划

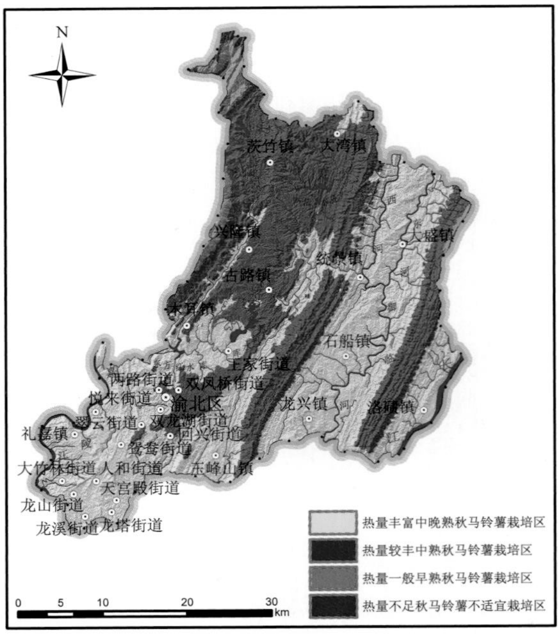

图 6.1259 渝北区秋马铃薯气候区划

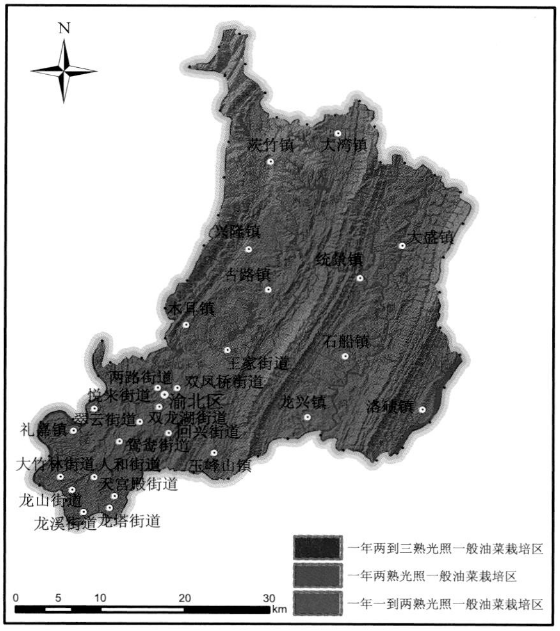

图 6.1260　渝北区油菜气候区划

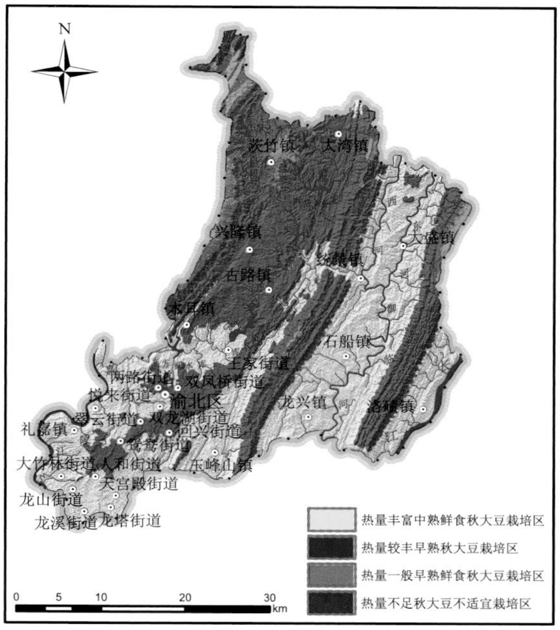

图 6.1261　渝北区秋大豆气候区划

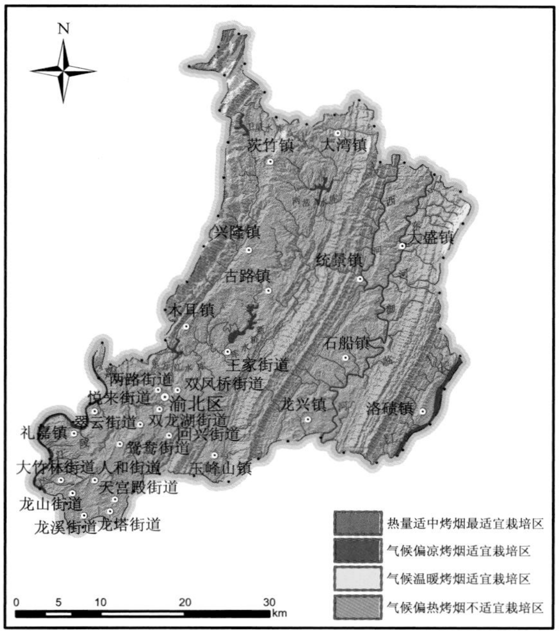

图 6.1262　渝北区烤烟气候区划

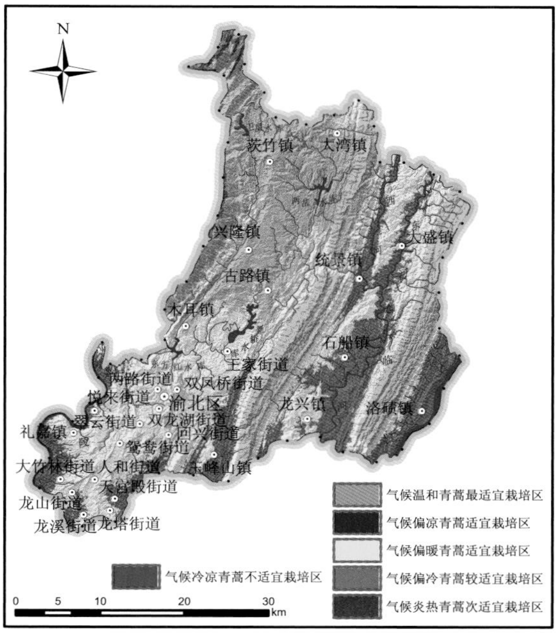

图 6.1263　渝北区青蒿气候区划

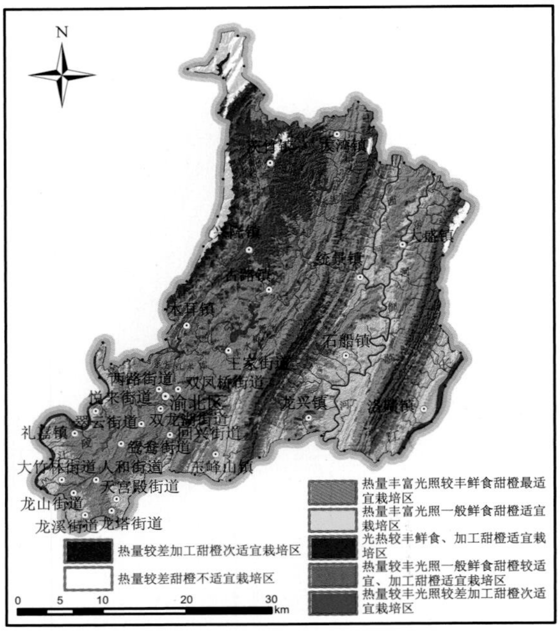

图 6.1264　渝北区甜橙气候区划

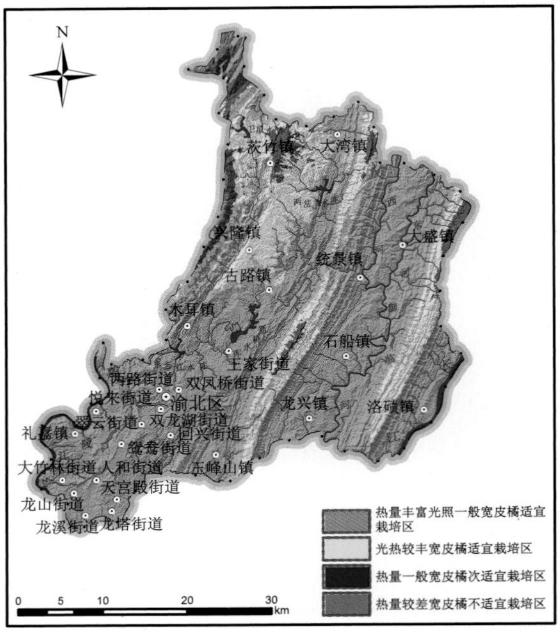

图 6.1265　渝北区宽皮橘气候区划

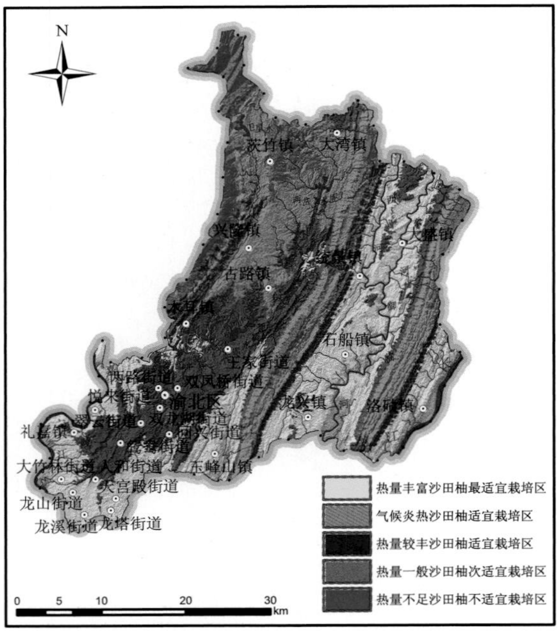

图 6.1266　渝北区沙田柚气候区划

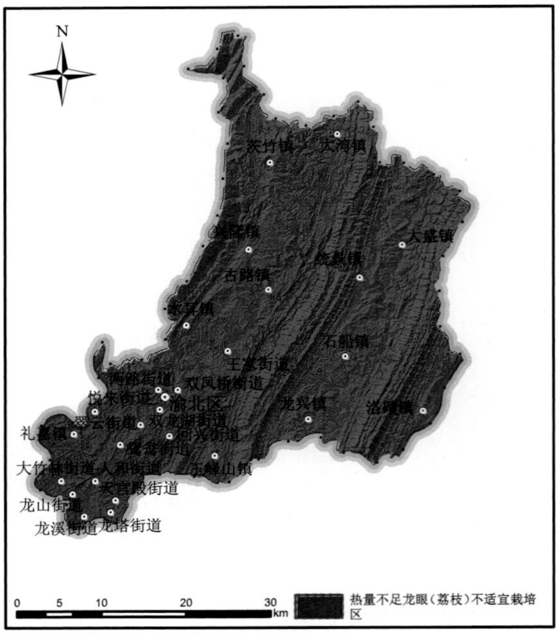

图 6.1267　渝北区龙眼（荔枝）气候区划

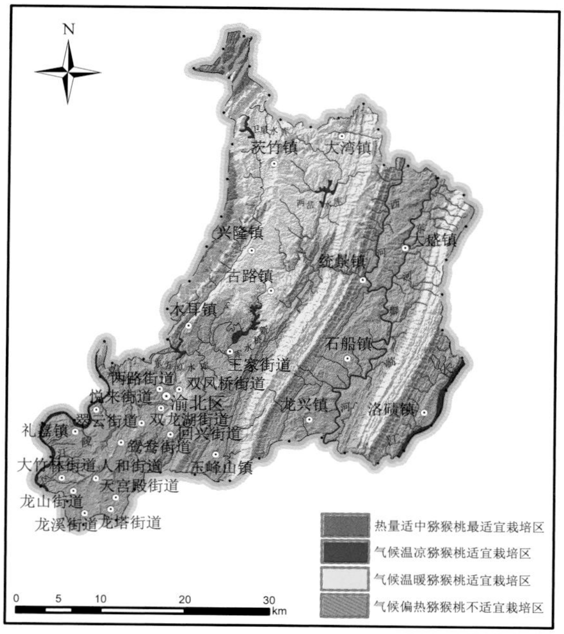

图 6.1268　渝北区猕猴桃气候区划

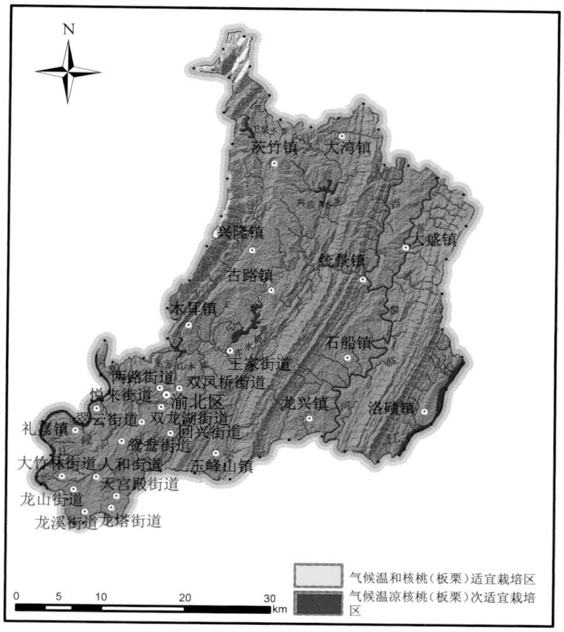

图 6.1269　渝北区核桃（板栗）气候区划

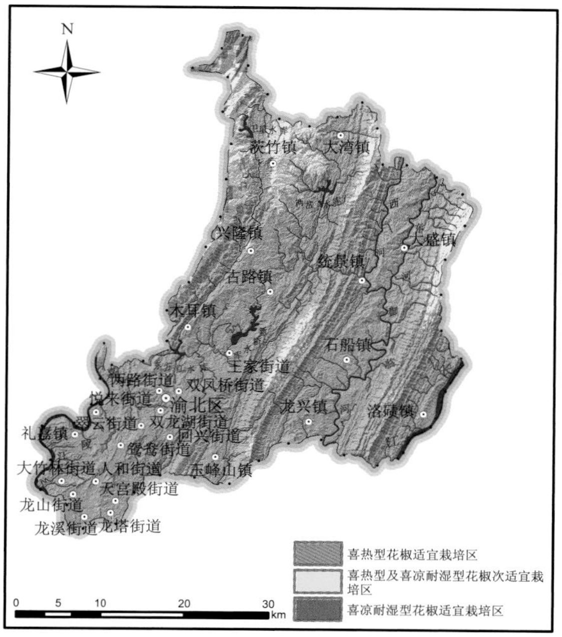

图 6.1270　渝北区花椒气候区划

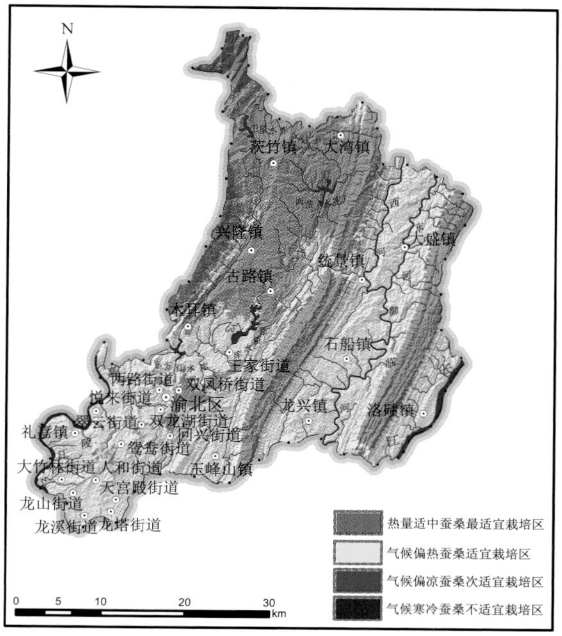

图 6.1271　渝北区蚕桑气候区划

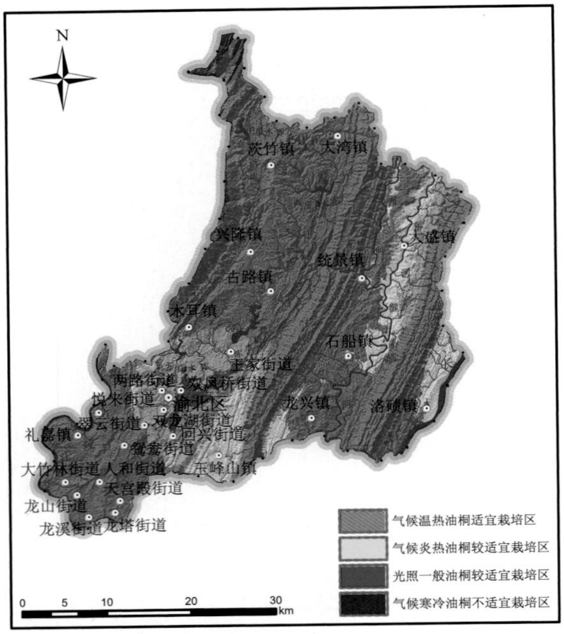

图 6.1272　渝北区油桐气候区划

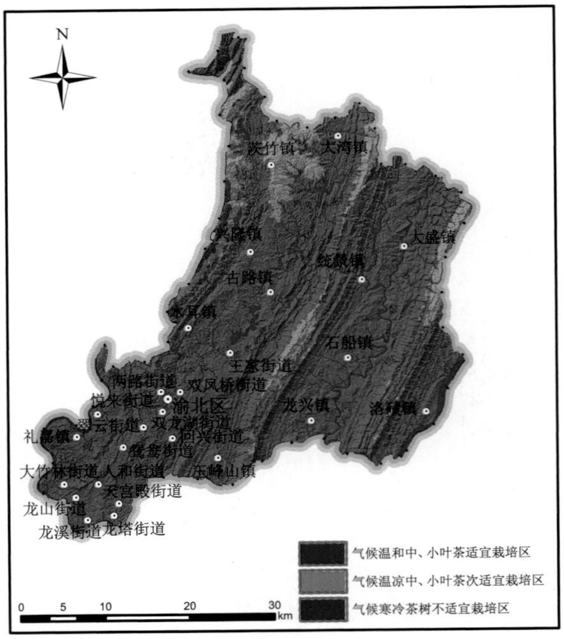

图 6.1273　渝北区茶树气候区划

(10)合川区

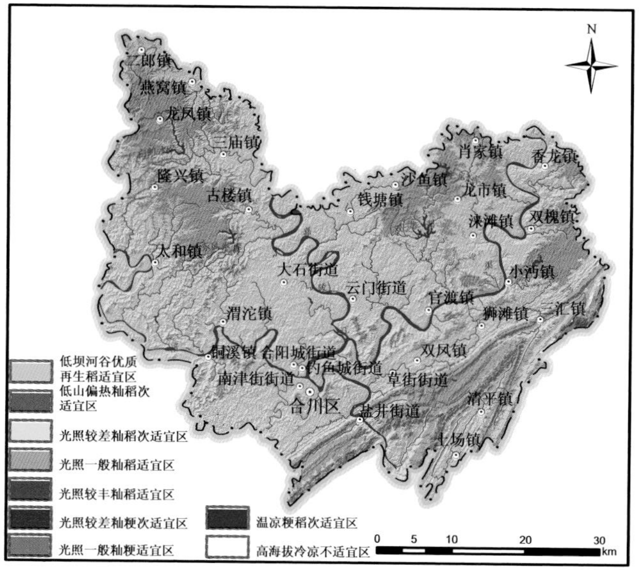

图6.1274　合川区优质稻气候区划

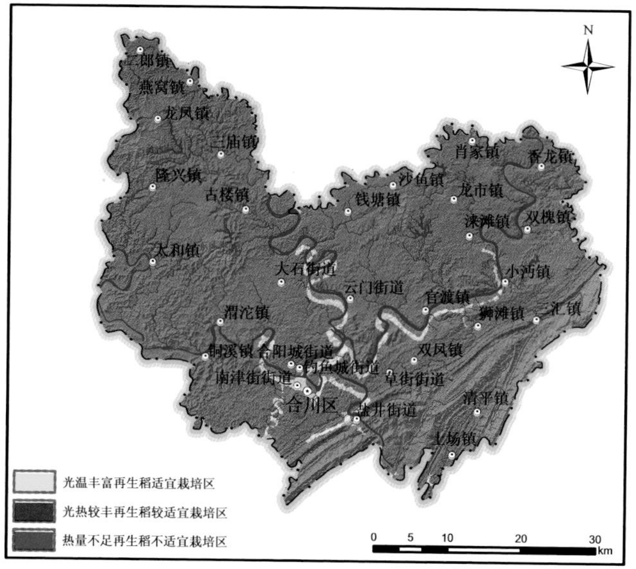

图6.1275　合川区再生稻气候区划

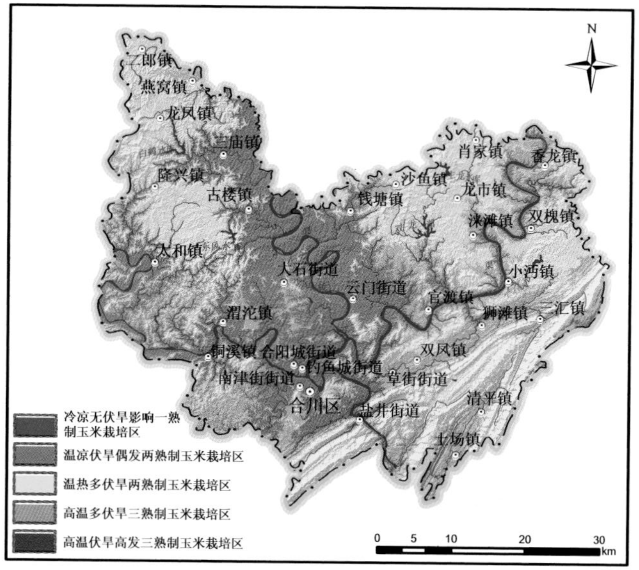

图6.1276　合川区玉米气候区划

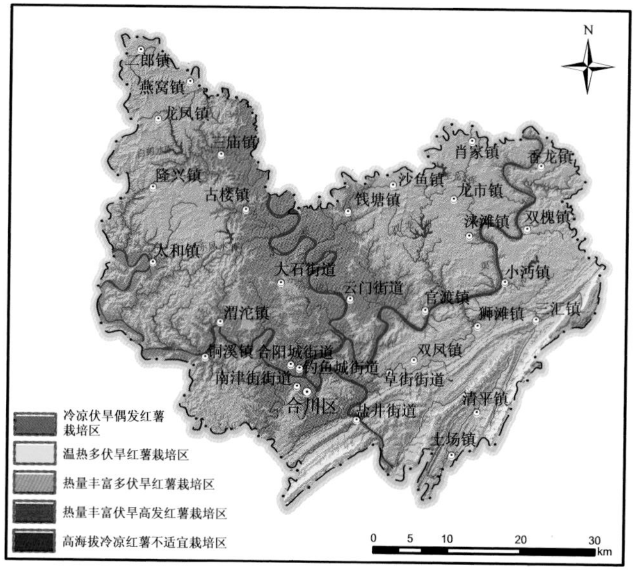

图6.1277　合川区红薯气候区划

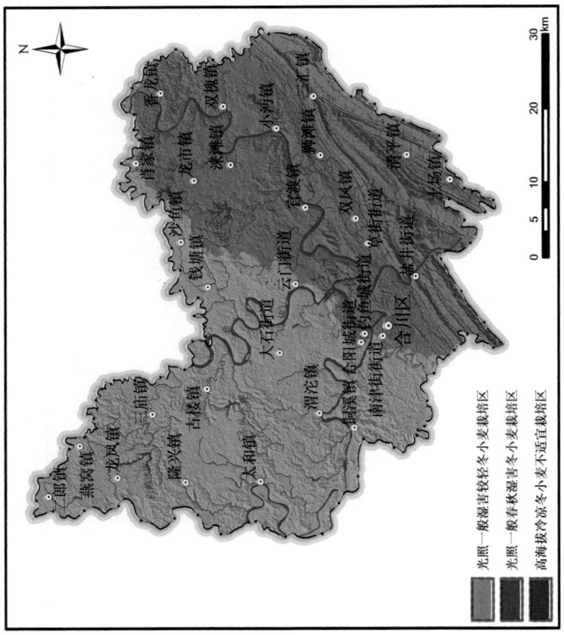

图6.1278　合川区冬小麦气候区划

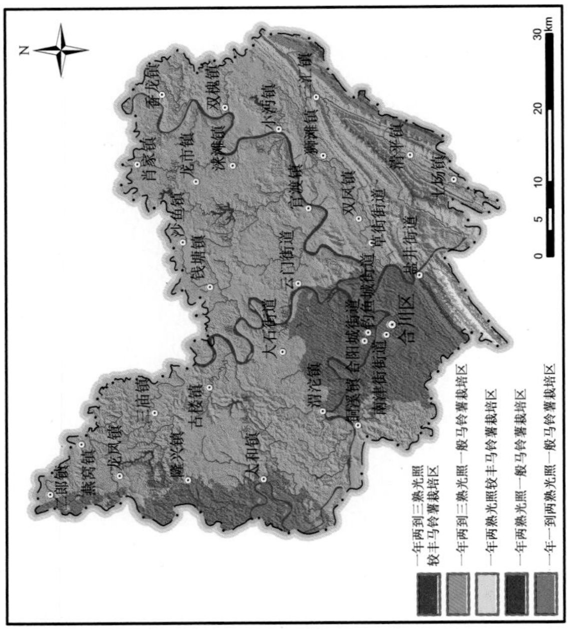

图6.1279　合川区马铃薯气候区划

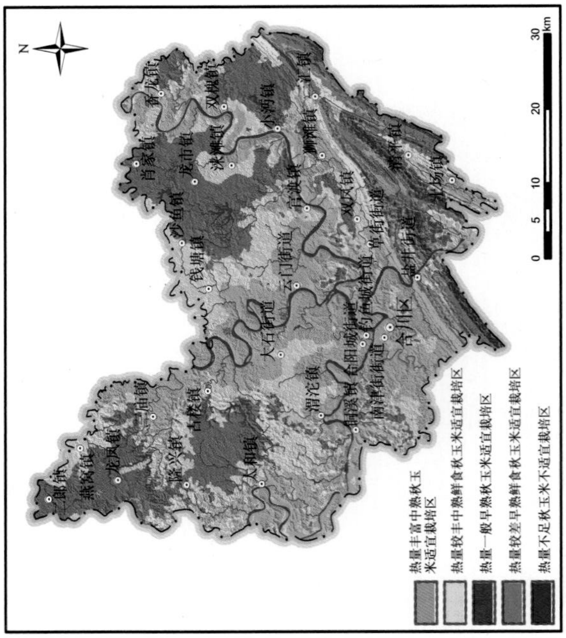

图6.1280　合川区秋玉米气候区划

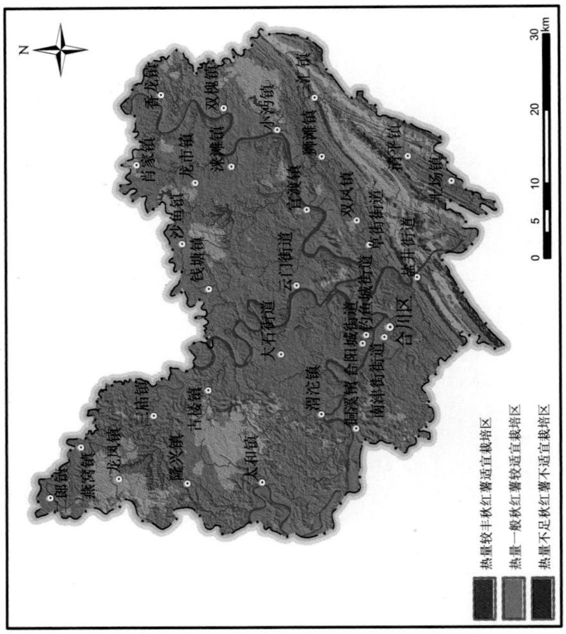

图6.1281　合川区秋红薯气候区划

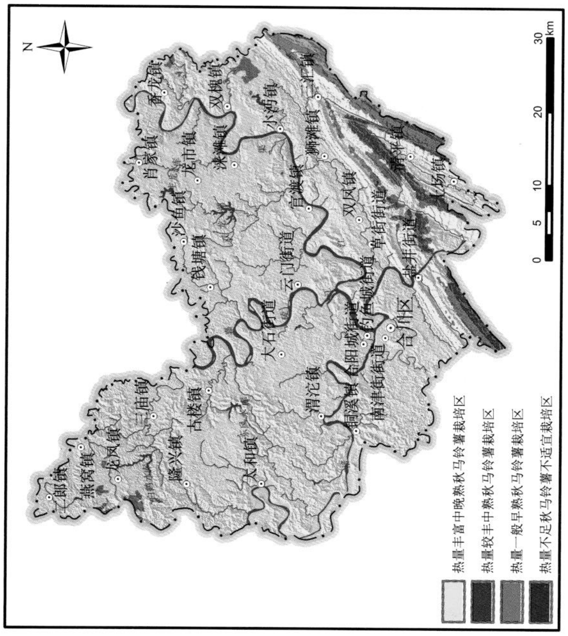

图6.1282　合川区秋马铃薯气候区划

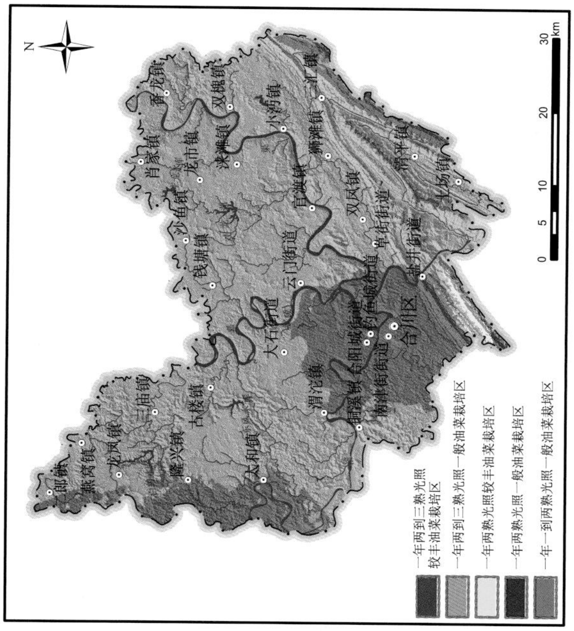

图6.1283　合川区油菜气候区划

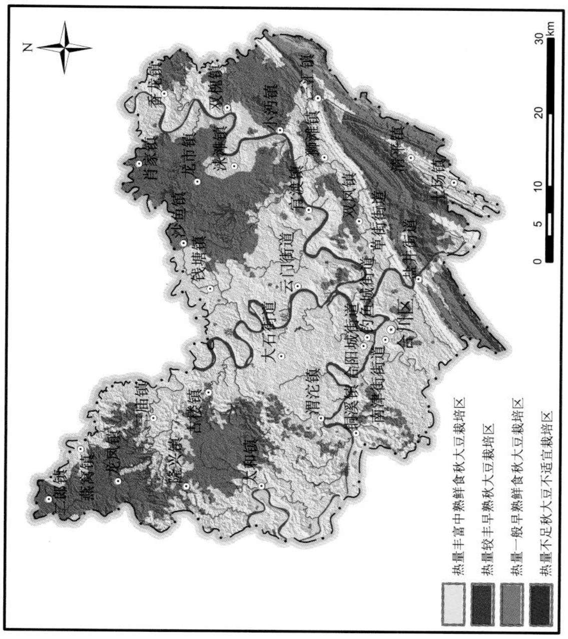

图6.1284　合川区秋大豆气候区划

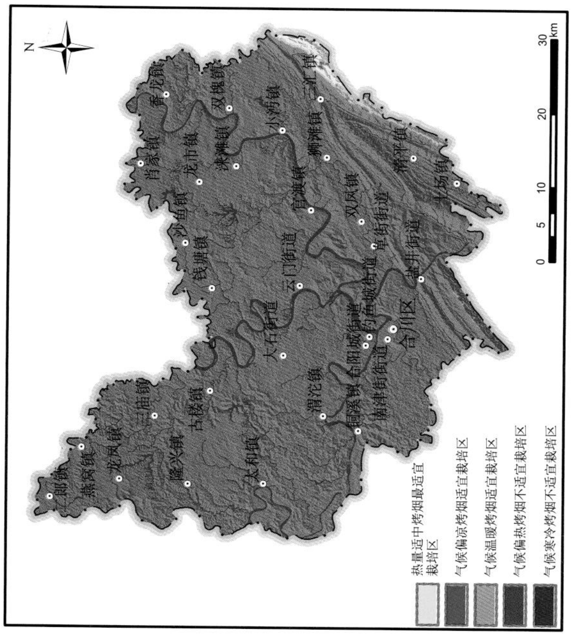

图6.1285　合川区烤烟气候区划

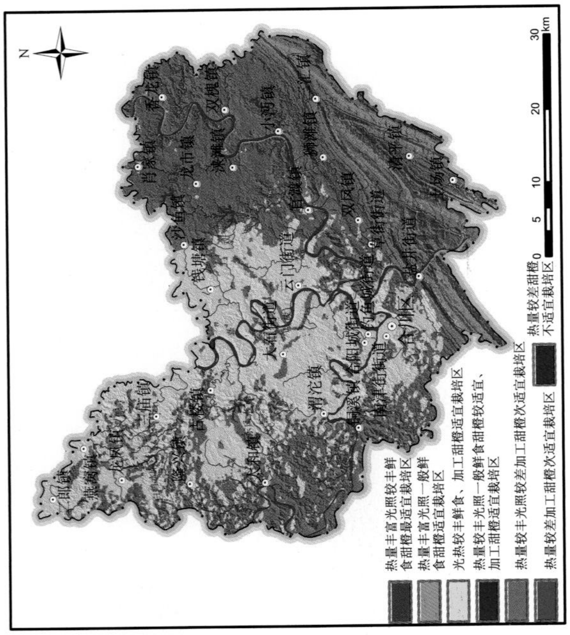
图6.1287　合川区甜橙气候区划

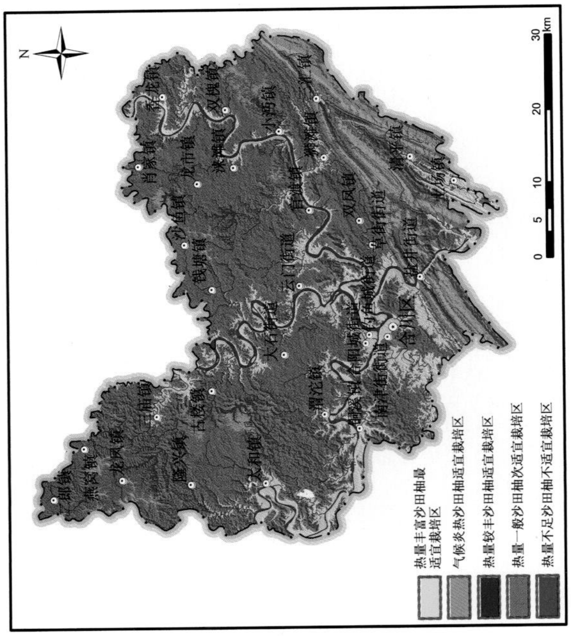
图6.1289　合川区沙田柚气候区划

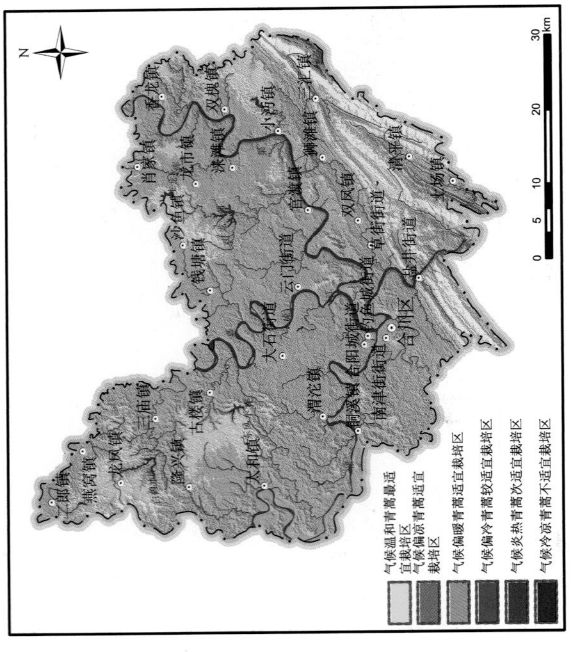
图6.1286　合川区青蒿气候区划

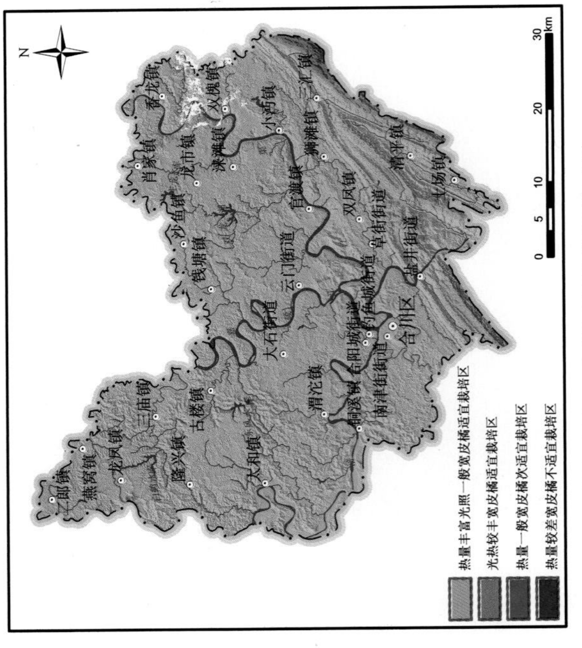
图6.1288　合川区宽皮橘气候区划

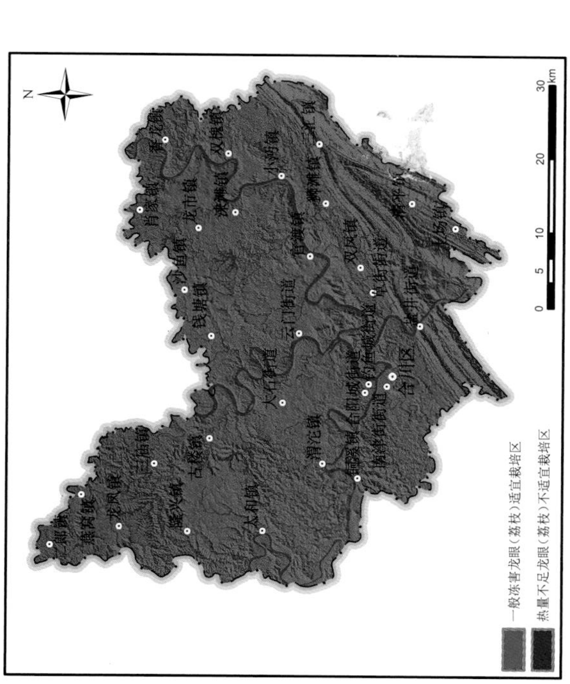

图6.1290　合川区龙眼（荔枝）气候区划

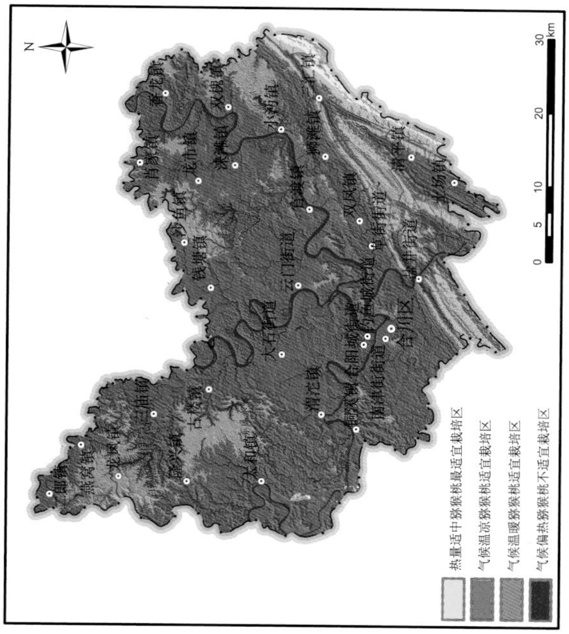

图6.1291　合川区猕猴桃气候区划

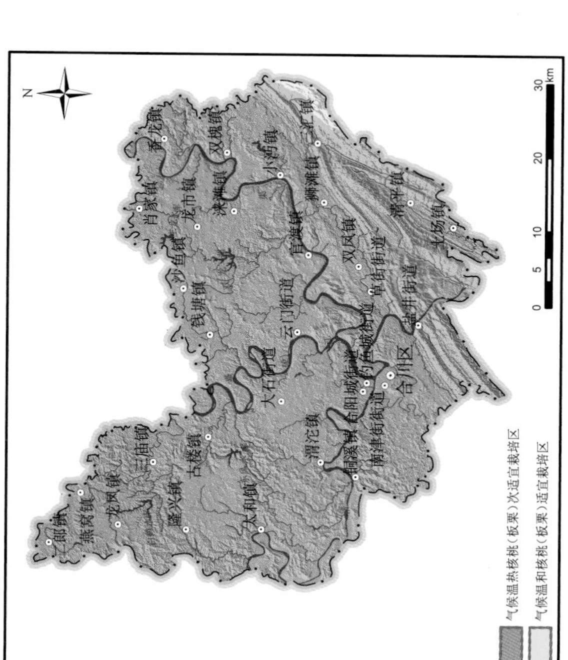

图6.1292　合川区核桃（板栗）气候区划

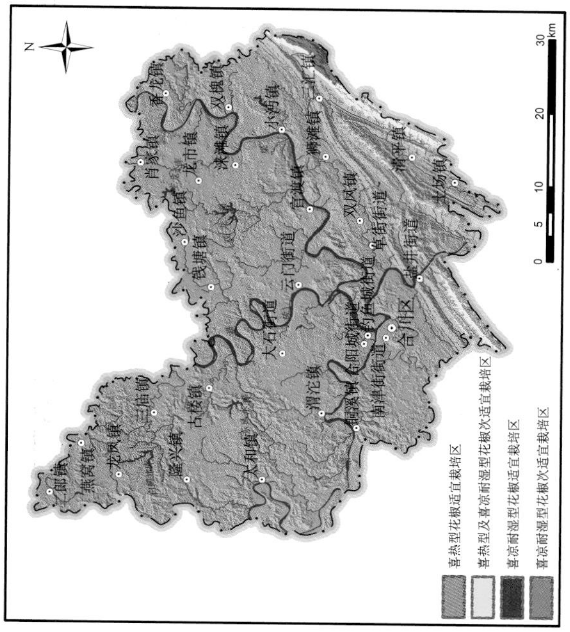

图6.1293　合川区花椒气候区划

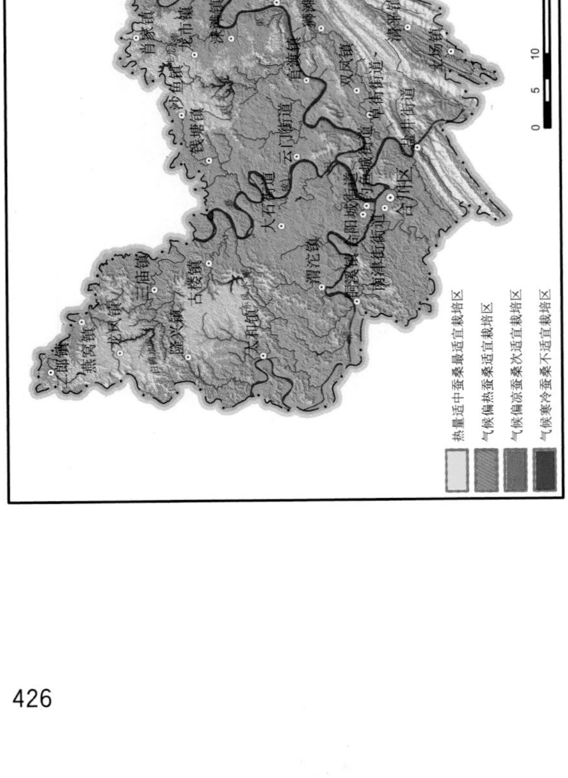

图6.1294　合川区蚕桑气候区划

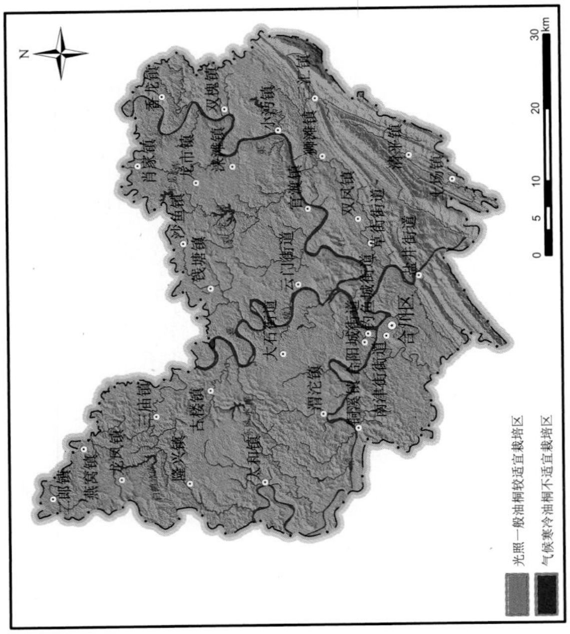

图6.1295　合川区油桐气候区划

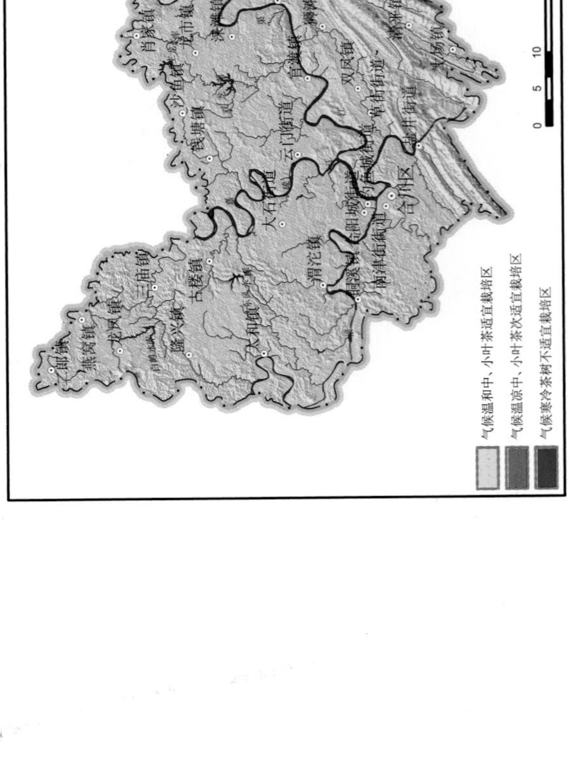

图6.1296　合川区茶树气候区划

(11)铜梁区

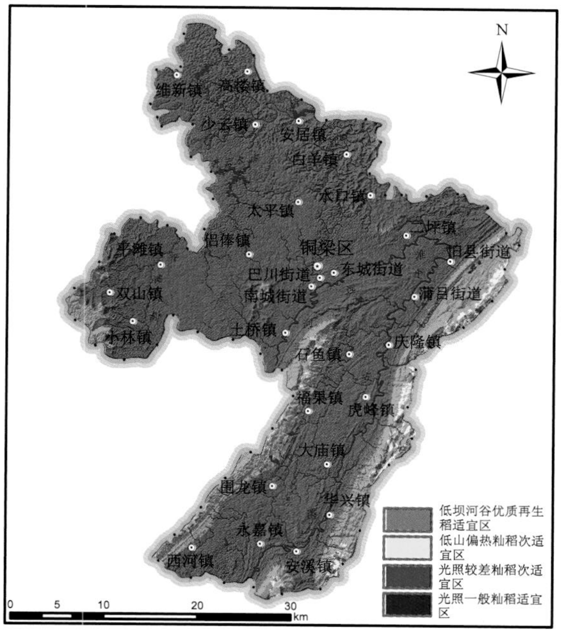

图 6.1297 铜梁区优质稻气候区划

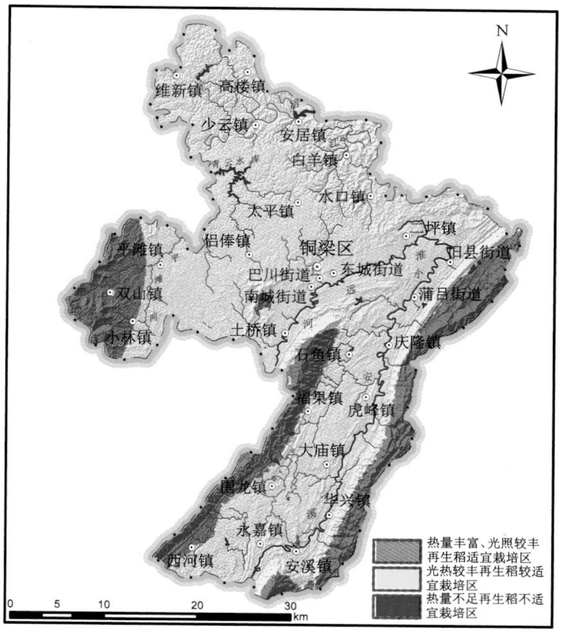

图 6.1298 铜梁区再生稻气候区划

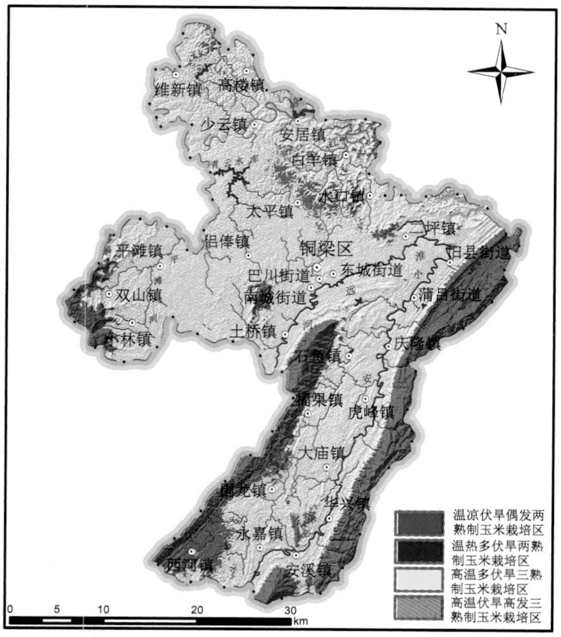

图 6.1299 铜梁区玉米气候区划

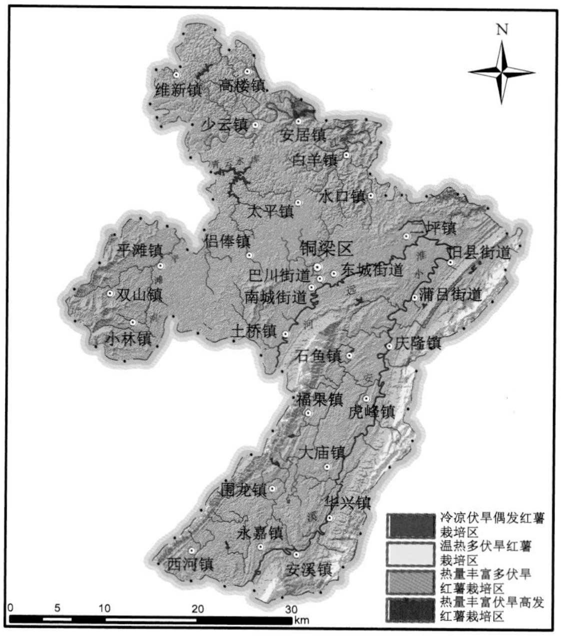

图 6.1300 铜梁区红薯气候区划

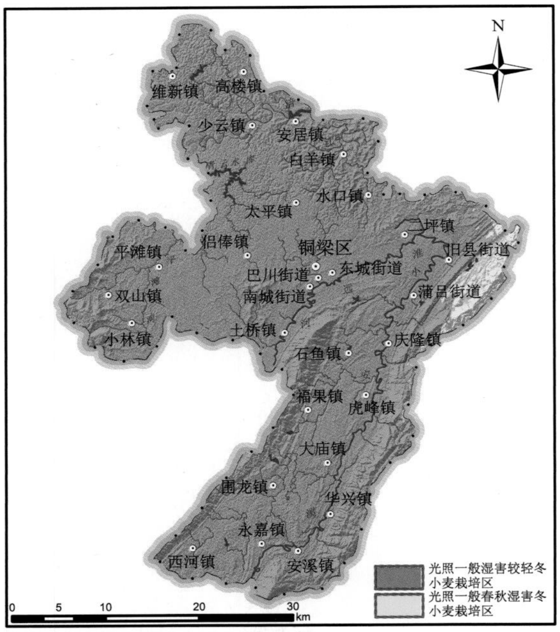

图 6.1301　铜梁区冬小麦气候区划

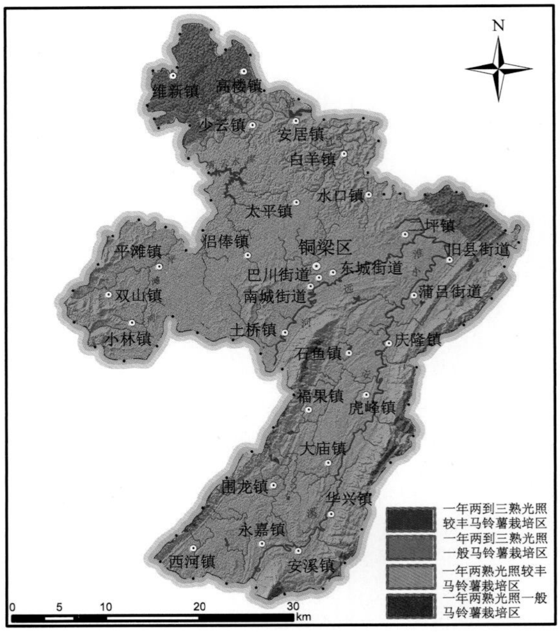

图 6.1302　铜梁区马铃薯气候区划

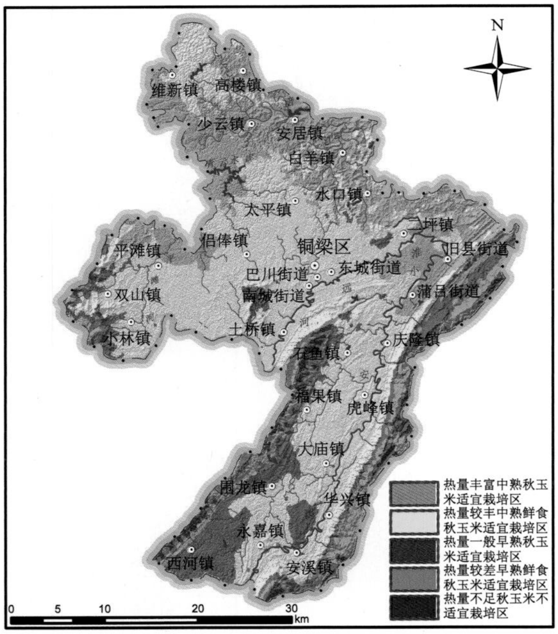

图 6.1303　铜梁区秋玉米气候区划

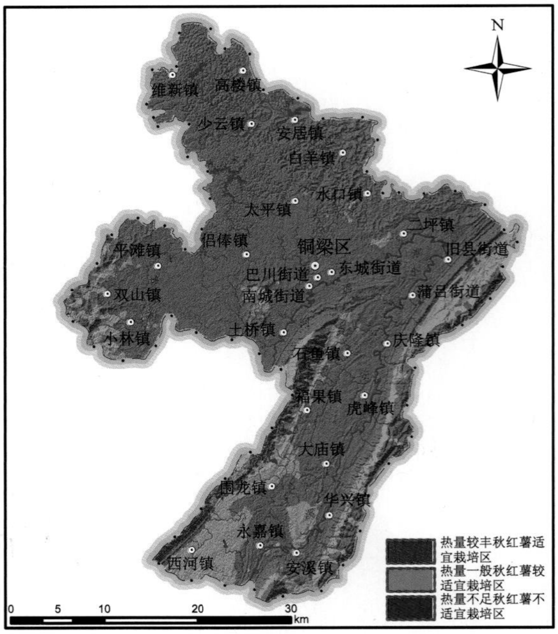

图 6.1304　铜梁区秋红薯气候区划

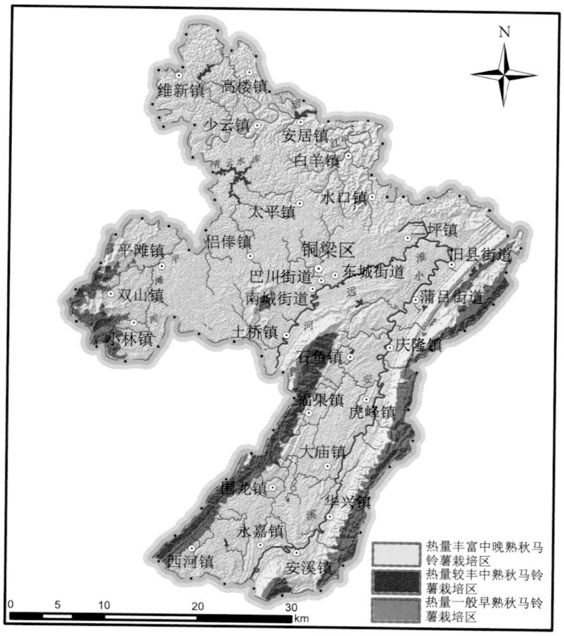

图 6.1305 铜梁区秋马铃薯气候区划

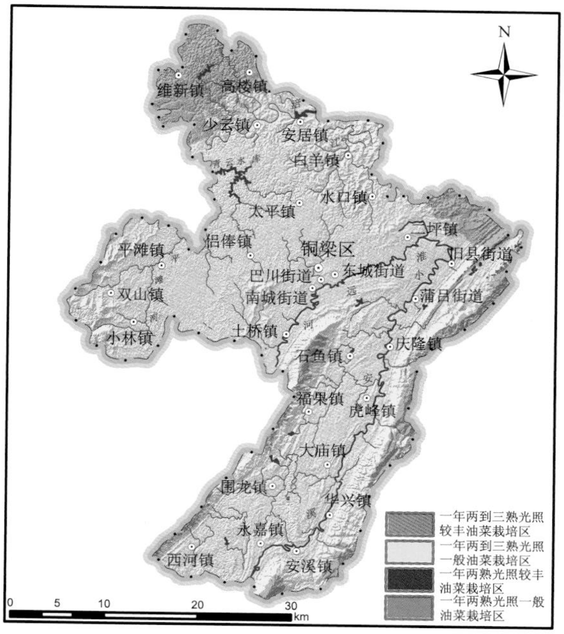

图 6.1306 铜梁区油菜气候区划

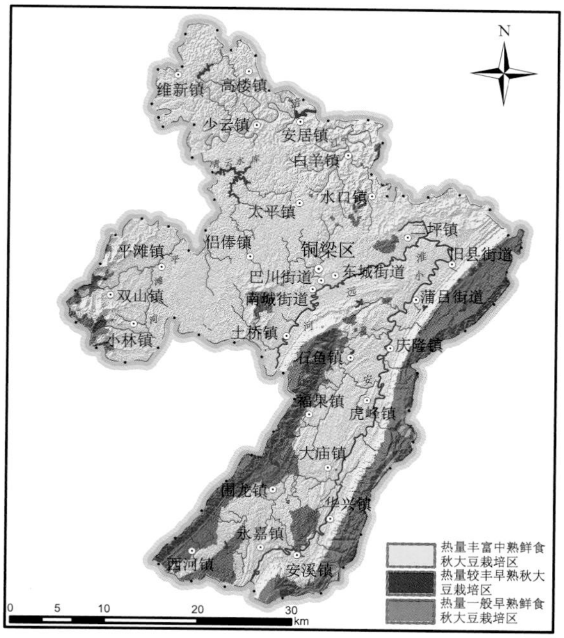

图 6.1307 铜梁区秋大豆气候区划

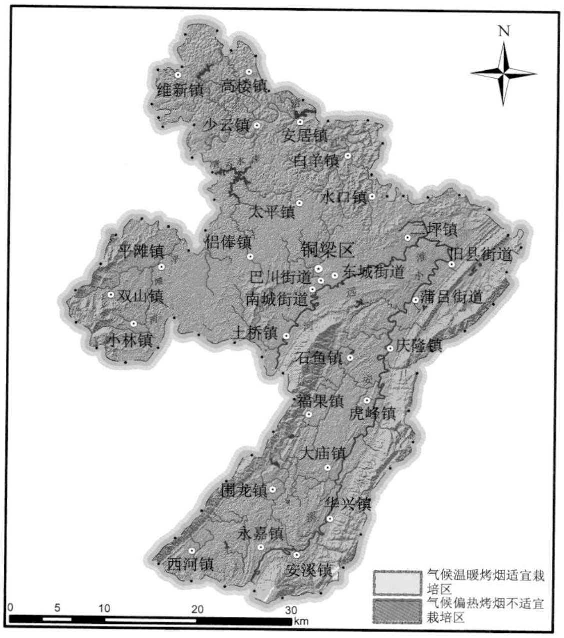

图 6.1308 铜梁区烤烟气候区划

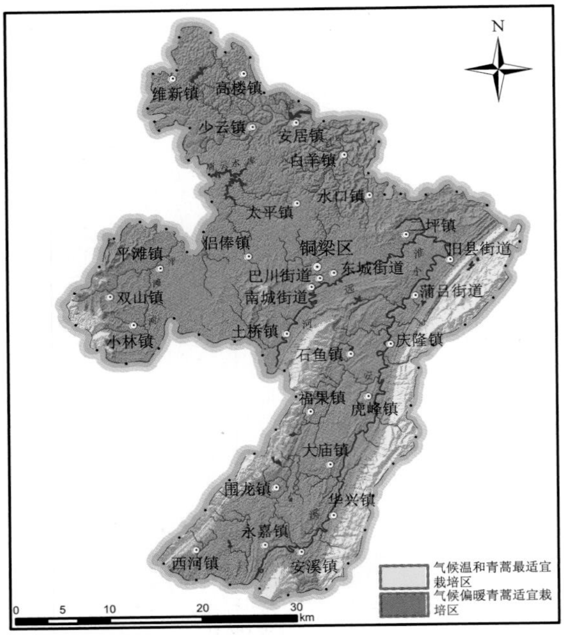

图 6.1309　铜梁区青蒿气候区划

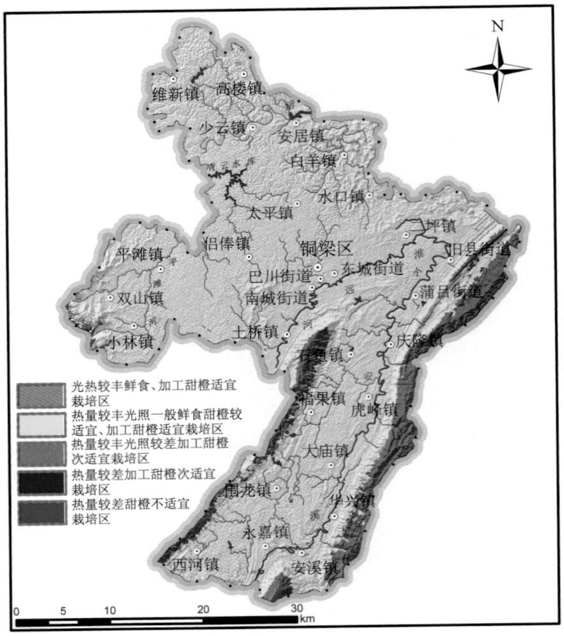

图 6.1310　铜梁区甜橙气候区划

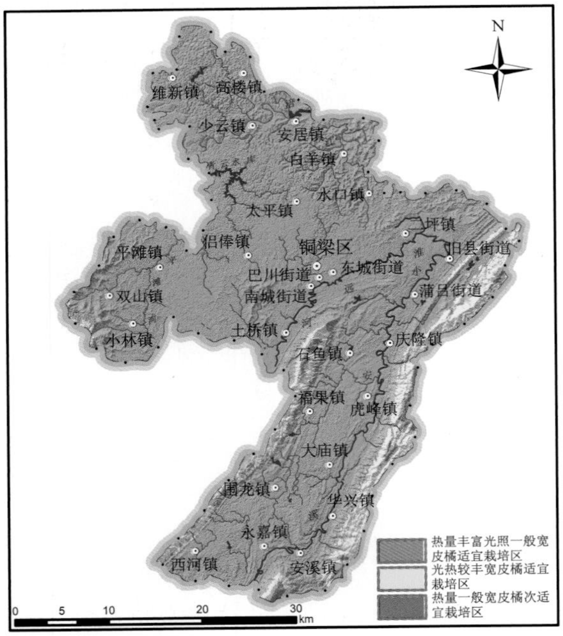

图 6.1311　铜梁区宽皮橘气候区划

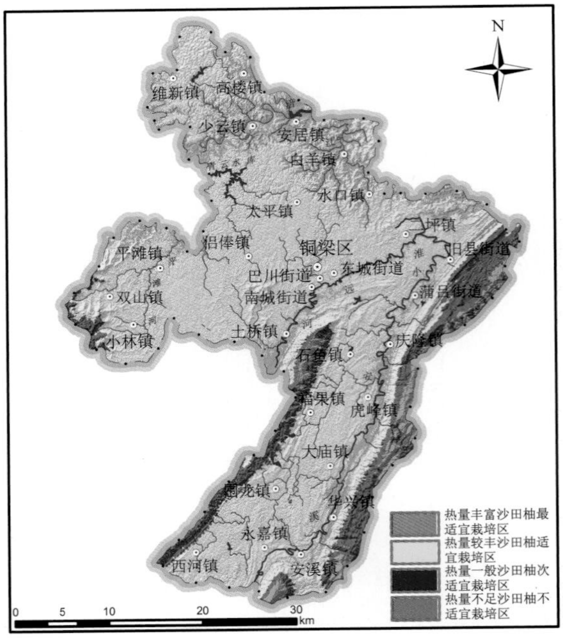

图 6.1312　铜梁区沙田柚气候区划

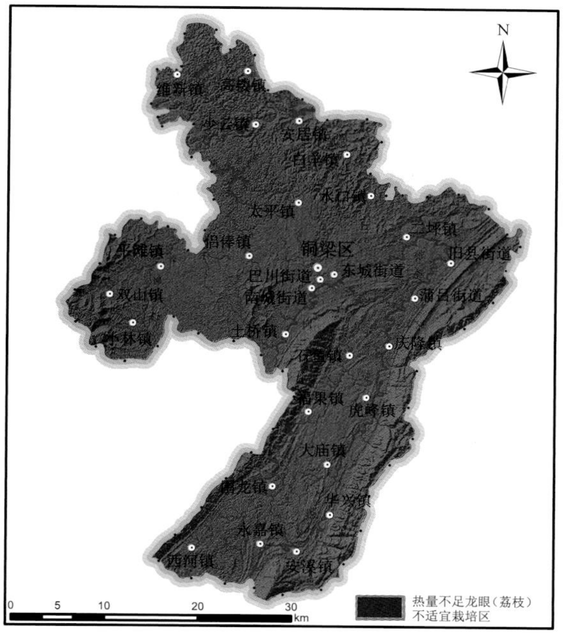

图 6.1313　铜梁区龙眼(荔枝)气候区划

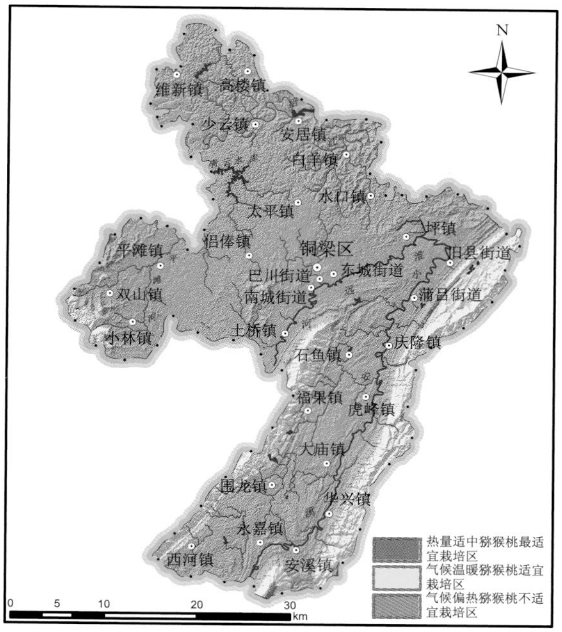

图 6.1314　铜梁区猕猴桃气候区划

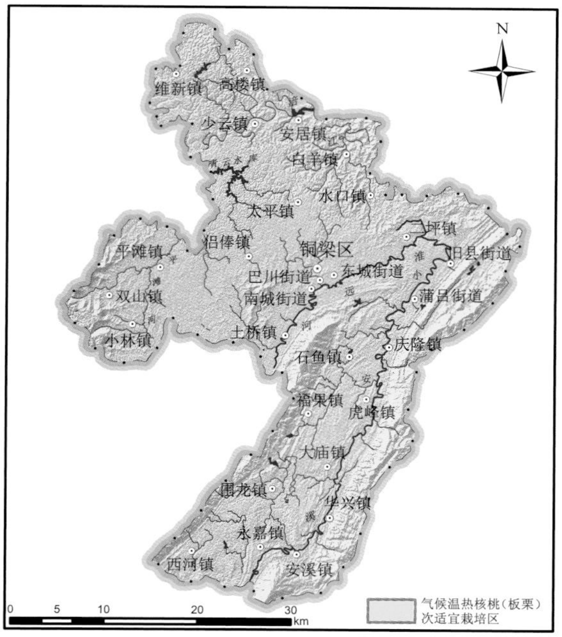

图 6.1315　铜梁区核桃(板栗)气候区划

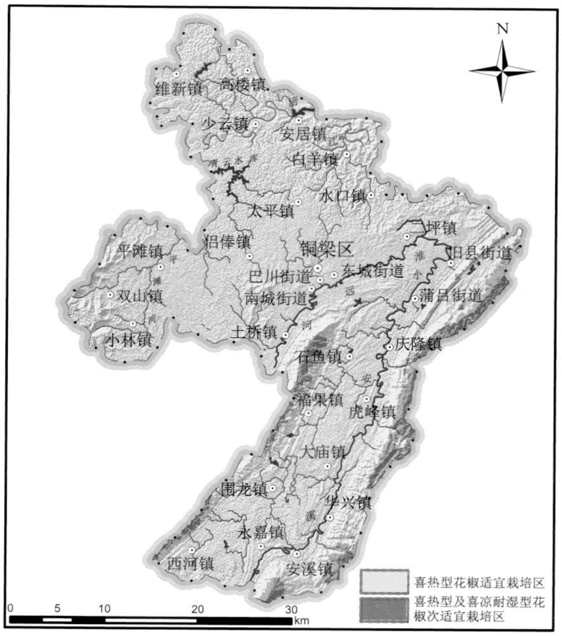

图 6.1316　铜梁区花椒气候区划

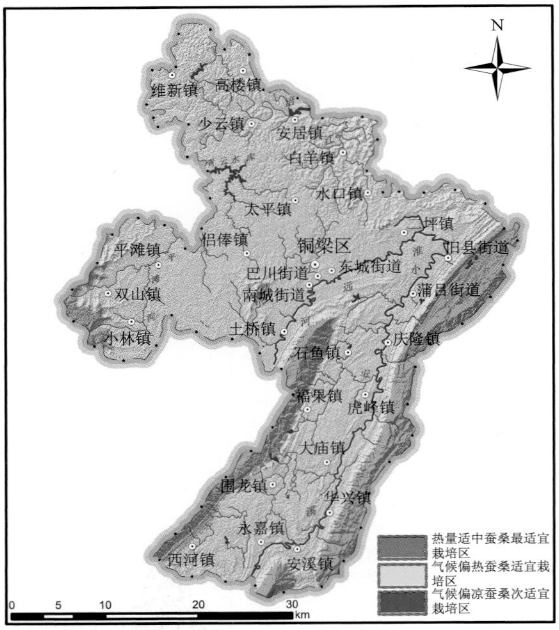

图 6.1317　铜梁区蚕桑气候区划

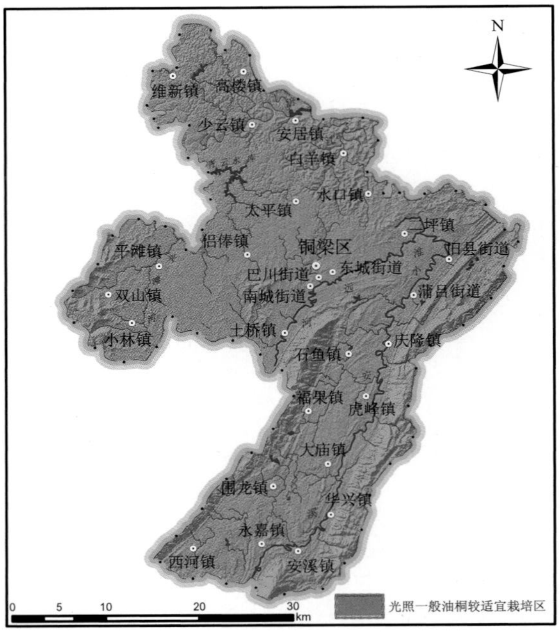

图 6.1318　铜梁区油桐气候区划

(12)江津区

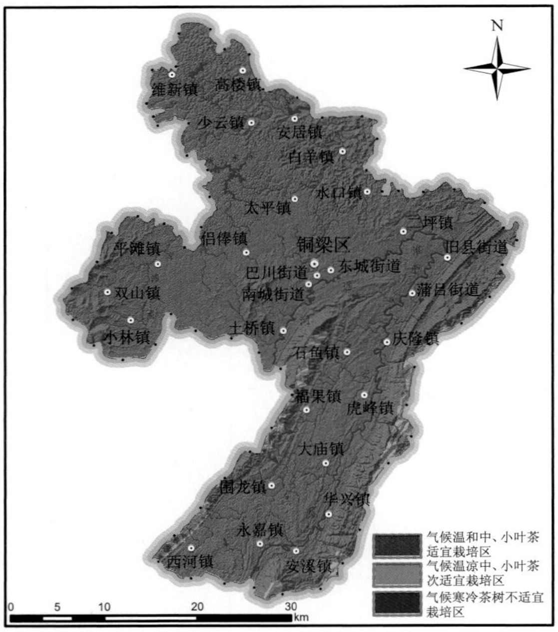

图 6.1319　铜梁区茶树气候区划

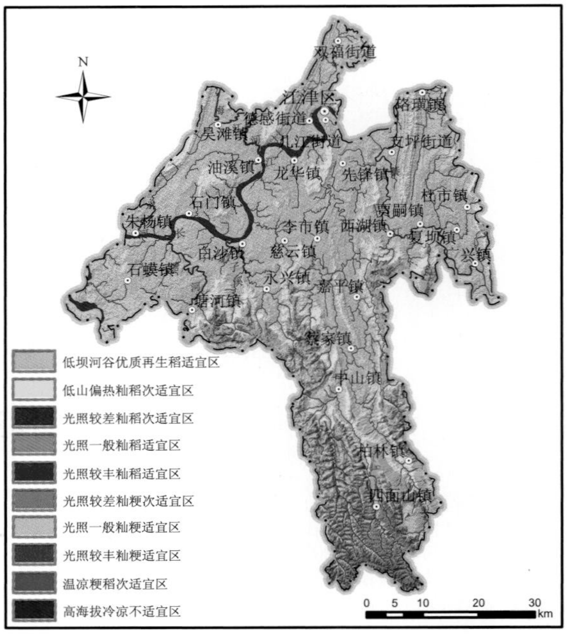

图 6.1320　江津区优质稻气候区划

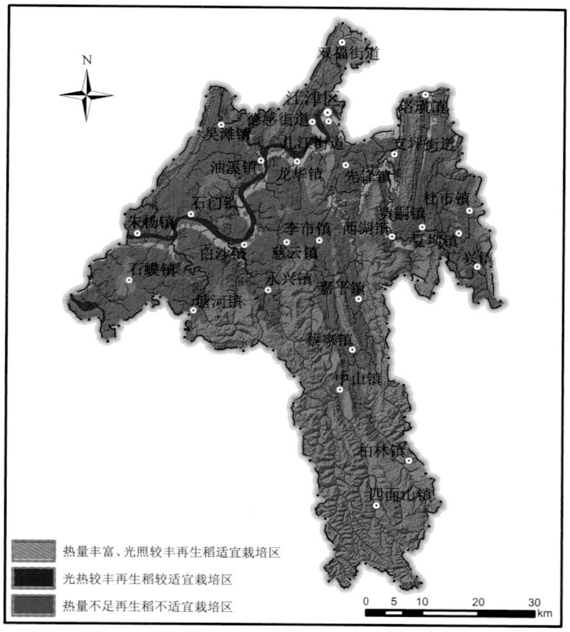

图 6.1321 江津区再生稻气候区划

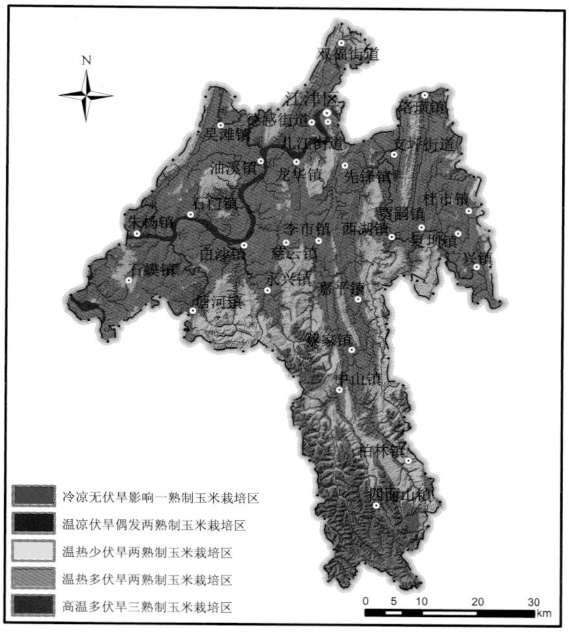

图 6.1322 江津区玉米气候区划

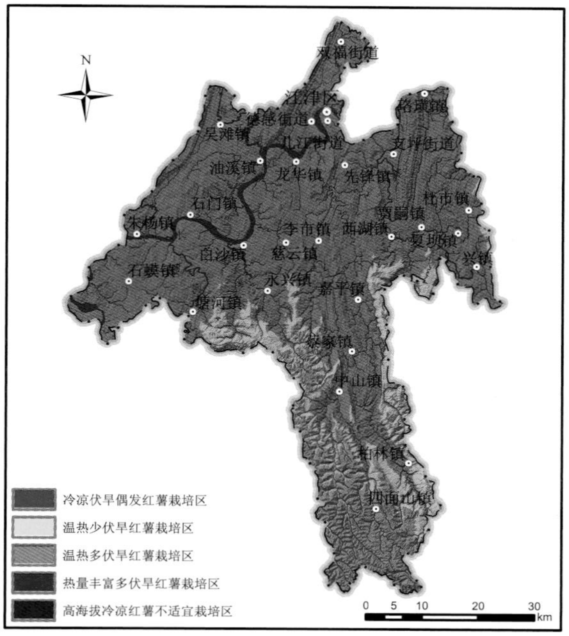

图 6.1323 江津区红薯气候区划

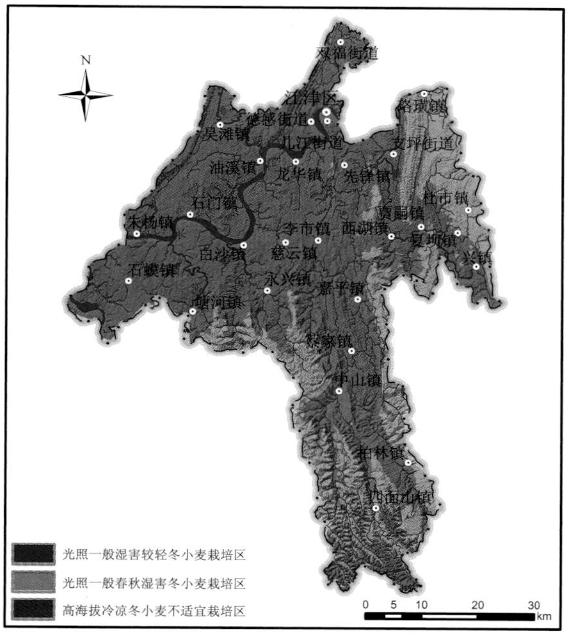

图 6.1324 江津区冬小麦气候区划

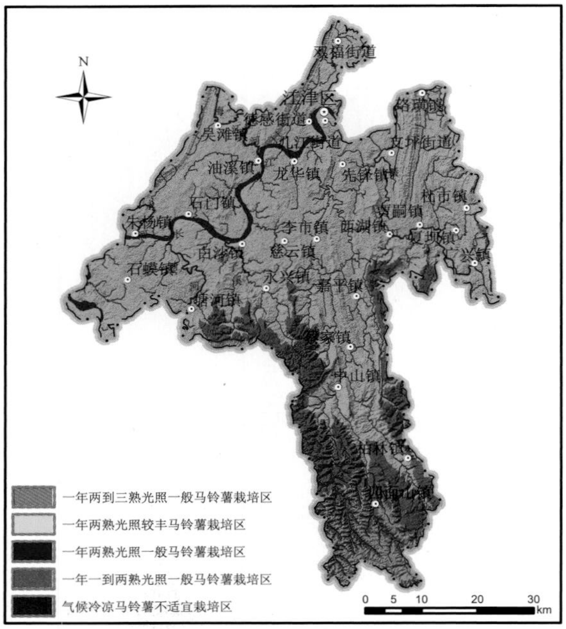

图 6.1325　江津区马铃薯气候区划

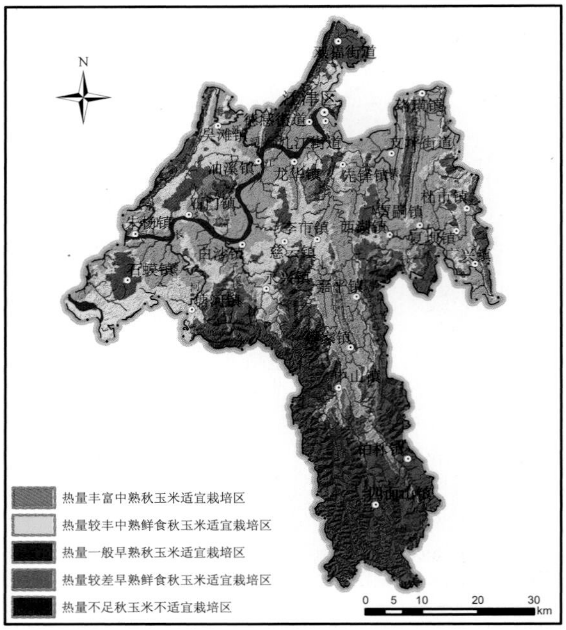

图 6.1326　江津区秋玉米气候区划

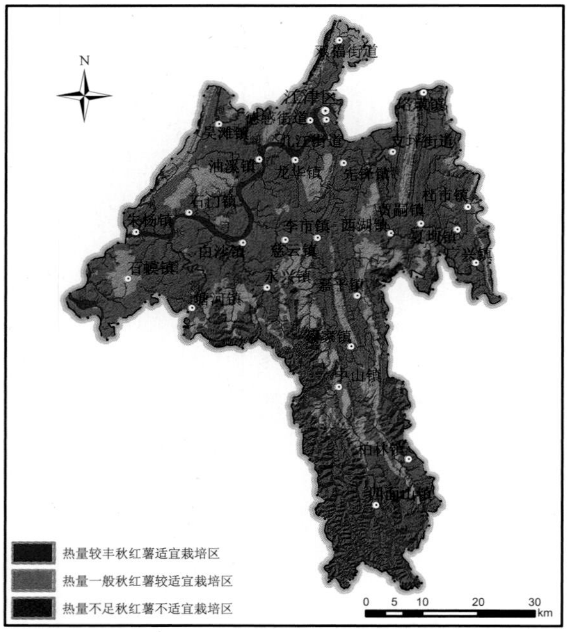

图 6.1327　江津区秋红薯气候区划

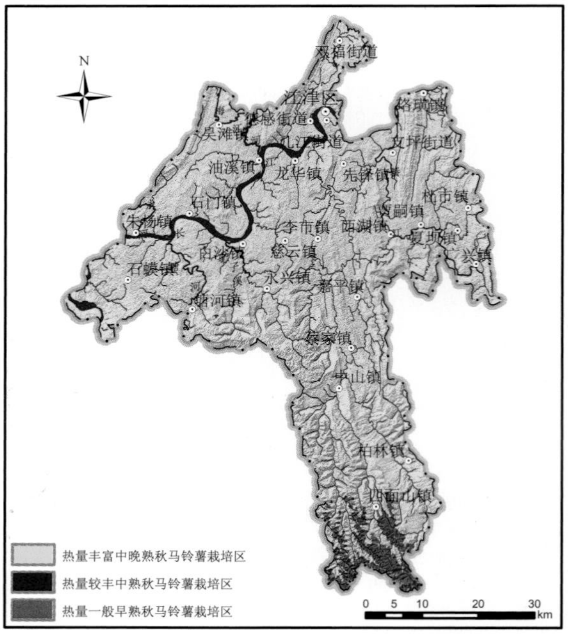

图 6.1328　江津区秋马铃薯气候区划

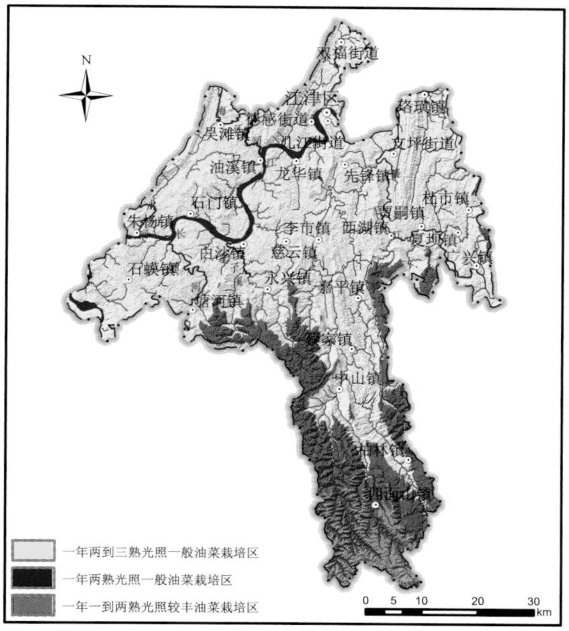

图 6.1329 江津区油菜气候区划

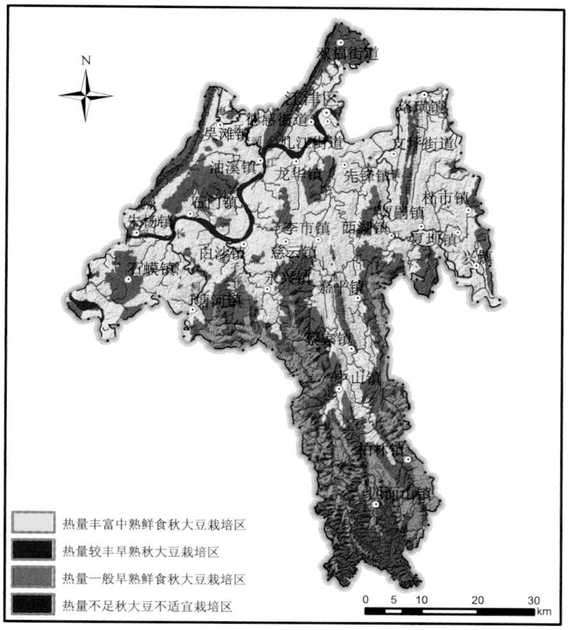

图 6.1330 江津区秋大豆气候区划

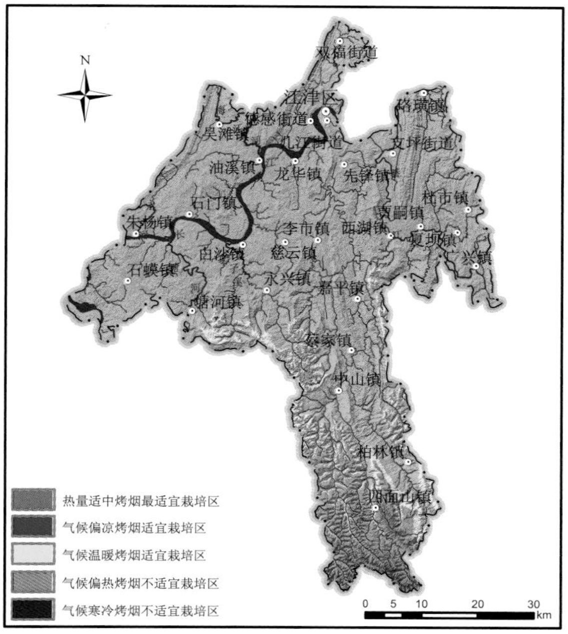

图 6.1331 江津区烤烟气候区划

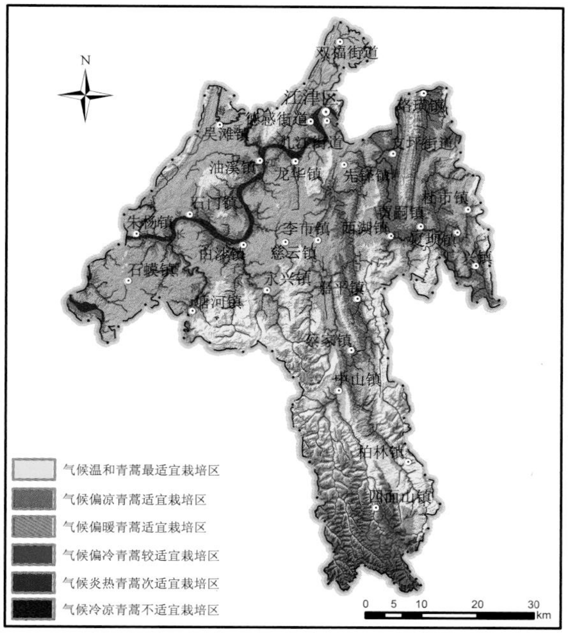

图 6.1332 江津区青蒿气候区划

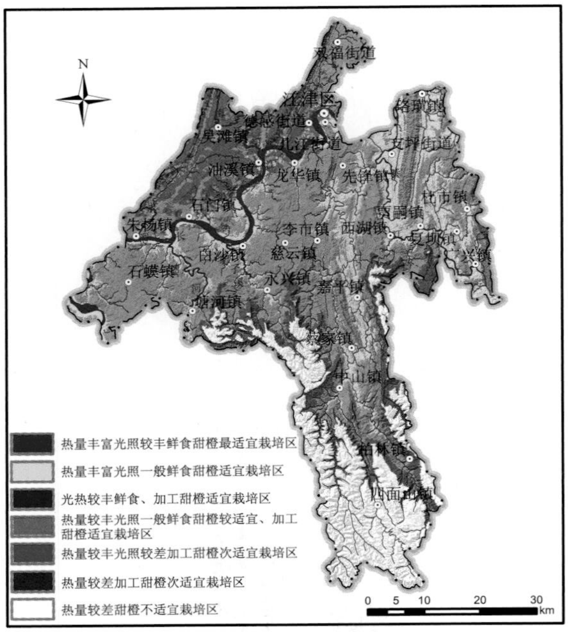

图 6.1333 江津区甜橙气候区划

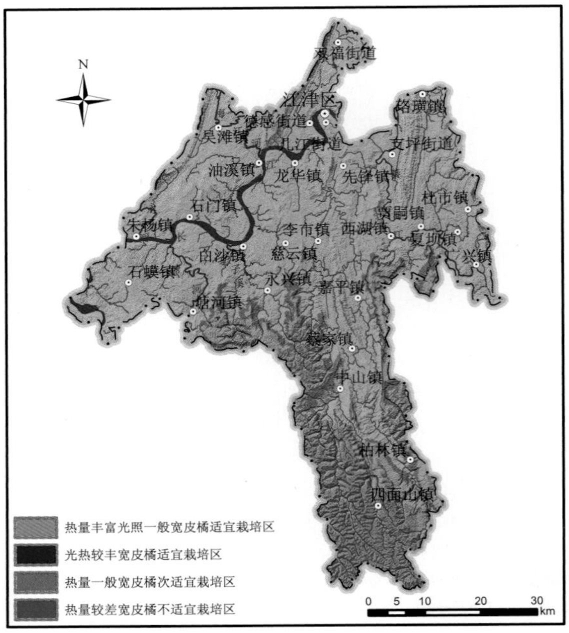

图 6.1334 江津区宽皮橘气候区划

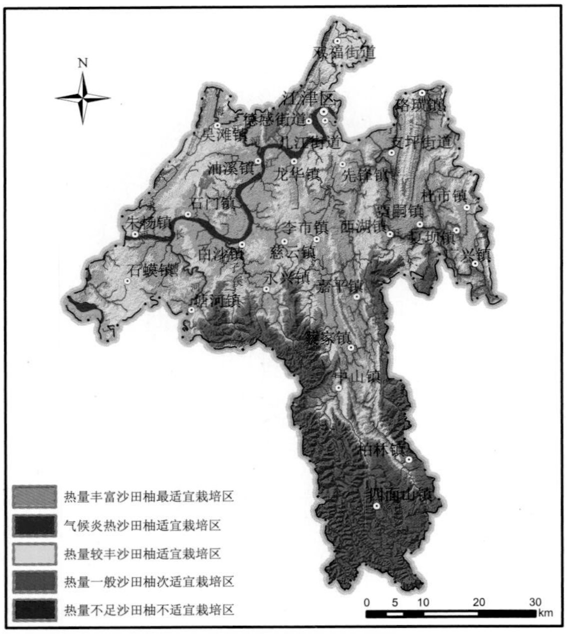

图 6.1335 江津区沙田柚气候区划

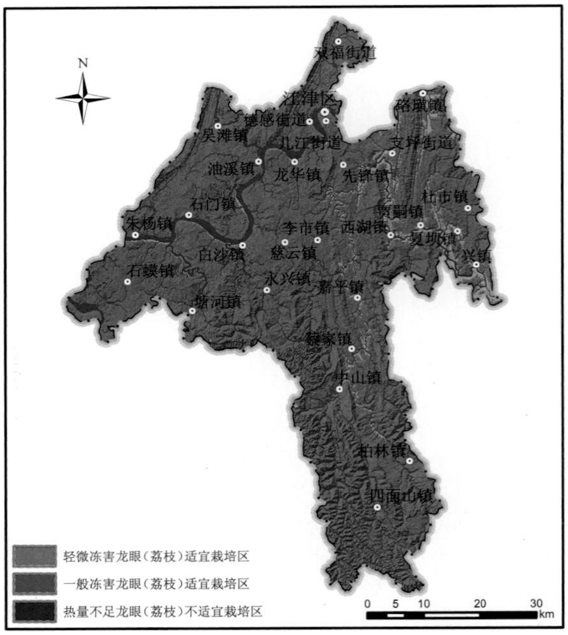

图 6.1336 江津区龙眼(荔枝)气候区划

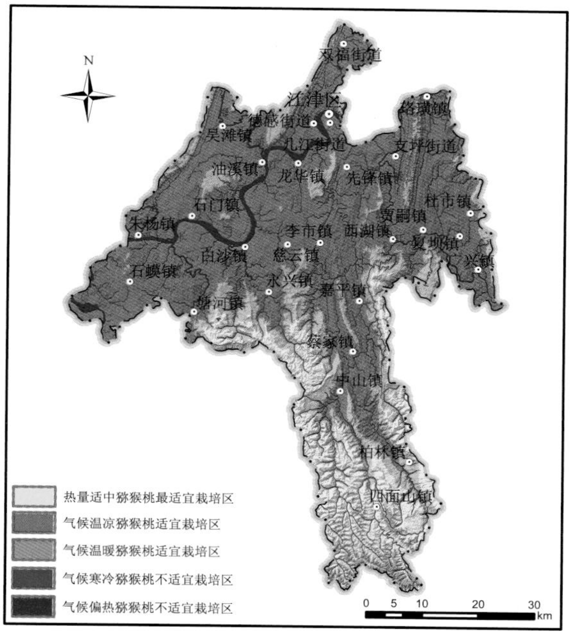

图 6.1337　江津区猕猴桃气候区划

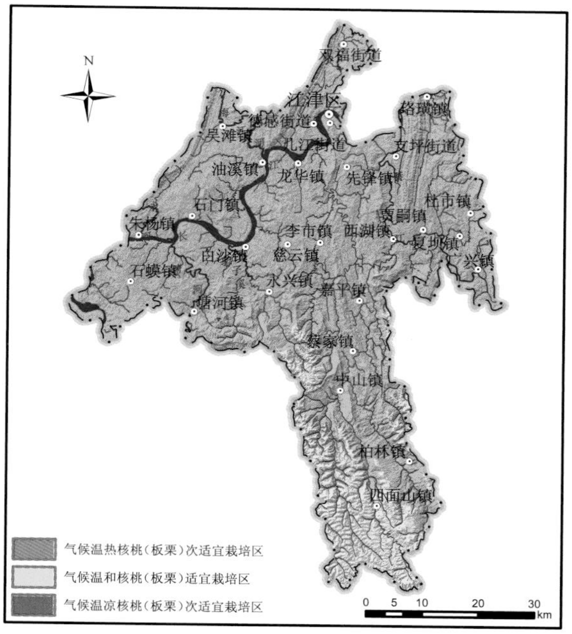

图 6.1338　江津区核桃(板栗)气候区划

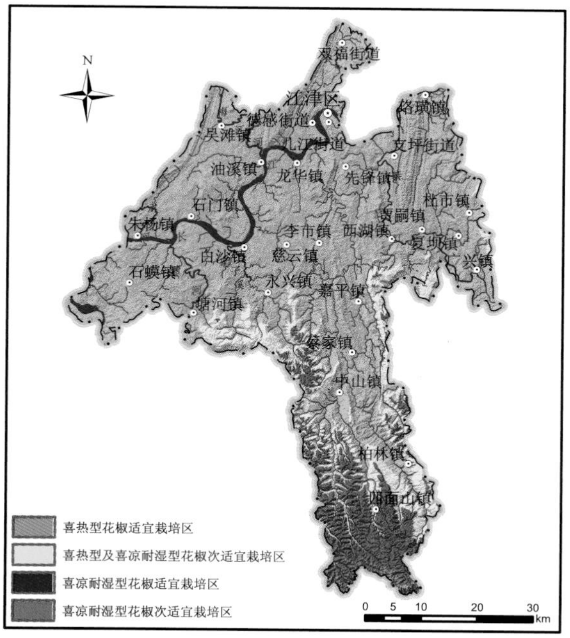

图 6.1339　江津区花椒气候区划

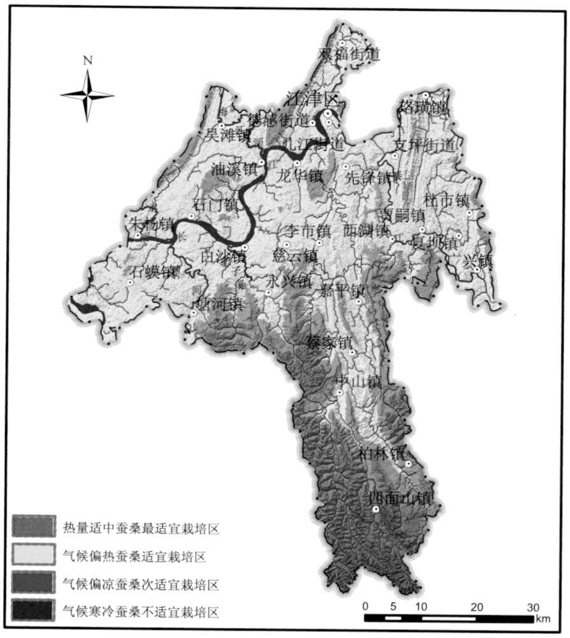

图 6.1340　江津区蚕桑气候区划

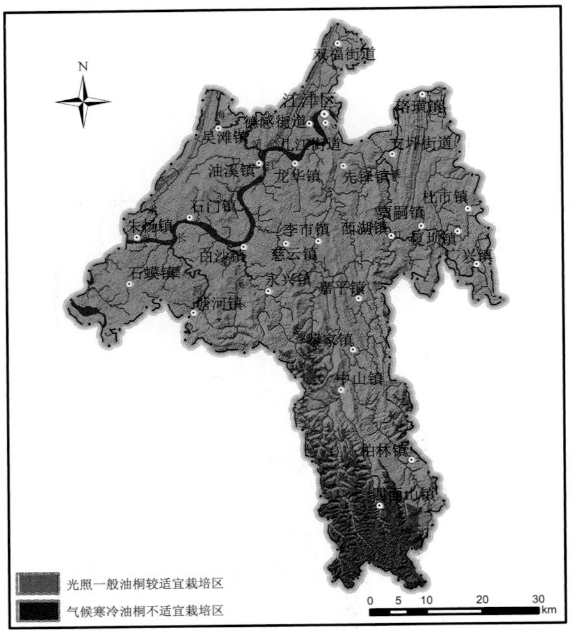

图 6.1341 江津区油桐气候区划

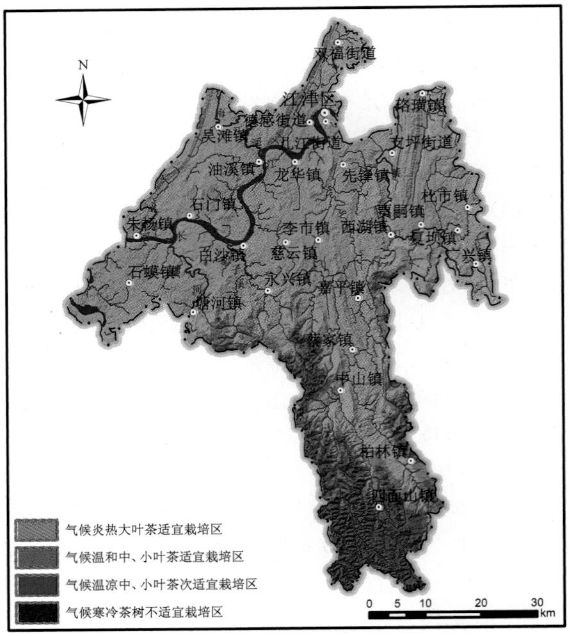

图 6.1342 江津区茶树气候区划

参考文献

陈尚谟,黄寿波,温福光.1988.果树气象学[M].北京:气象出版社.

陈淑全.1997.四川气候[M].成都:四川科学技术出版社.

陈志军,查书平,高阳华,等.2008.基于GIS的重庆地区气温空间分布研究[J].地域研究与开发,**27**(3):125-128.

杜永林,邓建平,吴九林.2006.无公害玉米标准化生产[M].北京:中国农业出版社.

冯达权,彭国照.1992.地理纬度综合差、气候相似距与水稻引种适应性研究[J].应用气象学报,**3**(3):371-375.

冯秀藻,陶炳炎.1994.农业气象学原理[M].北京:气象出版社.

傅抱璞.1958.坡地对日照和太阳辐射的影响[J].南京大学学报:自然科学版,(2):23-46.

傅抱璞,李兆元.1983.秦岭山地的气候特点[J].陕西气象,(1):1-11.

傅抱璞,翁笃鸣,虞静明.1994.小气候学[M].北京:气象出版社.

高阳华,陈志军,居煇,等.2009a.基于GIS的三峡库区精细化甜橙气候生态区划[J].西南大学学报:自然科学版,**31**(7):1-6.

高阳华,陈志军,李永华,等.2006.基于GIS的重庆市冬小麦生育进程精细化空间分布[J].中国农业气象,**27**(3):215-218.

高阳华,陈志军,林巧,等.2005.基于GIS的三峡库区龙眼和荔枝气候生态区划[J].西南农业大学学报:自然科学版,**27**(5):713-716.

高阳华,陈志军,梅勇,等.2007.重庆市优质稻气候资源及其开发利用研究[J].西南大学学报:自然科学版,**29**(11):110-114.

高阳华,陈志军,杨世琦,等.2011.基于GIS的重庆市再生稻光热资源适宜性区划[J].长江流域资源与环境,**20**(6):672-676.

高阳华,黄良,张文,等.1992a.四川盆地小麦适宜播种期及其分布[J].四川气象,**12**(4):62-64.

高阳华,贾捷,王跃飞,等.1995a.气象条件对柑桔花芽发育的影响[J].中国柑桔,**24**(2):12-14.

高阳华,刘海隆.2002.重庆市烤烟栽培的气候适应性研究及区划[J].山区开发,**12**:33-34.

高阳华,田永中,陈志军,等.2009b.基于GIS的重庆市复杂地形干旱精细化空间分布[J].中国农业气象,**30**(3):421-425.

高阳华,易新民,陶礼应,等.1999.柑桔物候期的气候生态研究[J].西南农业大学学报,**21**(6):541-547.

高阳华,易新民,张学成,等.1995b.盛夏干旱期树盘覆盖的生态效应及其对促进柑桔果实生长的作用[J].中国柑桔,**24**(3):13-16.

高阳华,张文,易群林.1992b.播种期对小麦植株形态的影响[J].四川气象,**12**(4):65-67.

高阳华,张文,易新民.1992c.四川盆地小麦产量形成的气候生态研究及区划[J].中国农业气象,**13**(5):21-24.

高阳华,张文,易新民.1992d.四川盆地小麦生育进程的气候生态研究[J].四川气象,**12**(4):35-39.

何永坤,高阳华.2005a.重庆地区春玉米气候适应性研究[J].贵州气象,**29**(1):26-28.

何永坤,高阳华.2005b.重庆地区油菜气候适应性研究[J].贵州气象,**29**(3):21-24.

胡芸芸,杨世琦,陈志军,等.2010.基于GIS技术的重庆市巴南区柑橘种植气候区划[J].重庆师范大学学报:自然科学版,**27**(6):79-82.

胡正月.2008.柑橘优质丰产栽培300问[M].北京:金盾出版社.

黄寿波.2001.农业小气候学[M].杭州:浙江大学出版社.

李黄,等.2003.长江三峡工程生态与环境监测系统局地气候监测评价研究[M].北京:气象出版社.

李世奎,侯光良,郑剑非,等.1988.中国农业气候资源和农业气候区划[M].北京:科学出版社.

李湘阁.1996.农业气象统计[M].西安:陕西科学技术出版社.

李占清,翁笃鸣.1987.一个计算山地日照时间的计算机模式[J].科学通报,(17):1 333-1 335.

李占清,翁笃鸣.1988.坡面散射辐射的分布特征及其计算模式[J].气象学报,**46**(3):349-356.

刘灿,徐前进,陈志军,等.2014.重庆地区油菜精细化气候区划研究[J].高原山地气象研究,**34**(1):77-80.

陆忠艳,马力,缪启龙,等.2006.起伏地形下重庆降水精细的空间分布[J].南京气象学院学报,**29**(3):408-412.
罗清.2009.凉山州马铃薯发育期的气候生态模型研究[J].西南大学学报,**31**(9):1-6.
罗孳孳,刘灿,杨世琦,等.2013a.基于低温冻害的重庆市秋马铃薯适宜性区划[J].南方农业,**7**(Z6):75-78.
罗孳孳,杨世琦,曾永美,等.2013b.重庆地区青蒿气候适宜性区划研究[J].西南大学学报:自然科学版,**35**(7):139-143.
梅勇,高阳华,唐云辉,等.2009.重庆市优质稻产量形成的气候生态条件分析[J].中国农业气象,**30**(1):92-95.
欧阳海,郑步忠,王雪娥,等.1990.农业气候学[M].北京:气象出版社.
彭国照,王素艳.2009.川东北季节性干旱区玉米的气候优势分区[J].中国农业气象,**30**(3):401-406.
四川亚热带丘陵山区农业气候资源及开发利用课题组.1997.四川亚热带丘陵山区农业气候资源及开发利用[M].成都:四川科学技术出版社.
唐晓萍,李万春,杨世琦,等.2013.基于GIS的重庆市玉米气候生态区划研究[J].西南大学学报:自然科学版,**35**(增刊):9-12.
唐晓萍,杨茜,曾永美,等.2014.基于GIS的重庆市甘薯气候生态区划研究[J].南方农业,**8**(34):23-26,48.
唐云辉,陈艳英,梅勇,等.2009.重庆市中稻气候适应性分析[J].中国农业气象,**30**(3):383-387.
翁笃鸣.1997.中国辐射气候[M].北京:气象出版社.
翁笃鸣,陈万隆,沈觉成.1981.小气候和农田小气候[M].北京:农业出版社.
翁笃鸣,罗哲贤.1990a.山区地形气候[M].北京:气象出版社.
翁笃鸣,孙治安,史兵.1990b.中国坡地总辐射的计算和分析[J].气象科学,**10**(4):348-357.
杨力,张民,万连步.2006a.茶优质高效栽培[M].济南:山东科学技术出版社.
杨力,张民,万连步.2006b.甘薯优质高效栽培[M].济南:山东科学技术出版社.
杨世琦,高阳华,罗孳孳.2013a.重庆地区马铃薯气候适宜性区划研究[J].南方农业,**7**(Z6):71-74.
杨世琦,高阳华,罗孳孳,等.2013b.基于GIS的重庆市油桐采收期空间分布研究[J].西南农业学报,**26**(2):758-761.
杨世琦,高阳华,罗孳孳,等.2013c.重庆市油桐气候区划精细化研究[J].西南大学学报:自然科学版,**35**(7):144-150.
曾燕,邱新法,刘绍民.2005.起伏地形下分布式模型估算[J].地球物理学报,**48**(5):1 028-1 033.
曾永美,高阳华,杨世琦.2012.基于GIS的重庆市万盛区猕猴桃气候区划分析[J].重庆师范大学学报:自然科学版,**29**(2):89-93.
查书平,陈志军,高阳华,等.2008.基于GIS的重庆地区实际日照时间空间分布研究[J].气象科学,**28**(5):548-551.
张洪亮,倪绍祥,邓自旺,等.2002.基于DEM的山区气温空间模拟方法[J].山地学报,**20**(3):360-364.
中国农林作物气候区划协作组.1987.中国农林作物气候区划[M].北京:气象出版社.
朱志辉.1988.非水平面天文辐射的全球分布[J].中国科学:B辑,(10):1 100-1 110.
左大康,周允华,项月琴,等.1991.地球表层辐射研究[M].北京:科学出版社.